中国人民大学"十三五"规划教材 —— 核心教材

环境政策分析
（第二版）

宋国君　等著

化学工业出版社

·北京·

《环境政策分析》（第二版）基于第一版的框架进行了大量补充和更新。第1章环境政策分析导论对存在问题部分做了更新和补充；第2章环境政策分析的理论基础涵盖了我国环境政策研究涉及的主要理论，并进一步细化了理论的应用和分析；第3章增加了大量已有成熟的环境政策手段；第4章仍然是给出了环境政策分析的一般模式和环境政策评估的一般模式，也简要分析了我国的环境法规体系；第5章以一般模式为基本框架，分析了空气污染防治政策，大大增加了美国空气质量管理政策的内容，便于读者详细和深入理解我国空气污染防治政策的发展趋势；第6章水污染防治政策分析增加了美国地表水质管理的知识，给出了我国水污染防治政策的一般框架和基本知识体系；第7章分析了固体废物和危险废物管理政策；第8章全面系统分析了生活垃圾管理政策，提出了基于源头分类和资源回收的生活垃圾管理政策建议；第9章对节能、可再生能源发展、温室气体减排和臭氧层保护政策做了简要分析。

本书可供中国环境政策研究、管理人员阅读参考，还可供环境政策与管理、环境经济学等专业高校师生作为教材使用。

图书在版编目（CIP）数据

环境政策分析/宋国君等著．—2版．—北京：化学
工业出版社，2019.5

ISBN 978-7-122-34630-8

Ⅰ.①环… Ⅱ.①宋… Ⅲ.①环境政策-研究 Ⅳ.
①X-01

中国版本图书馆CIP数据核字（2019）第107850号

责任编辑：满悦芝　　　　　　　　　文字编辑：焦欣渝
责任校对：边　涛　　　　　　　　　装帧设计：张　辉

出版发行：化学工业出版社（北京市东城区青年湖南街13号　邮政编码100011）
印　　装：北京新华印刷有限公司
787mm×1092mm　1/16　印张37¼　字数900千字　2020年1月北京第2版第1次印刷

购书咨询：010-64518888　　　售后服务：010-64518899
网　　址：http://www.cip.com.cn
凡购买本书，如有缺损质量问题，本社销售中心负责调换。

定　　价：298.00元　　　　　　　　　　　　　　　　　　　　　版权所有　违者必究

前　言

我国的经济体制是社会主义市场经济体制。政府主要负责具有外部性的资源配置，并尽量利用市场的功能，例如，政府向市场购买公共服务，发挥市场的效率优势。

环境保护或环境污染防治是非常符合政府负责资源配置的领域。自2018年国务院机构调整后，我国的环境管理也越发符合这样的逻辑：环境污染全部由生态环境部负责监管，国务院其他部门不再负责监管。这样的体制安排本质上是明晰政府的责任，即采用有效手段把环境保护好，没有推诿和不作为的余地。因此，环境管理需要认真转向专业化的有效监管。

环境政策手段是工具，是环境管理技术进步的关键。我国当前更多地采用行政机构直接管理的方式来管理环境污染。显然，作为大国，也会一直是制造业大国，环境污染防治的任务没有完成时，将一直是进行时。环境政策手段主要是针对具体问题设计的，当具有一定的普适性时，也会用于其他管理对象；当有更合适的政策手段时，则换之。因此，手段不是目标，根据问题、条件和使用者的习惯等，可以灵活选用。因此说，政策手段没有绝对的好坏。

2016年，国家决定对固定污染源（空气固定源、水点源）采用排污许可证制度，这是市场经济体制国家普遍采用的环境政策手段，并且是基础和核心的污染物排放控制政策手段，这标志着我国环境管理在按照中央依法治国的决定快速进步。排污许可证制度具有“依法行政、提供守法证据、依守法证据和核查依据执法”的自然优势。作为行政许可，排污许可证具有上承《行政许可法》，下启环境保护科学技术法规（排放标准）的制度优势。由于我国排污许可证制度刚刚开始，法规正在建设，本书较多地介绍和分析了美国点源和固定源排污许可证制度的经验，供读者参考。随着我国排污许可证制度及其相关制度的不断完善，相关内容在今后的修订中会不断补充和完善。

本书是在2008年第一版的基础上修订的，其中包含第一版作者的成果。根据我国环境政策的发展，尤其是2016年国家关于实施固定污染源排污许可证制度的决定，作者对本书内容做了大量增加和修改。本次修订由宋国君负责，具体编写分工为：第1章，宋国君、傅毅明。第2章，2.1、2.2、2.3，金书秦；2.4，韩冬梅；2.5、2.7，鲁东东；2.6，张震、柳州；2.8，刘帅；2.9，李虹霖；2.10，宋国君。第3章，3.1、3.2.10、3.2.11、3.2.12、3.3.10、3.5，韩冬梅；3.2.1、3.3.1、3.4.1、3.6，宋国君；3.2.2、3.4.2、3.4.3、3.4.4，杨啸；3.2.3，何伟、李虹霖；3.2.4、3.2.5，贾册；3.2.6、3.2.7、3.2.14，任慕华；3.2.8，张震；3.2.9，时钰；3.2.13，国潇丹；3.2.15、3.4.5、3.4.6，刘博；3.3.2、3.3.3、3.3.9，李佳其；3.3.4、3.3.12，别平凡；3.3.5、3.3.6、3.3.7，孙月阳；3.3.8，高文程；3.3.11，赵文娟；3.4.7、3.4.8、3.4.9，张惠。第4章，韩冬梅、李虹霖。第5章，5.1、5.9，李虹霖；5.2，姜晓群、李虹霖、杨啸；5.3，何伟；5.4，赵英煚、李虹霖、姜晓群、张惠；5.5，钱文涛、贾册；5.6，肖翠翠、姜晓群；5.7，贾册、姜晓群、武进；5.8，刘帅。第6章，6.1、6.7，韩冬梅；6.2，任慕华；6.3，张震、时钰；6.4，时钰；6.5，付饶、别平凡；6.6，付饶；6.8，张巍；6.9，高文程；6.10，赵文娟、韩冬梅。第7章，7.1、7.2、7.4，李佳其；7.3，刘博；7.5、7.6，刘何靖。第8章，孙月阳、李佳其。第9章，9.1、9.2、9.4，国潇丹；9.3，姜晓群。韩冬梅、李虹霖通看了全书，别平凡做了全书的排版工作。

本书得到中国人民大学"十三五"规划教材项目的支持；第5章是国家社科基金重点项目——"雾霾的成因及综合治理对策研究"（15AJY010）的成果；第6章是国家水体污染控制与治理科技重大专项——"水污染物排放许可证制度框架和政策体系研究"（2008ZX07633-04-01）的成果。

本书可供中国环境政策研究、管理人员阅读参考，也可供环境政策与管理、环境经济学等专业高校师生作为教材使用。

由于时间有限，再加上作者学识水平有限，书中难免有疏漏不足之处，敬请读者批评指正。

宋国君
2019年11月于中国人民大学环境学院

第一版前言

环境保护是当今人类社会的一项重要任务。其目的是保护当代人和后代人赖以生存的自然环境。人类社会对自然资源的开发、污染物和废物的排放对生态系统造成了严重破坏。而目前中国正处在工业化和快速城市化的发展阶段，面临的环境问题十分严峻。首先是我国的人口密度大（东部地区）；其次是各类环境问题集中凸现；最后是我国的技术和资金能力还不充分。因此，我们应当更加重视环境管理，保护好我们的家园。

环境政策上承环境法，下接环境管理，是政府工作的核心内容。环境政策的表现形式是法律法规以及标准和规范，其关注的重点是政策的实施和效果（率）。

政策分析是一门新兴的学科，但已经成为当代社会科学中发展速度最快、最富有研究活力的学科之一，并形成了一整套日趋完善的理论和方法体系。政策分析的最终目标是为决策者提供决策的依据。环境政策是公共政策的主要领域之一，本书的编写遵照公共政策分析的一般原则。

本书借鉴了美国未来资源研究所（RFF）Paul R. Portney 博士等所著的 *Public Policies for Environmental Protection* （2000）一书的框架和风格来分析中国的环境政策，在此表示感谢。由于本书的编著者主要是环境经济学的背景，因此，本书更加关注政策的效果和效率。

本书是对中国环境政策进行的首次分析，是编著者们多年研究的成果，其中观点和结论只代表编著者们的观点。本书应用环境政策分析的理论和方法，分析了中国正在实施的几乎所有的环境政策，并试图用事实证明环境政策的效果，适合国内从事环境政策研究、环境管理实践的专业人员，环境保护类专业的师生参阅。

宋国君教授负责全书的框架设计，每一章节的设计、修改以及全书的统稿和修订。以下按照章节介绍编著者。第一章和第二章，傅毅明负责；第三章，洪荣负责，郭培坤编写了第四节；第四章，徐莎负责；第五章，王猛负责；第六章，金书秦负责；第七章，宋书灵负责，符云玲、郭培坤编写了第一节，李佩洁编写了第三节，姜岩编写了第六节，何雅琪编写了第九节第一部分，郭培坤编写了第九节第三部分，李佩洁、李雪负责编写了第十节；第八章，徐莎负责，王晨、何雅琪参与了第二节内容的编写，李雪参与了部分内容的编写；第九章，徐莎和朱璇负责；第十章，李佩洁和王晨负责；第十一章，王猛负责；第十二章，何雅琪负责，王彤彤参与过前期工作；第十三章，李佩洁负责。姜岩、徐莎、金书秦看过全书并提出了修改意见。韩冬梅看过本书的部分章节并提出了修改意见。郭培坤承担了本书的排版、图表整理等编辑工作。中国人民大学环境学院公共事业管理专业的本科生，人口·资源与环境经济学专业的研究生参与过本人的讲课和作业讨论，对本书也做出了贡献，在此表示感谢。

本书还得到一些专家学者的真诚帮助。中国人民大学环境学院马中教授长期关注环境政策分析，与本人长期的研讨已体现在本书的观点、结构和建议中；中国环境科学研究院柴发合研究员对第八章提出了修改建议；水利部淮河水利委员会水文局教授级高级工程师谭炳卿对本书第九章进行了审阅和修改。在此，向以上专家学者致以诚挚的谢意。最后，诚恳希望读者提出批评和改进建议。

宋国君

2008 年 6 月于中国人民大学环境学院

目　录

第1章 环境政策分析导论

本章概要： 本章从公共政策分析引出环境政策分析。环境政策分析遵守公共政策分析的一般范式，分析环境污染的具体问题。环境政策分析的特点决定了这是一个典型的交叉学科的领域，本身也在探索交叉学科的规范。本章也概要地分析了我国环境政策分析的特点。最后介绍了其他章节的概要。

环境保护作为最具时代特色和挑战的公共政策目标之一，同经济增长、就业、社会保障、教育等其他公共政策目标需要协调统一。在一定的法律体系与经济资源的条件下，环境政策的空间是有限的，如何认清政策空间与选择有效政策，是环境政策分析的主要目标。环境保护是社会经济发展的组成部分，同社会经济发展一样，具有明显的"阶段"特征。环境政策目标要在社会经济发展的自我调整与完善中实现。环境政策是对现实社会经济利益关系的调整与重构，一方面对不利于环境保护的社会活动进行限制或惩罚，另一方面对有利于环境保护的社会活动进行引导和支持。实际上，环境政策也调整着当代人与后代人之间的利益关系，考虑代际公平也是环境政策的特点之一。

1.1 政策分析的由来与基本规范

环境政策分析遵循当代公共政策分析的传统和规范。政策分析作为一个专业和职业，伴随着社会经济与分工体系的演进而发展。政策分析是什么？它经历了一个怎样的发展历程？为什么社会分工中会出现政策分析师？应当从哪些角度来理解政策分析师的作用？

政策分析是针对政策制定和实施过程开展知识创造的活动，既包括提供政策过程的知识，如"如何系统地制定与实施一项政策"，也包括提供政策过程中的知识，如"对于具体问题的政策主张及其论证"。

1.1.1 政策分析的历史

理解、把握政策分析产生和发展的历史背景，有助于环境政策分析师认清自己工作的意义和方向。邓恩在其《公共政策分析导论》中指出，在早期，提供政策的相关知识的方法是巫术、神秘主义或宗教仪式，这些提供者的权威主要是基于他们的建议是否产生了较好的政策效果，而不是以提供这些建议的方法程序为基础。中世纪文明的扩展与分化带来了有利于专门知识发展的职业结构，特别是专家型官员的出现。统治者在金融、战争、法律这三个领域，往往要求助于各种政策专家。伴随着启蒙运动和工业革命，一个相信通过科学与技术可以促进人类进步的观点深入人心，对关于自然与社会的科学理论的发展与证明逐渐成为理解与解决社会问题的唯一的客观方法，最终促使政策分析走向根据经验主义原则和科学方法共同提供政策相关知识。从19世纪起，提供政策相关信息的新型专家开始把自己的活动建立在对经验数据的系统记录上。这个变革是源于农业文明向工业文明的转变，社会不确定性日益增加，人类开始把自己看作自身前途的掌控者。当不确定性和复杂性增大时，信息的重要性也增大。新的政策分析中的探询方法的发展，不仅是为了获得新的科学"真理"或"客观性"结果，更是有影响的社会群体用科学研究的结果争取政治和行政资源的努力。科学化与民主化成为政策分析的基本原则。

进入 20 世纪，一个引人注意的特征是政治学、公共行政、社会学、经济学及相关学科的职业化。一些专门从事教学与研究的大学教授，在提供政策相关知识上，逐渐取代了早期的统计协会及其他政策研究机构中有影响的由银行家、企业家、记者和学者组成的混合群体。二战后，由拉斯韦尔等领导了政策科学运动，提出"政策科学"的目的不仅仅是帮助制定更有效的政策，而且也要提供"改善民主实践所需的知识"。相比经验科学提供"能干什么"和"如何干"的实证知识，政策分析不能避免价值判断，需要提供"应该干什么"的价值导向。20 世纪 70 年代，拉斯韦尔等提出的政策在社会科学中定位的要求在美国已经基本制度化了，每一个社会学学科都建立了直接从事应用与政策相关研究的专门组织，而且出现了一大批相应的期刊和杂志，一些主要大学也都设立了政策分析的研究生课程与学位。而且，一些非院校的政策研究机构也纷纷建立，在华盛顿和大部分州政府所在地，"政策分析师"成了一个政府职位的表述，而整个联邦政府、大部分州也都成立了专门从事政策分析的机构。政策分析成为 20 世纪后期美国确立的知识行业之一。

尽管政策分析师在政策制定过程中具有重要作用，但并不意味着权力从政策制定者手中向政策分析者转移。现实中，政策分析及相关活动的职业化，主要还是服务于政策制定者和其他统治集团的权力。现代政策分析的发展仍主要是源于政府的变革和政策分析市场的发展。

1.1.2 政策分析的对象与政策系统

1.1.2.1 政策系统的内涵

政策是指国家机关、政党及其他政治团体在特定时期内为实现或服务于一定社会政治、经济、文化目标所采取的政治行为或规定的行为准则，它是一系列谋略、法令、措施、办法、方法、条例等的总称。政策系统是政策制定过程中所包含的一整套相互联系的因素，包括公共机构、政策制度、政府官僚机构以及社会总体的法律和价值观[1]。从系统发生论的途径看，陈振明等将政策系统界定为"由政策主体、政策客体及其与政策环境相互作用而构成的社会政治系统"[2]。

政策主体（政策活动者）一般可以界定为直接或间接地参与政策制定、执行、评估和监控的个人、团体或组织。政策主体可分为官方和非官方两大类。官方的政策制定者指具有合法权威去制定公共政策的主体，包括立法者、行政官员、行政管理人员和司法人员；非官方的政策主体，包括利益团体、政党和作为个人的公民。

政策客体指的是政策所发生作用的对象，包括政策所要处理的社会问题（事）和所作用的社会成员（人）两个方面。从"事"的角度出发，公共政策所要处理的是社会问题、公共问题或政策问题。严格说，这三个概念是有区别的：社会问题是外延最广的概念；如果某一部分社会问题涉及社会上相当一部分人或影响较大，那么，这部分问题就是公共问题；政府所面临的公共问题很多，只有少数能被政府摆上议事日程，并加以处理，这些被处理的问题就是政策问题。从"人"的角度出发，一般将受政策规范、制约的社会成员称为目标团体。政策的执行者（机构）和一般公众也包括在内。政策通过对目标群体内的利益关系进行调整，同时也引导目标群体朝向政府（社会）所期望的目标前进。

政策环境可以看作是指影响政策产生、存在和发展的一切因素的总和。它包括社会经济状况、制度或体制条件、政治文化以及国家环境。

1.1.2.2　政策系统的有机结构

现代化、科学化的公共决策系统（政策系统）是由信息、咨询（参谋）、决策、执行和评估子系统所构成的复合系统（图 1-1）。政策系统的有效运行依赖各子系统的有序分工与协作。

信息子系统是政策系统的神经系统，为政策制定、执行、评估和监控及时提供各种适用信息，其作用体现在信息的收集、加工处理，以及信息的传递。

咨询子系统是现代化公共决策系统的一个重要组成部分，用来保证公共决策科学化、民主化。政策分析师的作用依赖于咨询子系统在整个公共决策系统中

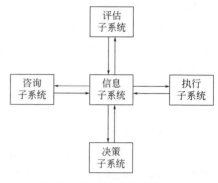

图 1-1　政策系统的有机结构

的地位。咨询子系统运用规范的政策分析方法，提出政策的相关主张，并进行政策知识的论证，为政策的提出提供合法化与合理化的论证。

决策子系统在公共决策系统中负责最终决策。由于拥有一定的自由裁量权，以及掌握稀缺的权力资源，决策子系统往往主导公共决策活动的全过程。其作用体现在：提出有关的政策议题；考虑目标的确立；组织政策方案的设计；负责政策的最终决定。

执行子系统基于对公共资源的分配，将政策方案（理想）转变为政策效果（现实）。其作用体现在：为政策方案的执行做好准备，包括将政策方案具体化、机构组织建设以及职权的分配；从事指挥、沟通、协调等方面的活动；分析和总结执行情况。

评估子系统是由体制内和体制外的有关部门、单位和个人组成的，贯穿于整个政策过程，尤其是政策执行的过程，目的是保证政策目标的实现以及保证政策的权威性和合法性。其作用体现在规范信息、咨询、决策、执行子系统的行为。在政策执行过程中其作用体现在：确立政策执行的准绳和准则；提供检查执行情况的依据；监控并反馈政策的执行情况。

从图 1-1 中可以看出，信息子系统是协调公共政策运行的"神经网络"，是其他四个子系统分工和合作的基础。信息越来越成为公共政策制定过程中的稀缺资源，成为改善公共决策的一个瓶颈，需要优先投资建设和管理。当然，信息系统的建设和管理也有成本递增和效益递减约束，须从成本和收益角度进行优化设计。随着大数据与人工智能技术的发展应用，数据与智能驱动的政策系统创新成为新的课题。

1.1.2.3　政策优化与政策方案选择

在政策系统的结构相对稳定不变时，政策方案的选择对于政策的最终影响是有限的，是一种"微调"。完善的政策系统本身具有反馈和"纠错"功能，能够在一定程度上保障政策目标的实现。

一个完善的政策系统，即使出台一项政策实施后令公众很不满意，也往往是暂时的。因为如果这种信息很快在政策的执行中被反馈，咨询系统马上对这种不满意的信息进行分

析并提供政策改善的建议，公众参与会促使新政策的出台。因此，一个国家的政治和经济体制在很大程度上决定了这个国家的政策设计和效果。

虽然提供宏观上关于政策系统设计方面的知识对于政策的最终影响具有基础性的作用，但是政策系统有很强的制度惯性和刚性，短期难以改变。政策分析师对于政策系统的影响也是有限和缓慢的，这也在一定程度上削弱了"理智"的政策分析师提供改善政策系统结构知识的动力。

政策方案的选择，首先要遵循适应现有的政策系统的原则，减少政策系统运行过程中的"摩擦"，最大地发挥现有的政策资源的作用。政策方案的选择对政策系统结构的改变也往往具有反作用，如果政策方案的选择所带来的净收益大于改变政策系统结构的成本，政策系统结构的改变就具有了最本源的动力，也就是通常所说的"制度变迁"的时刻来临了。

政策方案选择需要基于不同层面的费用效益分析。其中，包含各利益相关方的费用效益，也包含不同时间尺度的费用和效益。而政策制定者对于政策方案的"偏好"，往往基于政策能在多大程度上实现"权力阶层的利益诉求"，也就是政策制定者往往更关注"局部的"费用和效益比较。因此，政策分析师需要把总体的费用和效益分析分解到局部的费用和效益分析，提高政策方案的"可行性"。

政策方案的选择，可用"约束条件下的最优化"模型来描述，包括三部分：

① 目标函数　影响政策产出的关键变量以及它们之间的数量关系。

② 资源约束　考虑政策资源分布的空间，资源总体上的可得性。

③ 交易约束　政策必须是相关方或干系人可接受的，是干系人之间的均衡博弈。

交易约束必须满足干系人的参与约束和激励约束。符合帕累托改进原则，即每个干系人的利益不受损，这是交易的参与约束。另外，信息不对称下的委托代理和机制设计理论，要求机制设计还必须满足"激励相容"原则，即总体最优的策略也必须是每个参与者最优的策略，这个策略才具有市场激励与实施基础，这是交易的激励约束。

1.1.3　政策分析的方法

1.1.3.1　政策分析的方法体系

政策分析是建立在具有描述性、评价性和规范性的一系列学科和专业基础上的一门应用学科，不仅借鉴经济学、社会学和行为科学，还借鉴公共行政、法律、哲学、伦理学及系统分析和应用数学的许多分支学科。政策分析师既需要用规范的方法提供关于价值问题的信息，如明确目标，也需要用经验的方法提供关于事实问题的信息，如描述现状与预测未来，还需要用实证的方法提供关于行动问题的信息，如政策优化等。

当政策分析的具体方法不仅同适合解决的问题，而且同对行动的现实关系联系起来时，可以包括：

① 监测　提供关于政策过去的原因和结果的信息（描述性）。

② 评价　提供关于过去和将来的政策价值的信息（评价性）。

③ 预测　提供关于政策将来结果的信息（预测性）。

④ 建议　提供关于将来行动方案产生有价值的结果的可能性方面的信息（规范性）。

除了这四种方法之外，还有一种不能直接从以上谈的那些方法中体现出来的方法，或者是以上所有方法的综合，即：

⑤ 问题构建　进行任何分析，首先都要知道问题的存在。问题构建的确是对整个政策分析过程起集中控制作用的元方法，对其他四种方法的运用和评价产生影响。政策分析方法的一个重要特征是它们之间的链条关系，即这些方法的运用有先后次序。如先要监测，才有可能去评价和预测；建议一个政策，通常要求分析者先进行监测、评价和预测，因为所有的政策建议都要以事实和价值假定为基础。

政策分析运用上述五种方法，提供和转换五种政策相关信息的类型：政策问题、政策目标、政策行动、政策结果和政策绩效。

政策问题是指有待实现的价值、需要或发展机会，并且可以通过政府行为实现。政策问题显然需要明确细化现状与目标的差距。通常的状况是并不缺少事实方面的信息，而是缺少价值方面的信息，即不要先知道什么是正确的目标。最失败的是用正确的方法高效地达成了一个错误的目标。提供关于政策问题的信息是政策分析最关键的任务。

政策目标既包括依据科学确定的事实性目标，如地表水质标准，又包括价值的信息，如可钓鱼、可游泳等。最终的目标是科学目标和价值目标的综合。政策目标需要用清晰的语言表达出来，作为政策分析的关键一步。

政策行动即政策要求相关方采取的行动。例如，空气质量管理中，既包括各类排放源需要采取的控制行动，也包括空气质量监测行动、空气质量评估行动等。政策行动需要有监测和记录，以便能够核查相关方是否采取规定的行动。

政策结果主要是针对政策具体目标实现程度的测量结果，通常都需要有监测和记录，并可以核查。政策结果主要是以政策的最终目标为主，环节或阶段目标作为辅助。

政策绩效是既定政策结果有助于价值实现的程度，包括政策的投入和产出比较。在实际政策过程中，政策问题的认识和处理往往不是一步到位的，而是需要循环往复与持续改善的。

以问题为中心的政策分析方法体系见图 1-2。

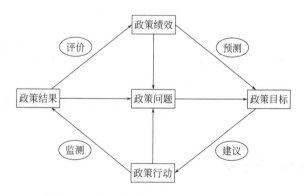

图 1-2　以问题为中心的政策分析方法体系

1.1.3.2　政策论证

政策分析并不仅仅限于运用多种方法提供和转换信息，与它们同等重要的还有在这些信息基础上的创新与对知识主张的批判性评价，即政策论证。知识主张作为政策论证的结论而提出，它反映了不同利益相关者的政策诉求。

政策论证可包含六个要素：政策相关信息、政策主张、政策根据、政策支持、政策反证、政策限定词。其中，政策相关信息是政策论证的起点；政策主张是论证的结论，是政策相关信息的逻辑结果；政策根据是政策论证中使分析者由政策相关信息得出政策主张的假设；政策根据的支持包括另外一些假设或论据，这些假设或论据能用来支持当前价值取向下不被接受的根据；政策反证是另外一个结论、假设或论据，它陈述最初主张在何种条件下不可接受或在何种限制条件下能被接受，考虑反证有助于分析者预测异议，可以作为评价自己的主张、假设和论证的系统方法；政策限定词表达了分析者对一个政策主张的确信程度，通常用可能性表示（"很可能""可能""有点可能"），如果分析对一个主张十分确信，可不用限定词。政策论证的结构见图1-3。

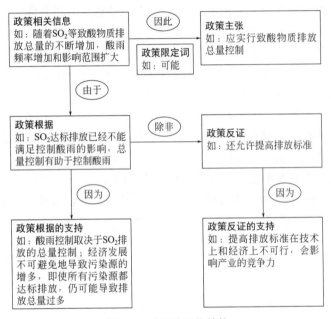

图 1-3 政策论证的结构

政策论证的结构说明了分析者是如何运用信息提出解决政策问题的方法。政策论证六要素间的关系也说明依据不同群体的参考角度、意识形态或世界观，政策相关信息是怎样以不同方式解释的。政策论证使分析者不仅仅限于提供信息，而是还要把信息转换成似然正确的观点（知识）。因此，从面对挑战、自我批判及指向问题的解决而不是证明被赞成的政策的方面来说，分析者可以运用多种方法进行政策论证。

1.2 环境政策分析概论

1.2.1 环境政策的特点

环境政策是国家（而不仅指政府）为保护环境所采取的一系列控制、管理、调节措施的总和。从内容上看，环境政策是指最终目的是保护环境的，包括国家颁布的法律、条例、中央政府各部门发布的部门规章等和省人大颁布的地方条例、办法等的总称；从范围上看，环境政策包括环境污染防治政策、生态保护政策和国际环境政策[3]。环境政策的本质是价值或者利益分配，体现出国家为了保护环境而做出的各种制度安排、改进与创新。政策本身的利益相关性或者利益牵动性决定了环境政策也是一种利益调整和平衡的工具，只不过环境政策作为公共政策的一部分，它所调控的利益主要是与环境保护相关的成本和效益[4]。

同其他公共政策相比，环境政策的特点有：

一是环境政策的具体性。所有的环境政策都要针对具体的环境问题。环境问题都要具备何处、何时、何环境要素才有意义。"何处"是指具体环境问题发生的地点或地域范围；"何时"是指环境问题发生的时间或时段；"何环境要素"是指具体的污染物质或具体的环境破坏现象。一般来说，环境政策都要涉及具体的介质和污染物，例如，空气中细颗粒物污染、地表水体耗氧有机物污染、土壤有毒持久性有机污染物污染、噪声污染、放射性污染等。

二是环境政策的成本效益特性。环境政策比其他公共政策更注重政策的效果或效率。一般来说，环境问题主要是由人类的生产和生活活动引起的，有些是因为对环境问题的认识不足导致的，有些则是由于污染防治的成本太高带来的。实际上，后者更加普遍。由于污染防治的高成本，客观上就要求环境政策必须考虑成本有效性，进一步，环境政策更加注重政策的经济效率。另外，环境问题的具体性也为环境政策追求费用有效性创造了条件。

三是环境政策的时代性。环境政策只是国家政策体系中的一部分，因此，环境政策必须跟随国家法律体系的变化而变化。例如，中国从"计划经济"体制向"市场经济"体制的转轨，和其他政策一样，环境政策也要适应新的体制和环境。原来在计划体制环境下制定的环境政策就需要做出适当的调整。此外，随着对环境问题认识程度的提高，环境政策必须适时调整以关注最重要和最优先的环境问题。

四是环境政策的多样性。环境问题的多样性和费用有效性决定了环境政策的多样性。而且，随着管理的深入，环境政策手段的选择范围也越来越宽。应该说环境政策没有固定的形式和手段，只有成本效果或效率和环境公平性等这样的衡量标准。

1.2.2 环境政策分析的目标

环境政策分析是为了解决环境政策问题，采用定性和定量的方法，对环境政策实施过程、政策效果等内容和过程进行的规范性和实证性分析。通过环境政策分析，提出政策完善建议，促进实现社会环境保护的公平与效率。环境政策分析的目标包括以下具体目标：

（1）分析政策实施存在的问题　虽然制定环境政策会在当前的认识条件下，考虑到多种可能出现的情形和问题，但是，环境政策实施后，新一轮的博弈又开始了，这会使原定政策的实施效果充满不确定性，因此，在政策实施一段过程后进行政策分析或评估是必需的。

（2）对问题进行定性和定量分析　对政策分析中识别的问题进行定性和定量分析，为解决问题奠定基础。同时，政策分析还可以对政策实施的计划和资源的配置提出正确的建议，从而减少执行的失误。

（3）提供问题解决方案并提出环境政策改进的建议　问题解决方案和建议一般可以从效率和公平两方面来考虑。效率是在政治和技术可行性前提下经济收益最大化。政策的效率应当是解决区域内问题的全社会的效率。对公平性的考虑，往往要将时间尺度扩大，即除了分析代内公平外，还要进一步考虑代际间的公平问题。通常情况下，政策分析不是正面设计指标来判断公平性，而是通过公众参与、信息公开程度或满意度等判断公平是否可以改进。

（4）便于学习和了解环境政策　由于环境政策通常都表现为法律法规以及规范性文件，

受特定形式的影响，环境政策的学习受到一定的影响。环境政策分析的目标之一是帮助读者解读环境政策的目标、基本要素、基本框架、主要政策手段和主要结果。

1.2.3 环境政策分析的特点

环境政策分析是指专门提供关于环境问题及其政策方面的知识的活动。环境政策分析具有如下特点：

（1）以科学和技术的一般知识为基础　由于环境问题往往是受自然和社会因素的综合和长期作用而产生的，环境问题的机理复杂，环境问题的识别需要通过对生产过程中的污染排放、污染物在环境介质中的迁移与转化、环境退化对受体的影响等过程的分析来实现。而且，环境问题的解决也往往要以生产技术的改变为基础，通过各种政策手段来刺激排污者采用先进的生产工艺，淘汰"高能耗、高污染"的设备和工艺。因此，同其他的公共政策分析相比，环境政策分析明显体现出自然科学和社会科学相融合的特征。更具体地说，就是环境政策分析需要依据科学技术知识论证政策，包括遵守科学发现的道理，运用科学的数据和信息，采用适合的科学方法，结论和建议符合科学道理，并具有成熟的技术。

（2）观察视野的时空尺度较大　由于环境问题具有累积性，以及环境物品的公共物品属性，环境问题需要在更大的时间和空间范围内才能充分显现。当政府关注经济建设投资时，如果只关注短期的资金收益的回报，而忽视长期的环境质量退化所引起的福利的减少，或者没有考虑投资项目所造成的外部环境影响，则环境问题会成为政府视野中的"盲点"。此时，环境问题暂不显现，也不被关注。因此，环境政策分析需要考虑建设项目及规划所带来的长期影响和外部影响，采取预防为主的原则，通过环境影响评价等手段，对资源开发活动所带来的代内和代际的外部影响提供内部化的建议。

（3）信息需求量大，往往难以直接被满足　由于环境问题涉及自然和社会因素的多方面的共同作用，干系人众多，信息往往极为分散且不一致，因此，环境政策分析人员往往要花大量的时间来收集和核查各方面的数据，而且往往要采用间接的方法，如类比，来获得政策分析的相关信息。以控制河流水污染的政策分析为例，关于河流水质方面的信息，就有可能出现"环保、水利、渔业、自来水"方面的数据；关于污染源方面的信息，农业非点源由于分布广泛和不方便监测，污染排放量处于"未知"状态，要么被忽视，要么作为水污染的"罪魁"；关于水污染的损失评估，往往缺少相应的监测数据和剂量反应关系，只能通过粗略的"成果参照法"来进行，评估的可信度较差……总之，信息不足，包括数量、质量、客观性、完整性、有用性等不足一直是政策分析需要面对的问题。

（4）不确定性大，需要"摸着石头过河"　由于环境问题复杂、时空尺度大，信息不充分，环境政策分析往往可靠性差。但由于环境问题的紧迫性，环境政策又强调及时性，因此，基于政策分析的政策选择也往往存在不确定和风险较大的问题。理想的环境政策分析，应当根据环境政策的实施评估，及时发现并调整对环境问题及其对策的认识，通过"试错法"，不断提高政策分析的科学性。当环境政策分析人员建议采用自动连续监测装置来获得污染源排放方面的信息时，可能并没有及时发现当前监测装置运行的稳定性问题，监测数据质量可能还暂不适宜作为执法的依据。因此，当安装自动连续监测装置的政策实施一段时间后，通过政策评估，政策分析人员可能要对监测措施的政策建议提供修改，比如完善监督性监测措施等。

（5）分析的结论要简练，便于干系人进行政策交流　由于环境政策的制定过程需要干系人的广泛参与，环境问题往往又是复杂的，政策分析是为干系人参与决策提供智力服务的，所以环境政策分析必须能够提供最便于干系人理解和应用的知识，促进干系人统一认识，降低政策制定和实施的成本。费用-效益分析，把环境政策分析涉及的方方面面的信息提炼成经济价值方面的可比较的信息，便于干系人理解和沟通，也是干系人最关注的，是环境政策分析的专业要求。

环境政策分析需要多学科的方法和多渠道的信息来源，需要系统性思维和大时空尺度的视野，需要"摸着石头过河"，而且需要"深入浅出"，提供干系人关注的价值方面的信息。

1.3　我国环境政策分析存在的问题

我国环境政策分析存在的问题主要是没有很好解决但需要探索解决的制约环境政策分析的问题。

（1）经济发展与环境保护协调问题　当环境退化日益加剧以及政府的主要职能是提供基本公共服务时，环境政策就成了政府公共政策的一个重要组成部分。但是，处在工业化进程中的发展中国家，政府的首要职能是在短期内实现工业化和城镇化，有时会以环境资源为代价。这是目前我国环境问题和环境政策面临的最大挑战。

西方国家的工业化道路并没有完全和系统性地解决环境问题，而是通过国际贸易与污染转移等途径将部分环境污染转移到了发展中国家，"先污染、后治理"的发展道路不可持续。我国沿袭西方发达国家的工业化道路，一方面已经成为世界的"加工厂"和世界最大的消费品国家，另一方面也在世界其他国家生产、采购原材料、能源以及出口产品。发达国家工业化进程时期，全球的环境容量稀缺性尚未显现，而当今的"温室气体减排"已经成为国际政治外交中的重要话题，已有的做法不可复制。在国内，我国的生态环境问题已经提前突显。在国外，全球性环境问题已然严峻和紧迫，包括气候变化、海洋环境、生物多样性、有毒物质等，其中有些是与污染控制相通的，有些是新问题，给人类社会的发展带来挑战。我国加入世界贸易组织（WTO）多年，但是，我国的环境政策普遍还带有计划经济时代的烙印，显然，需要加快改革和建设这仍是当前及今后一段时间内我国环境政策面临的总体趋势。

因此，解决我国工业化、城市化进程中的环境保护问题，首先是要按照市场经济体制国家的经验，改革和调整现有的环境政策，以适应市场经济的基本规律；其次，还需要按照我国国情，设计适合国家需求的环境政策；再次，要努力研发新技术、新管理模式，解决发达国家没有很好地解决的问题；最后，对于温室气体减排等全球性环境战略，我国也要创新性地提出符合国家承受能力和有效的减排战略和政策。

（2）我国环境政策本身存在的一些问题　一是环境政策目标的表述尚需更加明确，主要表现为：政策目标的控制对象定位不够准确，普遍没有明确测量指标和确切的达标截止日期，如我国酸雨控制政策总体目标仍将酸雨和城市空气质量作为控制对象，很长时间没有考虑导致酸雨污染的主要原因是高架源 SO_2 的排放，而非导致城市空气污染的低架源[5]；政策目标的实现程度难以量化，或量化指标设计不尽合理，如目标"空气质量明显改善，重污染天数大幅减少"，量化为城市 $PM_{2.5}$ 年均浓度下降 $x\%$，量化前缺少清晰的判定条件，量化后又与初始目标产生了偏移。此外，还有政策目标实现的时间节点不明确，目标体系之间的逻辑关系不紧密，实现目标的责任对象不明确、不可核查等问题。

二是政策手段知识和应用经验不足。与西方国家环境政策的发展历程不同，我国的环境政策最初是受20世纪70年代初联合国环境与发展大会的影响而启动的，由政府高层开始呼吁注意身边的环境以及采取防治措施，基层一直处于被动机械地去附和执行的位置。因此，我国环境政策的推进基本是一个自上而下的执行过程。由政权体系内部设计和改善，这种起始点与演进过程的中西差别是十分鲜明的[6]。而这种历史条件和社会基础上的差异，决定了我国在环境治理的理念、策略、制度和手段方面缺少可以类比的经验。40多年来，我国在"中国特色"的环境政策上不断探索，基本形成了以命令控制型手段为核心的环境政策体系，国家管制在环境治理中发挥了重要的作用。当前，随着固定源、点源排污许可证制度的实施，我国命令控制政策又迎来一次全面改革和更新的阶段。相较而言，在更适应于市场经济条件下的经济激励手段方面，我国的应用经验就显得相对不足。政府如何设计出一套系统的经济激励政策，以对环境保护的干系人产生确定的、富有弹性的、持久的激励，是环境政策研究面临的一个重要问题，也是目前环境政策研究成果最集中的领域。

三是信息"多"和"少"并存。近年来，伴随着互联网、云计算和大数据等信息技术的广泛应用，信息数据在各个领域呈现爆炸式的增长，社会已经步入大数据时代[7]；环境领域的环境质量、污染及防治、生态、管理、科技、新闻等信息的数量和来源不断增"多"，在信息机制尚需更健全、信息管理仍需提高系统性的条件下，易在信息传递过程中发生失真和混乱。从管理的角度来说，政府、企业和公众的信息需求在很大程度上存在不同。有时候如果信息的组织和分类缺乏逻辑，有用信息很可能被无用信息覆盖，信息收集、提取的成本上升，相应地，不同群体获取和利用信息的效率降低，也就出现了信息数量"多"、来源广泛，能够直接利用的信息反而"少"的现象。

四是环境政策知识"不对称"，缺乏交流。学界、政府管理、企业、公众环境政策知识不对称。环境管理学是自然科学与社会科学、软科学与硬科学、宏观科学与微观科学相结合的产物，它运用多学科的综合技术，与多学科理论、方法相互渗透与融合[8]，因而需要来自不同群体、具有不同学科背景的人共同讨论，参与决策。科学家拥有丰富的理论知识和科研经验，在技术研发与创新方面的贡献不可替代，但没有管理学背景，许多建议不符合公共政策的一般原理，不能直接应用，需要管理者的修正和润色。公众作为政策的直接受益人、污染的直接受损人，虽然专业知识相对匮乏，但可以表达个人偏好、提出诉求，提高政策效果对公众的效用，降低政策的推行难度。

五是信息公开和公众参与不足。环境管理突出的特点在于其科学技术性和利益冲突性，前者决定了环境行政控制离不开科技专家，后者决定了各种利益的协调必须借助民主理念和公众参与环境行政过程来实现[9]。但是，在环境规制当中，政府、企业与公众三者之间在环境信息的获取中表现出明显的不对称状态。根据信息经济学的委托代理理论，公众作为最初始的委托人，必须了解环境政策实施的相关信息，并监督政府和企业履行环境保护责任；政府必须掌握污染源生产和排放的信息，严格执法，才能对企业治理污染产生较强的外部激励。由于信息不对称，政府和企业很可能采取"偷懒"行为，大量的环境外部性问题因此而产生。而且由于环境问题的复杂性和潜伏性，使得这种违法行为往往带有隐蔽性，或"可推托"。公众作为监督者在信息获取中处于弱势地位，监督和参与权会不可避免地受到影响。我国《环境保护法》（2015）设立专章，对环境信息的公开和公众参与提出要求，重点强调。最新修订的《大气污染防治法》《水污染防治法》中也有大量要求"向社会公开""征求公众意见"的内容，可以说国家在法律层面已经对此给予了高度重视。但是，要达到理想的信息公开和公众参与效果，还需要更加具体和专业的行动方案和细则规定。

六是定量分析或环境政策的成本效益分析和评估有待加强。按照经济学的理论，获得最优的资源配置效率的目标是社会边际成本等于社会边际收益，达到帕累托最优状态。但是，政府不可能做到准确估算边际成本等于边际收益的点。理想的环境政策一般要求效益大于成本或者达到既定目标的成本有效，也就是说，政府在决定保护到什么水平或者治理到什么程度时，需要用成本效益分析予以衡量。环境政策的成本效益分析就是要对环境政策实施费用和取得效益中可货币化的部分进行定量估算，不可货币化的部分进行定性分析。虽然政策的费用和效益评估比较复杂，但即使只能做到部分分析，仍然具有很大的意义。政府、企业和公众需要获得关于环境退化所带来的种种风险及其相关的成本的信息，才会在协调经济发展和环境保护之间采取积极的态度，减少发展面临的不确定性和风险。在我国，环境法律政策的成本效益分析尚未制度化和规范化。虽有部分政策文件对环境政策实施后评估环节提出了估算经济成本与环境社会效益的要求，但由于缺少成本收益分析的科学技术和方法，在实际操作中还未能达到指导决策的目的。

七是以前一些原则不适合社会主义市场经济体制下的管理需求，需要调整。我国的环境政策体系带有浓重的计划经济的色彩，激励机制有待加强[10]。在计划经济体制下，县级以上人民政府对环境质量负责，没有问题。但是，在社会主义市场经济体制下，中央政府与地方政府的关注重点出现差异，中央政府的考核由于环境污染问题的复杂性，也难以有效解决地方政府环境监管的部分失灵问题，属地管理原则有待完善。计划经济时代直接的行政管理措施发挥了重要的作用，但是，在当前社会主义市场经济体制和依法治国的背景下，政府的行动需要得到法律授权，政府需要依据行政法规的规定管理污染防治。因此，环境政策需要科学和谨慎的设计，需要预先研究，避免应急式的直接政府行政直接干预带来的低效、公平性变差等问题。

八是科学研究没有很好的支撑环境管理。环境管理水平与科学技术的发展水平息息相关，环境政策的制定需要以严格、规范的科学论证为基础。公共决策过程中，专家的介入及其运用现代科学方法和先进技术进行的咨询论证是科学决策的关键环节[11]。决策从本质上说是面向未来的，而未来具有很强的不确定性。为了确保政策能够持续地发挥效用，直至政策目标实现，决策者不但要把握过去和现在的信息，而且要经过科学的预测，通过时间序列系统链的约束分析，判断未来的发展方向[12]。从这一需求出发，我国在环境管理领域的科学研究工作有待加强。一方面，政策的前期论证工作还需加强，否则无法对能否实现目标、能在多大程度上实现目标、实现目标需要付出多大成本等问题产生明确的预期，进而无法预先提出针对性的解决方案；另一方面，政策的定期评估与修订机制有待完善，环境治理措施有时对环境污染新问题、新局面应对不够有力，必要时需采取行政应急措施。环境政策实施的监督和绩效评估对于环境政策设计具有负反馈的作用，容易被忽视，也是我国目前环境政策实践中的薄弱环节。

（3）污染防治政策与绿色发展和生态保护的问题　污染防治是我国当前和今后环境保护的最主要问题。其一，我国环境污染问题仍然突出，还需要一段时间才能完成；其二，污染控制问题是绿色发展的主要动力源泉；其三，污染防治也是生态保护的基础，只有控制住污染，才能有生态系统的恢复，不可逾越。

绿色发展是长期的战略，需要持续地支持。当前生态环境持续恶化，极端天气频繁出现，能源资源日益匮乏的全球和国内局势已经决定了我国无法像发达国家一样，走一条先污染后治理的工业化道路，只有坚持预防性原则，积极贯彻"源头治理，规划先行"的环境治理思路，才能最大限度地规避环境风险，避免传统经济增长模式中不断加剧的人口、经济增长与环境资源供给的矛盾，实现真正的绿色发展、可持续发展。绿色发展包括了绿色生产、绿色消费以及资源回收利用等领域，其政策和管理也是多样和丰富的。

生态保护需要国家战略引导，完善顶层设计。在当前我国面临的诸多生态环境问题中，环境污染的影响范围广、成因复杂、解决起来也最为棘手。尤其是代际外部性和全球性问题，以地方政府掌握的信息和资源根本无从解决，必须在国家层面科学决策，通过顶层设计将环境保护工作纳入国民经济和社会发展规划之中。保护和改善生态环境是我国的一项基本国策，具有全局性、长期性、战略性意义。落实生态保护需要依靠国家力量，通过完善的法律制度体系保证实施。但是，目前生态环境保护高度依赖于中央和地方支付的财政投入的局面不尽合理，应当吸收社会资本进入，培育环境保护服务市场。

简言之，在我国，环境治理不是简单地解决各种污染问题，更重要的是要促进整个社会系统的变革，推动国家治理能力的整体提升，这也是未来生态文明社会的必由之路。

1.4　各章概要

第2章　提出了环境政策分析所依据的主要理论基础。首先是外部性理论，说明了外部性理论与环境政策分析的密切关系。作为主要理论依据，外部性与政府行动的选择、政府干预的层级、环境管理体制都关系密切。其次，外部性内部化也是排放标准等政策制定的直接依据。社会主义市场经济体制与污染者付费原则是本书一直遵循的基本原则，虽然，现实中存在计划经济体制的烙印，但从分析的目标来看，还是需要坚持这些原则性的理论才能给出具有前瞻性和积极意义的建议。环境管理行政决策机制与环境保护公众参与是密不可分的现代公共管理的基础。依法治国，首先是行政机构依法行政，而信息公开和公众参与就是确保依法行政的基本手段。排放标准与环境保护技术进步是环境保护的核心知识，发达国家污染防治的经验主要是通过环境保护技术进步实现环境保护与社会经济发展的协调，而这样宏观的期望是可以很好地利用排放标准及其及时制修订来实现的，该领域的知识和技术在空气、水章节还有更具体的论述和说明。环境保护行政执法规范了环境保护行政主管部门的执法模式和规范，并且随着环境管理的进步，会有更多、更详细和更科学的行政法规规范环境保护行政执法。环境政策的社会经济影响分析，强调了环境保护与其他领域和部门一样，也要遵守法律法规和科学技术规律。通过科学的社会经济影响分析，规避不科学、不合理的规定。我国环境保护领域信息的积累也具备了这样的条件，该领域是环境政策分析研究的重要和关键领域。环境管理体制分析，基本按照外部性理论和国际经验，给出了一般模式。管理体制肯定是需要符合国情的，也要按照国家的改革战略稳步推进。最后，概括了环境政策研究面临的问题，既是环境政策研究中的重点问题，也是提醒研究者要注意。

第3章　通过对环境政策手段的归纳和分析，为环境政策的选择与组合提出建议。政策手段分为命令控制、经济激励、劝说鼓励三类。政策手段是政策实践积累的规范性知识，本章归纳了国内外已有的政策手段，给出了规范的描述和分析。政策手段倾向于提供基本的政策手段知识，使得专业人员可以根据需要选择出最适合的环境政策手段类型。在环境政策手段的选用方面，不力求单一，而是强调各取所长，注重环境政策手段的选择和组合。

第 4 章　提出环境政策分析的一般模式，包括 7 个基本要素，即干系人责任机制分析、问题的识别和确认、政策目标分析、环境政策框架分析、决策机制分析、管理机制分析、环境政策评估和环境政策完善建议。为每个要素的分析提出了基本问题，环境政策分析就是完整回答这些基本问题的过程。分析的目标和深度取决于用户的需求，通过对各要素基本问题的分析，判断影响政策公平和效率的因素和环节，为政策的修订、终止提供依据。环境政策分析各环节所依据的理论不是本章的内容，需要政策分析人员根据具体情况自行决定。分析的过程可以依据一般模式细化或简化。

环境政策评估的一般模式主要包括评估方案、数据收集和评估结果，其重点是用事实或数据说话，评估方法、调查技术、数据处理技术等是为了提供充分和可靠的证据，虽然不是本章的重点，但是政策评估的重点。

环境保护法律体系包括宪法、法律、法规、部门规章、技术规范五个层次。本章综合和汇总了我国已有的环境法律体系，做了概略分析。

第 5 章　空气污染防治政策分析的范围包括常规空气污染物和危险空气污染物与固定源和移动源和面源的管理。常规空气污染物管理主要包括环境空气质量标准制度、空气质量达标规划制度、固定源排放标准管理制度、固定源排污许可证制度、移动源综合管理政策、面源最佳实践管理政策等。危险空气污染物由于风险高需要采取更严格的管控手段，包括健康风险评估、固定源排放标准和固定源定量风险评估等手段，固定源排污许可证制度和移动源、面源管理等实施则同常规空气污染物固定源排放许可证制度。空气质量管理的最终目标是人群健康保护，成本-效益分析是空气质量管理尤其是空气质量达标规划的重要内容。空气质量管理适合按照城市区域进行统一管理。对于区域空气污染问题，需要明确区域污染物和污染源，实施区域统一管理。

第 6 章　水环境保护政策分析的范围包括常规水污染物、非常规水污染物和有毒污染物与点源和非点源的管理。点源还要区分排向天然水体的点源和城市二级污水处理厂的点源。前者实施点源排污许可证管理，后者实施预处理排污许可证制度。排向天然水体的点源排放管理目标是在有限混合区外确保排入水体的地表水质达标。排向二级污水处理厂的工商业点源要满足预处理排放标准。非点源要实施最佳管理实践的管理。地表水质标准包括指定用途、水质基准和地表水质反退化政策以及一般政策，地表水质基准基于科学研究确定。不达标水体需要指定地表水质达标规划。固定源排放标准包括适用范围、排放限值、监测方案、记录保存要求和报告要求，是排污许可证实施的主体和基本内容。地下水、土壤禁止污染，地下水管理实施排水许可证，确保禁止污染地下水和土壤。受污染土壤或土地则根据风险评估确定是否进行治理修复。城市水资源需要节约和高效使用。水污染防治应按流域实施管理。

第 7 章　分别讨论了一般工业固废、危险废物、医疗废物、电子电器废物和化学品管理的政策。固体废物管理的重点是产生至转运，再至处置厂的过程中。处置厂的空气、水污染管理，则纳入排污许可证予以管理。减量是重要的方向，需要更综合的政策。排放、转运、处置等均需要专门的综合性政策。

第 8 章　城市生活垃圾管理是最复杂的环境管理，其涉及生活垃圾的生命周期的全部环节，涉及众多的干系人。针对我国一直没有成功的城市案例，本章尤其参考了我国台湾省的经验。源头分类政策需要认真细致的工作；其他垃圾收集、转运、处置需要信息公开和提高效率；可回收物的加工利用、可再生原料商品的流通和使用需要不断的政策更新；消费观念、环境友好生产需要持续的政策支持。支持上述政策的管理，需要采用先进的技术和理念，不断完善和更新。

第9章　节能和可再生能源是能源政策的努力方向。由于化石能源的使用与空气污染、气候变化密切相关，因此，需要从"源头"开始努力促进环境友好的能源政策。温室气体减排是全世界的任务，作为温室气体排放大国，我国一直积极努力地减排。温室气体减排的主要对象是空气固定源，将温室气体作为污染物进行控制，可以利用固定源排污许可证予以管理，基于排污许可证的总量减排交易、碳税等都是可以选择的政策手段。在臭氧层保护方面，主要介绍了中国保护臭氧层的政策法规体系以及采取的行动。

参 考 文 献

[1] 陈振明. 政策科学——公共政策分析引论[M]. 北京：中国人民大学出版社，2003：50.

[2] 克鲁斯克 E R，等. 公共政策辞典[M]. 上海：上海远东出版社，1992：26.

[3] 夏光. 环境政策创新：环境政策的经济分析[M]. 北京：中国环境科学出版社，2001：55.

[4] 宋国君，马中，姜妮. 环境政策评估及对中国环境保护的意义[J]. 环境保护，2003(12)：34-37.

[5] 宋国君，钱文涛，马本，周莉. 中国酸雨控制政策初步评估研究[J]. 中国人口、资源与环境，2013，23(1)：6-12.

[6] 张萍，农麟，韩静宇. 迈向复合型环境治理——我国环境政策的演变、发展与转型分析[J/OL]. 中国地质大学学报(社会科学版)，2017(6)：105-116.

[7] 吴新祥，范英杰. 大数据时代下企业环境信息披露的发展趋势研究[J]. 财政监督，2016(5)：93-95.

[8] 邵洪，张力军，张义生. 环境管理学与可持续发展[J]. 环境保护，1997(2)：22-24.

[9] 马彩华. 中国特色的环境管理公众参与研究[D]. 青岛：中国海洋大学，2007.

[10] 吴获，武春友. 建国以来中国环境政策的演进分析[J]. 大连理工大学学报(社会科学版)，2006(4)：48-52.

[11] 钱再见，李金霞. 论科学决策中的专家失灵及其责任机制建构[J]. 理论探讨，2006(4)：129-132.

[12] 陈建坤. 科学决策制度论[J]. 东岳论丛，2001(3)：30-34.

第2章 环境政策分析的理论基础

本章概要：环境外部性是造成环境问题的制度根源，环境外部性的内部化也是环境政策分析的主要目的。本章以环境外部性理论为基础，提供了环境政策分析的框架。本章的主要目的在于利用传统的经济分析理论，以外部性理论为中心，包括社会主义市场经济理论、公共管理理论、环境法学理论、技术进步理论等，为环境政策分析面临的问题提供一套原则性的建议。

环境政策分析主要研究协调环境资源利用中的个体决策冲突问题，即"外部性"问题。个体决策在市场或计划等机制内冲突的程度，就是环境问题的严重程度。环境政策，就是促使个体决策在环境资源利用过程中相互妥协的一个安排。

当个体都更加偏好于物质消费，而忽视环境服务，以致决策和行动表现为高度的一致，如某一国家主要发展经济时，认为此时的环境问题并不明显。因为与环境资源利用相关的个体决策冲突并没有激化，问题的主要方面在于"经济发展阶段"，及其决定的"环境意识水平"。此时环境政策的主要功能在于控制大规模环境风险，保障基本的生态环境服务供给，为经济增长和转型提供"资本的原始积累"。

当经济发展实现飞跃和转型后，一个国家或地区在分工和贸易上占有优势地位，就能够更多地利用同外界的交换，包括廉价的"资源输入"和"污染输出"，在不降低生活水平的前提下，实现"经济"与"环境"的双赢。与此同时，个体在物质消费水平达到一定程度后，开始关注环境服务，环境质量成为一项重要的公共目标，环境质量的改善也有更多的资金、技术、体制上的保障时，环境问题开始突显。此时，社会的发展空间是足够的，环境政策的选择具有充分的自由度，对环境政策分析的现实需求也随之开始增加。

在全球市场竞争的压力下，当一个国家、地区的发展空间和前进道路很狭窄时，"不想破坏也得破坏""不想污染也得污染"，环境政策在目标和手段上就显得非常单一，问题的主要方面不在于"污浊的环境"，而在于"摆脱落后"。这对于当今发展中国家也是一个两难选择。

环境政策分析需要深入考虑以下几个方面的问题：一是从什么角度来看待环境问题，尤其是环境政策的问题；二是市场经济下，哪些问题是政府应当主动干预的，干预的手段是什么；三是如何划清各级政府的事权和财权，提高政府干预的效率和公平；四是环境政策如何顺应政治民主化的进程，环境政策分析如何为民主社会的政策决策服务。

目前，尚缺少一个统一的框架从宏观上和微观上对这些问题进行系统论述，环境政策分析的理论基础主要来自两方面：一是经典理论在环境领域的运用；二是总结成功的环境治理经验。

2.1 外部性的一般理论

2.1.1 外部性理论的述评

对于现代主流经济理论中的外部性理论，英国经济学家、剑桥学派的奠基者西奇威克功不可没，西奇威克在其《政治经济学原理研究》（Sidgwick，1887）一书中已经看到了私人产品和社会产品的不一致问题[1]。

一般认为，系统提出外部性理论的是新古典经济学的完成者马歇尔（Marshall，1880）。尽管他没有明确提出外部性的概念，但他在分析个别厂商和行业经济运行时首创了"外部经济"和"内部经济"这一相对概念。

庇古（Pigou，1920）首次使用了外部性概念，并用现代经济学的方法从福利经济学的角度系统地研究了外部性问题，在马歇尔提出的"外部经济"概念基础上扩充了"外部不经济"的概念和内容，使外部性问题的研究从外部因素对企业的影响效果转向企业或居民对其他企业或居民的影响效果。庇古提出了私人边际成本和社会边际成本、私人边际纯产值和社会边际纯产值等概念作为理论分析工具，基本形成了静态技术外部性理论分析的基础。庇古认为，私人边际纯产值和社会边际纯产值存在差异。新古典经济学中认为完全依靠市场机制形成资源的最优配置从而实现帕累托最优是不可能的。因此，政府干预成为实现社会福利的必然选择，政府对污染者征收等于其向社会产生的外部成本的税收即"庇古税"，这称为政府干预经济，成为解决外部性的经典形式。

科斯在1960年发表的《社会成本问题》中批判了"庇古税"的思路。科斯在提出损害的相互性，抽象地分析了对损害有责任和无责任的定价制度后，得出结论：如果定价制度的运行毫无成本，最终的结果（产值最大化）是不受法律状况的影响的[2]。这一结论后来被斯蒂格勒引注为科斯定理。科斯定理对庇古税思路的批判体现在三个方面：一是外部效应往往不是一方侵害另一方的单向问题，而是具有相互性；二是在交易费用为零时，庇古税没有必要；三是在交易费用不为零时，解决外部效应的内部化问题要通过各种政策手段的成本收益的权衡比较才能确定。也就是说，庇古税可能是有效的制度安排，也可能是低效的制度安排。通过损害的相互性、产权、交易成本以及制度选择，科斯拓展了对外部性的认识及其内部化的途径，并且把庇古理论纳入到自己的理论框架中，实现了对庇古理论的超越。这里要澄清的是，通常说的科斯方法，指通过市场的自愿协商达成交易来解决外部性，科斯本人并不一定支持，除非科斯方法相比其他方法具有费用效益有效性。

一般认为，从马歇尔的"外部经济"理论，到庇古的"庇古税"理论，再到科斯的"科斯定理"，是外部性理论进展的三块里程碑[3]。

杨晓凯和张永生指出：外部效果的实质在交易费用[4]。所谓外部效果，实质是界定产权的外生交易费用同不界定产权引起的内生交易费用之间的两难冲突。也就是说，只有当进一步界定产权花费的外生交易费用能由因此带来的内生交易费用的减少来补偿时，产权才会明晰，交易才能进行，外部性才能被内部化。

外部性问题现已经在经济学的各个相关学科引起了广泛的讨论。盛洪曾经评价："广义地说，经济学曾经面临的和正在面临的问题都是外部性问题。前者是或许已经消除的外部性，后者是尚未消除的外部性。"[5]

2.1.2　外部性的定义

一般的经济学文献中，对外部性的定义基于两个方面：

① 外部效应　经济体系内某个体的决策及其行为，对体系内的其他个体的收益（成本）产生了影响。

② 缺少交易　这种外部效应没有市场，没有相应的支付发生。也可以说外部效应作为

经济体系的一种产品，缺少供给和需求作用的完善的市场机制，这种产品的生产和调节游离于市场机制之外，其结果是价格信号失真。

在迈尔斯著的《公共经济学》[6]中，把对外部性的定义分为两类：第一类是根据其效应来定义；第二类是根据其存在原因和后果来定义。

第一个外部性定义是最常使用的，它以外部性的效应为基础。表述为："如果某个经济主体的福利（效用或利润）中包含的某些实变量的值是由其他人选定的，而这些人不会特别注意到其行为对于其他主体的福利产生的影响，此时就出现了外部性。"

赫勒和斯达雷特（Heller and Starret，1976）提出了把市场的存在性与外部性的后果联系在一起的外部性定义，即"对于某种商品，如果没有足够的激励形成一个潜在市场，而这种市场的不存在会导致非帕累托最优的均衡，此时就出现了外部性"。

经济体系内个体行为的相互影响肯定是存在的，并伴随着市场的扩大而扩大。瓦尔拉斯的一般均衡以及后来的阿罗-德布鲁经济体系，体现的就是这样一种相互作用的市场体系。因此，外部效应作为经济活动的一般性质，是外部性发生的一个前提，不是外部性的本质属性。外部性的本质属性是第二方面，即外部效应不在市场机制的调控之内。这里的"外部"，形象地说，就是在市场之外。

在此，想补充地阐述一下，环境经济学界目前对外部性的理解一般把它同垄断、公共物品、不完全信息等相并列作为市场失灵的四个重要原因。"当一种消费或生产活动对其他消费或生产活动产生的影响不反映在市场价格中时，就表明存在外部性"[7]。由于外部性本身并没有包含比垄断、不完全信息、公共物品等关于市场失灵更深层次的实体因素，外部性是市场失灵的同义反复。

本章从政策分析的角度出发，对外部性作如下定义：

① 外部性是指现实发生的一种损失，这种损失发生在利益相关者之间，已被识别，并且足够采取一种可行方案，来使利益相关者的这种损失减少。

② 或者，外部性是指现实未实现的一种收益，这种收益发生在利益相关者之间，已被识别，并且足够采取一种可行方案，来使利益相关者的这种收益增加。

上面的两种定义，是对现实产出低于预期（理想）产出的评价。

更简单地说，外部性是指存在帕累托改进的现实机会。

本章从整体角度，而不仅从个体角度来定义外部性，是沿袭了科斯在《社会成本问题》中的思路。科斯在批判庇古手段时强调，应当从庇古的研究传统中解脱出来，寻求方法的改变，即"在设计和选择社会格局时，我们应当考虑总的效果。"也就是以社会产值最大化为出发点来观察和研究问题。

本章对外部性的定义，强调四个方面：

① 外部性是一种增加社会福利的机会。外部性问题是政策分析的主要对象。

② 外部性是相互的。从总体的水平比从个体的水平更容易把握外部性。

③ 外部性的识别需要信息。这说明了信息和相关的知识是外部性的政策分析的前提。

④ 外部性内部化往往成本很高。这说明外部性内部化的约束，是否存在费用效果可行的政策方案是外部性内部化的现实的瓶颈。

2.1.3　外部性的生命周期模型

我们设计一个场景来分析河流上游城市的污染影响下游城市的外部性，考察具体外部性的生命周期。

A——上游城市　　　　B——下游城市　　　　C——省政府

R——河流水质

E_a——污水处理厂　　　E_b——自来水厂　　　E_c——水质监测站

A加快发展，现每年新增废水排放1000t，E_a投资不变，导致R逐年降低，B投资E_b每年递增200万元。B的新增投资为A城市加快发展对B城市产生的外部影响。第3年，B市找A市到省里C谈判。

双方的第一个焦点就是"产权"问题，即"A有权排放废水"或"B有权获得干净水源"。通过省长调解，达成"今后A与B的交界水质必须满足现状"（假定为4类水体）这样一个合约，并由省政府建立了相应的水质监测站E_c。

因此，A在合约的要求下，扩大污水处理厂及其运营的投资，每年新增100万元；B维持现状投资。关于上下游污染的外部性从此消失。

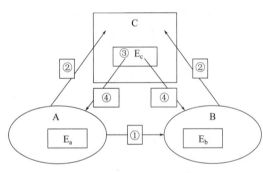

图2-1　外部性的生命周期模型

某个具体的外部性从产生到消失这个过程，称为具体外部性的生命周期。可分为四个阶段：①资源稀缺信息显现期；②资源利用合约的讨价还价期；③资源利用合约的形成期；④资源利用合约的执行期。外部性的生命周期模型见图2-1。

在城市A的发展速度和规模较小时，R作为公共物品，A和B对其的利用不存在拥挤，此时R不稀缺。

A规模扩大后，也扩大对R的需求（R此时作为环境容量资源，记为R_1），这使得B增加对于R的开采成本（R此时作为清洁水源，记为R_2）。因此，R的稀缺性显现。但由于产权不明晰，这种资源稀缺性的信息（B的取水成本升高）最初是在B获得，而A并没有获得并利用这种信息的积极性，因为这种信息暂时还不能带来可预见的收益。

随着B承担产权不明晰所造成的成本超过某个阈值时，比如3年后的600万元，B主动提出谈判，在于减少损失。B此时预期可能谈判只需要花费500万元。在谈判过程中，B可能会要求A补偿取水成本增加的数额，而现实的法律或管制约束都赋予A和B共同的开采权，还没有进一步继续界定。此时，在省政府的参与下，双方最终可能达成一个"市界断面水质达标"的合约。相应地，省政府建立了R在市界断面的监测站，监督合约履行。

由于A对R拥有的产权减少，R_1的供给减少，R_1在A的稀缺性显现，A开始寻求提高R_1使用效率的技术信息。结果A发现通过扩大在E_a上的投资可以实现。这种信息有可能出现在②、③和④环节，即当A预期到其产权会受到约束，或约束自己的产权会带来收益时。

最后，A每年在E_a上的投资递增100万元，B维持投资水平，E_c每年的投资为50万元，达到A、B双方都能接受且水质达标的均衡，此时该外部性实现了内部化。

通过上面的描述，进一步总结：

① 对外部性的识别和重视，随着资源稀缺性的显现而提高。

② 产权明晰有利于信息的产生和利用，这些信息有利于改进利用资源的生产方式，促进外部性的内部化。

③ 产权明晰过程受讨价还价的成本的制约。

④ 产权保障及产权交易受监督合约的成本制约。

⑤ 产权明晰有利于先进的资源利用方式的选择。

产权、交易费用、信息不对称是相互依赖的，可以相互解释和支持，共同解释外部性的原因。

2.1.4　外部性的合理规模

外部性的生命周期是一个产权逐渐清晰的过程，而界定产权以及保护产权的成本，即交易费用，其主要的原因是要克服信息不对称。在外部性生命周期的某个阶段，外部性存在一个合理规模，与之相对应的是一个"模糊"的产权。

（1）产权　H. 登姆塞茨认为："所谓产权，意指使自己或他人受益或受损失的权利。"菲吕博腾与佩杰威奇对产权的定义是："产权不是指人与物之间的关系，而是指由物的存在及关于它们的使用所引起的人们之间的相互认可的行为关系……它是一系列用来确定每个人相对于稀缺资源使用时的地位的经济和社会关系。"阿尔钦认为："产权是一个社会所强制实施的选择一种经济物品的使用权利。"在此，阿尔钦表明了产权的排他性。阿尔钦是产权经济学大师，他的这一定义又被写在权威的《新帕尔格雷夫经济学大辞典》中，被认为是经典的[7]。

关于产权和外部性的经典论述，可见 H. 登姆塞茨的《关于产权的理论》[8]。他指出，"产权是一种社会工具，其重要性就在于事实上它们能帮助一个人形成他与其他人进行交易时的合理预期""外部性是一个意义不明确的概念。为了本文的目的，这一概念包括外部成本、外部收益以及先进和非先进的外部性。没有一种受益或受损效应是在世界以外的，有的人或人们常常享有这些效应。将一种受益或受损效应转化成一种外部性，是指这一效应对相互作用的人们的一个或多个决策的影响所带来的成本太高以至于不值得，这就是该词在这里的含义""产权的一个主要功能是引导人们实现将外部性较大地内在化的激励"。

登姆塞茨在论述产权的形成时，论述的是美国印第安人的土地私有权的发展。拉布拉多半岛的印第安人具有悠久的建立土地财产的传统，但是西南部平原的印第安人却缺乏类似权利，这激发了 E. 利科克对居住于魁北克周围的广大区域的山区的进一步研究，并发表了题为《关于山区的狩猎区域与皮革贸易》的纪念文章。在进行皮革贸易之前，狩猎的主要目的是吃肉及获得狩猎者家庭需要的少量皮毛，这些外部性的效应很小，以至于不需要考虑对拥有它们的人支付补偿。1633～1634 年和 1647～1648 年的两个记录也表明，在当时的社会组织下，土地私有权并没有得到很好的发展。皮革贸易的出现有两个直接的结果：第一，印第安人的皮毛价值大大增加了；第二，其狩猎活动的范围明显扩大了。这两个结果都大大提高了与自由狩猎相联系的外部性的重要性。产权制度开始变化，其变化的方向尤其要求考虑因皮革贸易变得重要了的经济效应。E. 利科克所收集的地理和分布的证据表明，早期的皮革贸易中心与最古老的和最完整的私有狩猎区域的发展具有准确无误的相关性。

"关于山区的狩猎区域与皮革贸易"的这个例子，使人们认识到：外部性的生命周期（产权的形成）起源于资源的稀缺。外部性内部化过程，即产权的形成过程，其诱因是新的获利机会，并且其价值大于内部化的成本，包括产权明晰的成本。如皮革贸易，印第安人的皮毛价值大大增加了，这将激励增加或维护动物存量的投资，避免发生过于密集的狩猎，而其有效的方式就是私有狩猎区域的发展。

（2）交易费用　一般认为，科斯于1937年《企业的性质》的发表标志着交易费用学说的开始。为什么协调经济运行的工作在一种情况下是由价格机制来完成，在另外一种情况下又是由企业来完成呢？识别市场运行是有成本的，或者说利用价格机制是有成本的，成了研究这个问题的出发点。科斯引入了交易成本的概念，打破了之前的经济学家关于经济系统是自组织、交易"无摩擦"、价格机制能自动实现资源优化配置的论断。科斯对交易成本的更进一步的讨论，出现在他的1960年的《社会成本问题》。此时，交易成本的影响不仅关系到企业的产生，也关系到一系列社会权利的安排。科斯把交易成本的解释对象从企业扩大到了整个社会制度。

交易费用理论说明了运用市场机制在某些情况下成本很高，这也意味着必须选择能够节约交易费用的非市场机制来部分取代市场机制。通常的非市场的组织，有企业、政府、政府之外的非营利组织。这些产权制度降低了交易成本，促使外部性内部化。

根据交易费用发生在生产者和消费者之间，也即考察生产者和消费者之间的外部性的内部化方式，可将外部性问题分为以下3类：

① 生产者之间的外部性问题　通过企业组织，节约了生产者和生产者之间的交易费用。企业实质是一个依赖权力关系维系要素的联合投入的合同。

② 生产者和消费者之间的外部性问题　这主要是因为消费者对于监督生产者的产品质量有困难，或者叫作产品质量的不确定性，其实质是生产者和消费者之间的信息不对称，使得生产者和消费者之间存在交易费用。通过职业化的制度（如医生、律师和教师等行业）、公共管制、立法制度可以减少这类交易费用。

③ 消费者之间的外部性问题　这主要是由在消费公共物品上的搭便车行为引起的。布坎南认为，消费者之间的交易费用问题可以通过俱乐部来降低[9]。俱乐部制度收取费用并排斥非俱乐部成员享用公共物品，而且该组织强调一体化和责任意识。

（3）信息不对称　到目前为止，还没有发现比信息不对称更能普遍和深入地解释外部性的物质因素。信息不对称首先动摇了完全竞争市场的假设，使得价格制度往往不是配置资源的最有效安排。在此基础上，有企业、政府和其他非营利组织的制度安排的存在。它们在配置资源功能上与市场具有替代和互补的关系，在一定程度上降低了信息不对称所产生的外部性，使部分外部性内部化，但信息不对称仍是现实外部性大量存在的无法克服的根源。

所谓信息不对称，是指交易双方有一方拥有另一方所不知道的信息。如，你不知道梨子是坏的，而小贩却再清楚不过。这种信息不对称情况在分工条件下更是一种必然的现象，买者对卖者的专业当然是知之不多。这种信息不对称，一方面是产生分工专业化好处的来源，另一方面也是使欺骗等机会主义行为产生内生交易费用的根源之一[10]。

在杨小凯等的新兴古典经济学中，外生交易费用是指在交易过程中直接或间接发生的那些费用，它不是由决策者的利益冲突导致经济扭曲的结果。内生交易费用是指由于机会主义行为导致的市场均衡同帕累托最优之间的差别。明明对双方都有利可图的交易，却由于欺骗的可能和缺乏互信而不可能实现。这就是机会主义行为造成的内生交易费用。

由于信息不对称，交易双方往往会在合同的设计上以及监督合同的执行上投入很多，这促使外生交易费用的提高，这也是一个界定产权的过程。如在委托代理模型中，合同的设计往往由于委托人不能观测代理人的努力程度而变得复杂，主要是考虑对代理人的激励提供和风险分担的两难。另外，信息不对称以及机会主义行为倾向又是内生交易费用的源泉。经济学中将这类由信息不对称造成的内生交易费用的模型称为逆向选择模型。这类模型通常用来描述旧车市场、保险市场以及劳动力市场等。

以旧车市场为例，为了达成交易，卖车方可能得提供一系列的维修记录来证明旧车的质量状况，这些信息成本属于外生交易费用。当然，如果卖车方不提供维修记录，可能节省了信息成本，减少了外生交易费用，但往往可能造成旧车的交易失败，因此，交易失败给买卖双方造成的福利损失就是内生交易费用。

（4）外部性的合理规模　在第一节指出，所谓外部效果，实质是界定产权的外生交易费用同不界定产权引起的内生交易费用之间的两难冲突。外生交易费用和内生交易费用往往可以相互替代，它们都可以看成是由信息不对称引起的。可以选择在产权界定上，如合约的设计与执行和监督上进行支出，这将会降低由信息不对称和机会主义倾向引发的内生交易费用。也可以选择一个模糊的产权，但这通常要承担内生交易费用的代价，如关于空气的公共使用，此时，外部性是合理的。

因此，现实的交易费用总对应一个（外生交易费用，内生交易费用）的组合，或者（产权明晰程度，外部性规模）的组合。关于外部性的合理规模，见图 2-2。

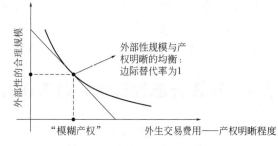

从政策分析角度看，外生交易费用是内部化政策的成本，而内生交易费用是内部化政策实施后所带来的交易扩大所增加的产出，即政策的收益。

图 2-2　外部性的合理规模

设：

f——总的交易费用；f_1——内生交易费用；f_2——外生交易费用；

$f=f_1+f_2$，表示总的交易费用的构成；

$T(f_1,f_2)=0$，表示内生交易费用和外生交易费用之间的替代关系。

因此，外部性的合理规模的模型：

$$\begin{cases} \mathrm{Min} f=f_1+f_2 \\ \mathrm{s.t.}\ T(f_1,f_2)=0 \end{cases}$$

拉格朗日一阶条件为：

$$L=f_1+f_2+\lambda T(f_1,f_2)$$

$$\frac{\partial L}{\partial f_1}=1+\lambda\frac{\partial T}{\partial f_1}=0$$

$$\frac{\partial L}{\partial f_2}=1+\lambda\frac{\partial T}{\partial f_2}=0$$

$$\frac{\partial T}{\partial f_1}=\frac{\partial T}{\partial f_2}\neq 0$$

对替代方程进行全微分，可得：

$$\frac{\partial T}{\partial f_1}\mathrm{d}f_1+\frac{\partial T}{\partial f_2}\mathrm{d}f_2=0$$

$$故\ \frac{\mathrm{d}f_2}{\mathrm{d}f_1}=-1$$

正确识别外部性的合理规模，是确定内部化政策范围和政策目标的重要依据。在进行外部性内部化的政策方案设计时，应该充分考虑界定产权和监督产权所必须花费的成本，同政策方案实施后所来的交易效率的提高进行比较。

外部性的生命周期以及外部性的合理规模，共同作为政策制定的基本约束。至此，回答了政策制定宏观层面的问题：

① 为什么需要政策　外部性的存在使得社会处于非帕累托最优状态，政策有助于促进外部性内部化，提高社会福利。

② 如何确定政策范围　政策的范围是有限的，外部性的存在有一个发展的过程，政策的介入要选择在资源稀缺性达到一定程度，资源配置效率改善可以足够弥补内部化的成本的时候。

③ 如何确定政策目标　产权的明晰程度是有限的，内部化的目标要充分考虑界定以及保护产权的成本，同交易效率的提高而带来的收益的增加之间的比较。

外部性的生命周期是一个交易和市场扩大、经济产出增加、社会福利提高的过程。外部性的内部化受资源稀缺性的提高和产权界定成本降低的影响，表现出自发的渐进的过程。但这一过程在政府主动干预下，是可以得到促进和优化的，也即政府对经济社会的干预是有利的。这个基本的信念成为政策分析的基石。

2.2　环境外部性理论：对传统外部性理论的发展

环境外部性理论是传统的外部性理论在环境问题领域的应用与扩展，是环境政策分析的理论基础。环境外部性，仍然是指由环境资源产权不明晰、交易成本过高或信息不对称等导致的环境资源低效配置的一种损失，并且这种损失可以通过政府干预，也就是实施环境政策，来减少甚至避免。环境外部性仍然适用于作为分析环境政策的理论依据。

2.2.1　环境外部性的二分法

外部性被定义为"具有外部关系的效应"是比较确切的，只是在传统的讨论中没有明确外部性与外部效应的关系，有时把外部性等同于外部效应，有时把外部效应看成是外部性的效应。因此，外部性同时具有"外部关系"和实际"效应"，其中"外部"是条件，效应是表现，也就是说一种效应要被识别为外部性的话，那么它必须是在"市场之外"的。传统的概念主要注重对"外部关系"的界定（如鲍默尔-奥茨双重条件），而把"效应"当成一种附属。这在界定什么问题应当被归为外部性时，基本是正确的，因为通常"外部关系"对市场的扭曲会带来一定的正面或负面效应。而对于问题的解决却显示出其弊端。根据传统的定义，只要把外部关系解决了就实现了内部化的目标，但实际上，效应的消除才是解决问题的实质。结合环境问题的特性，环境外部性包含"外部关系"和"环境效应"两部分。外部关系是指各主体之间的关系存在于市场之外；环境效应是实际发生的环境影响，例如对水质的破坏、对人体健康的影响，这种效应是客观的，不依存于其他关系。环境效应没有经过市场交易（价格机制）反映时称为环境外部性，或者说环境外部性是通过外部关系传递的环境效应。根据对环境外部性的定义，对环境问题的认识就可以从"外部关系"和"环境效应"两个维度去区分。据此作出图 2-3，横坐标代表环境效应的大小，纵坐标代表外部关系的复杂程度。其中，外部关系涉及主体的多少、主体之间的关系、市场的完善程度等。但是总而言之，外部关系决定交易费用的大小，也就是政策成本，关系越复杂，政策成本越高；环境效应则决定政策的潜在效果。

图 2-3 中将坐标系分成四块区域，分别表示的环境问题为：

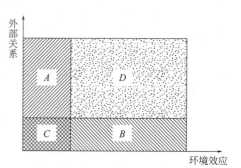

A：外部关系复杂，环境效应较小；

B：外部关系简单，环境效应较大；

C：外部关系简单，环境效应较小；

D：外部关系复杂，环境效应较大。

图 2-3　环境外部性初步分类

以上对环境外部性的分类对于环境政策设计有着非常重要的指导意义，包括政策目标的确定、政策手段的选择、政策实施的主体等等。政策的效果目标就是消除或减少有害的环境效应，效率目标是外部性内部化。消除有害效应是首要的，外部性内部化涉及政策成本的分配和效果的分享。

按照图 2-3 的分类，可以将外部性表示为：

$$E = R^{\alpha} E^{\beta}$$

式中　R——外部关系；

　　　E——环境效应；

　　α、β——非负的常数。

也就是说，外部性与外部关系、环境效应正相关。在有限的政策资源约束下：从效果的角度来讲，应当优先解决环境效应大的问题；从效率的角度来讲，应该先从关系简单的问题着手。按照这个原则，宏观环境保护政策的优先排序应当是 B—D—C—A，当然，这只是一般的原则。更为具体地，综合以上对外部性的"关系-效应"二分法定义，可以进一步定义外部性的"集中度"（c）为：单位外部关系中包含效应的大小，可表示为 $c = E/R$。环境政策追求效果的确定性，在既定效果目标下，寻求最小的交易费用（即政策成本）。外部关系主要反映政策监管对象的多少，而监管对象的多少直接影响到政策成本，关系越复杂，监管的对象越多，成本越高。由此可推断，外部性"集中度"越高的问题，监管的成本越低。因此，对于同一类环境问题，在不同区域、污染源之间分配政策资源（例如在处理流域水污染问题时，是先处理农业面源还是工业点源），遵循边际交易费用最小化或边际收益最大化原则，政策的优先序可以根据外部性的集中度来排列，优先解决集中度较高的问题。外部性的集中度概念也将为之后政策手段的选择原则奠定基础。

在环境外部性中，外部关系应当包括两个维度：一是外部关系中的主体；二是外部关系的方向。通俗而言，要说清楚外部性中包含的外部关系，必须说明：谁输出了环境效应，谁接受了环境效应。这里输出和接受都带有方向的含义。环境效应也包括两个维度：一是环境效应影响的时间和空间范围；二是环境效应的大小。因此，主体、方向、范围、大小这四个维度将外部关系和环境效应继续深化，并构成环境外部性的四个要素，这四个要素也构成环境外部性分析的基本框架[11]。

2.2.2　环境外部性的四个要素

（1）外部性的主体　外部性的主体至少包括两部分：施体和受体。根据施体和受体的范围，可以将外部性分为 4 类：a 与 b；a 与 B；A 与 b；A 与 B。其中，a、b 表示单个个体，但既可以是个人，也可以是有明确责任规定、利益一致的组织，如工厂；A 和 B 则表示群体，A 为外部性施体的集合，B 为外部性受体的集合，可以表示为：$A = \{a_1, a_2, a_3, a_4, \cdots\}$；$B = \{b_1, b_2, b_3, b_4, \cdots\}$（表 2-1）。也就是说，外部性通常发生在以下四种主体之间：一对一，一对多，多对一，多对多。

表 2-1　外部性的主体分类

主体	特点	举例
a 与 b	施体和受体都很明确，影响范围较小，交易自发达成的可能性较大	蜜蜂和果园、抽烟的例子
a 与 B	施体明确，受体分散，交易自发达成的可能性较小	火车与农田
A 与 b	施体分散，受体明确，交易自发达成的可能性较小	上游工厂污染与渔场
A 与 B	施体和受体都分散，不明确，几乎不可能自发达成交易，必须依靠施体和受体共同的管理者解决	大部分环境问题，跨行政区、跨代际外部性

环境问题中，绝大多数属于第四类外部性，即"多对多"型，这也就是所谓的"多数人问题"（large number problems）（樊纲，1995）[12]。在这类外部性中，施体和受体都不止一个，而且是分散的，由于信息的不对称，a_1 可能并不知道除了自己以外还有 a_2、a_3 也存在于外部性之中，因此，a_1、a_2、a_3 不能结成一个利益同盟，b_1、b_2、b_3 也存在同样的问题。由于施体和受体的分散而导致交易自发达成的可能性几乎为零，因此就需要一个信息更为完备，且能代表集合中不同个体利益的组织来解决外部性问题，这也是政府干预在外部性问题中的必要性所在。

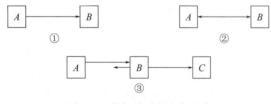

图 2-4　外部关系的方向示意

（2）外部性的方向　外部关系的方向基本包括三类：单向、双向、多向。其中，单向外部关系是指环境效应只从一个方向传递，施体和受体截然分开；对应地，双向的外部关系是指环境效应可以在施体和受体之间来回传递，施体和受体是相对的；而多向则更为复杂，关系更为发散和多样化。为了表达明确，用图 2-4 表达这三种方向。其中，①、②较为直观，分别表示单向和双向的外部性；③表示多向的外部关系，A 将初始环境效应输出给 B，B 又部分返还给 A，另外 B 还将一部分传递给 C，当然 C 也可以继续传递给其他主体或者返还给 B。

以一个钢铁厂-渔场的经济模型为例：钢铁厂在上游排污，下游的鱼的健康受到损害（如体内含铁量过高），如果渔民自己将鱼全部消费，则属于单向的外部关系；现在渔民知道鱼的健康有问题，转而将鱼全部卖给钢铁厂，那么污染实际上通过鱼的交易又返还给了上游，此时属于双向的外部关系；如果渔民只将部分鱼卖给钢铁厂，部分鱼卖给其他人 C，则属于多向的外部关系。多向的外部关系实际上还是由单向和双向的外部关系组成的，因此，外部关系可以进一步简化为单向和双向两种基本形式。很显然，对于双向的外部关系，有害的环境效应之所以能够在两个主体之间来回传递，最为关键的一点就是信息的不对称。在上述例子中，渔民具有的信息更加丰富，钢铁厂之所以会购买受污染的鱼是因为他们不知道吃鱼将对自己的健康有损害，更不知道鱼体内的有害物质竟然是自己排放出去的。假定鱼是钢铁厂员工生活的必需品，那么，解决钢铁厂污染问题首要的就是将"排污-鱼受污染-吃鱼导致健康损害"这些信息传达出去，特别是传达到钢铁厂，这样的话当他们意识到自己"排出"的污水最后还是被自己"消费"掉了时，就会自觉地采取污水治理措施。

因此，对于双向的外部关系，最应该优先被采取的手段可能是建立通畅的信息交流和共享机制，让大家都明白自己的外部性输出并不是完全被别人所消费，可能会以另一种形式转移过来。尽管本书中对于方向的分类类似于部分学者（鲍默尔、奥茨，见前文引注）的"可转移""不可转移"的分类，但是传统理论没有在内部化手段的选择中重视这种区分，对于手段的讨论主要是基于单向外部关系的假设。从这种区分中可以看出，提供知识、信息的劝说教育等手段实际上在某些问题上是具有立竿见影的作用的。

（3）外部效应的影响范围　历史上或者说主流经济学上对于外部性的讨论大多局限于私人或同一行政区内的较为微观的外部性。而环境本身就是一种具有公共属性的物品，就地域范围而言，环境问题的影响往往跨越行政区、流域甚至国界。外部性影响存在于一定的空间和时间范围内，而环境问题经常表现为跨区域、跨代际的外部影响。本书将根据以下时间和空间准则，划分环境外部性影响的范围，目的是为不同影响范围的外部性问题寻找合适的"人选"来主持内部化的进程。

一是依据环境问题影响的时间尺度将环境问题分为代内和代际外部性，这条分类依据和经典经济学上的划分是一致的。按照一般标准，可将 20～25 年划分为一代，若某特定环境问题的影响在此年限范围内将消失，则被认为是代内外部性，反之将被划为代际外部性。对于目前尚无法界定影响的环境问题遵循的是"从严考虑"的原则，尽量将其不利影响考虑到最大。此外，代际的影响还可以进一步划分，有些问题在一代内或几代内就可以完全解决，而有些问题深远地影响着地球的安全和人类的发展，需要持续永久地加以控制和改善。对于管理体制而言，本书认为只要是影响到一代以上的环境问题，都应该由中央政府负主要责任，因此，本书将不再细分代际外部性问题。

二是按照环境问题跨越的行政区域将其划分为市内、跨市（市际）、跨省（省际）、跨国（国际）和全球外部性。这是由环境影响的广度和目前我国国情决定的。在行政区的层次上去明晰产权很难操作，目前最清晰的界定只能明确到环境资源归国家所有，但由于环境资源的不可分割性决定了在更小的范围内划分产权是很不可行的，例如法律不能规定 A 省的空气归 A 省所有而其他省份的市民不可使用。

综上，根据环境外部性影响的时空范围，可以建立这样一个分类框架，该框架可以用一个 $m \times n$ 的矩阵 A 表示为：$A = T \times S$。其中 T 为时间向量，$T = (t_1, t_2, t_3, \cdots, t_m)^{\mathrm{T}}$，上标的 T 表示向量的转置（transpose）；S 为空间向量，$S = (s_1, s_2, s_3, \cdots, s_n)$。因此，矩阵 A 可表示为：

$$A = \begin{bmatrix} t_1 s_1 & t_1 s_2 & \cdots & t_1 s_n \\ t_2 s_1 & t_2 s_2 & \cdots & t_2 s_n \\ \vdots & \vdots & & \vdots \\ t_m s_1 & t_m s_2 & \cdots & t_m s_n \end{bmatrix}$$

该框架提供了一个可以扩充的外部性分类方法。根据时间和空间范围的细分，m 和 n 可以是任意大的实数，即可以将所有外部性问题纳入该分类框架。本书中时间被区分为代内和代际，因此 T 为 2 维列向量；空间向量中的分量 s_i 表示的是区域范围，包含市（县）、省、国等行政级别。因此按照该框架，根据环境外部性的影响范围可将其分为：代内私人/企业、代际私人/企业、代内市际、代际市际、代内省际、代际省际、代内国际、代际国际八类。为使分类的框架具体化，表 2-2 将一些常见的环境问题列入该分类框架之中。

表 2-2　环境外部性的影响范围

类别	代内	代际
私人/企业	TSP/PM$_{10}$、有毒有害气体、市政固废污染、工业固废污染、噪声污染等	有毒有害固废
市际	PM$_{10}$/PM$_{2.5}$、有机物污染（BOD、COD）、固体悬浮物（SS）等	省级自然保护区
省际	城市污水处理厂建设、流域水质管理、酸沉降、大河大湖富营养化	流域城市地下水开发、放射性物质、铀尾矿、国家自然保护区
国际	危险废物跨境转移、SO$_2$越境飘移	有毒有害物质、放射性物质、铀尾矿、固体垃圾深海填埋
全球	—	温室气体、消耗臭氧层物质（ODS）、生物多样性保护、湿地保护

（4）外部效应的大小　理解环境外部性效应或影响的大小，可以从两个角度进行。一方面，环境外部性造成的影响是客观存在的，如污染物排放量、造成的污染损失、健康损害等，为了方便表述，把环境外部性所造成的客观影响定义为绝对外部效应（absolute externality value，E_a）。另一方面，可以从防护或避免的角度理解环境效应的大小，即为避免发生污染损失、健康损害所要额外支付的花费，也就是内部化成本，这实际上是与交易费用相通的，下文中直接以交易费用（C）表示。两个角度的理解对于环境政策而言具有不同的意义，避免损失或损害是污染控制政策的目标所在。因此，前者可以反映污染控制政策的收益，即避免的污染损失，而后者则反映政策的成本。但是以上两个方面都只是在社会总体层次上的考虑，没有考虑到个体的差别，实际上同样大小数量的环境负效应或交易费用，对于不同收入的人群来说，对其效用或福利的影响是不一样的。因此，本书用相对外部效应大小（relative externality value，E_r）来反映这种相对性和差异性，相对外部效应大小既可以指环境效应对干系人的相对影响，又可以指交易费用对干系人的相对影响。

在环境政策设计中，E_a 主要用于判断环境外部性应不应该、值不值得被列入政策议程（必要性），C 主要用于评估环境外部性能不能被政策所解决，也就是政策可不可行（可行性），E_a 和 C 共同反映政策的总体效率。而 E_r 则反映政策的分配或边际情况，政策成效或成本对于不同干系人的影响。环境政策设计的理想状况就是以最小的交易费用（政策成本）获得最大的福利改善，这表面上看似乎只是个效率问题，但是却可能也是公平的，因为政策想要获得最大的福利改善，往往首先要从那些最弱势的群体的福利改善做起，这便是社会公平。

①绝对外部效应（E_a）大小　上面提到，E_a 是指客观的、已发生的环境损害或改善。但是无论如何它之所以造成外部影响是因为这种效应没有进入市场，无法通过价格机制直接衡量出这种效应的大小。通常可以使用直接市场法、揭示偏好法、旅游成本法、趋避成本法等方法对这种外部效应进行测量（EPA，2000）[13]。

外部效应的绝对值是动态的，随着人们对环境价值的认同和对舒适度要求的提高，对某类环境问题的外部影响的赋值也越大。因此，外部性绝对值主要是时间的函数，且通常为关于时间的增函数，可表示为：

$E_a = f(t)$，且 $f'(t) > 0$，其中 t 表示时间。

本书的主要研究对象是对社会总体产生负效应的外部性，其绝对值等于外部性造成的社会、经济、环境的净损失。外部性绝对值的概念模型可用图 2-5 表示。

② 内部化成本/交易费用（C）大小　交易费用即内部化成本，也就是为将某外部性问题内部化所需的额外成本，在环境管理中，也等于为达到某环境目标而需要支付的政策成本。内部化成本主要取决于所采取的技术（也包括管理等软技术）和拟实现的内部化程度，技术的改进将导致内部化成本的降低，而内部化的程度越高，成本越高。这里暂时认为某项政策的持续作用时间不会足够长到以至于技术发生了根本性的改进，因此，为简化模型，姑且剔除时间因素的影响，内部化成本函数可表示为：

$C = f(d)$　　（$0 \leqslant d \leqslant 1$），$f'(d) > 0$，其中 d 表示内部化的程度。

且通常该函数存在拐点 d_0 使得 $f''(d_0) = 0$；

$0 < d < d_0$ 时，$f''(d) < 0$；

也就是在内部化程度较低的阶段，由于规模效应的存在，单位内部化程度所需的边际成本会逐渐降低，即满足：

$d_0 < d < 1$ 时，$f''(d) > 0$；

在内部化已经达到较高程度时，内部化的边际成本又会出现递增的趋势，也就是管理成本的边际效用递减。

综上，绝对环境效应（E_a）和交易费用大小（C）的概念模型可以用图 2-6 表示。按照上面的叙述，该图的政策含义就是：在某一程度的政策干预下，E_a 代表被避免的损失，C 代表该干预程度下的政策成本，那么政策的净收益就是两者的差值。这实际上为环境政策的费用-效益分析提供了一定的理论依据。

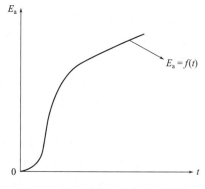

图 2-5　绝对环境效应大小示意图

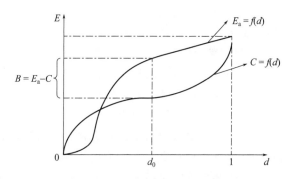

图 2-6　环境政策成本-效益示意图

③ 相对外部效应（E_r）的大小　以上仅是从社会总体的层次去认识环境效应和交易费用的大小，或者说环境政策的收益和成本情况，这对于掌握政策的总体效率来说是非常重要的。但是，公共政策同样要关注个体，特别是弱势群体，这就是政策的分配问题。同样一个单位的外部效应或交易费用，对于不同人群的福利影响是不一样的。下面将继续讨论环境效应的分配问题，或者说交易费用的担负问题。

正如笔者一直所强调的，消除环境效应是政策的首要目标，不仅从解决科学问题的角度来说是如此，从社会公正的角度来说也是如此。因为环境外部性（本书主要讨论有害的环境外部性）中包含着一种损失和收益不对等的关系，在这种外部关系中，承受外部损失的人是无辜的，而通常情况下，这部分人恰恰是社会弱势群体，他们的福利需要得到格外的保护。消除有害的环境效应可以说对弱势群体的福利改善有巨大作用。而对于输出污染因此获得外部收益的人来说，他们所获得的这份收益本身就不尽合理，况且，不能指望他们自觉把这部分收益拿出来进行社会再分配（例如进行补偿或环境治理）。尽管这部分收益仍然属于社会福利的一部分，但终究是被少数人所占有，而且是通过损害弱势群体的利益而获得的。因此，从改善社会总福利的角度来说，重要的不仅仅是"外部收益与外部损害的差异"的绝对大小，更为重要的是看外部损害以及外部损害所涉及的人群，因为等量货币的损害或收益，对于不同社会阶层的人来说所带来的福利损失或收益是不同的，显然对于弱势群体福利的影响更大。

举个例子来说，假设一个经济体中有一个钢铁厂和一个农村，钢铁厂在治理污水行为上的"偷懒"为其带来了 1000 万元的额外利润，但其污水使下游村庄的庄稼和村民健康受到损失，假定为 900 万元。从表面的经济数据来看，钢铁厂继续"偷懒"的社会净收益是100 万元，但这真的是有效率的吗？设想，这 1000 万元对于钢铁厂而言也许只是其总利润的 10%，甚至更少，而且这些利润的分配主要在钢铁厂内进行；而损失的 900 万元可能是村民总收入的 80% 或者更多，他们对这 900 万元的福利评价将高于钢铁厂对 1000 万元的福利评价。在这种情形下，显然应当是以某种手段对污染效应进行消除。进而假设对村民造成的损失是 1100 万元，那么，毫无疑问，治理污染或者说消除污染带来的负效应无论从经济效率还是从社会效率来说都是有必要的。

上述事例想说明的是：无论外部收益和外部成本具有孰大孰小的关系，都不能轻易断言该外部性问题是否需要被处理。对于环境外部性而言，尽管在对政策进行费用-效益分析的时候要考虑损害和收益之间的差异，但损害比收益更应当受到重视。因此，仅从社会整体考虑外部效应可能是不全面的，还需要考虑个体之间的差异。

外部效应的相对大小是指真实的外部效应对于受影响主体相对效用损害的大小，最为通俗的说法就是：同样是 1 元钱的损害，对于富人和穷人来说，对其福利的影响是不同的。如果用避免损害所需支付的交易费用来衡量绝对外部效应的大小的话，外部效应的相对大小也可以理解为相对的交易费用。要辨识外部性影响的差异性和相对性，需要将真实环境损害（或交易费用）和干系人的福利直接联系起来。对于政策设计而言，同样的政策资源，在选择投入对象的时候，应当优先考虑弱势群体。

假定单位污染排放对于人群造成的客观影响是无差别的，例如 1t COD 的排放对于住在沿岸的居民（无论贫富）所造成的影响是同等程度的。饮用水味道不好，为了去除味道，每个家庭需要额外支付的成本为 100 元。假定只有两个家庭，那么这 1t COD 所造成的绝对外部效应货币化后为 200 元，由两个家庭平均承担。但是这 100 元对于穷人和富人的影响是不一样的，假定穷人家庭的收入只有 1000 元，而富人家庭的收入为 10000 元，100 元的支出分别占据了两类家庭收入的 10% 和 1%，显然对于贫穷家庭的影响要大得多。因此，同一个单位的环境效应（交易费用）对于穷人而言，其受到的影响是富人的 10 倍。这就是外部效应相对大小的重要意义所在，它能够反映相同环境效应（交易费用）对于不同人群福利影响的相对差别。

为了简化讨论，这里考虑收入（I）是影响干系人福利的最主要因素，那么外部效应的绝对大小（E_a）和相对大小（E_r）的关系可以表示为：

$$E_r = E_a / I$$

即外部效应的相对大小与收入成反比，与绝对大小成正比。那么对于不同的干系人而言，在同样的客观环境效应影响下，两者的相对效应大小比值为其收入的反比，即：

$$E_{r_i}/E_{r_j} = I_j/I_i$$

更为普遍的情况下，不同主体所承受的客观环境效应也不同，两者的相对效应大小比值：

$$E_{r_i}/E_{r_j} = \frac{E_{a_i}}{I_i} / \frac{E_{a_j}}{I_j} = \frac{E_{a_i} I_j}{E_{a_j} I_i}$$

$$E_a = \sum E_{a_i}$$

由以上四个公式反推可以知道：在政策资源有限的条件下，要实现最大限度的福利改善，资源分配的对象根据外部效应的相对大小排序，优先把资源分配给相对外部效应大的问题。从政策成本的角度来说，应当优先让相对交易费用小的主体承担内部化的成本。

综上所述，绝对外部效应大小、交易费用、相对外部效应大小、相对交易费用几个概念都具有一定的政策含义。绝对外部效应大小是污染问题造成的客观损失，在一定的政策干预下，被避免的外部效应大小就是政策的收益；绝对外部效应大小与交易费用的测量和比较就是环境政策费用-效益分析的基本内容；相对外部效应的大小则可以反映污染问题对于个体影响的差异性和相对性，并可以据此对有限的政策资源进行分配，优先投入在相对外部效应大的主体上，以实现最大化的福利改善；在考虑政策成本的分担问题时，则可以使用相对交易费用的概念，应当优先让那些相对交易费用小的人群（也就是相对的富人）承担[14]。各类环境外部效应大小的核定指标和评价方法如表 2-3 所列。

表 2-3 环境外部效应大小的核定指标和评价方法

环境外部效应大小			核定指标	评价方法
总体	绝对外部效应大小	以环境量核算的效应	污染物排放量、污染面积、水质类别变化、相关发病率、死亡率、受影响的人群数量	排放模型、水质模型、环境监测、生态监测、健康调查等
		以经济量核算的效应	污染损失	各类污染损失评估方法
	交易费用		政策的遵守成本、监督成本	经济分析方法
个体	相对外部效应或相对交易费用大小		个人/人群收入、满意度、支付意愿、接受补偿意愿等	问卷调查、深度访谈

2.3 外部性视角下的环境政策分析

2.3.1 环境政策分析的总体思路

基于本书对环境外部性的理解，环境政策分析的总体思路如图 2-7 所示。环境政策首要的追求是环境效果，即消除/减少有害的环境效应，或增加优质的环境服务；其次是政策的效率，在确定政策目标（即内部化程度）时力求收益大于成本；最后是通过合适的政策手段实现公平，内化外部关系，实现污染者付费，或受益者补偿。当然，三者没有绝对的边界，政策的效果和效率标准主要是从政策总体目标的层面而言，要实现效率，必然是与政策手段相对应的。把消除/减少有害环境效应作为首要目标也包含了社会公平和公正的考虑，因为弱势群体往往主要是环境效应的"消费者"，优先消除有害的环境效应就意味着弱势群体的利益受到保护，因此可以说，对环境效果的重视主要是基于一种环境正义的考虑。从另一个角度来说，优先提高或保护弱势群体的福利，可能也是边际费用最低的，因此也是有效率的。

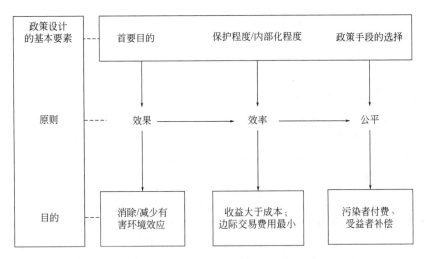

图 2-7　环境政策分析的总体思路

从以上总体思路可以看出，环境政策分析的基本原则可以抽象为效果原则、效率原则、公平原则，具体可以转化为以下更具操作性的原则。

（1）消除有害环境效应始终是第一原则　环境问题本身在科学上就具有巨大的不确定性（例如重金属污染的潜伏性和累积性），而人为因素的影响（因为有利益，所以有人故意隐藏信息）往往使其不确定性和复杂性放大。在这些不确定性下可能导致两种情况发生。第一种情况是一部分人的利益在无端受损，另一部分人却从中获取不当之益，并且可能是隐藏的。在双方走向谈判桌或者达成协议的过程中，损害仍然在继续，而且这个过程往往是漫长的。此时政府不应该坐视，而应该一方面推进协议达成的进程，另一方面采取措施减少或制止无端损害的继续发生。第二种情况是双方已经达成某种协议，但是由于科学和人为因素造成的不确定性，协议是不充分的，例如按照协议给予补偿，但是没有规定如何使用补偿，而受偿者可能对潜在的危害认识不充分，以致获得补偿后不采取任何防护措施，客观的损害并没有因为补偿的发生而被消除。此时，政策的作用应该是介入合约之中，对补偿的使用方法进行干预。因此，无论何种情况，环境政策的首要原则是以消除有害的环境效用为目的，而不仅仅是经济意义上的内部化。

（2）经济有效原则　根据交易费用理论，一定规模的外部性可能是局限条件下资源配置的较优状态，内部化的程度受技术和经济发展水平的制约。因此，在负的环境效应相对安全的情形下，政策的收益应当大于成本。

在消除或减少有害的环境效应的前提下，应当尽量内化外部关系，使负的外部性输出者或正的外部性接收者支付主要成本，这就是常说的污染者付费、受益者补偿原则。

（3）公众参与原则　外部性产生的原因之一就是交易的不充分，即一些主体没有充分参与到环境行为中去，他们被动地接受一些结果。公众参与一方面是给所有利益相关方表达和争取自身利益的机会，另一方面又可以通过利益相关方的互动实现信息的分享，两方面对于消除或减少外部性都是有积极意义的。

正如前面提到，本书推崇以问题为中心的政策设计理念，因此政策设计的起点和中心都是政策问题的构建。本书构建的环境外部性理论分析框架，首先就是对环境问题的外部性属性进行识别，包括外部性的主体、方向、范围、大小进行识别，根据外部效应的绝对大小判断解决该问题可能获得的潜在收益，根据外部效应影响的范围选择合适的机构主导内部化的进程，根据外部关系的主体和外部效应的相对大小共同决定内部化（政策）的对象，最后，由所有因素共同确定内部化的手段，以期实现交易费用的最小化。基于外部性理论的环境政策分析的基本框架见图 2-8。

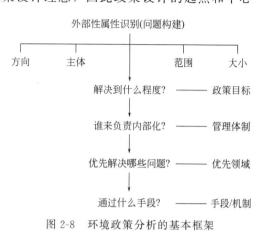

图 2-8　环境政策分析的基本框架

2.3.2　政策目标分析

现实中，很多时候是在政策目标已经确定的情况下去寻找最有效的政策手段以实现政策目标。政策目标的确定主要是政府的工作，他们考虑政策目标时并不一定把效率放在第一位，影响政策目标的因素更多的是政治声誉、可支配的政策预算、人民期望、社会问题的严重程度等。因此，政策目标的确定一方面要掌握内部化的成本收益函数，这就需要对相关的污染处理技术水平、处理成本、环境效应大小有非常准确的了解；另一方面要通过对公众、政治人物的环境诉求、支付意愿进行调查。

2.3.3　管理体制分析

环境管理体制是指环境管理系统的结构和组成方式，其核心内容是机构的设置，目标是使各项环境政策具有明确、有效的责任主体（宋国君，2008）[15]。任何完美的政策都必须得到一些机构的鼎力实施才有可能产生实质性的效果，管理体制是环境政策设计的重要内容。在实践中，管理体制也是内生于政策设计中的，在可见的所有环境政策文本中，基本都会配以关于机构权力和责任的说明。

通常管理体制主要解决两个问题：不同级别政府机构之间的分工；不同部门之间的分工。外部性理论主要提供关于不同级别政府机构之间分工的视角，基本原则就是跨区域的外部性问题应当主要由上一级政府机构进行干预。本节将从三个角度对该原则展开具体论证。

首先从贴现率的角度来看，不同的主体对于环境和资源赋予不同的贴现率。贴现率反映经济主体在当期利用资源的收益，也可以转换为经济主体保护环境的机会成本，贴现率越高表明等待的机会成本越高，因此越倾向于在当期或短期开采或利用资源，从而可能造成资源过快地消耗，反之可能导致过度保护。对于环境资源而言，社会贴现率等于资源使用的社会机会成本，资源使用的成本由两部分构成：资源的风险中立成本和风险升水（或称风险溢价）。私人和公共贴现率的差异可能就起源于私人和社会的风险升水之间的差异。对于私人或企业而言，他们所面对的风险就是资源产权制度的可能变化，例如私人或企业由于害怕在将来不能像现在一样免费或低价使用水环境容量，因此会抓住目前的一切机会排放污染，这种"害怕"越是强烈，风险升水就越大，那么企业的贴现率越高，因为他们倾向于在资源被政府占有或收回之前获取更多的利润。而对于社会（通常由政府代表）而言，则倾向于风险中性，对于资源赋予的贴现率较低，相比企业而言，政府更愿意保持资源的永续利用。从这条原则出发，对于环境外部性的解决有两条基本的途径：一是增强企业的"安全感"，具体办法包括明晰产权，并坚定地为产权提供保护；二是政府管制，但要保证一个良治的政府。前者主要是采取基于市场的产权和合约手段，但政府在中间的作用仍然是不可忽视的；而后者则不局限于庇古手段，因为政府管治的手段已经不局限于征税或补贴。总而言之，政府相比企业而言对环境和自然资源利用的贴现率更低，保护的机会成本也就越低。而地方政府和中央政府对于资源的风险预期也是不一样的，越高级别的政府对其掌控政策的信心越强（其中包含了任期、政绩考核、所掌握的信息等因素的影响），面对的风险溢价越低，相应地，贴现率也越低。因此，通常来说，较高级别的政府更加具有长远的发展眼光，对于资源利用的贴现率较低，即更加愿意保护或者储存一些自然资源。因此，对于跨境的外部性应当由更高一级的政府来主导，但具体采取哪类手段，要取决于手段的效率对比。这也奠定了本书关于管理体制设置的一般原则，即跨界的外部性问题应当由上一级政府来主导内部化的进程。

其次从信息来看，一方面信息不完美导致一些外部性，另一方面由于有外部性的存在，负的外部效应的输出者存在隐瞒信息的动机，导致人为造成的信息不对称，以继续进行成本的转嫁。因此，从这个角度出发，在处理外部性问题时，需要寻找一个"无私"的信息提供者。在跨区域（例如跨市）的水污染外部性问题上，假设有上下游两个城市，对于处在上游的城市而言它们实际上从其污染物排放中获得了额外的收益。城市经济发展的基本单元是企业，城市政府的相当部分收入也来自企业所缴纳的各种税费，因此城市政府跟当地的排污企业在经济上是具有共同利益的。那么，只要在当地企业的排污行为没有在当地造成较大危害的情况下，城市政府与企业一样具有隐藏信息的可能。而下游城市尽管深受其害，却迫于行政界限，难以获得关于上游排污的完全信息。而这两个城市共同的省级政府就不存在从外部性中额外受益的问题，正常情况下它也不应该偏袒某一方，如果让省级政府提供信息的话，它可以站在一个中立的角度，避免隐藏信息问题。

再次从外部关系来看，将跨区域问题交给上一级政府相当于把边界扩大了层次，在较低层次存在的外部关系到较高层次后可能就不存在了。还是以跨市水污染问题为例，现暂不考虑微观层次的单个排污企业，而以市为分析单元。在两个市的层次是存在外部关系的，上游城市是输出方，下游城市是接受方。但是如果上升到省的层次，这种关系就不是外部关系了，而是"内部关系"。当然，环境效应都还是一样的，但至少是将外部矛盾转化为了内部矛盾。根据本书对于环境效应和外部关系的二分法，没有了外部关系，上级政府可以主要专注于消除有害的环境效应，也就少了一份交易费用的支出。

对于代际的外部性，由于后代都还没有出生，现实世界中还找不到一个他们的利益代理人，需要一个贴现率最低、信息量最大、态度最中立的机构来保护他们的利益，综合这些条件，只能认为中央政府能够最为充分地考虑和保护后代人的利益。综上，可以根据外部性影响的范围初步建立环境管理体制的基本框架，如表 2-4 所列，在具体的政策分析中可以此作为判别管理体制是否合理的基本依据。

表 2-4　主导内部化的政府级别选择

类别	代内	代际
私人/企业	市政府	中央政府
市际	省政府	中央政府
省际	中央政府	中央政府
国际	中央政府	中央政府
全球	中央政府	中央政府

2.3.4　政策优先问题分析

由于可用于环境保护的政策资源并不是充足的，不是所有的环境问题都能够进入政策决策的议事日程，因此，政策资源应该优先投入到一些领域。根据对外部性"关系-效应"的二分法，政策资源分配的基本原则是优先解决环境效应大外部关系简单的问题。

对政策对象进行排序，可以从成本和收益两个方面来进行，但本质基本是一样的。如图 2-9 所示，按照单位政策成本获得的减排收益由大到小排列，政策资源优先投入到获得边际减排量大的污染源。广义上讲，排序可以包含所有政策设计的内容，完美的政策设计其实就是对拟解决的问题进行正确的排序。排序所需要的信息包括：各个污染源的排放特征、对水质的影响、减排技术、每单位减排成本及对水质改善的贡献，等等。对这些信息的掌握确实是个庞大的系统工程，而且信息获取的成本也应当记入政策的成本中。

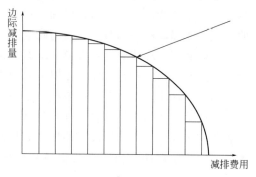

图 2-9　政策优先性排序示意

2.3.5　政策手段的有效性分析

本节主要从政策效率的角度论述政策手段组合的理论范式。一种有效的政策手段对应着一种或一组技术，该技术能够以最低的成本实现政策手段的目标。在一个具体的环境外部性问题中，政策手段的优先性也是依据边际成本最低的原则排列，所有政策手段组合起来实现政策的总体目标（如某污染物的减排量），这个组合应该是所有组合中成本最低的。

假定有 n 种可选的政策手段，那么所有的政策组合的个数应当为：

$$C_n^1 + C_n^2 + \cdots + C_n^n$$

在给定政策目标（如主要污染物减排 Q）的情况下，最优政策手段组合的目标就是实现 Q 减排的总交易费用最小，假设最优的政策组合为 $P_k = (I_1, I_2, \cdots, I_m)$，对应一个减排量的组合 $(q_1, q_2, \cdots, q_m)$，即各项政策手段对应一个最优减排量。

该政策组合的交易费用用 C_k 表示，各单项政策的费用用 c 表示，则：

$$C_k = c_1 + c_2 + \cdots + c_m$$

则该组合须满足：

$$C_k \leqslant \forall c_i$$

即第 k 政策组合比任意一个政策组合的交易费用都低，且

$$q_1+q_2+\cdots+q_m=Q$$

在给定政策资源（如可用于减排的资金为 W）的情况下，最优政策手段组合的目标就是被消除的有害的环境效应最大化。仍然假设最优政策手段的组合为 $P_k=(I_1,I_2,\cdots,I_m)$，对应一个政策资源分配组合（w_1，w_2，$\cdots$，w_m）。该政策组合实现的减排总量用 Q_k 表示，各单项政策的减排贡献用 q 表示，则：

$$Q_k=q_1+q_2+\cdots+q_m$$

该政策组合须满足：

$$Q_k\geqslant \forall q_i$$

即第 k 政策组合比任意一个政策组合实现的减排量都高，且

$$w_1+w_2+\cdots+w_m=W$$

除了普遍的效率和公平两个基本准则外，环境政策手段的主要评判标准就是政策的确定性，确定性主要表现为政策目标被实现的可控性，包括政策强制的程度和见效的时间长短（宋国君，2008）[15]。根据环境政策手段分类，通常有命令控制、经济刺激、劝说鼓励三类环境政策手段。一般来说，命令控制手段的确定性最强，但是前提是要对政策规制的对象进行有力的监管，因此，监管费用是决定命令控制手段的关键。经济刺激手段灵活性较好，对于监管的要求不高，但确定性不如命令控制手段强，需要有完善的市场和较完备的信息，要提高经济刺激型政策的确定性，交易费用将主要发生在市场完善或创建方面。

总体而言，环境效应越大说明问题越严重，越急迫地需要解决，因此对于外部效应大的环境问题，确定性是首要的，但是要根据关系的复杂程度在确定性和交易费用之间寻找一个均衡，这实际上也是在命令控制手段和经济刺激手段之间寻找一个均衡。外部关系越复杂，说明涉及的主体越多，外部性的"集中度"越小，监管的难度和费用越大，此时可能需要较多地倚重经济手段。相反，如果外部关系简单的话，监管的费用相对较低，而创建市场的费用可能会由于参与交易的主体太少而过高，因此，应该较多地倚重命令控制手段。

结合上述对环境外部性的初步分类（四类外部性分别为：效应大关系简单、效应大关系复杂、效应小关系简单、效应小关系复杂），各类外部性所适宜的政策手段类别大致如表2-5 所列。

表 2-5　各类外部性适宜的政策手段类别

外部性类别	命令控制	经济刺激	劝说鼓励
效应大关系简单	＊＊＊＊	＊＊	
效应大关系复杂	＊＊	＊＊＊	＊
效应小关系简单	＊	＊＊＊	＊＊
效应小关系复杂	＊	＊	＊＊＊＊

注：表格中＊越多表示对应的政策手段在该类外部性问题中所占的分量越重，但这里也只是一个大致的划分。

2.4　社会主义市场经济体制与污染者付费原则

2.4.1　社会主义市场经济体制

中共十四大提出了建立社会主义市场经济体制的目标，2000 年我国加入世界贸易组织，

大大促进了我国社会主义市场经济体制的建立和完善。2003 年，十六届三中全会通过的《中共中央关于完善社会主义市场经济体制若干问题的决定》提出了完善社会主义市场经济体制的目标和任务，标志着我国的经济体制改革进入了完善社会主义市场经济体制的新阶段。2017 年，党的十九大报告中着重强调了"完善社会主义市场经济体制"的方向和路径。由此可见，我国的社会主义市场经济体制已经确定并处在不断完善的过程中。必须明确认识到，社会主义市场经济体制下政府、企业和公众的地位、职责等与计划经济体制下相比均发生了显著的变化。市场经济更多地强调效率与公平，强调"看不见的手"的作用，强调"经济人"的理性，强调市场规则。

（1）市场经济体制下的利益相关者职责　市场经济体制下环境管理的利益相关者主要有政府、企业、公众和社会组织。

① 政府　市场经济体制下特有的"市场失灵"的本质使得社会资源往往难以得到有效的利用和分配，利益相关者之间的无效博弈大大增加了交易成本。因此，在市场经济的大背景下，政策可以作为政府这个"守夜人"手中的工具，起到市场"调节器"的作用[16]。政策的管理机制是政策目标的实现形式和运行机制，通过管理机制的设计，协调利益相关者的责任，使之按照政策设计行事，并达成政策目标。市场经济体制下，"小政府"的原则要求政府作为政策的制定者和实施者，主要职责是制定法律法规，提供标准、规范等来约束各利益相关者的行为，减少交易成本，同时为各利益相关者参与决策提供信息，或者通过改变市场信号给予利益相关者经济刺激，也可以通过传统、道德等非正式制度对利益相关者实现间接约束。过多地干预或全部由政府执行势必会加大政策执行成本，同时影响政策公平性，降低效率。

因此，需要按照外部性的特征确定政府管理部门的级别和职责。在跨行政区外部性明显的领域，需要由更高级的政府部门进行管制；而行政区内部的事务，如以企业厂区为边界的外部性，可由地方政府负责；在不具有外部性的领域，应尽量利用市场，发挥市场机制的作用，减少政府的直接干预，提高政策的实施效率，降低政策实施和管理成本。

"政府失灵"也是市场经济体制下的特有产物。在高度集中的计划经济体制下，地方政府和中央政府属于严格的上下级关系，中央政府全面负责全国的政策管理和利益协调。地方政府既没有独立的经济利益，也没有相应可供控制的社会资源，完全按照中央政府的指示行动。但在市场经济体制下，这种关系发生了变化。中央与地方政府间不再是单纯的行政隶属关系，而成为具有不同权力和利益的博弈主体[17]。这种博弈关系的存在使中央政府试图通过行政命令的方式影响地方政府行为的目标，在缺乏监管的条件下不易实现。"政府失灵"可以体现在多个方面。首先，由于市场经济体制下信息不对称的广泛存在，加之政策成本等其他因素障碍，使政府难以制定合理的公共政策；其次，在政府直接生产公共产品或服务的领域，由于缺少利润约束动机，往往存在预算规模过大、机构臃肿、公共物品提供过程中的低效与浪费现象；最后，政府机构及个人出于"私人利益最大化"的动机，容易产生徇私及腐败行为。

② 企业　企业是市场竞争和环境保护的作用主体。企业是市场经济体制下典型的"经济理性人"，其行为动机十分明确，即追求自身利益最大化。在外部性较小的领域，如提供私人物品，市场中的价格机制可以有效地调节供求，实现资源的有效配置。但对于存在外部性的领域，则会出现市场失灵。对于环境公共物品，企业通常没有积极性提供，对污染环境造成的外部性也不会自发地内部化到私人成本中。政策手段是政府规制企业行为的主

要方式，对应不同的政策手段，企业会采取不同的反应方式。如政府通过法律法规的强制性规定规制企业行为、通过市场信号影响企业成本，以及通过道义劝说、宣传教育等劝说鼓励的方式提高企业的环境觉悟。但影响企业行为的本质因素是企业对成本和收益的衡量。在符合法律法规要求的框架内，企业的具体行为模式及企业内部决策过程应享有绝对的自主权。

③ 公众和社会组织　公众是社会的重要制衡力量，在环境决策中越来越显示出其重要的地位。公众可以包括专家和科研机构、环保团体（NGO）和普通公众[18]。普通公众还可以继续细分为直接利益相关者（受益者和受害者）和关注者。由于外部性的存在，污染企业造成的负外部性会对受体造成损害，这种损害需要为直接利益相关者所获知，并得到合理的补偿。环境弱势群体是指在自然资源利用、环境权利与生态利益分配与享有等方面处于不利地位的群体[19]。本书中将无法获取相关信息或没有能力为自身损害申诉并获得赔偿的群体称为环境污染中的弱势群体。

专家的职责包括研究环境管理技术和政策、为企业和政府提供咨询和技术支持等；环保团体可以及时向社会发布有关环境信息和评论、组织环保宣传活动、监督企业和政府行为等；公众则一方面通过购买产品部分承担环境污染治理成本，另一方面参与环境保护决策的制定，还可以通过"公民诉讼"的方式对企业的污染行为和政府的环境管理形成一定的压力。

（2）市场经济体制下的环境政策与管理要求　市场经济体制下，环境政策制定和实施的目标是在保证政策效果的前提下尽量体现效率和公平。效率表现为环境外部性内部化的成本；公平体现在环境政策制定、执行和评估过程中，信息的充分公开和利益相关者的充分参与。

由于环境问题的多样化，以及市场经济体制下环境政策的效率性和公平性的目标，需要很多利益相关者的参与以及多种政策手段的综合运用。"环境治理"的概念正是适应这一背景而产生的。"治理"（governance）和"政府"（government）不同，"治理"中虽然也包含政府统治的作用，但更多地强调主体间的协调和配合，寻求整体利益的最大化，联合国全球治理委员会报告将其定义为"个人和机构、私人和公众为解决共同问题的多种方法的集合"。"环境治理"是指在环境问题领域不断扩大的过程中，在多方面参与者为实现环境保护目标的基础上，通过各种手段与制度，推动积极的相互合作与交流，持续保护环境，表现为以个人、企业、社会、国家等为单位的社会里，为达成有关环境的决议进行讨论，达成共识，建立环境控制的标准和章程，并不断实施下去的过程[20]。环境治理的突出特征表现为环境治理主体的多元化以及管理方法的多样化。它不仅表现为政府以外其他治理主体的出现，治理规模和治理范围的变化，治理手段的综合运用，还表现为对环境治理本身提出的要求，包括承认各环境主体的环境利益（环境知情权、环境监督权、环境索赔权等）[21]，也包括对其参加环境决策过程规则的制定。

计划经济体制下，政府是单一的环境治理主体，表现为对环境问题的大包大揽。市场机制体制下，政府的主要环境职能是识别环境问题的外部性特征，建立合理的管理体制和管理机制，综合运用命令控制、经济刺激和劝说鼓励三类政策手段，对具有环境外部性的行为加以规制，实现外部性的有效内部化。同时，由于某些公共物品的使用和消费不具有排他性，无法由市场自发地提供，如流域水环境保护、城市污水处理等，通常不会有以营利为目的的企业去提供这类公共物品服务，因此往往表现为供给不足，需要由政府直接提供或补贴生产。在企业排放监测等外部性较小的领域，尽量利用市场机制。企业是环境政策作用的主要对象，市场经济体制下企业的环境职责表现为遵守环境法律法规的要求、如实提供自身的环境信息并遵循"污染者付费"原则对自身污染行为造成的后果付费。公众是环境决策的主要参与者，同时也是环境政策的最终受益者。公众对环境质量、信息公开和公众参与的满意度是环境政策公平性评估的主要内容。

综上所述，市场经济体制下环境政策与管理的要求可以概括为以下几点：①环境政策的设计需要考虑环境问题的外部性范围和程度，并据此确定各级政府的环境管理职责，制定完善、系统、规范的环境制度体系，包括符合市场经济规则的法律法规和各项详细的规范和导则；②环境政策的设计和实施必须保证尽量高的信息管理和信息公开水平，降低信息的不对称性；③各利益相关者的利益动机分析是环境政策制定中需要首先分析的内容，要从"经济人"属性的角度协调各方利益，减少利益相关者间的无效博弈；④尽量利用市场机制促进环境问题的解决；⑤在保证政策手段和政策目标的一致性前提下，强调多种政策手段相结合，提高政策执行效率；⑥更多关注环境问题中的弱势群体，强调公众参与，注重公平性。

2.4.2 污染者付费原则

污染者付费原则（the polluter pays principle，PPP）是由经济合作与发展组织（OECD）于 1972 年在《关于国际经济方面的环境政策指导建议》[22]一文中向其成员国提出的，目的是使（企业）污染者承担污染预防和控制的成本，实现"合理地使用稀缺的环境资源"，以达到"最适当的污染水准"。1974 年，OECD 在《关于实施污染者付费原则的建议》中特别指出，为了确保环境处于一个可以接受的状态而采取的污染防控措施的费用应当反映在那些生产和消费过程中导致了污染的商品和服务的成本中，成员国政府不应对污染者的污染防控措施加以不当的补贴、税收优惠或其他措施。

WTO 则从促进公平竞争的目的出发，采纳了这一原则，以保证污染者自己承担治理和控制污染的成本，避免各国政府包办治理费用而导致国际贸易中的不公平竞争。

如果符合政府规定的排污还是造成了损害，PPP 则存在一定的局限。为解决这样的问题，日本在其《公害防止事业费事业者负担法》（1970）和《公害健康被害补偿法》（1973）中规定了"污染者负担原则"包括四个方面：损害减缓、复原再生、损害预防和损害补偿。显然，日本政府的"污染者负担原则"对 OECD 的 PPP 作了进一步的扩大解释，污染者不仅需要承担污染防治的成本，还必须负担环境复原和损害救济的成本。

美国的污染防治政策接受了 PPP，基本上是通过排污许可证的形式，规定了企业治理污染的水平，企业排污者必须自己承担污染治理的责任，并规定在例行的排污许可证管理行动外，企业超标排放的额外监督管理支出也要由企业排污者支付，而不是由政府财政支付，进一步扩展了 PPP 的边界，要求企业承担污染治理责任不一定要向企业征收排污费（税），企业只要满足排污许可证的要求就是履行了 PPP，也扩展了 PPP 的含义，增加了管理的灵活性，使其更具原则性。对于满足排污许可证要求后的额外排污造成的环境损害，该问题比较复杂，可以参考日本的经验。

PPP 在我国的相关环保立法和政策中也得到了一定的体现。例如，《环境保护法》（2014）第 42 条规定：排放污染物的企业事业单位和其他生产经营者，应当采取措施，防治在生产建设或者其他活动中产生的废气、废水、废渣、医疗废物、粉尘、恶臭气体、放射性物质以及噪声、振动、光辐射、电磁辐射等对环境的污染和危害。第 43 条规定：排放污染物的企业事业单位和其他生产经营者，应当按照国家有关规定缴纳排污费。一些环保政策也体现了 PPP，如国务院《关于环境保护若干问题的决定》（1996）明确提出"污染者付费，利用者补偿，开发者保护，破坏者恢复"的环境保护方针。

总之，PPP 是市场经济体制国家企业排污者治理污染的费用负担原则，即企业应当自己负担污染控制达到排放标准，并且应当负担额外的管理成本。政府对此不应当给予补贴，这也是从污染控制角度规定的企业行为的原则。该原则也符合环境风险最小化的原则。世界普遍采用的污染源排放标准或排放限值就遵循了 PPP，排放标准将企业的污染控制行动限制在了厂区内。边际损害成本如果超过了公害防止成本，则应该尽快防止损害。发达国家的排放标准总体上是按照这样的原则设计的[23]。

即使是生活源，例如城市生活污水，由城市下水系统和城市污水处理厂处理后达标排放，虽然没有让每户居民自己治理达标排放，但通过税收支付、污水处理费等也遵循了 PPP。

为了鼓励工业企业开展污染治理的技术研究，使用高于排放标准的先进的工艺，或者对由于适用新标准的更新改造费用过高，企业承担有困难的，可以由政府提供一定的补贴。补贴的形式包括现金补贴、优惠贷款和税收减免。但是补贴的额度需要严格控制，根据世界贸易组织《补贴与反补贴措施协定》对不可起诉的环境补贴的要求，资助数额在适应性改造工程成本的 20% 以内❶。

农业污染治理中，农户是生产单位，按照污染者付费的原则，应当治理生产活动中产生的污染。但是我国农民一般属于低收入者，支付能力差，难以全部负担农业污染治理的投入，现阶段政府应当对农业污染治理提供补贴，以支持减少化肥农药使用、推广生态耕种方式、消除畜禽养殖污染等措施。很多学者也都对财政投入农村环境治理的必要性做了论述[24,25]，进而提出政府扶持绿色农业的手段，例如向绿色生产户提供低利率甚至零利率的担保、抵押贷款，通过补贴绿色农产品加工企业对农民进行间接补贴[26]。但是规模以上的养殖场和种植园区应当视同工业企业，其污染治理费用自行负担。

城市建设如排水管网建设、集中供热系统建设、旧城改造、城市绿化、市容卫生属于公共物品，主要由当地政府提供，所需资金由地方财政支付。对于存在跨区域外部性的领域，如城市污水处理厂建设、垃圾填埋场建设等，可以由中央政府对地方政府提供一定的补贴，鼓励其加快建设速度。补贴的方式包括拨款补助、贴息贷款、以奖代补等。对于环境公共服务的收费，如征收垃圾处理费、污水处理费，目的应当是刺激居民减少污染排放，减少垃圾丢弃量和污水排放量，而不是单纯地募集环境公共服务资金。

生态保护是指天然林保护、水土流失治理、自然保护区管理、河流湖泊生态修复等以恢复生态系统健康为目的的环境保护行动。以上服务的提供同样属于公共物品，但往往同时具有跨行政区和跨代际的外部性，应当由中央政府主导，中央的转移支付应当是所需资金的主要来源。

2.5 环境管理行政决策机制与环境保护公众参与

2.5.1 环境政策的民主化进程：效率与公平的统一

环境政策的民主化进程，强调干系人在环境政策的全过程中积极参与。尊重干系人的

---

❶ 见世界贸易组织《补贴与反补贴措施协定》正文 8.2（C）。

知情权、参与权和索赔权，降低干系人的参与成本，明确干系人参与的收益预期，是促进干系人积极参与的途径。

干系人参与，已经成为环境政策必不可少的组成部分，成为推动环境外部性内部化的动力之一，成为提高政策公平与效率的有效途径。以我国的生态功能区划为例，当某些地区由于国家的环境保护而使自己的发展权受到限制时，如果该地区可以向国家或相关收益区索求补偿，并且通过协商建立起合理的补偿标准和机制，则：一方面，该地区的居民的福利得到保证，这体现了公平；另一方面，该地区也更有意愿和能力持续地维护生态环境质量，这体现了效率。生态补偿政策正是基于政策民主化的进程而提出和设计的。

正如第 1 章所指出的，政策系统的有机结构也可理解为通常的"制度"，对政策制定和实施的影响是基础性的，而具体的局部范围内的政策方案的设计对政策的影响是有限的。关于政策机制的研究的需求，会越来越在环境政策分析的市场上凸显出来。因为在环境政策民主化的进程中，关键已经不是权威者对于具体问题的理解了，而是这种理解能否被干系人认同，以及干系人能否"围在一起协商"。这种分散化的决策模式，将成为环境政策分析人员进行思考的出发点。

路易斯、古德曼和范特（Lewis，Goodman and Fandt，1998）将决策定义为"管理者识别并解决问题以及利用机会的过程"[27]。按照此定义，决策的主体是管理者，目的是识别和解决问题（即提出议题和方案），且需要经过一系列的程序。可以说，决策是环境管理体制最直接、最重要的"产出"。

2.5.2　环境管理的决策者

实施环境管理，是通过对人的社会经济活动进行统筹规划、组织、指挥、协调和监督来调整人的行为，使之符合生态环境自身的运动变化规律。为兼顾环境管理的效率和公平，在决策过程中，应在可持续发展的目标约束下，以利益相关者理论为基础，确立多元化、多层次的决策者。

利益相关者（stakeholder）是指任何能够影响组织目标实现或受这种实现影响的团体或个人。环境管理的特殊性在于其提供的服务大多属于公共物品，具有外部性，故而其涉及的利益相关者不仅包括当代利益相关者，也包括后代利益相关者；不仅包括人类利益相关者，也包括非人类利益相关者。而后代利益相关者和非人类利益相关者的意志往往不能直接体现，所以需要当代的一些部门代为表达。因此，为了保证资源环境以及后代人的利益与经济发展和当代人的利益同样得到主张，环境管理的决策过程必须在传统的政府管理基础上提高科研机构、企业、非政府组织和公众的参与度。

（1）国家（中央政府）　中央政府作为国家利益的代表，是环境管理中最重要的决策主体。中央政府由国务院和国务院各职能部门组成，处在决策最高层面，中央政府的决策决定了整个环境管理体系的行为取向。中央政府的决策目标是选择合理的管理手段，将环境因素纳入国家国民经济与社会发展规划方针的制定过程中，促进资源在全国范围内合理配置，确保整个环境管理系统的科学性，从源头上防止环境污染和生态破坏的蔓延，从宏观上实行环境与发展综合决策，全面贯彻可持续发展战略。

在我国，根据原有的职能划分，除环境保护部（现生态环境部）外，水利部、农业部、国土资源部、国家发展与改革委员会、国家海洋局等部门也是环境管理体系中的决策者，他们共同管理生态环境领域的某些事务，如促进废物循环利用、保护臭氧层、防止海洋污染、化学品生产和检验条例、污水处理、河流和湖泊的保护、森林和绿地的保护等。

为整合分散的生态环境保护职责，统一行使生态和城乡各类污染排放监管与行政执法职责，加强环境污染治理，保障国家生态安全，根据十九届三中全会通过的《深化党和国家机构改革方案》，将环境保护部的职责，国家发展和改革委员会的应对气候变化和减排职责，国土资源部的监督防止地下水污染职责，水利部的编制水功能区划、排污口设置管理、流域水环境保护职责，农业部的监督指导农业面源污染治理职责，国家海洋局的海洋环境保护职责，国务院南水北调工程建设委员会办公室的南水北调工程项目区环境保护职责整合，组建生态环境部，作为国务院组成部门，不再保留环境保护部。

（2）地方政府　地方政府包括地方各级人民政府及其工作部门、民族自治地方人民政府及其工作部门及特别行政区的行政机关。地方政府作为所在辖区的管理者，既是中央政府决策的执行者，同时也是独立的利益实体，需要根据所在辖区的特殊情况、经济利益和环境利益，作出符合所在区域实际情况的环境管理决策，是环境管理决策的重要主体。在理想的环境管理体制中，负外部性的"输出"为零，地方政府应该充分发挥主导作用，对本辖区的环境质量全面负责，享有较高程度的自主权，特别是预算、立法和发展自主权，以减轻中央政府的管理负担，使得中央政府可以集中精力研究大政方针，同时提高决策质量，使决策更加符合当地实际情况，在提高决策效率的同时兼顾公平原则。

（3）科研机构　科研机构并不是一个独立的利益方，但是却在环境管理的决策过程中扮演着十分重要的角色。作为一种客观、公正的外部力量，科研机构的作用主要表现在两个方面：首先，利用科学的手段和数据，提供以实证研究和试验结果为基础制定的建议方案，为企业和政府提供技术和决策服务，对政府的决策过程发挥巨大的技术支持作用，促进决策的科学化；其次，客观评价政府和企业的环境管理行为，并宣传研究成果，加强公众的环境意识，共同起到外部监督作用，促进决策的科学化和民主化。

（4）企业　企业在环境管理中的决策力量主要来源于它的经济实力、与政府的政治经济联系，以及由此产生的社会影响。在环境管理体系中，企业这一有着明显利益倾向的群体作为"社会支柱"，不仅仅是政府决策的执行者，更是环境管理中一个不可或缺的决策者。企业的主要责任就是明确本企业与环境的关系以及应负的环境责任，形成有关本企业在环境保护方面的基本认识，进而确定企业的发展方向、采用的工艺技术和污染处理设施等。

（5）非政府组织　非政府组织是指那些以某种社会福利目标为宗旨，从事非营利活动的社会团体。而非政府环保组织是指从事环境事业的非政府组织，是以促进国家环境事业发展为己任的社会团体组织。这些机构因为有特定的目标，在相对狭小的领域内工作，因而积累了特殊的知识和经验，在环境管理决策中的作用是独特而重要的。近年来，我国的非政府环保组织也有所发展，它们的主要活动方式是借助于自行组织的活动和新闻媒体，其在正式的环境管理决策中的地位还有待进一步确定。

（6）公众　公众在环境管理决策过程中主要发挥民主监督的作用，对环境污染和生态破坏行为进行监督举报，同时对环境决策的制定及环境执法行为进行监督。它包括两个层面：在基础层面上，个人由于自身利益相关而参加决策过程，作为一种制衡力量而发挥作用，其作用大小取决于他所涉及的利益问题的严重程度；在更高层面上，部分公众更加关心国家公共事业，对公共利益有着强烈的责任感，带着国家观念和集体主义精神参与决策，虽然力量不大，却拥有较为广泛的社会基础，增强了决策中公平和正义的分量。

2.5.3　环境管理的决策议题的提出

环境管理的决策程序从议题的提出开始。决策议题的提出以环境信息为基础，通过科学的标准判断环境问题的深度和广度，决定是否启动环境管理决策程序以及选择相应的决策机制。

（1）环境管理的决策依据　环境管理的决策依据主要是环境信息。生态环境部（原国家环境保护总局）（2005）发布的《国家环境信息化建设"十一五"发展规划总体思路》划定的环境信息包括环境质量信息、环境污染源信息、环境统计信息、环境管理政务信息、环境管理业务信息、环境科技信息、环境产业信息、环境背景信息以及自然生态信息等。环境信息的数量和质量直接影响决策水平。这要求管理者在决策之前以及决策过程中尽可能地通过多种渠道收集信息，作为决策的依据。但这并不是说管理者要不计成本地收集各方面的信息。首先，决策者要通过成本-收益分析确定收集什么样的信息、收集多少信息以及从何处收集信息等问题。信息量大有助于提高决策水平，但可能成本过高，而信息量过少则使决策者无从决策或错误决策，因此只有在收集的信息所带来的收益（因决策水平提高带来的利益）超过因此而付出的成本时，才应该收集信息。决策者应遵循费用有效原则确定所需的环境信息的数量。其次，决策者要保证环境信息的质量。目前政府和企业在环境信息公开、披露方面都存在着不足，影响了决策者获得的环境信息的质量。一方面，我国政府环境信息公开主要包括公共性信息的公开（如环境质量公报，重点流域、重点断面水质周报，城市空气质量周报、日报、预报等）、重大污染事故紧急通报、中央和地方各级生态环境部门实行的政府上网工程及政务公开三个部分，虽然较之过去有了很大进步，但有些地方仍存在着公开程度低、方式与渠道单一、公众获取环境信息缺乏法律保障、推行环境政务公开不力等问题。另一方面，有些企业环境信息披露也因为缺乏专业人才、立法的深度与广度不足、外部监管机制不完善等问题的存在难以提供及时、准确、足量的环境信息。

适量而准确的环境信息是环境管理决策的重要依据。为了构建科学的环境管理决策机制，决策者必须严格控制环境信息的数量和质量。

（2）环境管理的决策标准　量化标准，明确不同决策适用范围。判断依据主要从环境问题发生的频率和结果的严重程度两方面加以考虑。首先，对待不同种类的环境问题，因其结果的严重程度不同，推定它们发生是否频繁的标准也不同。比如，2005 年的"松花江污染事件"，虽然属于偶发性事件，但其造成下游哈尔滨市停水四天，沿岸居民的生产生活受到严重影响，故而这类影响较为严重的环境问题即使属于小概率事件也必须进入高层决策程序。相对而言，影响程度较轻的环境问题则可以采用次级决策程序。其次，影响范围不同的环境问题也应采取层次不同的决策程序。涉及城市间纠纷的环境问题应由省有关部门进行管理，而省际问题则应由国家统筹决策。简而言之，当代的环境问题涉及不同利益部门之间的，必须由上一级政府的有关部门进行决策，而代际环境问题一般应由国家统管[28]。

严格监督，保证重要问题优先纳入议程。要保证环境决策真正能够解决当前面临的最紧迫的环境问题，进入处于决策链最前端的立项工作就显得极为重要。只有建立有效的监督机制才能保证重要的环境问题优先纳入决策机关的议事日程。这就要求：一方面，监督的主体要有代表性。立项过程应不仅仅由立法工作者、决策相关机关工作者和专家学者完成，也应重视公民和其他有关部门、组织的意见，可以采取召开部门协调会、企业代表座谈会、听证会等多种形式，以全面反映当前真正重要的环境问题。另一方面，要保证监督意见真正纳入决策过程。扩大法律法规、部门规章等的征求意见稿的发布范围。根据不同意见调整征求意见稿，将其写入送审稿之中，经过充分协商不能取得一致意见的，应当在送审稿说明中说明情况和理由。

2.5.4　环境管理的决策程序

政府环境管理的过程即政府执行落实法律的过程，即环境行政，指生态环境部门和其他相关机关，依据宪法、法律和法规的规定，将各项环境法律制度和政策措施运用于环境保护工作的行为，我国的环境行政包括环境行政立法、制定其他环境行政规范性文件和环境行政执法三个部分，其中环境行政立法主要包括环境行政法规、环境部门规章和地方政府环境规章。环境行政立法属于特殊的环境行政，是国家立法的一部分，应当按照法律、法规规定的有关行政立法程序进行，但其又不同于人大及其常委会的立法，行政法规只能由国务院制定，规章只能由国务院部委及其有对外行政权的部分直属机构以及省级人民政府和较大市人民政府制定，且遵循准立法程序，这种程序既有行政程序的特征，又有立法程序的特点。如不严格采取类似人大及其常委会的会议表决和多数表决的程序，一般需要通过政府首长会议的审议等。制定其他环境行政规范性文件指政府为实施法律和执行政策依职权制定的行政法规和规章以外的决定、命令、通知、指示等一系列行为规范。环境行政执法则指政府依据现有的环境法律、法规、规章和其他环境行政规范性文件主动采取具体的行政执法手段的行为。环境行政立法与执法共同构成政府一般环境行政的过程，需要严格遵循政府环境行政决策的程序。

环境行政决策的程序是政府在落实法律的过程中对拟作出的可能影响生态环境的重大行动进行决策时应当遵循的特定步骤、次序、方式和途径。环境行政的决策程序必须符合法律程序的要求，并遵循依法决策、科学决策、民主决策的原则，做到程序的公开、公平与公正。

（1）环境行政立法的程序

① 行政法规制定的决策程序　环境保护行政法规是由国务院制定并公布或经国务院批准有关主管部门公布的环境保护规范性文件。一是根据法律授权制定的环境保护法的实施细则或条例，如《水污染防治法实施细则》；二是针对环境保护的某个领域而制定的条例、规定和办法，如《建设项目环境保护管理条例》。

根据《行政法规制定程序条例》（2018），环境保护行政法规（条例）的制定程序主要包括立项、起草、审查、决定与公布、行政法规解释五部分。

a. 立项。首先由相关部门报请立项，国务院法制机构拟定国务院年度立法工作计划，报国务院审批。

b. 起草。行政法规由国务院组织起草。国务院年度立法工作计划确定行政法规由国务院的一个部门或者几个部门具体负责起草工作，也可以确定由国务院法制机构起草或者组织起草。起草行政法规，应当深入调查研究，总结实践经验，广泛听取有关机关、组织和公民的意见。同时，应当就涉及其他部门的职责或者与其他部门关系紧密的规定，与有关部门协商一致，最终形成行政法规送审稿。

c. 审查。报送国务院的行政法规送审稿，由国务院法制机构负责审查。国务院法制机构主要从是否符合宪法、法律的规定和国家的方针政策，是否符合《行政法规制定程序条例》的规定，是否与有关行政法规协调、衔接，是否正确处理有关机关、组织和公民对送审稿主要问题的意见等方面对行政法规送审稿进行审查。行政法规草案由国务院法制机构主要负责人提出提请国务院常务会议审议的建议；对调整范围单一、各方面意见一致或者依据法律制定的配套行政法规草案，可以采取传批方式，由国务院法制机构直接提请国务院审批。

d. 决定与公布。行政法规草案由国务院常务会议审议，或者由国务院审批。国务院法制机构根据国务院对行政法规草案的审议意见，对行政法规草案进行修改，形成草案修改稿，报请总理签署国务院令公布施行。在行政法规签署公布后，及时在国务院公报和在全国范围内发行的报纸上刊登。此外，行政法规在公布后的 30 日内由国务院办公厅报全国人大常委会备案。

e. 行政法规解释。行政法规条文本身需要进一步明确界限或者作出补充规定的，由国务院解释。

② 部门规章制定的程序　政府部门规章是指国务院环境保护行政主管部门单独发布或与国务院有关部门联合发布的环境保护规范性文件，以及政府其他有关行政主管部门依法制定的环境保护规范性文件。政府部门规章是以环境保护法律和行政法规为依据而制定的，或者是针对某些尚未有相应法律和行政法规调整的领域作出相应规定。

《环境保护法规制定程序办法》（2005）中，明确规定了环境保护法规的立法程序，包括立项，起草，审查，送审、决定和公布，备案与解释五大方面。

a. 立项。生态环境部于每年年初编制本年的立法计划，并根据依据是否充分、所要解决的问题是否为环境保护管理工作急需、是否具可行性等标准将其分为第一类、第二类和第三类立法项目。

b. 起草。具体负责起草环境保护法规工作的司（办、局），应当组织有关立法工作者、实际工作者和专家学者，承担立法起草工作。同时，应当广泛收集资料，深入调查研究，广泛听取有关机关、组织和公民的意见，形成并修改征求意见稿，进而将环境保护法规草案送审稿移送法规司审查。

c. 审查。法规司会同负责起草工作的司（办、局），主要从设定的环境保护行政许可项目是否符合《行政许可法》和其他有关法律、法规和国务院其他法规性文件关于设定行政许可的规定，设定的环境保护行政处罚是否符合《行政处罚法》和其他有关法律、行政法规和国务院其他法规性文件关于设定行政处罚的规定，是否与国家有关法规和政策协调、衔接，是否符合立法技术要求四个方面对环境保护法规草案送审稿进行审查。法规司负责提出法规送审签报，经负责起草工作的司（办、局）会签后，连同环境保护法规草案及其起草说明和审查说明以及有关专项论证材料目录，提请生态环境部部务会议审议。

d. 送审、决定和公布。环境保护法规草案应当经生态环境部部务会议审议。法规司会同负责起草工作的司（办、局），根据部务会议审议意见对环境保护部门规章草案进行修改，形成环境保护部门规章，报请部长签署命令予以公布。环境保护部门规章签署公布后，《中国环境报》和生态环境部网站将及时刊载。

e. 备案与解释。环境保护部门规章应当自公布之日起 30 日内，由法规司依照《立法法》和《法规部门规章备案条例》的规定，办理具体的备案工作，环境保护部门规章解释权属于国家环境保护行政部门。由生态环境部门与国务院有关部门联合发布的部门规章，由生态环境部门和国务院有关部门联合解释。

③ 标准和规范制定的程序　环境标准是环境保护法律法规体系的一个组成部分，是环境执法和环境管理工作的技术依据。我国的环境标准分为国家环境标准和地方环境标准。

生态环境部负责全国环境标准管理工作，负责制定国家环境标准和环境保护部标准，负责地方环境标准的备案审查，指导地方环境标准管理工作。需要在全国环境保护工作范围内统一的技术要求而又没有国家环境标准时，应制定生态环境保护部标准。县级以上地方人民政府环境保护行政主管部门负责本行政区域内的环境标准管理工作，负责组织实施国家环境标准、环境保护部标准和地方环境标准。省、自治区、直辖市人民政府对国家环境质量标准中未作规定的项目，可以制定地方环境质量标准；对国家污染物排放标准中未作规定的项目，可以制定地方污染物排放标准；对国家污染物排放标准已作规定的项目，可以制定严于国家污染物排放标准的地方污染物排放标准。制定环境标准应遵循下列基本程序：编制标准制（修）订项目计划；组织拟订标准草案；对标准草案征求意见；组织审议标准草案；审查批准标准草案；按照各类环境标准规定的程序编号、发布。

（2）环境行政决策的程序

环境行政决策程序是行政程序中的主要程序，如果行政机关（政府）违反决策程序，将可能导致决策无效或被撤销。2019 年 5 月 8 日，《重大行政决策程序暂行条例》公布，于 9 月 1 日起施行，同时，在地方层面也已经进行了大量的环境行政决策程序法治化的努力，从目前的情况来看，有超过 400 个省、市、自治区及地市政府制定发布了关于行政决策程序的规定或办法。在我国，环境行政决策程序仍然存在一定程度的任意性，而建设法治国家、法治政府，我国必须建立并完善环境行政决策程序。科学的决策程序应当包括以下几个步骤：第一步，收集信息。根据政策目标收集尽可能完备的资料和信息，为制定实施方案提供充分的信息保障。第二步，确定目标。依据尽可能完备与可靠的信息，对发展的趋势变化做出准确的预测。第三步，拟订草案。拟订各种可行的备选方案。第四步，评估草案。对各种备选方案进行可行性评价。第五步，择优确定。按照一定规则，从各种备选方案中选出最优方案。第六步，反馈修正。按照确定的方案实施，并根据反馈意见修正。

① 收集信息　发现问题是环境行政决策程序的起点，决策者需要密切关注与其决策有关的各种信息。通过对问题不断地调查分析，从中准确找出问题的关键，为后续的决策打下基础。

有环境决策事项建议权的单位或个人提出环境行政决策事项建议后，决策机关应当对提出的建议进行分析、研究、论证，必要时应转交相关专业领域的单位或部门进行研究论证，对需要解决的主要问题，对问题发生的原因、法律法规和政策依据及建议的必要性、可行性进行充分的研究论证。决策机关一旦决定启动决策程序，则应当明确决策的承办单位，对涉及多个单位的，应当明确牵头单位，以便于后续决策方案的起草和拟订。

② 确定目标　在经济社会发展的不同阶段，根据存在的不同的环境问题，某一项环境政策的具体目标也是不同的，环境行政决策的目标应当是问题导向的，以解决政策问题为最终目的。环境行政决策目标不能仅仅体现决策者希望的结果，而应当由有待于解决的问题所决定。环境行政决策目标的确定，是与社会、经济、资源和环境可持续发展的战略目标相耦合的。目标必须符合国家法律与政策的规定，具体明确、切实可行、科学先进、有所主次。第一，决策目标要有根据，要了解决策所需要解决问题的性质、范围、特点和原

因；第二，目标必须具有可行性和先进性；第三，目标必须具体明确，不能模棱两可；第四，在多目标决策中，必须明确各目标的主从关系；第五，目标要以国家的法律和政策为根据；第六，要根据客观需要和现实可能，全面综合地进行考虑。

③ 拟订草案　目标确定之后，决策者应当根据占有的信息资料，提出达到目标和解决问题的各种可行方案。因此，在拟订决策草案之前，决策的承办单位应当广泛深入开展调查研究，全面准确掌握信息，并听取有关人大代表、政协委员、人民团体、基层组织、社会组织等方面的意见。同时，全面梳理与决策事项有关的法律法规规章和政策，研究论证决策草案涉及的合法性问题以及与现有相关政策之间的协调、衔接问题。

决策的成败与否取决于信息的准确、及时、全面。决策者应当运用现代科学的预测理论与方法，对决策对象的未来发展趋势和情况提前做出评估和推测。没有科学的预测，就没有科学的决策。决策的承办单位需要对决策事项进行成本效益分析，对人力物力财力投入、资源消耗、环境损害等成本和经济、社会、环境等效益进行分析预测。通常来说，一个问题的解决方案一般不是唯一的，决策承办单位需要拟订多个可能达到目标的方案，以便可以更加清楚地分析、评估。对专业性、技术性较强的决策事项，决策承办单位可以组织专家论证其必要性、可行性、科学性等。论证可以采取论证会、书面咨询、委托咨询论证等方式，由专家独立开展论证工作，客观、公正、科学地提出论证意见，并对所知悉的国家秘密、商业秘密依法承担保密义务，有条件的地方政府也可以根据需要建立决策咨询论证专家库。

④ 评估草案　环境行政决策承办单位拟订出各种解决问题的备选方案之后，就要根据决策目标，对各种方案分别进行利弊分析、比较，最后进行选择确定最优方案。决策事项涉及本级人民政府有关部门、下一级人民政府等单位的职责，或者与其关系紧密的，决策承办单位应当与其充分协商，不能取得一致意见的，应当向决策机关说明争议的主要问题、有关单位的意见、决策承办单位的意见和理由、依据。

除依法应当保密的外，涉及社会公众切身利益或者对其权利义务有重大影响的决策事项，决策承办单位应采取向社会公开征求意见、举行听证会、召开座谈会、书面征求意见、问卷调查、民意调查、实地走访等多种方式听取意见。对社会关注度高的决策事项，决策承办单位应当及时、准确发布决策草案有关信息，并可以通过新闻发布会、媒体访谈、专家解读等方式进行解释说明，充分利用政府网站、社交媒体、移动互联网等信息网络拓展公众参与渠道，增强与社会公众的交流和互动。公开征求意见期限一般不得少于 30 日。因情况紧急等需要缩短期限的，公开征求意见时应当予以说明。

对法律法规规定应当进行听证以及对公众权利义务作出重大调整的决策事项，决策承办单位可以召开听证会。听证是一项准司法化的行政程序，听证会的举行可以分为以下几个阶段。第一阶段：听证准备阶段。决策承办单位或者决策机关指定的有关单位应当提前公布听证事项、时间、地点等信息和决策草案及其说明等材料，便于社会公众了解有关情况。需要遴选听证参加人的，决策承办单位或者决策机关指定的有关单位应当公平公开组织遴选，保证各方利害关系人都有代表参加听证会，利害关系人代表不少于听证参加人总数的 1/2。听证参加人名单应当提前向社会公布。第二阶段：听取意见阶段。决策承办单位介绍决策草案、依据、理由和有关情况；听证参加人陈述意见，进行询问、质证和辩论，必要时，可以由决策承办单位或者有关专家解释说明；听证组织单位制作笔录，如实记录听证参加人的意见，并经听证参加人签字确认。第三阶段：听证后续处理阶段。决策承办单位应当对社会各方面提出的意见进行归纳整理、认真研究，对合理意见应当采纳。社会各方面意见有重大分歧的，决策承办单位应当进一步研究论证，完善决策草案。对社会各方面提出的主要意见及其研究处理情况、理由，应当及时公开反馈。

⑤ 择优确定　环境行政决策方案的确定标志着决策形成。根据民主集中制原则，决策方案的最终确定由集体讨论决定，决策的承办单位应当将决策草案及有关公众意见、专家论证意见、风险评估材料、合法性审查意见等提交决策机关，经决策机关常务会议或者全体会议讨论，由行政首长在集体讨论基础上作出决定。

讨论决策事项，应当保证会议组成人员充分发表意见，行政首长最后发表意见。行政首长拟作出的决定与出席的会议组成人员多数人的意见不一致的，应当在会上说明理由。会议组成人员的意见、会议讨论情况和决定应当如实记录，对不同意见应当予以载明。除依法应当保密外，决策的结果由决策机关通过政府公报、政府网站、新闻发布会、报刊、电视等公开渠道及时公布，并将决策过程中的有关材料及时归档备查。

⑥ 反馈修正　确定决策方案后，下一步就是如何执行决策的问题。即方案实施。决策机关应当根据决策方案及时制定实施方案的具体措施和步骤，安排具体决策执行单位，由决策执行单位及时、全面、严格执行决策，对决策机关负责并报告执行情况。决策机关对决策执行情况进行督促检查。决策执行单位发现决策存在问题或情势发生重大变化，严重影响决策既定目标实现的，应当及时向决策机关报告，未经法定程序不得随意变更、中止或者停止执行。

重大行政决策实施明显未达到预期效果，或者公民、法人和其他组织对决策实施提出较多意见的，决策机关可以组织决策后评估，并确定承担评估具体工作的单位。承担评估具体工作的单位应当充分听取社会公众的意见，可以委托社会组织、专业机构等开展第三方评估。

决策作出前承担主要论证评估工作的专家、专业机构和社会组织等，一般不得参加决策后评估。决策机关对在本行政区域实施的重大公共建设项目等决策拟作重大调整的，应当重新履行相关程序。情况紧急的，行政首长可以决定中止执行决策。由于组织内部条件和外部环境的不断变化，决策单位还要建立信息的反馈机制，收集各执行部门反馈的信息，追踪方案的实施情况，判断方案是否偏离既定的目标，如果偏离应当采取有效措施对方案加以修正和补充。

2.5.5　科学的环境管理决策机制的构建

（1）协调、协商机制　一方面，针对政府各个部门职能分解、利益分化的现状，环境管理部门应该通过设立专门的机构和运行方式，形成各个部门的具体政策之间、部门具体政策与纲领性政策之间的协调机制。另一方面，环境管理部门要建立公平的、开放的社会利益表达渠道，为不同群体提供公平的利益表达制度性平台，引导不同群体以理性合法的形式表达自己的利益要求。

（2）专家咨询制度　专家咨询制度是科学决策的重要条件，专家通过对决策方案的可行性或不可行性进行研究，发现决策存在的问题，尽量避免决策失误。有效的专家咨询首先以优化的专家组成结构为基础，重大的环境问题往往要综合考虑经济、社会、生态环境等多方面因素，因此在参与决策的专家组成上也应当体现知识结构的多元化。其次，充分掌握有效信息是专家决策参与作用有效发挥的内在要求。政府相关部门应当利用现代信息网络技术搭建专家决策参与信息支持平台。此外，专家决策参与作用的真正发挥有赖于行政决策主体摒弃"以专家意见作点缀，忌讳专家表达反对意见"的决策理念，提倡和鼓励不同观点。

（3）社会公示、听证制度　社会公示、听证的过程是群众的知情权和建议权受到尊重的保障。因此，环境管理部门应该致力于建立和优化与群众之间的利益对话机制，使群众真正理解政府意愿，也能表达自己的利益诉求。同时，保证公示和听证的过程有实质性作用，而非流于形式，这就要求政府建立能够最大限度地实现群众根本利益的保障机制，最终实现环境管理决策符合群众根本利益。

（4）健全责任追究制度　在环境管理决策过程中，很有必要健全政府决策失误的责任追究制度，做到"有过必纠，过罚相称"。对于那些以政府名义作出的决策，必须由参加决策的每个人签署意见，共同负责，按过论罚。同时，保证过罚相称，避免惩罚力度不够，失去对决策者的激励和约束作用。

（5）民主监督制度　完善的监督制度应该包括环境管理部门的内部监督、人大监督以及社会监督。第一，环境管理部门的内部监督是指完善层级监督的各项制度，注重事前和事中监督，以预防为主、惩处为辅。第二，全国人大和地方各级人大是我国宪法中规定的国家权力机关，对环境管理部门有质询权、罢免权等监督权，因此人大必须提高在国家政治生活中的地位，真正行使手中的民主权利。第三，扩大公民和社会团体对环境管理部门的监督，一方面要求政府决策信息更加公开，另一方面要建立起强大的舆论监督体系以促进环境管理部门科学决策的实现。

2.6　排放标准与环境保护技术进步

排放标准是政府依法对空气固定源和水点源污染物排放所规定的各种形式的法定限值与要求，既包括技术方面的要求，又包括具体环境质量的要求，其目的是确保空气质量和地表水质达标，并作为环境保护技术进步的重要推动措施。以点源排放标准为例，作为针对点源排放控制的一种政策手段，其实质是界定点源排污控制的责任边界，或排放控制的内部化程度，保护公众健康与生态环境，最终实现"零排放"。因此，污染物排放标准需要与保护环境质量目标挂钩，明确促进工业行业生产工艺和污染处理技术进步。

环境政策对新技术开发和传播的影响，是政策成功或者失败的重要依据[29]。当然，不同类型的环境政策手段对技术进步的速度或者方向起到不同的影响[30]。命令控制型政策倾向于对企业设置统一的标准，刺激企业或者个人根据自己的情况采取污染控制行动[31]，其中技术标准规定的技术水平可以是目前并没有广泛达到的，但必须保证成本可行性，否则可能导致政治和经济的中断[32]。在诸多政策手段的对比中，Magat（1978）使用创新可能性边界模型对比了排污税、排放标准，发现两种政策对污染减排和生产技术进步之间产生截然不同的影响[33]，排污税关注减排，排放标准则促进技术进步。

排放标准对技术扩散的影响，除了定期的排放标准的制定和修订之外，还包括研究和开发的投入，以及制定、更新时的技术选择。技术创新并不意味着该项技术就能顺利地扩散，被广泛采用。在技术研发之后，需要一个阶段的认知过程，当缓慢达到一定的应用规模时，该项技术会加速扩散[34]。因此，排放标准对技术创新的影响和促进主要是和企业之间的研发预期相关联的。本书从排放标准对技术进步与扩散的影响进行分析。

排放标准所能够影响的技术包括广义的虚拟和现实两种形式，既包括知识媒介的输出，同时也包括具有物理意义的设备等，指在污染物排放控制过程中所涉及的任何能够被转移、能够被再生产的合法的控制技术。技术是在污染物排放标准制定和执行过程中关键的商品和服务。

技术从发明到实际的推广使用，主要经历了创新、技术扩散、推广使用和最后退出市场四个方面，而技术的退出是由新技术的发明并扩散导致的。从已有的文献可以发现，技术的创新一般不会直接导致技术的广泛应用，类似于流行病的传播，创新技术在传播的过程中需要达到临界点，才能引起技术的迅速推广应用。在标准制定和执行的过程中，由于其承担环境改善的作用，这就需要保持技术的不断进步，同时企业也会不断地寻求更加廉价和高效的技术，从而节约治污成本，因此本节主要关注的是技术的创新和扩散。

创新的驱动力主要包括两个方面，分别是环境管理要求和经济利益的驱动。环境管理要求和经济利益驱动都是客观存在的，企业对政府的环境管理要求有一定的合理预期，同时对经济利益的驱动也是认同的。长期以来，由于我国在守法成本高、违法成本低的情况下，没有足够激励社会资源集中到环境保护技术的研发过程中，环境管理的要求也没有明确，从而导致环境保护技术创新没有足够的动力，缺乏市场的活力。

技术创新过程需要人力、资本和技术的投入，目前我国技术市场并没有建立完善的市场平台，技术进步的促进过程中，资金主要来源于政府，来源于企业的投资很少。而实际上，真正明确和需要进行技术选择和创新的动力完全应该来源于市场，政府只是提供外部性内部化的要求。人力资源存在多种渠道，企业内部工程师、社会及高校科技支持和政府事业单位等，目前我国企业环境管理仍非常紧缺，不利于企业的环境保护技术创新。技术借鉴是应对标准变化的最直接有效的措施，包括国内技术转移和国际技术转移。但技术创新的过程并不意味着存在这样的社会经济环境就必然会实现技术的创新，技术创新的过程存在极大的不确定性。技术创新过程社会经济环境分析见图 2-10。

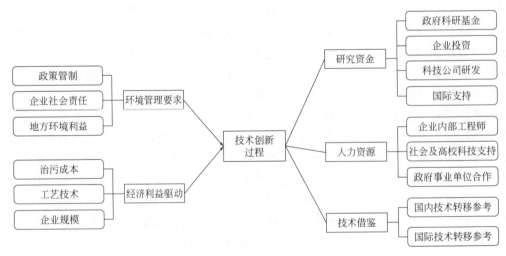

图 2-10　技术创新过程社会经济环境分析

技术扩散过程是指一项技术创新之后到被广泛应用的过程。在这个过程中，同样存在多个方向，首先是技术推广来源，包括企业自我研发、政府强制推行、企业自愿引进。有技术发展能力的企业可以采用掌握的资源进行技术研发，好处是能够适合实际工艺，同时能够在同行业中占有技术优先的地位，不仅节省了技术费用，同时能够成为技术输出一方，获取额外收益。政府强制推行往往存在于某个行业或者某个区域内，例如连续在线监测设施的广泛应用、排放标准中所指定的最佳可控技术的推广、以及国企对进口设备引进等等，

具有推行速度快和效率高的特点，但是这种类型的技术往往具有非常强的针对性，不宜大规模推行。企业自愿引进是在有合适的技术的情况下，在某些原因的驱动下对设备的购买引进。技术扩散的刺激与技术创新的原因相同，也就是在当无法进行技术创新的时候，以及还来不及进行技术创新的过程中，选择引进具有竞争力的技术产品，需要有成熟的技术交易市场、技术专利及法律环境，这样能够保证技术研发企业的专利使用权。在技术传播过程中，需要具备技术选择平台，也就是信息平台的提供，其次需要有公平合理的技术选择制度。技术扩散过程社会经济环境分析见图 2-11。

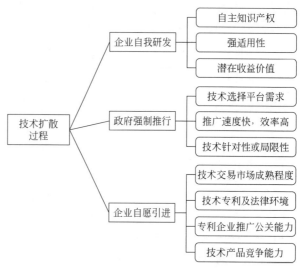

图 2-11　技术扩散过程社会经济环境分析

规模化及退出过程是指技术在经过广泛使用之后的规模化及逐渐退出的过程。技术被广泛使用之后，往往会表现出技术成本降低和技术壁垒消失，进而由于成本收益竞争力的降低及环境管理要求严格而退出市场。随着技术的发展进步，工业企业相对落后的产品、工艺和设备由于市场需求低、生产工艺原料耗费率高、设备老旧维修费用高等原因，工业企业会主动更新设备；环境管理要求严格导致老旧的设备无法达到环境管理的要求，面临淘汰。

综上所述，污染物排放标准能够为企业技术创新提供激励，关键需要保障技术水平选择和排放限值制定的科学性；技术的扩散需要充分的技术信息流转，而技术信息也是污染物排放标准制定的决定性资料支撑，需要数据库的支持。

下面通过美国钢铁行业排放限值导则编制过程与我国的比较的案例来说明我国排放标准对技术促进尚需改进完善的方面。美国环保署（EPA）要求制定过程中评估工业行业最佳可行控制技术及其经济可行性。美国环保署以排污许可证守法数据库为主要信息来源，排放限值编制文件必须明确行业描述、技术选择依据、调查样本范围和样本量，以及使用的评估方法和技术，向全社会公开。本书从修订适时性、行业细分与严格程度及编制过程严谨性三个方面进行对比。

（1）修订适时性　根据美国钢铁行业排放限值导则的制定历史，其最早的排放限值导则颁布于 1982 年，并于 1984 年进行了修订。经过更新审核，EPA 于 2000 年制定规划决定修订该行业排放限值导则，2002 年重新颁布钢铁行业排放限值导则，并于 2005 年进行重新修订。而我国钢铁行业水污染物排放标准的更新时间间隔长达 20 年，在没有更新之前，企业甚至不经过任何污水处理措施就能够达到 1992 年标准的限值，而 2012 年实施的《钢铁工业水污染物排放标准》从立项到执行之间经历近十年的时间，制定过程中参考美国 2002 年排放限值的规定，实施时已经出现滞后。

（2）行业细分与严格程度　《钢铁工业水污染物排放标准》（2012）中分为两种类型，分别为钢铁联合企业和非钢铁联合企业，其中非钢铁联合企业又按工艺细分为烧结、炼铁、炼钢、冷轧、热轧等多个限值类别，但执行标准限值没有太大的区别。美国的钢铁工业排放限值导则按照生产工艺、产品等技术属性分为 13 个工业行业，如表 2-6 所列。以总悬浮物（TSS）为例，不同行业之间的限值有巨大的差异，其细分的工业行业子类别是我国的 6 倍。

表 2-6　美国钢铁行业子类别总悬浮物 TSS 排放限值　　　　单位：kg/t

行业类别	日最大值	月均值	行业类别	日最大值	月均值
炼焦	0.253	0.131	盐除锈	0.204	0.0876
烧结	0.0751	0.025	酸渍	0.0818	0.035
炼铁	0.0782	0.026	冷轧	0.00125	0.000626
炼钢	0.0312	0.0104	碱洗	0.073	0.0313
真空除气	0.0156	0.00521	热喷涂	0.175	0.0751
连续浇铸	0.078	0.026	其他	0.00998	0.00465
热轧	0.15	0.0561			

根据我国钢铁行业排放标准编制说明，2005 年钢铁工业污染物排放量以吨钢排放量计，为：COD 246.65g/t，总悬浮物 541.35g/t，石油类 15.49g/t。沿用总悬浮物指标换算为统一单位为 0.54135kg/t，该指标为年指标，与月均值指标相比，超出美国排放限值导则炼焦行业的 4 倍，说明我国钢铁行业污染控制技术标准低于美国技术标准。

（3）编制过程严谨性　严谨性反映在钢铁行业排放标准编制说明中。制定过程主要采用了对现有污染控制技术归纳总结和案例企业调查两种形式，案例企业仅有十余家国内大中型钢铁企业。在收集的统计数据确定限值时，仅针对不同污染物对不同数量的钢铁企业收集年度均值数据，取最大值、最小值和平均值，限值的最终确定依据不够明确。而美国的制定文件整个文档共 1045 页，收集 822 家企业数据，问卷调查 399 家，实地调查 69 家。我国排放标准的制定和决策编制说明相关部分信息量的收集与调查与美国存在明显差距。

在美国钢铁工业排放限值导则中，根据钢铁行业的基本情况、技术选择和排放限值的制定核算成本收益，具有充分的论证过程和方法支撑。而我国缺乏依照统计方法和经济模型来指导成本收益分析。

目前，我国的污染物排放标准缺乏常态的更新机制，导致一些行业标准落后于实际。以国家为主的环境管理投入机制，使得企业创新能力不足；排放标准的制定过程中没有对技术水平进行充分的评估，标准限值制定有时相对较随意；企业缺乏预期的排放标准修订带来集中的技术转移，虽然技术市场短暂活跃，但是这种活跃缺乏持久性，不利于环境保护技术的进步，且在经过短时间的进步之后，企业没有进一步合理的预期，导致缺乏创新动力和阻碍技术扩散。

由此可见，排放标准制定决策的核心应当是评估行业最佳可行控制技术绩效及其经济可行性。明确国家污染物排放标准的制度目标为促进行业环境保护技术进步。技术进步依赖技术创新和技术加速扩散，技术创新动力来源于环境管理要求和经济利益，技术加速扩散受技术信息传播和需求影响。通过定期对排放标准适应性和修订必要性进行审核，能够将国家环境管理要求透明化，给予工业企业技术改造合理预期，激励环境保护技术创新。

然而，我国目前对环境保护技术创新和扩散的有效激励机制有待进一步完善。产业结构调整、淘汰落后等政策手段，本质是通过推广先进和淘汰落后的污染控制技术来改善环境质量。以行政手段淘汰技术和调整产业结构有伤害企业合理利益的可能；以污染控制为目的的产业结构调整和淘汰落后有时会不符合市场规律。同时，通过行政干预对先进和落后两个极端绩效水平进行影响，有时会忽视对企业生产工艺、污染控制技术创新和扩散的激励，难以达到促进环境保护技术进步的目的。形成合理机制之后，可以整合清洁生产等技术标准，变更结构，调整治污思路。清洁生产政策看似复杂，但其本质是技术标准。清洁生产技术标准完全可以整合至排放技术标准的制定中，从而减少复杂的技术收集和咨询工作，避免环境标准重复制定。结构调整治污思路涉及对工业企业的广泛影响，包括产品结构、原材料使用、生产工艺等，其实质同样是通过行政手段干预达到改善环境的目的。结构调整的存在应该停留在国家宏观调控政策层面。

建议明确国家生态环境保护部是污染物排放标准管理制度的责任机构，负责制定足够具体和可实施的国家污染物排放标准，在保障工业行业持续发展的前提下，促进行业环境保护技术进步。国家污染物排放标准是根据工业行业污染物排放控制技术水平，基于经济可行性评估结论制定并颁布的污染控制绩效标准。

明确排放标准制定决策的核心是评估行业最佳可行控制技术绩效及其经济可行性。生态环境保护部通过排污许可证守法信息数据库、技术验证数据库，以及其他信息渠道收集国家行业内代表总体样本数量的企业生产工艺、污染控制技术和污染物排放数据，并根据投资规模、产能、利润等指标进行分层抽样，对样本企业展开实地调查，收集两年及以上污染物排放有效数据；依据技术信息选择不同严格层次的污染控制技术水平，分别进行成本-效益分析，并核算该技术水平下污染物排放量和减排量，综合技术、经济和环境因素考虑确定最佳可行控制技术标准。最佳可行控制技术标准一旦确定，不得退化。新建点源标准选择可行的最先进污染控制技术。最佳可行控制技术标准确定之后，可以根据不同层次的污染控制技术水平在最佳可行控制技术标准的基础上制定更加严格的最佳经济可行标准等。

建议国家以 2 年为规划期，制定国家污染物排放标准规划，向社会公布。规划明确未来两年内的排放标准制定、修订和颁布实施安排。生态环境保护部每年根据规划制定标准制修订年度计划，编制排放标准管理预算。

建议建立国家污染物排放标准常态审核机制。生态环境保护部对已有排放标准的行业或潜在需要制定标准的行业，跟踪审核其污染物排放的公众健康与环境风险、环境保护技术进步情况，不断调整排放标准制修订优先级；在规划期结束前，根据优先级顺序，考虑行业规模、标准实施年限、替代管理措施、技术可行性等因素，确定需要制定和修订污染物排放标准的行业细分，发布审核报告并征求意见。污染物排放标准常态审核机制作为国家污染物排放标准规划制定依据，激励环保技术进步。

2.7　环境保护行政执法

2.7.1　环境行政执法的定义

政府环境管理的过程，即环境行政，其本质是环境行政执法。所谓执法是指国家行政机关根据法律授权对法的适用或实施，是与立法、司法相对应的概念。在我国，立法机关作为权力机关制定法律，通过执法、司法机关予以贯彻实施。一般认为行政执法是行政机关主动贯彻执行法律的过程，这是由行政机关作为执行机关具备的主动性的职能特点决定的，而司法因其自身的居中裁判，不告不理的特点决定其是被动适用法律的过程。因此，行政执法特指行政机关主动实施法律法规的行为。行政执法本身有狭义和广义之分。狭义的行政执法一般仅指依据现有的法律、法规和规范，行政主体主动采取具体的行政执法手段的行为；广义的行政执法还应当包括行政机关进行行政立法与制定行政规范性文件的行为。本节仅从狭义的角度讨论环境行政执法。

环境行政是指环境保护部门和其他相关机关，依据宪法、法律和法规的规定，将各项环境法律制度和政策措施运用于环境保护工作的行为。我国的环境行政可以分为环境行政立法、制定其他环境行政规范性文件和环境行政执法。环境行政立法根据立法主体的层级不同，可以分成中央立法与地方立法，中央立法包括国务院制定的环境行政法规和与环保相关的各部委制定的部门规章，地方立法指各省、自治区、直辖市及较大市的人民政府所依法制定的规章。其他环境行政规范性文件根据其法律地位的不同，可以分为法源性和非法源性的其他环境行政规范性文件。法定的解释性文件即属于前者，如国务院对行政法规的解释文件可以作为司法裁判的依据，对法院具有强制性拘束力。环境行政执法是环境行政机关或有环境行政权的组织依据自身具有的行政权做出的各类行政处理行为。按照内容的不同，可以分为两类：不利环境行政行为❶，包括环境行政裁决、环境行政命令、环境行政规划、环境行政处罚、环境行政强制、环境行政征收与征用等；授益环境行政行为❷，如环境行政许可、环境行政确认、环境行政奖励、环境行政指导、环境行政合同❸、环境行政调解、信息服务等。

环境行政基本框架见图2-12。

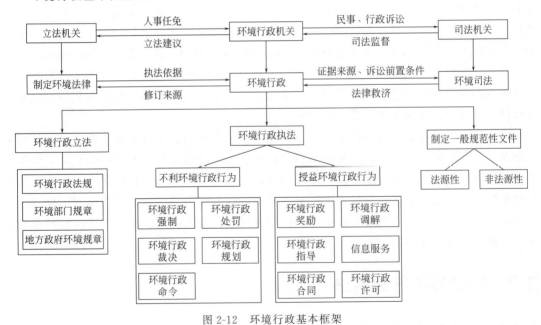

图2-12　环境行政基本框架

---

❶ 不利环境行政行为是指环境行政机关对守法者实施的限制或剥夺其权益的环境行政行为，此类行政行为的结果对守法者往往是不利的。

❷ 授益环境行政行为是指环境行政机关为守法者设定的授予权益或免除义务的环境行政行为。

❸ 环境行政合同，目前在我国没有明确的法律地位，但实践中确实是存在并被环境行政机关所运用的。

2.7.2　环境行政执法的基本原则

（1）依法行政原则　依法行政原则是法治国家、法治政府的基本要求，基本含义是指政府的一切行政行为都应当严格依法，受法律约束。德国行政法学者奥托·迈耶（Mayer Atto）认为，依法行政原则应当包括三个方面的内容：①法律创制，指法律对行政权的运作产生绝对有效的拘束力，行政权不可逾越法律而行为；②法律优越，指法律位阶高于行政法规、行政规章和行政命令，一切行政法规、行政规章和行政命令皆不得与法律相抵触；③法律保留，指宪法关于人民基本权利限制等专属立法事项，必须由立法机关通过法律规定，行政机关不得代为规定，行政机关实施任何行政行为皆必须有法律授权，否则，其合法性将受到质疑[35]。美国盖尔霍恩和博耶将美国行政法的基本原则概括为公正性、准确性、效率、可接受性四项。

从我国目前行政法的实施来看，该原则主要有以下内涵：在环境行政执法中，基于该原则的要求，环境行政部门必须依照法定权限、法定程序实施环境行政行为，在法律允许的范围内依法制定行政法规、规章，尽可能使自由裁量权受到约束，减少政府行为的任意性。同时，政府应当要让守法者在其权利被限制之前了解其义务所在，使法规在立法阶段就能够得到明确的确认，防止不明确的法律法规任由行政机关解释，导致公民权利受到侵害。

（2）信赖利益保护原则　众所周知，诚信原则是《民法》的第一原则，那么在现代行政法中，信赖利益保护原则也越来越成为本领域的首要原则。信赖利益保护，是指政府对自身做出的行为应当守信，不能随意变更，更不能反复无常，朝令夕改。在环境行政执法中，政府的执法决定一旦作出，没有法定事由，未经法定程序不得撤销、改变或废止。同时，政府撤销自身做出的违法或错误的执法决定，如果不是守法者的过错造成的，政府要对损失给予赔（补）偿。

（3）比例原则　比例原则是指政府在执法中应当兼顾执法目的实现与守法者利益的保护，在实现执法效果的同时，将损失或不利影响控制在尽量小的范围内，使两者处于适度的比例。环境执法中的比例原则应当贯穿执法的全过程，包括两个方面：①政府做出执法措施前，必须先进行利益衡量，只有确认实施该执法所获得的公益大于损害的私益，该措施才能实施；②政府执法，必须在多种执法方案中，选择成本最小、获益最大的方案实施，从这个角度来说，比例原则也可以叫作最小损害原则。

2.7.3　环境行政执法管理体制

（1）环境行政执法机构及其权限　国务院《关于深入贯彻落实〈全面推进依法行政实施纲要〉的实施意见》（2004）明确要求建立健全行政执法主体和行政执法人员资格制度。建立健全行政执法责任制，依法界定执法职责，科学设定执法岗位，规范执法程序。根据我国法律规定，现行的环境行政执法机构大致可以分成两大类，即专门的国家环境行政机关与法律法规授权的有环境行政权的组织。专门的国家环境行政机关根据层级不同分为国家、省、市、县四级环境行政机关。其他法律法规授权的有环境行政权的组织，在行使被授予的行政职权时，视同行政机关，并由其对外承担法律责任，除此以外，其不享有行政权，没有行政机关的法律地位。根据法律法规的授权情况，这类组织大致可以分为：行业组织，如《律师法》授权律师协会多项行政职能；事业组织，如城市行政执法局，当然其中的一部分由于行政地位的提高，已经升格为行政机关；行政机关的派出机构，例如生态环境部下辖的六大区域环境保护督察中心。环境行政机关的主要职权包括：行政立法权、行政裁决权、行政命令权、行政处理权、行政监督权、行政强制权、行政处罚权。

（2）环境行政执法对象　环境行政执法是政府的单方行为，适用的对象为向环境排放污染物的排污者，具体指根据不同的环境要素制定的包括空气污染源、水污染源、固体废物、有毒物质等各项法律法规要求进行管理的排污者。

2.7.4　环境行政执法的具体行动

2.7.4.1　环境行政执法具体行动的定义

环境行政执法具体行动是环境行政机关或有环境行政权的组织，根据法律法规的规定与授权，在自身职权范围内，为实现环境管理目标，实施的多项强制性和非强制性行政措施。环境行政执法具体行动保证了依照法律进行的环境行政立法所确定的各项政策措施能够得到执行。一方面，强制性环境行政执法行动对违法的污染者进行威慑，保证其守法；另一方面，非强制性环境行政执法行动对守法者进行激励，提高守法者与政府合作的积极性。

具体的环境行政执法行动涵盖了环境行政活动的各个方面，随着现代环境行政理念的进步，传统单纯依靠强制性行政执法的手段甚至"以罚代管"已经难以完全适应现代环境行政的需要。政府对排污者实施强制性环境行政执法行动必须是在有一定证据的前提下，且应在法定程序内进行。此外，要理顺行政执法体制，规范行政执法行为；对公民、法人和其他组织的有关监督检查记录、证据材料和执法文书进行立卷归档。

2.7.4.2　环境行政执法具体行动的启动

具体的环境行政执法行动的启动由公民、法人或其他组织申请被动开始，或者由环境行政机关依职权主动进行。一般来说，授益行政执法行动根据相对人申请启动，不利行政执法行动则由环境行政机关依职权主动进行。我国目前对环境行政执法中最常见的三种具体执法行动分别制定了法律，包括环境行政许可、环境行政处罚和环境行政强制。我国《行政许可法》第29条规定了公民、法人或其他组织从事特定活动，依法需要取得行政许可的，应当向行政机关提出申请；第32条要求行政机关对属于其职权范围，申请材料齐全、符合法定形式，或者申请人按照其要求提交全部补正申请材料的，应当受理。《行政处罚法》规定对公民、法人或者其他组织违反行政管理秩序的行为，行政机关依照该法所定程序实施行政处罚。

2.7.4.3　环境行政执法行动的具体程序及内容

公平公正效率的环境行政执法程序与明确规范的执法内容是克服执法者滥用自由裁量权，防止执法行动偏离法律本意，达到促进守法的执法目的的最重要保证。目前，我国没有统一的行政程序法律，根据我国《行政法》《行政诉讼法》《行政复议法》等法律和关于证据规则的诸多司法解释的规定，可以依授益环境行政执法与不利环境行政执法，将行政程序大致分为两类：申请程序与调查程序。

（1）申请程序——授益环境行政执法　授益环境行政执法行动一般来说应当根据公民、

法人或其他组织的申请启动，当然，有些环境行政机关主动采取的环境行政指导、环境行政奖励行动除外，申请的提交与受理必须符合法定的方式和程序。我国《行政许可法》"申请与受理"一节中规定，行政许可申请可以通过信函、电报、电传、传真、电子数据交换和电子邮件等方式提出。申请书需要采用格式文本的，行政机关应当向申请人提供行政许可申请书格式文本❶。申请人应当如实向行政机关提交有关材料和反映真实情况，并对其申请材料实质内容的真实性负责❷。行政机关收到申请后，应当对申请人所提交的材料进行形式审查，做出受理或者不予受理的决定。其中申请事项属于本行政机关职权范围，申请材料齐全、符合法定形式或已按要求补正的，应当受理；对不需要取得行政许可或者不属于本行政机关职权范围的，应当不予受理，并即时告知申请人。行政机关不论是否受理行政许可申请，都应当出具加盖本行政机关专用印章和注明日期的书面凭证。

申请被受理后，虽然申请人对申请材料实质内容的真实性负责，但依法需要对申请材料实质内容进行核实的，行政机关应当指派两名以上的工作人员进行核查。对依法应当先经下级行政机关审查后报上级行政机关决定的行政许可，下级行政机关应当在法定期限内将初步审查意见和全部申请材料直接报送上级行政机关。行政机关审查发现行政许可事项直接关系他人重大利益的，应当告知利害关系人，申请人与利害关系人享有陈述、申辩和听证的权利，行政机关应当听取其意见。同时，法律、法规、规章规定应当听证的事项或者行政机关认为需要听证的其他涉及公共利益的重大行政许可事项，应当向社会公告，并举行听证。《行政许可法》明确规定行政机关应当根据听证笔录，做出行政许可决定。

（2）调查程序——不利环境行政执法　调查是指环境行政执法机关主动针对自己发现、公民举报或者其他组织移交的环境违法事项，进行的采集证据、查明事实的活动。环境行政执法机关依法取得的证据将成为做出不利行政执法决定的依据。调查的目的就是收集证据，证据是调查活动的结果[36]。

① 调查的依据　不利环境行政执法调查工作的展开必须严格遵照法律、法规、规章及相关标准和司法文件的规定。根据我国立法的相关情况进行统计，相关法律、法规、规章详见表 2-7。

表 2-7　环境行政处罚证据调查工作依据①

法律	行政法规	部门规章	司法解释
《行政处罚法》	《行政复议法实施条例》	《环境行政处罚办法》	《最高人民法院关于执行〈中华人民共和国行政诉讼法〉若干问题的解释》
《行政许可法》	《排污费征收使用管理条例》	《环境污染治理设施运营资质许可管理办法》	《最高人民法院关于行政诉讼证据若干问题的规定》
《行政复议法》	《建设项目环境保护管理条例》	《畜禽养殖污染防治管理办法》	
《行政诉讼法》	《淮河流域水污染防治暂行条例》	《医疗废物管理行政处罚办法》	
《民事诉讼法》	《医疗废物管理条例》	《废物进口环境保护管理暂行规定》	

---

❶ 中华人民共和国《行政许可法》第 29 条。
❷ 中华人民共和国《行政许可法》第 31 条。

法律	行政法规	部门规章	司法解释
《环境保护法》	《废弃电器电子产品回收处理管理条例》	《建设项目环境影响评价资质管理办法》	
《大气污染防治法》	《危险废物经营许可证管理办法》	《废弃危险化学品污染环境防治办法》	
《水污染防治法》	《规划环境影响评价条例》	《污染源自动监控管理办法》	
《固体废物污染环境防治法》	《消耗臭氧层物质管理条例》	《病原微生物实验室生物安全环境管理办法》	
《环境影响评价法》		《电子废物污染环境防治管理办法》	
《清洁生产促进法》		《危险废物出口核准管理办法》	
《噪声污染防治法》		《新化学物质环境管理办法》	

①依据来源：生态环境部《环境行政处罚证据指南》。

② 证据的采集 目前，关于环境行政执法的调查程序，并没有统一的立法规定，生态环境部针对环境行政处罚制定了《环境行政处罚证据指南》，规定了证据收集时，调查人员不得少于两人，并出示行政执法证件，告知当事人申请回避的权利和配合调查的义务，然后可以采取以下方式收集证据：查阅、复制保存在国家机关及其他单位的相关材料；进入有关场所进行检查、勘察、采样、监测、录音、拍照、录像、提取原物原件；查阅、复制当事人的生产记录、排污记录、环保设施运行记录、合同、缴款凭据等材料；询问当事人、证人、受害人等有关人员，要求其说明相关事项、提供相关材料；组织技术人员、委托相关机构进行监测、鉴定；调取、统计自动监控数据；依法采取先行登记保存措施；依法采取查封、扣押（暂扣）措施；申请公证进行证据保全；听取当事人陈述、申辩，听取当事人听证会意见；依法可以采取的其他措施。证据主要包括：书证、物证、视听资料、证人证言、当事人陈述、环境监测报告、自动监控数据、鉴定结论、现场检查（勘察）笔录和调查询问笔录。调查人员应当尽可能收集书证、物证的原件原物，如果存在困难，可以对原件原物进行必要的复印、扫描、照相、抄录或录像、复制，并有执法人员签名或盖章。对视听资料和自动监控数据要提取原始载体，无法提取或存在困难的，可以采用打印、拷贝、拍照、录像等方式复制。调查人员还可以用录音、拍照、录像等方式记录证据收集的过程和情况。

③ 证据的审查与认定 调查收集证据结束后，需要由不参与证据收集的环境行政执法人员对这些证据的证据资格和证明力进行必要的审查，做出准确的判断，得以认定事实。证据的审查人员应当依据法律、法规和规章规定，运用专业知识、逻辑推理和工作经验，对取得的所有证据进行全面、客观和公正的分析判断，确定证据材料与待证事实间的证明关系，排除不具有关联性的证据材料，准确认定案件事实❶。

④ 听证 听证是指环境行政执法机关召开专门的听证会听取当事人陈述意见的活动。在我国，听证能够适用的范围非常有限，《行政处罚法》第 42 条规定，行政机关做出责令

---

❶《环境行政处罚证据指南》第 5.1.2 节。

停产停业、吊销许可证或者执照、较大数额的罚款等行政处罚决定时，适用听证。生态环境部《环境行政处罚听证程序规定》则对这三种情形做了更具操作性的细化❶。而事实上虽然法律明确规定了当事人有陈述权和申辩权，但并没有明确的除听证外的其他听取意见的途径。我国台湾省做出环境行政处分之前除一部分正式听证外，还可以要求陈述意见。而美国则规定了审判型听证、非正式会谈等 20 多种听取守法者意见的形式。

　　根据《行政处罚法》《行政许可法》《环境行政处罚办法》等规定，听证应由当事人申请启动。环境行政执法的听证的参与者包括：主持人、当事人与第三人、案件的调查人员与证人、记录人员。从我国目前立法的情况看，主持人一般由本机关的负责人指定的非本案调查人员担任，在一些涉及专业知识的听证中，也可以邀请相关专家担任听证员，但主持人、听证员不得与案件存在利害关系，否则应当回避。

　　听证是一项准司法化的行政执法程序制度。因此，在举行听证的程序上，也与司法审判程序有异曲同工之处，听证会的举行可以分成几个阶段。第一阶段，听证准备阶段。记录员查明并介绍参与听证人员身份等情况、宣布会场纪律，主持人宣布听证会开始并告知参与人员各项权利义务。第二阶段，听证调查阶段。案件调查人员陈述违法事实，当事人申辩，双方提交各自证据。第三阶段，听证质证辩论阶段。调查人员与当事人、第三人进行质证、辩论并作最后陈述。随后，由主持人宣布听证会结束。

　　⑤不利环境行政执法决定的做出　环境行政执法机关相关负责人通过审查，分别根据违法行为的轻重程度，依法做出不同的行政处理决定，对不属于自己管辖或涉嫌违反党纪、政纪，乃至犯罪的，移送相应的有权部门处理。生态环境部发布的《环境行政处罚办法》对环境行政机关做出行政处罚决定有详细规定，第 51 条规定，本机关负责人经过审查，分别做出如下处理：（一）违法事实成立，依法应当给予行政处罚的，根据其情节轻重及具体情况，做出行政处罚决定；（二）违法行为轻微，依法可以不予行政处罚的，不予行政处罚；（三）符合本办法第十六条情形之一的，移送有权机关处理。

　　需要特别注意的是，听证笔录是记录员对听证活动的记录。司法诉讼程序严格贯彻案卷排他原则，未经法庭质证的证据不能作为最后判决的依据。那么，环境行政机关也应当严格遵循这一原则。听证本身是一项成本很高的行政活动，目的在于防止当事人的权利受到不当的重大损害，如果允许未经听证会质证的证据作为最后行政执法处理的依据，那么当事人的听证权利就会形同虚设。我国《行政处罚法》对听证笔录的效力问题没有明确的规定，但在《行政许可法》中作了明确规定，行政许可决定应当根据听证笔录做出。

2.8　环境政策的社会经济影响分析

2.8.1　社会经济影响分析的政策目标

　　环境管理的主要内容包括环境质量标准、排放标准、环境规划等方面。社会经济影响

---

❶ 环境保护主管部门在做出以下行政处罚决定之前，应当告知当事人有申请听证的权利；当事人申请听证的，环境保护主管部门应当组织听证：（一）拟对法人、其他组织处以人民币 50000 元以上或者对公民处以人民币 5000 元以上罚款的；（二）拟对法人、其他组织处以人民币（或者等值物品价值）50000 元以上或者对公民处以人民币（或者等值物品价值）5000 元以上的没收违法所得或者没收非法财物的；（三）拟处以暂扣、吊销许可证或者其他具有许可性质的证件的；（四）拟责令停产、停业、关闭的。

分析的政策目标是：从经济上论证环境质量标准的合理性，对排放标准做成本有效性分析；筛选环境规划中的行动方案并在整体上评估环境规划的成本效益。

（1）环境质量标准　空气质量标准的目标是保护人群健康。我国空气质量标准的制定参考美国和世界卫生组织（WHO）所设定的空气质量基准。当科学研究表明当前空气质量标准无法充分保障人群健康时，需要重新修订空气质量标准。空气质量标准的修订应符合成本效益原则，量化新标准预期可以实现的健康收益，并同空气质量标准修订后社会新增成本进行比较，作为判断空气质量标准修订是否经济可行的依据。

（2）排放标准　制定污染源排放标准的目的是确保空气质量达标。我国污染源排放标准为全国行业统一标准。当污染源执行全国统一排放标准仍未能达到空气质量标准时，污染源执行更严格的排放标准，以满足空气质量达标的要求。但需要考虑污染源的经济承受能力，即在考虑行业发展的前提下制定基于技术的排放标准。

（3）环境规划　制定环境规划的目的是促进环境质量尽快达标。空气质量达标规划的内容，包括空气质量达标规划目标的确定、行动方案的筛选和规划的社会经济影响分析。

2.8.2　社会经济影响分析的政策体系

在美国，社会经济影响分析已成为环境管理中例行的政策实践。美国以总统令的形式明确要求 EPA 对其所制定的所有法规都需要进行经济分析，《清洁空气法》也要求 EPA 定期对《清洁空气法》进行成本和效益方面的分析。本书主要以美国为例介绍社会经济影响分析的方法和参数。

1981 年签发的 EO 12291 要求联邦所有部门提交的行政法规需做法规影响分析（regulatory impact analysis，RIA），并交由联邦预算管理办公室（OMB）审批。法规影响分析是经济分析的前身，对于重要法规，法规影响分析需要包括成本-效益分析的内容，并且要求只有当法规被证明效益高于收益时，该法规才能被通过。

1993 年签发的 EO 12866 取代 EO 12291，提出了"经济分析"的概念，取代了原有"法规影响分析"的提法。EO 12866 要求联邦所有部门提交的行政法规需做经济分析，并交由联邦预算管理办公室（OMB）审批。EO 12866 要求被认定为会产生"重大影响"（significant effect）的行政法规，需要做成本-效益分析和经济影响分析的内容，而被认定为不会产生重大影响的行政法规，则只需要做经济影响分析即可。所谓会产生重大影响的行政法规，是指经济影响在 1 亿美元以上，或者对经济、就业、生产力、竞争、公众健康、地方政府、社区有显著负面影响的行政法规。

《清洁空气法》Section 312 要求 EPA "对 CAA 所造成公众健康、经济和环境造成的影响进行分析，包括成本、效益和其他方面的分析"。Section 317 要求在该法下所有法规的制定都需要进行经济影响分析（EIA），包括以下内容：执行成本、潜在的通胀和经济衰退的影响，小企业竞争力的影响，消费者成本的影响，能源使用的影响。

除此之外，1993 年签发的 EO 12875 和无资金支持的授权改革法（Unfunded Mandates Reform Act，UMRA）要求，EPA 所拟订行政法规当被认为会对州、地方和部落政府产生重大影响的时候，EPA 需要就该行政法规对州、地方和部落政府的经济影响进行分析。1997 年签发的 EO 13045 要求，EPA 所拟订行政法规当被认为会对儿童健康造成影响时，EPA 需要就该行政法规对儿童健康造成的风险进行评估。1994 年签发的 EO 12898 要求，EPA 所拟订行政法规当被认为会对少数民族和低收入人群产生显著影响时，EPA 需要就该行政法规对少数民族和低收入人群的影响进行公平性分析。《法规灵活法》（Regulatory Flexibility Act，RFA）和《小企业法规执行公平法》（Small Business Regulatory Enforcement Fairness Act，SBREFA）要求 EPA 识别其行政法规对小企业、小政府和小 NGO（非政府组织）的影响，当行政法规被认为会对小企业、小政府和小 NGO 产生显著影响时，EPA 需要撰写法规灵活性分析（regulatorty flexibility analysis），报告该行政法规对小企业、小政府和小 NGO 的影响。《纸张削减法》（Paperwork Reduction Act，PRA）要求，当 EPA 所拟订行政法规被认为会对企业记录和报告造成负担时，EPA 需要评估企业记录和报告的"负担小时"，并同信息采集的"实际效用"进行比较。以上总统令和法律条款所规定的内容共同构成经济影响分析的内容。

按照总统令和法律的要求，成本-效益分析已成为美国空气质量 NAAQS 标准、州实施计划和 BACT 排放标准制定和修订时的必要内容：

首先，美国空气质量标准 NAAQS 的修订是基于最新科学研究做出的。当最新科学研究结果证明当前空气质量标准不能够充分保障人群生命安全时，将由 EPA 发起对空气质量标准的修订。空气质量标准的修订，需要做法规影响分析（regulatory impact analysis，RIA），就空气质量标准修订后可以实现的健康效益进行评估，并比较说明成本投入情况。该研究在全国范围内开展，通过在全国范围内划分若干人口单元，统计每个人口单元的人口数量，以及调查每个人口单元的污染物浓度水平，将评估的空间尺度细化到各个人口单元上。

其次，美国地方环保部门编制州实施计划，在确保空气质量达标的基础上，要求对空气规划进行成本-效益分析和经济影响分析，从而对空气规划的经济可行性和公平性进行论证。州实施计划健康效益评估运用 Rollback to Standard 技术，预测空气质量达标情景下污染物浓度水平，使用美国 EPA 推荐使用的"暴露-反应"关系模型，或者基于州当地流行病学研究结果，结合州暴露人口情况，计算空气质量达标情景下州发病、死亡人口的减少，并进一步计算空气规划可实现的健康效益。

最后，美国 EPA 通过排污许可证对主要工业污染源进行管理。排污许可证是企业的守法文件和政府的执法文件，企业需要申请获得排污许可后才能向环境排放污染物，排污许可证的核心内容是规定了企业必须达到的排放限值，没有达到空气质量标准区域的新建污染源需执行"最低可达排放限值（LAER）"，已达空气质量标准区域的新建污染源需执行"最佳可行控制标准（BACT）"等。LAER、BACT 标准要求污染源在不超过最高成本限（maximum cost-effective threshold）的前提下采用最先进的污染控制技术。LAER、BACT 标准最高成本限的制定，除满足空气质量达标的需要外，还应当体现成本有效性原则和成本效益原则，该最高成本限的边际值一般被要求不超过单位污染物减排收益。

目前，我国正逐步建立起环境管理中社会经济影响分析的政策框架。《中华人民共和国环境保护法》第十六条规定："国务院环境保护主管部门根据国家环境质量标准和国家经济、技术条件，制定国家污染物排放标准。"《中华人民共和国大气污染防治法》（主席令第 32 号）未有说明。《环境标准管理办法》（国家环境保护总局令第 3 号）第十条规定，制定环境质量标准的原则包括："（二）环境标准应与国家的技术水平、社会经济承受能力相适应。"第十五条规定："国家环境标准和国家环境保护总局标准实施后，国家环境保护总局应根据环境管理的需要和国家经济技术的发展适时进行审查，发现不符合实际需要的，应予以修订或者废止。省、自治区、直辖市人民政府环境保护行政主管部门应根据当地环境与经济技术状况以及国家环境标准、国家环境保护总局标准制（修）订情况，及时向省、自治区、直辖市人民政府提出修订或者废止地方环境标准的建议。"《中华人民共和国环境影响评价法》第十七条规定："建设项目的环境影响报告书应当包括下列内容：（四）建设项目环境保护措施及其技术、经济论证；（五）建设项目对环境影响的经济损益分析。"

2.8.3　社会经济影响分析的内容框架

社会经济影响分析的主要内容：一是污染物对人群健康损害的评估；二是污染物治理成本计算。

对人群健康损害的评估，遵循如图 2-13 所示的计算框架。

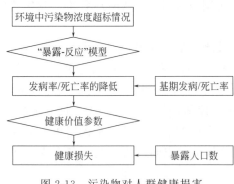

图 2-13　污染物对人群健康损害
评估研究的总体思路

一是收集城市各监测点污染物浓度值，在对数据有效性进行评价的基础上，计算有效日均值和年平均浓度值。

二是评估各监测点污染物浓度达标情况，采用 Rollback to Standard（向标准靠拢）的方法，预测城市各监测点在环境质量达标情景下的污染物日均值和年平均浓度值，作为评估基准。所谓"向标准靠拢"的方法，是在污染物全年日浓度值特定百分位数不超过日平均浓度限值的情景下，其他日平均浓度值按照等比例或等值削减，得到对环境质量达标情景下的污染物浓度值的估计。

三是收集城市基期发病、死亡率数据，以及年龄结构等其他方面的数据信息，带入"暴露-反应"关系参数，得到对城市污染物超标所致发病、死亡率的估计结果。

四是收集城市人均收入数据，以及受教育年限等其他方面的数据信息，带入人力资本、工资-风险法或条件价值法模型，得到对城市生命价值参数的估计结果。

五是收集城市各行政区暴露人口数据，计算城市污染物超标所致发病、死亡人口，结合健康价值参数，评估城市污染物超标所致健康损害。

污染物治理成本的计算包括进行污染物治理的设备成本和政府管理成本。核算的主要方面是污染物治理的设备成本，具体又可以分为固定成本和可变成本两类。

固定成本为治理设备购买和安装的成本，包括用于购买污染控制系统所需的所有设备成本（购买设备成本），用于安装设备的劳动力成本和材料成本（直接安装成本），安装设备前的场地准备和土建成本。此外，总资本投资还包括土地成本、营运资金及场外设施成本。

可变成本为治理设备运行过程中发生的费用，包括运行材料费用、维护材料费用、电力燃气费用、人员工资、废弃物处理费用，减去资源回收收益。

治理成本还包括监测、记录、报告的成本，这部分成本既有固定成本，又有可变成本。利用固定成本和可变成本，可以计算年成本，对设备的购买和安装成本进行折旧，再加上年固定成本和年可变成本，得到企业治理年成本。

2.8.4　社会经济影响分析的方法参数

为了更加规范地在政策实践中应用社会经济影响分析方法，美国 EPA 开发了相应的数据库、软件和导则等工具。其中，由美国 EPA 开发和编制的 BenMAP 软件可实现对美国空气污染健康损害的计算。

美国国内围绕空气污染物的环境流行病学研究以及生命价值的基础性研究已十分充分，但在政策实践中，应当选用哪项研究参数进行评估，EPA 提出需要对已有研究进行 meta 分析。EPA 详细规定了文献纳入标准，给出了在进行 meta 分析时应当遵循的一些原则。

（1）"剂量-反应"关系参数　关于在做环境流行病学研究 meta 分析时应当遵循的原则，EPA 在《清洁空气法成本效益分析（1990—2020）》中提到，所纳入文献应当得到了同行的审查，最好是队列研究，研究时间越长越好，受体群体人数越多越好，最好是在多个城市开展的研究，并且是在美国境内开展的研究。

BenMAP 软件系统收集了美国环境流行病研究结果，并给出了这些研究的 meta 分析结果，保存在 BenMAP 软件的参数库中供评估人员调用。具体说明如下：

① $PM_{2.5}$ "暴露-反应"关系参数取值方面　关于 $PM_{2.5}$ 所致非致死性急性心肌梗死发病率（AMI），美国 EPA 推荐使用 Peters（2001）的研究结果作为上临界值，而以 Pope（2006）、Sullivan（2005）、Zanobetti（2006）和 Zanobetti（2009）研究的合并分析结果作为下临界值；关于 $PM_{2.5}$ 浓度所致急性哮喘急诊率，美国 EPA 推荐使用 Mar（2004）和 Slaughter（2005）研究的合并分析结果；关于 $PM_{2.5}$ 浓度所致心脑血管住院率，对于 65 岁以上人群，美国 EPA 推荐使用 Moolgavkar（2000）、Zanobetti（2009）、Peng（2008、2009）和 Bell（2008）的合并分析结果，对于 65 岁以下人群，推荐使用 Moolgavkar（2007）的研究结果；关于 $PM_{2.5}$ 浓度所致呼吸系统疾病住院率，对于 65 岁以上人群，美国 EPA 推荐使用 Zanobetti（2009）的研究结果，对于 18～64 岁年龄阶段人群，使用 Moolgavkar（2003）的研究结果，对于 0～17 岁年龄段人群，使用 Babin（2007）和 Sheppard（2003）研究的合并分析结果；关于 $PM_{2.5}$ 所致急性支气管炎疾病（轻微的，不需要住院治疗），美国 EPA 推荐使用 Mar（2004）和 Ostro（2001）研究的合并分析结果，这两项研究均针对 0～17 岁儿童；关于 $PM_{2.5}$ 所致慢性支气管炎疾病关系，美国 EPA 推荐使用 Abbey（1995）的研究结果。

② O_3 "暴露-反应"关系参数取值方面　关于 O_3 所致居民死亡率升高，美国 EPA 推荐使用 Bell（2004）、Bell（2005）、Ito（2005）以及 Levy（2005）研究的合并分析结果；关于 O_3 所致呼吸疾病住院率，美国 EPA 推荐使用 Moolgavkar（1997）、Schwartz（1994）、Schwartz（1995）研究的合并结果；关于 O_3 所致哮喘急诊率，美国 EPA 推荐使用 Peel（2005）和 Wilson（2005）研究的合并分析结果。

③ SO_2 "暴露-反应"关系参数取值方面　美国 EPA 认为，关于 SO_2 所致住院率，美国 EPA 推荐使用 Schwartz（1996）的研究结果；关于 SO_2 所致急诊率，美国 EPA 推荐使用 Ito（2007）、Michaud（2004）、NYDOH（2006）、Peel（2005）和 Wilson（2005）研究的合并分析结果。

④ NO_x "暴露-反应"关系参数取值方面　关于 NO_x 所致住院率的关系，美国 EPA 推荐使用 Linn（2000）和 Moolgavkar（2003）研究的合并分析结果；关于 NO_x 所致急诊率，美国 EPA 推荐使用 Ito（2007）、NYDOH（2006）和 Peel（2005）研究的合并分析结果。

（2）生命价值参数　关于在做生命价值研究 meta 分析时应当遵循的原则，EPA 于2004 年 5 月召集科学顾问理事会-环境经济学顾问委员会（SAB-EEAC），专家工作组提出的建议包括：①需要开展不确定性分析，为生命价值的评估确定一个置信区间；②需要开展敏感性分析，纳入或不纳入特定原始文献，然后比较最终生命价值评估结果间的差异；③区分 CV 方法和内涵资产定价法分别进行 meta 分析，因为 CV 方法和内涵资产定价法是两种完全不同的生命价值估计方法，会得到完全不同的对生命价值的估计；④当一个文献处理同一组数据得到多个生命价值估计值的时候，该文献要慎重使用，或者根本不用；⑤需要考虑偏见的存在；⑥当研究发现不同人群在生命价值上存在差异时，只计算平均值会损失信息，这时计算特定百分位的生命价值会十分有用，以反映不同人群在生命价值上存在的差异；⑦meta 分析是否包括国外研究，应当首先被考虑；⑧不同研究在 meta 分析中的权重，取决于该研究的方差或标准误差的平方；⑨需要给出每个研究的置信区间和 meta 分析汇总结果的置信区间；⑩当出现导致生命价值估计结果有差异的人群特征因素或研究设计因素时，不要放在不同的 meta 模型中进行分析，而应该放在同一个模型中进行分析。

从 2004 年起，美国 EPA 建议使用的生命价值参数，高值为 1000 万美元，低值为 100万美元，中值为高值和低值的均数。其中，高值源于 Mrozek（2002）对美国 33 项生命价值参数研究所做的 meta 分析，低值源于 Viscusi（2003）对美国 43 项生命价值参数研究所做的 meta 分析，中值近似等于 Kochi（2006）的 meta 分析结果。2008 年以后，美国 EPA重新调整了生命价值参数值为 740 万美元，该值基于美国 EPA 收录的 5 项 CV 方法和 21 项工资-风险法研究的 meta 分析结果，如表 2-8 所列。

表 2-8　美国 EPA 整理的 26 项生命价值参数研究结果

作者	方法	生命价值（2006）/百万美元
Kneisner and Leeth(1991)	工资-风险	0.9
Smith and Gilbert(1984)	工资-风险	1.1
Dillingham(1985)	工资-风险	1.4
Butler(1983)	工资-风险	1.7
Miller and Guria(1991)	CV	1.9
Moore and Viscusi(1988)	工资-风险	3.2
Viscusi, Magat and Huber(1991)	CV	4.9
Gegax et al. (1985)	CV	5.1
Marin and Psacharopoulos(1982)	工资-风险	4.3
Kneisner and Leeth(1991)(Australia)	工资-风险	5.1
Gerking, de Haan and Schulze(1988)	CV	5.2
Cousineau, Lacroix and Girard(1988)	工资-风险	5.6
Jones-Lee(1989)	CV	5.9
Dillingham(1985)	工资-风险	6.0
Viscusi(1978，1979)	工资-风险	6.3
R. S. Smith(1976)	工资-风险	7.1
V. K. Smith(1976)	工资-风险	7.2
Olson(1981)	工资-风险	8.0
Viscusi(1981)	工资-风险	10.0
R. S. Smith(1974)	工资-风险	11.1

作者	方法	生命价值(2006)/百万美元
Moore and Viscusi(1988)	工资-风险	11.3
Kneisner and Leeth(1991)(Japan)	工资-风险	11.7
Herzog and Schlottman(1987)	工资-风险	14.0
Leigh and Folson(1984)	工资-风险	15.0
Leigh(1987)	工资-风险	16.0
Garen(1988)	工资-风险	20.8

（3）环境治理成本　EPA 与 Phen 公司合作，用了若干年的时间，经过详细手段市场调研，获得了美国环境治理成本的一系列数据。空气控制网络（Air Control NET）数据库里面，汇总了美国不同行业不同工艺在处理不同污染物时的成本参数，共整理得到了 800余项成本数据。表 2-9 为这些成本参数所涉及的源类型和污染物。

表 2-9　"空气控制网络"成本参数一览表

污染物	发电企业	点源(非发电企业)	面源	道路移动源	路下移动源	合计
NH_3	0	0	3	0	0	3
NO_x	26	411	15	15	8	475
PM	24	152	13	13	0	202
SO_2	6	34	1	0	0	41
VOC	0	8	65	5	12	90
Hg	5	0	0	0	0	5

例如，根据 IMC Agrico Feed Ingredients 公司提供的数据，通过向肉牛/奶牛粪便中添加化学物质，可以减少粪便中氨气的生成，治理效率达到 50%。向每头肉牛粪便中添加化学物质，年成本大约为 2.26 美元/头，向每头奶牛粪便中添加化学物质，成本大约为 3.43美元/头，平均值为 2.85 美元/头。每头牛一年的粪便大约产生 0.025t 氨气，按治理效率50% 计算，一年可减排 0.0125t 氨气。这样，用减排成本除以减排量，单位氨气减排成本为 228 美元/t（1999 年价格指数）。

用相似的方法估计得到，向猪粪便中添加化学物质，从而减少粪便中氨气的生成，单位氨气减排成本为 72 美元/t（1999 年价格指数）；向家禽粪便中添加化学物质，从而减少粪便中氨气的生成，单位氨气减排成本为 1014 美元/t（1999 年价格指数）。

例如：以天然气为燃料的氨气生产工艺（SCC 编号：30100306）不同脱氮技术的治理成本为：

①使用低氮氧化物燃烧器 LNB 技术，降低燃烧温度和氧气含量，从而减少燃料中氮和氧气反应生产氮氧化物，治理效率可达 50%，设备使用寿命为 10 年，单位氮氧化物的治理成本为 820 美元/t（1990 年价格指数）。

②当使用低氮氧化物燃烧器加烟气循环 LNB+FGR 技术时，在 LNB 的基础上使用烟气循环技术增加对氮氧化物的去除率，治理效率可达 60%，设备使用寿命为 10 年，单位氮氧化物的治理成本为 2560 美元/t（1990 年价格指数）。

③氧气削减及注水技术（OT-WI）通过削减氧气量，以及加水降低温度，从而减少氮

氧化物的生成，治理效率为 65%，设备使用寿命为 10 年，单位氮氧化物的治理成本为 680 美元/t（1990 年价格指数）。

④选择性催化还原技术（SCR）通过尾气燃烧控制技术，通过化学反应将氮氧化物分解为氮气和水。通过添加催化剂加速这一化学反应，并提高氮氧化物的去除效率，治理设备使用效率可达 80%，设备使用寿命为 20 年，计算得到氮氧化物的治理成本为 2230 美元/t（1990 年价格指数）。

⑤非选择性催化还原技术（SNCR）通过尾气燃烧控制技术，通过化学反应将氮氧化物分解为氮气和水。与 SCR 不同的是不需要添加催化剂。治理设备使用效率为 50%，设备使用寿命为 20 年，计算得到氮氧化物的治理成本为 3780 美元/t（1990 年价格指数）。

2.9 环境管理体制分析

2.9.1 环境管理体制概述

环境管理体制是指环境管理系统的组织结构和组成方式，即采用怎样的组织形式以及如何将这些组织结合成为一个合理的有机系统，并以怎样的手段和方法来实现环境管理的任务[37]。具体地说，环境管理体制规定中央与地方、部门与企业在环境保护方面的管理范围、权限职责、利益及其相互关系的划分与组合方式，其核心是管理机构的设置、各管理机构的职权分配以及各机构间的相互协调。

环境管理体制，既包括环保主管部门对污染源的管理和污染源的自我环境管理过程中涉及的管理系统的组织结构和组织形式，又包括环境系统内部的监督与管理机制，如中央政府、上级部门、社会组织和民众对地方环境主管部门的监督。其目标是，通过合理的组织结构设计和权责划分，使得各项环境政策在信息、决策、实施、监督检查、评估、问责等环节均具有明确、有效的责任主体，指导、规范并保障整个社会的环境保护工作合理有序进行，环境保护目标有效实现，并将环境保护成本控制在合理的范围之内。在解决环境问题的全过程中，各种行动都应该由最高效的机构负责实施。

因此，对管理体制进行评估的主要标准就是考察每个环境问题是否有明确的责任主体，以及每个机构是否有其明确的职责和管理范围并能最高效地履行其职责。

（1）环境管理体制的设计原则 环境管理体制的一般模式可以归纳为图 2-14。在一个理想的环境管理体制内应该是这样一些关系：政府通过命令控制、经济刺激、劝说鼓励等手段规范企业的排污行为，同时通过道德宣传、环保教育、技能培训等方式鼓励公众的环境友好行为；公众出于保护自身享受清洁环境权利的角度也自发地监督企业的环境行为，并积极参与政府的相关决策，对环境保护政策的实施进行监督；企业一方面通过宣传引导消费者使用清洁的产品，一方面主动承担环境保护的社会责任，支持政府的环境保护政策。

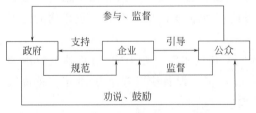

图 2-14 环境管理体制的一般模式

理想的环境管理体制应当符合以下原则和要求：

①小政府原则 政府只负责提供适量的公共物品和服务，市场能够自行解决的问题政府则不再干预。也就是说，政府主要在市场未能完全有效运作，或未保障公众安全等情况时才

积极参与行动。政府通过管理、制度安排来降低交易费用，促进市场的完善，随着市场自身"纠错"能力的逐步增强，政府应该逐渐减弱其在市场中的作用。当然，政府作用的减弱只是总体趋势，并不排除在某一阶段政府干预力度加大的情形，但一套较好的管理体制应当是以充分利用市场机制为前提的，在所有环境问题上，政府干预的力度都应当朝减弱的方向发展。

② 合适的政府级别　环境外部性影响的时间和空间不同，适合的管理级别也不一样。影响范围越大，明确责任主体（或明晰产权）的成本越高，且往往危害也越大，此时，必须由一个可以代表所有利益相关者的政府来负责内部化。因此，外部性越大的环境问题应该由越高级别的部门来管理。政府级别过低则只能代表一部分人的利益，不可能实现有效的内部化；政府级别过高，信息获取的成本就越高，也不利于管理效率。

③ 完备的环境信息管理体系　包括获得充分、有效的环境信息的能力和对已有信息的综合分析及处理的能力，以及全过程公开的信息交流平台。环境问题无处不在，而我国目前可用于环境管理的资源却相当有限，要使有限的管理资源得到最高效率的利用，必须对环境问题的优先性进行识别，前提就是具有完备的信息。一方面通过对信息的处理识别"科学上"最为重要的环境问题，另一方面通过全过程的信息公开识别"民意上"最被关注的问题，通过二者的耦合对问题的优先性进行有效的排序。

④ 公开透明的决策机制　决策的主要任务是确定实现目标的手段，判断手段的优劣仍然不外乎公平和效率两大原则。公开透明的决策机制是指决策的全过程都应该以多种形式使关心该决策的人较为便利地获得信息并发表意见。该机制在实现公平原则上首先表现为干系人对于决策知情权的实现，其次是各干系人通过该机制得以表达自己的利益诉求；该机制在实现效率原则上表现为决策形成后管理成本的降低。由于决策的全过程是公开透明的，这一方面可以减少决策形成后的解释成本，另一方面，既然该项决策体现了众多干系人的利益，那么在实施过程中也必将得到广泛的支持，降低实施成本。

⑤ 执行能力与决策相匹配　理想的管理体制首先要考虑的是充分利用现有资源，也就是说，应当先根据管理能力来确定要解决多少问题，而不是先凭空设计一套近乎"完美"的计划，却发现远非现有管理能力所能及。当现有管理能力已经被充分利用，而环境质量状况仍然不能为人们所满意时，应当加强执行能力的配备，包括合理的人员配备、充足的资金保障、监测和检查能力、对违规的强制执行能力。

⑥ 有力的问责和及时的回应机制　有力的问责机制要保证"有错必纠，过罚相称"，在每项环境管理决策过程中记录各参与者的"贡献"程度，事后对各项决策进行绩效评估，评估的结果与最初的决策记录相对照，找出决策成效或过失的承担者，并给予相应的奖惩。及时的回应机制是指当决策问题被通过考核、评估等方式发现后，应当具有迅速的纠正和调整功能。该功能的作用主要体现在两种情况下：一是当管理（包括决策、执行、评估等环节）出现失误时，会有及时的反馈机制和纠错机制，最大限度地避免失误导致的低效；二是当旧的问题已经解决时，可以及时将管理的资源转移到新的问题上。

（2）环境管理体制的设计思路

首先是根据管理要素的划分，环境管理要素包括信息、决策、实施、监测检查、评估和问责。从管理的角度探究某个或某类环境问题解决得好与不好，问题主要出在信息的收集及处理上，还是决策目标本身就不合理，或是实施、评估和问责等环节。以淮河流域水污染防治为例，治淮十多年来，无论是财力、物力还是人力投入都巨大，但是整体水质却没有明显的改善[38]。这基本不存在水污染防治技术不完善的问题，环境影响也很明确，因此，主要应该从管理要素上寻找治理不善的根源。首先在信息上，监测和数据处理是否有问题。其次，采取的行动是不是足够和有效。再次，淮河流域水污染防治的相关管理机构设置是否合理。最后，规划制定是否合理，水质不能达到规划目标是不是由于目标本身设置不合实际。确切地说，这种思路适用于对环境管理绩效的评估和改善，即通过考察环境管理本身的各个要素，找出最影响管理效率的环节并加以改善。

其次是全过程管理的思路，也就是判断环境问题出现在产品生命周期的哪个环节，各个环节产生的环境影响如何，解决的难易和效率等，从而提高解决问题的效率。产品从原料开采、生产工艺的各个程序、消费到最终废弃，都会产生不同程度的环境影响，因此在管理过程中应当识别各环节将对环境造成何种影响、程度及所占的比重如何，从而根据管理能力抓住管理的重点和关键，以实现环境管理的费用有效性。全过程管理的思路适合于污染产生比较分散的环境问题。

最后是环境要素管理。环境要素管理是我国的环境法律、法规编制的基本思路，也应当是我国环境管理体制设计的根本思路。但是，目前在管理机构的设置及职能划分上，各级环保局内各处、室基本没有按照环境要素进行分工。2016年，环境保护部撤销污染物排放总量控制司、污染防治司，设置水、大气、土壤三个环境要素管理司，作为环境保护部的核心业务司，统管一切与水、大气、土壤三要素有关的环境质量改善工作。这一改革可以视为环境要素管理思想开始向环境管理机构设置和业务执行方面渗透的开端。受生态环境部机构调整的影响，部分地方生态环境局也成立了与大气、水、土壤相关的处、室。但总体上看，环境要素管理的思想还未很好地融合进环境管理体制设计的整体思路之中，表现为不同地域的机构设置方式呈现多样化特征，各类环境要素保护的相关职能未能完全整合进统管环境要素管理的部门等。

2.9.2 我国环境管理体制分析

我国现行的环境管理体制见图 2-15。根据我国的行政管理体制划分，国家、省、县（市）三级政府都有专门的环境保护行政管理部门。省级生态环境局实行地方人民政府与生

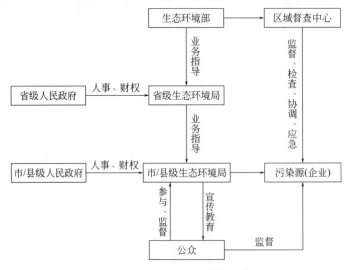

图 2-15 我国现行的环境管理体制

态环境部的双重领导，但主要隶属于地方人民政府，省级生态环境局（厅）领导干部的任命需要征求生态环境部党组意见；市/县级生态环境局局长则由同级人民政府直接任命，上级生态环境局只对其业务进行指导。

生态环境部是国务院直属的环境保护最高行政部门，统管全国的环境保护工作，其主要职责包括：拟订国家环境保护方针、政策和法规，制定和发布国家环境质量标准和污染物排放标准；实施、管理环境影响评价；制定及审核环境规划；调解和协调省、跨流域环境问题和环境污染纠纷；组织环境保护科技发展、重大科学研究和技术示范工程；进行环境监测、统计、信息工作；受国务院委托处理环境外事以及核安全问题。

六大区域督察中心是生态环境部的派出机构，不指导地方生态环境部门业务工作，受生态环境部委托在所辖区域内监督地方对国家环境政策、法规、标准的执行情况，承担重大环境污染与生态破坏案件的查办，承办跨省区域和流域重大环境纠纷的协调处理工作，参与重、特大突发环境事件应急响应与处理的督察工作，负责跨省区域和流域环境污染与生态破坏案件的来访投诉受理和协调工作。

地方人民政府对本地的环境质量负责，地方生态环境部门的职责主要有：制定地方环境质量标准或污染物排放标准，定期发布环境状况公报，对管辖范围内的排污单位进行现场检查；对管辖范围内的环境状况进行调查和评价，拟订环境保护规划；对具有代表性的各种类型的自然生态系统区域、珍稀、濒危的野生动植物自然分布区域，重要的水源涵养区域，具有重大科学文化价值的自然遗迹、人文遗迹、古树名木，采取保护措施；加强对农业环境的保护，防治土壤污染、土地沙化、土地盐渍化、土地贫瘠化、土地沼泽化、地面沉降，防治植被破坏、水土流失、水源枯竭、种源灭绝以及其他生态失调现象的发生和发展，推广植物病虫害的综合防治，合理使用化肥、农药及植物生长激素。

根据不同环境介质对应的分管部门可将中国的环境管理体制归纳为表 2-10，除环境保护部门外，其他部门也参与部分相关的环境管理。

表 2-10　基于环境介质划分的中国环境管理体制

环境介质	水	大气	噪声	固体废物（包括危废）	土壤及生态
管理部门	环保、水利、建设、农业、海洋	环保、发展改革、气象	环保、城管	环保、发展改革、海关、质检	环保、林业、国土、农业

在水环境保护方面，生态环境部门主要负责水污染防治，水利部门主要负责水资源利用与保护，建设部门在城市生活污水处理上起主导作用，农业部门负责渔业水域保护并参与农业面源控制，海洋管理部门负责海洋环境保护。

在大气环境保护方面，国家发展改革部门和气象部门承担主要的与气候变化相关的管理和技术服务职能。

在噪声污染与防治方面，主要由生态环境部门负责，城市管理行政部门对于部分商业、经营性活动产生的扰民噪声采取突击、临时性的检查和整治。

在固体废物污染防治方面，由生态环境部门统一监督管理，国家发展改革部门参与制定限期淘汰产生严重污染环境的工业固体废物的落后生产工艺、落后设备的名录，海关、质检部门负责固体废物进出口的控制。

在土壤及生态保护方面，林业部门负责森林、野生动植物资源保护及防沙治沙，国土和农业部门负责耕地、草原、滩涂等的生态保护。

除了各级环境保护行政管理部门外，我国各级人民代表大会和政治协商会议是环境保护的立法、监督和建议性机构。

全国人大环境与资源保护委员会作为全国人大的专门委员会，主要在防治水污染、加强生态建设、推动资源节约、发展循环经济等方面，积极开展立法和监督工作。其主要工作为起草相关的环境保护草案、开展有关环境与资源立法的前期准备、做好人大代表议案、建议办理和法规备案工作、对环境污染与防治政策实施和环境保护机构进行监督和检查。

全国政协人口资源环境委员会成立于 1998 年 3 月，是全国政协常务委员会和主席会议领导下的九个专门委员会之一。全国政协人口资源环境委员会根据《中国人民政治协商会议章程》的要求，以及全体会议和常务委员会议提出的相关任务，联系有关部门和社会团体，组织委员主要围绕国家人口、资源、环境和可持续发展领域的战略性、综合性、全局性、前瞻性的重大问题开展调查研究，并通过调研报告、提案、政协信息等形式，向党中央、国务院提供决策参考意见和建议。

2.9.3　环境管理体制完善建议

从环境外部性理论出发，从交易成本的角度来说，在外部性广泛存在而责任主体（或说产权）不明确或者用于明确责任的成本相当高昂的情况下，次优的选择就是由一个包含所有主体在内的组织负责外部性的内部化。这一理论用于环境外部性管理中，就是跨市的外部性应由省级政府负责，跨省的外部性由中央政府负责，跨国、全球性的外部性由中央政府主导实行国际合作，而代际环境外部性的被动受影响者（后代）甚至尚未出现，更不可能有一个明确的主体作为其利益的代表者，因此，也只有代表性最广泛的中央政府能够作为其利益的代表者和保护者。因此，我国的环境管理体制可以遵循表 2-3 的基本框架。根据环境问题的外部性属性，外部影响越大的环境问题应该由越高级别的政府负责管理，也就是中央机构管理代际、省际外部性，省级机构管理跨市外部性，市级机构管理市内范围的外部性。据此，本书设计的中国环境管理体制可以总结为"三级两层"管理体制，即根据行政级别自上而下设置国家级、省级、市级环境管理机构，同时各级（特别是国家和省级）机构按照需要下设分局，见表 2-11。

表 2-11　三级两层环境管理体制设计

三级	两层	管理范围	领导方式
国家级	生态环境部	统管全国环保事务	国务院直管
	区域局、分局	代国家管理地方省际、国际、代际外部性	派驻地方，生态环境部直管
省级	省局（厅）	统管全省环保事务	省政府领导
	省分局	代表省局管理存在于地方的跨市外部性	派驻市，省局直管
市级	市局	主要履行政策实施职能，基础信息收集、发布	市政府领导
	市分局	视情况而定，可以由县局代替	市局直管

除了根据表 2-11 划分中央与地方政府的责任和管理范围外，还应当在以下几方面进行改善：

①　完善环境信息管理体系　主要是指对排污许可证信息管理平台的建设和监管。通过对污染源的例行监测、抽测，辅以严厉的处罚手段，促使污染源申报的信息具有可靠性，

即具有足以证明其达标排放的能力；合理布置环境质量监测的点位，点位的设置应当伴随区域建设状况而调整，在监测方案上不仅依靠固定点位的监测，同时辅以流动监测、第三方监测，使监测信息具有代表区域环境质量的能力；着力加强环境统计机构、队伍和能力建设，进一步提高环境统计人员素质和环境统计技术装备水平；建设环境信息共享平台，不同部门互通有无。

② 健全环境决策公开机制　扩大决策公开的范围，采取多种渠道的公开方式，决策公开的受众不局限于政府部门和环境保护专业人员，而应考虑到更为广泛的普通群众，并为不同干系人创建便于反馈其意见的窗口；增强决策透明的程度，决策公开的内容不仅是决策的结果，而且应是决策的全过程，包括决策产生的方式、决策本身的内容、决策通过或不通过的理由以及对反馈意见的处理情况。

③ 加强环境管理能力建设　核心是环境管理人员的配备以及与人员配套的资金保障。目前"节能减排"已经成为我国的纲领性政策，而环境保护部门在这项政策中起着最为重要的作用，为顺利实现"节能减排"目标，必须加强环保系统的能力建设。首要的是人员配备，其次是与人员相配套的资金、设备等方面能力的强化。随着生态环境部的成立，环境管理能力势必有所加强，但加强的力度应当与决策目标相匹配。

④ 完善环境决策问责机制　一方面，作为信息公开的一部分，将决策参与者在决策中的表现记录并公之于众；另一方面，完善问责机制的制度化建设，通过立法，承认绩效评估和决策记录作为问责的主要依据，规定决策者承担其决策过失的具体形式（经济处罚、行政处罚等），处罚落实到个人，而不是仅对"一把手"进行问责。

2.10　环境政策研究面临的一些问题

环境政策是政府为缓解由环境破坏带来的相关政治压力而采取的应对性措施。当环境退化日益加剧，以及政府的主要职能是提供基本公共服务时，环境政策就成了政府公共政策的一个重要组成部分。但是，处在工业化进程中的发展中国家，政府的首要职能是在短期内实现工业化和城镇化，甚至是以牺牲后代人的环境资源为代价，这也是目前我国环境问题和环境政策面临的最大症结。

西方的工业化道路并没有很好地解决环境问题。他们面临的一些环境问题实际上是通过转移到了发展中国家才解决或缓解的。我国正在沿袭西方发达国家的工业化道路，正在成为他们的"原材料产地""加工厂""倾销地"。发达国家工业化进程时期，全球的环境容量并不稀缺，而当今的"温室气体减排"已经成为国际政治外交中的重要话题。另外，我国人口众多，对生态环境产生的压力大，工业化进程中的生态环境问题已经提前突显。

环境库茨内兹曲线的研究显示，发达国家在人均 GDP3000 美元时开始承担治理环境的责任，而我国在人均收入不足 1000 美元时就开始治理环境，发达国家治理环境的经验有多少可以借鉴，如何借鉴呢？这是研究我国环境政策面临的第一个问题。

缺少可以类比的经验，研究和实践就只能"摸着石头过河"，我们需要探索"中国特色"的环境政策。我国的环境政策最初是在 20 世纪 70 年代初启动的，受当时联合国环境与发展大会的影响，开始注意身边的环境以及采取防治措施。然而，这种警醒只对政府高层，也往往是间歇性的刺激，中国的环境政策一直呈现出由高层呼吁，底层被动机械地去附和的现象。如何让基层（地方政府、企业、公众……）在环境保护中发挥基础性作用，也即培育"自下而上"的政策发育模式，是目前我国环境政策研究面临的第二个问题。

经济发展过程中的环境风险识别和规避，是环境政策需要研究的第三个基本问题。环境改变所带来的影响往往是不确定的，也是不可逆的，预防为主是环境政策的一个基本原则。我国的流域水污染问题较多，湖泊富营养化严重，饮用水受到严重威胁，农业和工业生产的合格用水得不到保障。城市空气污染仍然严重，酸雨的面积在扩大，水土流失和土地荒漠化的形势并没有得到根本扭转……

政府、企业和公众需要获得关于环境退化所带来的种种风险及其相关的成本的信息，才会在协调经济发展和环境保护之间采取积极的态度，减少发展面临的不确定性和风险。环境风险与经济增长间的整体权衡，是决定环境政策目标和制定环境标准的依据。

谁来承担环境退化的成本或环境风险，谁来享受环境资源利用带来的效益？这是环境政策面临的公平问题，是环境政策研究面临的第四个基本问题。虽然公平问题往往又是要依赖政治途径来解决，但政策分析人员必须从职业角度站在相关干系人的立场上去提供环境问题和环境政策对于干系人的影响，推动改革。一般政策的设计思路是：首先，国家需要明晰环境资源的产权，建立环境资源有偿使用制度和环境资源交易市场；其次，企业需要实施清洁生产，保证原材料的减量化利用、达标排放、废弃资源回收处置；再者，公众需要对环保产品和服务有较高的偏好和支付意愿，保证企业的环保投资的价值在消费环节得以实现；最后，政府应当针对环保产品生产消费过程中的薄弱环节进行扶持，如通过税收或补贴手段扶持环保企业，通过信息公开和舆论导向提高公众的环境意识等等。

政府如何设计出一套系统的经济激励政策，以对环境保护的干系人产生确定的、富有弹性的、持久的激励，是环境政策研究面临的第五个基本问题，也是目前环境政策研究成果最集中的领域。当环境法规包括环境标准已经相对完善时，环境政策研究的重点在于政策机制的设计。通过政策机制分析，确定主要干系人的责任，规定基本的程序和标准，这样，政策的执行性和效率会更高，也会更公平。一般来说，经济激励手段具有这样的特点。

我国目前的排污收费制度基本上只起到筹集污染治理资金的作用，由于收费标准低，对企业的刺激性小；我国对于环境保护的税收支持只是零散地分布在增值税、所得税、消费税、资源税、城市建设维护税等税收中，环境保护投资并没有明显的税收优惠；城市环境基础设施建设滞后于城镇化的进程，污水处理厂和垃圾处理厂的建设和运营并不能消纳新增的废水和废弃物，水质恶化和"垃圾围城"在持续，中央和地方政府的投资责任有待进一步厘清；我国的生态环境保护目前只是简单地依赖于中央和地方支付的财政投入，应当吸收社会资本进入，培育环境保护服务市场。

环境政策实施的监督和绩效评估对于环境政策设计具有负反馈的作用，但往往也最容易忽视，也是我国目前环境政策实践最薄弱的环节，是我国目前环境政策研究需要面对的第六个问题。

由于信息不对称，有些企业往往会采取"偷懒"行为，大量的环境外部性问题因此而产生。而且往往由于环境问题的复杂性和潜伏性，使得这种违法行为带有隐蔽性，或"可推托"。利用信息经济学的委托代理理论，可以发现，公众作为最初始的委托人，必须了解环境政策实施的相关信息，并监督政府和企业履行环境保护责任；政府必须掌握污染源生产和排放的信息，严格执法，才能对企业治理污染产生较强的外部激励。完善的环境监测网络、信息公开以及政策评估市场是保证政策能够严格实施的关键。

我国环境政策的基本走向是民主化、市场化，这决定了政策分析人员工作的两大特点：针对干系人和利用市场。政策分析人员的工作已经不仅仅是停留在分析总体的成本和收益，必须深入到政策对干系人的影响分析，必须有助于干系人的决策，而且要尽可能地利用市场来降低政策制定和执行的成本，需要创造性地去利用市场机制。

第七个问题是环境政策的费用-效益评估问题。环境政策的最终效果还是需要通过政策实施的费用和取得的效益来判定。虽然政策的费用和效益评估比较复杂，但还是要在相当可靠的程度上估计费用和效益。环境政策应当追求给出费用-效益的评估，以利于政策的完善和修改。

第八个问题，也是最后一个问题，即可持续发展问题。环境政策应当是国家实施可持续发展战略的核心政策。环境政策本身需要长远谋划，这样，才能较好地解决发展与环境保护的矛盾，也使得我国有足够的时间、足够的空间、足够的资源解决环境问题。如果问题已经严重到了一定的程度，可用的手段、途径就很有限了。要使环境政策担当起国家可持续发展的大任，环境政策必须要站在国家民族发展战略的高度、代际的尺度、全球的范围，保障所有国家其他社会经济发展政策符合可持续发展的原则。环境保护是国家的核心和基本国策之一。可持续发展是中国环境政策的改革、完善目标和原则。

思考题

1. 如何理解环境外部性及外部性的内部化？
2. 如何理解相对外部效应和绝对外部效应的差别？
3. 如何从外部性的角度设计合理的环境管理体制？
4. 如何理解污染者付费原则在社会主义市场经济体制下的表现和应用？
5. 论述排放标准对环保技术进步的促进作用。
6. 如何理解社会经济影响分析对环境政策设计和实施的必要性？

参 考 文 献

[1] 向昀,任健. 西方经济学界外部性理论研究述评[J]. 经济评论,2002(3)：58.

[2] 陈晰. 产权学派与新制度学派译文集[M]. 上海：上海三联书店和上海人民出版社,2004：11.

[3] 沈满洪,何灵巧. 外部性的分类及外部性理论的演化[J]. 浙江大学学报(人文社会科学版),2002(1)：153.

[4] 杨晓凯,张永生. 新兴古典经济学和超边际分析[M]. 北京：中国人民大学出版社,2000：86.

[5] 盛洪. 盛洪集(开放书集)[M]. 黑龙江：黑龙江教育出版社,1996：171.

[6] 迈尔斯 G D. 公共经济学[M]. 匡小平,译. 北京：中国人民大学出版社,2001：294-295.

[7] 马中. 环境与资源经济学概论[M]. 北京：高等教育出版社,2006：32,71.

[8] 陈晰. 财产权利与制度变迁——产权学派与新制度学派译文集[M]. 上海：上海三联书店和上海人民出版社,2004：96-113.

[9] Buchanan J M. An Economic Theory of Clubs[J]. Economic, 1965：11.

[10] 杨小凯,张永生. 新兴古典经济学和超边际分析[M]. 北京：中国人民大学出版社,2000：111.

[11] 金书秦,宋国君,郭美瑜. 重评外部性：基于环境保护的视角[J]. 理论学刊,2010.

[12] 樊纲. 市场机制与经济效率[M]. 上海：上海三联书店,1995：145.

[13] EPA. Guidance for Preparing Economic Analysis[J]. US EPA, 2000.

[14] 金书秦. 流域水污染防治政策设计：外部性理论创新和应用[M]. 北京：化学工业出版社,2011.

[15] 宋国君. 环境政策分析[M]. 北京：化学工业出版社,2008：30-31.

[16] 曲玫. 浅议市场经济条件下的环境管理[J]. 黑龙江科技信息,2004(9).

[17] 金乐琴,张红霞. 可持续发展战略实施中中央与地方政府的博弈分析[J].经济理论与经济管理,2005(12).

［18］ 田平.浅析市场经济条件下环境管理中主要利益相关者有效角色的扮演［J］.时代经贸，2008(3).

［19］ 黄锡生，关慧.试论对环境弱势群体的生态补偿［J］.环境与可持续发展，2006(2).

［20］ 吉田文和.环境经济学新论［M］.张坤民，译.北京：人民邮电出版社，2011：86，96.

［21］ 樊根耀.我国环境治理制度创新的基本取向［J］.求索，2004(12).

［22］ OECD. Recommendation on the Guiding Principles Concerning International Economic Aspects of Environmental Poli-cies［C(72)128］. http：//acts.oecd.org/Instruments/ShowInstrumentView.aspx? InstrumentID＝38&.InstrumentPID＝305&.Lang＝en&.Book＝False.

［23］ Beckerman，Wilfred.The Polluter Pays Principle：Interpretation and Principles of Application. The Polluter Pays Prin-ciple，OECD，1975：50.

［24］ 卢晓峰，徐晓兰.农村环境问题的财政对策探讨［J］.2011(2)：47-49.

［25］ 王海芹，万晓红，等.农业面源污染的立体防控［J］.农业环境与发展，2006(3)：69-72.

［26］ 何学松.我国农村生态环境恶化原因分析及改善对策［J］.安徽农业科学，2007，35(12)：3632-3633.

［27］ Pamela S Lewis，Stephen H Goodman，Patricia M Fandt. Management：Challenges in the 21st Century［M］. Illinois：South-Western College Publishing(Second Edition)，1998：190.

［28］ 宋国君，金书秦，傅毅明.基于外部性理论的中国环境管理体制设计［J］.中国人口资源与环境，2008(2)：154-159.

［29］ Kneese A，Schultze C. Pollution，Prices and Public Policy［J］. Brookings Institution，Washington，D C，1975.

［30］ Orr L. Incentive for Innovation as the Basis for Effluent Charge Strategy［J］. American Economic Review，1976，66：441-447.

［31］ Stavins R N. Experience with Market-Based Environmental Policy Instruments［J］. Handbook of Environmental Eco-nomics，eds，Karl-Göran Mäler and Jeffrey Vincent，Amsterdam：Elsevier Science，forthcoming，2001.

［32］ Freeman A M，Haveman R H. Clean Rhetoric and Dirty Water［J］. Public Interest，1972，28：51-65.

［33］ Magat W A. Pollution Control and Technological Advance：A Dynamic Model of the Firm［J］. Journal of Environmen-tal Economics and Management，1978，5：1-25.

［34］ Griliches Z. Hybrid Corn：An exploration in the economics of technical change［J］. Econometrica，1957，48：501-522.

［35］ 奥托·迈耶.德国行政法.陈新民.行政法学总论［M］.台北：台湾三民书局，1995：54.

［36］ 应松年.行政程序法［M］.北京：法律出版社，2009，10：116.

［37］ 铁燕.中国环境管理体制改革研究［D］.武汉：武汉大学，2010：17.

［38］ 宋国君，谭炳卿，等.中国淮河流域水环境保护政策评估［M］.北京：中国人民大学出版社，2007：224.

第3章　环境政策手段分析

本章概要：环境政策手段是成熟稳定的环境政策知识，是环境政策的本质内容。本章梳理和归纳了国内外的环境政策手段，并以命令控制、经济刺激和劝说鼓励的分类分别做了描述。迄今为止，命令控制手段仍然是环境政策的基础和重要手段；经济刺激手段需要经过良好的设计，也是大有可为的；劝说鼓励肯定是发展的方向，也是最基本的环境政策手段。环境政策手段无绝对的优劣，政策手段的组合应用是普遍形式。

3.1　环境政策手段理论

几乎所有的环境政策分析都包含两部分内容：一是整体目标（或者是一般性目标，或者是具体目标）的识别；二是实现这个目标的手段。手段是指政府引导或促使政策管理对象采取受影响者期望行为的具体措施[1]。环境政策手段通常指政府为控制或消除社会造成的负面环境影响所采取的措施。实际上，目标的选择和实现目标的机制两者都会产生重要影响[2]。本章重点分析环境政策的"工具"，或称为"手段"。

3.1.1　环境政策手段的界定和分析

环境政策手段是环境政策的主体内容，主要指单一功能的政策工具或典型常用的政策手段。政策手段是一个知识块或简单工具，是具有普遍共识的知识，具有概念、指标、标准功能、应用领域、应用经验等，可以供政策设计者选取和采纳。

构成环境政策手段的要件包括以下几方面：

（1）政策工具简要描述　包括名称、类别、一般作用对象、使用者、受影响者、措施实施和作用过程、改变对象行为动机的原理、应用条件、局限等。

（2）政策工具的使用者　主要是政府机构以及司法部门。

（3）政策作用或管理对象　主要是污染者，包括直接排放污染源和间接排放污染源，也包括生产者、使用者等。

（4）受影响者　主要指受到影响的利益群体和生态系统（生物）。利益群体不仅包括当代人，也包括后代人。当代人主要是受影响者，即直接或间接受到健康或经济损失的人群。对于后代人的影响属于跨代际环境问题，与生态系统的受损或保护程度密切相关。对于跨代际问题，需要考虑利益主体的代表者，一般由中央政府作为代表。

（5）措施实施和作用过程　涉及主要的干系人、政策手段实施过程的测量、记录和报告。

（6）改变政策作用对象行为动机的原理　政策手段直接作用于干系人，以影响干系人的行为动机，从而改变干系人的行为结果。这个结果应该符合道德准则，是社会收益和个人收益最大化的同时体现。政策手段的作用效果取决于很多因素，如基于科斯定理的产权界定以及责任划分，不同的产权制度决定了不同的政策手段作用结果和政策实施成本。法律中对于干系人权利和责任的划分,如环境质量标准、污染物排放标准的制定、测量、记录以及监督处罚的严格程度等都构成决定政策手段作用效果的因素。

(7) 政策手段应用条件、局限性等　具有科学依据而设计的政策手段还需要考虑到政策实施的条件,包括是否有上位法依据、政府的执法能力、企业承受能力、社会认同度等。

(8) 应用经验简介　即该环境政策手段在国内外的应用经验介绍,便于学习者进一步深入细致地了解和学习相关环境政策手段,也是环境政策手段分析的基本内容。

3.1.2　环境政策手段的分类

环境政策手段是政府根据法律授权制定和颁布的以执行法律为主要目标的具体措施。这些措施可以是针对专门问题的,例如,固定源排污许可证制度主要管理空气固定源的排放;也可以是针对所有问题的综合性措施,例如,信息公开和公众参与等可以面向多个领域。环境政策手段还可以有侧重点,例如可以是侧重目标方面的手段、执行方面的手段、结果评估方面的手段。目标方面的手段包括环境质量标准手段,主要是依法执行:环境质量标准,例如,地表水质标准、环境空气质量标准等;污染物排放标准,包括空气固定源、移动源排放标准,水点源排放标准等。执行方面的手段通常是针对被具体管理对象的具体措施,例如,排污许可证制度等。结果评估方面的手段包括政策评估、信息公开等。遵循全面性和简单化的原则,本书按照政府管制的强制程度对政策手段进行分类。按照政府直接管制程度从高到低,划分为命令控制、经济刺激和劝说鼓励三类。实际上,每项政策手段可能会涉及全部三类手段,这种分类只是为了更深入地分析和讨论,而不是一种固定的模式。

3.1.3　环境政策手段的评价标准

(1) 确定性标准　是衡量环境政策手段实现环境政策目标的程度及速度。"程度"即政策对政策对象产生影响,进而对政策目标实现多少、实现与否的控制程度。控制的程度越高,就代表其确定性越强。存在多个政策对象时,目标的实现必须是政策对象总体目标的实现。"速度"指完成时间的确定性或政策见效时间。环境政策手段的评判标准需要考虑到时间因素,政策见效所需要的时间各不相同,因此必须要明确实现的时间。

(2) 经济效率标准　是指环境政策手段实现目标的效率,即意味着是否能以尽可能高的效率(效益与费用的比值)达到政策目标,是建立在政策的费用-效益分析或者费用-效果分析的基础之上的,由经济净现值或内部收益率等指标来衡量。政策在执行中将取得的效益(环境效益、经济效益、社会效益等)与其耗费的费用(包括直接成本、管理或执行成本、守法成本以及其他成本等所有资源的数量)相比较。政策效率的高低,既可以是政策本身的优劣造成的,也可以是政策执行机构的综合能力和管理水平造成的。确定政策效率标准的目的是要衡量一项政策要达到某种产出所需的资源投入量或一定的政策投入所能达到的最大价值,表现为政策效益和投入量之间的关系或比例。政策效率标准经常以单位成本所能产生的最大价值或单位价值所需要的最小成本为评估的基本形式。

(3) 持续改进标准　是衡量环境政策手段产生效果的时间长度,即能否对个人及组织产生持续的刺激,促进他们不断地降低环境损害,达到更高的标准。持续改进标准是衡量一项环境政策是否能持久地影响环境政策对象的思想意识、行为方式等,从而不断地带来改善环境的动力。如命令控制手段,在得到有效实施的前提下,政策对象会调整其行为以符合政策的要求，但他们的努力只会到此为止，即其只提供"一次性"的硬约束；而经济刺激手段，如果设计较好的话，能够引导或促使政策对象不断改善自己的行为，持续改进效果较好。

（4）公平性标准　是考虑各项环境政策手段的实施在不同主体间产生的分配效果。这既涉及代内公平，又涉及代际公平。代际公平以代内公平为前提和基础，以实现可持续发展为目标。代内公平综合考虑横向和纵向公平，是评价环境政策手段是否在政策主体间产生了公平负担的主要依据。横向公平是指经济情况相同、纳税能力相同的纳税人，其税收负担也应相同。排污者应共同承担污染控制的责任；纵向公平是指经济情况不同、纳税能力不等的纳税人，其税收负担亦应不同。如新老污染源的不同对待以及城市和农村污染治理责任的差别对待。这两项公平性标准都用来衡量政策手段产生的影响在目标对象之间分布的均衡性。

（5）信息标准　是指环境政策手段的实施是否促进了信息丰富和公开。环境政策的执行具有很多难以预料的不确定性，而克服不确定性的有力手段就是信息丰富和公开。信息标准衡量环境政策手段对于相关信息数量和质量的改进程度，以及能否不断降低信息获取和使用的成本。

3.2　命令控制类手段

3.2.1　总论

命令控制手段是指国家行政部门根据相关的法律、法规和标准等，达到对生产者的生产工艺或使用产品的管制，禁止或限制某些污染物的排放以及把某些活动限制在一定的时间或空间范围内，最终影响排污者的行为。命令控制是最常见的解决环境问题的方法，在环境政策中的运用也最为广泛。

命令控制手段一般都是直接规定或命令来限制污染物排放，不管是直接规定污染物排放量还是间接规定生产投入或消费前端过程中可能产生的污染物数量，最终都是为了达到保护环境的目的。由于命令控制是政府采取强制手段来控制污染，因而大多与控制、惩罚、警告等相联系，而较少有奖励和建议。命令控制手段的作用机理是先确定一个政策目标，然后强行要求或禁止政策对象采取某种特定的行为，从而达到政策目标。

命令控制型政策手段的实施条件包括：①要有明确的法律依据，以保证其权威性和强制性。②要有科学依据，标准的测量要规范、正确。③要有有效的处罚措施。一是要有足够的威慑力，处罚标准及处罚程序必须明确且严格；二是要可执行，便于核算和实施。④要有较强政策的执行能力，包括高效的机构、充足的人力和物力，以及足够的发现概率。例如，政府部门有无能力检查政策手段的执行情况；查到违反的情况，有无能力给予应有的处罚。如果没有良好的监督和制裁能力，则难以保证命令控制手段得到充分执行。

总体上，命令控制型政策手段具有以下特点：①确定性强，见效快，适用于紧急或状况严重的环境事件；②经济效率较低，执法成本和守法成本较高；③公平性相对经济刺激手段而言不足，持续改进性不足，一般只提供一次性刺激。

命令控制手段是传统的环境管理手段，是在市场经济条件下环境失衡迫使政府进行干预的产物，适用范围最广。20 世纪 80 年代以来，不少市场经济国家采取了许多解除经济管制的措施，传统的计划经济国家也实行了比较全面的市场改革措施。但在环境保护领域，传统的命令强制管理方式直到今天仍然是大多数国家不可或缺和处于主导地位的管理方式，为保护环境发挥了重大的、基础性的作用。我国改革开放 40 多年来实行的环境管理模式，基本上也属于此类。

命令控制手段适用于需要保证确定性的领域和重要的排放控制等领域。命令控制手段依靠政府强制力执行，因此，政府的执行能力需求较高也是命令控制手段适用的制约因素之一。

本节介绍的命令控制型环境政策手段包括：环境空气质量标准；环境空气质量达标规划；固定源排放标准；固定源排污许可证制度；地表水质标准；地表水质达标规划；点源排放标准；点源排污许可证制度；环境影响评价制度；配额制度；禁令制度；环境督察；主体功能区划；转移联单制度等。

3.2.2　环境空气质量标准

环境标准都是强制执行的，应当以法规的形式予以颁布。环境空气质量标准包括环境功能区划、不同污染物因子的标准限值和针对性的达标判据。环境法律法规的强制性决定了环境空气质量标准是强制执行的，通过环境达标规划、环境监测制度、排污许可证等一系列配套政策保障环境空气质量达标。

（1）定义　环境空气质量标准是指在一定程度上的空气污染是可以接受的基础上，对污染物浓度值的法律限制[3]，是以改善环境空气质量、保护公众健康和公共福利为目的而设定的用来判别区域空气质量水平的标杆。

《环境空气质量标准》（GB 3095—2012）（以下简称"标准"）明确规定了不同环境质量功能区常规污染物不同时间尺度的浓度限制执行标准。"标准"依据功能区划分为一级和二级两类，浓度限值依据时间尺度分别为年平均、季平均、24 小时平均、1 小时平均及 8 小时滑动平均等，其中，时间尺度越小，其浓度临界值相应越大。

《环境空气质量评价技术规范（试行）》（HJ 663—2013）是环境质量标准如何执行的细则之一，内容包括环境空气质量评价的范围（单个点位、城市、区域）、评价时段（年、季、日、小时）、评价项目（常规污染物和其他污染物）、评价方法（单个项目评价和多项目综合评价）和数据统计方法等。例如，对于年尺度的二氧化硫空气质量评价不仅规定了年均值浓度不准超出标准限值，而且二氧化硫的 24 小时平均的 98% 分位数浓度值不准超出 24 小时均值标准限值。

（2）政策手段要素

① 环境质量标准的制定需要与环境保护的总体目标相结合。水污染防治政策体系的理想目标是保障天然水体的物理、化学和生物特性；大气污染防治政策体系的最重要目标是保障人群身体健康。

② 环境质量标准的确定需要基于环境要素基准的研究。基准是环境中污染物对特定对象不产生有害影响的最大剂量或浓度。环境质量基准是指一定自然特征的生态环境中污染物对特定对象（生物或人）不产生有害影响的最大可接受剂量（或无损害效应剂量）、浓度水平或限度。它说明当某一物质或因素不超过一定的浓度或水平时，将能够保护生物群落或用于某种特定用途。环境质量基准的制定依据环境暴露、环境毒理和风险评估，是环境质量标准制定的科学依据。需要制定全国范围内具体到县市区域的环境质量基准。目前，我国的环境基准研究还有待加强。

③ 需要有确定的环境质量标准达标计划。没有达标的时间表，就会缺乏改善环境的动力。需要根据不同区域、不同污染程度、不同环境要素、不同的治理难度确定相应的环境质量标准的达标计划，且管理目标细化到市级以下的水平，为环境管理和环境规划提供参考。

④ 需要有详细的达标判据，采用多层次多尺度的指标体系，包括浓度均值、极值、标准差、达标率、质量天数等。通过对每个监测点的浓度、达标率等指标进行分析，确定环境质量状态和变化趋势，识别受污染的原因。同时，利用统计指标判断监测数据的质量，检验污染源排放管理措施的实际效果，提供决策依据。建议将环境质量管理的时间尺度缩小到日水平。

（3）适用条件　在《水污染防治法》《大气污染防治法》《固体废物污染环境防治法》等环保法律中均有条款涉及环境标准管理。环境标准在我国环境保护体系中起着至关重要的作用，是环境保护政策制定和执行的基础。

（4）应用案例　以美国空气质量标准及达标判据为例进行介绍。《清洁空气法》要求 EPA 制定国家环境空气质量标准（National Ambient Air Quality Standards，NAAQS）。根据法案规定，NAAQS 针对 6 类"标准污染物"设置了主要标准（primary standards）和次要标准（secondary standards）。主要标准的目标是为公众健康提供保护，包括诸如气喘病者、儿童、老人等敏感人群；次要标准的目标是为野生动物提供保护，包括防止能见度降低，防止空气污染对动物、建筑物、庄稼、蔬菜的损害。美国国家环境空气质量标准的具体内容如表 3-1 所列。

表 3-1　美国国家环境空气质量标准

污染物	主要/次要标准	平均时间	浓度限值	达标判据
CO	主要	8 小时	9ppm	一年内 8 小时浓度均值不得超过一次
		1 小时	35ppm	一年内 1 小时浓度均值不得超过一次
Pb	主要、次要	3 个月移动平均	$0.15\mu g/m^3$	3 年来，连续 36 个移动三月均值均不得超过 $0.15\mu g/m^3$
NO_2	主要	1 小时	100ppb	3 年平均的 98% 分位数日最大小时浓度不得超过 100ppb
	主要、次要	年	53ppb	年均值不得超过 53ppb
O_3	主要、次要	8 小时	0.075ppm	一级标准：3 年平均的第四高日最大 8 小时浓度均值不得超过 0.075ppm；二级标准：3 年平均的第四高日最大 8 小时浓度均值同样不得超过 0.075ppm
PM_{10}	主要、次要	24 小时	$150\mu g/m^3$	3 年平均下来，每年不得超标 1 次
$PM_{2.5}$	主要	年	$12\mu g/m^3$	3 年平均的年均值不得超过 $12\mu g/m^3$
	次要	年	$15\mu g/m^3$	3 年平均的年均值不得超过 $15\mu g/m^3$
	主要、次要	24 小时	$35\mu g/m^3$	3 年平均的年 98% 分位数的 24 小时浓度均值不得超过 $35\mu g/m^3$
SO_2	主要	1 小时	75ppb	3 年平均 99% 分位数日最大小时浓度不得超过 75ppb
	次要	3 小时	0.5ppm	3 小时浓度均值每年超标不得超过 1 次

注：ppm 和 ppb 为非法定单位，ppm 为百万分之一，ppb 为十亿分之一。

NAAQS 不但规定了各个"标准污染物"不同时间尺度下的浓度限值，而且对各种污染物浓度在一段时间内是否达标给出明确的判定依据。例如，SO_2 3 年内小时浓度均值平均99％分位数日最大小时浓度不得超过 75ppb 时，才判定达一级标准；SO_2 3 小时浓度均值每年超标不得超过 1 次，才判定二级标准；PM_{10} 的 24 小时浓度均值 3 年平均下来不得超标（$150\mu g/m^3$）1 次，才判定达标；$PM_{2.5}$ 的年均值浓度不得超标（$12\mu g/m^3$ 或 $15\mu g/m^3$），才判定达标；$PM_{2.5}$ 3 年平均的年 98％分位数的 24 小时浓度均值不得超标（$35\mu g/m^3$），才判定达标。很明显，该标准具有较强的实际可操作性，方便于管理者确立空气质量达标规划目标。

3.2.3　环境空气质量达标规划

（1）定义　环境空气质量达标规划是政府根据环境保护法律和法规所做出的，以保障一定时限内区域（或城市）环境空气质量达标为基本目标，以"控源"为主要途径，重点关注主要污染物及主要污染源，利用总量控制和浓度控制相结合、结构调整和技术改进相结合的综合防治手段制定的具有权威性的、优化的污染排放控制方案。其权威性是指达标规划一经批准，必须严格执行，任何调整都要依据规定的程序才能调整；优化是指在政治、技术可行的条件下，行动方案都经过成本-效益分析，实施方案遵守边际收益最大的原则[4]。

空气质量达标规划是从地方政府的角度落实空气质量管理法规和标准的行动方案，需要遵循守法、可执行、日管理和成本有效的原则。首先，空气质量达标规划要以达到法规和标准的目标为根本原则，行动方案的设计须遵守法律的要求，只有在协商和自愿的基础上，才能设计严于法规规定的行动方案。其次，规划方案设计的控制手段和措施必须得到干系人（也称为利益相关方或相关方）等的认可，使得所制定的排放控制方案具有实际可操作性。再次，将空气质量管理的时间尺度缩小至日，逐步实现污染源的精细化管理。最后，具体行动方案的筛选和确定要以成本有效性分析结论为基础。

（2）政策工具的使用者　按照我国现行环境管理体制，城市空气质量达标规划制度的决策与执行机构包括中央-省-市三级政府及相应层级的环保部门。

① 中央政府——生态环境部　按照现行法律要求，生态环境部代表国家整体利益，是环境保护的最高管理者。《大气污染防治法》要求国务院环境保护主管部门负责大气环境保护的监督管理职责和总量减排考核。总体上，中央政府环境保护主管部门主要负责对全国环境空气质量保护工作的技术指导，是城市空气质量达标规划制度运行和决策的最高管理机构。其具体职责包括：制定并按时修订城市空气质量达标规划相关法律法规；起草和公布实施空气质量达标规划编制技术规范；负责建立国家空气质量与排放信息数据库；负责对城市空气质量达标规划的最终审批与信息公开；负责组织对地方空气质量达标规划实施进行评估、问责和惩罚；负责组织地方空气质量达标规划人员的培训工作。

② 省级政府——生态环境厅　省生态环境厅是城市空气质量达标规划制度的主要实施主体，接受生态环境部的委托，并对本省空气质量未达标地区所制定的空气质量达标规划负责。具体职责包括：制定空气质量达标规划制度的地方法规；审阅市/县级城市空气质量达标规划文本，签字并上缴生态环境部，或接受环保部委托，负责审批城市空气质量达标规划；为市/县级城市空气质量达标规划编制提供技术指导；负责对城市政府主要负责人和

直接责任人问责与惩罚。

③ 市级政府——生态环境局　市生态环境局是城市空气质量达标规划制定和执行的基本单元，是城市空气质量达标规划制度中的主要守法者，主要职责是履行城市空气质量达标规划制度的法定要求，并采用灵活措施，确保城市空气质量满足环境空气质量标准的要求。其具体职责如下：编制、修订和执行城市空气质量达标规划；编制城市空气质量达标规划社会经济发展影响报告；负责向省生态环境厅上缴城市空气质量达标规划报告和审批要求材料；组织城市空气质量达标规划的公众听证会。

（3）政策作用或管理对象　固定源、面源和移动源等排污单元是城市空气质量规划管理的具体对象。由于污染物治理需要付出成本，在缺乏激励或激励力度十分小的情况下，排污单元没有足够的污染治理动机。因此，执法机构必须通过环境政策手段，包括命令控制、经济刺激和劝说鼓励等，促使其行为不对环境和社会造成较大的影响，并及时对其所造成的环境外部性问题进行内部化。

从环境管理职责划分讲，排污单元具有按照空气质量达标规划中确定的污染排放控制方案安排生产活动，向政府的环境主管部门提供守法排放证明文件，如实报告排放相关信息的义务。

（4）实施流程　城市空气质量达标规划的一般模式包括城市空气质量评估、达标目标确定、规划方案设计、规划方案的实施、控制评估等环节。

① 对城市空气质量全面和系统地评估　城市空气质量评估是全面、系统地告诉干系人现阶段该城市不同区域、不同时段的空气环境质量水平，揭示出空气环境质量存在的诸多问题。空气质量评估应依据《环境空气质量标准》展开，对年、日、小时等不同尺度的污染物达标状况做出客观评估。

② 确定达标目标　城市空气质量达标规划方案的制定与实施均应围绕空气质量目标相应展开。达标规划目标的确定主要是基于《环境空气质量标准》和《环境空气质量评价技术规范》，确保地区内任何一个监测点任何一种空气污染物在规划期限内达到"标准"要求。

③ 设计规划方案　城市空气质量达标规划方案须详细列出为治理现有空气污染源而进行的合理的污染控制战略和排放控制措施，以逐年朝达标的方向取得合理的进展。依据污染源类型不同，分为固定源、移动源和面源污染控制方案设计。

④ 规划方案的审批　生态环境部负责审批地方城市的空气质量达标规划，有权决定规划审批通过，或者部分通过，或者审批不通过，并将审批结果和原因在官方网站上和电视媒体上向社会公众公开，并为公众留有表达意见的机会。审批内容包括方案达标期限、执行计划、能力保障、社会可接受性和公众参与性。

⑤ 规划方案的实施、控制与评估　规划方案实施过程中，应分阶段对已实施的规划行动展开控制与评估，通过对达标目标和实施进度的监测、核查，不断调整达标目标实现的期限、行动以及实施计划日程表。

（5）实施条件和局限性　我国空气质量达标规划法律依据充分，《大气污染防治法》明确规定："未达到大气环境质量标准的大气污染防治重点城市，应当按照国务院或者国务院环境保护行政主管部门规定的期限，达到大气环境质量标准。该城市人民政府应当制定限期达标规划，并可以根据国务院的授权或者规定，采取更加严格的措施，按期实现达标规划。"但该法却没有给出具体的规划审批权限，导致现行规划均由同级政府审批，审批力度不够严格。同时，也没有对达标规划内容和方案设计给出原则性、指导性意见，缺乏统一的、具有指导意义的达标规划实施细则，导致现行地方政府制定的空气质量达标规划方案的"线条"太过粗略，缺乏对不同污染源控制的有针对性的方案措施以及规范的实施行动程序。

（6）应用经验　在美国，空气质量州实施计划是联邦政府监督空气质量未达标地区实现空气质量达标的政策手段。《清洁空气法》要求空气质量未达到国家环境空气质量标准（NAAQS）的地区须执行空气质量州实施计划，使得该地区空气质量满足国家环境空气质量标准要求；要求联邦 EPA 负责监管州政府的空气质量管理工作，审批、监管未达标区政府制订的州实施计划，确保其按期达到空气质量标准目标。

美国对空气质量采取流域管理模式，以加利福尼亚州（以下简称"加州"）为例，被划分为 15 个空气流域，在空气流域基础上，依据污染源排放影响效应的大小，再次划分为 35 个空气质量管理区（AQMD）或空气污染控制区（APCD）（这里统称为空气质量管理区）。美国联邦环保署依据国家环境空气质量标准中的污染物浓度限值和达标判定方法，将空气质量管理区划分为空气污染物"达标地区""未达标地区""过渡区"，以及"无法归类区"，并且每年对于空气质量管理区的类型划分进行及时的修正。当空气质量管理区被划分完成后，未达到国家环境空气质量标准（NAAQS）要求的地区，要按照《清洁空气法》、联邦法规 CFR 40 的要求制订空气质量达标计划，即"州实施计划"（state implementation plan，SIPs），以维持或达到空气质量标准的要求。

《清洁空气法》110 款（a）（2）具体罗列了州实施计划的上缴和审批要求，这些要求包括一般性计划编制的要求和授权，以确保空气质量州实施计划的行动有效，内容包括污染源排放控制手段、空气质量数据监测能力和设备操作、固定源排放管理项目计划、源的排放禁止、执行计划、设备的运行维护和排放报告、充足的人力资源、资金和权威性、州实施计划的审批与修订等。

对于空气质量未达标区的空气质量州实施计划，在 172 款（c）中规定了特殊要求，包括合理的可获得的控制措施、合理的进一步进展、排放清单管理、允许的排放水平、新的或改装后的固定源排污许可证、应急措施，以及其他控制措施等要求。尤其针对臭氧的污染程度，进行了区类别划分，分为"轻微地区""中等地区""严重地区""非常严重地区"和"极端严重地区"五类，对每一类臭氧不达标地区规定了 SIP 编制的必需要求和条件。未达标地区的空气质量达标规划（AQMP）编制，除要遵守联邦《清洁空气法》的规定外，也要符合州法规的要求。例如，《加州清洁空气法》对 AQMP 的制定提出要求，包括计划每三年更新一次、规划的有效性阐述、减排进展、人口暴露水平的降低，以及基于成本有效性的控制措施排序。

3.2.4　固定源排放标准

（1）定义　排放标准是基于排放控制技术的相似性对该类别固定源排放控制的全部技术要求，主要包括排放限值、对应指标的监测方案、记录保存和报告要求四部分，其核心部分是排放限值。由于是强制要求，因此，需要用法规的形式表达，自然也需要按照法规的制修订程序制修订和颁布。固定源执行的排放标准以数值型限值为主，具有一定的灵活性。固定源可以自主选择达到强制目标的技术或方法。固定源排放标准管理除了污染物排放的限值要求外，还包括对原料、生产、处置等环节的要求，排放标准中也包括为了证明合规所需的监测、记录和报告等要求。

美国《清洁空气法》中将排放限值定义为 EPA 或者州政府制定的关于空气污染物连续排放数量、排放速率、排放浓度要求的规定，包括设计减少持续空气污染物排放设备的操作和维护的规定。

我国大气污染物排放标准是对排入环境的有害物质和产生危害的各种因素所作的限制性规定，是对大气污染源进行控制的标准。

综合以上定义可知，固定源排放标准是依法制定的对固定源产排污单元的限制性规定，包括数值型的限值要求，也包括设备操作和维护的管理规定，以及对应的监测、记录和报告等规定。

（2）理论基础　固定源污染物排放存在外部性，会导致市场在资源配置中的低效结果。固定源排放标准是一种政府对市场中企业固定源污染排放行为进行管控的规制。该制度的理论基础核心是通过制度设计，由政府管理部门制定排放标准，将固定源污染排放造成的外部影响内部化，既要符合成本-效益有效率的原则，又要起到激励技术进步的作用。

环境空气是一类典型的公共物品，同时又是一种稀缺资源，过度使用必然会对其他人造成外部损害，而这种损害无法通过市场交易内部化[5]。根据"污染者付费原则"，污染者应当承担控制污染所需的费用，以保证环境处于可以接受的状态[6]。因此，排放污染物的企业（固定源）有责任采取控制措施，避免因生产获利引发过大的外部损失。企业作为理性"经济人"，追求经济利益最大化，解决外部性问题需要政府介入，由政府测量企业的环境外部影响，通过制度安排，控制排污者的污染排放水平。固定源排放标准是一项典型的命令控制型技术法规，用于解决因污染物排放所导致的外部性问题。尽管市场激励型政策手段灵活性更高，可能以较低的成本实现类似的政策目标，但是考虑到环境空气质量的保护需求，考虑到易于执行和监督的明确目标，实施排放标准管理更有效。

排放标准的核心是排放限值，本质是确定固定源污染物排放的"内部化"边界。理想状态下，排放限值有效率的水平是边际社会污染物控制成本等于边际社会环境收益[7]。但是，考虑到空间和时间的复杂性，污染物会在环境中发生转变，不同地点的污染物排放对于环境的影响水平也有区别[8]，减排收益的计算相当复杂。在实际的政策设计中，由于立法限制、信息不充分、地区差异、污染物差异等因素，政府很难制定出一个配置有效的削减水平[9]。排放标准作为命令控制型法规，并非对所有的固定源执行完全一致的标准，需要对固定源进行分类，要求同类源执行同样的标准，不同类型的源执行不同的标准[10]。

从排放标准的制定思路上，边际控制成本信息是不对称和不充分的，政府不可能知道所有固定源的边际成本，找到针对每一个源每一项污染物边际排放单位的最优水平。但是，政府可以通过制修订程序保证科学性和规范性，进行经验和知识积累，开发适用的分析工具，尽量做到边际成本相等或接近，使分配策略更为成本有效。基于这样的认识，应当按照不同特征区分不同固定源。一是根据地域差异和污染物差异的影响，按照所在的地区分为达标地区和未达标地区固定源，按照污染物差异分为常规空气污染物和危险空气污染物，按照污染源年龄的差异分为新污染源和现有污染源。二是国家按照技术的差异，分行业制定国家行业排放标准，但是投入的制定成本高，周期长，灵活性低，也无法满足各地区的空气质量管理要求。根据空气质量管理需求，分地区、分源的排放标准更灵活，能够根据技术的进步及时做出反应，但是无法承受过高的制定成本。因此，将全国性的排放标准作为指导，在其指导下制定分地区、分源的排放标准更为有效。

排放标准的制定是一项复杂、技术性强的工作，涉及的政策相关者多，程序冗长而复杂。因此，制定排放标准需要遵循有效率、公平性强、激励技术进步的原则，追求相关者利益相一致，形成法律法规制度，使排放标准的制定工作具备可操作性，保证制定程序的规范性，保证标准的科学性和一致性。

技术进步是解决外部性问题，实现固定源污染减排，直至零排放的根本动力。当形成分层的标准体系后，也就具备了更强烈的技术进步激励能力。国家行业排放标准周期长、确定性强，可以为固定源提供更长远的政策预期；分地区、分源的标准更为灵活，更能激活企业的技术创新动力。这种分层组合模式具有了足够的灵活性，符合波特提出的"窄"版理论，灵活的环境规制有利于激励技术创新，比形式单一的技术标准或者"一刀切"的排放标准技术创新激励性更佳。

（3）排放标准的制修订

① 制修订程序　国家行业排放标准是基于技术的排放标准，必须基于一定的技术水平，且不能突破技术、经济等限制条件，因此，需要科学的程序作为排放标准制修订的保障。排放标准的制修订主要分三个阶段：制修订计划编制；制修订草案编制和审查；标准发布和宣传。

② 评估与监督　所实施的固定源排放标准需要通过定期评估，保证排放标准是适度的、科学的、可执行的。在固定源排放标准制修订与评估的政策过程中，评估是排放标准实施一段时期后的周期性评估，目的是为了判定此时的排放标准是否仍然适用。评估主要针对排放标准的实施效果、实施效率、达标成本、管理水平、技术进步等，需要编写完整的评估报告。根据评估的结果，由生态环境部判定排放标准是否需要更新。

③ 公众参与　"公众"是一个宽泛的概念，并非特指某个人或某些群体。根据《环境保护公众参与办法》，公众包括"公民、法人和其他组织"，在固定源排放标准评估、制修订、实施的特定情境下，与之有关的公众应当是包含政策相关的利害相关者，包括固定源排放标准直接影响的相关者、间接影响的相关者，也包括无明显关系但对政策议题有兴趣的一般公众。管理部门在进行针对排放标准各政策环节的公众活动时，需要明确公众参与的对象范围，并对不同的对象进行归类和分级。

公众参与没有特定的模式，也没有一成不变的做法。为了达到多元共治的管理目标，在最终的政策决定中，各方的诉求需要得到回应与满足。因此，决策者需要在决策过程中，在特定时间点上，对特定的议题组织相应的公众参与活动。对于在何种政策阶段开展何种形式的公众参与活动，都需要进行有效的设计。通过这样的设计，最终实现公众的有效参与和良性参与，真正做到引导公众参与到排放标准管理的政策决策中。

3.2.5　固定源排污许可证制度

（1）定义　固定源排污许可证是政府依法给固定源所在排污单位颁发，对其固定源排放口及其面源等空气污染物产排污控制过程提出全部管控要求的行政许可文件，排污单位依法执行许可要求，政府部门通过排污许可证对其进行管理和执法的制度。通过落实固定源排放标准，明确污染源许可排放限制条件，细化污染源运行操作限制的要求，对污染源运行过程中相关污染物排放行为进行规范化管理要求，包括排放限值、监测、记录与报告等内容。排污许可证是整合现有固定源排放控制政策的综合性排放控制制度，其形式是用一个排污许可证将所有对固定源企业排放控制的全部内容明确和清楚地告诉排污单位执行的规范性文件。

（2）理论基础　排污许可证制度是一项行政许可。行政许可作为一项制度，是国家行政管理中的主要手段之一。排污本身是一项被禁止的行为，许可是对禁止的解除，即允许符合法定条件者从事某项特定活动，享有特定权利和资格，守法者可以依法（具体为排污许可证的内容）排污。政府设立排污许可证制度，对企业运行和排污条件进行事前审查和过程监督，属于标准的行政许可。按照《行政许可法》和《环境保护法》的要求，污染源的排污行为应当被视为一种须经政府审查通过并准予在特定条件下方可从事的活动。所有向环境中排放某种污染物的污染源都应当申请获得政府行政许可，取得排污许可证，无证或未按照已取得的排污许可证的相关规定排污的行为均应被视为违法 。

排污许可证是企业的守法文件，也是政府的执法文书。排污企业根据排污许可证即可清楚了解并掌握本企业所须遵守的各项排放标准和法规要求，提高企业污染排放管理的规范化程度和管理效果，企业需要根据排污许可证所载明的要求对连续达标排放状况进行监测、记录与报告，证明自身的守法状况。政府根据排污许可证所列要求对排污企业的污染排放行为依法进行核查与检测，确认其守法状况，并依此对违法行为做出处罚决定。

（3）政策手段要素　作为一项典型的命令控制型手段，排污许可证制度对信息、监管和处罚要求高，要求有明确的管理对象，规定排污者申报守法信息的义务，明确政府的监管责任，通过对排放者的监管，实现排放控制。排污许可证中的内容包括已有法律、行政法规、部门规章以及标准规范中对该点源的所有要求，包括所有需要控制的污染物、所有的管理要求，对排污单位排污单元和主要生产单元的要求包括但不限于数值要求，并且是可以实施的。

① 管理对象　许可证管理对象应基于政策目标、管理能力以及管理的边际效益进行界定。排污许可证作为行政许可，要求规范和严格，执法成本和守法成本都会偏高。因此，要求实施排污许可证的污染源一定要严格控制排放，且控制排放的成本效益也得比较高。所以，从成本有效性角度，为了保障政策的有效执行，只有达到一定污染物排放规模以上的固定污染源才实施排污许可证管理。

对于一定规模以下的固定源根据实际情况实行简化管理和豁免管理。在美国各个州都会有自己的豁免源清单，以得克萨斯州为例，Deminimis 源分为：无限制的源，如电影院、封闭仓库等；个人使用的设施或源，如非工业和商业的烤箱、壁炉等；零售/服务设施，如美容美发店、宠物店等；有限制的源，如用于储存低硫天然气的设备、仅以天然气和丙烷为燃料用制氢转化炉来产生氢气的燃料电池系统。实现简化管理的固定源只需要执行普通固定源排污许可证要求的部分内容。

② 实施基于技术和基于环境质量的排放限值　排放限值是排污许可证的核心内容，基于排污许可证实施的排放限值，必须以达到环境质量标准为目标。美国首先根据空气污染情况把各地区分为防止重大恶化地区（PSD）和未达标地区（NSR）。在 PSD 地区所申请的新源审查排污许可证需要通过最佳可得控制技术（BACT）来最大限度地减少排放源污染物排放量，运行许可证需要通过最佳可得改进技术（BART）来对固定源污染物进行管理控制。NSR 地区申请的新源审查排污许可证需要通过不考虑成本、经济或技术可行性的最低可行控制技术（LAER）来对固定源污染物排放进行管控，运行许可证则需要通过技术上可行且经济上合理的合理可得控制技术（RACT）来对固定源污染物排放进行管控。PSD地区所执行的标准是防止该地区的空气质量发生低于现有标准的情况出现，而在 NSR 地区

所执行的标准却是为了使该地区的不达标空气达标。

③ 基于排污许可证的信息公开　信息公开也是激励约束利益相关者、降低管理成本的有效途径。许可证就是企业的守法文件，除了事先声明保密的部分外，排污许可证中的所有信息都是应该公开的，其中排放监测信息公开是污染源信息公开的主要内容。利益相关者可以通过法定渠道获取不同层次和水平的污染源信息。排污许可证制度需要采取多方监督机制，注重公众和环保团体的社会监督，保障公众有对污染源排污的知情权。在颁发许可证之前，通过召开听证会等形式，让公众充分发表意见。

依据对固定源排污许可证信息的记录、报告和公开，公众能够更加直接和有针对性地了解周边的污染源，社会团体能够有效地实施监督。污染源排放及守法申报信息的共享，降低政府部门的行政成本，也使得对科研机构提供数据资料更便利。信息公开也便于排污者之间的相互监督，变政府与排污者之间的单一博弈为政府和排污者之间以及众多排污者之间的共同博弈。排污者之间博弈的发生必然会降低政府的监督成本并有利于提高守法率。

④ 监测机制　为了确定污染源是否实现了"连续达标排放"，需要设计与排放标准匹配的监测方案，应包括监测频率、监测时间、生产和处理设施非正常运行数据处理、达标判据、排污单位守法记录使用等规定。监测方案要根据企业生产和排放特点进行严格设计，并对每一项内容进行论证，以保证监测方案对污染源实际排放情况的代表性。同时，持证者应定期对其排放行为做自我监测并对监测结果加以汇报，从而使管理部门获得必要的信息来评估污染物的特征及判断污染物排放者的守法情况。定期的监测和报告可以让持证者意识到依法排放的责任，并及时掌握污染处理设施的运行情况。

⑤ 严格的处罚机制　排污许可证作为排污企业达标排放的法律文件，其上的任何规定都不得违反，否则即被视为违法行为，并将受到相应的处罚。严重的违法行为可以吊销其许可证，甚至实施民事和刑事处罚。根据许可排放限制条件界定排污许可证违法行为及违法事项，按照"罚没违法收益"和"边际威慑"的原则设定处罚标准，对排污企业形成足够的威慑力，激励企业积极守法。

3.2.6　地表水质标准

（1）定义　地表水质标准是地表水质管理的基础及核心内容，是点源控制的最终依据，是以法规形式表达的地表水质保护的目标，为命令控制手段。其内容包括指定用途（designated uses）、水质基准（water quality criteria）和反退化政策（antidegradation policy）三个核心内容以及对于地方标准说明的一般性政策。

（2）政策手段要素

① 标准的制定与实施　国务院环境保护主管部门会同国务院水行政主管部门和有关省、自治区、直辖市人民政府，研究部门以及其他利益相关方磋商后，根据国家确定的江河、湖泊、流域水体的使用功能以及有关地区的经济、技术条件，制定能准确反映最新科学成果的水质基准。省、自治区、直辖市人民政府在国家水质基准的基础上，根据地方水体用途及水质情况，制定地方水质标准，并报国务院环境保护主管部门备案。省、自治区、直辖市人民政府最高领导或水污染控制主管人员应定期（至少每3年一次）举行公听会，对实施的标准进行审查，在适当的时候修订和采用新的标准。水质基准应反映以下方面的科学成果：

　　a. 各种水体（包括地下水）中，对人体健康与福利可能产生影响的污染物种类及其影响程度，即包括但不仅限于浮游生物、鱼类、贝壳类、野生生物、植物、海岸线、海滩、美学和娱乐。

　　b. 通过生物、物理、化学程序，了解污染物或其副产物的集散程度，了解污染物对生物多样性、生产率和稳定性的影响，包括关于影响受污染水体的富营养率和有机体、无机体沉淀率因素的信息。

　　标准颁布后，由县级以上人民政府环境保护行政主管部门及相关部门按职责分工监督实施。

　　② 作用机制　地表水质标准作为地表水质管理和水污染防治的基础，确定了地方水质管理的目标，是管理人员考核地方水环境管理和评价水环境质量的法规文件，由此间接反映地方水污染控制的情况。

　　地表水质标准是水污染防治工作开展的依据，指导排污许可证中排放限值的确定。《水污染防治法》第十四条："国务院环境保护主管部门根据国家水环境质量标准和国家经济、技术条件，制定国家水污染物排放标准。"同时，水污染防治的重点是点源排放控制，点源排污许可证制度作为点源排放控制的核心制度，其最终目的是保证地表水质达标，并通过制定基于地表水质的排放限值予以实现。基于地表水质排放限值的确定，需要先划定混合区，根据地表水质标准，采用适用的水质模型进行计算。

　　地表水质标准对水质达标规划具有指导作用。《水污染防治法》第十七条："有关市、县级人民政府应当按照水污染防治规划确定的水环境质量改善目标的要求，制定限期达标规划，采取措施按期达标。"地表水质标准作为指导性文件，帮助地方人民政府确定水环境质量改善目标，并将其具体化，结合水污染防治规划的要求，制定地表水质达标规划。

　　地表水质标准是命令控制类政策手段，依靠政府强制力执行，地方政府应根据标准的规定，严格执行标准要求，若当前标准不能满足水环境管理要求，可根据地方社会、经济发展做出修订和调整，但标准一旦颁布，则必须严格执行，与其他因素无关。

　　（3）实施经验

　　① 中国地表水环境质量标准　适用于中华人民共和国领域内江河、湖泊、运河、渠道、水库等具有使用功能的地表水水域。标准包括地表水环境质量标准基本项目、集中式生活饮用水地表水源地补充项目和集中式生活饮用水地表水源地特定项目三个方面。

　　依据地表水水域环境功能和保护目标，按功能高低将地表水依次划分为五类：Ⅰ类主要适用于源头水、国家自然保护区；Ⅱ类主要适用于集中式生活饮用水地表水源地一级保护区、珍稀水生生物栖息地、鱼虾类产场、仔稚幼鱼的索饵场等；Ⅲ类主要适用于集中式生活饮用水地表水源地二级保护区、鱼虾类越冬场、洄游通道、水产养殖区等渔业水域及游泳区；Ⅳ类主要适用于一般工业用水区及人体非直接接触的娱乐用水区；Ⅴ类主要适用于农业用水区及一般景观要求水域。

　　对应地表水上述五类水域功能，将地表水环境质量标准基本项目标准值分为五类，不同功能类别分别执行相应类别的标准值。水域功能类别高的标准值严于水域功能类别低的标准值。同一水域兼有多类使用功能的，执行最高功能类别对应的标准值。

　　今后，需要在目前地表水水质标准、功能区划的规定和目标的基础上，对国土范围内的每个地表水水域制定专门的水质基准，由生态环境部审批每个流域或者河流的指定用途。

同时，将反退化原则作为我国制定水质标准的依据，将"禁止水质进一步退化"这一原则性概念体现在各项水质标准当中。建议在水质标准中加入反退化的相关描述性标准表述，在标准定量约束的基础上加入"若当前水体的水质好于其所属的水质标准类别，那么该水体不得以其水质优于标准要求为由而退化"，当前水质的良好现状必须得以保护和维持的补充。建立地表水水质核查与问责机制，保障水环境质量。

② 美国的地表水质标准 美国从 20 世纪 60 年代开始水质标准的研究工作，水质标准分为基准和标准两个层次，联邦环保署颁布基准，各州参照水质基准根据本州的水质用途制定水质标准。《清洁水法》是美国水环境保护的基本大法，要求各州应至少每 3 年对水质标准进行一次审查，并在必要时对其进行修订。

《清洁水法》规定的水质标准包括指定用途、水质基准和反退化政策三个核心内容以及对于地方标准说明的一般性政策。"指定用途"要求州政府必须明确本州管辖的各个水体的具体用途，在考虑核心用途和下游水体要求的基础上保护水体，保证满足水生生物和娱乐用水的要求（即达到可渔猎、可游泳的国家水质保护临时目标），除非通过用途可达性分析（use attainability analysis）证明这些用途的确不可达。水质基准要求各州必须基于可靠的科学、充分的参数和敏感用途的保护等原则，设定特定的定量和定性指标和明确的执行方法来保护水体的指定用途。反退化政策作为水质标准体系中的一部分，强调当前良好的水体水质不得再恶化，此规定划定了水污染防治的红线，在严格保护水质方面发挥了重要作用。

各州根据《清洁水法》的要求制定地方水质标准，以加州为例。

加州的水质标准由三个部分组成：水的指定有益用途（beneficial uses）、旨在保护这些用途的水质目标（water quality objectives）和反退化政策（anti-degradation policy）。有益用途定义了水生生态系统的资源、服务和质量，它们是保护和实现水环境质量的最终目标；水质目标提出了一个框架，来确定水质是否确实能够支持这些有益用途；反退化政策是一种指导思想，贯穿于执行方案始终，确保水环境质量改善。

a. 指定有益用途。溪流、湖泊、河流和其他水体对人类和其他生命是有使用价值和功能的。州水质标准的第一部分对水体进行了分类，分类的依据是水体预期的使用功能。《清洁水法》描述了各类需要保护的水体及其预期实现的功能，各州可自由制定更细的功能用途（如农业用水、温暖型淡水生物栖息地等），或设计一些《清洁水法》中未提及的用途（如水力发电等）。这些使用功能被简要分类概括为不同的"有益用途"。有益用途就是所谓的指定用途，是水体的目标或期望的用途。

水体的有益用途包括三种，即现有用途（existing use）、潜在用途（potential use）和间歇用途（intermittent use）。现有用途指以下两类：一类是从 1975 年 11 月 28 日 EPA 首次出台水质标准法规起已实现的功能；另一类是现有水质在不受底质和水流搅动等物理干扰情况下能够满足的功能。潜在用途是一种期望的用途，被列为潜在用途的原因有：是水体的未来用途计划、当前条件允许未来用途成为可能、符合州政策、被区域委员会指定为目标用途、公众愿望的水体用途。有间歇流的水体被指定为间歇用途，在旱季，浅层地下水或小池塘水可以支持一些相关间歇河流的有益用途，因此，这些有益用途应该在全年被保护，并被指定为"现有的"（existing）。

b. 水质目标。州水质标准的第二部分则介绍了为满足水体各项使用功能所必需的水质目标。水质目标是水质成分含量或水质特征的限值或水平，建立在对水体有益用途的合理保护之上，制定水质目标的目的在于保护水生生物和人类的健康，或保护野生动物免受污染物的毒害。

水质目标包括定量目标（numerical objectives）和定性目标（narrative objectives），旨在保证州内的水体能够支持它们既定的有益用途。定量目标通常描述污染物浓度、水体的物理化学状况、水体对水生生物的毒性。当水质成分（或污染物）大于或等于定量目标的浓度时，认为水体的有益用途被损害。

有时水质目标是描述性的定性指标，例如"水体中不得含有生物刺激性物质促使水生植物或动物生长"。这些定性目标中，并没有明确说明浓度的实际定量限值。

定量和定性目标一方面限定了单一污染物或指标在环境中存在的水平，另一方面描述了水体所有指定功能的水质状况。当水质情况比水质目标的要求还要好时，反退化政策就发挥作用。这项政策旨在保护相对未污染的水生系统，以防止进一步的水质降低。

c. 反退化政策。州水质标准的第三部分是州内施行的反退化政策。美国联邦法规 CFR 第 131.12 条详细说明了"反退化政策"的要求，各州都要根据上述法规的要求制定本州使用的反退化政策，并确定政策执行的措施和手段。为了避免水质退化，反退化政策对水体提供了 3 种等级的保护措施：

等级 1：保护水体的现有功能，并为州内所有水体提供唯一的最低水质标准。

等级 2：当水体水质已优于鱼类、贝类和野生生物繁殖以及人类水中和水上的娱乐活动所需的水质时，也必须维持和保护现有的水质，不可使之恶化。只有在通过了反退化审核的条件下，等级 2 中规定的水体水质才可以酌情降低。反退化审核的内容包括：研究发现有必要支持水体所在区域的社会和经济发展；完全满足政府间合作协议和公众参与的规定；确保点源排放达到法规条令的要求，面源污染达到最佳管理实践的要求。需要注意的是，降低标准后的水质仍需要满足"可垂钓、可游泳"以及其他已有功能对水质的要求。

等级 3：保护重要国家资源，如国家或州公园和野生动物保护区的水体，以及具有重要娱乐或生态价值的水体。该等级要求不能有会导致水质恶化的新建污染源排入这些水体及其支流（一些导致临时或短期水质变化的有限制的排放行为除外）。

3.2.7 地表水质达标规划

（1）定义 地表水质达标规划即为达到地表水质标准，针对已经污染、尚未满足水质标准的水体制定单独的控制战略，综合社会、经济影响，以及各部门协商结果，依法依规制定以点源和非点源排放控制方案为主的行动方案。

流域水环境保护规划是从战略角度，综合考虑涉及流域内各个领域的问题，整合流域的基本数据和信息，确定流域的性质、规模、发展方向的纲领性规划。它是流域各相关利益方就流域社会经济发展与水环境保护达成的综合决策。

流域地表水质达标规划是一个复杂的概念，结合相关文献，本书认为地表水质达标规划是政府为了水污染防治，保护生态环境，实现水资源可持续利用与流域经济社会可持续发展，制订的在一定时空尺度内具有前瞻性、战略性、约束性的行动计划，通常以规范性文件的形式出台。

（2）规划的依据

① 相关法律 首先，水污染防治规划必须符合《环境保护法》基本法的要求，以及

《水污染防治法》等专项法律的要求，是法律法规内容的具体落实。例如，污染源需要达标排放，环境规划则需要落实污染源达标排放的具体要求。其次，环境规划采取的措施应当是有法律依据的。任何规划行动的确定和项目工程的设计都必须有法律依据，这是规划可以落实的重要条件。

② 相关规划　流域水环境规划不是孤立的。首先，水环境规划的设计和实施需要考虑流域社会经济发展现状和目标，经济发展目标的确立和财政投资计划均会影响水环境规划目标的制定和行动方案的筛选。其次，各环境要素也不是孤立的，如固体废物管理规划的实施效果会影响进入水体污染水质的固体废物的数量，大气管理规划对二氧化硫排放导致的酸雨控制效果也会影响水体水质等。因此，流域水环境规划需要与流域范围内其他已经出台或同时出台的相关规划内容相协调。

③ 统计数据　环境质量现状的评估以及环境规划的制定、实施和评估均建立在大量环境质量和污染排放数据的基础上。与之相关的统计数据来源包括各级环境统计公报、水资源公报、城市建设统计年鉴等。数据的完整性、权威性和准确性决定了现状评估的范围和准确性，也影响规划行动方案的筛选。

（3）目标与框架　水环境保护的最终目标是水体健康，即恢复和保持国家水体化学、物理和生物方面的完整性。水污染导致的环境外部性往往以流域而非行政区为边界，因此，地表水管理应以流域作为边界，将流域作为整体统一管理。城市是流域水环境保护的重要单元，人口密集、排放强度大，与社会经济规划相互影响和制约。流域水质达标管理的重点是关注优先解决的问题和区域。点源污染排放是流域管理的主要污染源，包括工业和市政点源，城市人口集中，工业水平相对发达，是工业废水和生活污水排放相对集中的区域，故制定城市流域水质达标规划对流域水环境保护有重要的意义。

流域地表水质达标规划的基本框架包括：流域特征描述，识别受损水体；确定水质达标规划目标，识别现有及潜在的污染源；建立污染物负荷与水质之间的联系，评估、分析、计算负荷容量；分配点源与非点源污染负荷，制定消减方案，并选择合适和可行的分配方案；编制地表水质达标规划报告。达标规划编制的过程中，利益相关者和受影响群体应全程参与，并给予意见、反馈和补充。

点源控制是地表水质达标规划的核心内容，通过排污许可证制度进行管理，其中排放标准是控制点源污染物排放和保护水质的基础，包括基于技术的排放标准（我国现行的排放标准）和基于水质的排放标准。在满足基于技术的排放标准仍不能满足地表水质标准时，须基于流域水质达标规划，针对点源排放的污染物，逐一制定基于水质的排放限值，并通过排污许可证制度予以落实。

地表水质达标规划的编制需要大量的流域和水体数据，如 GIS、水流监测、天气，故需要进行水环境信息管理，获取、处理、公开、存储有关部门水环境信息，以便于有关环境管理部门了解流域水资源的水质现状及其适用程度，做出投资与否、治理与否等决策，同时满足其他利益相关者（如渔业部门、农业部门、企业、居民）对所在区域水质的了解，便于他们参与决策。

非点源一般指除点源以外的污染源，包括农业、养殖业非点源，城市无序地表径流，以及未集中处理的垃圾填埋场废水。对于非点源的控制，可学习美国的管理经验，使用最佳管理实践，即一系列旨在预防和减少水污染的活动、行动禁令和维持过程等，还包括处理要求、操作过程，也包括控制工厂排放、溢出、泄漏，以及淤泥、废物处理或是原料储存排水等。

3.2.8　点源排放标准

（1）定义　污染物排放（控制）标准是根据环境质量目标的需求、污染控制技术的进展，并考虑社会的经济承受能力，对排入环境的有害物质和产生污染的各种因素所作的限制性规定，是对污染源排放污染物的种类和最高允许排放量所规定的统一的、定量化的限值。

排放标准属于强制性标准，由政府相关部门强制执行，其法律效力相当于技术法规。这种法律效力来自于环境法律法规的强制性，通过一系列围绕"达标排放"的政策发挥作用，如排污许可证制度等。

水污染物排放标准的管理对象是点源，即任何单一的可识别的水污染物排放源，如公共污水处理厂、工业设施和雨污合流排水系统等。点源污染物排放标准体系的目标是保障点源排入的环境质量达标和促进点源排放控制技术进步。

（2）目标和框架　排放标准的制定和执行的最终目标是实现环境质量达标。以水污染物排放标准为例，最终目标是保护地表水水质，在保证水体充分安全的边界上，维护水体功能和价值。水污染物排放标准除了限值的规定外，还包括达标判据、监测要求及其他配套措施等，是一个整体、全面的管理要求集合。排放限值是对点源排放后，水体中化学、物理、生物或其他成分在数量、排放率和浓度上的限制，本质是确定点源污染物排放的"内部化"边界，这条内部化边界应当是"适度"的。因此，排放标准的制定目标包括两个层次：第一个层次是在现有的技术、经济水平下，最大限度地削减水污染物的排放量；第二个层次是确保受纳水体的指定用途不受影响。排放标准的制定主要遵循三个原则：一是要与保护地表水水质、维护水体功能和价值总目标一致；二是有效率，即效益大于成本或者达到既定目标的成本有效，并对政策的选定方案和替代方案的潜在成本和收益进行分析；三是能够持续激励技术进步，激励被规制点源优化资源配置效率，改进技术，在抵消部分乃至全部"守法成本"的同时，提高生产率，技术的进步也是持续减排，直至达到零排放的最终动力。

（3）排放标准的制定机制　排放标准分类和制定机制应当按照上述目标不断分解，根据客观约束条件，使各类排放标准相互协调，目标一致，激励技术不断升级。制定排放标准时要考虑成本、技术、能源、就业等限制性因素，因此第一级目标将分解为考虑上述制约因素的基于技术的排放标准。但是，如果达到了基于技术的排放标准，仍然无法达到环境质量标准，则需要进一步严格排放标准，确定未达标源的基于环境质量保护的排放标准。在标准的"强迫"下，受控点源将不断改进技术、加强管理，在实现达标排放的同时，技术也得到不断进步。

（4）政策手段要素　污染物排放标准实施的主要任务是使排放标准得到有效的执行和遵守，促使排污者依据排放标准的规定约束排污行为。其核心是"达标排放"的判定，它决定着排放行为的合法性和排放控制目标的完成情况。

① 要有满足确定性和适应性的监测方案。"达标排放"涉及污染物排放控制指标、时间、监测频次等要素，所以判定污染源是否达标排放，需依据匹配的监测方案。因此，不同排放标准所涉及的监测方案（包括监测主体、对象、范围、频次、时间、数据代表性等）都应有明确的规定，以表征污染物初步或连续达标排放的判定要求。同时，监测方案的精

确程度应当与其实施的成本效益相适应，并随社会发展不断改进。

② 排放标准的实施需要配套制度作为执行手段，这些制度应保障污染排放控制的确定性、有效性和持续改进性。确定性是指排放标准的实施政策能够对污染源的日常管理和排放技术指标提出具体、明确的要求，使政府管理部门能够如实掌握污染源的排放情况，同时具备排放信息和数据的核查手段。有效性是指能够对违反排放标准的排放行为给予适当的处罚，对排放活动形成足够的威慑力，促使污染源自觉连续达标排放。持续改进性是指对污染源的排放要求随其对控制成本承受力的提高而越来越严格，持久地影响环境政策对象的思想意识、行为方式等，从而不断地带来改善环境的动力。

③ 需要建立排放标准的评估和更新机制。排放标准需要明确评估和更新机制，一方面是不断改进，另一方面是建立正确的社会预期，保障污染控制技术的持续进步。

（5）美国的点源排放标准制度　在美国，联邦政府颁布统一的基于技术的污染物排放限值导则。当排污单位污染物排放达到基于技术标准的规定，仍然无法满足受纳水体的水质标准时，由于反退化政策的约束作用，企业必须执行所在州制定的更为严格的基于水质的排放标准，保证水体质量不降低，水体环境不恶化，保证水生态环境的稳态和物种多样性不被破坏。

3.2.9　点源排污许可证制度

（1）定义　点源排污许可证制度是依法制定的点源排放控制要求的规定，点源排污许可证是依法颁布的、以行政许可表达的对排入地表水体的点源的全部控制要求的文件。点源排污许可证的直接目标是保障所排入水体在有限的混合区边界处满足所排入水体的地表水质目标；中间目标是在点源所在排污单位层面具有可以直接执行的工具，使排污单位有明确的守法文件，促进点源连续达标排放。

排污许可证制度是点源排放控制的综合性管理制度，主要是执行点源排放标准，点源排放标准包括排放限值、排放监测方案、记录要求、报告要求等规定，排污许可证根据排放标准的要求和点源的具体情况，并按照行政许可程序确定排放控制要求。例如，点源排污许可证需要计算基于地表水质的排放限值，如果严于基于技术的排放限值，则需要执行基于地表水质的排放限值。点源须遵守排污许可证的要求；管理部门以排污许可证作为执法文书，所有核查的内容和方法以及违法判定的标准都明确写在许可证中。排污许可证是点源排放控制的执法和守法文件。点源排污许可证的颁发和实施符合行政许可法的要求。

（2）理论基础　排污许可是法定环境保护行政机关根据排污者的申请，依法定的程序对申请材料进行审查，撰写排污行政许可、公示、批准和颁发的行政许可，准予其在满足特定的条件下排放污染物的行为，是典型的行政许可。

向天然水体排放污染物，不是一项权利，而是被授予的一项特权。排污者需要向监管部门和公众举证表明其遵守了相关法律，才能获得这项特权；而监管部门需要审核排污者提供的证据是否真实，如果判定其违法，也必须向企业和公众提供可核查的违法证据。因此，排污者守法以及监管部门核查和处罚的过程即是一个举证和判别的过程。举证的方式、内容和程序都需要经过设计以使其合法且合理。点源需要证明排放合规，因此需要监测、保存记录和依法报告守法状况。政府需要对点源的合规报告进行核查以及对违规进行处罚。所有这些内容应当是系统和全面的。

（3）政策手段要素

① 管理对象　一切排向天然水体的点源都要获得排污许可证，排向生活污水二级处理厂的工商业点源要取得预处理排污许可证。根据管理能力和管理成本，对大点源实施标准的排污许可证，对小点源实施简易排污许可证。一般来说，非点源不适合采用排污许可证制度，主要制约是管理要求难以量化和核查。如果某类非点源水污染可以量化和核查，也可以采取点源排污许可证的模式进行管理。例如，美国城市暴雨排污许可证就是对非点源颁发的。由于按行政区划管理的模式会导致流域分割，使外部性问题凸显。因此，应由流域水质管理机构来执行对点源排污许可证的管理[11]。

② 点源排污许可证制度的核心是排放标准　排放标准是排污许可证的核心内容，点源排放标准的目标是保障其排入水体的水质达到地表水质标准。如美国将点源排放标准分为基于技术的排放限值和基于水质的排放限值，当基于技术的排放限值不足以满足地表水质要求时，就要执行更严格的基于水质的排放限值，从而保障地表水质达标，帮助达到恢复和维持化学、物理和生物的特性，保护和保证水体中鱼类、贝壳类以及其他野生动物的生长和繁衍的目的。分为两种情况：目前可以达到标准的水体，要保证排入的污染物没有使其退化；目前没有达到标准的水体，要做到几年内逐步达到限值标准，帮助受损水体恢复。

排放标准由政府相关部门制定并实施，本质上是行政法规。排放标准需要通过一系列围绕"达标排放"的政策才能发挥作用。排污许可证制度是以排放标准为核心捆绑其他保障性规定的政策体系，针对每个具体的污染源分别制定排放标准和适用的监测方案，保证每个污染源都能实现连续达标排放。

③ 信息机制　点源排污许可证制度中信息机制的主要作用是为许可证的申请、公示、批准、执行评估、执行监督和问责处罚提供依据，从而保证许可证的有效执行，并满足利益相关者的信息需求。信息主要来源有企业提交的许可证申请书、企业定期提交或按要求提交的设施运行和达标排放记录和报告、环境管理部门例行监督性监测记录和抽查的数据以及符合规定的公众监督所获得的数据。获得的信息纳入点源排放信息数据库，按照规范的形式将原始数据和经过处理的数据进行统一存储并公开，便于使用和查询。除事先申请并获准保密的信息外，许可证的所有信息均需要公开，包括持证单位的许可证文本、持证单位的排放状况、违反许可证规定的行为及受到的处罚等。这些信息可以被所有感兴趣的公众和利益相关者查询并查看，科研人员还可以通过一定程序申请更加详细的数据用于点源排放的相关研究。

④ 监督机制　监督核查包括 3 个部分：一是排污许可证管理部门对排污单位的监督核查；二是上级政府环保部门对下级政府环保部门的核查；三是公众及第三方民间机构对许可证管理部门和排污企业的监督。排污单位需要按照规定的监测方案即对监测地点、取样方式、监测频率、监测方法以及达标判定方法的规定、按时按规提交的自测报告等文件证明自身的守法状况，具体的要求会事先写入许可证。监督核查主要就是对这部分内容的核查。监督核查也包括现场的检查和监督性监测，监督性监测也需要明确的监测方案。管理部门执行监测核查需要有具体的指导手册，指导监测核查人员的具体行动程序，包括审核文件目录、监测核查程序、证据的采集和保存等。对环境质量的监测也需要有监测方案。

⑤ 问责处罚机制　许可证的问责处罚包括两个方面：一是上级环保部门对下级环保部门的问责，委托代理合同是实施问责的主要依据，目的是监督和评估下级环保部门的工作

绩效；二是环保部门对污染源的处罚，通过核查合规报告、抽查监测、现场核查等监督企业守法状况，罚没违法者的违法收益是保证处罚威慑力的重要原则[12]。

（4）政策手段应用　美国《清洁水法》（CWA）下的国家污染物排放削减制度（national pollutants discharge elimination system，NPDES）规定，所有排入天然水体的点源（包括工商业点源和市政点源，称为直接源）都必须获得 NPDES 许可证，否则便是违法。排入城市下水系统进入二级城市污水处理厂的工商业点源（称为间接源），则需要获得预处理排污许可证；对于城市暴雨排放，也参照点源 NPDES 许可证建立了暴雨许可证；对于其他非点源排放活动，则通过 TMDL 计划、最佳管理实践（BMP）等对污染物排放进行控制，这些具体的管理计划和控制项目同样也是基于许可证管理的思路而制定的[13]。

欧洲实施排污许可证制度是欧盟框架指令要求的一项基本的强制性措施，各成员国都对许可证制度进行了相应的立法。许可证制度在欧洲是一个非常严格的监管工具，凡是未遵守许可证规定条件的排放行为即属违法，违法者将受到民事和刑事制裁[14]。

我国台湾省排污许可制度源于美国，经过多年不断发展和本地化，作为一种控制污染的重要手段在环境管理中居于核心地位，发展成为落实其他环境保护措施的支持平台。台湾省的点源排污许可证通过正面清单方式实施，要求污染物排放量大、排放有害健康物质的源申请排污许可证，污染物排放量小的仅需申请简易排污许可证。企业在设立阶段制订水污染防治措施计划，在营运前依核准的计划进行设施的建造、装置，申请并获得许可证，在营运阶段根据排污许可证要求进行排污[15]。

3.2.10　环境影响评价制度

（1）定义　根据《环境影响评价法》，环境影响评价是指对规划和建设项目实施后可能造成的环境影响进行分析、预测和评估，提出预防或者减轻不良环境影响的对策和措施，进行跟踪监测的方法与制度。环境影响评价制度是建设项目的环境准入门槛。环评制度的直接目标是预防因规划和建设项目实施后对环境造成不良影响，确保对环境有影响的所有新建项目有效地执行环境保护政策，同时建议建设项目采取合适的减轻和防止环境影响及破坏的措施。这里，环境保护政策包括建设项目选址有关的规定、促进达标排放的政策、维护所在地环境质量的政策、促进清洁生产的政策等。环评制度的最终目标是促进经济、社会和环境的协调发展。

（2）原理　环境影响评价制度主要针对新污染源，属于源头预防类的政策手段，是典型的命令控制型的管理手段。采用强制性要求项目建设单位在项目设计之初就明确环境外部性内部化的措施，从而从源头减轻和预防外部性损失。《环境影响评价法》是环评制度实施的法律依据，规定凡是对环境有影响的规划和建设项目都必须执行环评制度，同时规定了明确的处罚措施。环评法明确规定，未编写有关环境影响的篇章或者说明的规划草案，审批机关不予审批；建设项目的环境影响评价文件未依法经审批部门审查或者审查后未予批准的，建设单位不得开工建设。在现行法律政策框架下，执行项目环境影响评价是企业申请排污许可证的前提和重要依据。排污许可证执行报告、台账记录以及自行监测执行情况等作为开展建设项目环境影响后评价的重要依据。

（3）作用对象　国务院有关部门、设区的市级以上地方人民政府及其有关部门，对其组织编制的土地利用的有关规划，区域、流域、海域的建设、开发利用规划以及工业、农业、畜牧业等专项规划，应当在规划编制过程中组织进行环境影响评价。建设单位应当按照规定组织编制环境影响报告书、环境影响报告表或者填报环境影响登记表。可能造成重大环境影响的，应当编制环境影响报告书，对产生的环境影响进行全面评价；可能造成轻度环境影响的，应当编制环境影响报告表，对产生的环境影响进行分析或者专项评价；对环境影响很小、不需要进行环境影响评价的，应当填报环境影响登记表。《建设项目环境保护分类管理名录》对建设项目环评类别进行了划分，是确定环评类别的主要依据。

3.2.11　配额制度

（1）定义　广义上的配额是指对有限资源的一种管理和分配，是对供需不等或者各方不同利益的平衡。如对某种资源需求过旺时，采取配额制度可以缓解这种压力、调节供需的不平衡。环境保护领域内的配额制度往往用在污染减排领域，指政府通过对各个经济实体排放情况、每个行业减排潜力以及减排技术的发展趋势等诸多因素进行详细调查后，政府做出一个整体的排放权配额分配方案，以直接分配或者拍卖的形式有偿或无偿分配给各个企业。同时，建立一个二级交易市场来提高配额分配的有效性，允许配额的拥有者将所有权有偿转让给需求者，实现整个社会减排成本的最优化。本质上是通过将整体的排放上限以市场的方式分配给每个经济体来实现总体减排效果最优。

（2）理论基础　配额制度实际上是赋予污染源一定额度有限制的排放特权。依据科斯的产权理论，在产权界定清晰的情况下，市场可以通过自发交易的方式实现资源的最优化配置。配额交易制度的理论基础即是在一定区域内，为了实现一定的减排量，使具有不同边际减排成本的企业总体的减排成本最小化，即遵循总的边际减排成本最小化的基本原则分配减排量。但是单纯依靠政府来分配减排量，需要掌握每个企业的边际减排成本，由于现实中存在着信息不对称的情况，政府的信息搜寻成本过高，往往导致减排量的分配难以实现最优化。因此配额制度往往在政府采用一定规则进行初始分配后，通过建立配额交易市场，采用市场交易的方式，企业可以根据自身的情况选择购入或卖出配额，从而通过企业之间的交易实现总成本的最小化。政府也可以通过参与交易，买入配额的方式，控制市场上的总额度，继而实现特定时期内的总量减排目标。

（3）政策手段要素　排污许可证制度是配额制度的基础。许可证的内容包括企业名称，法人基本信息，企业生产工艺概况，原材料、燃料使用记录，污染源及排放污染源种类、排放率、排放量等排放相关信息，污染物排放监测方案，以及相关法律和违法处罚办法等。在实施配额制度的区域内，发给排污者的排污许可证中需要明确规定该污染源的年排放配额，并通过许可证进行严格核查和记录。在缺少规范的排污许可证制度的情况下，无法实施配额交易制度。

初始配额的分配可以采用无偿分配、拍卖和奖励等方式。初始分配的公平性和有效性是配额交易机制顺利推进的基础，在一定程度上决定了交易体系的减排效率及参与企业的获益与损失。无偿发放配额的"祖父法"事实上存在着一定程度的不确定性，交易价格也容易产生较大的波动，并不利于市场各参与者形成稳定的预期。无偿分配方式还可能会导致企业与政府间产生大量的协商工作，易滋生腐败。相对于无偿分配的方式，拍卖方式更为灵活，在公平性和效率性方面优于无偿分配，而且可以刺激企业环保研发力度，增加长期竞争力。但拍卖的方式可能会导致行业和企业间的不公平状况。尤其是对于行业内存在垄断企业的情况下，垄断企业由于几乎没有竞争对手，可以高价拍下，再把成本如数转嫁给消费者。

交易市场和交易制度的建立。通过配额的初始分配，交易的一级市场也就形成了。但是真正运用市场机制实现排放权在社会范围内的优化配置，必须实现排放企业之间的交易，金融机构和个人、企业投资者参与排放权产品的开发、投资或是自愿减排，促进信用的流动性和效率，建立二级市场。如果有场无市情况长期出现，就不可能实现环境资源的优化配置，排放市场体系也就不能真正地形成。

（4）国外的碳排放交易制度 自1992年的《联合国气候变化框架公约》（UNFCCC）以及1997年《京都议定书》建立了温室气体排放权交易的新路径后，"限额与交易"制度成为发达国家履行减排承诺的重要工具。欧盟2003年发布了《温室气体排放交易指令》，欧盟各成员国在该指令下分别制定了"国家分配计划"，其中德国于2004年颁布了《温室气体排放许可证交易法》（TEHG）、《温室气体排放的国家分配法》（ZuG），2008年颁布了《〈温室气体排放国家分配法〉实施条例》（ZuV），形成了排放许可证交易法律体系[16]。

美国和澳大利亚建立了区域碳排放交易体系。2007年，美国亚利桑那州、加利福尼亚州、新墨西哥州、俄勒冈州、华盛顿州签署了《西部地区气候行动倡议书》，旨在建立一个跨州的基于市场的以减少区域内温室气体排放为目标的温室气体减排计划，对固定燃烧、炼油厂气体燃烧、发电厂、水泥制造业、钢铁制造业等行业进行碳排放数据收集和管理。此外，美国还签订了《东北和中大西洋州的区域温室气体倡议书》（RGGI）、《中西部温室气体减排协议》（MGGA）。美国跨州的区域温室气体控制计划的特点是倡议总量控制和对电力部门进行重点排放控制。

3.2.12 禁令制度

（1）定义 环境保护禁令是指在环境民事案件的最终裁判做出前，由法院依当事人申请，向污染、破坏环境的行为人发出的，以禁止其继续实施环境损害行为或命令其采取必要的环境损害补救行为为主要内容的民事裁定。它是以现行民事诉讼基本理念和基本框架为基础，在批判吸收民事诉讼的一般程序性规则的前提下，旨在及时制止环境损害行为的诉前或诉中禁令。

（2）理论基础 公平正义理论和权利救济理论是构建环境保护禁令制度的理论依据。由于环境污染具有滞后性、延续性、恢复难度大、恢复成本高的特征，加之事后赔偿等传统救济方法难以有效应对环境污染行为，不能及时补偿受害人的损失。环保禁令制度充分体现了环境保护法所确立的保护优先、预防为主、综合治理、公众参与、损害担责的原则。环境侵权案中，对制止环境违法作出程序性规定，本是为了体现法律的公正，尊重被执行人的权利，然而，如果任由边执行、边诉讼、边污染行为的发生，难以恢复原状的环境将长期处于被污染的状态之中。即便最终的裁判认定污染者的行为违法，也属于一种迟到的非效率正义。因此，环保禁令可及时有效地遏制环境违法行为以及合理地维护被申请人的合法权益，最大限度地实现当事人和社会整体环境利益的保护，给予社会公众利益及时的法律救济，从而将被损害的当事人合法权益、公共环境利益以及社会秩序恢复到一种实质的平等状态。因此，环境保护禁令制度是对"良法"意义上的法律制度追求的公平正义、效率等价值要素的契合和遵守，是对作为主体的当事人的权利救济及良好生态环境维护等需求的满足与实现。环境保护禁令制度可以通过增加违法行为的私人成本，遏制环境违法行为以及合理地维护被申请人的合法权益，最大限度地实现当事人和社会整体环境利益。

（3）不同法系国家禁令制度的应用 在英美法中，禁令是衡平法上关于行为保全的救济措施，通常是在普通法对某种损害行为不能提供充分救济时，当事人就可寻求禁令作为补救。由于民事诉讼常常要花费很长的时间，能够将侵权事态及时制止的临时禁令就显得尤为重要，否则，即便诉讼中获胜，侵权人很可能已经造成不可挽回的损害。故当某种民事侵害行为可能继续或者虽未发生但已迫在眉睫时，法庭可依当事人的申请或依职权发出禁令。禁令制度可以分为中间禁令和最后禁令。最后禁令就是在诉讼的最后阶段做出的禁令，属于最终判决；中间禁令是在诉讼程序过程中，法庭在对案件做出最终判决之前做出的禁令，适用于在等待案件判决时，为了避免等待期间发生难以弥补的损失而需要法庭立刻采取快速、短期的救济措施的情况。大陆法系的国家中，禁令也扮演着重要的角色。相关的案件大多为海上非法捕鱼（意大利）、严重的污染以及非法的废弃物处置（葡萄牙），尤其是存在累犯的危害性（德国）。在丹麦，阻止环境污染的禁令措施属于行政措施，但是情节严重的污染案件一般由刑事法院实施处罚[17]。

常见的应用包括：禁止用渗坑处理污水；禁止向自然土地倾倒废物；禁止污染地下水；禁止污染土壤；禁止进入自然保护区核心区。这些都是最重要的禁令，表达了基于科学研究和污染治理实践得出的最有效率的政策手段。

3.2.13 环境督察

（1）定义　环境督察制度是以中央、省级等上级政府环保督察组的形式，通过听取汇报、调阅资料、调研座谈、调查问询、个别谈话、受理举报、现场抽查、下沉督察等手段，对下属行政区域内的区域性、流域性、领域性、行业性突出环境问题及处理情况，所属省、自治区、直辖市党委和政府及其有关部门的环境保护和生态文明建设决策部署情况，以及环境保护和生态文明建设责任落实情况进行督促检查，以推动相关环保法规、政策、决定的贯彻落实，促进依法行政，提高政府执行力，推动作风转变，保证政令畅通的一项环境管理制度[18,19]。环境督察制度强调了督察与督查的区别，前者重点对下级存在违法乱纪行为的地区及问题进行专项检查，而后者则是对下级政府政策落实情况进行例行检查。

（2）法律依据　环境督察属于典型的行政执法监督制度，指负有监督职责的国家机关对于行政执法主体实施的行政执法行为是否符合行政法律规范进行监察和督促，并对违法行为予以纠正的活动，主要监督内容为法律、法规、规章的执行情况[20]。环境行政执法包括环境行政许可、限期治理、环境行政处罚等内容。其中，对环境行政许可进行执法监督的法律依据来自《行政许可法》第六章监督检查部分：上级行政机关应通过核查反映从事行政许可事项活动情况有关材料等方式，对下级行政机关实施行政许可的监督检查，及时纠正行政许可实施中的违法行为。目前，各省市均纷纷出台了地方《行政执法监督办法》，但在国家层面上行政执法监督尚未实现法制化，未对全部行政执法工作的监督方式进行规定，导致包括环境督察在内的行政执法监督方式简单，监督流程不规范，监督对象不明确，易导致监督内容超越对执法主体行为监督的范畴，出现监督行为滥用。

《环境保护法》为环保部门开展行政执法监督提供了法律依据，其中第六十七条规定：上级人民政府及其环境保护主管部门应对下级人民政府及其有关部门环境保护工作进行监督。目前我国暂无相关行政法规及部门规章对环境督察具体的制度安排及管理办法作出详细规定。

（3）作用原理　督察是管理者为使自己的意图得到贯彻落实而采取的监控手段。依照行政管理学理论，督察是政策执行层面上，在形成决策、发出任务指令后，进行的督促检查、情况反馈工作。督察的基本作用原理是：决策中心将制定的决策发往执行机构和监督机构，使受益群体获利；监督机构从执行机构和受益群体处采集信息，经加工后反馈给决策中心；决策中心再通过反馈信息对执行机构运行指令行为进行控制，决策中心所采取的惩罚措施可对执行机构形成威慑，促使其更好地落实决策中心的意图[21]。

行政督察是督察活动的一种，指政府及其所属部门作为国家行政机关所实施的一种监督制度，不包括行政机关对非行政机关的其他主体所实施的监督。一般由上级政府设立专门的督察组或督察机构，以此为督察主体，针对某一行政管理事项，对下级有关行政机关对相关法律法规的执行落实情况进行监督检查，并对违法行为进行纠正，督促被监察对象依法履行职责。

在环境督察制度中：督察主体为上级人民政府及其环境主管部门，被监督对象为下级人民政府及其环境主管部门。督察主体通过设立中央及地方环保督察组的形式，对被监督对象的环境保护相关法律法规决策执行结果进行验收和评估，对未通过评估的党政干部进行约谈、通报、问责，将环境质量纳入领导干部考核评价与政绩挂钩。环境督察制度通过具有高威慑力的监督与处罚机制，给予下级政府足够的环保法规政策执行动力，从而起到推动环保法规政策贯彻落实、改善环境质量的作用。只有在督察主体能够通过人事任免等手段对被督察对象形成足够威慑时，环境督察制度才能起到促进法规执行的效果，因此环境督察制度只适用于职权收归中央政府的中央集权制国家，此时上级政府才有权力对下级政府的执法行为进行监督检查。环境督察制度的作用原理中包括了两方面内涵：一是制度的根本在于提供足够的威慑力，因此环境督察不能与环保目标责任制考核等有规律可循的例行检查活动相混淆，否则效果将遭到弱化；二是制度是促进下级政府依规执法，而非代替下级政府执法，更不能代替地方政府对环境污染者等非政府单位的相关行为进行检查。

（4）实施过程　环境督察工作主要包括六个步骤，即督察、交办、巡查、约谈、处罚及专项督查：①督察人员到现场发现问题；②涉及环境质量改善的重要问题，生态环境部向当地政府发文件正式交办；③生态环境部负责巡查各地政府整改工作进度；④对巡查中发现的治理进度缓慢、整改不力问题，对政府有关领导进行约谈和问责，对相关问题进行通报，并不定时进行回访；⑤对存在超标排放的企业依法依规严肃查处，责令其改正或者限制生产、停产整治，并处罚款；对情节严重的，经相关政府批准后，责令停业、关闭；⑥对于具有突出环境问题和首轮督查后仍然无动于衷的地区启动机动式、针对性的中央专项督查，以保证问题得到全面解决。

其中，督察工作将采取座谈研讨、资料调阅、现场检查、走访调研、受理群众举报、综合分析、反馈意见、公开督察信息等多种方式，对在督察中发现的突出环境问题，提出改进和处理建议，并逐项跟踪、督促整改。对区域性、流域性环境问题，重大减排项目推进落实问题，群众反映强烈、社会关注度高的超标排污、偷排偷放、不正常运行治污设施、非法排放有毒有害污染物、非法处置危险废物等危害群众健康、破坏生态环境质量的突出环境问题，工业园区及企业环保制度不落实、卫生防护距离不足、污染防治设施不配套等重大环境安全隐患问题等突出的环境问题及其处理情况进行深入调查。

（5）已有手段评估

① 中央和地方环保督察　中央环保督察工作以中央环境保护督察组的形式，对省、自治区、直辖市政府及其有关部门开展，督察组长由现职或近期退出领导岗位的省部级干部担任，副组长由生态环境部现职副部级干部担任。每两年左右进行一次中央环保督察，对

各省（自治区、直辖市）的国家环境保护决策部署贯彻落实情况、环境质量下降及其处理情况，以及地方党委政府环境保护责任落实情况进行综合性督察。

国家自 2016 年以来开展的一系列中央环境保护督察依托于政治体制内的最高权威，具有最高的权威性和强制性。2016～2017 年四批中央环境保护督察组对全国 31 个省、自治区、直辖市（除港、澳、台）进行了全面督察，问责 1.7 万人，要求拒不整改的地方政府进行强制整改。2018 年，中央环境保护督察"回头看"工作开展，对上一轮督察的整改情况进行调查。中央环保督察工作作用效果明显优于原有的区域环保督察中心所开展的环境综合督察[22]，仍存在一定的问题。

目前，中央环保督察工作以约两年的周期，对全部省（自治区、直辖市）进行一次全覆盖，对环境保护政策法规执行落实情况进行彻底检查。作为首次全国范围的大规模检查，成果显著，发现了大量突出问题。但中央环境督察及"回头看"工作的时间及检查对象较有规律可循，给予了地方政府及环境主管部门一定的准备时间，降低了督察工作的威慑效果。中央环境督察应避免实行有规律性的全覆盖式督察，而应充分打开群众直通举报渠道，根据举报线索，对群众反映强烈的突出问题进行突击式检查，最大限度地提高督察工作的威慑力和效果。

《环境保护法》《大气污染防治法》等对各级人民政府的环境保护目标责任制和考核评价制度及责任人员行政处分制度进行了规定，制度体系已较为成熟。而中央环境督察制度对下级政府政策执行责任追究与目标责任制及考核评价制度，在问责主体、问责对象、问责方式方面存在重合。非例行性的环境督察的责任追究制度，应该与例行性的政府环境保护目标责任制与考核评价制度区分开。环境督察侧重于对存在突出问题地区的环保政策执行情况进行临时性的监督核查及问责，而目标考核评价机制则侧重于对各级政府及领导干部完成环境保护管理绩效水平的日常性评估，避免将二者进行混淆，弱化作用效果。

② 生态环境部专项督查　针对突出的区域性环境问题，生态环境部成立专项督查小组，由生态环境部部长和副部长带队，会同督查省份开展专项督查，通过部长巡查、走访问询、现场抽查等方式解决环境问题。我国自 2003 年起对包括空气质量管理、黑臭水体、水源地管理在内的突出区域性环境问题进行了专项督查，查处、取缔、关停大量违法企业，有效遏制了环境违法行为，起到了改善区域环境质量的作用。

目前专项督查配套法规有待更加健全，相关规定政策位阶低，缺乏法律制度保障，对存在违法行为企业的处罚及关停措施缺乏明确的标准和工作方案。以水源地专项督查为例，仅依据《环境保护督察方案（试行）》《全国集中式饮用水水源地环境保护专项行动方案》等规范性文件制定具体督察方案，由地方政府开展辖区内饮用水源地环境违法问题检查，工作方案权威性、规范性有待提高。

目前专项督查属于"督查"而非"督察"，更多的是上级政府对下级政策落实情况进行例行检查。另一方面，专项督查的现场核查对象是在地级市自行报送的问题清单的基础上，参考群众举报及卫星遥感数据确定的。导致作为被督查对象的下级政府间接参与到督查活动中，有可能会对上级政府的督查行为产生影响，导致无法发挥行政执法督查制度通过非例行性手段给予下级政府足够威慑、加强日常执法管理的效果。

另外，个别地方政府日常监管不到位，在面临专项环保督查时，采取简单关停方法，为企业运营带来经济负担。

3.2.14 主体功能区划

（1）主体功能区定义 《国民经济和社会发展第一个五年规划纲要》首次提出推进形成主体功能区，根据资源环境承载能力、现有开发密度和发展潜力，统筹考虑未来我国人口分布、经济布局、国土利用和城镇化格局，将国土空间划分为优化开发、重点开发、限制开发和禁止开发四类主体功能区，按照主体功能定位调整完善区域政策和绩效评价，规范空间开发秩序，形成合理的空间开发结构。

（2）主体功能区划分 《国务院关于印发全国主体功能区划的通知》（国发〔2010〕46号）中将我国国土空间分为以下主体功能区：按开发方式，分为优化开发区域、重点开发区域、限制开发区域和禁止开发区域；按开发内容，分为城市化地区、农产品主产区和重点生态功能区；按层级，分为国家和省级两个层面。

城市化地区、农产品主产区和重点生态功能区是以提供主体产品的类型为基准划分的。城市化地区是以提供工业品和服务产品为主体功能的地区，也提供农产品和生态产品；农产品主产区是以提供农产品为主体功能的地区，也提供生态产品、服务产品和部分工业品；重点生态功能区是以提供生态产品为主体功能的地区，也提供一定的农产品、服务产品和工业品。

优化开发区域、重点开发区域、限制开发区域和禁止开发区域是基于不同区域的资源环境承载能力、现有开发强度和未来发展潜力，以是否适宜或如何进行大规模高强度工业化城镇化开发为基准划分的。

优化开发区域是经济比较发达、人口比较密集、开发强度较高、资源环境问题更加突出，从而应该优化进行工业化城镇化开发的城市化地区。

重点开发区域是有一定经济基础、资源环境承载能力较强、发展潜力较大、集聚人口和经济的条件较好，从而应该重点进行工业化城镇化开发的城市化地区。优化开发和重点开发区域都属于城市化地区，开发内容总体上相同，开发强度和开发方式不同。

限制开发区域分为两类：一类是农产品主产区，即耕地较多、农业发展条件较好，尽管也适宜工业化城镇化开发，但从保障国家农产品安全以及中华民族永续发展的需要出发，必须把增强农业综合生产能力作为发展的首要任务，从而应该限制进行大规模高强度工业化城镇化开发的地区；另一类是重点生态功能区，即生态系统脆弱或生态功能重要，资源环境承载能力较低，不具备大规模高强度工业化城镇化开发的条件，必须把增强生态产品生产能力作为首要任务，从而应该限制进行大规模高强度工业化城镇化开发的地区。

禁止开发区域是依法设立的各级各类自然文化资源保护区域，以及其他禁止进行工业化城镇化开发、需要特殊保护的重点生态功能区。国家层面禁止开发区域，包括国家级自然保护区、世界文化自然遗产、国家级风景名胜区、国家森林公园和国家地质公园。省级层面的禁止开发区域，包括省级及以下各级各类自然文化资源保护区域、重要水源地以及其他省级人民政府根据需要确定的禁止开发区域。

各类主体功能区，在全国经济社会发展中具有同等重要的地位，只是主体功能不同，开发方式不同，保护内容不同，发展首要任务不同，国家支持重点不同。对城市化地区主要支持其集聚人口和经济，对农产品主产区主要支持其增强农业综合生产能力，对重点生态功能区主要支持其保护和修复生态环境。

主体功能区分类及其功能见图 3-1。

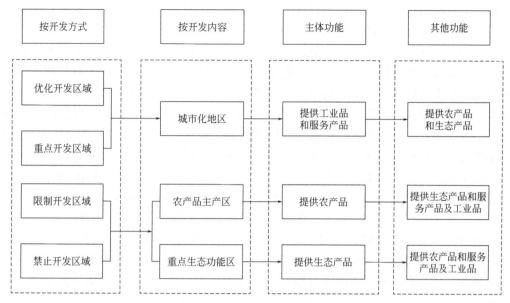

图 3-1　主体功能区分类及其功能

四类主体功能区基本特征见表 3-2[23]。

表 3-2　四类主体功能区基本特征

主体功能区类型	开发密度	资源环境承载力	发展潜力	基本内涵	发展方向
优化开化区域	高	减弱	较高	开发密度较高,资源环境承载能力有所减弱,是强大的经济密集和较高的人口密集区	改变经济增长模式,把提高增长质量和效益放在首位,提升参与全球分工与竞争的层次
重点开发区域	较高	高	高	资源环境承载能力较强、经济人口集聚条件较好的区域	逐步成为支撑全国经济发展和人口集聚的重要载体
限制开发区域	低	低	低	资源环境承载能力强、大规模经济人口集聚条件不够好并关系到全国或较大区域范围生态安全的区域	加强生态修复和环境保护,引导超载人口逐步有序转移,逐步成为全国或区域性的重要生态功能区
禁止开发区域	较低	很低	很低	依法设立的自然保护区域和历史文化保护区域等	依法实行强制性保护,严禁不符合主体功能的开发活动

　　(3) 主体功能区划的特征　区域规划和区域政策的发展大体经过了以下几个历程[24]:①新中国成立后到改革开放前 30 年这一时期,我国区域规划、区域政策的基本出发点是建立战略防御型经济布局,工业优先发展、自成体系、均衡发展。②改革开放后到 20 世纪 90 年代前,"七五"计划提出"东、中、西"三大地带划分思想,以及沿海开放城市和沿海经济开发区。到 20 世纪 80 年代初,我国区域规划工作转移到以国土综合开发整治为中心的国土规划上来。③1992 年以来国家建立沿海、沿江、沿边的开放城市体系,至此,我国全方位对外开放的空间经济格局基本形成。④"十五"时期实施新的区域政策和"十一五"时期的主体功能区区域政策,同时规划界也开始思考从空间整合的角度重构完整的中国空间规划体系。

　　当前,推进形成主体功能区,是要根据不同区域的资源环境承载能力、现有开发强度和发展潜力,统筹谋划人口分布、经济布局、国土利用和城镇化格局,确定不同区域的主体功能，并据此明确开发方向，完善开发政策，控制开发强度，规范开发秩序，逐步形成人口、经济、资源环境协调的国土空间开发格局。

主体功能区划不同于单一的行政区划、自然区划或者经济区划，根据资源环境承载能力、现有开发密度和发展潜力，统筹考虑未来我国人口分布、经济布局、国土利用和城镇化格局，将国土空间划分为不同类型的空间单元。主体功能区通过主体功能区划得以形成和落实，主体功能区划依靠主体功能区支撑和体现。主体功能区划是一个包含划分原则、标准、层级、单元、方案等多方面内容的理论和方法体系，主要具有以下几个方面的特征：①基础性特征。主体功能区划是基于国土空间的资源禀赋、环境容量、现有开发强度、未来发展潜力等因素对于国土空间开发的分工定位和布局，是宏观层面制定国民经济和社会发展战略及规划的基础，也是微观层面进行项目布局、城镇建设和人口分布的基础。②综合性特征。主体功能区划既要考虑资源环境承载能力等自然要素，又要考虑现有开发密度、发展潜力等经济要素，同时还要考虑已有的行政辖区的存在，是对于自然、经济、社会、文化等因素的综合考虑。③战略性特征。主体功能区划事关国土空间的长远发展布局，区域的主体功能定位在长时期内应保持稳定，因而是一个一经确定就会长期发挥作用的战略性方案。

环境功能区划是依据社会经济发展需要和不同地区在环境结构、环境状态、使用功能上的差异，对区域进行的合理划定。其目的是基于区域空间的资源、环境承载能力，通过辨析面临的环境问题和环境保护压力，分区制定环境保护目标和明确环境保护相关政策措施。环境功能区划主要考虑环境的自然属性，如环境结构、状态、使用功能方面的差异，同时兼顾社会和经济发展需要，对区域进行合理划分。

环境功能区划低于主体功能区划，是在主体功能区划基础上，依据环境管理目标的基础性工作。

① 从内容上看，与规划相比，功能区划一般具有基础性和长期性等特点，是编制相关规划的依据。主体功能区划是形成空间发展结构的基础和依据，是制定经济规划、区域发展规划，以及其他空间规划和专项规划的基础和依据；环境功能区划则以环境功能为导向，依据主体功能区划的要求，制定环境保护目标和环境管理措施，如污染物控制、环境分区管理。

② 从依据上看，主体功能区划的依据是综合考虑自然地理、资源环境状况和经济社会发展趋势、发展方向；环境功能区划的重要依据则是空间区域的自然和环境特征之外，特别着重考虑经济社会活动对环境的影响，以及环境容量制约下的经济发展和污染物排放问题。

③ 从目的上看，环境功能区划与传统区划的目的更为一致，是为了认识地域环境特征，为了不同地区环境保护和管理的目的而进行的；而主体功能区划是随着人们对区域发展认识的深化，随着我国区域发展而暴露出来的问题进行的，目的是从宏观层面上对区域发展进行综合决策，促进区域协调发展。

④ 从空间对象看，环境功能区划的单元注重强调环境属性，虽然兼顾了经济社会属性，会参考行政边界的存在，但是基本上还是以空间单元的自然边界为主。比如，水环境功能区划一般以流域和水系作为划分的依据。主体功能区划为了政策实施和管理的方便，编制过程以行政单元作为基本单元，同时参考自然和经济单元，如省级层面的区划一般以县级作为最小分析单元，西部个别自然条件差异大的地区可能特殊处理，以城镇作为最小

分析单元。

3.2.15 转移联单制度

（1）定义 转移联单制度是指在进行危险废物转移时，其产生者、运输者和接受者均应按国家规定的统一格式、条件和要求，对所交接、运输的危险废物如实进行转移报告单的填报登记，并按程序和期限向有关环境保护部门报告的制度。《危险废物转移联单管理办法》规定：危险废物产生单位在转移危险废物前，须按照国家有关规定报批危险废物转移计划；经批准后，产生单位应当向移出地环境保护行政主管部门申请领取联单。产生单位应当在危险废物转移前三日内报告移出地环境保护行政主管部门，并同时将预期到达时间报告接受地环境保护行政主管部门。

（2）理论基础 危险废物因具有毒性、易燃性、爆炸性、腐蚀性、化学反应性或传染性等多种危害特性，如果控制不当将会对生态环境和人类健康构成严重的威胁。危险废物的种类繁多、性质复杂、处置方式各有不同，而特性种类以及数量等因素不同决定了其危害和风险是不同的[25]，是重点环境监管对象。转移联单制度作为危险废物管理的一项制度，主要是针对危险废物在转移、运输、处置过程中的监管，目的是掌控危险废物的动态流向，掌握危险废物的动态变化，预防危险废物污染的扩散，达到最终无害化处置的目的。

（3）政策手段要素

① 危险废物产生 产生危险废物是转移联单制度的第一个环节，所有产生者必须确定其废物是否有害并且必须监督废物的最终命运。此外，产生者必须在回收或处置危险废物之前对其产生的危险废物进行适当识别、管理和处理，同时确保要全过程进行记录。危险废物的产生者只能将危险废物交由持有危险废物经营许可证的单位收集或处理。

② 危险废物运输 产生危险废物之后，运输者将危险废物运送到可以回收、处理、储存或处理废物的设施。由于此类运输者在公共道路、铁路或水道上移动受管制的废物，存在潜在风险，所以必须遵守危险废物运输相关法规。

③ 危险废物回收、处理、储存和处置 国家应当制定危险废物法规，以协调环境保护、人类健康和社会发展之间的关系。部分危险废物可以安全有效地回收，不能回收的将在垃圾填埋场或焚烧炉中进行安全处理和处置。回收危险废物具有多种益处，例如可以减少原材料的消耗和处置的废物量。同时，危险废物的不当储存可能会导致溢出和泄漏，甚至会污染土壤和水体，因此也要对回收过程进行监管。处理、储存和处置设施为危险废物提供临时储存和最终处理或处置。由于处理、储存和处置大量危险废物可能会带来更高风险的活动，因此这些设施也必须受到严格监管，要建立通用的设施管理标准，确保土壤、地下水和空气不受到危险废物的污染。

（4）国内外应用经验简介

① 美国 在 20 世纪中叶，随着危险废物产生量的增加、处置成本的上升以及居民反对新建处置设施等，危险废物管理问题在美国许多地区上升到大众关注的新高度，这些危险废物管理的挑战至今仍然存在，因此促使美国许多地区努力开发具有成本效益的环保解决方案。由于危险废物产生量的激增，让管理人员越来越重视制订安全和经济有效的危险废物的管理计划和措施[26]。美国《资源保护和恢复法》（Resource Conservation and Recovery Act，RCRA）建立了妥善管理危险废物的框架，美国环保署通过 RCRA 授权制定了一套从

"摇篮到坟墓"全面的危险废物监管制度，确保实现危险废物从产生、运输、处理、储存直至最终无害化处置的目的，详见表 3-3。

表 3-3　危险废物生产者概要[27]

项目	有条件豁免的少量危废产生者	少量危废产生者	大量危废产生者
产生数量	危险废物≤100kg/月 剧毒危险废物≤1kg/月 剧毒泄漏物或土壤≤100kg/月	危险废物在 100～1000kg/月	危险废物≥100kg/月 剧毒危险废物>1kg/月 剧毒泄漏物或土壤>100kg/月
EPA 识别码	不需要	需要	需要
现场堆积数量	危险废物≤1000kg/月 剧毒危险废物≤1kg/月 剧毒泄漏物或土壤≤100kg/月	危险废物≤6000kg/月	无限制
堆积时间限制	无	≤180 天或≤270 天（如果运输距离>200mile①）	≤90 天
储存要求	无	储罐或容器需要满足基本的技术标准	严格遵守储罐或容器技术标准
运往	州或 RCRA 许可的设施	RCRA 许可的设施	RCRA 许可的设施
联单	不需要	需要	需要
两年一次报告	不需要	不需要	需要
人员培训	不需要	需要基本培训	需要
应急计划	不需要	需要基本的应急预案	需要完整的应急预案
紧急事件处理规范	不需要	需要	需要详细的计划
美国运输部运输要求	是	是	是

①1mile≈1.609km。

由于危险废物运输者在公共道路、铁路和水道上移动受管制的废物，美国环保署和交通运输部共同制定了危险废物运输者法规。危险废物运输者需遵守 RCRA 的若干规定，如 40 CFR Part 263 所述，包括：

a. 获得 EPA 识别号。美国环保署通过要求每个运输公司获得 EPA 识别号来跟踪危险废物运输者。如果运输者没有识别号，则禁止运输危险废物。

b. 遵守 EPA 的危险废物清单系统。美国环保署的危险废物清单系统旨在跟踪危险废物从其产生设施离开直至到达储存、处理或处置危险废物的场外废物管理设施的全部过程。

c. 处理危险废物排放。如果运输者排放或溢出危险废物，必须立即采取适当的行动来保护人类健康和环境，例如通知地方当局或在排放区域进行清理。

d. 遵守所有适用的美国运输部的危险废物法规。为避免差异和冗余法规，危险废物运输者法规采用了美国运输部法规中有关分类危险物质安全运输的部分规定，包括对危险废物标签、标记、标牌和容器的要求等。

e. 转运设施要求。接收来自产生者或其他运输车的危险废物运输者可能需要在正常运输过程中暂时存放废物。转运设施被定义为任何与运输相关的设施，例如装卸码头、停车场、储存区域以及临时存放货物的其他类似区域。只要危险废物在美国运输部规定容器中出现并保存，危险废物运输者可以在没有储存许可证的情况下将废物保存在转移设施的容器中 10 天或更短时间。除非转运设施具有 RCRA 许可证，否则禁止在固定容器中存放。如果运输者将危险废物储存在转运设施容器中超过 10 天，则转运设施变成一个储存设施，需要满足处理、储存和处置设施的所有法规要求。

② 中国　我国转移联单相对简单，实行的是五联单制，危险废物转移联单一共分为五联，第一联为白色，第二联为红色，第三联为黄色，第四联为蓝色，第五联为绿色，联单需要记录转移危险废物的名称、数量、特性及转移地点，涉及危险废物产生单位、接受单位、运输单位、移出地环境保护行政主管部门和接受地环境保护行政主管部门等 5 个单位，此单必须在 5 个单位有留档，保证危险废物转移处于受控状态。但在联单执行过程中还存在不少问题，如：跨地区转移，不同地区存在要求不一致情况；纸质联单流程复杂，效率低下，增加了成本；现有联单不利于统计，无法掌握本地区危险废物的具体情况等。

3.3　经济刺激类手段

3.3.1　总论

只有当某种手段的应用足以影响到经济当事人对可选择行动的成本进行评估时，该手段便可以成为"经济刺激手段"。它与命令控制手段的不同在于，经济刺激手段是与成本-效益相联系的，对经济主体具有刺激性而非强制性，使经济主体以他们认为最有利的方式对某种刺激做出反应。因此，经济刺激手段可以定义为：政府管理当局从影响成本-效益入手，影响经济当事人进行选择，以便最终有利于环境改善的一种政策手段。经济刺激手段也需要法律法规的支持，具有间接强制性。

环境经济刺激手段的理论依据是"庇古理论"和"科斯定理"，都是以"外部不经济性和市场失灵"为前提的。但"庇古理论"侧重于通过"看得见的手"，即政府的干预来解决环境问题。对于引起外部性的生产要素加以征税，对于降低外部性的行为给予补贴，或者通过交付保证金的形式使外部不经济性内部化，从而起到纠正市场机制、降低社会费用的作用。而"科斯定理"侧重于通过"看不见的手"，即通过市场机制本身来解决问题。通过界定产权或人为地制造交易市场的形式，在污染当事人之间进行充分协商或讨价还价，最终达到削减污染的目的。排污权交易制度就是基于"科斯定理"的制度设计的。经济刺激手段是将环境管理行为直接与成本-效益相连，利用市场机制，让主体有选择行为的权力，以求以最低的成本达到所需的环境效果，并实现资源的最佳配置，达到市场均衡。它是从影响成本效益入手，引导经济当事人进行选择，以便最终有利于环境的一种手段。

经济刺激手段根据其作用机理实际上可以再分为两个子类：一是依靠政府机构的法定职能和权威直接给政策对象提供经济刺激，可称为基于职权的经济刺激手段，如拨款、补贴、罚款等；二是通过改变市场信号，依靠市场机制的作用间接地给政策对象提供经济刺激。依靠市场机制的作用间接地给政策对象提供经济刺激，可称为基于市场的经济手段，如征税、收费、调控价格、创建市场等。但无论是哪一类，环境经济手段能使经济主体以他们认为最有利的方式对某种刺激做出自由反应，并是向污染者自发的和非强制性的行为提供经济刺激的手段。总而言之，经济刺激手段是利用价值规律，运用价格、税收、信贷等经济杠杆调控经济主体的行为，通过限制环境污染或损害行为、奖励积极治污主体、促进节约和合理利用资源等形式，达到环境管理的目的。经济刺激手段的使用可以直接或间接地提高环保效率并降低环保成本。

本节介绍的经济刺激型环境政策手段包括：环境保护税、财政补贴、财政转移支付、生产者责任延伸制、押金返还制度、政府绿色采购制度、使用者付费、行政规费、环境违规罚款、排污权交易和专项基金。

3.3.2 环境保护税

（1）概念 是政府基于对公共事务的管理权，对与环境相关的特定税基所征收的具有强制性、无偿性和一般性的税收收入[28]，大致可分为对污染物或污染行为征收的排污税、对生态破坏行为征收的税以及为保护环境筹集资金而征的税。环境保护税最基本的功能为增加财政收入，可以为行政机关治理环境污染提供资金保障。另外，征收环境保护税又是诱导性规制手段，使排污者提高清洁生产能力或加强末端治理，是更理想的政策效用。

（2）理论基础 环境保护税的理论基础是庇古税。外部性指一个经济行为主体的活动对另一主体的福利所产生的影响，不能通过市场来反映。市场运行效率达到最优时存在经济行为主体私人成本与社会成本一致的假定，这一假设中不包含外部性。然而由于外部性普遍存在，私人成本与社会成本不一致，私人最优并非社会最优，市场资源配置会失效。庇古税即为英国经济学家庇古提出的通过征税或者补贴来矫正经济行为主体私人成本，使其等于社会成本从而解决外部性问题的理论。

环境问题具有很强的公共性，消除环境污染、保护环境是典型的公共产品（或服务），在消费上具有非竞争性和非排他性。排污造成的损害或控制排污带来的收益涉及的主体范围很大，因此需要通过税收增加排污主体的私人成本，使之与社会成本相等[29]。具体而言，未征收环境保护税时，污染企业的生产成本不含造成环境损害负外部性的部分，企业成本与社会成本不同，无法达到社会边际成本等于社会边际收益的最优点。环境保护税推行后，企业面临缴纳税收和削减污染这两种选择。税率设置合理，污染者会在利润最大化的动机之下调整自己的行为，自觉减少排污量。此时变化后的企业成本与社会边际成本和社会边际收益相同，达到环境资源的最优配置。同时，减少排污量的过程中，企业会主动寻求新技术，带动环保技术的研究和开发，能够进一步促进污染物的减排。

（3）原理 根据我国《环境保护税法》第一章第二条：直接向环境排放应税污染物的企业事业单位和其他生产经营者为环境保护税的纳税人，应当依照法律规定缴纳环境保护税。第一章第三条规定"本法所称应税污染物，是指本法所附《环境保护税税目税额表》《应税污染物和当量值表》规定的大气污染物、水污染物、固体废物和噪声"。由这两条规定可以看出，目前我国基于《环境保护税法》设立的环境保护税，实际上是较为狭义的环境保护税，只包括排污征税或污染税的内容。

我国的环境保护税税目包括大气污染物、水污染物、固体废物和噪声四种。大气污染物与水污染物的环保税征收，以每污染当量为计税单位，固体废物以污染物排放数量为计税单位，噪声以超出标准的分贝值为计税单位。在税率方面，为实现排污收费制度向环境保护税制度的平稳转移，环境保护税以大气、水污染物排污收费标准为税额下限。

为发挥税收杠杆作用并刺激排污者改变行为，环境保护税的征收机制为正向减排激励机制：对同一危害程度的污染因子按照排放量征税，排放越多则征税越多；对不同危害程度的污染因子设置差别化的污染当量值，对危害性强的污染因子多征税。同时，环保税存在一个动态税额调整机制，税额标准由中央制定，但地方政府可以在一定范围内提高税额标准。

（4）政策手段的要素

① 收税机构　因属于税收，故由税务机关征收环境保护税。环保税税收分配模式可以分为地方政府课征、归地方财政所有并统一纳入财政预算支配使用的地方税以及中央与地方的共享税[30]。

② 适用条件　环境保护税（或环境税）遵循税收法定原则，由国家通过立法确定纳税主体、征税对象及范围、固定的税率标准和纳税环节，进行强制征收。征收环境保护税只有在法律体系完善的情况下才可行。

环境保护税本质上是税收，作为财税政策的税收首先要完成既定的收入目标，同时必须对纳税人起到刺激作用。这就要求环境保护税的税基广、税率不能过低。税率依据资源开发的边际使用成本和治理污染的边际外部成本确定，实际中还要参考纳税人的负担能力[31]。

环境保护税的开征不能提高宏观税负水平，防止其阻碍就业与经济增长。设置环境保护税不等于增税，因此还涉及收入中性前提下的税费布局、税费结构布局调整等问题。

OCED（经济合作与发展组织）国家的经验表明，税和费不一定要有明确划分，而应考量税或费的具体用途、内容和对环境保护的潜在影响，从而决定其能否固定下来成为环境税。如果征收对象相对稳定、征收较为容易，则可以考虑征税，如大气、噪声等污染防治；如果课征对象和征收标准不确定，征税面临很大的困难，从成本和效益角度出发，可以采取收费形式，如技术性要求高的污染管理方面，收费简便灵活，征收费用的标准可以根据技术的不断变化而调整。

（5）已有环境保护税政策评述

① 中国的环境税　从排污费到环境保护税的政策演进过程体现了"税负平移"的思想，在原有的排污收费政策基础上，相对快速地实现了环境保护方面税收改革的推进。

由于税的强制性，费改税之后执法刚性得到加强，也在一定程度上增强了激励效果。但从征收环境保护税的标准来看，我国环境保护税税率低，主要体现在没有设定分阶段提高税率的过渡方案及未来修法调整税率的开放性条款。同时，税基较小，无法满足税收的收入原则，对污染者的刺激作用有限。另外，环境保护税的使用可以分为税收专款专用和纳入一般预算管理，国外环境保护税的收入大多实行专款专用，将税收用于特定的环境保护方面，我国不存在纯粹的单一环境税。根据《预算法》第 27 条，一般公共预算收入包括各项税收收入、行政事业性收费收入、国有资源（资产）有偿使用收入、转移性收入和其他收入。环境保护税的收入属于税收收入，应当依法纳入一般公共预算中。加之《环境保护税法》没有对环境保护税收入如何使用的问题作出规定，结合《预算法》第 37 条规定的"各级一般公共财政预算支出的编制，应当统筹兼顾"，环境保护税的收入纳入一般公共预算统筹使用，难以在环保方面产生作用。

同时，国务院办公厅于 2016 年 11 月印发《控制污染物排放许可制实施方案》，我国环境管理手段将更多地采用以排污许可证制度为代表的命令控制型手段。排污许可证是综合性管理制度，以控制点源污染为例，它涉及了排污口设置管理、环保设施监管和限期治理以及违法处罚等内容，与我国环境保护税的个别内容有重叠。

② 欧盟的碳税政策　碳税一般指根据化石燃料碳含量而征收的消费税，是一种通过能源价格调控间接控制温室气体排放的重要政策工具，是环境税收体系的重要组成部分。相关理论有外部性理论、庇古税理论、"双重红利"假说和污染者付费原则。其中，"双重红

利"假说是学者 Pearce 在研究碳税的过程中提出的，指二氧化碳税的征收有助于改善环境质量且有助于减轻其他税种对市场的扭曲，获得更多的社会福利。

自 20 世纪 90 年代以来北欧国家即开始实施碳税，在碳税的实施过程中经历了从更关注财税政策属性，到具有控制温室气体排放政策属性的财税政策的转变。各国税种、税率的设置差别很大，其中丹麦的减排效果最佳。丹麦碳税以减少煤的碳排放为目标，清晰明确，并且其碳税为"单一政策功能"，并非作为一般税收收入整体进入预算安排，而是为环境治理目的，再次回流到产业发展中。这种返还政策有效地避免了征收碳税对经济的阻碍。当碳税主要用于增加财政收入时，不可避免地会受到能源财税体系的影响，碳税更像能源消费税的一部分；当碳税被主要用于控制温室气体排放时，设立独立税目会让其有更大的政策设计灵活性。

3.3.3　财政补贴

（1）概念　财政补贴即财政支出，指国家财政部门在一定时期内，根据国家政策的需要，对某些特定的产业、地区、单位或产品、事项给予的补助和津贴。它是调节经济过程中派生的一种分配形式，是财政调节经济的重要杠杆，起着辅助经济的作用[32]。财政补贴包括直接支付和税收减免两种形式，实质是国民收入的再分配，是财政分配的第二阶段，属于财政支出的转移性支出。

财政补贴形式多样。按补贴环节可分为对生产、对流通、对消费的补贴；按补贴方式可分为价格补贴（为弥补因价格体制或政策原因造成的价格过低给企业带来损失而给予的补贴）、企业亏损补贴（向由于按国家计划生产经营而出现亏损的企业提供的补贴，只对应其中的政策性亏损提供补贴）、财政贴息（对某些贷款项目的利息，在一定期限内按利息的全部或一定比例给予的补贴）、税收减免（国家财政根据税收制度的各种优惠对课税对象给予的减税、免税政策）。

（2）理论基础　财政补贴的理论基础是庇古税。环境活动通常会造成外部性，即个体的行动不能通过价格影响到另一个行为个体。庇古对此进行了深入研究，提出税收矫正，对具有负外部性的经济活动（如环境污染）征税，对具有正外部性的经济活动（如环境保护）予以补贴，使得私人成本（收益）与社会成本（收益）相等。环境税收和环境补贴是庇古税的两个主要方面，前者针对外部不经济性，后者针对外部经济性，因此补贴可被理解为"负税收"。

（3）原理　财政补贴的原理是降低政策作用对象的污染治理的成本，增加其治污积极性。

针对存在自然垄断的行业，不能通过市场将该行业的产品定价，需要政府控制其价格。但同时出于公共利益考虑，需保证这种产品和服务的持续提供，因此政府应对企业的亏损或微利予以财政补贴。

（4）政策手段的要素

① 补贴者　从行政法角度来看，补贴行为只能由行政主体做出，一般包括行政机关和法律法规授权的组织。

② 被补贴者　对环境产生了正外部性的主体，如进行污染治理和生态保护的企业；或是国家需要重点发展的产业。但并不意味着需要对产业中所有的企业都进行补贴，而是应该根据具体的成本核算，确定将哪些企业纳入补贴范围。

③ 补贴的数额　补贴过多，从小的方面来看，倾向于鼓励排污企业的进入（或延迟其退出），导致比没有补贴时候还要多的生产和污染；从大方面来看，可能导致挤占对其他部门的财政支出，影响国民经济正常发展，同时也会造成被补贴商品价格与价值的长期扭曲。

④ 资金的使用　补贴表面上是授予被补贴者利益，但其本质特征是追求公共利益，因此发放补贴只是中间手段，被补贴者应当将补贴用于规定的特定行为，并应有法律法规和行政规章等对资金的使用进行法律保障和监督。

⑤ 适用条件

a. 作为补贴对象的污染物其治理成本可核算。补贴是从正外部性角度出发，只有正外部性被准确评估，补贴才是合理有效的。在环境补贴中，对正外部性的补贴多指为减少环境污染而采取的行动，一般是企业对污染物的治理。因此要保证企业的治污成本易于核算，补贴的数额能与被补贴者需求互相对应，补贴过程中要确保补偿资金能够顺利到达被补偿者手中[33]。

b. 补贴金额、来源、时间上要有限制。补贴应当是一种辅助手段和临时性措施，在运用一般经济手段无法迅速改变或容易引起连锁反应的情况下使用。例如扶持新兴产业的发展，在初期投入大、收益小的情况下可以给予补贴，在行业逐步发展趋于稳定时，补贴应该相应减少最后完全退出，以避免该行业的政策依赖。

⑥ 信息公开　信息不对称的情况下，政府无法对生产者进行有区别的监管，也因此无法确定哪些企业是补贴的对象。同时，政府补贴过程中的信息不对称会导致寻租行为，基于政治联系的政府补贴会严重扭曲资源配置效率[34]。

（5）已有的环境保护补贴政策评述　税收减免型的补贴即一系列的环保税收优惠政策。《国务院节能减排综合性工作方案》和《循环经济促进法》对建立环保税收政策及优惠政策体系进行了原则性阐述，《企业所得税法》《关于资源综合利用及其他产品增值税政策的通知》等构成了环保税收的总体框架。其中大部分税收优惠政策旨在促进资源节约，对以促进环境保护为直接目标的仅有《企业所得税法》两条——企业从事符合条件的环境保护、节能节水项目所得与企业购置用于环境保护、节能节水、安全生产等专用设备的投资额，可以按一定比例实行税额抵免。

一方面，环保税收优惠政策税种为增值税，由于税收中性，优惠政策并不能完全让企业受益。我国尚未真正建立环境税收体系，政策零散，缺乏系统性。

另一方面，存在个别被补贴者不合理的补贴政策。以生活垃圾焚烧发电为例，焚烧厂会获得电价补贴、渗沥液处理补贴、底灰处理补贴、飞灰处理补贴等直接支付型补贴，同时涉及营业税、增值税和企业所得税的税收减免型补贴。因为缺乏生活垃圾管理成本核算，各类隐性补贴使生活垃圾焚烧的社会成本被低估。电价补贴帮助维持了生活垃圾不分类即焚烧的现状，刺激焚烧厂超额发电盈利[35]。根据基本概念，补贴应当是对产生正外部性行为的主体进行的，这种补贴却促成企业的负外部性行为，属于不合理的补贴，应当终结对垃圾焚烧的电价补贴政策，并通过严格的信息公开，将税收显性化，使其能够在正确的方面发挥经济刺激的作用。

1998 年，台湾省"管理基金制度"设立并开始运作，补贴范围涵盖十大类可回收物品，其中废弃家电包括电视机、洗衣机、冰箱、空调、IT 类产品等。在废弃家电回收资金来源方面，台湾省秉承"生产者责任延伸制"原则，由上游家电制造企业（或进口企业）按其产量支付预先处置费。管理者结合商家申报的营业量，核定相应的回收处理费率，"管理机构"接收商家相关预付费用，根据废旧家电回收种类、数量，依照基金支付规则对下游废旧家电处理厂家进行补贴。同时，管理者制定绿色费率政策，给予生产符合环保表彰、节能表彰或者省水省能表彰环保型产品的企业70%的缴费优惠。

3.3.4 财政转移支付

（1）定义　财政转移支付本意是财政资金转移或转让，主要是指上级政府对下级政府按照法定的标准进行的财政资金的转移[36]。

（2）分类　财政转移支付包括中央对地方的转移支付和地方上级政府对下级政府的转移支付。具体来说，又分为一般性转移支付和专项转移支付[37]。

① 一般性转移支付　中央在衡量各地区在财政需求额与财政支出额的差量的基础上，考虑当地的人口、环境、贫富等差异，将资金转移给下级政府使用的一种财政制度。目的在于缩小贫富差距，平衡地区发展。在环境保护方面，一般性转移支付是根据不同地区环境承载能力的差异及各地政府的收支需求情况，将财政资金转移给欠发达地区、民族区域或者经济落后的地方，以实现公民环境权的公平享有。

② 专项转移支付　上级政府为了实现环境保护的相应目标设立专门的环保资金，委托下级政府执行，下级政府必须按照上级政府的规定使用资金，将资金用于环境保护基础设施、项目科研等方面。

（3）作用原理　财政转移支付扩展了环境外部性问题的边界，跨区域环境问题由上级政府负责，不具有外部性，将外部性问题内部化，从而解决失灵问题。

生态财政转移支付结构包括：

① 转移支付主体系统　转移支付主体是指财政转移支付资金的主要提供者。全国性的生态财政转移支付项目由中央政府承担。转移支付主体系统主要有纵向的中央政府、地方政府。

② 转移支付客体系统　转移支付客体是指生态财政转移支付资金的接受者。具体的接受者为地方政府。

③ 转移支付对象系统　转移支付对象是指生态资源环境管理财政资金指向的内容及范围。按照功能属性分类包括重点生态功能区、重要水源地等主体功能区。按照表现形态分类包括森林、草原、水、土地等的开发和保护行为。按照层级分类，包括宏观尺度、主体功能区、中小尺度流域和单一要素。

④ 转移支付操作系统　转移支付操作系统主要解决"如何补"，由生态财政转移支付方式、标准和依据等要素组成。其中，支付方式为纵向财政转移支付方式。支付的标准是补偿生态保护区为履行其生态职能所付出的经济发展的各种成本，具体包括：限制开发区和禁止开发区由于其特殊的生态功能定位所付出的资源利用权受限、经济发展受阻的机会成本；承担起的用于生态资源保护和生态恢复的各项实际成本。

（4）实施条件

① 存在跨区域外部性的环境问题：环境影响范围处于地方政府管辖范围的由该级地方政府负责；影响范围跨越省级行政区的则由中央政府负责。

② 财政转移支付在一定期限内的预期产出效果需要达到既定的绩效目标[38]。

（5）应用经验

① 退耕还林：国家从保护和改善西部生态环境出发，将易造成水土流失的坡耕地和易

造成土地沙化的耕地，有计划、分步骤地停止耕种。按照核定的退耕还林面积，在一定期限内无偿向退耕还林者提供适当的粮食补助、种苗造林费和现金（生活费）补助。黄河流域以及北方地区，每亩退耕地每年补助原粮 100kg、现金 20 元，还生态林的至少补助 8 年，还经济林的补助 5 年，还草的补助 2 年，每亩退耕地和宜林荒山荒地补助种苗造林费 50 元。

② 位于广东省东北部的河源地区，是广东省重要的生态服务功能区域。为了保护生态功能区，广东省明确禁止河源市建立高污染、高耗能、重金属的工业企业，并且限制河源市的有色金属、稀土等会对环境造成破坏的资源的开发和利用。然而，这样带来的不良影响是河源市的经济发展较广东其他地区相对落后。为此，广东省政府增加了对河源市的一般性转移支付，基本上实现了公共服务的均等化，也间接地减少了负面影响[39]。

③ 中央财政设立重点生态功能区转移支付。宁夏石嘴山市大武口区、固原市原州区、中卫市沙坡头区和中宁县纳入国家重点生态功能区转移支付县域范围。"十二五"期间，中央给予宁夏的一般性转移支付资金分别为 8.47 亿元、8.82 亿元、10.02 亿元、11.91 亿元、12.24 亿元。在中央转移支付资金的支持下，各县（区）建成了城市生活垃圾和污水处理厂等一批基础设施，实施了一批生态保护建设工程，加强了县级环保机构建设，配置了一批环境空气自动监测设施，城乡环境得到了有效改善，生态环境逐年好转。

3.3.5　生产者责任延伸制

（1）定义　又称企业责任延伸制度、产品责任延伸制度、生产者责任制度，指生产者应承担的责任不仅在产品的生产过程之中，而且还要延伸到产品的整个生命周期，特别是废弃后的回收和处置。

托马斯·林赫斯特（Thomas Lindhqvist）设计的五个责任包括：①环境损害责任（liability），即生产者对已经证实的由产品导致的环境损害负责，其范围由法律规定，并且可能包括产品生命周期的各个阶段；②经济责任（economic responsibility），即生产者为其生产的产品的收集、循环利用或最终处理全部或部分付费，生产者可以通过支付某种特定费用的方式来承担经济责任；③物质责任（physical responsibility），即生产者必须实际参与消除其产品或产品引起的影响，这包括发展必要的技术、建立并运转回收系统以及处理他们的产品；④所有权责任（ownership），即在产品的整个生命周期中，生产者保留产品的所有权，该所有权牵连到产品的环境问题；⑤信息披露责任（informative responsibility），即生产者有责任提供有关产品以及产品在其生命周期的不同阶段对环境的影响的相关信息。

（2）作用原理　生产者责任延伸源于两个基本理论：一是企业社会责任理论，即除利润最大化外，企业还被期望增进股东利益以外的其他社会利益，包括消费者、职工、债权人、中小竞争者、社区、环境、弱势群体等的利益；二是外部性内部化理论，即通过对产品消费后废弃物循环利用责任的追加，实现废弃物管理阶段环境成本的内部化。

生产者责任延伸制的落实需要政府利用市场或管制的手段，具体取决于应回收废弃物在市场价值、有毒有害两个维度的特征，如图 3-2 所示[40]。回收价值为正的资源可由市场回收；回收价值为零或负的资源，如果环境影响低可由企业或公众自愿回收，如果环境影响大则需政府使用强制手段使生产者履行责任。强制的方式包括：第一，对企业规定某种废弃物的回收利用比例，并监督；第二，建立资源回收基金，责任企业以缴纳处理费方式承担回收责任，基金补贴处理企业。

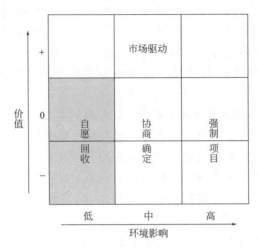

图 3-2　根据应回收废弃物属性选择生产者责任延伸的承担方式

（3）实施条件

① 对责任业者监管有效　责任企业的生产运营犹如黑箱，如何知道其生产了多少废弃物，是否按规定实施了主动回收，或是否缴纳了足额处理费，对外部监管者来说是一个极大的挑战，需要设计稽核机制。另外，当发现责任业者谎报数据以逃避责任时，还要设计足够严格的惩处机制。

② 对回收处理业者监管有效　处理业者负责废弃物回收、处理，其收入取决于处理价格、处理量。因此，处理业者有谎报处理成本以提高处理定价、谎报处理量的利益驱动，尤其是在需要政府机构核定处理定价和处理成本时，由于缺乏处理企业之间的竞争和有效的稽核与惩处手段，这种情况更易发生。

（4）应用经验

① 针对包装材料、电池、汽车、轮胎、润滑油、电器电子设备等产品，许多发达国家已通过立法强制、政府引导或企业自发的方式实行了生产者责任延伸制。

建立资源回收基金是一项普遍和有效的政策手段。德国、比利时、荷兰、挪威、瑞典、瑞士、日本、韩国等都建立了资源回收基金来落实生产者责任延伸制。

② 2009 年，我国以生产者责任延伸制为思路，发布《废弃电器电子产品回收处理管理条例》，建立废弃电器电子产品处理基金。2012 年，我国又开始实行《废弃电器电子产品处理基金征收使用管理办法》，进一步规范了生产者责任延伸制的落实方法。我国对电器电子产品的生产者、进口者定额征收回收处理费，并补贴给处理企业，基金制度的实施对整个废弃电器电子产品回收行业起到了很大的推动作用[41]。截至 2015 年 6 月，已有 106 家有资质从事废弃电器电子产品回收处理的企业，他们的处理技术、处理规模、管理水平都不断上升，回收了大量铁、铜、铝等资源，并减少了有害气体和有害物质排放，是我国在生产者责任延伸制中的有益实践。然而，我国的循环经济还处于初创阶段，生产者责任延伸制还存在覆盖产品范围过窄、征收补贴程序多且周期长、第三方管理机制欠缺等问题。

3.3.6　押金返还制度

（1）定义　押金返还制度（deposit refund system，DRS）是落实生产者责任延伸制的一项政策手段，是指消费者或下游厂商在交易时同时支付一定押金，履行回收义务后获得押金返还的一种制度安排[42]。

（2）分类　押金返还有两种类型：

①"市场驱动"的押金返还，也叫"自发"的押金返还制度，其应用非常广泛。如消费者购买啤酒时，预先支付押金，当空酒瓶返还给零售商时获得押金返还。该制度设置的目的为确保产品及包装容器循环利用、降低生产者的生产成本、降低消费者的使用成本、确保消费者对产品的维护、实施价格歧视从而增进产品需求等，其中既有环境目标又有其他经济目标。

②"政府驱动"的押金返还，并非出于个体经济目标，而是出于社会的环境目标而产生。如消费者在购买可能导致环境污染的产品（如塑料包装饮料、电池）时，支付押金，返还产品或包装时获得押金。再如厂商在开采某种自然资源时缴纳履约保证金，当厂商履行某些义务后获得保证金返还。

（3）作用原理　相比预收处理费、回收补贴，押金返还是一种成本最低的资源回收制度[43]。押金返还的影响虽然不及税费等制度那样大，但对于使用后在处置过程中易产生严重环境问题的产品，如电池、饮料容器、有毒有害物质的包装物和废旧荧光灯管等，有很高的社会收益[44]。

① 以经济利益为驱动，以环境利益为归宿。收取押金的目的在于激励有潜在污染的产品或包装退回到回收系统，得到再利用或集中处理以避免对环境的污染。

② 以政府强制为出发，以消费者自愿为结果。政府需规定押金的收取主体、标准、范围，消费者没有讨价还价的余地。而消费者在交付押金后，是退回废旧物品取回押金还是丢弃废弃物取决于自身。

③ 能够影响厂商和消费者的选择。押金提高产品总体价格，促使生产者生产不需要征收押金的环境友好型替代产品，而消费者为了不损失押金更是能积极主动地将废旧物品返回收集系统。

（4）实施条件　适用押金返还制度的产品应符合以下四个条件：一是必须是固体废物；二是具有潜在污染性或可回收利用；三是使用后的产品废弃物不具有或只具有较小的经济价值，适当的押金能起到激励返还的作用；四是产品的使用是分散的，其废弃物一旦丢弃就不易收集。

（5）应用经验　押金返还制度在发达国家作为一种固体废物污染控制手段，应用广泛。OECD（经济合作与发展组织）国家政府提倡或通过行政命令强制执行押金返还制度。对汽车残骸使用押金返还制度的国家有希腊、挪威、瑞典，其意图是促使人们放弃旧车，购买能达到更高排放标准的新车，同时还可避免随处丢弃旧车，其返还率达 80%～90%。对金属罐使用押金返还制度的国家主要有澳大利亚、加拿大、葡萄牙、瑞典、美国，啤酒罐、软饮料罐等的返还率为 50%～90%。对塑料饮料容器使用押金返还制度的有 10 多个国家，在各国的返还率均超过 60%。对玻璃瓶的押金返还制度在 OECD 国家应用得更加广泛，有 20 多个国家，主要适用的是啤酒瓶、葡萄酒瓶等，其中啤酒瓶和软饮料瓶的押金占销售价格的百分比较高，其返还率可达 90%～100%。对荧光灯管、清洁剂包装、涂料包装和汽车电池等实行押金返还制度的国家主要有奥地利、德国、美国，返还率在 60%～80%之间。

我国在 20 世纪 60～70 年代曾实行过押金返还制度。比如啤酒瓶的回收，其中一个重要原因是当时原材料匮乏，也不存在计划外市场，厂家只能回收啤酒瓶，清洗后重复使用，以确保市场对啤酒供应的需求。1974年，上海的废品回收系统就已经走在了世界前列，实行押金返还制度的也不仅啤酒瓶一项。但目前押金返还制度应用较少，原因包括运行成本过高、同一产品的生产商数量越来越多、批发和进货的渠道无法控制等，使厂商失去了实行押金返还制度的动力。根据我国目前的情况，应当而且可以推行对电池（包括汽车电池、电力助动车电池等）、废旧荧光灯管、金属饮料罐、玻璃容器等的押金返还制度。

3.3.7 政府绿色采购制度

（1）定义　政府绿色采购是指政府采购在提高采购质量和效率的同时，从社会公共的环境利益出发，综合考虑政府采购的环境保护效果，采取优先采购与禁止采购等一系列政策措施，直接驱使企业的生产、投资和销售活动有利于环境保护目标的实现。

（2）作用原理　目前政府公共采购占大部分国家GDP的$10\%\sim25\%$，这种巨大的采购力会对市场产生影响，包括影响供应链体系。绿色采购不仅能使再生品实现市场销售，实现回收利用的闭环，而且能鼓励厂商对这些产品的生产，降低原生材料使用量，从而降低整个生产过程对环境的影响。

绿色采购需要一套责任体系，如图3-3所示。政府制定采购标准、产品清单、采购目标，并实施绿色采购绩效管理。政府部门及下级行政区政府执行采购制度并接受评估。

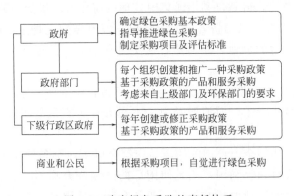

图 3-3　政府绿色采购的责任体系

（3）实施条件　政府绿色采购必须有完善的法律制度，包括主管机关设置及其责任、具体推进措施及配套机制等，这些都需要在法律的框架下运行。具体而言，政府绿色采购实施的条件有：

① 明确主管机关及其责任　与传统政府采购有别，其实施必然会遭遇传统价值观念以及制度体系的藩篱，而明确采购主管机关和责任有利于冲破这些障碍。

② 制定科学的绿色采购标准　应建立完整的政府绿色采购标准体系，重点关注产品是否含可回收成分，对臭氧层保护、能源以及水的节约、燃料交通工具的替代、有毒物质替代的影响以及生物基产品是否有利环境等。同时，这些标准要动态变化，体现科学性，才能保证环保目标的实现。

③ 完备绿色采购清单　绿色采购清单是编制的政府采购产品或服务的清单。许多国家都有绿色采购清单制度。日本政府创立了采购商品的建议清单制度，在清单中包括明确的商品类别，同时各个类别的产品也列在其中。欧盟的绿色采购清单以欧盟推动的环保标志

计划为基础。该计划涵盖了除食物、饮料和药品之外的所有消费产品，目前欧盟环保标志计划的产品项目分 10 大类，21 个子产品项目。环保标志计划为绿色采购产品的核查和审计提供了便利，环保标志产品与政府绿色采购产品在欧盟内许多国家中都是挂钩的。

④ 开放绿色采购信息　提供绿色采购信息是许多政府部门的主要职责，信息对政府绿色采购制度的意义是为企业及消费者提供指引，引导绿色生产和消费的进行，同时还能提高政府采购的透明度。

（4）应用经验　日本政府绿色采购立法肇始于"政府操作的绿色行动计划"的制订，其中第一计划在 1995 年开始实施，要求所有公共机构都按照计划要求设定自己的部门计划。目前实施的《绿色采购法》也是绿色采购法律体系的重要一环，要求政府部门、立法部门以及司法机关等所有中央级别的机构都必须制订并实施绿色采购年度计划。各个机关还应当及时向环境部长提交年度实施报告并向社会公开。为了实现采购环保产品、服务的目标，地方政府应当配合年度绿色采购计划的实施。除此之外，日本政府为有效实施绿色采购，还建立了相关信息数据库。在一系列措施的实施下，政府绿色采购效果显著，根据公布的调查数据，仅仅一年后，就有 74％的供应商的绿色产品的销量增加，有 75％的供应商推出新的绿色产品[45]。

2008 年起，我国《政府采购法》已规定，政府采购应当有助于实现国家的经济和社会发展政策目标，包括节约能源、保护环境等。目前国家层面实施的绿色采购分两种：一种是强制采购；另一种是优先采购。每年，财政部、国家发改委发布节能产品政府采购清单。然而也存在一定问题：第一，强制采购名单并未将再生品涵盖在内，而优先采购的约束力较弱；第二，没有明确的政府采购目标，绿色采购无法评估；第三，监督有待加强[46]；第四，没有绿色采购网站，未采用面向社会推广的手段。

3.3.8　使用者付费

（1）定义　使用者付费（user charges）是指由最终消费用户直接付费购买公共产品和服务。

（2）基本特点　使用者付费一般适用于准公共产品领域。公众以付费的形式消费某种公共服务，是一种谁消费谁付费的公共服务供给模式。强调服务提供主体和服务受益者就服务形成市场等价交换的关系[47]。

一般在采用使用者付费机制的项目中，服务提供主体需要通过从项目最终用户处收费，以回收项目的建设和运营成本并获得合理收益，因此需要有足够多的最终用户使用该项目设施并支付费用，才能保障服务供给可持续。

（3）应用领域　通常采用使用者付费机制的有高速公路、桥梁、地铁等公共交通领域项目和供水、供热等公用设施领域项目。

（4）适用条件[48]

① 项目使用需求可预测　项目需求量是否可预测以及预测需求量的多少是决定服务提供主体是否愿意承担需求风险、进行服务供给的关键因素。通常需要在一定程度上确定通过使用者付费，服务提供主体可以收回成本并且获得合理收益。

② 向使用者收费具有实际可操作性　在一些项目中，服务提供主体向使用者收费可能并不实际或者并不经济。例如，在采取使用者付费机制的公路项目中，如果公路有过多的出入口，将会使使用者付费机制变得不具有经济性，同时也缺乏实际可操作性。

③ 符合法律和政策的规定 根据相关法律和政策规定，政府可能对于某些项目实行政府定价或者政府指导价，在此情况下，将无法保障服务提供主体回收成本并获得合理收益，则使用者付费不完全适用。

（5）定价方式 理论上来说，使用者付费的价格确定可以基于公共服务的平均成本，也可以基于边际成本[49]，但是不论哪一种，都是基于成本定价，价格至少不低于成本。这样促使公共服务的成本显性化体现，才能进一步推动公共资源分配和公共服务使用更有效率，保障公共服务供给主体能够正常经营，公共服务设施能够良性运行。

实际当中，使用者付费的定价方式主要考虑《价格法》等相关法律法规及政策规定、项目合同中的双方约定以及项目实施时的市场价格等多方面因素。在一些使用者付费的项目实践当中，往往使用者付费都是低于成本的，成本与价格之间的差额由政府来向公共服务供给主体进行补贴。

（6）相对优势 使用者付费机制的优势在于：一是政府在公共服务领域引入专业化供给机构，可以提高运营管理效率，降低项目风险；二是政府不用提供巨额财政补贴，可以有效降低财政压力；三是通过与需求挂钩的回报机制，可以激励服务供给主体提高项目产品或服务的质量；四是由于价格相对固定，服务供给主体有动力进行技术管理改进革新，实现降本增效，进而带动行业进步；五是使用者付费机制下，公共服务成本显性化，可以有效促进公众了解和认识该公共服务的真实社会成本大小，直接体现公众对公共产品或者服务的真实需求，切实发挥价格机制作用，提高公共资源配置利用效率。

（7）典型应用案例 我国城市自来水行业普遍采用使用者付费方式。一方面，城市的自来水使用需求量有稳定保障；另一方面，由于城市普遍水表入户，用水成本、收益可明确分割，符合使用者付费的基本条件。城市政府一般通过特许经营或者委托经营方式，将城市自来水供给交由专业自来水公司负责，用水户直接向自来水公司缴纳水费。类似的还有城市燃气服务。城市污水处理费也属于使用者付费，在我国城市中一般是与自来水费一起收取。一些国家或地区的城市居民其他垃圾的收费也属于使用者付费。我国居民基本没有征收生活垃圾清运、处理等服务费，部分已经征收的基本是社区卫生服务费，现在新的小区基本是通过征收物业费来覆盖社区卫生服务费的。

3.3.9 行政规费

（1）概念 规费即国家行政当局以国家强制力为背景，在为行政相对人提供一定行政给付后所取得的对等给付，强制性和对等性是其最基本的特征[50]。其存在不是为了盈利，而是为实现受益者与未受益者之间的公平或提高自然资源、公共设施的使用效率[51]。规费虽与税收同属于国家财政制度，但不具备税收所具有的无偿性，也不像税的立法一样受严格限制，实践中各级政府和各职能部门都有权力设立行政规费。

行政规费按行政给付内容的不同可分为两类。其一是行政具体职务行为引起的，该类行政规费主要用于补偿行政主体在职务活动过程中所消耗的人力、物力，本质上是国家依据公平原则让行政职务活动受益人自行承担行政成本，以减少国家财政支出，如工商管理费、卫生管理费等；其二是使用权引起的，包括对公共设施及自然资源的使用规费。国家通过收费方式实现其财产所有权，保证国有资源和资产的合理利用，如公路养路费、开采自然资源所需缴纳的资源费。环境管理中的排污许可证费属于前一类别，该项费用按污染者付费原则，令申领排污许可证的企业承担行政成本。

（2）理论基础　污染者付费原则以及行政规费的"以支定收"的原则。

污染者付费原则是庇古税理论的一种应用，要求所有的污染者都必须为其造成的污染直接或间接地支付费用。排污具有负外部性，向排污行为主体征收排污许可证费，可将污染环境的成本纳入排污主体私人成本，实现外部性的内部化。税收通常被认为是国家或称公法人团体对符合法定课税要素的主体无偿课征资财以获取财政收入的活动，因涉及将私人经济主体的部分财富转为国有资产，会对被征收群体造成负担[52]，因此其多被应用于提供与民生密切相关的、公共性很强的公共产品或服务。以排污许可证费为例，针对排污企业申请排污许可证这一行为，涉及主体较少，若以税收渠道弥补政府因制作排污许可证而产生的成本，就有违公平性。

"以支定收"是一种适应公共财政的理财原则。政府收支关系应满足"市场经济-社会公共需要-政府职能-政府支出-政府收入"这一基本思路，即在市场经济及社会公共需要的基础上，将政府的职能进行清晰界定，根据政府的职责确定政府支出需要并对其进行严格监管，明确并规范取得收入的渠道，实现事权与财权的匹配。行政规费应当尤其遵循特别支出的特别收入满足的原则，不作为行政机关特别支出的事项，不能设定行政收费，而要通过税收解决此类一般支出[53]。

（3）原理　排污许可证作为行政许可，要求规范和严格，执法成本偏高[54]。根据污染者付费原则，要求许可证发放机构向申领企业收取排污许可证费。排污许可证费不仅用来弥补行政当局在核发排污许可证过程中的人力、物力损耗，也反映出社会公平，即减少公众的无谓负担。通过这一过程，向公众显示出行政活动具有价值，而且仅能在必需而非随心所欲的情况下请求行政活动。

（4）政策手段的要素

① 法律约束　行政规费直接影响公民财产权，因此行政规费的设立权、收费主体、收费项目、收费标准、收费方式等问题，都应由法律来规范。对排污许可证费而言，需由《排污许可证收费细则》确定收费标准、收费方式和收费主体等内容。

② 经费使用　严格遵守行政规费额不超过行政支出的原则。行政规费不为获利存在，而是为实现国家和公共利益，故应满足"取之于民、用之于民"，这是规费制度的根本原则和效用表现。排污许可证费的收取，涵盖必要的行政成本即可。

（5）已有的行政规费介绍　美国排污许可证制度在防治大气、水污染领域应用广泛且效果显著，被认为是美国环境管理最有效的措施之一。

在美国，申请排污许可证需要付许可申请费用，是一次性收费，每一次排污许可证申请，需交一次费用。申请收费标准在各州有所区别，同一个州不同类型排污许可证的收费标准也不同[55]。

同时，为确保许可证制度的运行，弥补排污许可证制度所需要的人力、物力支出，环保部门（许可证签发机构）每年向污染源收取费用。各州根据自身情况，收取"推定最低费用"和"年费"两种费用。两种收费方式对排放每吨污染物的起始金额都进行了规定，并规定在每年九月，根据通货膨胀率调整这一数额[56]。

我国生态环境部发布的《排污许可证管理暂行规定》中，第二章第二十二条规定"环境保护主管部门核发排污许可证，以及监督检查排污许可证实施情况时，不得收取任何费用"。从该规定来看，我国目前尚没有排污许可证费用这一行政规费。如不收取排污许可证费，支持核发排污许可证、监督排污许可证的资金都将来源于税收。理论上，收取排污许可证费后才能给企业颁发排污许可证。在刚开始实施排污许可证管理时，可暂不收取排污许可证费，从其他环保类行政事业性收费中支取。

3.3.10 环境违规罚款

（1）定义 环境保护主管部门依据《环境保护法》和《环境行政处罚办法》等环境相关法律法规，对于公民、法人或者其他组织违反环境保护法律、法规或者规章规定的，给予环境行政处罚。目的是通过对环境违法行为进行惩戒，使违法者及时纠正违法行为，刺激守法者慑于处罚力度而自觉守法。环境违规罚款是环境行政处罚中最常用的一种方式。

（2）作用原理 在经济学中，环境污染被定义成一种外部不经济性。环境违规罚款的目的是制止违法行为的发生。如果要使企业排污的外部不经济性内部化，则必须使企业的私人成本大于或等于社会成本。也即如果企业有违规行为，如超标排放等，对其采取的处罚数额必须大于由社会来处理该企业排放的污染物的成本。这样，企业排污的外部不经济性被内部化了。企业为其排污行为付出了一定的代价，而且社会可以通过企业付出的成本来消除污染物对环境和社会的危害。

（3）政策手段要素

① 执行主体 有环境行政处罚权的主体主要有三大类，分别是环保部门、人民政府和公安部门。其中环保部门又分为县级以上环保部门、经法律授权的环境监察机构（包括派出机构）及受环保部门委托的环境监察机构（即受委托的组织）。公安部门等其他有环境处罚权的机关又包括公安机关、海洋行政主管部门、渔政渔港监督行政主管部门、各级交通部门的航政部门、铁道行政主管部门、民航行政主管部门。

② 处罚标准 处罚的目的在于惩戒既成的违法者，制止潜在违法行为的发生，而并不以弥补环境损失为目的。并且环境损失的计算比较复杂，如果以环境损失作为处罚的基数，则会造成处罚标准的难以计算以及实施的困难。

理论上，经济处罚标准的设定应根据污染造成的外部性，但外部性的测量比较复杂，并且在此基础上制定的处罚标准可能在实际中难以操作。外部性的绝对内部化在实际中也难以做到。因此，考虑到处罚的主要目的是预防违法行为的发生，只要处罚的力度足够大到企业可以放弃违法行为就可以起到威慑作用。当然处罚也不能过重，超出企业的承受范围也会影响处罚的有效性。

因此，环境违规罚款标准设定的原则：一是必须使企业的违法成本大于企业的违法收益。企业违规排放受到经济处罚的额度——违法成本，必须要大于企业违法排污获取的收益——违法收益，使企业觉得违法排污无利可图，同时还可能造成更严重的后果，此时企业排污风险较大，相对守法成本较低，会有动机削减排放的污染物，从而使污染物的排放得到控制，环境制度的目标得以实现。二是必须使处罚的社会收益大于处罚的社会成本。在不考虑政策制定成本以及机会成本的情况下，处罚的成本包括企业由于处罚造成的直接损失、企业倒闭等带来的社会成本以及执行监管及处罚的直接成本[57]。

③ 处罚的证据 实施环境违规罚款一方面需要有法律依据，另一方面必须有明确的证据表明违规者的行为违反了法律法规或标准制度的要求。因此，需要通过污染源自行监测和报告、公众监督、管理机构守法检查等方式收集和分析污染源的守法信息，确认守法状况，为执法行动提供证据，查明和矫正违法行为。根据污染者付费原则，污染源应承担全部的自行监测责任，通过自行监测证明自身守法。执法检查（监测）包括管理机构的核查

和监测、上级机构监督和公众监督[58]。

3.3.11　排污权交易

排污权交易是实现低成本区域污染物排放总量控制目标的最有效环境政策手段，其核心内容是具有减排责任的企业可以通过市场交易获得排放配额，以达到拥有的排放配额大于或等于实际排放量的要求，来替代企业的实际减排。通过自由交易，市场按照边际成本减排，实现降低社会减排成本的目标。

作为经济刺激型手段，排污权交易政策的目标是降低社会减排成本，主要包括排污单位的守法成本和政府的执法成本。一方面，当政府下达减排目标后，通过排污权交易市场，污染治理成本低于交易价格的排污单位将增加减排量，出售剩余的排放配额，获得收益，而治理成本高于交易价格的排污单位可以购买排放配额，节约成本。通过交易，排污单位降低了达到减排要求的守法成本[59]。另一方面，排污权交易可以大幅降低政府执法成本。若采用命令控制手段，管理部门需确定有效的排放标准，收集并处理大量信息，费用较高。而交易体系可以让排污单位根据政策要求自主选择减排方式，将信息负担转移给排污单位，从而降低政府的执法成本。

排污权交易的前提条件是确定污染物排放总量，适合采用总量控制的主要是均匀混合吸收性污染物，如温室气体和导致酸雨的致酸物质。常规空气污染物和水污染物是非均匀混合吸收性污染物，在空间中扩散具有不均匀性，在排放总量相同的情况下，若某一地区的多个污染源获得排污权后集中排放，会造成局部污染物浓度过高，形成"热点"问题，因此不适合采用总量控制。但美国南加州 RECLAIM 计划❶建立的 NO_x 和 SO_x 区域排污权交易市场，通过划分交易区域的方式避免了"热点"问题，为常规空气污染物的排污权交易提供借鉴。

排污权交易政策的框架应包括以下内容：

（1）交易区域　根据空气质量均质区的概念，划定区域范围，该范围应足够大，以确保交易市场的规模效益。例如，美国 RECLAIM 计划划定南加州空气污染较严重的大洛杉矶地区为交易实施区域，总面积达 $27824km^2$[60]。

（2）管理对象　管理对象的确定，即哪些主体应纳入交易范围，是确定总量目标的先决条件，应按照成本-效益分析原则[61]，设置配额交易的准入门槛，确定纳入排污权交易的排污单位规模，并列出完整的清单。

（3）总量减排目标　总量减排目标的确定是实施排污权交易的前提，首先应核定所有管理对象的基准年排放量，将所有管理对象的基准年排放量之和作为区域基准年污染物排放总量。然后，根据污染源的减排成本、区域污染治理目标和社会承受能力等确定区域减排时间表和目标年污染物排放总量，并逐年确定削减比例。总量是一个确切的数值，数值逐年降低保证总量逐年削减。用公式表达如下：

$$C_g = C_b(1-r)$$

式中　C_g——目标年区域污染物排放总量；

---

❶ 美国加州南海岸空气质量管理局（SCAQMD）在 1993 年底通过 RECLAIM 计划（清洁空气激励市场计划），在大洛杉矶地区建立区域排污权交易市场，通过促进固定源 NO_x 和 SO_2 的继续减排，促进环境空气中 O_3 和 $PM_{2.5}$ 浓度达标，其最大的优势是低成本减排。

C_b——所有管理对象的基准年排放量之和；

r——年度削减比例。

（4）初始配额分配　排污权的初始分配应遵循公正、公平的原则，并根据一定方法将排放配额分配给管理对象，且满足所有管理对象的排放配额之和小于或等于排放总量[62]。目前，排放配额初始分配方法主要有历史数据法、排放绩效法、拍卖法和定价出售等，应制定行业统一的排污绩效标准或逐年削减的排放配额标准，落实到污染源的排放配额。

初始排污权分配模式既可以有偿也可以无偿，主要有政府有偿分配、政府免费分配、公开拍卖以及免费分配与公开拍卖相结合等分配方式[63]。一般来说，初始排污权应采取免费分配的方式，各年度排放配额按照减排阶段一次性分配完毕，既不增加企业的额外成本，又有利于减少在实践中推行的阻碍。新源不需执行年度削减率，但必须从配额总量池中购买配额以抵消排放。政府可以通过市场公开操作购买和转让排污权，但在初始分配时配额必须全部分配给所有管理对象。政府也可以预留少量配额在交易市场公开拍卖，以发现配额的市场价格，但所得利益必须按比例分配给管理对象。

（5）交易平台　排污权交易市场是一个正规的排污削减信用（emission reduction credits）市场。交易行为应在一个有组织、高效的市场交易平台上完成。交易平台应具有稳定的价格和频繁的交易次数，参与交易的各方可以掌握充足的市场信息。交易一般通过股票交易所或产权交易中心等市场运行机构完成，参与交易的主体除排污单位外，还包括政府、环保团体、个人等，这些主体虽然不排放污染物，但可以通过购买配额进一步促进减排目标的实现。

（6）监督、核查和处罚机制　排污权交易体系赋予了排污单位较大的灵活性——自主决定减排方式，对排污单位的达标决策和交易过程干预较少，这就需要建立更严格的监督、核查和处罚机制，以保证交易市场的有效运作。

排污权交易实施的监督核查措施包括排污跟踪系统、年度调整系统和配额跟踪系统，以确保政府能够准确、及时地掌握排污单位的实际排污信息，并以此作为政府执法和排污单位进行配额交易的依据。排污单位应当在每个受管制的污染源安装并使用污染物排放连续监测系统（CEMS），并如实报告和记录每个装置排放的污染物浓度和流量等数据，并确保数据的准确性。

处罚的目的在于制止排污单位的违法行为。从企业利益最大化的角度考虑，处罚标准的高低将直接影响企业的排污行为[64]，因此经济处罚应遵循违法成本大于违法收益的原则。违法成本包括违法行为受到的经济处罚；违法收益包括企业因为超额排放污染物而减少的其他支出，如节约的脱硫除尘设施建设维护成本和避免技术升级改造的成本。对于违法者进行处罚的最低有效威慑性额度应该等于企业违法收益额。

（7）制度保障　排污权交易市场建立之后，政府部门的职责主要是市场监督、排放核查和信息采集。应依托排污许可证制度建立完善的运行机制，监测、记录和报告制度以及处罚制度，为排污权交易市场的顺利运行提供制度基础和法律保障。排污许可证应详细记录污染源的排放信息、配额分配、减排计划、监测方案、守法报告及处罚规定等信息，减排配额作为污染源排污许可证的一部分内容一并执行。通过排污许可证的发放、守法报告等信息公开实现公众监督和公众参与。

3.3.12　专项基金

（1）定义　专项基金是指各级政府及其所属部门根据法律、行政法规和中共中央、国务院有关文件规定，在具有一定外部性的竞争性领域，设立的具有专门指定用途或特殊用途的政府性基金。基金以向公民、法人和其他组织无偿征收的税费等为资金来源，采用市场化运作模式，设专业机构进行管理[65]。

（2）作用原理　专项基金通过向所有潜在的责任者征收资金圈定责任范围，由政府成立基金会对资金进行统一管理，将资金以补贴或部分补贴等方式支持环保项目。当无法准确确定责任主体或责任主体无力采取反应措施时，从基金中划出资金用于采取清除污染的措施。

（3）实施机制

① 管理机制　由中央或地方政府设立专项基金管理机构来负责基金相关事务的具体运作，包括基金规划的编制及实施、资金征收方式及费率的确定、基金使用的审批和监督等。

② 资金来源　作为政府性基金，专项基金的资金来源通常包括财政拨款与行政手段征收两种途径，资金的筹集过程通常具有一定的强制性。

a. 财政拨款。首先由专项基金管理机构编制预算，经过批准，由国家财政拨款。

b. 征收税（费）。向环境问题的污染者或公共物品（服务）的使用者通过征收税（费）的方式筹集资金。

③ 资金去向　专项基金的资金必须专款专用，制定规范对资金的应用范围和申请条件进行明确，通常而言，资金的使用方式包含以下五种：

a. 低息贷款。对污染治理企业、第三方环境服务企业等主体提供低息贷款，低于当期中国人民银行发布的中长期贷款基准利率，可给予一定比例优惠，并适当延长还款期限。

b. 补贴。对环保项目、污染治理企业等提供补贴，引导及扶持环保产业。

c. 融资担保。对中小型污染治理企业、第三方环境服务企业进行融资担保，可适当收取担保服务费（低于市场标准费率），并作为增值收益注入基金。

d. 盈利性投资。基金可进行适当盈利，限定一定比例，用于买卖国债和其他具有良好流动性的金融工具，包括上市流通的证券投资基金、股票、信用等级在投资级以上的企业债、金融债等有价证券，投资收益注入基金。

e. 基金自身管理成本。覆盖基金的日常运行、人力资源成本、稽查成本、信息收集处理及公开成本等。

（4）实施条件

① 存在外部性的环境污染问题或公共服务问题。

② 专款专用、以支定收、收支平衡。基金取得收益后，其利润需再次用于规定的用途，不得用于其他方面。

③ 全过程公开透明，准确评估基金绩效，并进行信息公开。

（5）应用经验

① 我国台湾省资源回收基金　台湾省资源回收基金以第三方主体建立基金，向生产者和进口者征收处理费，补贴给处理者的模式运行，是一项基于生产者责任延伸制（extended producer responsibility，EPR）的综合性政策，糅合强制、经济、鼓励三类政策工具。资源回收基金从征收上可以分为"公告费率征收"和"无公告费率征收"；从补贴上可分为"统一补贴费率"和"市场竞争费率"[66]。

资源回收管理基金管理会（简称基金会）下设费率审议委员会、稽核认证团体监督委员会，分别负责费率审议与稽核认证团体监督工作。在执行上基金会设置矩阵式职能结构6

组，各组除分别负责不同材质回收业务，还负责不同支持业务。

台湾省的执行流程如图 3-4 所示。

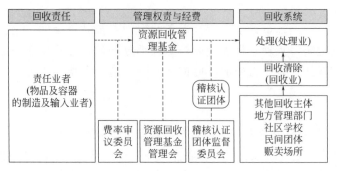

图 3-4　台湾省资源回收管理基金执行流程

责任业者指物品及其容器的制造及输入业者。由于市场产品不断推陈出新，产品生命周期缩短，回收范围和责任业者的范围不断扩展。责任业者在首次制造和输入责任物时，需要向"主管机关"登记，并每月按其责任物量及费率向"主管机关"指定的金融机构缴纳回收清除处理费。

回收管理基金分为信托基金和非营业基金，回收清除处理费中不少于 70％的拨入信托基金，其余拨入非营业基金。信托基金用于向回收业和处理业支付回收清除处理补贴及相关费用。非营业基金用于补助、奖励各团体收集处理工作，及其他管理、技术研发、收集运输工作。

"资源回收四合一计划"即社区民众、回收商、地方当局及回收基金紧密合作。消费者、管理者、学校、团体等，通过回收将回收物交给回收商，会得到一笔收入，回收商再交给处理厂商也能得到相应收入，处理厂商精选处理后，就能得到回收基金的相应补贴，这笔收入供处理商支付回收商的相关费用后，仍能赚钱。

费率审议委员会负责确定征收费率或补贴费率，其影响因素包括材质、容积、重量、对环境的影响、再利用价值、回收清除处理成本、回收清除处理率、稽征成本、基金财务状况、回收奖励金数额及其他相关因素。

稽核认证团体是管理当局购买服务的第三方机构，对责任业者查核其营业量或进口量、物品或其包装、容器的销售对象、原料供应来源等生产、经营情况，对回收、处理业按照法规执行查核资格、作业标准、运营量，及追踪处理的作业。稽核认证团体受稽核认证监督委员会考核和监督。

台湾省资源回收管理基金政策效果包括：列管责任业者从 1998 年的 2775 家增至 2013 年的 15245 家，回收处理业者从 2002 年的 317 家增至 2013 年的 741 家；人均垃圾日清运量从 1998 年的 1.14kg 降至 2015 年的 0.38kg；应回收废弃物稽核认证量从 28.3 万吨提高至 101.2 万吨；资源回收率从 5.8％提高至 45.92％。

②超级基金　超级基金制度是 CERCLA（综合环境反应、赔偿和责任法）中的一项基本制度，超级基金制度赋予美国联邦政府广泛的权力，规定由 EPA 与各州合作，负责实施超级基金项目，以确定和调查处理全国范围内的污染场地，保障了在无法确定责任主体或责任主体无力采取反应措施时，从基金中划出资金用于采取清除污染的措施。

CERCLA 中规定了治理费用的承担主体，即潜在责任人，也规定了潜在责任人的无限连带溯及既往的责任。超级基金在支付治理费用之后，EPA 可以直接起诉某一个或全部的潜在责任人，追讨治理费用。责任者对治理费用承担严格责任，不论危险物质的泄漏是不是由责任者的过失所引起的。

由于资金有限，为了使更多受污染土地得到治理，美国建立了《国家优先治理污染场地名录》（NPL），超级基金只支持被列入 NPL 的污染土地。超级基金的运作方式是先对污染场地进行初步评估，运用污染危害评分系统（HRS）定性污染严重程度。在污染场地的调查基础上拟订 NPL，被纳入 NPL 的污染场地在开始治污前，首先要进行整治调查与可行性研究，再由联邦政府提出整治修复计划。整治修复计划由研究范围、污染场地描述、替代方案筛选、方案可行性调研四部分组成。整治修复方案经由社区民众参与讨论与提出建议后，由政府选择具体方案并形成决策报告书。决策报告书明确治污方法与预定目标，并且在报告书中对治污期间相关操作流程与维护事项作出具体规定[67]。

超级基金主要有以下六个来源：对石油和化工原料征收的原料税、对年收入 200 万美元以上的公司征收的环境税、一般财政中的拨款、对潜在责任人追回的治理费用、对不愿承担相关环境责任的公司及个人的罚款、基金利息。

超级基金的使用范围有如下几类：政府采取应对危险物质行动所需要的费用，任何其他个人为实施国家应急计划所支付的必要费用；对申请人无法通过其他行政和诉讼方式从责任方处得到救济的危险物质排放所造成的自然资源损害进行补偿；对危险物质造成损害进行评估，开展相应调查研究项目，公众申请调查泄漏；对地方政府进行补偿以及进行奖励等一系列活动所需要的费用；对公众参与技术性支持的资助；对 1～3 个不同的大都市地区中污染最为严重的土壤进行试验性地恢复或清除行动所需要的费用。

截止到目前，超级基金项目取得了很大的成绩，永久性地治理了近 900 个列于《国家优先治理顺序名单》上的危险废物设施，处理了 7000 多起紧急事件。

3.4　劝说鼓励类手段

3.4.1　总论

狭义的劝说鼓励手段是一种基于意识转变和道德规劝影响人们环境保护行为的环境政策手段。在运用此手段时，管理者首先依据一定的价值取向，倡导某种特定的行为准则或者规范，对被管理者提出某种希望，或者与其达成某种协议。广义的劝说鼓励手段是指除了命令控制和经济刺激以外的所有环境政策手段。

利用劝说鼓励手段，管理者的最终目的是强化被管理者的环境意识，并促使其去自觉地以管理者所希望的方式或自发地去保护环境。同时，该手段也代表了当事人在决策框架中的观念和优先性的改变，或者说"全部"内在化到当事人的偏好结构中，在决策时主动选择劝说鼓励手段。对于政策客体，其原理是干系人参与理论，这种参与更多地基于外在的引导，通过改变内在的价值观念，达到主动参与环境保护的目的。

首先劝说鼓励手段的基本特征是强制性弱。管理部门通过劝说与鼓励对被管理者进行激励，以期被管理者出于道德考虑改变自身的行为，因此政策效果的实现取决于被管理者是否自愿改变其自身行为。但是在与其他政策进行结合后，譬如将环保目标责任制与官员绩效考核联系在一起时，这些政策从某些程度上讲也具备了强制性。劝说鼓励手段是强制性最弱的手段，但并不是政府不作为。其次，劝说鼓励手段强调预防性。在环境问题尚未产生时，通过提高政府、企业、公众等干系人的环保意识，以此来影响干系人的行为。在从事有可能产生环境问题的行动时，根据自己所掌握的环境知识、内化的环境意识，采取环境友好的方式实施行动，从源头上避免环境问题的产生，充分体现了环境保护预防为主的原则。再次，其政策制定成本和执行成本都较低。由于劝说鼓励手段通常不需要大量的信息，政策制定者只需根据一定的试点效果来制定政策，同时政策执行者只根据自身情况来决定是否接受这种手段，通常政府部门不需要进行监督，而只是根据执行者所提交的结果进行评判即可。最后，长期效果好。劝说鼓励手段是一种颇具弹性的环境政策手段，如环境教育、绿色学校等能以较为柔和的方式影响人们的环境观念，而公众参与、NGO 和自愿协议则能以相对缓和的方式化解不同利益相关方的直接冲突。一旦效果出现，将会长期发挥作用。如环境教育，一旦提高了公众的环境保护意识，对于公众的行为将不仅仅是代内影响，也将产生代际影响。

由于劝说鼓励手段具有成本低和预防性等优点，因此，其使用范围非常广泛，对于大量发生的较为分散的各类环境问题基本都适用。劝说鼓励手段的经济效率和持续改进性非常好，只要对象范围够广泛，都适宜实行。但由于其强制性弱的特点，对于紧急的环境问题，如突发公害事件的解决，不适于用劝说鼓励手段。需要注意的是，作为一种劝说手段，也不能滥用，避免公众产生逆反心理。

本节介绍的劝说鼓励型环境政策手段包括：环境信息公开、公众参与、项目绩效评估、清洁生产、ISO 14000、绿色供应链、企业环境保护（社会责任）报告、环境标志制度。

3.4.2 环境信息公开

（1）定义　环境信息公开是指环境保护行政主管部门依据相关法律、法规将环境信息及时、准确地向社会公布，使公民、法人和其他组织能够享有知情权、参与权和监督权。

环境信息公开制度是规范环境信息公开主体、程序、内容及形式的制度规章，有助于社会各界充分利用环境信息，进行相关的环境保护活动。新修订的《环境保护法》明确规定，公民、法人和其他组织依法享有获取环境信息、参与和监督环境保护的权利。各级人民政府环境保护主管部门和其他负有环境保护监督管理职责的部门，应当依法公开环境信息、完善公众参与程序，为公民、法人和其他组织参与和监督环境保护提供便利。

环境信息公开制度的目标是推进和规范环境保护行政主管部门公开环境信息，维护公民、法人和其他组织获取环境信息的权益，推动公众参与环境保护。具体而言，是共享环境保护和污染防治信息，保障非环境保护部门和公众的环境知情权，为参与环境保护提供信息基础。

（2）干系人及实施机制　政府环境信息公开是指环保部门在履行环境保护职责中制作或者获取的，以一定形式记录、保存的信息，包括环境质量、生态状况、污染物排放、环境保护技术、环境管理信息等。政府部门应主动公开 17 类环境信息，包括环保法规、规划、环境质量状况、统计调查信息、突发事件处理、建设项目环评文件受理情况、排污超标的企业名单、环境保护创建审批结果等。环保部门应当在限定的时间内将主动公开的政府环境信息，通过政府网站、公报、新闻发布会，以及报刊、广播、电视等便于公众知晓的方式公开。

企业环境信息公开是指企业以一定形式记录、保存的，与企业经营活动产生的环境影响和企业环境行为有关的信息。实施规范的排污许可证制度后，除了企业事先声明保密的部分外，一切和企业排污相关的信息均应属于必须公开的内容。

除主动公开环境信息外，环保部门还应公布公民、法人和其他组织申请获取的政府环境信息的程序和标准。环保部门应当根据下列情况分别做出答复：①申请公开的信息属于公开范围的，应当告知申请人获取该政府环境信息的方式和途径；②属于不予公开范围的，应当告知不予公开并说明理由；③依法不属于本部门公开或者该政府环境信息不存在的，应当告知申请人；对于能够确定该政府环境信息的公开机关的，应当告知申请人该行政机关的名称和联系方式；④申请内容不明确的，应当告知申请人更改、补充申请。

环保部门应当建立健全政府环境信息公开工作考核制度、社会评议制度和责任追究制度，定期对政府环境信息公开工作进行考核、评议。定期公布本部门的政府环境信息公开工作年度报告，包括下列内容：环保部门主动公开政府环境信息的情况；环保部门依申请公开政府环境信息和不予公开政府环境信息的情况；因政府环境信息公开申请行政复议、提起行政诉讼的情况；政府环境信息公开工作存在的主要问题及改进情况；其他需要报告的事项。

公民、法人和其他组织认为环保部门不依法履行政府环境信息公开义务的，可以向上级环保部门举报。收到举报的环保部门应当督促下级环保部门依法履行政府环境信息公开义务。此外，环保部门有权对企业公布的环境信息进行核查。

（3）适用条件　环境信息公开有关法规包括《政府信息公开条例》《全国污染源普查条例》《环境信息术语》《环境信息公开办法（试行）》《关于企业环境信息公开的公告》《环境信息系统集成技术规范》《企业事业单位环境信息公开办法》。其中，《环境信息公开办法（试行）》是各级环境保护主管部门开展环境信息公开工作的主要依据。

按照《环境信息公开办法（试行）》的规定，生态环境部（原环境保护部）以办公厅作为本部门政府环境信息公开工作的组织机构，各业务机构按职责分工做好本领域政府环境信息公开工作；县级以上地方人民政府环保部门根据实际情况自行确定本部门政府环境信息公开工作的组织机构，负责组织实施本部门的政府环境信息公开工作。

缺乏环境信息公开指南和目录编制的环保部门应当编制、公布政府环境信息公开指南和政府环境信息公开目录，并及时更新。政府环境信息公开指南应当包括信息的分类、编排体系、获取方式，以及政府环境信息公开工作机构的名称、办公地址、办公时间、联系电话、传真号码、电子邮箱等内容。政府环境信息公开目录应当包括索引、信息名称、信息内容的概述、生成日期、公开时间等内容。

（4）美国的环境信息公开制度　美国的环境信息公开制度的重要目标之一就是让全部干系人，包括各级政府、企业、社团、个人等，都能够得到准确而翔实的数据信息，以便参与到管理有关环境事务中来。EPA 联手其他干系人创建了一个环境数据委员会（OEI），专门负责环境数据信息的收集、分析、处理和发布。三方在环境信息公开制度中各自扮演不同角色，形成一套较为合理的管理体系。

其中，EPA 作为环境信息的总负责人，对环境信息流全过程实施管理，是数据的收集者、加工者、接收者、使用者和传导者。同时，建立了环境数据质量保证机制，定期制定和评估质量体系的有效性。OEI 作为环境信息质量保证的执行者，主要职责是确保环境信息的质量，以使其满足正式决策、质量管理、档案收集的需要。除此之外，EPA 还从外界团体、志愿者手中或通过法律渠道取得大量信息数据，这些非政府机构的职责和义务主要是遵守 EPA 制定的各项政策和程序，提出意见和建议，并随时对数据的质量保证进行监督。

EPA 有向公众发布环境数据信息的义务，一方面是由公众对于社会状况尤其是生态环境状态的知情权决定，另一方面是出于干系人之间相互监督的需要。EPA 官方网页是环境信息公开的主要渠道，包括负责人联系簿、环境质量数据库、环境地图等。

3.4.3 公众参与

环境保护公众参与起源于 20 世纪 30～60 年代，频发的环境污染事件使得先污染后治理的发展模式受到批判，公众环境保护意识从此觉醒。1992 年，《关于环境与发展的里约热内卢宣言》（简称《里约宣言》）第十项阐明："环境问题最好在所有有关公民在有关一级的参加下加以处理。在国家一级，每个人应有适当的途径获得有关公共机构掌握的环境问题的信息，其中包括关于他们的社区内有害物质和活动的信息，而且每个人应有机会参加决策过程。各国应广泛地提供信息，从而促进和鼓励公众的了解和参与。应提供采用司法和行政程序的有效途径，其中包括赔偿和补救措施。"这一原则在国际上被称为"公众参与原则"。

（1）定义　环境保护公众参与是指在环境保护领域，公众有权通过一定的方式、途径参与到与公众环境利益相关的活动中。环境保护中的公众参与原则被学者认为是环境保护的民主原则。

公众参与根据范围的不同可以有不同的定义界定。广义的概念是指在任何环境资源中，任何单位和个人都有平等参与环境保护事业和参与环境资源决策的权利，也承担环境保护的义务。相对狭义的概念定义为公众及其代表根据环境法赋予的权利和义务参与环境保护，是政府和环境保护管理部门在环境决策行为、环境经济行为、环境管理监督工作中听取民众意见，取得公众认可及提倡的环境自我保护。狭义概念认为公众有权通过一定的方式参与到环境决策当中，使该决策符合公众的切身利益。

（2）适用条件　我国《环境保护法》规定，公民、法人和其他组织依法享有获取环境信息、参与和监督环境保护的权利。2015 年，环保部颁发并施行部令《环境保护公众参与办法》，畅通参与渠道，促进环境保护公众参与依法有序发展。

新修订的《环境保护法》首次将信息公开和公众参与单列成第五章，从顶层设计不断完善环境保护公众参与制度。为贯彻落实新环保法关于信息公开和公众参与专章规定，推动公众参与工作有序开展，2015 年 4 月，环保部出台《环境保护公众参与办法（试行）》（征求意见稿），规定了环境保护公众参与的范围：制定或修改环境保护法律法规及规范性文件、政策、规划和标准；实施行政许可或者行政处罚、监督违法行为；编制规划或建设项目环境影响报告书；可作为监督员对重大环境污染和生态破坏事件进行调查处理；监督重点排污单位主要污染物排放情况，以及防治污染设施的建设和运行情况；环境保护宣传教育、社会实践、志愿服务及相关公益活动，以及法律、法规或规章规定的其他事项。

党的十八大报告提出生态文明建设必须保障公众决策参与权，《中共中央关于制定国民经济和社会发展第十三个五年规划的建议》明确要形成政府、企业、公众共治的环境治理体系，培养公民环境意识。

（3）存在问题分析

① 公众参与积极性不高　长期以来，环保部门是环境保护的主导力量，公众关注度

高，实际参与的少，公众习惯于依靠政府治理环境问题，对环保法律法规了解不够全面深入，停留在知晓环保常识的层面上，真正践行环保活动的比较少。

② 公众参与形式单一　法律规定了参与的方式为听证、讨论、座谈等，实际上，个别听证会等流于形式，并未真正发挥作用，公众参与的方式集中在事后举报投诉，事前实施项目影响评价权利的少。

③ 获取环保信息不足　环保信息比较专业，公众理解不够，制约其参与环保的关注，同时对环保相关法律法规不甚了解，缺乏参与环境保护的意识。

（4）干系人与实施机制　环境保护公众参与的主体一般为普通民众、NGO（非政府组织）、国际组织。环境质量关系到每一个人，同一地域的环境面前不分种族、阶级、收入差异，每一个有意识的民众都是推动环保事业的重要力量。NGO 是介于政府和民众之间的纽带，在环境监督、环境维权、环境宣传等方面起到了重要的作用。全球环境问题成为政治经济的博弈筹码。国际组织在国际公约的框架之下，跨越国家差异冲突建立协调和行动的机构。联合国定期围绕议题展开讨论研究，形成了诸如《联合国气候变化框架公约》《里约宣言》等文件，推动国家承担全球环境污染责任。

公众以征求意见、问卷调查、座谈会、论证会、听证会等方式向环保部门表达对项目活动的意见和建议。为鼓励公众参与，环保主管部门设立环保有奖举报专项资金，举报情况属实的，可对举报单位或人员予以奖励；环境保护主管部门建立公众参与工作机制，定期对公众参与工作进行考核、评议；政府通过购买服务等方式引导扶持社会组织。

信息公开方式，一是政府和环保部门依法主动公开，二是依公众申请公开。我国以行政部门依法公开为主。加大环境信息公开力度，包括大气、水环境信息公开，公开排污单位和监管部门的环境信息，将建设项目环评审批至验收信息全程公开，接受公众的监督。

环境保护公众参与主要包括决策参与、监督参与、影响评价、司法参与。决策参与指的是事先参与，在环境立法、建设项目、区域开发等过程中，公众以听证会、座谈会、调查问卷等方式参与；监督参与是环保部门执法过程中，对执法程序及结果、整改落实、影响效果等进行监督，对违反环境保护法律法规行为进行举报投诉；影响评价主要是对建设项目的"三同时"制度落实情况予以监督；司法参与包括公益诉讼、民事损害赔偿、行政诉讼、行政复议等。

3.4.4　项目绩效评估

（1）定义　从公共组织绩效评估的角度来看，根据评估对象的不同，绩效评估可分为组织绩效评估、个人绩效评估和项目绩效评估。其中，项目绩效评估是指对项目决策、准备、实施、竣工和运营的全过程或某一阶段进行优劣评价的活动。"项目"是指公共事物层面更广泛意义上的事项。

（2）政策手段要素　项目绩效评估过程主要有"三 E 法则"：①经济性、效率性、有效性；②注重项目的过程研究；③强调项目的结果和效益。

在公共项目绩效评估理论中，绩效评价模型是建设绩效指标的理论依据并决定着绩效评价维度。比较通用的绩效评价模型主要有：逻辑模型（logic model）以及由其衍生的关键绩效指标法（Key Performance Indicators，KPI）、平衡计分卡（Balance Score Card，BSC）、CAF 通用模型（Common Assessment Framework，CAF）和项目评估定级工具（The Programma Assessment Rating Tool，PART）。成本-效益分析法是评估公共项目效果的主要方法之一，但此方法有一定的局限性，主要表现为：成本-效益法只关注项目整体的效益，忽略了个体需求的差异性；没有充分考虑决策者的行为因素；分析中使用贴现理论对于社会可持续的发展不利等等。

建立科学的绩效评价体系是遏制公共项目投资的盲目低效、利益错位及其对自然环境与人文生态破坏的有效途径。一般认为，公共项目、公共部门、公共政策与整体绩效评价构成现代管理绩效评价的框架体系。项目绩效评价的主要内容包括：①回顾项目实施的全过程；②分析项目的绩效和影响；③评价项目的目标实现程度；④总结经验教训并提出对策建议等。

（3）适用条件　从管理学的角度看，按照美国管理学者孔茨的观点，整个管理过程包括计划、组织、人事、领导和控制[68]。其中，控制是保证管理过程有效推进的必要环节，而绩效评估又是行使管理控制的有效手段和工具，是对管理全过程的监督检查、及时纠偏以及持续改进。

就政府绩效管理和评估而言，其作用主要体现在两个方面：一是检验和评价的功能，通过绩效管理和绩效评估能够知道政府部门的管理绩效的现状如何；二是改善和提高的功能，通过绩效管理和绩效评估可以对政府管理加以改进和提高。评价和改进这两方面的功能是相辅相成、互为因果的[69]。

（4）美国应用经验和启示　从 20 世纪中叶到 80 年代，美国联邦项目绩效管理经历了曲折中发展的过程。广泛的项目绩效评估始于 20 世纪 70 年代的新公共管理运动。以弗雷德里克森（H. G. Friderickson）为代表的"新公共行政学"发展了公平理论，主张由效率至上转为追求社会公平，强调公共管理的顾客需求导向；以普雷斯曼（Jeffrey L. Pressman）和韦达夫斯基（Aron Wildavsky）为主要代表的学者发展了政策科学和公共政策分析，并同公共行政相结合，将研究重点转向政策执行和公共项目，使得公共绩效管理成为行政中的焦点问题。

20 世纪 90 年代以来，美国学者戴维·奥斯本（David Osborne）和特德·盖布勒（Ted Gaebler）在《改革政府：企业精神如何改革着公营部门》一书中提出政府再造的核心原则是如何使政府工作更有效率、效益，主张把私营部门成功的管理方法借鉴移植到公共部门中来，建立政府内竞争机制，树立客户意识，又被称为"企业家政府理论"，成为克林顿政府绩效改革的理论指导思想。胡德（Hood）借鉴现代经济学与私营部门管理理论方法，提出政府管理应以市场或顾客为导向，实行绩效管理，提高服务质量和有效性。美国联邦政府通过并实施《政府绩效与结果法案》（The Government Performance and Results Act of 1993，GPRA），为之后的绩效评估提供了制度保障；布什政府发布了《总统管理议程》（The President's Management Agenda，PMA），整合预算与绩效创新活动，2002 年总统管理委员会与 OMB 联合研发了"项目评估定级工具"（PART）；奥巴马政府对 GPRA 进行了修改和完善，于 2011 年签署了《政府绩效与结果法的现代化法案》（The GPRA Modernization Act of 2010）。

美国联邦政府各部门职能主要是通过联邦项目来实施的，而在 PART 出现之前，并没有统一、有效的标准用来评价项目的实际效果，PART 能够在绩效管理与财政预算决策之间建立一个有效的、实质性的机制联系，并为项目绩效改进提供建议。PART 的设计应用，正是美国联邦政府强化 GPRA 的贯彻落实，促进政府机构提高绩效而做出的一种模式选择。目前，PART 作为美国总统管理日程（PMA）的重要内容之一，在推动美国政府项目绩效评估方面取得显著成效，对以构建"服务政府、责任政府"为目标，对正处于深化改革时期的我国有重要的启示作用。

3.4.5　清洁生产

（1）定义　清洁生产有多种定义，联合国环境规划署对清洁生产的定义为：清洁生产是一种新的创造性的思想，该思想将整体预防的环境战略持续应用于生产过程、产品和服务中，以增加生态效率和减少人类及环境的风险。对生产过程，要求节约原材料和能源，淘汰有毒原材料，减少和降低所有废弃物的数量和毒性。对产品，要求减少从原材料提炼到产品最终处置的全生命周期的不利影响。对服务，要求将环境因素纳入设计和所提供的服务中。《清洁生产促进法》第二条规定："不断采取改进设计、使用清洁的能源和原料、采用先进的工艺技术与设备、改善管理、综合利用等措施，从源头削减污染、提高资源利用效率，减少或者避免生产、服务和产品使用过程中污染物的产生和排放，以减轻或者消除对人类健康和环境的危害。"简言之，清洁生产可以概括为：采用清洁的能源、原材料、生产工艺和技术，制造清洁的产品。

（2）理论基础　传统的末端治理通常是处置企业排污口产生的污染物，往往处理成本巨大，工艺复杂，企业治污动力小，经常导致企业超标排放，甚至偷排漏排，造成了环境的进一步恶化。为了降低减排成本，提高企业治污积极性，常用的手段之一就是推行清洁生产。同时，推行清洁生产有利于企业的经济效益。当产品市场的需求一定时，如果企业采取清洁生产方案，生产这些数量的产品只需要较少的生产资料，单位产品的成本将大大降低，所获取的收益就增加；当提供的生产资料一定时，采取清洁生产则使其产品的总量增加，同样受益增加；污染预防与生产过程相结合，企业将在生产过程中减少废弃物的产生，从而大大降低处理费用。就整个社会来说，当社会的总资源投入一定时，企业实施清洁生产使得社会产品总量增加，社会总效益增加；企业实施清洁生产减少废弃物产生，从而减少企业把治理成本转嫁给社会的机会成本，有效弱化外部不经济性[70]。

在市场经济体制下，作为经济理性人，企业不会盲目追求清洁生产，除非清洁生产有利可图，因此，清洁生产的前提是企业实施清洁生产的收益大于投入。为促进企业开展清洁生产，需要明确和内部化其排放的环境影响。由于固定源、点源的排污许可证制度的实施，清洁生产具备了实施的动力来源。

（3）政策手段要素　由于清洁生产涉及企业的具体生产信息，也会频繁涉及企业的商业秘密，因此，清洁生产从国际经验上看都是劝说鼓励类政策手段，不适合作为强制性的很强的命令控制型手段。政府的主要作用包括清洁生产研究、信息公开、表彰、示范工程补贴等。

传统的末端治理只关注末端排放的污染物控制，污染预防关注生产过程，而清洁生产关注的是产品的全周期过程。清洁生产主要关注两个过程：生产过程、生命周期过程。生产过程关注企业内部生产；生命周期过程关注产品从生产形成到消亡，再到产品的再生。

① 目标　通过对资源的综合利用，短缺资源的代用，二次能源的利用以及节能、降耗、节水，合理利用自然资源等方式，减缓资源的耗竭，达到自然资源和能源利用的最合理化，减少废物和污染物的排放，促进工业产品的生产、消耗过程和环境相容，降低工业活动对人类的和环境的风险，达到对人类和环境危害最小化和经济效益的最大化，实现可持续发展。

② 主要途径　改进管理和操作、改进工艺和设备、改进产品设计、资源综合利用、选择对环境最友好的原料、资源综合利用。

③ 生产步骤　筹划与组织、预审核、审核、方案的产生与筛选、可行性分析、方案的实施、持续清洁生产。

④ 主要方法

a. 清洁生产审核。清洁生产审核以企业为主体，是按照一定程序，对生产和服务过程进行调查和诊断，找出能耗高、物耗高、污染重的原因，提出减少有毒有害物料的使用、产生，降低能耗、物耗以及废物产生的方案，进而选定技术经济及环境可行的清洁生产方案的过程。清洁生产审核分为自愿性审核和强制性审核。污染物排放达到国家或者地方排放标准的企业，可以自愿组织实施清洁生产审核，提出进一步节约资源、削减污染物排放量的目标。污染物排放超过国家和地方排放标准，或者污染物排放总量超过地方人民政府核定的排放总量控制指标的污染严重企业以及使用有毒有害原料进行生产或者在生产中排放有毒有害物质的企业需要进行强制性审核。

b. 生命周期评价。生命周期评价是一种评价产品、工艺过程或活动从原材料的采集和加工到生产、运输、销售、使用、回收、养护、循环利用和最终处理整个生命周期系统有关的环境负荷的过程。生命周期评价的评估对象可以是一个产品、处理过程或活动，并且范围覆盖了评估对象的整个寿命周期，包括原材料的提取与加工、制造、运输和分发、使用、再使用、维持、循环回收，直到最终的废弃。

c. 产品生态设计。产品生态设计又称绿色设计、生命周期设计，是指产品在整个生命周期中密切考虑到生态、人类健康和安全的产品设计原则和方法。

d. 环境标志。环境标志是依据有关环境标准、指标和规定，由国家指定的认证机构确认并颁发标志和证书，以证明某一产品符合环境保护要求，对生态环境无害。环境标志制度的认证标准包含资源配置、生产工艺、处理技术和产品循环、再利用及废弃物处理等。环境标志是环境管理思想的进一步发展，其实质是对产品的全过程环境行为进行控制管理[71]。有关环境标志的内容已被列入 ISO 14000 环境管理体系系列标准之中，作为环境管理体系的技术支撑之一。

⑤ 重要意义　从国家角度来说，清洁生产是可持续发展的资源、能源、环境战略；从企业的角度来说，节能、降耗、减污、增效的全新理念是对国家可持续发展的具体落实和措施。清洁生产作为污染预防的有效方式改变了传统"先污染后治理"的环境保护观念，从传统的末端治理转到全过程控制，进而转到污染预防上来，是实施可持续发展的必然选择和有力保障。

（4）国内外应用经验简介　《清洁生产促进法》从 2003 年 1 月 1 日开始施行至今，我国形成了自上而下的促进清洁生产的法规政策体系，清洁生产的法制化和规范化管理日益完善，政府从多个角度、多个环节对企业推行清洁生产的行为进行引导、鼓励和支持。各省（自治区、直辖市）也制定和发布了推行清洁生产的实施办法和相关政策。截至 2010 年底，全国有 3 个省（直辖市）出台了《清洁生产促进条例》，20 多个省（自治区、直辖市）印发《推行清洁生产的实施办法》，30 个省（自治区、直辖市）制定了《清洁生产审核实施细则》，22 个省（自治区、直辖市）制定了《清洁生产企业验收办法》[72]。我国重点企业清洁生产审核取得了较好的环境效益和经济效益。据不完全统计，全国重点企业通过清洁生产审核提出清洁生产方案 19.7 万个，实施 18.9 万个，约累计削减废水排放 170 亿吨、

COD12 万吨、$SO_2$19 万吨、NO_x18 万吨，节水 6 亿吨，节电 58 亿千瓦时，取得经济效益约 284.61 亿元[73]。

美国国会于 1990 年 10 月通过了《污染预防法》，把污染预防作为美国的国家政策，取代了长期采用的末端处理的污染控制政策，要求工业企业通过源削减，包括设备与技术改造、工艺流程改进、产品重新设计、原材料替代以及促进生产各环节的内部管理，减少污染物的排放，并在组织、技术、宏观政策和资金方面作了相关规定。丹麦于 1991 年 6 月颁布了新的环境保护法，这一法案的目的就是：努力预防和防治对大气、水、土壤的污染以及噪声带来的危害；减少对原材料和其他资源的消耗和浪费；促进清洁生产的推行和物料循环利用，减少废物处理中出现的问题。

3.4.6　ISO 14000

（1）定义　ISO 14000 环境管理体系标准是由 ISO/TC207（国际环境管理技术委员会）负责制定的一个国际通行的环境管理体系标准。它包括环境管理体系、环境审核、环境标志、生命周期分析等国际环境管理领域内的许多焦点问题。其目的是指导各类组织（企业、公司）取得正确的环境行为，但不包括制定污染物试验方法标准、污染物及污水极限值标准及产品标准等。该标准不仅适用于制造业和加工业，而且适用于建筑、运输、废弃物管理、维修及咨询等服务业。该标准共预留 100 个标准号，共分 7 个系列，其编号为 ISO 14001～ISO 14100，见表 3-4。

表 3-4　ISO 14000 系列标准标准号分配表

分技术委员会	名称	标准号
SC1	环境管理体系（EMS）	14001～14009
SC2	环境审核（EA）	14010～14019
SC3	环境标志（EL）	14020～14029
SC4	环境行为评估（EPE）	14030～14039
SC5	生命周期评估（LCA）	14040～14049
SC6	术语 & 定义（T&D）	14050～14059
WG1	产品标准中的环境指标	14060
	备用	14061～14100

（2）理论基础　发达国家经过长期的经济发展，社会生产力和环境保护的意识远远高于发展中国家。虽然发达国家环境标准的规定和实施非常严格，但对其产品竞争力的影响却微乎其微，而对于广大的发展中国家却产生巨大的冲击。为限制发展中国家产品的进口，发达国家设置了绿色贸易壁垒，从而达到贸易保护的作用。交易成本的产生是由于信息不完全性，交易双方都会努力去设法收集和获取自己所不掌握的信息，去监督对方的行为，并设法在事先约束和事后惩罚对方的违约行为等，这就导致贸易壁垒的产生。ISO 14000 标准的目的是通过建立符合各国的环境保护法律、法规要求的国际标准，在全球范围内推广 ISO 14000 系列标准，达到改善全球环境质量、促进世界贸易、消除贸易壁垒的最终目标，该标准是企业进军国际市场的"绿色护照"。ISO 14000 标准以"预防为主"原则为出发点，

通过环境管理体系和管理工具的标准化，规范从政府到企业等所有组织的环境意识，达到降低资源消耗、改善全球环境质量的目的。

（3）分类　ISO 14000 标准体系由五个要素组成，即：环境方针、策划、实施和运行、检查和纠正措施、管理评审。体系认证的标准为 ISO 14001，这是系列标准中的核心部分。其他标准则是其技术支撑文件，以保证环境体系审核认证活动规范化并与国际接轨。ISO 制定的标准推荐给世界各国采用，而非强制性标准。但是由于 ISO 颁布的标准在世界上具有很强的权威性、指导性和通用性，对世界标准化进程起着十分重要的作用，所以各国都非常重视 ISO 标准。我国等同采用的 GB/T 24000-ISO 14000 环境管理系列标准已于 1997年 4 月 1 日开始实施。

（4）ISO 14000 系列标准与清洁生产的关系　推行清洁生产是贯彻 ISO 14000 系列标准的要求，ISO 14001 标准条款 4.2 中明确要求企业采取清洁生产手段来控制污染，这也就是说企业要取得 ISO 14001 认证，必须推行清洁生产。清洁生产融入生产，和 ISO 14000 系列标准具有很好的互补条件，企业如果推行了清洁生产，就等于解决了企业贯彻 ISO 14000 系列标准在技术方面存在的问题，这无疑会极大地促进我国企业推行 ISO 14000 系列标准的步伐。清洁生产可以成为绝大多数企业建立环境管理体系的"台阶"，无论是大企业还是小企业都能从事清洁生产[74]。清洁生产与 ISO 14000 系列标准都是以污染预防为基本原理，都努力通过加强规划和管理，并通过方案或计划实施，促进资源的合理运用，减少废物和污染的产生，实现企业和社会的可持续发展。从时间上看，尽管清洁生产提出在前，ISO 14000 系列标准颁布在后，但都体现了现代环境管理思想从"末端治理"向"源头管理、污染预防和持续改进"转变的过程，并且都是这一思想转变过程的产物。

当然，两者也存在不同：①侧重点不同。清洁生产着眼于改进生产；ISO 14000 系列标准侧重于管理。②目标不同。清洁生产是直接采用技术改造，辅以加强管理；ISO 14000 系列标准采用优良的管理，促进技术改造。③审核方法不同。清洁生产采用工艺流程分析、物料和能量平衡等方法；环境管理体系审核侧重于检查企业自我管理状况。

总之，清洁生产虽也强调管理，但生产技术含量高，清洁生产为 ISO 14000 系列标准的实行提供了技术支持；ISO 14000 系列标准强调污染预防技术，但管理色彩较浓，为清洁生产提供了机制、组织保证。

（5）国内外应用经验　我国环境管理认证工作起步于 1996 年。1997 年，我国成立了中国环境管理体系认证指导委员会及中国环境管理体系认证机构认可委员会（简称环认委）和中国认证人员国家注册委员会环境管理专业委员会（简称环注委），负责 ISO 14000 系列标准在我国的实施工作[75]。环认委和环注委接受来自委员会各部门及社会各界的监督，严格按照国际准则的要求建立自我约束机制，依据规定的准则和程序对环境管理体系认证机构、审核员及培训机构开展评审活动，并授予国家认可和注册资格，从而保证环境管理体系认证与认可的公正性及权威性。2016 年，ISO 14001 标准认证在全球发证 346189 张，其中我国颁发 137230 张，证书量位列全球第一。

ISO 14000 系列标准在美国的推广实施过程，是以大型跨国公司为先导，政府部门积极试点推广，从而带动中小企业进行的。1998 年以来，获证企业数量开始大量增长。全球化背景下，跨国企业更要防止环境责任的异地异国转嫁，以及实现成本的最小化。全球贸易带来企业形象的全球化，同时各个国家在环境管理标准、要求等方面都存在差异，大型跨国企业必须建立自己的内部环境管理体系。由于 ISO 14000 系列标准是以西方发达国家环境管理的先进经验为基础，同时又是第三方认证的证书，因此大型跨国企业纷纷申请认证。此外，对于出口导向型的国家和地区为了消除绿色贸易壁垒，为了打入西方发达国家市场，也积极进行 ISO 14001 认证，例如日本、韩国、泰国和新加坡等。

3.4.7　绿色供应链

（1）定义　绿色供应链是为了环境友好，从产品设计、采购、生产、分销以及原材料的使用及再使用等对供应商采取的管理策略、行动及所形成的合作关系等。

（2）要素与结构　对绿色供应链进行系统的细分，可将其分为：生产子系统、消费子系统、社会子系统及环境子系统。其构成要素包括：供应商、制造商、分销商、消费者、回收商等。绿色供应链的概念模型如图 3-5 所示。

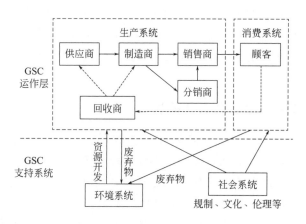

图 3-5　绿色供应链的概念模型

其中，生产系统包括从资源的投入到产品制造的全过程，消费系统包括消费者最终消费的过程，环境系统包括资源的提供与废弃物的回收与再生，社会系统主要从规制、文化与伦理等因素方面提供引导、激励、约束进而使得其行为主体的活动能实现与环境相容。

（3）作用原理与目标　绿色供应链管理活动不仅包括制造活动或者产品转化活动，也包括环境设计、供应商运营流程的改善及评价系统，绿色供应链是实施综合型环境管理模式的一个载体，可以更多地利用财税激励、市场经济、信息公开、自愿参与等综合性手段，促进企业自觉加大污染减排力度，自主使用绿色生产工艺，采购绿色原材料，实施绿色认证，树立绿色形象，把环境因素作为其竞争力因素，并且通过供应链上下游相关方间的相互监管和市场激励，实现企业环境责任，提高环保部门监管效率。绿色供应链管理的目标包括资源优化利用（对于生产系统而言）、福利改善（对于消费系统而言）和实现与环境相容（对于环境系统而言）。

（4）实施条件

① 激励条件包括市场压力、市场份额、风险管理的需要。

② 障碍条件包括成本、环境意识缺乏、不明确的环境标准及供应链内成员间烦琐的报告要求而导致沟通的冲突、技术及商业机密存在曝光的危险、技术与知识障碍、柔性降低。

（5）应用经验

① 德邦于 2008 年开始测试再生胎，2012 年进行统购推广。2013～2017 年，德邦在北京、上海、广州、深圳、武汉、郑州、西安等城市推广使用再生胎，不仅在环境保护、资源回收方面取得了成就，还降低了运输成本。

② 高澜一直坚持"用更少的资源释放更多的能量"，其产品的水冷介质使用丙二醇替代容易分解酸化且有毒性的乙二醇，并建立了一套完整的采购体系，根据用户的工况、环境及冷却容量等因素进行个性化设计和制造，在满足客户需求的情况下最大程度节省成本。在研发和设计阶段，高澜通过采用信息系统和标准化的数据库研发设计体系，大幅度简化了产品设计，实现了基础材料和零部件的标准化，并通过仿真设计对设计方案进行校核，减少测试次数，避免资源的浪费。在采购阶段，高澜选择具有绿色认证的优质供应商，同时定期对供应商进行审核，对于不达标的供应商要求整改，或者取缔。在生产制造阶段，逐步实现自动化生产替代传统的人工生产的转变。回收和再利用方面，公司注重在产品制造过程中物料的回收和再利用，同时不断推动产品使用过程中产生的废水、废热的回收与再利用。

3.4.8　企业环境保护（社会责任）报告

（1）定义　企业社会责任报告（简称 CSR 报告）指的是企业将其履行社会责任的理念、战略、方式方法，其经营活动对经济、环境、社会等领域造成的直接和间接影响，取得的成绩及不足等信息，进行系统的梳理和总结，并向利益相关方进行披露的方式。企业社会责任报告是企业非财务信息披露的重要载体，是企业与利益相关方沟通的重要桥梁。

企业环境保护的社会责任主要是指企业在谋求利润最大化之外所负有的保护环境和合理利用资源的义务，它是企业社会责任的一个重要组成部分。环境责任正在成为制约企业提升竞争力的新要素，不仅对企业本身而且对整个社会都会产生深远的影响。

（2）理论基础　企业社会责任报告是以利益相关者理论、社会契约理论和三重底线理论等为理论基础发展起来的。企业应对其利益相关者承担责任，而社会为企业提供了人力资本、环境资源、社会资源来维持企业运作，企业从中受益并应承担相应的社会责任。社会持续进步繁荣，企业想要生存并且欣欣向荣地发展，需要社会的认同，则需要遵守社会中形成的普遍道德要求，履行企业承担的社会责任，公众认为企业与社会的契约关系即为企业的社会责任。企业获取经济利益的同时遵循最基本的原则，达成这个社会契约，是企业在经济浪潮中长盛不衰的基础。这个契约是企业对自身的管理，也是社会对企业的要求。三重底线理论是指企业的行为不仅要考虑经济底线，还应当考虑社会底线与环境底线，在企业创造自身价值、带来经济利益的同时也要保护环境和企业相关利益群体的利益，即股东、债务人、客户、员工等的利益。

（3）实施条件　企业环境保护社会责任的发展源于美国等发达资本主义国家的公众开始关注自然环境，尤其关注企业对破坏生态环境所应负的责任。2003 年，全球 CEO 世界经济论坛中关于"企业公民"的标准包括了四个方面，其中第三个就是对环境的责任，包括维护环境质量、使用清洁能源、共同应对气候变化和保护生物多样性等。

随着我国可持续发展战略的不断深入，企业环境信息尤其是环境定量信息将成为企业持续经营、业绩评价和投资决策中不可缺少的重要部分。同时，随着社会公众环保意识的逐渐提高，维护环境权利意识也逐渐上升，越来越多的企业通过企业社会责任报告等形式进行更多的环境信息公开，以满足日益膨胀的公众环境信息披露需求。

（4）应用经验

① 2003 年，国务院发布《国务院关于落实科学发展观加强环境保护的决定》，其对"公示"制度予以明确，并强制规定："凡关乎公众环境权益的发展规划和建设项目，需采用听证会、论证会或社会公示等形式，履行社会监督职责。"

② 2010 年，我国环保部下发了《上市公司环境信息披露指南》，提出将上市公司划分为重污染型上市公司与非重污染型上市公司的规范。对于重污染型上市公司，应发布年度环境报告，并在报告中强制披露相关环境事项及信息，而对于非重污染型上市公司，则鼓励其披露年度环境报告。

③ 根据 2007 年《WTO 经济导刊》对在华外资企业承担社会责任的调查，50 余家在华外资企业中超过 40% 的企业发布了企业社会责任报告，其包括拜耳（中国）、壳牌石油、必和必拓、福特（中国）、索尼（中国）、东芝（中国）等，内容涵盖了企业环境信息等诸多社会责任履行的状况。

3.4.9　环境标志制度

（1）定义　环境标志制度是指依据有关的环境标准和规定，由国家指定的认证机构确认并颁发标志和证书，以表明某一产品的生产、使用及处置等过程均符合特定环境保护要求，对生态环境无害或危害性极小的法律制度。这一制度的实施可以对产品的资源配置、生产工艺、处理技术和产品循环再利用及废弃处理的各个领域所涉及的环境行为进行监管。

（2）分类　环境标志一般可以分为以下三类。第Ⅰ类环境标志称为批准印记型标志。这是人们通常所说的环境标志，也是目前大多数国家采用的类型，其主要特点是自愿参加、以有关准则或标准为基础、包含生命周期的考虑、需经第三方认证。这种环境标志往往是一种在产品上或其包装上的图形，由政府管理部门或独立的民间环境团体按严格的程序和环境标准颁发给厂商的"绿色通行证"，以向消费者表明某一产品不仅质量符合标准，而且从研制到开发，到生产使用、消费、处置直至回收利用的整个过程中均符合特定的生态、环保要求，对生态环境和人类健康均无损害，与同类商品相比具有低毒、少害、节约资源等综合环保优势。第Ⅱ类环境标志称为自我声明型标志。这种标志的特点在于可由制造商、进口商、批发商、零售商或任何从中获益的人对产品的环境性能作出自我声明，这种自我声明可在产品上或者在产品的包装上以文字声明、图案、图表等形式表示，也可表示在产品的广告上或者产品的名册上，且无须第三方认证。事实上，这种环境标志是未经独立的第三方认证，由制造商、进口商、批发商、零售商等任何从中获益的人自行设计、贴在产品上的一种环境声明标签。第Ⅲ类环境标志称为单项性能认证型标志。这些单项性能主要包括可再循环性、可再循环的成分、可再循环的比例、节能、节水、减少挥发性有机化合物的排放、有利于森林的可持续生长等。这类环境标志基于第三方的检验和确认，只向消费者提供某一方面的参数和信息，不对产品进行价值判断。

（3）作用原理与目标　环境标志制度是以市场和消费者的自愿选择为特征，为普通消费者参与可持续消费和环境保护提供了一条重要的途径。中国环境标志的目的是在政府、企业和消费者之间架起绿色的桥梁，传递产品有关环境保护的信息，引导企业消费者识别和选择绿色产品，进行可持续消费，促进清洁生产，为企业和公众自觉参与环境保护提供一个路径。

（4）实施条件　第一，公众环保意识的增强。第二，绿色消费活动的勃兴。第三，环境管理手段市场取向的强化。

（5）应用经验

① 我国在 1993 年推出了《中国环境标志计划》，当时国家环保局按照"一国一标一机构"的国际惯例，建立了中国环境标志的管理模式，设计了"十环"的标志，寓意为全民联合起来共同保护人类赖以生存的环境。

② 20 多年来，中国环境标志形成了标准制定、认证检查、质量保证、国际接轨等完整的认证体系，产品涉及汽车、建材、纺织、电子、日化、家具、包装等多个行业，共形成了 99 大类产品标准，有 4000 多家企业、40 多万种型号的产品获得了认证。环境标志产品的年产值已经达到 3 万多亿元。中国环境标志已成为我国最具权威的绿色产品认证制度。

③ 从 2006 年开始，环境标志产品进入政府采购清单，截至目前，共发布了 20 批环境标志产品政府采购清单，产品种类涉及 60 类产品的 2500 多家企业，286620 多个产品形式。2016 年，环境标志产品政府采购规模达到了 1360 亿元，占政府采购同类产品的 81.5%。从 2008 年至 2016 年，环境标志产品政府采购总规模已经达到 8514.5 亿元。

3.5　环境政策手段组合和设计

环境政策手段并没有绝对的优劣之分，而关键看环境政策追求什么，即针对具体的政策目标是什么，不同的政策目标以及不同的目标排序，都会影响到选择什么种类的政策手段。因此，以实现政策目标为中心，来选择合适的环境政策手段非常重要。

各项政策手段不需要面面俱到，而只需要符合其所属类别的原理和标准。其中，原理和标准之间又有一定的联系，有些方面是政策手段本身的实施条件或前提，如果不满足，则无法使用这种政策手段。

3.5.1　环境政策手段选择和组合的原则

（1）历史的经验　命令控制手段适用的优势领域在于公共性和总体性强、需要一定强制性的环境管理事务，即在创造和维护人与人就环境权益进行合理交易的"秩序"方面[76]。命令控制手段由行政机关实施，因此，能够保证政策的强制性和效果。简言之，命令控制手段适用于宏观环境管理，其作用的对象为公共性和总体性较强的主体，如：环境立法、制定环境标准、协调政府内部不同职能部门之间的行动、监测并公布环境质量状况等。命令控制政策还适用于较集中的污染源，如对典型污染源和危害到人们生产生活的流域、地区，就适合采用目标责任制、限期治理、关停并转污染源等命令控制手段。命令控制手段还适用于处理那些由于环境外部性问题而引起的紧急环境事件，特别是公害事件。当某个公害事件的环境污染或生态破坏超过了"环境容量"，或者发生了异常原因导致的灾害时，由于情况紧急，而且持续时间不长，运用命令控制手段能迅速明显地实现既定管制目标，政策效果良好。

而对于那些大量发生但分散度大，每一项又涉及较大管理成本的环境权益冲突的处理，就不适合用命令控制手段，而适合用经济刺激手段。简言之，经济刺激手段适用于微观环境管理。杰瑞米·沃福德[77]在谈到环境问题时说："现在人们普遍认识到环境污染主要是大量小规模活动共同作用的结果，而不主要是由单个管理不当的大企业造成的。"而如果对诸多小型企业采取逐一监控、逐一管理的命令控制政策，成本会非常高，执行效果也很难保证。因此，在微观环境管理领域，需要一种自发发挥作用从而帮助实现环境利益均衡的机制，或者说，需要大量政府以外的社会力量来从事环境监督和制约的工作，这些社会力量没有"编制"，它们主要由企业构成，利用市场的力量来发挥作用。此外，也包括非营利组织和公民个人。市场、其他微观个体相当于一种自动机制，不需要额外的政府管理成本。对于微观环境管理，经济刺激手段是最为有效的。此外，劝说鼓励手段也可以对微观环境管理起到补充和支持的作用。

两种手段各有优劣，那么究竟选择经济刺激手段还是命令控制手段，就需要分析政策追求的目标是什么。如果追求确定性，那么就优先选择命令控制手段；如果追求经济效率，就优先选择经济刺激手段。如果追求持续改进，那么也更倾向于经济刺激手段。如果追求公平性，那么就需要分析不同政策类型的公平性，进而选择相对最公平的手段。在选择具体的环境政策手段种类时，也要根据实际情况做出选择。对于经济刺激手段的不同种类：如果污染物排放量较大而且污染源易于管理、排污量能准确测量、污染源污染控制成本有较大差别，适合用排污权交易；如果是对环境有潜在危害的产品，可采用押金返还制度，比如控制来自饮料包装的废弃物，减少不断填埋到垃圾场的固体废物，以及应用于铅酸电池的回收等。

（2）政策的目标　环境政策力求在一定的时间、空间范围内，以尽量低的成本达到一定的污染控制或环境保护的水平，使环境的外部不经济性内部化。环境政策保护的对象是受体，而不是任何中间对象。虽然名为环境政策，但其努力寻求使经济发展和环境保护都得到保全，保证公平和效果的共同实现，使二者获得"双赢"的解决方案。尽管公平和效果难以兼顾，但"双赢"思想确实对我国环境政策产生了很大影响。实际上，我国在 20 世纪 80 年代中期就提出了"三同步""三效益""三统一"的方针，这是双赢思想的早期体现。环境政策不能孤立存在，其目标的实现依赖于经济、社会等多方面的因素。

命令控制手段具有普遍性、基础性和强制性的特点，能迅速地抑制污染排放，达成政策目标，从环境政策的发展及在各国的具体应用情况来看，无论是发达国家还是发展中国家，命令控制手段都是最传统的环境管理方法。但是，命令控制手段存在某些局限。例如：首先，政府为控制各类污染源必须全面而准确地把握各类污染源的信息，但是实践中普遍存在着信息不对称的客观现象；其次，政府很难发现和解决大量"小型而分散的污染源"；最后，随着生产技术水平和环保技术的发展，政府需要不断地修订相关法规和标准，制定修订这些标准也是一项艰巨的工作。

经济刺激手段可以使严厉的命令控制手段变得"温和"而有助于实施；建立在"自愿"基础上的经济刺激手段，是对命令控制手段的有力配合和补充；经济刺激手段的实施有利于预防性政策的实现，有利于提高政策的灵活性和实施效率，能为进一步消除污染及促进技术进步提供持续不断的压力并刺激创新，有利于实现政策目标。

（3）实施的条件　命令控制手段必须有相关的环境保护法规为依据。通过法规规定出了污染物排放的种类、数量、方式以及产品和生产工艺的相关指标。只有拥有了指标，又规定了标准，才能够有所管制。否则，没有目标、没有参照的盲目随机的决策行为，将不构成理想的命令控制。而这些法规、标准的制定，依赖于充分的信息。比如：在制定污染控制政策时，要求有关机构在产生污染的公司或产业适用的各种技术方法的基础上制定并论证其决策，这样就需要各产业部门的技术和经济方面的详细知识，以便设定相应的指标标准或其他政策。没有充分的信息，难以保证命令控制政策制定的科学合理性❶。命令控制政策还需要有严格的监督和制裁措施作为保障，否则很难保证政策目标的实现，即很难将政策目标确定性的优点发挥出来。没有监督和制裁，管制行为很难具备强制性和权威性。

对于经济刺激政策而言，其实施的条件首先是充分竞争的市场。有效使用经济政策离不开充分竞争的市场，同时也必须满足一些其他的条件，包括：足够的知识基础、强大的法律结构、高超的管理能力以及较小的阻力。其中，充分竞争的市场保证有大量的买者和卖者存在，他们之间有竞争和淘汰，因而就拥有了对不同方案进行选择的动力，进而就保证了经济刺激的有效性；足够的知识基础保证了经济主体能够获知相关的费用和效益信息，了解环境资源及环境损害的数量、质量数据，也了解有关替代品的可能信息，从而将其纳入决策过程。总的来说，足够的知识基础保证了所需信息充分、顺利地收集、存储和传播；强大的法律结构保证了有效的财产制度的确立，因而能够明确相关的权利和责任；高超的管理能力保证了设计和实施经济刺激能得到所需的人力和财力资源支持；较小的阻力保证了经济政策能够得到接受。只有这些条件都具备，经济政策才能够取得很好的效果。

3.5.2　环境政策手段的组合方法

不同环境政策手段并没有绝对的优劣，相互之间也没有排斥性，不必局限于某一项环境政策手段，也不必期待通过发展或完善某一项环境政策手段即可解决所有的环境问题，而应当充分重视环境政策手段的多样性及各自的特点，通过环境政策手段的科学组合，更好地解决环境问题，促进环境保护。

（1）调查具体情况　具体问题具体分析。针对不同的具体问题，需要提取其相关信息，作为决策的基础，包括相应行政体制、市场环境、群众环境意识、信息公开程度等方面。

（2）明晰政策目标　需要细化到多长时间，多大范围，解决什么样的环境问题或达到什么样的政策效果？通过调查具体情况和明晰政策目标，基本上完成了环境政策手段组合方法的"识别阶段"，并且区分介质（或按其他分类标准）将政策目标排序。

（3）形成环境政策手段选择框　考虑到具体的情况和政策目标，挑选出与之相适应的环境政策手段。

（4）分析选择出组合矩阵　如果其中有某项政策手段具备命令控制型政策手段的标准，比如含有被立法通过的环境标准，那么这种命令控制手段几乎还是政策手段组合的中流砥柱。简言之，如果有能够充分发挥出命令控制手段特点的手段，那么应首先将其选择进入矩阵当中。参考各国的经验，命令控制型手段仍然占据重要地位。

如果根据当地当时的具体情况，能够有具备实施条件的经济刺激型手段，本着建立市场型手段优先于利用市场型手段的选择次序进行选择。其原因是：前者需要的条件更为苛刻，但是如果一旦具备，其运行成本更低。所以如果具备实施条件，即优先选择建立市场

---

❶ 这里所论述的条件都指理想情况下，科学合理的政策手段所需要具备的条件，而并不代表现有实施的政策都已经具备了这些条件。

型手段。

理想条件下，劝说鼓励手段应作为前两种类型的补充。但是如果条件非常适合，也不排除其发挥主要作用的可能。

（5）根据政策手段的评判标准评判出政策手段矩阵 评判的过程中，考虑到可行性和评判过程的成本有效性，有侧重地对不同类型的政策手段进行评判。侧重点的选择结合了政策目标和各种类型政策的特点。比如，评判命令控制型手段时，着重考虑其确定性。而评判经济刺激型手段时，着重考虑其效率。对劝说鼓励手段，着重考虑效率和持续改进性。对公平性，需要单独予以考虑。不同类型的手段，只要满足其相应的侧重点即可，当然，在此基础上能满足更多的标准则更好。最后通过组合，达到满足多项评判标准的目的。

这里追求的是政策手段组合的优化，不必过多注重单项政策手段的所有标准，而应各取所长，保证其发挥出自己所属类型的优势。只要保证组合的整体能够满足所有标准即可。总之，环境政策手段的类型很多，结合具体的情况，以及政策手段的特点，通过科学的政策手段组合，完全可以优势互补，达到"双赢"的结果。

3.6 我国环境政策手段选择的建议

环境政策手段的判别标准要根据具体情况，用追求的侧重点（即这几个判别标准：确定性、经济效率、公平性、持续改进性和信息性）来选择与之相吻合的政策手段。值得指出的是，政策手段的选择并不强调唯一性，而更加倾向于使用政策手段的组合。

（1）命令控制手段仍将是主要手段 纵观世界环境保护政策的历史和现状，命令控制手段一直是主要的环境政策手段。命令控制手段也是其他手段的基础。

我国要在相当长的时间内仍然采取以命令控制手段为主的环境政策手段，主要原因是经济刺激手段在实践中还存在许多局限和障碍，主要是：我国的情况有些地方还不符合经济刺激手段实施的条件，但应该说，随着我国经济的发展，未来环境政策的取向必然会更多地倾向于经济刺激手段。本书更多地倾向于分析各政策手段自身的发展方向。

目前，很多看法认为我国应尽量多地使用经济刺激手段，以适应市场化条件下改革环境管理模式的需求，甚至提出要用经济刺激手段替代命令控制手段。值得指出的是，在任何时候、任何情况下，从根本上来说，命令控制手段的作用都是必要的，它任何时候都不会被替代。无论是发达国家还是发展中国家，也无论是实行计划经济还是市场经济，在需要强制推动的环境保护行动中，特别是在应对大规模的环境灾难和紧急的环境污染事件的行动中，命令控制手段最为有效。即使环境保护要从强制制度向以市场为导向的制度（如需求诱导型、消费拉动型等）变迁，也并不意味着排斥命令控制手段，而是意味着政府在利用命令控制手段时，应更多利用微观主体追求利润的动机，更多考虑信息公开和公众参与等，但这些变革还是在命令控制手段发展和完善的范围之内。

在适合采用命令控制手段的条件下，命令控制手段的确定性是最高的。命令控制手段并不是不要经济效率，较高的效率也是命令控制手段追求的基本目标。

命令控制手段方面的改革，需要从有效实施的条件入手，一方面抓住法规、标准的完善，另一方面建立和规范监督惩罚机制，使命令控制手段切实发挥其威慑力量。除这两点最重要的方面以外，命令控制手段还应该在某些方面放松管制，如实施效率较低的命令控制手段，对小污染源设定严格的浓度排放标准就不合适。当然，在需要行政管制的其他方面，政府的管制并不能放松，这里所提的"放松管制"，是限定在一定范围内的，主要限定在对环境资源的管制方式上。如果管制过于严格，超出了合理范围，反而可能遭到消极抵抗，不利于目标的实现。此外，可以积极借鉴其他国家的经验，拓展命令控制手段的形式。如在法国、英国、日本和德国等国家，广泛采用行政合同的形式，政府不以行政命令而以与相对人签订合同的方式来实现有关经济、文化教育、科研、环境资源等方面的预定计划，签约主体可以是行政主体（主要是行政机关）之间或行政主体与行政管理相对人之间，签约的目的是实现国家行政管理的某些目标，合约中明确了双方的权利和义务。这样虽然使政府强制力减弱，但仍然可以归属于命令控制手段。计划控制既保证了企业发展战略与国家计划目标的一致，又使企业在计划的框架内保持最大限度的经营自由，较好地使命令控制具有了经济有效性。类似地，我们还可以因地制宜地借鉴引进其他命令控制手段的类型。

（2）经济刺激手段将成为改革和运用的重点　经济刺激手段能够发挥市场的刺激作用，在效率和持续改进方面，具有命令控制手段无法比拟的优势。经济刺激手段的实施需要有严格的条件。如果在不具备条件的情况下盲目崇拜经济刺激手段，不仅不会实现政策目标，发挥出经济刺激手段的优势，而且可能产生寻租等其他问题。

我国实施了几十年的排污收费制度在《环境保护税法》出台后已经废止。2018年1月1日开始实施的《环境保护税法》利用税收制度的规范性和强制性，同时结合经济手段的激励性特征，一方面可以倒逼环境监测数据更加真实，另一方面也可激励企业不断改进环境技术，提高环境管理水平。在节约化石能源、支持清洁能源和可再生能源发展领域也会很有发展前景，这些领域更加符合实施税收政策的条件，也有利于获得环境、经济双重收益。

基于许可证的酸雨控制的二氧化硫排放交易也具有很好的前景，借鉴美国的排污权交易，建立国家排污权交易市场具有较大的可行性，虽然还需要谨慎地研究。

污染治理市场化也有较好的前景。可以把城市环境基础设施建设与运营作为推进市场化的重点。对政府新建，包括已有污水处理厂和垃圾设施，以合同方式交给企业实行商业化运营；或以TOT（转让—运营—转让）方式盘活资金；在有条件的地方采用BOT方式（建设—运营—转让）建设新的污水处理厂或垃圾场。一些地方的实践表明，这样做可以减轻政府财政压力，加快建设进度，有很好的社会和环境效益，应大力推行。此外，要积极推行企业污染治理市场化。专业化治污企业承包运营污染治理设施，或从治理方案、设计、工程施工、建成后的运营实行全过程的承包服务；工业园区可由专业化企业实施污染集中处理。运用市场机制，多渠道筹集资金、发行市政债券等，也都应积极探索。扩大市场经济手段的应用，开阔了环境保护的视野，为加快环境治理提供了更多的保障，是对传统环境管理模式的开拓和发展。但是，市场经济手段也不可能自发地产生，它需要政府的引导和规范，政府要继续当好游戏规则制定者的角色，促使这一新的领域不断发展。

（3）劝说鼓励手段的前景广阔　劝说鼓励类手段是一类持续改进性最好的政策。如果建立起全社会环境价值观，并且有较好的信息公开、公众参与渠道，那么其对环境保护的推动力度将是非常大的。劝说鼓励手段发挥作用，既不需要政府强力监督，又不需要有严格的实施条件。一般来说作为辅助性手段，这种政策的设计成本、实施成本、监控成本都较低，一旦收效，持续性又很长。由于涉及影响人们的意识和价值观，劝说鼓励手段要产生效果可能需要较长的时间。劝说鼓励手段有着非常良好的发展前景，教育、信息公开、公众参与当中也有很多空白等待填补，很多潜力等待挖掘。

目前，我国公众参与环境保护的程度还比较低，政府需要拓宽公众公共参与的渠道，媒体更要对之加强宣传，拓宽公众参与的途径，提高公众参与的程度。在公众满意度指标中，可以专门提取出一个"公众对参与环境保护途径满意程度"的指标，以评价政府创造公众参与"软环境"的表现。环境信息方面，这项工作涉及政府的表现，也依赖于媒体创造相关的条件。因此，建议在满意率指标中增加"对政府和媒体公布环境信息的满意度"这个指标。环境信息不仅仅需要通过环境有关部门的公告和宣传渠道进行传播，更需要政府和媒体创造条件，将环境信息在更广的范围内进行传播，以增加环境信息的透明度，提升公众的满意度。这个过程中，公众对环境质量的监督力度也可以得以增强。可见，在中国劝说鼓励类环境政策中，有许多改进的空间——公众参与的途径有待拓宽，环境信息的公布需要更透明。政府需要为公众参与重大项目决策的环境监督和咨询提供必要的条件、机会和场所，引导公众积极参与环保活动。此外，专项劝说与鼓励型环境政策存在政策目标空泛、政策效果不明显、评价指标体系方面的缺陷，这些也都是值得改进的方面。

此外，一些新的手段，比如自愿协议、生态审核等也可以引入到中国的环境政策手段体系中来。从国际环境保护管理发展趋势看，除继续实施强制性措施——主要指对法规的遵照执行外，更多地在开始倡导和运用鼓励性方式，以更加灵活的方式，鼓励企业实现比现行环保法规标准更高的环境表现。这种自愿协议在德国、日本、荷兰、美国、菲律宾等国家已经出现，不仅能调动起企业的自觉性和主动性，而且可以降低环境管理成本，这是对传统管理模式的重要补充和发展，成为西方国家广泛兴起和运用的一种重要的环境管理方式。自愿协议已成为环境综合政策的重要内容，并逐渐显示出强大的生命力。因此，"用胡萝卜而不用大棒"比命令与控制战略更有效。"他山之石，可以攻玉"，我国也应大胆地借鉴过来，完善和发展自己的环境管理，为环境保护事业服务。从欧盟国家实施的自愿协议来看，形式多种多样，并没有一种固定不变的样式。只要不违背法律规定，有利于污染控制和改善环境，形式都是可以自由商定的。我国要在顺应时代要求并充分考虑国情的前提下，一方面需求更好的政策工具，将命令控制型手段、经济刺激手段和劝说鼓励手段结合起来，另一方面要进一步使用更集中和综合的措施提升现有环境管制的质量，简化管制程序，减少管制成本，使环境管理水平上升到一个更高的层次。

（4）积极开展政策手段的组合研究　对各种政策手段类型扬长避短，相得益彰，更好地实现政策目标，达成更高要求的评判标准。命令控制政策之所以不可替代，是由环境物品本身的"公共物品"性质决定的，环境事务本身的外部性也决定了环境问题的解决不能脱离政府。但是随着经济社会的不断发展，特别是随着世界经济一体化和环境问题向全球化扩展，环境形势发生了多方面的变化，许多新的环境问题涉及社会、经济、文化等各个层面，如气候变化和生物多样性问题，仅靠单一的命令强制方式远远不够，需要采取综合社会、经济、技术、文化和环境诸多方面的战略和政策措施，甚至需要改变生产和消费方式，改变社会文化观念才能取得长期效果。因此，从环境管理的角度看，为了应对越来越复杂的环境问题，能够在社会、经济、技术和文化等各个层面产生影响作用，就必须建立更加综合、更加有预防性和更加富有社会参与性的管理新机制和新模式。这种模式要求在强调政府发挥主导地位的同时，重视利用市场经济手段和重视发挥公众参与的作用，形成政府引导、市场推动、公众广泛参与的新机制、新模式，以期不仅在解决个别环境问题上，而且在转变生产和消费模式，加快社会、环境、文化建设上，产生积极影响。新的环境管理模式同传统的环境管理模式的最大不同是，传统模式主要建立在政府命令控制这一支点上，新的模式则是建立在政府命令控制、市场调控和公众参与三个支点上，这是一种广义的环境管理。

思考题

1. 环境政策手段包括哪些？
2. 命令控制手段的特点有哪些？
3. 经济刺激手段有哪些特点？
4. 劝说鼓励类手段的特点有哪些？
5. 简述环境政策手段的组合和设计。

参 考 文 献

[1] 王满船. 公共政策制定-择优过程与机制[M]. 北京：中国经济出版社，2004：126.

[2] 宋国君. 排污权交易[M]. 北京：化学工业出版社，2004：33.

[3] 羌宁. 城市空气质量管理与控制[M]. 北京：科学出版社，2003：10-11.

[4] 宋国君，何伟. 研究制定城市空气质量达标规划[J]. 环境经济，2013(11)：10-14.

[5] 思德纳 T. 环境与自然资源管理的政策工具[M]. 上海：上海三联书店，2005：20-51.

[6] 马中. 资源与环境经济学概论[M]. 北京：高等教育出版社，2006：229.

[7] Farzin Y H. The Effects of Emissions Standards on Industry[J]. Journal of Regulatory Economics，2003，3(24)：315-327.

[8] Charles D Kolstad. Environmental Economics[M]. Oxford Univ Pr，2Sd，2010：136-139.

[9] 卡兰 S J，托马斯 J M. 环境经济学与环境管理[M]. 北京：清华大学出版社，2006：86-89.

[10] Helfand G E. Standards versus Standards：The Effects of Different Pollution Restriction[J]. American Economic Review，1991，81(4)：622-634.

[11] 宋国君，赵文娟. 中美流域水质管理模式比较研究[J]. 环境保护，2018，46(1)：70-74.

[12] 韩冬梅，宋国君. 中国工业点源水排污许可证制度框架设计[J]. 环境污染与防治，2014(9)：85-92，99.

[13] 宋国君，黄新浩. 水点源排污许可证的主体内容探讨[J]. 中华环境，2016(10)：25-28.

[14] 温慧娜，李玉洪，樊引琴，师洋. 建立入河排污许可证制度的探讨[J]. 人民黄河，2013(5)：62.

[15] 李丽平，徐欣，李瑞娟，肖俊霞. 中国台湾地区排污许可制度及其借鉴意义[J]. 环境科学与技术，2017，40(6)：201-205.

[16] 曹明德，李玉梅. 德国温室气体排放许可证交易法律制度研究[J]. 法学评论，2010(4)：104-110.

[17] 龚海南. 环境保护禁止令制度的构建[J]. 人民司法，2015(1)：40-44.

[18] 尚宏博. 论我国环保督查制度的完善[J]. 中国人口资源与环境，2014(S1)：38-41.

[19] 葛察忠，翁智雄，董战峰. 环保督查制度：推动建立督政问责监管体系[J]. 环境保护，2016，44(7)：24-28.

[20] 莫于川. 行政执法监督制度论要[J]. 法学评论，2000(1)：50-58.

[21] 于兴亮. 当代中国督查工作述论[D]. 济南：山东大学，2011.

[22] 陈海嵩. 环保督察制度法治化：定位、困境及其出路[J]. 法学评论，2017(3)：176-187.

[23] 吴箐，汪金武. 主体功能区划的研究现状与思考[J]. 热带地理，2009，29(6)：532-538.

[24] 宗跃光，张晓瑞，何金廖，等. 空间规划决策支持系统在区域主体功能区划分中的应用[J]. 地理研究，2011，30(7)：1285-1295.

[25] 张丽颖，黄启飞，王琪，等. 危险废物的分级管理研究[J]. 环境科学与技术，2006，29(5)：41-42.

[26] EPA. EPA's Cradle-to-Grave Hazardous Waste Management Program，[Online]，Available at. [https：//www.epa.gov/hw/learn-basics-hazardous-waste#cradle]. [2015-01-02].

[27] EPA. Introduction to Generators (40 CFR Part 262)[R]. Washington DC：Office of Solid Waste and Emergency Response，2005.

[28] 吴健，陈青. 环境保护税：中国税制绿化的新进程[J]. 环境保护，2017(Z1)：28-32.

[29] 刘术永. 论我国排污费改税的必要性[J]. 法制与社会，2010(5)：274-275.

[30] 樊勇，董聪，李倩维. 我国环境保护税在政府间的分配关系分析[J]. 环境保护，2017(Z1)：33-36.

[31] 王金南，等. 打造中国绿色税收——中国环境税收政策框架设计与实施战略[J]. 环境经济，2006(9)：10-20.

[32] 李娜. 对我国财政补贴的经济分析[D]. 北京：首都经济贸易大学，2006.

[33] 洪尚群，吴晓青，段昌群，等. 补偿途径和方式多样化是生态补偿基础和保障[J]. 环境科学与技术，2001(S2)：40-42.

[34] 余明桂，回雅甫，潘红波. 政治联系、寻租与地方政府财政补贴有效性[J]. 经济研究，2010(3)：65-77.

[35] 宋国君，孙月阳，赵畅，等. 城市生活垃圾焚烧社会成本评估方法与应用——以北京市为例[J]. 中国人口·资源与环境，2017(8)：17-27.

[36] 左国辉. 我国的财政转移支付制度研究[D]. 天津：天津财经大学，2016.

[37] 汪劲. 中国生态补偿制度建设历程及展望[J]. 环境保护，2014，42(5)：18-22.

[38] 孙青. 政府生态转移支付绩效审计标准探究[J]. 财政监督，2012(32)：56-58.

[39] 王芳. 我国环境保护与财政转移支付制度法律问题研究[D]. 北京：首都经济贸易大学，2012.

[40] OECD. Extended Producer Responsibility：A Guidance Manual for Governments[M]. Paris：OECD，2001.

[41] 杜倩倩，宋国君，马本，韩冬梅. 台北市生活垃圾管理经验及启示[J]. 环境污染与防治，2014，12(36)：83-90.

[42] 王建明. 押金返还制度的理论基础、实践应用及经验借鉴[J]. 北方经济，2008(11)：60-61.

[43] Palmer Karen，Sigman Hilary，Walls Margaret. The Cost of Reducing Municipal Solid Waste[J]. Journal of Environmental Economics and Management，1997，33(2)：128-150.

[44] 嵇欣. 建立押金返还制度述评[J]. 探索与争鸣，2007(4)：57-59.

[45] 杨文明. 政府绿色采购法律制度之国际比较与借鉴[J]. 现代经济探讨，2013(11)：88-92.

[46] 国家发改委循环经济课题组. 加强城市再生资源回收利用[J]. 中国创业投资与高科技. 2005(12)：25-27.

[47] 崔世泉，袁连生. 高校学费的性质：事业性收费、价格或是使用者付费[J]. 教育发展研究，2010(11)：24-28.

[48] 财政部. PPP 项目合同指南（试行）[EB/OL]. http://www.mof.gov.cn/gp/xxgkml/jrs/201501/t20150119_2512399.html，2014-12-30/2018-5-8.[2015-01-01].

[49] 李玉涛. 基于使用者付费的收费公路政策研究——对《收费公路管理条例》的修改建议[J]. 中国物价，2014(2)：81-84.

[50] 朱海齐，论行政规费[J]. 中国行政管理，2001(2)：21-22.

[51] 江利红. 论行政收费范围的界定[J]. 法学，2012(7)：60-73.

[52] 张守文. 论税收法定主义[J]. 法学研究，1996(6)：57-65.

[53] 刘莘. 论行政收费的设定和监督[J]. 政法论坛，2000(3)：104-108，160.

[54] 宋国君. 排污许可，怎么做才专业[J]. 环境经济，2015(ZA)：4-6.

[55] 戴伟平，邓小刚，等. 美国排污许可证制度 200 问[M]. 北京：中国环境科学出版社，2016：36-37.

[56] 张建宇. 美国排污许可制度管理经验——以水污染控制许可证为例[J]. 环境影响评价，2016(2)：23-26.

[57] 韩冬梅，宋国君. 基于水排污许可证制度的违法经济处罚机制设计[J]. 环境污染与防治，2012，34(11)：86-92.

[58] 宋国君，赵英煛，黄新皓. 论我国污染源监测管理的改革[J]. 环境保护，2015，43(20)：36-39.

[59] 马中，Dan Dudek，吴健，等. 论总量控制与排污权交易[J]. 中国环境科学，2002，22(1)：89-92.

[60] 宋国君，赵文娟. 中美流域水质管理模式比较研究[J]. 环境保护，2017(1)：70-74.

[61] 宋国君. 总量控制与排污权交易[J]. 上海环境科学，2000，19(4)：146-148.

[62] Gangadharan L. Transaction Costs in Pollution Markets：an Empirical Study [J]. Land Economics，2000，76(4)：601-614.

[63] 赵文会. 初始排污权分配理论研究综述[J]. 工业技术经济，2008(8)：111-113.

[64] 宋国君，钱文涛，马本，等. 中国酸雨控制政策初步评估研究[J]. 中国人口·资源与环境，2013，23(1)：6-12.

[65] 陈鹏，徐顺青，逯元堂，高军，刘双柳. 美国联邦财政环保支出经验借鉴[J]. 中国环境管理，2018，10(3)：84-88.

[66] 李博洋，李金惠，刘丽丽. 国外废弃电器电子产品处理基金比较研究[J]. 中国科技投资，2010(6)：32-37.

[67] John S Applegate. Environmental Law：CERCLA and the Management of Hazardous Waste[M]. New York：Foundation Press，2006.

［68］ Koontz H，Weihrich H. Management［M］. 9th ed. New York：McGraw-Hill，1988.

［69］ 刘旭涛. 政府绩效管理：制度、战略与方法［M］. 北京：机械工业出版社，2003.

［70］ 石芝玲，侯晓珉，包景岭，等. 清洁生产理论基础［J］. 城市环境与城市生态，2004(3)：38-39.

［71］ 万劲波，蔡述生. 中国环境标志制度若干法律问题初探［J］. 再生资源与循环经济，2000，19(1)：14-18.

［72］ 张璐鑫，于宏兵，蔡梅，等. 中国清洁生产［J］. 生态经济，2012(8)：46-48.

［73］ 周长波，李梓，刘菁钧，等. 我国清洁生产发展现状、问题及对策［J］. 环境保护，2016，44(10)：27-32.

［74］ 张月义，钱敏. 推行清洁生产贯彻 ISO 14000 标准［J］. 企业标准化，2002(2)：22-23.

［75］ 李攀辉，韩福荣. 我国实施 ISO 14000 系列标准现状分析［J］. 标准科学，2002(2)：22-24.

［76］ 夏光. 环境政策创新［M］. 北京：中国环境科学出版社，2002：161.

［77］ 杰瑞米·沃福德. 市场经济条件下环境保护的政策措施和经济手段. 国家环保局国际合作委员会秘书处编，中国环境与发展国际合作委员会文件汇编(二). 北京：中国环境科学出版社，2001.

第4章 环境政策分析方法与我国环境政策框架

本章概要："一般模式"是为理论研究和实践提供的范式，是多数研究人员所认同的一套成文或默许的程序或系统，包括公认的学科术语、理论假设、操作程序、价值逻辑等。本章讲解了环境政策分析的一般模式和环境政策评估的一般模式，通过本章的学习，可以了解如何对单项环境政策进行分析和评估。我国已经基本上形成了以《宪法》中关于保护和改善环境的规定为基础，以综合性环境基本法为核心，以单项专门环境立法为主干，以国际环境条约内容为补充的，由环境法律、法规、部门规章、地方法规和技术规范组成的环境保护法律体系。这一法律体系的建立，对于保护资源和环境，发挥了巨大的作用。

4.1 环境政策分析的一般模式

环境政策分析的一般模式是指根据环境政策构成要素、政策过程以及它们之间的联系而总结并提炼的分析方法、思维模式、逻辑框架和一般流程。本章的一般模式主要是针对部门环境政策，例如水环境保护政策分析、大气环境保护政策分析等；单项环境政策可以参考，例如排污收费政策分析等；基本上不适合环境政策体系分析，例如中国环境政策体系分析等。

环境政策分析的一般模式主要由以下7个要素构成：干系人责任机制分析、问题的识别和确认、政策目标分析、环境政策框架分析、决策机制分析、管理机制分析、环境政策评估和环境政策完善建议。其中，环境要素的物质流分析是各项要素分析的前提和基础，而干系人责任机制分析贯穿于环境政策分析的全过程[1]。

4.1.1 环境政策问题的界定和描述

准确界定、理解环境政策干系人所涉及的环境问题是环境政策设计的基础。环境政策以解决环境问题为目标而制定，直接作用对象是造成环境问题的干系人，但对于干系人责任机制的分析与所涉及的环境问题有关。这里的环境问题主要是指污染问题，也可以包括自然保护问题。污染问题主要是污染物的排放造成的环境介质的污染，污染的产生包括排放源的排放、在环境介质中的扩散、对人体健康和生物及生态系统的影响等，因此，污染的防治包括控制污染和减缓环境污染、环境污染影响的已有技术和方法等。实际环境政策分析过程中，环境问题的边界需要根据任务要求予以界定，可以是全部，也可以只是一部分，但是描述部分问题时要说明该部分问题在系统中的位置，其分析边界需要说明。为区别环境科学技术并包括管理因素，本书将环境政策研究的环境问题界定为环境政策问题，其核心是环境问题本身，但要包含环境问题所涉及的干系人。由于环境问题成因的复杂性，以及影响因素的多样性和差异性，任何一类环境政策都不可能普适于所有的环境政策问题。

从有效实现管理目标、合理控制管理成本的角度出发，必须以环境政策问题的科学分类和界定为基础，在充分了解政策对象自身的性质和特点、掌握相关的科学理论、对技术发展水平和社会运行规律产生正确判断的基础上，按照环境政策问题所涉及领域的理论原则，对环境政策问题进行科学分类和精准界定，确保环境政策的管理对象是明确而具体的，然后，才能对特定的环境管理问题，有的放矢地选择合适的政策工具和政策方案。

当前，按照环境要素实施环境管理是发达国家解决环境问题的基本思路，即将环境问题按照环境介质区分为水、气、声、生物多样性等类型进行逐一解决，这样既遵循了已有的科学技术知识体系，又有利于人才的专业化，最终控制了环境管理成本。地表水质管理按照流域实施管理，空气按照空气流域实施管理，基本是按照已有的科学技术知识实施管理的，虽然实施综合管理是目标，但只有分介质的管理成熟之后才可以有效地推进综合管理。我国的环境法律、法规也基本是遵循这个思路。因此，在面对具体的环境问题时，首先要明确此类问题的产生与哪种或哪些环境要素的异常有关，这种异常能够通过哪些指标反映出来；其次，对导致环境要素异常的来源（也就是所谓的污染源）进行分析，按照风险水平、污染治理能力、排放特征等因素将污染源进一步分类细化，对风险等级较高的污染物进行特殊管理，对污染程度较大的污染源进行重点管理，并依据各类污染源不同的污染特征选择恰当的管理方式。

环境政策分析中环境政策问题的界定可以按照以下框架开展。首先是对环境问题的科学描述，即基于环境科学和技术对该环境问题的认识，依照环境管理的要求进行描述，使得所有干系人能够在科学认识的基础上达成对环境问题的共识。这些共识需要用语言表述，需要使用科学术语，但不是介绍科学本身，需要描述到比较通俗的水平，例如，对地表水质的目标描述为"可钓鱼、可游泳"就比较通俗也符合科学规律。其次是描述污染产生的全过程，包括污染物及其危害、污染源的排放特征、在环境介质中的扩散规律、污染控制或环境保护的目标、影响的范围、影响的程度等。最后，需要对环境问题所涉及的全部干系人与污染控制过程相连接和对应，这样基本完成了环境政策问题的界定和描述。此外，环境管理问题的尺度不同，描述的概括或细致程度也不同。

4.1.2　环境污染物的物质流分析

对污染的管理必须是全过程的管理，因此对污染物随环境介质流动的过程分析是环境政策分析的起点。物质流分析方法的理论依据是物质平衡理论、要素的生命周期理论以及物质代谢等理论。每个物质流环节都有不同的控制目标，涉及不同的干系人，需要采取不同的政策手段和管理模式。通过物质流分析，可以明确污染物质的投入和流向，分析物质流的总量和强度，核算管理成本，为环境政策提供方法和视角，为决策者在资源和环境管理决策方面提供参考。

环境要素的物质流分析主要包括：污染物随环境要素的移动方向和移动方式分析；环境要素流动有关的物质循环过程可以划分为多少个环节，各环节的划分依据，以及各环节内部的物质流动特点；该污染物控制总体目标在各环节的分解。通过分析，发现环境政策可以作用的环节以及成本可控的环节。

4.1.3　环境政策问题的定性分析

政策问题可以被定义为某种条件或环境，这种条件和环境引起社会上某一部分人的需要或不满足，并为此寻求援助或补偿[2]。环境政策问题是各干系人按照自己的价值标准对环境现状满意程度的判断。这就要求根据物质流的分析，将客观现实与干系人主观偏好相结合，找出环境现状与社会需求或社会规则之间的差距，并将差距进行界定，进一步转化为政策问题。

政策的目标是有限的，政策问题须是该政策的目标与现实的差距，并应具体到可以指导后续分析为准，过于概括和抽象都不利于继续分析。确认差距的根源是属于政治问题（政府失灵、政策失灵，还是政策缺位）、经济问题（市场失灵、效率问题、外部性，还是产权问题）、社会问题（观念问题、文化问题，还是社会结构问题），还是管理问题（体制问题、管理能力问题、管理手段问题）等。进而再确定问题是属于哪个层次的，是全国性的问题，还是区域性的问题，还是地方性的问题。问题的不同层次和根源决定了由哪级政府来负责解决。比如具有明显外部性效应的区域性问题就应当由中央政府负责解决。在此基础上，依照公众需求原则和费用-效益原则，对问题进行排序，按照排序的优先性依次解决问题。

正确构建政策问题比提出问题的解决方案更加重要，它是政策分析的主要目标之一，也是进行有效政策分析的基础。

4.1.4　环境政策目标

环境政策目标是决策机构依据所有干系人的期望所制定的，可以划分为短期与长期目标、定性与定量目标、单一与多元目标、总体和环节或阶段目标等。

环境政策目标应当是问题导向的，以解决政策问题为最终目的。目标是建立指标体系和行动方案的依据，因此目标一定要清晰和可测量。一般来说，清楚地描述环境政策目标需要明确 4 个维度的变量，即何环境要素在何时、何地达到何政策目标。

环境政策目标必须是合适的。"合适"包括 3 层含义：环境政策目标必须要能够满足主要干系人的需求；环境政策目标不能逾越政治、经济、技术发展的现状；环境政策目标要有一定的弹性。

环境政策目标分析的内容包括：①环境政策目标的体系分析，包括总目标、环节目标、行动目标等。总目标一般用文字表达，一般只明确环境政策的直接和最终目标。环节目标一般为总目标的一级分解。行动目标则指环境保护的具体行动目标。②环境政策目标的清晰程度分析。"清晰"的含义包括何处，何时，何环境要素，达到何标准，指标的监测方法、统计范围、代表性以及数据处理综合方法等。③环境政策目标的系统性和一致性分析，体现为各层次目标之间是否是方向一致的。一般来说，更具体层次的目标应当反映上层目标的主要方面。不同层级、不同部门间涉及同一目标时，管理对象覆盖范围是否相同，目标指向是否一致。④环境政策目标的确定机制分析。分析环境政策目标的确定是否有确定的程序和标准，是否是按照确定的程序和标准确定的，一般不分析其本身是否合理。⑤环境政策目标修改建议。

4.1.5　干系人责任机制分析

干系人是指在某项事务中所涉及的所有利益主体，包括法人和自然人。干系人一般包括决策机构、执行机构、守法者、公众等。干系人责任机制分析包括三方面：一是基于环境要素的物质流环节对干系人进行识别和分类，分析干系人的行为动机和利益边界；二是依据现有法律法规，分析是否对所有干系人的具体职责都有所规定，权利和义务的界定是否清晰，是否符合相关环境要素的物质流各环节的特征和要求；三是从激励相容的角度出发，分析现有政策目标和干系人利益最大化目标是否一致。一般来说，如果政策目标的达成必须要干系人付出极大的成本或造成极大的损失，则政策执行和监管成本将极高。科学的干系人责任界定应该使干系人在满足政策要求的同时，最大限度地实现自身利益最大化。二者方向必须相同，而不能相违背。干系人责任机制分析贯穿于环境政策分析的全过程，是一种基本的思想和方法，不能脱离其他要素而单独存在，并且是其他要素分析的基本环节。

4.1.6　环境政策框架分析

环境政策框架分析包括政策体系清单、颁布机构、颁布时间分析等内容。一般来说，环境政策包括一系列的政策法规和规范，因此列出所有相关政策体系清单是环境政策分析的第一步。政策体系清单也表明了环境政策分析的范围。颁布机构反映了该政策的级别与权威程度，颁布机构级别越高，该政策的权威性就越强。同时，一定级别的颁布机构要与该政策的目标和管理对象相适应，如处理跨部门环境问题的环境政策需要由国务院颁布，处理跨行政区域环境问题的政策需要由所跨行政区的上级政府或各行政区联合颁布，否则环境政策就很难达到预期目标。颁布时间反映了该政策的时代背景与政策所处理环境问题的紧迫程度。环境政策框架分析主要包括以下问题：①环境政策体系的完整性分析。一般来说，环境政策体系包括4个层次，即法律、行政法规、部门规章及标准。法律是最高层次的，也是制定行政法规、部门规章和标准的最基本依据。下一层次的环境政策要求应当要服从并且严格于上一层次的环境政策要求，环境政策体系应当是统一的整体。②环境政策的颁布机构、颁布时间及其合理性分析。尤其要识别中央政府是否在跨区域、跨流域的环境问题解决上颁布了相应的环境政策。③颁布时间的及时性和可行性分析。

4.1.7　行政决策机制

决策机制是指环境政策实施过程中的具体决策机制，不包括政策制定过程的决策，分析的目标是确定决策机制的合适性、程序性等，包括以下内容。

（1）决策主体分析　明确决策主体是单一还是多元主体，以及各主体在决策中发挥的作用。科学合理的决策机制应当是多元主体参与的，包括政府、企业、非政府组织确、公众和科研机构等，政府应当在决策的全过程中起到主导作用。

（2）决策规则分析　常见的决策规则有完全一致规则、意见一致规则、协商一致规则和多数票规则。从环境政策解决问题的复杂性及费用有效性的角度考虑，应当采用协商一致规则，寻求使所有干系人都基本满意的方案。

（3）议案筛选分析　依据环境质量标准、排放标准及费用-效益等决策准则，通过法定或正常程序，拟订各种可行的备选议案，并对各种备选议案进行可行性评价，按照一定的决策规则，从各种备选议案中筛选出最优方案。

（4）公开监督分析　环境政策制定和执行是一个不断试错的过程，需要建立公众监督机制和政策回应度分析，需要建立满意度的评价，并为公众建立反馈渠道。反馈应当尽可能减少信息传递层次，引入公众论证会和听证会的形式，建立起决策失误的责任追究机制。

4.1.8　管理机制和实施机制

管理机制是指环境政策的执行机制，是管理组织在实现管理目标过程中的活动或运作方式，包括静态的保障机制和动态的实施机制。

（1）环境管理信息机制　指环境相关信息的收集、传递、处理、存储、利用、评估、公开和共享的行动和运行机制。环境管理信息机制的目的是丰富信息来源、提高信息质量、降低干系人获取和传递信息的成本，实现信息公开。该机制是环境政策制定和执行的基础和保障机制，是其他各环境管理环节的基础，政策的制定和实施需要信息，政策的分析和评估也需要信息支持。按照信息的一般传输过程，信息机制分为以下几个环节：信息收集、信息处理、信息传递、信息存储、信息利用（决策和公开）和信息评估。

环境保护信息的类型包括受体状况信息、生态状况信息、环境质量信息、污染物排放控制信息、环境管理信息以及公众的环境诉求信息。

信息机制分析的内容：a. 明确主要信息源和信息收集机制。b. 明确信息需求方和需求方对信息的要求，分析来自信息源的信息能否满足需求。c. 信息处理、存储、更新以及传递机制分析。是否建立起统一的数据库对信息源的数据以及综合处理的数据进行存储、更新、维护。是否有信息公开的渠道，使环境信息以可理解的方式便捷地传达到公众。是否存在公众意见向上传达的渠道，弱势群体的意见是否及时、准确地传递到决策者。是否有环境信息机构来负责信息的收集、传递、处理、存储、利用和评估。d. 信息在不同干系人之间以及不同管理环节之间传递的路径长短是否合适，传递方式是否便捷，以及传递成本是否可接受。

① 信息收集机制　环境信息机构从信息源（提供信息的干系人，环境相关信息的信息源包括政府、企业和作为政策保护目标的公民）获得信息的方式，包括企业上报、监测机构上报以及通过问卷或访谈的方式调查。通过各种方式收集的数据应该统一报送汇总到环境信息机构。

② 数据的处理与存储机制　数据处理的目的是将监测信息和申报信息转化成为法规、标准中的表现形式，以实现数据的可比性，作为决策的依据。在数据分析处理时需要注意：数据的质量如何，是否剔除了无效数据；数据的分析方式是否反映了污染物的时空分布规律；区域排放统计的范围是什么；区域排放统计的加和是否区分了不同规模的点源。

信息存储的目的是便于查询和使用。根据信息的收集情况，需要定期对信息进行更新。应当建立统一的数据库对信息源的数据以及综合处理的数据进行存储、更新、维护。信息存储的分析要点是：是否建立了信息存储制度；信息能否分门别类地长期保存；是否有定期更新机制；是否建立了环境信息数据库统一存储和维护机制。

③ 信息的利用和评估机制　目的是使所有的社会阶层，包括社会团体、个人、企业、中央、地方政府、地方部门等等，都能够得到准确而翔实的环境及其相关数据，以便参与到管理有关人类健康和环境的事务中来。分析信息利用应当考察公布的信息和信息处理方式能否最大限度和最有效地满足不同相关方的需求，哪些被有效利用，哪些是缺失的。信息评估主要是对信息质量进行控制，评估思路是利用不同来源的数据相互验证，通过数量运算和逻辑推理分析排放信息的可靠性，对排放信息进行控制。

④ 信息的公开机制　一是公众对环境问题的诉求传达到决策者；二是政府的环境信息传递到公众，即信息公开。诉求上传需要有成本较低的渠道（听证会、信访、举报），如果

成本过高，受损者可能选择不反映。公众诉求的上传还需要有较高的回应率，过低的回应率会降低公众对政府的信任度，使其选择不反映。信息公开需要适当的平台（网站、公众取阅点、广播、报纸），但需要注意主要的受影响者应该都能接触平台，尤其是弱势群体必须能够接触平台。

（2）环境管理资金机制　即环境保护资金的供给、需求以及供需平衡的行动和实现过程，目的是保证环境保护行动有稳定而又充分的资金来源，保证环境政策能有效实施。该机制包括资金供需平衡机制、资金使用和管理机制，其中最重要的是资金的供需平衡机制。该机制同时与干系人的责任机制关系密切，必须包含干系人的出资和其利益分析。在环境政策分析中，应当明确所有资金的需求、来源和使用方向。

资金机制分析的内容：①该项环境政策的资金需求方有哪些，需求资金是多少。②与资金需求相对应的资金供给方有哪些，是否按照需求和既定原则支付各自的资金承担份额。资金需求与供给方的分析和确认与外部性的联系非常紧密，尤其是在环境问题中，存在大量的外部性现象，给资金供给方的确认带来一定的困难。以城市污水处理厂为例，城市污水处理具有跨省的外部性特征，应当由中央政府负主要责任。污水处理厂所需资金主要包括建设资金和运行维护资金。其中，前者是一次性投入，且数额巨大，也是众多城市污水处理厂未建或建设不足的最主要原因；后者需要资金数额相对较小，但要求资金流的持续性。解决污水处理厂建设资金不足主要通过中央财政支出手段并辅以相应政策，地方政府负有筹集一定比例配套资金的责任。中央财政应该在污水处理厂建设方面发挥引擎的作用，即以最有效的投入比例吸引市场力量将污水处理厂建成并有效率地运转。财政手段又可以有多种选择：较为简单的就是中央财政直接支出用于建设污水处理厂；更为理想的是利用中央财政建立专项基金，该基金并不直接用于污水处理厂建设，而是用于作为吸引民间资金或外资的担保性基金。③该项环境政策的资金来源是否能够保证政策的正常执行，资金来源是否稳定，保障资金来源的措施是什么。这里其实是资金供给与需求是否平衡的分析，即供给能否满足需求。④是否存在降低需求、增加供给的方法。例如，按照紧急性、费用有效性和公平性原则对需求进行排序，将有限的资金优先投入需求排序靠前的项目。⑤该政策的资金收支机制是否完善，资金管理制度是否透明。⑥给出建立持续、稳定、有效的资金管理机制的意见。

（3）环境监测核查机制　监测核查机制是政府对公民、法人遵守环境保护法律法规的行为进行检查，判断其是否守法，以及上级政府对下级政府执行环境保护法律法规的行为进行检查，判断其是否按照规定执法。核查的结果是对公民和法人进行行政处罚的依据。简单来说，即在环境政策实施过程中，执法者获取守法信息、判定执法情况的过程。

核查信息来源包括污染源上报信息、环境监察信息、监督性监测信息等。监督性监测信息和环境监测信息是核证污染源上报信息的依据。核查的方式包括数据核查、守法凭证核查和现场核查。

① 数据核查　指通过数据之间的数量关系对其进行逻辑推理，判断数据的合理性。一方面是对企业上报数据之间的逻辑关系进行核查，另一方面是通过监督性监测数据核查企业自测数据。监督性监测是对污染源产生、排放的污染物种类、浓度、排放总量等依照国家环境监测标准规范进行采样、分析，提交监测结果报告的行动。

② 守法凭证核查　指要求被核查者提供可以证明其行为合法的具有一定效力的凭证，包括营业执照等具有法律效力的行政许可文件以及水费电费缴纳单、发票等商业单据，作

为核查的依据。

③ 现场核查　指环境监察机构对辖区内单位或个人执行环境保护法规的情况进行现场监督，对排污单位生产情况、环境保护治理设施的建设和运行情况进行检查。现场核查的目的是了解企业的实际运行情况是否与其上报资料描述的情况相符。现场检查应当是一项例行工作。现场检查的结果是环境执法部门进行处罚的直接依据，全面、详尽的检查会使发现企业违法行为的概率大大提高，从而对企业产生极大的威慑力。

监测核查机制分析的目标是确定守法的状况、监测指标设计的科学性和可靠性，以及改进建议，具体包括：①监测方案是否合适，监测结果是否具有代表性，监测投入是否有保障。监测方案包括监测断面的选择、监测频率、监测机构。监测结果的代表性主要取决于监测指标的选择。关于污染源监测，监测应能反映真实排污情况和环境保护治理设施的处理效果，并应使工作量最小化。关于水质和大气环境质量的监测，要使采集的样本具有代表性，并能够反映时间和空间上的变化。在水质监测上，要尽快改变环保和水利两套监测体系的情况，统一监测的机构和监测指标。②是否有明确的检查方案，明确的检查方案应当包括检查的主体、检查的对象、检查频率、检查的方式（抽查或是公开检查）；检查后的反馈是否及时。③是否建立起科学的问责评价体系。环境政策实施过程中，依据相关法律赋予各干系人权利和责任，同样要依据法律对有关责任进行追究，责任追究过程则需按照法定程序进行。首先，科学的评价体系是确保问责制有效的保障。环境管理问责制要实现其预期的目标，就必须建立和完善一系列评价程序，包括确定各类评价主体、评价客体的程序，包括将相应的评价标准运用于具体的评价过程的程序，进而包括评价结果与问责和奖励相结合的决策程序，还包括将评价结果和奖惩决定结果公之于众的公开程序等。其次，问责制度必须将责任落实到人，即必须落实到某一项环境管理工作的具体管理人员，这样才能保证实施绩效的可核查，也才能保证问责的可行和可信。最后，需要改进政府信息公开，扩大公众参与途径，保障问责的可行。④ 给出提高监测、检查、问责效率的建议。

（4）环境行政问责机制　依据《环境保护法》和《环境保护违法违纪行为处分暂行规定》等法律法规，对各级政府、政府环境主管部门和政府官员与环境相关的工作和言行实施责任追究的机制，目的是对执法人员进行监督，形成来自上级的或公众的压力，保证其履行环境法律法规要求的职责。

环境问责的主体和客体：问责主体是问责客体的任免机关和监察机关；问责的客体包括行政机关、行政机关工作人员以及由行政机关任命的企业工作人员。

问责是确保环境政策有效执行的关键措施，问责机制分析的关键是明确责任主体、责任内容和处罚机制。对公众参与的途径和方式的分析也非常重要。问责机制是与干系人的责任机制密切联系的，应当根据不同的外部性，对于不同的干系人设定不同的评价体系和程序，如中央政府、地方政府及守法者等不同干系人在环境政策的实施过程中具有不同的权力和责任，要根据权责一致的标准实施有针对性的问责机制。

问责机制的分析标准包括是否有确切的问责、问责的严格程度是否合适、问责的执行能力是否匹配、问责的程序是否合理、问责的效果是否好等。

（5）环境处罚机制　环境处罚机制主要指环境保护主管部门依据《环境保护法》和《环境行政处罚办法》等环境相关法律法规，对于公民、法人或者其他组织违反环境保护法律、法规或者规章规定，给予环境行政处罚。设立该机制的目的是通过对环境违法行为进行惩戒，使违法者及时纠正违法行为，刺激守法者慑于处罚力度而自觉守法，属于环境管理机制中的保障机制。

处罚的目的包括：①罚没违法者的违法收益及对于违法行为予以惩戒；②震慑潜在的违法者，使其自我监测和约束，避免违法，或在特殊情形下采取相对较轻的违法行为；③激励违法者尽快纠正违法行为。从成本有效性的角度考虑，处罚机制实施的主要目的应是抑制潜在违法者的违法动机而并不是处罚，这涉及违法证据的不可辩驳、处罚标准的威慑性和处罚程序的严密性，使潜在违法者没有漏洞可钻，从而放弃违法。因此，违法行为发生率的降低应是评价处罚机制是否有效的最终依据，而不是最终处罚率的提高。

处罚机制的分析包括对处罚的标准、手段、力度等方面的分析，具体包括：①处罚标准是否具有威慑性，力度是否足够高，内容和程序是否严谨，是否覆盖所有环节，让违法者无漏洞可钻从而放弃侥幸心理；②处罚能力是否满足要求，处罚是否具有可执行性；③处罚是否具有公平性，即过罚相当、同罪同罚。

4.1.9 环境政策评估与政策完善建议

政策建议是环境政策分析成果的集中体现，对不同的对象要给出不同的政策建议。对国家各部委应以方针性、导向性的建议为主，指出今后一段时间的发展方向和注意问题。对各地方行政管理部门的建议则以具体的实施方案和行动计划为主，以利于更好地执行。在进行政策建议时，分析人员应当考虑成本、制约因素、外部性、时间、风险及不确定性等问题，提出有针对性、可行的建议，按照建议的重要程度依次列出，并注重建议的层次性。总体的分析结论至少应当包含以下7个方面的内容：①政策的有效性方面，包括政策实施的效果和效率；②政策的合理性方面，包括政策问题界定的合理性（是否符合客观事实）、政策目标设定的合理性（能否达到）、干系人的责任机制和资金机制的合理性等；③政策明晰性方面，包括政策问题、管理对象、干系人界定的明晰性，政策行动的明晰性；④政策协调性方面，包括政策实施机构之间的协调和该政策与其他相关政策的协调；⑤政策的稳定性方面，包括政策资金来源的稳定性、政策主体行为（政策执行）的稳定性；⑥政策的公平性方面，包括该政策对资源和利益在干系人之间的分配是否公平、责任承担是否公平；⑦政策的回应性方面，包括政策满足目标群体需要、偏好或价值观的程度[3]。

4.2 环境政策评估的一般模式

环境政策评估是利用各种社会科学等研究方法和技术，有系统地收集与环境政策的执行及其效果等相关的证据和信息，依据既定的程序和标准，对政策的效果或效率、社会公平性进行评估，并根据评估结果给出有价值的政策建议，从而促进环境政策更有效地发挥预期的作用的研究过程[4]。环境政策评估包括确定合理的评估方案，依据评估标准，采用合理方法收集完整、准确的证据和信息，对收集的信息数据进行处理和分析的全过程。

4.2.1 环境政策评估内容

（1）效果和效率　环境政策效率评估是评估环境政策的投入与产出的比率关系。环境政策效率的高低，既可反映环境政策本身的优劣，又能体现执行机构的综合能力和管理水平。确定效率标准的目的是要衡量环境政策达到某种水平的产出所需的资源投入量或是一定量的资源投入所能达到的最大价值。环境政策效率评估包括环境政策效果评估。环境政策效果主要衡量规划实施后产生的各种直接结果与影响。环境政策效果评估包括：①政策目标的实现状况，包括总目标、各环节目标等的完成状况；②主要行动的费用-效果分析；③总体行动的费用-效果分析；④环境政策的费用-效益分析等。

环境政策分析中的环境政策评估主要还是用事实说明环境政策目标的实现程度。如果数据不足或难以获得，也可采用逻辑分析和证明的方式说明环境政策的效果或效率。有时可以分析环境政策改进的环节和程度，判断已有环境政策是否存在效果或效率改进的可能。

（2）公平性　公平性标准是指在环境政策执行后导致与该政策有关的社会资源、利益及成本分配的公平程度，一项好的环境政策应该是公平合理地分配社会价值。某项环境政策也许符合了上面所讲的效果、效率等标准，但却造成了不公平的利益分配，那么这项环境政策就不能称为一项成功的环境政策。公平性的评估包括信息共享或对称状况、参与决策情况等考察和分析。一般在进行环境政策分析时，可以通过访谈、问卷等形式直接了解干系人的感觉以及提高公众满意度的方式来评估环境政策的公平性。

4.2.2　评估方案设计

评估方案是指导评估工作的蓝图，是评估实施的依据。评估方案设计是否科学合理，直接关系到评估的质量和评估工作的成败。一个完整系统的评估方案应包括：①确定评估目的和目标，包括评估指标体系的设计，这是评估工作最核心的内容。一般来说，评估指标体系涵盖评估内容的全部，包括政策目标和评估本身的目标。②确定评估标准，主要是政策目标的执行标准，一般根据环境质量标准、排放标准、管理标准等确定。③确定评估对象和主体，既包括环境问题的科学对象和要素，例如污染物、污染源、水体等，还包括科学对象相对应的干系人，干系人才是政策的作用对象。④确定评估的范围，包括评估的时间、空间以及环境要素等。⑤确定评估所需的信息种类，这部分主要根据指标体系所需的信息确定。⑥确定信息的来源及收集和处理方法。⑦确定评估程序。其中最重要的是根据政策评估的目标以及评估标准确定所需要的信息的种类、信息的来源、收集和筛选信息的方法、信息收集的时间与频率等。

评估方案的设计还必须考虑到时间、成本、评估人员能力、地点等因素的制约。最优的评估方案是能在满足预算约束下最大限度地实现所希望达到的政策评估目标。

4.2.3　评估数据的收集

（1）数据来源　数据包括二手数据和一手数据。二手数据是指与政策评估有关的已有的数据和信息，这通常是评估的主要数据，主要工作是调查、收集相关数据及数据质量的评估。一般政策评估都需要开展一手数据调查，通常采用社会科学研究方法，如抽样调查、访谈、案例研究、现场实验等形式获得的一手数据。一手数据不仅可以验证、核实二手数据的准确性，而且还可以补充二手数据的缺失。例如干系人的感受、满意度、意愿等方面的信息，如果经严谨设计，还能获得比较系统的信息，可以弥补行动、排放、环境质量等二手信息的不足。

（2）二手数据的调查分析方法　二手数据包括前人做过的研究、现有的文献以及从政策制定者那里获得的关于政策制定背景、制定中的物资投入、制定中遇到的困难等各方面的信息和资料，也包括从政策执行者那里获得的关于政策执行进程、执行结果、执行成本等方面的数据。一般情况下，有关部门都有统计，评估者要做的工作就是从各个部门收集这些数据，然后分析、筛选这些数据，找出有效、可靠的数据。值得注意的是，分析这些数据需要对原统计指标的界定、统计范围、数据处理方法等方面进行分析，以确定数据与评估相关，可以据此得出结论，也便于读者确认数据应用得当。环境政策评估数据包括社会、经济、环境、水利、城市、农业等相关部门的统计资料，例如：①环境部门的数据，如环境统计年报、污染源评估报告、城市环境质量报告等；②相关其他部门的统计资料等，如统计年鉴、流域水资源公报、水质监测报告、渔业生态环境状况公报、农业年鉴、卫生统计提要、林业发展报告等；③期刊、研究机构的调查报告等。

二手数据使用的关键是数据的相关性和可靠性分析，二手数据本身不是针对政策而生产的。因此，评估者设计方案时的首要任务是分析和评估数据的相关性和数据的质量，以保障数据收集的全面性和减少不必要的工作。

（3）一手数据调查方案设计　一手数据也称为原始数据，是指政策评估人员通过问卷、访谈、研讨会、现场试验、案例研究等方式直接获得的数据。一般而言，一手数据具有及时性、可靠性、针对性强的优点，可以补充并核实二手数据。环境政策评估越来越强调"参与"的重要性，一手数据正是通过以下方法在与不同干系人之间的互动中获得的。

① 抽样调查　由于环境政策涉及人群广泛，既要获得普遍的信息又要考虑评估工作的人力、资金等投入，抽样调查无疑是首选。抽样调查关注收集信息，以得出关于抽样人群与非抽样人群方面的结论。对抽样调查方法的基本要求就是抽样人群的代表性，应当按照统计学的规范进行抽样。在环境政策评估中，具体的调查形式通常是问卷，问题既要尽可能包括需要的全部信息，又必须考虑到调查者的实际情况，使他们可以比较清楚地认识到所问的内容，给出清晰的答案。

② 访谈　访谈是为了通过向访谈对象了解信息、验证假设而有计划实施的与访谈对象的角色地位不均等的谈话。作为抽样调查的补充，访谈的作用是在一个更小的范围内，对某些特别关注的、重要或典型的问题或人群进行深入、全面的调查。在环境政策评估中，具体的方法包括关键线人访谈、半结构式访谈、结构式访谈等。该方法有助于评估者深入了解特定利益相关者的需求和关注点，将各方面的意见都反映到评估报告之中。

③ 研讨会　研讨会主要是行业领域专家群体，或者因某种特殊事件、问题而聚集的具有对这一议题有相当了解的人士共同商讨对同一主题的看法、见解、对策、批评，从而达成共识，取得共同利益、共同看法的思想、观念、技术相互撞击的过程。研讨会通常专业性较强，在环境政策评估中可通过聘请相关的专家对政策各个环节存在的问题进行研讨从而获得评估信息。

④ 现场试验　现场试验设计主要用于得出有关项目的因果推论，也就是说，回答一些有因果关系的影响性问题。评估者通常选择一组受试者，给他们一些刺激，然后观察他们的反应。现场试验的设计允许评估者对受到某环境政策或项目影响的人群与没有受到影响的人群比较，或者对同一人群受影响前后进行比较。

在实施环境政策评估工作时，通常的做法是将以上几种方法组合应用，例如在评估某流域水环境保护政策时，评估者往往一方面收集该流域相关的二手数据，另一方面对部分人群（如沿岸居民）进行较大面积的问卷调查，对重要干系人进行深度访谈，召开专家研讨会，在小范围（如村庄）内运用现场试验的方法测试特定人群对政策干预（如奖励节水农户）的反应。

（4）数据质量评估方案　根据美国环保署制定的原则和标准，数据质量包括数据客观性、完整性和有用性。据此可以将数据质量评估分成两个主要方面：一方面是关于客观性和有用性的社会科学评估；另一方面是关于完整性的自然科学评估。首先要对政策相关者生产的信息做基本的动机分析，判断数据的客观性，一般来说，收集者与政策的关系越中立，数据越可靠。数据的合法性是数据有用的前提，政策评估需要采用符合法规规定的合法信息，包括数据生产者的合法性以及数据的公开性。数据完整性评估主要是自然科学意义上的评估，包括：数据监测、测量的规范性，规范性高，数据质量高；监测的密度或频度，密度或频度越高，数据质量越高；数据的系统性评估，数据之间越成体系，数据质量越好。

数据质量评估的基本方法是数据的一致性和系统性评估。

数据一致性的评估是指不同来源的相同对象的数据间的一致性分析。一致性是指对象行为或状况是唯一的，不同部门、不同方法的结果应当是基本一致的，包括关系、趋势等的一致性。例如，空气质量监测数据表达的空气质量和用问卷反映的居民空气质量满意度应当是一致的。不同部门在同一测点生产的水质数据也应当是一致的。当结果出现不一致时，应当以数据质量高（监测者中立、监测规范、取值频率高）的为准。

数据的系统性主要依据政策设计的因果关系，利用因果关系反过来也可以判断数据的质量。例如城市中与空气污染有关的发病率上升（发病率数据是污染防治比较中立的部门生产的，数据质量更高），但是监测的数据显示城市空气质量改善，因果关系不成立，也就是空气质量监测的数据可能由于监测点设置不合理、监测频率低而不具有代表性，质量不高。

4.2.4　环境政策评估问卷调查和访谈

目前，监测信息并不能满足决策对环境信息的要求。决策者需要了解环境质量和污染物排放的详细信息以制定控制措施，评估已有手段，改进管理行动。但是当前的环境监测信息不仅不能提供足够的关于环境质量和排污单位排放行为的信息，而且没有提供关于污染最终影响的信息——人群健康和生态状况。

科学监测在生态方面存在缺位。生态监测的方法和操作复杂，短时间内很难建立起全国性或区域性的监测网络。科学监测的不足为开展问卷调查提供了必要性，赋予问卷调查获取环境信息的现实使命。

科学监测成本较高，监测数据较少。以河流水质监测为例，很多河流的水质监测仍然是月测或双月测，监测频率很难判断水质的变化趋势。科学监测还受到监测点的限制。以重点流域淮河流域为例，流域内国控监测断面 27 个，对于仅干流长度就 1000km 的淮河而言，代表性并不充分。

（1）问卷调查的特点　在缺少完善监测网络的区域，采用问卷调查方式来获得环境信息具有灵活、代表性高、成本低等特点，可以起到弥补监测空白的作用。

第一，相对于监测，问卷调查是一种比较灵活的调查方式。从调查项目上讲，问卷调查更全面、系统。问卷调查通过询问受访者获得关于其认识、行为或意愿的信息。污染防治政策评估问卷完全可以通过询问受访者获得其对于环境质量、企业排污行为、生态和污染影响的认识，不必拘泥于监测条件。因此，问卷可以在环境质量和污染物排放主题之外设置生态主题、人体健康主题，弥补科学监测的缺失。

第二，问卷调查能够补充和验证环境要素监测。例如，问卷调查可以实现对水质的半定量评估，能够与监测数据进行对比，印证监测数据。对于水质的调查与水质标准中的水质用途对应，调查数据能够处理成水质分值，与监测所得的水质类别进行对比，直观地反映问卷调查与监测数据的一致性。

第三，问卷调查代表性高。问卷调查的代表性取决于样本数量、总体数量和抽样方案。通过合理的抽样比、科学的抽样方法，调查的代表性是可以保证的，能够较为准确地测量到客观事实。另外，污染防治政策评估问卷的受访者是主要受影响的居民，他们长期生活在被评估的环境中，对于环境质量的感受是日积月累的，了解其长期的总体的状态。因此，这些受访者可以被认为是环境质量的长期监测者，问卷通过收集大量的分散监测者的信息，汇总得到较为客观的环境信息。

第四，问卷调查成本较低。问卷调查是一项基本的社会学调查方法，具备基础的抽样技术和访谈技术即可开展。问卷长度、调查范围和样本数量都可以按照预算确定，没有最低门槛，是一种灵活的调查方式。

第五，问卷调查的精确性有限，不能完全替代环境监测。问卷调查是通过受访者了解环境信息，其调查项目限于受访者的感官能力。问卷无法像环境监测一样测量某项污染物浓度，更不可能给出确切数字。因此，尽管问卷调查能够从总体上描述环境状况，在监测能力不足的情况下发挥报告环境质量、判断污染排放水平的功能，但是问卷并不能完全代替环境监测。

（2）问卷设计的基本原则　　问卷调查是一种书面调查，包括围绕着调查目的的各项问题，问卷的标准化保证了其信息具有信度和效度。而从更广的角度来讲，问卷是一种测量手段，是通过问题和选项的设计来测量目标概念的属性的过程。而在这个过程中，问题的用词、选项类型（开放式、闭合式；定性、定序、定量等）和问题的顺序都会影响到受访者的回答，进而影响到测量的精准，因而上述要素显得尤为重要。一般而言，一份好的问卷应当符合以下几个条件：使用容易理解的语言；除非必要，不要使用过长的问题；避免含义不明的语言（多重含义、多重否定等）；使用简单的概念；使问题具体化。

根据问卷的目的，可分为描述性问卷或分析性问卷。前者以测量、找出事实为主；后者则试图检查变量之间的联系和因果关系。根据测量的对象，问卷可分为测度事实的问卷和测度态度、价值或观点的问卷。测度事实的问卷，如以了解水污染的事实信息为主，可以向受访者询问例如河水的清澈程度、气味等；测度态度问卷，例如询问受访者对水质的满意程度。

（3）问卷的质量检验　　信度和效度是测量问卷质量的两个指标。而问卷将通过问题和选项的设计保证其信度和效度。信度是指测量数据与结论的可靠性程度，即测量工具能否稳定地测量到它所要测量的事项的程度，包括稳定性与一致性。常见的信度分析方法包括重测信度、半分信度、内部同质性信度等。目前较为常用的是采用克隆巴赫系数方法测量内部同质性信度，这种方法的应用见各心理学文献。效度表示一项研究的真实性和准确性程度，又称真确性。效度意味着一项指标的实证值在多大程度上代表了它意图测量的概念。内容效度指测验题目对有关内容或行为范围取样的适当性，如在污染防治政策效果评估问卷中可以理解为题目是否涵盖了主要的政策效果，是否测量了政策效果的主要方面。结构效度是通过对某些理论概念或特质的测量结果的考察，来验证该测量对理论构造的衡量程度[5]。

4.3 我国环境保护法规体系分析

4.3.1 我国环境保护法规体系

（1）环境保护法律法规的效力层级 由于不同立法主体的等级不同，因而不同等级的立法机构所立法律的效力具有层次性或等级性。我国法律的效力层次是多层次性的结构体系。在法律效力层次结构体系中，各种法律的效力既有层次，又相互联系，从而构成一个庞大的法律效力体系。按照法律效力等级，环境保护法律法规体系也可以划分为以下七个层次[6]：

① 宪法 宪法是一个国家的根本大法，具有最高的法律效力，其他任何法律都不应与宪法相违背。宪法中有关环境保护的规定是制定其他环境保护法律法规的法律依据和原则。

② 法律 包括环境保护基本法和环境保护专项法。环境保护基本法指《环境保护法》，它是环境保护领域的基本法律，是环境保护专项法的基本依据，由全国人大常务委员会批准并以国家主席令的形式颁布。环境保护专项法是针对特定的污染防治领域和特定的资源保护对象而制定的单项法律，由全国人大常务委员会批准并以国家主席令的形式颁布，如《大气污染防治法》。

③ 行政法规 环境保护的行政法规是由国务院组织制定并以国务院总理令的形式批准公布的为实施环境保护法律或规范环境监督管理制度而颁布的条例、实施细则，如《建设项目环境保护管理条例》。

④ 部门规章 部门规章是由国务院有关部门为加强环境保护工作以行政主管部门主要负责人令的形式颁布的环境保护部门规章，如《环境保护计划管理办法》。

⑤ 规范性文件 通常对于规范性文件的理解分为广义和狭义两种情况。广义的规范性文件，一般是指属于法律范畴（即宪法、法律、行政法规、地方性法规、自治条例、单行条例、国务院部门规章和地方政府规章）的立法性文件和除此以外的由国家机关和其他团体、组织制定的具有约束力的非立法性文件的总和。狭义的规范性文件，一般是指法律范畴以外的其他具有约束力的非立法性文件。目前这类非立法性文件的制定主体非常多，例如各级党组织、各级人民政府及其所属工作部门、人民团体、社团组织、企事业单位、法院、检察院等。

⑥ 技术标准和规范 环境技术标准和规范是我国环境法规体系中的一个重要组成部分，也是环境法制管理的基础和重要依据。环境标准包括主要环境质量标准、污染物排放标准、基础标准、方法标准等，其中环境质量标准和污染物排放标准为强制性标准。

⑦ 国际环境保护条约 国际环境保护条约是指中国政府为保护全球环境而签订的国际条约和议定书，是中国承担全球环保义务的承诺。根据《环境保护法》规定，国内环保法律与国际条约有不同规定时，应优先采用国际条约的规定（我国保留条件的条款除外）[7]。

（2）环境保护法律的部类划分 环境和自然资源是两个既相互区别又彼此联系的概念，可以说是一个问题的两个方面，联系紧密。在一定的时空范围和缺乏生态联系的条件下，自然资源表现为各种相互独立的静态物质和能量。而环境则是静与动的统一体。从静的角度来看，环境是一定时空范围内自然界形成的一切能为人类所利用的物质和能量（即自然资源）的总体；从动的角度来看，环境是指由一定数量、结构、层次并能相似相容的物质和能量所构成的物质循环与能量流动的统一体，它具有生态功能，具有满足人类生产和发展的生态功能价值。

环境法的调整对象是人与人关于环境的社会关系和人与环境的关系；自然资源法的调

整对象是人与人关于自然资源的经济关系和人与自然资源的关系，其调整对象与前者存在重叠。

环境保护法律主要包括《环境保护法》《大气污染防治法》《水污染防治法》《土壤污染防治法》等关于环境保护方面的法律法规。

自然资源保护法律主要包括《水土保持法》《土地管理法》《草原法》《水法》《矿产资源法》等关于自然资源保护方面的法律法规。

其他相关法律主要包括《宪法》《刑法》《治安管理处罚法》等法律法规中对于环境以及自然资源保护的相关规定。这些法律的立法目的主要不是规范环境以及自然资源保护领域的相关问题，但是，其部分内容却涉及了环境和自然资源的保护，对于环境保护和自然资源保护法律法规是必要且有益的补充，也是环境保护法律法规体系的重要组成部分。我国环境保护法律体系部类划分见表 4-1。

表 4-1　我国环境保护法律体系部类划分

分类	环境保护法律	自然资源保护法律	其他有关法律
法律 43 部 （其中：环境保护 12 项，自然资源保护 18 项，其他有关法律 13 项）	环境保护法(2014) 环境噪声污染防治法(2018) 海洋环境保护法(2018) 大气污染防治法(2015) 水污染防治法(2017) 环境保护税法(2018) 环境影响评价法(2018) 放射性污染防治法(2003) 固体废物污染环境防治法(2016) 清洁生产促进法(2019) 循环经济促进法(2018) 土壤污染防治法(2018)	野生动物保护法(2018) 水土保持法(2010) 防震减灾法(2008) 矿产资源法(2019) 煤炭法(2013) 节约能源法(2007) 防洪法(1997) 森林法(2019) 土地管理法(2019) 农业法(2012) 渔业法(2013) 海域使用管理法(2001) 防沙治沙法(2018) 草原法(2013) 水法(2016) 可再生能源法(2009) 节约能源法(2018) 海岛保护法(2009)	行政许可法(2019) 宪法(2019) 刑法(2017) 民法通则(2009) 民法总则(2017) 民事诉讼法(2017) 行政诉讼法(2017) 治安管理处罚法(2012) 行政处罚法(2017) 国家赔偿法(2012) 城乡规划法(2019) 侵权责任法(2009) 行政强制法(2011)

注：截至 2019 年 7 月 31 日。

4.3.2　环境保护法律体系分析

（1）环境保护法

①《环境保护法》的立法目的　2014 年修订后的《环境保护法》明确指出该法的立法目的为："为保护和改善环境，防治污染和其他公害，保障公众健康，推进生态文明建设，促进经济社会可持续发展，制定本法。"表明我国在环境法治理念方面，引入了生态文明建设和可持续发展的理念，明确要推进生态文明建设，促进经济社会可持续发展，要使经济社会发展与环境保护相协调的目标。

②《环境保护法》的立法原则　《环境保护法》的立法原则是指环境立法和环境执法的过程中表现出来的，具有指导意义和准则性的原则。这些原则集中体现了《环境保护法》的基本精神。2014 年修订后的《环境保护法》正式将可持续发展思想作为整个环境法律体系的指导原则，规定"保护环境是国家的基本国策"，并明确"环境保护坚持保护优先、预防为主、综合治理、公众参与、污染者担责的原则"。

保护优先、预防为主、综合治理原则指环境保护工作要以环境保护作为总体目标，强调预防为主、防患于未然，对已发生的污染和破坏要积极治理，把环境污染和生态破坏控制在维持生态平衡、保护社会物质财富和人体健康允许的限度之内。这一原则表明：环境保护的重点是预防环境污染和破坏；防与治要有机地结合起来，在预防中及时治理，在治理中加强预防；从整体利益出发，综合各种方式和途径，整治环境污染和破坏。

公众参与原则是指广大人民群众有参与环境保护管理的权利和义务。公众参与原则已是许多国家环境法中的一项基本原则，许多国际环境法律文件也都充分肯定了公众参与环境保护的重要作用，并要求各国政府鼓励公众参与环境保护。首先，贯彻公众参与原则要求保证公众的知情权，保证公众获得各种环境信息的权利，包括公众所在国家、地区、区域环境状况的信息，公众所关心的每一项开发建设活动、生产经营活动可能造成的环境影响及其防治对策的信息，国家和地方关于环境保护的法律法规信息等。其次，公众有机会利用正常的途径向有关决策机关充分表达其所关心环境问题的意见，并确保其合理的意见能够被决策机关采纳，确保公众参与环境公共事务管理的权利。最后，当个人或公众的环境权益受到侵害时，人人都可以通过有效的司法和行政程序，使环境得到保护，使受侵害的环境权益得到赔偿，一切单位和个人都有保护环境的义务，并有权对污染环境和破坏环境的单位和个人进行检举和控告，社会应当保证公众享有维护自身环境权益的权利以及对环境违法行为的监督权。

污染者担责原则指开发利用环境和资源或者排放污染物对环境造成不利影响的危害者，应当承担由其活动所造成的环境损害费用或者治理环境污染与破坏的费用。此项原则明确了由谁承担治理污染的责任。实行该原则有利于促进合理地利用环境与资源，防止或减轻环境损害，达到公平负担，因此很快得到国际社会的认可，并被一些国家确定为环境保护的一项基本原则。

③ 制定《环境保护法》的意义　《环境保护法》是我国历史上第一部环境保护的基本法，它的颁布实施对于加强环境保护、促进人口资源环境的可持续发展、构建社会主义和谐社会具有重大的意义。

首先，《环境保护法》是我国历史上第一部较完善的环境保护基本法，开创了环境立法的新局面。随着环境保护基本法的确立，各项环境保护专门法以及环保法规、部门规章才得以在此基础上逐步推出。《环境保护法》是我国环境保护法律法规体系建设的开端。

其次，《环境保护法》明确了环境法的一些基本概念和立法原则。该法明晰了环境法的保护对象——环境的概念，明确指出环境是指"影响人类生存和发展的各种天然的和经过人工改造的自然因素的总体，包括大气、水、海洋、土地、矿藏、森林、草原、湿地、野生生物、自然遗迹、人文遗迹、自然保护区、风景名胜区、城市和乡村等"；确立和贯彻了一系列环境立法的原则，包括环境保护坚持保护优先、预防为主、综合治理、公众参与、污染者担责的原则。

最后，《环境保护法》进一步明确了政府对环境保护的监督管理职责，完善了生态保护红线等环境保护基本制度，强化了企业污染防治责任，加大了对环境违法行为的法律制裁力度，增强了法律的可执行性和可操作性。因此，2014 年修订后的《环境保护法》也被称为"史上最严"的环境保护法。

④《环境保护法》的适用范围　《环境保护法》的适用范围包括三方面内容，即《环境保护法》在空间上的效力范围、在时间上的效力范围以及对人的效力范围。

a.《环境保护法》在空间上的效力范围。《环境保护法》的第三条规定："本法适用于中华人民共和国领域和中华人民共和国管辖的其他海域。"这就明确了我国环境法规的空间效力范围，即它适用的空间地域范围。这里的"领域"是指中华人民共和国的全部领域，包括我国的全部领土（即国境内的陆地）、领海、领空，以及领海以外的管辖海域，包括毗连区、专属经济区和大陆架等。此外，还可以包括延伸意义上的领域，如我国的驻外使领馆以及停泊在国外的飞机或船舶。

b. 环境法律法规的时间效力范围，是指法律的生效和效力终止的时间，以及法律对它公布以前的行为是否有溯及既往的效力问题。一般法律的生效有三种情形：一是法律条文明确规定该法律生效的日期与颁布的日期相同；二是规定其他日起施行；三是规定要经过试行阶段。试行并非是可执行可不执行，而是必须执行，试行的目的在于发现法律法规中存在的问题，然后由立法机关修订改正后再予正式颁布。《环境保护法（试行）》就属于此类情况。环境法律法规终止效力的时间，一般有下列几种情况：一是法律本身规定有停止生效的日期；二是新的环境法规公布之后，相同调整对象、相同事项的法律自行废止；三是颁布特别的决议，只是将旧法废除。关于环境保护法律法规的溯及效力问题，法律没有明确规定，但是法学理论对此有明确回答。溯及力，在法学上又称为溯及既往的能力，是指一个新的法律生效以后，对于在它之前发生的违反该法律规定的行为是否适用的问题。一般情况下，法律没有溯及既往的效力，法律只适用于生效后所发生的事项及行为，这对于维护社会稳定和保护人民的自由是必要的。

c. 环境法律法规对人的效力范围问题，环境法规一般没有明文的规定。我国的《宪法》以及《刑法》等基本法律有该问题的相关表述。《宪法》规定中华人民共和国公民在法律面前一律平等。同时《宪法》还规定，中华人民共和国保护在中国境内的外国公民的合法权利和利益，在中国境内的外国人必须遵守中国的法律。上述规定自然也适用于环境保护法规。《环境保护法》第六条规定："一切单位和个人都有保护环境的义务。"该条规定可以看作是对人效力范围的基本规定。需要特别强调的是，我国很多环境法律法规没有严格、系统地规定法律适用的对象，对于相关条款的表述应当灵活地理解和运用。例如《环境保护法》第六条规定了单位和个人有保护环境的义务，此处的单位应当理解为既包括机关企事业单位，又包括其他一切社会法人社团组织等机构。

⑤ 环境保护法的发展

a. 环境保护法的创立阶段。1979 年 9 月 13 日，第五届全国人大常委会通过了我国第一部环境保护法——《环境保护法（试行）》，该法依据 1978《宪法》有关环境保护的规定，并借鉴了国外环境立法的经验，规定了环境保护的原则、基本制度和管理措施，还把环境影响评价、污染者的责任、征收排污费、对基本建设项目实行"三同时"等，作为强制性的法律制度确定下来。《环境保护法（试行）》的颁布对我国环境保护事业的发展具有非常重要的意义，它标志着我国环境立法建设的正式开始，为我国环境保护事业走上法制化轨道奠定了基础，为实现环境和经济的协调发展提供了有力的法律保障。

b. 环境保护法的发展阶段。为了解决经济发展与环境保护的严重比例失调，1982 年国务院颁发了《关于在国民经济调整时期加强环境保护工作的决定》，这是一个环境保护的综合性法规，也是对 1979 年《环境保护法（试行）》的补充和具体化。其主要内容有：防止新污染源的发展；解决突出的环境问题；重点解决位于生活居住区、水源保护区、风景游览区的工厂企业的严重污染问题；制止对自然环境的破坏，特别是水上资源和森林资源的破坏；重点搞好北京、杭州、苏州、桂林的环境保护；加强国家对环境保护的计划指导；加强环境监测、科研和人才培养；加强对环境保护工作的领导。

经过十年的实际应用，在总结经验、吸取教训的基础上，第七届全国人民代表大会常务委员会第十一次会议通过了修改后的《环境保护法》（1989），它是我国环境立法和实践工作的又一座里程碑，与试行法相比，它确有很大进步，明确了"环境"的定义，确立了环境保护与经济、社会发展相协调的原则等等，对于推动单行环境法律法规的创制和有中国特色的环境保护法律体系的完善有着重要的意义，它作为我国环境保护领域的一项基本法律，指导着我国环境保护的各项工作[8]。

c. 环境保护法的完善阶段。根据党的十八大和十八届三中全会精神，修订后的《环境保护法》于 2014 年 4 月 24 日经十二届全国人大常委会第八次会议审议通过，于 2015 年 1 月 1 日起施行。新的《环境保护法》着重解决当前环境保护领域的共性问题和突出问题，更新了环境保护理念，完善了环境保护基本制度，强化了政府和企业的环保责任，明确了公民的环保义务，加强了农村污染防治工作，加大了对企业违法排污的处罚力度，规定了公众对环境保护的知情权、参与权和监督权，为公众有序参与环境保护提供了法治渠道。《环境保护法》的修改和贯彻实施，对于保护和改善环境、防治污染、保障公众健康、推进生态文明建设、促进经济社会可持续发展都具有十分重要的意义。

（2）环境保护专项法律　截止到 2019 年 7 月 31 日，全国人大常委会共颁布了 12 部环境保护法律，包括 1 部环境保护基本法和 11 部环境保护专门法。《环境保护法》为环境保护基本法，是其他 11 部环境保护专门法的立法基础和依据。

环境保护专门法针对特定的环境保护对象而制定，在每一部法律中都规定了立法主体、立法客体、利益相关方、实施机构、奖励和惩罚措施等。环境保护专门法是为了在不同环保领域贯彻环境保护基本法而制定的详细法律规定，也是对《环境保护法》的有益和必要补充。针对不同保护对象的环境保护专门法同环境保护基本法紧密联系，相互配合，共同组成了一个环境保护法律系统，充分体现了环境公共政策的系统性、一致性、配套性、完整性、针对性等特点。

我国已颁布的环境保护专项法律包括《环境噪声污染防治法》（2018）、《海洋环境保护法》（2018）、《大气污染防治法》（2015）、《水污染防治法》（2017）、《环境影响评价法》（2018）、《放射性污染防治法》（2003）、《固体废物污染环境防治法》（2016）、《清洁生产促进法》（2019）、《循环经济促进法》（2018）、《环境保护税法》（2018）、《土壤污染防治法》（2018）11 部法律，这 11 部法律分别针对不同的环境介质和环境管理对象给出了具体规定，是我国环境保护法律法规体系的重要组成部分。其中，《环境保护税法》❶ 是中国第一部专门体现"绿色税制"的单行税法，于 2018 年 1 月 1 日起实施。《环境保护税法》的出台以法律形式确定了"污染者付费"的原则，利用税收制度的规范性和强制性，一方面可以倒逼环境监测数据更加真实，另一方面也可促使企业提高环保水平。《环境保护税法》实施后，我国实施了几十年的排污收费制度将废止。

（3）环境保护行政法规和部门规章　我国现有主要环境管理制度包括环境保护目标责任制、综合整治与定量考核、污染集中控制、限期治理、排污许可证制度、环境影响评价制度、"三同时"制度、环境规划制度、环境保护标准管理制度以及环境信息管理制度等。实际上，类似以制度形式存在，但并没有专门法规或部门规章的管理制度也有，例如总量控制制度。总量控制本身没有专门的法规，只有相关的两个部门规章，但却一直执行，也被称为制度。这些制度的实施在一定时期内对我国环境管理产生了积极的作用。我国现有

---

❶于 2016 年 12 月 25 日通过，2018 年 1 月 1 日实施，2018 年 10 月 26 日进行了修订。

的环境管理制度中，部分制度法律体系较完整，如环评制度，而部分制度只有行政法规和部门规章，并没有上位法，如环境规划制度和排污许可证制度（2016 年 11 月之前的排污许可证制度）。本节主要分析已有的行政法规和部门规章，也会分析一些环境管理要求。本节所指环境管理制度是指主要以行政法规和部门规章为主体的环境管理政策手段。

（4）环境保护行政法规和部门规章　由于法律的规定常常比较原则、抽象，因而还需要由行政机关进一步具体化，便于国家部门指导和实施。行政法规就是对法律内容具体化的一种主要形式。《立法法》（2015）第九条规定，全国人大及其常委会授权国务院，根据实际需要，对于部分事项尚未制定法律的，国务院可以先制定行政法规。行政法规的制定主体是国务院，行政法规根据宪法和法律的授权制定，行政法规必须经过法定程序制定，具有法的效力。它的效力次于法律，高于部门规章和地方法规。环境保护行政法规即是指国务院制定颁布，以国务院总理令的形式批准公布的为实施环境保护法律或规范环境监督管理制度而颁布的条例、办法、实施细则、规定等，具体见表 4-2。

表 4-2　我国环境保护行政法规表

畜禽规模养殖污染防治条例（2013）	废弃电器电子产品回收处理管理条例（2008）
陆生野生动物保护实施条例（2016）	中华人民共和国畜禽遗传资源进出境和对外合作研究利用审批办法（2008）
防治海岸工程建设项目污染损害海洋环境管理条例（2017）	汶川地震灾后恢复重建条例（2008）
防治海洋工程建设项目污染损害海洋环境管理条例（2017）	全国污染源普查条例（2007）
防治船舶污染海洋环境管理条例（2017）	中华人民共和国水污染防治法实施细则（2000）
海洋倾废管理条例（2017）	资源税暂行条例（1993）
防止拆船污染环境管理条例（2017）	防治陆源污染物污染损害海洋环境管理条例（1990）
核电厂核事故应急管理条例（2011）	核材料管理条例（1987）
淮河流域水污染防治暂行条例（2011）	海洋石油勘探开发环境保护管理条例（1983）
医疗废物管理条例（2011）	城镇排水与污水处理条例（2013）
政府信息公开条例（2019）	放射性废物安全管理条例（2011）
消耗臭氧层物质管理条例（2018）	太湖流域管理条例（2011）
农药管理条例（2017）	放射性物品运输安全管理条例（2009）
国家危险废物名录（2016）	规划环境影响评价条例（2009）
企业信息公示暂行条例（国务院令第 654 号）（2014）	

注：截至 2019 年 7 月 31 日。

　　环境保护部门规章是指国务院各部门根据法律和行政法规的规定和国务院的决定，在本部门的权限范围内制定和发布的调整本部门范围内的行政管理关系的并不得与宪法、法律和行政法规相抵触的环境保护规范性文件，主要形式是命令、指示、规定等。部门规章的法律效力低于法律和行政法规。部门规章调整的是行政机关与公民、法人和其他组织在该行政管理领域内的关系，而法律调整的是相关活动的社会关系。法律、行政法规具有创制性，而部门规章只能将法律、行政法规所创设的权利、义务具体化，不能超出法律、行政法规规定的范围，一般不能对公民、法人和其他组织创设新的权利、义务。在行政处罚方面，部门规章只能规定警告和一定限额的罚款，不能规定其他形式的处罚。我国环境保护部门规章具体见表 4-3。

　　总体上来看，我国目前的环境保护法律基本上按照环境介质制定，如《水污染防治法》

《大气污染防治法》《土壤污染防治法》等。但现行环境保护法规和部门规章仍然基本按照行政过程管理而设计，缺乏按照环境介质管理的思路和框架。每项制度基本上覆盖所有的介质，采用基本相同的管理框架和管理体制机制。事实上不同的介质管理，在思路和管理内容上存在着较大的差异，不适宜以一项制度将所有介质涵盖在内，如此容易导致管理缺乏针对性、管理机构臃肿、管理内容复杂且难以细化，以及管理缺乏专业性和科学依据。2016 年环保部机构改革，撤销了污染物排放总量控制司，成立了水、大气、土壤三司，即是遵循了按照环境要素管理的基本原则和方向。因此，从长远看，环境保护法规和部门规章也必然应朝着按照环境介质管理的方向进行改革和调整。

表 4-3　我国环境保护部门规章表

环境影响评价公众参与办法(2018)	环境污染治理设施运营资质许可管理办法(2012)
排污许可管理办法(试行)(2018)	污染源自动监控设施现场监督检查办法(2012)
工矿用地土壤环境管理办法(试行)(2018)	固体废物进口管理办法(2011)
建设项目环境影响评价分类管理名录(2018)	突发环境事件信息报告办法(2011)
农用地土壤环境管理办法(试行)(2017)	放射性同位素与射线装置安全和防护管理办法(2011)
环境保护部关于修改部分规章的决定(2017)	防止含多氯联苯电力装置及其废物污染环境的规定(2010)
放射性同位素与射线装置安全许可管理办法(2017)	环保举报热线工作管理办法(2010)
国家级自然保护区监督检查办法(2017)	环境行政处罚办法(2010)
固定污染源排污许可分类管理名录(2017 年版)	环境行政执法后督察办法(2010)
建设项目环境影响登记表备案管理办法(2016)	废弃电器电子产品处理资格许可管理办法(2010)
国家危险废物名录(2016)	放射性物品运输安全许可管理办法(2010)
污染地块土壤环境管理办法(2016)	进出口环保用微生物菌剂环境安全管理办法(2010)
环境保护档案管理办法(2016)	地方环境质量标准和污染物排放标准备案管理办法(2010)
放射性物品运输安全监督管理办法(2016)	新化学物质环境管理办法(2010)
建设项目环境影响后评价管理办法(试行)(2015)	限期治理管理办法(试行)(2009)
建设项目环境影响评价资质管理办法(2015)	建设项目环境影响评价文件分级审批规定(2009)
环境保护公众参与办法(2015)	环境行政复议办法(2008)
突发环境事件应急管理办法(2015)	建设项目环境影响评价分类管理名录(2008)
建设项目环境影响评价分类管理名录(2015)	国家危险废物名录(2008)
突发环境事件调查处理办法(2014)	危险废物出口核准管理办法(2008)
企业事业单位环境信息公开办法(2014)	化学品首次进口及有毒化学品进出口环境管理规定(1994)
环境保护主管部门实施限制生产、停产整治办法(2014)	关于废物进口环境保护管理暂行规定的补充规定(1996)
环境保护主管部门实施查封、扣押办法(2014)	畜禽养殖污染防治管理办法(2001)
环境保护主管部门实施按日连续处罚办法(2014)	城市放射性废物管理办法(1987)
消耗臭氧层物质进出口管理办法(2014)	饮用水水源保护区污染防治管理规定(1989)
核与辐射安全监督检查人员证件管理办法(2013)	汽车排气污染监督管理办法(1990)
放射性固体废物贮存和处置许可管理办法(2013)	环境监理工作暂行办法(1991)
环境监察执法证件管理办法(2013)	建设项目竣工环境保护验收管理办法(2001)
环境监察办法(2012)	环境影响评价审查专家库管理办法(2003)
国家环境保护局环境保护科学技术研究成果管理办法(1992)	国家环境保护总局建设项目环境影响评价文件审批程序规定(2005)
环境监理执法标志管理办法(1992)	全国环保系统六项禁令(2003)

续表

防治尾矿污染环境管理规定(1992)	医疗废物管理行政处罚办法(2004)
环境保护档案管理办法(1994)	环境保护行政许可听证暂行办法(2004)
环境监理人员行为规范(1995)	环境污染治理设施运营资质许可管理办法(2004)
废物进口环境保护管理暂行规定(1996)	环境保护法规制定程序办法(2005)
电磁辐射环境保护管理办法(1997)	建设项目环境影响评价资质管理办法(2005)
环境保护法规解释管理办法(1998)	废弃危险化学品污染环境防治办法(2005)
环境标准管理办法(1999)	污染源自动监控管理办法(2005)
危险废物转移联单管理办法(1999)	专项规划环境影响报告书审查办法(2003)
近岸海域环境功能区管理办法(1999)	建设项目环境影响评价行为准则与廉政规定(2005)
淮河和太湖流域排放重点水污染物许可证管理办法(试行)(2001)	民用核安全设备设计制造安装和无损检验监督管理规定(HAF601)(2008)
环境信访办法(2006)	病原微生物实验室生物安全环境管理办法(2006)
环境统计管理办法(2006)	民用核安全设备无损检验人员资格管理规定(HAF602)(2008)
环境信息公开办法(试行)(2007)	民用核安全设备焊工焊接操作工资格管理规定(HAF603)(2008)
环境监测管理办法(2007)	进口民用核安全设备监督管理规定(HAF604)(2008)
电子废物污染环境防治管理办法(2007)	全国环境监测管理条例(1983)
排污费征收工作稽查办法(2007)	放射性同位素与射线装置安全许可管理办法(2006)

注：截至2019年7月31日。

（5）环境保护技术标准和规范　技术标准是指经公认机构批准的、非强制执行的、供通用或重复使用的产品或相关工艺和生产方法的规则、指南或特性的文件。现有的环境保护标准制度主要涉及环境质量标准，污染物排放标准，环境监测规范、方法，污染防治技术政策，清洁生产标准，环境影响评价技术导则，环保产品技术要求，环境保护工程技术规范，环保验收技术规范，环境保护信息标准等。

其中，环境质量标准是为保护人群健康和环境资源、维持生态系统，考虑技术、经济等因素对自然资源中各种污染因素所作出的限制性规定[9]。环境质量标准体现国家的环境保护政策和要求，是衡量环境是否受到污染的尺度，是环境规划、环境管理和制定污染物排放标准的依据。环境质量标准应该是一个体系，至少应包括基于科学的基准值以及基于环境制定用途的标准值。基准值一般是科学的、确定的；标准值是根据环境要素指定用途、环境质量达标规划等法规制度确定的。因此，环境质量标准体系已经完全超越了技术本身，超出了技术标准的边界，不适宜采用统一的"国家标准"（GB）发布。国家标准是指技术上的标准、产业上的标准，而地表水管理标准应该是强制的，应当以法规的形式实施。

污染物排放标准是对污染源排放水污染物所规定的各种形式的法定允许值及要求[10]。污染物排放标准分为基于技术的排放标准和基于环境质量的排放标准。基于技术的排放标准依据《环境标准管理办法》由生态环境部和国家质量监督检验检疫总局联合发布。基于环境质量的排放标准则需要针对环境质量、污染源特征等制定，并依托排污许可证制度实施。同样地，环境保护技术规范也应列入法规或部门规章范畴。如在水污染物排放的监测技术规范中对于监测方案的不同规定，如是否允许混合、是否在排放口取样、是否存在混合区，取小时峰值、日最大值还是月均值等，都会影响到污染源应遵循的排放标准的制定。因此，排放标准与环境质量标准、环境质量达标规划和排污许可等制度密切相关，在政策手段属性上属于严格的命令控制型政策，也应采用行政法规或部门规章的形式进行制定和修订。

4.3.3　其他相关法律分析

（1）自然资源保护相关法律　自然资源是指自然界中能为人类利用的物质和能量的总称。它是一个庞大的系统，以其形态和作用为标准，可以分为土地资源、矿产资源、水资源、海洋资源、物种资源以及气候资源等。

自然资源法是调整人们在自然资源的开发、利用、保护和管理过程中所发生的各种社会关系的法律规范的总称，它是一个综合性的概念，由各种资源法组成，主要包括土地资源、水资源、矿产资源、森林资源、草原资源、渔业资源、野生动植物资源等方面的法律、行政法规、规章和地方性法规。自然资源法调整的是公民、法人、自然资源管理部门在自然资源开发、利用、保护、管理和改善过程中发生的社会关系，这些社会关系包括资源权属关系、资源流转关系、资源管理关系和其他经济关系，贯穿于开发、利用、保护、管理、改善的全过程之中[11]。

我国尚没有制定一部独立的自然资源保护法，而是将自然资源保护的一些原则性、普适性的基本规定放到了《环境保护法》里加以表述，例如：在《环境保护法》第三章"保护和改善环境"中，对于保护水土资源、动植物资源、旅游资源、海洋资源等问题，从环境保护的角度出发，作出了相关规定。因此，可以说我国目前实行的是环境和资源保护基本法合一的法律体系。

我国自然资源部门法体系包括：《野生动物保护法》（2018）、《水土保持法》（2010）、《防震减灾法》（2008）、《矿产资源法》（2019）、《煤炭法》（2013）、《节约能源法》（2007）、《防洪法》（1997）、《森林法》（2019）、《土地管理法》（2019）、《农业法》（2012）、《渔业法》（2013）、《海域使用管理法》（2001）、《防沙治沙法》（2018）、《草原法》（2013）、《水法》（2016）、《可再生能源法》（2009）、《节约能源法》（2018）、《海岛保护法》（2009）及相应的实施细则、实施条例和规章等。

所有的自然资源均为自然环境的组成部分，它们之间相互依存、有机联系，进而构成统一的整体。首先，在存在形态上是相连的，森林、草原、矿藏、水都依附于土地之上或蕴藏于土地之下；其次，它们之间的相互联系有着连锁性、结构性的变化效应，并形成各种资源的多种功能。自然资源的整体性，要求人们利用自然资源的活动不仅从个别资源的效益出发，而且必须把自然资源作为一个整体来看待。为了适应自然资源本身所具有的这种彼此互相联系、相互制约的特性，我国自然资源保护法律规范在内容上既有所区别，又彼此互相联系，相互制约，形成一个统一的不可分割的自然资源保护法体系。

（2）《宪法》中有关环境保护的条款　《宪法》第 9 条规定："矿藏、水流、森林、山岭、草原、荒地滩涂等自然资源，都属于国家所有，即全民所有；由法律规定属于集体所有的森林和山岭、草原、荒地、滩涂除外。国家保障自然资源的合理利用，保护珍贵的动物和植物。禁止任何组织和个人利用任何手段侵占或者破坏自然资源。"《宪法》第 10 条规定："城市的土地属于国家所有。农村和城市郊区的土地，除由法律规定属于国家所有的以外，属于集体所有；宅基地和自留地、自留山，也属于集体所有。国家为了公共利益的需要，可以依照法律规定对土地实行征收或者征用并给予补偿。任何组织或者个人不得侵占、买卖、出租或者以其他形式非法转让土地。一切使用土地的组织和个人必须合理地利用土地。"《宪法》第 26 条规定："国家保护和改善生活环境和生态环境，防治污染和其他公害。国家鼓励植树造林，保护林木。"《宪法》第 22 条第 2 款规定："国家保护名胜古迹、珍贵文物和其他重要历史文化遗产。"《宪法》第 5 条规定："一切国家机关和武装力量、各政党和各社会团体、各企业事业组织都必须遵守宪法和法律。一切违反宪法和法律的行为，必须予以追究。"

《宪法》对于管理国家、社会和个人事务的具有普遍适用意义的规定，也是环境立法的依据。如《宪法》关于公民教育权和义务的规定，肯定能够适用于环境保护教育立法。但应当注意的是，在一些关于政府组成、职能方面的条款当中，往往隐含地涉及环境保护问题，因此也被认为是环境法体系的组成部分。

（3）《刑法》中有关环境保护的条款　我国 2017 年《刑法》将"破坏环境资源保护罪"单列为"妨害社会管理秩序罪"中的一节，在《刑法》338～346 条规定了 14 种破坏环境资源保护罪。"破坏环境资源保护罪是指个人或单位故意违反环境保护法律，污染或破坏环境资源，造成或可能造成公私财产重大损失或人身伤亡的严重后果，触犯刑法，构成犯罪，并应受刑事惩罚的行为"。它作为新《刑法》中规定的一个新的犯罪种类，涵盖了所有危害环境资源的犯罪。新《刑法》根据侵犯对象和行为方式的不同，设立了污染环境罪、非法处置或擅自进口固体废物罪、非法捕捞水产品罪、非法猎捕和狩猎罪、非法占用农用地罪、破坏矿产资源罪、非法采伐和盗伐森林罪。该罪的一般客体是《刑法》所保护的而被犯罪行为所侵害的社会利益，同类客体是社会管理秩序，直接客体则是国家、单位、公民的环境权益。

应当说，我国现行生态环境保护法律体系以生态环境综合法和单行法为主，但在法律责任的承担上以民事责任和行政责任为主而忽视了生态环境的刑法保护。除上面所叙述的《刑法》有关 14 种破坏环境资源保护罪外，其他污染环境和破坏生态的行为均只能追究违法者的民事责任和行政责任，我国目前对生态环境的刑法保护有待进一步加强[12]。因此，部分学者认为，为了构建完整有序的生态环境法律保护体系，必须加强对生态环境的刑法保护，扩大对破坏环境资源保护罪的认定范围，加大对破坏环境资源保护罪的打击力度。

（4）《民法通则》及《民法总则》中有关环境保护的条款　为了保障公民、法人的合法的民事权益，正确调整民事关系，2009 年 8 月 27 日第十一届全国人民代表大会常务委员会第十次会议通过对《民法通则》的修订。

《民法通则》主要在第 5 章（民事权利）中对集体和国家财产权利（包括自然资源）作出了相应规定；第 6 章民事责任中规定污染环境应当承担民事责任。

在《民法通则》第 5 章第 74 条规定，劳动群众集体组织的财产属于劳动群众集体所有，并且界定了集体财产的范围，规定了村级农民集体经济组织和乡镇级农民集体经济组织可以分别对各自的财产实施所有权。第 5 章第 81 条界定了国家以及集体对自然资源在所有权方面的相互关系，规定了单位以及个人在资源的开发利用方面享有的权利和应尽的义务。第 6 章第 124 条规定："违反国家保护环境防止污染的规定，污染环境造成他人损害的，应当依法承担民事责任。"

2017 年，十二届全国人大五次会议表决通过了《民法总则》，自 2017 年 10 月 1 日起施行。《民法总则》第 1 章第 9 条规定，民事主体从事民事活动，应当有利于节约资源、保护生态环境。

（5）《民事诉讼法》《行政诉讼法》中有关环境保护的条款　《民事诉讼法》（2017）的任务是保护当事人行使诉讼权利，保证人民法院查明事实，分清是非，正确适用法律，及时审理民事案件，确认民事权利义务关系，制裁民事违法行为，保护当事人的合法权益，教育公民自觉遵守法律，维护社会秩序、经济秩序，保障社会主义建设事业顺利进行。

《行政诉讼法》（2017）的任务是保证人民法院公正、及时审理行政案件，解决行政争议，保护公民、法人和其他组织的合法权益，监督行政机关依法行使行政职权。

《民事诉讼法》《行政诉讼法》中直接涉及环境保护的具体条款和规定较少，只在《民事诉讼法》第 5 章第 55 条规定，对污染环境、侵害众多消费者合法权益等损害社会公共利益的行为，法律规定的机关和有关组织可以向人民法院提起诉讼。2017 年修订的《行政诉讼法》增加了第 4 章第 25 条第 4 款，规定：人民检察院在履行职责中发现生态环境和资源保护、食品药品安全、国有财产保护、国有土地使用权出让等领域负有监督管理职责的行政机关违法行使职权或者不作为，致使国家利益或者社会公共利益受到侵害的，应当向行政机关提出检察建议，督促其依法履行职责。行政机关不依法履行职责的，人民检察院依法向人民法院提起诉讼。该条款的增加，被视为是对行政机关权力的约束，是落实依法治国的一大举措。

目前，很多学者认为现行的诉讼法（包括民事、行政、刑事）中有关环境侵权问题，环境污染行为侵害他人身体健康或财产权时，受害者可提起侵权损害赔偿；当环境管理机关由于不当行政行为而侵害某一特定主体的合法权益时，该受害者亦可对该行政机关提起行政诉讼。但上述涉及环境问题的民事或行政诉讼与其说是一种环境权益诉讼，还不如说是传统的人身或财产权益诉讼，因为诉讼请求针对的只是受到侵害的人身或财产权利，环境权的受侵害只是作为一种侵害手段出现的，这仍然是一种典型的私益诉讼[13]。

但是，由于环境问题具有典型的外部性，环境侵权行为侵害的往往是社会整体的利益，因此，环境权益诉讼应当是一种与环境权性质相适应的"公益诉讼"。要充分地保护公民环境权，就必须普遍地建立起民事、行政、刑事环境公益诉讼。

所谓公益诉讼，是指任何组织或个人都可以根据法律的授权，对违反法律、侵犯国家利益和社会公共利益的行为，向法院追究违法者法律责任的活动[14]。与私益诉讼相比，公益诉讼具有如下特征：诉讼的标的是社会公共利益，而非个体利益；起诉人不限于与案件有直接利害关系者，而可以是与本案无直接利害关系的任何人（自然人、法人、国家机关）。这种公益诉讼的存在主要是为了更好地维护社会公共利益，防止国家机关的失职或弥补其人员不足。《环境保护法》（2014）对环境公益民事诉讼的主体资格作出了明确规定："依法在设区的市级以上人民政府民政部门登记"和"专门从事环境保护公益活动连续五年以上且无违法记录"的社会组织可以提起公益诉讼。但现行《民事诉讼法》第 55 条规定："对污染环境、侵害众多消费者合法权益等损害社会公共利益的行为，法律规定的机关和有关组织可以向人民法院提起诉讼。"因此只有有关机关和组织才能作为环境公益诉讼的主体，公益诉讼主体并不包括个人，从而限制了公益诉讼在环境保护领域应该发挥的作用。

（6）《治安管理处罚法》中有关环境保护的条款　《治安管理处罚法》（2012）立法的目的是维护社会治安秩序，保障公共安全，保护公民、法人和其他组织的合法权益，规范和保障公安机关及其人民警察依法履行治安管理职责。

依据《治安管理处罚法》第 2 条规定，那些依法需要追究刑事责任，但又不构成刑事犯罪的违法行为，属于《治安管理处罚法》的调整对象。

《治安管理处罚法》中，对下列与环境保护有关的行为作出了相关处罚规定：在第三十条、第三十一条、第三十三条、第五十八条中，分别对诸如涉及危害环境的爆炸性、毒害性、放射性、腐蚀性物质或者传染病病原体等危险物质的行为作出了相应的处罚规定。

（7）《行政处罚法》中有关环境保护的条款　《行政处罚法》（2017）的立法目的是规范行政处罚的设定和实施，保障和监督行政机关有效实施行政管理，维护公共利益和社会秩序，保护公民、法人或者其他组织的合法权益。

该法第三条规定了该法的适用范围："公民、法人或者其他组织违反行政管理秩序的行为，应当给予行政处罚的，依照本法由法律、法规或者规章规定，并由行政机关依照本法规定的程序实施。没有法定依据或者不遵守法定程序的，行政处罚无效。"

该法是规范政府行政执法行为的一项专门法律，对于调节行政执法过程中有关各方的行为、利益关系具有普遍的适用意义。虽然在《行政处罚法》中没有专门涉及环境保护的条款，但是，《行政处罚法》却是环境保护行政执法处罚最重要的法律依据。

（8）《国家赔偿法》中有关环境保护的条款　《国家赔偿法》（2012）的立法目的在于保障公民、法人和其他组织享有依法取得国家赔偿的权利，促进国家机关依法行使职权。

《国家赔偿法》的适用范围："国家机关和国家机关工作人员违法行使职权侵犯公民、法人和其他组织的合法权益造成损害的，受害人有依照本法取得国家赔偿的权利。"

《国家赔偿法》主要包括行政赔偿、刑事赔偿、赔偿方式和计算标准三部分内容，在行政赔偿和刑事赔偿中又具体规定了赔偿的范围、赔偿请求人和赔偿机关、赔偿程序等内容。

在环境保护中有可能涉及的赔偿行为主要是行政赔偿，因此，《国家赔偿法》中有关环境保护的规定主要体现在行政处罚部分。

《国家赔偿法》第三条列举了一些需要国家赔偿的侵犯人身权的错误行政执法行为，第四条列举了一些需要国家赔偿的侵犯财产权的错误行政执法行为，第六条则明确了受害的公民、法人或者其他组织有权要求赔偿，第七条对何为赔偿义务机关进行了界定。

（9）《侵权责任法》中有关环境保护的条款　《侵权责任法》（2009）的立法目的在于保护民事主体的合法权益，明确侵权责任，预防并制裁侵权行为，促进社会和谐稳定。

《侵权责任法》将环境污染责任单列为第八章，共四条。《侵权责任法》中对环境污染责任进行了四方面的规定，包括归责原则、举证责任、共同污染行为以及第三人过错责任。《侵权责任法》在环境污染责任的界定上具有重大的进步意义。如第7条特别规定："行为人损害他人民事权益，不论行为人有无过错，法律规定应当承担侵权责任的，依照其规定。"即环境污染侵权的归责原则是无过错责任原则。在环境污染造成损害时，免除受害人举证证明污染物排放者过错的责任，明确了造成环境污染损害的排污单位，有过错无疑应当承担责任，没有过错也应当承担责任。它是侵权责任归责原则的一大进步，具有重大意义。

《侵权责任法》规定了因果关系举证责任倒置规则。如第66条规定，因污染环境发生纠纷，污染者应当就法律规定的不承担责任或者减轻责任的情形，及其行为与损害之间不存在因果关系，承担举证责任。这一规定的进步之处在于考虑到了环境侵权行为往往不同于一般侵权行为，常常具有长期性和累积性特征，还往往涉及复杂的科学技术问题，被侵权人难以及时认识到对自身的侵害，也无法对污染行为与损害后果之间的因果关系进行举证。《侵权责任法》将污染行为与损害后果之间的因果关系举证责任赋予污染者，这将大大有利于被侵权人合法权益的保护。以前我国司法解释对该举证责任倒置原则有类似的规定，《侵权责任法》以民事基本法的形式予以了重申和确认，提高了立法的层次性和权威性。

《侵权责任法》规定了环境共同污染责任的承担规则。这是针对实践中存在很多污染者共同污染或破坏造成损害的情形。对此《侵权责任法》第67条规定："两个以上污染者污染环境，污染者承担责任的大小，根据污染物的种类、排放量等因素确定。"这一规定不仅有利于促使企业改进生产设备，减少污染，保护环境，也有利于被侵权人在受到权益损失后，能得到更全面的保护与赔偿。但该条规定在如何确定各个污染者的责任分配和责任举证方面尚不明确，有时会导致污染者之间在诉讼中相互推诿，被侵权者的权益得不到及时的赔偿[15]。

这些制度和规则都有利于环境侵权责任的确定和纠纷的解决。该法的施行对保护合法环境权益、制裁环境侵权行为、促进社会和谐稳定具有重要意义[16]。

4.3.4　环境保护法规体系发展评述

经过几十年的发展演进，我国已经初步形成了包括环境和资源保护两个方面，涵盖法律、行政法规、部门规章、规范性文件等不同效力层级的较完备的法律法规体系。这一法律体系的建立，对于保护资源和环境发挥了巨大的作用。

（1）环境保护法律体系建设成就　我国的环境保护法律从无到有，从粗略到具体，从杂乱无序到形成体系，经历了曲折的历史过程，取得了重大的成就。

① 环境法规体系初步建立　针对不同环境领域发生的问题，有针对性地颁布了各项环境保护专门法，明确了环境问题，树立了环境政策目标，确定了各利益相关者的权利和责任，部分落实了环境政策实施的管理机构、资金机制及监测、监督和检查机制，为环境保护事业走上制度化、法制化轨道提供了良好的开端。

② 环境立法程序逐步确立　法治社会讲究程序正义，法律作为公众意志的集中体现，其自身的合法性、有效性需要有严格的立法程序加以保障。我国在建立环境保护法律体系的过程当中，已经逐步建立起一套严谨的环境立法程序。

（2）环境保护法律体系完善方向

① 资源保护立法有待更加完善　目前虽然已经颁布了《环境保护法》作为环境保护领域的基本法，也有各环境保护专项法和资源保护专项法，但是，国家一直没有制定资源保护基本法，而实际作为资源保护基本法发挥作用的《环境保护法》在资源保护方面的基本法地位又一直得不到明确的界定，加之其资源保护方面的内容又多是从生态、环境保护的角度出发，因此，可以说我国目前缺少一部资源保护基本法，当务之急是要么重新制定一部详细的《资源保护法》，要么明确《环境保护法》的资源保护基本法地位，并对其进行修订完善。

② 制定更具可操作性的政策　很多政策的制定，事前尚需做更深入细致的调查研究，对于政策问题的性质、政策目标、利益相关方行为方式等问题细致分析，否则政策实施的结果有可能会事与愿违，不仅不能达到制定政策的初衷，反而有可能鼓励对资源环境的破坏行为。

③ 完善政策实施的资金保障机制　政策要有充裕的资金保障，才能从纸面上落实到实际当中，尤其对于环境保护政策而言。由于环境问题往往具有显著的外部性特征，因此利益相关方对于改善环境总是缺乏利益驱动，这就要求政府在市场失灵的情况下发挥作用，为环境保护买单。

④ 完善政策实施过程中的有效跟踪措施　环境政策的实施是一个动态的过程，更是各利益相关方相互博弈的过程，每项环境政策的出台都会导致利益相关方行为的变化，因此需要及时对政策加以调整，以不断引导利益相关方行为向有利于环境保护的方向演化。目前环境政策实施的过程中还需更加有效的跟踪措施，及时对出现的偏差做出调整，以保证环境政策实施的效果。

⑤ 逐步建立环境政策评估机制　目前急需建立环境政策评估机制，通过科学有效的政

策评估为现有政策的不断修订和实施提供依据。

4.4 案例——基于问卷调查的淮河水环境状况评估

4.4.1 调查方案

（1）调查目的与调查内容

① 问卷调查的目的是获得淮河的水环境现状以及 2005～2010 年的变化趋势。

② 围绕着调查目的，问卷包括水质、生态、水污染影响三个方面的内容。水质主题调查水质现状和变化趋势，包括水质满意程度、水质用途等维度；生态主题调查生态变化趋势，衡量指标是水生植物、水生动物和河畔林的数量变化；水污染影响主题调查水质恶化对社会经济的影响，包括对人们健康和生活的影响，以及对农业、渔业生产的影响。

（2）调查对象与抽样方案　调查区域包括淮河干流中游（王家坝至洪泽湖段）、沙河（中汤至汇入颍河）及颍河中下游（周口至汇入淮河干流）。调查对象为以上区域沿河居住的渔民、农民和城市居民。

由于自然形态的差异，河流与湖泊采取了不同的抽样方法，河流抽样方法近似于沿河流方向的等距抽样，以每隔一段距离的监测断面为抽样单元；湖泊按湖区面积等距抽样，并在有监测断面的区域增加样本数量。全部调查断面及所属市如表 4-4 所列。调查范围包括河南、安徽和江苏三省的平顶山市、漯河市、周口市、蚌埠市、阜阳市、滁州市、宿州市、宿迁市和淮安市 9 个地级市。调查时间为 2011 年 1 月，采用调查员与受访者面对面的形式。本次调查总计发放问卷 665 份，回收有效问卷 645 份，回收率为 97.0%，问卷的平均回答率为 95.5%。

表 4-4　全部调查断面及所属市

河流/湖泊	断面名称	所属市	河流/湖泊	断面名称	所属市
淮河干流	王家坝	安徽省阜阳市	沙河	中汤	河南省平顶山市
	润河集	安徽省阜阳市		白龟山水库	河南省平顶山市
	鲁台子	安徽省阜阳市		马湾	河南省漯河市
	蚌埠闸	安徽省蚌埠市		漯河	河南省漯河市
	五河	安徽省蚌埠市	洪泽湖	高良涧闸	江苏省淮安市
颍河	周口	河南省周口市		蒋坝闸	江苏省淮安市
	槐店	河南省周口市		盱眙淮河大桥	江苏省淮安市
	界首	安徽省阜阳市		小柳巷	江苏省宿迁市/安徽省滁州市
	阜阳闸	安徽省阜阳市		大屈	江苏省宿迁市/安徽省宿州市
	颍上	安徽省阜阳市		泗县公路桥	安徽省宿州市

4.4.2 调查结果

（1）水质状况

① 河流水质可用于灌溉或水产养殖，相当于Ⅲ～Ⅴ类水。

问卷把河水的用途分为五等——可直接饮用、可游泳、可水产养殖、可农田灌溉和不能用的污水，要求受访者选择水质能够满足的最高用途。根据调查，如图 4-1 所示：6.5％的受访者表示河水可直接饮用，相当于Ⅰ类水及Ⅱ类水；42.0％的受访者表示河水可用于游泳和水产养殖，相当于Ⅲ类水；45.3％的受访者表示河水可用于农田灌溉，相当于Ⅳ类或Ⅴ类水；仅有 6.10％的受访者表示河水为不能用的污水，即相当于劣Ⅴ类水。综上，淮河水质以Ⅲ～Ⅴ类水为主。从累计百分比来看，如表 4-5 所列，近半数（48.60％）的受访者认为河水可以用于水产养殖，绝大多数（93.94％）的受访者认为河水可用于农田灌溉。

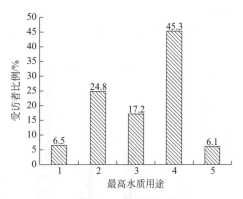

图 4-1　水质结果
1—可直接饮用；2—可游泳；3—可水产养殖；4—可农田灌溉；5—不能用的污水

表 4-5　实际水质用途

水质用途	直接饮用	可游泳	水产养殖	农田灌溉	不能用的污水
累计百分比/％	6.52	31.37	48.60	93.94	6.10

② 沙河和淮河干流中游下段水质优良，颍河和淮河干流中游上段水质恶劣。

淮河不同河段水质差异明显，水质最好的河段具有饮用功能，如沙河的白龟山水库断面，但多数河段仅具有灌溉功能。

各断面的水质如图 4-2 所示。颍河水质恶劣，处于可灌溉的水平；沙河水质较好，主要是游泳功能；淮河干流中游上段（王家坝至鲁台子）水质差，处于可灌溉水平；淮河干流中游下段（蚌埠闸至五河）水质好，处于游泳功能；洪泽湖水质一般，具有水产养殖功能。

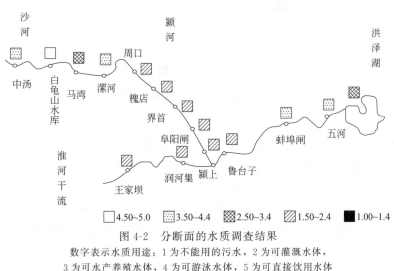

图 4-2　分断面的水质调查结果
数字表示水质用途：1 为不能用的污水，2 为可灌溉水体，
3 为可水产养殖水体，4 为可游泳水体，5 为可直接饮用水体

颍河的污染由来已久，20 世纪 80 年代以来发生多次严重污染事件，并且引发淮河干流的污染。颍河流经的河南省、安徽省也开展了关停"十五小"污染企业等治理行动。但是，由调查结果可知，这些政策并没有带来颍河水质的彻底改善，颍河的污染依然

"顽固"。

③ 淮河整体水质变化不明显，但颍河下游和淮河干流中游上段水质恶化。

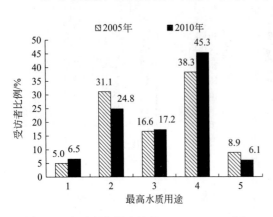

图 4-3 水质变化调查结果（2005～2010 年）
1—可直接饮用；2—可游泳；3—可水产养殖；
4—可农田灌溉；5—不能用的污水

2005～2010 年淮河水质变化不明显。相比 5 年前，认为河水可直接饮用和可游泳的受访者比例下降了约 5%，如图 4-3 所示。这意味着水质优良的水体比例有轻微下降，但幅度不大。

各断面水质变化趋势有较大差异，如图 4-4 所示。沙河变化不大，各断面中马湾断面水质恶化，其余中汤、白龟山水库和漯河断面基本不变；颍河上游好转，周口、槐店断面水质好转，界首保持不变，下游恶化，阜阳闸、颍上水质均恶化；淮河干流中游上段的王家坝、鲁台子断面水质恶化，下段的蚌埠闸和五河断面好转；洪泽湖总体呈恶化趋势。

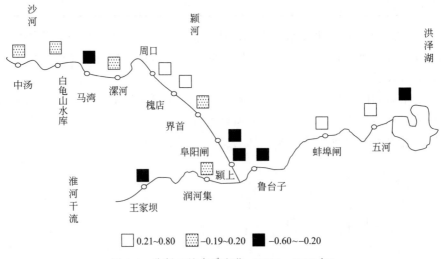

图 4-4 分断面的水质变化（2005～2010 年）
0～0.8 表示好转，−0.60～−0.01 表示恶化

结合水质现状可看出，水质现状较好的沙河和淮河干流中游下段间基本呈好转或不变趋势，水质较差的颍河下游和淮河干流中游上段呈恶化趋势。这进一步说明，颍河下游和淮河中游上段应当是淮河污染治理的重点。

（2）生态状况　自 20 世纪 80 年代开始，关于淮河及其支流鱼类减少、生态恶化的报道不断见诸报端。根据问卷调查，直到 2010 年为止，淮河的治理政策仍未带来生态的改善，水生动物、水生植物和河畔林都呈减少趋势。

56.9%的受访者认为水生动物减少，54.7%的受访者认为水生植物减少，如图 4-5、图 4-6 所示。水质恶化被认为是水生动植物减少的首要原因，分别有 44.6%和 39.0%的受访者认为水质是导致水生动物、水生植物数量下降的主要原因。

河岸带植被是陆地生态系统与河流生态系统之间的过渡地带，发挥着截蓄污水、加强河流与河岸物质循环的功能。47.0%的受访者认为河畔林在评估期内有所减少，如图 4-7 所示。岸坡受到破坏更不利于河流生态的恢复。

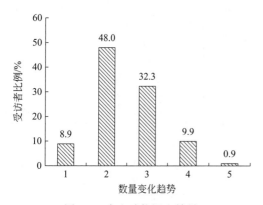

图 4-5　水生动物调查结果

1—明显减少，甚至没有；2—有所减少；
3—基本没变化；4—有所增多；5—明显增多

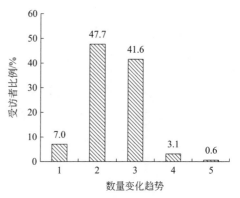

图 4-6　水生植物调查结果

1—明显减少，甚至没有；2—有所减少；
3—基本没变化；4—有所增多；5—明显增多

（3）水污染对社会经济的影响程度

① 水污染对居民的生活造成了影响　根据调查，水污染对生活存在着普遍的影响。65.0%的受访者认为水污染对生活有影响，其中 17.6%认为影响非常大。居民反映最主要的问题是水污染增加了取水成本，取用饮用水和清洗用水发生困难。另外，水质恶化也影响了居民的生活环境，产生恶臭和招致蚊蝇，一部分居民也反映河水丧失了游泳、戏水功能，如图 4-8 和图 4-9 所示。在调查中笔者也发现，水污染确实在一些地区导致村民生活的不便，一些村民不惜走上几里（1 里＝500m）路去上游打水，或者购买桶装水。

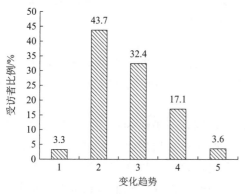

图 4-7　河畔林调查结果

1—明显减少，甚至无树；2—有所减少；
3—基本没变化；4—有所增多；5—明显增多

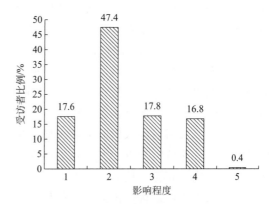

图 4-8　水污染对生活的影响

1—影响非常大；2—有影响；3—说不清
4—没什么影响；5—完全没有影响

② 水污染对渔业生产的影响严重　从事渔业生产的受访者中，86.0%的人认为污染对渔业有影响，其中 47.4%的受访者认为影响严重，如图 4-10 所示。针对捕捞渔民的调查显示，82.1%的渔民认为水污染令捕捞难度加大，其中 37.18%的人认为在淮河进行天然捕捞已经非常困难。这说明生态的恶化已经减少了渔业资源，进一步强化了污染，影响渔业的发展。在对洪泽湖地区渔民的访谈中，了解到洪泽湖渔场先后受上游来水污染多次，受到损失。

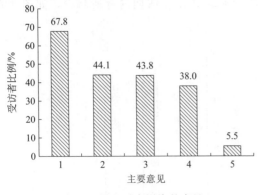

图 4-9　居民对水污染的意见
1—增加取水成本；2—不能在河中游泳；
3—臭气难忍；4—蚊蝇增多；5—其他

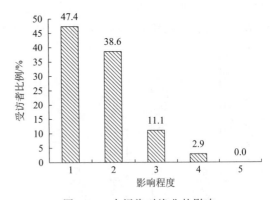

图 4-10　水污染对渔业的影响
1—影响非常大；2—有一点影响；3—说不清；
4—没什么影响；5—完全没有影响

（4）与监测数据对比　河流层面对比的标准是《2010 年重点流域水环境质量公报》。断面层面对比的标准是原环保部公布的全国主要流域重点断面水质自动监测周报。水质现状对比的方法是根据调查结果中断面或河流的水质用途推断其水质类别，并与相应标准中的水质类别作比较。水质变化趋势的对比方法是将监测的水质类别和调查的水质用途分别赋予分值，之后对比监测水质得分在评估期的变化和调查水质得分在评估期的变化。

① 河流层次上，调查结果与监测数据总体一致。

河流层次上调查结论与监测数据大体一致。问卷调查的水质结果如表 4-6 所列。根据公报，沙河水质属于 Ⅱ 类水；颍河属于 Ⅳ 类、Ⅴ 类、劣 Ⅴ 类水；淮河干流王家坝至润河集河段属于 Ⅳ 类水，鲁台子为 Ⅲ 类水；淮河干流蚌埠闸及以下河段属于 Ⅲ 类水。总的来说，除了鲁台子断面优于调查水质外，公报的水质状况与调查基本一致。河流水质优劣次序均为：沙河、淮河干流中游下段较好，颍河和淮河干流中游上段较差。

② 断面层次上，调查与监测结果不能一一吻合。

从问卷调查与全国主要流域重点断面水质自动监测周报重合的 8 个断面来看，多数断面的调查结果与监测是一致的，但是部分断面（3/8）的水质现状优于监测，个别（2/8）断面变化趋势不同，如表 4-7 所列。

界首七渡口断面的水质监测显示属于劣 Ⅴ 类，但是调查中被认为可用于农田灌溉。蚌埠闸和泗县公路桥断面也存在类似的问题。这说明，群众对水质用途的要求与地表水环境质量标准不完全相符，例如部分群众可能认为劣 Ⅴ 类的水仍然可以农田灌溉，这导致了问卷中得出的水质用途优于监测水质类别。应当说，如果问卷能够调整群众认知与水质标准的偏差，其结果将与监测有更大的可比性。

而水质变化趋势的差异揭示出另一个问题：问卷对比评估期前后的水质，忽略了中间的变化，在水质波动的情况下可能存在偏差。本书以界首断面来分析这个问题（表 4-8、表 4-9）。

表 4-6　各河流水质调查结果

河流	水体用途与类别
沙河	可直接饮用,可游泳,相当于 Ⅰ～Ⅲ 类水
颍河	可农田灌溉,相当于 Ⅳ、Ⅴ 类水

续表

河流	水体用途与类别
淮河干流中游上段（王家坝至鲁台子）	可农田灌溉，相当于Ⅳ、Ⅴ类水
淮河干流中游下段（蚌埠闸以下）	可游泳，相当于Ⅲ类水

表 4-7　水质现状和水质变化趋势——监测与调查结果的对比

序号	断面	水质现状监测显示水质类别	调查显示水质用途	2005～2010 年水质变化（监测数据水质得分变化）	调查数据水质得分变化
1	周口沈丘闸（槐店）	Ⅳ	农田灌溉	上升 0.21	上升 0.66
2	界首七渡口（界首）	劣Ⅴ	农田灌溉	上升 0.73	下降 0.13
3	王家坝	Ⅳ	农田灌溉	上升 1.00	下降 0.20
4	蚌埠闸	Ⅳ	游泳，水产养殖	上升 0.60	上升 0.47
5	小柳巷	Ⅲ	游泳，水产养殖	2007～2010 年上升 0.32	上升 1.35
6	盱眙淮河大桥	Ⅲ	游泳，水产养殖	2007～2010 年上升 0.29	上升 0.25
7	泗县公路桥	Ⅳ	游泳，水产养殖	2007～2010 年下降 0.46	下降 0.05
8	大屈	Ⅴ	农田灌溉	上升 0.47	上升 0.23

注：监测数据来自全国主要流域重点断面水质自动监测周报——原环保部。

表 4-8　监测水质变化与调查水质变化的对比——界首断面

年份	环保部门监测数据水质得分	调查数据水质得分
2005	0.98	1.94
2010	1.71	1.81

表 4-9　界首断面 2005～2010 年水质——基于环保监测数据

项目	2005	2006	2007	2008	2009	2010
优于Ⅱ类水比例/%	4.00	0.00	0.00	0.00	0.00	13.46
优于Ⅲ类水比例/%	20.00	3.92	5.88	7.84	15.69	32.69
优于Ⅳ类水比例/%	38.00	23.53	23.53	41.18	49.02	51.92
优于Ⅴ类水比例/%	42.00	37.25	31.37	52.94	60.78	71.15

监测水质得分计算方法：Ⅰ～Ⅴ类水分别赋予 5、4、3、2、1 分值，以Ⅰ～Ⅴ类水质周占全年周的比例乘以各自分值，即得到水质分值。之后通过比较 2005 年的分值与 2010 年的分值得出变化趋势。

界首断面 2005 年监测数据的水质分值为 0.98，2010 年为 1.71，说明水质明显好转，而调查水质得分却从 1.94 下降至 1.81，如表 4-8 所列。笔者查阅了 2005～2010 年间各年的监测水质（表 4-9）发现，水质在 2006～2008 年间曾有明显下降，优于Ⅲ类水比例自 20.00% 下降至 7.84%，而 2009 年和 2010 年水质好转，优于Ⅲ类水比例最终上升到 32.69%。因此，虽然从 2005～2010 年的总趋势看水质好转，但水质波动较大，很可能受访者对水质的印象也一直变动，很难给出精准的判断。调查与监测不符的另一个断面——王家坝断面也是水质反复波动，可能出于同样的原因。未来问卷的设计应该考虑水质波动对受访者的影响，强调历史水质状况与时间点之间的联系。

4.4.3 结论

评估期内（2005～2010 年）淮河水质改善不明显，生态仍在恶化，水生动物和植物有明显减少趋势，水污染对居民的生产、生活造成了一定影响。

（1）淮河水质没有改善 2005～2010 年间淮河水的使用功能没有明显变化，2005 年即以农田灌溉为主，目前仍以农田灌溉为主，五年间可直接饮用、可游泳、可水产养殖的水体比例都没有明显上升。以上均说明淮河水没有发生改善。

（2）淮河水质总体可用于农田灌溉或水产养殖 调查的 15 个断面（洪泽湖区作为一个断面处理）都满足农田灌溉功能，7 个可用于游泳或水产养殖，1 个断面可直接饮用，说明淮河几乎全部河段都可以用于农田灌溉，半数河段可用于水产养殖。沙河和淮河干流中游下段水质较好，具有直接饮用、游泳或水产养殖的功能；颍河和淮河干流中游上段水质差，处于可农田灌溉的水平。值得关注的是，不但水质现状恶劣，颍河下游某河段很可能面临更为严峻的水环境状况。

（3）淮河生态状况在恶化 半数以上的受访者认为水生动物减少（56.9%）、水生植物减少（54.7%），近半数（43.7%）受访者认为河畔林有所减少，证明河流生态处在恶化之中，而水质变化被认为是生态恶化的首要原因。

（4）水污染影响了居民生活，严重影响渔业生产 河水的污染使得居民不得不转变取水来源，增加了取水成本。水污染也引发蚊蝇增多、卫生条件恶劣等问题，影响了居民的居住环境。

水污染对渔业的影响很大。受访渔民中，大多数认为水污染对生产有影响。

思考题

1. 简述环境政策分析的一般模式。
2. 简述环境政策评估的一般模式。
3. 分析问卷和访谈在环境政策评估中的作用。
4. 概述我国环境保护法律法规的效力层级。
5. 如何看待我国《环境保护法》的发展与完善？
6. 概述我国现有环境保护法律法规体系中存在的问题及完善方向。

参 考 文 献

[1] 宋国君，徐莎. 论环境政策分析的一般模式[J]. 环境污染与防治，2010，32(6)：81-85.

[2] 安德森 J E. 公共决策[M]. 北京：华夏出版社，1990：65-66.

[3] 邓恩 W N. 公共政策分析导论[M]. 北京：中国人民大学出版社，2002：437.

[4] 宋国君，马中，姜妮. 环境政策评估及对中国环境保护的意义[J]. 环境保护，2003(12)：34-37.

[5] 宋国君，朱璇，刘天晶. 水污染防治政策效果评估的问卷设计研究[J]. 环境污染与防治，2012，34(9)：82-89.

[6] 张根大. 法律效力论[M]. 北京：法律出版社，1999：180-181.

[7] 焦卫东. 中国环境法体系简介[J]. 山东环境，2001(2)：30.

[8] 胡琳琳. 中国环境保护法的发展历程及影响[J]. 岱宗学刊，2005(3)：78-79.

[9] 宋国君. 环境政策分析[M]. 北京：化学工业出版社，2008.

[10] 蒋展鹏. 环境工程学[M]. 北京：高等教育出版社，2005(2)：32-46.

[11] 肖乾刚. 自然资源法[M]. 北京：法律出版社，1992：48.

[12] 周婧，张映辉. 加强生态环境刑法保护的必要性[J]. 长白学刊，2006(2)：37.

［13］冯靖文.环境权及其法律制度设计［J］.太原师范学院学报(社会科学版)，2004(2)：65.

［14］韩志红，阮大强.新型诉讼——经济公益诉讼的理论与实践［M］.北京：法律出版社，1999：27.

［15］王宏.《侵权责任法》"环境污染责任"规定的成功与不足［A］.中国法学会环境资源法学研究会、环境保护部政策法规司.可持续发展·环境保护·防灾减灾——2012年全国环境资源法学研究会(年会)论文集［C］.中国法学会环境资源法学研究会、环境保护部政策法规司，2012：3.

［16］别智.环境污染侵权责任的基本规则——《侵权责任法》环境污染侵权责任规定解读［J］.环境保护，2010(2)：11-13.

第5章 空气污染防治政策分析

本章概要：空气污染防治政策是环境保护最重要的领域之一，也是具有成熟经验的领域。空气污染的基本概念首先是空气污染物，空气污染物区分为常规空气污染物和危险空气污染物（HAPs）；其次是污染源，污染源区分为固定源、移动源和面源；最后，需要区分空气质量达标区（防止明显恶化区）和未达标区。空气污染防治政策的体系涉及上述基本概念的组合。本章按照下述具体政策分析：①环境空气质量标准与空气质量评估制度；②空气质量达标规划制度；③固定源排放标准管理制度；④固定源排污许可证制度；⑤移动源排放控制政策；⑥面源排放控制政策；⑦危险空气污染物污染防治政策；⑧空气质量管理体制分析。这些政策的目标都是控制空气污染对人群健康的风险保持在一定的范围内。这些政策都是成本有效、经济可承受以及可以实现空气污染防治方面的社会福利最大化的政策。实施这些政策手段的政府机构也需要符合外部性内部化的原则。

5.1 空气污染防治政策分析总论

中国的空气污染防治工作开始于 20 世纪 70 年代，按照防治重点和控制目标进行区分，大体经历了四个阶段。

第一阶段是以 1973 年国务院第一次全国环境保护会议为标志，随后我国开始了以工业点源治理为主的空气污染防治工作。这一时期，我国工作重点以改造锅炉、消烟除尘、控制空气固定源污染为主，后来又逐步扩大到机动车尾气排放控制。1987 年，针对工业和燃煤污染防治的《大气污染防治法》颁布，一些重要领域的大气环境标准也实现了全国统一，大气环境保护进入法制管理的新阶段[1]。

第二阶段从 20 世纪 90 年代开始，这一时期，随着经济的快速发展，能源消耗量急剧增加，城市环境空气中的 SO_2 污染越来越严重，在我国西南、华南地区出现了区域性的酸雨污染。环境保护部门在重点消烟除尘的同时，开始关注城市 SO_2 污染和局部地区的酸雨问题，并将其纳入 1995 年修订的《大气污染防治法》中。1998 年，国务院批复了"两控区"的划分方案，并提出了"两控区"酸雨和 SO_2 污染控制目标[2]。20 世纪 90 年代的空气污染防治已经从点源治理阶段进入了综合防治阶段，表现为政策工具的多样化和管控对象的扩大，出现了以全程监控代替末端治理的环境影响评价、排污许可证制度、限期治理等环境管理制度，以排污交易为代表的市场手段开始登上历史舞台。

第三阶段是 2000～2012 年，这一时期的空气污染问题主要是煤烟尘、酸雨、颗粒物和光化学污染，空气污染的区域性复合型特征初步显现。2000 年修订的《大气污染防治法》，增列了两控区二氧化硫排放总量控制、机动车排放污染物控制及扬尘污染控制；后来二氧化硫排放总量控制范围扩大到全国，并列入"十一五"国家约束性总量控制指标。"十二五"时期，又增加了 NO_x 排放总量指标。这一时期，我国空气污染防治政策密集出台，政策力度开始向顶层设计集中，引导跨部门、跨区域合作共治和全社会共同参与。

第四阶段以党的十八大为起点，生态文明建设上升到与经济、政治、文化、社会建设并列的突出地位。在倡导生态文明体制改革的背景下，中国环境空气质量管理：①控制目标由排放总量控制转变为关注排放总量与环境质量改善相协调；②控制对象由主要关注燃煤污染物转变为多种污染物协同控制，由以工业点源为主转变为多种污染源的综合控制；③管理模式从属地管理逐渐转向区域联防联控管理。2015 年，新修订的《大气污染防治法》从法律上明确了以上内容。紧接着，环境税费、排污许可证等环境政策和相关环境管理体制也进行了重要调整，我国空气污染防治工作的科学化、专业化、法制化程度大大提高。

从政策分析的角度来看，空气污染防治政策需要与时俱进，不断适应当前的空气污染新形势，妥善应对空气污染新问题，以满足新时期空气污染防治的需求。

我国的空气污染防治工作历来以城市为重心和基本单位。城市空气污染控制政策是以行政区域为控制单元，主要由各城市政府针对本辖区内的空气质量进行各类污染源和污染物排放的管理，控制对象主要是城市内的固定源、低矮面源以及移动源。对固定源来说，排放浓度达标是必要和基本措施；对低矮面源来说，需要根据不同污染源的特点，采取最佳实践清单管理方式进行控制；对移动源来说，辖区内车辆都要达到规定的排放标准，并保证"零排放"的车辆比例，合理的道路交通规划也是减少交通污染的重要措施。对于高架固定源，如燃煤火电厂，由于其排放具有很大的跨界影响，或者说具有很强的外部性，因此，需要由省级或中央政府负责，主要的控制手段是排污许可证。

5.1.1 空气污染防治问题分析

5.1.1.1 空气污染主要污染物和污染源分析

目前我国环境空气中存在的污染物可以归纳为三类：无机气体、有机化合物和颗粒物。无机气体主要包括硫氧化物、氮氧化物、一氧化碳、二氧化碳、氨、氯化物、氟化物、臭氧等；有机化合物主要包括烃类、醇类、醛类、酯类、酮类等；颗粒物主要包括固态颗粒物（烟尘、粉尘、扬尘）、液态颗粒物（主要是酸雨和酸雾）、生物颗粒物（主要是微生物、植物种子与花粉）等。

造成空气污染的首要污染物是可吸入颗粒物（PM_{10}）和细颗粒物（$PM_{2.5}$）。

空气污染源主要分为固定源、移动源和面源。

① 固定源 主要指"燃煤、燃油、燃气的锅炉和工业炉窑以及石油化工、冶金、建材等生产过程中产生的废气通过排气筒向空气中排放的污染源"[❶]。工业是固定源污染的主要来源，排放到空气中的污染物种类繁多、性质复杂，包括烟尘、硫氧化物、氮氧化物、有机化合物、卤化物、碳化合物等。

② 移动源 主要包括道路和非道路移动机械，如汽车、火车、飞机、轮船等，它们的燃油废气也是重要的污染物。特别是城市中的汽车，量大而集中，排放的污染物能直接侵袭人的呼吸器官，成为城市空气的主要污染源之一。汽车排放的废气主要有一氧化碳、二氧化硫、氮氧化物和烃类等，前三种物质危害性较大。

③ 面源 在我国法律中通常也称为无组织排放源，指没有排气筒或排气筒高度低于

---

❶ 引自《固定源废气监测技术规范》（HJ/T 397—2007）。

15m的排放源。空气污染面源主要包括生活炉灶、采暖锅炉与扬尘。城市中大量民用生活炉灶和采暖锅炉需要消耗大量煤炭，煤炭在燃烧过程中要释放大量的灰尘、二氧化硫、二氧化碳、一氧化碳等有害物质污染空气。特别是在冬季采暖时，采暖锅炉是一种不容忽视的污染源。表5-1为空气污染的主要污染物及其人为来源。

表5-1　空气污染的主要污染物及其人为来源

污染物	人为来源
二氧化硫	以煤和石油为燃料的火力发电厂、工业锅炉、垃圾焚烧炉、生活取暖、机动车、金属冶炼厂、造纸厂等
颗粒物（灰尘、烟雾、PM_{10}、$PM_{2.5}$）	以煤和石油为燃料的火力发电厂、工业锅炉、垃圾焚烧炉、生活取暖、餐饮烹调、各类工厂、机动车、建筑、采矿、露天采矿、水泥厂、裸露地面等
氮氧化物	以煤和石油为燃料的火力发电厂、工业锅炉、垃圾焚烧炉、机动车、氮肥厂等
一氧化碳	机动车、燃料燃烧
挥发性有机化合物（VOCs）（如苯）	机动车发动机排气、加油站泄漏气体、油漆涂装、石油化工、干洗等
有毒微量有机物（如多环芳烃、多氯联苯、二噁英等）	垃圾焚烧炉、焦炭生产、燃煤、机动车
有毒金属（如铅、镉）	（含铅汽油）机动车尾气、金属加工、垃圾焚烧炉、石油和煤燃烧、电池厂、水泥厂和化肥厂
有毒化学品（如氯气、氨气、氟化物）	化工厂、金属加工、化肥厂
温室气体（如二氧化碳、甲烷）	二氧化碳：燃料燃烧，尤其是燃煤发电厂 甲烷：采煤、气体泄漏、废渣填埋场
臭氧	VOCs和氮氧化物形成的二次污染物
电离辐射（放射性核物质）	
气味	污水处理厂、污水泵站、垃圾填埋场、化工厂、石油精炼厂、食品加工厂、油漆制造、制砖、塑料生产

5.1.1.2　空气质量管理手段分析

制定有效的空气质量管理手段必须分析空气中主要污染物及其相应的污染源，并据此分析相应的污染控制目标及控制手段。

以城市颗粒物的控制为例，造成城市颗粒物的污染源主要有三类：固定源、移动源、面源。其中固定源主要指工业和民用集中供热锅炉烟囱和各种工业的集中排气装置。移动源主要指机动车密集的交通干线及两侧，由于车辆行驶排出的废气形成的污染现象。面源包括小固定源、道路扬尘、工业料场、裸露地面。下面对城市颗粒物的不同污染源的污染控制目标及控制手段进行分析。

（1）固定源　固定源的污染控制目标应该是连续地达标排放，满足空气质量的要求。

目前对于新源的控制手段有环境影响评价制度和"三同时"制度。在城市颗粒物控制上，环境影响评价制度是针对新污染源的较成熟的命令控制手段。对于空气质量达标的地区，通过环境影响评价，使决策者了解新建工程项目对区域大气环境质量可能产生的影响，作为项目是否可以开工建设的重要依据。对于空气质量不达标的地区，通过环境影响评价，使企业调整动工计划，重新选择建设地址。目前环境影响评价的技术规范比较成熟，但在缺少具有法规作用的大气环境规划的情况下，环境影响评价有时改变不了项目的选址，极个别地区仍然存在先动工建设再补做环境影响评价的情况，影响环境影响评价制度的规范效果。"三同时"要求空气污染物治理设施必须与主体工程同时设计、同时施工、同时投产使用。"三同时"制度是在新污染源产生的同时控制空气污染的强制性措施，但是，目前建设项目基数不断上升的同时，"三同时"制度的执行率需要更快地提高。

针对已有污染源的污染控制手段主要有环境税、限期治理、清洁生产、排污许可证等。环境税是 2018 年刚刚开始执行的新制度，相比之前的排污收费制度：对空气污染物的征收标准提高，完善了增税、减税、免税的规定；地方征税的权力增加，且环境税全部作为地方收入，中央不再参与分成；征税部门与稽核部门分开，信息共享的要求提高。限期治理制度是生态环境部对空气污染物排放超过排放标准，造成环境严重污染的企业，作出的要求其在规定期间内集中治理的规定。但是限期治理制度属于一种事后补救措施，而且限期治理必须由当地政府批准执行，生态环境局无权执行，个别地方对污染源的限期治理有时不能实行。清洁生产方面虽然有《清洁生产促进法》，但它还仅属于劝说鼓励型政策，不具有强制力。总体上，对于城市固定源污染的控制应该通过规范的排污许可证制度实现，通过许可证明确连续达标排放的标准，监测、记录、报告方案，核查机制，处罚方案等，固定源可以在许可证规定内进行排污，并保留足够证明自己合规排放的证据。我国目前的排污许可证制度仍处于起步阶段，距离建立规范的许可证申请发放程序和完善的证后监管体制还有很长的路要走。

（2）移动源　移动源的污染控制目标是移动源都要达到规定的排放标准，以促进环境空气质量目标的最终实现。

城市空气污染的移动源主要是指机动车。机动车分为私有机动车、公共机动车、工程机动车。尽管我国对机动车有一定的排放标准的规定，但是目前对于造成城市空气污染的移动源的控制力度相对较小，移动源所产生的污染有严重的趋势。主要原因有：①随着人们生活水平的提高，私有机动车数量急剧增加；②我国市政建设使用大量的工程机动车，而工程机动车大多属于重型柴油车，污染较重，且对于工程机动车的排放标准没有专门严格的规定；③有些地区缺少合理的城市总体规划、交通规划以及相应的规划环评。

移动源的污染与城市交通基础设施建设、城市机动车保有量、运行密度、单位机动车排放量都有密切的关系。目前，建议采取以下措施进行移动源的污染控制：

① 城建部门通过城市总体规划、城市交通规划，实现城市交通合理布局，积极建设地铁、轻轨等轨道交通运输设施，保证道路的顺畅。

② 环保局严格实施城市总体规划、城市交通规划的环境影响评价，提出改善建议并监督规划的实施。

③ 国家规定公共交通使用清洁能源，发改委对车用燃料的品质进行控制。

④ 规定城市工程机动车的排放标准。

⑤ 通过宣传教育、增加租赁车的服务等手段，改变人们的消费观念，从而控制私有机动车的数量。

（3）面源　城市颗粒物污染的面源种类很多，需要根据不同污染源的特点，采取不同的控制手段进行控制。

① 小固定源　城市中的小固定源比较分散，包括小型工业作坊、商业机构等。目前对小固定源控制的措施有排放标准、环境影响评价（EIA）、三同时、限期治理、环境税等，但是监测、监管的成本过高，有时很难达到控制其排放的目标。建议尽快完善简易排污许可证相关法律法规，利用简易排污许可证对小固定源进行规范化管理。长远来看，应通过

采用清洁能源和城市基础设施建设解决小固定源的颗粒物污染问题。

② 道路扬尘 目前我国针对城市道路扬尘的控制政策有待强化，建议应该：由生态环境部门规定每日对城市道路吸尘、洒水的次数，由城市环卫部门配合执行；规定城市道路两旁的绿化程度，由城市建设部门配合执行；通过计算每万元投入削减的城市颗粒物浓度考察措施的效率。此外，应规定城市建设工程的车辆在离开工地前必须将轮胎上的粉尘处理干净，城市居民可以对未处理干净粉尘而上路的车辆进行举报从而监督规定的实施。

③ 工业料场 对于工业料场扬尘的控制，应直接规定工业企业采用最先进的控制扬尘的工艺技术，写进企业的排污许可证中。

④ 裸露地面 对于裸露地面的污染控制，应以控制裸露地面的面积比例为目标。首先明确裸露地面的定义，由生态环境部门规定治理比例，由城市建设部门配合实施绿化或硬化。开发商圈定的土地未及时开工的裸露面源由开发商负责将其绿化或硬化。

5.1.1.3 空气污染防治政策体系分析

在空气质量的管理上，国家以空气污染物排放标准与空气质量标准相结合为管理基础。与空气质量相关的国家法律都由全国人大负责制定，相关的行政法规由国务院配套制定。中央政府各相关职能部门依据法律、法规和空气质量管理目标，结合本部门的职责，制定相关的部门规章、规范性文件和标准，指导本部门的行动。空气污染防治政策涉及的相关部门主要有环保部（现生态环境部）、城建部、交通部、国家发改委等，见表 5-2 ❶。

表 5-2 空气污染防治政策体系分析

	政策名称	颁布机关	实施机构
法律	环境保护税法(2016)	全国人大常委会	环境保护主管部门与税务机关
	节约能源法(2016)	全国人大常委会	国务院能源主管部门
	环境影响评价法(2016)	全国人大常委会	各级环境保护主管部门
	大气污染防治法(2015)	全国人大常委会	各级环境保护主管部门
	清洁生产促进法(2012)	全国人大常委会	各级发展与改革委员会
部门规章	排污许可管理办法(2018)	环保部	各级环境保护主管部门
	环境保护档案管理办法(2016)	坏保部	各级环境保护主管部门
	清洁生产审核办法(2016)	国家发改委、环保部	各级发展与改革委员会,环境保护主管部门
	建设项目环境影响后评价管理办法（试行）(2015)	环保部	各级环境保护主管部门
	环境监察办法(2012)	环保部	各级环境保护主管部门
	汽车排气污染监督管理办法(2010)	环保部	各级环境保护主管部门
	地方环境质量标准和污染物排放标准备案管理办法(2010)	环保部	各级环境保护主管部门
	环境监测管理办法(2007)	环保总局	各级环境保护主管部门
	环境信息公开办法（试行）(2007)	环保总局	各级环境保护主管部门

---

❶ 移动源排放标准未全部列出。

续表

	政策名称	颁布机关	实施机构
部门规章	环境统计管理办法(2006)	环保总局	各级环境保护主管部门
	污染源自动监控管理办法(2005)	环保总局	各级环境保护主管部门
	环境标准管理办法(1999)	环保总局	各级环境保护主管部门
规范性文件	关于加快火电厂烟气脱硫产业化发展的若干意见(2005)	国家发改委	各级发展与改革委员会,环境保护主管部门,质检部门
	燃煤发电机组脱硫电价及脱硫设施运行管理办法(试行)(2007)	国家发改委、环保总局	省级以上环境保护主管部门,发展与改革委员会,价格主管部门
标准	环境空气质量标准(2012)	环保部	各级环境保护主管部门
	室内空气质量标准(2002)	环保总局	各级环境保护主管部门
	大气污染物综合排放标准(1996)	环保局	各级环境保护主管部门
	挥发性有机物无组织排放控制标准(征求意见稿)(2017)	环保部	各级环境保护主管部门
	重点行业污染物排放标准[①]	环保部	各级环境保护主管部门
	锅炉大气污染物排放标准(2014)	环保部	各级环境保护主管部门
	工业炉窑大气污染物排放标准(1996)	环保局	各级环境保护主管部门
	恶臭污染物排放标准(1993)	环保局	各级环境保护主管部门
	轻型汽车污染物排放限值及测量方法(中国第五阶段)(2013)	环保部	各级环境保护主管部门

① 基于国民经济行业类别制定的各类工业污染物排放标准,如《石油化学工业污染物排放标准》《水泥工业大气污染物排放标准》等。

　　针对固定源管理,国家通过《能源法》和《清洁生产促进法》刺激企业节约能源并推广可再生能源的使用,通过使用清洁的能源和原料、采用先进的工艺技术与设备、改善管理、综合利用等措施,从源头削减污染,提高资源利用效率,减少或者避免产品和服务在生产过程中污染物的产生和排放。通过《环境保护税法》激励企业将环境成本内部化,自觉治理污染;抑制重污染行业的规模,促进清洁产业发展。依据《环境影响评价法》,在企业开工建设前,对其可能产生的空气质量影响进行预测,并制订减排计划。生态环境部针对不同行业制定相应的排放标准,要求企业达标排放,通过排污许可证制度和环境监测的相关要求对企业的排放活动进行监督核查。

　　无组织排放源由各级环境保护主管部门和经济管理部门进行统一管理。对新建项目,不允许实行无组织排放。已有的无组织排放源由生态环境部门依据相应的监测规定对其进行监督和管理,禁止不符合规定的无组织排放情况的存在。对较难控制的小源,生态环境部门应当直接采取禁止排放的措施。针对 VOCs 无组织排放制定的排放标准于 2017 年公开发布。

　　移动源的污染与城市交通基础设施建设、城市机动车保有量、运行密度、单位机动车排放量都有密切的关系,需要生态环境、交通、公安、城建部门协调运作。由于对移动源排放的监测比较困难,因此由发改委对车用燃料的品质进行控制。同时,各级生态环境行政主管部门委托具有资质的单位对机动车排气污染进行年度检测。城建部门通过整体规划，实现城市交通合理布局，积极建设地铁、轻轨等交通运输设施，保证道路的顺畅。城市建设和园林管理部门在道路两侧实施绿化建设，利用植被加强对城市环境的净化功能。我国参照欧盟做法，针对不同车型制定分阶段执行的排放标准，多数标准仅适用于新生产车辆，少部分同样适用于在用车[3]。目前，轻型车排放标准已经进行到第五阶段，俗称"国Ⅴ"标准，新增了污染控制新指标——颗粒物粒子数量（PN），同时，摩托车、农用车以及非道路类移动机械的排放标准也在不断完善。

对城市面源的管理，主要依据《大气污染防治法》的规定，由城市生态环境部门和建设部门协作完成。各级生态环境部门对建筑施工单位按照要求采取防治扬尘的措施的情况进行监督。城市建设部门采取绿化、加强建设施工管理、扩大地面铺装面积、控制渣土堆放和清洁运输等措施，提高人均占有绿地面积，减少市区裸露地面和地面尘土，防止城市扬尘污染。

5.1.2 空气污染防治政策的理论框架

5.1.2.1 空气污染防治政策的目标

空气污染防治政策的最终目标是保护公众健康和人类福利，保护公众不受到空气中的任何污染物可能造成的已知的或预计的对人体健康的负面影响，保护公众财产和公共财产不遭受空气污染带来的显著影响。在各国法律中，空气污染防治政策的目标通常表述为概括性的语言，如"禁止公害"或者"禁止损害公众健康"等。例如，美国《清洁空气法》（Clean Air Act）提出的政策目标是"保护公众健康和人类福利"，表现为不同的地区的空气质量能够提供"足够的安全边际"[4]。欧盟空气质量标准法案（2008-50-EC）提出该指令内各项措施的总目标是"设定环境空气质量目标，以避免、预防、减轻对人体健康和环境的不利影响"。我国《大气污染防治法》总则第一条提出空气污染防治的总体目标是"保护和改善环境，防治大气污染，保障公众健康"。

从空气质量管理的最终目标出发，空气污染防治政策的目标是通过有效（率）的措施，控制污染物排放，保障所有人在任何时段都能享受到清洁空气的权利，或者表述为在能力允许的范围内将人们因空气污染而遭受的损害减少到最小。清洁空气的目标可以通过制定空气质量标准的方式来实现，标准的严格程度与执行标准区域的人群健康需求有关。会对人群健康产生无法承受的风险的污染物为危险污染物，应当确保人群有"充分的安全边际"；在一定浓度范围内对人群健康不会产生明显影响的污染物为常规污染物，需要通过标准将其环境浓度控制在安全范围之内。政策中所规定的城市空气质量的目标应该是不同的地区、不同的时间段的空气质量都符合空气质量标准，而不是一个城市平均空气质量符合空气质量标准，而且目标中必须包括对于各类污染物每年监测点/全市日均值低于城市二级标准的天数即达标天数以及暴露二级标准下的人口比例的规定。同时，在城市空气污染政策目标提出时必须规定达到目标的时限，否则很难评估政策实施的效果。为实现空气质量目标，首先要对城市空气质量各种污染源的排放进行管理，其次要保障公民的知情权，保证城市市民知道城市不同地区、不同时间的空气质量信息。

5.1.2.2 空气污染排放控制政策的理论框架

当前，我国城市普遍面临着不同程度的空气污染问题，$PM_{2.5}$污染尤其严重。清洁空气作为典型的公共物品，其污染的外部性和消费上的非排他性决定了市场在资源配置中的低效甚至无效，客观上要求政府必须通过法律、制度等手段进行干预。空气污染排放控制政策的理论基础是通过制度设计，将污染排放造成的外部影响内部化。而制度设计的理论基础则是污染者付费和实现目标的成本有效。根据"污染者付费原则"，污染源有责任采取控制措施，避免为生产获利而引发过大的外部损失，以保证环境处于可以接受的状态[5]。基于成本-效益分析理论，行政机构颁布政令前需要保证将政策风险控制在可接受的水平，平衡政策的成本收益[6]。对于空气污染防治，政策还应具有技术创新激励性，即通过政策对个人和组织产生适当的激励，促使他们去寻找降低环境损害的新方法[7]。

理想状态下，空气污染防治政策的本质是确定污染源排放污染物的"内部化"边界，使得边际社会污染物控制成本等于边际社会环境收益[8]。但是，由于立法限制、信息不充分、地区差异、污染物差异等因素，政府在设计政策过程中，很难找到配置有效的点[9]，只能通过合理的政策设计，尽量做到边际成本相等或接近，使分配策略更为成本有效。制定空气污染防治政策受多项制约因素限制，要考虑污染源的承受能力，考虑政府的行政管理组织结构和管理能力，考虑社会和经济影响。其中，成本有效制约条件可以分解为污染源守法成本有效和政府的执法成本有效；组织制约条件可以分解为组织结构及运行程序能够有效制定和执行政策，管理机构有足够的能力执行政策；政治可行制约条件可以分解为制定政策时各干系人达成一致，政策执行过程中不能遇到无法解决的过大阻力；技术可行制约条件分解为减排技术经过实际运行检验，能够稳定运行。另外，目标层层分解的过程中必须满足细分目标与原始目标的一致性，制定的单项政策目标与总体目标一致。

要制定有效的空气污染防治政策，首先要对空气污染进行科学界定。按照国际标准化组织（ISO）的定义，空气污染是指某些物质在空气中存在的性质、量和时间达到一定程度，能够危害人体的舒适、健康和福利或环境的现象。根据此定义，在政策制定中需要解决两项关键问题：第一，依据空气污染物可能造成的舒适、健康和福利损失，确定空气污染物性质、量和时间的安全界限是什么；第二，根据空气污染物的形成来源和扩散规律，对能够影响空气污染物存在性质和含量的因素进行控制，确保其不会超过安全界限。

针对第一点，需要分析不同空气污染物对人体健康的影响机制。根据可能造成的健康危害，空气污染物分为常规空气污染物和危险空气污染物。常规空气污染物在一定浓度范围内的健康风险是可以接受的，通过制定环境空气质量标准进行管理，标准不仅包含对于污染物质和量的限制性规定，还包括配套的监测规定和达标判据，确保通过环境空气质量标准，能够对空气污染防治目标的实现程度进行科学规范的测度。而危险空气污染物带来的健康风险是无法承受的，需要加强源头管理，执行更为严格的排放清单管理、风险评估管理和信息公开制度。

针对第二点的政策设计比较复杂，因为空气污染的来源广泛，涉及的干系人众多，相关的激励机制错综复杂。需要指出的是，产生直接健康影响的并不是空气污染物的排放状态，而是污染物在空气中的存在状态。当环境空气质量的背景值不同时，不同地点的污染物排放造成的环境影响也有区别[10]。因此，在实施排放管理之前：①首先需要依据环境空气质量标准对实施空气质量管理的区域进行评估，确定该区域的空气质量是否处于达标状态。对于未达标地区，需要制定空气质量达标规划，以规定期限内的空气质量达标为目标，制订全面的空气污染防治行动计划；对于达标地区，以避免空气质量下降为目标，制定有效的空气污染防治措施。②需要对容易引起重污染的气象条件进行识别，当气象因素导致空气污染物的扩散条件不利时，应当对污染源采取更严格的排放控制。

在确定区域的空气质量管理目标之后，需要对产生空气污染物的污染源进行分析，依据污染源类型（固定源、移动源、面源）制定合适的控制策略（排放标准与排污许可证、燃料和排放标准、最佳实践清单）。针对每种污染源的环境政策设计要以成本有效性为依据，对污染程度较大的污染源进行首先治理和重点管理，而对于规模较小的污染源，可以适当放松管理要求，降低管理成本。

在固定源管理领域，根据与污染的产生和排放相关的工艺和控制技术的类型，可以将污染源划分为不同行业，分行业制定基于技术的排放标准，"技术"来源于行业调查与统计结果，具体表现为采用不同技术所能达到的排放水平。考虑到生产和设备使用的连续性，新旧污染源进行技术和工艺替代的成本存在明显差异，因此从成本有效的角度，排放标准应对新源和已有源做出区分。

在移动源管理领域，根本措施是对各类道路和非道路移动源排放的空气污染物进行控制，主要是以针对各类移动源制定排放限值的方式进行。但考虑到成本有效性，移动源不适于开展实时监测，而是通过车辆出厂检测、年检的方式检验车辆的清洁程度，并采取措施对影响车辆排放状况的燃油、交通路况等因素进行间接控制。对移动源而言，污染者（车主）数量大，监管成本高，更适合通过经济刺激手段进行管理。

在空气质量管理机构的设置方面，应当以外部性为依据，环境管理部门行使管理权的范围应与环境污染外部性的边界相匹配，突破行政区划范围的污染问题也应建立跨区的空气质量管理机构进行管理。

空气污染防治政策体系框架见图 5-1。

根据以上理论框架，空气污染防治政策体系以环境空气质量标准制度为基础，主要由以下制度构成：

（1）城市空气质量评估制度　空气质量评估是判定空气质量管理目标是否实现的重要依据，也是制定空气质量达标规划的依据。环境空气中污染物剂量-反应关系，是环境空气质量标准各级浓度阈值确定的核心依据，也是评估空气质量是否达到保护人群健康目标的重要依据。由于空气污染物浓度与同期气象要素之间通常存在非常明显的相关关系，故需要剔除气象因素后评估空气质量的实际状况；由于危险空气污染物对公众健康具有较高致癌致病风险[11,12]，故需要与常规空气污染物区别管理、优先控制；由于空气污染对人体健康的影响包括短期暴露的急性效应和长期暴露的慢性效应两部分[13]，故需要对空气质量进行不同时间尺度的评估，并综合考虑暴露人口的情况。

城市空气质量评估制度要求城市空气质量管理部门对《环境空气质量标准》中 6 种常规空气污染物，即 PM_{10}、$PM_{2.5}$、SO_2、NO_x、CO、O_3 在环境空气中的超标情况和变化趋势等开展定期评估。在对常规空气污染物制定科学规范的连续监测数据处理方法和达标评估标准的基础上，依据对地区气象因素的统计和分类技术提出特殊气象因素对空气质量达标的影响，考虑暴露人口水平，按照年、月、日分别评估城市各监测点的空气质量在各时间尺度的达标情况、变化趋势等，目的是区分空气质量达标区和未达标区，确定不同区域下一步的空气质量管理目标和规划，保障各个区域的公众享有清洁空气的权利。

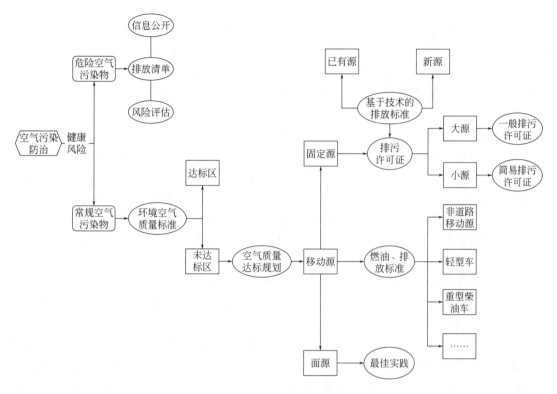

图 5-1　空气污染防治政策体系框架

　　此外，城市空气质量评估应逐步提高公众的参与程度，如定期进行空气质量满意度调查，了解居民对城市空气质量的真实感受，将居民对能见度、空气质量、异味等指标的满意度纳入城市空气质量评估的最终结果中，作为社会调查方法弥补监测数据评估的不足[14]。

　　(2) 城市空气质量达标规划制度　空气质量达标规划制度是指旨在确保环境空气质量达标规划行动顺利实施的管理体制与机制的法律规定[15]，是中央政府监督地方政府履行环境空气质量标准要求的制度依据，是将城市空气质量达标的管理目标落实到污染源管理层面的实施手段。制定达标规划的前提是根据国家环境空气质量标准中的污染物浓度限值对空气质量管理区进行空气质量评估，做出"达标区"和"未达标区"的区分。管理区的划分以单个污染物为单位，未达标的地区（城市）政府制定针对该项污染物的达标规划，达标规划管理对象除了覆盖固定源之外，还包括对移动源、面源的管理措施。

　　空气质量达标规划编制必须坚持遵守法律、经济有效、可执行和"日"管理的原则。遵守法律是指规划依法编制，目标和行动方案依法制定，有效落实环境空气质量标准。经济有效是指空气质量达标规划的核心任务和本质是行动方案的优化，总体行动方案是成本有效、符合帕累托次优原则的。可执行是指规划的行动方案要落实到固定源、移动源和面源本身的控制方案中，规划本身是污染源污染控制方案的公开表达。"日"管理是指现在已经具有按日管理空气质量的能力，行动方案要细化到日尺度管理水平，详细列出为治理现有空气污染源而进行的合理的污染控制战略和排放控制措施，以逐年朝达标的方向取得合理的进展。

城市空气质量达标规划需要上报生态环境部或其授权的环保机构审批,审批内容包括方案达标期限、执行计划、能力保障、社会可接受性和公众参与性。对没有按期制定达标规划或不符合达标规划要求的城市予以处罚。规划方案实施过程中,应分阶段地对已实施的规划行动展开控制与评估,通过对达标目标和实施进度的监测、核查,不断调整达标目标实现的期限、方案设计行动,以及实施计划日程表,确保城市空气质量在规定期限内达标。

(3)固定源排污许可证管理制度 排污许可证管理制度作为一种典型的行政许可制度,是以单个污染源为管理单位的微观政策手段[16]。根据《控制污染物排放许可制实施方案》,排污许可证管理制度是一项对固定源排污行为实施管理的基础制度,生态环境部门对企事业单位发放排污许可证,并依证监管实施排污许可管理[17]。排污许可证是企业环境守法的依据、政府环境执法的工具、社会监督护法的平台[18]。排污许可证制度的管理对象是一定规模以上的固定源,应当基于政策目标、管理能力以及管理的边际效益对纳入排污许可证管理的排污单位规模进行界定[19]。

按照"改革环境治理基础制度,建立覆盖所有固定污染源的企业排放许可制度"改革方向,对现有的法规要进行整合与修订,确保在固定源层面排污许可证是唯一的环保行政许可。固定源按照排污许可证中的监测、记录和报告规定进行相应的活动,证明其排放满足排污许可证中载明的所有排放限制性规定的要求。事实查明和事实判断的责任由政府承担。排污许可证需要做到内容清晰、易于理解、举证主体责任明确、受控设施执行的标准明确、监测方法和程序明确、守法期限明确、特殊状态下的豁免或替代规定明确,以此保证排污许可证管理可执行。

(4)基于技术的固定源排放标准管理制度 排放标准是固定源排放管理的核心政策工具,是对单个排放源允许排放污染量的法律限定[20],是实现固定源达标排放与排污总量削减的限制性措施。建立基于技术的固定源污染物排放标准管理制度,包括:按照生产工艺和治理技术的相似性划分行业;制定国家基于技术的常规空气污染物和危险污染物行业标准;明确基于技术的排放标准的制修订程序、方法和技术,使之具有激励固定源不断技术进步的特征;排放标准明确区分空气质量达标区和未达标区的不同要求;明确区分新源和已有源的标准实施要求,即新排放标准只要求标准颁布后的新建或改造源执行,已有源执行当期的排放标准。

除国家行业排放标准外,基于技术的固定源排放标准管理制度还包括单一源排放标准,主要应用于排污许可证管理之中。在新建许可阶段,排放标准是管理部门审核污染源排放控制方案的重要内容,在每个新建许可过程中单独批复,包括为了达到空气质量达标规划所采用的排放控制技术水平,体现为运行期间需要达到的数值型排放限值,或者操作要求和设备使用要求等限制性规定。新源准入水平的要求仍然表达为"标准"而不是"技术",因为只有不同的源、不同的技术之间,采用同类的"标准化形式",才能方便不同固定源之间的比对,从而降低了信息壁垒,进而提高了效率。也只有通过"标准"这一尺度表达对不同源的准入要求,才能为固定源提供更多的灵活选择性,有利于激励技术创新。在运行许可阶段,将固定源需要执行的所有排放标准,包括国家行业排放标准、地方排放标准、单一源排放标准等,包括涵盖了固定源各个产排污单元需要遵守的全部排放限值和限制性规定,以及相对应的监测、记录报告的规定,全部纳入运行阶段的排污许可证中,作为固定源的执法文件。通过排污许可证管理,层次多样、具有精准化管理价值的各类排放标准得到贯彻落实。

5.2　环境空气质量标准与空气质量评估制度

5.2.1　政策目标

环境空气质量标准与空气质量评估制度的目标是通过设置科学的环境空气质量标准制修订机制，建立科学和符合国情的环境空气质量标准及完善的标准实施机制，通过科学的空气质量评估方法与程序，确定标准得到有效落实，环境空气质量目标得以实现。

（1）根本目标——保障人体健康　环境空气质量标准是指在一定程度上的空气污染是可以接受的基础上对污染物浓度值的法律限制[21]，是以改善环境空气质量、保护公众健康和公共福利而设定的用来判别区域空气质量水平的标杆。

根据世界卫生组织（WHO）发布的《空气质量基准》（简称 AQG），从人体健康出发，基于毒理学研究成果科学地限定了常规环境空气污染物浓度基准值，并强调人体暴露（指个人在某段时间与某一浓度的污染物的接触）程度指标[22,23]对表征空气质量的重要意义。各国依据自身的健康风险方法、技术可行性及经济、政治、社会因素等对空气质量标准进行制定，空气质量标准的制定因素又取决于国家发展水平和空气质量管理能力。在 WHO 推荐的空气质量标准中，$PM_{2.5}$ 年平均浓度 $35\mu g/m^3$ 为过渡时期的第一个目标值，该浓度与死亡率有显著的相关性[22]。随着技术水平和国家人民生活水平的提高，空气质量的目标值浓度应逐步下降，以显著降低人群的健康风险。

近年来超细颗粒物（ultrafine particles，UF），即空气动力学粒径小于 $0.1\mu m$ 的颗粒物，引起了科学术界和医学界的广泛研究。已经有大量环境毒理学证据表明超细颗粒物的健康危害，但流行病学研究表明尚不足以确定超细颗粒物的暴露-反应关系。考虑到目前学术界对此的认知只能定性但非定量评价，因此 WHO 暂没有推荐超细颗粒物的标准浓度限值。

（2）直接目标——空气质量达标　环境空气质量标准管理制度通过合理布设监测点位、定期评估、达标状态判定三个实施手段，将各区域根据环境空气质量的不同划分为不同类别，进而采取不同的管理手段，包括未达标区达标规划制度、排污许可证制度以及不同达标状态的不同严格程度的排放标准体系等，保障达标区持续改善、未达标区环境空气质量按时达标。

5.2.2　环境空气质量评估

我国尚需完善环境空气质量标准的实施机制，保障环境空气质量标准充分发挥其功效。完善的环境空气质量标准实施机制的几个方面分别是：①监测管理制度，即规定合理布设监测点位，确保环境空气质量可以得到有效衡量；②达标判定机制，即从时空尺度和数量限值上对判定污染物是否达标的条件和配套的统计判定方法进行明确，确保环境空气质量标准可执行，是环境空气质量评估制度的重要基础；③定期评估制度，即判断环境空气质量现状与空气质量标准的差距，一方面为制定达标规划提供依据，另一方面为标准制修订的必要性和可行性提供基础。

5.2.2.1　监测管理制度

空气质量监测管理重在空气质量缺失数据填充技术规范和监测网络管理制度，基于对空气质量监测数据处理与统计分析，评估空气质量监测点的代表性，基于空气质量监测管理的成本-效益原则的考虑，提出空气质量监测点管理的一般模式。

监测点的布置应遵循代表性、可比性、整体性、前瞻性和稳定性等原则；单个评价点的代表范围一般为半径 500～4000m，有时也可扩大至 4000m 以上的范围（空气污染物浓度较低，其空间变化小的地区）；评价点的数量确定是根据建成区面积大小和人口数量多少决定的，例如建成区人口在 200 万～300 万之间，面积为 200～400km² 的城市评价点为 8 个；依据污染物扩散、迁移和转换的规律，采用城市加密网格点实测或模拟计算方法，估计所在城市建成区污染物浓度的平均值，进而确定合理的监测点位。

依据《环境空气质量监测点位布设技术规范（试行）》（HJ 664—2013）的规定，城市环境空气质量监测点可分为城市点、区域点、背景点、污染监控点、路边交通点等 5 类。其中，环境空气质量评价城市点最受关注，重点反映城市建成区的空气质量整体状况和变化趋势，参与城市空气质量评价。我国环境空气质量评价城市点的常规监测项目为 SO_2、NO_2、CO、O_3、PM_{10}、$PM_{2.5}$，其他监测项目为 TSP、NO_x、Pb、苯并芘、氟化物以及其他有毒有害污染物。目前，多数城市评价点实现连续自动监测，只有少部分为手动监测。

5.2.2.2 达标判定机制

（1）我国达标判据 《环境空气质量标准》（GB 3095—2012）（以下简称《标准》）明确规定了不同环境质量功能区常规污染物不同时间尺度的浓度限值执行标准。《标准》依据功能区划分为一级和二级两类，浓度限值依据时间尺度分别为年平均、季平均、24 小时平均、1 小时平均及 8 小时滑动平均等，其中，时间尺度越小，其浓度临界值相应越大。

虽然《标准》对各种污染物所执行的浓度限值给予了明确规定，但尚需增加监测点空气质量在一段时间内是否达标的确切判定依据。按照对标准内容的理解，任何时间段内，任何情况下，监测点所有空气污染物浓度水平均不超过《标准》所要求的浓度限值才算达标。但是，这种状况没有考虑存在异常污染事件所造成的污染物浓度超标，使得标准执行的可操作性受到一定限制，有时影响城市空气质量的有效评估。

《环境空气质量评价技术规范（试行）》（HJ 663—2013）是环境质量标准执行的细则之一，内容包括环境空气质量评价的范围（单个点位、城市、区域）、评价时段（年、季、日、小时）、评价项目（常规污染物和其他污染物）、评价方法（单个项目评价和多项目综合评价）和数据统计方法等。例如，对于年尺度的二氧化硫空气质量评价不仅规定了年均值浓度不准超出标准限值，而且二氧化硫的 24 小时平均的 98% 分位数浓度值不准超出 24 小时均值标准限值。

（2）美国达标判据 美国环境空气质量标准（NAAQS）限值及达标判据见表 5-3。

表 5-3 美国环境空气质量标准（NAAQS）限值及达标判据

污染物	标准限值	平均时间	浓度限值	达标判据
CO	主要	8 小时	9ppm	1 年内 8 小时浓度均值不得超过 1 次
		1 小时	35ppm	1 年内 1 小时浓度均值不得超过 1 次
Pb	主要、次要	3 个月移动平均	0.15$\mu g/m^3$	3 年来，连续 36 个移动 3 月均值均不得超过 0.15$\mu g/m^3$

续表

污染物	标准限值	平均时间	浓度限值	达标判据
NO_2	主要	1 小时	100ppb	3 年平均的 98％分位数日最大小时浓度不得超过 100ppb
	主要、次要	年	53ppb	年均值不得超过 53ppb
O_3	主要、次要	8 小时	0.075ppm	一级标准:3 年平均的第四高日最大 8 小时浓度均值不得超过 0.075ppm; 二级标准:3 年平均的第四高日最大 8 小时浓度均值同样不得超过 0.075ppm
PM_{10}	主要、次要	24 小时	150$\mu g/m^3$	3 年平均下来,每年不得超标 1 次
$PM_{2.5}$	主要	年	12$\mu g/m^3$	3 年平均的年均值不得超过 12$\mu g/m^3$
	次要	年	15$\mu g/m^3$	3 年平均的年均值不得超过 15$\mu g/m^3$
	主要、次要	24 小时	35$\mu g/m^3$	3 年平均的年 98％分位数的 24 小时浓度均值不得超过 35$\mu g/m^3$
SO_2	主要	1 小时	75 ppb	3 年平均 99％分位数日最大小时浓度不得超过 75ppb
	次要	3 小时	0.5ppm	3 小时浓度均值每年超标不得超过 1 次

注:ppm、ppb 为非法定单位符号,分别为百万分之一和十亿分之一。

NAAQS 不但规定了各个"标准污染物"不同时间尺度下的浓度限值,而且对各种污染物浓度在一段时间内是否达标给出明确的判定依据。如,SO_2 3 年内小时浓度均值的平均 99％分位数日最大小时浓度不得超过 75ppb 时,才判定达一级标准;SO_2 3 小时浓度均值每年超标不得超过 1 次,才判定达二级标准。PM_{10} 的 24 小时浓度均值 3 年平均下来不得超标(150$\mu g/m^3$)1 次,才判定达标。$PM_{2.5}$ 的年均值浓度不得超标(12$\mu g/m^3$ 或 15$\mu g/m^3$),才判定达标;其 3 年平均的年 98％分位数的 24 小时浓度均值不得超标(35$\mu g/m^3$),才判定达标。很明显,该标准具有较强的实际可操作性,方便管理者确立空气质量达标规划目标。

5.2.2.3 定期评估制度

环境空气质量标准制度实施情况定期评估是判定空气质量标准制度管理目标是否实现的重要基础工作,也是修订环境空气质量标准限值、更正监测点位布设位置、调整达标规划目标措施的核心依据,是环境空气质量标准制度不断更新的改进机制保障。

按照环境政策分析与评估的一般模式,围绕政策目标实现的效率、效益、公平性和回应性,提出空气质量管理政策评估的一般模式。理想的城市空气质量评估模式应遵循空气质量的"三维分析模式"[23]。所谓"三维分析模式"是指"质量状况→变化趋势→因果关系"的分析流程,见图 5-2。

这一分析流程要遵循多时空尺度原则,建立污染物、时间尺度、空间尺度的多维时空矩阵,以期增强大气环境质量管理的有效性和实用性。

"质量状况"环节主要是指依据国家标准,判别当前污染物的年均值、日均值、小时值等是否达标,同时考虑受体影响程度,将暴露人口作为重要评价指标之一,体现"保护人体健康"的政策目标。

"变化趋势"环节主要对空气污染规律进行分析,不仅从时间和空间的角度分析污染物

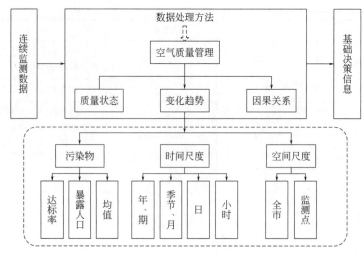

图 5-2　空气质量评估的"三维分析模式"

的时空分布特征及浓度变化趋势，而且建立浓度分布规律检验方法，以解决异常值、缺失数据等问题。

"因果关系"环节主要是对空气污染原因的识别。综合"质量状态"和"变化趋势"的分析结果，运用浓度均值、达标率、浓度标准差等指标进行源分析，识别污染源及污染原因，需要分析涉及的各项政策措施对空气质量状况的影响。

（1）基本原则　理想的空气质量评估应遵循以下几方面原则：

① 多时空尺度分析原则　建立数据分析的时空矩阵，保证数据得到充分利用，应按照如下的分析维式展开：

分析结果＝F（污染物，指标，空间尺度，时间尺度）

其中：污染物＝[（PM_{10}、$PM_{2.5}$、SO_2、NO_2、O_3）等环境空气质量标准中的污染物质]；

指标＝[超标率（小时、日）、浓度均值（小时、日）、API（AQI）与空气质量等级、综合污染指数、累计小时均值等]；

空间尺度＝（全市范围，各个监测点）；

时间尺度＝[小时、日（8 小时）、周、月、季、期（采暖期或非采暖期）、年]。

如果不考虑时间序列，分析结果形式见表 5-4。

表 5-4　空气质量监测数据分析框架

污染物	统计指标		全市	监测点 1	监测点 2	…	监测点 n
PM_{10}	小时	小时值	√	√	√	…	√
		超标率	√	√	√	…	√
	日/周/月/季/期/年	日均值	√	√	√	…	√
		超标率	√	√	√	…	√
$PM_{2.5}$	小时	小时值	√	√	√	…	√
		超标率	√	√	√	…	√
	日/周/月/季/期/年	日均值	√	√	√	…	√
		超标率	√	√	√	…	√

续表

污染物	统计指标		全市	监测点 1	监测点 2	⋯	监测点 n
SO$_2$	⋯	⋯	√	√	√	⋯	√
NO$_2$	⋯	⋯	√	√	√	⋯	√
O$_3$	⋯	⋯	√	√	√	⋯	√
⋯	⋯	⋯	⋯	⋯	⋯	⋯	⋯
AQI	⋯	⋯	√	√	√	⋯	√
Ds	⋯	⋯	√	√	√	⋯	√
⋯	⋯	⋯	⋯	⋯	⋯	⋯	⋯
空气质量等级天数			√	√	√	⋯	√
空气质量级别人口天数			√	√	√	⋯	√

注："√"表示数据值。

② 最小尺度分析原则　最小尺度分析是连续监测数据处理最为重要的一个方面。时间小尺度分析可以识别污染相对严重时段，分析浓度变化趋势；空间小尺度分析可以识别重点污染区域，揭示污染程度的空间差异。最小尺度分析可为城市空气质量管理提供重要的决策支持。

③ 可读性、实用性原则　空气质量监测数据的处理结果一定要满足不同服务对象的需求，应具有较好的可读性和实用性。

（2）评估指标　评估指标是空气质量监测数据处理分析的产出结果，包括浓度均值、浓度值分布、浓度标准差、达标率和受体暴露程度等。但在数据处理之前，考虑到环境监测过程中可能存在的人为或仪器故障等主客观原因会造成数据缺失或异常现象，应先核查监测数据质量。通常情况下，监测数据只要满足国家标准中数据有效性的规定即可，无效数据不列入统计范围。此外，基于社会调查的城市空气质量满意度评估可以在一定程度上弥补上述科学监测数据的评估结果。

① 数据有效率　按照《环境空气质量标准》（GB 3095—2012）中对污染物浓度数据有效性的规定依据，如规定：PM$_{2.5}$、PM$_{10}$、SO$_2$、NO$_2$、CO、NO$_x$ 的日平均值计算，必须要求每日至少有 20 个小时平均浓度；O$_3$ 8 小时滑动平均值计算，必须要求每 8 小时至少有 6 个小时平均浓度；PM$_{2.5}$、PM$_{10}$、SO$_2$、NO$_2$、CO、NO$_x$ 的平均值计算，必须要求每年至少有 324 个日平均浓度值，每月至少有 27 个日平均浓度值（二月至少有 25 个日平均浓度值）。

② 浓度算术均值、极值和标准差　根据国家标准，浓度均值表示任一时间尺度下某污染物监测浓度的算术平均值，如果在该时间尺度下，样本数据呈正态或对数正态分布，该值可以在一定程度上反映该污染物的污染程度；浓度极值表示某一时间尺度下某污染物监测浓度的最大值和最小值，该指标通常会影响浓度均值的大小；浓度标准差则反映某一时间尺度下某污染物监测浓度的离散程度，根据极值和标准差或离散系数的大小可以判断监测数据的合理性。通过浓度的统计学描述不仅可以检验某一时段内的浓度数据质量，而且可以初步了解城市空气质量状况。

若以年为单位分析城市或某一监测点空气污染物浓度的统计指标，还能判断该区域空气质量的变化趋势，并通过比较不同城市或同一城市不同监测点的统计指标差异，检验并评估管理措施的实际效果，为空气保护规划提供基础。

③ 空气质量达标率　美国空气质量达标的判据主要是采用监测值超标个数这一指标[24]，但由于我国目前城市空气污染相对较为严重[25]，超标个数指标（例如每年不超过一次等）过于严格，所以现阶段适合采用达标率指标表征空气质量。

按照国家标准，达标率可分为日均值达标率和小时均值达标率。通过计算不同时间尺度的达标率，可以判断不同区域和不同时间范围的空气质量状况，识别主要污染区域和污染时间。

④ 空气质量级别天数　空气质量级别天数通常是指某个区域达到某一空气质量级别的天数之和。根据我国空气质量标准对污染物浓度限值的规定，以及对空气质量级别的划分，城市单日空气质量达第 n 级标准表示当日该市所有监测点不同污染物浓度日均值均达到该级浓度限值，任一监测点任一污染物浓度日均值超过该级限值，则该日视为超标，不应统计到全年或某一时段空气质量优良天数中。

因为监测点位的选择对于表征空气质量和空气污染程度起着决定性作用[26]，不同监测点所获取的数据具有其独特的代表性和不可替代性，所以在描述大空间尺度（如城市范围）的空气质量状况时，区域内所有监测点位都应得到体现。

⑤ 空气质量级别人口天数　空气质量级别人口天数是在空气质量级别天数的基础上，考虑受体影响，将各监测点代表人口数计入权重，第 n 级空气质量级别人口天数 D'_n 计算如下：

$$D'_n = \frac{\sum_{j=1}^{j} D_{n,j} P_j}{P}$$

式中，D'_n 为 T 时段第 n 级城市空气质量人口天数；$D_{n,j}$ 为 T 时段监测点 j 第 n 级空气质量天数；P_j 为 T 时段监测点 j 代表人口数量；P 为 T 时段城市总人口。

⑥ 空气质量满意度评估　空气质量满意度评估应严格遵循社会调查设计的基本原则和步骤[27]进行空气质量满意度调查问卷设计。具体调查指标包括整体空气质量水平、居住区空气质量状况、能见度、空气中烟尘含量、异味和刺激性气味等；采用标准的李克特量表对各指标选项结果进行赋值，例如"非常满意"＝5、"满意"＝4、"说不清楚"＝3、"不满意"＝2、"非常不满意"＝0，便于满意度指数的计算；采用层次分析法和德尔菲法等对指标权重进行赋值，最终确定总体空气质量满意度值。

（3）报告形式　城市空气质量评估报告是对空气质量监测数据分析后的报告总结与汇总，应包括对城市大区及各监测点区域空气质量的日报评估、周报评估、月报评估和年报评估。理想的城市空气质量评估报告内容形式见表 5-5。

表 5-5　理想的城市空气质量评估报告内容形式

报告类别	报告内容	全市	监测点 1	监测点 2	…	监测点 n
日报	AQI 空气质量级别天数（Ⅰ级、Ⅱ级、Ⅲ级、Ⅳ级、Ⅴ级、Ⅵ级）	√	√	√	…	√
	各污染物日均值对标图	√	√	√	…	√
	各污染物小时值超标率	√	√	√	…	√
	各污染物时点小时值变化曲线	√	√	√	…	√
	同气象类型各污染物浓度均值百分位	√	√	√	…	√
	空气质量满意度得分	√	√	√	…	√

续表

报告类别	报告内容		全市	监测点 1	监测点 2	…	监测点 n
周报	AQI 空气质量级别天数（Ⅰ级、Ⅱ级、Ⅲ级、Ⅳ级、Ⅴ级、Ⅵ级）		√	√	√	…	√
	空气环境质量人口天数		√	√	√	…	√
	污染物周日均值对标图		√	√	√	…	√
	各污染物日均值周超标率		√	√	√	…	√
	各污染物小时值周超标率		√	√	√	…	√
	各污染物时点小时值周超标率		√	√	√	…	√
	各污染物周均值同比环比变化		√	√	√	…	√
	同气象类型各污染物浓度均值百分位		√	√	√	…	√
	空气质量满意度得分		√	√	√	…	√
月报	AQI 空气质量级别天数（Ⅰ级、Ⅱ级、Ⅲ级、Ⅳ级、Ⅴ级、Ⅵ级）		√	√	√	…	√
	空气环境质量人口天数		√	√	√	…	√
	各污染物月日均值对标图		√	√	√	…	√
	各污染物日均值月超标率		√	√	√	…	√
	各污染物小时值月超标率		√	√	√	…	√
	各污染物时点小时值月超标率		√	√	√	…	√
	各污染物月均值同比环比变化		√	√	√	…	√
	同气象类型各污染物浓度均值百分位		√	√	√	…	√
	空气质量满意度得分		√	√	√	…	√
年报	AQI 空气质量级别天数（Ⅰ级、Ⅱ级、Ⅲ级、Ⅳ级、Ⅴ级、Ⅵ级）		√	√	√	…	√
	空气环境质量人口天数（一级、二级）		√	√	√	…	√
	各污染物年均值对标图		√	√	√	…	√
	各污染物日均值年超标率		√	√	√	…	√
	各污染物小时值年超标率	季	√	√	√	…	√
		期	√	√	√	…	√
		年	√	√	√	…	√
	各污染物日均值对标散点图		√	√	√	…	√
	各污染物小时值散点图		√	√	√	…	√
	各污染物时点小时浓度均值变化曲线	季	√	√	√	…	√
		期	√	√	√	…	√
		年	√	√	√	…	√
	按气象频率加权的污染物浓度年均值		√	√	√	…	√
	空气质量满意度得分		√	√	√	…	√

① 日报　日报内容除包括全市及各监测点的 AQI 空气质量、空气质量级别和综合污染指数等综合性空气质量状况外，还应对具体的污染物状况信息进行诊断分析，涉及污染物

日小时值时点分布、日小时值超标率、日均值对比等。

污染物日小时值时点分布从 0:00 开始，到 23:00 结束，以人们所习惯的自然日概念来满足空气质量状况与公众的感受相一致。日小时值浓度分布与标准的比较，可明确某监测点某种污染物小时值的高峰时段和超标时段，识别主要污染物、污染区域和污染时段，进而对其采取相应的控制措施。日小时值超标率可揭示某监测点某种污染物的污染程度，识别主要污染物和主要污染区域。日均值对比包括与标准、历史同日之间的比较，可识别某监测点某污染物当日是否超标；与历史数据相比，当前水平是否有所下降。

总而言之，空气质量日报内容应突破现行评价指标的单一性，应尽可能全面、详细、直观地向公众展示当日空气质量监测信息，以"不同污染物""不同监测点""不同时间"为分析主线，有效识别当日首要污染物、主要污染区域和重点污染时刻。

② 周报 周报内容除包括现行技术规范所规定的全市及各监测点空气污染指数、空气质量级别和首要污染物以外，还应囊括某监测点某种污染物小时值分布、小时值/日均值超标率状况、周日均值变化趋势对比。

污染物小时值分布可有效揭示出短时期内污染物浓度时刻变化的规律性。小时值/日均值超标状况分析可有效识别本周主要污染物和污染区域。时点小时值周超标率可识别周内污染物超标严重的具体时刻，为重点采取空气质量控制措施的时间和空气质量超标原因分析工作提供借鉴。周日均值变化趋势对比包括与标准、上周以及去年同周的比较，揭示出本周空气质量日尺度状况和变化趋势。

总而言之，空气质量周报内容对于空气质量管理具有较大的决策支持作用和意义，周报内容是对短期内空气质量水平和主要污染物污染特征规律的及时总结与归纳，为城市空气质量管理与规划预测提供丰富、有价值的决策依据。

③ 月报 月报建立在周报基础之上，其内容基本与周报内容相同。

④ 年报 年报除包括上述日报、周报、月报等内容外，还对空气质量暴露人口状况、采暖期/非采暖期、各季度主要污染物小时值/日均值超标状况、时点小时值分布予以考虑，评估年内不同时间尺度下的全市及各监测点主要污染物污染程度；根据年均值与标准、历史数据的对比结果，识别城市空气质量总体状况与变化趋势；在气象分类的基础上对污染物浓度的变化趋势进行分析，识别城市空气质量管理绩效。

5.2.3 空气质量绩效评估

空气质量绩效评估是指剔除气象因素的空气质量评估。气象因素对空气质量影响很大，直接根据空气质量监测数据比较改善与否，不科学。因此，剔除气象因素后的空气质量评估可以更好地反映空气质量管理的效果。另外，剔除气象因素后，还可以更好地识别排放的原因，因此，也更有价值。空气质量绩效评估不是反对与环境空气质量标准直接对标，是在对标基础上的进一步的数据挖掘。

（1）评估过程 空气质量绩效评估过程包括以下三个步骤：

第一，依据法定评估依据，对空气质量状况做出数据评估，包括超标率、超标倍数、重污染天数等；

第二，引入气象条件，对气象条件进行类型划分，统计推断不同气象条件组合类型下的空气质量超标状况的均值和置信区间上下限，作为绩效评估的标杆；

第三，根据管理需求，将超标日/重污染日筛选出来，对各空气质量监测点的超标污染物浓度状况进行日尺度、小时尺度的分析，结合污染源和政府管理信息，利用统计学方法推测污染产生的原因/空气质量改善的原因。具体地，可以从以下角度展开研究：

① 在考虑相同气象条件的相邻年份之间，分析空气质量达标状况差异，即将各年度各类气象类型下的污染物浓度均值根据连续三年或五年内该气象类型的平均发生频率进行加权平均，作为对政府年度管理绩效的综合评价。

② 针对某类污染物，将超标日/重污染日的浓度与当日所属气象类型下的浓度均值进行对比，目标是剔除气象因素对空气质量状况的影响，以便于将污染物超标的原因归结到排放中，开展进一步分析。

③ 针对某类污染物，在超标日/污染日，对超标监测点间污染物浓度的小时值变化情况进行分析，寻找具体污染产生的时点，以便于分析对应时段周边或区域性污染源的排放行为。

④ 针对某类污染物，在超标日/污染日，对各监测点间污染物浓度小时尺度的相关性和差异性进行分析（注意考虑污染物扩散的时间滞后性），相关性反映区域性污染状况，差异性反映各监测点附近源的影响。

⑤ 根据科学规律，对存在相关性或者转化关系的污染物进行联合分析；根据污染物浓度和变化规律的相关性，分析超标污染物的来源。如根据 $PM_{2.5}$ 和 PM_{10} 的关系分析 $PM_{2.5}$ 的本地源影响，根据 $PM_{2.5}$ 和 SO_2、NO_2 的关系分析 $PM_{2.5}$ 的燃煤源和移动源影响等。

⑥ 根据某些污染源在时空分布上的特殊性，通过不同时期的污染物浓度对比，分析该类污染源的影响大小及变化趋势，如 $PM_{2.5}$-采暖期/非采暖期-供暖锅炉，NO_2-工作日/周末及节假日-移动源等。

(1) **数据需求**　空气质量绩效评估以城市为单位，采集气象、污染物浓度和污染源排放相关数据。理想状态下，气象数据为小时时间尺度上的城市温度、湿度、风速、风向、气压、降雨等。污染物浓度数据为小时时间尺度上的城市监测点浓度数据，含 PM_{10}、$PM_{2.5}$、SO_2、NO_x、CO、O_3 六种污染物。污染源排放包括固定源、移动源和面源排放相关数据。对于有连续监测的固定源，需要明确排放口位置信息和小时以上尺度的污染物排放浓度和排放量信息；对于移动源，需要建立完整的路网信息、采集交通流量、交通运行、机动车排放因子、行驶工况等信息；对于不适合实时监测的小固定源和面源，需要获取至少年尺度的管理政策和行动方案，最好能够明确历次行动的开始和结束时点，以及具体工作内容。

(2) **分析方法**

① **对标分析**　以《环境空气质量标准》中的污染物浓度限值为标准，或根据研究需求自行建立气象类型浓度均值、监测点浓度均值、采暖期浓度均值等作为标杆，通过比对待分析污染物浓度数据与标杆的差异，得出分析结论。

② **聚类分析**　基于气象和空气质量监测的历史数据，采用 K-均值聚类/决策树/随机森林等方法建立气象分类模型，确定待分析时段内各日的气象类型是否利于污染物扩散，以便剔除气象因素对空气质量的影响，评估管理绩效。

③ **相关性和方差分析**　对存在相关性或者转化关系的污染物进行联合分析。根据污染物浓度和变化规律的相关性，分析污染物的同源性，确定超标污染物的来源；根据市内不同监测点之间、市与市之间污染物监测浓度的相关性和差异性，分析区域性污染特征，评

价高架源管理状况。

（3）案例分析 本节以我国北方某地级市×的 $PM_{2.5}$ 绩效评估为例，对空气质量绩效评估的一般思路和具体方法进行举例讨论。

第一步，进行年度空气质量达标状况的整体评价，对城市各个监测点的 $PM_{2.5}$ 日均值、1h 均值超标率、超标倍数进行统计，如表 5-6 所列。

$$监测点\ i\ 超标率 = \frac{年\ PM_{2.5}日均值超标日数}{年\ PM_{2.5}日均值有效日数}$$

$$监测点\ i\ 平均超标倍数 = \frac{年\ PM_{2.5}超标日浓度均值 - PM_{2.5}标准值\ (75\mu g/m^3)}{PM_{2.5}标准值\ (75\mu g/m^3)}$$

表 5-6　我国北方某地级市各个监测点的 $PM_{2.5}$ 小时均值超标率及超标倍数统计结果

年份	监测点	超标率/%	平均超标倍数
2016	全市	37.39	0.94
	监测点 1	40.44	1.07
	监测点 2	39.62	0.91
	监测点 3	37.98	1.39
	监测点 4	36.07	0.98
2017	全市	34.25	0.98↑
	监测点 1	38.08	0.93
	监测点 2	34.25	0.98↑
	监测点 3	32.33	1.00
	监测点 4	34.25	1.00↑

为评价管理绩效，通常以上一年度的空气质量状况作为基线值，评价空气质量总体改善还是倒退。从表 5-6 中可以看出，相对于上一年度而言，×市虽然 $PM_{2.5}$ 年超标率下降，但监测点 2、4 的平均超标倍数增加，即虽然 $PM_{2.5}$ 超标日数减少，但在 $PM_{2.5}$ 的超标日，空气污染的严重程度增加。因此，不能笼统地认为 2017 年的 $PM_{2.5}$ 污染状况好转。

第二步，剔除气象因素，分析空气质量的变化。

对于北方采暖城市而言，采暖期与非采暖期的污染源存在明显差异，同种气象类型下的空气污染物浓度差异较大，因此通常对采暖期与非采暖期的气象类型分别进行聚类，这里采用决策树分类算法，根据 2014～2017 年的气象参数与 $PM_{2.5}$ 浓度数据对×市的气象条件进行聚类，结果见表 5-7、表 5-8。

表 5-7　采暖期 $PM_{2.5}$ 气象分类结果

气象类型	气象参数	$PM_{2.5}$类均值
I-1	平均相对湿度<42.5%	52.21
I-2	平均相对湿度≥70.5% 无降雨 1.45m/s≤平均风速<1.75m/s 平均气压<965.9hPa	74.59

续表

气象类型	气象参数	PM$_{2.5}$类均值
Ⅱ-1	平均相对湿度≥52.5% 平均风速<1.75m/s 平均气压<975.45hPa 有降雨 最高气温≥5.4℃	77.48
Ⅱ-2	平均相对湿度≥52.5% 平均风速≥2.05m/s	79.93
Ⅱ-3	平均相对湿度≥52.5% 平均风速<1.75m/s 平均气压≥975.45hPa	81.15
Ⅱ-4	42.5%≤平均相对湿度<52.5%	84.30
Ⅱ-5	平均相对湿度≥52.5% 1.75m/s≤平均风速<2.05m/s	117.92
Ⅱ-6	52.5%≤平均相对湿度<70.5% 平均风速<1.75m/s 平均气压<975.45hPa 无降雨 最低气温<-0.65℃	142.40
Ⅲ-1	平均相对湿度≥70.5% 无降雨 平均风速<1.45m/s 最高气温≥7.85℃ 最低气温≥-2.85℃	153.21
Ⅲ-2	平均相对湿度≥52.5% 平均风速<1.75m/s 平均气压<975.45hPa 有降雨 最高气温<5.4℃	155.20
Ⅲ-3	平均相对湿度≥70.5% 无降雨 1.45m/s≤平均风速<1.75m/s 965.9hPa≤平均气压<975.45hPa	176.16
Ⅲ-4	52.5%≤平均相对湿度<70.5% 平均风速<1.75m/s 平均气压<975.45hPa 无降雨 最低气温≥-0.65℃	208.39
Ⅲ-5	平均相对湿度≥70.5% 无降雨 平均风速<1.45m/s 平均气压<975.45hPa 最高气温≥7.85℃ 最低气温<-2.85℃	242.71
Ⅲ-6	平均相对湿度≥70.5% 无降雨 平均风速<1.45m/s 平均气压<975.45hPa 最高气温<7.85℃	304.69

表 5-8　非采暖期 $PM_{2.5}$ 气象分类结果

气象类型	气象参数	$PM_{2.5}$类均值
I-1	最低气温<15.15℃ 平均风速≥2.35m/s 风向≥3.5	31.10
I-2	最低气温≥15.15℃	40.38
I-3	最低气温<15.15℃ 平均风速≥1.45m/s 风向<3.5 最高气温<27.45℃ 平均相对湿度≥88.5%	42.59
I-4	最低气温<15.15℃ 平均风速≥1.45m/s 风向<3.5 最高气温≥27.45℃	44.94
I-5	最低气温<15.15℃ 1.45m/s≤平均风速<2.35m/s 风向≥3.5 最高气温<14.75℃	47.02
I-6	最低气温<4.9℃ 平均风速<1.45m/s 平均气压≥967hPa	55.63
I-7	最低气温<15.15℃ 平均风速<1.45m/s 风向<3.5 13.5℃≤最高气温<27.45℃ 平均相对湿度<88.5%	62.41
I-8	4.9℃≤最低气温<15.15℃ 平均风速<1.45m/s	66.80
II-1	最低气温<15.15℃ 平均风速≥1.45m/s 风向<3.5 最高气温<12.9℃ 平均相对湿度<88.5%	75.13
II-2	最低气温<4.9℃ 平均风速<1.45m/s 平均气压<967hPa 平均相对湿度<80.5%	92.87
II-3	最低气温<15.15℃ 1.45m/s≤平均风速<2.35m/s 风向≥3.5 最高气温<14.75℃	95.39
II-4	最低气温<15.15℃ 平均风速≥1.45m/s 风向<3.5 12.9℃≤最高气温<13.5℃ 平均相对湿度<88.5%	126.25
II-5	最低气温<4.9℃ 平均风速<1.45m/s 平均气压<967hPa 平均相对湿度≥80.5%	147.08

对气象分类结果的使用方法主要有两种：

① 按照连续 n 年内的各气象类型的平均发生频率，对监测点的污染物浓度进行加权，计算污染物浓度的年均值，目标是排除气象类型分布的年际差异带来的空气质量变化，计算公式为：

$$污染物浓度年均值 = \frac{\sum_{i=1}^{k} 气象类型\, i\, 平均发生频率 \times 该年气象类型\, i\, 对应日期污染物浓度均值}{\sum_{i=1}^{k} 气象类型\, i\, 平均发生频率}$$

式中，k 为该年出现的气象类型数量（气象分类结果显示，某些不常见气象类型仅在某些年份出现）。

② 以气象类型下的污染物浓度均值为标杆，评价超标日/重污染日的空气质量管理绩效。如果当日污染物浓度在气象类型均值以下，可能是不利的气象条件导致了污染物超标；如果污染物浓度高于气象类型均值，甚至落在该气象类型下浓度均值的正常波动范围（均值＋标准差）之外，则基本可以将超标原因归结为排放控制不到位。

如图 5-3 所示，在 2016 年 1 月 1 日～2016 年 1 月 13 日期间，各日各监测点 $PM_{2.5}$ 浓度均处于超标状态，但与当日气象类型均值的比较结果显示，7、9、10 日的 $PM_{2.5}$ 污染可能受到了不利气象条件的影响，而 1、3、4 日的气象条件良好。$PM_{2.5}$ 污染必然与排放控制不到位有关。

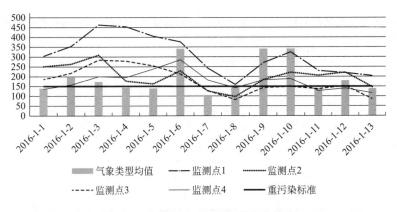

图 5-3　监测点 $PM_{2.5}$ 日均值变化趋势

第三步，筛选重污染日/超标日，进行具体的污染源识别和污染成因分析。

定义重污染日判定条件：×市 4 个监测点中，有至少 1 个监测点 $PM_{2.5}$ 日均值浓度超标 1 倍以上（＞$150\mu g/m^3$）。经统计，×市 2016 年 $PM_{2.5}$ 重污染日约 78 天，2017 年约 43 天，全年 $PM_{2.5}$ 重污染日发生频率降幅 9.6%。

① 气象因素分析　从全年重污染气象（Ⅲ类）发生频率来看，2016 年采暖期重污染气象发生频率为 23.03%，2017 年为 17.22%，降低 5.81%＜9.6%，说明从全市水平来看，重污染的治理取得了一定成效。

但从监测点尺度的 $PM_{2.5}$ 重污染日发生频率来看，各监测点 2017 年重污染日发生频率降幅均小于重污染气象发生频率降幅 5.81%（表 5-9）。结合全市的统计结果，说明相比于 2016 年，2017 年的 $PM_{2.5}$ 重污染天数减少，但区域性更加明显（单个监测点严重超标的情况减少，多个监测点集体严重超标的情况增加），说明重污染的形成更有可能是与能够造成区域影响的大型固定源或区域传输有关。

表 5-9　×市 PM$_{2.5}$重污染日统计情况

项目	监测点 1	监测点 2	监测点 3	监测点 4	全市
2016	53 天	48 天	48 天	45 天	78 天
2017	40 天	40 天	39 天	36 天	43 天
降幅	−3.56%	−2.19%	−2.47%	−2.47%	−9.6%

② 本地源影响分析　对各监测点 2016～2018 年 PM$_{10}$ 和 PM$_{2.5}$ 浓度日均值的 Pearson 相关性分析结果（表 5-10）显示，二者呈显著强相关（sig<0.001，r>0.5），说明×市 PM$_{2.5}$ 与 PM$_{10}$ 同源的程度较高，以此推测 PM$_{2.5}$ 的来源主要是本地直接排放。从三年整体情况来看，监测点 3 的 PM$_{10}$ 和 PM$_{2.5}$ 浓度相关性最弱，且与其他监测点差别较大。由于通常而言，PM$_{10}$ 的排放源均伴随 PM$_{2.5}$ 的排放，因此推测该监测点附近有特殊的 PM$_{2.5}$ 排放源，或有较大的 PM$_{2.5}$ 前体物（如 SO$_2$、NO$_x$）排放源促进了二次粒子的形成。

选取三年间 PM$_{2.5}$ 重污染日对各监测点 PM$_{10}$ 和 PM$_{2.5}$ 浓度日均值进行相关性分析，结果显示二者仍显著相关，但相关性较全年总体情况减弱，可推测 PM$_{2.5}$ 重污染发生时可能伴随着二次污染或区域传输影响的增强，并且这种影响在监测点 1、3 表现得尤为明显。

表 5-10　×市各监测点 2016～2018 年 PM$_{10}$ 和 PM$_{2.5}$ 浓度日均值的 Pearson 相关性分析结果

项目	监测点 1	监测点 2	监测点 3	监测点 4
2016	0.805	0.832	0.831	0.808
2017	0.897	0.874	0.840	0.894
2018	0.798	0.804	0.777	0.809
2016～2018	0.841	0.842	0.808	0.841
重污染日	0.754	0.831	0.696	0.814
	−10.3%	−1.3%	−13.9%	−3.2%

③ 区域传输影响分析　对×市市内各监测点之间和×市与周边邻市之间的 PM$_{2.5}$ 浓度值作相关性分析，结果如表 5-11 所列。

表 5-11　×市市内各监测点之间和×市与周边邻市之间的 PM$_{2.5}$ 浓度值的相关性分析结果

Pearson 相关性		×市				邻市 A	邻市 B	邻市 C	邻市 D
		监测点 1	监测点 2	监测点 3	监测点 4				
监测点 1	2016		0.735	0.725	0.666	0.806	0.781	0.714	0.791
	2017		0.979	0.975	0.977	0.972	0.846	0.864	0.96
	2018		0.963	0.968	0.968	0.961	0.786	0.836	0.933
	2016～2018		0.882	0.874	0.846	0.899	0.806	0.793	0.885
	重污染日		0.611	0.56	0.495	0.692	0.548	0.516	0.674

续表

Pearson 相关性		×市				邻市 A	邻市 B	邻市 C	邻市 D
		监测点 1	监测点 2	监测点 3	监测点 4				
监测点 2	2016	0.735		0.782	0.763	0.849	0.741	0.674	0.863
	2017	0.979		0.984	0.973	0.968	0.871	0.857	0.965
	2018	0.963		0.978	0.971	0.965	0.798	0.84	0.943
	2016～2018	0.882		0.93	0.904	0.939	0.817	0.776	0.946
	重污染日	0.611		0.779	0.713	0.863	0.578	0.471	0.91
监测点 3	2016	0.725	0.782		0.697	0.856	0.764	0.67	0.853
	2017	0.975	0.984		0.974	0.973	0.86	0.854	0.968
	2018	0.968	0.978		0.97	0.971	0.814	0.852	0.951
	2016～2018	0.874	0.93		0.92	0.933	0.819	0.783	0.928
	重污染日	0.56	0.779		0.757	0.81	0.537	0.464	0.799
监测点 4	2016	0.666	0.763	0.697		0.797	0.694	0.654	0.786
	2017	0.977	0.973	0.974		0.975	0.842	0.859	0.954
	2018	0.968	0.971	0.97		0.964	0.794	0.845	0.944
	2016～2018	0.846	0.904	0.92		0.909	0.77	0.773	0.89
	重污染日	0.495	0.713	0.757		0.747	0.444	0.476	0.718

　　注：表中系数均在 0.01 水平（双侧）上显著。

　　从 $PM_{2.5}$ 浓度相关性的显著性来看，×市与以上 4 市的 $PM_{2.5}$ 浓度均呈显著正相关，证明了 $PM_{2.5}$ 的区域性。

　　从相关系数来看，A、D 市的 $PM_{2.5}$ 浓度与×市各监测点的相关性接近于甚至强于×市内各监测点彼此的相关性，因此推断以上两市的 $PM_{2.5}$ 与×市存在区域传输；2017～2018 年，这种区域传输的影响较 2016 年有明显增强。从地理位置分布来看，A 市与 D 市在×市的东南方向，因此当风向为东至东南时，以上两市的高架源排放管理状况可能会直接影响到×市的空气质量。

　　但单独提取重污染日进行相关性分析的结果显示，重污染日×市与以上 4 市的 $PM_{2.5}$ 浓度的相关性下降，因此认为区域传输不是导致×市 $PM_{2.5}$ 重污染的主要原因，即×市重污染的成因更可能与本地源的排放有关。

　　④ 固定源排放影响分析　除直接对固定源排放量与污染物监测浓度进行相关性分析外，还可以通过统计各超标日/重污染日市内在线监测固定源的污染物排放量在全年排放量分布中对应的排名百分位，观察污染物浓度超标时，固定源是否处于高位排放状态，以此确定污染的形成是否与固定源排放有关，举例如下：

　　对各监测点空气质量与全市固定源污染物排放总量的相关性分析结果（图 5-4，图 5-5）显示，×市 $PM_{2.5}$ 浓度与具有在线监测数据的固定源排放粉尘、二氧化硫、氮氧化物量并无显著相关性，但：2016 年 1、2 月出现 $PM_{2.5}$ 重污染时，固定源粉尘和 SO_2 排放量处于年中较高水平；2016 年和 2017 年 11 月出现 $PM_{2.5}$ 重污染时，固定源三类污染物排放均处于年中较高水平。因此，上述各月的 $PM_{2.5}$ 重污染成因不能排除固定源影响。

其余各月固定源排放基本处于年均水平以下，推测×市 $PM_{2.5}$ 重污染的形成可能与小固定源、面源、移动源排放或区域输送有关。

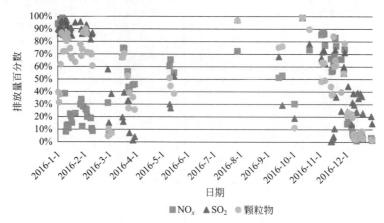

图 5-4　2016 年重污染天气污染物排放量百分数

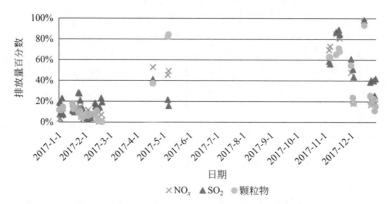

图 5-5　2017 年重污染天气污染物排放量百分位

从时间占比来看，2016 年可能由固定源排放导致的重污染天气占比 56.41%，2017 年为 13.95%，可推测 2017 年×市 $PM_{2.5}$ 重污染天气的总体减少与固定源排放控制有关，建议将小固定源、面源、移动源排放或区域输送作为下一步的治理重点。

5.2.4　环境空气质量标准制修订机制

我国没有明确规定环境空气质量标准制修订机制，导致制修订过程十分随意。自 1982 年首部《环境空气质量标准》发布以来，历经 1996 年、2000 年和 2012 年三次修订。

2012 年颁布的《环境空气质量标准》（GB 3095—2012）调整了环境空气功能区分类，将三类区并入二类区；增设了细颗粒物（粒径≤2.5μm）浓度限值和臭氧 8 小时平均浓度限值；调整了可吸入颗粒物（粒径≤10μm）、二氧化氮、铅和苯并芘等的浓度限值；调整了数据统计的有效性规定。

美国的环境空气质量标准制修订机制相对严谨完善。《清洁空气法》明确规定，环保署（EPA）每 5 年应对国家环境空气质量标准进行一次修订。各州可以参考联邦 EPA 制定的空气质量标准，结合本州的实际情况制定空气质量标准，但要求不低于联邦标准，如加州制定的空气质量标准（除 1 小时 SO_2 浓度标准高于联邦标准之外）严于联邦标准。

1970 年的《清洁空气法》（CAA）要求 EPA 制定国家环境空气质量标准（National

Ambient Air Quality Standards，NAAQS）。根据法案规定，NAAQS针对 6 类"常规空气污染物"，即二氧化硫、可吸入颗粒物（PM_{10}、$PM_{2.5}$）、二氧化氮、一氧化碳、臭氧、铅等六种空气污染物制定两个级别的空气质量标准（NAAQS），对于各个污染物，区域内所有监测点不同时间段该项污染物的浓度均值都必须符合浓度限值规定，否则即划入此类污染物超标区。

5.2.4.1　空气质量标准评估

（1）评估的意义　环境空气质量标准评估是对现行环境空气质量标准本身的全面评价，是制修订的基础核心工作，定期开展评估有利于保证环境空气质量适应社会发展水平和人民生活需要。环境空气质量标准的定期评估、修订和实施，将不断引领城市空气质量达标规划持续修订和改进，以满足环境空气质量标准的要求。

环境空气质量标准是评价环境是否受到污染和制定污染物排放标准的重要依据，反映了人群、动植物和生态系统对环境的综合要求。以环境基准为科学依据，环境基准的合理性取决于对人群健康的影响和人类的承受能力。

另外，环境空气质量规定的污染物因子监测方法也是环境空气质量标准的重要组成部分，与标准限值一一对应。监测方法包括分析方法、测定方法、采样方法、试验方法、检验方法等。监测方法或监测仪器的变化都可能带来监测精度的进步，倒逼环境空气质量标准的修订。

（2）评估的一般程序　评估现行空气质量标准限值是否合理的过程就是模拟预估限值应用带来的环境健康风险和健康收益。评估过程主要包括标准限值实施和监测成本核算、污染物浓度降低程度和排放减量测算、空气质量改善的健康收益衡量、健康收益的货币化转换、效益与成本比等 5 个步骤（图 5-6）。

首先，通过污染源排放控制清单，计算所有控制措施的费用开支和污染物减排量；其次，通过排放量的降低，核算空气污染物浓度降低程度；再次，依据剂量-反应关系参数，核算空气污染物浓度降低带来的人类健康状况改善和社会福利水平的提高，以及由此引发的社会经济与就业变化；又次，空气质量改善效果的市场货币化衡量，主要基于经济学提出的空气质量改善的个人支付意愿，一般用市场交易的货币量进行表达；最后，对整个标准执行的成本费用开支和所获得的货币化效益进行比较，若效益额大于费用开支，则证明是有效率的，反之，效益额小于费用开支，则证明当前标准在经济上是无效的，需要对其调整直至所获效益不小于成本投入。

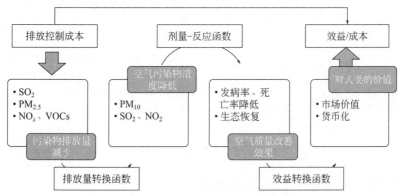

图 5-6　空气质量标准评估分析过程和步骤

环境保护成本的估算分为直接成本和间接成本[28]。一般而言，直接成本有四种核算方式，包括：①厂商的污染防治成本，如设备的资本成本和操作成本；②污染的防治成本，如针对某项空气污染物的总体防治成本；③部门的负担成本，如中央政府、地方政府和公众各自肩负的污染防治社会成本；④环境法律、法规、政策的执行成本，如空气质量标准制度的实施成本。美国《EPA空气污染成本控制手册》（第六版）详细罗列出污染防治设备的年度运转成本组成。污染源防治的年度总成本包括直接成本、间接成本和回收收入，直接成本分为可变成本和半变动成本。

常规空气污染物对人体健康的损害应该说是一个慢性过程，时间尺度越长，损失计量结果越可靠，建议计量过程应以年时间尺度[29]为准。一般而言，空气污染程度应细化到全区域各个监测点。在空气污染程度确定的基础上，衡量空气污染所导致的社会损失内容项目比较多，包括各种急慢性疾病发病率和死亡率上升、环境艺术美观和能见度降低、建筑物表面修复费用增加，以及交通拥堵成本增加等，但重点在于发病率和死亡率上升所导致的健康损失。

健康损失的货币化衡量。经济学家对于空气污染健康损失的货币化衡量包括死亡率降低和发病率降低两个方面。有关生命价值统计值的计算方法包括人力资本法模型、基本生命周期模型、条件价值法模型和工资-风险法模型等。国内对于生命价值的评价主要采用人力资本法模型，而国外较多采用工资-风险法模型。如美国BenMAP数据库中收录的26项生命价值研究中，有22项研究采用"工资-风险"法估计生命价值[30]。在对空气污染所致死亡的货币化损失计算的同时，还需要考虑减缓疾病影响的费用支出，包括个人的误工治疗的时间损失价值、药品费用、住院费用、医务费用等。

5.2.4.2 空气质量监测点布局评估

美国EPA要求空气质量监测点要依据监测目的进行布点[31]。监测点的评估步骤描述和举例如表5-12所列。

表 5-12 监测点的评估步骤描述和举例

步骤	描述	举例
1	对该区域应考虑描述布局设计的特征	地形、气候、人口、人口统计学趋势、主要污染源、目前空气质量
2	对历史上空气质量监测点的布局和位置的改变进行说明	根据人口、年份对监测点数量和位置的描述
3	对可用的监测数据进行统计分析，以用于识别冗余点位或现存点位的足够性	点位相关性、趋势分析、空间分析、要素分析
4	进行情景分析，考虑研究、政策和资源的需求	人口的改变、目前州实施计划的要求、目前监测点布局的密度或稀疏度、科学研究或公共健康需求、政治因素等
5	根据统计分析和情景分析对监测网络进行改进，特别针对监测的主要目标和空气监测项目的预算	减少某种污染物的监测点数量、增加新的监测方法以加强数据的有效性
6	获得当地机构或利益相关者的意见和适当改进建议	

5.2.5 环境空气质量标准管理完善建议

（1）建立环境空气质量标准管理制度，明确目标为保护人体健康　建议在法律法规中

确立环境空气质量标准管理制度，明确空气质量管理目标为健康边界，构建合理监测管理
体系，建立环境空气质量评估制度和达标规划制度，设置科学的标准制修订机制。

暴露人口作为空气质量状况评价指标之一，能够较好地体现"保护人体健康"的政策
目标，一般用"空气质量等级人口天数"来表达。"空气质量等级人口天数"越多，表明全
市空气质量水平越好。以某市为例，2006～2011 年，二级空气质量人口天数均较算术平均
值算法下的二级空气质量天数约少 80 天。忽略暴露人口因素会明显高估空气质量水平。建
议考虑人口暴露程度指标评估环境质量水平。

（2）明确达标判据，实施空气质量管理区划　　应该进一步明确达标判据，增强标准执
行的可操作性，要规定各污染物因子不同时间尺度下的浓度限值，还要对各种污染物浓度
在一段时间内是否达标给出明确的判定依据。

达标规划制度在现行标准中的法律地位低下：标准实施要求中特别规定未达到标准的
大气污染防治重点城市，应当按照国务院或者国务院生态环境行政主管部门规定的期限，
达到标准。该城市人民政府应当制定限期达标规划，并根据国务院的授权或者规定，采取
更严格的措施，按期实现达标规划。该规定给城市空气环境质量规划的制定提供依据，仍
需增加完善具体的实施细则和法律基础。

同时，我国城市空气污染防治规划存在目标尚需更加清晰。有些规划简单写到实现常
规污染物达标，没有清晰地说明是否全部达到《标准》的目标。例如，《某市清洁空气行动
计划》中写到"到 2015 年，全市空气中二氧化硫、二氧化氮、一氧化碳、苯并芘、氟化物
和铅等六项污染物稳定达标"，究竟目标是仅指年均值达《标准》要求，还是也包括日均值
和小时值都要达到《标准》要求，规划目标不清晰。

应当基于环境空气质量标准和明确的达标判据，建立完善的空气质量管理区划，规定
达标规划常态化、清晰化、可行化。

（3）建立定期评估制度　　建议环境空气质量标准定期评估制度成为环境空气质量管理
的主要依据。

应对海量监测数据进行最大化利用和深入挖掘，包括对监测数据的统计分析和超标状
况的规律总结，分析污染源和污染原因。

建议以法规的形式对空气质量评估的评估对象、评估内容、评估期限、评估程序与方
法、评估机构、评估结果的审核与公开等内容进行规范。由生态环境部组织开展环境空气
质量评估的基础研究，在进行常规污染物与危险污染物区分的基础上，建立有针对性的、
详细的规范化评估方案和评估工具，实现评估的规范化。

5.3　空气质量达标规划制度分析

本小节将依据"问题识别—解决问题的政策手段提出—政策手段设计"的逻辑性思路，
以如何建立监督地方政府履行环境空气质量标准目标的政策手段为目标，在美国空气质量
州实施计划制度分析和对国内空气质量达标规划管理政策评估的基础上，进行城市空气质
量达标规划制度框架设计，包括管理体制和管理机制设计，并提出建立和完善空气质量达
标规划制度相关政策法规的建议。

5.3.1　我国空气质量达标规划制度评估

5.3.1.1　政策目标分析

空气质量达标规划目标是大气环境保护法律政策体系设定的价值体现，主要分为最终目标、中间目标和直接目标等三个层次。最终目标是保障人群呼吸健康，确保每一个人每日都能呼吸到新鲜的空气；中间目标是确保空气质量满足环境空气质量标准的要求，规定了空气质量保护程度；直接目标是确保各类空气污染源排放得到有效控制。

目前，我国国家层面的空气质量规划目标逐渐由排放控制转向质量改善，多数针对年均值的空气质量达标管理目标，有时不能全面反映日常每一天的空气质量管理要求；具体到污染源排放控制目标指标层面，提出污染物总量控制量和削减目标，排放控制目标尚需进一步明确体现连续达标排放要求；省、市级层面的空气质量规划目标应进一步细化，按照环境空气质量标准的要求进行确定。

《环境空气质量标准》（GB 3095—2012）（以下简称《标准》）是空气质量评价和达标规划管理目标设定的法定依据，在理论和实际操作上，空气质量规划目标都应该按照《标准》要求进行确定，包括所有监测点所有常规空气污染物的"小时均值"、"日均值"（臭氧的最大八小时滑动均值）、"年均值"等不同空间尺度、不同时间尺度的规划目标。同时，当前全市所有监测点的某一污染物浓度的算术平均值被用来与标准限值比较，从而判断城市空气质量是否达标。但算法平均值这种方法有时会造成整体空气质量水平的高估，空气质量达标目标确定过程应细化到各个监测点。

5.3.1.2　政策框架分析

空气质量达标规划制度需要涉及不同干系人利益和信息共享，这需要建立在规范性的统一行动准则之上。建议进一步完善我国空气质量达标规划相关的法律、法规等政策体系：

① 制定专门针对空气质量达标规划的法律。

② 制定规划编制的技术指导规范。

③ 完善对未按规定编制或执行空气质量达标规划的地方政府进行问责惩罚的规定。

④ 完善空气质量达标规划的公众参与机制。

5.3.1.3　管理体制分析

理想的空气质量达标规划管理体制（图5-7）是：中央政府负责统一制定国家环境空气质量规划；省级政府在国家规划的层面上制定省级环境空气质量规划，负责落实国家空气质量规划要求，将规划目标进行分解，并分配到各个市级政府，并对其实施状况进行考核与监督；市级政府落实省级空气质量规划要求，制定、审批和实施市级环境空气质量规划；排污企业负责具体实施规划方案要求；非政府组织（NGO）和社区公众一方面应负责履行规划方案要求，另一方面应满足对于规划执行状况的知情、监督、评估和反馈等权利和责任。对我国有关城市空气质量规划的管理体制的改进建议如下所述。

① 改进规划的同级政府审批，进一步增加其执行的权威性。

② 完善空气质量达标规划的决策机制、实施机制。

③ 加强空气质量达标规划的公众参与。

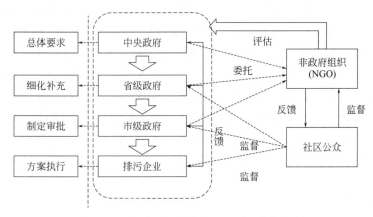

图 5-7　空气质量规划执行和干系人责任机制

5.3.1.4　管理机制分析

当前我国有关城市空气质量规划的管理机制存在如下缺陷的解决方法：

① 完善信息收集、利用、公开和传递机制。

② 畅通规划的资金机制管理。

③ 进一步加强规划评估科学性和客观性。

④ 进一步加强规划的问责、惩罚机制的威慑力。

⑤ 进一步加强空气质量达标规划方案内容的科学性和有效性。

5.3.2　美国空气质量达标规划制度分析

美国《清洁空气法》是空气质量州实施计划制度顺利执行的法定基石。环境空气质量标准是空气质量管理的最终目标，空气质量州实施计划则为联邦政府监督空气质量未达标地区实现空气质量达标的政策手段。美国《清洁空气法》将空气质量达标目标实现的决策权利从地方政府转移上升到联邦政府，要求联邦 EPA 负责监管州政府的空气质量管理工作，空气质量未达标的地方政府采取达标行动计划，EPA 负责审批、监管这一地方政府所采取的行动计划是否能够满足空气质量标准目标。同时，空气质量州实施计划制度在确保和强化地方政府执行联邦政府要求的基础上，建立了高效的激励、惩罚、信息公开和公众参与等管理机制。本节主要介绍美国空气质量达标计划的编制、实施、监督管理和公众参与措施，深入分析相关规则和具体要求，通过相关案例总结美国空气污染防治计划实施的主要原则、方法和借鉴经验。

5.3.2.1　政策目标分析

制订空气质量州实施计划的目标是实现环境空气质量标准要求。美国《清洁空气法》要求空气质量未达到国家环境空气质量标准（NAAQS）的地区须执行空气质量州实施计划，使得该地区空气质量满足国家环境空气质量标准要求。

美国空气质量管理采取流域管理模式，突破行政管理的权力限制。以加州为例，被划分为 15 个空气流域，在空气流域基础上，依据污染源排放影响效应的大小，再次划分为 35 个空气质量管理区（AQMD）或空气污染控制区（APCD）（这里统称为空气质量管理区）。

美国环保署（EPA）依据国家环境空气质量标准中的污染物浓度限值和达标判定方法，将空气质量管理区划分为空气污染物"达标区""未达标区""过渡区"，以及"无法归类区"，以实施不同的管理政策。管理区的划分是以单个污染物为基准，就某个空气质量管理区而言，对于一种污染物而言是达标区，而对于另一种污染物而言很可能是非达标区，或是其他，并且每年对空气质量管理区的类型划分进行及时的修正。当空气质量管理区被划分完成后，未达到国家环境空气质量标准（NAAQS）要求的地区，要按照《清洁空气法》、联邦法规 CFR 40 的要求制订空气质量达标计划，即"州实施计划"（state implementation plan，SIP），以维持或达到空气质量标准的要求。

5.3.2.2 政策框架分析

（1）法律规定

① 一般性要求 《清洁空气法》110 款（a）（1）和（a）（2）要求每一个州制订执行、保持、保障空气质量标准目标要求的州实施计划，并上缴 EPA 审批。目前，各州已起草并上缴了实现臭氧（2008 年）标准、氮氧化物（2010 年）标准、二氧化硫（2010 年）标准、细颗粒物（2012 年）标准的州实施计划。《清洁空气法》110 款（a）（1）用以指导州在新的空气质量标准颁布后的 3 年内制订并上缴 EPA 空气质量州实施计划，在上缴之前，州必须经过向公众发出州实施计划编制的通知和举行公众听证会。110 款（a）（2）具体罗列了州实施计划的上缴和审批要求，这些要求包括一般性计划编制的要求和授权，以确保空气质量州实施计划的行动有效，内容包括污染源排放控制手段、空气质量数据监测能力和设备操作、固定源排放管理项目计划、源的排放禁止、执行计划、设备的运行维护和排放报告、充足的人力资源、资金和权威性、州实施计划的审批与修订等。《清洁空气法》对空气质量州实施计划的基本要求见表 5-13。

表 5-13　《清洁空气法》对空气质量州实施计划的基本要求

要求	CAA 条款	基本内容
可实施的排放限值和控制措施	110 款(a)(2)(A)	要求州建立控制措施、方法和技术(包括经济刺激,如许可证收费、可交易的排放许可证、排污权的拍卖)、排放限值,以及达标日期、时间安排的合规性
环境空气质量监测	110 款(a)(2)(B)	要求州提出合理的设备和方法使用的操作技术规范和程序,以监测、计算和分析环境空气污染物浓度,以及将数据提交到 EPA
强制执行、反退化和新源审查计划	110 款(a)(2)(C)	包括三个方面的要求:首先,要求州强制执行固定源控制措施;其次,要求州在空气质量"达标区"或"无法归类区"对重大源和重大源改装发放建设许可证;最后,要求州管理新源和经过改装的小源,以及重大源的小改装
污染物排放的州际传输	110 款(a)(2)(D)	防止空气污染物从一个州传输到另一个州,从而导致该州的空气质量浓度超过联邦标准,以及能见度降低的条款要求
充足的人力、资金、授权和部门构成	110 款(a)(2)(E)	要求州和地方管理区保持充足的法律权威、资金、人力等条件来执行州实施计划和遵守利益冲突、公共利益要求(CAA 128 款)
固定源的监测与报告	110 款(a)(2)(F)	要求州规定固定源所有者和操作者安装、维护、更换固定源排放监测设备,提供周期性的排放报告,以及研究实际排放状况与排放限值之间的关系
空气污染紧急事件的应急计划	110 款(a)(2)(G)	要求州提供权威机构,组织制订空气污染紧急事件的应急计划,依据污染物浓度超出不同地区分类的门槛浓度要求的应急计划

要求	CAA 条款	基本内容
州实施计划的修订	110 款(a)(2)(H)	要求州在空气质量标准颁布和重新修订、新的达标方法变得可行，或者美国联邦 EPA 发现该州的州实施计划不充分或者不能够满足联邦清洁空气法要求等之后，修改州实施计划
政府机构的咨询、规划公示、反退化和能见度保护	110 款(a)(2)(I),(J)	要求州制订的州实施计划满足清洁空气法的要求，包括公开咨询、规划的公示，以及执行空气质量反退化和能见度保护的计划
空气质量模拟和数据	110 款(a)(2)(K)	要求州使用空气质量数据模型来预测污染物和前驱空气污染物排放对环境空气质量浓度的影响，并且将模拟数据上传给 EPA
许可证费用	110 款(a)(2)(L)	要求州对固定源所有者或者操作者实施排污许可证的费用成本进行核算和估价，包括许可证申请的审查和制定费用。许可证申请到以后，州必须对运行许可证的实施和强制执行的费用进行核算和估价
地方政府、实体的参与	110 款(a)(2)(M)	要求州在州实施计划的制订过程中，咨询并允许地方政府监督，促使州实施计划的公众参与

② 未达标区的特殊要求　《清洁空气法》172 款（C）对空气质量未达标区的空气质量州实施计划的制订规定了特殊要求，包括合理且可获得的控制措施、合理的进一步进展、排放清单管理、允许的排放水平、新建或改建固定源排污许可证、应急措施，以及其他控制措施等要求（表 5-14）。尤其针对臭氧的污染程度进行了区类别划分，分为"轻微地区""中等地区""严重地区""非常严重地区"和"极端严重地区"五类，对每一类臭氧不达标地区规定了 SIP 编制的必须要求和条件（表 5-15）。

表 5-14　《清洁空气法》对未达标区的空气质量州实施计划的特殊要求

要求	详细内容
合理、可获得的控制措施	采用所有合理的、可获得的控制措施，要求控制具有实际操作性
阐述合理、进一步的发展	为确保空气质量达到联邦要求，制定年度污染物排放量的逐年递减量或比率，如按照每年 5% 的比率递减
排放清单管理	制定当前实际的来自所有污染源排放量的复杂的、正确的清单
允许的排放水平	识别和定量化地允许新的和经过改装的固定源排放水平
新建或改建固定源排污许可证要求	满足新建或改装的固定源建设和允许的许可证要求
应急措施	为了达到空气质量标准要求，有必要采取的强制执行的排放限制和控制措施
其他措施	为了保障合理的进展和空气质量达标，所采取的应急预案措施

表 5-15　臭氧不达标地区州实施计划要求

臭氧污染地区类型	臭氧不达标地区州实施计划要求
轻微地区	必须建立污染物排放清单
	对已有固定源实施 RACT
	改善移动源监测和维护的计划
	新污染源污染物排放抵消比例为 1.1∶1
中等地区	包括所有边缘区要求
	要求在 5 年内实现 15% 的改善
	新污染源污染物排放抵消比例为 1.15∶1

续表

臭氧污染地区类型	臭氧不达标地区州实施计划要求
严重地区	包括所有中等地区要求
	增强空气质量监测计划
	增强移动源的 I/M 计划
	清洁燃油计划
	交通控制措施
	VOVs 排放主要污染源门槛值 = 50t/a
	新污染源污染物排放抵消比例为 1.2∶1
非常严重地区	包括所有严重地区要求
	VOVs 排放主要污染源门槛值 = 25t/a
	严格的交通控制措施
	新污染源污染物排放抵消比例为 1.3∶1
	规定的汽油使用
极端严重地区	包括所有非常严重地区的要求
	VOVs 排放主要污染源门槛值 = 25t/a
	新污染源污染物排放抵消比例为 1.5∶1

具体到未达标区的空气质量达标规划（AQMP）编制，除要遵守联邦《清洁空气法》规定外，也要符合州法规的要求。如，《加州清洁空气法》对 AQMP 的制定提出要求，包括计划每三年更新一次、规划的有效性阐述、减排进展、人口暴露水平的降低，以及基于成本有效性的控制措施排序（表 5-16）。

表 5-16 联邦和州法律对于 AQMP 的要求

法律法规要求	具体内容
联邦《清洁空气法》	达标性阐述和模拟、预测
	合理的进一步的进展
	合理的可获得的控制技术（RACT）
	合理的可获得的控制措施（RACM）
	新源审查计划（NSR）
	应急措施
	交通控制措施
《加州清洁空气法》	阐述空气质量管理计划的有效性，包括 VOCs、NO_x 等污染物的减排状况，臭氧超标天数，年 PM_{10} 和 $PM_{2.5}$ 日最大浓度，臭氧的人口暴露状况
	要求展示每隔 5 年的污染物减排量进展，包括合理、可行的控制措施和时间安排
	展示污染严重地区的人口暴露状况降低水平。如 1994 年 AQMP 要求人口暴露水平减少 25%，2000 年的 AQMP 要求减少 50%
	依据成本有效性对排放控制措施进行排序

（2）联邦法规　联邦 CFR40 第 51 部分对州实施计划具体编制规定了一系列的要求，包括污染物排放清单报告、计划上缴与审批程序要求、控制战略、污染紧急事件防止、新源和改造源的管理、环境空气质量监测和污染源监测报告、执行机构的法定权威、政府间的磋商、计划安排与时间表、能见度的保护、空气质量与污染源排放报告、经济刺激计划、治污设备检查与维护计划等内容。

5.3.2.3　管理体制分析

美国空气质量州实施计划的制订和执行过程中，联邦、州和地方管理机构各司其职（图 5-8），主要管理机构为：联邦环保署（EPA）、州空气资源局（ARB）和地方空气质量管理区（AQMD）。

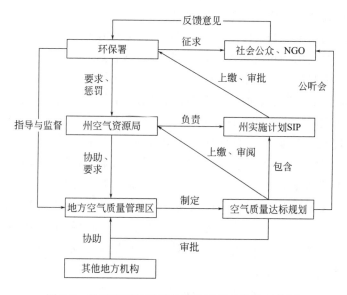

图 5-8　美国空气质量州实施计划制度的管理体制

首先，环保署（EPA）依据《清洁空气法》的要求，制定国家环境空气质量标准（NAAQS），并按照《清洁空气法》中的 110 款（a）（1）和（a）（2）对空气质量州实施计划的要求，制定联邦法规，如 CFR40 第 51 部分更为详细地规定了空气质量州实施计划上缴要求和审批条件。在整个州实施计划的制订和执行过程中，联邦 EPA 主要负责审批各州上缴的州实施计划，审查计划中的各项控制措施是否合规，并考虑能否使空气质量达到标准的要求，并将审批结果向公众公开，征求意见；对于不符合《清洁空气法》的要求或者EPA 认为该州的计划不能够实现空气质量达标，联邦 EPA 可以对州进行惩罚。在州实施计划的执行过程中，对于部分由许可证管理的固定源和大型移动源（飞机、火车、船舶等），联邦 EPA 可直接负责管理。

其次，州空气资源局（ARB）负责州实施计划，负责审查各个空气质量管理区制定的空气质量达标规划（AQMP），并在公众听证会举行之后，将州内各个空气质量管理区的AQMP 作为州实施计划的全部内容上缴 EPA 审批。同时，在 AQMP 制定和实施过程中，州空气资源局协助空气质量管理区负责全州范围内的道路移动源和非道路移动源的排放管理，负责对各个空气质量管理区的空气质量达标预测模拟和制定具体的规划编制技术规范，为地方空气质量管理区提供技术指导。

最后，地方空气质量管理区（AQMD）是空气质量管理的基本单位，主要负责区内空气质量达标规划编制，以及固定源、面源和部分移动源的排放管理。在空气质量规划制定的过程中，地方政府机构和实体参与空气质量达标规划的制定，如 SCAG，负责区域交通规划对移动源排放的控制，负责组织规划的公众听证会，提供公众参与机会。

5.3.2.4 管理机制分析

州实施计划被设计为防止空气质量达标区的空气质量反退化和空气质量未达标区的常规空气污染物排放量减少到空气质量达到 NAAQS 要求的水平。一旦环境空气质量标准中的任何一项空气污染物的标准限值被修订，空气污染物未达标区的州必须重新制订和上缴州实施计划，以阐述达到新修订后的标准要求。

（1）州实施计划的编制与上缴 首先，EPA 需要识别和判定空气质量达标区和未达标区，即在标准颁布之后的两年时间内，在州和部落管辖范围内，EPA 必须识别或者标出满足标准要求或者不满足标准要求的区域，主要依据获得的空气质量数据来进行。其次，对于空气质量达标区，《清洁空气法》要求州政府采取一般性的行动计划去满足和维持空气质量标准要求；对于空气质量未达标区，还需要增加特殊性的行动计划，具体到州实施计划内容主要包括环境空气质量监测与处理、污染控制措施与执法和计划实施保障，须遵循《清洁空气法》110 款（a）（1）、110 款（a）（2）和 172 款（C），以及联邦 CFR40 第 51 部分等法规对州实施计划编制要求的规定。最后，在标准颁布之后的三年时间内，所有州必须上缴空气质量州实施计划，《州实施计划制定与上缴指南》对州实施计划的上缴内容要求和程序提出技术规范。具体到不同污染物，计划的准备和上缴的具体时间也不同。例如，SO_2、NO_2、PM_{10}、铅未达标区的州实施计划上缴期限为不超过识别日起的 18 个月；$PM_{2.5}$、CO 则不超过自识别日起的 36 个月。

（2）州实施计划的审批与问责处罚 州实施计划在遵守《清洁空气法》要求的基础上，必须考虑公众的参与，公众听证会正式通过后，由州政府签字之后上缴 EPA。在被 EPA 审阅之后，EPA 对州实施计划中的每一项内容做出审批通过或不通过。EPA 公布州实施计划上缴的电子版，以供公众获得，时间不迟于 EPA 建议的决策制定。许多州空气质量管理机构也在其网站上使得计划被公众所获得。一旦 EPA 审批通过，州实施计划就有了联邦性的执行效力。若州政府未在规定的具体时间内上缴州实施计划，或者上缴一个不充分的计划，其将会受到一定的惩罚，包括但不限于失去联邦高速公路基金。如果在 EPA 对州实施计划审批未通过的两年时间内，州上缴的重新修订过的州实施计划依然没有通过 EPA 的审批，那么《清洁空气法》要求 EPA 为该州制订更为严格的联邦实施计划。

（3）州实施计划信息公开和公众参与 州实施计划上缴审批前要举行公众听证会。EPA 对州实施计划的内容和审批结果在 EPA 网站上予以公开公布，公众有机会对此进行反馈和评论。规划公开内容除涉及企业商业机密的信息外，所有信息必须向公众公开。此外，地区空气质量管理局，例如，加州南岸空气质量管理局（SCAQMD）的理事会和委员会会议召开时间都是确定和公开的，会议视频记录在网站上可看到。此外，网站上还设有专门的公众听证会通知，同时留有公众对其的意见表达与反馈的余地。

美国空气质量州实施计划制度的实施机制见图 5-9。

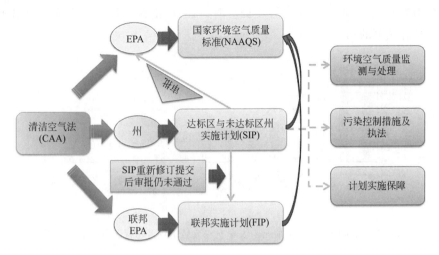

图 5-9　美国空气质量州实施计划制度的实施机制

5.3.2.5　规划内容分析

（1）加州南海岸空气流域空气质量达标规划（SCAQMP）　加州南海岸空气流域（California South Coast Air Basin）曾经是污染最严重的地方，经过 20 年的努力，空气质量显著改善。1976 年，加州《路易斯空气质量法案》确立了南海岸空气质量管理区，该区是一个空气质量控制的自愿协会组织，包括洛杉矶、橙色、河边、圣贝纳迪诺等县。《路易斯法案》（Lewis-Presley 空气质量管理法案）要求这个新成立的机构负责制定统一的满足南海岸流域空气质量达到联邦法律要求的标准。1977 年，修订的联邦《清洁空气法》要求未达标区上缴州实施计划。1990 年的联邦《清洁空气法》修订案具体化了臭氧、CO、NO_2、PM_{10} 的达标日期和州实施计划要求。1988 年正式通过的加州《清洁空气法》，要求南海岸流域空气质量管理区（SCAQMD）制定实现和维护臭氧、CO、SO_2、NO_2 环境质量标准的管理计划，而且建立定期更新计划的要求。

加州被划分为 15 个空气流域，35 个空气质量管理区（AQMD）或空气污染控制区（AQMP）。南海岸空气流域管理区（SCAQMD）属于其中之一，辖区面约 10.743$mile^2$（1mile≈1.609km），包括南海岸空气流域的洛杉矶、橙色、河边、圣贝纳迪诺等四县，以及索尔顿海空气流域和莫哈韦沙漠空气流域的滨河县部分。特殊的地理位置和气候条件所形成的区域大气逆温，导致污染物不容易扩散；船舶、交通污染替代了传统工业污染物排放；VOCs、NO_x 污染物排放量非常大。近年来，人口数量不断增长，1990 年，南海岸空气流域人口数量为 1300 万，2010 年的人口数量增长为 1690 万，预计到 2030 年，人口数量将会增长到 1960 万，人口数量的增长将会给空气污染控制效果带来巨大的挑战。

目前，南海岸空气流域仅臭氧、颗粒物（PM_{10}、$PM_{2.5}$）超标。经过 AQMP 的执行，从 2000 年到 2014 年，$PM_{2.5}$ 的 24 小时浓度年超标天数逐渐减少，由 120.2 天减少到 9.4 天（图 5-10），年平均下降率 6.5%；PM_{10} 的 24 小时浓度年超标天数明显减少（图 5-11），2004～2012 年不超标；臭氧的 1 小时和 8 小时浓度超标天数呈缓慢减少趋势，以联邦标准为参考，年超标天数分别由 2000 年的 33 天和 126 天减少到 2014 年的 10 天和 92 天，年平均下降率分别为 4.97％和 1.92％（图 5-12、图 5-13）。由此可见，州实施计划对于改善地区空气污染具有显著的功效。

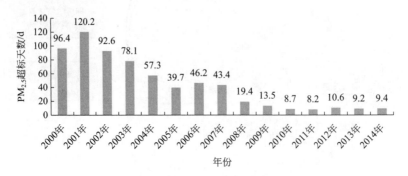

图 5-10　2000～2014 年加州南海岸空气流域 PM$_{2.5}$ 超标天数变化趋势 ❶

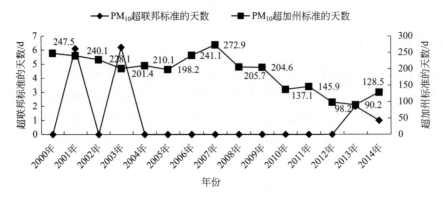

图 5-11　2000～2014 年加州南海岸空气流域 PM$_{10}$ 超标天数变化趋势 ❷

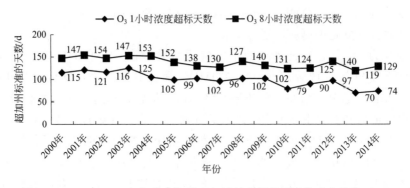

图 5-12　2000～2014 年加州南海岸空气流域臭氧超标天数变化趋势（一）

　　从 1990 年开始，南海岸流域 PM$_{2.5}$ 和臭氧年均值浓度呈逐渐下降趋势，而相对应的人口数量、国内生产总值和就业率等则呈逐渐上升趋势（图 5-14），因此，真正实现了空气质量改善与人口、社会、经济增长双赢的局面。

❶ 数据来源：http：//www. arb. ca. gov/adam/trends/trends2. php，后经过整理所得。
❷ 数据来源：http：//www. arb. ca. gov/adam/trends/trends2. php，后经过整理所得。

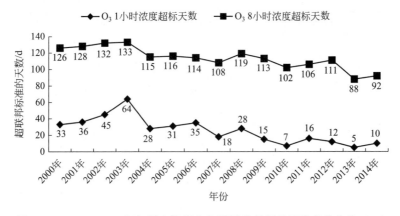

图 5-13　2000～2014 年加州南海岸空气流域臭氧超标天数变化趋势（二）

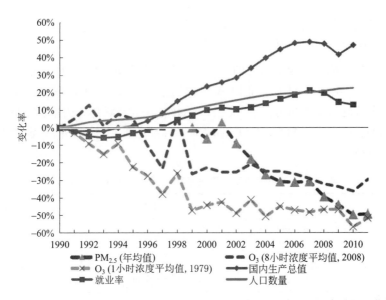

图 5-14　1990～2010 年南海岸流域空气质量变化与人口增长、经济增长变化❶

（2）针对单项污染物的达标规划　1977 年修订的联邦《清洁空气法》要求空气质量不达标地区上缴空气质量达标规划，1990 年的联邦《清洁空气法》修订案具体化了臭氧、CO、NO₂、PM₁₀的达标日期和规划要求。从 1997 年起，遵守联邦《清洁空气法》的要求，加州空气资源局制订了针对不同空气污染物的州实施计划，包括部分已上缴和未上缴内容，如表 5-17 所列。

表 5-17　加州空气资源局前后上缴的不同污染物的 SIPs

污染物	NAAQS 修订时间	标准限值	时间尺度	CARB 上缴 SIP 的时间
O₃	1997 年	0.08ppm	8 小时	2007 年 11 月 16 日
	2008 年	0.075ppm	8 小时	未上缴

❶ 资料来源于：FINAL SOCIOECONOMIC REPORT FOR THE FINAL 2012 AQMP。

续表

污染物	NAAQS 修订时间	标准限值	时间尺度	CARB 上缴 SIP 的时间
PM$_{2.5}$	1997 年	65$\mu g/m^3$	24 小时	2007 年 11 月 16 日；2009 年 7 月 7 日
		15$\mu g/m^3$	年	
	2008 年	35$\mu g/m^3$	24 小时	2009 年 7 月 7 日
		15$\mu g/m^3$	年	
	2012 年	35$\mu g/m^3$	24 小时	未上缴
		12$\mu g/m^3$	年	
铅	2008 年	0.15$\mu g/m^3$	滑动平均 3 个月	2011 年 10 月 6 日
NO$_2$	2010 年	100ppb	1 小时	2012 年 12 月 12 日
		0.053ppm	年	
SO$_2$	2010 年	75ppb	1 小时	未上缴

注：1. 加州 CO 一直不超标，所以未上缴任何计划。

2. ppm、ppb 为非法定单位，分别为百万分之一和十亿分之一。

AQMP 作为州实施计划全部内容的一部分，南海岸流域的空气质量达标规划首次要求制定并被加州空气资源局（ARB）和 EPA 审批通过是在 1979 年，现在已经被更新了许多次。1988 年正式通过的《加州清洁空气法》，要求南海岸流域空气质量管理区（SCAQMD）制订实现和维护臭氧、CO、SO$_2$、NO$_2$ 环境质量标准的管理计划，而且定期更新和审查计划，如表 5-18 所列。

表 5-18　加州南海岸空气流域管理区空气质量管理计划

时间	计划名称
2003 年	臭氧 1 小时浓度和 PM$_{10}$ 达标计划
2005 年	CO 计划
2007 年	南海岸空气流域和 Coachella 山谷臭氧 8 小时浓度和 PM$_{2.5}$ 达标计划
2008 年	臭氧早期进展计划
2010 年	Coachella 山谷 PM$_{10}$ 维持达标计划
2010 年	南海岸空气流域 PM$_{10}$ 维持达标计划
2012 年	南海岸空气流域臭氧和 PM$_{2.5}$ 达标计划

（3）精细化的污染源排放清单管理

① 污染物减排的敏感性分析　造成 PM$_{2.5}$ 污染的污染物主要包括直接排放的 PM$_{2.5}$ 和间接形成 PM$_{2.5}$ 的前驱污染物，包括 SO$_x$、NO$_x$、VOCs 和氨。臭氧是间接帮助形成 PM$_{2.5}$。NO$_x$ 和 VOCs 在光照条件下形成部分臭氧，臭氧在一定条件下对环境空气中的 SO$_x$、NO$_x$ 进行氧化，形成气溶胶状态的硫酸盐和硝酸盐类细小颗粒（直径小于 2.5μm 的为 PM$_{2.5}$）。大气环境科学的研究成果已经非常清晰 PM$_{2.5}$ 的形成过程和原理，这里不再详细说明，重要的是考虑如何采取有效的排放控制措施降低环境空气污染物浓度。通过加州空气资源局（CARB）对污染物减排的敏感性分析，SO$_x$、PM$_{2.5}$ 和 NO$_x$ 的减排能够有效降低 PM$_{2.5}$ 的浓度，VOCs 和 NO$_x$ 的减排能够有效降低 O$_3$ 的浓度。相对于 PM$_{2.5}$24 小时

平均值浓度而言，以 NO_x 减排对 $PM_{2.5}$ 浓度降低的效率为 1 作为基准，VOCs 减排效率大约是 NO_x 的 0.33 倍，SO_2 减排效率大约是 NO_x 的 7.8 倍，直接 $PM_{2.5}$ 减排效率大约是 NO_x 的 14.8 倍。

② 日尺度的排放清单管理　排放清单的设置需要依据和遵循联邦和州的法律要求，包括基准年和达标期限年份的选择。排放清单被划分为点源、面源、道路移动源和非道路移动源四种类型。点源排放数据主要来源于定期的排放报告；面源和非道路移动源排放数据主要由 CARB 和空气质量管理区估算所得；道路移动源排放数据主要利用 CARB 的 EMFAC2007 V2.3 模型的排放因子进行估算，以及包括 SCAG（南海岸咨询局）的 2004 年区域交通规划（RTP）提供的交通活动数据。排放清单主要展示了排放量最大的前十位污染源的排放状况，包括年度和不同季节（冬季、夏季）的排放清单，基准排放清单精确到日排放尺度（××t/d）。点源是指被排污许可证管理的大型排放设备，如燃煤电厂、炼油厂等，要求规定年排放量在 4t 以上的标准空气污染物（VOCs、NO_x、SO_x 和 $PM_{2.5}$）；面源主要指小的、不需要执行排污许可证管理的排放源，分布比较广泛，排放数据主要通过社会、经济数据估算所得，面源被 CARB 和 AQMD 划分为 350 类，具体包括汽油扩散、消费性商品、建筑燃煤、扬尘和氨气排放源等。点源和面源统称为固定源。

排放清单管理包括两个阶段：第一阶段为基准年排放量核算清单；第二阶段为达标期排放量预测清单。

南加州主要污染源基准年（2002）年平均每日污染物排放量见表 5-19。

表 5-19　南加州主要污染源基准年（2002）年平均每日污染物排放量　　单位：t/d

分类	源	VOCs	NO_x	CO	SO_x	$PM_{2.5}$
固定源	燃料消耗	7	35	52	2	6
	废物处置	7	2	1	0	0
	清洁煤	54	0	0	0	1
	石油生产和交易	35	0	9	7	1
	工业加工	21	0	2	0	5
	锅炉蒸汽	162	0	0	0	0
	道路扬尘	16	27	62	0	47
	RECLAIM 计划源	0	29	0	12	0
	汇总	302	93	126	22	60
移动源	道路移动源	362	628	3677	4	18
	非道路移动源	180	372	1016	27	21
	汇总	542	1000	4693	31	39
总排放量		844	1093	4819	53	99

（4）$PM_{2.5}$ 和 O_3 达标规划战略实施　美国南加州空气质量控制区制定 $PM_{2.5}$、臭氧的达标规划方案和实施战略是规划的核心内容。2007AQMP 要求 2015 年的 $PM_{2.5}$ 达标和 2023 年的 8 小时 O_3 达标，具体包括：通过执行短期和中期的战略措施，实现 $PM_{2.5}$ 达标；在实现 $PM_{2.5}$ 达标的污染物减排控制的同时，同样也起到对臭氧的达标管理作用。因此在短期和中期战略措施的基础上，增加额外的远期战略措施，以实现 O_3 达标。具体的达标规

划战略如图 5-15 所示。

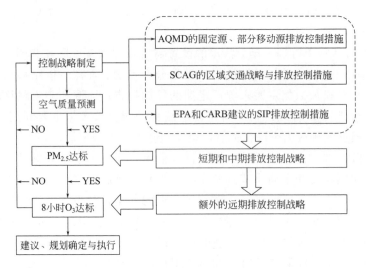

图 5-15　加州南海岸空气质量达标规划战略模式

① 空气质量管理区的固定源与移动源排放控制措施　固定源排放控制措施主要针对点源（排污许可证管理的设施）和面源（一般的、小的污染源和非许可证管理的污染源），基本原则是：第一，识别 SO_x 和 NO_x 到达标期限（2014 年）的最大减排量和潜力；第二，创新 VOCs 减排的行动机制和相关法规制定。空气质量管理区的固定源和移动源排放控制的主要方式包括：设备更新、提高能源利用效率和节能、最佳管理实践、市场刺激/灵活程序、面源控制计划、排放增长管理和移动源控制计划（表 5-20）。

表 5-20　空气质量管理区建议的污染源控制方法和控制措施

控制方式	控制措施	控制污染物
设备更新	设备更新	NO_x、VOCs、$PM_{2.5}$
提高能源利用效率和节能	城市热岛	所有空气污染物
	节能和提升能源利用效率	所有空气污染物
最佳管理实践	改善泄漏检测和修复	VOCs
	汽油转移和分配设施的减排	VOCs
	管道和储罐漏气的减排	VOCs
	颗粒物排放设施（袋式除尘器、湿式除尘器、静电除尘器和其他）的减排	$PM_{2.5}$
	绿色垃圾堆肥的减排	VOCs、$PM_{2.5}$
	启动关闭和转动过程的排放改善	所有空气污染物
市场刺激/灵活程序	清洁涂料认证计划	VOCs
	RECLAIM 计划中的进一步的 SO_x 减排（BARCT）	SO_x
	经济刺激计划	所有空气污染物
	炼油厂减排试点计划	VOCs、$PM_{2.5}$

续表

控制方式	控制措施	控制污染物
面源控制计划	润滑剂减排	VOCs
	消费产品认证、工厂和商业设施的消费品生产的污染减排	VOCs
	州管理局没有规定的消费品中的 VOCs 含量降低的污染减排	VOCs
	轻制沥青的污染减排	VOCs
	非 RECLAIM 计划的烤箱、炉、烘干箱的 NO_x 减排	NO_x
	局部供热装置或小型取暖器的 NO_x 进一步减排	NO_x
	天然气燃料规格	所有空气污染物
	地区局部控制计划中的污染热点区减排	$PM_{2.5}$
	木材燃烧的壁炉和木制火炉的污染减排	$PM_{2.5}$
	额外的室外露天燃烧的颗粒物减排	$PM_{2.5}$
	即将被淘汰的烧烤炉污染减排	颗粒物
	家畜粪便的污染物减排	VOCs
	所有可行的排放控制措施	所有空气污染物
	《清洁空气法》规定的大型固定源的排污费(许可证费用)	VOCs、NO_x
排放增长管理	新项目或再开发项目的减排	NO_x、VOCs、$PM_{2.5}$
	排放预算和一般的项目整合的排放缓解	所有空气污染物
	联邦许可证项目的排放缓和	所有空气污染物
移动源控制计划	联邦污染源减缓费	所有空气污染物
	扩大的交换程序	所有空气污染物
	来自港口和港口相关的设施间接源排放的担保措施	所有空气污染物
	卡尔·梅奥计划的污染减排	NO_x、$PM_{2.5}$
	AB293 轻型汽车高排放识别计划	VOCs、NO_x
	AB293 中型汽车高排放识别计划	VOCs、NO_x
	全球气候变暖控制战略的协同减排	所有空气污染物

② 南海岸政府协会的区域交通战略和控制措施 按照《清洁空气法》的规定,区域交通控制战略要符合空气质量达标规划要求。区域必须阐述它的交通规划和项目符合空气质量标准的要求,涉及交通项目执行的规定和要求见 EPA 的交通合规规定(CFR40 第 51 和93 部分)和联合联邦高速公路管理局(FHWA)/联邦交通管理局(FTA)的规定(CFR23 第 450 部分和 CFR49 第 613 部分)。

南海岸政府协会的区域交通规划(RTP)要求在 20 年的规划期内,每四年制定一次规划;短期执行要求每两年一次的区域交通改善计划(RTIP),前两年必须及时阐述具体的交通计划,被称为交通控制措施(TCMs)。TCMs 规定了具体的条件和要求:a. 立即执行。一旦具体的 TMCs 项目被分配,就要求立即执行,如果不成功,就必须要求有替代项目及时执行。SAFFTEA-LU 包括了具体的 TCMs 项目替代要求,包括同样的时间框架安排、减排量、充足的资金和通过合作程序的执行方案。b. 减排。一旦 TCMs 项目没有执行，一个可替代的项目必须提供，该项目要求同样的大幅度的污染物减排。c. 合理的可获得的控制措施分析。区域必须阐述它已经考虑所有的合理、可获得的控制措施，而且所制定的 TCMs 项目是基于以上分析所得的。总体而言，长远来看，区域交通控制措施所导致的移动源减排有赖于排放控制技术的重大改善。在 2007 年 AQMP 中，区域交通控制战略的污染物减排效果为：到 2014 年，$1.8t/d$ 的 VOCs 和 $0.24t/d$ 的 $PM_{2.5}$；2023 年的 $1.7t/d$ 的 VOCs 和 $0.20t/d$ 的 $PM_{2.5}$。

③ 州和联邦建议的短期和中期控制措施 州和联邦的短期、中期 SIP 控制措施（表 5-21）的主要目的是负责州和联邦政府管辖范围内的移动源减排，包括道路和非道路移动源，以及消费产品。这些控制措施的目的是保证 $PM_{2.5}$ 的达标排放。

道路移动源类型包括私人轿车、轻型货车、中型汽车、重型汽车和摩托车。加州南海岸流域共有 1.2 亿辆各种类型的汽车。2002 年估算的全年机动车运行里程为 55.8 亿千米，预计到 2020 年，运行里程可达 65.1 亿千米。非道路移动源包括非道路机动车、移动的非机动车类型的源，包括飞机、火车、船舶、潜艇、农场和建筑设施、工业设备、实体设备等。消费产品主要包括家庭日用的洗涤剂、抛光剂、化妆品、头发定型剂和消毒剂等物品，这些物品占据了很大一部分的 VOCs 排放量。

表 5-21 州和联邦建议的短期、中期污染源控制措施

源类型	具体污染源	控制计划	控制措施
道路移动源	私人机动车	改善和加强加州烟雾检测计划	低压蒸发测试。要求进行机动车的低压蒸发系统检测和蒸发系统的泄漏维修
			更加严格的接点。设置更加严格的通过/暂停接点来确保更多的车辆经过完全和持久的修理
			旧车年检，每年检查旧型车辆
			高的年度里程车辆的年检
			透视烟雾检查。通过透视烟雾检查，识别颗粒物排放量大的车辆
			轻型和中型柴油发动机检查
			摩托车排放检查
		私人机动车淘汰的扩大化	通过执行车辆报废计划，不断自愿增加淘汰车辆的数量
		新配方汽油项目的改制	
	货车机动车	在于重型货车的清洁化	
商品运输源		辅助性船舶发动机冷却技术和其他清洁技术。减少停泊状态下的轮船排放	
		主要船舶发动机和燃料的清洁化。通过增加改装技术，进一步降低船舶主要发动机的污染物排放	
		服务于港口的老、旧型货车的改装和替代	
		加速引进清洁的长途运输机	
		现有的港口船的清洁化	

续表

源类型	具体污染源	控制计划	控制措施
非道路移动源	建筑和其他设施	在用非道路设备的清洁化	
	农业设施	农业类舰艇设备的现代化	
	蒸发和排气战略	新的娱乐性船只的排放标准	基于催化剂的船舱外发动机蒸汽排放标准
		非道路娱乐性机动车排放标准的扩大化	针对非高速道路的摩托型和越野机动车的排放标准
		便携式远洋燃油娱乐性船只蒸汽排放标准	
		大型娱乐性机动车再加油设备排放标准	
		加油站油气回收马力蒸气排放标准	
面源	消费性产品	加严标准	
	杀虫剂	新杀虫剂战略	

（5）污染源控制措施筛选的标准 《加州清洁空气法》要求每一个空气质量管理计划应该对每一项可获得的控制措施进行成本有效性评估，包括列出各项控制措施的成本有效性排序清单，从小到大进行成本有效性排序，如表 5-22 所列。

表 5-22　空气质量管理区固定源控制措施的成本有效性排序

控制措施	污染物	成本/(美元/t)	成本有效性排序
消费产品认证和商品消费的排放降减	VOCs	没有额外成本	1
工业润滑剂	VOCs	1000～5000	2
汽油传输和分配设施的排放降减	VOCs	1673	3
大型固定源的清洁空气法要求排污费用	VOCs、NO_x	5000	4
管网和储罐的排放降减	VOCs	2500～22900	5
非 RECLAIM 项目的烤箱、干燥箱和熔炉的 NO_x 减排	NO_x	4000～13000	6
空间加热器的 NO_x 进一步降减	NO_x	10000	7
RECLAIM 项目的 SO_x 排放降减	SO_x	10100～16000	8
设备更新和现代化	NO_x、VOCs、$PM_{2.5}$	10600～17000;10000;19000	9
壁炉的木材燃烧的污染物排放降减	$PM_{2.5}$	12800	10
石油回收试点计划	VOCs、$PM_{2.5}$	13000～15000	11

《加州清洁空气法》除要求进行控制措施的成本有效性排序外，在制定控制战略安排上，也须同时考虑其他控制措施的筛选标准，包括技术可行性、总体减排潜力、减排率、公众可接受性和执行能力等，如表 5-23 所列。

表 5-23　2012AQMP 控制措施评估标准（非优先性）

标准	描述
成本有效性分析	降低空气污染的控制措施的成本（每吨）（成本包括采购、安装、运行、维护控制技术的费用）
排放降低潜力	控制措施能够真实降低污染物的总量
执行力	确保污染者遵守控制措施的能力

标准	描述
法律授权	区域或者其他机构执行控制措施的能力或者地方政府和机构将参与审批控制措施的可能性
公众可接受性	公众参与控制措施执行的可能性,这些控制措施适用于公开成员
排放降减率	降低一定量污染物的控制措施所花费的时间
技术可行性	控制措施的技术获得的可能性

(6) 规划的社会、经济影响分析　空气质量达标规划社会经济影响分析的目标是帮助政府决策者和干系人,在保证所采取的空气污染控制措施能够实现空气质量规划目标的同时,更考虑到经济的持续增长和公平性。美国环保署(EPA)的《经济分析导则》成为环境公共政策制定的经济、社会影响分析的基本框架;《空气污染控制成本核算技术规范》则专门规定了不同污染物排放控制设备的成本-核算方法。具体到空气污染治理效益评价方面,1983 年,美国科学协会(NAS)提出环境健康风险评估的基本框架,之后美国环保署开发了 BenMAP 软件,该软件整合了已有美国流行病学和生命价值参数研究成果,为空气污染健康损害测算提供信息化技术支持。在相关法律依据方面,美国《清洁空气法》和联邦 40. CFR. USA 第 51 款要求进行空气质量州实施计划的成本-效益分析和社会、经济影响分析,用以论证规划实施的经济可行性和公平性。A. Myrick Freeman 对 1970 年《清洁空气法》修订案实施以来,1970~1978 年空气质量改善效益进行估算,估计 1978 年美国空气污染控制效益值约为 88 亿~916 亿美元之间,其中,健康效益值约为 50 亿~649 亿美元,健康效益占比为 56%~70%,且效益的 99% 应归因于对总颗粒物和二氧化硫的控制,控制固定源的效益高出控制移动源 80.6 亿美元。K. Segerson 在其《排污权交易:污染控制政策的改革》一书中收集和援引有关空气污染控制成本与最小费用比率的研究成果,污染物涉及颗粒物、二氧化硫、硫酸盐、烃类等,控制政策涉及 SIP(州实施计划)规章、RACT(空气质量未达标区现存污染源实现的切实可行的控制技术或标准)、地区污染物排放标准等,结果发现美国传统空气质量管理费用平均数可能是成本-效益最好方式的 3 倍或 4 倍。2005 年,美国环保署发布的《清洁空气州际法规》监管影响分析报告显示,通过费用-效益分析方法估算出 2015 年可量化的收益是 863 亿~1010 亿美元,而年社会成本则为 26 亿~31 亿美元(贴现率分别为 3%、7%),收益是费用的 28~39 倍,可见《清洁空气州际法规》颁布实施的收益远大于其带来的成本。

从 1989 年开始,加州南海岸大气质量管理区(SCAQMD)政府委员会要求准备污染物减排政策法规实施的社会、经济影响分析报告。1991 年的《加州健康和安全法案》40440.8 款正式要求每一个空气质量管理区展开空气质量达标规划的社会、经济影响分析。

SCAQMD 不断地通过改进和扩大分析技术和方法,来改善和提高社会、经济影响分析能力和范围。1989 年的社会、经济影响分析的内容包括成本有效性、影响源识别、控制成本的范围和公众健康效益;1990~1992 年,分析的内容在 1989 年的基础上,增加了更多的健康效益的定量分析、能见度效益分析和分区域的成本效益分析;到 2012 年,社会、经济影响分析内容逐步完善,包括未来 5 年的人口增长速度和分布规模的估算、AQMP(空气质量达标规划)的总体效益(生命健康效益、经济和社会效益)的核算、AQMP 的执行总成本的核算、AQMP 的效益与成本比较、控制措施对劳动力就业的影响、控制措施对不同社会利益主体的潜在影响、规划对工业生产竞争力的影响、控制措施对消费价格指数的影响，以及对关键领域的成本和效益核算的不确定性考虑。

① 规划效益核算　主要通过两个步骤来估算空气质量达标的总效益。首先，将规划执行所得到的空气质量改善结果进行货币化和定量化，内容包括呼吸健康改善、能见度的公众支付意愿、建筑物损失降低、机动车里程和使用时间的减少、交通拥堵缓减效应等；其次，从定性的角度阐述规划执行所带来的余下的不可定量化估算的空气质量改善效益。规划的效益核算工具主要为 BenMAP 模型，使用区域人口、空气质量数据、健康影响的经济参数等，最终定量化估算健康效益。AQMP 的定量化效益和成本如表 5-24 所列。2012 年美国南加州空气质量达标规划（AQMP）所估算的若 $PM_{2.5}$、O_3 实现达标，所付出的成本和获得的效益分别为 4.48 亿美元和 34.77 亿美元（基于 2005 年可比价格），效益是成本的 7.76 倍。

表 5-24　AQMP 的定量化效益和成本（以 2005 年美元价格指数进行计算）

项目	具体类型	年平均(2014～2035)
效益	发病率的降低/美元	23
	死亡率的降低/美元	2225
	能见度改善/美元	696
	建筑物修复费用的减少/美元	14
	交通拥堵缓减/美元	7712
	合计/美元	10670
成本	控制 $PM_{2.5}$/美元	326.558
	控制臭氧/美元	121.597
	合计/美元	448.155
效益/成本	2014 年/倍	11.66
	2023 年/倍	25.29
	合计/倍	23.82

② 规划成本估算　空气污染控制措施的执行成本核算内容包括控制设备购买的费用支出、低污染材料、基础设施投资。通过两步法来计算规划成本。首先，基于工程成本估算的控制措施费用的定量化和影响实体的识别；其次，基于减排比例对控制措施费用的分配，细化到各个区域和各个工业企业。

③ 就业和其他社会影响估算　主要通过 REMI（regional economic modles inc）模型，来定量化评估规划执行对就业和其他社会活动的影响。成本和效益分析结果作为 REMI 模型的外在变量因素，并运用最新的经济指标数据，估算对不同利益群体的影响，包括消费价格指数影响、不同区域的竞争力和企业的生产价格影响、规划执行的进出口贸易量影响等。

5.3.2.6　先进经验借鉴

（1）联邦政府监督空气质量未达标地区实现空气质量达标的政策手段　保护环境和公众健康是美国国家环境空气质量标准制定的根本目标，而环境空气质量标准目标的实现需要实施空气质量州实施计划制度予以保障。美国《清洁空气法》将空气质量达标目标实现的决策权力从地方政府转移到联邦政府，要求联邦 EPA 负责监管州政府的空气质量管理工作，即要求空气质量未达标的地方政府采取达标行动计划，EPA 负责审批、监管这一地方政府所采取的行动计划是否能够实现空气质量标准目标。

美国是三权分立的联邦制国家，各个州拥有很大的立法权和决策权，有足够的空气质量管理权力。但对于各州范围内持续严重的空气污染问题，国会认为完全依靠地方州负责空气质量达标的做法并不奏效，有必要将空气质量达标管理的决策权力移交到联邦政府，由联邦政府负责监管地方州政府履行实现空气质量达标的责任。自此，《清洁空气法》要求通过实施空气质量州实施计划制度手段，明确联邦政府和地方州政府的责任划分，从而达到环境空气质量标准的要求。我国是单一制国家，中央政府是国家利益的代表者；地方政府是中央政府的派出机构，同时也是地方利益的代言者，具有双重身份。在空气质量治理体制方面，法律规定地方政府完全负责地方空气质量管理。在坚持市场经济运行体制下，我国目前的空气质量管理体制与美国空气质量州实施计划制度实施前的情形基本相同，具有可参考的基点。因此，有必要参考美国的空气质量州实施计划制度，设计和建立确保地方政府实现环境空气质量标准的手段。

美国空气质量州实施计划制度规定了联邦政府负责制定、更新空气质量标准和审批州内未达标空气质量管理区的空气质量达标计划，并对审批不通过的州政府进行问责和惩罚；州内未达标的空气质量管理区负责制定和执行空气质量达标计划，并上缴州政府负责初步审批和意见指导；州政府对空气质量达标计划负责，并上缴联邦政府 EPA 审批；公众在空气质量州实施计划制度运行过程中具有充分的参与权利和参与机制。

（2）赋予空气质量州实施计划制度运行程序法律效力　为确保空气质量州实施计划制度的顺利运行，美国《清洁空气法》和联邦行政法规规定了空气质量达标规划编制、上缴、审批等程序的要求和技术规范，特别是对未达标区限定了更为严格的排放控制措施和年度减排目标和进展，以确保环境空气质量的达标。空气质量达标规划编制、上缴、审批等程序的要求和技术规范内容非常全面，包括污染源排放控制手段、空气质量数据监测能力和设备操作、固定源排放管理项目计划、源的排放禁止、执行计划、设备的运行维护和排放报告、充足的人力资源、资金和权威性、州实施计划的审批与修订、其他机构与公众的参与等，确保州的空气质量达标计划符合法定框架要求，实现联邦政府和州政府之间对于规划内容信息的传递和交流，解决政府间的信息不对称问题，同时也为州在规划制定和执行上保留了相对灵活的权力。

（3）空气质量州实施计划制度顺利运行的激励、惩罚机制　为了确保空气质量州实施计划制度顺利运行，美国 EPA 更加细化该制度顺利运行的激励、惩罚机制，最终确保地方政府与联邦政府在实现环境空气质量标准要求上形成激励相容目标。首先，从激励措施看，美国《清洁空气法》早已经确立了联邦政府为地方政府提供空气污染治理研究专项资金的法律规定，从资金、人力资源、技术等方面帮助空气质量未达标地方政府尽快实现环境空气质量标准的要求；其次，联邦 EPA 将州长对空气质量州实施计划的签字、对州政府的高速公路基金计划暂停和针对空气质量未达标区的联邦实施计划执行，作为确保空气质量州实施计划制度有效实施的问责、惩罚机制。

（4）州实施计划制度的信息公开和公众参与　《清洁空气法》和联邦行政法规将空气质量州实施计划作为一项公共政策，在政策目标制定、政策方案设计与执行过程中始终贯穿信息公开和公众参与，注重州实施计划的干系人利益分配的公平性。如联邦法规要求空气质量未达标区在空气质量达标规划上缴 EPA 审批之前进行规划的公众听证会；EPA 将对州实施计划的审批结果和原因全部公开，并吸纳公众对于审批结果的意见和建议。同时，将官方网站和其他媒体作为规划信息公开的主要方式和公众参与渠道。

（5）成本-效益分析是空气质量达标规划的核心　在具体的地方空气质量达标规划编制过程中，《清洁空气法》要求所有的控制措施都要进行成本-效益分析和成本有效性分析，并对最终制定的空气质量规划进行预先的社会、经济影响分析，分析规划本身的成本效益性，为最终规划的执行提出支持决策。南加州空气质量管理区的空气质量达标规划的效益核算内容和方法包括疾病发病率和死亡率的降低、建筑物修复费用减少、能见度改善和交通拥堵缓解等的货币化衡量，可以为我国所学习和借鉴。

5.3.3　空气质量达标规划制度框架设计

5.3.3.1　设计思路

空气质量达标规划制度的设计目标是纠正政府对于空气污染外部性问题的干预失灵。环境问题的解决途径寻找，首先应考虑到历史经验的借鉴，由于不同地区发展差异不同，面临或解决相同或类似环境问题的时间有先后之分，先解决了的国家或地区可以为正在遇到问题的国家或地区提供可供借鉴的经验，这样就可避免走不必要的弯路，毕竟"摸石头过河"是需要付出一定成本的。美国空气质量州实施计划制度的联邦 EPA 求联邦政府负责审批、监管州政府履行实现环境空气质量标准目标要求的管理模式，可以为我国城市空气质量达标规划制度的管理体制设计提供经验参考。

在经验借鉴方面，除其他国家或地区外，国内类似公共事务领域相关制度的管理体制设置经验也可以为城市空气质量达标规划制度的管理体制设计提供可参考的现实经验。

本节将依据机制设计理论和环境外部性理论，借鉴美国经验和国内城市规划制度、土地利用总体规划制度的经验，参考基于环境外部性范围大小的环境管理体制设计的观点，对空气质量达标规划制度进行设计。

5.3.3.2　经验可借鉴性分析

（1）美国经验分析　通过对美国空气质量州实施计划制度的分析，发现美国《清洁空气法》依据机制设计理论要求，在空气质量达标规划过程中，通过规划审批权设置——"强制合同"和必要的奖惩"激励合同"，如明确规定联邦政府对州上缴的空气质量达标实施计划进行最终审批，以及对州高速公路基金的暂停和联邦实施计划的执行，以确保州内环境空气质量满足国家标准的要求。相比较而言，建议我国《大气污染防治法》（2015）明确赋予中央政府——国务院生态环境主管部门对城市空气质量达标规划的最终审批权力和不执行规划的相应奖惩手段，目前是要求直辖市和设区的市的环境空气质量限期达标规划应当报国务院生态环境主管部门备案。政府具有审批性的管理行为包括审批、核准、审核、备案四种类型。审批作为管理程度最严格的行政管理手段，是指审批主体（政府机关或授权单位）根据法律、法规等政策体系的规定，判定审批客体的行为活动是否合规的行为，主要特点是审批主体有选择决定权，即使符合规定的条件，也可以不批准。相比较而言，备案仅是按照法律、法规、行政规章及相关性文件等规定，向主管部门报告制定的或完成的事项的行为，其行政权威性较弱。

美国空气质量达标规划制定和执行单元为州内被划分成的各个空气质量管理区，空气质量管理区是根据地形、气候和污染源排放等因素综合考虑的空气流域区，空气污染物浓度变化基本是连续和一致的；而我国的空气质量达标规划管理的基本单元是城市政府（设区的市），且监测点布置和污染源分布基本位于单个城市建成区范围内，单个城市建成区范围可以被看作一个连续、一致的空气流域区。因此，行比较而言，中、美之间的空气质量达标规划编制单元情况基本类似。美国未达标的空气质量管理区制定的空气质量达标规划必须经州政府审阅同意后，并由州长签字之后上缴联邦 EPA 审批，以示州政府对此负责，这一管理程序与我国目前环境保护地方负责制模式基本相同。省、直辖市和自治区是本地区环境保护的主要负责人，管辖范围内的市级政府有必要向省级政府负责，其自身仅是环境保护的直接负责人。因此，相比较而言，可以直接学习和借鉴美国空气质量州实施计划制度的部分经验。

（2）国内规划制度经验分析　　国内城市规划制度、土地利用总体规划制度均在法律层面上明确了中央政府在规划制度运行中的权责，即地方城市的规划内容需要经省级政府同意后，再由省级政府上缴国务院审批。如《城乡规划法》（2015）第十四条规定："直辖市的城市总体规划由直辖市人民政府报国务院审批。省、自治区人民政府所在地的城市以及国务院确定的城市的总体规划，由省、自治区人民政府审查同意后，报国务院审批。其他城市的总体规划，由城市人民政府报省、自治区人民政府审批。"第五十八条规定："对依法应当编制城乡规划而未组织编制，或者未按法定程序编制、审批、修改城乡规划的，由上级人民政府责令改正，通报批评；对有关人民政府负责人和其他直接责任人员依法给予处分。"《土地管理法》（2018）第二十一条也规定："土地利用总体规划实行分级审批。省、自治区、直辖市的土地利用总体规划，报国务院批准；省、自治区人民政府所在地的市、人口在一百万以上的城市以及国务院指定的城市的土地利用总体规划，经省、自治区人民政府审查同意后，报国务院批准。"可见，城市总体规划和土地利用总体规划的审批机制可以为城市空气质量达标规划制度设计作参考。

5.3.3.3　政策目标定位

城市空气质量达标规划制度的本质目标是通过立法方式，要求空气质量未达标的地区满足环境空气质量标准要求的政策手段，是中央政府监督地方政府履行实现环境空气质量标准目标要求的法定规则，是统一、规范化的城市空气质量规划方案制定的法定准则。

① 是执行环境空气质量标准要求的政策手段，具有命令控制属性。环境空气质量标准是城市空气质量管理的最终目标，是典型的命令控制型政策，城市空气质量达标规划制度是具体执行这一命令控制型政策目标的具体执行手段，很明显具有命令控制属性。

② 是中央政府监督、核查地方政府履行实现环境空气质量标准要求的法定规则。在市场经济运行体制下，面对当前地方政府在履行环境空气质量标准要求，解决空气污染外部性问题的过程中出现的政府干预失灵，代表国家整体利益的中央政府必须对此负责。城市空气质量达标规划制度是在遵守现行法律框架规定下，赋予中央政府更多的法律权力和责任，作为中央政府监督、核查地方政府履行实现环境空气质量标准要求的法定规则。

③ 是统一、规范性的城市空气质量规划方案制定的法定准则。鉴于当前个别地方政府的城市空气质量规划目标和行动存在不合规和不科学的问题，城市空气质量达标规划制度宜从确保城市空气质量规划目标完全满足环境空气质量标准要求，排放控制方案完全符合

排放管理政策法规要求，以及规划内容科学性等方面着手，提出统一、规范性的城市空气质量规划方案制定的法定准则。

5.3.3.4　干系人责任机制

按照我国现行环境管理体制，城市空气质量达标规划制度涉及的利益相关者包括中央政府、省政府、市政府、排污企业、居民、公众与社会团体等。

（1）中央政府——国务院生态环境部　按照现行法律要求，国务院生态环境部代表国家整体利益，是环境保护的最高管理者。《大气污染防治法》要求国务院生态环境主管部门负责制定环境空气质量标准和污染物排放标准；制定大气环境质量和大气污染源的监测和评价规范，组织建设与管理全国大气环境质量和大气污染源监测网，组织开展大气环境质量和大气污染源监测，统一发布全国大气环境质量状况信息；建立和完善空气污染损害评估制度；负有空气环境保护的监督管理职责和总量减排考核。总体上，中央政府生态环境主管部门主要负责对全国环境空气质量保护工作的技术指导，环境保护的具体任务全部由地方政府负责，中央政府与地方政府之间在环境保护中存在委托-代理关系。

（2）省级政府——生态环境厅　省级政府生态环境厅全面负责本省范围内的环境保护工作，是未达标城市的空气质量达标规划的主要负责人。生态环境厅负责制定本省的空气质量管理政策、法规、标准和技术规范等，收集和整理省内的环境质量和污染物排放监测数据，公布环境空气质量标准、大气污染物排放标准，发布环境质量统计公报，以及负责指导、监督和考核市/县政府的环境污染防治工作。从职能关系上看，省级政府是协调中央政府和市级政府行动之间的中间机构。

（3）市级政府——生态环境局　市级政府生态环境局是环境管理的基本单元，须向省级政府负责，是城市空气质量达标规划的具体制定者和执行者。根据《大气污染防治法》规定，未达到国家环境空气质量标准城市的人民政府应当及时编制大气环境质量限期达标规划，采取措施，按照国务院或者省级人民政府规定的期限达到环境空气质量标准，城市人民政府每年在向本级人民代表大会或者其常务委员会报告环境状况和环境保护目标完成情况时，应当报告大气环境质量限期达标规划执行情况，并向社会公开。

（4）排污单元　固定源、面源和移动源等排污单元是城市空气质量规划管理的具体对象，通常是以营利为目的，追求利润最大化，由于污染物治理需要付出成本，在缺乏激励或激励力度十分小的情况下，排污单元没有足够的污染治理动机。因此，执法机构必须通过环境政策手段，包括命令控制、经济刺激和劝说鼓励等，促使其行为不对环境和社会造成较大的影响，并及时对其所造成的环境外部性问题进行内部化。从环境管理职责划分来说，排污单元具有向政府的环境主管部门提高守法排放证明文件，如实报告排放相关信息，并履行污染者付费原则的义务。但是，在实际过程中，排污单元具有逃避污染治理责任、隐瞒违法信息、贿赂环境执法者以逃避处罚的动机（韩冬梅，2012）。

（5）居民、公众与社会团体　在城市空气质量规划的制定和实施过程中，居民、公众是规划的直接受益者，有权利要求了解其居住环境的空气质量状况和污染物排放造成的影响。信息公开是居民、公众获取利益相关方的环境信息和影响的主要途径，除此之外，畅通的信息反馈渠道和及时的公众利益损害维护机制也非常重要。对城市空气质量达标规划而言，公众为了自身利益，在规划过程中必须具有政策决策的参与权利。

随着社会组织团体对空气污染治理的高度关注，其逐渐成为城市空气质量达标规划制定和评估的重要参与方。社会团体组织通过宣传空气污染危害和治理信息、对政府和企业的行为进行监督，是公众环境信息获取的重要来源。美国的非营利环境保护团体是美国环境保护社会监督的主要力量，大步地推动环境法令的执行（开根森，2007）。

5.3.3.5 管理体制设计

（1）政府机构的责任机制设计

① 中央政府管理机构责任机制　生态环境部是城市空气质量达标规划制度运行和决策的最高管理机构，在城市空气质量达标规划中应负有更多职责，主要包括以下几点：

a. 城市空气质量达标规划相关法律法规制定　建议《大气污染防治法》（2015）进一步细化有关城市空气质量达标规划的法律规定，尽快制定专门针对城市空气质量达标管理的《空气质量达标规划条例》，完善城市空气质量达标规划制度实施细则和办法。

b. 空气质量达标规划编制技术规范的起草和公布实施　生态环境部应起草有关指导地方城市政府进行空气质量达标规划编制的技术规范或导则，确保空气质量达标目标及期限制定及控制方案设计的合法性和有效性，并向社会公布实施，同时，及时跟进领先的环境保护技术，对环境空气质量标准、规划编制的技术规范或导则进行定期评估和修订。

c. 负责建立国家空气质量与排放信息数据库　生态环境部利用现有的环境监测管理能力，对历史环境空气质量和污染源排放数据进行收集和处理，建立国家空气质量与排放信息数据库，通过对海量数据的分析处理，及时对环境质量标准和排放标准进行评估和修订，用以调整空气质量达标规划编制技术规范要求。

d. 组织实施城市空气质量达标规划专项资金奖励政策　城市空气质量达标规划资金管理是中央政府监督和管理地方政府实现空气质量达标责任的重要方式。生态环境部组织实施城市空气质量达标规划专项资金奖励政策，通过转移支付的方式，正向激励地方政府治理空气污染的积极性。

e. 负责对城市空气质量达标规划的最终审批与信息公开　城市空气质量达标规划的事前审批是生态环境部监督和管理地方城市实现空气质量目标的责任的核心内容。生态环境部负责审批地方空气质量达标规划方案，将审批全部通过或部分通过或不通过等结果进行公开，并在公示期内征求社会公众和团体机构的意见。

f. 负责组织对地方空气质量达标规划实施进行评估、问责和惩罚　生态环境部将通过投招标的方式，组织有资质的第三方机构对地方空气质量达标规划的实施状况进行评估。同时，生态环境部负责对未完成空气质量达标规划编制，或者未按规定执行空气质量达标规划的省级政府进行问责与惩罚。

g. 生态环境部需要定期对城市空气质量达标规划制度效果进行评估，并依据评估结果，本着制度运行的交易成本有效性目标，对规划制度的管理体制、机制的法律法规进行修订和完善。

h. 负责为地方空气质量达标规划人员提供培训工作　空气质量达标规划的编制和执行需要涉及一定的专业知识和规范性要求，对负责城市空气质量达标规划的相关人员有较高的要求。美国环保署曾就空气质量州实施计划的编制、上缴、审批等程序制定了行动流程指南，确保空气质量达标规划的合规性。生态环境部应通过一定的形式，为地方城市空气质量规划人员提供培训和考核，并予以确认空气质量达标规划从业资格资质。

② 省级政府管理机构责任机制　省生态环境厅是城市空气质量达标规划制度的主要实

施主体，接受生态环境部的委托，并对本省空气质量未达标地区所制定的空气质量达标规划负责。其具体职责有以下几点：

a. 制定空气质量达标规划制度的地方法规　省级政府既可以直接执行中央政府的城市空气质量达标规划条例要求，又可以结合本省的空气污染实际情况，制定适合本省的地方性规划管理法规。中央政府所制定的空气质量达标规划方案管理要求是基于全国层面考虑的，是最低要求，地方政府可以比国家的要求更为严格，而不能低于国家的要求。

b. 审阅市/县级城市空气质量达标规划文本，签字并上缴生态环境部　省级政府对城市空气质量达标规划全面负责。省生态环境厅负责对地方城市政府递交上来的空气质量达标规划进行初步审阅，对认为有不合规的地方提出修改意见；在审阅同意的基础上，由省长签字并上缴生态环境部审批。

c. 为市/县级城市空气质量达标规划编制提供技术指导　省政府在遵守中央政府公布的城市空气质量达标规划编制技术指导规范的基础上，进一步细化为适合本省的达标规划编制技术方法，为地方政府空气质量达标规划目标的可达性进行模拟和分析。

d. 接受生态环境部委托，负责审批城市空气质量达标规划　对于空气污染环境外部性范围小的县级城市的空气质量达标规划，省级政府将接受生态环境部的委托，对该城市的空气质量达标规划进行最终审批，并将审批结果进行网上公开。

e. 负责对城市政府主要负责人和直接责任人问责与惩罚　省级政府负责对因未能提交空气质量达标规划或者在不执行空气质量达标规划，或者违规的城市政府负责人和直接责任人进行问责和惩罚，并在网上进行信息公开。

③ 市/县级城市政府管理机构责任机制　市生态环境局是城市空气质量达标规划制定和执行的基本单元，是城市空气质量达标规划制度中的主要守法者，主要职责是履行城市空气质量达标规划制度的法定要求，并采用灵活措施，确保城市空气质量满足环境空气质量标准的要求。其具体职责如下：

a. 编制、修订和执行城市空气质量达标规划　市生态环境局及相关部门在遵守中央政府和省级政府有关空气质量达标规划管理法规和技术指导规范的基础上，应征求行业协会、企事业单位、专家和公众的意见，组织编制、修订和执行 3～5 年一期的定期城市空气质量达标规划。

b. 编制城市空气质量达标规划社会经济发展影响报告　市生态环境局及相关部门在已编制完成的城市空气质量达标规划的基础上，专项组织编写规划实施的社会、经济影响报告，尤其是规划的成本-效益分析报告。

c. 负责向省生态环境厅上缴城市空气质量达标规划报告和审批要求材料　按照生态环境部规定的时间期限要求，在加盖市长签字的基础上，向省生态环境厅上缴城市空气质量达标规划报告和审批要求材料。

d. 组织城市空气质量达标规划的公众听证会　在正式的城市空气质量达标规划签字，并上缴省政府之前，市生态环境局组织召开城市空气质量达标规划的公众听证会，将规划内容和相应的社会、经济影响报告向社区居民、企事业单位、协会组织、社会公益团体、NGO、专家学者等不同类型的社会公众详细公开，并就此进行民意收集和交流问答，最终确定公众审阅意见。

（2）规划制度框架运行程序设计　城市空气质量达标规划制度框架运行程序将更加明确规划涉及的利益相关者的职能划分和规划制度的运转机制，如图 5-16 所示。

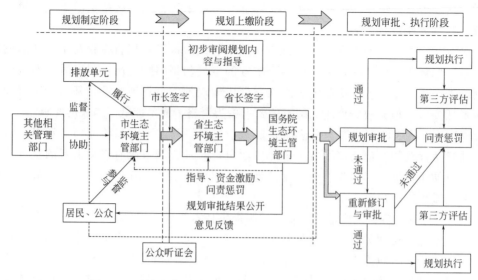

图 5-16　城市空气质量达标规划制度管理体制框架运行程序

第一，城市空气质量达标规划的制定与上缴。

环境空气质量标准或经修订过后一经公布实施，中央政府便要求地方城市政府立即编制 3～5 年一期的城市空气质量达标规划。依据环境空气质量标准要求，地方城市必须制定针对单项未达标空气污染物的达标规划，包括小时、日、年时间尺度的达标规划。若存在多个污染物未达标，则需同时制定分空气污染物达标规划。

市生态环境局是城市空气质量达标规划的制定者，负责编制或修改该城市未达标空气污染物的达标规划，其他相关管理部门参与、协作，并提供相关排放基础信息，在符合法律规定和政府、排污单元、社区居民、公众等达成共识的基础上，确定实际可执行的排放控制方案。

规划编制完成后，市级政府须举行规划的公众听证会，要求社区居民、专家学者、企事业单位及社会机构团体等代表参与规划的公众听证会，经过公众听证会的审议通过，规划文本上缴由省生态环境厅审阅；省生态环境厅对城市空气质量达标规划进行初步审阅同意后，对规划文本进行签字，继续上缴生态环境部进行最终审批。

第二，城市空气质量达标规划的审批、公开与问责处罚。

生态环境部负责审批地方城市的空气质量达标规划，有权决定规划审批通过，或者部分通过，或者审批不通过，并将审批结果和原因在官方网站上和电视媒体上向社会公众公开，并为公众留有表达意见的机会，生态环境部将对公众意见酌情采纳。

若城市政府的空气质量达标规划被审批通过，生态环境部便要求地方政府负责实施，并委托第三方评估机构对城市空气质量达标规划执行状况和效果进行中期和后期评估。对于拒绝执行规划或者在执行过程中出现违规情况，或者规划期末空气质量仍不达标的，生态环境部将对地方省级政府进行问责和惩罚。

若城市政府的空气质量达标规划被部分审批通过或不通过，生态环境部则要求省级政府重新修订未达标城市的空气质量达标规划，并在规定的时间内，再次上缴生态环境部进行审批。若生态环境部认为地方城市政府再一次上缴的空气质量达标规划可以被审批通过，则该城市开始执行空气质量达标规划。生态环境部对规划执行过程和效果进行评估、问责和惩罚。

若生态环境部认为地方城市政府连续两次上缴的空气质量达标规划仍不能实现空气质量标准目标，审批未被通过，则生态环境部将对省级政府进行问责和惩罚，并直接收回该城市政府拥有的空气质量达标规划制定的决策权力，执行生态环境部确定的最严格的城市空气质量达标规划。

（3）中央政府授权的审批机构设置设计　为了部分程度上减轻中央政府的工作任务，中央政府可将一部分城市的空气质量达标规划的审批工作进行授权下放。为此，需要设计合适的被授权审批机构。依据宋国君（2008）提出的管理机构级别选择原则，外部性越大的环境问题应该由越高级别的政府负责管理。如，中央政府机构管理代际和省际外部性，省级机构管理跨市外部性等。因此，基于上述理论，本书提出城市空气质量达标规划的审批机构设置方案。对于位于相邻省际的地级以上城市或县级以上城市，由中央政府（生态环境部）或委托派出机构（生态环境部督察中心）审批城市空气质量达标规划；对于位于省内市际的地级以上城市，由省级政府（省生态环境厅）对规划进行初审，并报中央政府（生态环境部）进行终审；对于位于省内市际的县级城市，由中央政府授权省级政府（省生态环境厅）进行审批，具体如表 5-25 所列。

表 5-25　城市空气质量达标规划审批机构

交界城市类型	城市级别	审批机构	具体机构
相邻省际	地级以上城市	中央政府	生态环境部
	县级城市	中央政府可委托派出机构	生态环境部督察中心
省内市际	地级以上城市	中央政府	生态环境部
	县级城市	中央政府授权省级政府	省生态环境厅

（4）城市空气质量达标规划的上缴程序要求设计　地方政府的空气质量达标规划的上缴是实现不同干系人之间行为信息传递、共享和解决信息不对称问题的方式。城市空气质量达标规划内容的上缴将告知中央政府，该城市政府、排污单元和公众在实现环境空气质量目标所达成的一致性责任共识，同时也是中央政府对地方政府实现空气质量标准目标的决心进行监督的具体形式。参考美国空气质量州实施计划制度中关于州实施计划上缴程序的要求，城市空气质量达标规划上缴要求内容包括上缴时限、上缴内容和上缴形式三部分。

第一，规划上缴时限。自环境空气质量标准公布实施之后，中央政府便要求地方城市政府对比环境空气质量标准要求，从而识别未达标空气污染物，并在标准公布实施的 2 年时间内，制定和首次上缴该项空气污染物的达标规划。经过审批并建议修改的规划文本，须在首次规划审批未通过结果的公示期结束日起的半年时间内，进行第二次上缴中央政府审批。

第二，规划上缴内容。除上缴城市空气质量达标规划方案内容，地方政府必须向中央政府提交规划编制过程中所利用的数据信息和规划审批要求的内容。

第三，规划上缴形式。除以规划文本的纸质版和电子版形式进行上缴外，还要在规划文本的纸质版和电子版内容上进行政府负责人签字，签字负责人应为省长或市长。

（5）城市空气质量达标规划的审批要求设计　规划的审批机制设计是城市空气质量达标规划制度设计的核心内容，除需要设置合适的审批机构外，规划审批要求设计也非常重要。规划的审批要求将是中央政府核查地方政府在空气质量达标规划制定过程中，是否落实或执行目前城市空气质量管理法律法规的政策目标、污染源排放管理制度手段、排放监测规定，以及其他应急性空气质量管理要求的重要依据，即建立核查城市空气质量达标规划方案是否合规的评价标准。规划的审批要求内容包括以下几个方面，如图 5-17 所示。

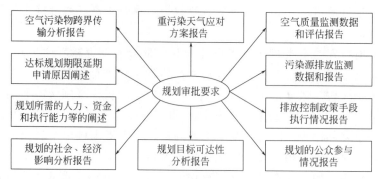

图 5-17　城市空气质量达标规划审批要求

第一，空气质量监测数据和评估报告，内容包括该城市不同空气污染物的监测网络体系、实时监测数据、监测数据质量分析报告、监测数据的统计分析报告、达标状况评估报告，以及空气污染物超标诊断分析报告。

第二，污染源排放监测数据和报告，是规划审批要求的重要内容，包括固定源、面源和移动源污染物排放监测数据、监测频率、排放数据的统计分析报告。随着空气固定源排污许可证制度的实施，许可证文本不仅将固定源受控污染物排放浓度、排放量限值要求、生产设施、工艺属性、监测设备要求囊括在内，而且包括排污设施运行的污染物监测方案、排放浓度和排放量监测数据结果和报告，这将方便排放数据的直接上缴。

第三，排放控制政策手段执行情况报告，内容主要包括移动源排放标准制度、空气固定源排污许可证制度的执行情况。空气固定源排污许可证制度在其申请阶段、受理阶段、审查阶段、决定阶段、监督检查阶段和违法处罚阶段，把环境影响评价制度、三同时制度、总量控制制度、排放收费制度、排污申报制度、限期治理制度和行政处罚制度等政策手段纳入，实现固定源的"一证式"管理模式（钱文涛，2014）。

第四，重污染天气应对方案报告，内容包括《大气污染防治法》要求的重污染天气预警等级和应急预案，以及应急预案实施后的评估结果。

第五，空气污染物跨界传输分析报告。一旦城市政府认为该城市的空气质量长期未能实现达标的原因在于很大程度上受相邻城市内的污染源跨界排放传输的影响，必须对此作出分析报告。

第六，达标规划期限延期申请原因阐述。对于空气污染物超标严重的城市，城市政府认为该城市空气质量无法在国家规定的达标期限内实现达标，必须将达标期限延伸一段时间，须就此对达标期限延伸原因进行阐述。

第七，规划所需的人力、资金和执行能力等的阐述，包括规划的执行机构组成状况，以及是否有足够的人员、设备、预算支持，以及规划实施过程中的惩罚措施。

第八，规划的社会、经济影响分析报告，考察规划方案的经济收益是否大于成本，方案的社会负面影响是否较小，规划方案设计是否公平。

第九，规划的公众参与情况报告，内容包括规划制定过程中公众参与情况和规划编制完成后的公众听证会审议报告。

第十，规划目标可达性分析报告。主要核查该规划方案的实施是否真正能够实现环境空气质量标准目标，包括规划目标的模拟分析、方案执行计划和时间安排的合适性。

5.3.3.6　管理机制设计

（1）信息机制设计

① 基本原则

a. 信息收集的全面性原则。空气质量达标规划平台所需信息内容非常多，集中了各类污染源数量、产污特征和排污状况、经济发展、空气质量状况、各类污染源的治污管理措施、排污口监测管理、污染治理的技术进步和控制成本、空气污染所导致的急慢性疾病发病率和死亡率，以及公众对空气污染治理的支付意愿等从污染源排放→空气质量→排放控制→健康效益等的一系列信息，信息收集越全面越好。

b. 信息质量的可靠性原则。信息质量的可靠性是决定公共政策目标和手段设计是否有效的关键性要求。在城市空气质量达标规划制定和执行过程中，需保证所需数据来源和内容的可靠性，以及数据处理和评估方法的科学性。

c. 信息内容的公开性原则。信息公开是公共政策执行过程和结果的必然要求。城市空气质量达标规划制度需要满足不同利益相关者对于规划内容的知情权和参与权，以避免信息不对称，其前提条件是保证规划信息的充分公开，包括排污信息的全面公开和合适的规划内容、审批结果的公开传递渠道。

② 规划的信息传递与公开机制　信息公开和传递是确保城市空气质量达标规划制度顺利运行的最重要的约束机制。规划的决策程序决定了规划文本的信息公开和传递的形式和内容。按照已设计的规划决策程序，城市空气质量达标规划制度执行过程的规划信息公开和传递主要集中于规划编制完成后的公众听证会、规划的上缴与审批、规划审批结果公开公布等三个阶段性环节（图 5-18）。因此，规划的信息公开和传递机制设计主要从以下几个方面着手：

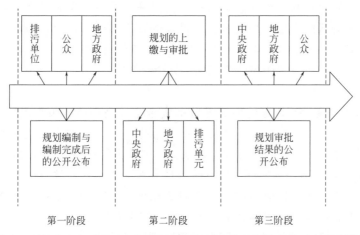

图 5-18　城市空气质量达标规划制度执行过程的规划信息公开和传递模式

a. 实施公众听证会制度。引入公众听证会制度，是城市空气质量达标规划的公众参与形式和内容的集中表现，是政府、排污企业和公众三方之间对规划方案进行宣传、解释、认可和社会监督的重要环节。公众听证会制度内容包括会议的组织机构、会议安排、会议形式和要点，以及会议内容的反馈形式。参加公众听证会的人员除生态环境部门人员外，还应包括重点排放企业负责人、专家组成员、非政府组织机构代表、公众代表与其他社会团体负责人等；听证会需要在召开之前的 1 个月提前通知会议时间和地点；由生态环境部门在会议场上宣讲规划文本草稿和可行性报告、社会经济影响报告，重点突出需要讨论、协商的规划内容要点；规划内容宣讲结束之后，生态环境部门与其他会议干系人就某一问题进行互动协商，汇聚反馈意见，决定规划内容是否达成一致性共识，整个会议现场实现实况记录，有注册登记的公证人员负责记录会议现场发言，并实况传输到电视终端和网络APP 客户端，供社会公众了解；会议结束后，将留给社会公众 7 日的时间在生态环境部门政府网站发表对于规划内容的反馈意见。除此之外，对于规划执行的中期阶段，组织开展对于中期评估报告的公众听证会。

b. 传递与规划有关的数据信息。在公众听证会审议通过后，城市空气质量达标规划经省生态环境部门初审并省长签字之后，上缴中央政府审批的环节当中，必须将与规划有关的环境质量数据、污染源排放的监测、记录和报告内容，以及规划编制过程中所利用的数据信息，随规划文本草稿和电子版内容一同上缴规划的最终审批机构，供核查规划目标和方案设计是否有效。

c. 实施规划审批结果公开制度。城市空气质量达标规划审批结果的公开公布是保障规划制度权威的有效手段。中央政府的审批机构必须对规划的最终审批进行公开，实施规划审批结果公开制度。内容包括规划审批结果公开通告、审批结果公开内容和形式、审批结果反馈等。审批结果公开须在前 1 个月发起通知，确定具体的通知时间；审批结果公开内容在生态环境部政府网站公开，内容包括规划是否通过审批，详细阐述审批通过或不通过的原因，以及建议规划重新修订的意见，并在审批结果公开的 30 日有效期内，允许社会公众对审批结果反馈意见，并在有效期结束后及时吸纳反馈意见和进行答疑。

（2）资金机制设计　资金机制设计的目标是：一方面要求保障地方城市政府的空气质量达标规划的资金供需平衡；另一方面表现为中央政府对地方政府的资金激励作用。规划的资金供需平衡是资金机制设计的基本前提，如何确保中央政府通过资金管理的方式实现对地方政府行为起到激励作用，是资金机制设计的棘手问题。目前实施的中央政府、省级政府对市级政府环境治理的"三奖一补""以奖代补"等转移支付政策，尚需更加完善科学、客观的地方政府环境治理业绩评价标准。

① 基本原则

a. 资金的供需平衡原则。稳定而又允分的资金来源是环境政策有效实施的主要保障，资金机制的主要内容是资金的供需平衡机制（宋国君，2007）。城市空气质量达标规划需要明确所需资金的需求、来源、使用方向，以及保证资金供给在规划执行阶段的稳定性。

b. 资金有效使用原则。规划资金应按照规划方案成本有效性筛选结果的顺序相继得到安排，重点确保具有重大减排效应的控制方案优先落实。同时，需要保证资金分配过程和结果的公开、透明，确保资金能够真正落实到排放控制方案之上。

c. 污染者付费原则。污染者付费原则要求在排污主体非常明确的情况下，通过全成本付费促使污染者选择自己治理或委托他人进行治理污染，实现环境外部性问题内部化目标。污染者付费原则是促使环境公平的重要方式。

d. 资金的激励性原则。资金直接关系到不同利益相关者的切身利益，资金分配方式和使用方向决定了对利益相关者的激励程度。资金机制设计的核心要求是充分发挥资金对于环境政策执行的激励作用。

② 规划文本应细化资金预算安排　城市空气质量达标规划文本细化资金预算安排的目的是向中央政府阐述规划资金的供需是否平衡和资金安排是否适当的信息传递，解决上下级政府之间的资金信息不对称问题，避免个别地方政府的规划所需资金管理不规范和对资金缺口的虚报或瞒报，能够显著克服资金激励所产生的"棘轮效应"。具体到规划文本中细化规划所需资金预算安排内容，包括：不同污染源不同控制措施的费用需求、资金供给来源、执行人员安排；明确规划编制和规划执行的资金供需机制，严格遵守"污染者付费"原则，划分清楚哪些污染控制方案需要政府出资，哪些污染控制需要企业自身负责；阐述所有规划方案所需资金、人力安排是否准备充分或存在缺口；明确中央政府需要专项资助的控制方案和理由阐述。

③ 完善城市空气质量达标规划资金投入结构　当前，空气污染治理资金来源主要包括排污企业和市级城市政府的投入，以及中央政府和省级政府的专项转移支付。中央政府的转移支付仅起到对地方政府激励、约束的作用，资金量相比较地方政府投入而言非常少。对于经济发展情况不好或者滞后的地方城市政府而言，日常财政收入不足以支付空气污染治理费用，迫切需要激发民间资金的投入，完善城市空气质量达标规划资金投入体制。十八大生态文明体制改革明确提出绿色金融的概念和要求，地方政府可通过建立各类绿色发展基金或者绿色信贷的形式来吸引社会资本的投入。

④强化中央政府对城市空气质量规划的专项资金支撑　首先，增加中央政府对大气污染治理的资金投入规模，国务院相关主管部门应加快出台对于城市空气质量达标规划专项资金管理的规定，确保专项资金拨付的长期性和稳定性，具体到资金分配将按照各个城市的空气质量达标规划资金预算安排进行；其次，中央政府应另设立空气污染治理研究专项资金支持项目，积极展开固定源、移动源等的治污技术升级和空气质量达标模拟技术的研发，为空气质量超标严重的城市提供达标管理技术支持。

（3）评估机制设计

① 基本原则　科学的规划评估机制是指由第三方的专业性的评估人员，利用各种社会研究方法和技术，系统地收集与环境规划实施的相关信息，本着科学性和公正性原则，根据规划目标和要求，对干系人的任务完成情况以及采取的行动评估，并根据评估结果给出有价值的建议。

② 建立中央政府委托的规划第三方评估机制

a. 中央政府采用政府采购或公开招投标的形式，委托第三方专业性的、有资质的评估机构对地方空气质量达标规划的执行状况进行阶段性评估。

b. 规划评估一般从规划审批通过的公示期结束后开始，以 2 年时间进行一次规划执行状况的评估为宜，并将评估结果向所在省的人民代表大会或者其常务委员会以及生态环境部报告，并向社会公开。

c. 评估内容包括规划的执行现状、效果、效率和公平性等。具体包括：规划的执行进度、资金使用情况和公众意见的反馈；污染源排放控制方案的实际日减排效果和单位减排成本或边际减排成本等问题的征询；测试污染源排放管理对空气质量达标的作用效果；规划评估过程最大限度地将公众对环境空气质量改善的意见反馈纳入进来，尤其是深入社区公众调研，进行基于居民实际感受的空气质量管理的满意度评价的问卷调查。

（4）问责机制设计　空气质量达标规划制度是一个不完全信息情况下的中央政府与地方政府在实现环境空气质量标准目标中的多重博弈过程，结果如图 5-19 所示。图 5-19 中，

C 代表中央政府；L 代表地方政府；S 代表博弈停止。大体上，在博弈的过程中主要包括中央政府对地方政府在规划编制阶段和规划执行阶段的问责。

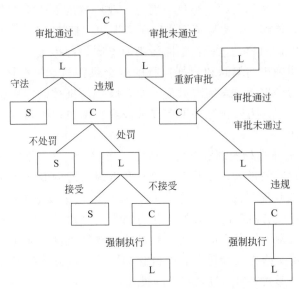

图 5-19　中央政府与地方政府之间的多重博弈过程

① 基本原则

a. 足够的威慑力原则。空气质量达标规划制度作为一项命令控制型手段，必须具有足够的威慑力，目的是对已经发生的违规行为予以严厉处罚以保证其今后不再重犯，同时对潜在的违规者形成足够的震慑作用。足够的威慑力是惩罚机制设计的基本目标和原则。城市空气质量达标规划制度的惩罚机制设计：一方面在于处罚力度的加大，尤其是市场经济体制下的经济处罚力度加大，对问责主体形成经济刺激；另一方面在于政府声誉的考核和披露，对地方政府形成社会公众压力。

b. 问责、处罚的确定性原则。问责、处罚的确定性原则包括处罚内容与处罚执行的确定性。处罚内容的确定性要求必须对处罚的额度、范围等作出详细的规定。处罚执行的确定性一方面要求实现"有法可依，有法必依"；另一方面要求处罚结果的信息公开，避免机会主义者存在逃避处罚的侥幸心理。

c. 问责、处罚的层次性原则。问责、处罚机制设计要求考虑问责、处罚的对象、手段和阶段等的不同层次问题。首先，城市空气质量达标规划制度涉及的政府机构包括中央政府、省级政府和市级政府，因此，问责、处罚的主客体层次包括中央政府的生态环境部对省生态环境厅的处罚，省生态环境厅对市生态环境局的处罚；其次，依据不同的违规程度，设置不同的处罚手段；最后，依据城市空气质量达标规划执行程序的阶段性特征，分为规划编制阶段的问责、处罚和规划执行阶段的问责、处罚。

d. 遵循现行问责、处罚的法律依据。现有环境管理政策法规多见于对污染源责任主体的违法排放行为的处罚规定，较少涉及对执法部门违规的处罚规定，仅见《环境保护法》（2015）的第六十七条和六十八条提出对执法部门负责人的行政处分的规定，包括"对直接负责的主管人员和其他直接责任人员给予记过、记大过或者降级处分；造成严重后果的，给予撤职或者开除处分，其主要负责人应当引咎辞职"，但是未涉及对于空气质量达标规划的违规处罚规定。

目前，环境政策法规所要求的具体行政处罚内容均来自于《行政处罚法》《环境行政处罚办法》所作出的规定。因此，本节对于城市空气质量达标规划制度的问责、处罚设计首先需要遵守《行政处罚法》《环境行政处罚办法》规定的内容和程序，而部分问责、处罚措施的设计需要在不违反现有相关法律要求的基础上，进行合理性建议和完善。

② 问责手段类型

a. 行政手段。主要包括目标责任制和考核、行政约谈、通报批评、行政处分，以及规划执行的"挂牌督办"，问责惩罚的程度逐渐加深。

b. 经济手段。如中央政府对地方政府的部分转移支付资金的暂缓拨付和扣除。美国空气质量州实施计划中，环保署对于空气质量未达标地区的州政府连续两次未能上缴合规空气质量达标计划的，也采取对该州的高速公路资金（联邦政府专项转移支付资金）扣除的规定。我国目前已经建立了比较规范的中央对省级政府的转移支付制度（谢京华，2011），包括税收返还、专项转移支付、一般性转移支付、民族地区转移支付、"三奖一补"、退耕还林还草转移支付等，可以参照美国经验和目前扣缴生态补偿金的实践，尝试实施中央政府对地方政府的转移支付资金暂停或扣除的经济惩罚手段，如对部分税收返还和专项转移资金项目的暂停拨付。

c. 强制执行。城市空气质量达标规划的强制执行手段是指中央政府将直接接管该城市实现环境空气质量标准目标的责任，包括制定更为严格的空气质量达标规划，采取较目前更为严格的排放限值标准，以及其他促使空气质量尽快达标的手段。可以认为，强制执行是中央政府激励地方政府实现空气质量标准目标要求的最为严厉的问责惩罚手段。

③ 规划编制阶段的问责机制设计　若中央政府认为地方城市政府连续两次上缴的空气质量达标规划均不合规，或者无法实现空气质量达标，则会在规划审批结果公开后的 3 个月内，公开向地方省级政府下达规划编制问责通知，组织对规划编制文本的签署人员进行行政约谈、通报批评，以及中央政府对地方政府的部分转移支付资金的暂停拨付或扣除，并责令其限期提出空气质量达标规划方案。若地方政府仍未履行要求，则对政府主要负责人进行行政处分，包括警告、记过、记大过、降级等，同时执行中央政府确定的最严格的空气质量达标规划，直接接管该城市的空气质量达标规划工作。

④ 规划执行阶段的问责机制设计　规划执行阶段的问责、惩罚机制设计的重点在于建立科学的问责评价体系，需要明确问责体系的法定程序，包括问责客体和问责依据，其中，问责客体应具体细化到具体执行某一项控制措施的负责人。规划的第三方专业性评估结果作为问责的主要内容，包括规划的效果、效率和公平性等管理目标是否实现等。在规划执行过程中，中央政府将依据第三方机构对城市空气质量达标规划执行的评估结果，对规划签署负责人和负责规划执行的人员进行问责、惩罚，手段包括行政约谈、通报批评、规划方案执行的"挂牌督办"；情节严重者将暂停拨付或扣除中央政府对地方政府的转移支付资金，并对规划签署的负责人进行行政处分，包括警告、记过、记大过、降级等。

5.4　固定源排放标准制度分析

5.4.1　美国固定源排放标准体系

根据《清洁空气法》的规定，不同地区的政府需要保证不同时间段的空气质量能够提供足以保障公众健康和福利的"安全边际"[32]。为了达到这一目标要求，针对固定源的污染排放管理是最重要的工作。美国固定源执行的排放标准主要是基于技术的排放标准，规定了不同受控固定源必须达到的不同减排控制技术水平[33]，管理对象是"对公众的健康或福利产生或具有潜在显著危害的固定源"，包括建筑、结构、设备、设施等产生和排放污染物的受控设施（affected facilities）。排放标准规定了与固定源排放有关的单元活动要求，包括对烟囱、排气筒等有组织单元的烟气排放要求，包括对堆场、储罐等无组织单元的无组织颗粒物和 VOCs 等排放要求，以及与污染排放相关的设施安装和运行状况的要求。排放标准的受控固定源通常要接受运行许可证（operating permits）管理，排污许可证管理机构在发放给固定源的每份运行许可证中，明确了每一个产排污单元需要遵守的排放标准，包括限制性要求和对应的监测、记录和报告要求，将产排污单元活动产生的常规污染物和危险空气污染物控制在排放标准设定的水平之下。

美国的固定源排放标准为包含"国家行业排放标准-单一源排放标准"双层结构的排放标准体系，分别基于不同的技术制定，如表 5-26 所列。在《清洁空气法》的框架内，国会授权 EPA 制定国家层面的分行业排放标准，授权各州制订州实施计划（state implementation plan，SIP），逐源（permit-by-permit）确定针对每一个特定产排污单元的单一源排放标准，由此建立了以国家排放标准为指导，逐源确定单个源排放标准为重要手段，依托排污许可证管理制度实施的固定源污染物排放管理政策体系。

表 5-26　美国基于技术的排放标准体系

国家标准	新源基于 BDT 技术 （新源绩效标准 NSPS）	EPA 全国范围按照行业细分制定
	全部源基于 MACT 技术 （危险空气污染物国家排放标准 NESHAP）	
地方标准	新源（最佳可得控制技术 BACT）排放标准	PSD 地区，AQMD 逐一确定
	现有源（最佳可得改进技术 BART）排放标准	
	新源最低排放率（LEAR）排放标准	未达标区，AQMD 逐一确定
	现有源最大可得控制技术（RACT）排放标准	

在国家层面，EPA 以"最好的持续降低污染物排放的技术"为基础，基于"最佳示范技术"（Best Demonstrated Technology，BDT），制定了针对新污染源的 PM、SO_2、NO_x 等常规污染物的新源绩效排放标准（New Source Performance Standards，NSPS）；基于"最大可达控制技术"（Maximum Achievable Control Technology，MACT），制定了针对所有固定源危险空气污染物的国家危险空气污染物排放标准（National Emission Standards For Hazardous Air Pollutants，NESHAP）。NSPS 和 NESHAP 分行业类别制定，是全国范围内固定源受控单元所要遵守的最低限度的控制要求。

NSPS 的管理对象是"新污染源"，这里的"新"是指《清洁空气法》出台后，根据清洁空气法的规定，各行业新源绩效标准首次制定后的实施日期，此日期后适用标准的固定源称为"新污染源"。在《清洁空气法》中，NSPS 被定义为"反映 EPA 署长考虑排放削减成本、非空气质量、健康和环境的影响、能源影响等因素后认定的经充分证实的最佳连续削减排放技术系统所能达到的排放限制程度"的排放标准。国家制定 NSPS 最重要的目的是防止产生新的空气污染问题，公共工作委员会（Public Works Committee）认为相对于要求现有源在短期内将污染降低到一个很低的水平，这种主要针对新污染源的 NSPS 绩效标准经济影响更小，遇到的推行阻力更小[34]。

NESHAP 是针对危险空气污染物的排放标准，在《清洁空气法》中，危险空气污染物被定义为"无环境空气标准可适用的，根据 EPA 署长的判断引起或预计引起死亡率增长，或使可逆转疾病变成不可逆转疾病的空气污染物"。虽然危险空气污染物的排放量少于常规污染物，也没有专门的环境空气质量标准与之对应，但是其危害并不小，而且种类多、物质复杂，因此《清洁空气法》同样要对固定源危险空气污染物的排放加以管制。在考虑成本和非空气质量因素的前提下，NESHAP 目前共针对 189 种危险空气污染物，涉及 123 类行业，制定目标是达到最大程度的污染物削减。

在地方和污染源层面，《清洁空气法》规定每个州必须制订州实施计划（SIP），在计划中明确如何控制新污染源和现有污染源的污染物排放，包括在新源准入的过程中逐源确定针对每个单一源"个案水平"（permit-by-permit）的排放标准，使其能够在满足国家行业排放标准的前提下，达到环境空气质量标准的目标要求：未达标区限期达标，达标区防止空气质量显著恶化。单一源的排放标准仍是基于"技术"制定，"技术"来源于各州的实际排放统计数据：《清洁空气法》要求各州将固定源排污许可证中应用的排放控制技术及时提交中央，通过 EPA 建立的 RBLC（RACT/BACT/LAER Clearinghouse）信息系统实现技术信息的统计与共享，确保各州的许可证管理部门和企业能够通过 RBLC 信息系统迅速获得所需的信息，做出控制技术选取的决策。

在常规空气污染物排放管理方面，EPA 要求未达标区的新污染源审查许可证（nonattainment NSR permits）的申请者必须采用最严格的"最低排放率技术"(Lowest Achievable Emission Rate，LAER) 排放标准，要求新源排放量必须来自己有源的额外削减；对于现有固定源，则要求采用州实施计划中规定的较为宽松的"最大可得控制技术"（Reasonably Available Control Technology，RACT）排放标准。对于环境空气质量已达标的地区（prevention of significant deterioration areas，PSD areas），虽然空气质量已经达标，但还是要求各州针对不同 PSD 等级地区的空气质量保护目标，采取足够的防范措施，防止空气质量显著恶化。PSD 地区的新源审查（NSR）许可证申请者需执行"最佳可得控制技术"（Best Available Control Technology，BACT）排放标准，证明污染物的排放率为该技术条件下的最小排放率，不会导致空气污染物浓度超过所允许的浓度增量或限值。对于 PSD 地区的现有源，需要执行相对更为宽松的"最佳可得改进技术"（BART）排放标准。BACT 和 LAER 排放标准采用同一套程序和参数确定标准，以 NSPS 制定过程的控制技术和成本信息文件为基础。根据加州南海岸清洁空气管理局（SCAQMD）的 BACT 和 LAER 指南[35]，BACT 排放标准的确定原则包括以下三项：①BACT 技术在该类固定源中有成功使用的记录；②本州或者其他州的 SIP 中批准使用过该技术；③如果一项缺少使用记录的新技术成本-效益分析合理，并被区管理委员会（District Governing Board）认可，管理者可以要求固定源使用该技术。其他单一源排放标准的确定程序与 BACT 排放标准类似。确定单一源排放标准通常采用类比分析、模型分析等方法，需要大量参考同类固定源的控制技术应用情况，需要参考它们的排放水平。

在危险空气污染物排放管理方面，《清洁空气法》将危险空气污染源按照排放量的多少区分为主要源❶和面源。主要源执行危险空气污染物排放的 MACT 标准，即按照当前技术水平，能够达到的最高的污染物控制标准，《清洁空气法》将其界定为"行业内技术最先进的前 12％的企业的平均控制水平"。在执行 MACT 标准的基础上，若人群致癌风险超过充分安全边际水平，则 EPA 需要制定基于风险的排放标准，又称为"剩余风险标准"。面源的管理相对更加灵活，对认为面源的排放会对人体造成重大危害的，制定 MACT 标准严格管理。当认为面源的排放行为危害有限的时候，允许当地环保机构执行较为宽松的 GACT 标准，即普遍可行控制技术标准，指的是按照当前技术水平，普遍能够达到的污染物控制标准。最终，固定源的执行标准在运行许可证中得以落实，地方主管机关在发证时会明确每个固定源的每个产排污单元需遵守的排放标准规定，通常是上述各类标准中最严格的项目。危险空气污染物同样按照排污许可证的方式进行管理，许可证中包括清洁空气法中有关危险空气污染物管理的全部内容，包括 MACT 标准的要求，以及剩余风险评估的要求。由于排放标准管理制度与排污许可证管理制度能够有机结合，因此固定源需要遵守的国家和固定源层面的排放标准才能与受控产排污单元一一对应，并得到有效执行。

美国的固定源排放标准体系充分体现了科学合理性、成本有效性和公平性方面的考虑，还通过设计巧妙的排放标准制修订机制，激励固定源在成本可接受的范围内，不断采用更先进的控制技术。首先，由 EPA 按照一定的程序，定期修订 NSPS 和 NESHAP，作为国家最低限度的排放标准，能够有效阻止某些地区为了同其他地区竞争而降低排放标准，吸引技术落后的污染企业的企图；其次，NSPS 和 NESHAP 是确定 LAER 和 BACT 排放标准的导则，LAER 和 BACT 必须严于国家标准，在逐源确定的过程中随时间的推移不断加严，给了排污者更多的压力，迫使他们寻求效率更高、成本更低的高绩效减排技术途径；最后，在下一周期的 NSPS 和 NESHAP 修订时，总体污染控制技术水平已经取得了一定的进步，国家标准也将更加严格。NSPS 和 NESHAP 的制定由 EPA 主导，企业、普通公众及环保组织共同参与审核，所有的利益相关方都有机会表达自身的主张与诉求，批判性地审查每一份排放标准制定过程中的文件。制定过程的背景文件，包括控制技术分析、测试技术的评估和核查、排放限值的可达性识别、执行后的经济影响分析等，最终汇总为一份材料对全社会公开。

5.4.2 美国排放标准文本内容与形式分析

（1）排放标准的文本内容 针对常规空气污染物和危险空气污染物的 NSPS 和 NES-HAP，分别位于美国《联邦行政法规》（Code of Federal Regulation）的第 40 主题第 60 部分（40 CFR Part 60）和第 63 部分（40 CFR Part 63）。这两部分包括了国家行业排放标准的全部内容，既包括通用性绩效测试、数据记录等所有行业固定源都需要遵守的一般性条款，又包括分行业的特定条款。排放标准中的核心内容是排放限值或限制性规定，包括对固定源产排污单元的空气污染物连续排放数量、排放速率、排放浓度等数值型排放限值要求，以及对持续减少空气污染物排放设施的操作和维护的规定，包括任何设计要求、设施设置要求、操作实践要求、操作标准要求或各种要求的组合，同时排放标准中也包括与每一项限值和限制性规定相对应的监测、记录和报告等守法规定。

NSPS 和 NESHAP 的内容形式基本一致，以 NSPS 为例，该行政法规主要包含三个部

---

❶ 单一危险空气污染物排放量超过 10t，或者全部危险空气污染物排放总量超过 25t。

分：①通用条款（general provisions）。该部分规定了所有受控行业固定源都需要遵守的通用性条款，既包括适用范围、术语定义、单位和缩写等通用内容，又包括受控源需要遵守的绩效测试要求、监测和记录要求、通知和报告的程序和要求、守法和维护要求、一般性的控制设备和操作实践要求等内容。②排放标准导则（emission guidelines）。排放标准导则针对市政废弃物焚烧炉等 6 类固定源，属于 NSPS 的一部分。针对这类源，各州需要根据 EPA 发布的排放指南，依导则制订州实施计划，每个州必须在指南发布后九个月内提交州实施计划，描述如何制定和实施排放导则所规定的污染物排放标准，完成排放指南的要求。③分行业新源绩效标准（NSPS）。该部分目前针对 85 个大类行业和 18 个子行业（其中有效的行业个数 78 个，子行业 17 个）分别制定了新源绩效标准。每个行业 NSPS 中包括了覆盖的固定源类型、受控污染物、每个受控源执行的限值要求或操作实践要求，以及对应的监测要求、数据记录要求等。

（2）排放限值规定　在固定源运行许可证（operating permit）中，执行的排放限值以数值型限值为主。对于固定源而言，执行数值型限值相对于设备设置要求和操作规定等技术性要求更具灵活性，固定源可以自主选择达到强制目标的技术或方法，效率更高[36]。传统上，排放限值的形式多采用废气中污染物体积浓度或质量浓度的形式来表示，因为它们可以直接在烟气排放入口处测量，方便监测和核查受控单元是否合规排放。除了浓度限值外，美国的排放标准中，特别是在 NSPS 和 NESHAP 中，主要采用绩效限值。绩效限值与能源使用和原料使用有关，包括基于输入的绩效限值（input-based）和基于产出（output-based）的绩效限值。基于输入的绩效限值多表示为污染物排放/热输入，基于产出的排放限值使用诸如排放量/发电量 [lb/（MW·h）] 或排放量/产生的蒸汽热量等限值形式表示。相对于其他限值形式，基于产出的排放限值考虑了灵活的减排措施带来的更高的效益，例如提高了燃烧效率、提高了涡轮机效率、回收有用热量、减少与燃煤发电单元运行相关的寄生损失、鼓励受控源减少化石燃料使用等多种效益，为降低合规成本提供了机会[37]。早期使用基于输入的绩效限值更多，原因是相对于产品输出，能量输入更容易监测，也更容易判定受控源的合规性。1998 年，EPA 修订发电锅炉 NSPS（Da 子部分）时，第一次使用了基于产出的绩效限值。如今，在排放标准中越来越多地使用了基于产出的绩效限值，特别是在一些与能源输出和大量耗能相关的行业，如 NSPS 中原铝制造（S 子部分）、硅酸盐水泥制造（F 子部分）、玻璃制造（CC 子部分）等行业，NESHAP 中钢铁制造（FFFFF 子部分）、黏土砖制造（JJJJJ 子部分）等行业都使用了基于产出的绩效限值。

基于产出的绩效限值是一种长平均周期考核的限值，通常取连续 30 天滚动平均值。据笔者分析，NSPS 和 NESHAP 作为全国受控源必须遵守的最低限度要求，采取长平均周期的绩效限值，一方面能够保证全国的受控源在稳定的绩效水平下运行，另一方面允许不同区域的不同固定源根据环境质量目标管理的需求，为控制短平均周期的排放浓度或排放率留下了足够的灵活度，有利于各地区“因城施策”和“因源施策”。采用基于产出的绩效限值优势主要包括：①可以降低固定源的守法成本。它为工艺制程的设计人员提供了更多可选的途径，用于减少单位产品的污染排放。例如，可以选择安装末端污染物控制设施，也可以使用具有节能作用的生产设施，或通过改变工艺流程，使能量能够循环利用，降低单位产品的能耗。降低能耗和削减污染物排放具有同样的价值。②降低能耗带来协同减排的效果。由于基于产出的排放限值能够激励固定源采用提高能效的技术和使用可再生能源，必然有利于减少化石燃料的使用量。减排的污染物包括排放标准控制的 SO_2、NO_x 等污染物，也包括由于减少燃料使用而带来的重金属污染物、挥发性有机污染物等非标准控制的污染物的协同减排。与此同时，也减少了燃料开采、加工、运输等整个链条中的污染物排放，降低了整个环节对环境、生态的影响。可见基于产出的绩效限值，相较于浓度限值和基于输入的绩效限值，带来的非直接效益更大。此外，采用浓度限值时，企业更倾向于使用更为复杂的多级控制设施，这类设施不可避免地会增加二次污染排放，如增加了脱硫废水、脱硝催化剂等污染物的排放，而提高能源使用效率或降低产品损耗的方式并不会产生附加的环境影响。

(3) 监测、记录和报告规定　针对每一项排放限值或者限制性规定，排放标准中均有对应的监测、记录和报告规定，这些要求将载入运行许可证中得到执行。这些规定包含在联邦法规第 60 部分 NSPS 标准、第 63 部分 NESHAP 标准、第 70 部分运行许可证法规、第 75 部分连续监测法规中。部分自愿性技术规范被引用后，即作为强制性法规的一部分，具有了强制效力。单一源排放标准中，如果是连续监测的排放限值，需要遵守国家行业排放标准的绩效测试、监测、记录保存和报告规定；如果是设备使用和操作性规定，需要同步制定对应的监测（检查）、记录、报告要求。

监测规定是 NSPS 和 NESHAP 的重要组成部分。NSPS 中针对有组织源的排放浓度和绩效限值，多采用连续监测的方式获得排放数据，以此判定固定源是否合规排放。由于国家排放标准的管理对象多为主要污染源，许可证实施机构做了大量研究之后发现在较短的时间内，此类特定产排污单元能够接受并按规定的程序实施连续排放监测系统（CEMS）监测，且由于排放量足够大，使用 CEMS 具有成本有效性。绩效测试程序和方法的规定，包含在第 60 部分的一般规定部分，该部分：要求固定源按照规定的程序和方法进行各类绩效测试，以证明固定源有能力满足 NSPS 的要求；要求初始绩效测试必须在达到最大生产率后的 60 天内，或在初次运行后 180 天内进行；要求固定源所有者或经营者对缺失数据进行补充，填充原则是随着监测数据可用性下降到各个"临界值"（95％、90％、80％）以下，替代数据值将愈加保守，激励固定源采取措施维护监测设备和保证监测质量。

数据记录使监测过程可被核查，为固定源自证守法提供依据。国家行业排放标准中规定了固定源需要遵守的记录保存、通知和报告要求。除了每个行业 NSPS 中的记录保存要求外，一般规定部分要求固定源的所有者或运营者保留以下记录：①所有测量记录，包括连续监测系统（CMS）、监测设备、绩效测试的记录；②CMS 绩效评估记录；③监控设备校准检查记录；④监控设备调整和维护记录。对于记录保存时间，NSPS 一般规定部分要求测试、维护、报告等记录至少保存两年，但运行许可证法规要求所有监测数据和支持信息保留至少五年，通常 NSPS 受控源也是运行许可计划的受控源，因此要执行更长的五年记录保存要求。启动、关闭和故障情况通常不需要报告，但所有者或运营者需要保存与之相关的事件和持续时间记录，以及需要保存污染控制设备故障、监测设备不能正常工作阶段的记录。

报告也是 NSPS 法规的重要组成部分，一般规定部分的报告要求包括：①初始运行报告要求。当固定源新建、改建、重建时，所有者或经营者必须在建设开工的 30 日内向许可机构提交建设施工报告，目的是便于管理机构及时获知固定源的新、改、重建情况，对于其应当遵守的 NSPS 进行重新认证和变更，并通过运营许可证的变更保证 NSPS 执行。②绩效测试报告的要求。定期进行绩效测试，并且在测试前提交不透明度检查、CMS 测试、不透明度监测系统（COMS）测试等相关报告。③定期提交报告的要求。固定源受控产排污设施正常运行后，需要进行半年报告，在报告期内超标排放总持续时间超过总运营时间的 1％，CMS 停机时间超过总运营时间的 5％，则需要提交总结报告。

5.4.3　排放标准的制修订与执行机制分析

（1）制修订与执行的管理体制　NSPS 和 NESHAP 的制修订工作由 EPA 负责，具体的责任部门是空气质量规划与标准办公室（OAQPS）。按照 EPA 内部职责的划分，该部门的主要任务是保持和改善美国的空气质量，承担了管理空气污染数据、制定限制和减少空气污染的法规、协助各州和地方机构监测和控制空气污染、向公众提供关于空气污染的信息、向国会报告空气污染的状况和减少空气污染的进展等职责。该部门内部按照业务范畴，根据项目类型和具体分工，由专业人员负责相应的工作。例如，在修订锅炉行业 NSPS 标准的时候由锅炉组负责技术筛选和使用统计分析的方法确定排放限值等工作[38]。在草案制定和审核的多个过程中，受到 NSPS 政策影响的各个计划办公室、地区的代表会参与配合工作与审议的职能。在标准发布后，与标准制修订有关的文档置于 EPA 的地区办事处中，向任何需要获得资料的组织和个人提供免费阅览服务。除了 EPA 之外，排放标准制修订过程中涉及的部门还包括国家空气污染控制技术咨询委员会（NAPCTAC），委员会成员包括控制技术工业界专家、公共利益集团的环境专家、受影响的行业人员、其他感兴趣的各相关者，由该委员会在公开会议上审查 NSPS 草案，包括对标准草案的成本-效益进行审查的管理和预算办公室（OMB），担负 12291 号行政命令赋予的审查职责。

根据《清洁空气法》的规定，授权各州执行 NSPS 和 NESHAP。美国实行一种平行责任制的管理模式，如果地方排污许可证管理机构被授予实施国家行业排放标准的职责，所有报告和通知都应提交给当地许可机构，如果 EPA 保留对国家行业排放标准的直接执行权力，报告和通知必须提交给适当的 EPA 区域办事处。例如，联邦 NSPS 法规对于每个州实施 NSPS 的授权状态在法规中列出，其中可包括比联邦 NSPS 更严格的地方要求。此外，NSPS 通过纳入州和地方法规或者国家实施计划，由地方执行。地方许可证管理部门承担了主要的运行许可证管理职责，例如加州清洁空气管理局（SCAQMD）依照州法律的规定，在排放标准管理等事项上与联邦 EPA 合作，人事权和资金分配权由加州管理，在由 EPA 制定的国家行业排放标准方面受 EPA 的监督管理，相关规定必须由 EPA 通过才能生效。由于各州有足够的自主权，为了切实履行职责、避免职责交叉，不同州在实施国家行业标准的机构设置、内含部门设置、定岗定责等方面存在差异。

在《清洁空气法》的授权下，州实施计划中的新建许可证制度要求对未达标区的排放量进行削减，要求新建源执行"反映任何州实施计划中包含的最严格的排放限制水平，除非拟新建源的所有者或运营者证明该限制是不可实现的"或"反映事实上已经实现的最严格的排放限制的排放速率"的 LAER 标准。对于已达标的地区新建源，要在新建许可证中确定需要遵守的 BACT 排放限值水平。清洁地区的重点源新建许可证必须经过州政府和联邦政府的双重审查，州政府在收到申请之后，须同时向环保署递交申请书副本，并通报州政府对该申请采取的行动。环保署同时通报联邦土地总管（federal land manager）和其他对土地利用负有主要责任的联邦官员。联邦层面的负责人对该设施建立后的影响进行判断，如果认为不符合可以不批准。

（2）依靠排污许可证管理的实施机制　排放标准依靠运行许可证管理得到落实，以普吉湾 Ash Grove 水泥厂的运行许可证为例，许可证中规定了水泥窑、煤磨、水泥磨等各个受控产排污单元需要同时执行的各个层次、各种尺度、各种形式的排放标准要求。执行的排放限值形式多样，包括基于产出的绩效限值（30日均值）、排放浓度限值、排放率排放量等数值型限值，也包括各类计划和特定时期的特定要求等非数值型限值。排放限值或限制性要求与监测、报告和记录的要求，与测试方法一一对应，常规的方法通常引用自EPA或者州法规中规定的方法，特定的要求根据限制性条款而定。

5.4.4 火电行业中美排放标准比较

（1）文本内容比较 美国火电厂国家排放标准包括两部分，一是针对常规污染物排放的新源绩效标准（new source performance standards，NSPS），二是针对危险空气污染物的国家危险空气污染物排放标准（national emission standards for hazardous air pollutants，NESHAP）。两部分的文本内容设置类似，以火电行业新源绩效标准（NSPS，Subpart Da）为例，包括适用范围、术语和定义、PM、SO_2、NO_x排放限值、NO_x和CO的替代标准、商业示范许可证、需遵守的条款、排放监测、合规性确定程序和方法、报告要求、记录保存要求等12部分。其中的核心部分是排放限值，以及与限值对应的监测、记录和报告要求。

我国火电厂大气污染物排放标准包括适用范围、规范性引用文件、术语和定义、污染物排放控制要求、污染物监测要求、实施与监督六部分。总体比较，美国的NSPS标准篇幅内容远多于我国火电厂排放标准，特别是核心部分，美国按照燃料、受控单元的建设年龄不同，分别执行多种形式的排放限值规定，与此对应的监测、记录和报告要求也更为详尽和完整，有利于上述规定通过排污许可证管理执行。我国以上部分相对比较简单，由于排污许可证制度刚刚起步，与之密切相关的排放标准也需要根据许可证管理的需求进行完善。

（2）排放限值比较 美国火电厂新源绩效标准（NSPS）中采用的排放限值包括绩效限值、脱除率限值、不透明度百分比限值。其中最主要的是绩效限值，包括基于热输入、能量输出的绩效限值，绩效限值以30天滑动平均尺度为考核周期。应用程度最广的是基于产出（output-based）的绩效限值，表达为排放量/发电量或排放量/产生的蒸汽热量的形式。基于产出的限值考虑了减排措施的效益，例如提高燃烧效率、提高涡轮机效率、回收有用热量、减少与受控的火电厂运行相关的寄生损失、鼓励受控源减少化石燃料的使用，为受控源提供了更大的灵活性，有利于降低源的合规成本。

我国《火电厂大气污染物排放标准》（GB 13223—2011）中采用的限值形式为单一的浓度限值形式，且未给出明确的平均周期考核指标。以下针对燃煤电厂颗粒物、二氧化硫、氮氧化物三种主要污染物的排放限值进行比较，如表5-27～表5-29所列。

表5-27 火电厂排放标准燃煤发电锅炉颗粒物（PM）排放限值比较

国别	污染物	建设类型	煤型	排放限值	平均取值周期
美国	PM	2005年3月1日之前新建或者改扩建		13ng/J热输入； 不透明度20%； 不透明度27%（安装有CEMS装置的）	不透明度6分钟； 滑动30日
		2005年2月28日～2011年5月4日新建或者改扩建		18ng/J总能量输出； 或6.4ng/J热输入	
		2011年5月3日之后新建或者改扩建		11ng/J能量总输出； 或12ng/J能量净输出； 启停期间另作规定	

续表

国别	污染物	建设类型	煤型	排放限值	平均取值周期
中国	PM	全部	—	30mg/m³	—
		重点地区		20mg/m³	

表 5-28　火电厂排放标准燃煤发电锅炉二氧化硫（SO₂）排放限值比较

国别	污染物	建设类型	煤型	排放限值	平均取值周期
美国	SO₂	2005 年 2 月 28 日之前新建或者改扩建	固态	520ng/J 热输入,90％脱除率; 260ng/J 热输入,70％脱除率; 180ng/J 能量总输出; 65ng/J 热输入	绩效限值滑动 30 日; 脱除率 24 小时
		全部	固体溶剂精炼煤（SRC-I）	520ng/J 热输入,85％脱除率	
			无烟煤	520ng/J 热输入	
		非本土地区	固态	520ng/J 热输入	
		2005 年 2 月 28 日～2011 年 5 月 4 日新建	—	180ng/J 能量总输出,95％脱除率	
		2005 年 2 月 28 日～2011 年 5 月 4 日重建	—	180ng/J 能量总输出; 65ng/J 热输入; 95％脱除率	
		2005 年 2 月 28 日～2011 年 5 月 4 日改建	—	180ng/J 能量总输出; 65ng/J 热输入; 90％脱除率	
		非本土地区,2005 年 2 月 28 日～2011 年 5 月 4 日新建或者改扩建	固态	520ng/J 热输入	
		2011 年 5 月 3 日之后新建、重建	—	130ng/J 能量总输出; 140ng/J 能量净输出; 97％脱除率	
		2011 年 5 月 3 日之后改建	—	180ng/J 能量总输出;或 90％脱除率	
		非本土地区,2011 年 5 月 3 日之后新建或者改扩建	固态	520ng/J 热输入	
中国	SO₂	新建锅炉	—	100mg/m³;广西、重庆、四川、贵州 200mg/m³	—
		现有锅炉		200mg/m³;广西、重庆、四川、贵州 400mg/m³	
		重点地区		50mg/m³	

表 5-29 火电厂排放标准燃煤发电锅炉氮氧化物（NO$_x$）排放限值比较

国别	污染物	建设类型	煤型	排放限值	平均取值周期
美国	NO$_x$	1997 年 7 月 10 日之前新建或者改扩建		210ng/J 热输入	30 日滑动平均
			采自 Dakota 或者 Montana 的褐煤超过 25%	340ng/J 热输入	
			采自 Dakota 或者 Montana 的褐煤少于 25%	260ng/J 热输入	
			次烟煤	210ng/J 热输入	
			烟煤	260ng/J 热输入	
			无烟煤		
			其他煤型		
		1997 年 7 月 9 日～2005 年 3 月 1 日新建		200ng/J 能量总输出	
		1997 年 7 月 9 日～2005 年 3 月 1 日重建		65ng/J 热输入	
		2005 年 2 月 28 日～2011 年 5 月 4 日新建		130ng/J 能量总输出	
		2005 年 2 月 28 日～2011 年 5 月 4 日重建		130ng/J 热输入；47ng/J 热输入	
		2005 年 2 月 28 日～2011 年 5 月 4 日改建		180ng/J 能量总输出；65ng/J 热输入	
		2005 年 2 月 28 日～2011 年 5 月 4 日新建或者改扩建的 IGCC		130ng/J 能量总输出；190ng/J 能量总输出（联合循环燃烧涡轮机）	
		2011 年 5 月 3 日之后新建、重建的		88ng/J 能量总输出；或 95ng/J 能量净输出	
		2011 年 5 月 3 日之后改建		140ng/J 能量总输出	
	NO$_x$&CO	2011 年 5 月 3 日之前新建或者改扩建的		参照执行氮氧化物（NO$_x$）标准"1997 年 7 月 10 日之前新建或者改扩建"	
		2011 年 5 月 3 日之后新建		140ng/J 能量总输出；或 150ng/J 能量净输出	
		2011 年 5 月 3 日之后新建或者重建的	燃煤比例超过 75% 的	160ng/J 能量总输出；或 170ng/J 能量净输出	
		2011 年 5 月 3 日之后改建		190ng/J 能量总输出	
中国	NO$_x$	全部		100mg/m³	—
		采用 W 型火焰炉膛的火力发电锅炉，现有循环流化床火力发电锅炉，以及 2003 年 12 月 31 日前建成投产或通过建设项目环境影响评价报告书审批的火力发电锅炉		200mg/m³	—
		重点地区		100mg/m³	—

可见，美国针对不同建设类型，规定了不同"年龄"的燃煤锅炉执行不同的排放限值。原因是美国《清洁空气法》规定新源绩效标准作为全国最低限度的执行标准和导则，制定的基础是"最佳示范技术"（BDT），在考虑技术和运营水平的基础上适度严格，给地方精细化管理留有足够的灵活度。中国"年龄"分类过于简单，容易受"环保"压力的影响，制定"超前"的限值规定，在标准制修订阶段缺少完善的技术和成本-效益分析作为支撑，全国范围内受控火电厂根据提标改造压力大。

除了按照"年龄"分类外，美国还按不同的燃料类型分类，例如，NO_x 绩效限值中，针对 1997 年 7 月 10 日之前新、改、扩建的燃煤锅炉，按照燃煤的类型，分为"采自 Dakota 或者 Montana 的褐煤超过 25％""采自 Dakota 或者 Montana 的褐煤少于 25％""次烟煤""烟煤""无烟煤""其他煤型"六种类型，分别对应不同的限值，最高值 340ng/J 是最低值 260ng/J 的约 1.31 倍。原因是基于技术的标准排放削减水平主要跟使用的技术相关，所以针对不同的燃煤类型，根据同类技术下的削减水平，制定了不同的限值，保证了燃煤市场的公平性。此外，出于同样的原因，考虑到某些燃煤种类的高硫分，也采用了 SO_2 脱除率这样的平行指标。我国按照电厂所在的地区分类，而非按照燃煤类型和使用的技术分类，有导致对不同源不公平度的可能。

美国火电 NSPS 绩效限值采用滑动 30 日尺度为考核周期，作为国家导则，长平均考核周期既能保证连续污染控制水平，又能赋予地方和污染源足够的灵活性，提高监管效率。我国火电厂排放标准并未给出确切的考核周期指标，现在普遍考核 1 小时均值。1 小时均值与空气质量有关，而各地各空气质量水平和管理目标也不同，1 小时均值考核有限制各地对燃煤发电厂管理的自由度的可能。

（3）监测、记录和报告要求比较　美国国家行业排放标准中，监测规定是其中的重要组成部分。火电 NSPS 每个限值都包含对应的监测规定，多数情况下以连续监测（CEMS）排放数据判定发电锅炉是否合规排放。首先，电厂所有者或经营者在 CEMS 初始安装后需进行初始认证检测；其次要使用质量保证（QA）和质量控制（QC）程序，包括初始绩效测试、周期性绩效测试等，目的是保证监测设备测量取值误差在规定范围内；最后要求所有者或经营者对缺失数据进行补充，填充原则是随着监测数据可用性下降到各个"临界值"（95％、90％、80％）以下，替代数据值将愈加保守，激励固定源采取措施维护监测设备和保证监测质量。

数据记录的目的是使监测过程和结果信息可被核查，为固定源自证守法提供依据。NSPS 一般规定部分要求固定源的所有者或运营者保留所有 CEMS 数据、绩效测试、监测设备校准检查、监测设备调整和维护测量的全部记录。根据运行许可证法规要求，所有监测数据和支持信息保留至少五年。火电 NSPS 纳入了一般规定部分的报告要求，包括初始运行报告、绩效测试报告、定期报告的要求。其中最重要的是半年度总结性报告，其中核心内容是报告超标、故障、开停机等特殊情况。如果在半年报告期内，超标排放总持续时间超过 1％，CEMS 停机时间超过 5％，则需要提交半年度总结报告，报告超标期的排放情况，每个超标期的开始和结束时间、生产运行时间、启动、关闭或故障情况，注明故障的性质和原因以及采取的纠正或预防措施，以及报告 CEMS 无效日期和时间、系统维护或调整等情况。由于火电行业自动化程度高、行业规模大、监测和记录的数据信息量比较大，EPA 使用电子化客户端工具完成电厂的监测数据处理、报告、上传和核查等工作。

中国火电厂排放标准中还需完善对应的详细监测、记录和报告要求，在各标准中引用了类似于美国的通用规定。目前中国开始实施排污许可证管理，要求火电厂承担守法主体责任，因此亟须完善排放标准的监测记录和报告规定，以满足排污许可证管理的规定。

5.4.5 我国固定源排放标准制度改革建议

（1）按照技术的相似性制定行业排放标准　从公平、有效率的角度，理想的排放标准应当按照技术相近、边际治理成本接近的原则细分，分类越细效率越高，并且不同固定源之间的公平性也越高。我国应该按照生产工艺和控制技术的相似性划分行业，进一步优化行业分类，建立基于技术的固定源污染物排放标准。

另外，我国现行排放标准中还需进一步区分常规空气污染物和危险空气污染物，由于两类物质对环境的影响不同，常规空气污染物和危险空气污染物基于不同的技术水平和控制目标制定，针对不同的工业行业管理目标有别，边际控制成本相差较大。针对常规空气污染物的排放标准可以接受的阈值比较大，主要考虑的因素是技术可行和成本有效，而对危险空气污染物的容忍程度更低，其阈值也更低，应执行更为严格的控制技术。

（2）改革我国的排放标准，使其满足固定源排放控制的全部要求　对比中、美两国重点行业排放标准发现，美国行业排放标准的内容多于我国。特别是核心部分，即排放限值的规定，美国按照燃料、受控单元运行时间的不同，分别执行有别的多种形式的排放限值规定，与此对应的监测、记录和报告要求也更为详尽和完整，有利于上述规定通过排污许可证执行。建议改革我国的固定源排放标准，使其包括固定源排放控制的全部内容，排放限值基于控制单元的特点采取多种表达形式，确保科学合理可行；排放监测要与排放限值一一对应，确保监测数据的科学和规范。同时，完善记录和报告规定，特别要完善数据处理、质量控制和质量保证等规定，保证达标考核的一致性和公平性。

（3）制定国家固定源排放标准管理条例　在法律授权下，由管理部门制定与排放标准制修订、定期评估、实施等各环节相关的法规，形成系统的固定源排放标准管理制度。将固定源排放标准定位为部门规章，明确排放标准是固定源排放管理的核心政策工具，明确"国家行业排放标准—单一源排放标准"双层结构，国家生态环境部负责制定国家行业排放标准，克服现行排放标准作为技术规范存在的权威性不足、制修订不如法规的权威性和严谨性的问题；明确排放标准颁布后建设和改造的固定源执行新标准，已有源仍执行当期有效的标准；分别基于"现有的、有成功案例应用的连续、稳定削减技术"和"现有的、已研发成功的最大连续、稳定削减技术"所能达到的水平制定，规定分类目录、制修订原则、强制执行和处罚规定等。地方环保机构负责制定单一源排放标准，区分位于达标区和未达标区的不同类标准。位于未达标区的固定源准入时需达到市场已有的最严格的控制技术所能达到的水平，并要符合区域空气质量达标规划的要求；位于达标区的固定源准入时所使用的控制技术水平不能低于国家行业排放标准的要求，也必须符合该地区空气质量管理目标的要求。所有的排放标准在固定源排污许可证中得到落实，对于同一排放单元，执行同类排放标准中最严格的项目。

5.5 固定源排污许可证制度分析

5.5.1 美国固定源排污许可证管理基本制度

固定源的排放控制是空气质量管理的最重要的组成部分。《清洁空气法》共六章，固定源污染控制涵盖了两章，即酸雨控制制度和运行排污许可证制度。州实施计划、防止重大恶化原则、新污染源建设许可证等制度也是主要针对固定源的排放管理政策。1990 年运行许可证制度建立后，对固定源的排放管理政策基本都落实到了排污许可证上。《清洁空气法》还要求申请"防止重大恶化"许可证、新污染源建设许可证和酸雨控制许可证的主要污染源应同时申请运行许可证。由此可以看出，美国通过许可证这一政策手段将污染源排放控制的各项要求固定了下来，提高了污染源管理政策的可操作性和有效性。

（1）新源审查许可证制度　国会在 1977 年建立新污染源审查（new source review，NSR）许可证制度，并写入 1977 年《清洁空气法》修正案。该制度确保了新固定源的增加不会对空气质量造成严重的损害。对于空气质量未达标区，该制度保证了新增排放量不会对空气质量的改善造成影响；对于空气质量较优的地区，如大型国家公园，该制度保证了新增排放量不会使当地空气质量发生严重恶化。新污染源审查许可证制度本质上是一项对新固定源的许可证制度，对于空气质量状况不同地区的新建或改建固定源有不同的许可要求。

对于空气质量达标区，新污染源审查许可制度遵循防止重大恶化原则（prevention of significant deterioration，PSD），即防止达标区的空气质量由于新污染源的建设而严重恶化。这并不代表在达标区禁止排放污染物，考虑到社会、经济发展需求，国会仍然允许达标地区大气环境中的污染物浓度有一定幅度的增长。国会对达标区进行了分类，根据环境空气中各种污染物的浓度确定不同地区对应的不同污染物浓度的最大允许增量（maximum allowable increments）。其中，一类地区如国家公园、森林、原生态地区等面临最为严格的排放浓度增长规定，该类地区对能见度的保护要求非常高，只允许空气质量受到轻微的损害；二类地区则允许污染物浓度有中等程度的增加；三类地区通常可以发展工业，允许的污染物浓度增量幅度较大。表 5-30 为美国颗粒物和二氧化硫的环境浓度最大允许增量。这一分类与我国的环境功能区划分相似，但美国的环境功能区划分仅限于达标区。

表 5-30　美国大气污染物环境浓度最大允许增量

污染物	浓度指标	最大允许增量/(μg/m³)		
		一类地区	二类地区	三类地区
颗粒物	年几何平均	5	19	37
	24 小时平均最大值	10	37	75
二氧化硫	年算术平均	2	20	40
	24 小时平均最大值	5	91	182
	3 小时平均最大值	25	512	700

尽管国会允许上述地区空气污染物的浓度有一定程度的增加，但原则是所有达标区污染物增加的结果都不能使该地区空气质量低于国家环境空气质量标准。在要求防止重大恶化的地区内，所有新的固定源的建设运行必须持有许可证，该许可证被称为防止重大恶化许可证（PSD permits）。所谓"新"的固定源（简称新源），是指在某一时间节点之后（如《清洁空气法》颁布实施之后）新建或者改建的污染源，其中改建是指由于对现有污染源的结构或者生产工艺进行了改动，因而有可能导致该污染源所排放的大气污染物的总量比未改动前有所增加，或者排放了以前未排放过的大气污染物。为新固定污染源颁发许可证的前提是新源的污染物排放不会造成严重的大气环境污染，具体应满足以下两个条件：①申

请人应能充分证明从这些新建设施中排放的污染物不会导致或引起该"防止重大恶化地区"大气环境中的污染物浓度超过所允许的浓度增量或限值；②同时证明新建设施采用了最佳可得控制技术（Best Available Control Technology，BACT），并且所排放的各种污染物的排放量为该技术条件下的最小排放量。《清洁空气法》还规定，关于防止重大恶化的所有相关法律条例必须写入州实施计划中。

防止重大恶化作为一项空气质量管理原则，它以国家环境空气质量标准为管理目标，采用许可证的形式对新源进行污染控制，不仅保护了空气质量较优的自然原生态地区，而且有效地管理了其他达标区的大气资源，平衡了环境保护和经济发展的关系。

对于非达标区，新污染源同样需要申请许可证，该许可证被称为非达标区新污染源审查许可证（nonattainment NSR permits）。其与防止重大恶化许可证的差别在于污染源需要满足的审批条件不同：①在申请许可的新污染源开始运行时，该区现有的、新建的和改建的污染源所排放的污染物总量大大低于现行的州实施计划中所允许的现有污染源污染物排放总量；②申请许可的新污染源必须采用能达到的最低可达排放率技术标准（lowest achievable emission rate，LAER）；③申请人应证明新污染源所在的主要污染源内其他排放源都遵守州实施计划中规定的排放限制和标准。

（2）运行许可证制度　如前所述，运行许可证制度（operating permits）的建立是美国1990年《清洁空气法》修正案的革新和突破。该制度适用于空气污染源运行过程中排污行为的管理，所有受控设施在运行前必须取得许可证。对于已经获得新污染源审查许可证或防止重大恶化许可证的新污染源，在未获得运行许可证之前，亦不得开工运行。由于许可证被认为对于小企业不具有成本有效性，因此，除个别州要求一些小型商业性固定源（small business stationary source）申请许可证外，运行许可证制度的管理对象主要是大型固定源。

（3）酸沉降控制制度　酸沉降控制制度（也称为酸雨控制制度）是1990年《清洁空气法》修正案的重要内容之一，该制度建立的目的是降低二氧化硫和氮氧化物的排放量，减少酸沉降。酸沉降控制制度适用于所有化石燃料发电单位，无论是现有的还是新建的。该制度的核心是排放交易制度，即管理对象可以通过交易满足排放的配额要求。配额按照既定的标准分配给每个固定源，并以酸雨排污许可证的形式颁发，排污许可证规定了排放控制的要求，其排放配额也是基于排污许可证实施管理。不同于传统的以排放标准和排放限制为主的命令控制手段，配额交易制度属于经济刺激手段，通过排放配额的市场交易实现了边际有效的污染减排。

《清洁空气法》规定了二氧化硫的减排目标，即以1980年为基准年，每年应减少二氧化硫排放量1000万吨，同时还限制了全国每年二氧化硫的排放总量为890万吨。环保署根据发电单位的历史燃料消耗量和相应的排放系数计算并分配每个发电单位的排放配额，每一个配额允许一个发电单位排放1t二氧化硫。对发电单位而言，配额主要用于支付该单位当年的二氧化硫排放量，也就是说，二氧化硫年排放量为5万吨的发电单位，每年年底需向联邦环保署支付5万个配额。配额可以用来交易，任何个人、公司、政府主管部门、环保团体都可以加入配额交易系统，尽管如此，配额交易系统的主体仍然是得到批准的持有二氧化硫排放配额的化石燃料发电厂。在配额交易制度中，联邦环保署的职责是记录配额转让过程，并在每年年终核定发电单位的实际二氧化硫排放量是否超过它所允许的排放量。若实际排放量超过配额，发电单位不仅需要通过购买或用下一年的配额抵消超额排放的二氧化硫，而且必须按照一定的处罚标准就超额排放量向联邦环保署缴纳罚款；若实际排放量未超过所持有的配额，剩余的配额可转入下一年或未来某一年使用。虽然《清洁空气法》也规定了氮氧化物的减排目标，即在 1980 年的基础上，每年减少氮氧化物排放量 200 万吨，但并未规定氮氧化物年排放总量。目前，美国实现氮氧化物减排的手段仍主要依靠技术手段，即通过发电单位安装脱硝装置或采用低氮排放技术。

从配额交易制度的实施经验来看：①技术层面，《清洁空气法》要求受控酸雨污染源必须安装排放连续监测系统（continuous emission monitoring system，CEMS），监测并记录包括二氧化硫、氮氧化物、二氧化碳的排放量、排放浓度、排放流量以及发电单元的热量输入等在内的所有排放数据，这为环保署核定发电单位的实际排放情况提供了数据保障。同时，环保署建立的配额交易跟踪系统（allowance tracking system，AMS）和配额账号管理制度使配额转让过程得到有效控制。②管理层面，《清洁空气法》要求发电单位参照《清洁空气法》第五章运行许可证制度的要求以排放源为单位申请酸雨许可证并制订本单位的守法计划（compliance plan）。在酸雨许可证中，涵盖了对发电单位排放监测及报告、燃料使用、数据记录及保存等的详细规定，同时记录了该单位每年持有的二氧化硫排放配额、氮氧化物排放限制等具体要求，这不仅使发电单位可以根据许可证进行酸沉降物质的排放管理，而且为环保署的核查提供了执法依据。

5.5.2 固定源运行许可证政策框架

运行许可证制度的法规条款集中在《清洁空气法》第五章。1990 年，国会首次将运行许可证条款写入《清洁空气法》，目的是通过许可证这一行政手段确保污染源能按照《清洁空气法》的要求合法排污，同时提高联邦环保署的执法有效性。

（1）法律 《清洁空气法》第五章共包括 7 条 30 多个款项，内容涵盖了术语定义（definitions）、许可证计划（permit programs）、许可证申请（permit applications）、许可证内容要求（permit requirements and conditions）、许可证通告（notification to administrator and contiguous states）、其他权利（other authorities）以及小型商业性固定源技术与环境达标援助计划（small business stationary source technical and environmental compliance assistance program）。各条款主要内容如表 5-31 所列。

表 5-31 《清洁空气法》第五章"许可证"相关条款内容

节	条款内容
第 501 条 定义	① 受控污染源； ② 主要污染源； ③ 达标时间表； ④ 许可证授权发放机构
第 502 条 许可证计划	① 污染源运行许可违法界定及处罚； ② 许可证管理要求：联邦环保署制定运行许可证基础框架机制，运行许可证基本要素，许可证监测、报告要求，许可证费缴纳及使用规定，许可证授权发放机构职责，许可证信息公开规定，许可证变更规定； ③ 单一许可证规定； ④ 许可证提交及审批
第 503 条 许可证申请	① 许可证申请时间； ② 许可证达标计划； ③ 许可证申请期限； ④ 及时、完整的许可证申请规定； ⑤ 许可证申请书备份与备查规定

续表

节	条款内容
第504条 许可证内容要求	① 污染源监测、记录、报告及自查要求； ② 一般性许可要求； ③ 临时污染源许可要求； ④ 许可保护条款
第505条 许可证通告	① 许可证授权发放机构向环保署署长提交许可证副本要求及程序； ② 环保署及邻州对许可证的审查程序； ③ 环保署的职责；对许可证申请提出异议的情况及程序，发放或拒绝发放许可证的要求及程序，放弃许可证通告规定的情况，拒绝许可证授权发放机构终止、更改、废除和再发放许可证的规定
第506条 其他权利	① 许可证授权发放机构制定其他合法条款的权利； ② 本章有关规定适用于酸雨许可证制度的情况
第507条 小型商业性固定 源技术与环境 达标援助计划	小型商业性固定源技术与环境达标援助计划的执行机构、执行要求、适用对象、执行程序、监测要求、控制技术指导等规定

运行许可证制度作为美国管理固定源的核心手段，不仅在《清洁空气法》第五章作了专门规定，在《清洁空气法》第一章第110条"州实施计划"中也有涉及，这是由于现行的运行许可证制度仍是以州为执行主体。在"州实施计划"中，主要是对州制定的达标目的不低于《国家环境空气质量标准》的许可证管理计划的内容，制定程序，提交、审批、执行、审查、评估及更新要求，替代执行联邦实施计划的情况等进行了规定。

（2）法规　通常情况下，运行许可证由州及地方环保局实施审批和管理，但对某些特定的污染源或地区，则由美国环保署负责许可证的审批，如位于印第安部落的污染源运行许可证由联邦环保署审批。《州运行许可证制度条例》和《联邦运行许可证制度条例》是针对以上两种情况制定的执行条款，分别对应《美国联邦行政法规》（Code of Federal Regulation）第40主题下的第70部分（40 CFR Part 70）和第71部分（40 CFR Part 71）。40 CFR Part 70共包括11个小节，分别规定了州运行许可证制度的许可证提交条件与程序，许可证申请、提交、审批、更新、废止等具体操作要求，许可证文本内容，环保署和受影响州对许可证的审查要求，许可证费及环保署的监督与免责要求等。其中最重要的内容是限定了州运行许可证制度必须满足的最低要求，以及相应的排放标准规定。州和地方环保局在满足环保署最低要求的前提下，可根据各州的实际情况补充制定运行许可证制度条款。虽然《清洁空气法》中已经界定了受运行许可证制度约束的主要污染源的定义，在40 CFR Part 70中，仍更加详尽地解释了何谓主要污染源，以及主要污染源的分类。40 CFR Part 71的内容与40 CFR Part 70基本类似，区别在于政策实施主体为环保署。另外，环保署还颁布了有关政策的实施指南（guidance）和手册（manual），以指导州和地方环保局理解并更好地执行运行许可证制度。

5.5.3　固定源运行许可证类别及文本内容

虽然美国的空气许可证管理已经细化到具体的污染源，但许可证的发放并不是以单个污染源为单位，通常情况下，一份运行许可证所管理的污染源为同一设施的多个排放源，《清洁空气法》将其称为单一许可证（single permit）。

（1）许可证类别

① 普通许可（single permit）　由于运行许可证制度是以州和地方环保局为实施主体的

政策，环保署没有制定全国通用的许可证格式，只是按照《清洁空气法》的要求制定了州运行许可证计划必须满足的最低要求。普通许可即指按照这些最低要求针对某一特定排污设施设计的许可证。

② 一般性许可（general permit） 一般性许可是相对普通许可而言的，适用于大多数相似污染源的许可证，相当于某一行业的通用型许可证。《清洁空气法》要求只要一般性许可证符合第五章的要求，在公示并召开公众听证会后，许可证授权发放机构就可以发放此类许可证。

③ 临时污染源许可（temporary source permit） 通常情况下，临时性污染源并不需要申请排污许可，但是《清洁空气法》规定，如果临时许可证能确保排污单位所有排放点均达标排放，并达到能见度要求的情况时，可以发放此类许可证。临时许可证中会增加一项条款，即要求污染源所有者或运营者在污染源地点发生变化时需要提前告知许可证授权发放机构。而且，对于临时许可，许可证授权发放机构可以要求排污单位根据污染物排放点的数量单独缴纳许可证费。

（2）许可证文本内容 40 CFR Part 70.6 规定了许可证文本所要包含的 7 项基本内容：①规范许可证最低要求（standard permit requirements）；②联邦执法要求（federally-enforceable requirements）；③守法要求（compliance requirements）；④一般性许可证条款（general permits）；⑤临时污染源条款（temporary sources）；⑥许可保护条款（permit shield）；⑦紧急情况条款（emergency provision）。表 5-32 为各部分内容的具体要求。

表 5-32 40 CFR Part 70.6 许可证文本要求

许可证文本基本要求	具体条款	
规范许可证最低要求	排放限制和标准	须包含运行要求，并详细界定不同标准对应的运行条件
	许可证有效期通常为 5 年	
	监测、记录和报告	① 监测方法，监测设备及其安装、使用和维护，测试方法； ② 记录取样时间、地点、当时设施运行状况，分析监测数据的时间、公司、方法、结果，所有信息至少保留 5 年备查； ③ 持证人需每 6 个月向管理部门提交监测记录报告，出现异常情况需及时报告
	《清洁空气法》酸雨控制政策相关要求	① 任何许可证不得增加受控酸雨固定源的排放量； ② 任何许可证不得限制受控酸雨固定源的配额数量，同时，受控酸雨固定源亦不可用配额数量作为不达标的理由； ③ 控酸雨固定源的所有配额使用情况都要遵守酸雨控制政策的要求
	许可证条款合法证明，要求许可证规定的所有条款均符合《清洁空气法》的要求	
	许可证守法/违法处理条款	① 执证人必须遵守本法规所有要求，对于任何违反许可条款的行为，管理部门都将申请强制执行判决的诉讼； ② 许可证可按相关要求进行修改、条款废除、重启、再审批或终止； ③ 许可证不可包含任何特权条款； ④ 当许可授权发放机构要求执证人提交书面的许可证修改、条款废除、重启、再审批或终止的合法解释时，执证人需及时提交报告
	许可证费条款、许可证费缴纳时间表	
	排污量交易	如经济刺激、可交易许可证计划、排污量交易等计划下许可证修改规定
	设计运行方案	许可证申请时，污染源合理的设计运行方案解释

续表

许可证文本 基本要求		具体条款
联邦执法要求		联邦环保署署长与公民可依据《清洁空气法》执行许可证所有条款
		许可授权发放机构需专门说明不由联邦实施的条款
守法要求	测试、监测、记录、报告要求	严格遵守本法规关于"监测、记录和报告"中的规定
	连续达标时间表	执证人至少每半年须向管理部门提交达标进展报告,报告需包含达标时间、未达标时间的情况说明等
	达标证明书要求	达标证明书提交频率(不少于每年提交一次),监测方案说明,许可证各项操作要求条款下达标情况说明,其他污染源运行事实说明
一般性许可证条款	一般性许可证发放条件	① 公示及公众听证会; ② 满足《清洁空气法》及本法规所有要求
临时污染源条款	临时污染源许可证发放条件	排污行为应为暂时性的
	临时许可证内容	① 确保临时污染源达标排放的条件; ② 所有者或运营者在污染源地点发生变化时需要提前至少10天告知许可授权发放机构
许可保护条款	许可保护条款适用情况	① 许可证保护条款的具体适用情形; ② 许可授权发放机构签署条款以外的其他情形
紧急情况条款	紧急情况定义	① 任何突发的、合理不可预知的、超出污染源控制能力的情况; ② 紧急情况发生可作辩护依据

从许可证文本的内容可以看出,许可证涉及执证人对污染源的排放管理、政府核查、公众参与等多方面的要求。

5.5.4 美国固定源许可证制度实施经验启示

美国自从1990年实施运行许可证制度以来,环保署共审批通过了60个地方运行许可证制度,先后授权了113个州、区域和地方许可证发放管理机构,将数以万计的大气固定源纳入到统一的许可证管理体系,对固定源污染排放实行"一证式"管理。尽管在该项制度执行之初,由于联邦相关法律条款过于复杂以及运行许可证制度与其他空气许可证制度之间存在的优先执行权冲突的问题,加之州和地方在制度执行过程中资金和人力上的配备不足,导致部分固定源运行许可证发放的延迟,影响了政策的实际效果,但随着制度的不断完善,20多年来,美国空气运行许可证制度对固定源污染物排放的管理和空气质量的改善发挥了巨大的作用。美国固定源排污许可证制度的实施经验将为我国进行排污许可证制度研究与制度设计提供经验启示。

(1)统一、规范的固定源管理模式 环保署利用许可证这一行政手段建立了统一、规范的固定源管理模式,通过规定运行许可证制度的最低要求,以及对许可条件、污染源监测、数据记录和报告、污染源核查、污染源处罚等进行规范,将《清洁空气法》和地方的法律法规结合起来,明确了排污企业所须遵守的所有排放限制、排放标准和操作要求,降低了以前联邦法律和州及地方法律法规之间的分歧与矛盾,简化了政策执行程序,提高了政策执行效率。

（2）以空气质量管理区的形式进行管控　通过各级污染控制计划来对空气污染进行控制，并且在全美设立空气质量管理区，采用空气流域的管理模式对环境空气质量进行管理。通过空气质量管理区对各州根据当地的空气质量状况以及联邦空气环境质量标准来制订"州实施计划"（SIP）进行管理监督。同时，环保署（EPA）依据国家环境空气质量标准中的污染物浓度限值和达标判定方法，将空气质量管理区划分为空气污染物"达标地区""未达标地区""过渡区"，以及"无法归类区"，以实施不同的管理政策。这样的管理模式突破行政管理的权利限制，形成自上而下与自下而上相结合的过程，极大地减少了外部管理成本。

（3）以改善环境空气质量为根本原则和最终目标的污染源许可排放限制条件　美国的排污许可证制度是以基于技术的排放标准为核心内容，在标准的制定过程中以改善环境空气质量为根本原则和最终目标。考虑到不同污染源的经济、技术水平，执行不同的许可排放限制条件和排放标准，如对于新污染源执行严格的排放标准，对现有污染源执行相对宽松的排放标准。同时，在制定现有污染源许可排放限制条件和排放标准的过程中引入"个案分析原则"，在保证污染源排放不影响环境空气质量达标目标实现的前提下，会综合考虑技术经济成本和污染源的实际减排能力制定基于技术的排放标准，使污染源可以灵活地采取合适的减排措施，促进边际减排。

（4）严谨的许可证申请与发放流程　《清洁空气法》（CAA）明确规定：企业需要申请许可证、向谁提出申请、申请的材料包括什么、由谁来编写、编写的依据与范围、向公众公开的方式及时间以及如何修改等内容。这样的许可证申请和发放方式使得给排污许可申报企业所发放的许可证文本内容实现了最大程度的科学合理性。

（5）严格的监测、记录和报告要求　许可证制度通过对污染物排放及与之相关的设备运行过程制定严格、详细的监测、记录和报告要求，加强了污染源排放管理的规范性和可控性，提高了监测数据的获取率、有效性及其与污染源实际排放水平的一致性，为企业证明其守法排污提供了充分的证据，同时，为排污核查、判断企业是否守法提供了科学可靠的依据。

（6）通过简易排污许可证对小的固定源进行管控　除了对于一定规模以上的固定源排污企业需要纳入排污许可管理外，对于小的固定源排污企业同样也要通过排污许可证进行管理，只不过小的固定源是通过简易排污许可证进行管控。简易排污许可证的申请程序没有像运行许可证的申领和发放那么复杂，填写统一格式的表或者简单描述就可以了。通过与简易许可证相结合，实现对所有排污企业的管控。

（7）充分的信息公开和公众参与　美国对许可证的发放制定了一套完善的公众听证会制度，提高了公众参与的程度和质量。同时，《清洁空气法》要求许可证申请人或持有人必须公开包括许可证申请书、污染源守法计划与时间表、许可证草案、许可证文本、监测数据等在内的许可证相关信息，降低了公众参与评议和决策的成本，提高了公众监督的效率。

（8）高威慑力的违法处罚　运行许可证制度对许可证违法行为进行了明确界定，并按照"罚没违法收益"的原则设定了违法裁量标准，处罚方式不仅包括一般性的行政处罚令和罚金处罚，对情节严重者还可处以徒刑处罚，处罚判决公平，处罚力度大，从根本上消除了排污企业的违法动机，为整个许可证制度的实施提供了法律保障。

此外，通过规范的许可证费征收和使用办法，为运行许可证制度的有效实施提供了必要的资金保障。

5.5.5 固定源排污许可证内容设计案例研究

本节为基于美国经验对我国某火电厂的固定源排污许可证设计。

（1）排污单位基本信息　在许可证文本的基本信息部分，首先需要说明企业的基本信息，其中应该包括企业的生产能力、主产品产能、原辅料及燃料使用信息及污染物排放等信息。对企业的这些信息进行许可载明，目的是防止企业随意变动产控污及排污设施。当基本情况发生变动时，企业应该重新变更许可。

表 5-33 为该厂的产污环节及其排放的污染物情况介绍。

表 5-33　产污环节及污染物信息表

污染物类别	编号	产污环节	主要产污种类
废气	EU-001	♯4 机组燃煤锅炉	烟尘、二氧化硫、氮氧化物、汞
	EU-002	♯5 机组燃煤锅炉	烟尘、二氧化硫、氮氧化物、汞
	EU-003	♯8 机组燃煤锅炉	烟尘、二氧化硫、氮氧化物、汞
	EU-004	♯9 机组燃煤锅炉	烟尘、二氧化硫、氮氧化物、汞
	EU005～EU-027 GY-001～GY-010	无组织废气	颗粒物

（2）污染物排放限制、监测和记录要求　固定源排放标准主要是对企业的排放限值、监测、记录和报告作出规定。排污许可证是将排放标准中的相关内容针对企业具体情况进行规定要求，从而实现"一厂一策"。由于文本内容的相似性，在本小节只节选了对于三期燃煤锅炉烟囱（EP-001）的相关规定。

① 三期锅炉、控污和监测设备描述见表 5-34。

表 5-34　三期锅炉、控污和监测设备描述表

排放口	产污单元		额定容量	原料	对应控污设施		对应 CEMS 监测		
	编号	名称			编号	名称	编号	监测点位	监测项目
EP-001	EU-001	♯4 机组锅炉	138MW	国产煤	CE-001	♯4 机组 SCR 脱硝设施	JC-004	♯4、♯5 机组脱硫出口烟道	氮氧化物、烟尘、二氧化硫
					CE-005	♯4 机组电除尘器			
					CE-009	♯4、♯5 机组 FGD 脱硫设施			
	EU-002	♯5 机组锅炉	138MW	国产煤	CE-002	♯5 机组 SCR 脱硝设施			
					CE-006	♯5 机组电除尘器			
					CE-009	♯4、♯5 机组 FGD 脱硫设施			

② 排放限值见表 5-35。

表 5-35 烟囱排放限值表

编号	排气筒高度/m	污染物种类	日均值/(mg/m³)	月均值/(mg/m³)	年排放量①	月排放量①/t	排放方式	监测方式
EP-001	180	颗粒物	15	13.5	64t	10	连续	连续
		二氧化硫	50	45	909t	122	连续	连续
		氮氧化物	100	90	705t	75	连续	连续
		汞及其化合物②	0.03		0.499kg	—	连续	季度
		烟气黑度	1 级		—	—	连续	季度

① 许可排放量确定方法探讨见文末附录。
② 煤质改变时，需对汞及其化合物增加监测频次。

③ 运行管理规定

a. 燃煤锅炉运行维护要求。

i. 燃料使用要求。全厂全年平均入厂煤硫分不得超过 1.0%，♯4、♯5 燃煤锅炉入炉煤硫分不得超过 1.5%；对于锅炉而言，0 号柴油仅适用于 ♯4、♯5 启停期的辅助燃烧和稳定燃烧，使用其他燃料必须先取得地方环境保护主管部门的许可；对入厂煤及入炉煤进行煤质分析的指标包括收到基全硫 $S_{t,ad}$、收到基全氮 N_{ar}、空干基水分 M_{ad}、收到基低位发热量 $Q_{net,ar}$、收到基挥发分 V_{ar}、空干基灰分 A_{ad} 等指标。

ii. 启停要求。机组启动期、停运期指启动过程和停运过程。其中，启动期表示从锅炉点火时刻开始到环保设施全部正常投运之间的时段；停运期表示从环保设施开始退出开始到锅炉灭火时刻之间的时段。启停时段遵循工厂提交的启停管理要求。将冷态启动控制在 8h 内，热态启动控制在 3h 内，停运控制在 3h 内。

iii. 渣池斗无组织排放要求。三期渣池和运输车辆都应保持密闭，控制颗粒物无组织排放。

b. 脱硝装置运行维护要求。

i. 运行管理要求。SCR 脱硝装置设计脱硝效率不低于 70%，必须按照工厂内部的 SCR 脱硝装置运行规程操作，维持设备处于正常稳定运行状态。

除启停时段外，严格控制 SCR 出口烟气 NO_x 小时均值在 100mg/m³ 以下，一旦超过标准，必须详细记录包括超标值、超标发生时刻、持续时长，并对可能的原因进行分析，记录采取的纠正措施等信息。

烟温达到 310℃，10min（最长 0.5h）内启动投运脱硝设施；烟温超过 420℃，脱硝设施退出。

通过安装的氨泄漏检测仪，实时监测，直接通过消防系统接入主控，如有泄漏自动报警，监测氨站周边氨浓度。

脱硝装置存在问题不能随机组启动时，机组锅炉不能单独启动。

ii. 液氨储罐管理要求。应位于与交通车辆有物理隔离屏障的区域，严格按照《燃煤发电厂液氨罐区安全管理规定》（国能安全〔2014〕328 号）管理。

储罐初次使用前，按照国家有关规定制定突发环境事件应急预案，报环境保护主管部门和有关部门备案。在发生或者可能发生突发环境事件时，电厂应当立即采取措施处理，及时通报可能受到危害的单位和居民，并向环境保护主管部门和有关部门报告。

ⅲ．失活催化剂管理要求。脱硝催化剂最长使用寿命为 4 年。废催化剂应交由具有回收资质的供应商回收再生处理或委托有处置危险固废资质的单位依法处置，临时储存、转运和处置要严格按照《危险废物贮存污染控制标准》（GB 18597—2001）的规定运行。

依据：《燃煤发电厂液氨罐区安全管理规定》（国能安全〔2014〕328 号）；《危险废物贮存污染控制标准》（GB 18597—2001）；《火电厂大气污染物排放标准》（GB 13223—2011）。

c. 除尘装置运行维护要求。

ⅰ．运行管理要求。除尘效率不得低于设计值 99.60%，电除尘器严格按照运行规程操作，维持设备处于正常稳定运行状态；三期电除尘器燃油期间不能正常投运，其他时间与机组同步投运；除尘装置存在问题不能随机组启动时，主机不能单独启动。

ⅱ．储灰罐管理要求。输灰装置、灰罐和运输车辆都应保持密闭，严格控制颗粒物无组织排放。厂内临时储存于灰场，灰场应保持绿化，定期巡检并记录。

依据：《火电厂大气污染物排放标准》（GB 13223—2011）；《一般工业固体废物贮存、处置场污染控制标准》（GB 18599—2001）。

d. 脱硫装置运行维护要求。

ⅰ．运行管理要求。使用石灰石/石膏湿法脱硫（WFGD），脱硫效率不得低于99.60%，严格按照运行规程操作，维持设备处于正常稳定运行状态。

脱硫装置存在问题不能随机组启动时，机组锅炉不能单独启动。

ⅱ．石灰石粉仓无组织排放要求。石灰石粉仓的粉尘排放应符合《大气污染物综合排放标准》（GB 16297—1996）表 2 标准要求，不超过 $120mg/m^3$。

ⅲ．石膏脱水装置无组织排放要求。石膏排浆泵、石膏储库和运输车辆都应保持密闭，严格控制颗粒物无组织排放。

依据：《火电厂大气污染物排放标准》（GB 13223—2011）；《大气污染物综合排放标准》（GB 16297—1996）。

e. 排放监测设备运行维护要求。

在污染物排放监控位置设置规范的永久性采样口、采样测试平台和排污口标志，并符合《火电厂大气污染物排放标准》《固定源废气技术规范》《固定源烟气排放连续监测技术规范》以及《固定源排气中颗粒物测定与气态污染物采样方法》中的相关规定。持证企业大气污染物连续排放监测设施安装规范、设施规格（含监测设备及监测数据采集装置）及确认程序等规定，应符合《污染源自动监控管理办法》的规定。

持证企业按照《污染源自动监控管理办法》针对大气污染物连续排放监测设施的例行校正测试、检查及维护等规定，应做记录并保持 5 年备查。

持证企业大气污染物连续排放监测设施应与地方环境保护主管部门相连，应符合《污染源自动监控管理办法》，并依地方环境保护主管部门指定方式传输。

依据：《污染源自动监控管理办法》（国家环保总局总局令〔2005〕第 28 号）；《固定源废气监测技术规范》（HJ/T 397—2007）；《固定源废气技术规范》（GB 13223—2011）；《固定污染源烟气（SO_2、NO_x、颗粒物）排放连续监测技术规范》（HJ 75—2017）；《固定污染源排气中颗粒物测定与气态污染物采样方法》（GB/T 16157—1996）。

④ 监测和记录保存要求　持证企业应保存以下监测记录信息，包括：采样与测试的日期和时间；原始监测数据；分析进行的日期；分析使用的技术和方法；分析得到的结果；采样或者测试时的操作情况。

a. 在线连续监测和记录要求。

连续监测：按照《固定污染源烟气（SO$_2$、NO$_x$、颗粒物）排放连续监测技术规范》（HJ 75—2017）的要求，对安装在排放主烟囱上的颗粒物、SO$_2$、NO$_x$ 连续监测装置（CEMS）进行安装、校准、维护和操作。

数据覆盖：连续监测的小时数要覆盖除了监测装置发生故障的时期外每季度小时数的 75% 以上，每小时的测定时间不得低于 45min。

缺失数据处理：对于缺失数据，火电厂需要按照《固定污染源烟气（SO$_2$、NO$_x$、颗粒物）排放连续监测技术规范》12.2 的规定进行补充修约。

质量保证：连续在线监测装置需要按照《固定污染源烟气（SO$_2$、NO$_x$、颗粒物）排放连续监测技术规范》第 10 条要求进行日常巡检、日常维护保养、CEMS 的校准和校验，达到良好运行状态。按照第 11 条要求定期零点或跨度校准、定期维护、定期校验、比对监测。

CEMS 装置存储全部原始数据，CEMS 校准和校验的过程和结果按照《固定污染源烟气排放连续监测技术规范》附表 D1～D12 的要求记录并保存。

依据：《固定污染源烟气（SO$_2$、NO$_x$、颗粒物）排放连续监测系统技术要求及检测方法》（HJ 76—2017）；《固定污染源烟气（SO$_2$、NO$_x$、颗粒物）排放连续监测技术规范》（HJ 75—2017）。

b. 手工监测和记录要求。

监测方法和监测频次：自动监测设备不能正常运行期间，应使用手工监测替代监测。监测内容包括监测点位、项目、频次和结果公开时限等信息。

监测汞及其化合物，在任何 1h 内以等时间间隔采集 3 个以上样品，计算平均值。对于间歇性排放且排放时间小于 1h 的情况，应在排放时段内连续监测，或以等时间间隔采集 3 个以上样品并计平均值。

质量保证：要求监测人员按照《环境监测人员持证上岗考核制度》要求持证上岗；要求对监测仪器与设备依照本规范的要求进行检定和校准，按照本规范的要求运行和维护，对仪器与设备进行质量检验；要求按照本规范的要求采集样品，包括监测项目、采样频次和时间、采样方法、采样质量控制、采样记录的要求；实验室分析质量控制的要求；标准样品、化学试剂与试液要求；监测记录与报告要求。

按照《固定污染源监测质量保证与质量控制技术规范》（HJ/T 373—2007）附录 A 进行记录，包括采样点位置文字描述及位置图、项目、采样时间、流量、气温等项目，还需要记录采样时的生产负荷，监测现场工况，质量控制记录，以及采样人、校核人、记录人、监测人员、检查人员签名，样品交接、实验室分析原始记录、数据报表等。原始记录中应包括质控措施的记录。

c. 煤使用监测和记录要求。每天监测入炉煤的使用，保留监测记录。监测项目包括使用量、损耗、成分（收到基全硫 $S_{t,ad}$、收到基全氮 N_{ar}、空干基水分 M_{ad}、收到基低位发热量 $Q_{net,ar}$、收到基挥发分 V_{ar}、空干基灰分 A_{ad}）等。保留煤的交付、使用、化验记录，记录应包括供应商名称、交付日期、吨数、检测证明。

每年校准燃煤计量表，保存校准记录。所有记录至少保存 5 年。对于任何产生的偏离，需要进行记录并在半年度报告和年度报告中写明。

d. 燃煤锅炉运行维护的监测和记录要求。需要记录按照启停、运行维护管理计划所进行的下列活动：启停机开始和停止的时间，燃料使用情况；锅炉维护的起止时间；启停原因说明。

对每次启停具体情况进行记录，在年度报告中向环境保护主管部门详细报告启停情况，至少包括启停时长、控制措施、启停期间用煤量和煤质信息。如果启停时长超过计划的时长，需要说明超时原因。

e. 脱硝设施运行维护的监测和记录要求。在每台 SCR 脱硝设施的出口处安装连续监测装置。监测项目包括喷氨量、脱硝反应器入口温度、脱硝反应器入口 NO_x 浓度、脱硫净烟气 NO_x 浓度、烟气量、含氧量、脱硝效率、氨逃逸率。以上所有数据在 DCS 装置中保存 1年，其他保存方式保存 5 年备查。

如果监测指标出现异常，需要采取相应的维护措施。要求保存监测偏离记录日志，报告采取的纠正措施。

f. 除尘设施运行维护的监测和记录要求。在每台除尘设施的出口处安装连续监测装置。监测项目包括除尘器入口烟气温度、除尘器前后压差、除尘器入口烟尘浓度、脱硫净烟气烟尘浓度、电场电压、输出电流。以上所有数据在 DCS 装置中保存 1 年，其他保存方式保存 5 年备查。

如果监测指标出现异常，需要采取相应的维护措施。要求保存监测偏离记录日志，报告采取的纠正措施。

g. 脱硫设施运行维护的监测和记录要求。在每个脱硫设施的出口处安装监测装置。监测项目包括脱硫原烟气 SO_2 浓度、脱硫净烟气 SO_2 浓度、去脱硫塔石灰石液流量、吸收塔浆液 pH 值、氧化风机电流信号、脱硫效率。以上所有数据在 DCS 装置中保存 1 年，其他保存方式保存 5 年备查。

如果监测指标出现异常，需要采取相应的维护措施。要求保存监测偏离记录日志，报告采取的纠正措施。

h. 巡检和巡检记录。持证企业每日均需对生产和排放设施进行例行巡检，巡检记录需注明巡检项目、指标数值、故障发生的时间、持续时间、采取的维修措施，每份巡检表均需由巡检人员签名。

i. 记录保存要求。本许可证中要求的持证企业所有的监测、样品、测试记录、测定程序等监测数据和对应的支撑资料均需从记录之日起保留 5 年。支撑资料包括所有的校准、维护记录，连续监测装置的原始带状图记录，以及根据本许可证要求报告事项或材料的复印件。需要对每次检查、测试和其他运行维护计划要求的内容进行存档，包括谁来组织的检查与测试、检查和测试结果，还有采取何种适当的操作活动。检查记录同时要进行特定的电子格式的记录，必须记录以上要求的所有内容，以供地方生态环境主管部门核查。

（3）报告要求

① 自行监测报告

a. 污染物自动连续监测数据上传要求。按照《固定污染源烟气（SO_2、NO_x、颗粒物）排放连续监测技术规范》（HJ 75—2017）、《固定污染源烟气（SO_2、NO_x、颗粒物）排放连续监测系统技术要求及检测方法》（HJ 76—2017）的规定保证自动连续监测装置正常运行，并与地方生态环境主管部门保持联网，按照《污染源在线自动监控（监测）系统数据传输标准》（HJ 212—2017）实时上传监测数据。

b. 污染物手工监测报告。手工监测按照相应的监测方法监测，并提供有效监测报告。

监测报告应当包括以下内容：监测各环节的原始记录、委托监测相关记录、自动监测设备运维记录，各类原始记录内容应完整并由相关人员签字，监测信息记录应以电子版形式保存 5 年备查。

②异常报告

a. 一般异常报告。"违规"指的是任何违反限制要求，并达到规定阈值的情况。提交给地方生态环境主管部门的违规报告应包括造成违规的责任者、违规产生的原因以及可以使用的纠正和预防措施。需要保存所有违规期间的记录。在违规被发现后的不迟于 12 小时内尽快将对人群健康存在潜在威胁的违规行为通过电子邮件报告给地方生态环境主管部门。违规报告可以在提交时获得地方生态环境主管部门责任人的认证，也可以在提交半年度报告时进行认证。

b. 未遵守启停维修管理计划的报告。机组状态分为运行、停产两类，运行分为正常运行和机组启停。机组启动期、停运期指启动过程和停运过程。其中，启动期表示从锅炉点火时刻开始到环保设施全部正常投运之间的时段；停运期表示从环保设施开始退出开始到锅炉灭火时刻之间的时段。

电厂在任何开启、停止运行、维护操作时期没有遵照开启、停机、维护计划的要求，需要在出现问题后的两个工作日内通过电话向地方生态环境主管部门进行情况报告。同时，需要在出现问题后的七个工作日内通过电子邮件或传真方式进行报告，报告发生日期、持续时长、发生经过、原因、可能采取的措施以及防范和整改措施。

ⅰ. 根据启停管理要求，将启动和关机期间的排放量、持续时长最小化。冷启动时长不得超过 8h、热启动不得超过 3h。烟温达到环保设施可以正常投运的要求时，必须在 10min（最长 0.5h）内完成启动投运。超过规定时长即为偏离，必须做好记录并在两小时内电话报告，两个工作日内通过电子邮件或传真方式提交书面报告。

ⅱ. 遇到妨碍机组启停的小缺陷、受电网临时调度影响、受自然灾害（如台风、暴雨、地震）或战争等不可抗力影响，启停时间可以适当延长，但需要向地方生态环境主管部门报告。

ⅲ. 锅炉机组大修后启动，汽轮发电机试验时长遵循电厂提交的试验项目与机组检修的对应关系表。汽轮机试验不得超过 9.5h，发电机试验不得超过 8h，每次均需向地方生态环境主管部门报告，如果超过规定时长需要额外报告发生日期、持续时长、发生经过、可能的原因、采取的整改措施以及防范措施。

ⅳ. 因低负荷导致污染物排放超标的，第一时间向地方生态环境主管部门报告，至少包括发生日期、持续时长、发生经过、可能的原因、采取的整改措施以及防范措施。

ⅴ. 环保设施（设备）必须纳入主设备同步管理。因环保设施故障导致污染物排放超标的，预计超标持续时长超过 72h 时，第一时间向电网调度部门和地方生态环境主管部门申请停机，停机与否及停机时刻按地方环境保护主管部门和电网调度部门要求执行。

③污染事故报告　持证企业发生环境污染事故，需要在事故发生后的 2h 内通过电话向地方环境保护主管部门进行情况报告，简要说明事故发生情况，并在 24h 内向生态环境主管部门提供事故书面报告材料，使企业报告事故基本情况的行为有记录可查，同时需要在事故调查、事故处理等全部工作完成后的七个工作日内通过电子邮件或传真方式向地方生态环境主管部门提交事故报告，报告至少包括发生日期、持续时长、发生经过、原因、事故处理以及防范和整改措施。

④ 半年度偏离报告　提交给地方生态环境主管部门的半年度认证报告应对六个月内的每个报告进行总结。除了本许可证有效期内的第一个报告之外，每个半年度的认证报告都应覆盖六个月的时间，即从 1 月 1 日到 6 月 30 日和从 7 月 1 日到 12 月 31 日。报告应在其覆盖时间截止后的 31 天内提交。报告需要提交给地方生态环境主管部门。

报告以是否出现与排污许可证要求不符的监测偏离为核心。没有出现偏离的情况，半年度报告应说明按照许可证的要求没有出现偏离的情况。有偏离的必须填写监测偏离报告，至少包括排放信息、发生日期、持续时长、发生经过、可能的原因、采取的整改措施以及防范措施。

启动、停机、维修报告作为半年度报告的附件。报告需要包括任何在启动、停止以及故障期间未按照启动、停机、维修计划操作的任何活动。报告还要包括超过上述条款规定限值的故障次数、每种类型的故障发生的时间及简要说明。在该报告中，"故障"指任何突然的、罕见的、不合理的预防措施导致的空气污染控制设备或生产工艺在正常的或通常的方式操作下导致的任何超过排放限值的情形。

⑤ 年度执行报告　年度报告是总结性守法报告，完整说明报告期内许可证规定的执行情况。对于年度内容达标的情形，填报基本信息以及针对不同排放点不同污染物的监测方案；针对未达标的情形，必须填报偏离报告（至少包括排放信息、发生日期、持续时长、发生经过、可能的原因、采取的整改措施以及防范措施），在此基础上制定一份达标日程表，对于达标日程表没有特定的格式要求。

年度守法报告提交的内容必须至少包含以下信息：当前超标设备的许可证期限、条件或适用要求；偏离发生日期；发生经过；偏离原因；为使设备达标而采取的整改措施；针对提交过程报告的计划日程表；预计的达标日期。

（4）达标计划要求　对于固定源企业未能满足许可证要求的内容，在排污许可证中需要制订达标计划。以下为该企业未合规的内容。

① 临时堆场 EU-006 未采取任何防护措施，应于此证签发后的半年内提交改造申请，按批复要求执行。

② 输煤装置因劳保需要安装的窗体偶尔在运行期间处于打开状态，导致部分煤粉尘逸散，加强人员操作规范管理，严格保持输煤皮带运行期间，输煤廊道窗体密闭。当人员清扫输煤廊道因劳保需要打开窗体时，输煤皮带必须提前停止运行。

③ 按照《火电厂环境监测技术规范》（DL/T 414—2012）增加无组织排放的手工监测。

5.6　移动源排放控制政策分析

5.6.1　我国移动源排放控制政策分析

（1）移动源主要污染物排放　移动源排放所产生的污染物包括一氧化碳（CO）、氮氧化物（NO$_x$）、挥发性有机物（VOCs）、二氧化硫（SO$_2$）、铅、PM$_{10}$、PM$_{2.5}$等。我国东部沿海城市群灰霾、雾霾、酸雨和光化学烟雾等区域性大气污染的频繁发生都与移动源污染排放密切相关。移动源排放的污染物不仅本身具有很强的毒性，而且还可以相互作用，形成二次污染物。烃类和氮氧化物在强阳光的照射下，可以生成危害更大的光化学烟雾，对人体的呼吸系统、心血管系统、神经系统、免疫功能和生殖功能均造成一定的危害。

VOCs 的主要成分包括苯、1,3 - 丁二烯、甲醛、乙醛、丙烯醛等挥发性有毒物质，尤其是柴油车排放的"黑烟"即柴油颗粒物具有很高的致癌风险。环保署（EPA）的综合风险信息系统（IRIS）中专门设立了关于移动源排放的有毒污染物的致癌风险和非致癌风险的研究数据库，除了对 CO、NO_x 这些常规污染物进行控制外，自 2007 年开始，EPA 设立了移动源的有毒污染物控制法令（《美国联邦行政法规》CFR 40 中大气环境污染管理章节第 52 部分）。

我国针对移动源污染物的控制基本局限于常规污染物，还需进一步完善对有毒污染物管理及控制的政策。从政策框架的完整性来看，还需进一步对移动源污染排放进行系统性考虑，按照污染物对人群健康的风险高低和移动源污染排放影响因素的重要程度来区分，目前的移动源污染物排放标准涉及氮氧化物（NO_x）、颗粒物（包括 PM_{10} 和 $PM_{2.5}$）、一氧化碳（CO）等常规污染物，还需进一步界定和控制有毒污染物。

（2）我国机动车污染排放情况　根据原环境保护部发布的 2017 年《中国机动车环境管理年报》显示，2016 年，全国机动车保有量达到 2.95 亿辆，按排放标准分类，国Ⅰ前标准的汽车占 1%，国Ⅰ标准的汽车占 5.4%，国Ⅱ标准的汽车占 6.4%，国Ⅲ标准的汽车占 24.3%，国Ⅳ标准的汽车占 52.4%，国Ⅴ及以上标准的汽车占 10.5%。2016 年，全国机动车排放污染物 4472.5 万吨，其中排放氮氧化物（NO_x）577.8 万吨，排放烃类（HC）422.0 万吨，排放一氧化碳（CO）3419.3 万吨，排放颗粒物（PM）53.4 万吨。其中，汽车排放的氮氧化物（NO_x）和颗粒物（PM）超过排放总量的 90%，烃类（HC）和一氧化碳（CO）超过 80%。按汽车车型分类，全国货车排放的氮氧化物（NO_x）和颗粒物（PM）明显高于客车，其中重型货车是主要贡献者；客车的烃类（HC）和一氧化碳（CO）排放量则明显高于货车。按燃料分类，全国柴油车排放的氮氧化物（NO_x）接近汽车排放总量的 70%，排放颗粒物（PM）超过 90%；汽油车的烃类（HC）和一氧化碳（CO）排放量则较高，超过排放总量的 70%。按排放标准分类，占汽车保有量 1.0% 的国Ⅰ前标准汽车，其排放的污染物占汽车排放总量的 33.8% 以上，而占保有量 87.2% 的国Ⅲ及以上标准的汽车，其排放量不到排放总量的 41.5%。非道路移动源排放对空气质量的贡献不容忽视。工程机械保有量 690.8 万台，农业机械柴油总动力 89783.8 万千瓦，船舶保有量 16.6 万艘。非道路移动源排放二氧化硫 84.4 万吨，烃类 70.4 万吨，氮氧化物 53.9 万吨，颗粒物 47.2 万吨，氮氧化物和颗粒物排放接近于机动车。

（3）移动源控制管理体制分析

① 政策框架　总体来说，我国对移动源的排放控制主要依赖于命令控制政策手段，采用排放标准予以控制。我国移动源排放控制政策清单如表 5-36 所列。原环境保护部发布的《2017 年中国机动车环境管理年报》中提到，2016 年我国已初步建立机动车环境管理新体系，制定实施了新生产机动车环保信息公开、环保达标监管、在用机动车环保检验、黄标车和老旧车加速淘汰等一系列环境管理制度，正在探索建立非道路移动源环境管理体系，初步建立新生产非道路移动机械环保信息公开、船舶排放控制区划定等环境管理制度，正在研究探讨机动车环保召回、在用非道路移动机械低排放区划定、清洁柴油机行动等环境管理制度。

表 5-36　我国移动源排放控制政策清单

名称		颁布部门	相关内容
法律	大气污染防治法（2016）	全国人大	国家倡导低碳、环保出行，根据城市规划合理控制燃油机动车保有量，大力发展城市公共交通，提高公共交通出行比例；机动车船向大气排放污染物不得超过规定的排放标准，机动车船、非道路移动机械不得超过标准排放大气污染物等
	节约能源法（2011）	全国人大	优先发展公共交通；鼓励开发、生产、使用节能环保型汽车、摩托车、火车、飞机、船舶和其他交通运输工具；鼓励使用清洁燃料等
	循环经济促进法（2007）	全国人大	内燃机和机动车制造企业应当按照国家规定的内燃机和机动车燃油经济性标准，采用节油技术，减少石油产品消耗量
部门规章	排污费征收标准管理办法（2003）	国务院部门	对机动车、飞机、船舶等流动污染源暂不征收废气排污费
	机动车强制报废标准规定（商务部令2012年第12号）	商务部国家发改委公安部环保部	根据机动车使用和安全技术、排放检验状况，对达到报废标准的机动车实施强制报废的规定
	汽车排气污染监督管理办法（环管字第359号）	环保总局、公安部、进出口商品检验局、解放军总后勤部、交通部、中国汽车工业总公司	规定了各级人民政府的环境保护行政主管部门在机动车尾气污染中的监管作用，是对汽车排气污染实施统一监督管理的机关，指导、协调各汽车排气污染监督管理部门的工作；规定汽车及发动机、维修检测管理等
规范性文件	大气污染防治行动计划（国发〔2013〕37号）	国务院	强化移动源污染防治。加强城市交通管理；提升燃油品质；加快淘汰黄标车和老旧车辆；加强机动车环保管理；加快推进低速汽车升级换代；大力推广新能源汽车
	在用机动车排放污染物检测机构技术规范（环发〔2005〕15号）	环保总局	明确了对在用机动车排放检测机构的委托要求，规范对在用机动车排放污染物检测机构的监督管理
	机动车环保检验合格标志管理规定（环发〔2009〕87号）	环保部	明确绿标车、黄标车。装用点燃式发动机汽车达到国Ⅰ及以上标准、装用压燃式发动机汽车达到国Ⅲ及以上标准，核发绿色环保检验合格标志。摩托车和轻便摩托车达到国Ⅲ及以上标准的，核发绿色环保检验合格标志。未达到上述标准的机动车，核发黄色环保检验合格标志
	机动车环保检验机构管理规定（环发〔2009〕145号）	环保部	加强在用机动车环保定期检验工作，规范机动车环保检验机构的管理
	全国机动车尾气排放监测管理制度（暂行）（1991）	环保局	一切有尾气排放的机动车都必须接受对其尾气排放的监测。包括各机关、团体、企事业单位和个人所拥有、使用的汽车、摩托车、拖拉机及其他有尾气排放的车辆。必须执行国家环境保护行政主管部门颁布的环境监测技术规范及有关的标准、技术规定
地方性法规	山东省机动车排气污染防治条例（2011）	山东省人大	将机动车排气污染防治工作纳入本行政区域环境保护规划和环境保护目标责任制；执行国家规定的机动车排气污染物排放标准；实施环保检验制度
	广东省机动车排气污染防治条例（2010修正）	广东省人大	县级以上环境保护主管部门对本行政区域内的机动车排气污染防治实施统一监督管理；对新车提前执行国家阶段性机动车排放标准；县级以上环境保护主管部门可以在机动车停放地对在用机动车进行排气污染抽测；实行环保检验合格标志管理制度；禁止生产、销售、进口超过国家规定的污染物排放标准或者国家已明令淘汰的机动车及车用发动机；禁止生产、销售、进口不符合国家或者地方标准的车用燃料

续表

名称	颁布部门	相关内容
地方性法规 北京市防治机动车排气污染管理办法(2001修正)	北京市政府	市、区、县环境保护局是本市对防治机动车排放污染物实施统一监督管理的主管机关;加油站必须销售无铅汽油,禁止销售含铅汽油;本市机动车污染物排放标准由市环境保护局制定;建立机动车污染物排放状况登记制度
辽宁省机动车污染防治条例	辽宁省人大	对本省新购机动车执行严于国家规定的现阶段机动车排放标准;对在用机动车执行分阶段排放标准;市政府应根据机动车污染物排放总量情况,合理控制本行政区域的机动车保有量等
四川省机动车排气污染防治办法(2013)	四川省政府	机动车排气污染物排放执行国家规定的机动车排气污染物排放标准;优先发展公共交通事业,推广使用清洁能源机动车型;实行机动车环保检验合格标志管理制度、在用机动车排气污染定期检验制度
天津市机动车排气污染防治管理办法(2012)	天津市政府	优先发展公共交通,鼓励使用清洁车用能源,推广使用节能环保车型,逐步淘汰高污染、高能耗的机动车;实行机动车环保检验制度
厦门市机动车排气污染防治条例	厦门市人大	鼓励推广使用优质车用燃油和清洁车用能源,合理布局,加快机动车天然气加气站、充换电站建设;加强对车用燃料品质进行监督检查,并定期公布监督检查结果;对在用机动车实行环保检验合格标志管理制度;在用机动车应当进行机动车排气污染定期检测
银川市机动车排气污染防治条例(2011)	银川市人大	市环境保护行政主管部门对本市机动车排气污染防治实施统一监督管理。其所属的机动车排气污染监督监测机构具体负责机动车排气污染防治的日常工作;机动车污染物排放标准执行国家机动车污染物排放标准;实行机动车环保检验合格标志管理;建立机动车排气污染防治网络信息系统
荆州市机动车排气污染防治管理办法	荆州市政府	机动车污染防治从机动车生产、进口、销售、登记、使用、年检、维修、淘汰和燃油供应、油气回收等环节入手,实行车油联控;生产、销售的车用燃料应当符合国家标准;实行机动车环保检验合格标志分类管理制度;在用机动车排气污染检测分为定期检测、停放地抽检两种检测方法
台州市机动车污染防治管理办法(2010)	台州市政府	环境保护行政主管部门(以下简称"环保部门")对机动车排气污染防治工作实施统一监督管理;车实施环保分类标志管理制度;装点燃式机动汽车达到国Ⅰ及以上标准的、装用压燃式发动机汽车达到国Ⅲ及以上标准的,核发绿色环保检验合格标志。摩托车和轻便摩托车达到国Ⅲ及以上标准的,核发绿色环保检验合格标志;在用机动车实行排气污染定期检测制度

② 排放标准　国家对道路移动源和非道路移动源的排放限值颁布了相关标准（表 5-37），对于标准的实施主要依靠机动车定期检验制度。国务院《"十三五"生态环境保护规划》中强调强化新生产机动车、非道路移动机械环保达标监管。开展清洁柴油机行动,加强高排放工程机械、重型柴油车、农业机械等管理,重点区域开展柴油车注册登记环保查验,对货运车、客运车、公交车等开展入户环保检查。可以看出,生态环境部门对于移动源排放标准的约束主要通过机动车年检制度进行,生态环境局通过委托检测场对机动车进行年检,这种委托性的规定,有可能产生生态环境部门对受托单位的约束性不强、受托单位之间存在检测程序、要求不统一的问题。

表 5-37　大气移动源污染物排放标准

原环保部发布的大气移动源污染物排放标准	
非道路移动机械用小型点燃式发动机排气污染物排放限值与测量方法(中国第一、二阶段)	《三轮汽车和低速货车用柴油机排气污染物排放限值及测量方法(中国Ⅰ、Ⅱ阶段)》(GB 19756—2005)
重型车用汽油发动机与汽车排气污染物排放限值及测量方法(中国Ⅲ、Ⅳ阶段)	《装用点燃式发动机重型汽车曲轴箱污染物排放限值》(GB 11340—2005)
《轻便摩托车污染物排放限值及测量方法(中国第Ⅳ阶段)》(GB 18176—2016)	《点燃式发动机汽车排气污染物排放限值及测量方法(双怠速法及简易工况法)》(GB 18285—2005)
《摩托车污染物排放限值及测量方法(中国第Ⅳ阶段)》(GB 14622—2016)	《摩托车和轻便摩托车排气烟度排放限值及测量方法》(GB 19758—2005)
《摩托车和轻便摩托车燃油蒸发污染物排放限值及测量方法》(GB 20998—2007)	《车用压燃式发动机和压燃式发动机汽车排气烟度排放限值及测量方法》(GB 3847—2005)
《非道路移动机械用柴油机排气污染物排放限值及测量方法(中国第三、四阶段)》(GB 20891—2014)	《装用点燃式发动机重型汽车 燃油蒸发污染物排放限值及测量方法(收集法)》(GB 14763—2005)
《汽油运输大气污染物排放标准》(GB 20951—2007)	《重型车用汽油发动机与汽车排气污染物排放限值及测量方法》(GB 14762—2008)
《轻型汽车污染物排放限值及测量方法(中国第五阶段)》(GB 18352.5—2013)	《农用运输车自由加速烟度排放限值及测量方法》(GB 18322—2002)
《车用压燃式、气体燃料点燃式发动机与汽车排气污染物排放限值及测量方法》(GB 17691—2005)	

③ 管理体制分析　从管理执行层面上讲，我国移动源控制管理体系较为分散。对于新生产的机动车，工业化和信息化部、生态环境部和质检总局等部门在市场准入、环保核准、强制性产品认证等方面进行监管；交通管理部门负责对机动车进行年检；环保部门发布机动车污染防治年报；环境保护主管部门委托经公安机关进行资质认定单位，承担部分机动车年检的任务。这种年度检测的制度针对在用机动车制定，还需增加对于机动车的设计过程、生产过程的检测要求。

从政策的实施来看，移动源排放控制需要遵守相关的排放标准，仍需加强管理，避免"重发布轻执行"、部门间监管不协调的问题。国务院印发的《"十三五"生态环境保护规划》中提出加快机动车和非道路移动源污染物排放标准、燃油产品质量标准的制修订和实施，需加快确定对 CO、烃类、柴油车黑烟及其他有毒污染物的明确要求，详细说明应符合何种排放标准。

我国移动源污染防治行动过程涉及多个公共部门，如公安部门、交通管理部门、环保部门、质检部门等，因此应制定切实可行的、可操作的管理条例和明确的部门分工法规，提高部门之间协调性，统一责权。

5.6.2　美国移动源排放控制管理政策模式分析

加州人口约 3834 万人，GDP 约为 2.2 万亿美元，车辆保有量超过 2500 多万辆（2013年），是美国人口最多、拥挤度最高的州。洛杉矶地区也是美国空气污染最严重的地区，史上多次发生严重的雾霾事件。1955 年 9 月洛杉矶发生了最严重的光化学烟雾污染事件，两天内因呼吸系统衰竭死亡的 65 岁以上的老人达 400 多人。据《雾霾之城——洛杉矶雾霾史》描述，1943 年发生了严重雾霾，在那次雾霾之后，洛杉矶市市长弗彻·布朗（Fetcher Brown）信誓旦旦地宣称 4 个月内永久消除雾霾，很快政府关闭了市内一家化工厂，他们认定化工厂排出的丁二烯是污染源，但是雾霾并没有缓解，此后政府又宣布全市 30 万焚烧炉是罪魁祸首，居民们被禁止在后院使用焚烧炉焚烧垃圾，可这些措施出台后雾霾并没有减少，反而越来越频繁。于是视线转到了机动车污染治理，1960 年，加州出台了机动车污染控制法，在 1960 年以前，加州对于机动车的控制仅限于黑烟。加州公共健康部门的负责人有义务对移动源污染的排放限值作出规定，并且排放限值要满足公众对健康的需求，排放限值和标准经过公众听证后发布，并且标准和限值应定期更新。近年来，在州政府及加州空气资源局（CARB）一系列积极有效的移动源污染控制措施下，洛杉矶地区的空气质量得到显著改善。

本节关于美国尤其是加州移动源排放管理政策的介绍，内容主要来源于《1990 年清洁空气法修正案》、《美国联邦行政法规》CFR 40 中大气环境污染移动源管理相关章节、环保署《改善空气质量的经济刺激计划》、《加州空气污染控制法律——2012 蓝皮书》、加州空气资源委员会《CARB 规制法案》第 13 和 17 部分、《加州州实施计划》等。

（1）政策目标及框架

① 移动源排放管理目标——空气质量达标与"零排放"　加州移动源污染管理控制政策的最终目标是保护人群健康和公共福利，直接目标是尽可能地削减年、月、日、小时的排放量，促使加州范围内的机动车达标排放甚至"零排放"，以促进环境空气质量目标的最终实现。在《加州健康安全法规》第 26 部《空气资源法案》第 5 部分"车辆空气污染管制"中，CARB 管理的路上移动源包括乘用车、卡车、重型汽车、越野车、摩托车、公共汽车等，非道路移动源包括重型建筑设备、船舶、娱乐车辆、草坪和花园设备等，控制的污染物包括 CO、NO_x、颗粒物、烃类、非甲烷有机气体、有毒污染物、黑烟等，对不同交通工具的燃料及其添加剂的排放限值也制定了严格的标准。

② 管理机构

a. 美国环保署（EPA）。美国在联邦政府的领导下，50 个州被划为 10 个大区来管理，环保署（EPA）在 10 个大区下分别设立区域环境办公室，各个区域环境办公室作为 EPA 的派出机构执行联邦政府有关环境的法律、法规，实施 EPA 的各种项目，协调州与联邦政府的关系，负责跨州区域性环境问题的解决，对所辖州的综合性环保工作进行监督。

环保署（EPA）设立专门的交通和空气质量管理办公室（OTAQ）负责移动源排放与控制。联邦范围内活动的飞机、船舶等非道路移动源工具，由于其活动范围极其广泛，不利于各州之间单独管理，由环保署（EPA）统一管理。交通和空气质量管理办公室（OTAQ）的主要职责包括：评估移动源空气质量有关的问题和开发先进的建模工具以寻求解决方案、测量结果，并支持排放清单；建立国家标准，减少道路和非道路移动污染源的排放量；通过认证的流程和使用监控策略实现移动源达标排放；开发燃油效率方案和技术，以减少交通部门温室气体排放；研究、评估和开发先进技术以控制污染排放，发展新的战略以提高燃油效率。交通和空气质量管理办公室（OTAQ）国家汽车和燃料排放实验室提供移动源排放测试规则制定、认证、执法行动和测试程序开发支持服务。环保署交通和空气质量管理办公室机构设置如图 5-20 所示。

b. 加州空气资源局（CARB）移动源管理机构。加州空气资源局（CARB）成立于 1967 年，现有核定编制 1273 人，其组织机构设置如图 5-21 所示。在《清洁空气法》的基

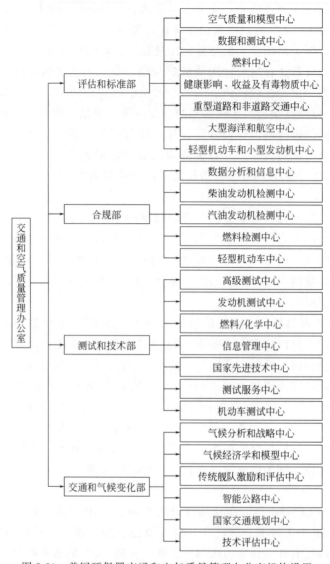

图 5-20 美国环保署交通和空气质量管理办公室机构设置

础上，加州针对移动源空气污染控制制定了独立法案，主要通过开展低排放车辆计划、零排放车辆计划、道路重型车辆控制计划、替代燃料转换认证计划和移动污染源减排许可计划等对移动源排放进行管理（表 5-38）。此外，移动污染源排放的黑炭、VOCs 等有毒污染物由加州有毒物质控制局（DTSC）进行专门化管理。在《加州健康安全法规》第 26 部《空气资源法案》第 5 部分"车辆空气污染管制"中，CARB 管理的路上交通工具包括乘用车、卡车、重型汽车、越野车、摩托车、公共汽车等，非道路交通包括重型建筑设备、船舶、娱乐车辆、草坪和花园设备等。法案对新生产车辆、在用车辆、进口车辆、车辆检验程序、燃料标准等有详细阐述。机动车排放标准按照联邦环保署的要求又细化为轻型车、卡车、摩托车、重型发动机及车辆等排放类型，控制的污染物包括 CO、NO_x、颗粒物、烃类、非甲烷有机气体、有毒污染物、黑烟等，并对有毒物质和黑烟的健康风险进行评估。对不同移动源的燃料及其添加剂的排放标准也作出了相应的规定。

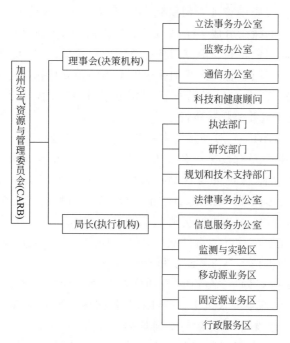

图 5-21 加州空气资源局（CARB）组织机构设置

表 5-38 加州移动源排放控制管理机构及内容

飞机、火车	由环保署(EPA)统一管理
非道路机械及大型车辆管理	由加州空气资源局(CARB)专门管理,CARB要求制造商为每台新机动车或发动机提供担保声明,声明对机动车或发动机制造商和用户的义务和权利进行描述
	有责任主体的车队需进行申报,管理部门建立管理目录,并针对不同车队规模、现状等因素,给出各车队各污染物的平均排放目标,车队选择淘汰老旧设备或更换燃料;政府对车队改造提供许多优惠政策,如小额贷款
一般路上机动车管理	加州空气资源局(CARB)专门管理,道路移动源管理开展了认证计划、环保绩效标签、低排放车辆计划、道路诊断计划、道路重型车辆计划、道路摩托车管理、道路卡车控制办法、特制车辆认证计划、零排放车辆计划、替代燃料转换认证计划等项目
	获得环保署(EPA)证书的产品,只能在美国除加州外的49个州出售,对于预备出售到加州的机动车,制造商必须获得CARB的行政命令
	违反认证规定可能使汽车制造商或经销商面临强制执法,包括最高每辆车5000美元的罚款
校车管理	实行低排放校车计划,要求拥有超过15辆校车的公立学校和私人运营商购买或租赁清洁校车,以保护学龄儿童;通过联邦、州和地区空气质量管理区(AQMD)的基金,实行清洁校车激励计划

c. 环保署（EPA）区域办公室和加州空气资源局（CARB）的关系。加州移动源排放控制与管理主要由加州空气资源局（CARB）进行管理，环保署（EPA）加州区域办公室代表环保署执行环境法律法规，如对《清洁空气法》的执行情况进行监督。加州空气资源局（CARB）和环保署（EPA）区域办公室不是上下级和附属关系，不受环保署（EPA）区域办公室的领导和管理。加州空气资源局（CARB）和环保署（EPA）区域办公室之间在部分事项上是项目合作关系，即 EPA 出台的各项政策主要以项目的方式与加州签订合作协议。加州空气资源局（CARB）的管理人员由加州自行决定，预算及负责人由州长提名，

州议会审核通过，在空气质量管理方面受到环保署（EPA）区域办公室的监督管理。加州境内根据"空气流域"的概念分成多个区域，包括南海岸空气质量管理区（SAQMD）、圣地亚哥空气质量管理区、蒙特利、萨克门托等空气质量管理区（AQMD）等在内共 35 个空气质量管理区，各个空气质量管理区是加州政府下属的独立机构，受加州政府的领导、接受加州政府的财政拨款，各空气质量管理区规定必须由 CARB 以及 EPA 通过才能生效，EPA 负责制订全国性规定并监督其执行。

加州空气资源局（CARB）对加州境内移动源排放控制进行统一管理，各个不同空气质量管理区（AQMD）则主要对校车、公交车等进行管理，根据加州空气资源局（CARB）制订的各项移动源排放控制政策与计划，鼓励高污染排放车辆的提前淘汰和更新。如 CARB 制订的低排放校车激励计划中，AQMD 将联邦、州划拨的资金和 SCAQMD 自筹的资金投入到该计划中，鼓励学校更换更清洁的校车。同时，各空气质量管理区根据 CARB 的要求，制定相应的规划，重点是通过推广合乘、使用其他形式的交通如公交车、使用替代能源汽车和清洁发动机技术等方式减少机动车污染。

③ 空气质量与交通规划（AQTP）及州实施计划（SIP） 在联邦《清洁空气法》及《加州清洁空气法案》的双重要求之下，CARB 和加州各空气质量管理区对加州境内的空气质量共同负责，并联合实施空气质量与交通规划（air quality and transportation planning, AQTP），规划中要包括空气质量数据及变化趋势、排放基线、未来排放量的预测以及为达到空气质量标准所采取的措施。环保署要求各州向 EPA 提交州实施计划（infrastructure state implementation plan，SIP），允许通过灵活的市场机制等方式达到空气质量标准的要求。加州基础设施实施计划（California Infrastructure SIP）中要求，按照《加州健康安全法案》（Health and Safety Code）39002 部分要求，CARB 和当地区域负责制定清洁空气规划，并说明何时、以何种方式达到联邦和加州清洁空气法案之下的加州空气质量标准，CARB 负责对移动源进行管理和控制。加州实施了世界上最为严格的移动源控制标准。在过去的几十年中，CARB 不断严格机动车排放标准和燃料标准，新车标准比之前未受控制车辆清洁了 99%，重型卡车比以前清洁了 98%，CARB 对在用车辆实施了一系列的控制政策和计划。空气资源委员会（ARB）鼓励符合成本效益的交通战略的实施，作为空气质量计划的一部分，还通过研究、发表的报告并在运输/空气质量之间的联系评估工具中。ARB 提供满足联邦清洁空气法案的运输符合规定的技术援助和监督的区域机构。此外，CARB 提供指导交通和机动车减排项目的成本效益。

（2）管理手段 根据加州实施计划（California infrastructure SIP）的要求，CARB 实施了一系列促进移动源减排的政策手段。环保署（EPA）的移动源污染物核算系统 MOVEs 模型及加州 CARB 移动源污染排放核算 EMFAC 模型将机动车污染排放的影响因素分解为不同车辆类型的数量、车龄、行驶里程、车速分布、道路类型、燃料类型、气象因素等，不同的影响因素涉及不同类型的政策手段。

本节按照车辆行驶过程所包含的要素将加州机动车排放管理政策类型分为车辆清洁水平、油品干净程度、行驶速度、行驶里程等方面，保证了政策实施的全面、系统、精细化、成本有效，多种手段共同促进了机动车的达标排放。

CARB 移动源污染排放控制的政策清单见表 5-39。

表 5-39　CARB 移动源污染排放控制政策清单

政策类型	政策名称
法律	《清洁空气法》第二卷(2004 版)
	加州空气污染控制法(2012)
政策和计划	机动车检测认证计划
	环保绩效标签计划
	定期检验黑烟计划及柴油车执法战略计划
	零排放车辆计划
	货油舱油气回收计划
	道路重型车辆控制管理战略
	道路摩托车管理计划
	道路卡车控制办法
	替代燃料转换认证计划
	购买电动车辆的奖励计划
	贷款援助计划
	低排放校车计划
	自愿加速车辆退休报废计划
标准和规范	环境空气质量标准(1996)
	环境空气监测实验室分析程序
	消费者产品测试方法
	车辆和发动机测试程序
	燃料测试方法程序
	机动车燃料标准

① 车辆清洁水平　在车辆行驶过程中，车辆的清洁水平是影响机动车污染排放量的重要因素，加州 CARB 通过严格新车排放标准、实施零排放计划、对重型柴油车辆进行重点监管、对老旧车辆提前淘汰予以鼓励等政策手段有效地提高了道路车辆的清洁水平，促进了道路移动源的污染物排放量的减少。

a. 严格的新车排放标准。美国环保署（EPA）对移动源的排放分为常规污染物、有毒污染物和温室气体，以便进行更为细致的管理。其中，常规污染物包括氮氧化物（NO_x）、一氧化碳（CO）和颗粒物（PM）。有毒污染物包括苯、1,3-丁二烯、甲醛、乙醛、丙烯醛、多环式有机质（POM）、富马酸二甲酯、柴油颗粒物等。

《清洁空气法》规定："如果署长认为某类交通或其发动机的空气污染物排放会引起空气污染，而且通过合理的估计会危害公众健康或福利，则署长应根据本法要求，使交通遵循并达到排放标准要求。"《清洁空气法》1970 年的修正案中要求，1975 年 CO 和烃类的排放量要降低到 1970 年水平的 90%，1976 年的 NO_x 排放量要降低到 1971 年水平的 90%。1990 年后，环保署对交通排放制定了更为严格的标准。对于新配方汽油，环保署规定汽油的含氧量不少于质量的 2%，苯体积含量不超过 1%，禁止含重金属（铅、锰等），芳烃体积含量不超过 25%。据加州能源委员会主席威廉姆·基兹（William Keese）介绍，严格的州及联邦管制标准使得加州 90% 的汽车都是清洁无污染的。在过去的几十年中，CARB 不断严格机动车排放标准和燃料标准，新车标准比之前未受控制车辆清洁了 99%，重型卡车比以前清洁了 98%，这种严格的机动车排放法规极大地降低了机动车污染排放。

加州低排放标准见表 5-40 和表 5-41。

表 5-40　美国加州 1995～1996 年第一阶段低排放标准（LEV Ⅰ）

种类	非甲烷有机气体（NMOG）/(g/mile)	一氧化碳/(g/mile)	NO_x/(g/mile)
过渡期低排放车辆(TLEV)	0.125	3.4	0.4
低排放车辆(LEV)	0.075	3.4	0.2
超低排放车辆(ULEV)	0.040	1.7	0.2
零排放车辆(ZEV)	0	0	0

注：1mile≈1.609km。

表 5-41　美国加州 1999 年第二阶段低排放标准（LEV Ⅱ）

加州 LEV 第二阶段排放标准,2004 年以来低排放车辆、超低排放车辆、特超低排放车辆,主要包括客车、轻型卡车和中型车辆

车辆类型	里程/mile	车辆排放种类	非甲烷有机气体（NMOG）/(g/mile)	一氧化碳/(g/mile)	氮氧化物/(g/mile)	甲醛(formaldehyde)/(mg/mile)	柴油颗粒物/(g/mile)
PC/LT＜8500lb GVW(车辆总质量)	50000	LEV	0.075	3.4	0.05	15	n/a,无适用
		LEV,可选项	0.075	3.4	0.07	15	n/a,无适用
		ULEV	0.040	1.7	0.05	8	n/a
	120000	LEV	0.090	4.2	0.07	18	0.01
		LEV,可选项	0.090	4.2	0.10	18	0.01
		ULEV	0.055	2.1	0.07	11	0.01
		SULEV	0.010	1.0	0.02	4	0.01
	150000（可选项）	LEV	0.090	4.2	0.07	18	0.01
		LEV,可选项	0.090	4.2	0.10	18	0.01
		ULEV	0.055	2.1	0.07	11	0.01
		SULEV	0.010	1.0	0.02	4	0.01
PC/LT 8501～10000lb GVW(车辆总质量)	120000	LEV	0.195	6.4	0.2	32	0.12
		ULEV	0.143	6.4	0.2	16	0.06
		SULEV	0.100	3.2	0.1	8	0.06
	150000（可选项）	LEV	0.195	6.4	0.2	32	0.12
		ULEV	0.143	6.4	0.2	16	0.06
		SULEV	0.100	3.2	0.1	8	0.06

续表

车辆类型	里程/mile	车辆排放种类	非甲烷有机气体(NMOG)/(g/mile)	一氧化碳/(g/mile)	氮氧化物/(g/mile)	甲醛(formaldehyde)/(mg/mile)	柴油颗粒物/(g/mile)
PC/LT 10001~14000lb GVW(车辆总质量)	120000	LEV	0.230	7.3	0.4	40	0.12
		ULEV	0.167	7.3	0.4	21	0.06
		SULEV	0.117	3.7	0.2	10	0.06
	150000 (可选项)	LEV	0.230	7.3	0.4	40	0.06
		ULEV	0.167	7.3	0.4	21	0.06
		SULEV	0.117	3.7	0.2	10	0.06

注：LEV 即 low-emission vehicle，低排放车辆；SULEV 即 super ultra-low emission vehicle，超级超低排放车辆；ULEV 即 ultra-low emission vehicle，超低排放车辆；ZEV 即 zero-emissions vehicle，零排放车辆。

b. 加州低排放计划。1990 年，加州颁布低排放计划 (low-emission vehicle program)，要求汽车制造商必须生产和销售达到一定比例的清洁车辆，直接目标是达到州实施计划 (SIP) 的要求，满足联邦政府授权的清洁空气目标。CARB 确立了清洁燃料车项目，将化石燃料驱动的机动车改为由电池驱动的机动车，主要包括低排放车 (low emission vehicles，LEV)、超低排放车 (ultra low emission vehicles，ULEV)、不完全零排放车 (partial zero emission vehicles，PZEV) 以及零排放车 (ZEV)。1998 年，加州行政法办公室批准颁布低排放计划第二阶段 (LEV II)，主要控制对象是客车、轻型卡车、中型车辆，目标是到 2010 年，低排放计划第二阶段全面实施时，洛杉矶地区每天将减少 57t 烟雾排放量，全州将每天减少 155t 烟雾排放量；2012 年颁布低排放计划第三阶段 (LEV III)，对新型客车的常规污染物和温室气体排放都作出了规定，同时要求重型车辆和发动机、非道路车辆等也要实施第三阶段计划；2013 年起实施"零排放"车辆计划，鼓励生产制造商生产清洁车辆；到 2015 年，10% 的州政府车队新购车将为零排放车，这一数字将在 2020 年提高到 25%，即到 2020 年有 100 万辆零排放车行驶在加州路上。加州对实施零排放计划建立了一系列配套设施，使驾驶人可以方便地找到通如充电/氢单价、加氢压力、充电电压等基础设施和信息，为驾驶者提供更合理的充电策略建议和地段选择建议。

加州颁布低排放车辆规例及测试程序由 CARB 管理和执行，适用于客车、轻型卡车和重型车辆。低排放计划在加州规制法案 (CCR) 第一章"机动车污染控制"第三部分 (CARB) 第 15 节中有明确规定，因此，低排放计划有充分的法律依据。加州规制法案 (CCR) 1960.1 中规定了低排放计划第一阶段 (LEV I) 标准和 1981~2003 基准年间客车、轻型卡车和重型车辆的加州排放限值，尤其是对低排放车 (low emission vehicles，LEV)、超低排放车 (ultra low emission vehicles，ULEV)、不完全零排放车 (partial zero emission vehicles，PZEV) 的甲醛、非甲烷有机气体等有毒物质排放限值作出严格规定。在低排放计划之下工作的员工需要对此项计划的执行情况每 2 年进行一次更新。

加州零排放计划 (ZEV) 是低排放计划第一阶段 (LEV I) 规制中的一部分，要求客车和承重低于 3750lb 的轻型卡车中零排放车辆应达到特定的比例。在 1990~1991LEV I 中规定，1998~2000 年间零排放车辆比例为 2%，2001~2002 年间要达到 5%，2003 年及以后零排放车辆比例要达到 10%，零排放计划共经过 5 次修订。加州不同类型车辆的排放限值标准和测试程序是在 EPA 排放限值和测试程序的基础上，由加州规制法案（CCR）明确规定，CARB 负责执行，排放限值和测试程序的颁布、修改和更新也需要通过公众听证会的许可。生产制造商要通过 CARB 对不同类别机动车排放限值的测试认证。

自 1998 年以来，低排放计划经过不断的修正，综合考虑到消费者、生产制造商等不同干系人的利益，每次政策进行修订都召开了公众听证会，考虑了政策公平性的原则。低排放计划使低排放车辆达到了特定了比例，达到了降低道路移动源空气污染排放的政策目标，起到了较好的政策效果。

c. 加州重型柴油车排放控制战略和黑烟监测计划。据加州环保局统计，加州 2% 的重型车辆排放了 30% 的 NO_x 和 65% 的颗粒物，因此加强重型车辆排放控制异常必要。加州空气资源委员会于 1998 年 8 月宣布柴油排放的煤烟为有毒空气污染物。加州南海岸空气质量管理局 1999 年完成的一项研究表明，当地居民患肺癌的 70% 风险是由洛杉矶地区空气中飘浮的细微柴油煤烟颗粒物造成的。加州西海岸空气质量管理局还专门设立了州基金，以帮助那些受到管制的群体购买低污染排放的汽车。

在 1990 年参议院法案和 1997 年参议院法案 2330 条中将 1988 年实施的重型车辆检验计划（heavy-duty vehicle inspection program，HDVIP）入法，特别明确提出控制重型卡车和客车的黑烟排放。加州规制法案（CCR）第 13 章 2180～2089 部分对重型车辆检验计划进行了详细规定，第 2190～2194 部分对黑烟检测计划进行了详细规定，这两项计划的规定法案于 2013 年进行了重新修订。

加州环保 1988 年重型车辆检验计划（heavy-duty vehicle inspection program，HDVIP），要求重型卡车和客车必须监测烟雾的排放量，任何行驶在加州范围内的重型卡车和客车必须通过加州的随机测试，如果违反这一规定，对驾驶人罚款 300 美元。

1990 年定期检验黑烟的计划（periodic smoke inspection program，PSIP），根据 SAE J1667 烟雾测试规范和程序，每年对超过 6000lb 的重型车辆进行检测，任何在加州运营的重型车辆必须通过检验测试，对排放过量的黑烟进行处罚，如果没有进行年检，则对车主处以 500 美元的罚款。重型柴油车排放控制策略中要求老旧车辆更换柴油发动机或者安装柴油机微粒过滤器（DPF）。

ⅰ. 管理对象。重型车辆检查计划的管理对象是所有行驶在加州境内的重型车辆，包括在其他州和国家登记的车辆。这些车辆均有可能被随机抽到进行测试，测试由 CARB 的巡视组在边境口岸、热电联产称重站、车队和路边进行随机抽检。

所有的柴油车和客车必须遵守黑烟检测计划的规定，没有通过 CARB 随机检查的车辆要进行维修和重检，如果车辆所有者忽视这项政策，每年将被处以 500 美元罚款。

CARB 在网站上公布了引起车辆或发动机超标排放黑烟的原因：烟雾扑粉限制器、油门过大、燃油泵校准、空气滤清器堵塞等。CARB 巡视组要根据美国汽车工程学会（SAE）发布的加速测试程序，对随机检查的车辆进行测试。测试的主要步骤包括车辆在怠速和最大速度时的发动机转速、捕捉加速测试、是否贴有排放控制标签。1991 年及以后的发动机，烟雾指数不得超过 40%；1991 年以前的发动机，烟雾指数不得超过 55%。

ⅱ. 违法处罚机制。对于 1991 年之前的汽车及发动机，若其烟雾指数超过 55% 但是不超过 70%，在过去 12 个月内没有收到罚单，并且车主在被检查测试之后 45 天之内向 CARB 提交了车辆及发动机维修的证明，则可以被免责。如果 1991 年之前的车辆发动机烟雾指数达到或者超过 70%，1991 年之后的发动机烟雾指数超过 40%，且在过去 12 个月没有收到罚单，并且在被检查测试之后 45 天之内向 CARB 提交了车辆及发动机维修的证明，罚款 300 美元。若 45 天内没有提交维修证明，罚款 800 美元。如果 12 个月之内再次违法，罚款 1800 美元，车辆还要进行重新测试。

ⅲ. 排放控制标签。加州境内营运的车辆必须满足《加州规制法案》（CCR）中规定的排放标准，并且发动机上要有详细、清晰的排放控制标签，标签数据要和发动机的序列号相对应，如果标签丢失或者被篡改，罚款 300 美元，并且在 45 天之内要向 CARB 提供更改材料，若超过 45 天期限，罚款提高至 500 美元。发动机制造商、改装者、经销商、分销商及车主均不能提供空白的排放控制标签。

d. 道路摩托车管理计划。CARB 为减少公路摩托车的污染排放，在联邦《清洁空气法》1978 年修正案第 86 部分"排放检验测试程序"的基础上，建立了加州摩托车蒸发和测试程序（加州规制法案 CCR 第 13 部分），要求道路摩托车辆必须通过特定的测试程序，证明摩托车符合经认证的排放标准。同时，CARB 开展了道路摩托车管理计划（on-road motorcycle regulation），对摩托车的排放标签和保养程序进行相应监管。

《加州规制法案》（CCR）中明确了对公路摩托车排放的认证制度，包括公路摩托车适用的排放标准、认证程序、排放标签和维修保养等。制造商在加州销售的车辆要通过加州 CARB 的摩托车管理认证计划。加州对道路摩托车和非道路摩托车的认证申请分为 2 个部分：一是摩托车和发动机的排放数据和描述、排放控制系统；二是排放控制标签的格式、参数。制造商向 EPA 认证系统中上传的数据将会被自动转发到 CARB 的排放控制系统。

《加州健康安全法案》第 39041 部分对摩托车进行了详细定义，CCR 第 13 部分对摩托车的排放限值和蒸发排放限值作出规定，对于使用汽油、柴油、乙醇、混合动力等不同燃料类型的摩托机动车，其蒸发排放限值是不同的。1958 年之前加州摩托车测试程序采用 EPA 的测试程序，2001 年之后的摩托车排放测试程序采用加州 CARB 独立的标准，2012 年 3 月份对排放测试程序进行了第五次修正。

如果要修订已经执行的公路摩托车排放计划，CARB 需要召开听证会，听证会参与方同意后，经 CARB 董事会决议，批准修订相关法规，计划的修订版需要向公众公示。

e. 道路卡车控制办法。加州对道路卡车和客车的控制非常严格，对于在加州使用柴油燃料的所有卡车、公交车、拖车和运输机组的车辆都要安装颗粒过滤器，以满足环保署清洁空气质量标准，车辆运输者可以通过所营运车辆的型号在 CARB 的网站在线查找车辆的污染和排放状况，并填写柴油车调查问卷，为 CARB 提供监管建议。

ⅰ. 管理对象。为减少柴油颗粒物和 NO_x 及其他污染物排放，2011 年重新确立了关于柴油车排放控制的修正案，涉及的干系人包括在加州范围内运营、拥有、租赁等各种形式行驶在加州道路上的个人、公司、组织、学校、政府，以及在加州范围内的销售商，控制对象包括道路上的柴油车辆、双燃料车辆、替代柴油车辆。

ⅱ. 通用要求。自法规适用之日起，所有车队卡车车辆排放必须符合法规要求，法规明确了不同时间阶段不同类型车辆所适用的法规条款。自 2015 年起，总重低于 260000lb 的车辆（校车除外）必须遵守法规 2025（f）条的规定（表 5-42）；2012 年起，总重高于 260000lb 的车辆（校车除外）必须遵守法规 2025（g）条的规定（表 5-43）。2012 年起，所有校车必须遵守 2025（k）条的规定；2021 年起，所有私人车辆必须遵守 2025（i）条的规定。

表 5-42 车辆总重低于 26000lb 的发动机型号年限适用时间表

适用日期	在用发动机年限	要求
2015	1995 & 更旧	
2016	1996	
2017	1997	
2018	1998	
2019	1999	等价于 2010 年车型基准年排放
2020	2003 & 更旧	
2021	2004~2006	
2022	n/a	
2023	所有机动车	

表 5-43 车辆总重高于 26000lb 的发动机型号年限适用时间表

发动机模型年限	车辆发动机安装适用时间	2010 年发动机适用年限
1993 年及以前	n/a	2015 年 1 月
1994~1995	n/a	2016 年 1 月
1996~1999	2012 年 1 月	2020 年 1 月
2000~2004	2013 年 1 月	2021 年 1 月
2005~2006	2014 年 1 月	2022 年 1 月
2007 年及之后	如果不是原始装备,2014 年 1 月	2023 年 1 月

ⅲ. 执行机制。金融公司为那些遵守卡车和客车排放规定的车队和汽车租赁企业提供排气装置改造的贷款和融资。为实现 EPA 清洁空气质量标准,实现公众健康的目标,在加州营运的卡车和客车制造商需要通过安装颗粒过滤器来改造现有的车辆发动机,或者重新安装更为清洁的发动机。CARB 为那些能够阐明理由的需要延长监管申报的制造商制定了稍为宽松的期限,但是仍要满足 2012~2023 年间减少污染物排放的目标。2010 年加州政府通过的卡车和客车排放控制法规修正案,经公众听证会 15 天后,向公众公示修改版本。

为减少柴油车污染物排放,CARB 要求私人或者联邦政府拥有的卡车和客车要在网上填报监管报告(由于校车有独立的监管报告,可不需要在网上申报),如果从车队购买或者销售了发动机颗粒过滤器装置,或者是升级了发动机装置,则购买者或者销售者需要在 30 天之内向 CARB 申报信息。

为了使法规的执行更具有灵活性,CARB 可以颁发一个"三日通免税表"的临时许可证,允许在加州境内的车队在一年之内可以经营一辆不符合节能和减排要求的柴油车辆。

ⅳ. 公共参与和信息公开。不同的干系人通过自愿向 CARB 提供其柴油车辆的参数,CARB 会根据干系人的类型,帮助不同干系人寻找潜在的对干系人有帮助的资金资助计划。CARB 对以下柴油车运营者和拥有者提供相应的资金支持:公共运营机构、固体废物收集车辆;越野车、柴油车、固定式柴油发动机/便携式柴油发动机、越野大火花点火设备、货物装卸设备。

2012 年加州政府通过了车队认证状态报告制度,车队拥有者有责任登录他们的在线账户向 CARB 报告他们的完整信息,CARB 也将那些遵守卡车控制办法的公司在网上进行公布，任何人都可以搜索查看他们雇佣的货车和客车车主是否遵守卡车控制办法。

f. 购买电动车辆的奖励计划。如果购车者在加州范围内购买电动汽车，电动汽车资源中心会根据消费者购买的不同的技术、类别的电动车辆，提供相应的经济刺激，包括免税、打折和其他激励措施。电动车辆的类别主要包括纯电动车（BEV）和插入式混合动力车（PHEV）。如果消费者购买插入式混合动力汽车，联邦可给予税收抵免达 7500 美元，并给予清洁汽车返回折扣 2500 美元，共节约 10000 美元的成本。在公共场所充电时可享受免费充电或者低价充电，驾驶电动汽车即可使用多乘客（HOV）专用车道。加州插入式混合动力车辆的成本减免见表 5-44。

表 5-44　插入式混合动力车辆的成本减免

2012 年车辆	零售价/美元	联邦税收抵免/美元	CA 清洁汽车回扣/美元	退税调整后成本及税收抵免/美元
雪佛兰 Volt 插入式混合动力低排放封装	39145	7500	1500	30145
福特福克斯电动	39200	7500	2500	29200
三菱 i-MiEV 电动汽车 ES 电气	29125	7500	2500	19125
三菱 i-MiEV 电动汽车 SE 电动	31125	7500	2500	21125
日产 Leaf SV 电气	35200	7500	2500	25200
日产 Leaf SL 电气	37250	7500	2500	27250
丰田 RAV4 电动	49800	7500	2500	39800
丰田的普锐斯插电式混合动力车	32000	2500	1500	28000
丰田的普锐斯插电式混合动力车高级	39525	2500	1500	35525

目前市场上销售的电动汽车车辆类型主要有电池电动汽车（BEV）和插电式混合动力汽车（PHEV）两大类别。虽然大多数加州消费者认为电动汽车过于昂贵，但是从节省燃油成本、降低维护费用、可获得州政府的奖励等方面来考虑，购买电动车辆是一种成本收益较好的选择。与汽油驱动车辆相比，驾驶电动汽车成本更低，约为 0.1 美元/（kW·h），相当于每加仑（1 加仑≈3.785dm³）汽油的成本不到 1 美元。

g. 贷款援助计划。CARB 为车队和小企业专门开发了创新融资方案，方案包括贷款、贷款担保和其他机制，使得小企业主更容易获得贷款和融资的机会，协助这些中小企业达到 CARB 法规的要求。

贷款援助计划中涉及的干系人主要有 CARB、州财政局、加州污染控制融资管理局等政府部门、金融机构、中小企业。主要模式是由州财政局或者融资管理局出资，经费由 CARB 进行管理，符合贷款条件的中小企业可以以较为优惠的贷款利率向金融机构贷款，市场利率和优惠利率之间的差价是由 CARB 进行补贴的，即类似于一种贷款贴息的政策。

CARB 收到了美国复苏与再投资法案（ARRA）的资助，以帮助小企业在早期遵守 CARB 的非道路交通排放法规，减少柴油车和有毒污染物的排放。CARB 和加州污染控制融资管理局（CPCFA）联合协助推动贷款援助计划，帮助建筑、农业机械为主的小企业获得贷款，使小企业有资金更换环保的非道路车辆设备、便携式柴油机设备、船舶、船舶柴油机设备等，或者购买安装 CARB 认证的排放装置，使这些非道路交通移动源能够遵守 CARB 在用非道路柴油车法规、便携式柴油发动机有毒污染物控制政策以及商业港口控制法规。

获得贷款援助的中小企业要具备以下条件：建筑业、采矿业、农业机械等公司具有非路上柴油车设备、便携式柴油车设备，或者具有柴油船舶/发动机，企业规模低于 500 人，并且大部分公司员工居住在加州，公司的主要运营业务也在加州范围内。

获得贷款的企业必须将贷款应用于升级更为清洁的柴油发动机设备，如更换为 CCR 第 13 部分要求的一级、二级或者三级标准，发动机引擎升级为 CCR 第 13 部分中要求的二级、三级和四级标准的设备。柴油车辆或发动机只能更换为同种类型或同种马力（1 马力 ≈ 746W）的更为清洁的二级、三级或者四级设备。

CARB 发布了道路交通重型汽车空气质量贷款计划，2007 年 10 月由州长签署成为法律。议会法案 118 条通过了 2 项刺激性法案，即由加州能源局负责的替代和可再生燃料的技术创新法案和 CARB 负责的空气质量改进计划（AQIP）。2008～2009 年度州预算从空气质量改进计划中一次性拨款近 3500 万美元，专门设立基金来实现重型汽车空气质量的贷款计划，以使得道路在用公共车辆和重型卡车能够达标排放。

空气质量改进计划（AQIP）主要是由 CARB 和州财政办公室合作执行，CARB 开发了重型车辆空气质量改进计划，为在加州范围内部分符合条件的在用卡车提供财政援助。截至目前，CARB 已经通过贷款协助等途径提供了将近 3.4 亿美元的融资机会。在市场竞争激烈、贷款利率有困难的大环境下，CARB 的资金主要用于给融资困难的小型卡车车队提供帮助。

获得贷款的中小企业必须具备以下条件：公司员工少于 100 人，过去三年的企业年平均收入低于 1000 万美元，公司的主要经济影响产生在加州（机动车行驶里程大部分在加州，公司的主要业务在加州）。在满足以上条件后，还必须满足公司拥有少于 40 辆重型车辆的车队。

小企业若想通过该计划申请贷款，需要根据 CARB 计划和 AQIP 借款人资格的要求，提交相关申请。贷款资金只能用于购买符合 CARB 要求（加州在用卡车和客车法规及重型车辆温室气体规例）的道路柴油重型车辆和设备。新购道路柴油重型车辆和设备符合 2007～2009 基准年新的重型车辆认证标准，排放标准需达到或低于 $1.20g/(hp \cdot h)$ NO_x 和 $0.01g/(hp \cdot h)$ 的颗粒物；符合 CARB 2010 年后的型号的拖拉机搭载排放标准；符合美国 EPA 批准通过的 Smartway 空气动力学技术要求；符合 CARB 认证的柴油车排放控制装置。

h. 自愿加速车辆退休报废计划。据加州 2009 年关于加速轻型车辆的退休计划的议会报告公布，新车比那些老旧车辆的排放要清洁 97%，但是 2010 年洛杉矶地区仍有约 20% 的烟雾排放是由小汽车、轻型卡车、皮卡车等移动源造成的，这些老旧车辆车龄大多超过 10 年，因此，为了满足联邦清洁空气质量达标的最后期限，CARB 制定了方案，以促进老旧车辆的淘汰。基于此，加州和地方空气资源管理局两个层面分别采取相关政策，CARB 联合汽车修理局（BAR）采取了州际消费者援助计划，地方空气资源局实施管理资源加速车辆退休报废计划（VAVR）。VAVR 又名汽车报废或者老旧车辆返还计划，VAVR 最初的目的是使那些在加州运营的老旧、高污染车辆能够更加及时地退休，而被更新的、更清洁的车辆所替代。

该计划具体是指对那些还没有到达报废年限的车辆，但是使用年限已经较长，而且产生较高的污染排放，这些车辆的所有者若自愿让车辆退休，将收到一笔现金补偿或者其他经济鼓励。

ⅰ.CARB 加州空气资源局消费者援助计划。车辆提前报废计划可以通过州或者地方两种方式实施。加州层面，CARB 联合加州汽车修理局（BAR）采取了一项消费者援助计划（CAP），那些没有通过最后一次烟雾测试的车辆，如果车主符合低收入人群及其他登记申请条件，CARB 可以提供消费者援助，消费者可以申请援助计划。如果车辆没有通过烟雾测试，加州汽车修理局将对提前报废车辆的车主予以 1000～1500 美元的经济激励，这促进了清洁车辆的更新和置换，有利于降低移动源的排放。CAP 计划申报的要求：一个人不能在一年内连续申请 2 辆车辆报废的机会；被商业、组织或者车队所有的车辆不能申请；车辆类型包括客车、卡车、运动型多功能车（SUV）、不超过 10000lb 的面包车。

自计划实施以来，共 88000 辆汽车被淘汰，235000 辆汽车收到维修补助。车主也可以通过加州各空气质量管理区的车辆自愿加速报废计划（VAVR）申报车辆退休。

ⅱ.加州各地区空气质量管理区（AQMD）。加州范围内实施 VAVR 计划的地区空气质量管理区有：羚羊谷空气质量管理区（Antelope Valley AQMD）、莫哈韦沙漠空气质量管理区（Mojave Desert AQMD）、湾区空气质量管理区（BAAQMD）、圣路易斯奥比斯波县空气污染控制区（San Luis Obispo County APCD）、圣巴巴拉县空气污染控制区（Santa Barbara County APCD。加州法律中允许将空气管理区域机动车资金用于轻型车辆的报废计划，对于当地空气质量区域，这项政策是非强制的，因此，并非所有的地区空气质量管理者都需要执行资源加速车辆退休报废计划。CARB 为促进移动源的达标排放，运用遥感或其他技术识别那些可能会参与该计划的潜在候选人。CARB 并不直接对此项计划进行管理，CARB 只负责对那些需要执行此项计划的空气质量管理局制定规则并提供政策指南，加州各个空气质量管理区具体负责 VAVR 计划的执行（不是所有的空气质量管理区都采取了此项计划，各管理区根据自身情况自愿采取）。

所有参与 VAVR 的地区空气质量管理区均应配合 ARB 对 VAVR 的企业进行监管和审计。根据联邦、州、地方的法律、法规及条例，地区空气质量管理区应对运营企业的减排信用的使用情况等进行审核，和 ARB 共同对减排信用进行认证和拒绝。

ⅲ.退休车辆车主和 VAVR 企业运营者。机动车车主和 VAVR 运营企业必须在自愿的原则下进行车辆退休申报，自愿达成双方价格，VANR 的车辆要出售给运营商或者被 ARB 认可的其他运营商，必须通过一些功能性和设备性的检查，车辆类型包括：客车、轻型卡车、皮卡车、运动型多功能车（SUV）、车辆总重不超过 8500lb 的面包车。机动车操作性能良好，包括里程表、门、仪表、玻璃、座椅、踏板、保险杠、车灯等一切车辆的设施运转正常。

车辆设备要求：所有车门、发动机罩盖、仪表盘、挡风玻璃、至少一个侧窗玻璃、司机座位、至少一个缓冲器、排气系统、至少一个前大灯、尾灯 1、一个刹车灯等。

车辆操作要求：必须通过车辆自身动力开到 CAP 项目申请地，而不能是被拖拽至 VAVR 企业所在地；汽车发动机容易启动，通过普通的手段，而无须使用启动流体或外部升压电池。车辆驾驶性能不会受到任何伸提、转向或悬浮液的破坏等等。

车主要填写机动车自愿加速提前退休功能性和设备性检查申请表。对于 VAVR 企业运营者的要求：根据加州机动车守则（vehicle code）和其他商业守则规定要求，在车辆部门的监管下，购买后对机动车进行处理或者自动拆卸，或者在车辆购买后为车辆拆卸，有被正式授权的车辆拆除设备。VAVR 的企业运营商在开始运营的 30 日之前，必须向当地空气质量管理区提交符合特定格式的书面告知材料，报告材料包括企业运营商名称、地址、汽车拆卸设备许可证、运营的开始及结束时间、车辆引进时间，符合当地水、土壤、地下水、能源等各个方面的法律法规。当地空气质量管理区有权力对那些不符合条件的运营商拒绝发放许可证。当地空气质量管理区应有专门的资金和费用，足以覆盖这些审批流程所需成本。每个月的 5 日，企业运营商要向当地空气质量管理区提供申请提前退休的车辆清单（在下次烟雾检测 61～90 日内），机动车信息包括机动车识别码（VIN）、车牌号、机动车车型年份、里程表及车辆所有者的姓名、电话、身份信息等。如果车辆运营商不能恢复机动车部件，则在 90 日内必须压碎，车上的部件禁止再利用和售卖，压碎后的退休车辆只能用于废旧金属回收，在压碎等过程中出现的流体物质等均要符合当地对于水环境等的要求。

排放信用的产生是由于 NO_x、ROG、CO 和 PM 的减排量，当地空气质量管理区提供减排信用的因子，对于那些 61～90 日内即将参加烟雾检测的申请提前退休的车辆，只有当车辆通过烟雾检测后，运营商才可获得减排信用。每个区按照 ARB 的管理规则对那些符合条件的 VAVR 运营商批准和发行减排信用许可。如果违反管理规定，例如伪造信息和数据，则违反了加州健康安全法则，并且减排信用将被取消。

ⅳ. 资金来源。VAVR 的资金来源于卡尔莫耶计划（Carl Moyer program）的资助，这项计划于 1998 年创建，在最初的 12 年里提供了 6.8 亿美元的资金用于清洁 24000 辆引擎。2010～2011 财政年通过这个项目提供了 6900 万州级资金，这个卡尔莫耶计划的前四年的资金来源于年度财政拨款，第五年和第六年的资金来源于议会 2002 年加州清洁水、清洁空气、安全社区、海岸保护提案的第 40 条。自第七年开始，资金主要来源于：烟雾削减费，健康安全法则 44091.1 中规定新车烟雾检查豁免 6～12 美元，年度资金可达 6000 万美元；轮胎费，公共资源法中对新购买的轮胎征收 1～1.75 美元的评估费，每年可达 2500 万美元；机动车登记附加费，每辆车征收 2 美元（各个地区标准可能不一致，2～4 美元）。机动车登记附加费资金可以用于：农业资助项目；新购低排放校车项目；车辆加速退休和维修项目。2010～2011 财政年征收了 500 万美元。

卡尔莫耶资金用途：更换清洁引擎、发动机改造、新购买低排放车辆、机动车车队现代化设备更新、自愿报废车辆等。

ⅴ. 政策效果。车辆自愿淘汰计划对于迅速淘汰高排放车辆是一种成本有效的手段，对于那些 30 年及以上的老旧车辆不需要执行加州两年一次的黑烟检测计划，因此采用车辆自愿淘汰计划是非常必要的。加州 2010 年的调查报告发现：30% 的小汽车车龄超过了 12 年，它们占据了小汽车行驶里程的 25%，但是排放量却占据了小汽车的 75%；加州各区小范围的车辆报废计划中，每磅烟雾形式的污染物的减排成本约为 1.5～4.5 美元，这和其他减排计划如烟雾检测计划相比成本更低。该计划增加了全加州范围内的基金，拓展了各地区的项目，为那些没有通过烟雾检测计划的驾车人提供了更多的机会，一个每年 3500 万美元的项目，执行三年可以达到每天 7～10t 的烟雾形式的污染物减排效果。这项政策达到了加州健康安全法案（health and safety code）44100（e）（1）、44104.5（b）和 44104.5（c）部分去除和修护高污染者排放的要求。

烟雾（毒雾）的排放源包括汽车、卡车、工业源、头发定型剂、剪草机、绘画等。在洛杉矶，机动车是空气污染的主要贡献者。虽然新车比老旧车辆清洁了 97%，但是 2010 年每月有 1/3 的烟雾排放源来自于汽车、小型货车、轻型货车、多用途运载车，其中相当一部分是老旧车辆。在 ARB 的机动车排放清单中，1/2 以上的车辆车龄超过 15 年，1/4 超过 20 年。因此，为达到《清洁空气法》中要求的空气质量标准，加州采取了自愿淘汰老旧车辆的计划。

CARB 1998 年在南加州实施了试点，对于 1001 辆车每辆给予 500 美元的现金补助，这个试点项目的效果是几乎所有的驾车人都卖掉了这些老旧车辆，车辆的车龄为 9～34 年。后续跟踪调查发现 60% 的卖车者更换了新车辆，1/3 的买车者用他们已有的车辆进行了替换，剩下的 7% 的车主更换为其他交通工具如自行车等。

1998 年，按照法律要求，ARB 对 VAVR 计划进行了监管，为那些购买和收回合格车辆的个人运营、市场运营的 VAVR 企业提供监管，并产生了移动源减排信用。这些信用可以为清洁空气积分或者用与商业和工业可供选择的积分，在加州公开市场上进行竞争去购买废弃信用以达到 1994 年 SIP 中洛杉矶地区的减排目标。各个地区的 VAVR 计划差异较大，如海湾地区的 AQMD 自 1996 年至 2004 年分配了超过 1300 万美元，这些资金来源于海湾地区 AQMD 清洁空气交通基金，这项交通基金又来自于每辆车所征收的 4 美元的附加登记费。轻型汽车保费计划依靠各个地区的资金。

i. 低排放校车计划。CARB 低排放校车计划是为了减少学校儿童在空气污染中的暴露程度，降低烟雾污染，减少空气污染物的致癌风险。CARB 和圣华金河谷空气污染控制区（SJVAPCD）签署协议并建立特设基金，对加州校车改造提供相当额度的削减经费，对校车的污染控制设备进行重新改造，有效地减少了颗粒物的排放。

2001 年以来，CARB 已经开始实施低排放校车项目，第一笔启动资金是 5000 万美元，用于减少儿童暴露在烟雾和致癌物空气污染当中，截至 2008 年，加州政府已经拨款总额超过 1 亿美元，取代了公立学校中最古老的污染最为严重的 600 辆校车，给 3800 辆柴油校车安装了经 CARB 认证的污染控制设备，大大降低了有毒污染物的排放。

2006 年 11 月，选民通过了低排放校车计划，并在 2006 年公路安全、减少交通、空气质量、港口安全的债权法案中有了明确规定，债券法案授权 2 亿美元对加州的校车进行更新和改造。

2013 年，CARB 和圣华金河谷空气污染控制区（SJVAPCD）签署的低排放校车计划的基金，一部分资金来源于加州柴油机排放削减资金，另一部分来源于 CARB 第三阶段认证的柴油排放控制策略。第一部分资金共 454899～777000 美元，第二部分资金共 322101 美元。这些资金资助了圣华金河谷空气污染控制区的 37 所学校校车减排改造及更新。

参议院法案 88 条中规定了地方空气控制区资金的分配方式，按照不同地方空气控制区 1977 年以前的校车数量以及 1977 年之前校车占 1977～1996 年间校车的比重来分配资金。地方空气控制区从 CARB 拿到的资金，一部分用于给在用柴油校车安装污染控制设施，另一部分资金用于重新购买校车（表 5-45）。低排放校车计划资金有专门的数据库，用以公示基金使用情况和公众问责情况，新车购置和改造计划也在数据库中予以公示。

表 5-45　低排放校车计划资金分配

低排放校车计划资金分配		
地区	1977 年之前车辆数/辆	1977～1986 年车辆数/辆	总分配资金/美元
较大的空气区		
湾区	4	118	8400000
蒙特利	8	90	7100000

低排放校车计划资金分配			
地区	1977 年之前车辆数/辆	1977～1986 年车辆数/辆	总分配资金/美元
较大的空气区			
萨克拉门托	1	134	9100000
圣地亚哥	2	80	5600000
圣华金河谷	10	567	39150000
南海岸	9	1034	70100000
文图拉	4	66	5000000
合计	30	1999	144450000
其他			
合计	36	630	46930000
全州范围内	66	2629	191380000

低排放校车计划中涉及的干系人包括 CARB 和地方空气管理部门、学校、校车经销商，不同机构的通力合作是计划成功实施的重要原因。低排放校车计划是由 CARB 监管，各地区空气控制区负责实施的，同时 CARB 和加州空气污染管制协会（CAPCOA）合作，协助各地区空气控制区实施计划。

能够申请校车更换的利益相关方包括公立学校校方和联合权力机构（JPA），能够申请校车改造的利益相关方可以延伸到为公立学校提供交通运输的私人运营商。对于更换校车的项目，各学校申请的州际项目基金中不能超过 14 万美元，由于资金有限，州级政府要求校车更换项目具有非常好的成本有效性。对于校车改造，每辆车成本不能超过 2 万美元，这个成本包括在校车全生命周期增加的清洁控制设备和购买颗粒过滤器的成本。

在项目执行过程中，校方申请校车更换，可以直接向 CARB 或者地区空气质量控制局提出申请，申请成功后，申请校车更换或改造的一方和执行方（地区空气质量控制局）签订合同，以保障申请方满足 CARB 低排放校车计划中的排放标准和要求，地方空气质量控制局要每半年向 CARB 提交项目的进展情况，确保项目问责明确。

低排放校车计划中的排放限值标准见表 5-46。

表 5-46　低排放校车计划中的排放限值标准

低排放校车计划中的排放限值标准			
2007～2009 基准年	2010 基准年		
NO_x/[g/(bhp·h)]	PM/[g/(bhp·h)]	NO_x/[g/(bhp·h)]	PM/[g/(bhp·h)]
1.44NO_x FEL（家庭排放限值）	0.01	0.2	0.01

注：1bhp=0.746kW。

　　j. 关于消费者的车载诊断（OBD）计划。近期，CARB 提出了一项车载诊断计划，主要针对消费者购买的新型汽车，所有低于 14000lb 的新型汽车直接装上车载电脑，即机动车自我诊断系统，这个系统可以监控车辆使用状态，可以确保车辆性能的正常使用，如果诊断系统检测到问题，汽车仪表面板上的警告灯将会亮起。

　　② 油品干净程度　油品的干净程度直接取决于车辆的燃油标准，加州采用了非常严格

的汽油和柴油标准。同时，为避免燃料生产商质疑标准过严造成减污成本过高的问题，CARB 采取一系列经济刺激计划，允许在更高成本收益比下达到空气排放标准和大气质量标准，通过实施替代燃料经济刺激、燃油经济性标签等项目，有效提高了道路车辆燃油的干净程度，促进了加州机动车的达标排放。

a. 严格的油品标准。车辆使用的任何燃料和添加剂必须通过 EPA 和 CARB 的认证，并说明燃油及添加剂的详细成分，包括蒸汽压力、含硫量以及含铅量，这些燃料不会对机动车减排装置的功能造成任何影响，如不符合燃料和燃料添加剂的规定则不予登记。调整使用化石燃料的移动源的燃料添加剂，彻底禁止有害添加剂的使用。为避免空气中的铅含量过高对儿童造成有害影响，在分配减少燃料中的铅含量的计划中应用该措施取得了令人满意的效果。1990 年提案规定了为降低挥发性化学物质和有毒空气污染物的排放所使用的非标准汽油的法定成分。

《加州规制法案》（California code of regulations，CCR）第 13 标题第 3 部分第 5 章第 2281 条明确规定了柴油的含硫量要求；1993 年 10 月 1 日起，任何人不得出售、供应含硫量超过 500ppm❶的车用柴油；2006 年 6 月起，任何人不得出售、供应含硫量超过 15ppm 的车用柴油。《加州规制法案》（CCR）第 13 标题第 3 部分第 5 章第 2250～2273 条明确规定了车用汽油的雷德蒸气压、含硫量、含氧量、苯含量、含铅量、样本测试等程序。第 2252 条规定了车用汽油的含硫量要求（1996 年的版本）；1996 年 4 月份开始，任何人不得出售、供应含硫量超过 300ppm 的车用汽油；2004 年含硫量标准不得超过 60ppm；2011 年 12 月开始，从生产商、进口商处获得用于销售和供应的车用汽油含硫量不得超过 20ppm。CCR 修订后，加州第二和第三阶段实施的汽油标准见表 5-47。

表 5-47　加州第二和第三阶段汽油标准

项目	下限		平均限值		上限	
	第二阶段	第三阶段	第二阶段	第三阶段	第二阶段	第三阶段
雷德蒸气压/kPa	7.00	7.00/6.90			7.00	6.40～7.20
含硫量/ppm	40	20	30	15	80	60 / 30 / 20
苯含量（体积分数）/%	1.00	0.80	0.80	0.70	1.20	1.10
芳烃含量（体积分数）/%	25.0	25.0	22.0	22.0	30.03	35.0
烯烃含量（体积分数）/%	6.0	6.0	4.0	4.0	10.0	10.0
氧含量（质量分数）/%	1.8～2.2	1.8～2.2			1.8～3.5 / 0～3.5	1.8～.5 / 0～3.5

2000 年之后实施的 EPA 的第二阶段排放标准中要求，汽油的含硫量要削减 90%。2004 年开始，所有的炼油厂生产的汽油含硫量上限不能超过 300ppm，并且企业生产的汽油年度含硫量不得超过 120ppm。2005 年开始，炼油厂生产的汽油平均含硫量不得超过 30ppm，企业平均不能超过 90ppm，总体上限不能超过 300ppm。2006 年，标准变得更为

---

❶ ppm 即百万分之一。

严格，炼油厂生产的汽油平均含硫量不得超过 30ppm，平均最高上限由原来的 300ppm 减至 80ppm。

　　b. 替代燃料和经济刺激计划。CARB 为鼓励有利于减少空气污染物排放的燃料的使用，减少对石油等燃料的依赖程度，CARB 和加州能源委员会联合投资 2500 万美元用于激励替代性燃料的生产和使用，资金用于资助生物燃料、混合动力燃料、零排放燃料的技术开发，对于购买清洁燃料车辆的用户提供退税和信贷等优惠政策，同时还将资金用于消费者的宣传和教育。

　　替代燃料和车辆经济刺激计划由 CARB 和加州能源委员会（CEC）共同实施，这种激励计划以市场为基础，无论是个人车辆还是车队车辆，购买者在加州范围内购买燃油效率较高的车辆，就可以获得经济激励，激励机制包括购买时的折扣、退税等措施。

　　对于加州范围内进行清洁燃料生产的生产制造商，可以获得贷款、贷款担保等生产激励措施。对于加州范围内经销 E85 型号的混合型清洁燃料的销售比例达到 85％，建设这些清洁燃料加油站和加气站可以获得相应的贷款和贷款担保。

　　研究和开发清洁燃料和零排放燃料技术的研究所，也可以获得相应的资助和保证金。

　　研究开发以石油、石油焦炭和煤为燃料的车辆技术的机构不能以任何形式获得加州政府的资助。

　　CARB 和 CEC 共同启动的替代燃料和车辆经济刺激计划，加州其他利益相关方可以对该计划提供资助，主要包括 CARB、CEC、加州水资源控制管理局、加州综合废物管理董事会、加州食品和农业管理局等部门。

　　替代燃料和车辆经济刺激计划的资金分配见表 5-48。

表 5-48　替代燃料和车辆经济刺激计划的资金分配

投资项目	投资金/万美元
混合 E85 燃料(85％的乙醇和 15％的汽油混合)及其他替代燃料	700
小生物燃料生产设备启动资金	500
混合动力电动汽车示范项目	500
交通公交项目	200
鼓励过渡零排放车辆和零排放车辆项目	150
替代燃料车辆研究项目	350
消费者教育和宣传资金	100

　　加州环保局联合 CARB、加州消防局（CAL FIRE - Office of the State Fire Marshal）、加州食品农业测量标志局（CDFA）、加州水资源控制委员会（SWRCB）严格规定了燃料要求及使用指南，规范了燃料使用的健康、安全、环境和公平的市场。

　　加州空气资源局（CARB）被授权采用环境标准、法律法规，最大限度地实现加州移动源减排，使移动源排放达到空气质量标准的要求，CARB 是加州移动源燃料排放控制的唯一监管机构。

　　加州食品农业测量标准局（CDFA）负责监管移动源燃料的数量和质量，保护消费者和行业的公平竞争，对于准入市场的燃料进行认证。加州消防局（OSFM）通过防火工程的开发，保证公众生命和财产免受火灾，对危险燃料的储存和使用进行监管，对于可燃/易燃气体和液体进行管理。加州水资源控制委员会（SWRCB）对于可能引起地下水污染的储存危险物质和废物的地下储油罐进行监管，确保地下储油罐符合相应的标准和维护程序，保障人群健康。

c. 替代燃料转换认证计划。CARB 为新车和在用车辆、发动机的替代燃料提供燃料转换认证程序，允许车辆和发动机使用替代燃料，并提出了替代燃料车辆和发动机转换认证计划，计划中对新的轻型、重型、中型车辆类型和不同发动机型号分别提出替代燃料转换认证和测试程序。

加州法规中规定禁止使用没有经过 CARB 评估和认证的替代燃料如天然气、丙烷等。如果转换完成之前，车辆的法定所有权已经转移到最终购买者身上，则原始设备制造商必须遵守 CARB 的新车和发动机的认证要求。CARB 鼓励制造商在接收认证之前提前提出申请。

加州认证法规采用 EPA 的认证和测试程序，对于新的轻型和中型道路替代燃料转换认证，适用于以下规定和测试程序：

ⅰ.用于中型车辆、客车和轻型卡车的 2001～2014 年间加州废气排放标准和测试程序，2009～2016 年间温室气体排放标准和测试程序。

ⅱ.用于客车、轻型卡车、中型车辆的加州 2015 年及以后污染物排放标准和测试程序，2017 年及以后温室气体排放标准和测试程序。

ⅲ.2001 年和以后的型号汽车适用加州蒸发排放标准和测试程序。

ⅳ.加州环境性能标签适用于规格为 2009 年和随后的车型年份乘用车、轻型卡车、中型客运车辆。

ⅴ.2004 年级以后的轻型卡车、中型车辆和发动机遵守《加州规制法案》CCR 第 13 部分 1968.2 章节中规定的故障诊断系统要求。

对于新的重型和不完整的中型道路上的替代燃料转换认证，适用下列规定和测试程序：

ⅰ.加州尾气排放标准和测试程序适用于 2004 年及以后型号重型奥托循环发动机。

ⅱ.截至 2012 年 12 月 31 日（最后修订日期 2012 年 12 月 6 日），2004 年及以后型号重型柴油发动机和车辆适用加州尾气排放标准和测试程序。

ⅲ.截至 2012 年 12 月 31 日（最后修订日期 2012 年 12 月 6 日），加州 2001 年及后续型号的乘用车、轻型卡车和中型车辆的废气排放标准和测试程序。

ⅳ.2001 年及以后的汽车适用加州蒸发排放标准和测试程序（2012 年修订）。

ⅴ.2010 年及以后的型号年重型发动机遵循 CCR 13 部分 1971.1 章节车载诊断系统要求。

③ 车辆燃油经济性和环境绩效标签　1998 年开始，加州销售的所有新车上都标有汽车的烟雾指数标签，目标是使消费者更清楚地看到不同车型在不同模式下的烟雾排放量。2005 年由加州议会法案通过签署成为法律，要求 CARB 重新设计烟雾指数标签，将温室气体排放情况也加入标签中。

环境绩效标签制度中主要涉及的干系人有 CARB、机动车生产制造商和消费者。CARB 根据环保署和加州环保局的要求，实施新生产的机动车辆燃用经济性和环境标签制度，批准通过先进的清洁车辆规则。

对于机动车生产商，在新车上必须贴上环境绩效标签，标签内容包括车辆使用的燃料类型（柴油车、汽油车、压缩天然气汽车、氢燃料电池汽车、E85 乙醇燃料汽车、插入式混合动力汽车、电动汽车）、车辆燃油经济性标准、年平均燃油成本、5 年内节约的燃油成本等信息。

消费者只需要输入所拥有车辆或者拟购买车辆的类型和代码，就可以获知车辆的碳排放指数和可节省的燃油量，并且可将此种混合动力和电力车辆的燃油经济性与其他类型的车辆进行比较，同时可以看到车辆的"烟雾评级"指数，给消费者提供了更多的环保信息。

④ 货油舱油气回收计划（cargo tank vapor recovery） 货油仓油气回收计划的政策目标是减少汽油货船在运输和营运过程中排放的可挥发性有机物（VOCs）的排放，所有货运船舶需要安装货油舱的油气回收捕获系统。这项计划是由 CARB 认证的《加州健康和安全法规》（HSC）第 41962 条所规定的，该规定要求汽油货船的运送必须在 CARB 的在线认证系统上提交认证申请，并通过 CARB 货油舱油气回收测试程序。如果货运船舶排放的污染物对人群造成伤害，船舶运输者和拥有者将面临相应的刑事和民事处罚。

a. 信息机制。2013 年 8 月，CARB 专门召开研讨听证会讨论货油舱油气回收计划中的汽油分配设施（GDFs）的认证和测试程序，参加研讨会的对象为所有货油舱油气回收计划中可能涉及的所有利益相关方。CARB 提供货油舱在线认证系统，所有货油舱油船只必须在在线认证系统上进行注册，公司的测试者（测试仪）或所有者、运营者在 48 小时内提交测试申请，测试仪将会在 48 小时内反馈测试通知，所有者/运营者提交认证申请。CARB 对货油舱进行年检，年检的内容主要有压力衰减、真空状态、内部气相阀等测试。

b. 执行机制。CARB 负责货油舱油气回收计划法律法规的执行，《加州健康和安全法规》第 3 条中对违法行为的处罚有明确规定。其中包括刑事处罚规定、由于疏忽或者操作不当引起的污染物排放超标并造成伤害的刑事制裁、不采取纠正措施或伪造文件的刑事制裁、故意排放空气污染物的处罚。

任何人违反了《加州健康和安全法规》中法律、法规、许可，根据法律规定，将会根据违法的轻重程度受到 1000 美元的罚款或 6 个月的拘禁。任何人不得运营、操作没有经过认证的货油舱油气回收罐车。

c. 资金机制。州政府对油罐车、货油舱油气回收的认证将收取一定的费用，但是收取的费用不能高于认证的成本，费用由加州公路巡警部收取，并存放在州级交通基金机动车账户中。加州公路巡警部将此部分基金转移给空气污染防治基金，用以偿还加州货油舱油气回收的认证费用。

⑤ 行驶速度、行驶里程 在加州，通过提高道路车辆的行驶速度、鼓励居民减少车辆的行驶里程等手段是减少道路移动源排放的综合性管理措施。为此，加州实施了缓解交通拥堵和空气质量的改善计划，并通过经济刺激等手段鼓励公众或者企业采取各种自愿性措施。缓解交通拥堵的自愿性措施包括基于雇主的交通管理项目（拼车、班车等）、灵活的工作时间和计划、区域顺路搭车的奖励、鼓励减少车辆怠速等灵活性的政策手段。

由于交通拥堵增加了道路移动源的排放，2005 年《美国交通运输公平法案》第 1101、1103 和 1108 条中要求议会通过缓解交通拥堵和空气质量的改善计划（congestion mitigation and air quality program，CMAQ），该计划主要由联邦高速管理局（Federal Highway Administration，FHWA）专门负责实施，并设立了专项基金资助那些臭氧、CO 和颗粒物没有达到国家空气质量标准（NAAQS）的地区，2005~2009 年间设立了 86 亿美元专项基金，用于改善由交通拥堵造成的空气污染问题。CMAQ 计划中资助的项目包括：自行车和行人基础设施、弹性工作制及远程办公、共乘车辆停车费补贴、基于雇主的交通管理项目补贴、公共交通补贴等项目。这些经济刺激类和劝说鼓励类手段可以有效缓解道路交通拥堵情况、提高道路车辆通行速度、减少车辆行驶里程，从而减少机动车污染物排放。

　　a. 车辆共乘和专用车道。车辆共乘制度可以减少道路上交通流量、减少对道路空间的使用、减少车辆的人均行驶里程，从而减少道路交通污染物的排放。美国各地区交通拥堵的重要原因就是车流量过大，这是因为多数家庭或者居民选择独自开车出行。20 世纪初，联邦交通公路局年度报告统计结果显示，在美国就业人群的出行方式选择中，自驾车出行的比例高达 73%。因此，通过鼓励居民共乘车辆出行的方式可以大大减少交通流量，提高车辆通行速度。车辆的共乘包括私人轿车共乘和中小型客车共乘等方式。

　　为了推进车辆共乘制度，联邦议会于 1978 年通过了《地面交通援助法》，要求联邦政府交通部长协助各州和地方政府革除法律上和管理方面的障碍，以推进共同乘车计划。加州也专门出台了鼓励车辆共乘的政策。加州南岸空气质量管理区规定所有雇用职员在 100人以上的企业，必须参与包括车辆共乘制度在内的各种形式的交通系统管理计划，以削减交通高峰期的流量，并且要求企业之间可以自发组织交通管理协会，鼓励员工共乘车辆上班以及乘坐班车上班。一些公司禁止为独自开车通勤的雇员提供免费停车位；为共同乘车上班者提供免费停车位；为职员共同乘车提供通勤班车；为乘坐公共交通的职员给予相应的交通补贴。

　　另外，如果居民选择轿车共乘的方式，州政府会给予停车优惠、免费或者打折使用专用车道等激励政策，美国部分州要求只有满足一定承载率的车辆才能使用 HOV 车道，目的就是鼓励车辆共乘和公共交通，减少车辆的人均行驶里程。加州范围内实施的多乘客（HOV）专用车道，规定乘客至少为 2 人才能够使用此车道，但是如果驾驶人驾驶的是零排放车辆、混合动力车辆等清洁车辆，车辆上贴有白色零排放车辆的标识，则驾驶人可以使用 HOV 专用车道。如果车辆没有达到相应的承载率，使用此专用车道需要支付一定的成本，即 HOT 车道制度是 HOV 制度的进一步延伸，相比之下 HOT 专用车道制度更加灵活（表 5-49）。这种通过价格机制的约束有效提高了道路的通行能力，改善了区域交通系统的绩效，降低了社会成本，减少了道路交通污染水平。

表 5-49　美国不同地区 HOT 车道专用制度实施情况

实施区域	HOT 专用车道制度要求
得克萨斯州	单人乘坐车辆禁止通行；2 人乘坐车辆支付相应费用；3 人及以上车辆共乘使用此车道免费通行
明尼苏达州、加利福尼亚州、科罗拉多州	单人乘坐车辆缴费；2 人及以上乘坐车辆免费通行
犹他州	单人乘坐车辆缴费；2 人及以上乘坐车辆免费通行；清洁燃油车辆免费通行

　　b. 弹性工作制和远程办公。弹性工作制主要是指员工灵活、自主地选择工作方式和工作时间，主要包括灵活上下班、网络办公等方式。主要通过对居民的出行时间进行管理，减少特定时间的出行，从而减少高峰期的交通流量和减少道路车辆的行驶里程。

　　弹性工作制最初是在 20 世纪 60 年代由德国经济学家提出的，通过实施弹性的工作时间和灵活上下班的方式来缓解大型城市交通拥堵的问题。在美国加州，有将近 40% 的公司为员工提供了灵活上下班时间制度或者是网络办公方式。

c. 停车政策及拥堵收费。在《清洁空气法案》实施之前，美国各大城市停车政策及规则主要是以满足机动车驾驶者的出行需求而设定的，因此，宽松的停车政策造成了交通拥堵、环境空气质量的恶化等问题。据加州交通管理局数据显示[39]，约有30%的车辆存在路内违法停车的现象。自《清洁空气法案》颁布之后，为了满足空气质量达标的要求，洛杉矶等大城市逐渐提高路内停车的收费标准、禁止路内停车现象的发生、禁止或者限制卡车等类型的车辆在特定时间和区域内的行驶和停放，对于违法车辆采取高额的处罚。目前随着管理技术的进步，各城市通过采取车辆牌照拍照技术来识别车辆信息，减少了车辆在高峰期期间的通行量，同时予以配套的政策包括交通需求管理政策（traveldemand management，TDM）和公共交通优先政策（public transit priority，PTP），满足出行者中心区步行可达、公共交通优先发展等出行需求，减少机动车的使用和空气污染物的排放。

（3）管理机制

① 干系人责任机制　涉及的主要干系人包括联邦、州、地方政府、机动车生产商、燃料供应商、驾车人、环保组织等。环保署负责制定强制性的标准，CARB负责制定比《清洁空气法》更为严格的移动源排放标准，并主要负责道路和非道路交通的排放控制管理。机动车生产商要对机动车在出厂之前进行检测，即将汽车生产点的污染控制与使用中汽车排放控制结合在一起考虑，通过认证计划以及联合加强计划来管理新车污染排放标准。燃油供应商要使任何燃料都经过EPA认证，不会对机动车减排装置的功能造成任何影响，并提供排放对公众健康或福利的影响程度。鼓励驾车人购买燃油经济性好的车辆，环保组织对移动源的排放实施监督。

美国对新车的管理主要依靠排放行为标准，将排放行为的责任重点放在汽车生产厂商，而不是驾车人。理由之一是，相比直接管控驾车人，这样可使行政当局的管理成本降低。还有一个理由是，对生产厂商设立严格标准，可为创新的清洁车技术发展提供更大的经济激励。

美国加州移动源控制管理中各干系人责任机制见表5-50。

表 5-50　美国加州移动源控制管理中各干系人责任机制

干系人		责任分配
政府	环保署（EPA）	制定强制性的移动源常规污染物、有毒污染物、温室气体的排放标准，制定燃料及添加剂的排放标准，制定监测规范，实施检查维护（I/M）制度，实施认证计划和联合加强计划
	加州空气资源局（CARB）	遵守环保署制定的强制标准，可制定严于环保署的排放标准，并对其他干系人的排放行为进行检查、监督，给机动车制造商颁发许可，实施检查维护（I/M）制度，实施认证计划和联合加强计划
机动车生产商		生产符合环保署规定排放限值的车辆，对新车实施排放检测、认证计划和联合加强计划
燃料供应商		提供符合环保署规定排放限值的燃料，尽可能提高燃油经济效率
机动车驾驶人		购买燃油经济性高的车辆替代旧车辆，减少校车空运量，公开排放量信息等
公众及环保组织		对其他干系人的行为进行监督，运用劝说鼓励类手段促使移动源排放减少

② 机动车使用燃料制度以及清洁燃料制度的管理　在美国，环保署（EPA）要求任何燃料和添加剂必须通过环保署的认证。加州空气资源局（CARB）对于机动车及其燃料实施了更为严格的标准，燃料制造商必须说明燃油及添加剂的详细成分，包括蒸气压力、含硫

量以及含铅量，这些燃料不会对机动车减排装置的功能造成任何影响，如不符合燃料和燃料添加剂的规定则不予登记，燃料生产供应商还应提供燃料或者添加剂的排放对公众健康或福利的影响程度。对于新配方汽油，环保署规定汽油的含氧量不少于质量的 2%，苯体积含量不超过 1%，禁止含重金属（铅、锰等），对于燃料含有的挥发性芳烃或有毒物质规定了严格的排放限值，很好地从源头防止了有害燃料和燃料添加剂融入市场的可能性，加强了移动源的管理。

③ 新车的认证制度管理　在加州销售的所有类型汽车和发动机必须通过认证计划。认证车辆类型包括新型乘用车（PC）、轻型卡车（LDT）、中型车辆（MDV）、路上摩托车（ONMC）、越野摩托车（OFMC）、全地形车（ATV）、越野型多功能车（UV）、越野运动车辆（SV）、砂车（SCAR）、电动休闲车（OHRV）、高尔夫球车（EGC）、重型引擎（HDE）和城市公交车（UB），以及新的路上车辆压缩点火引擎（OFCI）车辆。如果车辆制造商和销售商违反了这一认证计划，则每辆机动车处以不低于 5000 美元的罚款。

车辆制造商和销售商要保证出厂和销售的新车在其整个车辆使用寿命周期内都符合 EPA 及 CARB 要求的排放限值标准，并通过 EPA 和 ARB 联合认证。以 ARB 颁布的低排放车辆管理法规为例，机动车生产制造商每个年度将包括客车、轻型卡车、重型汽车等不同类型车辆的信息提交给 CARB 和 EPA，这些信息包括车型、车辆数量、车辆排放标准等，CARB 要求通过认证的原型车辆必须符合环保署《清洁空气法案》对车载诊断系统、防篡改、油箱填充管等系统的要求。与排放相关的任何车辆的改动和变化必须经由 EPA 和 CARB 批准才能进行，CARB 委托专门的、唯一的车辆认证机构对出厂和销售的车辆进行认证测试。CARB 分别为每种车型的车辆颁布不同的排放认证测试程序和行政命令，这些认证信息应包括车辆生产年份、制造商、执行订单号、发动机种类、车辆类型（包括车辆品牌、种类等）、排放标准分类、发动机排量、发动机类型、燃料类型、替代燃料类型等全部信息。

④ 在用车辆检查与维护（I/M）制度管理　美国是执行检查与维护（I/M）制度较早的国家，要求也比较严格。检查与维护计划的目的就是通过识别不同类型高排放或者是需要维修的车辆，并通过对高排放车辆的车主或者运营商做出通知，让车主和运营商对车辆进行及时修理，以保证车辆达标排放和空气质量改善。美国各州根据空气质量的不同实行不同的检查与维护（I/M）制度，其中包括 I/M 制度的管理机构、检测方法、检测周期、培训计划以及质量保证体系等。实行不同 I/M 制度的基准是空气质量的不同，《清洁空气法》第 182 部分规定，如果规定的地区没有执行相关的检查与维护（I/M）制度，则要受到一系列制裁，各州要根据本州的空气质量达标计划，向 EPA 提交详细的 I/M 计划的内容和实施进展。加州执行了较为严格的检查与维护（I/M）制度及限值标准。

环保署要求 1990 年《清洁空气法修正案》发布之后的 12 个月以内，各州要重新修改、更新、制定其检查与维护制度，不同的州根据各州空气质量达标的规划，制定本州的 I/M 制度。一套完整的检查与维护制度包括政策法规、基本规范参数、测试程序和有关政策、测试设备、质量控制保证、维修人员资质鉴定等方面。检查与维护必须包括对车辆的监测频率、检测类型、车辆注册地区、检测方法、检测程序、检测结果等，根据不同的车辆类型、车辆使用年限和车辆用途等采用不同的检测方法与检测标准，并且对所检测的车辆建立档案，以方便随时跟踪。EPA 要求各州运用 MOVEs 模型来核定 I/M 制度对移动源排放的影响，使在用车达到自身的最佳尾气排放净化水平，加州采用 EMFAC

模型。

⑤ EMFAC 模型及移动源排放清单　对于移动源的监测和排放量核算，环保署建立了国家移动源清单模型，并且开发了 MOVEs 模型。由于加州实施了比环保署更为严格的移动源排放标准和控制政策，加州关于道路交通的排放核算工具也有独立的系统，目前使用的是 EMFAC2011 版本，模型采用了大量的新的排放测试数据，包括在新的汽车制造技术条件和新的技术参数条件下，新的排放因子的核算数据。

EMFAC 模型可以核算所有类型的道路交通的排放速率，包括客车、重型卡车等类型，可核算的道路类型包括高速公路、城市道路和地方普通道路等。由 EMFAC 模型核算的排放速率加上加州其他部门提供的机动车活动统计数据可以核算出道路交通的排放清单。EMFAC 模型可以核算的污染物包括烃类（HC）、一氧化碳（CO）、氮氧化物（NO_x）、二氧化碳（CO_2）、PM_{10}、$PM_{2.5}$、SO_x、Pb 等。核算的排放过程包括启动过程、运行过程、怠速过程等。

⑥ 公众参与及信息公开　环保署及加州环保局不但建立了移动源排放核算模型，而且将模型的核算结果等信息向公众公开，其他要求公开的信息包括不同类型机动车的年度排放清单和燃油消耗、州实施计划下的经济刺激指南、清洁燃油运动相关信息等。公众也可以直接参与到移动源排放控制管理中来，通过采取自愿减排措施，如拼车计划、校车减排计划、减少校车空运量、购买燃油经济性高的车辆、智能车辆认证、绿色车辆指南等措施，发挥公众的积极性。

（4）EPA 移动源排放核算 MOVES 模型　美国环保署自 1978 年以来，先后开发了 MOBILE 模型和 NONROAD 模型用来核算移动源造成的污染物排放量，MOBILE 仅针对道路交通污染源，NONROAD 仅用于非道路交通污染源的排放计算。环保署从 2001 年开始研发新一代的综合移动源排放模型——MOVES（motor vehicle emission simulator）模型，模型基于数百万的测试数据，并且模型的版本越来越完善。2014 年 7 月，美国环保署发布了 MOVES2014 正式版，成为美国（除加州外）的排放测算模型，MOVES2014 版本和 2010 版本相比，与更新的轻型和重型车辆排放标准进行了很好的对接，车辆销售数量、车龄分布以及车辆行驶里程等数据都进行了更新，被 EPA 认为是核算移动源常规污染物、有毒污染物和温室气体最有价值的工具，各州、地方性环保局和科研机构都可以利用 MOVES 模型作为核算移动源污染物排放的重要工具。MOVES 模型的政策意义就在于通过核算不同移动源类型的排放量，为州际层面和微观层面交通污染物减排提供政策支持，如通过模型模拟与测算削减面交通高峰期大型卡车的颗粒物排放量。

在 MOVES 模型中，国家层面的移动源排放清单不能作为各个州实施州实施计划（SIP）的依据，只有区县层面的模型模拟能够为各州实施州实施计划（SIP）及区域政策整合分析提供支撑。MOVES 模型在区县（中观）层面的模拟可以采用排放清单和排放速率两种方式，主要是根据用户的需求确定。

① 核算方法　MOVES 排放量计算把基于瞬态的排放速率和相关的机动车行驶特征结合起来。MOVES 模型中，污染物排放核算表达公式如下：

$$TE_{process. source type} = (\sum ER_{process. bin} \times Ac_{bin}) \times Aj_{process}$$

式中，TE 为总排放量；process 为排放过程；source type 为排放源类型；bin 为排放源和工况区间；ER 为排放速率；Ac 为行驶特征；Aj 为调整因子。排放速率基于车辆的基础信息和运行工况信息，根据测试的瞬时车辆排放速率可以对排放因子进行计算和分析。

② 核算尺度

a. 宏观层面。MOVES 模型的宏观层面可以用来估计整个国家、一个州、几个区县等交通污染物排放。它使用的是默认的全国数据库，但是它不能保证全国数据库里的默认数据对于任何一个特定的区（county）来说都是当前最新的和最佳可获得的信息。它不能用于以州实施计划、交通规划和交通改善计划为目的来核算的交通污染物排放。

MOVES 模型中的数据库数据也主要是针对美国各地的机动车尾气排放的数据，所以 MOVES 模型中宏观层次的模拟计算也主要是针对美国的整体情况而设计的。宏观层次是 MOVES 的默认选项，当选择宏观层次时，收集到的数据将会是以全国整体水平的分布形式存在，这时的数据将会与特定州或县下的数据有很大差异。如果用了宏观层次，主要的输入数据就是全国的机动车行驶里程（VMT），然后将这些数据分配到一个州或县，这种分配不考虑不同地区的不同特点（比如车龄分布等）。结果表明，利用宏观层次运行模拟计算两个州或县的结果就不能按照不同地理区域的不同特点（像车龄分布和一些别的特点）而得到一个相对精确的排放数值。由于这些原因，宏观层次的预测计算结果不能被用来为政府制定相关的排放控制政策提供依据。

b. 中观层面。需要用户通过中观数据管理器（CDM）输入表示当地气象、车辆和活动信息的数据，它是唯一可以用于以州实施计划、交通规划和交通改善计划为目的来核算交通污染物排放的管理器。这个层次充分考虑了特定区域的特点，如车龄分布、机动车行驶里程（VMT）、本地温度湿度、燃油品质和机动车检测与维护（I/M）制度等。但这个层次只能选择一年和一个县。

当选择中观层次时，就可以利用本地化的数据来替换掉宏观层次的默认数据，使计算出的结果更加符合要求。但是，在选择中观层次时，只能分别选择一年和一个县。通过中观数据管理器（CDM）可以输入本地化后的数据，得以详细地表征预测目的地的排放特点。并且中观层次比宏观层次在规模上更小，可以用本地数据来描述不同地理区域的排放特点。所以，中观层次的排放计算结果可以被用来为政府制定相关的排放控制政策提供依据。

c. 微观层面。MOVES 模型中微观层次的排放核算是模型中计算最详细准确的，每次仅能模拟小时的排放。但是，MOVES 排放模型提供了批处理形式，可以进行批计算。

微观层次的 MOVES 模型针对的模拟计算范围包括道路区域和非道路区域（主要是停车场，包括机动车启动和怠速排放）。道路区域可包括一条或多条特定交通走廊。微观层次针对以上道路类型和区域范围，考虑在这些不同区域范围内的特点加车龄分布、温度、湿度、燃油品质和机动车检测与维护制度等。

此外，微观层次排放计算的主要输入数据是道路上的平均速度，或是逐秒的交通数据，或是事先对所获得的逐秒数据按照 VSP 和速度的结合，这种输入种类只需输入其中一种即可。所有的微观数据通过微观数据输入管理器（project data manager，PDM）输入，之后 MOVES 将会通过采用 MOVES 模型中的排放速率和修正因子来正确地计算所定义的区域的机动车尾气排放。

（5）小结　尽管美国加州和我国北京在经济发展、文化背景、环境管理、体制机制等方面存在差异，但是从两地区空气污染经验的比较来看，北京和大洛杉矶地区有一定的可比性。北京市与加州人口规模相近，南加州主要是大洛杉矶地区❶，也遭遇过严重的空气污染，主要污染源是移动源。表 5-51 和表 5-52 是北京和南加州人口、面积、经济发展水平等基本情况和加州南海岸区与北京市移动源污染排放控制管理的内容的比较。

表 5-51　加州南海岸区与北京市经济社会背景比较

项目	加州南海岸区	北京市
总面积/km²	85751	16411
常住人口/万人	1705.4	2114.8
人均地区生产总值/美元	51914	93212.0
机动车保有量/万辆	1000	543.7

注：1. 南加州部分的主要数据来源为美国政府颁布的 2013 年统计数据。
　　2. 北京市 2013 年人均国内生产总值为 93212 元人民币。2013 年美元兑人民币平均汇率为 6.0969。
　　3. 数据来源：北京统计年鉴 2014。

表 5-52　加州南海岸区与北京市道路交通污染控制管理内容比较

项目	南加州 管理程度	北京 管理程度/研究进展
一般道路机动车管理	ARB 专门管理，路上交通管理开展了认证计划、环保绩效标签、低排放车辆计划、路上诊断计划、路上重型车辆计划、路上摩托车管理、路上卡车控制办法、特制车辆认证计划、零排放车辆计划、替代燃料转换认证计划等项目。严格实施加州法律规定的排放标准和燃油标准，柴油车辆等需要强制安装颗粒捕集器以达到排放标准要求	负责机动车污染物排放和加油站、年检场等监管执法；在用车辆的定期检验；促进老旧车辆淘汰；机动车达标排放核发环保标志、符合排放标准的机动车车型认定；颁布车用柴油和车用汽油北京市地方标准，但标准仍相对较低，并且车辆没有强制要求安装颗粒捕集器；提供符合环保排放标准的车型目录；《北京市清洁空气计划》中对机动车污染治理任务进行分解，和交管局、发改委等部门联合控制机动车总量和燃油总量，并联合实施外埠机动车限行政策等
	获得 EPA 证书的产品，只能在美国除加州外的 49 个州出售，对于预备出售到加州的机动车，制造商必须获得 CARB 的行政命令	
	违反认证规定可能使汽车制造商或经销商面临强制执法，包括最高每辆车 5000 美元的罚款	
校车管理	实行低排放校车计划，要求拥有超过 15 辆校车的公立学校和私人运营商购买或租赁清洁校车，以保护学龄儿童；通过联邦、州和 AQMD 的基金，实行清洁校车激励计划	缺乏专门针对校车的排放管理政策

通过归纳总结美国加州移动源排放控制管理的实施经验，将为北京市乃至我国其他城市进行移动源排放控制管理与制度设计提供帮助。可借鉴的加州移动源排放控制实施经验主要有：

第一，严格的排放标准和燃油标准保证了车辆和燃油的清洁水平。环保署对移动源的管理要求极为严格，在技术和经济可行的条件下，提高机动车从出厂到运营各阶段的控制标准。而加州作为美国空气污染较为严重的地区，实施了更为严格的移动源排放管理标准，拥有世界上最先进的移动源排放控制管理体系。

第二，充分的信息公开和公众参与保障了空气质量达标的最终目标。环保署及加州空

---

❶ 目前美国国内对南加州地区的划分尚未形成一个明确的行政意义上的定义。本书参考南加州空气质量管理局（SCAQMD）所辖管理区，包括洛杉矶县、奥兰治县、河滨县和圣贝纳迪诺县等四县在内的区域。参见：Draft 2012 AQMP。

气资源局等管理部门针对移动源管理制定了一套完善的公众听证会制度，每发布一项新的政策或者控制计划，都必须通过公众的许可和听证，大大提高了公众参与的程度和质量。

第三，运用"全过程精细化"的管理思路、多样化控制手段保证移动源的达标排放。无论是从法律法规的实施、排放标准的制定，还是从移动源的认证、检测等保障制度、燃料管理等方面，对不同交通工具制造商、运营商、消费者以及公众等所有干系人都有明确的控制手段。除命令控制手段外，采用了经济刺激手段来控制机动车排放污染：通过税收减免政策来鼓励机动车生产企业生产严于强制排放标准的车辆，鼓励生产商主动提高机动车的燃油经济效率；对高排放车辆（如老旧车辆）的提前淘汰采取鼓励和补贴的政策等。

基于对不同政策手段成本有效性的考虑，对美国经验的借鉴，根据政策制定的原则，界定移动源排放控制政策管理的目标，从体制与决策、管理机制设计、政策手段方面进行系统完善的制度设计，设计完善"全过程"的移动源污染控制政策的框架。根据影响移动源污染排放的因素，包括车辆、道路、燃料等方面，提出不同类别的政策手段，识别不同政策手段所涉及的干系人，进而根据政策目标所确定的效果、效率、公平性的原则，确定政策设计的总体框架。重点研究如何运用市场经济的手段促进交通污染减排的政策，例如淘汰高污染车辆、控制重型柴油车辆等政策手段的管理机制和实施机制，资金机制的设计将以污染者付费原则为基础，提出移动源污染排放治理的资金应来源于用车者而不是普通公众。

5.6.3　我国移动源排放管控的完善建议

道路移动源排放控制管理的核心在于控制污染物不同时间尺度的排放。车辆的行驶过程是影响污染排放的主要因素，车辆的行驶过程涉及的主要因素包括车辆总体质量（干净程度）、油品干净程度、行驶速度、车辆数量、行驶里程等方面。因此，对于移动源排放的控制应主要从这些方面入手，政策设计要从全面、系统、多样化、成本有效的角度去考虑。

（1）提高道路车辆总体干净程度　基于对车辆清洁水平的排放控制政策的评估及对美国经验的借鉴，重点研究如何运用市场经济的手段促进交通污染减排的政策。车辆清洁水平这一影响因素可能涉及的较为有效的政策包括淘汰高污染车辆、鼓励低排放车辆、提高排放标准限值、控制重型柴油车辆、实施机动车检验制度等政策手段的管理机制和实施机制。资金机制涉及以污染者付费原则为基础，提出交通污染排放治理的资金应来源于用车者而不是普通公众。

另外，制定严格的机动车排放限制标准，严格控制各类移动源在使用过程中产生各类污染物；对重型柴油车辆等进行重点监管，严格控制重型车辆在境内行驶中的排放量，对达不到规定的车辆予以处罚；淘汰排放量高的老旧车辆，对高排放车辆（如老旧车辆）征收随排放量增大逐步增加的排放费（税），促使这些车辆所有者自行决定是否更新和淘汰，对于提前淘汰的老旧车辆的车主予以经济补贴；对于购买清洁能源等低排放车辆的车主予以税收减免、贷款援助、经济补贴等，提高低排放车辆车主的购买意愿和积极性。

根据"使用者付费原则"，移动源的排放控制成本应由每个移动源自己支付，避免动用财政资金以使污染成本转嫁到所有纳税人身上。北京市已经开征燃油税，从其中提取一部分作为专门治理移动源污染的专项资金，应当成为治理移动源的首要原则。有了来自于使用者的资金，各种补偿、补助减少移动源排放的资金便有了来源，专款专用也不会导致市场扭曲。如，淘汰"高排放机动车"政策设计应首先核算出相应的补偿标准，并计算出为达到规划目标每年需要淘汰的车辆数，以及为此支付给车主的资金投入总量。同时，可以通过制定税收减免或价格优惠政策来鼓励机动车生产企业生产严于强制排放标准的车辆，鼓励生产商主动严格机动车排放限制标准。

（2）提高道路车辆的行驶速度　影响道路车辆行驶速度的主要因素包括道路上车辆总数量、机动车道路类型、现有政策因素（包括尾号限行、小客车摇号、停车规则、停车费制度等因素）、居民素质及偏好等。其中，道路车辆总数量主要是指道路上行驶的私家车、班车、货车、出租车、长短途客车、校车、公务车、载货车辆、公共交通车辆等。

提高道路车辆行驶速度的主要手段是减少路上行驶车辆数量，具体的政策手段多种多样，包括：

① 采用多样化手段　劝说鼓励居民少使用私家车，并且通过命令控制类手段以及经济刺激类手段增加机动车的出行成本，包括：禁止在城区公共道路旁边停车，提高市区内公共停车场收费标准，提高机动车在城区内的使用成本；运用劝说鼓励类手段鼓励出行者运用公共交通等其他替代方式出行，对城区内公共交通，如公共自行车进行补贴，向市民提供免费的公共自行车服务，刺激民众考虑改骑自行车、步行、公共交通等出行方式替代机动车使用；鼓励基于雇主的交通管理（拼车、班车）、灵活的自愿性措施，鼓励多种方式出行。

② 发展公共交通　公共交通优先政策应成为城市交通发展的主要趋势，是有效缓解城市交通拥堵、提高道路通行程度的主要方式，应通过增加公共交通投资、增加公共交通车辆运营数量、适当降低公共交通出行成本、提高公共交通出行的灵活性和舒适度，通过提高公共交通的整体服务水平，吸引更多的居民选择公共交通出行，促使交通污染排放的降低。

③ 停车收费制度　从政策法规、规划以及管理多个方面着手，制定有效的停车规划管理体系，解决城市出现的停车供需矛盾，并为国内其他城市提供相关经验。政策法规包含《规划管理政策》《土地供给政策》《基础设施投资政策》；规划包含《居住区停车规划对策》《公共停车场专项规划》；规章包含《违章停车管理》《停车收费管理》《基础停车设施管理》。

④ 其他自愿性措施　灵活上下班制度主要是通过员工灵活、自主地选择工作方式和工作时间，通过对居民的出行时间进行管理，减少特定时间的出行，从而减少高峰期的交通流量和减少道路车辆的行驶里程。以北京为例，自北京奥运会以来，北京市出台了关于缓解北京市区交通拥堵的方案，提出错峰上下班政策，并倡导有条件的单位和企业实施家庭办公和网络办公的方式，来缓解北京市交通拥堵的状况。

⑤ 拥堵收费　根据福利经济学的理论，为避免或减少车辆使用所造成的环境污染等外部性问题，应对车辆使用者收取一定的费用，当车辆使用者实际支付的费用小于社会成本（这里的社会成本包括空气污染、堵车延误等成本）时，用车者就出现过度消费的行为。基于这种理论，通过征收庇古税来解决外部性问题，有助于使个体行为趋同社会最优行为，达到帕累托最优，是解决市场失灵导致的政策低效的方法。

⑥ 优化现有机动车摇号和尾号限行　公共政策的制定要考虑政策的成本有效性和科学性等原则。优化现有的机动车摇号和尾号限行政策，更好地解决汽车数量多于交通和环境

承受能力的问题，避免浪费更多的资源、增加更多的排放。

（3）加速提高机动车燃油油品标准　油品干净程度子系统中涉及的主要政策因素包括严格油品标准政策、鼓励替代燃料政策、燃油经济性标签政策等，不同政策手段涉及的干系人包括燃料生产商、财政部门、价格部门、环保部门、用车者、公众等。油品干净程度子系统的主要目标是通过各种成本有效的政策手段提高燃油的清洁水平，从而减少道路交通污染物排放量。

在清洁能源和节能规划方案中，明确规定只有符合国家清洁燃油标准的汽车、柴油车等交通工具及燃料才能在市场上销售，控制燃料油品的质量，结合移动源排放法规的要求，提高油品质量标准，如对燃油的含硫量、重金属及有毒物质排放制定更加严格的标准。随着技术进步，逐渐推广使用传统燃料之外的清洁燃料汽车和可再生或者可替代能源汽车。同时，以经济手段提高所有化石燃料机动车使用者的排污成本，能够在政策边际成本最小的情况下直接影响到机动车使用者的行为，优化移动源排放状况。

5.7　面源污染防治政策分析

5.7.1　面源管理概论

面源是除固定源、移动源外的所有空气污染源的总称，因其生产范围广、排放规模小、排放规律多样、难以制定统一的排放控制要求，一般采用区域最佳管理实践的方式进行管控。归结起来，面源共有四类：一是散煤燃烧源，包括小型燃煤锅炉、茶浴炉、餐饮业燃煤炉灶等设备，排放的污染物主要是颗粒物、二氧化硫、氮氧化物、一氧化碳、油烟、挥发性有机物等；二是开放源，包括建筑施工工地、土堆、煤场、料场及矿场等场所，排放污染物主要是颗粒物；三是逸散源，包括小型服装干洗店、金属酸洗、喷漆作业、汽车保养、表面涂装、道路沥青铺设、露天焚烧等企业，排放的污染物主要是常规空气污染物、危险空气污染物及挥发性有机物等；四是大型固定源厂界内的无组织排放源，包括阀门、接头、泵、取样接口、压缩机、压力释放装置和末端开口管线等泄漏设备以及厂界内的煤场、料厂等场所，排放的污染物主要是常规空气污染物、危险空气污染物及挥发性有机物等[40]。

大气面源因其涉及范围广、排放不连续、不稳定、无组织、统一监管难度大，将是我国大气污染管控的重点。相比于大型固定源而言，由于运行许可证制度被证明对小型固定源不具有成本有效性[41]，会导致管理成本过高。在美国，在充分考虑地区发展水平和地区治理能力的差异的基础上，对于面源的管理通过采用最佳管理实践和简易许可证相结合的形式，由地方政府直接进行管理。对于厂界内的无组织排放源，其管控的方式是直接写入运行许可证的管理范畴，本书不做重点介绍。在我国，广东省、辽宁省已经率先开展了"散乱污"工业企业（场所）的综合整治计划，对于6类典型面源（民用燃煤、面源VOCs、施工与道路扬尘、农业机械柴油机、农业源氨、秸秆焚烧）进行污染管控，为了杜绝"关停取缔、整合搬迁、升级改造"等"一刀切"的政策手段，需借鉴美国面源污染管控经验，由地方政府发放简易许可证直接对大气面源进行管控，实现空气质量改善最优和减排成本最小的目标。

5.7.2 我国面源管理政策分析

在我国，对于规模较大排污企业中所涉及的面源污染物排放管理，环保部门通过要求企业安装相关的污染物控制设施进行排放管控，并定期要求进行监测，以证明其合规性，相对较为合理。如要求火电企业的煤棚进行封闭、定时洒水和进行监测等要求。但是，对于规模较小的面源污染物排放企业，有时个别部门会采用关停、拆除等手段来进行管控；对于居民生活所造成的面源排放，进行煤改气、煤改电以及集中供暖改造；对于农村农业面源污染物排放，采用禁止秸秆焚烧等手段；进行道路机动车限行等。这些手段在出台和制定的过程中，没有采用"成本-效益"模式分析，对环境空气质量改善的影响也没有进行科学过程论证。

以京津冀为例，国务院在 2013 年发布《关于印发大气污染防治行动计划的通知》（国发〔2013〕37 号）（以下简称《通知》），在通知中要求：到 2017 年，全国地级及以上城市可吸入颗粒物浓度比 2012 年下降 10% 以上，优良天数逐年提高；京津冀、长三角、珠三角等区域细颗粒物浓度分别下降 25%、20%、15% 左右，其中北京市细颗粒物年均浓度控制在 $60\mu g/m^3$ 左右。为达到通知所要求的目标，环保部（现为生态环境部）联合其他部委和地方政府，先后出台了《京津冀及周边地区 2017 年大气污染防治工作方案》《关于开展京津冀及周边地区 2017~2018 年秋冬季大气污染综合治理攻坚行动巡查工作的通知》等文件，同时在各地方也配套出台相关的方案文件。同时，在国务院发布《打赢蓝天保卫战三年行动计划》（国发〔2018〕22 号）后，生态环境联合其他部委和地方政府出台了《京津冀及周边地区 2018~2019 年秋冬季大气污染综合治理攻坚行动方案》。这些文件中无一例外地提到了要采取"散乱污"企业及集群综合整治、散煤治理、燃煤锅炉治理、面源扬尘和秸秆焚烧治理等措施。这些措施对环境空气质量的改善有着或多或少的贡献，后期还可进一步优化，以便实现精细化管理。

5.7.3 美国面源管理政策分析

美国是由地方政府直接出台相关政策对面源污染物进行管控，各地方所管控的范围及方式都有所不同。以下以美国华盛顿州西北部海湾皮吉特湾清洁空气管理局❶所发布的PSCAA Regulations❷管理条例为主要内容，对美国面源常规污染物的排放中所涉及的非运行排污许可设施的管控、户外燃烧管控、固体燃料燃烧以及所涉及污染物的排放标准要求等内容进行介绍。

（1）非运行排污许可设施的管控　对于不在运行排污许可证管控范围内的生产设施或者生产过程，管理局通过对其实施简易许可的方式进行管控。其中，对于排放量高于一定数值的排放源还需提交相应要求的执行报告。

① 管控范围　在 PSCAA 中规定，如果包含表 5-53 中所涉及的生产单元或者生产设施污染物排放源，则该面源排放源需要纳入皮吉特湾清洁空气管理局（以下简称管理局）管控，需获得管理局的简易排污许可后方能操作运行，对于某些排放量满足一定规模以上的

---

❶ 皮吉特湾清洁空气管理局（Puget Sound Clean Air Agency），其所管理的范围由 Pierce、King、Snohomish 和 Kitsap 等县组成。

❷ Puget Sound Clean Air Agency Regulations，http：//pscleanair. org/219/PSCAA-Regulations.

生产设施或生产过程，还需要提交相应的执行报告❶。

表 5-53　皮吉特湾清洁空气管理局面源管控范围

项目内容	具体管控范围
污染物年排放量	① 单一危险空气污染物(HAP)排放量大于或等于 2.50t； ② 总有害空气污染物(HAP)排放量大于或等于 6.25t； ③ 一氧化碳(CO)、氮氧化物(NO_x)、颗粒物质($PM_{2.5}$ 或 PM_{10})、硫氧化物(SO_x)或挥发性有机化合物(VOCs)中一项排放量大于或等于 25.0t
排放源满足 PSCAA 第Ⅰ、Ⅱ 或 Ⅲ 条的内容	① 无污染物控制设备和需要在夜晚时间进行垃圾焚烧的排放源(包括垃圾焚烧场)； ② 燃油燃烧设备或燃烧燃油的设备超过条例规定所对应的燃油标准； ③ 符合颗粒排放标准的燃料燃烧设备(除天然气、丙烷、丁烷或蒸馏油以外的任何燃料,额定热输入≥1.055GJ/h,或≥10.55GJ/h)； ④ 在室内、封闭区域、室外、移动的喷涂操作； ⑤ 所有的炼油厂； ⑥ 年汽油吞吐量超过 $2.725×10^7$ L 的汽油装载码头； ⑦ 额定容量超过 $3.785×10^3$ L 的固定储罐中的汽油分配设施； ⑧ 超过一定储存量的挥发性有机化合物储罐； ⑨ VOCs 含量超标的储罐和纸张涂层设施； ⑩ 任何排放 VOCs 的机动车辆和移动设备涂装操作； ⑪ 每年使用超过 100t 挥发性有机化合物的柔性版和轮转凹版印刷设备； ⑫ 涤纶、乙烯基酯、凝胶涂层和树脂； ⑬ 航空航天部件涂装操作； ⑭ 所有设备加工非金属矿物的破碎作业； ⑮ 大于等于 11kg 的环氧乙烷灭菌器
额定容量大于或等于 200cfm①(内径≥4)的气体或气味控制设备	① 活性炭吸附装置； ② 二次燃烧装置； ③ 气压冷凝器； ④ 生物滤池； ⑤ 催化二次燃烧室； ⑥ 催化氧化装置； ⑦ 化学氧化装置； ⑧ 冷凝器； ⑨ 注入干吸附剂的装置； ⑩ 非选择性催化还原装置； ⑪ 冷冻冷凝器； ⑫ 选择性催化还原装置； ⑬ 湿式洗涤器
额定容量大于或等于 2000cfm(内径≥10)的颗粒控制设备	① 袋式除尘器； ② 除雾器； ③ 静电除尘器； ④ HEPA(高效微粒空气)过滤器； ⑤ HVAF(高速空气过滤器)； ⑥ 垫子或面板过滤器； ⑦ 除雾器； ⑧ 多旋风除尘； ⑨ Rotoclone 除尘； ⑩ 文丘里洗涤器； ⑪ 水幕除尘； ⑫ 湿式静电除尘器

❶ 其中机动车以及需要申请运营许可证的固定源、符合规定的固体燃料燃烧装置及由政府官员审查确定不需要许可的排放源不在此规定中。

项目内容	具体管控范围
拥有该项中的设备或活动的来源	① 沥青批料厂； ② 烧烤炉； ③ 咖啡烘焙； ④ 使用非现场原材料进行商业堆肥； ⑤ 带有气味控制设备的商业烟囱； ⑥ 混凝土批料厂（预拌混凝土）； ⑦ 镀锌； ⑧ 铁或钢铸造厂； ⑨ 微芯片或印刷电路板制造； ⑩ 岩石破碎机或混凝土破碎机； ⑪ 带有气味控制设备的污水处理厂； ⑫ 造船厂； ⑬ 炼钢厂； ⑭ 木材保存线或蒸馏器； ⑮ 使用全氯乙烯的干洗店； ⑯ 大麻生产
额定容量≥20000cfm（内径≥27）的单旋风分除尘器排放源	无更加具体的分类

①cfm（cubic feet per minute，立方英尺每分钟），1cfm＝0.02832m³/min。

② 管控要求　对于纳入管理局面源管控的设施设备或者操作流程，其所有者或者经营者应编制报告，其中包含管理局要求的有关污染物出口的位置、大小和高度，生产过程，空气污染物排放的浓度及排放量等信息。其中，单一危险空气污染物（HAP）排放量大于或等于2.50t，总有害空气污染物（HAP）排放量大于或等于6.25t，一氧化碳（CO）、氮氧化物（NO_x）、颗粒物质（$PM_{2.5}$或PM_{10}）、硫氧化物（SO_x）或挥发性有机化合物（VOCs）其中一项排放量大于或等于25.0t以及铅排放量超过0.5t的排放源，需要在每年6月30日之前提交执行报告，并列出历年空气污染物的排放量。受管控面源的所有者或经营者应制订并实施操作和维护计划，再根据要求应向管理局提交计划副本。其中，计划应充分考虑管理实践因素，包括但不限于定期检查所有设备（控制设备、监测和记录设备等）的性能情况、及时修理任何有缺陷设备、启停和正常运行的程序、为确保合规所采取的控制措施、计划所需的行动记录等内容。同时，该计划应至少每年由排放源所有者或经营者自行审查并更新，以反映设施变化。

（2）户外燃烧管控要求　在管理局管控的城市范围中，对于户外进行燃烧的活动有着严格的管控。对于户外燃烧方面所涉及的农业燃烧、灭火器使用培训及消防部门演练三部分，给出了明确的要求。

① 农业燃烧　对于所涉及的农业燃烧，需要满足以下条件中的一条才可以进行农业燃烧：被焚烧的自然植被是由农民自己种植产生的；为了促进作物生长或轮作、控制植被疾病或害虫控制所必须要进行的焚烧；农业实践和研究工作组建立的最佳管理实践燃烧；由华盛顿州合作推广或华盛顿州农业部以书面形式批准的焚烧；由政府组织具有特定农业需求的燃烧，例如灌溉区、排水区和杂草控制区；拟议的燃烧不会违反清洁空气管理局任何规定的要求。在进行农业燃烧之前，相关负责人需要向清洁空气管理局提交许可申请，获取管理局的许可后，方可进行相关活动。

② 灭火器使用培训　在日常生活中，为了进行防火教育，需要进行灭火器培训。如果灭火器培训活动满足以下要求，则该活动将在提交许可申请后被准许：在使用易燃或可燃

材料时，每次训练不超过约 7.6L 清洁煤油或柴油，对于汽油或汽油与柴油或煤油混合，只能由当地消防部门、消防员或消防区使用；培训活动使用的是气体燃料（丙烷或天然气）；每次训练时，使用不超过 0.5m³ 的清洁固体燃料，固体可燃材料为木材、未处理的废木材和未使用的打印纸。所有培训必须由当地消防官员或合格的指导员进行指导，同时必须提供讲师资格和培训计划；在培训之前，进行演习的人员必须通知当地消防部门，并且必须符合当地法令和许可要求；进行手持灭火器培训的人员应负责回应公民查询，解决培训活动引起的公民投诉；培训时间不在空气污染事件发生或空气质量受损期间。

③ 消防部门演练　对于消防部门、消防警察、职业学校或消防区为在实际条件下训练消防员而设置的建筑火灾，同样也受到管理局的管控要求。这些消防训练需要满足以下条件：不在空气污染事件或空气质量受损期间进行训练；在拆除或者培训之前，所有含石棉材料应按照规定从建筑中移除，并且在拆除或培训期间应在现场保存石棉检验证明和管理局通知的副本；进行消防培训的消防部门、消防队员、职业学校或消防区必须根据要求向管理局提供消防培训计划，进行建筑消防的目的必须是培训消防员；不得焚烧含沥青屋顶瓦、沥青壁板材料、结构内部的杂物、地毯、油毡和地砖的屋顶，这些材料必须合法地从建筑中移除，并在训练前合法处置；有关任何训练火灾所导致的投诉或公民查询，应由消防部门、消防警察、职业学校或进行训练火灾的消防区解决；进行培训的消防部门、消防员、职业学校或消防区应获得进行此类训练火灾的许可证、执照或其他批准，所获得的许可证或批准必须保存在现场并可供检查。

除上述规定外，对于每个区域还有具体的禁烧区。如在 Kingston 县，禁止在城市经济增长区和一氧化碳（CO）未达标区域进行住宅燃烧和土地清理燃烧。

（3）固体燃料燃烧设备标准　在日常生活中，居民需要采用炉子进行取暖和烹饪。对于取暖或烹饪的炉子，也在面源管控的范畴中，管理局从所使用的燃料、排放的烟气及不同的环境空气质量下有着不同要求等角度来进行要求管理。皮吉特湾清洁空气局的董事会所出台的有关固体燃料燃烧设备控制的公共政策的目的是控制和减少固体燃料燃烧设备（如木柴炉、颗粒炉和壁炉）造成的空气污染。管理局会不定期向公众宣传木柴炉排放和清洁加热替代品对健康的影响，目的是确保和保持空气质量水平，以保护人类健康符合州和联邦清洁空气法案的要求。同时，管理局鼓励其辖区内的城市、乡镇和县在宣布其空气质量事件和空气质量受损期时，加强公众教育并协助执行相关的规定要求。以下从相关定义、标准和要求等方面进行介绍。

对于纳入面源管控进行取暖或者烹饪的炉子及所使用的燃料，应该符合以下要求：

① 充足的热源意味着用于在正常居住的房间中的加热系统，能够满足三英尺（1 英尺≈0.3048m）高的地方保持 70℉。❶ 在加热系统使用之前，管理局应根据系统的能力评估设计的合规性。

② 认证燃烧木材的炉子是指炉子具有：

a. 符合华盛顿州排放绩效标准；

b. 根据规定的程序和标准进行了相关认证和标识；

c. 符合"俄勒冈州环境质量第二阶段"排放标准要求，并按照"俄勒冈州行政法规"

---

❶ $t/℃=\dfrac{5}{9}\ (t/℉-32)$。

的伍德斯托认证要求进行了认证。

③ 燃煤加热器是指一种封闭的燃煤设备，能够用于住宅空间供暖、生活用水加热或室内烹饪，应该具有以下所有特性：用于清空灰烬的开口，该开口位于器具的底部或侧面附近；允许空气进入并通过燃料床的系统；有格栅或其他类似装置，可以用于摇动或扰乱燃料床，也可以用于动力驱动机械加料器；由国家认可的安全测试实验室列出，仅用于煤炭，煤炭点火用途除外；壁炉是指永久性安装的砖石壁炉或工厂制造的金属固体燃料燃烧装置，用于开放式燃烧室，并且没有控制空气燃料比的设备；未受影响的颗粒炉是指空气燃料比等于或大于 1.0～35.0 的颗粒炉，由经认可的实验室按照美国环保署规定的方法和程序进行测试；季节性燃料木材是指未经处理的木材，其含水量为低于 20% 的湿基或低于 25% 的干基；固体燃料燃烧装置或固体燃料加热装置是指燃烧木材、煤或其他非气态或非液体燃料的装置，其热输出小于每小时 1.055×10^9 J，其中包括但不限于用于私人住宅或商业机构中的以加热为目的的装置；经处理的木材是指经过化学浸渍、涂漆或类似改性的，以防止风化和变质的任何物种的木材；木材加热炉或木材加热器是指能够用于住宅空间供暖和生活用水加热的封闭式固体燃料燃烧装置，符合"住宅木材加热器性能标准"中所载的以下标准：

a. 燃烧室中的空气燃料比平均小于 35.0；

b. 可用的燃烧室容积小于 $0.57m^3$；

c. 最小燃烧速率小于 5kg/h；

d. 最大质量为 800kg，不包括通常单独出售的固定装置和设备，例如烟道管、烟囱和不与设备成为一体的砌块组件。

对于固体燃料燃烧设备的具体管控要求，需要满足表 5-54 中所列内容。

表 5-54　固体燃料燃烧设备具体管控要求

管控项目	具体管控要求
不透明度标准	① 在任何一小时内，不得在任何固体燃料燃烧装置中允许燃烧所排放的烟气连续六分钟且超过平均20%的不透明度。 ② 测试方法和程序必须是美国环保署规定的。 ③ 从烟囱、烟道或排气管道排出的可见的烟气超过不透明度标准，应构成固体燃料燃烧装置非法操作的初步证据，但是可以通过证明烟气不是由固体燃料燃烧装置引起的驳斥这一假设
允许和禁止使用的燃料类型	① 允许燃烧的燃料：适当调节的燃木；点火所需的纸张量；木头颗粒；用于在木柴炉或壁炉中燃烧的生物质原木；仅在木煤加热器中燃烧，含煤量小于1.0%(质量分数)的煤。 ② 禁止燃烧的燃料：包括但不限于垃圾、托盘、经过处理的木材、处理后的木材、塑料和塑料制品、橡胶制品、动物尸体、沥青产品、废石油产品、油漆和化学品、纸(开火所需的数量除外)或任何散发浓烟或令人讨厌的气味的物质
固体燃料燃烧装置运行的限制	① 当管理局根据法规条例宣布地理区域内的空气质量受损在第一阶段和第二阶段时，除了已经获得批准的固体燃料燃烧装置由专人操作外，其他住宅或商业建筑的任何人不得操作固体燃料燃烧装置。 ② 在受损空气质量第一阶段期间，如果该装置被限制在空气质量受损的第一阶段，则应在该阶段下固体燃料的燃烧装置中停止使用新的固体燃料。同时，自宣布第一阶段空气质量受损后三小时后，从烟囱、烟道或排气管排出可见的烟雾应构成固体燃料燃烧装置非法操作的初步证据，如果在空气质量受损第一阶段运行的固体燃料燃烧装置受到限制的话，可以通过证明烟雾不是由固体燃料燃烧装置引起的驳斥这一假设。 ③ 如果在空气质量受损的第一阶段期间已投入运行的固体燃料燃烧装置被限制运行，则应在空气质量受损的第一阶段期间禁止使用新的固体燃料；自宣布第二阶段空气质量受损后三小时后，从烟囱、烟道或排气管排出可见的烟雾应构成固体燃料燃烧装置非法操作的初步证据，可以通过证明烟雾不是由固体燃料燃烧装置引起的驳斥这一假设。 ④ 对于除了固体燃料燃烧装置之外没有足够热源的住宅或商业建筑物，同时在一定期限之后既没有建造也没有大幅改造的城市经济增长区域之外、在美国环保署指定的 $PM_{2.5}$ 或 PM_{10} 颗粒未达标区域之外的固体燃料燃烧装置可以申请豁免。豁免在管理局确定的期限内有效。如果申请人在豁免续签时符合适用的要求，则可以使用机构指定的程序续签豁免；如果管理局确定获得批准豁免的住宅或商业建筑不再符合豁免条件，则可以撤销豁免

（4）污染物排放管控要求　对于面源污染物的排放，除了农业燃烧和固体燃料燃烧装置有具体的管控外，对于其他的面源排放设施，管理局从浓度限值、视觉限值、监测、燃料燃烧要求及运行管控等 10 个角度对所排放烟气统一进行了要求。

① 空气污染物的排放：视觉标准

a. 任何人在任何 1h，造成任何空气污染物排放的时间超过 3min，即属违法；

b. 空气污染物的浓度或不透明度应在其排放点测量，除非无法观察到排放点，否则可以在最接近排放点的烟气可观察点处测量；

c. 由于自由水的存在导致排放不满足要求时不算违规。

② 连续不透明监测设备的管控要求

a. 适用性：适用于所有需要配备不透明且连续排放监测系统的设备。

b. 除非配备不透明的连续排放监测系统，否则任何人造成或允许操作以下任何设备均属违法。同时，任何人在任何时间内允许约束的设备排放任何空气污染物，不透明度平均值大于 5%；或者任何连续 6min 的平均值超过 20%，也属于违法。

ⅰ. 水泥窑；

ⅱ. 熟料冷却器；

ⅲ. 额定功率超过每小时 1t 的玻璃熔炉；

ⅳ. 额定功率为每小时 1.055×10^{11} J 或更高的燃烧设备，并且其燃料为木材、煤炭或残油；

ⅴ. 每天额定超过 12t 垃圾焚烧设备。

③ 垃圾焚烧管控要求　除非设有控制设备，否则任何人引燃或允许燃烧可燃垃圾均属违法。同时，任何人在白天以外的任何时间操作垃圾焚烧设备，也均属违法。

④ 二氧化硫排放管控要求　任何人平均每小时排放的二氧化硫超过其体积分数的百万分之一，即属于违法（燃油设备和垃圾焚烧设备的氧气校正为 7%）。

⑤ 燃油管控要求　除非本人已根据相关规定获得管理局的批准令，否则对于任何人引起燃油燃烧设备中的油燃烧或超过表 5-55 中所列限值的废弃燃烧均属违法。同时，如果未按照相关规定向任何尚未获得管理局批准令的人出售或出售任何超出表 5-55 限制的油，即属违法。销售此类石油的任何人应在月底之后的 15 天内向管理局提交报告，其中包括购买者的名称和地址、交付的石油量以及其中的污染物浓度。

表 5-55　燃油成分限值表

成分	标准
灰	0.1%（最大值）
硫黄	1.0%（废油最大值）
硫黄	2.00%（燃油最大值）
铅	100ppm（最大值）
砷	5ppm（最大值）
镉	2ppm（最大值）
铬	10ppm（最大值）
总卤素	1000ppm（最大值）
多氯联苯（PCBs）	2ppm（最大值）
闪点	100℉（最低值）

⑥ 颗粒物排放管控要求　对于纳入面源管控的设备或者审查未通过的设备，其造成排放量超过表 5-56 所要求的颗粒物浓度将是非法的。

表 5-56　颗粒物排放管控具体要求

管理项目	具体管理规定
垃圾焚烧设备	额定为每天 12t 或更少，没有热回收和没有盐酸控制设备 $0.10gr/dscf@7\%O_2$①； 额定为每天 12t 或更少，没有热回收和有盐酸控制设备 $0.05gr/dscf@7\%O_2$； 额定为每天 12t 或更少，热回收 $0.02gr/dscf@7\%O_2$； 额定值大于每天 12t $0.01gr/dscf@7\%O_2$
燃料燃烧设备	燃烧木材 $0.20gr/dscf@7\%O_2$； 燃烧木材并于 1968 年 3 月 13 日或之后在城市化区域安装的 $0.10gr/dscf@7\%O_2$； 燃烧木材，位于城市化地区并且额定为每小时 1.055×10^{11} J 或更高的 $0.04gr/dscf@7\%O_2$； 燃烧木材以外的燃料 $0.05gr/dscf@7\%O_2$； 燃烧煤或其他固体化石燃料并在 1986 年 3 月 1 日之后安装 $0.01gr/dscf@7\%O_2$； 制造过程中使用的设备 $0.05gr/dscf@7\%O_2$
盐酸的排放标准	任何人用于燃烧的设备造成或允许超过 100ppm 盐酸排放（1 小时平均校正到 7％氧气）是非法的。 任何人在每天额定超过 12t 的垃圾焚烧设备中导致或允许排放盐酸超过 30ppm（1 小时平均校正至 7％氧气），即属违法

①$gr/dscf@7\%O_2$ 表示在 7％的标准氧含量折算下的颗粒量。

⑦ 空气污染物的排放管控要求　在管理局所管控的区域范围内，当受管控的面源污染物所排放的污染物数量和空气污染物，对人类健康、植物或动物的生命或财产造成损害或可能对其造成损害，或不合理地干扰他人生活和财产，将是违法的。同时，管理局对所排放的空气污染物气味也作了相关规定。根据以下气味等级，由管制人员或正式授权的代表来检测 2 级或更高级别的气味：

0 级——未检测到异味；

1 级——几乎检测不到气味；

2 级——气味清晰明确，任何令人不快的特征都可识别；

3 级——气味足够令人反感或强烈到足以引起避免尝试；

4 级——气味如此强烈，以至于没有一个人想留在现场。

政府管理员或正式授权的代表记录了气味内容，管理局可根据分级采取一些强制措施。

⑧ 溢散源的管控　对于溢散源的管控，面源管理者需要采取合理的预防措施以减少排放。合理的预防措施包括但不限于以下内容：控制设备、外壳和抑制技术的使用，强风削减；道路和停车场铺设沥青、混凝土或砾石；用水或化学稳定剂处理临时的交通区域（例如建筑工地），降低车辆速度，修建路面并在车辆驶出前清洁车辆底盘以防止泥土洒落在公共道路；覆盖或润湿卡车货箱以防止含尘材料的逸出。

⑨ 喷涂操作管控要求　对于室内和室外喷涂操作（包括机动车辆或机动车辆部件的移动式喷涂操作）等面源排放，当喷涂设备保护或美化表面进行喷涂时，需要遵守表 5-57 所列出的管理规定。

表 5-57 喷涂操作的具体要求

管理项目	具体管理规定
不进行管控，具有承担证明且遵守豁免的责任	① 建筑或维护涂料在固定结构(如桥梁、水塔、建筑物、固定机械或类似结构)中的应用。 ② 航空涂料业务中列出的所有活动和材料。 ③ 使用高容量、低压(HVLP)喷枪:喷涂操作不涉及机动车辆或机动车辆部件;枪杯容量为 8 液量盎司(1 液量盎司≈29.571mL)或更少;喷枪每个设施每天喷涂不到 9 平方英尺;涂料以 1 夸脱(1 夸脱≈0.946L)或更少的容器购买;消防部门、消防局长或其他政府机构要求允许喷涂。 ④ 使用 0.5~2.0 CFM 气流且最大杯容量为 2 液量盎司的气刷喷涂设备。开始在现场工作之前，需要向每位新客户提供当前机构注册文件的副本。 ⑤ 在室内使用闪点超过 100℉ 的有机溶剂的汽车底涂材料。 ⑥ 使用 1 夸脱或更少的手持喷雾器
室内喷涂操作的一般要求	① 喷涂在封闭的喷涂区域内进行。 ② 封闭式喷涂区域采用适当安装的油漆避雷器或带有连续水幕的水洗窗帘来控制过喷。 ③ 喷涂操作产生的所有排放物都需通过无阻碍的垂直排气口排放到大气中
室外喷涂操作的一般要求	① 大风期间的外壳和缩减。 ② 高容量低压(HVLP)，低容量低压(LVLP)，静电或空气辅助无气喷涂设备。在低黏度和高固体涂层排除使用更高转移效率的喷涂设备的情况下，可以使用无气喷涂设备。 ③ 需采取合理的预防措施以尽量减少过量喷涂,合理的预防措施包括但不限于①、②内容
移动喷涂操作的一般要求	① 在便携式框架和织物遮蔽物中进行所有喷涂,包括织物屋顶和三个织物侧面或由屋顶和三个侧面组成的类似便携式遮蔽物。 ② 每天结束时从现场拆卸便携式遮蔽物。 ③ 不得在任何地点连续超过 5 日进行移动喷涂操作,并且在同一地点的一个月内不得超过 14 天。 ④ 不要在任何单一车辆上涂抹超过 8 盎司的涂层。 ⑤ 不要在任何单一车辆的 9 平方英尺以上涂抹涂层。 ⑥ 不要为任何单一车辆准备大于 9 平方英尺的喷涂表面区域。为喷涂准备的测量表面积应包括但不限于填充、研磨、砂磨或内部掩蔽的所有区域。 ⑦ 仅使用具有相同转移效率(大于或等于 65%)且涂料容量小于或等于 3.0 液量盎司的 HVLP 喷枪或喷涂设备。 ⑧ 通过在闭环或封闭系统中收集用于清洁设备的所有有机溶剂,最大限度地减少蒸发排放;除非添加、混合或移除材料,否则将所有容器中的油漆和有机溶剂保持关闭;将溶剂抹布存放在密闭容器中。 ⑨ 张贴公众可见的标志,并显示公司名称和投诉的当前电话联系信息。记录有关收到的投诉信息,并尽快调查有关气味、过度喷涂或滋扰的投诉,但不得迟于收到投诉后 1 小时。作为调查的一部分,确定投诉期间的风向。如果在收到投诉后的 2 小时内无法纠正有效投诉的原因,请关闭操作直至纠正措施完成

⑩ **破碎操作管控要求** 对于纳入面源管控的粉碎非金属矿物源的所有设备，如果设备的排放超过下列任何空气污染物排放限值，即属违法:可见排放限制在任何一小时中超过 3 分钟;每台研磨机、筛分操作、斗式提升机、带式输送机上的转移点、装袋操作、储存箱、封闭式卡车以及轨道车装载站的不透明度不得超过 7%;每台带有操作控制设备的破碎机的不透明度不得超过 12%;每台破碎机、研磨机、筛分操作、斗式提升机、皮带输送机上的转移点、装袋操作、储存箱、封闭式卡车、装有操作织物过滤器的轨道车装载站或操作湿式洗涤器有废气排放的烟囱排出的颗粒,不透明度超过 7%;每台破碎机、研磨机、筛分操作、斗式提升机、带式输送机上的转移点、装袋操作、储存箱、封闭式卡车或轨道车装载站通过烟囱排出颗粒应满足每干燥标准立方英尺 0.01 颗粒 (0.01gr/dscf) 的颗粒物限制;每台破碎机、研磨机、筛分操作、斗式提升机、传送带上的转移点、装袋操作、储存箱、封闭式卡车或无操作控制设备的轨道车装载站不得有明显的排放。其中，对于本部分而言，

"控制设备"是指织物过滤器、湿式洗涤器、水喷雾、其他有效减少观察的排放单元以及可见排放的粉尘抑制技术。

（5）面源案例介绍　本部分以水泥制造业开放式熟料堆的管理来具体介绍面源管理方式。首先，开放式熟料储料堆的所有者需要向管理部门提交操作和维护计划。所提交的计划经过审批许可后，方可进行相关生产操作。在操作过程中，开放式熟料储料堆的所有者或操作人员需根据其操作和维护计划中描述的扬尘排放控制措施进行准备和操作。

在所提交的申请汇总中，操作和维护计划必须确定和描述每个当前或今后开放式熟料储料堆的位置，以及所有者或操作人员将采用的扬尘排放控制措施，尽可能减少每个开放式熟料储料堆的扬尘排放；操作和维护计划中也必须描述尽可能减少熟料储料堆扬尘排放的措施，如开放式熟料储料堆的意外泄漏时的措施。

同时，操作和维护计划必须指明以一种还是多种扬尘控制措施、最适合现场条件的措施，以及将尽可能减少开放式熟料储料堆扬尘的措施：①安装局部密闭罩罩住内部污染源；②安装和操作水喷雾或喷雾系统；③何时采用化学粉尘抑制剂；④使用防风屏障、压实桩、防水布、其他覆盖物或植被；⑤必须根据需要修改操作和维护计划，以反映污染源的变化情况；⑥必须在3天时间内清理因意外泄漏或熟料储料堆清洁操作产生的短暂堆积的渣块。

5.8　危险空气污染物防治政策分析与案例

危险空气污染物（hazardous air pollutants，HAPs）是指那些已知的或者可能引起癌症或严重健康危害，如对生殖系统的影响或出生缺陷，或不利于环境和生态效应的空气污染物。

美国联邦环保署（EPA）共识别出189种危险空气污染物，按类型可分为挥发性有机物、持久性有机物和重金属。挥发性有机物包括苯、1,3-丁二烯等，持久性有机物包括二噁英、苯并[a]芘（BaP）等，重金属包括铅、汞及其化合物等。挥发性有机物主要通过呼吸渠道进入人体，而持久性有机物和重金属除通过呼吸渠道进入人体外，还伴随着沉降进入水体、土壤后通过饮水、皮肤接触和饮食等途径进入人体。危险空气污染物进入人体内后，将在长期内（终身时间尺度）增加人群罹患癌症的风险。美国EPA对部分危险空气污染物进行风险管理，依据国际癌症研究中心（IARC）给出的危险空气污染物分类标准，将危险空气污染物按照致癌确定性程度进行分类，如表5-58所列。

表5-58　美国EPA对纳入风险管理的危险空气污染物的分类

分类	定义	污染物
1类	对人类致癌。有充分的证据证明对人体有致癌作用	乙醛、4-氨基联苯、石棉、苯、联苯胺、二氯甲基醚、1,3-丁二烯、氯甲基甲基醚、环氧乙烷、甲醛、3,3′-二氯-4,4′-二氨基二苯甲烷、多氯联苯、1,2-二氯丙烷、2,3,7,8-四氯二苯并对二噁英、邻甲基苯胺、三氯乙烯、氯乙烯17种
2A类	可能对人体致癌。这类物质或混合物对人体致癌的可能性较高，在动物实验中发现充分的致癌性证据。对人体虽有理论上的致癌性，而实验性的证据有限	丙烯酰胺、三氯、氯化苄、硫酸二乙酯、二甲基氨基甲酰氯、硫酸二甲酯、1-氯-2,3-环氧丙烷、氨基甲酸乙酯、二溴乙烷、二氯甲烷、N-亚硝基-N-甲脲、N-二甲基亚硝胺、1,3-丙烷磺内酯、氧化苯乙烯、四氯乙烯、溴乙烯16种

续表

分类	定义	污染物
2B 类	可能对人体致癌。这类物质或混合物对人体致癌的可能性较低,在动物实验中发现的致癌性证据尚不充分,对人体的致癌性的证据有限	乙酰胺、丙烯腈、邻氨基苯甲醚、邻苯二甲酸二辛酯二(2-乙基己基)酯、四氯化碳、邻苯二酚、氯丹、氯仿、氯丁二烯、异丙苯、1,2-二溴-3-氯丙烷、1,4-二氯苯(p)、3,3-二氯联苯胺、1,3-二氯丙烯、二乙醇胺、3,3'-二甲氧基联苯胺、氨基偶氮苯二甲酯、3,3'-二甲基联苯胺、1,1-二甲基肼、2,4-二硝基甲苯、1,4-二噁烷、1,2-环氧丁烷、丙烯酸乙酯、乙苯、1,2-二氯乙烷、乙烯亚胺、七氯、六氯苯、六氯乙烷、六甲基磷酰胺、联氨、甲基异丁基酮、4,4'-二氨基二苯甲烷、萘、硝基苯、2-硝基丙烷、N-亚硝基、对硫磷、β-丙内酯、环氧丙烷、1,2-丙烯亚胺、苯乙烯、1,1,2,2-四氯乙烷、2,4-甲苯二胺、氯化苋烯、乙酸乙烯酯 46 种
3 类	对人体致癌性尚未归类的物质或混合物。对人体致癌性的证据不充分,对动物致癌性证据不充分或有限。或者有充分的实验性证据和充分的理论机理表明其对动物有致癌性,但对人体没有同样的致癌性	丙烯醛、丙烯酸、氯丙烯、苯胺、三溴甲烷、克菌丹、胺甲萘、乙酯杀螨醇、重氮甲烷、二氯乙醚、N,N-二甲基苯胺、二甲基甲酰胺、氯乙烷、乙烯硫脲、六氯丁二烯、盐酸、对苯二酚、甲氧、溴甲烷、氯甲烷、1,1,1-三氯乙烷、甲基碘、甲基丙烯酸甲酯、甲基叔丁基醚、二苯基甲烷二异氰酸酯、4硝基联苯、五氯硝基苯、苯酚、对苯二胺、醌、甲苯、1,1,2-三氯乙烷、氟乐灵、1,1-二氯乙烯、二甲苯 35 种
4 类	对人体可能没有致癌性的物质。缺乏充足的证据支持其具有致癌性的物质	未纳入风险管理的,共 73 种

5.8.1　美国危险空气污染物防治政策

美国自 20 世纪 70 年代开始对危险空气污染物进行管理,自 1990 年《清洁空气法》修正案以来,形成了排放清单管理、最大可行控制技术(MACT)标准、剩余风险评估、排污许可证管理的政策框架。

(1) 排放清单管理　危险空气污染物的排放源包括固定源、移动源和室内污染源。其中,固定源又分为主要源和面源:主要源被定义为单一危险空气污染物年排放量超过 10t,或者全部危险空气污染物年排放总量超过 25t 的固定源;面源则是单一危险空气污染物年排放量低于 10t,以及全部危险空气污染物年排放总量低于 25t 的固定源。

排放清单管理的目的是掌握污染源危险空气污染物排放的基本信息,是开展污染源风险评估的主要数据来源和作为执行污染源排污许可证制度的基础。污染源将首先提交排放清单计划,详细说明其监测方案,得到当地环保局批准后,按计划进行监测,在规定的时间内提交和更新排放清单报告,并接受当地环保局的审核。报告内容为企业基本信息,包括所属行业、生产工艺、生产规模、运行时长、地理位置等;排污口信息,包括排污口位置、排污口高度、排污口内径、出气温度、出气流量、出气流速等;排放信息,包括企业年排放量、最大小时排放量等。

(2) 最大可行控制技术(MACT)标准　危险空气污染物主要源执行危险空气污染物排放的 MACT 标准。所谓 MACT 标准,即最大可行控制标准,指的是按照当前技术水平,能够达到的最高的污染物控制标准。《清洁空气法》112 (a) 条款对 MACT 标准的界定是:行业内技术最先进的前 12% 的企业的平均控制水平。面源的管理相对灵活。当认为面源的排放会对人体造成重大危害时,制定 MACT 标准严格管理;当认为面源的排放行为危害有限时,允许当地环保机构执行较为宽松的普遍可行控制技术(general available control technology,GACT)标准。对于新建和改建污染源,在联邦环保署(EPA)确定其所属行业以前，执行新建源 MACT 标准，该标准严格于所有行业的 MACT 标准。

排放标准由 EPA 按照既定的时间表制定，若 EPA 在时间表到期后的 18 个月以内仍然没有制定出相应行业的 MACT，则污染源需要向当地环保部门提出一个许可申请，由当地环保部门在 18 个月内制定并签发针对该个案的 MACT。一旦 EPA 制定出相应行业的 MACT，立即停止针对个案的 MACT 的制定过程，执行 EPA 的 MACT 标准。

《清洁空气法》也提供了一些排放标准执行的灵活机制。当制定或执行 MACT 不可行的时候：允许 EPA 执行工作实践或运行标准；允许污染源采用替代性的减排方法，前提是污染源可以证明其使用这种方法时能够达到与执行 MACT 的同等减排效果。

下面以再生铝行业为例介绍 MACT 标准，该标准涉及二噁英类物质的排放控制：

① 设备排放限值的要求　包括对废铝干燥炉、热力碎片干燥器、热析炉、非熔化和静置炉、熔化和静置炉等设备分别制定了排放限值。

② 设备运行过程中的要求　例如：排放捕获和收集系统在设计和安装时需要依据工业通风设备操作规程手册进行；二次燃烧器的操作温度应当大于等于性能测试的平均操作温度；石灰注入速率应当使石灰在连续进料系统的进料斗和筒式仓中自由流动；电抗助熔剂注入速率小于等于每个运行周期性能测试值；电抗焊剂注入过程中金属熔液水平面需要高于边井和炉床中间通道的最高处。

③ 设备监控方面的要求　包括排放监测和设备运行监控。例如：每年检修排放捕获、收集、传输系统以确保系统持续运转；对于原料/炉料的使用情况，记录每项原料和炉料的质量，质量测量装置和其他操作精确度应在 ±1% 以内，并根据厂家说明书至少六个月校准一次；对于袋检漏器的运行情况，依据袋式过滤器布袋泄漏检测指南，记录袋泄漏检测器的电压输出；对于石灰持续注入系统，每 8 小时检查一次每种原料筒式仓或桶浆，确保石灰有流动空间，记录每次检查结果，如果发生堵塞，3 天内每 4 小时检查一次；每 30 分钟记录监测到的排放结果。可以看出，基于最先进技术的控制是美国危险空气污染物管理的基础。

（3）剩余风险评估　对危险空气污染物进行风险评估，是在对污染源进行排放标准管理的基础上，为保护人群健康所做的进一步的管理：若污染源在执行排放标准后，其风险仍超过"充分的安全边际"（ample safety margin），则要求污染源执行更加严格的剩余风险标准。

美国科学协会（NAS）1984 年提出的风险评估方法是目前危险空气污染物剩余风险评估的基本框架。

① 剩余风险标准[42]　清洁空气法第 112 项条款要求美国环保署在制定二噁英等危险空气污染物的基于剩余风险的排放标准时，应当"为公众健康提供充分安全边际"。1989 年，美国环保署采用两部法定义了什么是充分安全边际：首先应确保"个体最大风险"（maximum individual risk，MIR）绝不超过万分之一，之后是在考虑成本、经济影响和技术可行性的前提下，为公众提供充分安全边际，最大程度减少风险超过百万分之一（10^{-6}）的人群数量。具体到危险空气污染物，评估的是暴露人群的终身致癌风险，即个体从一出生就暴露于特定浓度水平下，到 70 岁时该个体罹患癌症的概率。

MACT 标准是基于技术的排放标准，在执行 MACT 标准的基础上，若人群致癌风险超过充分安全边际水平，则 EPA 需要制定基于风险的排放标准，又称为"剩余风险标准"。1999 年是 MACT 标准执行的第 8 年，EPA 开始筹划制定部分行业的剩余风险标准，截止到目前，EPA 共对 23 个行业制定了剩余风险标准。

② 加州 HAPs 物质风险管理[43]　加州对于剩余风险超过一定水平的污染源，通过

Hot Spot 项目进行风险管理，该项目包括如下几方面的内容：

a. 排放清单。排放清单是风险管理的基础，通过排放清单，掌握污染源危险空气污染物的排放情况。

首先，企业需要提交排放清单计划，绘制企业的"设备-排放口"流程，以及说明污染物排放的监测方案。

"设备-排放口"流程图的绘制。设备包括锅炉、焚烧炉、加热器、控制设备、储存/过程隔绝装置、冷却塔等，排放口包括阀门、通风孔、轮缘、密封件、垫圈等。在这张流程图中，将设备与排放口之间的关系画出来，并说明可能存在逸散的地方。

污染物排放的监测方案。污染源需要采用加州空气资源管理局允许的监测方法进行监测，也可以采用排放系数和物料守恒的方法，这些方法所采用的参数都需要得到加州空气资源管理局的同意。

然后，在提交排放清单 180 天以内，需要提交排放清单报告。排放清单报告的内容包括企业信息、设备信息、排污口信息、过程信息、排放信息。

b. 设备风险优先序计算。在进行风险评估之前，计算设备的风险优先序，对于设备风险优先序低的企业，可以不进行风险评估。

设备优先序的计算公式为：

$$TS = 28 \sum^{c} (E_{c,h})(P_c)(D_h)(RP_h)$$

式中，TS 为设施总分；c 为某项致癌物质；$E_{c,h}$ 为致癌物 c 在高度 h 之年最大排放量，1b/a；P_c 为危险污染物的致癌风险斜率（CPF）；h 为排放高度，m；D_h 为排放高度 h 的扩散调整因子；RP_h 为排放高度 h 临近受体的距离调整因子；28 为常态化常数。

危险空气污染物的致癌风险斜率之后将给出。

排放高度 h 的扩散调整因子参数值见表 5-59。

表 5-59　排放高度 h 的扩散调整因子参数值

排放高度	扩散调整因子
0～20m	60
20～45m	9
大于 45m	1

排放高度 h 临近受体的距离调整因子参数值见表 5-60。

表 5-60　排放高度 h 临近受体的距离调整因子参数值

排放高度	距离调整因子						
	0～100m	100～250m	250～500m	500～1000m	1000～1500m	1500～2000m	大于 2000m
0～20m	1	0.25	0.04	0.011	0.003	0.002	0.001
20～45m	1	0.85	0.22	0.064	0.018	0.009	0.006
大于 45m	1	1	0.9	0.4	0.13	0.066	0.042

设备风险优先序 TS 计算结果大于 10 的，需要进行风险评估；设备风险优先序 TS 计算结果大于 1 小于 10 的，需要综合考虑其他方面的因素决定是否进行风险评估，这些因素包括企业周边的人口密度、是否属于受体 50m 范围内、是否属于复杂地形、敏感受体距离

污染源的距离、非吸入途径是否影响显著、受干扰的频率；设备风险优先序 TS 计算结果小于 1 的，不需要进行风险评估。

c. 风险评估。危险空气污染物通过吸入、饮水、皮肤接触，或者食入泥土、植物、动物、鱼类、母乳等途径进入人体。绝大多数危险空气污染物是通过吸入途径进入人体的；对于半挥发性有机物及重金属等，则可以通过非吸入途径进入人体。

第一步，估算污染源周边危险空气污染物的浓度。用到的是空气污染物扩散模型 AER-MOD 模型。用该模型预测未来一年的距离污染源不同方位角和不同距离范围内的危险空气污染物浓度，找出其中的最大浓度值。

第二步，计算人群危险空气污染物的暴露值。所谓暴露值，指的是每日通过吸入途径进入人体的危险空气污染物的量。以下是空气暴露值的计算公式：

$$\text{DOSE}_{\text{air}} = C_{\text{air}} \times \left(\frac{\text{BR}}{\text{BW}}\right) \times A \times \text{EF} \times (1 \times 10^{-6})$$

式中，DOSE_{air} 为通过呼吸进入体内的危险空气污染物的量，$\text{mg}/(\text{kg BW} \cdot \text{d})$；$C_{\text{air}}$ 为空气中污染物浓度，$\mu\text{g}/\text{m}^3$；(BR/BW) 为日均呼吸量，按体重计，$\text{L}/(\text{kg BW} \cdot \text{d})$；$A$ 为吸收率（缺失值为 1）；EF 为暴露频率，$\text{d}/365$ 天；1×10^{-6} 为转换因子，$\mu\text{g}/\text{mg}$ 或 L/m^3。

第三步，基于人群危险空气污染物的暴露值，计算致癌风险。空气途径的致癌风险公式为：

$$\text{RISK}_{\text{air}} = \text{DOSE}_{\text{air}} \times \text{CPF} \times \text{ASF} \times \text{ED}/\text{AT}$$

式中，CPF 为致癌斜率，这一指标值需要查阅相关的流行病学研究得到。美国 IRIS 数据库整理了绝对多数危险空气污染物的致癌斜率。加州 Hot Spot 规定使用的致癌斜率基本上来自于 IRIS 数据库，也有来自于其他数据库的。ASF 为年龄调整因子：胚胎（ASF＝10）；0～2 岁（ASF＝10）；2～16 岁（ASF＝3）；16～70 岁（ASF＝1）。ED 为各年龄段的暴露时间。AT 为总的暴露时间，70 年。

d. 风险减量。计算单个污染物的个体终身致癌风险，之后发现大于一定概率的，需要进行风险减量。这一概率随不同的空气质量管理区（AQMD）而不同，一般设定在 10 个百万分之一的水平。

ⅰ. 识别存在风险的原因，判断风险是属于周边建筑物下洗作用影响了污染物的扩散，还是烟囱高度太低不利于污染物的扩散，还是污染物逸散。

ⅱ. 确定降低风险的办法，包括：生产工艺中减少或不再使用危险物质；调整工艺或进行设备隔绝；运行控制设备对危险空气污染物进行处理；调整污染源的地理位置，消除建筑物下洗作用，建设更高的烟囱。

ⅲ. 确定采用何种方法降低风险。需要基于两方面进行判断：风险降低的量；风险降低的成本。

ⅳ. 撰写风险减量计划，交由空气质量管理区审批，执行期一般为 5 年，特殊情况下可以延长，5 年后风险减量计划的执行情况需要由空气质量管理区验收。

（4）固定源排污许可证管理　为确保污染源能够监测并及时、准确和真实地报告其危险空气污染物排放的数据，以及赋予环保部门对污染源进行监督执法的权力，向污染源颁发排污许可证。危险空气污染源的排污许可证管理与部分常规空气污染源放在《清洁空气法》的同一章节进行说明，参见《清洁空气法》第五章。

危险空气污染源与常规污染源不同的地方在于：对于常规污染源，只有规模以上固定源适用于排污许可证的管理；对于危险空气污染源，主要固定源及面源均适用于排污许可证的管理。

危险空气污染源与常规污染源一样，污染源需要首先申请许可，交到州环保局进行完整性审批，之后交给临近州以及联邦进行审批，以及向公众公示和接受公众请愿。排污许可证将写入《清洁空气法》中有关危险空气污染物管理的全部内容，包括 MACT 标准、剩余风险标准等。

排污许可证颁布后，污染源严格按照排污许可证的要求进行监测、记录和报告危险空气污染物的排放情况，每 6 个月提交一份运行计划，每年提交一份执行报告，报告的真实性需要得到负责官员的证明。

由于对危险空气污染源的排污许可证管理包括了排放量较小的面源，因而《清洁空气法》允许排放危险空气污染物的面源执行"通用许可"，通用许可覆盖了类似的一系列类型的污染源，签发流程也会简化。此外，面源排污许可证管理的行政收费更低。EPA 也允许州延迟一些面源排污许可证的执行，并由 EPA 决定这种延迟的期限。

（5）移动源危险空气污染物排放管理 移动源排放包括柴油机等排放的挥发性有机物，是危险空气污染物的重要来源。EPA 共识别了主要的 15 类来自于移动源的危险空气污染物。对移动源危险空气污染物排放的管理与移动源常规空气污染物排放的管理，放在《清洁空气法》的同一章节当中。

《清洁空气法》202（a）条款对交通工具进行管理，211 条款对燃料管理进行规定，213 条款对路上交通工具的引擎管理进行规定，219 条款对城市公交车进行规定。通过执行上述规定，可以实现在削减挥发性有机物的同时减少危险空气污染物的排放。《清洁空气法》202（1）（2）条款要求 EPA 对移动源排放危险空气污染物造成的风险进行评估，为此，需要估计移动源危险空气污染物的排放量，运用 ASPEN 模型对污染物的扩散进行估计。目前，EPA 尚在对移动源风险评估的方法学进行论证。202（1）（2）条款还要求 EPA 制定移动源的危险空气污染物排放标准，标准的制定应当考虑成本、技术、能源、噪声等。目前，标准尚在起草阶段。

（6）信息公开 美国危险空气污染源按照排污许可证的要求监测并向当地环保机构上报其排放数据，这些排放数据被整理进数据库，形成危险空气污染物排放清单。EPA 每年都会将这些数据整理出来，制成光盘免费向政府部门、高校及研究机构邮寄，若个人想要得到这些数据，也可以打电话向 EPA 索要。美国 1996 年、1999 年、2002 年、2005 年对危险空气污染物进行风险评估的结果同样可以查询得到。公众可以通过登录 EPA 网站，获知其所属区域的风险。

突发应急方面，美国《危机应急规划和社区知情权法案》（EPCRA）（以下简称《法案》）专门针对化学品和危险物质泄漏制定应急规划和反应。在企业层面，《法案》要求发生泄漏设备的所有者或经营者必须在泄漏后立即通知社区的应急负责人，应当以耽搁时间最少的方式（如电话等）进行通知。通知内容包括：泄漏物质的化学名称和性质、泄漏的量、泄漏的时间和持续时间、预期的健康风险、应当采取的预防措施和联系方式等。在政府层面，环保署超级基金应急计划针对危险物质、废物和污染物的排放或可能发生的泄漏提供快速的反应，包括：其一，全天 24 小时待命准备应对事故排放；其二，以一切资源来应对危机，消除对公众和环境的即时危险；其三，将泄漏事故以及泄漏的物质通知有关社区。

5.8.2 危险空气污染物防治案例研究

（1）垃圾焚烧厂概况　选取某垃圾焚烧厂作为研究对象。该垃圾焚烧厂共有 4 个焚烧炉，焚烧炉型号为 CG-750-84.48/4.0/400LJ，焚烧对象为生活垃圾，单个焚烧炉设计处理量为 750t/d，使用轻柴油作为辅助燃料。垃圾焚烧厂于 2013 年 11 月试运行，2014 年 11 月达到满负荷运行，2015 年正式运行。垃圾在炉内燃烧产生的烟气依次进入脱酸塔、布袋除尘器、脱硝塔后由烟囱排入大气。每年分四次对垃圾焚烧厂的二噁英排放情况进行监测，在距离地面 10m 处竖直烟道内采样，可测出 2,3,7,8-TCDD、1,2,3,7,8-PCDD 以及 2,3,7,8-TCDF 等二噁英类物质 17 种。

（2）气象条件　垃圾焚烧厂属温带大陆季风型气候。冬季受高纬度内陆季风影响，寒冷干燥；夏季受海洋季风影响，高温多雨。据当地气象站近 30 年来的统计资料，该区域累年主导风向为 S 风，平均风速为 2.2m/s，年最大风速为 26.7m/s，累积平均气温 12.1℃，累年年平均降水量 601.4mm，年平均相对湿度 56%，年日照时数 2379.5h，风向玫瑰图如图 5-22 所示。

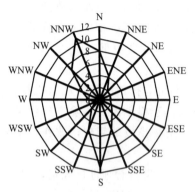

图 5-22　气象站风向玫瑰图
（静风频率 32%）

（3）周边地形及人口分布　垃圾焚烧厂地形以山地为主，平原面积仅占极少部分。附近无地表水体通过，区内山洪沟较多，山洪沟近年来基本呈干涸状态，居民取水主要源于地下水系。人口主要分布在垃圾焚烧厂以北 3km 平原地带，区域常住人口 1.1 万人，2020 年规划人口 3 万人。

（4）评估点位　垃圾焚烧厂以北区域受主导风向影响，人口密集，在此区域选择当地政府、小学、居民小区三个评估点位，距离垃圾焚烧厂直线距离分别为 3.7km、2.9km 和 2.8km。

（5）二噁英浓度

① 背景浓度　垃圾焚烧厂周边为居民区、空地等，没有污染型的企业、工厂等，用地范围内不存在土壤遗留问题。2010 年，科研人员对拟建区域内土壤及大气中的 17 种二噁英类物质的背景值进行检测，检测依据采用美国环保署 EPA1613 方法（United States Environment Protection Agency，Method 1613B），检测浓度统一转换为以 2,3,7,8-TCDD 毒性为标准的毒性当量。检测结果显示，拟建厂址区域处大气中二噁英浓度为 0.04pg TEQ/m^3，土壤中二噁英浓度为 0.19pg TEQ/m^3，二噁英背景浓度值位于较低水平。

② 检测浓度　国家环境分析测试中心于 2016 年 3 月、9 月、12 月期间分四次采集了三个点位的大气样本，于 2016 年 9 月采集了三个点位的土壤样本。依据《环境空气和废气 二噁英类的测定　同位素稀释高分辨气相色谱-高分辨质谱法》（HJ 77.2—2008）和《土壤和沉积物　二噁英类的测定　同位素稀释高分辨气相色谱-高分辨质谱法》（HJ 77.4—2008）对 17 种二噁英类物质进行检测，检测浓度统一转换为以 2,3,7,8-TCDD 毒性为标准的毒性当量。不同采样点处二噁英浓度检测结果见表 5-61。

用 2016 年的四次检测平均值代表二噁英日平均浓度值，根据二噁英衰减模型计算土壤中二噁英日平均浓度，政府、小学和居民小区三个评估点位处，空气中二噁英日平均浓度分别为 0.15pg/m^3、0.17pg/m^3、0.19pg/m^3，土壤中二噁英日平均浓度分别为 12.5ng/kg、

$20.2ng/kg、6.1ng/kg^{[44]}$。

表 5-61　不同采样点处二噁英浓度检测结果

采样点	二噁英类毒性当量浓度				
	空气/(pg/m³)				土壤/(ng/kg)
	3 月 25 日~28 日	9 月 26 日~29 日	12 月 27 日~30 日	12 月 30 日~1 月 2 日	9 月 29 日
政府	0.018	0.04	0.18	0.38	1.3
小学	0.023	0.053	0.2	0.42	2.1
居民小区	0.033	0.028	0.17	0.53	0.63

（6）二噁英暴露风险计算方法　二噁英通过呼吸、皮肤接触、泥土摄入、饮水和食用动植物产品等多种途径进入人体，长期对人体有致癌作用。风险评估的第一步是计算二噁英通过不同途径进入人体的量，再根据已有"剂量-反应"关系模型评估人群风险。本书以癌症发病率作为健康终点，时间尺度为终身致癌风险（70 年），数据分析软件为 Excel 2013。

① 呼吸途径的日均暴露值　计算公式为：

$$DOSE_{air} = C_{air} \times BR \times A \times EF \times (1 \times 10^{-12})$$

式中，$DOSE_{air}$ 为通过呼吸途径进入人体的二噁英日均暴露值，$mg/(kg \cdot d)$；C_{air} 为空气中二噁英日平均浓度值，pg/m^3；BR 为人体日均呼吸率，$L/(kg \cdot d)$；A 为肺泡吸收率；EF 为暴露频率。研究中，用 2016 年的四次检测平均值代表二噁英日平均浓度值，肺泡吸收率取 1，暴露频率取 0.96（350/365），不同年龄段人群呼吸率取值参考王宗爽（2009）的研究成果，胚胎期、0~2 岁、2~9 岁、9~16 岁、16~30 岁、30~70 岁呼吸率分别为 $225L/(kg \cdot d)$、$589L/(kg \cdot d)$、$397L/(kg \cdot d)$、$247L/(kg \cdot d)$、$209L/(kg \cdot d)$、$173L/(kg \cdot d)$。

② 皮肤接触途径的日均暴露值　计算公式为：

$$DOSE_{dermal} = ADL \times C_{soil} \times ABS \times EF \times (1 \times 10^{-12})$$

式中，$DOSE_{dermal}$ 为通过皮肤进入人体的二噁英日均暴露值，$mg/(kg \cdot d)$；C_{soil} 为土壤中二噁英日平均浓度，ng/kg；ADL 为人体皮肤日均泥土承载量，$mg/(kg \cdot d)$；ABS 为皮肤吸收率；EF 为暴露频率。研究中，皮肤吸收率取 0.02，暴露频率取 0.96（350/365），不同年龄段人群皮肤日均泥土承载量取值参考美国热点计划，胚胎期、0~2 岁、2~9 岁、9~16 岁、16~70 岁皮肤泥土日均承载量分别为 $3.01L/(kg \cdot d)$、$6.03L/(kg \cdot d)$、$18.08L/(kg \cdot d)$、$15.62L/(kg \cdot d)$、$3.01L/(kg \cdot d)$。2016 年的土壤检测结果代表垃圾焚烧厂满负荷运行两年后的二噁英在土壤中的累积量，需要换算为二噁英的长期日平均浓度。二噁英类物质的半衰期为 4720d，相应的衰减常数为 0.000147（0.693/4720）。土壤中二噁英长期日平均浓度的计算公式为：

$$C_{soil} = C_0 (1 - e^{-tk})/k$$

式中，k 为衰减常数；C_0 为土壤中二噁英单日累积量，ng/kg；t 为时间，d。

③ 泥土摄入途径的日均暴露值　计算公式为：

$$DOSE_{soil} = C_{soil} \times GRAF \times SIR \times EF \times (1 \times 10^{-12})$$

式中，DOSE$_{soil}$为通过泥土摄入进入人体的二噁英日平均暴露值，mg/(kg·d)；C_{soil}为土壤中二噁英日平均浓度，ng/kg；GRAF 为污染物胃肠道吸收率；SIR 为人体泥土日均摄入量，mg/(kg·d)。研究中，胃肠道吸收率取 0.43，暴露频率取 0.96（350/365），不同年龄段人群泥土日均摄入量取值参考美国热点计划，胚胎期、0～2 岁、2～9 岁、9～16 岁、16～70 岁皮肤泥土日均摄入量分别为 0.7L/(kg·d)、20L/(kg·d)、5L/(kg·d)、2L/(kg·d)、0.6L/(kg·d)。

④ 饮水暴露　二噁英通过沉降进入水体，在一定的沉降速度下，水体中二噁英浓度与水体深度、水体交换频率等因素有关。二噁英通过饮水途径进入人体的量，取决于居民的饮水方式和饮水量，经自来水厂处理后，水体中的二噁英浓度可显著降低。垃圾焚烧厂周边区域居民饮用水主要采自地下，部分居民外购桶装水。地下水系与大气环境相对隔绝，机井深度在百米以上，与土壤层的物质交换是一个长期过程，本研究暂不考虑二噁英通过饮水途径进入人体的量。

⑤ 食用动植物产品　垃圾焚烧厂周边区域无大规模农场，食用蔬菜以外地进货为主，偶有种植蔬菜的，比例较低，也有居民采摘野菜食用，无大型畜禽养殖场，居民有个别养鸡的，以家庭散养为主。

⑥ 蔬菜　二噁英通过沉降附着在蔬菜表面，在一定的沉降速度下，蔬菜中二噁英浓度取决于蔬菜叶片对二噁英的截留与吸收，计算公式为：

$$C_v = \left(\frac{GLC \times DEP \times 86400 \times if}{k \times Y} \right) \times (1 - e^{-kT}) \times GRAF$$

式中，C_v 为蔬菜中二噁英浓度，μg/kg；GLC 为空气中二噁英浓度，μg/m³；DEP 为二噁英垂直沉降速度，m/s；if 为叶片截留率；k 为天气常数，d^{-1}；Y 为作物产量，kg/m²；T 为作物生长周期，d；GRAF 为叶片对二噁英的吸收率。参考美国热点计划推荐参数，DEP 取 0.02m/s，if 取 0.2，k 取 0.1d^{-1}，Y 取 2kg/m²，T 取 45d，GRAF 取 0.43。

⑦ 动物产品　二噁英的量取决于动物体内的二噁英的量，以及动物产品的转化率，计算公式为：

$$C_a = (BR_a \times GLC + WIR_a \times C_w + FIR \times C_v + FS_f \times FIR \times C_s) \times T_{co}$$

式中，C_a 为动物产品中二噁英浓度，μg/kg；BR_a 为动物日呼吸量，m³/d；GLC 为空气中二噁英浓度，μg/m³；WIR_a 为动物日饮水量，kg/d；C_w 为水体中二噁英浓度，μg/kg；FIR 为动物日食草量，μg/kg；C_v 为草料中二噁英浓度，μg/kg；FS_f 为草料中泥土含量；C_s 为土壤中二噁英浓度，μg/kg；T_{co} 为动物产品转换系数，d/kg。本研究中，动物产品为鸡蛋及鸡肉，参考美国热点计划推荐参数，鸡取 0.4m³/d，鸡蛋产品取 10d/kg，鸡肉产品取 9d/kg，不考虑二噁英随饮水和饲料进入鸡体内的量。

⑧ 二噁英饮食暴露　二噁英随饮食进入人体的暴露值，计算公式为：

$$DOSE_{food} = C_f \times IF \times GRAF \times L \times EF \times (1 \times 10^{-6})$$

式中，DOSE$_{food}$ 为通过饮食进入人体的二噁英的量，mg/(kg·d)；C_f 为食物中二噁英浓度，μg/kg；IF 为食物日均摄入量，g/(kg·d)；L 为被污染食物（本地食物）占总食物量的比重；EF 为暴露频率；GRAF 为胃肠吸收率。参考美国热点计划推荐参数，GRAF 取 0.43，EF 取 0.96（350/365），IF 取值参考我国居民食物年消费量数据，蔬菜摄入量取 5.48g/(kg·d)，鸡肉摄入量取 0.91g/(kg·d)，鸡蛋摄入量取 0.55g/(kg·d)，L 取值在

0～0.1 之间。

⑨ 终身致癌风险 以 70 年作为终身评估尺度，终身致癌风险计算公式为：

$$CANCER_{risk} = \sum_i ADD_i \times \frac{ED_i}{AT} \times CPF \times ASF_i$$

式中，$CANCER_{risk}$ 为人群终身致癌风险；ADD_i 为人体在不同年龄段的二噁英暴露值，$mg/(kg \cdot d)$；ED_i 为不同年龄段的时间长，a；AT 为终身时间长，a；CPF 为致癌系数，$kg \cdot d/mg$；ASF_i 为年龄调整因子。研究中，致癌系数的取值参考美国热点计划为 $130000 kg \cdot d/mg$，胚胎期、0～2 岁、2～9 岁、9～16 岁、16～70 岁的年龄调整因子分别取 10、3、3、1、1。

（7）风险评估结果

① 二噁英暴露情况 在三个评估点位，计算二噁英通过呼吸途径进入人体的终身日均暴露值；通过皮肤接触和摄入泥土进入人体的暴露值会随泥土中二噁英积累量的增加而上升，需基于 70 年间泥土中二噁英的日平均浓度值计算皮肤接触和泥土摄入的终身日均暴露值；三个评估点位附近居民有种植蔬菜和散养家禽的，部分食用此类产品的，计算相应的二噁英终身日均暴露值。不同评估点位处人群多种途径终身日均暴露值计算结果如表 5-62 所列。

表 5-62 不同评估点位处人群多种途径终身日均暴露值 单位：$mg/(kg \cdot d)$

地区	呼吸途径	皮肤接触	泥土摄入	食用蔬菜	食用鸡蛋	食用鸡肉
政府	3.17×10^{-11}	1.07×10^{-12}	7.00×10^{-12}	2.49×10^{-11}	1.23×10^{-14}	2.25×10^{-14}
小学	3.59×10^{-11}	1.73×10^{-12}	1.13×10^{-11}	2.83×10^{-11}	1.39×10^{-14}	2.55×10^{-14}
居民小区	4.02×10^{-11}	5.18×10^{-13}	3.39×10^{-12}	3.16×10^{-11}	1.55×10^{-14}	2.85×10^{-14}

② 二噁英终身致癌风险 结合二噁英终身致癌风险模型，计算三个评估点位处人群于不同暴露途径下的终身致癌风险，计算结果如表 5-63 所列。对比美国环保署采用的百万分之一的"充分安全边际"，三个点位处人群在呼吸和泥土摄入这两项暴露途径下的终身致癌风险均已超过这一安全边际；当居民食用的蔬菜有 10% 来自当地时，其所面临的终身致癌风险超过安全边际；皮肤接触及食用鸡蛋、鸡肉产品相对安全；加总所有暴露途径下的人群终身致癌风险，风险值为 $(1.97～2.45) \times 10^{-5}$，提示这些区域的居民健康面临较高风险。

表 5-63 不同评估点位处不同暴露途径下人群终身致癌风险

地区	呼吸	皮肤接触	泥土摄入	食用蔬菜	食用鸡蛋	食用鸡肉	合计
政府	9.55×10^{-6}	3.40×10^{-7}	4.28×10^{-6}	5.50×10^{-6}	2.72×10^{-9}	4.97×10^{-9}	1.97×10^{-5}
小学	1.08×10^{-5}	5.50×10^{-7}	6.91×10^{-6}	6.25×10^{-6}	3.07×10^{-9}	5.64×10^{-9}	2.45×10^{-5}
居民小区	1.21×10^{-5}	1.65×10^{-7}	2.08×10^{-6}	6.98×10^{-6}	3.43×10^{-9}	6.30×10^{-9}	2.13×10^{-5}

（8）讨论

① 关于研究所使用的方法 开展二噁英风险评估，应主要基于实测结果，还是基于扩散模型，二者在结果上有何差别，哪种评估方法更加可信和更具管理意义，是值得论证的一个问题。从国外的经验看，二噁英风险管理多采用扩散模型的方法，要求污染源报告其

二噁英排放情况，收集当地气象及地形数据，模拟污染源周边不同网格区域的二噁英浓度，找出其中的最大落地点浓度，评估该处居民的健康风险，作为对污染源执行风险减量管理的依据。基于实测结果的评估，一方面不能代表二噁英的最大落地点浓度，另一方面必须多次检测以反映二噁英长期浓度变化，同时需要政府支付较高的检测费用，因此这种方法主要应用于研究，而较少应用于管理。本研究虽掌握了垃圾焚烧厂提供的一些数据资料，但无法确保所获得的数据是否能真实代表该厂在稳定运行状态下的二噁英排放情况，因而在评估时主要使用了实测数据。

② 关于检测数据的代表性　研究采用 2016 年的四次检测结果代表空气中二噁英的长期日平均浓度值，四次检测结果存在不同，表明空气中的二噁英浓度是不断波动的，为此，需要进一步论证检测结果的代表性。土壤中的二噁英主要来自空气中二噁英的沉降，在土壤混合深度和土壤密度不变的情况下，土壤中二噁英的累积量可以反映一段时期内空气中二噁英的浓度水平。垃圾焚烧厂满负荷运行一段时间后，检测土壤中的二噁英浓度值，可用于验证空气中二噁英浓度检测结果的代表性。

③ 与其他研究的比较　杨杰（2011）在缺乏环境监测数据的情况下，基于污染物扩散模型，模拟了某垃圾焚烧厂在二噁英排放浓度为 $1.0ng\ TEQ/m^3$ 时，其周边区域二噁英在空气和土壤中的扩散情况，计算了食物摄入、空气吸收、土壤摄入、皮肤接触等四种暴露途径下的致癌风险为 2.80×10^{-5}，与本研究评估结果相近。田爱军（2008）模拟了某垃圾焚烧厂在二噁英排放浓度为 $0.1ng\ TEQ/m^3$ 时，周边居民的二噁英呼吸暴露情况，其中成人日均呼吸暴露量为 $0.0018pg/(kg\cdot d)$，小于本研究的评估结果。刘红梅（2013）模拟了在 $1.0ng\ TEQ/m^3$、$0.1ng\ TEQ/m^3$ 和 $0.01ng\ TEQ/m^3$ 三种排放情景下，某垃圾焚烧厂周边居民健康受到的影响，在执行 $1.0ng\ TEQ/m^3$ 标准时，周边大气中二噁英平均浓度为 $0.627pg/m^3$，成人日平均暴露值为 $0.083pg/(kg\cdot d)$，与本研究评估结果相近。经过与已有研究的比较，本研究基于实测数据得出的某垃圾焚烧厂二噁英风险评估结果，显著高于已有研究在二噁英排放浓度为 $0.1\ ng\ TEQ/m^3$ 下的风险模拟结果，与已有研究在二噁英排放浓度为 $1ng\ TEQ/m^3$ 下的风险模拟结果相近。

5.8.3　我国危险空气污染物管理评估和完善建议

我国还没有形成危险空气污染物管理名录，也没有建立专门的针对危险空气污染物的管理制度，部分危险空气污染物的管理是与常规空气污染物放在同一法律框架下进行管理的，管理上还有完善空间[45]。

（1）环境空气质量标准管理　《环境空气质量标准》（GB 3095—2012）对空气中苯并[a]芘（BaP）以及铅的浓度限值进行规定，一类区和二类区均执行相同的浓度限值标准。铅年平均浓度限值为 $0.5\mu g/m^3$，季度平均浓度限值为 $1\mu g/m^3$；苯并[a]芘（BaP）年平均浓度限值为 $0.001\mu g/m^3$，24 小时平均浓度限值为 $0.0025\mu g/m^3$。

（2）排放标准管理　《大气污染物综合排放标准》（GB 16297—1996）中，危险空气污染物包括氟化氢、铬酸雾、氟化物、铅、汞、镉、铍、镍、锡、苯、甲苯、二甲苯、酚类、甲醛、乙醛、丙烯腈、丙烯醛、氯化氢、甲醇、苯胺类、氯苯类、硝基苯类、氯乙烯、苯并芘、石棉尘、非甲烷总烃。

污染源执行分级标准，分级的依据为污染源所属的空气质量功能区。标准规定了污染源最高允许排放浓度和最高允许排放速率，排气筒高度不同，最高允许排放速率有差异，排气筒高度越低，最高允许排放速率也越小。无组织排放源监测点一般设在厂界外浓度最大点处，并规定了浓度限值。新建污染源需要执行更加严格的排放标准。

此外，砖瓦、垃圾焚烧、电子玻璃、炼焦化学、铁合金、轧钢、炼钢、钢铁烧结、橡胶制品、火电厂、平板玻璃、钒、稀土、铜、镍、钴、铅、锌、铝工、陶瓷、合成革与人造革、水泥等行业也制定了危险空气污染物排放标准，所涉及的危险空气污染物包括氟化物、铬酸雾、氰化物、铊、铀、铅、砷、锑、铬、汞、镍、苯、甲苯、二甲苯、二噁英、非甲烷总烃。排放标准对污染物排放监控位置、排放限值和适用的设备类型进行了规定。

（3）建设项目环评　《环境影响评价法（2002）》要求建设项目对环境可能造成的影响进行分析、预测和评估。在《建设项目环境风险评价技术导则》（HJ/T 169—2004）中，要求建设项目对建设和运行期间可能发生的突发性事件或事故进行分析、预测，提出合理可行的防范、应急与减缓措施，以使建设项目事故率、损失和环境影响达到可接受水平。

该导则共列出了 68 种危险化学物质、16 种易燃物质和 14 种爆炸性物质。按照危险物质的毒性大小、污染源是否属于重大危险源，以及环境敏感程度，对建设项目风险评价实施分级管理。划为一级评价级别的，建设项目需对事故影响进行定量预测，说明影响范围和程度，提出防范、减缓和应急措施。

风险评价的主要内容包括风险识别、源项分析、后果计算、风险计算和风险管理等。风险识别是在收集建设项目基本资料的基础上，识别生产过程中潜在的危险性；源项分析是确定最大可信事故的发生概率及危险化学品的泄漏量；后果计算量化了危险空气污染物在大气和水中的扩散情况；风险计算量化了特定暴露水平下危险物质对人体的健康危害，用事故发生的概率乘以危害程度，得到风险评价结果；风险管理要求建设项目和政府部门采取风险防范措施和制订风险应急计划。

（4）我国危险空气污染物管理制度评估[46]

① 没有形成完整的危险空气污染物清单名录。《环境空气质量标准》和大气污染物排放标准涉及对部分危险空气污染物的管理，尚有较多毒性极大的危险空气污染物未纳入管理。

② 未对危险空气污染物进行专门化管理。与常规空气污染物几乎相同的管理手段和管理思路，容易忽略危险空气污染物的巨大危害和风险。

③ 我国危险空气污染物排放标准管理从严格程度和详细程度上不及美国。排放标准并未要求污染源采用行业最先进控制技术，且仅就排放限值进行了规定，没有对控制设备运行和监测方面的内容进行规定。

（5）我国危险空气污染物管理制度完善建议

① 确立危险空气污染物的管理目标是确保足够安全的健康边界　最终目标是保障人群健康，需要将危险空气污染物对人群健康造成的损害控制在"充分安全边际"以内，并将危险空气污染物管理的最终目标落实到污染源上。

② 开展危险空气污染物管理制度框架设计

a. 制定危险空气污染物名录，形成危险空气污染源行业清单。建议参考美国资料，完善我国现有危险空气污染物排放清单。目前，我国部分城市开展了对多种危险空气污染物浓度的监测，并着手收集企业排放数据。根据已有监测结果，可识别重点控制因子和重点控制源，分批次公布危险空气污染物名录及污染源行业清单。

b. 制定更加严格和更加详细的危险空气污染物排放标准。调查我国现有危险空气污染物治理技术，以及参考美国危险空气污染物治理技术，区分不同行业，提出我国污染源应当采用的危险空气污染物排放控制技术。该控制技术应当能够代表我国现有危险空气污染物治理技术的较高水平。排放标准将对危险空气污染物排放限值、排放量、控制设备运行维护、排放监测等方面内容进行规定。

c. 建立危险空气污染源风险评估管理制度。生态环境部需组织开展危险空气污染物风险评估基础研究，形成危险空气污染物风险评估的方法、模型、参数、导则和软件等，并识别出重点地区、重点行业和重点污染物。地方环保部门需结合当地气象数据，利用国家给定的危险空气污染物风险评估工具，开展污染源风险评估。对于风险评估结果超过充分安全边际的污染源，地方环保部门可结合当地人口密度等实际情况，确定其是否需要执行风险减量计划。

d. 执行危险空气污染物排污许可证管理制度。要求污染源申请获得排污许可证后才能向空气中排放污染物。将污染源需要执行的排放标准、风险评估、排放监测等内容写入排污许可证，由地方环保部门监督执行，作为危险空气污染物排放标准和风险评估制度有效执行的制度保障。

e. 危险空气污染物管理的信息公开。包括污染源排污许可证申请过程的信息公开、危险空气污染源排放信息公开、危险空气污染源风险评估结果公开以及危险空气污染源风险减量计划执行情况的信息公开等。

③ 危险空气污染物管理制度预期效果

a. 能满足公众对垃圾焚烧厂、PX（对二甲苯）厂等重点行业污染源迫切的管理需要。二噁英、PX物质的排放对人体造成极大威胁，危险空气污染物风险管理制度的建立为这类污染源的管理提供了一种可行的解决办法，同时，也为能够达到风险管理要求的垃圾焚烧厂、PX厂提供了一个正名的机会。

b. 促使部分城市环境行政主管部门充分重视危险空气污染物的污染。开展危险空气污染源风险评估，实施严格的排放控制。

c. 污染源被要求采用更加严格的污染控制技术，并执行风险减量计划，这将增加其污染控制成本。另外，人群健康风险的降低，将节省医疗成本、误工成本和避免死亡损失，这是危险空气污染物管理制度的收益。我国相当多的城市人口密度极高，加强对危险空气污染物的管理，收益将远高于成本。

d. 提高公众生命健康的自我保护意识。通过信息公开，使更多的公民开始认识到苯、1,3-丁二烯等危险空气污染物对人群健康所造成的巨大威胁，从而引导公众更加积极地参与危险空气污染物管理和加强自我保护意识。

④ 实施建议　首先，汇总国内城市对多种危险空气污染物的浓度和排放监测结果，识别重点控制因子和重点控制源，分批次公布危险空气污染物目录和污染源行业清单。其次，组织开展危险空气污染物风险评估基础研究，建立风险评估制度，形成风险评估导则、工具和软件。接下来，对主要固定源实施排污许可证制度，要求纳入许可证管理的污染源提出危险空气污染物监测计划。再次，在调查我国现有危险空气污染物治理技术的基础上，建立危险空气污染物分行业排放标准，内容包括排放限值、设备运行要求和监控设备要求。最后，建立危险空气污染物信息公开制度。

5.9　空气管理体制分析

5.9.1　空气管理体制分析总论

空气质量管理体制就是指依据法律法规的规定，各级空气质量行政管理机构的机构设置、管理权限划分、管理内容分配、工作人员配置、岗位职责核定、运作资金保障等结合起来的一整套系统。空气质量管理体制具体指政府环境保护行政主管部门和其他相关部门以及这些部门中主管大气污染防治的相关内设机构和事业单位，这些部门依照法律的规定，有权将各项环境政策与措施适用于空气质量管理的具体工作中，全面、成本有效地、协调地完成管理的任务。由于城市环境空气质量的管理所涉及的行业、事项非常多，因此，除了环境保护行政主管部门对本辖区内的空气质量管理工作统一监督管理外，其他相关的部门还包括发展和改革行政主管部门、城市建设行政主管部门、交通行政部门、气象行政主管部门等。

当前，空气质量管理作为环保部门的主要职责之一，与其他环境要素的管理存在大量部门、人员和业务上的交叉。但是，从污染源排放管理方式和模式方面来说，各个环境要素（通常包括大气、水、土壤、固废、辐射等）管理之间的关系并不十分紧密，其污染源类型、干系人、监测方法、环境标准和其他控制措施等方面都存在差异，当前按照业务流程划分的部门设置方式有时不利于实现管理的专业化。并且，从环境外部性与费用-效益分析的角度看，以属地管理和部门管理为主导的环境行政管理体制与环境污染的区域性、复合型存在一些矛盾[1]，有时会增加信息传递的层级，扩大协调范围，提高交易成本，降低效率。

针对区域性空气污染问题，我国目前采取的是地方政府间协作的管理方式。2013 年 11 月，中共中央《关于全面深化改革若干重大问题的决定》要求"建立污染防治区域联动机制"。2015 年 9 月，中共中央、国务院《生态文明体制改革总体方案》更明确指出"完善京津冀、长三角、珠三角等重点区域大气污染防治联防联控协作机制，其他地方要结合地理特征、污染程度、城市空间分布以及污染物输送规律，建立区域协作机制"。《环境保护法》（2014）也规定"国家建立跨行政区域的重点区域环境污染联合防治协调机制"。《大气污染防治法》（2015）专门设立"重点区域大气污染联合防治"一章，明确提出建立"重点区域大气污染联防联控机制，统筹协调重点区域内大气污染防治工作"。联合防治协调机制明确了跨行政区的监管问题，得到了多数学者的肯定，并对具体如何联合、协调提出了建议[47,48]，如：依靠中央政府的权威进行协调；通过统一标准、统一规划、统一监管，防止区域经济一体化进程中污染的区域间转移；建立区域财政转移支付机制或者区域共同基金的方式，以区域为单位实现最低成本减排等。但从已有研究来看，我国对区域环境治理的探索尚未突破按行政区划进行管理的思想，跨区域的管理机构作用有限，通常只能协调，不能决策。由于空气污染的外部性，个别地方政府受到各自的利益驱动，难以就区域性环境规划和政策达成共识，造成高昂的地区间协调成本支出。地方的管理机构设置也尚未按照介质分类，而是分割为不同的管理环节，有时难以对辖区的空气质量进行有效监管。

理想的空气质量管理应当是面向空气质量达标的，由专业机构和人员对辖区的空气质量进行统一管理，对存在以及潜在的问题做出及时反应的有效率的管理模式。因此，空气污染外部性的边界需要与政府管理权限的范围相匹配。在地级以上城市成立空气质量管理分局，作为市生态环境局的二级局，负责全市（包括所有的区和县）的空气污染防治管理。在空气质量管理分局内，设立固定源、移动源、面源和综合管理等业务部门。固定源实施排污许可证管理，包括常规污染物和危险空气污染物；移动源实施综合全面的管理；面源细化管理手段。设立办公室、人事、财务等行政支持部门，保证机构的顺畅运转。针对跨行政区的空气污染问题，如高架固定源污染，需要采取空气流域管理（air basin management）的方式[49]，建立区域性空气质量管理机构实施统一管理。总体目标是，建立以排污许可证制度为核心，适应于政策改进后固定源管理的多元共治的环境管理体制。以管理高效、专业化为目标，精简管理队伍，合理划分权责，通过制定和实施守法与执法方案，推动法规有效执行。

5.9.2 美国南加州空气质量管理体制经验

南加州空气质量管理机构主要由加州环保局（CEPA）的加州空气资源委员会（CARB）和南岸空气质量管理局（SCAQMD）组成。EPA对全国范围内的飞机、轮船等进行管理；加州空气资源委员会（CARB）主要管理移动污染源；加州环保局有毒物质控制部（DTSC）负责制定有毒气体控制法规和排放标准，对有毒气体进行统一管理；南岸空气质量管理局（SCAQMD）则对固定污染源和外部性范围较小的公交车和校车进行专门化管理。各机构具体管理职能见表5-64。南加州空气质量管理的项目及内容见表5-65。

表 5-64 美国南加州空气质量管理机构及职能

干系人	污染源	管理职能
EPA 及其第九局	飞机、火车、轮船	加强对排放标准的管理；制定柴油发动机颗粒物排放新条例
加州环保局、CARB	移动源	认证计划、环保绩效标签、低排放车辆计划、道路诊断计划、道路重型车辆计划、道路摩托车管理、道路卡车控制办法、特制车辆认证计划、零排放车辆计划、替代燃料转换认证计划、柴油车黑炭控制等项目
SCAQMD	固定源	常规污染物和危险空气污染物的排污许可证管理，常规污染物采用最佳可行技术管理，危险空气污染物采用最大可行控制技术。危险空气污染物污染源要实施定量风险评估报告
	部分移动源（校车、公交车等）	实行车队改造优惠政策、旧车辆报废计划、低排放校车计划，清洁校车激励计划等
加州环保局有毒物质控制部（DTSC）	有毒气体	通过监督现场，清理、善后处理不当的危险废物；防止危险废物排放，确保正确处理、运输、储存和处置废物；对没有适当管理危险废物的行为采取执法行动；探索和推广治污手段，鼓励重复使用和回收利用；评估土壤、水和空气样本，开发新的分析方法；实践其他的环境科学方法；保证公众参与 DTSC 的决策

表 5-65 南加州空气质量管理的项目及内容

管理项目		管理内容
空气质量达标规划	州（空气质量达标）实施计划	由 ARB 和下属地区共同制定，由 EPA 审批
	南海岸空气质量管理区空气质量管理规划（AQMP）	AQMD 根据技术的发展情况，每 3 年对 AQMP 进行一次修订；AQMP 有将近 400 页，内容详尽，基础介绍部分包括：空气达标面临的问题、已经实行的努力措施、上一期规划实施进展以及新一期规划内容等

续表

管理项目		管理内容
空气质量监测	监测点位选择	按 EPA 要求,每年发布空气质量监测网络计划;监测点的选择经过 30 天的公众评议期后递交 EPA;EPA 第九大区办公室和 CARB 相关工作人员会对点位进行核查
	监测点位和项目	目前,NO_2、CO_2 监测点各 25 个,PM_{10}、$PM_{2.5}$ 监测点各 11 个,SO_2 监测点 7 个,臭氧监测点 30 个,铅和总悬浮颗粒监测点各 15 个。 公示监测点的位置,每年对监测点和设备进行核查和更新
	空气质量报告及公开状况	EPA AirNOW 空气质量动画;AQMD、ARB 网站上提供实时空气质量查询(空气质量地图),今日、明日空气质量预测信息以及历史数据资料
	危险空气污染物	由美国国家环境空气毒物趋势站(NATTS)监测,根据两个 NATTS 点位描述 AQMD 地区的有毒空气污染水平,一个在洛杉矶城区中心,一个在郊区
固定源排污许可证管理	常规污染物(如氮氧化物、硫氧化物、颗粒物、VOCs 等)	要获得 AQMD 许可,要符合新来源审查(NSR),并采用最佳可行控制技术,所有许可申请需经过严格核查,且必须满足公听会要求。《清洁空气法》中的 title Ⅴ 许可不仅要 30 天评议,还要通过联邦 EPA 为期 45 天的审核。 许可申请按污染源规模分为小、中、大三种类型
	危险空气污染物	有毒空气要提交健康风险评估报告。 危险性或排放量超过一定阈值的设备和离学校 304.8m 内的设备必须公告,公告要发给附近的社区和学生家长,并接受 30 天评议期
	排污许可证的管理范围	污染源根据第 219 条和第 222 条确定是否需要许可证(一般排放污染物很少的设备除非特别说明,不需要书面许可证)。管理范围广泛而详细,干洗店、路边烧烤摊等都要许可证;设备易主或转移需要重新获得许可证
	排污许可证的管理内容	排污的基本信息、设备、生产过程、控制系统介绍。 燃料和燃烧、运输设备,空气质量影响分析所需数据,减排措施,最佳可控技术,空气检测数据,排放量估计所需数据,有毒废弃物和材料声明等
	排污许可证的公开	排污许可证的通过必须经过公众听证会。 AQMD 网站上进行许可证公告,公告保留 6 个月。超过 6 个月,公众可以向公共记录办公室提出查阅公告的申请
	许可证费用	约 18 个规章中给出各项费用细则。 许可证处理费:费用基于设备的型号、排放污染物的类型等;小企业享受优惠;已经由厂商认证注册过的设备可以以更低的费用更快得到许可。 经营许可证的运行费:必交,否则许可证失效,恢复许可证需恢复费。 AQMD 设立费用审查委员会,如有问题,可提请审查
一般固定源管理	建筑涂料使用管理	对近 40 种不同涂料(如防火涂料、防黏结涂料等)每升的 VOCs 含量进行了明确规定
	住宅燃气热水器管理	只有满足一定氮氧化物排放要求的热水器才允许安装和销售,且制造商需为污染付费
	家户燃烧管理	健康炉床计划,冬季空气状况不好时禁止燃烧

续表

管理项目		管理内容
移动源综合管理	飞机、火车	由联邦 EPA 管理
	非道路机械及大型车辆管理	由 ARB 专门管理,ARB 要求制造商为每台新机动车或发动机提供担保声明,声明对机动车或发动机制造商、用户的义务和权利进行描述。 有责任主体的车队需进行申报,管理部门建立管理目录,并针对不同车队规模、现状等因素,给出各车队各污染物的平均排放目标,车队选择淘汰老旧设备或更换燃料;政府对车队改造提供许多优惠政策,如小额贷款
	一般道路机动车管理	ARB 专门管理,道路移动源管理开展了认证计划、环保绩效标签、低排放车辆计划、道路诊断计划、道路重型车辆计划、道路摩托车管理、道路卡车控制办法、特制车辆认证计划、零排放车辆计划、替代燃料转换认证计划等项目。 获得 EPA 证书的产品,只能在美国除加州外的 49 个州出售,对于预备出售到加州的机动车,制造商必须获得 CARB 的行政命令。 违反认证规定可能使汽车制造商或经销商面临强制执法,包括最高每辆车 5000 美元的罚款
	校车管理	实行低排放校车计划,要求拥有超过 15 辆校车的公立学校和私人运营商购买或租赁清洁校车,以保护学龄儿童;通过联邦、州和 AQMD 的基金,实行清洁校车激励计划
面源管理		所有农业面源排放量等于或超过《清洁空气法》主要污染源 Title V 规定阈值的一半,种植庄稼和饲养家禽动物的农场主必须获得许可证,每个地区的阈值不同
		任何有符合规则 461 的汽油分配装置的农场主必须获得许可
		AQMD 已开发出可以计算是否需要获得许可的软件
危险空气污染物管理		制定详细的有毒空气污染物名单,开展多个空气有毒物质的暴露研究,采用最大可控制技术管理。 AQMD 要求符合法规条件的危险空气也需要许可证管理,在获得许可证前要求提供健康风险分析报告
与雇主间的合作		颁布条例规定雇主需采取措施达到其工作场所的年减排目标,包括旧机动车报废、清洁的路上机动车、清洁的非公路源机动车、导向性信誉计划、规章 16 中的项目、来自固定源的短期减排额度、面源减排额度、参与空气质量投资计划等项目
信息公开		空气质量信息在 AQMD 网站上公开,不仅提供实时数据,还有历史数据。 监测信息公开渠道多样,包括 AQMD 网站上的监测报告和空气质量地图、EPA AIR Now 网站上的动画空气质量地图等,有关空气质量的一切公开信息公众均可以向环境保护机构无偿索取
公听会(重大决策和排污许可证发放等)		AQMD 理事会在重大决策前需经过公听会通过。 AQMD 网站上有专门的公听会通知(public hearing notice)版块,且公听会的时间表会保持更新,公众可以从网站上获知,同时 AQMD 也会邮寄通知给企业和个人
公众投诉和意见		渠道多样:在线空气质量投诉举报系统、电话、手机应用等;AQMD、ARB 官网上有各部门的电话和相应的联系人名单。 投诉有专人及时反馈和处理

总体来说,联邦 EPA 负责执行《清洁空气法》,固定源的排污许可证由 EPA 批准颁发,即固定源执行的排污许可证是联邦排污许可证。加州环保局依照州法律独立履行职责,只依据联邦法律,在部分事项上与 EPA 合作,人事、预算都由各州自己决定,但受到 EPA

的监督管理；SCAQMD 是加州政府下属的独立机构，受加州政府的领导、接受加州政府的财政拨款，SCAQMD 的规定必须由 CARB 以及 EPA 通过才能生效，EPA 负责制定全国性规定并监督其执行。空气管理机构内部决策部门与执行部门分离：CARB 由专门的理事会决策，并下设执行局负责执行；SCAQMD 由专门的理事会决策，下设执行机构负责执行。

CARB 的决策机构是由 12 位成员组成的理事会，所有理事均由州长提名任命后再经州议会批准，必须满足法律规定的资质条件。理事会主席为全职，其他理事会成员可兼职，其中：5 名来自圣地亚哥、旧金山、圣华金（San Joaquin）、萨克拉门托（Sacramento）和南海岸空气质量管理区；4 名来自如下几类专业人士，即汽车工程或相关领域的工程师，有科学、农业或法律知识的专业人士，医生或健康影响专家以及有空气污染控制经验的人士；其余 2 名成员来自公众。

SCAQMD 的理事会由 13 名成员组成。其中，6 名是各县城市委员会代表，洛杉矶县 2 名，洛杉矶市 1 名（由市长任命），其他 3 县各 1 名；4 县代表各 1 名，由 SCAQMD 的监督委员会任命；另外 3 名分别由加州州长、州议会议长和参议院规则委员会官员任命。理事会每月第一个周五上午召开例会，讨论通过预算、立法、人事等重大决策，在决策之前，必须考虑公众的想法和建议。

从南加州环境管理体制设计来看，首先是按照环境要素进行区分的专一化管理模式。针对空气和水都成立了单独的管理机构。在空气质量管理方面，虽然同时受到 EPA、CEPA、CARB 和 SCAQMD 的管理，但 4 个机构在管理内容和权限上有明显区别，固定源和外部性较小的移动源由低层级的部门管理，存在跨区污染特征的污染源则由跨区的环境主管部门负责，充分考虑了污染的外部性范围，也避免了机构间不必要的协调成本。

5.9.3　区域空气质量管理局组建建议

（1）理论依据　按照新制度经济学的解释，制度的功能是节约交易费用或交易成本，制度创新实际上是选择交易费用更少的制度安排的过程[50]。依据科斯的理论[51]，空气污染治理方面的交易费用包括政府内部、政府与污染者之间进行信息收集、谈判和签订契约并在契约实施中监督以及必要时调解与仲裁的费用。这一费用表现在跨行政区的空气污染治理方面将会更为复杂：一方面，出现了地方政府之间的利益博弈；另一方面，政府无法对辖区外的污染行为进行干预。尤其是在当前多级政府共同管理的体制下，交易费用会成倍增加。要解决这一问题，最好的方法即是将谈判限制在尽可能小的范围内，减少不必要的交易环节，因此需要建立一个统一的区域性大气环境管理机制，将政府间的利益博弈转化为机构内部的共同协商，通过解决机构重叠、政出多门的问题，来实现信息传递层次的减少和信息流程的优化[52]。但是，涉及区域性的空气污染问题，最终决策必须是权衡各方利益的最优结果，这就要求区域管理机构的决策集团能够充分反映各方干系人的诉求。

从公共物品理论来看，公共产品的提供受特定地理和行政区域的限制[53]。全国性公共产品受益范围涉及整个国家，由中央政府提供能确保优化效率，由特定地方政府来提供通常积极性不高，即使勉强提供了也往往是不充分的，从而造成社会效率损失。地方性公共产品的效用限于特定区域，比较适宜由地方政府提供。由于信息不充分，如由中央集中提供，会忽视不同地区社会公众消费偏好的差异，导致一些地区提供过度造成浪费，而另一些地区又存在提供不足的情况，无法实现帕累托效率。同理，清洁空气作为一种跨区域的公共物品，由地方提供则存在利益争端，可能产生邻避效应，由中央提供则容易造成由信息不对称而引起的效率损失，最好交由同级的管理机构负责。

因此，建议针对跨区域的空气污染问题成立区域空气质量管理局进行统筹管理，并成立委员会作为专业的决策部门。

（2）机构性质及职能　在我国，省级行政单位彼此独立，不能做到像南加州的四个县一样，组成一个区域共同的机构统一管理。现阶段的区域治理还需要建立在各省市内部的空气质量管理机构的基础上，按照外部性边界与行政管理权限相匹配的原则进行处理。按照空气流域划分管理区域，区域空气质量管理局只针对必须跨区治理的事务，主要是外部性较强的高架固定源和移动源，进行统一管理。

从机构性质上来说，区域空气质量管理局是专司区域空气污染治理的政府机构，相对于省级行政区生态环境机构，具有独立机构的性质，由全国人大授权建立，并对其财政预算和运作绩效等进行监督。在主管领域内，该局有权行政审批、执法、监督和处罚，并可与地方政府和各级生态环境主管部门建立合作关系，通过计划、规章、执行、监控、技术改进、宣传教育等综合手段协调开展工作。

为提高决策的专业性和科学性，区域空气质量管理局采取决策权与执行权分离的管理模式，成立专业决策机构——委员会，委员会委员为行政人员，来自中央和地方，代表中央和地方意志，通过投票表决进行决策。局内全部人员作为公务员编入环保部（现为生态环境部），局长由委员会任命。

（3）部门及人员构成　在现有中央及各省市生态环境部门的编制不扩充的情况下，生态环境部、发改委及各省市生态环境厅（局）各自拿出一部分人员编制，共同组成该机构。

委员会作为管理局的决策机构，由生态环境部、发改委、区域内各省各派一名委员组成。生态环境部、发改委委员由机构内部指定，为全职；省级委员由省（市）长任命，可兼职。委员会下设一个业务机构，负责整理整个区域的空气质量及污染源排放信息，为决策提供依据。委员会每月定期开展会议，投票表决预算、行政审批、人事等重大决策，在决策之前，委员必须与所代表机构或地区充分沟通，传达意志，并考虑公众意见。

管理局内设固定源、移动源、规划管理等业务部门。固定源实施高架源排污许可证管理，包括常规污染物和危险空气污染物；移动源实施综合全面的管理；规划管理部门负责制订污染物削减计划和监督排放配额交易实施。业务部门管理人员需进行入职前培训，以确保具备专业资质。另设立办公室、人事、财务等行政支持部门，保证机构的顺畅运转。

（4）预算和资金管理　严格按照"收支两条线"的原则管理资金。该机构的运行资金由中央和省的财政拨款和其他资金组成。其中，中央拨付的资金来源于原拨向地方的环境资金中的一定比例，地方出资比例可以按照地区生产总值、税收规模等确定，具体数值可根据每年的实际情况进行调整。其他资金来源主要来自高架固定源排污许可证费。

资金的使用需通过委员会批准预算，并统一按照实施的项目而非地区进行分配，优先在边际减排成本较低的地区进行减排，以提高资金的使用效率。

（5）管理内容和政策手段

① 审批区域内城市空气质量达标规划　空气质量达标规划是城市空气质量管理的核心手段，也是中央监督地方落实空气质量管理法律、法规、标准的主要方法。空气质量达标规划编制的质量会直接影响到城市空气质量管理的效果和效率。

建立区域空气质量管理局后，由生态环境部授权该局负责区域内各城市空气质量达标规划的审核批准。审批内容包括方案达标期限、执行计划、能力保障、社会可接受性和公众参与性。审批标准如表 5-66 所列。

表 5-66　空气质量达标规划审批内容

审批项目	审批标准
达标期限	空气质量均应当尽快达到《环境空气质量标准》和《环境空气质量评价技术规范》的要求,但时间不超过 5 年
执行计划	规划方案是否细致完整,方案执行是否落实到各具体的责任人
能力保障	生态环境机构是否有足够的人员、设备以及预算支持;对于偷排漏排以及未达标排放的污染源,是否有相应的惩罚机制对其产生足够的威慑和遏制作用
社会可接受性	规划方案的经济收益是否大于成本;方案的社会负面影响是否较小;规划方案设计是否公平
公众参与性	规划是否能够满足公众的知情权、决策参与权、监督权等

规划方案实施后，由规划的制定部门负责分阶段地对已实施的规划行动展开控制与评估，通过对达标目标和实施进度的监测、核查，不断调整达标目标实现的期限、方案设计行动，以及实施计划日程表。

② 高架固定源排污许可证管理机制　"高架源"污染是指污染物通过高烟筒（烟囱高度超过 45m）排放，一般是排放量比较大的污染源，现在主要是指火电、钢铁、焦化、水泥、玻璃等行业。研究表明[54]，在重污染天气背景下，高架源排放的电力行业对区域排放的贡献随距离增加而扩大，而工业和民用行业对区域排放的贡献次序相反。这说明，高架源通过长距离输送造成的区域环境影响明显，难以在地方政府的管理范围内得到解决，需要通过跨区域的空气质量管理机构进行污染控制。

2016 年，环保部（现生态环境部）明确我国将形成以排污许可为核心的环境管理制度体系，排污许可证作为固定源管理最经济有效的管理手段，在高架固定源管理方面，需要进行污染物指标和管理机构的调整。在污染物指标方面，只需对 $PM_{2.5}$、SO_2、NO_x 这三类与燃煤排放密切相关且能进行远距离输送的污染物进行管控；在管理机构方面，需要由跨区管理部门，即区域空气质量管理局建立许可证处，负责许可证的审核与发放；在管理流程方面，参考一般固定源许可证管理流程进行即可。

③ 基于区域空气质量达标的排放配额交易市场手段机制　排放配额交易市场是美国加州南海岸空气管理局（SCAQMD）于 1994 年开始实施的大气污染物排污交易项目（RE-CLAIM 计划）的核心内容，主要针对 NO_x 和 SO_x 固定源的减排。其最大的优势是低成本和较高的灵活性。利用市场的力量，以减少来源于固定源的空气污染物。对企业来说，配额交易市场意味着更大的灵活性，同时也是一种金融刺激，促使企业超额减少《清洁空气法》及传统的命令和控制规则要求以外的污染排放。对公众来说，回收手段保证空气污染的年度减少，直至达到公共卫生标准。

参照 RECLAIM 计划，空气质量管理区可以对纳入高架固定源排污许可证管理范围的企业建立污染物排放配额交易市场，具体实施步骤如下：

a. 设置阶段性污染物削减目标。首先，需要对当前区域内的大气污染物（主要指 $PM_{2.5}$、SO_2、NO_2）排放水平进行测算，计算方法是先确定每个装置的 NO_x 和 SO_x 的历史排放量，然后乘以适当的排放影响因子。其次，根据区域空气质量达标规划，在规划年份内按照比例削减的形式制定削减目标，如 RECLAIM 计划的第一阶段目标是在1994～2003 年间使辖区内氮氧化物（NO_x）和硫氧化物（SO_x）年度配额分别降低75％和60％。

b. 配额分配。设施配额的制定需要遵循等量、公正、公平的原则。等量是指配额的排放削减量与区域空气质量达标规划的排放削减目标一致；公正是指配额量是根据历史操作水平设定的，从而不会使产业局限在经济衰退时期的产量水平；公平是指配额分配考虑到了企业之前的排放控制和削减努力，会以相同的方式对待所有的设施，每个设施的初始配额量将结合中期和末期分配，确定每个设施的排放削减率。

从基准年开始，在每年年初将配额分配给企业，包括依据规定确定的配额和所有的交易信用。交易信用的有效期是一年，在年终 60 天的调停期期满后，任何排放的污染物或者将要排放的污染物比总量少的设备都可以卖出多余的信用，需要提高生产、增加设备或者需要更多时间来增加控制装备的设施可以在市场上购买信用。

c. 配额交易。区域空气质量管理局不需要对交易或者价格进行管制，但需建立正式的配额登记制度，以追踪配额的价格。同时，建立信息平台，为企业提供配额的供给信息。

售卖方在卖出配额时需要注册，其设施许可证中配额的数量将会自动减少，售卖方应保证排放量不能超出新的配额量。当购买方买入配额以满足其排放削减要求时，其设施许可证中配额的数量将会自动增加。当购买方想将买入的配额用于工厂中的新源或者年度配额量的增加部分时，其设施许可证需进行修订。出于各种管理目的的关停的排污设施，其信用还可以用于交易。新、改、扩的企业不需执行年度削减率，但其所有的排放必须从交易市场中购买配额抵消排放。

为了解决"热点"问题，需要将交易区域划分为重点区域和非重点区域，依据人口密集程度或地形扩散条件等，以保护人群健康为最终目的。对于重点区域的企业，只能在区域内部互相交易，与区域外的企业之间，只能买入配额，不能卖出配额。

d. 超额处罚。超出年度排放配额的设施将会受到强制执行措施，当年不能完成的排放削减量会移到下一年完成，同时会受到罚款处分。设施许可证需进行修订以说明守法条款，行政部门也可能会请求听证委员会废止设施许可证。

④ 跨区污染移动源排放控制标准管理机制　由于移动源存在经常性的跨省移动现象，城市间执行差异化标准会对执法造成一定干扰，需要进行区域内统一规划与标准管理。参考美国加州空气资源局（CARB）的经验，建议在区域空气质量管理局建立移动源管理处，采取如下措施：

a. 执行统一的移动源排放标准。

b. 开发移动源污染排放核算工具。数据信息是精细化管理的基础，排放测算是制定排放控制政策的基础。只有通过数据模型测算出移动源排放情况，才能精确核算出治理排放需要采取何种手段，才能进一步进行政策手段的成本有效性分析。应当首先着手建立移动源管理数据库，借助于各级交通部门的交通流数据和人口部门的调查数据，进行移动源排放测算，进而制定相应的排放控制政策。

c. 明确移动源排放控制的目标是污染物排放量或者每日的排放量。摒弃"机动车总量控制"的概念，使用"移动源污染物排放总量"控制的概念。移动源污染物排放总量是每个移动源使用设备所排放污染物的总和，因此，控制每个移动源的排放才是移动源控制的真正目标。移动源污染物排放总量应用排放配额的概念分解到每个移动源。考虑到移动源排放测量的成本，可以用燃油消耗量替代。

　　d. 运用经济手段控制机动车污染排放，以成本-效益分析优化方案。移动源污染物的排放是由机动车或引擎的使用产生的，其消耗或使用了空气环境容量。因此，根据"使用者付费原则"，应由每个移动源支付使用成本。有了来自于使用者的资金，各种补偿、补助减少移动源排放的资金便有了来源。专款专用也不会导致市场扭曲。如淘汰"高排放机动车"政策应核算出相应的补偿标准，并计算出为达到规划目标每年需要淘汰的车辆数和为此支付给车主的资金投入总量。

思考题

　　1. 简要分析空气污染防治政策的框架。

　　2. 简述环境空气质量标准的主要内容，并分析我国环境空气质量标准管理制度。

　　3. 试分析我国的环境空气质量评估制度，并提出改进建议。

　　4. 试分析我国空气质量达标规划制度，并提出改进建议。

　　5. 简述美国固定源排放标准体系，分析对改进我国固定源排放标准的意义。

　　6. 如何理解固定源排放标准在空气污染防治和经济发展中的关键作用？

　　7. 试分析固定源排污许可证制度在固定源排放管理中的基础和核心地位。

　　8. 简述固定源排污许可证的主要内容。

　　9. 简述移动源排放控制的主要政策。

　　10. 试分析面源排放控制政策。

　　11. 简述危险空气污染物定量风险评估制度的主要内容。

　　12. 试评述我国环境空气质量管理体制和管理模式。

参 考 文 献

[1] 冯贵霞. 大气污染防治政策变迁与解释框架构建——基于政策网络的视角[J]. 中国行政管理，2014(9)：17.

[2] 郝吉明，李欢欢，沈海滨. 中国大气污染防治进程与展望[J]. 世界环境，2014(1)：58-61.

[3] 谷雪景. 移动源国家大气污染物排放标准体系演变及发展方向研究[J]. 环境保护，2014，42(17)：48-50.

[4] Robert V Percival, Christopher H Schroeder, Alan S Miller, James P Leape. Environmental Regulation Law, Science, and Policy 7th ed[M]. Wolters Kluwer Law & Business, 2013.

[5] 马中. 资源与环境经济学概论[M]. 北京：高等教育出版社，2006：229.

[6] Sunstein C R. Cost-Benefit Default Principles, 99 Michigan Law Review, June 2001.

[7] Barry C Field, Martha K Field. Environmental Economics an Introduction. 163.

[8] Farzin Y H. The Effects of Emissions Standards on Industry[J]. Journal of Regulatory Economics，2003，3(24)：315-327.

[9] 卡兰 S J，托马斯 J M. 环境经济学与环境管理[M]. 北京：清华大学出版社，2006：86-89.

[10] Charles D Kolstad. Environmental Economics[M]. Oxford Univ Pr，2Sd，2010：136-139.

[11] 宋国君，刘帅. 加强危险空气污染物专门化管理[J]. 环境经济，2013(11)：32-37.

[12] 陈颖，李丽娜，杨常青，等. 我国 VOC 类有毒空气污染物优先控制对策探讨[J]. 环境科学，2011，32(12)：3469-3475.

[13] 窦晨彬. 空气污染健康效应的经济学分析[D]. 成都：西南财经大学，2012.

[14] 宋国君，何伟，陈德良. 设计合理的城市空气质量评估模式[J]. 环境经济，2013(11)：15-20.

[15] 何伟. 城市空气质量达标规划制度设计[D]. 北京：中国人民大学环境学院，2016：21.

[16] 钱文涛. 中国大气固定源排污许可证制度设计研究[D]. 北京：中国人民大学，2013：54，121.

［17］ 国务院办公厅关于印发控制污染物排放许可制实施方案的通知［Z］.

［18］ 曹红艳. 环保部将实行排污许可"一证式"管理［EB/OL］. http：//env. people. com. cn/n/2015/1205/c1010-27892712. html.［2015-12-15］.

［19］ 宋国君. 排污许可证,怎么做才专业？［J］. 环境经济,2015(ZA)：4-6.

［20］ 汤姆·泰坦伯格. 环境经济学与政策［M］. 3 版. 上海：上海财经大学出版社,2003：25.

［21］ 羌宁. 城市空气质量管理与控制［M］. 北京：科学出版社,2003：384.

［22］ Air quality guidelines - global update 2005［R］. 2006.

［23］ 宋国君,钱文涛. 城市空气质量连续监测数据处理方法研究［J］. 环境污染与防治,2012(12)：84-91.

［24］ EPA. National Ambient Air Quality Standards.

［25］ 黄成,陈长虹,李莉,等. 长江三角洲地区人为源大气污染物排放特征研究［J］. 环境科学学报,2011,9：1858-1871.

［26］ 黄中伟. 玉林市大气环境监测点位优化设置研究［J］. 沿海企业与科技,2004(A1)：42-44.

［27］ 李哲夫,杨心恒. 社会调查与统计分析［M］. 1989：233.

［28］ 萧代基,郑蕙燕,吴珮瑛,等. 环境保护之成本效益分析——理论、方法与应用［M］. 台北：俊业图书公司,2002.

［29］ 陈仁杰,陈秉衡,阚海东. 我国 113 个城市大气颗粒物污染的健康经济学评价［J］. 中国环境科学,2010,30(3)：410-415.

［30］ 刘帅,宋国君. 城市 $PM_{2.5}$ 健康损害评估研究［J］. 环境科学学报,2016,36(4)：1468-1476.

［31］ EPA. Ambient Air Monitoring Network Assessment Guidance. North Carolina,2007：72.

［32］ Robert V Percival,Christopher H Schroeder,Alan S Miller,James P Leape. Environmental Regulation Law,Science,and Policy 7th ed［M］. Wolters Kluwer Law & Business,2013.

［33］ 卡兰 S J,托马斯 J M. 环境经济学与环境管理［M］. 北京：清华大学出版社,2006：71.

［34］ Dale Pahl. EPA's Program for Establishing Standards of Performance for New Stationary Sources of Air Pollution［J］. Journal of the Air Pollution Control Association,1983,33：468-482.

［35］ Liu Chung S. Best Available Control Technology Guidelines［Z］. Deputy Executive Officer Science and Technology Advancement,2006.

［36］ 托马斯·思德纳. 环境与自然资源管理的政策工具［M］. 上海：上海三联书店,2005：119.

［37］ Combined Heat and Power Partnership. Output-Based Regulations：A Handbook for Air Regulators［M］. US EPA,2014.

［38］ William H Maxwell. Revised New Source Performance Standard(NSPS) Statistical Analysis for Mercury Emissions ［Z］. Energy Strategies Group,Office of Air Quality Planning and Standards,EPA,2006.

［39］ Office of Controller,City and County of San Francisco,San Francisco Municipal Transportation Agency . Combined Revenue From Parking Metersand Citations Equals 91 Percent of Expected ParkingMeterRevenues［EB/OL］. 2006.

［40］ 宋国君. 环境规划与管理［M］. 武汉：华中科技大学出版社,2015.

［41］ 宋国君,钱文涛. 实施排污许可证制度治理大气固定源［J］. 环境经济,2013(11)：21-25.

［42］ Office of Environmental Health Hazard Assessment. Technical Support Document for Describing Available Cancer Potency Factors［R］. Sacramento,California：Office of Environmental Health Hazard Assessment,2002.

［43］ Office of Environmental Health Hazard Assessment. 2012. Technical Support Document for Exposure Assessment and Stochastic Analysis［R］. Sacramento,California：Office of Environmental Health Hazard Assessmen.

［44］ 宋国君,孙月阳,赵畅,等. 城市生活垃圾焚烧社会成本评估方法与应用——以北京市为例［J］. 中国人口·资源与环境,2017,27(8)：17-27.

［45］ 宋国君,刘帅. 我国危险空气污染物管理制度研究［J］. 南京工业大学学报(社会科学版),2017,16(2)：5-12.

［46］ 宋国君,刘帅. 加强危险空气污染物专门化管理［J］. 环境经济,2013(11)：32-37.

［47］ 刘少博. 京津冀区域环境治理协调机制研究［A］. 决策与信息杂志社,北京大学经济管理学院. 决策论坛——管理科学与经营决策学术研讨会论文集(上)［C］. 决策与信息杂志社,北京大学经济管理学院,2016：1.

［48］ 王圣. 京津冀地区城市环境效率评价及其影响因素分析［D］. 大连：东北财经大学,2016.

［49］ 蒋家文. 空气流域管理——城市空气质量达标战略的新视角［J］. 中国环境监测,2004,6(12)：11-15.

［50］ 刘锡田. 制度创新中的交易成本理论及其发展［J］. 当代财经,2006(1)：23-26.

［51］ Coase R H. The Problem of Social Cost［J］. Journal of Law & Economics,1960,3：1-44.

［52］邹生.信息机制在行政管理体制改革中的作用[J].中山大学学报(社会科学版)，2006(1)：72-76，126-127.

［53］李奕宏.政府预算管理体制改革研究[D].北京：财政部财政科学研究所，2012.

［54］杜晓惠，徐峻，刘厚凤，等.重污染天气下电力行业排放对京津冀地区 $PM_{2.5}$ 的贡献[J].环境科学研究，2016(4)：475-482.

第6章 水污染防治政策分析

本章概要：水污染防治政策是严谨、繁杂的系统性政策，从地表水质标准、地表水质达标规划、点源基于技术排放标准和基于地表水质排放标准到点源排污许可证和非点源最佳管理实践的管理，一直在为地表水质达标服务。本章按照这样的框架分析了相关领域的政策，包括我国和美国的政策。地表水质标准管理制度涉及水质基准这样主体是自然科学的知识，作为管理的科学依据，还有指定用途和反退化原则等；点源排放标准管理制度是地表水质管理的主体内容，主要的管理知识都来自于这部分，这是地表水质管理与社会经济发展协调的关键政策；排污许可证制度是落实点源排放标准的政策，也是地表水质管理落实的基本和核心工具。工业点源和城市生活污水处理厂具有不一样的性质，要求也不同，故单独分析。非点源的管理是地表水质管理的基本和必要补充，城市暴雨非点源在美国也采用排污许可证管理。地下水严禁污染，任何向地下排放污水的行为都是被禁止的。因此，需要管理向地下排水的任何行动，即向地下排水需要取得许可证。土壤也是严禁污染的，即任何向土壤排放污水或可能污染土壤的固体废物的行为都是被禁止的。但是，已经污染的土壤或污染场地根据危害和土地价值等需要经过评估，以确认是否需要修复以及修复到何种程度，主要是污染场地的修复一般来说费用很高。城市水资源管理是地表水质管理的重要内容，节约用水是主要的目标，调节价格是最重要的手段。另外，分析地表水质管理的流域管理模式，这是发达国家普及的管理模式，也是我国地表水质管理体制的改革方向。

6.1 水污染防治政策分析总论

6.1.1 水质管理政策目标

水质管理包括水污染排放控制、水资源保护以及水生态保护等方面。水质管理政策具体包括水污染防治政策、水资源利用以及水生态保护政策。水污染防治政策的最终目标是水体健康，借用美国《清洁水法》（Clean Water Act, 1977）中的描述，应当是"恢复和维持水体的物理、化学和生物的完整性和特性"❶；中间目标是污染物入河排放得到控制；直接目标是各类污染源的排放得到控制[1]。水污染防治政策的最终目标还涉及两个方面的内容：一是效率；二是公平。所谓效率即以最低费用效益比保护天然水体的水质、控制污染物进入天然水体的数量（简称入河量），使其达到环境质量标准的要求；公平主要指不同污染源的治理责任的平衡，以及维护使用清洁水的权利。天然水体指地表水和地下水，本书界定的天然水体不包括海洋。

水质目标的实现还有赖于维持河流生态需水量的水量控制政策[2]（取水许可、水资源费等）和水源涵养政策（天然林工程、自然保护区管理等）。水量控制政策保证足够的水量

---

❶ 原文为："Restore and maintain the chemical, physical, and biological integrity of the Nation's waters."。

以稀释和降解污染物，水源涵养政策通过保护生态来保障降雨、地表水和地下水之间的正常循环，增强河岸带对污染物的截蓄作用。

6.1.2　水污染源的界定

流域管理的主要污染源可以分为点源和非点源。点源是指任何可识别的、边界清晰的和独立排放的污染源，包括但不限于：可能产生排放的任何管道、沟渠、隧道、导管、水井、独立的裂沟、集装箱、载货工具、集中的动物饲养、垃圾渗滤液收集系统、舰船或者其他水上交通工具。点源主要包括工业点源和市政点源，不包括农业灌溉回流和雨水径流❶，包括直接排入天然水体的直接源和排入排污沟或市政污水处理厂的间接源。

非点源就是点源之外的其他所有污染源，包括农业、养殖业非点源，城市无序地表径流，以及未集中处理的垃圾填埋场废水。非点源污染主要由降水、土壤径流、渗透、排水、泄漏、水文条件的变化或大气沉降等因素引起。降雨或冰雪融水形成地表径流，携带了由自然和人类活动产生的污染物，在一段时间后最终将它们沉积到河流、湖泊、湿地、沿海水域和地下水中。显然，大部分非点源污染物都经由降水并最终进入水体，而点源污染物则基本上不受降水等条件的影响。

6.1.3　水质管理理论基础

（1）流域管理理论

① 依据污染者付费原则，任何排放污染物的污染源都应该承担责任。污染排放可视为一种负的环境外部性污染控制的思想，即使这种外部性得以一定程度的内部化[3]。内部化的手段可以分为命令控制型手段、经济刺激型手段和劝说鼓励型手段。无论采用哪种手段，目的都是实现污染外部性的内部化，污染源会根据法律规定和自身的情况，选择成本收益最好的内部化方式。

② 水污染导致的环境外部性往往以流域而不是行政区为边界，因此在管理上也应该以流域作为边界。具体政策手段的设计和实施上必须考虑到该环境问题的外部性边界，以使得所有的干系人可以被纳入到管理范围内。如城市污水处理属于具有显著跨行政区外部性的准公共物品。污水处理厂建造责任往往在地方政府，但污水处理带来的正外部性为下游居民享有。因此，国家层面上对于城市污水处理厂建设的补贴就具有必要性。

③ 除了环境问题本身的重要性外，成本收益理论也是决定环境行动优先序的重要依据，即前面所讲的外部性集中度。从公平的角度来讲，任何向天然水体排放污染物的污染源都应当承担治理责任。点源、非点源和内源的排放控制都应列入排放控制目标。考虑到成本收益情况，边际减排成本最低的污染源应当是排放控制的主要领域，列为排放控制的首要目标。因此，从成本收益角度出发，排放控制的目标应当是控制点源和非点源的排放，以及在成本可接受的情况下控制内源的排放。

（2）管理模式理论　环境外部性影响的时间和空间不同，适合的管理级别也不一样。外部性越大的环境问题应该由越高级别的部门来管理。政府级别过低则只能代表一部分人的利益，不可能实现有效的内部化；政府级别过高，信息获取的成本就高，也不利于管理效率。对于具有显著跨行政区外部性的水污染问题，应以流域作为管理边界。在管理机构

❶ 美国《清洁水法》中的定义。

的设置上也应以高于行政区域管理级别的流域管理机构为主。我国水污染防治至今还是按照行政区实施管理的，显然，按照流域实施地表水质管理是方向。

6.1.4 水质管理政策框架

（1）总体框架　依据水质管理政策目标，相应的管理政策框架包括水污染控制政策、水资源保护政策和水生态保护政策（图 6-1）。

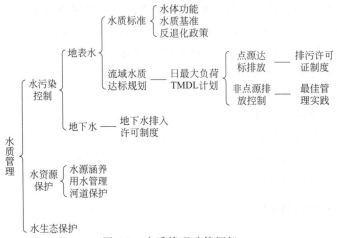

图 6-1　水质管理政策框架

（2）水污染控制政策框架　水污染控制政策分为地表水污染控制和地下水污染控制政策。

水质达标是地表水污染控制的最终目标，水质标准是衡量地表水质量的基本依据，它是一套政策体系，包括水体功能、水质基准、禁止水质变坏的反退化政策，以及涉及混合区等的其他政策。水体功能是水质标准体系的核心目标，水质基准是科学依据，而反退化政策则是水质不断改善的保障。其中水体功能也称为水体指定用途，即为不同区域的水体划定具体用途，水体指定用途的设定需要确保满足该水体核心用途，同时考虑下游水体的要求。水体按指定用途分类是水质基准值的设定依据。水质基准是水质标准制定的基础工作和参考指标，主要基于毒理学和生态学的研究，是水质标准体系中的科学基础和依据。如果一个水体具有多种指定用途，基准必须支持最敏感的用途。反退化强调当前水体水质只能变好，不能变差，原则性地划定了水污染防治的红线，是对水质标准中各项定量指标的必要定性补充。

地表水质管理应以流域为管理边界，流域水质达标规划制度是实现水质达标的主要制度。水质达标规划重点关注优先解决的问题和区域，注重流域整体性和成本有效性。因此，流域规划关注所有的污染源。当流域水质不达标时，可以通过制订日最大负荷计划，对排入水体的特定污染物的量进行规定，并通过一定程序将其分配到具体的污染源。点源通过排污许可证制度进行管理，以实现连续达标排放。点源排放标准制度是确保点源排放达标的核心制度，包括基于技术的排放标准和基于水质的排放标准，在满足基于技术的排放标准仍不能满足地表水质标准时，须基于流域水质达标规划，执行基于水质的排放标准，并通过排污许可证制度予以落实。排入市政污水处理厂的间接点源必须满足预处理标准，以不影响污水处理厂的正常运行。非点源主要是农业面源和城市暴雨径流等，可以通过最佳管理实践政策实现源头控制。城市暴雨径流理论上也需要申请排污许可，经过处理才能排入天然水体。

地下水保护应该实施比地表水更加严格的政策。对于排入地下水的行为，应该实施更为严格的管理，所有排入地下水的排放源都应该获得地下水排入许可证，以保证水质达标，不会对地下水及土壤造成二次污染。

（3）水资源保护及水生态保护政策框架　水资源保护包括水源涵养、用水管理及河道保护三个领域。水源涵养方面，包括森林保护行动建设植被，水土保持减少土壤水蚀，饮用水源保护维持水源水质；用水管理方面，包括取水许可监督核准取水量，节水行动推行节约用水的技术措施；河道保护方面，包括河道管理保证河道行水通畅，湿地保护区与鱼类水禽保护区保护水生生境。水生态保护涉及水生态修复、流域生态修复及水生生态系统的修复等方面。

6.1.5　干系人的责任机制

水污染防治工作中的干系人主要包括立法机构、中央政府、地方（县市）政府、工业污染源、城市居民、农村、农民（种植、养殖）等。根据《水污染防治法》（2008），不同干系人在水污染防治工作中承担不同的资金责任、履行责任和监督责任。

（1）立法机构　包括全国人大、地方人大，负责制定国家和地方层次的与水污染防治有关的法律。

（2）中央政府　中央政府在水污染防治工作中应起宏观调控的作用。生态环境部负责制定大流域（跨省）的水污染防治规划，制定国家水环境质量标准和国家污染物排放标准。中央政府对地方政府的水污染防治工作进行监督检查，确保水污染防治工作的顺利进行。

（3）地方（县市）政府　地方政府是水污染防治工作的实施主体；各级人民政府的环境保护部门是对水污染防治实施统一监督管理的机关；各级交通部门的航政机关是对船舶污染实施监督管理的机关；各级人民政府的水利管理部门、卫生行政部门、地质矿产部门、市政管理部门、重要江河的水源保护机构，结合各自的职责，协同环境保护部门对水污染防治实施监督管理。

其中，省级人民政府根据国家水污染物排放标准，制定地方水污染物排放标准。地方各级人民政府要合理规划工业布局，对造成水污染的企业进行整顿和技术改造，采取综合防治措施，提高水的重复利用率，合理利用资源，减少废水和污染物排放量；实施重点污染物排放的总量控制制度，并对有排污量削减任务的企业实施该重点污染物排放量的核定制度；实施新建企业的环境影响评价制度，对造成水体严重污染的企业限期治理；对风景名胜区水体、重要渔业水体和其他具有特殊经济文化价值的水体，划定保护区，并采取措施，保证保护区的水质符合规定用途的水质标准。省级以上人民政府可以依法划定生活饮用水地表水源保护区。地方各级人民政府必须把保护城市水源和防治城市水污染纳入城市建设规划，建设和完善城市排水管网，有计划地建设城市污水集中处理设施，加强城市水环境的综合整治。县级以上地方人民政府的农业管理部门和其他有关部门，应当采取措施，指导农业生产者科学、合理地施用化肥和农药，控制化肥和农药的过量使用，防止造成水污染；县级以上地方人民政府农业行政主管部门应当组织对用于灌溉的水质及灌溉后的土壤、农产品进行定期监测，并采取相应措施，防止污染土壤、地下水和农产品。

地方各级人民政府应当根据规定，对违反《水污染防治法》的企业，追究相应的法律责任；上级人民政府对下级人民政府进行监督检查以及问责。

（4）工业污染源　工业企业自身应当投资进行污染治理，确保直接排入天然水体的污水达标排放，并且向环保部门缴纳排污费；对于排入城市污水管网的污水，要向城市污水处理厂缴纳污水处理费；企业应当采用原材料利用效率高、污染物排放量少的清洁生产工艺，并加强管理，减少水污染物的产生。被责令限期治理的排污单位，应当向做出限期治理决定的人民政府的环境保护部门提交治理计划，并定期报告治理进度。企业发生水污染事故时，应当立即采取措施减少或停止排污，并在 48 小时内向环境保护主管部门做出具体报告。

（5）城市居民　城市生活污水大部分排入城市污水处理厂，居民要向污水处理厂缴纳污水处理费。城市居民应当树立节水意识，促进水资源的循环利用。

（6）农村、农民（种植、养殖）　农业生产过程中产生大量的氮、磷排放，农民在地方政府的指导下，应当在农业生产过程中减少氮肥和磷肥的使用，推广生态农业，减少污染排放。

6.1.6　我国水污染防治政策体系框架

我国的水污染防治政策已经形成了比较完善的体系。《环境保护法》❶ 是环境保护的基本制度，提出了环境保护的基本原则。《水污染防治法》❷ 是针对水污染防治的专门法律，对水环境质量标准和排放标准、水污染防治的监管、防止地表水和地下水污染、违反水污染防治的法律责任都进行了比较详细的规定。

以《水污染防治法》为核心，水污染防治法律体系包括横向的与水污染防治相关的和适用的各种污染防治法规。如《环境影响评价法》❸ 是以控制新污染源产生为目的的法律，规定了规划和建设项目的环境影响评价，以及违反环境影响评价的法律责任，是从源头控制水污染物的法律。《清洁生产促进法》❹ 是以促进清洁生产、提高资源利用效率、减少和避免污染物的产生为目的的法律，规定了清洁生产的推行、实施、鼓励措施及违反清洁生产的法律责任等，是对污染产生过程实施控制的法律。《固体废物污染环境防治法》❺ 是防治固体废物污染环境的法律，它规定工业固体废物储存、处置的设施、场所以及生活垃圾处置场所必须采取无害化设施，符合环境保护标准，是避免固废储存、处置设施污染水环境的法律。《侵权责任法》❻ 是为了明确侵权责任，预防并制裁侵权行为的法律，规定了环境污染责任，是指导环境污染责任界定和污染损失索赔的法律。

水污染防治法律体系还包括纵向的水污染防治方面的法律、法规、部门规章、标准以及技术导则。行政法规和部门规章的目的是实施环境保护法律或规范环境监管制度。水污染防治方面的行政法规包括综合性法规《水污染防治法实施细则》，也包括环评、污染源普查、入河排污口监督、危险化学品管理等方面的专门法规，以及针对特定流域的法规如《淮河流域水污染防治暂行条例》。水污染防治方面的部门规章是针对环境管理的主要制度和水污染防治的特定领域制定的，包括环境监测、清洁生产、环境标准管理、环评、限期治理、环境统计、排污申报、环境信息公开、行政执法后督察、畜禽养殖污染控制、饮用水源保护、渔业污染事故处理、突发环境事件、新化学物质管理等方面的规章和针对特定流域

---

❶《环境保护法》经历了几个阶段：1979 年 3 月颁布《环境保护法（试行）》；1989 年 12 月 26 日正式颁布了《环境保护法》；《环境保护法》于 2014 年 4 月 24 日修订通过，自 2015 年 1 月 1 日起施行。

❷《水污染防治法》1984 年 5 月公布，1996 年 5 月修订，2008 年 2 月 28 日再次修订，于 6 月 1 日起正式实施。

❸《环境影响评价法》2002 年 10 月 28 日通过，自 2003 年 9 月 1 日起施行。

❹《清洁生产促进法》2002 年 6 月 29 日通过，2003 年 1 月 1 日起实施。2012 年 2 月 29 日修订，2012 年 7 月 1 日起施行。

❺《固体废物污染环境防治法》1995 年 10 月 30 日通过，1996 年 4 月 1 日起实施。于 2004 年 12 月 29 日修订，自 2005 年 4 月 1 日起施行。2013 年 6 月 29 日最新修订。

❻《侵权责任法》2009 年 12 月 26 日通过，自 2010 年 7 月 1 日起实施。

的规章如《淮河和太湖流域排放重点水污染物许可证管理办法（试行)》。

环境保护标准指环境质量标准、污染物排放标准、环境监测标准和基础标准。为了节约篇幅，环境监测标准和技术标准未列入清单。污染防治技术导则是为了控制某一行业或领域的污染而制定的针对该行业生产过程和污染治理过程的推荐技术和推荐管理措施。污染防治技术政策是为减少某一行业或领域的污染，针对其生产、污染治理过程提出的推荐技术，以及针对规划、监管和技术研发等政府管理过程提出的指导性要求。

我国的水污染防治政策清单见表 6-1。

表 6-1　我国的水污染防治政策清单

法律	环境保护法(2014)	水法(2016)
	固体废物污染环境防治法(2016)	水污染防治法(2017)
	行政处罚法(2017)	循环经济促进法(2008)
	清洁生产促进法(2012)	侵权责任法(2009)
	环境影响评价法(2016)	行政强制法(2011)
	环境保护税法(2016)	海洋环境保护法(2016)
行政法规	城镇排水与污水处理条例(2013)	全国污染源普查条例(2007)
	太湖流域管理条例(2011)	规划环境影响评价条例(2009)
	建设项目环境保护管理条例(2017)	入河排污口监督管理办法(2015)
	淮河流域水污染防治暂行条例(2011)	危险化学品安全管理条例(2013)
	防止船舶污染海域管理条例(2017)	政府信息公开条例(2007)
	防治海洋工程建设项目污染损害海洋环境管理条例(2018)	畜禽规模养殖污染防治条例(2013)
部门规章	洗染业管理办法(2006)	排污许可管理办法(试行)(2018)
	环境监测质量管理规定(2006)	环境监测管理办法(2007)
	污染源自动监控管理办法(2005)	环境信息公开办法(试行)(2007)
	环境保护主管部门实施按日连续处罚办法(2014)	突发环境事件信息报告办法(2011)
	环境保护主管部门实施查封、扣押办法(2014)	环境行政执法后督察办法(2010)
	环境保护主管部门实施限制生产、停产整治办法(2014)	地方环境质量标准和污染物排放标准备案管理办法(2010)
	突发环境事件调查处理办法(2014)	环境保护行政许可听证暂行办法(2004)
	污染源自动监控设施现场监督检查办法(2012)	环境行政处罚办法(2010)
	环境监察办法(2012)	新化学物质环境管理办法(2010)
	饮用水水源保护区污染防治管理规定(2010)	建设项目环境影响评价文件分级审批规定(2009)
	清洁生产审核暂行办法(2016)	建设项目环境影响评价收费标准的原则与方法(1989)
	环境影响评价审查专家库管理办法(2003)	渔业水域污染事故调查处理程序规定(1997)
	建设项目环境影响评价资质管理办法(2015)	环境统计管理办法(2006)
	环境标准管理办法(1999)	

注：截至 2018 年 08 月 25 日。

6.2　地表水质标准制度分析

水环境保护的目标是恢复和保持国家水体化学、物理和生物方面的完整性。地表水质管理是水污染防治的主体内容，包括地表水质标准、点源排放标准、地表水质达标规划、点源排污许可证制度等。地表水质标准是地表水质管理的基础及核心内容，是点源控制的最终依据，是以法规形式表达的地表水质保护的目标。地表水质标准包含水体指定用途、水质基准、反退化政策等一系列要求。我国地表水质标准从法律要求至标准的形式、内容均存在提升空间。

《地表水环境质量标准》（GB 3838—2002）（以下简称《标准》）建立初期主要是参考国外和世界组织的标准[4]，各地均采用统一的标准，不能完全满足我国水污染防治的需求[5]。我国目前只有水质标准，可用于环境管理的基准基本空白[6]。标准的制定应依据其用途，我国根据用水域功能类别规定指标的高低，如农业灌溉用水在我国为Ⅴ类水体，所有水质指标都是按照类别（从高到低）依次宽松。我国的地表水质标准主要是化学指标的定量限值，以污染物的限值作为标准的核心，没有从水质不得退化的角度进行规定[7]。由于水质标准中反退化原则的短板，使得在我国当前水质功能区划中，水质本身好于其所属水质功能区级别的水体面临水质退化的风险[8]。

美国对水质标准（water quality standards，WQS）的研究工作始于 20 世纪 60 年代初，将水质标准体系分基准和标准两个层次，基准由美国环保署公布，水质标准由各州环保局参照水质基准和本州的水质用途制定[9]。美国环保署（EPA）针对水质基准于 1976 年和 1986 年分别出版了"红皮书"和"金皮书"，此后又对基准做了多次的修订[10]。美国目前已拥有一套成熟的水环境质量标准体系，本节将在分析我国地表水质标准的同时，与美国进行对比研究，明确我国地表水环境质量管理的发展方向，并提出改善建议。

6.2.1　地表水质标准法律法规分析

《环境保护法》要求环境保护主管部门、地方各级人民政府制定相关环境质量标准，同时还提出鼓励开展环境基准研究。《水污染防治法》第十一条、第十二条和第十四条分别对地表水质标准的制定、交界水体管理以及标准修订提出了要求。

我国环境标准与法规管理分离，美国的环境标准则是以环境法规的形式颁布的。环境保护标准是美国环境法规体系的一个子集。《清洁水法》（CWA，包括 33 US Code 1251 条及后续条款）是美国水环境保护的基本法，其中第 303 条、304 条以及 305 条主要规定地表水质标准的内容。

CWA 及其执行法规要求各州制定并适时修订适用于美国水体或在州管辖权内水体片段（segments）的水质标准。各州应至少每 3 年对水质标准进行一次审查，并在必要时对其进行修订。在任何可实现的地方，水质标准都应保护水质，提供对鱼类、贝类和野生生物的繁殖及水中和水上娱乐的保护（即"可垂钓、可游泳"的目标）。制定标准时，各州应考虑水体对公共供水、鱼类和野生生物的繁殖、娱乐、农业、工业和通航的用途和价值，同时各州可制定比《清洁水法》中要求更为严格的水质标准。

美国环保署（EPA）的区域管理委员会审查并批准或否决各州通过的新增和修订的水质标准。EPA 审查的目的是确保新增和修订的水质标准达到 CWA 和水质标准法规的要求。

如果 EPA 区域管理委员会否决了州提交的新增或修订的水质标准，且该州没有在否决通知的 90 天之内进行必要更改，EPA 必须及时提议并颁布一个替换标准。对比中、美法律条文中关于地表水质标准的内容，发现我国在以下方面存在可以改进的地方。

（1）法律要求的内容　美国法律中规定的内容详细，考虑全面，不仅提出了对未来的要求，而且对现状进行了规定。比如，在《清洁水法》颁布并生效之时，有的州有地方水质标准，有的州没有，故《清洁水法》针对以上两种情况分别进行了规定。已有地方水质标准的州要在规定时间内向局长提交现有的标准，等待局长审核；还未有地方水质标准的州则要根据《清洁水法》在规定的时间内制定出相应的标准，并上报局长审核。对局长也有要求，局长需要在限定时间内作出回复、批准或修改，若要求州修改，则要给出具体修改说明。对于未有水质标准且未及时提交的州，并非放置不管，而是要局长为其颁布州水质标准试行条例。

我国《水污染防治法》第二章第十二条规定："国务院环境保护主管部门会同国务院水行政主管部门和有关省、自治区、直辖市人民政府，可以根据国家确定的重要江河、湖泊流域水体的使用功能以及有关地区的经济、技术条件，确定该重要江河、湖泊流域的省界水体适用的水环境质量标准，报国务院批准后施行。"该法只是要求制定省界水体水质标准，对于已有的情况没有说明，也没有提出若提交标准不符合要求，国务院该何时、如何处理，同时保证交界水体时刻处在被管理的状态。我国的《水污染防治法》倾向于对被管理者的规定，很少对政府有规定，对于地方政府的约束条件和规定有待进一步加强。

（2）水质清单的规定　美国的《清洁水法》第 305 条专门对水质清单提出了要求，规定州要每 2 年向署长提交一次报告，描述水体水质的情况，如水体保护和均衡贝类、鱼类和野生动物的繁殖数量的程度等，评估以下内容：环境影响；州为达到本法目标所需要的经济和社会费用；实现该目标的经济和社会价值；估计实现该目标的时间。该法还描述了非点源污染物的特性和程度，提出为控制这类污染源所必须进行的规划，包括对执行该规划所需费用的评估。水质清单对于水管理至关重要，只有定期了解水体的情况，才能有针对性地修订和制定新的标准，并且这也是署长判定标准是否适用的重要依据。可以看出，成本效益是评估中的重要内容。

《清洁水法》还要求地方对本地区内不能充分控制的地区进行识别，在考虑污染的严重程度及该水体的用途等因素基础上，对该水体评定等级并制定一个优先治理清单，根据季节变化和安全临界为该水体确立一个日最大负荷进行管理。重点问题重点管理，体现针对性和科学性。

我国尚需进一步完善相关规定，制定水质清单，这是做好水管理的基础工作，对我国地表水质标准的修订有着至关重要的作用。

（3）法律中时间的规定　这是美国法规与我国明显的一个不同点。我国《水污染防治法》中对标准的制定、修订及实施都没有进行时间期限的规定。美国对规定的执行时间作出明确规定，如地方上交标准后，署长若认为标准不符合法律要求，则应在标准提交后的 120 天内通知州并详细说明为达到要求需要进行哪些改变。如果州在通知后 90 天内不接受这些变化，署长就要在颁布水质标准后的 190 天内，颁布一个水质标准试行条例。时间的限定可以提高行政工作效率，防止了工作拖沓、效率低等问题。

（4）地方标准的制定　我国《水污染防治法》第二章第十一条规定："国务院环境保护主管部门制定国家水环境质量标准。省、自治区、直辖市人民政府可以对国家水环境质量标准中未作规定的项目，制定地方标准，并报国务院环境保护主管部门备案。"该法规定，我国的水环境质量标准由国务院环境保护主管部门规定，地方可制定的是国家标准中未作出规定的项目。美国《清洁水法》303条第1款强调了地方标准的制定，地方要根据地方法律制定有效的标准，即因地制宜制定适用于当地水体水质的标准，并非只是国家标准未规定的部分。

（5）标准的审查和修订　我国《水污染防治法》第十四条规定："国务院环境保护主管部门和省、自治区、直辖市人民政府，应当根据水污染防治的要求和国家或者地方的经济、技术条件，适时修订水环境质量标准和水污染物排放标准。"我国《水污染防治法》没有对修订的周期作明确要求。美国的《清洁水法》303条第3款第1项明确提出州长或州水污染控制局的行政长官应定期（自修正案颁布后至少每3年一次）举行公众听证会，对可行的水质标准进行审查，在适当的时候修订和采用新的标准。《清洁水法》不仅提出了修订的时间，而且强调举行公听会，凸显公众知情权、信息公开在水管理中的重要性，修订的标准也跟上文所述相同，上报给署长，署长判定其是否通过，若不通过则要说明具体应做哪些变化。

同时，美国的《清洁水法》在303条第3款中还强调有毒污染物的基准应该是定量指标，即使定量数据不可得，也应该采用基于生物监测或生物依据进行评估得到基准，从而满足水体的指定用途。

（6）基准的制定　我国目前基准正在研究制定中，美国的规定可以作为我国国家地表水质标准制定的参考。我国对标准的制定规定了标准制定的主体。美国规定署长应制定并公布能准确反映最新科学成果的水质标准（并在这之后不断地修订）及相关的必要信息，同时要保证公众知情权，要及时向公众公布。因此，我国十分需要在法律层面上明确提出制定水质基准，并明确基准在水质管理中的作用。

6.2.2　地表水质标准分析

6.2.2.1　美国污染物清单和数值型水质基准的制定

（1）污染物清单　1977年，有毒污染物清单被列入《清洁水法》，以便EPA和各州解决排放导则要求、水质基准和标准，以及排污许可证中有毒污染物的相关问题，由于该名单包含各类污染物，并不具体，所以EPA在同年制定了优先污染物清单，帮助有效落实污染物清单的监测和各项法规要求。目前清单中有些污染物已经过时了，所以清单中的污染物并不是管控的所有污染物。

EPA在制定污水排放指南时，在清单基础上扩大了污染物的范围，分为有毒污染物、常规污染物和非常规污染物。根据联邦法规CFR 401.16及法规第304条（a）（4）的表述，生化需氧量、总悬浮固体、pH值、粪大肠菌群和油脂是常规污染物。EPA从126个优先污染物清单中，选出65种作为"有毒污染物"，其他的则视为非常规污染物，有毒污染物和优先有毒污染物清单见附录二。

虽然国会或EPA没有更新清单，但该清单依然是EPA、州和部落制定水质基准的依据。目前，EPA水质基准中提出了165种优先有毒污染物基准，包括水生生物的水质基准、保护人体健康的水质基准和防止水体富营养化的营养物基准、生物基准等，其中涉及了合成有机物（106项）、农药（30项）、金属（17项）、无机物（7项）、基本物理化学特性（4

项）和细菌（1 项）等。

　　用于预防、破坏、驱除或减轻任何有害生物或旨在用作植物调节剂、落叶剂或干燥剂的任何物质及混合物……没有包括在清单中，清单中的污染物包括但不限于除臭剂、针对害虫的无毒物理屏障、肥料或其他不针对害虫物种的植物营养物质。行政法规中还具体提供了许多不同类型的农药可供选择，可以根据控制的害虫、使用模式或化学类别进行分组。以下提供了根据其控制的有害生物分组的农药类别的一些示例：

　　① 杀虫剂：对虫类的存活或生长有有影响。还包括特定类型，如杀螨剂、杀蚊子幼虫剂。

　　② 除草剂：针对植物、杂草或草。

　　③ 杀鼠剂：针对老鼠或其他啮齿动物。

　　④ 灭鸟剂：针对有害鸟类种群。

　　⑤ 杀真菌剂：针对食物或谷类作物上的真菌。

　　⑥ 杀线虫剂：针对线虫。

　　⑦ 熏蒸剂：针对无脊椎动物和真菌控制的气态农药。

　　⑧ 抗微生物剂：针对各种场所的微生物。

　　⑨ 植物生长调节剂：加速或延缓植物生长速度。

　　⑩ 昆虫生长调节剂：延缓昆虫生长。

　　⑪ 生物农药：具有杀虫特性的天然物质，包括微生物农药、生化农药和植物保护剂。

　　⑫ 毒鱼剂：对不想要的或侵入性的鱼类种群进行杀灭。

　　⑬ 杀螺剂：用农药对蛞蝓、蜗牛或双壳类动物进行杀灭。

　　农药也可分为以下一般使用模式，以确定登记数据要求：陆地、水生、温室、林业、室内和室外。陆地、水生和温室模式进一步分为粮食作物和非食物类应用。

　　具有相似化学结构的农药通常具有相似的作用模式，以及相似的作用和运输特性，这些化学品可以归为同一化学类别。化学类的一些例子包括：

　　① 杀虫剂：氯代烟碱类化合物（例如吡虫啉、尼古丁）、N-甲基氨基甲酸酯（例如甲萘威、涕灭威）、有机磷化合物（例如毒死蜱、二嗪农）和拟除虫菊酯（例如氟氯氰菊酯、氯氰菊酯）等。

　　② 除草剂：苯甲酸（例如麦草畏）、氯乙酰苯胺（例如甲草胺、异丙甲草胺）、氯苯氧基酸/酯（例如 2,4-D、MCPA）、咪唑啉酮（例如咪草啶酸、灭草烟）、磺酰脲类（例如苄嘧磺隆、砜嘧磺隆）、硫代氨基甲酸酯（例如丁酸酯、禾草碱）和三嗪（例如阿特拉津、西玛嗪）等。

　　③ 杀真菌剂：苯并咪唑（例如苯菌灵、噻苯达唑）、甲酰胺（例如羧基氟酰胺）和二硫代氨基甲酸盐（例如代森锰、福美锌）等。

　　（2）水质基准的制定　美国水质基准从表达形式上可分数值型基准和叙述型基准，其中数值型基准是最为普遍的形式。我国当前地表水质标准也主要以数值形式表达。EPA 于 1980 年初步制定了《推导保护水生生物及水质用途的数值型基准导则》（Guidelines for Deriving Numerical National Water Quality Criteria for the Protection of Aquatic Organisms and Their Uses），并分别在 1983 年和 1985 年进行了修订。

　　数值型水质基准的推导是个复杂的过程（图 6-2），涉及水生生物毒理学多个领域的信息[11]。

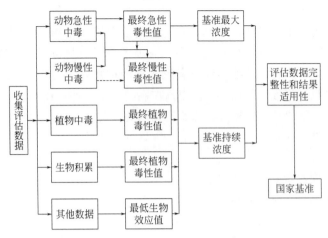

图 6-2　数值型水质基准推导过程

　　在制定某一污染物基准值时，需要收集其相关毒性和生物累积的信息，并进行评估、整理和分类。如果水生动物急性毒性数据充足，则可用于制定小时平均浓度最高值，以防止影响水生生物和水质用途。同样地，如果水生动物慢性毒性数据可用，则可用于制定4d平均浓度最高值。水生植物毒性的数据用来研究在对水生生物不造成影响的情况下，水生生物所能承受的某一污染物的浓度。水生生物积累数据用来确定哪些残留物可能伤害野生动物或帮助美国食品和药物管理局确定限制的食品种类。其他获得的数据用来反映生物学上可能产生的负面影响。全面评估获得的相关信息后，若数据质量良好，则可用于制定国家水质基准。

　　数值型基准的建立主要考虑对水生生物和人体健康的影响。EPA的水生生物基准同时强调对淡水（freshwater）和咸水（saltwater）物种的短期（急性，acute）和长期（慢性，chronic）影响，包括量级（magnitude）、持续时间（duration）和频率（frequency）三个部分；人体健康基准旨在保护人类免遭食用鱼类或其他水生有机体的暴露影响，这些基准表达了污染物不会对人体健康造成重大长期风险的最高浓度。在无法给出具体数值的情况下，可以采用叙述型基准，叙述型基准仅对水体所需水质目标进行描述和说明。例如，要求排放"没有另人反感的颜色、味道和浊度的污水"。

　　导则中计算的是双值基准，分为基准最大浓度（criteria maximum concentration，CMC）（急性）和基准持续浓度（criteria continuous concentration，CCC）（慢性），其表述为："除非有重要的本地物种特别敏感，如果某化学物质的4d平均浓度超过CCC的频率不多于平均每3年1次，并且1h平均浓度超过CMC的频率不多于平均每3年1次，淡水（或海水）水生生物及其用途不会受到不可接受的影响。"美国根据毒理学研究，针对淡水和咸水，分别设置了两个基准，以提高管理的针对性。同时，美国并非对所有污染物进行了规定，比如，多氯联苯在淡水和咸水中都只设置了CCC，因为其毒性是通过长期积累后显现出来的，并不会导致水生生物的急性毒性。

　　导则对主要污染物质也进行了定义，如下：

　　① 在大多数天然水体中不能完全电离的化学物质通常应被视为一种单独的物质，除了某些结构相似的有机化合物，它们仅存在于大量的商业混合物中，并且显然具有相似的生物、化学、物理和毒理学特性。

②　在大部分天然水体中可形成化学平衡，完全电离的化学物质（例如，一些酚类和有机酸、一些苯酚和有机酸的盐，以及大多数无机盐和金属配位络合物）通常被视为一种物质。

③　主要污染物质的定义应包括解析部分。过于简单地识别污染物，例如"钠"显然意味着"总钠"，但依然有不明确的地方，如果是"总数"，则应明确说明。即使是"总数"也有不同的定义，在一些样本中不需要衡量"其中的所有"。因此，还需要参考或描述预期的分析方法。分析得出的污染物应考虑污染物的解析和环境化学因素。对于实验室样品，应考虑天然水样和废水使用相同分析方法的可取性，以及各种实际因素，如劳动力和设备要求，该方法是否需要在现场进行测量，或者是否允许样品运输到实验室后进行测量。

操作解析部分的主要要求是它适用于接收的水样，它与可用的毒性和生物累积数据相容，而不进行过多的假设推断，避免对水生生物及其用途保护不足或过度保护。由于很少能获得理想的分析测量方式，因此通常必须使用折中测量。这种折中测量必须符合一般方法，即如果环境浓度低于国家标准，则可能不会发生不可接受的影响，即当在地表水上进行测量时，折中测量不得在欠保护方面出错。由于废水的化学和物理性质通常与受纳水体的化学和物理性质完全不同，因此分析废水可接受的分析方法可能不适合分析受纳水体，反之亦然。如果根据废水中的测量浓度计算的环境浓度高于国家标准，则另外的选择是在用受纳水体稀释废水之后测量浓度，以确定测量浓度是否通过络合或吸附等现象降低。当然，另一个选择是得出一个特定地点的基准。因此，该基准应该基于适当的分析测量，但如果没有理想的测量或者理论，基准则不可用或不可行。

6.2.2.2　美国地表水质标准分析

地表水质标准是美国基于水质进行污染控制的基础，是执行《清洁水法》中水质清单、TMDL 和国家污染物排放消除制度（national pollutant discharge elimination system，NPDES）等各计划的基本原则。美国联邦法规中提出美国的水质标准主要由三部分组成，分别为指定用途、水质基准和反退化政策[12]。

（1）指定用途　"指定用途"要求州政府和授权的部落必须明确管辖区内各个水体的具体用途，并保证水体核心用途的使用及下游水体的要求，除非通过用途可达性分析（use attainability analysis，UAA）证明这些用途的确不可达。美国联邦行政法典（code of federal regulations，CFR）第 131 章规定，在制定水质标准时，被认为可取以及必须被考虑到的水体用途可划分为 7 大类，包括：公共供水，鱼类、贝类和野生生物的繁殖和保护，水中和水上娱乐，农业，工业，通航和其他[13]。

美国对水体按指定用途分类是为了将其作为确定指定用途及限值的依据，确保制定的水质基准可以满足水体功能，并没有要求某一指定用途的水体水质要高于另一类水体。在美国国家推荐水质基准中也可看出，水质保护目的不同，指标的基准限值会有明显差别。阿尔德林（aldrin）作为有机氯杀虫剂，通过生物富集和食物链作用，危害动物体和人体，是美国优先控制的污染物，其在水生生物基准淡水急性指标中的推荐值为 $3.0\mu g/L$，在人体健康基准中的推荐值为 $0.00000077\mu g/L$。推荐的水生生物基准是为了保护水中物种的生存环境，人体健康基准则主要针对人体，阿尔德林的推荐值即是通过其致癌风险得出的[14]。

美国法规提出，允许各州制定更细的用途或设计一些 CWA 中未提及的用途。以加州为例，在 20 世纪 90 年代中期，加州定义的标准化指定用途有 23 类，包括接触性娱乐用水、非接触性娱乐用水、市政供水、寒冷型淡水生物栖息地等等，见表 6-2。

表 6-2 加州对水体指定用途的界定

英文简写	英文全称	中文名称
AGR	agricultural supply	农业用水
AQUA	aquculture	水生文化
BIOL	preservation of biological habitats of special significance	生物栖息地保护
COLD	cold freshwater habitat	寒冷型淡水生物栖息地
COMM	commercial and sport fishing	商业和运动钓鱼
EST	estuarine habitat	河口栖息地
FRSH	freshwater replenishment	淡水再补给
GWR	ground water recharge	地下水补注
IND	industrial service supply	工业服务用水
MAR	marine habitat	海洋栖息地
MIGR	migration of aquatic organisms	水生生物迁徙
MUN	municipal and domestic supply	市政和城市用水
NAV	navigation	水道航行
POW	hydropower generation	水力发电
PRO	industrial process supply	工业生产用水
RARE	rare, threatened, or endangered species	珍稀濒危物种保护
REC-1	water contact recreation	接触性娱乐用水
REC-2	non-contact water recreation	非接触性娱乐用水
SAL	inland saline water habitat	内陆盐水栖息地
SHELL	shellfish harvesting	贝类养殖
SPWN	spawning, reproduction, and/or early development	鱼类产卵繁殖
WARM	warm freshwater habitat	温暖型淡水生物栖息地
WILD	wildlife habitat	野生动植物栖息地

在个别地方水资源委员会，可能有新的类别或子类别用途被加入，且通过了加州水资源委员会的批准。如：土著住民文化（CUL）（Region 1）、生计钓鱼（FISH）（Region 1）、洪水峰值衰减/洪水储存（FLD）（Region 6&1）、限制接触性娱乐用水（LREC-1）（Region 4）、限制温暖型栖息地（LWRM）（Region 8）、湿地栖息地（WET）（Region 1&4）、水质强化（WQE）（Region 1&6）等。加州的水体指定用途类别和联邦要求的类别对比见表 6-3。

表 6-3 联邦和加州的水体指定用途类别对比

联邦《清洁水法》划分类别 （Federal CWA Categories）	加州水资源委员会划分类别 （Cal. Water C. Categories）	加州划分类别 （CA Basin Plan Categories）
鱼类、贝类和水生动植物的繁殖 （propagation of fish, shellfish & wildlife）	鱼类、野生动植物和其他水生资源的保护 （preservation and enhancement of fish, wildlife, and other aquatic resources or preserves）	WARM, COLD, SAL, EST, MAR, WILD, BIOL, ASBS, RARE, MIGR, SPWN, LWRM

续表

联邦《清洁水法》划分类别 (Federal CWA Categories)	加州水资源委员会划分类别 (Cal. Water C. Categories)	加州划分类别 (CA Basin Plan Categories)
水上娱乐 (recreation in & on the water)	娱乐；美学的享受 (recreation; aesthetic enjoyment)	REC-1，LREC-1，REC-2，COMM，SHELL
公共供水 (public water supplies)	城市和市政供给 (domestic and municipal supply)	MUN
农业用途 (agricultural use)	农业供给 (agricultural supply)	AGR
工业用途 (industrial use)	工业供给 (industrial supply)	IND，PRO
航行 (navigation)	航行 (navigation)	NAV
其他目标 (other purposes)	发电；其他有益用途 (power generation; other beneficial uses)	GWR，FRSH，POW，AQUA，WET，FLD，WQE，CUL，FISH

联邦法规 131 章 10 条（j）款有效地建立了一个可反驳的假定（rebuttable presumption），如果一个州没能为给定水体指定上述用途，或希望移除上述用途，那么该州必须提供适当的文件证明为什么这些用途无法实现，此类分析通常被称为"用途可达性分析"。

（2）水质基准　水质基准是水质标准制定的基础工作和参考指标，EPA 在 CWA 第 304 条（a）款指导下制定、公布并适时修订水质基准，并准确反映以下最新科学认知：①所有可以识别出的健康和福利影响的种类及程度，包括对水生生物和娱乐用途的影响，这些影响可能由任何水体中的污染物导致；②通过生物、物理和化学过程的污染物或其副产物的浓度和扩散；③污染物对生物群落多样性、生产力和稳定性的影响。

自 1972 年 EPA 颁布蓝皮书以来，EPA 制定的推荐基准经历了 1976 年红皮书、1986 年金皮书和 2009 年国家推荐水质基准（national recommended water quality criteria）等多次修订，联邦层面的水质基准包括 126 种优先有毒污染物、营养物（氮和磷）、温度、pH 值、溶解氧和细菌等指标。EPA 于 1985 年发布的《推导保护水生生物及水质用途的数值型基准导则》是比较成熟的推导水生生物水质基准的方法学，之后于 2000 年发布了《推导保护人体健康水质基准方法学》，该方法学是目前仍在使用的最新的推导保护人体健康水质基准的方法学。

根据基准的制定特点，水质基准划分为两大类：一类是毒理学基准；另一类是生态学基准。前者是在大量科学实验和研究的基础上制定出来的，根据保护目标的不同，分为人体健康基准和水生生物基准；后者是在大量的现场调查的基础上通过统计分析制定出来的，包括营养物基准和生态完整性评价基准[15]。

根据表达方式的不同，水质基准还可分为数值型基准和叙述型基准：数值型基准针对特定参数制定，以保护水生生物和人体健康，并在某些情况下，保护野生生物免受污染物的有害影响；各州在数值型基准无法建立时，将建立叙述型基准，或作为数值型基准的补充，确保"可垂钓、可游泳"目标的实现。

为了保证基准的合理性，EPA 会依据最新的科学技术及实验数据调整污染物的基准值。以氨在淡水中为例，《清洁水法》要求基准的制定需要依据最新的科学信息，故随着技术的进步，数据处理结果的更新，EPA 在以往实验数据的基础上，对氨指标的限值进行了规定。从表6-4中可看出，氨指标的基准限值在国家地表水质基准（national ambient water quality criteria，AWQC）中是不断变化的。急性指标是依据对其最敏感的生物大马哈鱼的实验结果得出的，慢性指标的确定主要取决于无脊椎软体类生物的实验结果[16]。

表 6-4　美国各阶段氨基准限值（以总氨氮计）　　　　　　单位：mg/L

基准 持续时间	1999AWQC 修订基准量级		2009AWQC 草稿 修订基准量级③		2013AWQC 修订基准量级
	pH=8.0	pH=7.0， T=20℃	pH=8.0， T=25℃	pH=7.0， T=20℃	pH=7.0， T=20℃
急性（平均1小时）	5.6①	24①	2.9	19	17①
慢性（平均30天）	1.2	4.5②	0.26	0.91	1.9④

① 基于目前的大马哈鱼。
② 基于 pH=7，20℃数据的再归一化。
③ 基于目前的贻贝。
④ 三年内不能超过一次测量值超过慢性基准浓度（CCC）2.5倍或30天内4天的平均值不能超过4.8mg/L（pH=7，20℃）。
注：频域判据——三年内不能出现超过1次。

各州在制定水质标准时，可参考联邦颁布的推荐基准，结合水体的具体情况，保证水质基准能够支持水体既定的指定用途。例如，加州旧金山湾水资源委员会对于市政供水的水质基准包括了水体的物理性质、无机和有机指标、氯化烃类、合成有机污染物、挥发性有机污染物、放射性指标等。

（3）反退化政策　反退化政策作为水质标准体系中的一部分，强调当前良好的水体水质不得再恶化，此规定划定了水污染防治的红线，在严格保护水质方面发挥了重要作用。

美国各州必须采用一种与CFR第131章第12条相一致的反退化政策，详细说明在有关可导致水质变化的活动决策中使用的框架。若需要降低水质适应重要经济和社会的发展，则要在政府间协调和公共参与规定完全满意后，方可执行，且降低后的水质必须能够充分地保护现有用途。各州允许降低水资源质量的决策必须以公开方式进行并服务于公共利益。

为了防止现有水资源质量恶化，反退化政策提供了三个级别的保护水平：

第1级：这一级要求现有用途以及保护现有用途所需的水质水平得到维持和保护。

第2级：水体质量超过支持水上和水中的鱼类、贝类、野生生物和娱乐的必要水平（有时被称为优质水体），第2级要求这一水平的水质得到维持和保护，除非州在持续计划程序（continuing planning process）的政府间协调和公共参与规定完全满意之后，确定有必要降低水质，以适应水体所在区域的重要经济或社会发展。在允许任何这样的退化或更低水质时，州必须保证水质能够足够充分地保护现有用途，并且对于所有新的或现有点源实现最高的法律法规要求，对于非点源控制实施成本有效和合理的最佳管理实践（best management practices）。

第3级：这一级要求杰出国家水资源（outstanding national resources waters，ONRWs）的水体质量得到维持和保护。

州政府需要制订相应的规则和执行程序来确保水体的当前用途，防止清洁水体遭受不必要的水质退化。特别是当某些水体的自然水质要好于水质标准的要求，在接受一定程度的污水排放后也可以满足水质标准时，反退化政策就将起到作用，限制会导致水体水质降低的排放行为。

由于联邦政府的人力、物力限制，其规定往往并不能具体到各种细节，因此，一般情况下联邦政府会要求每一个州将反退化政策作为其水质标准的一个组成部分，制定相应的具体执行办法，并对各州所制定办法进行严格审批，对各州的执行情况进行监督与核查。联邦政府还可以通过提供技术、资金和其他方面的支持帮助来协助各州制定反退化政策和执行具体行动计划，和各方干系人共同展开切实可行的水质保护管理措施。

作为州水质标准的重要组成部分，反退化政策定性地阐明了水质保护准则，囊括了水质保护的基本要求，明确了水质保护的基本底线，也是对水质标准中各项定量指标的必要补充。反退化政策在联邦和州两级政府间的有效落实，使美国的水质得到极大的改善。1972 年之前，全美受损害的水质高达 60% 以上；在严格的水质标准和反退化政策执行之后，2002 年全美完全满足指定用途的水质超过 50%。

（4）一般政策　除了水质标准的前三个组成部分以外，各州可自行决定在它们的标准中包括普遍影响标准如何应用或实施的政策。这类政策的实例包括混合区政策、基准必须达到的临界低流量、方差的有效性等。与水质标准的其他组成部分相比，当一般政策被认为是新的或修订的水质标准（例如，如果它们构成了对指定用途、水质基准、反退化要求或其任意组合的变化）时，将受制于 EPA 的审查和批准。

6.2.2.3　混合区的相关规定

执行水质基准时，通常允许存在稀释区与混合区，我国没有"混合区"这个概念，本小节主要介绍美国混合区的相关规定。

（1）混合区的定义　混合区是一个限定的水体区域，在这里污水将进行初次稀释，并且可能超过某些定量的水质基准。混合区仅仅是水质基准可能被超过的区域，并不意味着水质基准不适用于混合区，水体定性或定量的基准仍然是混合区范围内适用的基准。

如果一个州选择采纳混合区政策，那么该政策必须确保满足下列要求：

① 混合区不得损害水体作为一个整体的完整性；

② 对通过混合区的生物体没有致命性；

③ 考虑到可能的接触途径，没有显著的健康风险。

（2）混合区的类型　对于适用两个数值水生生物基准的水体，可能有多达两个类型的混合区（图 6-3）。在出水口附近区域，急性基准或慢性基准都不满足；急性基准在第一层混合区的边缘满足；在下一层混合区中，满足急性基准，但是不满足慢性基准；慢性基准在第二层混合区的边缘得到满足。

通常情况下，如果一个州的水体具有急性、慢性水生生物基准和人体健康基准，可能对这三种类型的基准的每一类分别单独设立混合区。急性混合区的大小应设置为防止对生物体产生致命性，慢性混合区的大小应设置为保护水体的生态完整性，健康基准混合区的大小应设置为防止显著人体风险。

（3）混合区的要求

① 联邦要求　《清洁水法》（CWA）允许各州自行决定混合区的要求，环保署（EPA）推荐各州在它们的水质标准中对是否允许混合区作出明确说明。若混合区规定是州水质标准的一部分，那么该州需要对定义混合区的程序进行描述。各州对于混合区是逐案确定的，提供空间尺寸来限制混合区的区域范围。对于河流和小溪，空间限制通常包括混合区宽度、

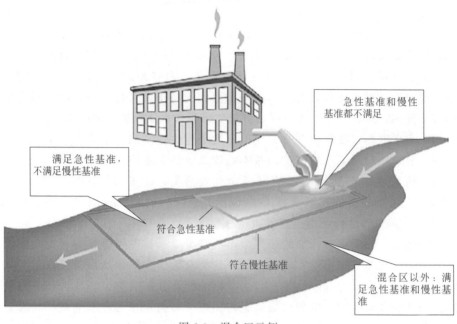

图 6-3 混合区示例

长度、横截面面积和流量；对于湖泊、河口和沿海水域，空间限制通常包括表面积、宽度、横截面面积和流量。河流和湖泊中的混合区见图 6-4。

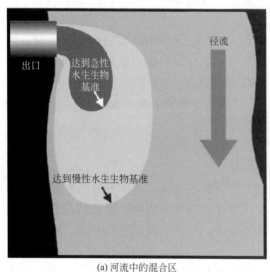

(a) 河流中的混合区

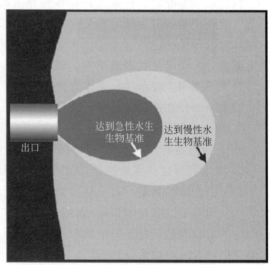

(b) 湖泊中的混合区

图 6-4 河流和湖泊中的混合区

混合区对通过的有机体的致命性可以用以下四种方法中的任一种进行防止：

方法一：禁止出水管道中的污染物浓度大于急性基准，则不得设定混合区。

方法二：要求在出水口之后的短距离内，污染物浓度满足急性基准。

a. 要求污染物初始排放流速＞3m/s；

b. 要求混合区在任何空间方向上限制到"出水长度尺度"的 50 倍距离以内（出水长度尺度＝出水管道横截面面积的平方根）。

方法三：排放的流速不得很高。

a. 在任何空间方向上，从出水口边缘到混合区边缘距离的 10% 以内，应满足急性基准；

b. 在 50 倍 "出水长度尺度" 距离的任何空间方向上，应满足急性基准；

c. 在任何出水口的 5 倍当地水深的任何水平方向上，应满足急性基准（当地水深定义为在混合区设计条件下普遍的自然水体深度）。

方法四：排放源提供数据证明，一个漂流的有机体不得暴露在 1h 平均浓度大于急性基准的情况或任何其他有害情况之下。

② 加州要求　适用的优先污染物基准应在除由区域水质管理委员会（RWQCB）允许的混合区外的整个水体得到满足。混合区的设定是自由决定的，且应在逐源的基础上确定。一个 RWQCB 可考虑对具有可识别排放口的点源允许混合区和稀释信用（dilution credits），且该排放口通过 RWQCB 批准的 NPDES 许可证管理。

a. 稀释信用。稀释信用（用 D 表示）是一个与混合区相关的数值，表示受纳水体带走的排放污水的比例。稀释信用是一个在计算排放限值中使用的值，它是基于每种污染物逐个确定的。

在对污水设立混合区或稀释信用之前，应首先确定有多少受纳水体可用于稀释排放的污水。确定适当可用的受纳水体流量时，RWQCB 应考虑受纳水体和污水的实际和季节变化。例如，RWQCB 可能在季节性枯水期拒绝设定混合区，而在季节性丰水期允许设定混合区。然而，对于常年性的混合区，稀释信用应使用表 6-5 中的具体参数计算稀释率。稀释率等于受纳水体的临界流量除以排放污水的流量。

表 6-5　计算稀释率使用的污水和受纳水体的流量

稀释率对应的水质基准	受纳水体的临界流量	排放污水的流量
水生生物急性基准	1Q10(统计频率下,每 10 年一次出现的一天最低流量)	排放期间的日最大流量
水生生物慢性基准	7Q10(统计频率下,每 10 年一次出现的连续七天平均低流量)	排放期间日最大流量的四天平均值
人体健康基准	调和平均值	排放期间流量的长期算术均值

混合区的确定方法还取决于排放污水与受纳水体是完全混合还是不完全混合。

ⅰ. 完全混合排放。完全混合排放条件是指从排放口到其下游两倍河宽距离范围内某一点的水体横截面上，污染物浓度差异小于 5%（含分析误差），如图 6-5 所示。对于完全混合排放，受纳水体可用于稀释污水的量通过使用表 6-5 中合适的参数计算稀释率确定。在任何情况下，RWQCB 允许的稀释信用都不得大于计算的稀释率。仅当关于污水和受纳水体的特定地点条件表明，没有必要选择一个更小的稀释信用来保护有益用途时，稀释信用可被设定为等于稀释率。然而，如果根据特定地点条件，确定不适合使用表 6-5 中参数计算的稀释率时，混合区和稀释信用应使用特定地点信息和不完全混合排放的具体程序来确定。

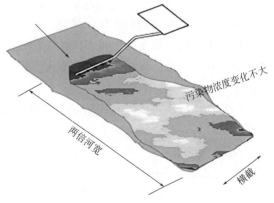

图 6-5　加州混合区要求

ⅱ. 不完全混合。对于不完全混合排放，点源需完成一份独立的混合区研究，并证明该稀释信用是合适的，直到 RWQCB 满意之后，稀释信用和混合区的设定才会被 RWQCB 考虑。混合区的研究可以包括但不限于示踪研究、染剂研究、模拟研究以及通过监测排放口上下游表征实际稀释程度等。

b. 混合区条件。混合区应尽可能小，允许混合区时，下列条件必须满足：

ⅰ. 一个混合区不得：损害整个水体的完整性；对通过混合区的水生生物造成急性中毒条件；限制水生生物的通道；对生物敏感或重要栖息地造成不良影响，包括但不限于在联邦或州濒危物种法律下列出的物种栖息地；产生不希望的或具滋扰性的水生生物；导致漂浮物、油脂或浮渣；产生令人反感的颜色、气味、味道或浊度；造成令人反感的底部沉积物；造成滋扰；支配受纳水体或覆盖不同排污口的混合区；允许存在于任何饮用水水源地或其附近，混合区不得作为饮用水水源。

ⅱ. RWQCB 应在必要时拒绝设置混合区或限制稀释信用，以保护有益用途、满足政策条件或符合其他监管要求。在此要求下，混合区的确定应基于污水水质、水体水力条件、总体排放环境（包括生物体健康、潜在生物累积性等）。例如，在确定是否允许混合区和稀释信用及对它们的允许程度时，RWQCB 应考虑排放污水中是否存在致癌、诱变、致畸、具有持久性和生物累积性、对水生生物有吸引力的污染物。另外，如果必要的话，RWQCB 也应考虑能够保护有益用途的水体如湖泊、水库、封闭海湾、河口或其他污染物可能不容易冲洗掉的水体类型的冲洗水平。在多个混合区的情况下，应仔细考虑与其他排放口的接近程度，以保护有益用途。

如果 RWQCB 允许点源设定混合区和稀释信用，那么需要在排污许可证中详细说明设定混合区使用的方法、批准的稀释信用、适用于受纳水体的水质基准必须在水体哪个位置满足等信息。申请排污许可证时，应当在可行的范围内，提交给 RWQCB 所需的信息，来确定是否允许设定混合区，包括得到受纳水体和污水流量的计算过程、混合区研究的结果等。如果混合区研究的结果在许可证发放/补发时仍不可获得，RWQCB 可建立过渡性要求。

6.2.2.4　地表水质标准评估与修订

美国地表水相关法律法规提出需要每三年对已实施的地表水质标准进行审查，且是对上文介绍的地表水质标准体系中每个部分均进行检查，其评估和修订流程见图 6-6。

地方标准的修订，首先应通知 EPA，并回顾地方和国家关于地表水质标准的各项规定，根据地方情况，选择特定水体，随之进行指定用途评估、水质基准评估、反退化规定评估等，拟订水质标准草案并上报 EPA，EPA 判定是否进行修订。公众参与是水质标准评估和修订中的重要部分，州在决定修订地方水质标准以及 EPA 判定地方水质标准修订草案前均需要举行公听会。

（1）选择特定水体进行评估　州和部落每三年都要对所有的水体进行再检查，并做一份详细的评估，包括以下内容：

a. 州或部落发现可能妨碍指定用途或对人类健康有潜在威胁的有毒物质或其他污染物，比如营养物。

b. 对已经受到威胁或濒危物种造成负面潜在影响的污染物。

c. 打算颁布或重新颁布的基于地表水质的排放限值。

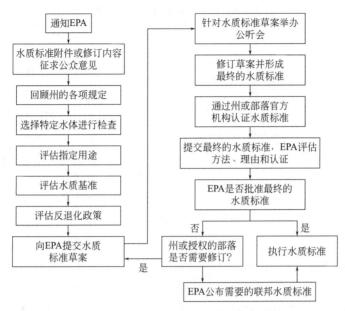

图 6-6　美国地表水质标准评估和修订流程

d. 悬而未决的城镇下水道融资决策。

e. 公众特别关注的某个水体的水质标准评估。

这有助于帮助州识别存在问题的水体和未被分类的水体,形成补贴名单,以及过期的排污许可。州和部落也可根据其他原因详细检查一个水体,比如人体健康问题、法院命令、公共投入或其他执行现行标准存在的经济或社会影响。

(2) 评估指定用途　地方确定了需要评估的水体后,必须先评估水体指定用途。在审查和修订地表水质标准过程中,一个重要的组成部分就是考虑选定的水体是否能达到指定用途。评估需要对水体进行完整的调查和评估,若已有足够的数据,则不需做进一步的深入调查,若不足,则需要对水体进行补充监测。评估的目的是表征水体目前的指定用途是否可达到,若无法达到,则要分析原因。

(3) 评估水质基准　水质标准必须保证水体指定用途的实现,地方若修改指定用途或采用新的指定用途,则必须确保确定的标准能够保护修订的或新的指定用途。联邦有水质基准,地方每三年对水质标准进行审查时,需要考虑联邦提供的标准是否可以满足要求,若根据现有水质和污染源信息,发现某类污染物的排放可能影响水体用途时,可采用新的有毒污染物的标准。

(4) 评估反退化政策　反退化政策是水质标准的一部分,故也要对该部分进行评估和修订,并必须具有法律约束力。反退化政策规定地方根据具体情况确定许可当局是否以及在何程度上授权降低高水质,是加强和保护水质综合手段中的一个重要组成部分。

6.2.2.5　与我国标准的比较

(1) 标准的表现形式　标准的核心内容是对污染物的分类和限值,明晰以上两者的整体形式是研究的基础,故首先对标准与基准的表现形式进行对比,见表 6-6。

就标准的分类而言,中美都很关注水体对人体健康的影响,我国通过水源地制定补充项目和特定项目体现,美国则通过人体健康基准体现。

表 6-6　标准与基准表现形式对比

国家	整体分类	各类表中包含的内容	其他
中国	基本项目	各类水体限值	
	集中式生活饮用水地表水源地补充项目		
	集中式生活饮用水地表水源地特定项目		
	以上三部分的分析方法	最低检出限值及方法来源	
美国	水生生物基准及附录	淡水[CMC(急性基准浓度)、CCC(慢性基准浓度)]、咸水[CMC(急性基准浓度)、CCC(慢性基准浓度)]	发布时间、备注(标准的进一步说明)
	人体健康基准	水和有机物共同消耗、只有有机物消耗	
	感官影响	基准	

在具体指标中，我国的标准对各类水体均设置了一个限值，但没有说明限值确定的依据。美国的基准中没有根据水域功能设置限值，而是分为淡水和咸水。同时，与我国不同，美国根据毒理学研究，针对淡水和咸水，分别设置了两个基准，即 CMC（急性基准浓度）和 CCC（慢性基准浓度），虽然设置了两个基准，但并非对所有污染物进行了规定，比如，多氯联苯在淡水和咸水中都只设置了 CCC，因为其毒性是通过长期积累后显现出来的，并不会导致水生生物的急性毒性。由此可以看出，与我国的标准相比，美国的基准更细致、科学。

点源排入各类天然水体，应满足水环境功能，保护受纳水体的指定用途，故地表水质标准是制定点源排放限值的基础。急性基准和慢性基准的设置则非常重要。点源在向天然水体排放污水时会在排口附近形成高浓度污染物区域，即混合区，为实现保证水环境质量的目标，需要根据急性基准值计算在河流中让水生生物存活的区域，根据慢性基准值限制混合区的范围。一个单值的标准限值取消了急性毒性和慢性毒性的这些重要的差别和作用。

此外，美国还将具有以下条件的污染物作为优先污染物[17]：①有毒污染物；②在可检测出的条件下，必须制定化学标准的污染物；③报告该污染物的频率在 2.5% 以上；④污染物的量比较大。优先污染物的设定，有助于州和部落制定地方标准。

（2）具体指标对比　我国地表水按照环境功能和保护目标划分为从高到低的五类，功能类别高的标准限值严于功能类别低的标准限值。我国标准修订说明表述，2002 年水质标准：以美国环保署 1999 年发布的美国水生生物慢性基准和人体健康基准为依据制定Ⅱ类水标准限值；对美国基准中的"可降解性污染物指标适当放宽"作为Ⅲ类水标准限值；以美国水生生物急性基准为依据，并进一步放宽可降解性污染物指标，制定Ⅳ、Ⅴ类水域的排放限值[18]。

由于生态的多样性以及生物毒性反应的多样性，水环境质量标准限值必须是地方性的。美国基准中的水生生物基准是基于北美大陆水生生物对污染物的毒性反应发展制定的，美国环保署 1985 年发布的制定基准指导文件特别规定，在制定水生生物基准时不能使用北美地区以外的物种，以免影响到美国基准的正确性。我国限值参考美国基准限值，已引用的限值是否完全适用于我国当前的水环境有待进一步验证。依据先进标准确定我国水环境质量标准，应学习标准的制定方法和涉及的影响因素，从而制定可有效改善我国水环境质量的标准。

中、美都以实现水域功能为目标：美国各州在联邦规定基础上进一步细化，再结合当地水环境基础确定限值；我国分为五类，且当前全国各地使用同一标准，均分为五类，并没有结合地方水体特征及功能进行细分，在个别地方有可能会增加污水处理成本和管理成本，也有造成某些地区管理过严或保护不足的可能。

我国标准的限值主要移植于国外的标准，主要是美国基准，在经过取舍、放宽等处理后，有些标准远高于美国基准。标准的基本项目与美国基准有限控制污染物部分共同包含的监测因子有 9 种：铜、锌、硒、砷、贡、镉、铬（六价）、铅和氰化物。表 6-7 比较了以上监测因子在中、美标准中的限值。从表 6-7 中可以看出，铜、锌从 Ⅱ 类水到 Ⅴ 类水的水环境质量标准限值远高于美国水生生物急性基准。同时，我国的标准有时存在同一污染物各类水体使用同一限值的情况，不能完全体现各类水体不同水质用途之间的差别。

表 6-7　中美地表水部分相同指标比较

指标	我国《地表水环境质量标准》(GB 3838—2002)/(μg/L)						美国国家推荐水质基准(national recommended water quality criteria)/(μg/L)									
							水生生物基准(aquatic life criteria)						人体健康基准(human health criteria)			
	Ⅰ类	Ⅱ类	Ⅲ类	Ⅳ类	Ⅴ类	颁布年份	淡水急性基准浓度	淡水慢性基准浓度	咸水急性基准浓度	咸水慢性基准浓度	颁布年份	备注	适用水和有机体	仅适用有机体	颁布年份	备注
铜(copper)	10	1000	1000	1000	1000	2002	—	—	4.8	3.1	2007	淡水基准的计算需要应用生物配位模型，与水体硬度有关	1300	—	1992	基于 10^{-6} 的致癌风险
锌(zinc)	50	1000	1000	2000	2000	2002	120	120	90	81	1995		7400	26000	2002	感官（味道和气味）基准 = 5000μg/L
硒(selenium)	10	10	10	20	20	2002	—	5	290	71	1999	CMC=1/[(f_1/CMC$_1$)+(f_2/CMC$_2$)]，其中 f_1 和 f_2 分别是总硒中亚硒酸盐和硒酸盐的比例，CMC$_1$ 和 CMC$_2$ 分别为 185.9μg/L 和 12.82μg/L	170	4200	2002	参考 EPA 的国家饮用水标准，MCL = 0.05mg/L
砷(arsenic)	50	50	50	100	100	2002	340	150	69	36	1995		0.018	0.14	1992	
汞(mercury)	0.05	0.05	0.1	1	1	2002	1.4	0.77	1.8	0.94	1995		—	0.3 mg/kg	2001	

续表

指标	我国《地表水环境质量标准》(GB 3838—2002)/(μg/L)						美国国家推荐水质基准(national recommended water quality criteria)/(μg/L)										
							水生生物基准(aquatic life criteria)						人体健康基准(human health criteria)			
	I类	II类	III类	IV类	V类	颁布年份	淡水急性基准浓度	淡水慢性基准浓度	咸水急性基准浓度	咸水慢性基准浓度	颁布年份	备注	适用水和有机体	仅适用有机体	颁布年份	备注
镉(cadmium)	1	5	5	5	10	2002	1.8	0.72	33	7.9	2016	此金属的淡水基准表达为一个与硬度有关的公式,这里给出的值对应硬度为100mg/L	—	—	—	参考EPA的国家饮用水标准,MCL=0.005mg/L
六价铬[chromium(VI)]	10	50	50	50	100	2002	16	11	1100	50	1995		—	—	—	参考EPA的国家饮用水标准,总铬的MCL=0.1mg/L
铅(lead)	10	10	50	50	100	2002	65	2.5	210	8.1	1980	此金属的淡水基准表达为一个与硬度有关的公式,这里给出的值对应硬度为100mg/L	—	—	—	参考EPA的国家饮用水标准,MCL=0.005mg/L
氰化物(cyanide)	5	5	200	200	200	2002	22	5.2	1	1	1985	建议水质标准表达为游离氰化物	4	400	2015	EPA的国家饮用水标准,游离氰化物的MCL=0.2mg/L

注:MCL(maximum contaminant level)为饮用水中污染物的最大浓度。

6.2.3 地表水质管理建议

(1)《水污染防治法》中增加地表水质标准的相关规定 为更好地保护我国水环境,完善我国水环境保护标准体系,建议在《水污染防治法》相关条款中加入如下类似表述。首先,应将反退化原则作为我国水环境保护的基本原则,在《水环境保护》第一章"总则"第三条所述"水污染防治应当坚持预防为主、防治结合、综合治理的原则"的基础上加入"杜绝当前良好水质进一步恶化",将反退化原则以法律的形式进行明确规定。其次,为了提高标准的时效性,建议在第二章"水污染防治的标准和规划"第十一条"制定地方标准,并报国务院环境保护主管部门备案"的基础上补充"同时,省、自治区、直辖市人民政府环境保护主管部门定期(至少每三年)进行公众听证会,对标准进行审查,并在必要时对标准进行修订"。最后，在标准制定依据中应对科学性进行阐述，建议在第二章"水污染防治的标准和规划"第十二条"可以根据国家确定的重要江河、湖泊流域水体的使用功能"后补充"和现有的最新科学技术"，以此提升标准制定的科学性。

（2）取消现在的地表水质标准的分类，按照指定用途细化水体功能　我国不应将水体分类后区分水域功能的高低，而应将指定用途作为标准所应实现的目标，并依据此目标，科学严谨地制定水质基准，有能力的省级人民政府可自己制定基准，上报国务院环境保护主管部门审批后方可生效。地方则应在国家制定的水质基准的基础上，结合地方实际情况，细化指定用途，然后制定具有地方针对性的水质标准，从而提高我国标准的细致性和针对性，明确管理重点。

（3）建立混合区概念　点源在向天然水体排放污水时会在排口附近形成高浓度污染物区域，即混合区。为实现保护地表水质的目标，需要根据地表水质标准计算在河流中让水生生物存活的区域，并由此计算污染物基于地表水质标准的排放限值。我国地表水质标准和排放标准制定的过程中均没有"混合区"这个概念，需尽快补充，要求点源污染物排放在混合区内达标。

以流域为管理单元，科学制定点源排放混合区划定导则，按照有限混合区的理念，对流域内各点源制定基于地表水质的排放限值，明确点源减排目标及污染控制措施，将点源排放控制与地表水质结合起来，落实到流域地表水质达标方案中，通过点源排污许可证予以实施。通过排污许可证中基于地表水质的排放限值，把流域达标规划的具体减排要求落实到点源排污许可证上。

（4）制定水质基准，提升标准的科学性　我国地域辽阔，各地区水质差别很大，对于水质标准体系，应采用基准和标准并行的方式，基准是制定标准的基础，我国可参考美国的形式及制定方法，对我国现行标准进行修订。同时，应加大对限值确定工作的投入，对已有的数据进行统计，在分析我国水环境质量整体情况的基础上，根据目前先进的科学方法，计算污染物的限值，并应在标准中说明各污染物限值确定的方法及来源，从而提升我国标准的科学性和可操作性。

（5）将反退化原则纳入我国水质标准体系　建议在水质标准中加入反退化的相关描述性表述，在标准定量约束的基础上，加入"若当前水体的水质好于其所属的水质标准类别，那么该水体不得以其水质优于标准要求为由而退化，当前水质的良好现状必须得以保护和维持"的补充。将反退化作为水质标准的必要组成部分，确保以严格、全面、科学的水质标准防止当前良好的水质再进一步恶化，防止水环境进一步损害。通过不断完善我国水质标准体系，建立健全严格的、科学的排放标准和水质标准来综合控制污染物排放，保障水生态环境的安全。真正贯彻落实反退化政策，在预防这一主要环节就做好水污染防治的工作，最终逐步改善水质。

（6）完善地表水质评价要求　我国目前对地表水质的评价仅通过监测断面的监测数据与地表水质标准进行数值上的对比，水质报告的主要内容是水质达标率、当前水体类别，以及与往期的比较等，进一步完善水体用途和标准适用性的评价。在细化水体用途的基础上，应完善评价内容，形成水质评估报告。首先，根据排放源和水质信息，以及公众的关注点，选择需要评估的水体；然后，评估当前该水体的水质用途是否合适；最后，进行当前水质标准适用性评价，判断其是否可以保证水质用途，若不能满足，则需要及时修订，并报国家有关部门审批、备案。依此，保证地表水质标准防治水污染、保护地表水水质、保障人体健康、维护良好的生态系统的目标。

6.3 点源排放标准管理制度分析

6.3.1 点源排放标准制度目标及政策体系框架

水污染源分为点源和非点源两类。点源指任何可辨别、有限制且分散的输送，包含但不限于管道、沟渠、河道、隧道、泉、井、不连续裂缝、容器、车辆、集中动物饲养场所，以及可能存在污染物泄漏的轮船和其他流动船只；非点源一般指除点源以外的污染源，包括农业、养殖业非点源，城市无序地表径流等。对于非点源应当加快采用最佳管理实践进行管理。

点源执行排污许可证制度，排污许可证是对一个点源全部排放控制要求的文件，其核心内容是点源排放标准。点源排放标准对点源向受纳水体排放污染物的排放限值做了具体的数值要求，并要遵守点源混合区的规定。对于未达到地表水质标准的水体（也称为受损水体），需要编制地表水质达标规划，对点源和非点源提出污染物减排要求，以使水体逐步满足地表水质标准。

排放标准包括排放限值、监测方案、记录保存和报告等。其中，排放限值在整个水污染控制过程中起到至关重要的作用，它限制了污染物进入天然水体的多少。我国当前排污许可证执行的排放标准里，排放限值是按照行业制定的全国统一的具体污染物浓度数值，因此点源排放仅与所属行业有关，与受纳水体的水质标准关联性不大，这有可能会造成合法的排污下仍然存在环境质量和健康损害的风险[19]。若特定区域的环境质量水平与该区域的污染源排放是否达标没有确定的关系，这样即使所有污染源达标排放，也可能会无法达到环境质量标准的要求[20]。使得极端情况下，即使点源达标排放，也不能确保受纳水体的地表水水质达标，进而导致地表水水质持续恶化，却放任"责任者"（点源）继续"守法"排污。综上，点源排污许可证如果缺乏点源基于地表水质的排放限值，当基于技术的排放标准不能确保受纳水体水质达标时，则不能保障水体不会被污染。

工业点源水污染物排放标准是依据《环境保护法》（2014）和《水污染防治法》（2017）制定和执行的，其他相关法律法规也对水污染物排放标准的使用作出了详细规定。截至目前，我国正在执行的水污染物排放标准基本涵盖了常见的污染行业，配套执行的还包括相关监测标准、方法标准，以及其他标准。从表6-8中可以看出，工业点源水污染物排放标准的政策体系：具有清晰的脉络，涵盖工业水污染控制的各个方面；具有明确的层次性，与其他水污染防治政策手段之间也有紧密联系。

《水污染防治法》（2017）中指出，排放水污染物不得超过国家或者地方规定的水污染物排放标准，可以理解为水污染物排放标准的目标就是控制所有点源的任何水污染物的排放。《环境标准管理办法》（1999）规定环境标准是统一的各项技术规范和技术要求，水污染物排放标准属于该范畴，归类于强制性环境标准，必须执行，我们还需进一步完善对国家水污染物排放标准管理制度的针对性设计。

点源排放标准必须保证排入的受纳水体水质达标，因此其制定和执行必须能够确保所排入水体地表水水质达标的要求。我们还需建立能够确保点源排入水体水质达标的排放标准体系。《水污染防治法》（2017）对水质标准的制定和适用情况作了规定，还需进一步明确水质达标的具体时间，明确对水体水质不达标的行政区采取何种制裁手段。另外，污染物排放标准需要结合技术经济条件和环境特点。

表 6-8　水污染物排放标准政策体系

分类	法规名称	颁布机关	实施机构
法律	环境保护法(2014)	全国人大常委会	各级环境保护主管部门
	水污染防治法(2017)	全国人大常委会	各级环境保护主管部门
	清洁生产促进法(2012)	全国人大常委会	清洁生产综合协调部门
法规及部门规章等	环境标准管理办法(1999)	环保总局	各级环境保护主管部门
	国家环境保护标准制修订工作管理办法(2006)	环保总局	环保总局标准管理及标准制定社会参与单位
	加强国家污染物排放标准制修订工作的指导意见(2007)	环保总局	环保总局标准管理及标准制定社会参与单位
	污染源自动监控管理办法(2005)	环保总局	各级环境保护主管部门
	排放污染物申报登记管理规定(1992)	环保局	各级环境保护主管部门
	淮河和太湖流域排放重点水污染物许可证管理办法(试行)(2001)	环保总局	各级环境保护主管部门
	入河排污口监督管理办法(2005)	国务院	各级水行政主管部门
	地方环境质量标准和污染物排放标准备案管理办法(2004)	环保总局	各级环境保护主管部门
	环境信息公开办法(2007)	环保总局	各级环境保护主管部门
	污染源监测管理办法(1999)	环保总局	各级环境保护主管部门
	控制污染物排放许可制实施方案(2016)	国务院	各级人民政府
	排污许可管理办法(试行)(2018)	环保部	各级环境保护主管部门

注：截至 2018 年 6 月。

根据《环境标准管理办法》（1999）对相关干系人的责任义务规定，反映在图 6-7 中。生态环境部负责统筹管理，管理机构是科技标准司；省、自治区、直辖市政府根据环境质量情况进行调整，并且做针对性的补充；市县级则主要行使监督管理职能；企事业污染单位是标准的执行单位，在管理方式上采用的是由上而下的管理体制，具有一定弹性的管理仅表现在委托制定和征询意见的过程之中。图 6-7 右侧的其他组织和公众，以及从企事业污染单位由下向上的反馈来看，有一定环境研究能力的其他组织只起受委托制定的作用，对其他组织的征询意见还需进一步明确规定保证公众的监督和反馈责任义务。

综合来看，"办法"中规定了生态环境部和省市不同级别的标准制定工作范畴，以及标准的严格程度和从属关系，还需进一步明确行政管理部门的权利归

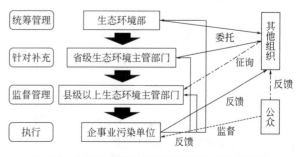

图 6-7　水污染物排放标准管理干系人责任机制

属。由于制定主体采用委托形式，单一企业或者相关地方单位制定全国污染物排放标准，还需完善监督机制，否则会有地方和集团利益干扰的风险[21]，针对多数企业污染物排放标准的执行者，还需进一步完善公众参与机制。

6.3.2 排放标准的制定和修订决策机制

《环境标准管理办法》（1999）规定除需要结合技术经济条件和环境特点外，排放标准的制定和修订应当遵循规律、科学的流程。然而，目前排放标准的决策主体强调了政府的主导作用。

我国水污染物排放标准的制定和执行已经持续近40年的时间，实际制定和修订过程中已经形成了固有的模式和格式，这些模式和格式反映在排放标准的编制说明和标准文本的格式和行文变化中，这些管理形式以及《国家环境保护标准制修订工作管理办法》（2006）的规定，对排放标准的发展起到了重要作用，维护着水污染物排放标准基本的可操作性。

6.3.3 点源水污染物排放标准的实施

经过40多年的发展，我国目前已形成《污水综合排放标准》，即与重点行业水污染物排放标准互为补充的水污染物排放标准体系。在法律地位上，《水污染防治法》明确了水污染物排放标准在我国水污染防治体系中的基础作用。在排放标准的执行上，《环境标准管理办法》（1999）以及《关于加强和改革环境保护标准工作的意见》（2003）指出建设项目审批、环境影响评价、排污申报登记、限期治理、排污许可证、环境部门的监管需要落实污染物排放标准，明确了水污染物排放标准是我国众多环境政策制定和执行的基准。可见，水污染物排放标准的执行分为两个维度，必须严格执行。

作为强制性标准，每种工业类别和子类别、不同的产品和工艺、不同种类的污染物以及污染源规模均对应着不同的控制技术，而我国将具体行业水污染排放标准或《污水综合排放标准》作为限值依据，尚需进一步考虑环境差异、工业点源差异，进一步实行差别化管理。另外，我国排放标准大部分为单一限值规定，且在实践中普遍使用"最大容许""最高允许""不得大于"等禁止性词汇，尚需进一步加强从时间尺度、使用条件的考虑，完善管理的执行程序。

6.3.4 美国点源排放标准体系和管理制度分析

6.3.4.1 美国点源排放标准体系

美国点源水污染物排放标准是国家污染物消除制度（NPDES）的核心内容，要求任何一个工业点源都要确定特定的排放标准，即点源排污许可证中包括的基于技术的排放限值（TBELs）和基于水质的排放限值（WQBELs）。因此，美国工业点源污染物排放标准可分为两个层面：国家层次的点源水污染物排放限值导则；每个点源排污许可证中规定的TBELs和WQBELs。

排放限值导则是指美国环保署（EPA）基于工业类别（category）、子类别（subcategory）内污染控制技术、生产工艺等因素而制定的基于技术的排放限值，其目标是在考虑工业类别内，经济可达性以及污染物削减收益对应的成本增加等因素基础上，确保不同排放位置、不同受纳水体、具有相似排放特性的工业企业或设施，适用相似的基于最佳污染控制技术的排放限值[22]。排放限值导则项目包括四个方面，见表 6-9。

表 6-9 排放限值导则所包括的四个方面[23]

阶段	定义
筛选	EPA 通过分析，选择特定的行业制定排放限值导则
制定	遵循法规正式的制定程序，EPA 必须对技术、经济和环境要素进行评估
执行	必须在 NPDES 的排污许可证中，指导污染物排放限值制定
评估	为确定排放限值导则是否有利于环境的改善，EPA 必须收集和分析数据来评估，改进以上三个阶段的管理

排放限值导则中的工业污染源类别分为现有点源和新建点源两种类型。EPA 针对两种类型的直接点源提出了对应的污染物控制技术的排放标准，包括最佳可行控制技术排放标准（Best Practicable control Technology currently available，BPT）、最佳常规污染物控制技术排放标准（Best Conventional pollutant control Technology，BCT）、最佳经济可获得技术排放标准（Best Available Technology economically achievable，BAT）、新点源绩效排放标准（New Source Performance Standards，NSPS），见表 6-10。

表 6-10 污染源类别与对应技术排放标准

污染源管理类别	最佳可行控制技术排放标准（BPT）	最佳常规污染物控制技术排放标准（BCT）	最佳经济可获得技术排放标准（BAT）	新点源绩效排放标准（NSPS）
现有直接排放到天然水体的点源(existing direct dischargers)	是	是	是	—
新建直接排放到天然水体的点源(new direct dischargers)	—	—	—	是
常规污染物(conventional pollutants)	是	是		是
非常规污染物(nonconventional pollutants)	是	—	是	是
毒性污染物(toxic pollutants)	是		是	是

（1）最佳可行控制技术排放标准（BPT） 最佳可行控制技术是针对常规污染物、非常规污染物和毒性污染物实施的当前可达到的最佳实践控制技术。一般情况下，EPA 根据工业类别和子类别中良好运行设施的平均最佳性能来制定最佳可行控制技术，若设施性能不均衡，则最佳可行控制技术认定为工业类别内较高控制水平的可实施标准[24]。《清洁水法》规定 EPA 制定 BPT 时必须考虑设备和设施的使用年限、设备安装及更换、工程控制技术、非水质环境影响以及其他 EPA 管理因素等要求。

（2）最佳常规污染物控制技术排放标准（BCT） 最佳常规污染物控制技术是 EPA 对现有工业点源常规污染物排放确定的最佳控制技术。除与 BPT 的要求相同外，EPA 重点提出 BCT 需注重成本的合理性。首先，通过控制技术的成本-收益分析，确定技术标准是否妥当；其次，与 POTWs 的处理成本相对比，判定技术的必要性。因此，最佳常规污染物控制技术是在企业已经采用的最佳可行控制技术，以及公共污水处理设施利用费用-效益分析基础上针对常规污染物建立的。

（3）最佳经济可获得技术排放标准（BAT） 最佳经济可获得技术是针对毒性污染物和非常规污染物，EPA 颁布的工业类别内最佳可获得的控制和处理方法。然而，《清洁水法》针对 BAT 并未特别要求 EPA 平衡执行成本和污染削减收益，只要求必须是工业类别内经济可实现的。因此，EPA 界定 BAT 是在最佳可行控制技术基础上，选择工业类别和子类别内企业或者设施经济可及的更有效技术。类似 BPT 与 BCT，BAT 同样需考虑设备和设施的使用年限、能源消耗及其他因素等，不同的是 EPA 保留在技术选择中分配考虑因素权重的重要裁决权。

（4）新点源绩效排放标准（NSPS）　由于新建点源在基础建设的过程中有条件安装最好和最有效的生产设备以及污水处理技术，因此新点源绩效标准是已经被证明可行的最佳污染控制技术。

排放限值导则中规定的标准值即上述技术所能够达到的对应排放限值，除限值外排放限值导则还包括根据不同污染物监测分析方法规定的相应达标判据和监测方案，即：针对不同工业行业、设施、污染物等因素规定不同的达标判定要求，科学反映污水处理设施水污染物排放的统计规律；对每项标准涉及的污染物、监测要求和监测适用状况等也作出详细界定，包括自愿使用先进技术而降低监测频率的激励措施等。

《清洁水法》（Clean Water Act）定义的排放限值比较广泛，许可证撰写者制定基于技术的排放限值时，需要对排放限值导则中的限值要求转化成适当的排污许可证表述方式[25]，主要的四种形式包括：

① 浓度和质量形式的定量限值　导则中大部分污染物的限值都用浓度（concentration）和质量（mass）数值的形式来表示。EPA 对不同设施产生的不同污染物根据设备长期平均性能确定适当的定量限值，一般形式为污染物浓度日最大值和月均值（表 6-11）。

表 6-11　钢铁工业炼焦子类别 BPT 与 NSPS 排放限值示例　　　　单位：kg/t

污染物	BPT		NSPS	
	日最大值	月均值	日最大值	月均值
总悬浮物	0.253	0.131	0.0343	0.0140
氨氮	0.274	0.0912	0.00293	0.00202
氰化物	0.0657	0.0219	0.00297	0.00208

日最大值和月均值有不同的目标。对于日最大值，限值是污染源排污设施根据长期平均性能，在日时间尺度下的最高排放水平；月均值是在日最大值基础上提供的附加限制，以要求设施达到长期平均水平的目标，要求排污者在月时间尺度上持续控制，追求更低的排放。因此，针对同一种污染物，月均值小于日最大值。

② 最低水平定量限值　如果对污染物的削减程度无法用现有的分析工具测量，EPA 在排放限值导则中会设置污染物浓度的日最低水平（minimum level），这个最低水平是在现有的分析方法体系中某种污染物已经被识别且广泛接受的标准值。在未来，如果该种污染物的分析方法得到改善，EPA 需确定是否需要针对污染源施行更加严格的限值。另外，EPA 并没有和浓度、质量形式的定量限值一样在日最低水平基础上设定月均值，因为这些污染物已经无法通过现有分析方法继续识别低于最低水平的排放情况，因此，即使许可证中规定监测频率多于每月一次，实际月均值仍只能表示为该最低水平。

③ 其他的定量　对于无法通过质量、浓度或者其他更好的形式进行表述的某些污染物，EPA 会设定特殊排放限值，例如 pH 值。

④ 非定量化的排放限值　在一些特殊情况下，EPA 会规定非定量的排放限值，包括最佳管理实践、最小化要求等。

6.3.4.2　点源基于技术的排放限值

在排污许可证制定过程中，许可证撰写者根据排放限值导则中规定的限值和其他要求撰写基于技术的排放限值（technology-based effluent limitations，TBELs）。本小节将基于技术的排放限值制定程序分为三个方面，分别为识别适用导则、计算确定限值、限值文本确定。

（1）识别适用导则　许可证的撰写者需要收集充分的信息，以确定适用的排放限值导则，作为计算 TBELs 的基础，包括：工业生产工艺和原材料、产品和服务、生产能力、生产日期、采用的污染控制技术、排污口位置与抽样检测点、废水来源和特征、排放污染物的种类等。工业企业的许可证申请是信息的主要来源，除此之外，许可证撰写者还通过许可证申请企业的排放监测报告、实地视察、实地监测来评估现有点源的守法情况，或者企业自主提交的其他相关信息。如果是新建点源，许可证撰写者应当收集尽可能全面的信息来辅助决策。最后，根据工厂设施的具体情况，确定排放限值导则中规定的不同技术水平（BCT、BPT、BAT、NSPS）的排放限值。

（2）计算确定限值　确定适用该点源的排放限值导则后，需要分步骤、考虑多重因素计算该点源特定的 TBELs。TBELs 的制定并不是简单的限值标准的对应和罗列，而是根据实际情况进行复杂、系统的计算过程。例如：工厂的设施同时存在新建点源设施和现有点源设施；生产多重、多种的产品和服务；生产工艺属于两个及以上的子类别等。除这些情况之外，许可证撰写者还必须考虑保证一个类别内限值没有取代另一个类别，新旧技术之间的关系没有错位，保证最终确定的排放限值均适用不同情况。除此之外，许可证撰写者还需要考虑该点源会发生的显著增产或减产的阶梯式排放限值、内部排污口管理，以及其他排放限值规定之间的差异等。如果该工业行业不包括在任何的排放限值导则之中，则在制定 TBELs 时需要进行个案分析。

（3）限值文本确定　排污许可证中登记的信息需要保证对许可证申请者和公众完全的公开透明。因此，需要在许可证中注明该点源 TBELs 的具体数据和信息，并且需要对许可证申请方和公众公开制定过程，解释限值数据和信息的来龙去脉。

6.3.4.3　点源基于地表水质的排放限值

美国《清洁水法》（CWA）第 303（d）部分颁布了一个程序，用于各州识别出其界限内仅施行基于技术的排放限值时无法达到水质标准的水域。

如果条款第 301（b）（1）（A）和 301（b）（1）（B）中要求的污染物排放限值不足以满足该水体施行的任何水质标准时，各州需要将其界限内的这些水域识别出来。考虑到污染的严重程度以及这些水域的用途，各州应对这些水域确定优先级。需要识别的水体还包括，根据第 301 条对排放的控制措施不够严格，无法保证当地贝类、鱼类和野生生物数量均衡的水体。

根据该条款，各州对这些水域设立优先级排序，并对优先水域建立污染物日最大负荷（TMDLs）。日最大负荷规划需要识别出来自点源、非点源和自然背景源的某种污染物的性质和数量。这种负荷应建立在实施适用的水质标准所必需的水平上，具有季节性变化并且包含一个安全范围，该范围需要考虑到任何缺乏关于排放限值与水质变化之间关系的影响，在该范围下，使污染物排入水体后该水体仍然能满足其水质标准。向点源分配污染物负荷的这一过程称为污染负荷分配。

《清洁水法》要求各州将这些识别出的水体、污染物以及污染物负荷向行政长官提交方案，第一次提交时间要保证在最初发布方案的 180 天之内。署长在提交日期后的 30 天内决定批准或不批准这种方案。如果署长批准了这种识别水体和污染物负荷的方案，则该州根据条款将其纳入现行的计划；如果署长不批准这种方案，则在不赞同方案的 30 日之内，识别出该州的此类水域，并为其确定实施适用于此类水域的水质标准所需的污染物负荷，再次经过这种确定程序之后，将其纳入现行计划中。

排污许可证中的排放限值必须满足日最大负荷中的污染物负荷量。另外，在没有 TMDL 的情况下，许可证管理机构仍然必须根据水质标准计算出排放限值的需要，并在必要时制定适当的污染物负荷分配及污水排放限值。这种分析可以针对整个流域进行，也可以针对每个单独的流量单独进行。

在起草国家污染物排放消除制度（national pollutant discharge elimination system，NPDES）许可证时，许可证编写者必须考虑到拟排放的污水对受纳水体的潜在影响。州水质标准定义了水体的水质目标。通过分析污水对水质的影响，当发现基于技术的排放限值（technology-based effluent limitations，TBELs）并不能满足水质标准的要求时，在这种情况下，根据《清洁水法》的要求，需要计算基于水质的排放限值（water quality-based effluent limitations，WQBELs），WQBELs 帮助实现清洁水法修复和维持水体的化学、物理和生物完整性的目标，并达到保护鱼类、贝类和野生生物繁殖以及娱乐的水质目标（可垂钓、可游泳）。

其执行法规［40 CFR 122.44（d）］中规定了每个 NPDES 许可证应符合的条件。在该条法规中指出，排污许可证中的排放限值的规定，必须使受纳水体达到 CWA 中规定的水质标准，包括描述性水质标准。会造成或有潜在可能性造成水体偏离州水质标准和州描述性标准的污染物，排放限值都必须对该种污染物或其污染参数进行控制。在确定污染物是否存在造成水体偏离水质标准可能性的分析时，许可证管理机构需要说明对点源和非点源污染物排放的现有控制、污染物及其参数在排放过程中可能的变化、物种对毒性试验的敏感性（评估全部废水毒性时）以及在适当情况下污水在受纳水体中的稀释。当许可证管理机构使用以上程序确定该排放有合理的潜在可能导致或有助于使水体超出州水质标准中水体对某一污染物标准数值的允许范围时，许可证必须包含该污染物的排放限值。如果某一个州尚未制定出水污染物的某一特定污染物的水质标准，许可机构必须使用以下一种或多种方法确定污水排放限值：

① 使用由许可证管理机构证明的，由计算出来的污染物水质标准数值确定的污染物排放限值，以达到并保持适用的水质标准，并充分保护水体指定用途。这样的标准可以使用提议的州标准或明确的国家政策或法规来解释其水质标准并辅以其他相关信息，其中可以包括：EPA 的水质标准手册（1983 年 10 月）、风险评估数据、暴露数据、食品和药物管理局关于污染物的信息以及当前的 EPA 标准文件等。

② 根据 CWA 第 304（a）条公布的 EPA 水质标准逐个确定污染物排放限值，并在必要时通过其他相关信息予以补充。

③ 基于所关注污染物的指标参数建立污染物排放限值，条件是：许可证确定哪些污染物拟通过使用该排放限值来控制；遵守指标参数的排放限值确保足以达到并保持受纳水体的水质标准；许可证需要对所有污染物和环境进行监测，以证明在许可期限内，基于指标

参数建立的排放限值足以达到并保持受纳水体适用的水质标准；许可证中包含一个重新开放条款，允许许可证管理机构在基于指标参数的排放限制不再达到并保持适用的水质标准的情况下进行修改、撤销和重新颁发许可证。

同时，CFR 中还规定，在制定基于水质的排放限值时，许可证机构应确保：根据以上程序建立的点源的排放限值要达到的水质水平要基于并符合所有适用的水质标准；为保护描述性水质标准和/或数值型水质标准而制定的污染物排放限值要与州制定并经环保署根据 CFR 批准的可排放的污染物负荷量分配的假设和要求是一致的。

其他相关规定还包括：当排放影响到除许可证管理机构所属州之外的其他州时，需要符合《清洁水法》第 401（a）（2）规定的水质要求；当许可证中需要增加根据联邦或州法律法规制定的更严格的排放限制、处理标准或合规要求的时间表时，需要遵从 CWA 第 301（b）（1）（C）部分的规定；确保符合 EPA 根据 CWA 第 208（b）条批准的水质管理计划的要求等。

此外，40 CFR 122.28（a）（3）中规定，如果排放者的特定类别或子类别内的排放源受到 122.44 规定的基于水质的限制，则该特定类别或子类别的排放源应执行相同的基于水质的排放限值。

基于地表水质排放限值的制定程序：

WQBELs 旨在通过确保受纳水体满足水质标准，保护受纳水体的水质。当 TBELs 不够保护水质时，将实施额外的或更严格的排放限值和条件，例如 WQBELs。WQBELs 完全从保护水质出发制定，不考虑企业的成本和技术可行性。基于水质的排放标准代表了更严格的要求，是保护天然水体不受点源污染的最后一道闸门。

制定 WQBELs 需要 4 个步骤：①确定适用的水质标准；②描述污水和受纳水体的特征；③确定 WQBELs 的必要性；④计算特定参数的 WQBELs。

（1）确定适用的水质标准　美国的地表水质标准包括三个方面，即指定用途（designated uses）、定量和（或）定性的水质基准（numeric and/or narrative water quality criteria）和反退化政策（antidegradation policy）。指定用途是通过对水体适用情况的预期将州辖区内的水体进行分类，这些用途包括公共供水、鱼类和野生生物的繁殖、娱乐、农业、工业、通航等。法规允许各州制定更细的用途（例如冷水水生生物）[26]，或设计一些 CWA 中未提及的用途，但是不能将废弃物运输和排放作为指定用途。水质基准是根据指定用途制定的支持该种用途的地表水质基准。定量水质基准针对特定参数制定，以保护水生生物和人体健康，并在某些情况下，保护野生生物免受污染物的有害影响。各州在定量基准无法建立时，将建立定性基准，或作为定量基准的补充。EPA 要求州政府制定水质基准必须严格、科学，使用充足的参数和论据来保证达到指定用途的需要。反退化政策强调当前良好的水体水质不得恶化，划定水环境质量红线，在严格保护水质方面发挥了重要作用[27]。除了水质标准的三个组成部分以外，各州可自行决定在它们的标准中包括普遍影响标准如何应用或实施的政策。这类政策的实例包括混合区政策、基准必须达到的临界低流量、方差的有效性等。《清洁水法》规定，州政府负责制定和修订水质标准，必须至少每 3 年重新审核水质标准，对不适合的内容进行修订。

（2）描述污水和受纳水体的特征　在识别出最新批准的、适用于水体的水质标准之后，许可证编写者应当描述设施允许排放的污水和污水受纳水体的特征。许可证编写者使用从特征描述中得来的信息，确定是否需要 WQBELs。描述污水和受纳水体特征的过程可分为以下五步：

① 识别污水中的关注污染物　WQBELs 制定中识别关注污染物有多个信息来源和方法。对于一些关注污染物，许可证编写者可能不需要进行任何进一步的分析，在描述污水和受纳水体特征之后就能够直接制定 WQBELs。对于其他关注污染物，许可证编写者使用来自描述污水和受纳水体特征的信息来评估 WQBELs 的必要性。制定 WQBELs 时的关注污染物类别有：具有适用 TBELs 的污染物、具有 TMDL 污染负荷分配的污染物、在之前许可证中识别为需要 WQBELs 的污染物、通过监测确认存在于污水中的污染物、以其他方式预计会存在于污水中的污染物。

② 确定水质标准是否考虑到稀释限额或混合区　在确定 WQBELs 的必要性及其计算时，许多州的水质标准有允许考虑污水和受纳水体混合的一般规定。根据州水质标准和实施政策，这种混合考虑可能以稀释限额（dilution allowance）或管制混合区（regulatory mixing zone）的形式表达。一个稀释限额通常表示为河流或小溪的流量或其中一部分流量。一个管制混合区通常表示为在任何类型水体中的一个限定区域面积或水体体积，在这个区域里污水发生初步稀释，同时水质标准允许一些水质基准在这个区域内被超过。

③ 选择一种方法对污水和受纳水体的相互作用建模　在稀释限额或混合区得到许可时，描述污水和受纳水体之间的相互作用的特征通常要求使用一个水质模型。大多数情况下，许可证编写者将使用静态水质模型（a steady-state water quality model）来评价污水对其受纳水体的影响。许多许可机构都有一个水质专家，对点源排放建模，提供许可证编写者要求的数据，以评估 WQBELs 的必要性及其制定。

④ 识别污水和受纳水体的临界条件　污水临界条件有污水流量和污染物排放浓度，受纳水体临界条件有受纳水体上游流量、受纳水体污染物背景浓度、其他受纳水体特征等。

⑤ 建立合适的稀释限额或混合区　在水质标准要求的基础上，在水质模型和计算中使用的稀释限额或混合区很可能根据临界条件下污水和受纳水体是快速完全混合还是不完全混合而发生改变。因此，许可证编写者需要了解污水和受纳水体在临界条件下是如何混合的。

快速完全混合（rapid and complete mixing）是一种混合，发生在当排放口直接附近区域污染物浓度的横向变化较小时。适用的水质标准可能明确某些许可证编写者可以假设发生快速完全混合的条件，例如扩散器（diffuser）存在时。

如果许可证编写者不能假设快速完全混合，同时没有快速完全混合的示范，那么许可证编写者应当假设不完全混合（incomplete mixing）。在不完全混合条件下，混合发生得更慢，同时与快速完全混合相比，河流中存在污染物的浓度更高。因此，不完全混合的假设比快速完全混合的假设更为保守。对于河流和小溪以外的水体（例如湖泊、海湾和开放海洋），许可证编写者通常会假设不完全混合。

一旦许可证编写者确定了适用的水质标准是否允许考虑环境稀释或混合，并确定了混合发生的类型（快速完全混合 vs. 不完全混合），编写者将再次查阅水质标准来确定在水质模型计算中考虑的稀释限额或混合区的最大值。

快速完全混合条件下，河流和小溪的最大允许稀释限额应当在水质标准或标准实施政策中说明。在不完全混合情形下，水质标准或实施政策可能会允许考虑环境稀释。然而，他们可能明确一个有限的稀释限额（例如临界低流量的百分比）或管制混合区大小的最大值，而不是许可高达 100％ 的临界低流量作为稀释限额。管制混合区是一个限定的水体区域或容量，在这里排放发生初步稀释，同时水质标准允许某些水质基准在这里面可以超标。虽然在混合区内基准可能超标，混合区的使用及大小必须限制，以使水体作为一个整体不会被削弱，并使得全部的指定用途得到维持。

许可证编写者应当随时检查适用的水质标准，看是否许可混合区，并为特定水体类型、关注污染物和考虑的基准确定混合区大小的最大值。

除明确快速完全混合以及不完全混合情形下的最大稀释限额或混合区大小以外，水质标准或实施政策通常包括可能进一步限制可用稀释限额或混合区大小的限制条件，将它们限定到比最大允许绝对值更小的值。例如，对急性混合区大小的限制条件可能是它必须足够小，以确保水生生物暴露于一个超过急性基准的污染物浓度的潜在时间很短，同时穿过急性混合区的生物不会因暴露于该污染物而死亡。这样的限制条件可能导致许可机构给予排污者特定污染物的急性混合区比水质标准中允许的最大值要小，或完全不允许任何急性混合区。其他可能的对稀释和混合区大小的限制条件包括防止损害水体作为一个整体的完整性，并防止对人体健康产生显著风险。例如，许可机构可能限制人体健康基准混合区的大小来防止混合区域饮用水取水口重叠。

（3）确定 WQBELs 的必要性　在确定适用的水质标准以及描述污水和受纳水体的特征之后，许可证编写者要确定是否需要 WQBELs。

首先定义合理潜在污染，进行合理潜在污染分析，即一个合理潜在污染分析用于确定在一组通过一系列合理假设达到的条件下，一个排放单独或与其他水体污染源结合，是否可能导致高于适用水质标准的偏移。使用数据进行合理潜在污染分析的步骤包括：确定合适的水质模型、确定临界条件下受纳水体的预测浓度、回答是否有合理潜在污染的问题、在情况说明书中记录合理潜在污染的测定结果。

许可证编写者也可以通过定性评价过程确定合理潜在污染，即不使用数据进行合理潜在污染分析。可能会在用于确定合理潜在污染的定性方法中发现的有用信息的种类包括：排放变异信息，例如合规性问题和毒性影响的历史；点源和非点源控制，例如现有处理技术、工业类型、POTW 处理系统或适当的 BMPs；物种敏感性数据，包括溪流数据、采用的水质基准或指定用途；稀释信息，例如临界受纳水体流量或混合区。在评估了所有可得的不使用排放监测数据而描述关注污染物排放性质特征的信息之后，如果不能决定排放是否导致、有合理潜在可能性导致或有助于高于水质基准偏移的发生，可决定要求排放监测以收集更多数据。

（4）计算特定参数的 WQBELs　以保护生物为目的的排放限值为例介绍其制定过程。参照水生生物基准计算 WQBELs 的过程包括以下五个步骤：

步骤一：确定急性和慢性污染负荷分配（WLAs）。计算 WQBELs 之前，许可证编写者首先需要在急性和慢性基准基础上，为排放点源确定恰当的污染负荷分配（WLAs）。一个 WLA 可以从 TMDL 确定，或直接为个体点源进行计算。为特定污染物制定了 EPA 批准的 TMDL 时，特定点源排放者的 WLA 是 TMDL 分配给该点源的一部分。

步骤二：为每一个 WLA 计算 LTA 浓度。EPA 制定了统计许可限值推导程序，为排放浓度测量值倾向于服从对数正态分布的污染物，将 WLAs 转化成排放限值。

对于那些排放浓度服从对数正态分布的污染物，其分布可通过确定长期均值（long-term average，LTA）和变异系数（CV）进行描述，LTA 确保排放污染物浓度几乎总是低于 WLA，CV 是对 LTA 附近数据离散程度的测量，见图 6-8。

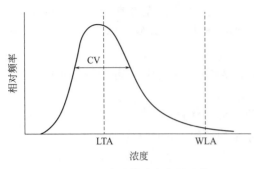

图 6-8　污染物排放浓度的对数
正态分布和 LTA 计算示例

当应用水生生物基准时，许可证编写者通常基于急性水生生物基准建立一个 WLA，同时基于慢性水生生物基准建立另一个 WLA。一个可确保排放浓度几乎总是低于急性 WLA，同时另外一个可确保排放浓度几乎总是低于慢性 WLA。每一个 LTA，急性和慢性的，将代表对排放者的不同绩效期望。

步骤三：选择最低的 LTA 作为持证排放者的绩效基础。

为保证所有适用水质基准达标，将选择最低的 LTA 作为计算排放限值的基础。选择最低的 LTA 将确保设施排放污染物的浓度几乎总是保持在低于所有计算的 WLAs。此外，由于 WLAs 是使用临界受纳水体条件计算得出的，限制的 LTA 也将确保水质基准在几乎所有条件下得到充分保护。

步骤四：计算月平均限值（AML）和日最大限值（MDL）。AML 是在一个日历月内，日排放平均的最高允许值。MDL 是在一个日历日或代表一个日历日的 24h 期间内，所测量的最高允许日排放值。对于污染物限值以质量为单位的，日排放是一天排放的总质量。对于限值以其他为单位的，日排放是对污染物在一天时间内的平均测量。

步骤五：在情况说明书中记录 WQBELs 的计算结果。在许可证情况说明书中记录用于制定 WQBELs 的过程，需要清楚说明用于确定适用水质标准的数据和信息，以及这些信息或任何适用的 TMDL 是如何用于推导 WQBELs 的，并阐述州的反退化政策是如何作为该过程的一部分进行应用的。

新源许可要求在许可证未颁发之前由申请方提供和收集数据，许可证制定者也可以增加对基于水质排放限值重新制定的条款，在设施运营一段时间后进行评估来决定是否需要重新制定 WQBELs。

6.3.4.4　预处理排放标准

市政设施接收居民和商业的主要生活污水的同时，也可能接收和处理来自工商业排放点源的废水。市政污水处理厂可以处理的污染物种类一般为常规污染物（BOD_5、TSS 等）。工业或商业点源排放废水中的污染物，包括大量的非常规污染物或有毒污染物。

针对预处理制度要求，工业和商业排放者在排水到市政污水处理厂前执行"预先处理"制度，以使其排放的废水符合生活污水的入水要求。预处理制度通常直接由接受排放的生活污水处理厂执行，由污水管理机构或特许经营者向纳管企业颁发预处理排污许可证。

美国环保署（EPA）已为 30 种行业类别建立了行业分类的预处理标准（针对工商业排放点源）。随着 EPA 发布了工业技术型废水限制，《清洁水法》中亦建立了水质策略。《清洁水法》中国家污染物清除系统许可计划的建立，旨在控制点源污染物的排放，并将公共污水处理厂（POTW）预处理制度作为运载工具执行工业技术型标准（针对直接排放源）和实施行业预处理标准（针对工商业排放点源）。为了实施预处理标准和要求，美国环保署于 1973 年下旬颁布了 40 CFR 第 128 部分内容，建立了针对处理厂干扰和穿透问题的一般性禁令，并制定了针对行业的预处理标准。

1975 年，一些环境组织因未能执行排放标准和未能实施工业预处理标准，针对美国环保署（EPA）提出诉讼，提出相关当局制定的标准（关于鉴定有毒污染物的标准）的要求。正是因为此次起诉，美国环保署于 1978 年 6 月 26 日颁布了一般预处理条例（40 CFR 第403 部分），从而替代 40 CFR 第 128 部分要求。与此同时，美国环保署（EPA）同意对 65大类污染物的排放问题进行管制，此类污染物包括来自 21 大工业的 126 种优先污染物（上文提及）。优先污染物清单至今仍然有效，控制的工业类别清单已增加到超过 50 种独特工业。

政府机关部门结合行业发展特性以及排放标准，制定出了相对完善的水污染物排放标准，该标准是根据当前所具备的技术水平制定的，进而保障工业设施符合基本要求。

所有预处理标准概要包括一般和特别禁令、行业分类的预处理标准及地方限值。特别行业分类标准概要见表 6-12。

表 6-12　特别行业分类标准概要

项目	一般和特别禁令	行业分类的预处理标准	地方限值
制定部门	联邦政府	联邦政府	公共污水处理厂
参考文献	40 美国联邦法典法规（CFR）403.5(a) 和(b)	40 美国联邦法典法规（CFR）405～471 部分	制定要求见美国联邦法典法规（CFR）403.5（c）& 403.8（f）（4）。具体详见地方排水应用要求
可应用范围	全体工业用户	行业分类工业用户	通常可包含全体工业用户即重点工业用户，其中限值制定方式尤为关键
主要目的	加强对 POTW 的保护力度。进而应用更加严谨的地方限值取代	以可用处理技术以及污染预防措施为基础依据，严格控制非常规污染物以及有毒有害污染物的排放。可以被更加严谨的地方限值所替代	可对 POTW 以及其受纳水体产生保护作用。可以被更加严谨的标准所取代

6.3.5　点源排放标准建议

建立点源排放标准管理条例，保证点源排放标准的法规属性。在《水污染防治法》中明确国务院负责制定点源排放标准管理条例，确立基于行政法规颁布的具体排放标准为部门规章，以确保具体的点源排放标准按照部门规章予以制定和颁布。点源排放标准包括点源基于技术的排放标准和基于地表水质的排放标准。

多个国家的水污染控制经验证明，通过法律的不断加严，废水排放与环境污染的趋势在任何地方都是一样的：随着排放标准日趋严格，在控污成本短期增加的同时，会刺激长期污染源污水处理成本最小化以及受纳水体环境效益的增加[28]。基于水质的排放限值的制定是必需的、不可替代的，是排放标准达到保护水质功能的必然选择[29]。以美国工业水污染物排放标准为案例评估美国环境管理政策的有效性可以发现[30]，许可证中基于水质的排放限值的制定是政策有效性的关键所在[31]。

6.4　工业点源排污许可证制度分析与案例

6.4.1　美国工业点源排污许可证制度分析

美国《清洁水法》规定，任何人或组织都无权向美国的任何天然水体排放污染物，除非得到许可。所有点源排放都必须事先申请并获得由 EPA 或得到授权的州、地区、部落颁发的国家污染物排放消除制度（NPDES）下的排污许可证，同时其排放必须严格遵守许可证的规定，否则便是违法。许可证的管理机构可以依据法律规定，对违反排污许可证要求的点源撤销其排放许可。

排污许可证制度是实现《清洁水法》中所设定的国家目标的手段和工具，是《清洁水法》的核心内容，是点源排放控制政策的实施载体。《清洁水法》第三章对排放标准及其实施作了详细的规定。其中关于点源的排放控制标准是对点源污染排放的直接要求，这些要求的实施主要就是依靠排污许可证制度。依据点源所属行业类别和排入水体的指定用途，计算点源需要执行的排放标准以及相应的监测方案，并通过排污许可证予以落实。排污许可证制度的实施确保点源按照排放标准的要求进行排污，因此，排污许可证是点源排放控制的核心政策手段。

6.4.1.1 管理机制

在美国，排污许可证制度的实施主要由环保署（EPA）负责，当一些州达到一定条件后，环保署可以授权这些州来具体实施，但保留必要时收回州排污许可证管理权的权力。排污许可证计划属于联邦政府的专案，联邦政府具有最终审批和执行的权利。如果出现违法现象，联邦执法机构就可以介入，联邦调查局越过州政府直接进行调查。

美国环保署各地的 10 个分署负责监督所辖各州的环境保护工作，在设置上它跨州而建，负责官员是由总署委派的环境保护专业人员，运行经费由联邦政府拨调，牢牢地把握住自己职责内的权限并且仅此而已。以加利福尼亚州（以下简称"加州"）为例，加州按照地表水流域跨 58 个县建立了 9 个水污染控制理事会（Water Pollution Control Board），理事会成员的任命和批准不受管辖地区政府的左右，由州长提名，州议会批准，理事会任命局长，运行经费从联邦政府和州政府而来，对本流域的地表水质管理事务负责，包括NPDES 下的运行排污许可证的管理和实施。这种直线型的管理模式便于监督，并且可以较大程度地避免地方政府的干扰。

EPA 是排污许可证制度的主要负责者，直接负责许可证的审核、发放和批准或否决，以及相关法律规范的制定、人才的培训、信息和技术支持、监测和执法等工作。州政府只有获得联邦的授权才能执行排污许可证的具体管理工作[32]。EPA 和州签署合作协议，由州政府执行前述管理行动。EPA 对州执行监督管理，同时对州进行管理、技术和法律方面的支持与培训（如 NPDES 许可设计课程、核心条款课程），监管联邦拨款的使用情况。EPA仍保有在州管辖范围内对特定设施监督检查的权利，必要时由联邦强制执行[33,34]，确保州水质目标的实现。

联邦法规第 40 卷 122 章 21 节要求，新的排污口必须至少在实际发生排污的 180 天前提出申请。重新申请许可证（如原有排污口），必须在现有许可证到期的 180 天前提出申请。各州政府的时间期限可能略有不同，但一般要严于联邦政府的要求。此外，国家或地方主管人员可能会允许个人申请者提交申请日期略迟于这个时间要求，但不得迟于现有许可证有效期到期之日。应当指出的是，根据联邦法规第 40 卷 122 章 6 节，只要许可证续期申请已经按时完成提交，在新的许可证下发之前过期的排污许可证仍然有效。但若州法律不承认过期许可证的有效性，或者因企业没有及时完成许可证续期申请，那么在许可证到期之日至新的许可证生效之前的时间内，州政府认定该企业为无证排放。

企业的申请表初审后，许可证编写者可要求申请人提交其他相关信息，以确定是否能够颁发许可证。在许可证编写者获得完整和准确的许可证申请信息之前，可能需要相当多数量的信件往来。联邦法规第 40 卷 122 章 21 节（e）款声明，主管人员"在收到完整的申请表之前不得颁发许可证"，至少要求申请表所有信息都填满，不得有空项。州的申请表说明中规定所有项目必须填写完成，对不适用的项目必须填写"不适用"（NA），以示表格中的所有项目均被申请人认真考虑过。如果申请表需要更改或更正的地方比较多，许可证编写者可能需要许可证申请人重新提交一份新的申请表。许可证处理过程中也可能要求更多补充信息，如更详细的产品信息或处理系统的维护和运行数据等。补充资料也可在日后即许可证编写者正式起草许可证时提交。据联邦法规第 40 卷 122 章 21 节（e）款，当许可证编写者要求提交的所有信息都满足时，才标志着申请表完成了。

6.4.1.2　美国排污许可证文本的基本内容

NPDES 的排污许可证制度具体包括排放限值、排放监测方案、达标判别方法、监测记录报告、污染源监督核查以及环保设施监管等各方面的规定，许可证文本内容包括以下几点：

（1）封面　通常包括被许可者的名称、排放设施的名称和位置、被批准排放口的具体位置、接收水体、具体的管理部门、许可有效期以及管理部门主管官员的签字声明。

（2）排放限值　即控制污染物向水体排放的主要机制，排放限值的确定是许可证编写者花费时间最多的地方，排放限值是根据基于技术和基于水质的标准确定的，通常取最严格的数值作为最终的排放限值。

（3）监测和报告　用于确定污水和受纳水体的特征，评估污水处理的有效性，以及确定许可条件。

（4）特殊规定　即应对特殊情况的规定及适应预防性的要求，同时结合其他 NPDES 项目的要求，用于补充排放限值的规定，同时为未来排放限值的修订和发展收集数据。

（5）一般规定　即适合所有的 NPDES 的排污许可证的一般规定，以及适用于许可证具体类型的附加规定，包括守法职责、监测报告、提供信息等必需的职责。

6.4.1.3　排污许可证的排放限值

基于技术的排放限值是指 EPA 基于工业类别（category）、子类别（subcategory）内工艺技术的相似性制定的排放导则计算出的排放限值，其目标是在考虑工业类别内限值实施的经济可达性以及污染削减收益对应的成本增加等因素的基础上，确保不同排放位置、不同受纳水体、具有相似排放特性的工业企业或设施，适用相似的基于最佳污染控制技术的排放限值。EPA 排放限值导则对每项标准的具体污染物、监测要求、监测适用状况等均作了详细的规定，具体还包括自愿使用先进技术而降低监测频率的激励措施等。另外，最终执行的监测频率与监测期限也并不是统一的，导则中只是一个推荐值，实际对具体工业点源的监测还需要通过许可证编写者来确定适当的、可接受的监测频率与期限。

基于水质的排放限值是对污染源更高的要求。《清洁水法》规定所有排污者在执行并达到基于技术的排放限值后，如果受纳水体仍不能达到规定的水质标准，则要执行基于水质的排放限值，即依据受纳水体的指定用途、相应的水质保护目标等制定的排放限值。基于水质的排放限值不是固定的，而是随着受纳水体的现状和用途而调整确定的。基于水质排放限值的制定，在很多情况下并不考虑达到限值的成本，而是主要考虑人体健康和水生生物的正常繁殖。因此，这种基于水质的排放限值是根据水质模型计算得来的，通常要严于基于技术的排放限值。如果基于水质的排放限值提出的要求低于基于技术的排放限值，则执行基于技术的排放限值。

6.4.1.4 点源排放的监测方案

监测方案的制定包括：监测地点、监测频率、样本收集方法、数据分析方法、报告和记录保持要求等。首先，许可证的编写者需要制定合适的监测地点来确保达到规定的排放限值，以及提供必要的数据来确定排放对受纳水体的影响。排放限值导则和许可证制定要求中并不会确定固定的监测地点，而是授权许可证编写者考虑监测地点是否合适、是否易接近、是否可行、是否代表废水特征等因素来确定，其对地点的安全和可操作性负有法律责任。其次，监测频率针对每一个污染源和每一种污染物均是不同的，部分州环保局甚至还颁布了本州的监测导则来帮助许可证编写者确定合适的监测频率。监测频率的确定需要许可证的编写者根据污染物排放和污水处理设施的不同参数，或实际的测量数据，亦或参考同类型的污染企业监测结果，综合考虑污染物处理设施的设计容量、污染物处理技术使用、达标记录、污染者的监控能力、排放地点、排放的废水中的污染物属性等方面。最后，许可证编写者还需要对每种需要被监测的污染物基于其排放特性确定特别的采样收集方法。在美国普遍使用的采样方法主要是随机抽样和混合抽样，也包括连续顺序监测，而真正的全年连续监测设施并未大规模使用。

另外，美国建立了多级监测计划来调整监测的频率，如果在初始监测中发现达标状况良好，则根据达标情况减少监测频率，如初始监测结果较差，则增加频率，以制定更加节省成本的监测方案。当然，仍然需要提供能够证实企业遵守排放限值的规定的数据和信息。1996 年，EPA 出台了《基于污染源达标表现的 NPDES 监测频率变更临时导则》，该导则规定企业可以通过历史记录的持续达标情况调整监测的频率。

6.4.1.5 许可证颁发的信息公开与公众参与

许可证草稿（draft）制定完成后必须通过信息公开和公众参与的程序才能被签署生效。其中，信息公开和公众参与主要包括：公告、征询意见、公众听证会三个方面。

公告是将许可证草稿或者许可证修订信息通过确定的方式向利益相关团体或者个人进行公布，其基本要求是必须保证污染源影响的所有利益相关团体和个人都能够具有平等的机会对许可证草稿提出质疑和发表意见，公告内容必须包括许可证草稿、许可证的论据、公听会计划以及其他清洁水法规定的内容和额外需要考虑的信息。对于许可证的签发，公告环节是必须的，且至少要提供 30 天的征询意见时间。为提高公告的效率，其一般发生在许可证签发机构的内部审核之后。针对其他的管理机构和政府部门的信息公开在此不做展开。

在征询意见期间，个人、团体或者管理机构会对草稿的内容提出质疑或者给出修改建议。如果利益相关者反馈认定草稿的规定存在问题，则必须在征询意见期限截止之前提交反对的理由以及相关的论证资料，许可证的管理机构必须在许可证签署之前给予明确的答复，包括许可证草稿的修改、修改的理由、对质疑和意见的综合阐释。对于在征询意见期间发现的潜在问题，如果导致草稿的任何修改，则新一轮的公告和征询意见需要重新开展。

如果利益相关者仍存质疑，可以申请要求举行公听会。

公众听证会的举行包括两种情况：一种是征询意见截止时间之前，针对关键问题，为满足一定数量的利益相关者的质询要求而举行；另一种是许可证签发之前，许可证管理机构需要针对关键问题进行进一步阐释。不论哪种情况，许可证的编写者都需要负责提供支撑许可证草稿的所有依据和论证信息。任何利益相关的个人或者团体都可以在公众听证会上提交书面或者口头的质询。公众听证会所有的文字记录和资料必须对所有利益相关个人和团体公开。

可见在许可证的制定和审核过程中，涉及污染源执行的排放标准，监测方案等内容已经通过公告、征询意见和公众听证会的形式确保公众的认可，所需要公开的内容和信息也在许可证中明确规定，污染源需要在运营过程中自行开展监测，并按照既定的方法、格式进行数据处理、记录和报告。

6.4.1.6　监测数据的处理、记录和报告

依据监测方案获得的监测数据，需要经过既定目标的处理加工才能转化为信息。因此，许可证编写者必须确定监测数据的分析方法，这些方法包括：针对常规、非常规和有毒污染物的实验室分析方法，或者在工业处理设施中所涉及的测试化学、物理和生物特性的测试程序和方法等。这些方法的大部分都已经制定成为法规。同时，由于监测数据量的积累，数据及其所蕴含的大量信息为环境管理服务的潜在能力也迅速增加。在美国，虽然许可证规定污染源必须一年至少申报一次自行监测结果，但是申报的内容与监测方案对应，仍然按照监测频率规定的时间尺度，而非失去管理意义的污染物年排放总量和污染物浓度年均值。

同时，企业自行监测数据的报告也已经远远超过了政府监测和核查的作用，污染源记录和周期性的报告监测结果提交到基于排放监测报告的数据库，通过该数据库能够给许可证制定者提供参考，同时也能够给行业排放标准的制定提供更加丰富的资料，刺激同行业内的技术进步。在监测记录的保持方面，要求保持记录至少 3 年，且监测记录需要包括以下因素：采样的数据、地点、时间，采样者姓名，数据分析内容，数据分析者的姓名，使用的分析方法，分析结果等。按照《清洁水法》的规定，除许可证中注明具有商业机密权限之外的任何许可证信息外，监测数据记录和报告都必须对任何个人和团体无条件公开，保障公众的环境知情权。

6.4.1.7　污染源排放核查和违法处罚

科学的监测方案的确定，广泛公众参与确定的许可证文本，严格执行的监测数据处理、记录和报告，无条件的信息公开确保了污染源排放的可核查、可问责。通过实施监测核查，可以有效地检查法律规章、许可要求和其他项目要求的执行状况。检查被许可者提交的自行监测信息的准确性，以及被许可者执行的监测方案中抽样、检测方法、监测频率等的合适性和适度性。此外，通过监督机制的实施，还可以实现为许可证执法收集证据、为许可证实施效果评估提供信息。

NPDES 的排污许可证制度规定了一种多层级的监督机制，包括四个层次：联邦政府对州政府的监督；州政府对排污单位的监督；排污单位的自我监督；公众和环保团体形成的社会监督。同时，强调个人在许可证从申请到执行中的责任确认以及结合守法援助等方式，

在保证排污者守法水平的同时尽力降低守法成本。对许可证的执行进行监测核查是一项系统的工作，具体包括对监测接收数据、审核数据、将数据输入许可证执行系统数据库，确定违法行为并做出适当的反应。执行监督性监测可以是例行的监督性监测，也可以是不事先通知的突击性监测。依据对排污者守法核查的结果和监督性监测结果，可以对排污者的违法行为实施处罚。《清洁水法》中对违法者规定了严厉的行政、民事及刑事制裁，各州可以自行增订更严厉的处罚措施。在处罚方式和额度的裁量上，罚没违法收益是最基本的原则。在此基础上，可以依据违法严重性、为守法做出的努力、违法收入、违法历史等对具体的处罚做出调整，以使处罚同时具体威慑性、公平性和灵活性。

6.4.1.8 资金机制

国家财政支出许可证管理所需要的资金。州许可证管理机构根据需要提交预算，国会审批通过之后，经由 EPA 将经费拨付州许可证管理机构，用于州许可证的管理。如果联邦拨付的资金不足以支付许可证管理所需经费，州可以征收一部分费用。许可证的资金主要用于雇佣工作人员，以及检查和监测等，州有权力决定资金的用途。

6.4.1.9 执行能力

建立系统、完善的排污许可证制度，需要大量的专业人才。美国加州设置有 9 个地区水质控制理事会，处理加州地方上的水环境治理事务，包括发放 NPDES 排污许可证。仅洛杉矶地区水质控制理事会中就有 40 多个工作人员专门负责管理许可证，还不包括临时雇佣的专业人员。在许可证审查和更新时较繁忙的时期或涉及某种特殊技术时，也会考虑委托专业的咨询公司完成一部分基础工作。负责许可证管理的工作人员往往都是具有相关专业背景的工程师，大多拥有硕士以上学历。通过细致的分工和协作完全可以满足许可证编写、核查和监督管理的要求。环保署也会经常组织对这些专业人员的培训，在 EPA 的网站上也有随时更新的许可证编写人员培训课程，这些都保证了许可证工作人员拥有足够的专业能力。大的企业一般会雇佣专门人员负责许可证，不仅可以负责日常的环境管理工作，同时专业人员也有能力在许可证申请和更新过程中发现问题，为雇主争取权益。

6.4.2 工业点源排污许可证制度案例分析

2016 年国务院发布《控制污染物排放许可制实施方案》（国办发〔2016〕81 号），环保部（现生态环境部）也发布了《排污许可证管理暂行规定》（环水体〔2016〕186 号）和《排污许可管理办法（试行）》(2018)（环境保护部令第 48 号），用部门规章的形式首次对我国要实施"执法型"排污许可证制度作了规定。

当前我国执行的排污许可证制度是由县级以上地方政府生态环境部门负责排污许可证核发，地方性法规另有规定的从其规定。由企事业单位按相关法规标准和技术规定提交申请材料，申报污染物排放种类、排放浓度等，测算并申报污染物排放量。生态环境部门负责对符合要求的企事业单位进行材料审查及发放排污许可证，对存在疑问的再进行现场核查。我国首次发放的排污许可证有效期为三年，延续换发的排污许可证有效期五年。上级生态环境部门进行监督抽查，有权依法撤销下级做出的发放排污许可证的决定。

本节以某钢铁联合企业的排污许可证为例，对我国正在进行的工业点源排污许可证内容进行介绍。

该企业依照生态环境部发布的《排污许可证申请与核发技术规范》进行排污许可证申报材料的准备，按照《排污许可证申请与核发技术规范　钢铁行业》的要求，在钢铁工业排污单位中：对于执行《火电厂大气污染物排放标准》（GB 13223）的生产设施或排放口，适用《火电行业排污许可证申请与核发技术规范》；对于执行《炼焦化学工业污染物排放标准》（GB 16171）的生产设施或排放口，适用《排污许可证申请与核发技术规范　炼焦化学工业》。由于该企业为钢铁联合企业，除炼铁厂、炼钢厂以外也包括了焦化厂、热电厂等，因此该企业在申请许可证时需要遵照这三个行业的规范。

当前我国排污许可证的内容包括排污单位基本情况、污染物排放、环境管理要求、许可证变更、延续记录、其他许可内容几部分。我国排污许可证目前没有按照水点源和空气固定源分别发放，本节仅介绍当前发放的许可证中水点源相关内容。

6.4.2.1　排污单位基本情况

第一部分排污单位基本情况包括排污单位基本信息，主要产品及产能，主要原辅材料及燃料，产污污节点、污染物及污染治理设施四个方面。排污单位基本信息包括企业所在地址、经纬度、行业类别、投产日期、负责人姓名及联系电话等。本部分主要是对企业的基本生产信息进行说明，明确产污环节和产生的污染物种类及其对应的污染治理设施是否符合规定的要求，同时说明废水排放去向和排放规律。

6.4.2.2　污染物排放

污染物排放包括排放口及申请排放信息（表 6-13）两部分。钢铁工业排污单位排放口分为总排放口和车间或生产设施排放口，其中总排放口为主要排放口，车间或生产设施废水排放口为一般排放口。直接排放口信息包括排放口地理坐标、间歇排放时段、受纳自然水体信息、汇入受纳自然水体处地理坐标及执行的国家或地方污染物排放标准等。废水间歇式排放的，要载明排放污染物的时段。

许可排放限值包括污染物许可排放浓度和许可排放量。许可排放量包括年许可排放量和特殊时段许可排放量。年许可排放量是指允许排污单位连续 12 个月排放的污染物最大排放量。地方环境保护主管部门可根据需要将年许可排放量按月进行细化。

对于污染物，要明确限制车间或生产设施废水排放口许可排放浓度、总排放口许可排放浓度和排放量。按照污染物排放标准确定钢铁工业排污单位许可排放浓度时，应依据 GB 13456 确定。有地方排放标准要求的，按照地方排放标准确定。若排污单位的生产设施为两种及以上工序或同时生产两种及以上产品，可适用不同排放控制要求或不同行业污染物排放标准时，且生产设施产生的污水混合处理排放的情况下，应执行排放标准中规定的最严格的浓度限值。

钢铁工业排污单位废水总排放口需明确外排化学需氧量、氨氮以及受纳水体环境质量超标且列入 GB 13456 中的其他污染因子的年许可排放量。单独排入城镇集中污水处理设施的生活污水不需申请许可排放量。根据钢铁工业排污单位类型，分为钢铁联合排污单位年许可排放量和钢铁非联合排污单位年许可排放量，本案例中选用的企业属于钢铁联合排污单位。对位于《"十三五"生态环境保护规划》及生态环境部正式发布的文件中规定的总磷、总氮总量控制区域内的钢铁工业排污单位，还应分别申请总磷及总氮年许可排放量，本案例未包括在内。

表 6-13　申请排放信息（示例）

序号	排放口编号	污染物种类	申请排放浓度限值/(mg/L)	申请年排放量限值/(t/a)			申请特殊时段排放量限值
				第一年	第二年	第三年	
主要排放口							
1	001	pH 值	6～9	—	—	—	—
2	001	总铜	0.5	—	—	—	—
3	001	总磷(以 P 计)	0.5	—	—	—	—
4	001	总铁	10	—	—	—	—
5	001	氟化物(以 F⁻ 计)	10	—	—	—	—
6	001	化学需氧量	50	1200	1200	1200	—
7	001	总锌	2.0	—	—	—	—
8	001	挥发酚	0.5	—	—	—	—
9	001	石油类	3	—	—	—	—
10	001	悬浮物	30	—	—	—	—
11	001	氨氮(NH_3-N)	5	80	80	80	—
主要排放口合计		COD_{Cr}		1200	1200	1200	—
		氨氮		80	80	80	—

6.4.2.3　自行监测要求

钢铁工业排污单位在申请排污许可证时，按照标准确定产排污节点、排放口、污染因子及许可限值的要求，制定自行监测方案并在《排污许可证申请表》中明确。自行监测方案的制定遵从《排污单位自行监测技术指南钢铁工业》的要求。有核发权的地方生态环境主管部门可根据环境质量改善需求，增加钢铁工业排污单位自行监测管理要求。

自行监测方案中应明确排污单位的基本情况、监测点位及示意图、监测指标、执行排放标准及其限值、监测频次、采样和样品保存方法、监测分析方法和仪器、质量保证与质量控制、自行监测信息公开等。对于采用自动监测的排污单位要如实填报采用自动监测的污染物指标、自动监测系统联网情况、自动监测系统的运行维护情况等；对于未采用自动监测的污染物指标，排污单位填报开展手工监测的污染物排放口和监测点位、监测方法、监测频率。

排污单位可自行或委托第三方监测机构开展监测工作，并安排专人专职对监测数据进行记录、整理、统计和分析。排污单位对监测结果的真实性、准确性、完整性负责。手工监测时生产负荷应不低于本次监测与上一次监测周期内的平均生产负荷。

按照排放标准规定的监控位置设置废水监测点位。废水排放量大于 100t/d 的，应安装自动测流设施并开展流量自动监测。

排放标准规定的监控位置为车间或生产设施废水排放口、废水总排放口，在相应的废水排放口采样。废水直接排放的，在排污单位的排污口采样；废水间接排放的，在排污单位的污水处理设施排放口后、进入公共污水处理系统前的排污单位用地红线边界的位置采样。单独排入城镇集中污水处理设施的生活污水不需监测，对于单独排入海域、江河、湖、库等水环境的生活污水应按照《地表水和污水监测技术规范》（HJ/T 91）要求执行。

选取全厂雨水排口开展监测。对于有多个雨水排口的排污单位，应对全部雨水排口开展监测。雨水监测点位设在厂内雨水排放口后、排污单位用地红线边界位置。在确保雨水排口有流量的前提下，应在雨后 15min 内进行采样；在雨水排口没有流量的前提下，可考虑在厂内雨水收集池内进行采样。

6.4.2.4 台账记录要求

钢铁工业排污单位应建立环境管理台账制度，设置专职人员进行台账的记录、整理、维护和管理，并对台账记录结果的真实性、准确性、完整性负责。台账应真实记录生产设施运行管理信息、原辅料及燃料采购信息、污染治理设施运行管理信息、非正常工况及污染治理设施异常情况记录信息、监测记录信息、其他环境管理信息。排污单位可根据实际情况自行制定记录内容格式。独立轧钢排污单位中，除年产 50 万吨及以上冷轧外，其余可简化环境管理台账记录内容，仅记录生产设施运行管理信息、污染治理设施运行管理信息、监测记录信息、其他环境管理信息。

废水治理设施运行管理信息应记录污染治理设施名称及工艺、污染治理设施编号、废水类别、治理设施规格参数。并按班次记录污染治理设施运行参数。运行参数包括累计运行时间、废水累计流量、污泥产生量、药剂投加种类及投加量。其中，全厂综合污水治理设施运行参数还应按班次记录实际进水水质与实际出水水质，其中实际进水水质按班次记录 pH 值、化学需氧量、氨氮，实际出水水质按小时记录流量、pH 值、化学需氧量、氨氮。

非正常工况及污染治理设施异常信息按工况期记录，每工况期记录 1 次，内容应记录非正常（异常）起始时刻、非正常（异常）恢复时刻、事件原因、是否报告、应对措施，并按生产设施与污染治理设施填写具体情况：生产设施应记录设施名称、编号、产品产量、原辅料消耗量、燃料消耗量等；污染治理设施应记录设施名称及工艺、编号、污染因子、排放浓度、排放量等信息。

废水污染物排放情况手工监测记录信息应记录采样日期、样品数量、采样方法、采样人姓名等采样信息，并记录排放口编码、废水类型、水温、出口流量、污染因子、出口浓度、许可排放浓度限值、测定方法以及是否超标。若监测结果超标，应说明超标原因。

自动监测运维记录包括自动监测系统运行状况、系统辅助设备运行状况、系统校准、校验工作，以及仪器说明书及相关标准规范中规定的其他检查项目等。

钢铁排污单位应记录重污染天气应对期间和冬防期间等特殊时段管理要求、执行情况（包括特殊时段生产设施和污染治理设施运行管理信息）等。重污染天气应对期间等特殊时段的台账记录要求与正常生产记录频次要求一致，涉及特殊时段停产的排污单位或生产工序，该期间应每天进行 1 次记录，地方生态环境主管部门有特殊要求的，从其规定。钢铁排污单位还应根据环境管理要求和排污单位自行监测记录内容需求，进行增补记录。

台账应当按照电子化存储或纸质存储形式管理。

① 纸质存储　纸质台账应存放于保护袋、卷夹或保护盒中，由专人保存于专门的档案保存地点，并由相关人员签字。档案保存应采取防光、防热、防潮、防细菌及防污染等措施。纸制类档案如有破损应随时修补。档案保存时间原则上不少于 3 年。

② 电子存储　电子台账保存于专门的存储设备中，并保留备份数据。设备由专人负责管理，定期进行维护。根据地方生态环境部门管理要求定期上传，纸版排污单位留存备查。档案保存时间原则上不少于 3 年。

6.4.2.5　执行报告编制要求

排污许可证执行报告按报告周期分为年度执行报告、半年执行报告、季度执行报告和月度执行报告。

持有排污许可证的钢铁排污单位，均应按照规定提交年度执行报告与季度执行报告。为满足其他环境管理要求，地方生态环境主管部门有更高要求的，排污单位还应根据其规定，提交半年执行报告或月度执行报告。排污单位在全国排污许可证管理信息平台上填报并提交执行报告，同时向有排污许可证核发权限的生态环境主管部门提交通过平台印制的书面执行报告。

（1）年度执行报告　钢铁工业排污单位应至少每年上报一次排污许可证年度执行报告，于次年一月底前提交至排污许可证核发机关。对于持证时间不足三个月的，当年可不上报年度执行报告，排污许可证执行情况纳入下一年年度执行报告。

（2）半年执行报告　排污单位每半年上报一次排污许可证半年执行报告，上半年执行报告周期为当年一月至六月，于每年七月底前提交至排污许可证核发机关，提交年度执行报告时可免报下半年执行报告。对于持证时间不足三个月的，该报告周期内可不上报半年执行报告，纳入下一次半年/年度执行报告。

（3）月度/季度执行报告　排污单位每月度/季度上报一次排污许可证月度/季度执行报告，于下一周期首月十五日前提交至排污许可证核发机关，提交季度执行报告、半年执行报告或年度执行报告时，可免报当月月度执行报告。对于持证时间不足十天的，该报告周期内可不上报月度执行报告，排污许可证执行情况纳入下一月度执行报告。对于持证时间不足一个月的，该报告周期内可不上报季度执行报告，排污许可证执行情况纳入下一季度执行报告。

钢铁工业排污单位应根据环境管理台账记录等信息归纳总结报告期内排污许可证执行情况，按照执行报告提纲编写年度执行报告，保证执行报告的规范性和真实性，按时提交至发证机关。年度执行报告编制内容包括以下 13 部分内容：①基本生产信息；②遵守法律法规情况；③污染防治设施运行情况；④自行监测情况；⑤台账管理情况；⑥实际排放情况及合规判定分析；⑦环境保护税缴纳情况；⑧信息公开情况；⑨排污单位内部环境管理体系建设与运行情况；⑩其他排污许可证规定的内容执行情况；⑪其他需要说明的问题；⑫结论；⑬附图、附件要求。

独立轧钢排污单位中，除年产 50 万吨及以上冷轧外，其余单位报告内容应至少包括①～⑦部分，依据各部分内容要求，按排污单位实际情况编制执行报告。钢铁排污单位半年执行报告应至少包括年度执行报告①、③、④、⑥；月/季度执行报告应至少包括年度执行报告中的⑥及③中超标排放或污染防治设施异常的情况说明。

6.4.3　工业点源排污许可证制度建议

（1）建立流域地表水质管理委员会，实施点源排污许可证　目前的排污许可证由地方政府负责发放和管理，而水污染往往具有跨行政区、跨代际外部性的特征，这种外部性的存在，使目前"中央政府-地方政府-污染源"的管理模式存在部分政府失灵的风险[35]。个别地方政府因为考虑到其他未付出成本的行政区也会受益，可能不会积极采用严格的水污染物排放控制政策。上下游矛盾冲突提高交易成本，有造成流域综合管理失效的风险。因此，点源排污许可证与简易排污许可证都应由流域水质管理机构负责管理。

以排污许可证制度落实流域内所有点源的管理，统一执行流域水环境规划。跨省的流域水质管理，主要靠地表水质达标规划执行，生态环境部区域机构负责协调规划的制定和执行。省政府委托各级地方政府负责排污许可证的管理，市、县生态环境局负责执行。所有的市、县、区环保局仅发挥守法者的作用，申请和执行排污许可证。

（2）增加基于地表水质的排放限值　当前我国的排污许可证中，由于排放标准里还需进一步补充基于地表水质的排放限值，点源排放情况与受纳水体的水质有时关联性不大，从而致使在个别情况下，即使点源达标排放，也无法保证所排入水体的地表水质达标。此外，目前对于水质达标控制的管理目标多为断面水质达标率和水体类别控制，没有具体到点源减排目标，对点源具体控制措施或减排目标的设定也没有提出减排要求，有时有可能难以在点源排污许可证中落实确保地表水质达标目标。

需要对流域内各点源制定基于地表水质的排放限值，明确点源减排目标，通过排污许可证中基于水质的排放限值，科学地将流域水质达标任务落实到每个点源上。

（3）按照《行政许可法》的要求管理点源排污许可证　排污许可是典型的行政许可，应当严格按照《行政许可法》的要求来管理点源排污许可证。规范排污许可证的申请、撰写、征求意见、公示、审批等程序，完善相关法律法规体系，依法执行。

此外，应当强化排污许可证的证后监管、核查等过程，确保点源按证排污，保障点源排污许可证制度的实施效果。

6.5　城市生活污水管理制度分析

城市生活污水管理制度主要是针对城市生活污水排放管理进行分析。城市生活污水处理厂的排放管理应该是对污水管网输送来的污水进行处理直至达标排放的全过程系统管理[36]。确保城市生活污水处理厂排放的污水满足排入地表水质达标或满足地表水体的指定功能，其产生的污泥得到安全处置，同时工商排放点源得到严格的控制。

本节分析了我国城市生活污水排放管理政策，并介绍了美国对其城市生活污水处理厂的排放管理政策，同时结合我国实际情况提出政策建议。

6.5.1　我国城市生活污水管理制度分析

6.5.1.1　我国城市生活污水排放管理政策评估

在我国，与城市生活污水排放管理有关的政策法规较多，上文已有介绍，此处仅列出相关性较大的政策、比较重要的法规政策并加以解读（表6-14）。

表 6-14　我国城市生活污水排放管理政策

政策名称		颁布机关	实施机构
法律	环境保护法(2014)	全国人大常委会	各级环境保护主管部门
	固体废物污染环境防治法(2013年修订)	全国人大常委会	各级环境保护主管部门
	环境影响评价法(2016)	全国人大常委会	各级环境保护主管部门
	水污染防治法(2008)	全国人大常委会	各级环境保护主管部门
	中华人民共和国环境保护税法实施条例(2018)	国务院	各级环境保护主管部门
	城镇排水与污水处理条例(2013)	国务院	县级以上地方人民政府
法规	环境监测质量管理规定(2006)	国家环境保护总局	各级环境保护主管部门
	污染源自动监控管理办法(2005)	国家环境保护总局	各级环境保护主管部门
	环境保护主管部门实施按日连续处罚办法(2014)	环保部	各级环境保护主管部门
	污染源自动监控设施现场监督检查办法(2012)	环保部	各级环境保护主管部门
	环境监察办法(2012)	环保部	各级环境保护主管部门
	污水处理费征收使用管理办法(2014)	财政部、国家发展改革委、住房城乡建设部	各级财政部门、发改委、物价局、住房城乡建设厅
	淮河和太湖流域排放重点水污染物许可证管理办法(试行)(2001)	环保总局	各级环境保护主管部门
	污染源监测管理办法(1999)	环保总局	各级环境保护主管部门
	环境信息公开办法(试行)(2007)	环保总局	各级环境保护主管部门
	排污许可管理办法(试行)(2018)	环保部	县级以上人民政府环境保护行政主管部门
	环境保护行政许可听证暂行办法(2004)	环保总局	县级以上人民政府环境保护行政主管部门
	环境行政处罚办法(2010)	环保部	各级环境保护主管部门
标准	《城镇污水处理厂污染物排放标准》(GB 18918—2002)	环保总局	环保行政主管部门
	《中国地表水环境质量标准》(GB 3838—2002)	环保总局	环保行政主管部门

　　《水污染防治法》是我国水污染防治政策的核心，是使排污的企业明确各种防治方法、防治措施，完善监督机制，加强监督力度，规范其各项工作的法律。《水污染防治法》中第四章第三节"城镇水污染防治"中对城市生活污水处理厂提出要求，但是并没有详细的可

以遵循的执法要求。

针对污染物的管理，我国在《地表水环境质量标准》中对水环境功能区进行分类，分为高、低两种类型的功能区，并对不同类型的功能区提出了不同的要求，对污水的排放进行分级管理。在此标准中，还将污染物进行了分类，根据污染物性质及控制方式的不同将其分为第一类和第二类污染物。其中，第一类污染物是指那些很难降解并对生物有很大危害的污染物质，第二类污染物是指那些除第一类污染物外对水环境起到危害作用的物质。

2016 年年底，国务院发布了《控制污染物排放许可制实施方案》，明确了排污许可证制度在我国污染源排放控制中的核心地位。目前可以在排污许可信息管理平台进行排污许可证的申请，排污单位通过平台填报并提交许可证申请，然后政府相关核发机构对申请材料进行审核并决定是否受理。从目前平台发布的信息来看，企业申请填报的信息基本以表格的形式呈现，对企业排放管理的定性要求描述还需进一步细化。同时，地方生态环境部门行政资源有待进一步加强，需安排专职人员负责排污许可证申请、审核和管理工作和许可证发放后的有效监督。

《排污许可证管理暂行规定》肯定了点源排放管理制度的法律地位和较为粗略的排污许可证副本中载明的事项，如排污口位置和数量、排放方式、许可排放浓度、许可排放量等。但是针对城市生活污水处理厂排放的污染量大、入口端污染物复杂、出口端排放水体多样的现状，《排污许可证管理暂行规定》仍需进一步完善和详细规定，同时急需设计城市生活污水处理厂排污许可证制度管理条例。

《城镇污水处理厂污染物排放标准》（GB 18918—2002）是控制城市污水处理厂排放的核心标准。其中包括 12 种基本控制项目、7 种一类污染物和控制项目的规定。

标准中需进一步细化对监测情况的规定。监测方面，最为严格的即对污水处理厂国控源的监测要求。手工监测出口的生化需氧量、悬浮物、动植物油、石油类、阴离子表面活性剂、总氮、总磷、色度、粪大肠菌群、总汞、总镉、总铬、六价铬、总砷、总铅、烷基汞（共 16 项），监测频次为每月一次。

《中国地表水环境质量标准》（GB 3838—2002），其目标涉及水环境的保护，但是只能用于水质评价和水质监测，还需明确其对污水处理厂出水排放的限制。

6.5.1.2 排放至城市生活污水处理厂的工商业点源管理政策评估

在我国城市生活污水处理厂的实际运行中，有时会出现常规污染物入水极不稳定、有毒污染物未经处理直接进入城市生活污水处理厂、污泥中含有大量重金属的现象。工商业点源将废水排放到城市生活污水处理厂中，有些没有达到污水处理厂正常运行的设计能力要求，需完善预处理制度。

《污水综合排放标准》（GB 8978—1996）是工商业点源排放至污水处理厂应遵守的标准。在 2008 年以后修订的工业污染物排放标准中有 33 个行业中加入了间接排放的要求，规定间接排放限值的污染物大部分都是常规污染物，还需补充对有毒污染物间接排放的规定，因为有毒污染物正是在工商业点源排放中要严格控制的污染物。

含有间接排放要求的工业行业标准见表 6-15，这些行业标准中提及间接排放限值，还需进一步补充对有毒污染物间接排放的控制，并说明具体的执行要求。

表 6-15　含有间接排放要求的工业行业标准

序号	行业标准
1	石油炼制工业污染物排放标准(GB 31570—2015)
2	再生铜、铝、铅、锌工业污染物排放标准(GB 31574—2015)
3	合成树脂工业污染物排放标准(GB 31572—2015)
4	无机化学工业污染物排放标准(GB 31573—2015)
5	电池工业污染物排放标准(GB 30484—2013)
6	制革及毛皮加工工业水污染物排放标准(GB 30486—2013)
7	合成氨工业水污染物排放标准(GB 13458—2013)
8	柠檬酸工业水污染物排放标准(GB 19430—2013)
9	麻纺工业水污染物排放标准(GB 28938—2012)
10	毛纺工业水污染物排放标准(GB 28937—2012)
11	缫丝工业水污染物排放标准(GB 28936—2012)
12	纺织染整工业水污染物排放标准(GB 4287—2012)
13	炼焦化学工业污染物排放标准(GB 16171—2012)
14	铁合金工业污染物排放标准(GB 28666—2012)
15	钢铁工业水污染物排放标准(GB 13456—2012)
16	铁矿采选工业污染物排放标准(GB 28661—2012)
17	橡胶制品工业污染物排放标准(GB 27632—2011)
18	发酵酒精和白酒工业水污染物排放标准(GB 27631—2011)
19	汽车维修业水污染物排放标准(GB 26877—2011)
20	弹药装药行业水污染物排放标准(GB 14470.3—2011)
21	钒工业污染物排放标准(GB 26452—2011)
22	磷肥工业水污染物排放标准(GB 15580—2011)
23	硫酸工业污染物排放标准(GB 26132—2010)
24	稀土工业污染物排放标准(GB 26451—2011)
25	硝酸工业污染物排放标准(GB 26131—2010)
26	镁、钛工业污染物排放标准(GB 25468—2010)
27	铜、镍、钴工业污染物排放标准(GB 25467—2010)
28	铅、锌工业污染物排放标准(GB 25466—2010)
29	油墨工业水污染物排放标准(GB 25463—2010)
30	酵母工业水污染物排放标准(GB 25462—2010)
31	陶瓷工业污染物排放标准(GB 25464—2010)
32	淀粉工业水污染物排放标准(GB 25461—2010)
33	铝工业污染物排放标准(GB 25465—2010)

6.5.1.3　污泥排放管理政策体系评估

　　城市生活污水处理厂污泥是指生活污水处理后留下的任何固体、半固体或液体残留物。污泥中一般含有大量有机物,丰富的氮、磷、钾和微量元素,也含有重金属、细菌、寄生虫以及某些难分解的有毒物质。若处理不当,这些物质进入水体与土壤中将造成严重的环境污染。因此,必须妥善、科学地对污泥的排放进行管理。污泥安全处置事关城市污水处理投资的最终效果,也是我国环境管理的弱项。

　　城市污水处理厂污泥管理的目标是产生的污泥全部得到安全处置。目前,我国污泥的主要处置方式有填埋、焚烧、土地利用、建材利用等。污泥的安全处置是指污泥的处置符合填埋、焚烧、土地利用、建材利用的标准要求。我国的污泥处置需进一步按照标准严格执行，严格出厂后的污泥去向监管，公开污泥信息，保证污泥被百分之百安全处置。

近些年，我国颁布了大量关于污泥处理的国家标准、行业标准和相关的技术指南，其中主要包括污泥的检验方法、污染控制等内容，如表 6-16 所列。

表 6-16　城市生活污水处理厂相关的污泥技术标准

编号	名称	实施日期	发布部门
CJ(城市建设标准)			
CJ/T 221—2005	城市污水处理厂污泥检验方法	2006-03-01	
CJ/T 309—2009	城镇污水处理厂污泥处置 农用泥质	2009-10-01	
CJ/T 314—2009	城镇污水处理厂污泥处置 水泥熟料生产用泥质	2009-12-01	
CJ/T 362—2011	城镇污水处理厂污泥处置 林地用泥质	2011-06-01	
GB(国标)			
GB 4284—1984	农用污泥中污染物控制标准	1985-03-01	城乡建设环境保护部
GB 18918—2002	城镇污水处理厂污染物排放标准	2003-07-01	国家环境保护总局、国家质量监督检验检疫总局
GB/T 23484—2009	城镇污水处理厂污泥处置 分类	2009-12-01	国家质量监督检验检疫总局、国家标准化管理委员会
GB/T 23485—2009	城镇污水处理厂污泥处置 混合填埋用泥质		
GB/T 23486—2009	城镇污水处理厂污泥处置 园林绿化用泥质		
GB 24188—2009	城镇污水处理厂污泥泥质	2010-06-01	
GB/T 24600—2009	城镇污水处理厂污泥处置 土地改良用泥质		
GB/T 24602—2009	城镇污水处理厂污泥处置 单独焚烧用泥质		
GB/T 25031—2010	城镇污水处理厂污泥处置 制砖用泥质	2011-05-01	
HJ-BAT-002	城镇污水处理厂污泥处理处置污染防治最佳可行技术指南(试行)	2010-02	环保部

我国污泥管理制度对污泥行业的发展起到了一定的积极作用，使之有法可依、有章可循。但是相关法律制度、标准规范仍需从以下几方面补充完善：

第一，提高对污泥污染的认识，完善排放标准体系以保障污泥的安全处置或利用。

以污泥农用为例，与美国相比，除重金属铅外，我国污泥 A 级以及 B 级标准中重金属限值均比美国的标准严格。但是，从重金属指标类型来看，我国重金属限值类型只有一种，即最高浓度限值。尽管新颁布的土地改良泥质、农用泥质和园林绿化泥质标准提到了对污泥使用量、污泥累计使用量、连续使用年限和施用频率的要求，但是还需更加细致的规定以实施和监管。此外，我国标准卫生学指标中对于大肠杆菌的规定要严于美国的 B 级污泥标准。但是还需补充传播媒介吸引的控制指标，根据污泥的分级来确定指标限值，以便更好地体现污泥分级管理的意义。

第二，我国现行的法律制度、标准规范有些是原则性规定，还需补充完善具体实施方案，提高可操作性。

标准规范中，污染物指标设定和限值、环保和安全措施、污泥处理处置技术及设备等方面尚待完善。我国标准中监测记录报告要求部分在《城镇污水处理厂污泥处置：土地改良用泥质》中对监测频率提出了要求，大部分与污泥有关的标准规定了取样和监测分析方法，还需完善具体监测实施细则。另外，还需细化对监测信息何时以何种形式上交给管理部门的要求，并实现对污泥领域的全面覆盖，建立完善严格的市场准入制度和全过程监管制度。

第三，城市污水处理厂的建设和运营是城市政府的责任，由市生态环境局监管城市污水处理厂的排放管理模式有导致失灵的风险。

我国污水处理厂的排放监管是由城市政府生态环境局管理的，在法律上还需进一步明确指出污泥的责任主体。此外，城市污水处理厂排放存在明显的跨区域外部性，城市污水处理厂污泥管理更具有代际外部性，由市生态环境局监管城市污水处理厂排放的管理模式存在部分失灵的风险。

6.5.1.4　我国城市生活污水管理制度评估小结

针对城市生活污水管理，诸多制度中均有提及，如环境影响评价制度、排污许可证制度、限期治理、环境信息管理等。我们尚需提高政策的系统性，加强各项控制政策之间的协调和整合，以便有效地衔接。

尚需补充完善针对排入城市生活污水处理厂的工商业点源的控制政策，保证污水处理厂的稳定运行、达标排放、处理成本等；我国已经开始执行排污许可证制度，规范落实排污许可证制度是治理城市生活污水的必由之路。此外，还需提高排放标准并建立健全污泥管理制度，同时可以考虑建立城市生活污水处理厂按照人口的全面覆盖实施的专项资金补贴制度。

排放到城市生活污水处理厂的工商业点源，含有大量污水处理厂无法处理的污染物，如重金属、有毒有机物等，有可能会影响污水处理厂的稳定运行。尚需完善预处理排放标准，设计科学合理的工商业点源排入污水处理厂遵循的标准。建立健全对排入污水处理厂的工商业点源针对性的管理制度，完善预处理制度。

基于我国目前的法律、行政法规、部门规章、标准发现，不同排放管理政策较为分散，还需进一步完善、补充以形成一个完整的城市生活污水排放管理制度体系。

6.5.2　美国城市生活污水管理制度分析

6.5.2.1　制度目标

城市生活污水处理厂的排放控制目标包括以下 4 个重要的原则：①不可随意向航行水域排放污染物；②排污许可证要求利用公共资源处理废物，并减少可能排入环境的污染物量；③废水必须按经济可行的最佳处理技术进行处理（无论其接纳水体的水质状态如何）；④排放限值应当基于污水处理技术来制定，但如果企业采用基于技术的排放限值无法达到受纳水体的水质标准，则应采用更为严格的排放限值。

同时，为了修复和维护国家水源的化学、物理与生物的完整性，美国《清洁水法》强调应注意以下几点：第一，1985 年起禁止污染物排放进通航水域；第二，分阶段达到水质目标。首先达到临时水质目标，即可为鱼类、甲壳类动物和野生动物的繁殖提供保护，其次于 1983 年 7 月 1 日实现人类水上及水下娱乐活动的目标；第三，政策明确规定禁止大量排放有毒污染物；第四，为建设国有废物处理工程提供经济支援；第五，编制及实施区域性废水处理管理程序，确保充分控制各州污染源；第六，禁止将污染物排放进通航水域、毗邻水域和海洋；第七，编制和实施非点源污染物控制计划，确保对点源和非点源污染物的控制。

在 NPDES 项目中对此作出了明确说明，要求所有点源在排污时必须要得到 NPDES 许可证[37]。许可证是特许某设施在特定条件下排放特定数量的污染物进入受纳水体的执照。为达到国家污染物排放消除制度的要求，美国对城市生活污水的管理细致而严格，具体落实在城市生活污水排污许可证制度。排污许可证中规定了排放限值，包括监测和达标的明确执行依据，其中对于使用和处置污泥的要求也包含在城市生活污水处理厂的排污许可证中。

美国城市生活污水排放管理的法律政策，除了要遵从对点源的要求外，法规中还明确了对市政污水的单独管理要求，主要分为对市政污水排放管理、对排放到城市生活污水处理厂工商业点源的预处理管理、对市政污水处理厂产生的污泥管理，具体见表 6-17。

表 6-17　市政设施有关的法规

项目	排放行为	所属项目	适用法规
与市政设施有关的法律梳理	市政污水排放	NPDES 点源控制项目	40CFR 122 40CFR 125
	工业/商业排放	预处理项目	40CFR 122 40CFR 403
	市政污泥利用及处理	城市污水污泥项目	40CFR 122 40CFR 257

城市污水处理厂排污许可证制度的核心是排放标准，下面针对美国城市污水处理厂的排放标准进行介绍和讨论。

6.5.2.2　城市生活污水处理厂点源排放标准

美国城市生活污水处理厂的排放标准是一个系统全面的标准体系，也是守法者遵守标准的准绳和遵守依据。排放标准中包括污水及污泥的排放限值、达标判据、监测点位、监测频次、采样方法、监测数据的上传和保存、历史数据的处理。

（1）排放限值——基于技术的排放限值　《清洁水法》第 301 条要求所有的市政污水处理厂在 1977 年 7 月 1 日之前达到"二级处理"的水平。具体来说，《清洁水法》第 301 条（b）（1）（B）款要求 EPA 依照该法案第 304 条（d）（1）款的规定，制定市政污水处理厂二级处理标准。根据这一法律要求，EPA 制定了联邦法规第 40 卷 133 节，即二级处理条例。这些基于技术的条例适用于所有市政污水处理厂，并限定了二级处理出水水质的最低水平，通过 BOD_5、TSS 和 pH 值等指标来表征。

市政污水处理厂中，生物处理工艺被称作二级处理，处理流程在沉淀池（初级处理）之后。为了达到《清洁水法》的要求，EPA 对具有二级处理的市政污水处理厂的处理效果数据进行评估，并在此基础上明确了二级处理要求，同时也在专栏中对二级处理要求的基本内容作出了详细阐述（表 6-18）。

表 6-18　二级处理标准

指标	30 日平均值	7 日平均值
BOD$_5$/(mg/L)	30	45
TSS/(mg/L)	30	45
pH 值	6～9	—
去除率/%	85	—

根据联邦法规第 40 卷 122 章 45 节（f）款，在制定排放限值时，必须要综合多个方面进行考虑，污水二级处理要求要考虑污水处理厂设计流量、基于浓度排放的 30 日平均限值和 7 日平均限值[38]。

（2）排放限值——基于水质的排放限值　许可证中城市生活污水处理厂基于水质的排放限值除了用平均每周限值（average weekly limits，AWL，在一个自然周内每日排放均值的最高允许值）和平均每月限值（AML）表示之外，其余与点源基于地表水质的排放限值确定方法基本相同。

在许可证中，将计算出来的排放限值与如下五个值进行对比：①基于技术的排放标准；②根据 TMDL 的计算值；③基于流域的要求进行对比（流域管理是综合全面的管理方法，可在一个地理区域内恢复和保护水生生态系统并保护人类健康）；④遵循反退化政策；⑤许可证每五年更新一次，并保证限值要越来越严格的要求。对比后，选出最严格的一个，通过许可证的排放要求进行执行。

（3）监测与报告的要求　排污许可证的监测目标是使城市生活污水排放监测有可以直接执行的工具，使污染单位有明确的守法文件。监测要求包括监测点位、监测频次、取样和分析方法等。

监测点位的设置要可以证明城市生活污水处理设施的排放满足许可证的要求，得到有效控制，并且没有对水体的化学、物理和生物方面的健康造成影响。污水处理厂的监测点位分为进水监测点、排水监测点和部分内部监测点。排水监测点位十分重要，分为出口监测和受纳水体监测。出口监测一般为排放口的 1m 处；受纳水体监测应该在混合区的排放外，是对废水经过污水处理厂处理后最终排入天然水体后的监测，其点位至少为两处，应该分别设置在受纳水体的上游和下游。排放水体排放后，要保证水体的指定功能，监测点位的设置要可以监督其达标排放。可以根据经验，在排放口的上下游 100m 的位置设定监测点。监测频率的设定要在能够探测到违法行为的基础上，参考污水处理厂的设计能力、排放污染物性质和频率以及历史守法资料等，并酌情考虑污染源的潜在监测成本。取样方法通常分为瞬时取样和混合取样两种。当污水流量和排放特征相对稳定时，可采取瞬时取样的方法；混合取样则提供了一定时间段内的代表性测量，包括按时间比例取样和按流量比例取样两种方式。污染物监测频率和取样方法见表 6-19。

表 6-19　污染物监测频率及取样方法

监测项目	单位	监测频率	采样方式
流速		连续监测	瞬时
温度		连续监测	瞬时
化学需氧量（COD）	mg/L	每日监测	24 小时混合样

续表

监测项目	单位	监测频率	采样方式
生化需氧量（BOD$_5$）	mg/L	每日监测	24 小时混合样
pH 值	—	连续监测	瞬时
粪大肠菌群数	个/L	每日监测	24 小时混合样
悬浮物（SS）	mg/L	每日监测	24 小时混合样
动植物油	mg/L	每日监测	24 小时混合样
石油类	mg/L	每日监测	24 小时混合样
阴离子表面活性剂	kg/d	每日监测	24 小时混合样
总氮（以 N 计）	mg/L	每日监测	24 小时混合样
氨氮（以 N 计）	mg/L	每日监测	24 小时混合样
总磷（以 P 计）	mg/L	每日监测	24 小时混合样
色度（稀释倍数）	mg/L	每日监测	24 小时混合样
总汞	mg/L	每月监测	24 小时混合样
烷基汞	mg/L	每月监测	24 小时混合样
总镉	mg/L	每月监测	24 小时混合样
总铬	mg/L	每月监测	24 小时混合样
六价铬	mg/L	每月监测	24 小时混合样
总砷	mg/L	每月监测	24 小时混合样
总铅	mg/L	每月监测	24 小时混合样
烷基汞、总镍、总铍、总银、总铜、总锌、总锰、总硒、苯并芘、挥发酚、总氰化物、硫化物、甲醛、苯胺类、总硝基化合物、有机磷农药（以 P 计）、马拉硫磷、乐果、对硫磷、甲基对硫磷、五氯酚、三氯甲烷、四氯化碳、三氯乙烯、四氯乙烯、苯、甲苯、邻-二甲苯、对-二甲苯、间-二甲苯、乙苯、氯苯、1,4-二氯苯、1,2-二氯苯、对硝基氯苯、2,4-二硝基氯苯、苯酚、间-甲酚、2,4-二氯酚、2,4,6-三氯酚、邻苯二甲酸二丁酯、邻苯二甲酸二辛酯、丙烯腈、可吸附有机卤化物（AOX 以 Cl 计）	mg/L	每月监测	24 小时混合样

此外，污水处理厂定期以电子方式提交月度、季度、半年度和年度的自行监测报告，报告中包括批准使用的监测方法或许可证中指定的其他监测方法的自上次自行监测报告提交以来获得的所有新监测结果。如果许可证监测任何污染物的频率超过本要求的频率，则监测结果应包括在自行监测报告提交的数据的计算和报告中。自行监测报告类别、监测周期和报告计划如表 6-20 和表 6-21 所列。

表 6-20 自行监测报告类别

报告名称		报告内容简述
污染物自动监测报告（例行监测）	日报表	排放源名称和编号、经纬度、监测日期、监测项目、每小时均值、样本数、最大值、最小值、日均值、日排放总量
	月报表	排放源名称和编号、经纬度、监测月份、监测项目、每日均值、样本数、最大值、最小值、月均值、月排放总量
	年报表	排放源名称和编号、经纬度、监测年份、监测项目、每月均值、样本数、最大值、最小值、年均值、年排放总量

续表

报告名称		报告内容简述
污染物自动监测报告（例行监测）	半年度报告	包括污染源自动监测数据准确性分析、数据缺失和异常情况说明、企业生产情况（启停机时间、故障时间）、污染治理设施维护情况。污水处理厂应报告半年度连续监测小时浓度超标发生时间，持续时间，相应的纠正措施，报告还应包括发生故障的次数、每种类型的故障发生的时间及简要说明
	污染物手工监测报告	手工监测按照相应的监测方法监测，并提供有效监测报告。监测报告应当包括以下内容：监测各环节的原始记录、委托监测相关记录、自动监测设备运维记录。各类原始记录内容应完整并有相关人员的签字
违规报告		"违规"指的是任何违反限制要求，并达到规定阈值的情况。提交给地方生态环境主管部门的违规报告应包括造成违规的责任者、违规产生的原因以及可以使用的纠正和预防措施。需要保存所有违规期间的同期记录。 发现违规后的不迟于 12 小时内尽快将对生态环境或人群健康存在潜在威胁的违规行为通过电子邮件和电话报告给地方生态环境主管部门。 违规报告可以在提交时获得地方生态环境主管部门责任人的认证，也可以在提交半年度报告时进行认证
污染事故报告		持证企业发生环境污染事故，需要在事故发生后的两小时内通过电话向地方生态环境主管部门进行情况报告，简要说明事故发生情况。同时需要在事故调查、事故处理等全部工作完成后的七个工作日内通过电子邮件或传真方式向地方生态环境主管部门提交事故报告，报告至少包括发生日期、持续时长、发生经过、原因、事故处理以及防范和整改措施。 同时，提交一份技术报告，其中应包括以下内容：①确定未处理的废水的可能来源；②评估现有设施设备状态的安全性；③描述有效的预防和应急计划所需的设施和工作程序；④预期的设施安全性改造和应急计划实施时间表，列出重要的时间节点及对应进展
半年度背离报告		提交给地方生态环境主管部门的半年度认证报告应对六个月内的每份报告进行总结。除了本许可证有效期内的第一个报告之外，每个半年度的认证报告都应覆盖六个月的时间，即从 1 月 1 日到 6 月 30 日和从 7 月 1 日到 12 月 31 日。报告应在其覆盖时间截止后的 31 天内提交。报告需要提交给地方生态环境主管部门。 报告以是否出现与排污许可证要求不符的监测背离为核心。没有出现背离的情况，半年度报告应说明按照许可证的要求没有出现背离的情况。有背离的必须填写监测背离报告，至少包括排放信息、发生日期、持续时长、发生经过、可能的原因、采取的整改措施以及防范措施。 报告还要包括超过上述条款规定限值的故障次数、每种类型的故障发生的时间及简要说明。在该报告中，"故障"指任何突然的、罕见的、不合理的预防措施导致的水污染控制设备或生产工艺在正常的或通常的方式操作下导致的任何超过排放限值的情形
年度执行报告		年度报告是总结性守法报告，完整说明报告期内许可证规定的执行情况。对于年度内容达标的情形，填报基本信息以及针对不同排放点不同污染物的监测方案；针对未达标的情形，必须填报背离报告（至少包括排放信息、发生日期、持续时长、发生经过、可能的原因、采取的整改措施以及防范措施），在此基础上制定一份达标日程表，对于达标日程表没有特定的格式要求。 年度守法报告提交的内容必须至少包含以下信息：当前超标设备的许可证期限、条件或适用要求；背离发生日期；发生经过；背离原因；为使设备达标而采取的整改措施；针对提交过程报告的计划日程表；预计的达标日期

表 6-21　监测周期和报告计划

监测频率	监测周期起始日	监测周期	监测报告提交日
连续	许可证生效日期	连续监测	每月提交
每日一次	许可证生效日期	午夜至晚上 11:59 或任何 24 小时期间，合理地表示为抽样目的的日历日	每月提交

续表

监测频率	监测周期起始日	监测周期	监测报告提交日
每周一次	许可证生效日期的下个周日或许可证生效日期（如果在星期天）	周日至周六	每月提交
每月一次	许可证生效日期之后的日历月的第一天或在许可证生效日期（如果该日期是该月的第一天）	日历月的第一天至日历月的最后一天	到抽样月份后第三个月的第 15 天前
每季一次	离许可证生效日期最近的 1 月 1 日、4 月 1 日、7 月 1 日或 10 月 1 日	1 月 1 日至 3 月 31 日；4 月 1 日至 6 月 30 日；7 月 1 日至 9 月 30 日；10 月 1 日至 12 月 31 日	6 月 15 日；9 月 15 日；12 月 15 日；3 月 15 日
每半年一次	离许可证生效日期最近的 1 月 1 日或 7 月 1 日	1 月 1 日至 6 月 30 日；7 月 1 日至 12 月 31 日	9 月 15 日；3 月 15 日
每年一次	许可证生效日期后的 1 月 1 日	1 月 1 日至 12 月 31 日	4 月 15 日

所有监测资料必须至少保留 3 年，而且这个保存期限可以应管理人员的要求而延长。市政污泥的监测记录则需至少保存 5 年。

6.5.2.3　预处理制度

预处理制度的最终目标是不影响城市生活污水处理厂的正常运行（美国《清洁水法》的表述是：防止本不该由城市生活污水处理厂处理的工业污染物进入厂内，避免对其操作造成干扰；提高循环利用和回收使用市区及工业废水、污泥的机会），环节目标是控制有毒污染物及非常规污染物的进入。

针对美国国家预处理制度要求，工业和商业排放者在排水到市政污水处理厂前执行"预先处理"制度，以使其排放的污水符合生活污水的入水要求。预处理制度通常直接由接受间排放的生活污水处理厂执行，由污水管理机构或特许经营者向纳管企业颁发预处理排污许可证。

（1）控制有毒污染物的排放　控制有毒物质排放是美国《清洁水法》的一个重要目标。排放到污水处理厂的有毒物质的控制主要通过预处理制度得以实现。第二次世界大战以后的美国，在几十年里，人造化学制造品等化学制品迅速膨胀，化工技术的快速发展使电子、农产品、纺织品、工业材料等行业获得极大发展，然而随着时间的推移，政策制定者、公众意识到，化学工艺在为人类创造利益的同时，可能具有反作用，涉及具体环境及人类健康的许多事件都与特定的化学制品有关，因而人们越来越担心像癌症之类的慢性疾病可能与环境的因素有关，人们还为相当缺乏许多化学物质的数据而担心。正是这些导致了在化学制品的制造和使用方面的联邦法规的制定。

国会和环保署制定和实施对与几类主要商业化学物质有关的危险进行评价和控制的法律。从总体上看，法律规制都集中在控制有毒物质方面，见表 6-22。有毒物质一般可以定义为在预定的排放条件下对人类健康和环境有害的物质，包括影响人健康的急性反应的物质。有毒反应包括致癌、影响生育、毒害神经、慢性器官损害（如肝病）等，也包括在接触有毒物质达到一定剂量的情况下可迅速引起皮炎和肺炎。

1977 年的法案修正案，也就是 1977 年的《清洁水法》，将污染物控制的重心由常规污染物转向了有毒物质。期间要求做到：第一，须"优先"控制的污染物；第二，须达到基于技术水质标准的"重点行业"；第三，控制1972年法案要求的有毒物质排放。该规定被纳入1977年《清洁水法》修正案框架，并使《清洁水法》重新将重点放在有毒物质的控制上。

国家水污染物消除制度（NPDES）中所制定的污染物相对比较多，并且涉及的范围十分广泛。有毒污染物在《清洁水法》（CWA）第307（a）节中列出，为65类126种，也被称为"优控污染物"。

表 6-22　美国涉及有毒物质的联邦法律[①]

法律	主管机构	包括的污染源
有毒物质控制法	环保署	要求对所有新的化学制品（食品、食品添加剂、药物、杀虫剂、酒精和烟草除外）在生产前进行评价，允许环保部门管理现有化学危险物
清洁空气法	环保署	危害空气的污染物
清洁水法	环保署	有毒的水污染物
安全饮用水法	环保署	饮用水中的污染物
联邦杀虫、杀菌和灭鼠剂法	环保署	农药
食品、药物和化妆品法的第346条第a款	环保署	人类食品和动物饲料中农药的允许残留含量
资源保护和恢复法	环保署	有危害的水
海洋保护、研究和捕捞法	环保署	海洋垃圾倾倒
1980年《环境反应、补偿和责任综合条例》	环保署	有害废弃物的排放
《食品、药物和化妆品法》	食品和药物管理局	基本食品、药品和化妆品
食品添加剂修正案	食品和药物管理局	食品添加剂
色素添加剂修正案	食品和药物管理局	色素添加剂
新药修正案	食品和药物管理局	药品
新兽药修正案	食品和药物管理局	动物用药及饲料添加剂
医用器械修正案	食品和药物管理局	医疗器材
合理包装和标签法	食品和药物管理局	人用和兽用药品、食物和化妆品、医疗器械的包装和标签
职业安全和健康法	职业安全及卫生管理局	工作场所的有毒化学制品
联邦危险物质法	消费安全委员会	有毒家用产品（相当于消费产品）
消费品安全法	消费安全委员会	危险消费品
防毒包装法	消费安全委员会	危险的儿童产品的包装
铅基涂料防毒法	消费安全委员会	联邦支持的房建中铅涂料的使用
危险物质材料运输法	交通部（材料运输局）	普通有毒物质的运输
联邦铁路安全法	交通部（联邦铁路管理局）	铁路安全
港口和水路安全法	交通部（海岸警卫队）	水路有毒物质的装运
危险货物法	交通部	水路有毒物质的装运
联邦肉类检验法	农业部	食品、饲料以及肉类家禽产品中色素添加剂和农药的含量
家禽产品检验法	农业部	食品、饲料以及肉类家禽产品中色素添加剂和农药的含量

续表

法律	主管机构	包括的污染源
蛋类产品检验法	农业部	蛋类产品
联邦矿业安全健康法	矿业安全与保健管理局	煤矿和其他矿山

①有毒物质战略委员会，《有毒化学物质和公共保护》（华盛顿，D. C.，政府印刷局，1980 年）；环境质量委员会：《环境质量-1982 年》（华盛顿 D. C.，政府印刷局、1982 年）。

（2）预处理制度的管理体制及对象　　在美国的管理体制中，预处理制度的干系人被分为控制机构和批准机构。控制机构是指对于城市生活污水处理厂拥有批准的预处理制度权利的机构。若城市生活污水处理厂未获得预处理制度批准，那么此控制机构可为授权管理国家预处理制度的州或美国环保署（EPA）。美国预处理制度的管理干系人及职能见表 6-23。

表 6-23　美国预处理制度的管理干系人及职能

管理干系人	管理职能
美国环保署——总部	① 监督各级别的计划实施工作； ② 编制和修改计划规定； ③ 编制相关政策，以对计划进行说明和定义； ④ 编制计划实施的技术规范； ⑤ 启动强制措施
批准机构（美国环保署区域或授权各州）	① 通知城市生活污水处理厂（或其所在城市政府）其应履行的职责； ② 审查和批准城市生活污水处理厂（或其所在城市政府）预处理制度的审批或修改请求； ③ 审查特定地区关于行业分类预处理标准的修改请求； ④ 监督城市生活污水处理厂（或其所在城市政府）计划实施工作； ⑤ 提供城市生活污水处理厂（或其所在城市政府）相关技术指导； ⑥ 启动针对城市生活污水处理厂（或其所在城市政府）或工业不符合操作的强制措施
控制机构（城市生活污水处理厂、州或美国环保署区域）	① 编制、实施和维持批准的预处理制度； ② 对管制的工商业点源的相关作业进行评估； ③ 启动针对工业的强制措施（若合适）； ④ 提交批准机构报告； ⑤ 制地方限值（如有要求）（或说明为何不需要此类限值）； ⑥ 编制和实施强制性应急计划； ⑦ 审查净值/总额
工商业点源	遵守适用的预处理标准和报告要求

批准机构是指有责任管理国家预处理制度的相关部门，可以为拥有批准预处理制度的各州，或者是受美国环保署（EPA）管制的各州 [40 CFR 403.3（f）]。《清洁水法》第 403.10（f）（2）（i）节内要求享有国家污染物清除系统授权的相关各州负责人来编制许可的技术内容，以在未获得批准预处理制度的情况下，可对工商业点源排放进城市生活污水处理厂的相关要求 [40 CFR 403.8（f）（2）（i）] 予以处理。此外，《清洁水法》（CWA）第 403.10（e）节内赋予各州城市生活污水处理厂实施预处理制度的权限。

预处理制度适用于工商业点源（将污染物排进城市生活污水处理厂内）。与依靠联邦或州政府去实施和执行特殊要求的其他环境计划不同，国家预处理制度的大多数职责的履行主要依赖于地方政府。鉴于此，一般预处理制度规定内有说明：特定情况下，总设计流量每天大于 500 万加仑的城市生活污水处理厂（或由相同权威机构负责操作的组合式处理厂）和较小型城市生活污水处理厂，必须建立地方预处理制度，以防止污染物对污水处理厂造成"穿透和干扰"。截止到 2011 年早期，约 1600 座城市生活污水处理厂建立地方计划，占全国废水流量的 80%。

同时，美国环保署（EPA）已为 30 种行业类别建立了行业分类的预处理标准（针对工商业点源）。美国环保署（EPA）关于清单的修改和扩充计划详述于《污水处理指南》，根据《清洁水法》（CWA）第 304（m）节要求，该书每两年在联邦公报上更新一次。

1983 年颁发的预处理制度大大地降低了有毒污染物向下水道系统和美国水域的排放。此类进步主要归功于各联邦、州、地方级工业代表（参与国家预处理制度制定和实施的此类代表人员）的努力。

（3）预处理排放标准　随着美国环保署（EPA）发布了工业技术型废水限制，《清洁水法》中亦建立了水质策略。《清洁水法》中国家污染物清除系统许可计划的建立，旨在控制点源污染物的排放，并根据城市生活污水处理厂预处理制度，针对工商业点源实施行业预处理标准。为了实施预处理标准和要求，美国环保署于 1973 年下旬颁布了 40 CFR 第 128 部分内容，建立了针对处理厂干扰和穿透问题的一般性禁令，并制定了针对行业的预处理标准。标准制定流程图见图 6-9。

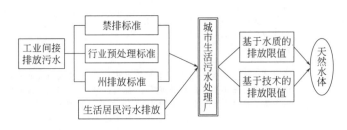

图 6-9　标准制定流程图

6.5.2.4　污泥管理制度

美国《清洁水法》对污水污泥的排放作出了规定，目的是减少潜在的环境风险和使污水污泥的效益最大化。《清洁水法》要求 EPA 制定技术标准，建立污泥管理实践与污泥中有毒污染物可接受的水准，以及遵守这些标准的严格的截止期限。标准颁布后一年内必须遵守，除非建设新的污染管制设施，即使是这种情形，也必须在两年内遵守标准[39]。

EPA 在 CFR（《联邦法规汇编》）中颁布了实施上述要求的条例。这些规则为污水污泥的利用和处置提出了要求，主要分为土地利用、地表处置以及污泥焚烧。每项利用和处置方法包括一般要求、污染物限值、管理要求、操作标准以及监测记录报告要求。规则中对以下 4 类人提出了法律上的要求：制备污水污泥或从污水污泥中导出材料之人；污水污泥在土地上的应用者；污水污泥地表处置场所的所有者；污泥焚烧炉的所有者。

这项法规在很大程度上是自主实施的。这意味着任何从事与法规相关活动的人在设定期限前须自觉遵守相关要求。违反 CFR 将受到行政、民事或刑事处罚。下面以污泥土地利用为例介绍美国污泥标准。

（1）污染物限值　标准中重金属污染物指标类型有 4 种，分别为最高浓度、累积污染物负荷率、月平均浓度、年污染物负荷率。根据施用土地类型以及施用方式分别采用不同的污染物指标，如表 6-24 所列。

表 6-24　污泥土地利用污染物限值

污染物	最高浓度 /(mg/kg)	累积污染物负荷率[①] /(kg/hm²)	月平均浓度 /(mg/kg)	年污染物负荷率[②] /[kg/(hm²·365d)]
砷	75	41	41	2.0
镉	85	39	39	1.9
铜	4300	1500	1500	75
铅	840	300	300	15
汞	57	17	17	0.85
钼	75	—	—	—
镍	420	420	420	21
硒	100	100	100	5.0
锌	7500	2800	2800	140

① 累积污染物负荷率：某块土地上所能承受的某种无机污染物的最大数量。
② 年污染物负荷率：在 365 天里单位面积土地上所能承受的某种污染物质的最大数量。

标准中规定，当污泥中任何一种污染物浓度超出了表中的最高浓度时，该污泥不得用于土地利用；当散装污泥没有被装于袋或其他容器中出售或送出以用于土地利用的污泥用于农业用地、森林、公共接触场所或再生地时，不能超过表中的累积污染物负荷率或月平均浓度；当散装污泥用于草坪或住宅花园时，不能超过表中的月平均浓度；当袋装污泥被土地利用时，不能超过表中的月平均浓度或年污染物负荷率。除了对污泥中重金属浓度进行控制外，还通过累积污染物负荷率和年污染物负荷率两项指标对污泥使用量及污泥累积使用量进行控制，最大限度地保证污泥的安全使用。

（2）无害化要求　美国在污泥标准中的操作标准——病原体数量和对病媒的吸引减少中提出了无害化的要求。美国按照病原体的数量将污泥分为 A 类和 B 类污泥，如表 6-25 所列。A 类污泥可以袋装出售；B 类污泥有应用场所的限制，不能出售、丢弃或用在公共场所。标准中根据施用土地类型和施用方式标准分别规定了不同的要求。具体来说，当散装污泥应用于农业用地、森林、公众接触场所或再生地时，必须满足 A 类病原体要求或 B 类病原体要求和场所限制；当散装污泥应用于草坪或住宅花园时，必须满足 A 类病原体要求；当袋装污泥被土地利用时，必须满足 A 类病原体要求。此外，减少病媒吸引的要求表现为表 6-25 中的挥发固体减量率。

表 6-25　污泥无害化要求

污泥种类	大肠杆菌	沙门氏菌	肠道病毒	可见蠕虫卵	每克干污泥 细菌总数	挥发固体 减量率
A 类污泥	$1×10^3$ MPN[①]	3 个/4g	1 个/4g	1 个/4g	—	38%
B 类污泥	$2×10^6$ MPN	—	—	—	$2×10^6$ 个	38%

① MPN：最大可能数。

（3）监测记录报告要求

① 监测频率　污泥土地利用中重金属污染物砷、镉、铜、铅、汞、钼、镍、硒、锌的监测频率如表 6-26 所列。

表 6-26　监测频率

污泥量/(万吨/365d)	频率
大于 0,小于 29	1 年 1 次
大于等于 29,小于 150	1 季度 1 次
大于等于 150,小于 1500	60 天 1 次
大于等于 1500	1 月 1 次

污泥按表 6-26 中频率监测两年后,可以减少监测频率。

② 记录保存　标准中针对不同人群在不同情况下要求记录不同的信息,并保存 5 年:

a. 制备污泥或从污泥中导出材料之人需记录表 6-24 中污染物月平均浓度、描述污泥如何达到 A 类病原体要求的信息、描述如何达到病媒吸引减少要求的信息和保证书❶。

b. 在满足表 6-24 中污染物月平均浓度、A 类病原体和病媒吸引减少要求的情况下,散装污泥的制备者需记录表 6-24 中污染物月平均浓度和保证书,散装污泥的应用者需记录描述散装污泥应用点如何达到管理要求的信息、描述散装污泥应用点如何达到病媒吸引减少要求的信息和保证书。

c. 当散装污泥应用于农业用地、森林、公众接触场所或再生地时,在满足表 6-24 中污染物月平均浓度、B 类病原体要求的情况下,散装污泥的制备者需记录表 6-24 中污染物月平均浓度、描述如何达到 B 类病原体要求的信息(如满足)、描述如何达到病媒吸引减少要求的信息和保证书,散装污泥的应用者需记录描述散装污泥应用点如何达到符合场所限制的信息、描述散装污泥应用点如何达到病媒吸引减少要求的信息(如满足)、散装污泥应用时间和保证书。

d. 当散装污泥应用于农业用地、森林、公众接触场所或再生地时,在满足表 6-24 中污染物累积负荷率的情况下,散装污泥的制备者需记录表 6-24 中污染物月平均浓度、描述如何达到病原体减少要求的信息、描述如何达到病媒吸引减少要求的信息(如满足)和保证书,散装污泥的应用者需记录以街道地址或经纬度形式给出的土地利用点的位置、各利用点利用面积的英亩数、各利用点应用时间、污染物在各利用点散装污泥中的累积量、各利用点散装污泥的应用量和保证书等信息。

e. 在满足表 6-24 中污染物年污染负荷率的情况下,袋装污泥的制备者需记录表 6-24 中污染物月平均浓度和年污染负荷率、描述如何达到 A 类病原体要求的信息、描述如何达到病媒吸引减少要求的信息和保证书。

③ 报告　污水处理厂需在每年 2 月 19 日将规定记录的信息(除土地利用者记录的信息)以电子报告形式提交给 EPA。

除此之外,《清洁水法》要求在每个发放给生活污水处理厂的许可证中加入对污泥的综合利用与处置的要求,并批准为尚未进行污泥排放的生活污水处理厂颁发污泥许可证。为建立污泥使用处理机制,EPA 在 NPDES 许可证中加入污泥使用和处理标准,并将许可证颁发给一些生活污水处理厂。这些污水处理厂不直接向联邦水体排放污水,但以产生者、使用者、所有者或管理者等身份被归类到参与污泥使用或处置活动的相关行列。生活污水

---

❶　保证书:保证声明,内容为本人保证所提供的信息是在本人的指导和建议下完成的,以按规定确保具备资格的人员能正确地收集和评价这些信息。本人知道如作虚假之保证,将会受到罚款和监禁的严厉处罚。(下同)

处理厂包含所有污泥产生及压缩装置，例如搅拌机。

EPA 意识到，CFR 的实施可能会给许可证编写者以及已经具有含污泥特殊排放条件在内的 NPDES 许可证持证者造成困惑。因此，目前 NPDES 污泥许可条件与 CFR 的要求是同时应用的。EPA 预计在一段时间后，NPDES 中所有有关污泥的要求都会被修订，从而使其涵盖 CFR 的要求。

此外，《清洁水法》第 405 条（f）款要求在发放给城市生活污水处理厂的许可证中加入对污泥综合利用和处置的要求。许可证污泥部分中需包括以下内容：污染物浓度或负荷率；操作标准（如土地利用、地表处置中病原体和病媒吸引力减少或者焚烧炉内总烃浓度要求）；管理实践（如场地限制、设计要求和运行实践）；监测要求（如监测的污染物种类、取样地点、频率以及样品收集和分析方法）；记录保存要求；报告要求（如报告内容、频率以及报告提交期限）；一般要求（如在申请土地、提交和发布地表处置场所关闭计划前的具体通知要求）[40]。

除了适用的联邦法规之外，在 NPDES 许可证中必须包含三种标准样式情形：要求污水处理厂遵守现有的污泥综合利用与处置要求的规定，包括联邦法规 40 卷 503 章标准；重新协商条款，若有技术标准比许可证中的情形更加准确或覆盖面更广，则应批准修改许可证；通告条款，规定持证者的污泥综合利用与处置行为发生（或计划发生）重大变化时必须通告许可证管理部门。

6.5.3　我国城市生活污水管理政策建议

6.5.3.1　城市污水处理厂排污许可证制度框架设计

排污许可证是城市生活污水处理厂守法排放的重要法律文书，也是环境保护主管部门对污水处理厂进行监督核查的重要依据。排污许可证记载了环境保护主管部门的全部环境管理要求，对各项政策手段进行了有效连接和整合，实现了对污水处理点源排放污染物排放的有效管控。建议由省级环保厅管理城市污水处理厂排污许可证，城市政府或市长是排污许可证的持有者。

针对目前我国城市生活污水处理厂排放管理中的问题，建议下一步应首先完善城市生活污水处理厂排污许可证的配套法规，编制专门的技术规范，例如城市生活污水处理厂排污许可证编写指南、污水处理厂自行监测规范、环保主管部门监督性监测规范等。

城市生活污水处理厂排污许可证的主要内容为排污许可条件、水污染物排放标准、污泥管理规定、排放和处置监测方案、记录和报告等。其中，污泥处置要求和城市生活污水处理厂基于地表水质的排放限值是重点需要补充的。

（1）城市生活污水处理厂的排放标准需要补充和完善　排放标准中包括污水及污泥的排放限值、达标判据、监测点位、监测频次、采样方法、监测数据的上传和保存、历史数据的处理。第一，在管理的污染物的种类中，污水处理厂的排放标准中的污染物仅是污水处理厂可以处理的 BOD_5、TSS、pH、去除率四种指标，并不包括有机物，而 COD 作为衡量水中有机物质含量的指标并不应该作为限制污水处理厂排放的污染物质。第二，为了保证地表水体的达标，城市生活污水应在二级处理的技术排放标准和基于水质的排放标准中选择严格的执行。第三，在许可证中明确写出具体的监测频次、监测点位、监测方法、报告的保存上传和历史数据的处理。第四，在许可证中，明确写出对污泥的管理，不同的处置对应不同的标准。

制定城市生活污水处理厂排污许可证的排放标准，并保证信息的完整规范性。设计并运行许可证服务系统，将许可证限值和各种特殊情况整合入追踪系统，确保能够追踪污水处理厂排放的工作情况。同时，保证公众反馈的渠道、各级环境管理部门和公众间的信息渠道畅通，建立顺畅的信息反馈渠道。

（2）实施基于地表水质的排放限值　当城市生活污水处理厂二级排放标准无法保障受纳水体水质达标时，需要制定基于水质的排放限值。所有的城市生活污水处理厂要制定基于地表水质的排放限值，同时需要国家尽快补充混合区的概念。基于地表水质的排放限值在地表水质达标规划管理框架下制定，应用科学技术的手段，结合流域内诸多污染点源、非点源统一减排的管理手段，目的是使流域水质在尽量短的时间内满足地表水质的要求。

对于城市生活污水处理厂的排放要制定基于水质的排放限值，基于水质的排放限值没有一个可以参照的统一标准，需要逐源制度基于水质的排放限值，以满足适用的水质标准、排放污水和受纳水体的特性等。基于水质的排放限值根据水厂的排水监测数据计算得来，故排水监测提供的数据应可以用来评估出水对受纳水体的影响，排水监测点位应可提供出水进入受纳水体后具有代表性的样本，可见明确监测点位有利于监督其是否按要求排放。

水质排放限值结合具体污染物排放和受纳水体的特征逐案确定，将受纳水体水质标准转换为排放口的排放限值。这解决了目前排放点源与受纳水体没有建立相关性、无法达到地表水质的现实问题。

（3）污泥管理　全过程的管理保证污泥的安全处置。例如污泥进行土地处理时，将要求严格按照土地处理的限值写到排污许可证的排放标准中，并对其进行土地监测，形成监测报告。监测频次要根据污泥的年处理量和使用量来确定。在市政固废填埋场处理的污泥必须符合市政固废填埋的标准的规定。监测、报告保证了污泥的安全处理和使用。

许可证污泥部分中包括以下内容：第一，污染物浓度或负荷率；第二，操作标准（如土地利用、地表处置中病原体和病媒吸引力减少或者焚烧炉内总烃浓度要求）；第三，管理要求（如场地限制、设计要求和运行实践）；第四，监测要求（如监测的污染物种类、取样地点、频率以及样品收集和分析方法）；第五，记录保存要求；第六，报告要求（如报告内容、频率以及报告提交期限）；第七，一般要求（如在申请土地、提交和发布地表处置场所关闭计划前的具体通知要求）。

（4）监测方案　监测方案是系统地对每一个污水处理排放点源单独设计的方案，包括对污水排放地监测地点、监测频率、监测标准、取样方法和分析方法等进行详细规定。

监测方案、报告要求等管理性要求明确到每个污染源，确定判定标准，并将依此产生的判定结果作为处罚的依据。

（5）记录和报告　记录和报告使排污者严格遵守相关法律法规，并提高了管理机构的执行效率。城市生活污水处理厂应定期以电子方式提交月度、季度、半年度和年度的自行监测报告（包括污泥），报告中应包括批准使用的监测方法或许可证中指定的其他监测方法的自上次自行监测报告提交以来获得的所有新监测结果。如果许可证监测任何污染物的频率超过本要求的频率，则监测结果应包括在自行监测报告提交的数据的计算和报告中。

城市生活污水排放管理中报告和记录的要求包括：在申请许可证的初期，要提供5年的排放数据，并对数据进行整理和总结之后提交，经过审核，最后放置于许可证的情况说明部分，作为申请许可证的参考和佐证。核查的资料可以验证是否遵守了许可证的排放要求，证明其守法情况。

6.5.3.2　预处理制度框架设计

预处理排污许可证是预处理制度的基本制度，目的是控制工商业点源的有毒污染物和非常规污染物的排放，使其不影响污水处理厂的稳定运行。

工商业点源须遵守预处理排污许可证的要求，预处理标准是预处理排污许可证的核心内容。预处理标准包括工商业点源污水排放标准的限值、排放监测方案、报告和记录的保存等内容。

（1）尽快补充预处理排放标准　预处理排放标准限制排入污水处理厂中的有毒污染物，以及现有排放标准里不该由污水处理厂处理的污染物如总汞、总铅等污染物。第一，严格的禁止排放标准。所有工商业点源是指无论是否符合其他任何国家、省的预处理制度要求的工商业点源。禁止向城市生活污水处理厂排放规定的任何污染物，避免引起穿透或干扰。将现阶段不该由污水处理厂处理的污染物列入到预处理标准之中，并进行严格的控制。第二，生态环境部制定的基于技术的预处理行业排放标准。用于控制工商业点源排放的类别标准与控制直接排放的"经济可行的最佳技术"标准是相似的，也要求使用现有最佳的处理技术的原理来制定。第三，设计地方预处理排放限值。出于对地方不同水质目标的考虑，目的是解决特定需求的城市生活污水处理厂及其污泥和受纳水体的达标问题。

（2）省生态环境厅的流域水质局负责预处理排污许可证的审批，委托市县政府执行　省生态环境厅的流域水质局为城市生活污水处理厂颁发预处理排污许可证，并具有管理权和监测核查的权利。城市生活污水处理厂有责任和义务知道进水的企业情况，包括清单、污染物，并监督管理是否达到他们的排放要求。城市生活污水处理厂审核并验证许可证申请中的信息，对工商业点源排污进行检验以确定实情、统计数据，在可能的情况下抽样并分析工商业点源的废水排放。专业的城市生活污水处理厂人员、有效沟通、重点工商业点源排污合作是收集完整精确信息的根本。省生态环境厅的流域水质局是预处理制度的审批部门，市县政府负责颁发预处理排污许可证。

6.5.3.3　污泥管理制度建议

完善污泥管理的污染物、限值、监测、记录保存和报告的法规，建立完备的全过程监管制度和记录、存档及报告制度，定期对污泥运输、设施运行、污染物排放、污泥最终去向等情况进行监督、评估、记录和报告，保证污泥工程的工艺路线、环保措施、污染物排放等信息的公开透明，为社会监督和公众参与提供途径。在标准规范方面，制定污泥焚烧、地表处置、填埋等处理处置标准，加入对重金属施用负荷的限制，最大限度地保证污泥的安全使用。此外，标准中应增加对监测项目和监测频率的规定，增加标准可操作性，加强对污泥处置利用的有效监管。

6.6　非点源排放控制政策与受损水体水质达标规划政策分析

6.6.1　非点源排放控制政策总论

非点源污染主要是由降水、土壤径流、渗透、排水、泄漏、水文条件的变更以及大气沉积引起的。降雨或融雪水的流动而形成的径流携带输送了由自然和人类活动产生的污染物，并最终将它们沉积到河流、湖泊、湿地、沿海水域和地下水中[41]。

与点源相比，非点源污染具有空间上的广泛性、时间上的不确定性、滞后性、模糊性、潜伏性，信息获取难度大，危害规模大，研究、控制与管理难度大等特点[42,43]。非点源污染具有以下特征：①非点源排放的污染物间断性地以离散的方式进入地表或地下水，经过的时间间隔通常与气象条件相关；②污染物来源于广阔的地域范围，并且在地表运动，最终汇入地表水或者渗入地下水；③非点源污染的程度与不可控的气候变化及地理、地质条件有关，并且在不同地点、不同年份有很大的不同；④与点源排放相比，对非点源的排放监测往往难度更大，费用更高；⑤非点源污染的消除，重点在于前端管理，即土地和地表径流的管理，以减少污染物的排放，而不是排放后的末端治理；⑥非点源污染物可能会以雨水沉降污染物的形式输送和堆积。

非点源中污染物按影响比例分别为沉积物、营养物质、有毒的化合物、有机物、漂浮物和病原体[44]。水文条件的变化也可能对地表水和地下水的生物、物理完整性产生不利影响。从非点源主要污染物对水体损害的影响来看，主要影响集中在以下几个方面，见表6-27。

表 6-27　非点源污染的来源类型及影响

污染物质	非点源污染源	水体功能影响
病原体	① 动物(养殖的、野生的、家畜)； ② 有故障的化粪系统； ③ 牧场； ④ 动力水上设施； ⑤ 土地的施肥； ⑥ 土地的废水	① 人体健康风险； ② 由娱乐摄取或接触受污染水体的疾病风险； ③ 饮用水供应处理成本增加； ④ 贝类栖息地损害
重金属	① 废矿排水； ② 危险废物点； ③ 码头； ④ 大气沉降	① 水生生物损害(例如由于急性或慢性的沉积物积累或污染，造成鱼类数量降低)； ② 饮用水供应(提高原水浓度)； ③ 鱼类污染(例如汞)
营养物	① 农田(施肥)； ② 已开发的土地空间(例如草地、高尔夫球场)； ③ 动物(养殖的、野生的、家畜)； ④ 有故障的化粪系统； ⑤ 牧场； ⑥ 动力水上设施； ⑦ 土地的施肥和废水； ⑧ 大气沉降	① 水生生物损害(例如植物过度生长、低溶解氧)； ② 直接饮用水供应影响(例如高浓度硝酸盐对健康的影响)； ③ 间接饮用水供应影响(例如植物过度生长导致水厂过滤设备堵塞)； ④ 景观娱乐影响(由于植物多度生长对渔业、划船和游泳通道、景观和气味等方面的影响)； ⑤ 人类健康影响
沉积物	① 农业(农田和草地侵蚀)； ② 造林和木材砍伐； ③ 牧场侵蚀； ④ 过多的堤岸侵蚀； ⑤ 建设； ⑥ 公路； ⑦ 城市径流； ⑧ 山崩； ⑨ 废弃矿山排放； ⑩ 河道河床修理	① 填满用于避难等用途的场地； ② 填满砂砾层孔隙(减少产卵栖息地和降低氧气交换)； ③ 悬浮时阻挡鱼类觅食和堵住鱼鳃，大量的悬浮物影响鱼类游动； ④ 饮用水中的味觉或气味问题； ⑤ 河道自然改变影响游泳和划船； ⑥ 间接影响钓鱼等休闲娱乐

续表

污染物质	非点源污染源	水体功能影响
温度	① 缺乏岸边遮蔽； ② 宽浅渠道（由于水动力影响）； ③ 水电坝； ④ 城市径流（较热的来自不透水地面的径流）； ⑤ 沉积物（比清水吸收更多热量的浑浊的水）； ⑥ 废矿排水	① 当温度超过承受极限时导致致命后果,增加新陈代谢(尤其对高需氧量的水生生物)； ② 增加食物需要； ③ 降低生长率和溶解氧； ④ 影响迁徙时间； ⑤ 增加疾病敏感； ⑥ 增加光合作用速率(增加藻类生长,植物分解消耗氧气)； ⑦ 引起植物过度生长

　　从美国经验上看，虽然在治理分散的污染点源方面取得了长足的进步，但是那些主要由非点源引起的复杂的污染问题使水生生态系统仍然遭受着破坏。美国非点源污染约占总污染的 2/3。其中，农业污染占非点源污染总量的 68%～83%，20% 的农业污染来自集约化养殖废物排放；60%～80% 的水体污染来自农业非点源污染，养殖业与农业污染一起，导致 3/4 的河道和溪流、1/2 的湖泊污染[45]。

　　从非点源来源看，主要包括以下几类：

　　（1）农业　农业非点源的污染一方面是由不科学的农业生产模式导致的，例如动物饲养和粪肥投放管理不善，动物过度放牧，春耕过于频繁，或不科学施用农药及化肥；另一方面和农田污水灌溉有关，部分缺水地区，污水成为灌溉的主要来源，超标污水通过土壤进入地下水或直接进入地表水体，会导致土壤和地表水及地下水体污染。

　　（2）林业　与林业相关的非点源污染的来源包括河滨植被、道路建设和使用、木材采伐以及植树机械过程中产生的污染物。道路施工与使用都是林地非点源污染的主要来源，占林业经营总沉积物的 90%。另外，水体中过量的泥沙可减少水生生物通过、觅食和产卵的能力。

　　（3）径流排放和生境改变　径流排放是指在开渠改造、修建大坝河岸以及对海岸线的侵蚀与污染物的排放。开渠改造、修建大坝河岸的活动中的一个常见的结果是减弱了河道内鱼类和野生动物对栖息地河滨的适用性，也可以改变水的温度和河道沉积物的类型，以及泥沙侵蚀、运移和沉积的速率和途径。面源污染物沿着不透水的表面加速地运动，从流域上游排放到沿海水域。修建大坝对水利工程、地表水的质量、河流栖息地产生不利影响。

　　（4）码头和游艇资源开采　码头和休闲划船在沿海水域有非常普遍的用途。码头坐落在水边，发生在码头的各种活动（如船坞、船的清洗，加油业务和船头的排水）所产生的污染物，通过雨水径流从停车场及船体保养和维修进入水体。

　　（5）废弃矿井排水　废弃矿井的排水是与采矿活动接触的水，通常与煤炭开采有关。在过去开采的地区，是一种常见的水污染形式。影响水质的矿山废弃水有：酸性矿井水、碱性矿山排水、金属矿山排水。酸性矿井水是富含重金属的高酸性水的形成和运动。这种酸性水形成的地表水通过化学反应（雨水、融雪水、池塘水）和含有含硫矿物岩石的浅层地下水，形成硫酸。重金属可以从接触到酸的岩石中浸出，这一过程可能会大大提高细菌的作用。由此产生的液体可能是非常有毒的，当与地下水、地表水和土壤混合时，可能对人类、动物和植物产生有害的影响。

（6）公路和桥梁　是指公路和桥梁的径流污水到达地表水的污染。从交通中残留和溢出的重金属、油类等有毒有害污染物可以通过在建筑工地及土壤中吸收，被径流水携带最终排放到湖泊、河流和海湾中，造成扼杀水生生物和引起水道堵塞的沉积。

（7）城市地区　在降雨过程中，雨水及所形成的径流，流经城镇地面，如商业区、街道、停车场等，聚集一系列污染物，如原油、盐分、氮、磷、有毒物质及杂物，随之进入河流或湖泊，污染地表水或地下水体。

（8）湿地/河岸带　湿地与河岸地区是陆地与相邻水体之间的天然缓冲区，它们作为非点源污染物的天然过滤器，包括泥沙、营养物、病原体和金属，以及水体，如河流、溪流、湖泊和沿海水域。

（9）其他来源　大气的沉降物如大气干沉降与湿沉降，大气中的有毒物质直接降落在土壤或水面，或随同降雨或降雪降落在土壤或水体表面。

对非点源的控制及污染负荷削减的主要机制，是采用最佳管理实践和受损水体水质达标规划。受损水体水质达标规划包括描述流域、确定流域具体问题、制定目标、确定解决方案、建立伙伴关系以及衡量进展情况。

6.6.2　美国非点源管理制度分析

美国在1972年出台《清洁水法》以后，点源的排放治理取得了非常显著的效果。2000年，全国普查的结果中显示仍然有40%的水体没有符合水质标准，主要是由非点源引起的，其中40%来自泥沙和沉积物，25%是由于营养物质。总体来说，农业、城市城郊的雨水冲刷导致的污染比较严重。

1972年的《清洁水法》第208条款，要求各州自己制定管辖范围内的非点源管理规划，联邦从经济上进行支持。法规中并没有设置污染物的排放限值和控制氮、磷等排放量的限值，也就是说从联邦角度尚没有明确规定要控制非点源。1987年在对《清洁水法》的修改中，第319条款中明确提出要在州内制定控制非点源污染的规划，国家环保署（EPA）予以资金支持。根据第319条款的要求，首先州和授权的部落、区域需要为非点源污染制订管理计划，联邦为州、部落、领域制订和实施非点源管理计划提供资金。此后，几项相关法律和规划陆续出台。《海岸带管理法》（Coastal Zone Management Act）要求28个沿海的城市制订非点源控制计划，由EPA和大气海岸管理局联合执行。《国家河口规划》（National Estuary Program）要求在全国有特别意义的28个河口，为保持河口水质、鱼群数量和水体特定用途制订和实施综合性保护和管理计划，联邦予以资助。后来颁布的《海岸带法案修订案》（CZARA）、《农村清洁用水规划》（RCWP）、《环境质量激励计划》（EQIP）、《改善保护区计划》（CREP）、《湿地保护区计划》（WRP）等有针对性的专项规划，也都在非点源治理上发挥了关键的作用。"

美国农业部下设专门机构负责农业非点源及农业流域污染的管理。美国农业部下设的自然资源保护局（NRCS），参与完成了许多重要水资源项目，为农业管理实践、湿地恢复、土地退修和其他与流域规划有关项目的实施提供资金支持。NRCS通过各州的合作伙伴关系建立了当地办事处，作为流域保护工作的一部分，NRCS负责管理美国农业部流域计划（根据公法83—566）。该计划的目的是协助联邦、州和地方机构、地方政府赞助者、部落政府以及其他项目参与者，保护流域免受侵蚀、洪水和沉积物造成的损害，恢复受损流域，保护与开发水和土地资源，解决自然资源问题。同时，早在20世纪70年代末期，NRCS

就发起了国家计划，进一步将美国地质勘探局原设定的流域单位细分为更小的流域，并于后期对流域周边农业种植养殖情况进行统计、记录在册，以便后续管理。

在美国，针对非点源的管理，主要通过最佳管理实践和受损水体达标规划（TMDL）得以实现。

6.6.3　最佳管理实践

6.6.3.1　最佳管理实践制度分析

对于非点源，除了流域计划可为其提供削减机制外，还可对其实施最佳管理实践，使得水质达标。这些措施都要以流域受损水体水质达标规划制定的点源总的排放核算量为基础。当为流域内的点源设置了许可证时，记录应该对未来非点源的削减有所保证，即确保非点源控制措施的实施和维护，并通过监测计划验证非点源削减。当不能证明完成非点源负荷削减时，可以为点源制定一个更为严格的许可证限制。

根据美国经验，最佳管理实践是防治或减少非点源污染最有效和最实际的措施，主要用来控制农业、林业等生产实践中污染物的产生和运移，防止污染物进入水体，避免非点源污染的形成。最佳管理实践通过技术、规章和立法等手段能有效地减少非点源污染，强调源的管理而不是污染物的处理。

最佳管理实践可以是结构性的（如废物处理池、隔离带、沉积池），也可以是管理性的（如轮牧、营养物质管理、农药管理、保护耕地）。最佳管理实践一般不在解决水质问题时单独使用，而是与其他方法相结合来构筑管理实践系统。举例来说，土壤测试是一项进行营养物质管理的行之有效的实践，但是如果没有对现实生产的评估、有效的水管理、适当的耕作技术和时间选择，以及正确的营养物质选择、施用率及处置，那么营养物质管理的行为期望是不可能实现的。

对于非点源排放管理的思路是加强源头和过程控制，减少非点源污染物进入天然水体的量。一方面是对水土流失进行防治，切断营养物质进入水体的通道；另一方面，也是最根本的方面，就是从源头上防止面源污染的产生，即通过流域中种植业生产方式的调整，推广生态农业模式，以生物措施代替化学措施，达到减少氮肥、磷肥以及农药的施用量，缓解土壤板结程度，增强土壤对氮、磷元素的附着力，提高作物对氮、磷元素的吸收利用强度等效果。对于城市暴雨，则需要发放城市暴雨许可证，防止污染物随雨水进入水体。

为全面解决非点源对水体造成的损害和威胁，在美国，以州为管理单元对流域内所有的非点源实施管理计划并采取控制措施。常用的最佳管理实践示例如表 6-28 所列。

表 6-28　最佳管理实践示例

农业	① 动物废物管理；保护耕作；施肥管理。 ② 全面有害物管理；禁止畜牧业；山脉和牧场管理。 ③ 梯田；基于草皮的轮作
造林	① 地面覆盖维修；限制扰动区域；原木砍伐技术。 ② 农药/除草剂管理；合理管理运输道路；消除碎石。 ③ 滨水地带管理；道路防滑实验管理

续表

设施构造	① 无植被覆盖地区土壤的加固。 ② 径流阻留/保持
城市	① 蓄洪；铺设多孔路面；径流阻留/保持。 ② 街道清扫
矿业	分块切割；暗渠防水；分洪

农业非点源是水污染非点源中的重要部分。与工业污染点源不同，农业污染通常是无序的分散排放，具有分散性、隐蔽性、随机性、不易监测性和空间异质性等特点。有机物（COD）、总氮（TN）、总磷（TP）是农村面源污染物负荷的主要来源。农业非点源污染主要来自以下几方面：一是化肥的过度使用，加之化肥的利用率较低（一般只有30%～40%），导致大部分养分流失进入环境，造成土壤、地表水、地下水等污染；二是农药的大量使用（利用率只有10%～30%）；三是畜禽养殖造成的污染，已成为引起水体富营养化中氮、磷污染物的重要来源；四是生活过程中产生的污染包括村镇生活污水的随意排放，农村固体废物随意堆积对空气、土壤以及随暴雨进入水体造成的污染等。

6.6.3.2 最佳管理实践举例——营养物的控制

许多最佳管理实践可用于控制城市和乡村（农业）的非点源营养物。可选的最佳管理实践可分为管理、工程和植物三类。要选择最有效的最佳管理实践或组合最佳管理实践，管理者要首先确定污染物来源及污染物进入水体的途径。表 6-29 列举了减少非点源污染的多种最佳管理实践。

表 6-29 控制来自农业和城市非点源营养物的常用最佳管理实践

营养物来源	管理最佳管理实践	工程最佳管理实践	植物最佳管理实践
农业	营养物管理； 牧场和牧草管理； 适当的土地牲畜量； 废物堆肥计划； 灌溉管理； 氧化塘废物管理； 谷物残留管理； 牲畜排泄物处理	动物废物处理系统（氧化塘，严加控制储存的区域）； 栅栏（围住牲畜）； 转移； 梯田； 废水坑； 储水/滞洪池； 人工湿地； 垃圾堆肥设施建设	作物覆盖； 等高条植； 河岸缓冲区； 作物类型（根据营养物需求确定）； 水土保持耕作； 植被过滤带； 临界区种植
城市	分区法规； 约束性规定； 生长管理； 缓冲区和壁阶； 地点计划审查； 公共教育； 污染物排放许可； 污染预防计划； 泄漏控制计划； 道路养护计划（清扫街道）； 化粪池抽吸时间	发展中城市； 扩展储水池； 人工湿地； 多功能池系统； 洼地； 发达城市； 多孔路面； 更新雨水滞留系统或湿地； 砂滤池	植物过滤带； 河岸缓冲带； 植被覆盖

最佳管理实践主要通过预防污染或污染源控制来减少污染。管理最佳管理实践依照法律（分区法规、排放许可证）和规划（营养物管理规划、道路养护计划）控制土地使用防止污染。工程和植物最佳管理实践在污染物从源头到达水体前截流来控制污染。大多数工程和植物最佳管理实践用于解决特定的污染问题。如多孔路面和渗透流域，旨在加强径流渗透。其他最佳管理实践包括作物覆盖、改道、保护性耕作、关键领域种植等，用于减少水土流失。还有许多最佳管理实践有多种功能控制，如储水池和人工湿地不仅可储存径流水（可从水中去除污染物），而且还具备能够吸收部分营养物的植物。最佳管理实践的组合实施是控制大量非点源污染物相对成功的方法。

此处列举资料中，在美国 Beaver Creek 和 Grand Lake St. Marys 流域使用流域模型（SWAT）模拟评估了实施农业最佳管理实践后的潜在影响。通过收集最佳管理实践的信息，如表 6-30 所列，为我国设计最佳管理实践的模式提出了可借鉴的方式。

表 6-30　适用于 Beaver Creek 和 Grand Lake St. Marys 流域的不同最佳管理实践的潜在有效性

最佳管理实践	去除机制描述
营养盐管理计划	指导具体地点使用恰当施肥速率、方法以及时机；应用适当的优化作物产量速率，可减少过量营养盐应用导致的负荷
保护性耕作	以最低 30% 的覆盖作物残渣简化耕作实践；减少侵蚀率和磷损失；通过提供有机物质和营养盐补充增加土壤质量
粪便堆肥	堆肥是有机物质的生物分解和稳定过程，会产生热量；其终产物稳定，没有病原体以及能发育的植物种子，对土地有益
为牲畜提供替代水源	为牲畜提供远离河流的水源；减少河岸践踏以及河流中排泄物质的沉积
将牲畜围拦在河流外	在放牧区和河流渠道之间放置围栏，减少河岸的践踏以及河流中排泄物质的沉积
牧场保护	使用覆盖作物或轮牧模式，最大限度地利用地面覆盖，减少土壤板结
精细养殖	饲养策略旨在降低氮和磷损失，包括精确的饲料配方，提高喂养饲料的消化，加强谷物及其他成分遗传学特性，从而提高饲料的消化并促进质量控制
控制排水	这一做法涉及在瓦管系统的不同位置放置简单的水控制结构来提高水位。硝酸盐损失的降低主要是由于排水量的减少，其次是由于土壤中的反硝化作用增加。如果适当管理，控制排水能产生更多植物可利用的水，提高作物产量
覆盖作物	在闲置农田上种植地面覆盖植物；降低侵蚀，向土壤基质提供有机物质和营养盐，降低营养盐损失，抑制杂草以及控制昆虫
过滤带	在农田排水路径上安置植被带，处理沉积物和营养盐
草洼地	为径流运输提供约 24h 的储存；通过沉淀和植物吸收去除污染物；减少洪峰流量速度和随后的侵蚀
保护地役权	将高度侵蚀的土地或营养盐敏感水体附近的土地转换成草地或森林覆盖；自然条件下负荷降低
河岸缓冲区的恢复	将毗邻河道的土地转换成植被缓冲区；通过沉淀和植物吸收去除污染物；稳固河流堤岸，遮蔽河流增加美感
恰当使用原位废水处理系统	定期维修（如每 3～5 年抽吸）和检查流域内所有的现场废水处理系统；故障系统需要立即修理（或替代）并与直排的瓦管排水系统断开

6.6.4　美国受损水体水质达标规划（TMDL）分析

TMDL 计划的总目标是识别具体污染区和土地利用状况，通过对这些具体区域点源和非点源污染物浓度和数量提出控制措施，从而引导整个流域执行最好的流域管理计划。

虽然早在 1972 年的《清洁水法》第 303 条款中就提出了 TMDL 计划，将水体点源和非点源污染纳入统一管理范围，对各州、领地水域水体的水质标准和 TMDL 计划的制定和实施也都作了相应的具体规定，但是 TMDL 计划在 20 世纪 70 年代和 80 年代却被忽略。80～90 年代，一系列针对 EPA 和州未履行 TMDL 计划的公民诉讼及愈发严重的非点源污染迫使美国环保署重新关注 TMDL 计划，为其制定指导方针及具体实施办法，加速 TMDL 计划的实施与发展。

1972 年《清洁水法》中的 303（d）条款已规定各州、领地、部落要按照治理优先顺序列出受损水体的清单。清单的内容包括受污染和受污染威胁的水体名称、主要污染物、污染程度、污染范围等，并针对这些水体制订 TMDL 计划。1987 年修订的《清洁水法》要求，如果各州的不达标水体在实施基于技术和水质的控制措施后，仍未能满足相应的水质标准，那么 EPA 就要求州政府对这类水体制订并实施 TMDL 计划。EPA 于同年颁布了 TMDL 计划的具体细则，并于 1991 年出版了《基于水质的决策——TMDL 进程指南》，对 TMDL 的实施起到了很好的指导作用。1992 年 EPA 又对 TMDL 实施细则进行了修改。根据 1992 年制定的 TMDL 规则，EPA 要求各州将没有达到水质标准的河流列入清单。州必须确定每个受损水体水质达标时点源和非点源排放污染物的削减量。根据当时 305（b）报告，有将近 21000 个河段、湖泊、河口受损，总计受损河长超过 30 万英里、受损湖面积超过 500 万英亩（1 英亩≈4046.86m²）。这些受损河流需要实施的 TMDL 计划超过 4 万个。根据 1992 年 EPA 的政策，要求大部分州在 8～13 年完成 TMDL 计划。为更快实现水质达标及完善 TMDL 计划，EPA 于 1996 年开始依据《清洁水法》303（d）条款对各州 TMDL 的执行情况进行全面评价。针对此次评价中发现的 TMDL 计划的一些新问题，EPA 于 1997 年对 TMDL 计划进行了详细的指导性说明，并于同年 8 月出版了 TMDL 计划实施的技术指南，指南对当前完善 TMDL 计划所遇到的问题进行了分析。针对这些问题，EPA 在联邦顾问委员会法案授权下组成了一个委员会，这个委员会由 20 个不同背景的委员组成，包括农业、森林、环境方面的专家和州、领地及部族的政府官员。根据委员会的建议，EPA 在 1999 年 8 月起草了新的 TMDL 法则。2000 年 3 月国家审计局（GAO）的报告明确指出各州在制订水质标准、确定受损河流并实施 TMDL 计划方面普遍缺少数据。对于这些困难，经过较长时间的讨论，EPA 于 2000 年 7 月 13 日颁布了新的 TMDL 计划法则。

随后，美国许多州为其州内受损水体制订了 TMDL 计划，2001 年和 2002 年，被批准或实施的 TMDL 计划超过 5000 个，并在最近 10 年中每年都以稳定速度上升，仅 2005 年和 2006 年，每年被批准或实施的 TMDL 计划就超过 4000 个。而 2008 年被批准或实施的 TMDL 计划更是多达 9000 个。而从污染物的分类上来看，美国已对水体的营养物、沉积物、病原菌等实施了 TMDL 计划，并对点源和非点源污染采取了有效的控制措施，从而极大地改善了受损水体的水质，保障了受污染的水体能够达到它的指定用途。截至 2010 年 2 月，美国各州制订的 TMDL 计划数量已达 40000 多个。虽然这个巨大的数字说明了各州和

EPA 已付出很多的努力，但各州的统计数据表明，在接下来的 8～13 年中，仍需制订和实施约 70000 个 TMDL 计划。这表明每年将要制订和实施的 TMDL 计划为 5300～8700 个，为过去十年每年制订实施的 TMDL 计划平均数目的近两倍。

20 世纪 90 年代末，美国大部分 TMDL 工作集中在单一区段的 TMDL，即许多点源受损水体的单一的废水负荷分配。21 世纪初，开始使用流域框架制订统一流域中多个 TMDL 计划共同治理。随着 EPA 流域框架 TMDL 的不断发展，使用流域框架制订实施 TMDL 是解决流域水环境良好发展问题的一个良好策略。流域 TMDL 可以帮助各州减少其制订单独 TMDL 的成本，在给定资源的情况下可解决更多受损水体的问题。

6.6.4.1　受损水体水质达标规划（TMDL）框架

受损水体水质达标规划应该包含所有会影响水质状况的污染源。既定规则可能使受损水体水质达标规划只能应用于用化学和物理指标表达的污染水体。对于应激源在克服污染造成的影响以及恢复水体有效的活动，如栖息地恢复和河道改良，在实施受损水体水质达标规划时也应将其考虑在内。

受损水体水质达标规划的使用要基于水质的方法，针对严重受损水体要制定优先治理水体清单。

受损水体水质达标规划包含如下：受损水体水质达标规划中水质受限水体的鉴别；确定需要实施受损水体水质达标规划水体的优先顺序；制定受损水体水质达标规划；实施控制措施；评价基于水质的控制措施。另外，建立合作关系，公众参与，促进和支持创新。

受损水体水质达标规划框架设计见图 6-10。

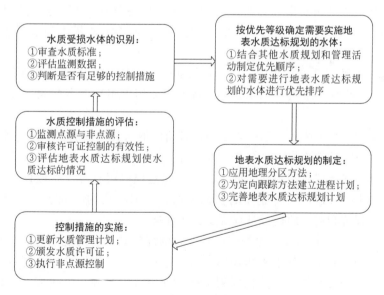

图 6-10　受损水体水质达标规划框架设计

6.6.4.2　受损水体水质达标规划管理体制

受损水体水质达标规划由美国环保署制定，由各州环保部门有效执行基于水质的控制，需要美国环保署和州环保部门将各利益相关方纳入整个受损水体水质达标规划的制定过程中。

各州对水质管理的主要责任在于其水质标准的执行、排污许可证的管理和非点源污染的管理。当地方政府被授权实施非点源控制措施时，组织间和政府间的协调尤其重要。州环保部门应带头促进和鼓励地方政府间的合作。美国环保署负责确保通过颁布和实施条例、发布计划指导和提供技术援助使水质标准的要求得到实现。

（1）州环保部门的职责

① 鉴别需进行受损水体水质达标规划的水质受限水体，提交污染水体清单 在清单的提交中要注意，如果某一水质受限水体未被列入清单，州环保部门必须表明，根据当前的证据说明控制是可行的、具有针对性的，足以实现水质达标。如果控制尚未实施，州环保部门必须提供一个及时执行的时间表。鉴别出的水体应包括在污染水体清单报告中，在每两年的规定日期前提交至环保署。污染清单应更新以反映最新的监测和评估数据。查明污染的原因及来源，即在鉴别污染水体清单时，应查明清单中每个区段的受损原因。列入清单的文档和理由，即污染水体清单上交给环保署的同时，也要上交足够的支持文件。州环保部门在编制清单时会使用许多数据和信息源，清单文档应提供关于制定清单的方法的说明、用于识别水质受限水体的数据和信息的说明，并在附录中记录未使用某些信息的原因。所有清单中的水体都应有这些文档。足够的公众参与也应是清单进程的一部分，确保所有的水质受限水体都被鉴别。

② 识别及预定目标水体 预定接下来两年要制订受损水体水质达标规划计划的目标水体清单，随污染水体清单一同上交。根据州环保部门在考虑影响程度和水体指定用途的情况下制定的优先顺序，确定具有高优先级的受损水体水质达标规划。各州上交的目标水体要接受美国环保署的审查和批准。美国环保署希望各州环保部门在制定其高优先级目标水体清单的过程中实施公众参与。目标水体的控制措施是州水质管理和规划的重要部分。

③ 制定受损水体水质达标规划 各州环保部门应为其水质受限水体制定受损水体水质达标规划。制定受损水体水质达标规划时，各州应使用美国环保署的技术支持文件和技术指导系列。

在各州提交的受损水体水质达标规划中，各州应纳入其提议的受损水体水质达标规划，点源、非点源以及区域评价州水质分析和决定是否批准提交的受损水体水质达标规划所需的配套信息。州环保部门应在提交之前就具体信息达成协议。对于阶段性受损水体水质达标规划，州环保部门可能还需将建立的控制说明、数据收集的时间表、控制措施的制定、水质标准的可达评价和额外的模拟过程提交给环保署。

④ 持续规划进程 各州需要根据美国环保署的规定制定持续规划进程。州环保部门的持续规划进程需描述其鉴别基于水质控制的水体过程、水体优先排序、制定受损水体水质达标规划的过程及受损水体水质达标规划接受公众审查的过程。描述应尽量详细，符合环保署区域办公室和州描述受损水体水质达标规划过程的要求。这个过程应被包括在环保署和州制定受损水体水质达标规划的协定中。

⑤ 水质管理规划 州环保部门将环保署批准和制定的受损水体水质达标规划纳入其水质管理规划中。水质管理和规划条例规定，当环保署根据污染清单批准或制定受损水体水质达标规划时，受损水体水质达标规划则自动纳入州规划中。

⑥ 公示和公众参与　根据水质管理和规划规章及州环保部门的规定，受损水体水质达标规划应接受公众评论。州和地方社区应参与确定哪些污染源应治理或控制才能达到允许负荷。环保署期望将当地社区纳入决策制定之中，提高受损水体水质达标规划实施成功的可能性。

在受损水体水质达标规划的制定中，州环保部门需发布公告，召开公开审查相关受损水体水质达标规划的听证会。这项工作可以同许可证管理、建设城市污水处理厂、水质标准修订和水质管理计划更新的公示和听证会联合举行。每份公示都应确定受损水体水质达标规划为其主体的一部分。一旦进行公示（如公众鲜有反馈），则一直到受损水体水质达标规划的最终报告出台都不举行听证会。

此外，如果州发现其基于水质的控制可能是有争议的，州环保部门需要让环保署区域办公室和公众在受损水体水质达标规划进程的早期就参与其中，并参与整个过程。

（2）美国环保署职责

① 水体污染清单审查　水体污染清单及水质规划和管理条例，要求美国环保署审查和批准或者不批准州环保部门的水质受限水体清单以及确定污染负荷。该清单每两年提交一次，并将根据州环保部门制定清单的文件和理由确定是否批准。

在审查州环保部门清单和文件后，美国环保署认为州环保部门已确定并适当地列出所有受损水体及要实施控制的水体，则美国环保署会批准清单并发信批准州环保部门的提交。在审批过程中，美国环保署可要求州环保部门提供更多的证据，包括最近的或准确的数据、更准确的水质模型、原来分析的缺陷等。

如果美国环保署不批准州环保部门新制定和修订的受损水体水质达标规划水体清单，则由区域办公室确定这些新的和修订的水体清单，如必要则制定受损水体水质达标规划。

② 受损水体水质达标规划审查和批准　水体污染清单及水质规划和管理规章要求美国环保署审查所有的受损水体水质达标规划以确定其批准或不批准。

③ 计划审计　美国环保署期望能通过计划审计衡量基于环境成果和行政目标的表现。为此，环保署将定期进行州水质计划审计，主要审查区域对各州的走访、州毒物控制计划和各州对环保署地表水毒物控制计划的行动计划概要。这些项目的审计将有助于确定哪里需要培训或另需援助，并确定计划目标的实施。

④ 技术援助和培训　美国环保署和区域办事处可为州制定受损水体水质达标规划提供技术援助和建议。美国环保署与美国环保署下设暴露评估建模中心联合提供模型方面的培训和援助。美国环保署还为水体系统用户提供培训和技术援助。

6.6.4.3　水质受限水体识别

基于水质的污染控制方法首先要鉴别问题水体。水质标准是鉴别的基础，也是评价水体状态和实施所需控制措施的准绳。美国国家科学研究委员会在受损水体水质达标规划评估报告中指出，受损水体水质达标规划计划在应用其水质标准时要注意：

① 生物学标准应该与物理和化学标准联合起来使用，确定水体是否满足指定用途。一般来说，与化学或物理方法相比，生物学标准和水体的指定用途联系更紧密。然而，应根据适合的模型结果制定满足生物指标达标的管理措施。

② 所有的化学标准和一些生物学标准的制定应该考虑数量、频率和持续时间。频率分

量应该用指定时间内允许的变化范围来表示。标准的这三个分量对于制定水质标准和进行受损水体水质达标规划是至关重要的。

③ 用合理的已有监测数据衡量水质标准。环保署水质规划和管理规章制定了仍需受损水体水质达标规划的水质受限区段的鉴别步骤。当某些水体（区段）控制措施不足以使得水质达标时，需要实施受损水体水质达标规划。

基于技术的排放限值是应用最为广泛的水污染控制措施。州环保部门和当地政府可以制定超出基于技术控制的可行规定。比如，在颁发的许可证中设计更为严格的限值，保护珍贵水生资源或对特定的非点源污染进行管理。

鉴别需要纳入受损水体水质达标规划的优先水体清单是这个阶段的重要组成部分。各州环保部门要优先对那些新的点源或者非点源实施合适的控制措施，保持水体的现有用途。在鉴别水体时，污染水体清单进程通过考虑水质标准计划，确保遵守水体不退化政策。通过鉴别受威胁的优质水体，各州环保部门在水质管理中将采取更为积极主动的污染预防方法。

6.6.4.4　确定制定受损水体水质达标规划的优先顺序

在鉴别需要采用额外控制措施的水体后，各州环保部门需要使用其已经制定的排序程序对清单水体进行优先排序，这种排序需考虑到州内所有污染控制措施。优先排序一向是由州自定义的，各州在其排序的复杂程度和设计上都有所不同。

环保署指出优先排序必须考虑到水体的受污染程度和水体用途。资源是制定受损水体水质达标规划优先顺序的主要考虑因素。环保署和各州环保部门应该制订多年计划，确定优先顺序和工作量及可用资源，通过优先处理最有价值和受威胁的资源及最严重的水质问题，获得环境利益的最大化。

确定制定受损水体水质达标规划的优先顺序是对州内水体相关价值和有益性的评估，在评估中还应考虑以下因素：对人体健康和水生生物的风险；公众感兴趣和支持程度；特殊水体的娱乐、经济和美学价值；特殊水体作为水生栖息地的脆弱性和易损性；计划是否有迫切的程序需求，例如许可证超限排放需要更换或者修订，抑或是非点源负荷需要最佳管理实践；在制定污染排放清单的过程中发现的水体和污染问题；与水质相关的法院命令和决定；环保署年度工作指南中所规定的国家政策和优先事项。

各州要上交其优先顺序供环保署审查。为有效地对所有鉴别水体制定和实施受损水体水质达标规划，各州应制定多年度的时间表，制定中要考虑到目标水体及时的受损水体水质达标规划和解决所有仍需受损水体水质达标规划的水质受限水体的长期规划。

州评价其水体有很多目的，包括为清污行动设立目标、评价潜在污染场地的污染程度、符合联邦授权的报告要求。各州每两年进行水体评估并向环保署提交报告，州环保部门需定期更新其水体清单（或者存储制备清单的信息数据库）。州环保部门的双年度清单中须包括清单水体增减信息和上次报告的水体评估信息。要求各州每两年制备水质清单，记录评估的水体状态，同时要求各州鉴别所有受点源和非点源的有毒物质（65 种混合物等）、常规污染物（BOD、TSS、大肠杆菌、石油类等）、非常规污染物（氨、Cl 和 Fe）不利影响的地表水体。另外，要求各州制定一个包括因点源或非点源受损的公有湖泊清单。规定州评估报告鉴别那些受非点源不利影响的水体。

6.6.4.5　受损水体水质达标规划的制定

受损水体水质达标规划是衡量竞争污染问题并制定点源和非点源综合污染削减策略的推理方法。受损水体水质达标规划允许各州从河道条件入手全面了解其水质问题。

虽然国家可以根据当前的规划定义其水体，但州也应在确定受损水体水质达标规划的地理区域时考虑污染问题的程度和来源。在制定流域尺度的受损水体水质达标规划时，州应考虑修订许可证周期，以使某一流域所有许可证都在同一时间内有效。

制定流域整体受损水体水质达标规划的步骤（图 6-11）包括：利益相关者和受影响群体的公众参与，给予意见、反馈和补充，这一进程应贯穿整个受损水体水质达标规划的制定（和实施），全程识别流域特征、水体及受损情况；受损水体水质达标规划目标；潜在污染源；联系分析计算负荷容量；分配分析、评估，对点源进行废水负荷分配，对非点源进行负荷分配；受损水体水质达标规划报告和管理记录的编写及提交环保署。

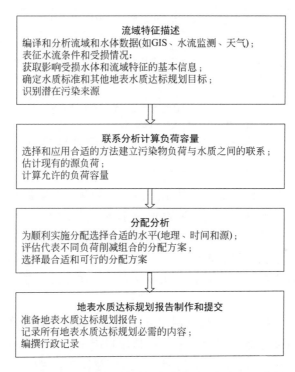

图 6-11　制定流域整体受损水体水质达标规划的步骤

（1）流域特征描述　受损水体水质达标规划要求深入了解流域的特点、现有数据、受损原因、污染源、水质标准和潜在的受损水体水质达标规划目标。许多信息必须在完成 TMDL 的过程中收集和总结。这就是受损水体水质达标规划组成中的流域特征描述。

流域特征描述是受损水体水质达标规划分析的基础，为所关注的受损、所需恢复的水平（如水质标准和受损水体水质达标规划目标）和受损原因提供基础信息。流域和水体特征、相关的受损及污染源可为确定受损水体水质达标规划使用的计算方法、详细程度及分析的关注点以及最终受损水体水质达标规划的实施提供必要的背景资料。流域特征描述的主要内容见表 6-31。

表 6-31　流域特征描述的主要内容

问题识别	确定受损水体水质达标规划目标。受损水体水质达标规划进程中问题识别的目标是确定受损水体水质达标规划所需解决的污染本质。大多数情况下,清单过程不足以代表问题识别过程。 州污染物清单中确定了受损水体和观测到的受损基本资料,通常包括水体特征(如名称、位置、尺寸)、所违反的水质标准、受关注的污染物及受损的疑似原因和来源。 受损水体水质达标规划通常仍需其他信息,例如:现有的水质数据在空间和时间上的分布;流域的水质数据和受损之间的关联;污染水体清单是否正确识别水体受损的原因和污染源
数据分析	空间分析:确定水体和流域条件的空间变化,识别污染源及了解几个受损区段之间的关系。 时序分析:评估受损、潜在源或其他造成受损情况的时序。 分析多个参数或水流措施(如污染物浓度和流量)之间的关系,了解临界条件和识别潜在源
污染物达标的目标识别	所有受损水体水质达标规划都需要评估水体水质达标的目标或指标
污染源评估	污染源评估能极大地影响受损水体水质达标规划的制定、相关的分配和随后的实施。污染源评估应是问题识别步骤分析的进一步的延伸,可更好地表征重要源,确定其位置、行为、强度和影响。污染源评估结果应是认识到造成受损的重要污染源以及其污染物贡献和所影响的区段。 各污染源的污染物负荷源通常在联系分析步骤进行量化,但这一步将编制和审查污染源位置及排放行为特点等必要资料。 通常,流域受损水体水质达标规划的污染源评估包括识别和表征点源(如污水处理厂、工业设施)及非点源(如放牧、木材采伐、化粪池系统)

（2）关联分析　关联分析是受损水体水质达标规划建立污染源和水体反应之间的原因和影响关系的步骤。建立何种准确度的联系取决于诸多因素的综合作用。流域受损水体水质达标规划中有一些具体的技术因素可能影响到受损水体水质达标规划的制定方法及其应用。流域受损水体水质达标规划制定中可能影响到受损水体水质达标规划制定方法选择的因素、常用的受损水体水质达标规划方法和一些实践者在其流域受损水体水质达标规划制定中的实际经验如下。

①　影响流域受损水体水质达标规划制定方法选择的因素　在选择制定受损水体水质达标规划的方法时，往往要考虑一系列因素，包括用户因素、方案因素和技术因素。用户因素和方案因素往往用于确定方法的一般类型（如简单与复杂、建模与非建模），而技术因素在具体方法和原则的选择中占重要地位。技术因素的选择受控于受损水体水质达标规划分析中的以下三个需要：空间尺度/分辨率，时间尺度/分辨率，所需过程或功能（如污染物类型、动态水体条件、内流迁移）。

流域受损水体水质达标规划制定中的流域特征描述步骤应通过对受损水体、所在流域和相关受损情况的了解总结必要信息，明确这些因素需求。

②　流域受损水体水质达标规划制定中各种方法的实际应用　不同方法在流域受损水体水质达标规划和单一区段受损水体水质达标规划制定中的效益不同。例如，一些方法（如流域模型）可以模拟污染源及其对本段和下游受损水域影响的相对大小和关系，为制定和优先分配提供更多的灵活性。另外，不直接模拟水文网络或污染源相对影响的非模型方法可从综合流域法中受益，如利益相关者参与、数据分析、源评估和实施规划等。

在美国经验中，EPA 对 TMDL 制定的常用方法及其在流域受损水体水质达标规划的制定中应考虑的因素如下。方法一般分为建模方法和非建模方法。建模方法包括流域模型和受纳水体模型，而非建模方法包括各种依赖监测数据、经验做法或文献值计算负荷容量的方法。

第一，建模方法。建模方法通常直接模拟上下游的污染源负荷效应，并通过动态模型实现负荷评估的自上而下的分析。使用动态模型，实践者可以跟踪了解污染负荷从子流域向下游运动的趋势。

a. 流域模型。许多受损水体水质达标规划使用流域模型评估现状和所允许的污染物负荷，确定分配、负荷削减和管理方案。流域模型强调流域水文和水质的描述，包括径流、侵蚀、沉积物和污染物的归趋。有些模型仅模拟基于土地的过程，有些则还包括相关河段，模拟水流运输和水质过程。流域模型在其模拟的过程和时间步长（如每日与每月）方面有不同的详细程度。流域模型的复杂度范围从使用负荷功能——基于广义气象因素（如降水、温度）经验估算负荷到基于物理的模拟——科学方程式表示与径流、污染物积累和冲刷以及沉积物分离和运输的物理、化学和生物过程。使用流域模型制定受损水体水质达标规划通常是因为其能够预测不同土地利用和多个子流域产生的污染物。预测空间负荷、负荷的归趋和水流运输取决于使用的模型类型和其在流域中应用的方式。

在流域模型中，土地利用和污染源的表示也有不同的详细程度。根据模型带有的土地利用信息的类型，流域可能有多种土地利用类型。然而，这些土地利用类型很多是相似的，特别是考虑到它们产生和运输污染物的相关特征。例如，一种土地利用范围可能包括住宅土地利用的多个类别（单个家庭、低密度、高密度）。这些类型的污染物来源很可能是相同的，其影响污染物产生和运输的主要区别在于每个类别相关的隔水盖层的数量。对于建模分析，可适当地将所有住宅类别合并为一种类型并在模型中使用其防渗的平均值。消除多种类似的土地利用将促进更有效的模型应用和分析。所关注的污染物也会影响模型中流域土地利用的评估，应分离出代表特定污染物不同来源的土地利用。例如，农业土地利用可能通过一些子类别（农田、牧场、草场）表示。对于针对金属负荷的流域受损水体水质达标规划，没有必要细化这些子类别，而将其归到一般的"农业"类别。不过，如果受损水体水质达标规划针对细菌或营养物，农业地区可能是主要污染源并且评价亚类也许是有意义的，因为它们表示不同污染源种类和传递途径。

流域受损水体水质达标规划的制定中，相互关联的多种因素影响每个元素的分析程度。这种因素包括：受损类型（如违反指定用途的数值标准或现有用途受损），水体和流域中的物理、生物和化学过程，流域的规模，数据来源，可用的数据和资源，实施受损水体水质达标规划所需的行动成本和类型。

有关分析范围的决策必须始终根据特定地点分析，并作为问题-解决综合方法的一部分。受损水体水质达标规划基本上是解决问题的过程，没有一个"标准"的方法。使用简单方法的缺点有预测精度的潜在降低，以及往往无法预测较细的地理和时间尺度（如流域尺度的源预测与每块地的预测，年度估计与季节估计）。详细方法的好处是预测精度提高和更好的空间和时间分辨率。这些优势可以转化为吸引更多的利益相关者和一个更小的安全临界值（MOS），从而降低污染源管理成本。在试过简单方法并证明其无效时，或当需要"在第一时间做出正确的决定"时（如水生生物栖息地的保护是受损水体水质达标规划的问题时），必须使用详细的方法。此外，在不能确定沉积物排放源是人为的还是自然的情况下，或预期的管理成本特别高时，可能需要更详细的方法。然而，更详细的方法可能需要更高的成本、更多的数据，及更多的时间才能完成。

总结了一些常用于受损水体水质达标规划制定的流域模型及其特点、优点和缺点。EPA 的《受损水体水质达标规划模型评价和研究需求》根据模型在流域受损水体水质达标规划制定中的应用功能（如污染物、水体类型、土地用途、水流路径）将模型分类。这为所有的模型提供了一致的评级系统，允许受损水体水质达标规划工作者根据模拟需求匹配模型。

表 6-32 提供了一系列流域模型的定性描述。该表列举了模型的诸多功能，如能否模拟从一个子流域到下一个子流域的负荷和路径流量、模拟的污染物、土地利用和污染源过程，这些都可以决定在制定流域受损水体水质达标规划中应用的模型。例如，大多数流域模型都可一定程度地模拟每个子流域所连接的水体区段的水流路径。然而，像 GWLF 等简单模型虽可在多子流域和多种土地用途中应用，但不能模拟水流路径。而像 HSPF 和 LSPC 这类的详细模型不仅可模拟水流路径，还包括一个可以模拟受纳区段化学和生物过程，并且模拟从一个区段到下一区段的流量、负荷归趋和运输的完整水质模块。

表 6-32　受损水体水质达标规划制定中常用的流域模型

模型	因素
AGNPS/ Ann AGNPS	分布式模型，提供流域不同地点的影响的信息；最初设计用来评估农业管理实践，但也可以用于混合土地利用的流域；只模拟沉积物、营养物和杀虫剂；包括简单的水流路径，可模拟多个排水区域到下游区域的径流和污染物路径；包括处理集中营养污染源[如饲养场、点源、沉积物（如沟）及加水（如灌溉）]的特殊模块；可用于模拟农业 BMP（如池塘、灌溉、瓦管排水、营养过滤带、河岸缓冲区）的效应；适用于 200m² 以上的流域；可以模拟降水驱动源和直接排放源（即点源）
GWLF	设计用来模拟混合土地利用的流域；模拟沉积物、N、P；可模拟降水驱动源、直接排放源（即点源）和化粪池系统的输入；适用于校准数据有限的情况；需要同受纳水模型联用直接评估水质影响
HSPF	评估流域径流和水文、污染物产生和冲刷过程、水体水质和路径；模拟大范围的传统和有毒有机污染物、沉积物；模拟每天、每小时或分小时的时间步长，捕捉可变流量条件；可以模拟降雪/融雪过程；包括基于土地的养分和农药过程的农业组件；包括模拟管理活动的专用程序块；有一系列模块表示不同过程，可灵活掌握模型建立的简单或复杂程度；可以模拟降水驱动源和直接排放源（即点源）；可应用于河流和混合良好的水库
LSPC	与 HSPF 具备的功能类似，但补充或增强以下功能：在每个时间步长同时模拟多个模块，模拟土地和水流模块之间的动态相互作用，如灌溉、BMP/蓄水等过程与景观间的互动，以及其他更复杂的水流路径；模拟的尺度和模型运行上没有固定的限制，根据需要可在一个文件中模拟成千上万个子流域；可用于高空间分辨率区域（特别是山区）大尺度模型的开发；提供后处理和专为支持受损水体水质达标规划制定和报告需求的分析工具；有数据管理工具，可方便同时评估多个流域；包括专门 MDAS（采矿数据分析系统）模块来模拟与采矿活动相关的 pH；模拟时间可变的土地利用变化（如流域城市化、森林火灾、采伐和再生）
SWAT	模拟流域水文、沉积物和水质；能生成多子流域和代表流的网络；根据水文响应单元（HRUs）、土壤和植被类型组合而不是土地使用划分子流域；适用流域规模广泛，从小到大；模拟农业实践（如种植、耕作、灌溉、施肥、农药管理、放牧和采伐）；模拟水流生物和过程，包括藻类生长、死亡和沉积营养物
SWMM	主要适用于有防渗排水的市区；最初是为分析地表径流和复杂的城市下水道系统的流量而开发的；模拟流域水文和水质；能生成多子流域和代表流的网络；可用于单事件或长期模拟；通过产生/冲刷、速率曲线或回归技术灵活地模拟水质，满足不同层次的数据输入需求；模拟与市区相关的污染物（营养物、金属、沉积物、病原体）；可以模拟存储、处理和其他 BMP

b. 受纳水体模型。在某些情况下，受纳水体模型用于支持受损水体水质达标规划的制定，可单独使用或与流域模型联用。受纳水体模型与流域模型的不同之处在于它们只表示受纳水体的情况。该模型基于物理、化学和生物进程模拟受纳水体（如湖泊、河流、河口）情况。水体输入往往定义为边界条件或通过流域模型的链接动态输出确定。受纳水体模型分为稳态模型或动态模型。稳态模型在简单的固定流量条件下常量输入运行，通常用来评价设计或临界流条件。动态模型允许流量和气候条件在较小的时间步长（一般为一日）内发生变化。受纳水体模型的复杂程度还取决于空间程度（一维、二维或三维）。

虽然诸多受纳水体模型的功能有很大区别，但它们通常都无法模拟水柱过程，如 DO 的营养循环效应。对于处理复杂生物和化学过程影响水体水质及相关受损的受损水体水质达标规划，受纳水体模型可以更准确地评估允许的污染负荷。因为它们可以使用大量的分析要素（在某些情况下是成千上万的）代表河流、湖泊、河口，模型的预测在整个受纳水体沿线的诸多地方是非常准确的。因具有这种能力，受纳水体模型可用于最准确地确定在确保整体水质达标的情况下，污染物在受纳水体不同地点的输入量，因而，可在非常详细的空间水平确定分配。但其不能明确表示基于土地的贡献，基于土地的贡献通常通过边界条件的界定（通常是基于监测数据）或者通过开发一个独立的流域模型来解决。因此，当单独使用受纳水体模型时，不同点计算的允许负荷表示这一点上进入水体的累积负荷。正因为如此，当受纳水体模型与流域模型不联用，独立支持流域受损水体水质达标规划时，了解流域和相关的污染源及使用受损是非常重要的。当其独立使用时，受纳水体模型不能明确表示基于土地的污染源，需要单独地分析来实现排水区域内基于土地的污染源允许负荷分配。

第二，非建模方法。制定流域受损水体水质达标规划也可以不使用复杂的模型。然而流域模型和受纳水体模型并非总是可行的或必需的。使用流域框架制定受损水体水质达标规划，也有各种非建模方法可同时提供许多相同的益处。受损水体水质达标规划制定的非建模方法通常是基于环境数据的统计分析或代表基于土地的过程的经验计算。与建模方法相比，非建模方法通常是对流域和受纳水体过程更简化的表示。但是，它们在应用上通常需要较少的工作量、时间和经验，往往更容易向公众传达。虽然非建模方法（如负载历时曲线、统计方法、质量平衡分析）可能不会像建模方法一样能进行定量追踪，但受损水体水质达标规划仍然包括全面的数据分析和污染源评估，确定流域内重要污染源的临界负荷条件，并帮助确定关键管理区域。尽管分析不能展现各污染源与区段之间的定量联系，但通过了解流域内所有污染源的贡献和影响，分析仍然是全面的。

当应用非建模方法制定流域受损水体水质达标规划时，许多因素与使用建模方法是同样重要的。其中最重要的是多种污染源的表示、时间和空间的详细程度、影响受损的重要过程因素。例如，无论采用什么方法，评估适当的时空尺度对源评估的应用、受损条件的捕捉，及与可用水质标准或受损水体水质达标规划目标的比较都很重要。例如，当使用负荷历时曲线法时，若有足够的数据，流动和水质的在流分析可在流域的任何点进行。评价如受损区段位置、关键源位置、土地利用分布和数据可用性等特征能获得变量流条件，可支持进行分析和最终确定分配的评估点的选择。

在非建模方法中，各种类型的方法都可用其进行模拟和计算的类型来描述。方法可以计算基于土地的负荷或由此产生的水体负荷。"基于土地"的方法，如利用输出系数或相似法，计算土地径流过程的负荷，设定降水和流域特征方式（如土壤、不渗透性）。而"基于水体"的方法，如负荷历时曲线或质量平衡分析，根据水体条件使用监测数据（如浓度和流量）或设定用户自定义的负荷输入和输出，计算水体"运输"负荷。受损水体水质达标规划制定中，这些方法联用既可表示源负荷又可表示水体响应。下面讨论一些非建模方法。

a. 负荷历时曲线法。负荷历时曲线法依靠观测流量和水质标准建立各种流量条件的负荷容量曲线。负荷历时曲线法基于这样的假设，即负荷随流量的不同而不同，不同源在不同流量条件下贡献负荷。整个曲线可用于表示流量可变的负荷容量或确定具体流量间隔的允许负荷容量，可作为水文条件的一般指标（如相对干湿度）。其使用步骤如下：

ⅰ. 根据水文资料评估指定期间历史流量数据的累积频率绘制水流的流量历时曲线。数据反映流量的自然高低走向。

ⅱ. 用具体污染物的水质标准或其他目标浓度乘以每个流量值，再乘以转换因子，绘制负荷历时曲线（LDC）。

ⅲ. 用每个水质样品浓度乘以样品收集当日的日均流量，将每个水质样品转换为负荷。然后将各负荷绘制成图，并可与ⅱ. 中的LDC进行比较。

ⅳ. 曲线上面的点表示偏离水质标准/目标以及日允许负荷。曲线下面的点表示负荷标准/目标以及日允许负荷。此外，还可以确定哪个位置贡献的负荷高于或低于水质标准/目标。

ⅴ. 受损水体水质达标规划曲线下方的面积可解释为水流负荷容量。这一面积与表示当前负荷条件的面积的差即代表水质达标所需的负荷削减。

ⅵ. 最后是确定需要削减的地方。图右侧的过量发生在低流量条件下，如化粪池系统与不正当下水道连接；图左侧的过量发生在高流量条件下，如径流。

LDC中可将流量分成不同的流量体系，有助于解释负荷曲线、识别污染问题及区分不同的污染源。流量体系的划分也可体现受损水体水质达标规划对季节变化的考虑。这些流量体系通常可分为10组，同时可进一步分成以下五个"水文区"：

高流量区：水流流量在1%～10%范围内，为洪水流量条件。

湿区：流量在10%～40%范围内，为多雨天气条件。

中间范围区：流量在40%～60%范围内，为中间水流量条件。

干旱区：流量在60%～90%范围内，为干旱天气条件。

低流量区：流量在90%～100%范围内，为干旱流量条件。

这种方法可确定所有流量条件下的允许和现状负荷，并可确定临界条件，而且其本身涉及负荷内流条件的自然变化，该方法可协助确定BMPs的有效性。但是，因为这种方法以观测的内流条件为基础，可提供源负荷相对大小的有关资料，并需要补充分析分配源负荷容量。这样通常不会在污染源得以充分了解的流域引起问题。当使用此方法制定流域受损水体水质达标规划时，需要完整的流量和内流水质数据记录。当数据（尤其是流量数据）不足时，通常根据附近区段推断流量和水质条件，支持受损区段的受损水体水质达标规划计算。此外，受损水体水质达标规划制定中的负荷历时曲线只适用于非潮汐溪流或河流，并且在处理不同类型的受损水体（如湖泊和河流）时，可能不适合或不需要与流域的其他方法结合。

b. 稳态或质量平衡分析法。稳态或质量平衡分析法依赖于进入水体的物质的守恒假设。分析可使用输出系数或观测数据计算进入水体的负荷，并且根据污染物的归趋和运输计算相应的水体浓度，通常包括估计损失（如沉积、分解）和输入。该方法在考虑所有输入和损失后，确定水质达标时进入水体的负荷。

应用稳态或质量平衡分析计算负荷容量依赖于计算现状的输入污染负荷，可通过观察浓度和溪流流量（或湖泊和水库体积）"反算"现状负荷并考虑预期损失。此种情况下，现状负荷表示该区段所关注污染物的所有源贡献的累积负荷。在其他情况下，源负荷输入可使用观测数据计算（如支流监测数据、点源的 DMR 数据）。假设目前还没有数据，可只计算单一源的负荷，污染源负荷分配中最可能使用一些不考虑不同源负荷自然变化的方法（如土地使用区百分比）。质量平衡分析中计算现状负荷的另一种选择是使用输出系数，利用削减计算得出符合整体负荷容量的特定源负荷。但是，负荷通常基于表示长期（如每月、每年）负荷的文献值。

在流域受损水体水质达标规划中，稳态或质量平衡分析可以接受多种污染源输入。在假设输入和损失为常量时，可以简单地模拟一个区段输出到下个区段的流量和负荷的路径。然而，分析通常是静态计算，评估临界条件（如设计流量）或长期平均状况（如月平均负荷），这将限制评估不同类型的污染源及源行为变化（特别是降水驱动源）和受损条件的能力。

c. 还原率法。还原率法假定地表水浓度和污染物负荷之间的关系为 1∶1，以此计算负荷容量。通过比较污染物浓度现状和适用的水质标准来计算必要的削减量，随后使用削减量和现状负荷计算负荷容量。现状负荷通常使用环境监测数据（如浓度和流量）或某些基于土地的负荷估计（如输出系数）进行计算。虽然应用这种方法简单省力，但几乎无法提供任何关于流域污染源的信息，并且不能评估多种受损与受损区段间的关系。该方法使用静态计算，关注临界条件（如最高浓度）或长期平均条件，而不评估负荷或水体响应的变化。

d. 输出系数/污染物预算法。这一类别包括了诸多基于流域进程和污染物负荷间关系，以及使用典型流域负荷率文献值的方法。输出系数是典型土地利用或污染源的负荷率方法。在 TMDL 的分析中使用输出系数，通常根据流域土地利用分布计算现状负荷，并且常与计算基于水体目标的允许负荷的补充方法（如还原率、质量平衡）相结合。输出系数可来自地区或国家研究的文献值（如 EPA 的全国城市径流计划研究），或基于具体地点的土地利用的径流采样。TMDL 工作者应评估系数对受损水体流域的应用并确定其是否适当和具有代表性。由于输出系数仅代表指定土地用途的负荷率，直接输入源或那些非降水驱动源将不计入分析。此外，输出系数不评估或考虑水体条件。为更简单地评估水体响应和水流路径，输出系数会和一些类型的水体条件分析联用，支持负荷容量的计算。

e. 相似法。相似法是根据排水区域、污染物浓度、径流系数和降水计算污染物负荷的经验公式。在相似法中，假设降雨径流量为排水区域非渗透性的函数。当使用相似法时，通常联用还原率法或类似方法计算受损水体水质达标规划的负荷容量。与其他非建模方法一样，在流域受损水体水质达标规划中使用相似法要求在流域的关键地点计算每个受损区段的负荷容量。由于这种方法最初是用来评估城市地区的地点尺度的暴雨负荷，它通常不适合较大流域或非城市地区，也不适用于有农业径流污染源、故障化粪池系统或直接输入的流域。

f. 不同技术和模型方法的整合。流域受损水体水质达标规划也很适合使用多种技术和分析工具评价水质状况和负荷，考虑分配的公平性。因为流域受损水体水质达标规划分析处理系统的复杂性和非均质性，使用多种技术和模型方法联用制定受损水体水质达标规划有时是有益的。因有不同的污染物参数，各种工具均可用来协助估计负荷。如可使用土壤和水资源评估工具（SWAT）模型制定营养物的全面受损水体水质达标规划；利用田地尺度模型进行具体地点的营养物负荷输出研究，可以用来修正SWAT模型参数。虽然组合方法可能使得分析更加困难，但有时必须表征各种源及其独特的性质或影响。流域受损水体水质达标规划允许为追求最大效益整合多种方法。

（3）分配分析　受损水体水质达标规划的分配分析包括对流域污染源的组合应用负荷削减法确定水质达标的不同方案，之后选择最终方案确定非点源的负荷分配和点源的许可废水负荷分配。流域受损水体水质达标规划往往为分配提供更大的灵活性。虽然其详细程度可能取决于使用的制定方法，但流域受损水体水质达标规划在一定程度上考虑流域的所有污染来源并评价其相对规模。因此，可能有很多分配方案均能实现整体水质目标，决定选择哪种方案有时是一项艰巨的任务。支持这项决定的因素包括：污染源分配的尺度或分辨率，污染源分配的公平性或可行性，利益相关者优先和实施目标。

① 污染源分配的尺度或分辨率　污染源负荷的尺度或分辨率可能影响分配确定。分配的空间尺度范围可以从整个流域的总负荷到土地利用的负荷，再到子流域土地利用的负荷。流域受损水体水质达标规划方法从空间上评估污染源及其在分配中的影响。建立整个流域的全分配有时可能失去流域受损水体水质达标规划进行分析的目的，忽略整个流域污染源的相对规模及影响，而建立较小规模的分配可能会更有意义、更有效。

更详细地评估污染源可为确定实现水质达标的源负荷削减提供最大的灵活性。分配分析应确定负荷和必要的削减尺度，使分配的利益得以最大化，特别是在处理多受损区段和多种污染物时，不增加分析的负担。例如，当评估多受损区段的流域时，首先要针对上游子流域制定源削减。在确定达标的上游受损区段必要的负荷削减后，模型可以评估对下游水质的影响。上游削减可以显著减小或甚至消除下游子流域的削减，从而最优化必要的削减和相关源控制措施。

同样，根据所选择的方法，受损水体水质达标规划需从土地利用或污染源角度考虑污染物负荷。当处理多重受损时，某些土地利用或污染源可能会影响多种污染物的水平，而另一些土地利用或污染源只对单一污染物有影响。如当制定细菌和营养物的受损水体水质达标规划时，很多污染源是相同的（如类似的区域活动或没有化粪池或牲畜粪系统），针对单一污染源设立目标可能会削减两种污染物。然而，一些污染源可能只影响一种污染物，如含有较高营养物和很少细菌的农田径流，因此，针对这一污染源的削减可能不会对两种受损都提供最大的利益。

虽然流域受损水体水质达标规划在制定源控制措施时确定这些效率，但分配分析应根据州整体优先事项评估这种削减的受益程度。如某污染源可能对多种污染物都有贡献，但已有一系列的控制措施，如果再增加负荷削减就可能无法实现。

② 污染源分配的公平性和可行性　制定有效的流域受损水体水质达标规划分配的另一个考虑因素是待选分配方案的可行性和优先顺序。受损水体水质达标规划通常包括多种污染源（点源和非点源）。当为各种污染源分配必要的负荷削减时，常常出现公平性和可行性的问题。分配分析可评估多种可能的分配方案，确定适当的优先污染源控制措施。如分配的目标可能是在分配中保持平衡和公平分配各污染源的削减负荷。另外，分配可针对那些

代表大部分负荷输入的污染源或那些更适宜控制的污染源。如那些对总负荷仅贡献一小部分的污染源可能无法进一步削减，而那些占总负荷更大比例、更有机会削减（如有更多的污染土地和污染物传播途径可使用 BMP）的污染源则可实施较大的削减。

③ 利益相关者优先和实施目标　利益相关者的关注也可以成为流域受损水体水质达标规划建立分配的重要考虑因素。理想情况下，主要利益相关者会参与整个流域受损水体水质达标规划的制定进程，并参与有关分析的尺度和分析中污染源的表征等方面的决策制定。利益相关者可为分配方案的建立和评估其适当性提供资料，如执行计划或预期活动的信息以及达到必要削减的可能性（即可行性）。例如，流域的主要细菌污染源可能是已过时和故障的化粪池系统，受损水体水质达标规划工作者通过与利益相关者协调，确定和了解污染源，得知城市下水道管网正在扩大到目前使用化粪池系统的流域地区，不久的将来这个污染源将被消除，因此，受损水体水质达标规划工作者可以针对该化粪池系统制定大幅的负荷削减，从而避免对其他污染源进行不必要的削减。

此外，当利益相关者参与整个受损水体水质达标规划过程时，他们更有可能参与到规划实施的制定中。针对受损水体水质达标规划过程的结果，了解哪些利益相关者更感兴趣、愿意并能贯彻执行的控制措施，可帮助受损水体水质达标规划工作者确定更有可能得到执行的管理方案。利益相关者参与分配决策会使得分配更现实。分配决策也将为利益相关者之间展开对话提供平台，支持如基于流域的许可和水质交易等工作的开展进行。

（4）阶段性受损水体水质达标规划的制定　制定受损水体水质达标规划计划的目的是对受损水体采取控制措施使其水质达标，因而受损水体水质达标规划计划的制订必须有足够的污染源、运输等有效的数据和信息。当数据和信息不足时，可先制定阶段性的受损水体水质达标规划。对于一些非传统的问题，如果没有充足的数据和预测工具来鉴别和分析污染问题，那么也需采用阶段性方法。当受损水体水质达标规划中包括点源和非点源，并且点源的负荷是在假设非点源控制措施实施时计算的，也需要采用阶段性方法，此时必须有措施可以确保非点源措施能达到期望的负荷削减，若没有则需对点源进行整体负荷分配。在阶段方法中，受损水体水质达标规划包括阐述实施非点源控制措施的实施机制和时间表。虽然阶段性方法有额外的需求，但实际上各州可能更倾向于采用这种方法，因为额外收集的数据可以用来校验期望的负荷削减，评价控制措施的有效性，最终确定受损水体水质达标规划计划是否需要修正。

阶段性受损水体水质达标规划的制定见图 6-12。

受损水体水质达标规划尤其是阶段性受损水体水质达标规划应该包括点源和非点源以及一个适当的安全临界值。负荷分配基于有效的数据和信息估计，但还需要监测并收集新的数据。

安全临界值（MOS）表示污染物质负荷与受纳水体水质之间关系的不确定性：

$$受损水体水质达标规划＝WLA＋LA＋MOS＋BL$$

式中，WLA 为允许的现状和未来点源污染负荷；LA 为允许的现状和未来非点源污染负荷；BL 为水体自然背景负荷；MOS 为安全临界值。

在受损水体水质达标规划的问题识别阶段，往往通过最佳专业判断决定何时引进 MOS 分析。做决策时，应充分考虑指标、污染源估计和水质响应等方法选择和测量的不确定性，以及控制措施的资源价值和预期成本。一般来说，使用具有较大不确定性的信息制定的受损水体水质达标规划或为高价值的水体制定的受损水体水质达标规划，MOS 要更大一些。

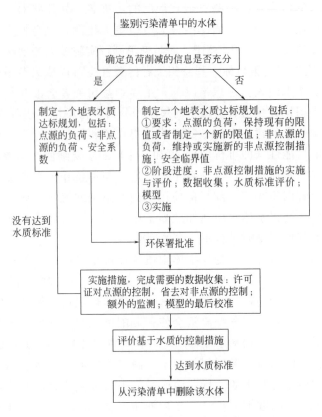

图 6-12　阶段性受损水体水质达标规划的制定

此外，一些情况下，多个受损水体水质达标规划的分析步骤可使用一个 MOS，如相对保守的数值目标和源估算可以共用一个充分的全面 MOS 解决分析中的不确定性。

作为一个实际问题，分析通常有以下两种选择：①不同的受损水体水质达标规划元素进行更精确的分析（成本可能较高），并提供较小的 MOS（通常提供更大的管理灵活性）；②进行不够精确的分析（可降低成本），并提供较大的 MOS（可能制约土地管理的灵活性）。

许多受损水体水质达标规划的制定都基于现有可用的数据和资料。如果没有足够的数据，许多情况下可使用模型分析法制定受损水体水质达标规划。如果污染原因和影响的信息很少，则应选用足够大的 MOS 阐述受损水体水质达标规划分析的不确定性。但在一些情况下，MOS 的增大可能导致分配不可行，可用几种方法来解决这一问题。首先，需要进行更复杂的分析。如果需要额外的数据或资料、使用更复杂或数据密集型的方法，那么收集信息和使用更复杂的方法要比实施根据简单分析得出的分配更具成本效益。此种情况下，第一阶段的受损水体水质达标规划往往是进一步分析、启动关键来源控制或恢复行动的基础。

MOS 可以通过假设分析提供一个不确定的数量比例关系或者直接从水体污染负荷中减去明确数量的污染负荷，因而分为明确和隐含两种类型。目前确定 MOS 的方法有 3 种：①模糊法；②简单明确法；③严格明确法。每种方法都可分为 4 个主要步骤：①设定保护的期望水平，即保护度；②选择方法；③估算 MOS；④考虑实施的可行性。所有的方法都得出一个 MOS，但它们的精确性和实施分析所要求的条件是不同的。

通过适当地实行阶段性方法，水质管理控制措施将会根据明确的时间表实施和评估。阶段性方法制定的受损水体水质达标规划应包括监测和重新评价受损水体水质达标规划负荷分配的时间表，确保实现水质达标。另外，还可以将阶段性方法用于更多的水体，如受威胁水体。

6.6.4.6 受损水体水质达标规划的提交与审批

（1）受损水体水质达标规划报告的撰写与提交 州环保部门以书面描述技术和管理程序（即如何应用背景资料、使用哪些模型及如何使用、如何制定受损水体水质达标规划、如何进行负荷分配等）的文件。

编写和提交受损水体水质达标规划报告供环保署审查和批准，是受损水体水质达标规划进程中最重要的步骤之一，目的是使环保署和公众明白受损水体水质达标规划及相关分配。流域受损水体水质达标规划可能涉及更多的信息和更复杂的方法，为其建立档案是有效组织信息的方式。受损水体水质达标规划报告可以将受损水体水质达标规划制定实施过程中的各要素都展示出来，见图 6-13。

提交的流域受损水体水质达标规划报告中需特别考虑报告的组织结构。流域受损水体水质达标规划报告通常可使报告的编写工作更有效率，因为所有的清单区段/受损可使用一些相同的支持信息，如地图、数据分析图，以及流域和污染源特点的描述。重要的是如何决定分配，不仅要满足法规要求和准确地反映受损水体水质达标规划涉及的特定水体与污染物的组合，而且要支持公共参与。

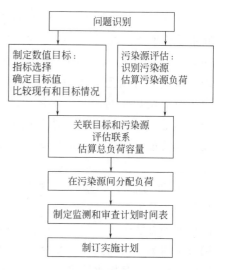

图 6-13 受损水体水质达标规划制定
实施过程中的各要素

多水体和受损的组织形式：流域受损水体水质达标规划可能只涉及两个水体和污染物的组合，也可能涉及数百个。当在一个报告中阐述多个受损水体水质达标规划时，决定如何组织受损水体水质达标规划报告将会很困难，并会影响公众对受损水体水质达标规划的理解和接受程度。多数情况下，如流域特点、土地利用和水质标准这样的背景信息，可以在流域和污染物章节中整体描述，而不是针对每个水体或受损单独列出章节。通常更困难的是决定如何展示分配。不管流域受损水体水质达标规划涉及多少个污染物和水体的组合，受损水体水质达标规划分配（点源和非点源）都需要逐个记录。在处理多个受损区段和多重受损时，可能有多个分配方案。一些报告分节讨论每个受损水体并在各区段的章节中分别记录各种污染物的分配。其他的则将所有的受损和受损水体水质达标规划组织起来，在单个污染物的章节讨论多个区段的分配。不管分配如何表示，即便是在附录中讨论分配也是有益的。例如，如果主报告以子流域的方式表示分配，针对关注的区域和具体污染源，报告还可在附录中说明整个流域的特定污染物负荷削减的分配和相对幅度。

对于任何受损水体水质达标规划报告，重要的是在制定纲要和准备文件时考虑到公众。这对涉及众多利益相关者和受影响的污染源较多的流域受损水体水质达标规划尤为重要。

报告的组织和内容对受影响的各方理解和接受受损水体水质达标规划至关重要。许多公众可能并不熟悉一些污染源（如私营农场、污水处理厂）在流域和子流域的位置，而报告的结构和分配的展示方式不便于公众了解位于受损区段及涉及分配的相关污染源，因此，流域受损水体水质达标规划报告包括道路、边界（县、镇、公园、联邦土地），以及其他公认的地标或参考点地图描述是非常有益的。

（2）环保署对受损水体水质达标规划的审批　州环保部门需向环保署提交受损水体水质达标规划及相应的管理文档和技术说明等一系列文件，供环保署审查和批准。环保署对受损水体水质达标规划的审批应该包括以下几个方面：

① 鉴别水体、关注的污染物、污染源、优先等级　提交的受损水体水质达标规划应该用国家水文数据集鉴别污染清单上的水体，并且应该清楚地表明建立受损水体水质达标规划针对的污染物。

此外，受损水体水质达标规划还应该确定出水体的优先等级，以及说明关注的污染物和水质标准之间的联系。提交的受损水体水质达标规划还应该辨别出关注的污染物的点源和非点源，包括污染源的位置以及负荷量。受损水体水质达标规划还应给出水体许可证的编号，这样可以把天然的本底值和非点源分离开。同时，提交的受损水体水质达标规划中还应该给出在制定受损水体水质达标规划时做的所有假设，包括：受损水体所在流域的空间范围，流域内的土地利用分布（城市、森林、农业），人口特征、野生生物资源以及其他可能会影响关注的污染物特征以及污染源分配的相关信息，目前以及将来的增长趋势。

② 负荷能力——联系水质和污染源　受损水体水质达标规划必须鉴别出水体对某种污染物的负荷能力。针对要达到的水质标准，确定需要削减的污染物的量。污染物的负荷可以用多种方法表示，如量/时间、毒性或其他合适的方法。如果受损水体水质达标规划不是用日负荷表示（如用年负荷表示），那么提交的受损水体水质达标规划应该说明选择这种方法的合理性。受损水体水质达标规划还应该考虑临界条件，如蒸汽量、负荷、水质参数等用于分析负荷容量。需要特别注意的是，受损水体水质达标规划还应该讨论计算和分配非点源负荷的方法，如气象学条件、土地利用分布等。

③ 负荷分配　受损水体水质达标规划要包括非点源负荷分配，它是指根据现状和将来的非点源以及天然本底值分配负荷容量。

a. 废水负荷点源分配。受损水体水质达标规划要包括废水负荷点源分配，它是指现状和将来的点源负荷容量分配。

b. 安全临界值。废水负荷点源分配要包括一个安全系数，解决目前对负荷和废水负荷分配之间关系认识的不足。安全系数可以是隐含的，也就是说通过分析中保守的假设而包括到受损水体水质达标规划中，也可以是明确的，在受损水体水质达标规划中以预留的负荷表示。如果安全系数是隐含的，那么就要详细说明得出安全系数的分析中保守的假设，如果安全系数是明确的，那么就要确定为安全系数预留的负荷。

④ 季节性变化　受损水体水质达标规划考虑季节性变化主要是由于不同季节的气候条件会改变水体的某些参数，如氮、磷含量，水文条件等。因为考虑季节的变化，在某些参数较高时，仍可以保证总体的受损水体水质达标规划达到水质标准。同时，也可以为安全系数的选取提供参考。

⑤ 合理的保证　如果水体受损仅仅是由点源引起的，那么颁发许可证就可以确保达到

受损水体水质达标规划中规定的废水负荷分配。当水体受损由点源和非点源共同引起时，并且废水负荷点源分配是以假设非点源可削减为基础的，那么受损水体水质达标规划应该合理地担保非点源控制措施可以达到预期的负荷削减，这样才能使受损水体水质达标规划得到批准。

⑥ 监测计划　追踪受损水体水质达标规划的效率，特别是受损水体水质达标规划中包括点源和非点源，并且废水负荷点源分配基于假设非点源的负荷削减可以完成时，要制订一个监测计划追踪受损水体水质达标规划的效率。

⑦ 实施　区域办公室可以协助州和部落制订实施计划，确保受损水体水质达标规划中为只受或者主要受非点源污染的水体设定的非点源负荷分配能够完成。

⑧ 公众参与　在受损水体水质达标规划制定过程中，必须要有充分而有意义的公众参与。州环保部门必须把确定受损水体水质达标规划的计算提供给公众，接受公众的审查。最终提交报批的受损水体水质达标规划应该要说明公众参与的过程，总结一些重要的建议，以及州环保部门对这些建议的响应。

⑨ 管理记录　州环保部门准备一个管理记录，包括一些支持受损水体水质达标规划的确立、受损水体水质达标规划的计算和负荷分配等文件。记录应该包括州环保部门制定和支持受损水体水质达标规划计算和分配所依据的所有材料，包括数据、分析、科学/技术参考资料、利益相关者、环保署公文往来的信件、对公众意见的响应，以及其他的支持资料等。

6.6.4.7　受损水体水质达标规划的后续监测与评估

受损水体水质达标规划最重要的是按照水体的指定用途改善水体状况。多数州因其预算限制而制定符合严格时间要求的工作，以其管理成果作为受损水体水质达标规划的成功标准。然而国家最初的水质计划是否成功不能以已经完成和批准的受损水体水质达标规划的数量衡量，也不能以国家污染物排放削减体系发放的许可证的数量或者消耗的成本衡量。当一个河流达到指定用途的要求时才算成功。为了改善受损水体，必须评价采取措施的有效性，进行适当的监测和评价工作。

（1）监测的类型　制订监测计划时应考虑监测活动的诸多类型，包括：

① 基底监测　描述现状条件并为未来比较提供基础。基底监测也应包含流域中污染源控制措施的信息，包括目前的控制类型、实施位置和过去控制有效性的一般信息。

② 实施监测　确保实施了确定的管理行动。实施监测通常被认为是最具成本效益的监测类型，因为它提供 BMP 是否按照计划安装或实施的信息。这种监测将不会涉及水流水质。

③ 效益监测　用于评估源控制是否达到了预期的效果。应监测可能影响水质状况的具体项目，确定其即刻现场应用的效果。

④ 趋势监测　用于评估与基底相关的条件随时间的变化，并确定目标值。在受损水体水质达标规划的其他要素都适当制定的情况下，趋势监测是至关重要的。它监测随着时间推移受损水体水质达标规划具体行动和其他土地管理活动引起的水体条件的变化。这是监测计划最重要的组成部分，因为它也记录了为实现理想水质条件所做的努力。

⑤ 检验监测　用来验证源分析和联系方法。这类监测提供一组不同的数据，可为分析所用模型或方法的效用提供公正评价。

监测计划包括以下要素：监测地点和时间的规范、监测技术类型、标准操作程序和适当的质保协议、收集信息的存储以及内部和公众获取这些信息的程序、收集资料分析和理解的技术和目标、根据不断变化的目标和改善信息提炼和修改监测设计的过程、具有足够能力和适当级别认证的指定实验室。

（2）监测计划的内容　制订适当的后续监督和评估计划的第一步是明确监测计划的目标。监测计划的目标应该包括评价水质达标、确认污染源分配、校准或修改选择模型、计算污染物的稀释和质量平衡、评价点源和非点源控制效率，可同时实现多种监测目标。如大多数受损水体水质达标规划最基本的需要，是记录取得数值目标的进程。在这个进程中，收集的额外信息可能有助于更好地了解过程、为源分析提供修订建议，更好地查明沉积物问题，更快地实现水质改善，或当某一特定的恢复或改善项目没有产生预期的效果时可对其进行适当改进。

制订监测计划的其他指引如下：解决监测计划与受损水体水质达标规划数值指标、源分析、联系、分配以及执行计划之间的关系；以监测假说形式阐明具体需回答的问题，并解释监测计划将如何回答这些问题；解释做出的任何假设；讨论偶然事件可能产生的影响；监测设计可以通过源类型、地理区域或所有权地块阐述；描述使用的监测方法，提供这些方法选择的依据；确定监测地点和频率，指定负责监测人员的名单；制订适当的质量保证计划。详述采样方法、地点选择和符合质量保证/质量控制措施的分析方法。如有需要，可将监测计划给专家审阅。点源需提供关于许可证排放限值的遵守情况报告，为评估提供便利。在某些情况下，排放者可能需要在许可证中评估其排污对受纳水体的影响。特殊情况下，许可证可包括监测要求，只要许可证书面写明收集信息的目的。州还鼓励使用创新的监测计划（如合作监测和志愿监测），以扩大点源和非点源监测范围。各州还应确保使用有效监测计划评价非点源控制措施。EPA承认监测在州环保部门非点源管理计划中的高优先级别。

（3）受损水体水质达标规划文档中监测计划的组成　由于监测和后续评估是大多数受损水体水质达标规划的关键要素，应包含监督和适应性管理计划。计划除应包含上述讨论内容外，还应包括监测和适应性方法的原理。监测计划应明确指出监测目标和假设、监测参数、地点和监测频率、采用的监测方法、审查和改进的日程，以及执行计划的责任方。

以下是制订受损水体水质达标规划监测计划时要考虑的关键因素：①需要评估具体受损水体水质达标规划的组成内容。对受损水体问题识别、指标、数值目标、源估计以及分配等需要重新评估，确定它们是否准确和有效。监测计划应确定通过监测收集的信息所需回答的具体问题。②需要评估实施行动。确定实施计划中的行动是否确实实施（实施监督），以及这些行动是否有效地实现受损水体水质达标规划分配（效益监测）往往很重要。监测计划应阐明实施行动所需回答的具体问题。③监测工作的利益相关者目标。流域利益相关者经常参加跟踪监测，因而，制订监测计划时除受损水体水质达标规划分析外，还应考虑他们的利益。④现有的监测活动、资源和能力。分析者应查明受损水体水质达标规划监测所需的现有和计划的监测活动，协调这些监测工作，尤其是在需长期监测的、研究面积大的，或水质监督机构的资源有限的地方。也应考虑工作人员的能力和培训，确保监测计划可行。⑤监测的实际限制等。

6.6.4.8　受损水体水质达标规划利益相关者和公众参与

在任何受损水体水质达标规划的过程中，工作者应在早期就让利益相关者参与诸如划定范围和数据收集的活动，以及参与整个分配和实施阶段。参与制定受损水体水质达标规划的利益相关者包括合作的州环保部门、污染源（如可能获得点源废水负荷分配或非点源负荷分配的许可设施或土地拥有者）、民间团体、小流域组织，以及流域中可为受损水体水质达标规划的制定提供援助的其他有关方。受损水体水质达标规划的复杂性不同，利益相关者参与的活动也不同，范围可从参与公众信息会议到支持技术方法的选择甚至提供数据、参与实施决策过程等。流域受损水体水质达标规划的利益相关者和公众参与可能更广。工作人员应使更多的利益相关者参与制定过程，并期望他们提出超出流域受损水体水质达标规划范围的问题。

流域受损水体水质达标规划中，利益相关者在早期便参与到受损水体水质达标规划的制定进程中，往往会使各利益相关者的信息得到更好的整合，分配过程和结果得到更多支持并被更好地接受，在随后的公开评论阶段可以减少新问题的出现。流域受损水体水质达标规划应使所有利益相关者有机会同时参与同一过程，以受损水体水质达标规划作为其讨论和参与的目标和联络点，这有助于提高利益相关者的参与意识，并避免在规划制定后期加入的利益相关者提供了新的信息和数据，从而必须修订以前的决策和分析所造成的延误。利益相关者可以是数据的重要来源（如志愿者监测数据、关键流域特征的知识、设施排放数据），并能提供关键污染源存在的位置信息。利益相关者也将参与流域地表水质达标的实施阶段，因为许多利益相关者也是关键的实施合作伙伴，他们将通过升级处理工艺、实施最佳管理实践来执行负荷削减，并获得实施活动必要的资助。

一些跨界（包括州、市）的受损水体水质达标规划项目，需要引进许多监管机构参与受损水体水质达标规划的制定和实施过程。跨州的流域受损水体水质达标规划的制定，包括不同的水体功能区标准、受损水体水质达标规划时间表和实施目标。开放式的沟通和协商一致的决策制定对成功完成跨州的受损水体水质达标规划是非常必要的。

6.6.5　我国非点源管理政策建议

6.6.5.1　针对非点源的制度——最佳管理实践

随着法律规制与规制机构的协调演进，美国水污染治理政策目标历经保护航道安全，到保护公众健康和航道安全，再到生态一体化目标的发展，其环境政策也从单一的规制政策到市场基础上的环境政策，再到基于非点源污染与点源污染相结合的受损水体水质达标规划（TMDL）。其中，环保部门承担了农业非点源污染治理的监督职责，农业部门负责农业非点源污染治理政策的具体实施[46]。

我国还需完善针对非点源管理政策最佳管理实践的制度规定，也制定相关的实施细则，包括项目库、实施规范、技术指南等。由于最佳管理实践的环境收益将更多地以公共物品的形式转向社会，生态环境部门和农业部门应该建立相关法规。如在法规中加入对非点源管理的制度，以劝说鼓励为主，同时建立包括工程和非工程措施，如人工湿地、植被过滤带、草地缓冲带、岸边缓冲区、免耕少耕法、病虫害综合防治、生物废弃物再利用、防护林和地下水位控制等常见非点源治理管理的项目技术指南和实施规范。

6.6.5.2 建立受损水体水质达标规划制度

我国与受损水体水质达标规划相关的规划一般称为水污染防治规划，或水环境保护规划[47]，并且一般是各行政区所辖区域的水体，强调得更多的是区域水污染物年尺度的排放量。我国已经开始执行点源排污许可证制度，但是地表水质标准、排放标准都有待更加完善，尤其是完善点源基于地表水质的排放标准。

生态环境部门需要制定和实施有效的流域规划来改善水质，应建立以达到地表水质标准为目标的，以点源和非点源排放控制方案为主的行动方案，即流域受损水体水质达标规划，该方案需要得到水污染防治法的授权，依法依规制定。

受损水体水质达标规划的总目标是识别具体污染区和土地利用状况，通过对这些具体区域点源和非点源污染物浓度和数量提出控制措施，从而引导整个流域执行最好的流域管理计划。受损水体水质达标规划指在水域没有满足水质标准的情况下，点源和非点源需要减少的污染量。基于流域制定受损水体水质达标规划，以便有效管理地表水质。它包括污染负荷在点源和非点源之间的分配，同时还要考虑安全临界值和季节性的变化。污染负荷量可以表示为单位时间的质量、毒性和其他可测量的指标。

一旦水体（或流域）制定了受损水体水质达标规划或阶段性受损水体水质达标规划，抑或适当的污染源负荷分配，就该实施控制措施。由生态环境部和省生态环境部门负责实施，省生态环境部门首先需更新水质管理计划，然后根据点源污染负荷和非点源污染负荷执行点源和非点源控制。

在点源的污染控制中，许可证中实施基于技术和基于水质的控制措施。根据受损水体水质达标规划制定的许可证限值称为基于水质的排放限值。

点源污染负荷确定了保护受纳水体水质所需的排放水平。一旦为特定的污染源制定了允许的负荷，许可证中就要制定限值。一方面，营养物质和生物积累性污染物的分配可以用排放污水的平均质量来表示，因为关注的是这些污染物的总负荷。另一方面，有毒污染物的限制要用短期的量表示，因为对这种污染物的浓度要更为重视。

许可证制定过程中需要制定或使用现有的基于流域的分析，整合到流域方法中，作为许可过程的一部分。基于流域的受损水体水质达标规划分析，在基于流域的许可中被称为流域许可分析方法，即考虑流域目标，识别和评估多种污染源和压力（包括非点源贡献），构建流域框架，确定许可证实施方案和其他水质达标计划。当受损水体水质达标规划工作者制定流域受损水体水质达标规划时，受损水体水质达标规划制定过程有可能作为支持流域框架制定和发展所必需的流域许可分析方法。

6.7 地下水污染防治政策分析

地下水是美国重要的饮用水资源，美国大约50％的饮用水来自地下水。与地表水不同，地下水一旦被污染，清除污染是非常困难、漫长且昂贵的。鉴于美国地下水资源的宝贵及其特殊性，美国制定了相对完善的地下水相关法律规范，成立了专门机构，定期开展地下水环境状况调查，实施了大量地下水污染预防与治理工程，建立了完善的地下水污染防治管理体系。美国的地下水管理涵盖了从地下水的开采、使用到废水处理以及回灌的全过程。同时，美国对地下水的保护还将监管范围延展至废弃物的处理、化学药品的使用，甚至私人水井。

6.7.1　美国地下水污染防治政策框架

《安全饮用水法》（SDWA）是美国在 1974 年制定的一部水资源保护法。该法涉及地下水保护的内容有：第一，地下水监督、评估制度。为确保地下饮用水的安全，该法授权美国环保署对地下水实施动态监控，并进行定期评估以确保水质达标。第二，"地下水注入控制计划"（UIC）。该计划授权美国环保署对地下水的回灌、补充进行监管，监管的范围包括地下水注入工程的修建、运营，注入井的管理，回灌地下水的水质监控，甚至包括地下水中 CO_2 的含量等。第三，私有水井的监管。为避免私有水井对地下水的负面影响，美国还把私有水井纳入政府的监管范围，并对私有水井提出了严格的监管要求，监管范围包括私有水井的位置，私有水井的水质、水位。第四，辅助性地下水保护措施。依据 1991 年制定的《国家监测系统》，美国环保署建立了联合用水机制，倡导地表水和地下水资源的联合利用，禁止过度开采地下水。对地下水过度开采区，通过"增加天然补给量"和"工程截留诱发补给"及"直接通过水井注入补给"等"人工补给"手段来保护地下水安全。

《资源保护和回收法》（RCRA）是美国在 1967 年制定的一部法律，在此基础上，1984年又修正颁布了《联邦危险废物和固体垃圾法案》（Hazardous and Solid Waste Amendments，HSWA）。该法授权美国环保署对有害废弃物实施从排出到最终处理的全程监控管理，同时授权环保署在紧迫情况下采取紧急措施。该法中构建的固体废物对土地污染的预防机制客观上也预防了因对土地的污染而可能发生的地下水污染。

《联邦杀虫剂、杀菌剂和灭鼠剂法》（FIFRA）是美国 1947 年通过的一部法律，该法建立了针对农药及相关产品的依法标示程序，对有可能污染地下水的杀虫剂作了罗列式规定，并要求企业、个人减少使用这些杀虫剂，以减少对地下水的影响。该法还针对杀虫剂污染地下水行为建立了"杀虫剂举证责任制度"。

《有毒物质管理法》（TSCA）通过对化学物品和农药等（包含容易对地下水产生影响的物质）的生产、流通及使用进行监控来实现对地下水的保护。该法授权美国环保署制定有毒物质管控工作框架，包括对有毒化学物质的运输、生产、储藏以及使用的风险评估，以及制订预防有毒化学物质风险的各种预案，同时还授权环保署可以对任何生产、加工、储存、放置化学物品的设施、建筑、房产及工具进行检查，并在危急情况下可以向法院申请司法救济。

《环境综合治理、赔偿和责任法》（CERCLA）有时也被人们称为超级基金，是美国政府为了清理危险废弃物、有毒有害物质污染的环境而制定的一部法律。该法授权有毒有害物质和污染疾病登记局（ATSDR）清理和治理对美国公众健康和自然环境造成或者潜在造成影响的 241 种有毒有害物质，同时有权要求排放有毒有害物质的责任方消除影响，其中包括对地下水的污染影响。该法还规定若找不到施害方时，可以借助超级基金来清理受影响的范围。在污染责任不清的情况下，超级基金可以垫付场地治理费用，再由美国环保署（EPA）向责任者追讨，这种污染治理优先的体系大大提高了系统运行效率。同时，CERCLA 赋予 EPA 无限期的追溯权利，并且 EPA 不需花费精力认定污染责任，可以向多个污染责任方的任何一方提起全额赔偿要求，然后由此责任方自行通过法律程序向其他潜在责任方追讨治理费用。这一"尚方宝剑"式的强大授权给予地下水环境监管部门极高的自主权，将执法过程中的责任推诿现象从污染治理过程中摘除，极大地推动了地下水污染防治工作的进行[48]。

美国 89% 的工业废水采用深井灌注的方式被深埋到地下。深井灌注就是指在地质结构符合条件的情况下，构筑一个超过千米的深井，然后将工业废液灌注入内，封存在里面。在灌注过程中，废液会穿越若干个地层，会有六层安全保护管道将废液和周边地层完全阻隔。随着时间推移，酸性废料和碱性土壤层综合，最终实现无害化。1980 年，美国环保署颁布《地下灌注控制法规》，将原来的三层安全保护管道提高到了六层。1984 年美国国会颁布的危险固体废物修正案，首次对灌注区的废料提出了"无转移"的要求。1988 年，美国环保署又颁布了一道法案，要求企业在实施深井灌注的时候，必须提供"无转移"示范证明，确保在 1 万年内，所灌注液体的有害成分不会从灌注区发生转移，或者当有害废料离开灌注区的时候，已经不再含有有害成分。

6.7.2　美国地下水环境质量及健康风险评估制度

美国区域层面地下水环境调查评价十年轮回滚动实施。美国于 1991 年启动了国家水质评价计划（NAWQA），每 10 年对区域层面地下水水质进行一次评价。第一个十年计划（1991～2001 年）期间，对 51 个区域含水层研究单元（全美可划分为 62 个主要的含水层）进行了地下水水质评价，建立了背景地下水水质状况；第二个十年计划（2002～2012 年）期间，在对主要含水层进行整合的基础上，针对 42 个区域含水层单元水质状况和发展趋势进行了评价。目前，美国各类地下水水位和水质监测点约 42000 个，每一个点都有包括经纬度、井深、含水层结构等信息。

根据对地下水质的评估，重点关注对于人群健康风险的评估。第一，美国地下水环境管理统筹考虑水质和风险因素。美国初期地下水环境管理以水质目标为单一要素，当地下水污染修复成本过高、修复周期过长或技术不可行时，将统筹考虑健康风险因素，地下水环境管理目标设置为适合于特定场地或地下水利用方式的污染物可接受风险水平。第二，美国颁布了一系列科学的、可操作的土壤和地下水健康风险评估技术指南。地下水污染治理过程中引入健康风险分析评价始于美国的超级基金计划。美国环保署于 1989 年颁布了《超级基金污染风险评价导则》（Risk Assessment Guidance for Superfund，RAGS），明确了地下水污染多途径风险评价方法，采用风险评价方法确定地下水污染治理目标和方案[49]。

6.7.3　美国地下水污染防治管理体制

美国实施"联邦主导""以州为主""侧重动态监管"的地下水保护管理体制，体制内组织机构分工明确。美国地下水环境管理涉及环保署、农业部、内政部、能源部等多部门，各部门按照职责分工，各司其职，信息共享，合力推进地下水环境管理工作。美国环保署作为地下水管理的法定机关，在有关法律授权的范围内，主要负责重要污染点源与饮用水源的地下水环境保护工作，并在宏观监管中赋予各州以相应的管理权限。环保署内地下水环境管理工作由水办总牵头，涉及固废和应急响应办公室、化学品安全和污染预防办公室、研究和发展办公室等。各州在具体管理水资源时应统筹兼顾工业、农业、服务业及生态用水需求，统一规划调配外来供水、区域内地表水、地下水以及废污水处理，以保障区域内经济、社会发展的需要。

6.7.4　我国地下水污染管理现状及政策建议

（1）我国地下水污染管理现状　首先，地下水污染管理政策体系还需进一步完善。我国目前颁布实施的法律法规，仅有少部分条款涉及地下水保护与污染防治，还需进一步完善建立关于地下水污染监测、排放管理、污染修复以及评估在内的政策法律体系，以明确具体法律责任。尤其是对于地下水污染信息的监测、管理和公开等方面尚需增加完善的技术标准，地下水污染监测有待进一步形成统一的监测网络和管理体系、统一监测制度、建立起完整的信息数据库。还需健全地下水环境监测体系和预警应急体系，完善地下水污染健康风险评估等技术体系。还需完善地下水污染防治的预警评价与信息系统、应急保障体系。理顺地下水环境管理运行机制，建立统一协调高效的地下水污染防治对策措施，以形成地下水污染防治合力。

其次，地下水污染防控和修复技术欠缺。我国地下水污染防治技术研发与工程实践有待进一步加强，地下水污染控制与修复技术体系尚未形成，极端情况下一旦发生严重的地下水污染，很难及时有效地进行处理，有造成难以逆转的环境与生态破坏的风险[50]。我国现行的环境质量标准和污染物排放标准主要是针对大气、地表和地下水水体、浅层土壤这三种介质，还需规范利用第四类环境介质——地质储存空间处置污染物的深井灌注。使用深井灌注方式处理污水的最基本前提，就是要保证排放物与地下水完全隔绝。还需完善制定控制深井灌注行为的法律法规。填补技术监管的空白[51]。美国采用深井灌注方式排污，有一整套的严格规范。

最后，对于排入地下水导致的污染还需进一步完善相关资金投入机制。地下水环境保护资金投入有待进一步增加，以便满足地下水污染防治工作的需求。

（2）政策建议　根据美国的经验，任何排入地下水的行为都应受到严格监管，包括雨水排放，甚至在建筑中的地基降水也需要申请排污许可证，且对地下排污的水质要求要高于地表排污。我国目前应尽快完善地下水污染防治的有关法律法规体系，建立相关的技术标准和规范，为地下水环境的保护提供完备的法律依据与政策和技术支持；逐步建立地下水排放许可证制度，向涉及将污染物排入地下水的污染源发放地下水排放许可证。加强与城市垃圾安全处置、城市地表径流和农业非点源污染以及土壤污染防治政策的整合，防止其对地下水造成污染。

我国应逐步建立和完善水环境监测体系。建立地下水动态监测、风险评估与预警服务系统。建立地表水-地下水环境协同监测网络，系统掌握区域地表水、地下水水质的污染发展变化及动态特征。加快相关的技术研究，如建立适合我国国情及水环境现状的地表水-地下水联合模拟预测技术体系，包括基础数据库建设、模拟软件研发以及模拟信息平台构建等[52]，为地下水开发利用、污染防治和修复提供及时、科学的依据。

借鉴美国的"超级基金"制度，结合对污染场地的修复项目，将地下水已被污染的区域列入优先修复名录。同时，推进建立多元化的地下水污染防治与修复的资金投入机制。

6.8　污染场地管理政策分析

6.8.1　污染场地的定义

为更好地对污染场地（也称棕地）进行规范的识别、监测与评估、管理与修复，美国等国家明确界定了污染场地的定义。污染土壤和污染地下水通常共同存在，清晰界定污染场地的范围尤其对于污染场地的风险管控与修复都具有重要的指导意义。

美国环保署《超级基金法框架下的场地调查技术指南》中将污染场地（contaminated site）定义为：因堆积、储存、处理、处置或其他方式（如迁移）承载了危害物质的任何区域或空间[53]。

我国原环保部颁布的《污染场地风险评价技术导则》中对污染场地的定义为：①场地，即某一地块范围内的土壤、地下水、地表水以及地块内所有构筑物、设施和生物的总和；②污染场地，即对潜在污染场地进行调查和风险评价后，确认污染危害超过人体健康或生态环境可接受风险水平的场地，又称污染地块[54]。

美国与我国对于污染场地的概念略有不同，但都涵盖了两个方面的含义：污染场地只限定于某一个特定的范围，包括大气、土壤（含地表水）、地下水等；有害物质已经污染了特定的范围，并且对该范围内的人类健康或生态环境产生了不良的健康影响或负面的影响[55]。

6.8.2 我国的污染场地管理政策分析

2004年4月，北京宋家庄地铁站施工期间发生工人中毒事件，随后对该农药污染场地进行治理，该事件成为我国污染场地整治领域的里程碑，标志着我国开始重视工业污染场地的修复与再开发利用。2016年4月17日中央电视台曝光常州外国语学校新址污染事件，学生身体异常情况疑与化工厂"毒地"有关，该事件引发社会强烈关注。然而，在污染场地管理方面，我国的法律法规标准体系还需进一步健全，土壤管理最重要的《土壤污染防治法》于2019年1月施行，其他的类似配套法律还在起草之中。此前，污染场地相关的法律法规呈分散状况，散布于许多相关法律法规条文中，诸如《宪法》《刑法》《环境保护法》《固体废物污染环境防治法》《水土保持法》《土地管理法》《土地复垦条例》《废弃危险化品污染环境防治办法》《城市房地产开发经营管理条例》等。目前，污染场地修复可参考的标准有《土壤环境质量标准》《地下水质量标准》《工业企业土壤环境质量风险评价基准》等，大部分是十几年前甚至20多年前制定的"标准"，急需制定专门的土壤和地下水污染防治法来预防、管理与修复污染场地，职能部门也要规范污染场地的管理程序和修复市场，形成系统的污染场地法律法规、技术导则和标准体系等。

我国关于污染场地治理的法律、法规等制度建设经历了渐进的过程，近年来逐步加快推进。2011年12月，国务院印发了《国家环境保护"十二五"规划的通知》，该规划将土壤环境保护单独列出，并提出了具体的管理要求。根据"十二五"规划，我国在此期间逐步启动污染场地修复的试点项目，为后来大范围的推广场地修复做铺垫。规划要求所有的污染场地只有在经过评估和无害化修复后才能投入流通领域，经评估属于严重影响人们身体健康的场地，应该立即开展修复工作，防止污染的扩大。同时，与部分国外污染场地修复不同的是规划对住宅开发要求最高，明确提出"受污染的土地禁止进行住宅开发"。《全国地下水污染防治规划（2011—2020年）》《国家环境保护"十二五"科技发展规划》《"十二五"节能环保产业发展规划》等也对土壤、地下水的修复进行了规划部署。2011年公布的《全国地下水污染防治规划（2011—2020年）》实施后的几年里，个别地方环境保护部门仍然没有建立起相应的监管体系。虽然我国污染场地修复还有很长的道路要走，但是已经进入国家规划层面，这一顶层设计必然会促进我国污染场地修复的进一步快速发展。

我国原环保部于 2014 年初发布了 5 项污染场地领域专门的国家环境保护标准，即《场地环境调查技术导则》《污染场地环境监测技术导则》《污染场地风险评估技术导则》《污染场地土壤修复技术导则》和《污染场地术语》。发布的 5 项导则对污染场地的范围限定、调查监测、风险评估与修复等环节给予规范和指导，但是值得注意的是这 5 项导则实际上是技术性规范，还需制定相应的污染场地管理及土壤和地下水修复的质量标准。2016 年 1 月，环保部正式发布实施《环境影响评价技术导则　地下水环境》（HJ 610—2016 替代 HJ 610—2011），涉及地下水环境影响评价的调查过程与评价过程，偏重于技术指导。2016 年 5 月 28 日，国务院印发了《土壤污染防治行动计划》，简称"土十条"。这一计划的发布，可以说是中国土壤修复的里程碑事件。"土十条"的提出加快了土壤污染防治立法作为优先任务，推动形成了依法治土的新格局。2018 年 8 月 31 日下午，《中华人民共和国土壤污染防治法》被十三届全国人大常委会第五次会议全票通过，自 2019 年 1 月 1 日起施行。

近年来除国家层面的法律法规有所发展外，一些经济发达省市和地区，如北京市、重庆市、浙江省以及南京市、沈阳市等也陆续研究和制定了一些地方法规、规范性文件和标准。北京市环保局于 2007 年制定了《关于开展工业企业搬迁后原址土壤环境评价有关问题的通知》和《场地环境评价导则》；针对 2010 年上海世博会的会展场馆土地使用，上海市发布了《展览会用地土壤环境质量评价标准》，这是中国第一次制定此类标准，另外上海市政府成功地修复了世博会中的受污染地块，这为其他省市的土壤修复管理和行动提供了很好的借鉴；重庆大学和中国环境科学研究院 2011 年共同研究的《重庆市污染场地环境管理对策研究项目》顺利验收，重庆市政府借鉴该项目研究报告起草和制定了《重庆市污染场地环境监督与管理办法》；浙江省环保局开展了污染场地的风险评估项目和修复技术示范项目，通过项目的实施制定《土地污染防治与修复管理框架》。2015 年，福建出台《福建省土壤污染防治办法》；2016 年后湖北省等 20 多个省、自治区、直辖市陆续颁布了本区域的省级土壤污染防治条例。沈阳市环境保护局、国土资源局和规划局等三方联合印发了《沈阳市污染场地环境治理及修复管理办法（试行）》，为当地的污染场地治理和修复工作发挥了指导作用。上述通知、意见、征求意见稿或地方性文件虽然层级较低，但是从发文的内容来看，省市层面环保系统已注意到土壤污染，开始自主地进行管理标准制定，加强了土壤的治理与污染场地的修复。

目前，场地污染的相关法律法规正在快速制定完善之中，"十三五"期间预计可以完成土壤和地下水污染防治等场地重点法律及配套章程制定，构建土壤和地下水修复的质量标准。2017 年 3 月，环保部发布《加油站地下水污染防治技术指南（试行）》；4 月，环保部发布的《国家环境保护"十三五"发展规划》提及尽快构建地下水污染防治与修复指南，建立土壤质量保护与修复治理的技术规范与管理体系。截止到 5 月初，全国已经有 28 个省、自治区、直辖市出台了配套土壤防治条例。5 月中旬，水利部发布了《地下水管理条例（征求意见稿）》。6 月底颁布的新《水污染防治法》，也强化了地下水防治与修复的法律体系。2017 年 7 月 1 日施行的《污染地块土壤环境管理办法（试行）》，提出了土壤场地修复的整个治理和管理流程，具有很强的操作性，会促进场地修复行业的规范健康发展。2018 年 8 月《土壤污染防治法》通过，该法作为我国场地污染、土壤污染管理的又一重要里程碑，将为场地污染的防治与管理提供法律保障，并开始逐步建成完善的污染场地管理的法律体系，该法律于 2019 年 1 月 1 日起施行，这也意味着我国土壤污染防治专项法律的空白得以填补。《土壤污染防治法》出台后，被很多业内人士认为是"最强"的污染防治法，一方面体现在对土壤污染的风险管控和修复，另一方面体现在对污染责任人的追究。目前仍需进一步完善污染场地修复的法律法规，健全污染土壤与地下水修复技术规范、评价标准和管理政策。

6.8.3 我国污染场地管理政策存在的问题

6.8.3.1 场地管理与修复规划

我国污染场地管理与修复的法律法规还需进一步完善。与发达国家相比，污染场地修复还需进一步制定全面的修复规划。需要建立全面的污染场地数据库与修复实施规划、风险评估体系，同时需要制定修复标准。需要健全针对污染场地管理的配套法规、规章、规范性文件和技术标准，进一步明确污染场地的监管机制、责任认定、融资机制及违法责任，为有效实施污染场地管理提供法律保障。

在构建污染场地责任体系方面，应该实行分类担责、溯及既往污染者及终身责任制的责任判定原则，着重突出场地污染行为的相关责任附属连带与追溯源头原则，明确规定治理污染场地费用的责任人（承担主体）：危险废物泄漏的直接责任人，即造成危险废物泄漏（或泄漏设施）的责任人（或所有人、营运人等）；危险废物处理中造成泄漏的责任人，即在处理危险废物时，处理设施的责任人；危险物品生命周期内处理不当的责任人，即危险物品的生产、使用、运输、处置或处理、所在地的责任人。

树立基于风险管控的场地修复理念，使场地经修复适合未来某一特定用途（而非无条件的、适合多种用途），确保降低并妥善管控好场地污染对公众健康和生态环境的危害，还可以显著降低场地修复费用。场地修复费用如果控制在一个合适的范围内，不仅可以促进场地修复的开展，而且可以使参与修复的市场更加灵活。我国"十二五"规划明确规定"受污染土地禁止进行住宅开发"，相对国外污染场地管控显然要求最高。虽然在短时间内，这种做法避免了新建住宅的公众健康危害，但是从长期来看并没有对污染场地进行适当的处理，仍存在安全隐患。

6.8.3.2 融资机制

可持续性的专项经费预算和相对成熟的修复资金支持机制，是开展污染场地修复和再开发利用的必要条件。一般来说，场地污染案例中责任划分问题很麻烦，但是大多数国家的法规和政策框架都坚持"污染者付费原则"。污染者付费的原则是美国、荷兰等国污染场地立法的重要基础，然而实践证明其也存在不足之处，如难以适用于涉及两个甚至多个污染者，或者造成历史性污染的公司早不复存在的情形。我国现有污染场地大多是老旧国有企业事业单位搬迁遗留的，很多责任体发生变化比如早已破产或改制，也没有能力承担起巨额污染场地修复费用，让一些改制后的企业承担污染场地责任也不太现实。所以，在中国的污染场地修复中，除了考虑"污染者付费原则"外，还必须学习美国建立长效的资金支持机制。

一些发达国家目前已经制定了划分污染场地法律责任、处理废弃污染场地，以及通过混合公共资金和私人资金的方式开展污染场地修复和再开发利用的具体办法。例如，美国

《超级基金法》规定要求从污染场地潜在责任方追讨污染场地的修复费用，尽管该法案的操作引发了长期的巨大争议，并且执行周期太长和成本极高，但是大部分利益相关方都明显提升了环境保护意识，逐渐认为"污染者付费原则"有效地约束、改变了相关企业的环境行为，使其更加注重企业的环境责任。另外，针对那些无法明确责任主体或者责任主体无力承担责任的情况，《超级基金法》也建立了用于清除其污染的"超级基金"。在德国各州和联邦的污染修复规划融资机制中，首先依据其《土地保护法》划分责任与义务问题，土地所有权人和使用权人以及相关人有进行污染场地评值与修复的责任义务。另外，根据《环境保护法》和《侵权法》污染责任人原则，致污者是主要承担责任人，包括法人。然后，费用主要依据法律规定的相应采取措施而产生，并依法划归修复义务。当责任人没有足够的能力进行调查与修复，或者找不到污染责任人时，由州地方财政承担，费用超过一定数目时，可通过征收特殊税赋补充。

污染场地的修复费用极其高昂，因此必须确保具有可持续性的筹资机制（例如，美国超级基金的资金也无力承担所有场地费用，还需要依靠一般性财政投入维持）。修复费用要控制在一个可接受的范围内，也使私营经济的参与成为可能。参考美国超级基金的相关经验和教训，基于我国污染场地基本状况，我国应当构建完善多渠道的污染场地资金筹集机制，如设置专门的污染场地修复管理的政府专项基金，并且改良现有绿色金融等领域多项环境经济政策，利用好信贷、保险、税收、补贴等多种措施，构建以污染责任方、受益方为主体，以政府财政、定额或定比例的土地出让收益和企事业单位赠予等为辅助的多元化的场地修复资金来源。同时，污染场地的管理与修复工作很大程度上还受制于当地的具体情况。场地修复成功的关键是要与当地的利益相关方密切沟通配合，并获得他们的支持。因此，我国应建立相应的污染付费理念，建立长效的资金支持机制、融资机制、政府资助机制。2016 年 7 月，财政部与环保部印发《土壤污染防治专项资金管理办法》，对土壤污染防治专项资金作了规定，办法指出 2016~2020 年期间为了推动落实《土壤污染防治行动计划》的有关任务，改善土壤环境质量，中央财政按照一般公共预算安排专项用于土壤污染综合防治的资金。该专项资金的使用和管理遵循"国家引导、地方为主、突出重点、以奖促治、强化绩效"的原则。专项资金重点支持范围包括：土壤污染状况调查及相关监测评估；土壤污染风险管理；污染土壤修复与治理；关系我国生态安全格局的重大生态工程中的土壤生态修复与治理；土壤环境监管能力提升以及与土壤环境质量改善密切相关的其他内容。预计会有部分资金用于土壤修复的试点工作。

美国《超级基金法》规定了政府、企业等各利益相关方的责任，建立了治理土壤和地下水污染的超级基金制度。我国土壤污染防治法中也规定了场地管理的三大主体，即政府职责、污染人的责任、一般公众的权利和义务，将有望建立中国的"超级基金"，解决土壤污染治理修复的资金难题。

我国应该建立污染场地治理的长效资金机制，以便积极引导相关工作，注重把资金机制与责任机制有机结合，同时增加融资渠道，兼顾好社会公平和治理效率；建立起比较完善的资金使用监督机制和资金效率评价机制，将有限的土壤污染治理资金发挥出最大的效果。

6.8.3.3　信息公开

公众需要了解污染场地的危害以及修复过程降低健康风险的程度。污染场地修复主要以土壤和地下水等污染的修复为主，但是土壤和地下水污染并不能直观感受，必须通过适当的监测才能获取。很多国家（比如日本）很好地处理了场地信息公开，建立了场地信息公开制度。为了有利于环境风险的降低和管理的推进，日本在污染土壤的管理中将污染土壤信息向全社会公开，各个环节都强调公众的知情权及参与权。

我国需要建立有效的场地修复信息披露制度，积极听取公众意见，让公众更好地参与到场地污染管理体系中，让公众更多地了解场地污染情况以及场地修复进展。政府和生态环境部门应该对潜在的、可能造成污染或危害的污染源进行普查，列出污染场地清单，并向社会及时披露。地方政府和生态环境部门也要维护好场地管理体系，并有效开展执法宣传。实施污染源信息公开，可以使公众掌握其周围的高污染风险场地等信息。在场地污染事件发生后，因牵涉公众土地权益及生命健康安全，污染行为人和生态环境部门应根据《突发事件应对法》等予以报告和公告，以有利于进一步采取管制措施和治理计划。在行政机关制定可能影响公众权益的决策时，应通过听证会、咨询等方式扩大公众参与的渠道。

6.8.4 美国的污染场地管理政策

20 世纪 70 年代后，美国国会与公众都逐渐开始重视到在工业发展过程中出现的许多环境事故以及废弃的污染场地对人类健康或生态环境带来的危害。在公众与国会的强烈呼吁下，为了管控闲置或废弃场地以及危险物质与废物的不当处置、非法投弃等造成的生态环境污染，联邦政府逐渐建立并不断地完善了相应的场地管理体系[56]。

6.8.4.1 美国污染场地管理的法律法规

美国污染场地管理的法律法规制度涉及两大体系：《超级基金法》与《棕地法》[57]。美国在 20 世纪 70 年代发生的许多恶劣环境事故，导致政府与公众对场地管理强烈关注，并迅速地推进了立法工作进展。为解决这些环境灾难问题，美国在 1976 年颁布《资源保护和恢复法》（RCRA），该法对危险物质与废物的储存和管理等各个环节过程进行了法律规范，有关危险物质与废物的管理制度也成为美国国内以及许多国家污染场地管理制度的重要参考来源。美国在 1980 年又通过了另一重要法案《综合环境治理、赔偿与责任法》，规定了构建信托基金（超级基金）的相应条款，通常又被称为《超级基金法》［1986 年修订成为《超基金修正与再授权法》（SARA）］[58]。

《超级基金法》中的法律责任相当严厉，导致潜在的投资者与土地开发商选择尽可能逃避或避开污染场地，使大量的场地被废弃与闲置（即"棕色地块"）。为了鼓励棕色地块的再次开发利用、保护污染场地开发者的利益，2002 年非常重要的修正为《小规模企业责任减轻与棕地振兴法》（也称为《棕地法》）[59]，美国污染场地相关的法律法规如表 6-33 所列[60]。

表 6-33　美国污染场地相关法律法规

年份	法律/规范
1976	《资源保护和恢复法》(RCRA)、《有害物质控制法》(TSCA)
1977	《社区重新投资法》(CRA)

续表

年份	法律/规范
1980	《环境综合治理、赔偿和责任法》
1982	《国家石油和有害物质污染紧急预案》(RNOHSPCP)
1984	《有害固体废物修正案》(HSWA)
1986	《超级基金修正与再授权法》(SARA)、《第一个紧急规划和社区知情权法》
1990	《石油污染法》(OPA)
1997	《棕色地块全国合作行动议程》
1999	《超级基金振兴宣言发表》
2000	《棕色地块经济振兴遍地计划》
2002	《小规模企业责任减轻与棕地振兴法》

6.8.4.2　政府部门职责

在联邦层面上，《超级基金法》给予美国环保署对境内污染场地（棕地）进行管理的权力，具体由美国环保署固体废物与应急响应司负责污染场地管理，该司下辖的超级基金修复与技术创新处负责列入超级基金场地的长期污染修复行动，应急管理处负责紧急场地污染物的清除行动，联邦设施再利用与恢复处负责棕地振兴相关的场地修复行动[61]。在《超级基金法》的支持与指导下，美国构建了包括污染场地监测、风险评价、修复等环节的完善的监管体系，制定了信息收集与分析制度、超级基金制度、联邦政府反应行动权威制度、环境责任制度等管理制度，并采取了信息公开、环保署专门管理人员负责场地修复项目的全程管理、技术文件由具备专业执业资格的人员签字等监管手段。

在州层面，州政府具有相对独立的场地管理权，以州政府为主体进行场地的各步管控与修复操作。在一些特定情况下，环保署还会介入场地管控，例如场地污染在各州之间发生了跨界迁移、各州政府向环保署请求援助等[62]。

6.8.4.3　污染修复的资金来源

美国《超级基金法》规定了"污染者付费"原则，污染场地潜在责任人须承担场地整治费用。《超级基金法》规定了责任主体对污染场地的整治费用具有"严格、连带以及具有追溯力"的法律责任，覆盖了土地、设施、厂房等不动产的所有者（业主）、污染者与使用者，以追溯既往的方式承担法律下连带严格无限的责任。潜在责任人可以分为以下 4 类：①污染场地的现有业主或现有使用者；②发生场地污染时的业主或使用者；③安排造成场地污染的危险物质或废物处置的人；④负责运输造成场地污染的危险物质或废物的人。

另外，《棕地法》也免除了一些小企业和特定财产所有者的责任。其免责的范围主要可以分为 4 类：①场地的污染来源于其他场地的污染迁移，那么该场地利益方可以免责；②责任方已经在州政府的自愿修复计划下开展了修复行动；③可以证明自身向污染场地所排放的污染物质少于一定量（构成场地污染较轻）的潜在责任方，以及只处理了生活类固体废物的小企业；④通过尽职调查，不知情的购买者可以免责。

美国超级基金通常用于支付 3 类场地修复费用：①那些无法确定潜在责任人或者潜在

责任人不具备承担场地修复费用的能力；②对于那些当时尚未找到责任人的或者潜在责任人互相之间推脱责任的污染场地，可以由超级基金先行支付污染场地修复的费用，后来再通过环保署向责任人追讨；③为应对其他紧急状况所提供的资金。

值得注意的是，超级基金的使用往往存在不够使用的问题，其每年实际支出通常都要大于年度预算，这给实施超级基金项目造成了很大的障碍。

美国超级基金的资金主要有 5 类来源：①联邦财政常规拨款；②环境税；③石油进口产品税与国内石油生产税；④化学品的原料税；⑤其他资金（含向污染责任者所追讨的修复与管理费用、罚款、基金利息以及其他投资收入等）。

在美国超级基金之外，美国联邦政府的许多部门（例如美国环保署、美国经济发展部、美国住房与城市发展部等联邦机构）也制订了一些专项融资计划，为污染场地的规划、评估、清理和建设提供资金支持。州政府与地方政府也创新性地设置了许多融资工具，例如责任债券、税收增额融资、循环贷款基金融资、税收减免等财税类工具来吸引资金，促进污染场地的再开发利用与治理[63]。

美国污染场地环境监管管理体系见表 6-34。

表 6-34　美国污染场地环境监管管理体系

监管体系	监管主体	环保署
	监管手段	管理人员监督、专业人员签字、信息公开
资金渠道		税收、政府拨款
责任体系	责任主体	场地业主、使用者、污染物处置及运输人员
	追责原则	严格、连带和追溯既往

6.8.4.4　基于风险评价的污染场地修复政策

依托《超级基金法》(CERCLA) 和《超级基金修正与再授权法》(SARA)，美国建立并完善了超级基金场地管理制度，制定了覆盖场地环境监测、风险评价、场地修复等标准的管理体系，有力地支撑了美国污染场地的管理与土地再开发利用。

CERCLA 的 40 CFR 300 部分规定了清理危险废物场址与土地再开发利用的要求，需要开展修复调查/可行性研究 (RI/FS)，RI/FS 包括工作计划、修复调查、泄漏或潜在泄漏状况、风险评价、无行动评估以及清理方法的可行性研究。CERCLA 规定在 RI/FS 过程中需要进行基本的风险评价、场地特性鉴定与处理性调查。场地的特性鉴定又包括现场状况调查、确定污染性质与程度（污染物类型、质量、浓度与分布等情况）、确定联邦和州特定化学品污染场地的具体清理标准与基线风险评价。

美国污染场地的清理及修复流程见图 6-14。

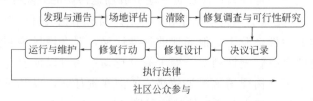

图 6-14　美国污染场地的清理及修复流程

美国的法律法规对场地的全过程管理都进行了明确的法律规范。美国在场地的全过程管理实践中充分认识到不同场地的复杂性千差万别，理化特性以及对人类健康与生态环境所构成的潜在风险也具有很大的差异，继续在所有场地都采用场地修复标准将导致场地环境管理的成本失控[64]。美国为了能将有限的资源更加合理地分配于众多的污染场地，将利用原通用的场地修复标准（含土壤标准、地下水标准等）进行场地评价与修复的做法进行转变，调整为对场地进行健康风险评价，并建立基于风险管控的修复目标值来进行场地的修复与管理[65]。因此，基于风险的管理方法使污染场地的风险评价逐渐凸显，许多针对污染场地的修复技术也得到了不同程度的发展与应用。

美国环保署着重研究了以下几方面因素对风险评价所产生的影响：有害化学物质通过各种途径（饮食、呼吸、皮肤等）进入人体；人体接受的污染物数量与周围环境浓度相关联；中间媒质（例如鱼等动物、蔬菜等植物）具备自身的生物累积因素；致癌物质的临界值和非致癌物质的临界值的讨论；对于不同人体器官的不同影响。

美国采用场地优先级别的原则，制定国家优先清单，从土壤暴露、大气迁移、地表水与地下水的迁移等 4 种不同途径评估污染场地，根据评估结果决定是否要采取修复活动。美国环保署还规定了环境标准、基于风险（风险型标准）以及基于可用技术（技术型标准）的标准。现有技术完全可以满足技术型标准，但是可用技术是否满足风险型标准尚未确定，需要根据不同场地情况进行确定。

6.8.4.5　风险评价方法

（1）风险评价的定义　风险评价是指对某些特定的污染现象，结合其可能构成的对人类及环境产生的潜在影响，进行定量、定性的风险分析活动。利用风险评价能够识别面临的风险，并确定不同风险控制的优先等级，从而进行有效的管控，即将风险程度控制在可接受的范围内。风险管理的基础是风险评价，风险管理的过程综合了风险评价的结果以及其他因素（例如法律或经济因素），从而确定实施风险削减活动所具备的条件与可行性[66]。

涉及环境与健康相关的风险评价，分别是环境风险评价与健康风险评价。健康风险可以定义为因环境污染而危害人类健康的可能性与可能程度。它的基础理论涉及人体所摄取污染物的机制与剂量、化学物质的毒性、污染物的摄入量与人体的不良健康效应等关系[67]。

（2）健康风险评价的定义　人类健康风险评价是对人类所接触环境污染物中可能产生不良健康影响的表征。健康风险评价的步骤包括工作计划、影响范围的划定、有害物质的甄别、毒性评估、暴露评估与风险表征等[66]。有害污染物可能造成两种不良的人类健康影响：致癌或非致癌影响效果。健康风险评价作为风险评价的重要组成要素，指对有毒、有害污染物危害人类健康的影响程度所进行的概率估计，并相应提出减少风险的方案与对策。

污染场地对人类健康构成危害，必须具备 3 个互相作用的因素：污染物、暴露途径与人类受体。①污染场地中有害污染物数量与浓度必须达到足以造成人类健康危害的程度。②污染物必须存在着接触人类受体的暴露途径（例如消化、吸入、沾染）。③人们必须与污染物接触，并且接触程度必须足以对人类健康产生影响。基于此，健康风险评价在定量化、定性化与表征的三要素基础上得出风险健康水平。

20 世纪 70 年代前，学术界对于环境危害的相关研究主要集中在人类健康等危害发生后的治理领域研究，然而许多有毒、有害的物质一旦进入环境中将会造成人体健康和生态环境的长久危害，并且治理难度极大、成本很高[68]。美国在付出了沉重的场地整治代价后，最终认识到并转向于风险评价的管理模式，健康风险评价由此得以迅速推广。

（3）可接受风险水平　基于污染场地修复至实现保护人类健康与环境的程度，就必须清晰地界定可接受的风险水平。因此，场地修复或管控是指通过削减污染或采取其他管控措施，将场地风险水平降低到可接受的风险水平。在污染场地修复中，如果修复后的污染程度高于该风险水平，那么可能会给人类健康与环境带来不利的风险影响；如果远低于该风险水平，那么可能导致修复过度，造成财力、物力、人力等资源的严重浪费。

关于致癌危害，通常认为风险水平控制在 $10^{-6} \sim 10^{-4}$ 之间是可接受的；关于非致癌危害，通常认为可接受危害商值为 1（即人类暴露于非致癌污染物情况下，所受到的危害水平处于可接受水平）。对于绝大多数的污染物，基于可接受致癌风险水平 10^{-6} 所设定的标准，足以保证人类健康不受致癌性危害的影响。

中国原环保部发布的风险评价标准认为：可接受风险水平是指对于暴露人群不会产生不良或者有害健康效应的风险水平（含致癌物质的可接受致癌风险水平与非致癌物质的可接受危害商）。该标准中列出的单一污染物可接受致癌风险水平为 10^{-6}，单一污染物可接受危害商为 1，但是没有列出累积致癌风险水平值。

美国和中国风险目标的比较见表 6-35。

表 6-35　美国和中国风险目标的比较

国家	导则	致癌风险水平	非致癌危害商	评论
美国	EPA 筛选值	单个 10^{-6}；累积 10^{-4}	1	保守
中国	C-RAG	单个 10^{-6}；没有列出累积	1	保守

6.8.5　污染场地的健康风险评价方法

目前，健康风险评价方法主要有美国国家科学院（NAS）提出的四步法（简称 NAS 四步法）、生命周期分析、病毒感染的 beta-Possion 评价模型，以及放射性物质健康风险评价模型等方法。其中最常用的方法为 NAS 四步法，包括危害鉴定、剂量-反应评估、暴露评估与风险表征，该方法被广泛地应用于空气、水、土壤污染以及与环境事故相关的人体健康风险评价。NAS 四步法的各个步骤如表 6-36 所列。

表 6-36　NAS 四步法各步骤的简介

步骤	名称	定义与主要内容
第一步	危害鉴定	危害鉴定是指从危险毒性开始，收集与评定化学物质的毒理学、流行病学的研究资料，确定其对人体健康与生态环境造成损害的可能性，从而定性评价化学物质对人体健康与生态环境的危害程度
第二步	剂量-反应评估	剂量-反应评估的目的是定量评估化学物质的毒性，并建立化学物质暴露剂量与暴露人群不良健康效应发生率之间的关系。其主要内容包括确定剂量-反应关系、反应强度、种族差异、作用机理、接触方式等
第三步	暴露评估	暴露评估是要定量、定性地估计或计算暴露量、暴露频率、暴露期与暴露方式，估计整个社会群体或一定区域内人群接触化学物质的可能程度。确定暴露人群的特征以及被评估化学物质在环境介质中的浓度与分布，是暴露评估中最重要的两个部分

续表

步骤	名称	定义与主要内容
第四步	风险表征	风险表征是指使用所获取的数据,评估不同接触条件下可能产生健康危害的强度或某一健康效应的发生概率。它是连接风险评价与风险管理的桥梁。风险表征主要包括风险估算、不确定性分析与风险概述等内容

　　污染场地人体健康风险评价是针对污染场地所开展的健康风险评价,需要基于合理的评估模型。下面从危害鉴定、剂量-反应评估(毒性评估)、暴露评估、风险表征等四个步骤展开讨论(图 6-15)。

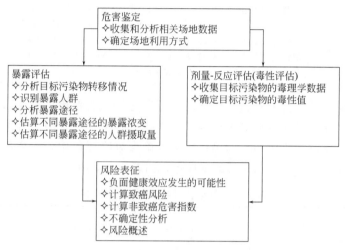

图 6-15　健康风险评价示意图

6.8.5.1　危害鉴定

　　健康风险评价首先需要进行污染物质的危害鉴定。危害鉴定是指收集与评定污染物质的现有毒理学与流行病学相关研究资料,以确定其是否对人体健康与生态环境造成危害。对那些危害研究尚未明确的新化学物质来说,更需要积累完整与可靠的资料。

　　在一定范围或区域条件下,危害鉴定就是定性地判定人体接触大气、土壤、水体中的化学污染物质或直接接触的污染物质对人体产生的危害,确定某一特定污染物质是否与某一特定的负面效应或健康危害存在必然的因果关系。

　　(1)资料和数据的收集　资料和数据的收集与分析是风险评价的基础。对某一特定的污染场地,要鉴别其是否构成人体健康风险、修复的必要性、修复的可能经济成本、修复后污染物质的毒害与危害风险能降低到何种程度,以及下一步的场地整治与管控策略,都必须首先进行污染场地的数据收集,再进行妥善分析。针对该特定的污染场地进行详细的数据收集,需要了解该场地的过往历史与未来使用用途(例如住宅用地、公共用地与工商业用地等)、区域范围内的水文地质情况(例如土壤、地表水与地下水的流向和流速、渗流区与含水层的渗透性)、场地基本状况资料,以及数据收集的准确程度是做出可信风险评价结果的关键。

　　对于具体某一污染场地而言,需要收集汇总的数据如表 6-37 所列,也可以根据实际场地情况进行适当调整。

表 6-37 需要收集的场地资料与数据

场地资料与数据	主要内容
场地背景的相关资料	有关污染场地的利用历史、使用背景、基本现状等;污染场地的整体布局与重点关注点位;场地的基本概况,例如土壤、地表水与地下水等水文地质条件;气象条件、气候等大气特征等
场地污染的相关资料	有关场地污染详细污染状况的历史、现状等,场地污染程度以及污染物质分布的资料,细分包括污染场地内的土壤、地表水、地下水、空气等相关的环境条件和水文地质条件
污染物的相关资料	包括划分污染物质类型、判定污染物质种类,以及掌握污染物质的化学与物理特征、污染物质流行病学研究资料与毒理学资料等,可以在此基础上结合场地污染状况等资料构建起场地污染的概念模型
暴露人群的相关资料	场地范围和周边所涉及的暴露人群的分布、结构以及生活方式等。调查暴露人群需要格外注重识别出高暴露人群与敏感性人群等重点关注人群。场地高暴露人群是指那些由于其特殊的工作方式或者行为方式,相比一般人更加容易暴露在较高健康风险环境下的人群。敏感性人群即为对污染较为敏感或更易发生不良反应的人群,主要是指孕妇与哺育期妇女、婴幼儿与儿童、慢性疾病患者与老年人等人群

（2）资料和数据的分析　资料和数据的分析贯穿于危害鉴定的整个过程,包括:选取符合场地需要的研究资料与数据并审核其真实性,危害鉴定过程中结合实际情况修订资料内容,以及初步得出危害鉴定结果的确认。为了确保风险评价中资料数据的精准,可以选取以下几个要点作为资料和数据分析的审核点,如表 6-38 所列。

表 6-38 场地资料和数据分析的要点

序号	主要内容
1	评价分析资料、数据等内容的方法是否合适
2	评价依据危害鉴定标准的检出限是否满足要求,避免出现无效情况
3	重视异常数据,必要情况下可以进行再次验证或确定性的剔除
4	评价对比监测的数据与空白样、背景值之间的关系
5	制定资料数据收集过程中相关质量保障与质量控制的要求措施
6	评估质量保障与质量控制的规范性,对不规范部分的内容再次进行评价

（3）其他资料、数据的收集与分析　另外,场地风险评价还需要向土地规划部门或场地评估委托方明确场地未来的使用方式与用途以确定场地未来的利用方式。例如污染场地及其周边区域的地下水,如果被附近居民用作生活水源或者农业灌溉水源等,还要考虑土壤与地表水污染所造成的地下水影响,重点将地下水视为敏感受体。在确定场地未来使用用途时,一旦未来作为较为敏感的居住用途,就需要着重考虑敏感人群,例如房屋居住人群等。

6.8.5.2　剂量-反应评估

剂量-反应评估主要是指通过各种方法对污染物质的毒性开展定量性评估,构建起污染物质暴露剂量与暴露人群之间接触后出现负面健康影响或者不良健康效应出现比率的相互关系。进行该项评估的核心内容分别为确定剂量-反应关系、反应强度、作用机理等。

直接从毒性病理学或流行病学研究调查中得到的资料是污染物质最可靠的剂量-反应关系数据。然而在许多实际情况下,无法获取与剂量-反应关系相对应的人群暴露完整性资料,尤其是那些危害作用未明、范围广泛、剂量低、暴露时间长、暴露人群相对复杂的污染物质。由于无法直接对人体进行相关的试验，所以动物试验就成为污染物质剂量-反应关系评估的重要手段。利用动物试验可以得到污染物质剂量-反应关系，再根据相关的类比模式外推到人体，就可以得出近似的人类剂量-反应关系。

根据污染物质对人类的致癌性与非致癌性效应，可以将剂量-反应关系的评估分为致癌性与非致癌性剂量-反应评估。

（1）致癌毒性评估　致癌毒性效应的剂量-反应评估主要包含 2 个步骤：第一步是依照各种化学物质的致癌性，对其进行分类判定；第二步是针对各种化学物质的已有或者类推剂量-反应关系进行定性与定量分析，并制定其致癌风险的评估标准[67]。

① 致癌性分类　美国环保署把化学物质的相关致癌性划分为 5 类，即分为 A、B、C、D、E 等五类依次渐小的致癌性。

其中，A 类物质是已经研究明确的，属于导致人类癌症的致癌物，目前已经有充分的毒理学研究或流行病学研究资料来表述暴露剂量与人类发生癌症之间的因果关系。B 类即可能性较大的人类致癌物，其中那些毒理学研究或流行病学研究资料所得出的人类致癌证据显示为介于“充分”至“不充分”之间的物质，又可以继续详细划分为 B1 与 B2 等两类物质，这里的 B1 类物质是指只具有有限的人类致癌证据表明这些物质具有人类致癌性，相比之下 B2 类物质是指虽然目前动物的试验研究等可以提供充分的致癌证据但是人类致癌证据不存在或不充分的化学物质。

在一定程度上，A、B 类化学物质均可以表述为具有较大可能性的致癌物质。C、D、E 类表示为致癌性有限或者不充分的化学物质。C 类是指具有一定可能的人类致癌物质，即为那些具有有限的动物致癌证据但是尚无人类致癌证据的化学物质。D 类是指那些动物致癌数据或者证据不充分的化学物质。而 E 类是指那些做过至少 2 种以上动物致癌性试验或者现有的毒理学研究与流行病学研究，都没有发现致癌证据的化学物质。

② 致癌风险的估算标准　致癌物质根据致癌性，主要分为基因致癌物质与非基因致癌物质。评价污染物质致癌风险的标准再细分，主要有 3 种标准：斜率因子法（SF）、单位风险法、参考剂量（RfD）/参考浓度（RfC）法。

基因致癌物质对应于斜率因子法（SF）、单位风险法。在较低水平剂量的暴露情形下，通常基因致癌物质的剂量-反应关系会表现出比较明显的线性相关关系，因此研究人员可以根据斜率因子法估算与评价某些污染物质的致癌风险。与此有所不同，单位风险法是指用于表示人体摄入某一单位浓度污染物质所诱发健康风险的方法，例如：通过饮水途径所产生的单位风险可以表示为日饮水量与斜率因子之积，除以平均体重；通过呼吸途径所产生的单位风险可以表示为日呼吸量与斜率之积，除以平均体重。

然而，非基因致癌物质的剂量-反应关系与基因致癌物质恰恰相反，通常表现出非线性关系，可以采取参考剂量（RfD）/参考浓度（RfC）法估算与评价致癌风险。

（2）非致癌毒性评估　通常情况下，研究认为有关化学物质的非致癌毒性一般存在着明显的阈值现象，也就是说暴露剂量一旦小于某一特定剂量时，通常情况下对人体是不会出现负面健康效应或者不良健康反应的。评估非致癌毒性也就是估计污染物质的致毒阈值，并依据致毒阈值制定评估或估算非致癌风险的标准建议值（又称参考值，reference value，RfV）[67]。

通常非致癌毒性效应阈值有三种主要的表征方法：基准剂量（BMD）、观察到发生有害作用的最低剂量（LOAEL）以及没有观察到发生有害作用的剂量（NOAEL）。BMD 是指发生某一效应水平（即导致某一负面效应或不良健康反应的发生比例，一般是 1%～10%）的有效剂量；LOAEL 是指可观察到负面效应或不良健康反应的化学物质的最低剂量；而 NOAEL 是指不能观察到负面效应或不良健康反应的化学物质的最高剂量。

标准建议值（RfV，又称参考值）是指依照暴露时间与暴露途径所做出的预期，即对暴露人群的终生时间范围内不会产生负面效应或不良健康反应的化学物质暴露剂量，可以根据 NOAEL/LOAEL、BMD 或出发点（POD）等通过不确定性因子的修正得出。根据人体所摄入污染物质的方式，参考剂量（reference dose，RfD）还可以划分为：经过皮肤接触方式的参考剂量（dermal RfD，RfDd）、经过呼吸摄入方式的参考浓度（reference concentration，RfC）以及经口摄入方式的参考剂量（oral RfD，RfDo）。另外，依照不同暴露时间的大小差异，参考值还可以分为 4 类：慢性、长期、短期、急性。慢性暴露主要是指暴露时间较长，一般情况下大于所在地人均寿命的 10% 以上的暴露水平（例如人均寿命假设是 70 年，则慢性暴露时间超过 7 年）；短于慢性参考值，长期暴露时间则表示为 30 天到所在地人均寿命的 10% 之间（例如人均寿命为 70 年，则长期暴露时间为 30 天到 7 年之间）；短期暴露时间通常范围为 24 小时到 30 天不等；相比之下，急性暴露时间较短，通常小于 24 小时。

参考值以 NOAEL/LOAEL、BMD 为依据，经过不确定因素与安全系数的校正，可以采用如下公式计算：

$$RfD = NOAEL/(UF_1 \times UF_2 \times UF_3 \times UF_4 \times MF)$$

式中，UF 为不确定因子；MF 为修正因子。

6.8.5.3 暴露评估

在污染场地研究中，暴露是指人体与所接触污染场地内的污染物质之间各种形式的接触。而暴露评估是指研究人员定性或定量地评估污染场地污染物的暴露剂量、暴露时间（暴露期）、暴露频率以及暴露方式等暴露环节。

（1）暴露途径分析 在分析污染场地的暴露途径中，研究人员需要明确地表述污染物的最大可能暴露情形与暴露浓度，并在此前提下估计接触人体对各种场地污染物质的可能摄入量。暴露途径主要是指各种污染物质从外界环境的污染物质或介质到被人体摄入的各种路径，暴露途径一般包括整个暴露途径链条：源头，即场地污染源与污染物质的各种释放方式；过程，即人体与污染物质或者受污染介质的接触方式；终点，即人体摄入污染场地各种污染物质或者受污染环境介质的多种可能方式。尤其是在场地污染源头与人群接触暴露点位的区域出现不一致时，分析暴露途径还应当考虑场地污染物质的各种介质载体。

污染场地暴露途径分析是指研究人员通过分析污染场地的污染物质从污染场地源头迁移到暴露点位的所有形式路径和暴露人群的各种暴露形式，然后构建起一套污染场地源头（包括污染物质的迁移方式）-暴露点位-暴露方式的整个暴露途径体系的接触模型。

（2）确定最大合理暴露情形 能够影响人体暴露的条件非常广泛，主要包括以下影响因素：污染物质的浓度范围、暴露频率与暴露时间的差异、人体摄入速率的快慢、人体体重与平均暴露时间的区别。各个变量都会有其相应特定的值域范围，各个暴露因素的详细内容见表 6-39。依据表 6-39，可以综合各个变量的情况，客观地进行暴露评价，确定最大暴露情形。

表 6-39 影响人体暴露的因素

暴露因数	主要内容
暴露浓度	通常采取整个场地暴露期间内污染物质暴露浓度的算术平均值。暴露浓度可以准确反映出整个暴露期间内的实际暴露情景。在场地暴露期间内,一旦不同暴露时间段内的污染物质暴露浓度存在较大的波动情况,可以将整个暴露期时间分割成多个细小的时间片段,再分别计算各个细小时间片段内的平均暴露浓度,然后进行计算加和
摄取速率	通常根据已有场地统计数据,确定人群对污染物质的摄取速率
暴露频率与暴露期	通常根据污染场地相关人群的实际暴露情景,确定场地相关人群的暴露频率与暴露期。污染场地可以细分,所在工业区域内作业人员的暴露时间通常需要根据工厂的工作作息制度进行计算。所在商业区与娱乐区的暴露人群具有很大的流动性、不确定性,通常将常住人口作为高暴露人群而重点评价对象,流动人口应当作为次要评价对象。不同居住区的居民的作息规律也可能存在差异,需要根据该场地区域内的实际情况计算暴露期
体重	通常可以采用暴露期间内人群的平均体重
平均时间	在评价非致癌效应中,场地人群暴露期通常采用平均时间。在评价致癌效应中,场地人群暴露期通常采用的平均时间为暴露人群的平均寿命。虽然暴露期可能很短,但是人群暴露于致癌化学物质下可能会引起人体的终生健康效应。对于短期暴露于高剂量致癌物质所引起的致癌效应,通常可以采用与终生暴露于低剂量致癌污染物质所引起的致癌效应相同的假设

（3）量化污染物质的浓度 污染场地风险评价中,量化各种污染物质的浓度是指研究人员得出暴露点位污染物质在整个场地暴露期内的平均浓度水平（也称暴露浓度）,一般情况下采用污染场地监测数据以及污染物质迁移转化数学模型进行计算。在暴露人群可以直接地接触到被污染的环境介质或者选取人群暴露点位作为监测点位的情况下,可以将所得的监测数据直接用于计算暴露浓度,通常有以下 3 种计算方法（表 6-40）：直接检测法、生物监测法,以及根据暴露情形假设估计暴露法。

表 6-40 计算暴露浓度的方法

方法		定义与主要内容
直接检测法	定义	通过检测污染场地在某一时间段内人体所直接接触到的污染物质浓度,获取场地污染物质的"浓度-时间"关系,可以分为实时个体监测方法与被动采样方法
直接检测法	内容	实时个体监测方法通常是指检测场地污染物质以及颗粒物附着等的实时暴露量;被动采样方法通常通过采样监测,可以监测各种地下水与土壤、大气中污染物质等
生物监测法	定义	指监测个体身体中各个组织系统与多器官的病变情况,并监测个体体内的体液与分泌物、体外的排泄物,以及组织系统与多器官中的污染物质量,再评估暴露量
生物监测法	内容	可以进行个体历史、现状的污染物质暴露评估,对那些在人体内可以发生富集与积累的污染物质有较好的监测效果
根据暴露情形假设估计暴露法	定义	根据场地内污染物质的释放与分布以及场地暴露人群的特征,评估场地暴露人群的暴露情景,再根据多种暴露情形下获得的污染物质浓度与人群接触污染物质的暴露时间,构建出各暴露途径下场地污染物质暴露浓度与暴露人群之间的相互作用关系
根据暴露情形假设估计暴露法	内容	可以采用场地污染物质监测数据、场地数学模型等方法评估污染物质暴露浓度,环境介质载体附着的污染物质浓度即为人群可能接触污染场地的暴露浓度

当场地暴露点位与场地监测点位出现不吻合的时候,以及研究人员需要估算场地内的历史暴露浓度与预测场地内的未来可能暴露浓度的时候,一般可以利用污染物质在场地内

的一些迁移、转化数学模型。值得注意的是某些时候，研究人员只能采取数学模型计算的情况（例如受当前现有的分析技术与检测能力的约束，会出现可以确定场地内污染物质实际存在但是又没有方法通过技术手段检测到场地污染物）。常见的场地污染物质的迁移、转化的数学分析模型很多，涵盖了地下水与地表水在场地内的污染物质溶质运移模型以及相应的场地土壤中污染物质溶质运移模型、空气质量模型等。

（4）量化人群污染物质的摄入　在污染场地内，人群所摄入场地污染物质的量是指污染物质进入人体血液内运往全身各处，然后刺激于各种人体的组织结构与不同身体器官的所有有效剂量。通常情况下，在实际研究中受场地研究分析能力的约束和基于尽可能保守估计原则的考量，量化污染物质摄入量一般会依照内部剂量、潜在剂量或者实用剂量等指标，采取在单位时间和单位体重情况下人体摄入污染物质的数量表述。量化污染物质摄入量一般包括以下计算方式：

① 呼吸方式　通过呼吸方式，接触人群所能够摄入的场地污染物质主要包括 2 种：挥发性气体污染物与可吸入颗粒物沾染内含物。通常可以使用潜在剂量方法估算相应的场地污染物质人体摄入量。

呼吸方式挥发性气体的摄入量计算式为：

$$\text{Intake} = \frac{D_{\text{potential}} \times \text{ET} \times \text{EF}}{\text{BW} \times \text{AT}} = \frac{C_{\text{a}} \times \text{IR} \times \text{ET} \times \text{EF} \times \text{ED}}{\text{BW} \times \text{AT}}$$

呼吸方式可吸入颗粒物的摄入量计算式为：

$$\text{Intake} = \frac{D_{\text{potential}} \times \text{ET} \times \text{EF}}{\text{BW} \times \text{AT}} = \frac{C_{\text{p}} \times \text{FP} \times \text{IR} \times \text{ET} \times \text{EF} \times \text{ED}}{\text{BW} \times \text{AT}}$$

式中，Intake 为单位时间单位体重的污染物摄入量，mg/(kg·d)；C_{a} 为空气中挥发性气体浓度，mg/m³；IR 为摄入速率，m³/h；ET 为暴露时间，h/d；EF 为暴露频率，d/a；ED 为暴露期，a；BW 为人群的平均体重，kg；C_{p} 为空气中可吸入颗粒物浓度，kg/m³；FP 为可吸入颗粒物中污染物质的含量，mg/kg；AT 为平均暴露时间，d。

② 饮食方式　通过饮食方式，接触人群所能够摄入的场地污染物质主要包括 2 种：饮水方式与食物方式。通常可以使用内部剂量方法估算相应的场地污染物质人体摄入量。

饮水方式污染物质摄入量的计算式为：

$$\text{Intake} = \frac{D_{\text{internal}} \times \text{EF}}{\text{BW} \times \text{AT}} = \frac{C_{\text{w}} \times \text{IR} \times \text{ABS}_{\text{gi}} \times \text{EF} \times \text{ED}}{\text{BW} \times \text{AT}}$$

通过食物方式摄入污染物质的摄入量的计算式为：

$$\text{Intake} = \frac{D_{\text{internal}} \times \text{EF}}{\text{BW} \times \text{AT}} = \frac{C_{\text{F}} \times \text{IR} \times \text{FI} \times \text{ABS}_{\text{gi}} \times \text{EF} \times \text{ED}}{\text{BW} \times \text{AT}}$$

式中，C_{w} 为水中污染物质的浓度，mg/L；C_{F} 为食物中污染物质的含量，mg/kg；FI 为总食物中污染食物的比例；IR 为摄取速率（水：L/d；食物：kg/meal）；ABS_{gi} 为胃肠吸收因子；EF 为暴露频率（水：d/a；食物：meal/a）；其他参数含义同前。

③ 皮肤接触方式　通过皮肤接触方式，接触人群所能够摄入的场地污染物质主要包括 3 种：皮肤接触污染水体方式、皮肤接触污染土壤方式，以及皮肤接触污染空气方式等。通常可以使用内部剂量方法（吸收剂量方法）估算相应的场地污染物质人体摄入量。

通过皮肤接触污染水体方式摄入污染物质的摄入量的计算式为：

$$\text{AbsorbedDose} = \frac{D_{\text{internal}} \times \text{ET} \times \text{EF} \times \text{CF}}{\text{BW} \times \text{AT}} = \frac{K_{\text{p}}^{\text{w}} \times C_{\text{w}} \times \text{SA} \times \text{ET} \times \text{EF} \times \text{ED} \times \text{CF}}{\text{BW} \times \text{AT}}$$

通过皮肤接触污染土壤方式摄入污染物质的摄入量的计算式为：

$$\text{AbsorbedDose} = \frac{D_{\text{internal}} \times \text{EF} \times \text{CF}}{\text{BW} \times \text{AT}} = \frac{C_s \times F_{\text{adh}} \times \text{SA} \times \text{ABS} \times \text{EF} \times \text{ED} \times \text{CF}}{\text{BW} \times \text{AT}}$$

通过皮肤接触污染空气方式摄入污染物质的摄入量的计算式为：

$$\text{AbsorbedDose} = \frac{D_{\text{internal}} \times \text{ET} \times \text{EF}}{\text{BW} \times \text{AT}} = \frac{K_p^a \times C_a \times \text{SA} \times \text{ET} \times \text{EF} \times \text{ED}}{\text{BW} \times \text{AT}}$$

式中，AbsorbedDose 为单位时间单位体重皮肤吸收污染物质的数量，mg/(kg·d)；K_p^w、K_p^a 分别为与水和空气接触时污染物质在皮肤中的渗透系数，cm/h；C_s 为土壤中污染物质的浓度，mg/kg；ABS 为皮肤对污染物质的吸收因子；SA 为与污染水体、土壤和空气接触的皮肤表面积，cm^2；F_{adh} 为土壤对皮肤的吸附系数，mg/cm^2；CF 为单位转换因子（水：$1L/1000cm^3$；土壤：$10^{-6}kg/mg$）；EF 为暴露频率（水：d/a；土壤：events/a）；其他参数含义同前。

④ 按生理期计算污染物质摄入量　考虑到人体所在不同生理期内的实际差异，其呼吸空气量、每日饮水量、皮肤接触面积与体重指数等存在较大差异，针对某一污染物质的摄入量也会随之存在较大差别，所以依据生理期划分各个不同阶段可以更加准确地计算污染物质的摄入量。人群的生理期大致可以分为 5 个阶段：婴儿期、儿童期、少年期、成年期与老年期。按照上述计算各种方式摄入量的方法，各个不同的生理期可以依据不同的参数值（例如举例如下，计算婴儿期的摄入量如下式所示，计算其他 4 个生理期的污染物质摄入量与婴儿期类似，调整参数即可计算），不同的摄入方式（呼吸、饮食与皮肤接触等），对各个生理期的摄入量计算方法作相应的变化即可：

$$(\text{Intake})_{\text{in}} = \frac{C_{\text{in}} \times \text{IR}_{\text{in}} \times \text{EF}_{\text{in}} \times \text{ED}_{\text{in}}}{\text{BW}_{\text{in}} \times \text{AT}}$$

式中，$(\text{Intake})_{\text{in}}$ 为婴儿期的污染物质摄入量，mg/(kg·d)；C_{in} 为婴儿期内污染物质浓度；IR_{in} 为婴儿期人体摄入受污染介质（如空气、水等）的速率，通常以单位时间的摄入量表示；EF_{in} 为婴儿期的暴露频率，d/a；ED_{in} 为暴露期（即婴儿期），a；BW_{in} 为婴儿的平均体重，kg；AT 为平均时间，指计算平均暴露的时间，d。

6.8.5.4　风险表征

风险表征是场地健康风险评价的最后一步，也就是在危害鉴定、剂量-反应评估（毒性评估）、暴露评估的基础上计算出人体健康风险的大小程度，描述出风险评价过程，并进行不确定性分析。污染场地的人群健康风险评价与广义上的人群健康风险评价在评价程度上稍微存在不同，其主要是用于某一具体的污染场地评价，评价的健康风险即为该场地能够直接作用于人群健康的危险，即为叠加风险[67]。

（1）叠加风险　依照污染场地法案要求，污染场地的相关责任主体需要对其本身造成的场地污染承担责任，然而具体到某一场地，其实际情况往往较为复杂，通常该场地周边还会有一些不同污染场地，这导致了目标研究场地周边可能出现多个不同的污染源。因此，土壤、地下水等污染场地的相关环境介质在很大程度上受到污染影响来源于多个污染场地的共同叠加作用，所以需要据此划分各个相关污染场地各个责任主体的责任范围，避免在环境执法过程中出现责任难以划分的困难。采用"叠加风险"方法可以较好地解决多个污染源的风险比例结构与责任大小划分难题，叠加风险也就是分别计算各个相关场地所共同引发的人群健康风险，它包括了叠加在附近其他场地与场地背景所造成的健康风险之上的总体健康风险。叠加风险在计算时可以分为如下 2 种情形：

① 在采用实际的污染场地监测数据评价场地人体健康风险的时候，能够使用实际监测到的场地环境介质浓度减掉场地环境的背景值浓度，减后得到的浓度差值即可用作计算人体的污染物质摄入量。对于场地地下水介质，可以采取场地地下水的污染物实际监测浓度减掉地下水上游的监测浓度（在无其他污染情况下，即背景浓度）；对于场地土壤介质，可以使用受污染土壤的实际监测浓度减去场地附近土壤监测的浓度（在无其他污染情况下，即背景浓度）；对于场地上部空气介质，可以采取场地上部的大气污染物实际监测浓度减去场地外围全年主导风向上的上游的大气监测浓度或者背景浓度。

② 在依据场地数学模型所预测的污染物浓度来评价污染场地未来人体健康风险的时候，同样需要进行简单的数据处理，即污染物质在环境介质中的浓度应该采用初始的监测浓度减掉场地外侧背景浓度或者上游方向的浓度。

在通过上述 2 类的基本数据处理之后，所评价的污染场地健康风险就是该研究场地的叠加风险（也称实际风险）。

（2）风险估算　研究污染场地所谓的人体健康风险主要是指研究致癌风险与非致癌风险，表征健康风险通常使用 3 类方法：场地污染物质健康风险、场地暴露途径累积健康风险，以及场地综合健康风险。其中，场地污染物质健康风险是指人体接触各个暴露途径中各个污染物质带来的人体健康风险。而场地暴露途径累积健康风险是指人体接触某个暴露途径中各个污染物质带来的人体健康风险总和。相比之下，场地综合健康风险是指人体接触所有暴露途径中所有场地污染物质对同一场地暴露人群的总人体健康风险。

① 致癌风险　依照污染场地人体健康风险的表征方法，可以将场地人体致癌风险表述为场地污染物质致癌风险、场地暴露途径累积致癌风险、场地暴露途径同种污染物质累积致癌风险与场地综合致癌风险等。

a. 污染物质致癌风险：

当 Risk$<$0.01 时，Risk$=$CDI$\times$SF；

当 Risk$>$0.01 时，Risk$=1-\exp(-$CDI$\times$SF$)$

式中，Risk 为致癌风险，表示人群癌症发生的概率，通常以一定数量人口出现癌症患者的个体数表示；CDI 为人体终生暴露于致癌物质的单位体重平均日污染物质摄入量，mg/(kg·d)；SF 为斜率因子，$[\text{mg}/(\text{kg}\cdot\text{d})]^{-1}$。

b. 暴露途径累积致癌风险：

$$(\text{Risk})_T = \sum (\text{Risk})_i$$

式中，$(\text{Risk})_i$ 为 i 物质的致癌风险。

c. 暴露途径同种污染物质累积致癌风险：

$$\text{Risk}_T^A = \sum_{i=1}^n \text{Risk}_i^A$$

式中，Risk_i^A 为暴露方式或途径 i 下 A 物质的致癌风险。

d. 综合致癌风险：为同一暴露人群各个暴露途径累积致癌风险之和。

② 非致癌风险　通常将场地人体非致癌健康风险采用场地污染物质非致癌危害指数、场地暴露途径累积非致癌危害指数、场地暴露途径同种污染物质累积非致癌危害指数与场

地综合非致癌危害指数等表示。

a. 污染物质非致癌危害指数：

$$HQ = 摄入或吸收剂量/RfD$$

b. 暴露途径累积非致癌危害指数

$$HI = \sum HQ_i$$

c. 暴露途径同种污染物质累积非致癌危害指数：

$$HI_T^A = \sum_{i=1}^{n} HQ_i^A$$

式中，HQ_i^A 为暴露方式或途径 i 下 A 污染物的非致癌危害系数。

d. 综合非致癌危害指数：为同一暴露人群各种暴露途径累积非致癌危害指数之和。

③ 按生理期估算风险　考虑到人体在所处的各个生理期阶段对于某同一种污染物质的生理反应通常会表现出很大的差异，对人体所导致的健康危害程度也有很大的差异，所以依据不同阶段的生理期对健康风险进行计算可以更加精确地表征健康风险。例如污染场地暴露人群中的一些个体包括多个不同的生理期暴露阶段，那么可以按照不同生理期进行风险计算。其计算方式为，对于各个不同生理期污染物质的摄入量进行计算，而且对于各个不同的生理期还需要选取不同的参考值。

a. 单一污染物质的致癌风险可表示为：

当 $Risk < 0.01$ 时，$Risk = \sum_{LS} (Intake)_{LS} \times SF_{LS}$

当 $Risk > 0.01$ 时，$Risk = 1 - \exp[-\sum_{LS} (Intake)_{LS} \times SF_{LS}]$

b. 单一污染物质的非致癌危害指数可以表示为：

$$HQ = \sum_{LS} (Intake)_{LS} / RfD_{LS}$$

式中，$(Intake)_{LS}$ 为不同生理期污染物质的摄入量，$mg/(kg \cdot d)$；SF_{LS} 为不同生理期的致癌斜率因子；RfD_{LS} 为不同生理期的非致癌参考剂量。

计算得到场地各个污染物质的人体健康风险后，就可以分别计算场地暴露途径的场地累积人体健康风险与场地综合人体健康风险。

依据生理期计算场地人体健康风险可以相对精确地表征场地健康风险，然而考虑到大部分污染物质的毒理学与流行病学资料、数据存在不足，不能取得详细的人体不同生理期内各种污染物质的致癌斜率因子与非致癌参考值，所以在污染场地实际的人体健康风险评价中大多数情况下采用前两小部分所列举的方法，应用后一种方法还不是很成熟。

（3）不确定性分析　对污染场地人体健康风险评价中的不确定性进行分析，是污染场地风险决策过程中不可或缺的一个重要步骤，做出风险决策的人员不但需要关注场地人体健康风险的大小程度，还应该关注场地人体健康风险评价其本身的可靠性。这些不确定性来源广泛，存在于污染场地健康风险评价中的各个阶段，在危害鉴定的资料、数据获取过程中，从采样、储存、运输、处理到测试样品，以及对历史资料数据的分析筛选等过程，都可能存在不足之处；对土壤与水文地质、气象等条件下的环境介质背景浓度以及污染物质作用毒性等的认识也可能存在不足；选取场地人体风险评价模型与获取该评价模型参数，以及一定程度上风险评价模型本身都可能存在着内在的不确定性。这些都可能会对最后的评价结果产生一定的不良影响。

实际评估中，研究人员通常采取制度控制、具有针对性的预防措施等尽可能减少不确定因素以及影响，另外还会采用一些研究方法进行不确定性分析。一般来说，分析健康风险评价中不确定性的方法主要分为定性与定量的分析方法。不确定性定性分析法是研究人员概括描述出健康风险评估中不确定性的可能来源、特征以及范围等，然后再进行分析或补充修正。具有代表性的不确定性定性分析方法是专家意见法（expert elicitation），即构建相关专家团队讨论健康风险评价过程，表述不同领域内出现不确定的意见，再综合各位专家的意见进行分析以形成结论。不确定性定量分析方法是指利用定量的形式显示健康风险评估中的不确定性。具有代表性的不确定性定量分析方法包括蒙特卡罗法（Monte Carlo analysis，MCA）、敏感性分析法（sensitivity analysis method）等分析方法。虽然蒙特卡罗法是使用概率统计的分析参数等不确定性的方法，可以更好地表征风险与暴露评价，但是这种方法会将评价过程变得异常复杂，并且它本身也存在着一定的不确定性。敏感性分析法是指从许多不确定性因素中寻找对场地人体健康风险评价具有重要影响的各种敏感性因素，并分析、测算其对人体健康风险评价的影响程度与敏感性程度，进而判断风险不确定性大小的分析方法。

6.8.6　场地健康风险评价模型

美国环保署（EPA）的《超级基金场地风险评价指南》（risk assessment guidance for superfund，RAGS）[69]、美国测试与材料协会（ATSM）的 RBCA（risk-based corrective action）模型[70]是目前认可程度较高的场地健康风险评价模型。对两种模型简要介绍如下。

6.8.6.1　RAGS 模型

EPA 在 1989 年制定了《超级基金场地风险评价：人体健康风险评价手册》，此手册明确了有关健康风险评价技术方面内容的研究框架以及相应的实施步骤，包括以下几个方面：①数据收集和数据价值评价；②人体暴露程度的评估；③污染物毒性的分析评估；④对风险表征的描述和总结。此内容和 NAS "四步法"较为类似。美国环保署于 1996 年发布了土壤筛选值的技术导则，此导则是依据污染土壤健康风险评价方法来确定的，2001 年又发布了土壤筛选值的技术方法，此方法是补充技术导则文件。

（1）数据收集和评价　数据资料的收集是开展健康风险评价活动的基础要素。在进行数据资料收集之前，首先要明确收集所需的数据的使用目的。为了能够真实而全面地对污染情况进行描述，资料收集及数据分析都被用于污染评估领域的工作中，所收集的数据反映的信息主要由以下几个方面组成：①污染物引起污染的深度和广度；②敏感人群类型和潜在的污染暴露途径等。以统计处理后的数据作为依据，对评价模型中的有关参数进行推断并加以确定。以下列举了污染评估模型中常用的参数（表 6-41 和表 6-42）。通常情况下，在实际评估过程中，应根据污染场地的实际状况来确定需要收集的数据。为准确分析污染物的类别和基本污染范围，在收集和整理所需要的污染数据和资料时，首先需要明确场地是否存在潜在污染源。在上述工作完成的前提下，才能够对污染可能存在的暴露途径进行明确的定位。以上工作不仅对收集资料具有针对性，还能够减少场地环境监测的工作量和经费投入，而且对制订综合监测计划具有指导性。

表 6-41　污染场地风险评价资料收集项目一览表

目的	收集项目	备注
确定污染物种类	场地利用历史	污染物理化性质主要收集污染物的迁移性、生物富集性、挥发性、可降解性等资料,有助于初步判定暴露途径
	对于有确定工业污染源,分析染源生产工艺、原辅料使用及染物排放情况	
	潜在污染物理化性质及毒性等	
污染程度及范围	收集污染源污染物排放情况	场地的污染程度及范围主要是依靠制订综合监测计划来确定污染物浓度的分布情况
	气象资料、水文地质特性	
	污染场地环境概况	
	区域土壤背景值	
	综合监测数据	
潜在暴露途径分析	污染物理化性质(迁移、转化、降解、生物富集等性质)	所有可能暴露媒介指当前任何含有污染物及将来通过迁移可能受到污染的媒介(包括土壤、地下水、地表水、空气、沉积物、动植物等)
	污染物迁移路线	
	所有可能暴露媒介	
	潜在暴露途径监测数据	
暴露人口	人群分布	敏感人群指老幼病残孕、哺育期妇女以及有慢性病人群;高暴露人群指受特殊行为方式或工作方式的影响,相比之下,容易暴露于高风险环境的群体
	人群结构	
	人群生活方式	
	是否有敏感受体及高暴露人群	
模型参数	在风险评价中对于污染物释放、迁移及归宿都采用模型来预测,为评价其预测的准确性和适用性,收集的资料应根据具体使用的模型来定	

表 6-42　场地样品调查有关模型参数收集

模型类型	模型参数
土壤	粒径分布、土壤干重、pH 值、氧化还原电位、危险废物深度、土壤污染物浓度、土壤有机质含量和黏土密度、土壤密度、孔隙率等
地下水	水力传导系数、饱和含水层厚度、水力梯度、pH 值、氧化还原电位、地下水流向等
空气	风向、风速、大气稳定度、大气污染物浓度、地形地貌等
地表水	硬度、pH 值、氧化还原电位、溶解氧量、含盐量、温度、传导率、总悬浮物量、流量和深度、河口和海湾参数、海水入侵程度,及湖泊的面积、深度、水量等
沉积物(底泥)	粒径分布、有机质含量、pH 值、含氧情况、含水率
动植物	干重、(全身、特殊部位或可以食用部位)化学物质浓度、含水率、脂肪含量、大小、生活的历史阶段

注:以上表格中并非所有的参数都需收集,应根据场地具体情况而定。

　　为了保证风险评价的可信度要确保所获取各项资料的准确性,可从以下四个方面进行分析:①污染场地评价和数据分析的方法是否正确;②检测项目的检测限和评级工作是否满足预先确定的参考浓度及标准限值;③通过污染场地获取的数据与场地环境的背景值和空白样品进行比对,可以进行更进一步的检测或者以直接剔除方式进行处理异常数据;④要制定详细的、切实可行的和完备的质量保障机制和质量控制措施以确保收集的数据符合系统要求。

（2）人体暴露评估　评估污染场地人体暴露过程一般分为三个步骤（图6-16）：暴露场地表征；暴露路径确定；暴露量估算。

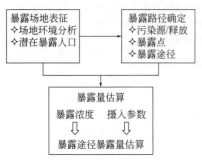

图6-16　暴露评估程序及内容

① 暴露场地表征。暴露评估的首要步骤是了解暴露场地表征。暴露场地表征是针对目标污染场地环境特征的详细调查描述，对暴露人群的相关数据进行合理统计和深入分析。以暴露路径和暴露量作为主要对象的估算是基于场地环境的特征以及暴露人群的表征数据，因此，开展暴露评估工作的根本性方法是相关数据的收集。

a. 污染场地的环境表征　污染场地环境状况的各项表征数据主要来源于以下几方面：相应区域地下水水质、气候、植被的各种生长现状、气象情况、地质条件、土壤类型、地表水状况等方面。污染场地的详细环境调查通常可以得到这些数据，如果这些渠道获得的数据资料仍不够完整，还可以展开其他方式的调查活动来进行补充完善。

b. 潜在敏感人群表征。相关数据主要由污染场地和场地周边群体相关的各类信息组成，具体来说，这些信息就是人群的区位分布、生活方式特征、群体的结构以及其中的敏感群体等信息。

② 暴露路径确定　污染场地的暴露途径可以理解为有害化学物质从污染源释放出来并发生运移，最后进入到人体内部，从而形成危害的整个路径。一个完整的暴露途径由以下4个部分构成：a. 场地存在可以释放化学物质的污染源；b. 在各种环境介质中化学物质进行降解变化、滞留于介质以及位置迁移等；c. 污染介质与人体之间的接触点即暴露点；d. 人体摄取化学有害因子的路径。通过对整个渠道的分析来构建"污染源-污染物迁移-暴露点-人群暴露"暴露途径模型，以此可以全面系统地明确化学污染物质由污染源出发进入暴露点的整个过程中所有可能传播或延伸的途径。通过暴露途径来确定污染源和污染物接收介质，这也是污染因子运移、暴露方式和暴露点定位形成的基础。表6-43中描述了上述具有代表性污染物的具体状况。

表6-43　常见的化学污染物释放源

接收介质	释放机制	释放源
空气	挥发	表面废物(池塘、储存池等)
		被污染的地表水
		被污染的表层土
		被污染的湿地
	形成飘尘	被污染的表层土
		废物堆场
地表水	地表径流	被污染的表层土和废物堆场
	地下水渗出	被污染的地下水

续表

接收介质	释放机制	释放源
地下水	渗滤	地表或掩埋的废物场
		污染土壤
土壤	渗滤	地表或掩埋的废物场
	地表径流	被污染的表层土
	污染飘尘沉降	被污染的表层土
		废物堆场
沉淀物	地表径流	被污染的表层土和废物堆场
	地下水渗出	被污染的地下水
	渗滤	地表或掩埋的废物场
		污染土壤
动植物	摄入(直接接触、食物摄入、吸入)	被污染的土壤、地表水、沉淀物、地下水或空气
		其他动植物

③ 暴露量估算　这个环节开展的主要目的是对已经确定的暴露路径和暴露人群的相关信息进行量化，例如对暴露剂量、周期以及频率等进行量化处理。其中，最主要的处理内容是针对污染物的暴露浓度进行估算判断，对不同的暴露路径所对应的暴露剂量进行量化处理。

a. 确定暴露浓度，暴露浓度应依据暴露路径分析和采样点布设进行选取，有两种方法可供选择：单个监测点位的数据和同类数据 95% 的置信区间上限值。

b. 各途径暴露剂量量化，前期能否准确判断污染暴露浓度和暴露途径对潜在暴露剂量的影响，对暴露剂量的定量计算起着决定性的作用。

（3）污染物毒性评估　针对污染场地敏感人群带来各种负面效应的可能证据等信息，这部分工作可以被看作是依据目标污染物，合理评估这种污染物对应的敏感群体暴露程度表现出来的负面效应与出现概率之间存在的关系。通过两个步骤可以完成对污染物致癌毒性的合理评估：一是将污染物的致癌性依据其化学性质进行合理分类；二是深入分析化学物质的剂量和出现不良反应之间的关系。在这个评估过程中，美国环保署将化学物质依据待评估污染物的致癌证据分为五类，详见表 6-44。

表 6-44　化学物质致癌性分类

致癌性类别	分类依据
A 类	确定的人类致癌物，表示有足够的流行病学研究来证实接触剂量与致癌的因果关系
B 类	很可能的人类致癌物，包括由流行病学研究得到的人类致癌证据从"足够"到"不足"的物质
	B1 类　有限的人类证据证明具有致癌性的物质
	B2 类　动物实验证据充分而人类证据不充分或无证据的物质
C 类	可能的人类致癌物，没有人类数据，动物致癌证据也有限的物质
D 类	动物致癌证据不足
E 类	至少做过两种不同动物试验，或流行病学和动物研究中都无致癌证据

通过分析可知污染物的致癌毒性没有一定的阈值，也就是说任何不为零的剂量的污染物都可能带来致癌效应。癌毒性的剂量和最终的效应可以通过该物质的暴露剂量和致癌概率来衡量。其呈现为一种斜率系数关系，通常表示为 $[mg/(kg \cdot d)]^{-1}$，即每日每公斤体重 1mg 致癌物中遇到的患癌风险度。系数越大表示该物质的致癌率也越大。

而对于一些非致癌毒性来说其有一定范围的阈值，即当该物质的剂量低于一定水平时也不会造成对观察有影响的消极结果。可以用（reference dose，RfD）来表示非致癌毒性的剂量和最终的效应这两者之间的关系。在低于一定参考水准的环境中敏感人群暴露的风险非常小，而当剂量大于参考水准时，其所能带来的危害就会比较大。

通过查询数据可获得相对应的毒性物质方面的资料和数据，对于那些不能直接找到毒性数据的暴露途径，可以通过外推法来分析。以有机化合物为例，如果只获得了由呼吸吸入或经口食入中的一条途径，那么另外一条途径的相关分析过程也可利用已经获取的该类数据。皮肤暴露途径的毒性数据可以通过致癌斜率因子和非致癌参考剂量来分析得到。

（4）风险表征　以暴露评价和毒性评估的结果为参考依据，不仅对场地的非致癌危害和致癌风险进行定量计算，而且对得出结果存在的不确定性进行说明，以上过程为风险表征。因此，风险表征的内容是场地管理者提出合理环境管理决策的依据。

如果得到的污染场所非致癌风险值小于1，那么对敏感人群带来的非致癌性影响就不会显著。美国环保署以致癌风险为对象确立了致癌风险可接受的基本区间范围：当致癌风险值小于 10^{-6} 时，产生致癌结果的概率非常小；当污染物质造成的致癌风险值大于 10^{-4} 时，则致癌概率就相对高些；当该类物质带来的致癌风险值在两者之间时，对致癌产生的结果需要深入探讨。

（5）不确定性分析　由于污染场所的污染物可能会对人体健康造成影响，而对此类影响进行定性评估工作，需要以一些相似情况下的研究数据以及一定的推理推定和假设情况为前提才能够顺利地开展，所以以对此类风险进行定量性质的评估，其结果肯定具有不确定性。

因为在评价过程中，几乎所有的计算步骤中都存在着不确定的因素，为了有针对性地将评估过程中的不确定因素的各种来源进行归纳，专家 Finkel 将它们进行系统的分类，主要分为四个主要类型，分别为决策数据的变异性（variability）、决策模式不确定性（model uncertainty）、决策规则不确定性（decision rule uncertainty）和决定参数不确定性（parameters uncertainty）。由于对健康风险的评估不可避免地要引用现有的很多模式来完成，这就会导致评估模式的不确定性，这类不确定性问题主要由以下因素引起：①在简化模式过程中存在的错误；②引用模式时的结构性错误；③一些对评估存在限制的条件；④使用不同模式引起的结果差异。导致参数不确定性的原因有以下三个方面：第一，不能够直接了解到一些在评估中必需的数据和结论，需要参考大量文献资料进行推理；第二，客观限制条件的存在，例如人为的因素，技术条件、硬件设施的配备以及各种参数的选择；第三，时空差异性以及相关资料的缺少。

评估变异性是指在此过程中，在个体、时间、空间以及现实状况等各个方面存在的差异。当然这些不确定性是可以尽量避免的，例如通过综合考虑选出更加切合现状的评估模式，或者参考更完整的资料、更有效的相关数据等方法。然而对客观存在的变异性来说，实际并不存在非常有效的方法来应对客观存在的变异性，因此，需要采用一定的方法来降低这一变异性，比如参考更加切合实际的相关文献资料，或者考察过程更加谨慎细致，考察范围更加广泛。

目前的各类风险评价中，需要通过专业判断来选择评估模型，并对选定的各种模型涉及的参数进行设定，此过程十分复杂，所以对于评估过程中这些不确定因素的定量化分析，在实际过程中是几乎不能实现的。因此，为了给决策者提供尽可能多的有价值的评估决策信息，可以对一些具有关键作用的因素进行半定性或半定量的分析，减弱其对评估结果的影响。风险评价过程中常采用一些分析不确定性的方法来最大限度地减少上述不确定因素对评估结果可能造成的负面影响，如泰勒形成的简化处理方法等。

6.8.6.2　RBCA 模型

美国材料与试验协会（American Society for Testing and Materials，ASTM）推出的 RBCA（risk-based corrective action）模型，提出了新的关于污染场地风险评价的模型，并在与地下水和土壤相关的污染治理工作中引入前期构建的健康风险评价模型。在实践中可以发现此模型具有较好的可操作性，并且已经得到了广泛的应用，特别是在美国和欧洲一些国家。

（1）模型概念　RBCA 模型对污染场地的健康风险评价进行分类，可分三个级别，每个级别都应当对各种污染物确定可以得到修复的最基本的限值。一般来说，随着评价等级提升，针对需要评估的污染场地的调查行为就必须更加全面和更加有层次，这样才可以得到更加全面的数据。一般来说，对于相对较低的等级来说，关于评估的相关信息更为欠缺，关于污染场地的实际状况的数据缺少，为了达到具有同样水准的安全这一治理目标，就需要选择一些经验性充分的数据，这种情况就会使得低等级评估得到的修复限值比高等级的评估值更低，更为严格。在实际的评估过程中，具体需要评估过程达到哪一个等级，要进行全面综合考虑后才能够得以确定，考虑的因素包括评估工作所存在的数据、达到相应的修复目标所需要的具体评估技术以及经济分析结果等。

① 一级评价分析　一级评价针对的开展对象是污染源点上方的暴露点，即只有以当污染物暴露时的受体位置恰好正处于污染点的原位位置这一假定为前提时，一级评价分析工作才能得以进行。在评价过程中所需要的相关特征所对应的参数，诸如土壤、大气、地下水以及污染物等对象，大多使用经验性的保守值确定相应的取值。因此，在该项分析中，针对污染场地的各项环境因素进行调查，进行相对应监测活动时需要费用可能相对较低，但和二级、三级评估相比较，得出的修复目标更为严格，同时相应的修复费用也会更高。

② 二级评价分析　二级评价主要是以污染影响区内的真实暴露点为对象。在二级评价中除了要对污染点异位的各种类型暴露点进行分析外，还要对污染物水平方向移动后导致污染浓度降低的情况进行分析，而在一级评价中，该类分析只讨论了污染物在垂向迁移上对应的情况，因为二级评价分析的主要对象是污染源点原位的暴露点。对于一、二级评价分析来说，一般都是选择一些简单的数学解析模型来完成，这两种评价分析的模型都是以污染物在环境中的变化为对象的，所以该类污染物对于暴露点的浓度一般都超过实际的污染物浓度。实验表明，通过以上方法所得到的污染物修复目标，也能保证污染物场所的安全性。

③ 三级评价分析　三级评价以二级评价为基础，选择了相对更高复杂性的数值模拟模型作为分析方法，通过污染环境中污染物的迁移衰减变化来分析具体情况。因此，在这一级别分析过程中，通过对水文地质和污染毒性的自然降解等分析来获取所需要的各种参数。

要更加深入、更加全面地开展该类场地的土体污染特征调查活动。通过对污染物迁移情况的模拟可以真实地反映出客观存在的实际情况，而这种修复目标的结果也能达到最好的水准。因此，这种状况也就决定后期修复费用也最少。此外，为了给场地管理者和后期修复方案提供更科学的参考，三级评价过程中需要进行不确定性分析。

（2）土地利用分类和土壤类型　对于场地类型的划分，RBCA 模型中主要分为住宅用地和工业用地两类。模型中所研究的土壤类型与 EPA 一致，共分为 11 类（表 6-45），模型中都是以砂土为参照对象来研究场地污染物在不同介质（土壤、空气、地下水）之间的迁移。

表 6-45　RBCA 模型中土壤类型一览表

土壤类型	含水率	饱和水力传导速率/(cm/s)
砂土(sand)	0.091	5.8×10^{-3}
壤质砂土(loamy sand)	0.125	1.7×10^{-3}
砂质壤土(sandy loam)	0.207	7.2×10^{-4}
壤土(loam)	0.270	3.7×10^{-4}
粉质壤土(silt loam)	0.330	1.9×10^{-4}
砂质黏壤土(sandy clay loam)	0.255	1.2×10^{-4}
粉砂黏壤土(silt clay loam)	0.318	4.2×10^{-5}
黏壤土(clay loam)	0.366	6.4×10^{-5}
砂质黏土(sandy clay)	0.339	3.3×10^{-5}
盐质黏土(salt clay)	0.387	2.5×10^{-5}
黏土(clay)	0.396	1.7×10^{-5}

（3）对污染物在土壤和地下水中迁移过程的描述　RBCA 模型主要通过以下四种方式来评价污染物在环境介质中的迁移过程：①移动到室内空气中的有害因子；②渗透到室外大气中的有害因子；③渗入地下水系统中的有害因子；④散发到室外大气中的尘粒。该模型主要分析了污染物在垂向方向的变化。

（4）RBCA 模型中的暴露途径

① 经口摄入　根据 RBCA 模型，土壤中的污染物会通过口、呼吸和皮肤等途径进入人体，对人们的健康造成危害。

② 皮肤接触途径　RBCA 模型还充分考虑了皮肤在室外活动中接触土壤时，附着的污染物会通过皮肤进入人体。

③ 呼吸吸入途径　由于风吹的影响被污染的土壤颗粒会散发到空气中，人体通过呼吸作用吸入，进而危害人体健康。RBCA 模型认为通过呼吸进入人体的污染物暴露主要发生在室外。

④ 呼吸吸入污染物蒸气。

（5）模型参数　RBCA 模型都可以采用"危害识别—暴露评估—毒性评估—风险表征"的四步方法在每一层的评价中产生作用。其中的风险值、毒性评估与风险的不确定性与RAGS 模型一致。

6.8.6.3　两种模型比较

基于以上 2 种美国常用的污染场地风险评价模型的描述，可以看出，美国等发达国家污染场地风险评价模型发展的基础都是"四步法"的评价模式，但是由于各国的国情不同，因此在方法模型、场地暴露模型和受体参数上也会有所不同。表 6-46 和表 6-47 对前文描述的模型之间的异同点进行了对比。

表 6-46　美国场地健康风险评价模型暴露途径的对比

暴露途径	RAGS 模型	RBCA 模型
经口摄入	考虑	考虑
吸入土壤颗粒	考虑,室外	考虑,室外
皮肤接触	考虑,土壤	考虑,土壤
饮水暴露	考虑,地表水及地下水	考虑,地表水
吸入污染物蒸气	考虑,室内和室外,表层土、深层土和地下水	考虑,室内和室外,表层土、深层土和地下水
饮食途径暴露	考虑,蔬菜、果实及鱼类	未考虑
地下水淋溶	考虑,垂向	考虑,垂向和侧向

表 6-47　暴露模型和参数之间的对比

评价模型	RAGS 模型	RBCA 模型
暴露情景	两类	两类
土壤类型	Ⅱ类	Ⅱ类
化学物质毒性	致癌和非致癌	致癌和非致癌
敏感受体	儿童和成人	儿童和成人
人群特征参数	儿童暴露期 6 年,成人暴露期 24 年	儿童暴露期 6 年,成人暴露期 24 年
可接受的风险值	$10^{-6}\sim10^{-4}$	$10^{-6}\sim10^{-4}$
不确定性	定量和定性	定量和定性

（1）暴露途径的比较　通过对上文暴露途径的确定，可以得到这些模型往往以住宅作为假设对象来进行暴露途径的分析，再根据其他类似暴露途径的对比而得。两者都采用污染场地暴露浓度乘以暴露媒介的平均暴露水平，再除以人体体重来估算污染物的暴露剂量率。主要差别如下：

① 通过呼吸途径吸入土壤颗粒　RAGS 模型和 RBCA 模型都只考虑室外暴露的一种情况，而没有考虑室内的情况。

② 皮肤接触暴露　RBCA 模型认为，产生暴露的主要途径是皮肤与土壤接触并吸收污染物。而 RAGS 模型则认为，皮肤一是和污染土壤相接触导致暴露，二是在游泳时和受污染的地表水接触导致的暴露。

③ 饮水暴露　RAGS 模型考虑到两种类型（地下水和地表水）的暴露，相比之下 RBCA 模型仅考虑到饮用污染地表水时的人体暴露。

④ 吸入污染物蒸气的暴露途径　对于挥发性物质等而言，吸入污染物蒸气方式是一项特别重要的暴露途径。RAGS、RBCA 两种模型不仅都考虑了室内和室外的暴露情况，而且

考虑了地下水、深层土和表层土等环境介质中污染物挥发的情况。

⑤ 地下水淋溶作用　通过雨水的淋溶作用，污染场地土壤与空气中的污染物很容易进入地下水而引发污染。RBCA 模型不仅考虑了污染物垂向淋溶进入地下水的情况，而且考虑了侧向迁移进入地下水的情况。相比之下，RAGS 模型考虑较少，只考虑了污染物垂向淋溶进入地下水的情况。

⑥ 食用暴露　RBCA 模型没有考虑该暴露途径，RAGS 模型考虑了食用这一暴露途径。

对于上文中描述的模型中所选定的暴露途径，应该根据场地的实际情况和敏感人群的暴露特征而确定，因此没有必要考虑到所有的暴露情景。

（2）污染物迁移模型的比较　土壤颗粒的挥发及污染物蒸气的迁移是场地健康风险评价中主要的动力学过程。RAGS 和 RBCA 模型都对土壤类型和特征参数进行了详细的划分和研究。

（3）暴露情景的比较　一般来说 RAGS 和 RBCA 模型在暴露情景比较方面几乎一致，都将暴露情景划分为了住宅与非住宅两种情况，危害周期划分为致癌与非致癌两种情况。致癌的危害设置为 70 年，非致癌危害设置为 30 年内，其中成人 24 年，儿童 6 年。

（4）可接受风险水平的比较　RAGS 和 RBCA 模型将对人体健康的危害明确分为致癌风险与非致癌危害两类，其中，致癌风险（CR）采用日均单位体重摄入量乘以致癌斜率因子而得到，致癌因子根据污染物情况又分为 10^{-6} 的单一污染物和 10^{-4} 的累积污染物致癌风险；非致癌危害（HQ）采取日均单位体重摄入量与慢性参考剂量的比值来表示，以 1 为标准来衡量可接受污染场地非致癌风险水平。

6.9　城市水资源管理政策分析

城市水资源管理属于典型的公共管理领域，我国政府长期以来以行政化管理为主导模式进行城市用水管理，从中央到地方所出台的各项政策更多体现出行政命令控制的管控特色。这类政策能够有效快速实现具体的管控目标，但也存在个别方面的问题。

为破解我国城市水资源管理所面临的各种难题，城市用水管理改革持续深化。政策体系不断建立健全，中央政府的顶层设计逐步完善，地方政府也纷纷出台各项实施方案或管理办法加强改革落实，在政府行政职能转变、市场化运作、水价改革、基础设施建设、节水型社会建设等诸多方面，政策发生明显变化。例如，总体上更加关注政府角色的转变，从以往的直接管制逐渐向加强监管转型，从过去的政企不分逐渐向政企分离转型；经济政策方面越来越重视价格对用水的激励约束作用，越来越多地引导利用市场竞争机制来提高城市用水管理效率等。本节梳理了城市用水的管理政策体系，概括了城市用水的主要政策管理手段，并在此基础上分析了当前我国城市用水管理尚需改进的若干问题。

6.9.1　城市水资源管理政策体系

城市用水管理的全生命周期流程可以细分为取水、制水、供水、排水和污水处理五个环节，每个环节都有相对应的管理政策。因此，总体上涉及我国城市用水管理的法规政策较多。有的法规政策具有综合性，对城市用水的整体及各环节都有宏观性的要求；有的法规政策聚焦某一具体环节或相关的两个环节，针对具体问题作出相应规定。以下，为便于法规政策的分门别类和有层次地进行分析，结合城市用水管理具体环节，将法规政策分为综合管理、水资源与取水管理、制水与供水管理及排水与污水处理管理四大类，其中后三类可概括为城市用水的前、中、后端。为增强政策分析的针对性和时效性，时间维度上，主要聚焦 2000 年以后的管理政策变化。

6.9.1.1　综合管理

《中华人民共和国水法》（以下简称《水法》）于 2016 年重新修订，在此之前已根据我国社会经济发展情况修订 2 次，是我国城市用水管理的根本遵循和基本依据。《水法》强调水资源实行统一管理，要发挥市场在水资源配置中的作用。2002 年，建设部出台的《关于加快市政公用行业市场化进程的意见》中指出，开放城市经营性行业，建立政府特许经营制度，提出社会资本、国外资金可以采取多种形式参与建设城市水务基础设施，为把城市水务市场化推向深入提供了进一步支撑。2004 年《关于推进水价改革促进节约用水保护水资源的通知》发布，进一步明确了水价改革的目标、原则和政策要求，提出建立多层次供水价格体系，加快城市供水管网更新改造步伐，直到当前依然是我国城市用水管理的重要内容。同年《市政公共事业特许经营管理办法》出台，对城市水务特许经营作出了一系列明确规定，保障行业规范发展。此后，《深化水务管理体制改革指导意见》明确推进水务统一管理，重申要建立政企分开、政事分开的现代水务管理体制，大力推进水务产业化与市场化进程，逐步建立政府主导、社会筹资、市场运作、企业开发的水务运行机制。可以看出，在过去的十多年时间里，水务市场化一直以来都是政府主导和力推的改革方向。

此外，在宏观规划与管理方面，《国民经济和社会发展第十二个五年规划纲要》指出：实行最严格的水资源管理制度，强化水资源有偿使用，严格水资源费的征收、使用和管理；提高用水效率，促进重点用水行业节水技术改造和居民生活节水。随后具体落实政策文件相继出台。例如，2012 年国务院发布《关于实行最严格水资源管理制度的意见》，对加强水资源开发利用控制红线管理，严格实行用水总量控制，加强用水效率控制红线管理，全面推进节水型社会建设，加强水功能区限制纳污红线管理，严格控制入河湖排污总量等方面提出了具体要求。《国民经济和社会发展第十三个五年规划纲要》进一步指出：要推进水资源科学开发、合理调配、节约使用、高效利用，全面提升水安全保障能力；落实最严格的水资源管理制度，实施全民节水行动计划。从连续两个五年规划纲要可以看出，对于城市用水管理，除了力推市场化改革之外，政府把提高用水效率、促进节约用水提到了空前的高度。2017 年，住建部、发改委联合印发的《全国城市市政基础设施建设"十三五"规划》中明确提出构建供水安全多级屏障，全流程保障饮用水安全，强化水污染全过程控制，进一步体现城市用水管理的全流程理念。

城市水资源综合管理相关法规政策见表 6-48。

表 6-48　城市水资源综合管理相关法规政策

发布时间	发布单位	文件名称
2002 年	建设部	《关于加快市政公用行业市场化进程的意见》
2004 年	国务院办公厅	《关于推进水价改革促进节约用水保护水资源的通知》
2004 年	建设部	《市政公共事业特许经营管理办法》
2005 年	水利部	《深化水务管理体制改革指导意见》

发布时间	发布单位	文件名称
2005 年	建设部	《关于加强市政公用事业监管的意见》
2006 年	建设部、发改委	《关于印发〈节水型城市申报与考核办法〉和〈节水型城市考核标准〉的通知》
2012 年	住建部	《关于进一步鼓励和引导民间资本进入市政公用事业领域的实施意见》
2012 年	住建部、发改委	《关于印发〈国家节水型城市申报与考核办法〉和〈国家节水型城市考核标准〉的通知》
2012 年	国务院	《关于实行最严格水资源管理制度的意见》
2013 年	国务院办公厅	《关于印发实行最严格水资源管理制度考核办法的通知》
2014 年	水利部等 10 部委	《实行最严格水资源管理制度考核工作实施方案》
2014 年	全国人大	《环境保护法》
2014 年	住建部、发改委	《关于进一步加强城市节水工作的通知》
2016 年修订（1988 年发布，2002 年、2009 年修订）	全国人大	《水法》
2016 年	住建部、发改委	《城镇节水工作指南》
2017 年	发改委、水利部、住建部	《节水型社会建设"十三五"规划》
2017 年	住建部、发改委	《全国城市市政基础设施建设"十三五"规划》

6.9.1.2 水资源与取水管理

2006 年，国务院颁布《取水许可和水资源费征收管理条例》（1993 年国务院发布的《取水许可制度实施办法》同时废止），明确取用水资源的单位和个人都应当申请领取取水许可证，并缴纳水资源费。2008 年，《取水许可管理办法》对加强取水许可管理，规范取水的申请、审批和监督管理作出了进一步规定。同年，《水资源费征收使用管理办法》也对水资源费的使用进一步作出了详细说明，《中央分成水资源费使用管理暂行办法》也进一步明确了中央分成水资源费的使用范围。此外，各地方也有相应的水资源管理条例、取水管理办法、取水许可制度实施细则等地方规章，对取水许可作出更为具体的规定。

除了取水本身管理制度不断完善之外，在取用水需求方面，2014 年出台的《计划用水管理办法》对纳入取水许可管理的单位和其他用水大户（用水单位）实行计划用水管理，计划由年计划用水量、月计划用水量、水源类型和用水用途构成。用水单位提出用水计划建议时，要提供用水情况说明材料，说明用水单位基本情况、用水需求、用水水平及所采取的节水措施和管理制度。该制度的出台使得水利部门进一步掌握了取用水的主要去向、取用水量情况，为锁定重点节水对象提供了重要支撑。然而在管理中，节水的相关责任部门除了水利部门外，还涉及住建部门和发改部门等，各家均掌握一定的城市用水数据，但都不完整，彼此之间统计口径也存在差异。在建设项目方面，2015 年修订的《建设项目水资源论证管理办法》从促进水资源的优化配置和可持续利用，保障建设项目的合理用水要求的角度出发，要求建设项目对取水水源、用水合理性进行论证。在信息公开方面，到"十一五"末期，《中国水资源公报》已成为各级水行政主管部门进行水资源综合规划编制，水中长期供求计划编制，水资源节约、保护和管理，水资源初始水权分配，节水型社会建设等工作的重要基础资料，成为水利部门履行社会管理和公共服务职责的信息平台和公众了解中国水资源状况的重要窗口。在税费改革方面，2016 年财政部联合国家税务总局和水利部，共同发布《水资源税改革试点暂行办法》，在河北省先行开展水资源税改革试点工作，随后 2017 年又将试点扩大至北京、天津、山西等 9 个省、市。

水资源与取水管理相关法规政策见表 6-49。

表 6-49　水资源与取水管理相关法规政策

发布时间	发布单位	文件名称
2006 年	国务院	《取水许可和水资源费征收管理条例》
2008 年	水利部	《取水许可管理办法》
2008 年	财政部、发改委、水利部	《水资源费征收使用管理办法》
2009 年	水利部	《关于进一步做好中国水资源公报编制工作的通知》
2011 年	财政部、水利部	《中央分成水资源费使用管理暂行办法》
2012 年	国务院	《关于实行最严格水资源管理制度的意见》
2013 年	国务院办公厅	《关于印发实行最严格水资源管理制度考核办法的通知》
2014 年	水利部等 10 部委	《实行最严格水资源管理制度考核工作实施方案》
2014 年	水利部	《计划用水管理办法》
2015 年修订（2002 年发布）	水利部	《建设项目水资源论证管理办法》
2016 年	财政部、国家税务总局、水利部	《水资源税改革试点暂行办法》

6.9.1.3　制水与供水管理

关于制水与供水管理，大体可以分为两个方面。一方面是关于服务保障的管理。1994 年颁布的《城市供水条例》，明确国务院城市建设行政主管部门主管全国城市供水工作，省、自治区人民政府城市建设行政主管部门主管本行政区域内的城市供水工作。2007 年颁布的《城市供水水质管理规定》进一步明确，国务院建设主管部门负责全国城市供水水质监督管理工作。省、自治区人民政府建设主管部门负责本行政区域内的城市供水水质监督管理工作。对于涉及生活饮用水的卫生监督管理，由建设、卫生主管部门按照《生活饮用水卫生监督管理办法》规定分工负责。在制水与供水的卫生质量监管上，除了供水单位的水质监测之外，还有卫生监督部门的水质监测。2016 年新修订的《生活饮用水卫生标准》（GB 5749—2006）将水质指标由 GB 5949—1985 标准中的 35 项增加到 106 项。2011 年，卫生部发布《全国城市饮用水卫生安全保障规划（2011—2020 年）》，进一步对 2011—2020 年饮用水卫生安全保障的具体实施策略进行了详述。紧接着，2012 年发布《关于加强饮用水卫生监督监测工作的指导意见》，规范饮用水相关卫生许可工作，并要求各级卫生监督机构要全面掌握当地饮用水供水单位和供水设施情况，与住建部门的管理职能有所重叠。事实上，由于监督管理工作相互融合，各项细分工作很难完全割裂。另一方面是关于水价的管理。1998 年《城市供水价格管理办法》发布，形成我国城市供水价格的基本依据，2009 年出台的《关于做好城市供水价格管理工作有关问题的通知》对调整供水价格有关问题作出了进一步规范，表明支持水价改革的态度。此外，在信息公开方面，《供水、供气、供热等公用事业单位信息公开实施办法》明确规定，涉及用水的、与群众切身利益相关的和需要社会公众广泛知晓或参加的相关信息，均应当予以公开。但文件中对公开的供水相关信息，描述太过简单、笼统。

制水与供水管理相关法规政策见表 6-50。

表 6-50　制水与供水管理相关法规政策

发布时间	发布单位	文件名称
1994 年	国务院	《城市供水条例》
1996 年	建设部、卫生部	《生活饮用水卫生监督管理办法》
1998 年	国家计委、建设部	《城市供水价格管理办法》
2004 年	建设部	《关于印发城市供水、管道燃气、城市生活垃圾处理特许经营协议示范文本的通知》
2006 年	卫生部、标准化管理委员会	《生活饮用水卫生标准》(GB 5749—2006)
2007 年	建设部	《城市供水水质管理规定》
2008 年	住建部	《供水、供气、供热等公用事业单位信息公开实施办法》
2009 年	国家发改委、住建部	《关于做好城市供水价格管理工作有关问题的通知》
2011 年	卫生部	《全国城市饮用水卫生安全保障规划(2011—2020 年)》
2012 年	卫生部	《关于加强饮用水卫生监督监测工作的指导意见》
2012 年	住建部、国家发改委	《全国城镇供水设施改造与建设"十二五"规划及 2020 年远景目标》
2012 年	住建部	《关于加强城镇供水设施改造建设和运行管理工作的通知》
2013 年	住建部	《城镇供水规范化管理考核办法(试行)》
2013 年	住建部	《关于开展城镇供水设施建设项目信息系统(试行)的通知》
2016 年	住建部、国家发改委、财政部、国土资源部、人民银行	《关于进一步鼓励和引导民间资本进入城市供水、燃气、供热、污水和垃圾处理行业的意见》

6.9.1.4　排水与污水处理管理

关于排水与污水处理，早在 2002 年出台的《关于印发推进城市污水、垃圾处理产业化发展意见的通知》中明确指出，改革价格机制和管理机制，将产业化发展方向确立为城市水务发展方向，进一步完善污水收费办法，按照运行维护费用和投资保本微利原则，逐步提高收费标准。这是我国最早提出城市水务市场化、产业化发展思路的政策。此后，关于水务改革、特许经营规定等方面的政策陆续出台，进一步明确了城市水务产业化、市场化、专业化运作的基本路径。与此同时，在排水与污水处理环节，相关的命令控制政策也在逐步完善。《水污染防治法》于 2008 年修订，确立了超标违法原则和排污许可证制度。2009年出台的《关于加强城市污水处理回用促进水资源节约与保护的通知》对污水处理回用进行单独规定，明确将城市污水处理回用纳入区域水资源统一配置。《入河排污口监督管理办法》于 2015 年修订，明确排污口设置审批制度、已设排污口登记制度以及饮用水水源保护区内已设排污口的管理制度。同年《城镇污水排入排水管网许可管理办法》出台，替代原《城市排水许可管理办法》，对排水许可证的申请、审查、管理和监督都作出了详细规定，并要求将监督检查情况向社会公开。此外，2015 年出台的《水污染防治行动计划》中，对着力节约保护水资源、提高用水效率、充分发挥市场机制作用、严格环境执法监管、强化公众参与和社会监督等内容提出了明确要求。

排水与污水处理管理相关法规政策见表 6-51。

表 6-51　排水与污水处理管理相关法规政策

发布时间	发布单位	文件名称
2000 年	国务院	《中华人民共和国水污染防治法实施细则》
2002 年	国家发改委、建设部、环保部	《关于印发推进城市污水、垃圾处理产业化发展意见的通知》
2004 年	建设部	《关于加强城镇污水处理厂运行监管的意见》
2006 年	建设部	《关于印发城镇供热、城市污水处理特许经营协议示范文本的通知》
2006 年	建设部	《城市排水许可管理办法》
2008 年修订（1984 年发布）	全国人大	《水污染防治法》
2009 年	水利部	《关于加强城市污水处理回用促进水资源节约与保护的通知》
2009 年	住建部、环保部、科技部	《城镇污水处理厂污泥处理处置及污染防治技术政策（试行）》
2012 年	住建部	《关于进一步加强城市排水监测体系建设工作的通知》
2012 年	住建部	《关于印发城镇污水再生利用技术指南（试行）的通知》
2013 年	国务院	《城镇排水与污水处理条例》
2015 年（替代 2006 年出台的《城市排水许可管理办法》）	住建部	《城镇污水排入排水管网许可管理办法》
2015 年	国务院	《水污染防治行动计划》
2015 年	财政部、环保部	《水污染防治专项资金管理办法》
2015 年修订（2004 年出台）	水利部	《入河排污口监督管理办法》
2016 年	住建部、国家发改委、财政部、国土资源部、人民银行	《关于进一步鼓励和引导民间资本进入城市供水、燃气、供热、污水和垃圾处理行业的意见》
2017 年修订（2010 年发布）	住建部	《城镇污水处理工作考核暂行办法》
2018 年	环保部	《排污许可管理办法（试行）》

　　整体来看，当前我国的城市用水管理制度政策体系相对完善。总体上，有《水法》作为基本的法律遵循，也有相应的用水、节水整体规划作为指引，在城市用水所涉及的取水、制水、输配水、排水和污水处理各环节上，均有相对应的管理规定、监管办法和考核机制等，政策体系框架相对完整。从制度的时间演进变化来看，我国城市用水管理的改革一直在循序渐进当中，并且一直坚定不移地推进水务市场化改革，在政策出台上更加注重提高城市用水效率、强调节约用水的意义。但是在现行管理政策体系下，仍然有个别问题，例如：城市用水管理相关职责交叉重叠、多头管理的问题仍然存在，具体的城市用水管理事务往往涉及多部门沟通协调，增加了管理成本，降低了管理效率；随着城市水资源的一般商品属性日益凸显，传统水价管理思路已不完全适用于当前形势；作为典型的公共管理领域，城市用水管理在信息公开和公众参与方面有待完善更加具体的政策规定等。

6.9.2　城市水资源管理政策手段

　　城市政府的用水管理政策手段是城市政府根据用水相关法律法规授权制定、颁布并实施的具体用水管理措施。这些管理政策手段涉及城市用水的取水、制水、供水、排水和污水处理等多个环节流程，由于每一个环节的性质和实际情况均不同，因此不同环节的政策手段形式和特点也各不相同。

从管理政策手段的性质来划分，城市用水管理的政策手段可以分为命令控制型、经济刺激型和劝说鼓励型三大类别。其中，命令控制型的用水管理政策手段，如计划用水管理办法、生活饮用水卫生标准等，一般具有相对明确的法律依据，往往配以严格的处罚措施形成威慑，保证手段的权威性和强制性，并且一般都简单易行、便于操作，有较强的城市政府执行能力，保障管理行动及时落实到位、管理目标按计划实现。经济刺激型的用水管理政策手段，主要是从城市用水各相关干系人的成本、效益角度出发，影响干系人进行行为选择，从而推动城市用水的管理目标达成。这类手段可以根据是否有政府直接参与进一步细分为两类：一类是如水资源费、水权交易、水价等政策手段，直接利用市场机制的作用，影响用水户的用水行为，例如通过提高水价，刺激用水户减少用水浪费，从而达到节约用水、提高用水效率的目的；另一类是如拨款、补贴等政策手段，依靠政府给予的外部经济刺激，影响行为动机，例如地方政府对亏损的地方国有供水企业进行补贴，以维持其生产运营。经济刺激型的用水管理手段，要发挥既定效用，需要有规范的市场规则作保障，这就需要政府扮演好市场规则制定者、市场秩序维护者、企业监督者和公众利益维护者的角色，保障经济刺激的有效性和公平性。劝说鼓励型的用水管理政策手段，是基于城市公众对于用水的观念、认识转变和公德素质提升影响用水干系人行为的一类政策手段，如节约用水宣教、环境信息公开等，最终目的是强化用水干系人节约用水和提高用水效率的意识，并促使其去自觉地以城市用水管理目标相一致的方式行动，目前主要应用于节约用水方面，全国范围内节水型城市创建、节约用水周、世界水日等活动均是与提高城市用水效率密切关联的鼓励政策方法，但目前效用有限。劝说鼓励型的用水管理手段虽然缺乏强制性，但其有利的一面也很突出：一是注重预防性，在城市用水形势不容乐观的情况下，在城市用水危机还没有全面爆发到无法挽回的地步之前，鼓励全社会节约用水，预防危机；二是实施成本较低，号召城市居民、企业提高用水效率，不需要太多资金、信息、监督投入支持；三是长期效果好，虽然短期难以直接见效，但是这种手段是一种潜移默化的意识影响，一旦见效，公众的节约用水意识大幅提升，不仅对当代有着正向影响，也将产生代际的正向影响。

从具体的管理环节划分，城市用水管理的政策手段整体上可以分为"供"和"排"两个大的方面。总体来看，不论是在由取水、制水和输配水环节构成的"供"的环节，还是在由排水和污水处理环节构成的"排"的环节，目前都是以行政命令控制型手段和经济刺激型手段为主。在"供"的环节，典型的行政命令控制型手段：如计划用水管理办法，对纳入取水许可管理的单位和其他用水大户实行计划用水管理，要求年度计划用水总量不得超过本区域的年度用水总量控制指标；如《生活饮用水卫生标准》（GB 5749—2006），对生活饮用水水质卫生要求、生活饮用水水源水质卫生要求、二次供水卫生要求、水质监测和水质检验方法等作出了明确的标准规定。典型的经济刺激型手段，如《水资源费征收使用管理办法》，对从江河、湖泊或者地下取用水资源的单位和个人征收水资源费，形成相应的激励约束。在"排"的环节，一方面，为避免私排、偷排、漏排等问题，保障水环境质量，排水许可、达标排放等行政命令控制型手段必不可少，同时近年来不断加强环境执法力度和处罚力度，从严要求污染源排污行为，如 2018 年 1 月发布的《排污许可管理办法（试行）》，明确了排污者责任，强调守法激励、违法惩戒，规定了企业承诺、自行监测、台账记录、执行报告、信息公开等五项制度。另一方面，征收污水处理费、政府和社会资本合作等成为主要的市场手段，通过第三方特许经营提高污水处理服务质量，通过征收污水处理费获取相关资金的同时，刺激企业减少排污，如《关于在公共服务领域推广政府和社会资本合作模式的指导意见》，明确提出政府和社会资本合作模式有利于充分发挥市场机制作用，提升公共服务的供给质量和效率，实现公共利益最大化。

可以看出，对于当前我国的城市用水管理，一些命令控制型的手段必不可少，构成了城市用水这一公共管理领域的基本红线要求，是对城市用水各种相关行为的边界约束。但在鼓励劝说手段尚未在城市用水管理各环节体现出显著效用的当下，经济刺激手段仍然在促进城市用水效率提升方面扮演着十分重要的角色。其中，水价政策又是最为核心的管理手段。

根据《城市供水价格管理办法》：在价格界定上，城市供水价格是指城市供水企业经过必要的生产加工，使水质符合国家规定的标准后供给用户使用的商品水价格，同时污水处理费一并计入城市供水价格，根据用水户用水量计量征收；在价格制定上，明确遵循补偿成本、合理收益、节约用水、公平负担的原则。可以说，《城市供水价格管理办法》构成了我国城市用水价格的基本管理框架。近年来，随着社会对于水资源稀缺价值认识的不断提升，我国的城市用水管理在《城市供水条例》《城市供水价格管理办法》等基本制度基础上，不断趋于完善，特别是在核心的价格管理方面，取得了一定进展和成效。一是从中央政府到地方城市政府，出台了一系列指导城市水价调整改革的文件政策，有效推动城市水价改革，并且将水价改革同水资源管理体制改革、节水政策实施相联系，在一定程度上综合考虑了城市用水上下游、各环节的现实需求，提高了政策手段的有效性；二是城市水价普遍有所提高，价格和价值的差异有所弥合，虽然福利水价的问题还尚需进一步改观，但是已经发生的改变趋势是向好的；三是水价政策逐渐形成了节约用水的核心目标，不论是提高水价、实行阶梯水价，实行水资源有偿使用制度，还是创建节水型社会，都是为了促进节约用水，而节约用水的实质就是提高城市用水效率，降低城市用水的社会成本，增大城市用水的社会福利水平。作为核心的经济刺激手段，水价政策在城市用水管理当中发挥着至关重要的作用。虽然水价政策渐进式改革取得了一些成效，但水价的构成还应更加系统地从城市用水全生命周期流程出发进行设计。虽然水价有所提升，但距离通过价格真实体现用水的全部社会成本还有相当差距，虽然部分地区为了增强经济刺激效用，采用阶梯水价政策以示激励，然而由于二、三阶梯水价覆盖面有限，以及政策自身在实施条件、极差标准等方面的问题[71]，实际实行效果对用水户的激励约束作用也较为有限。

6.9.3　城市水资源管理政策存在的问题

6.9.3.1　政策出台相对分散，管理有待进一步集中

目前，各城市行政管理部门中，水利局、生态环境局、卫生局、城建局、发改委、公共事业局、水务局、城投公司、财政局等部门均在不同程度上参与城市用水不同环节和事务的管理，在政策出台、实际管理过程中，往往存在诸多关联，由于职能分割细碎、管理主体相对分散，导致协调沟通成本较高[72]。2018 年以来随着新一轮的政府机构改革深化，虽然部分问题得到缓解，如将排污口设置管理职能划归生态环境部，有助于其更好统一行

使污水排放监管职能等，但有些问题还需进一步解决。

6.9.3.2　尚需进一步完善科学、合理的水价政策，强化水价的激励约束效用

目前的城市水价从结构上可以分为三部分，即水资源费、供水费用和污水处理费。首先，根据《城市供水价格管理办法》，城市供水价格由供水成本、费用、税金和利润构成，其中的供水成本是指供水生产过程中发生的各类直接成本费用。就规定而言，相当于规定了城市用水"供"的环节的成本构成，但"及其他应计入供水成本的直接费用"表述相对模糊，边界清晰度不高，办法中也并未明确指出水价是否包含城市社会为用水而发生支付的取水和输配水管网建设及运营维护费用。其次，虽然根据规定，污水处理费的标准根据城市排水管网和污水处理厂的运行维护和建设费用核定，但是在现实中，有些城市的全套排水管网建设和运行维护成本也并未全部纳入污水处理费当中，往往污水处理厂只对厂区边界内的管网成本负责，因此在"排"的环节，应当按规定纳入水价的成本也并未完整纳入，进一步加剧了城市水价与城市用水真实成本之间的差距。再次，对于城市用水造成的负外部性成本，特别是排水环节污水漏损带来的环境损害成本，如何在价格中体现，当前的水价管理并未完全考虑。在未来，水价管理政策在宏观设计层面，应该系统地从城市社会用水的全生命周期流程出发，将城市社会为用水而支付的全部社会成本都内化在水价当中，强化供水的一般商品属性，实现用水成本的显性化，真实、全面、客观地反映水资源的稀缺性和用水社会成本，以激发用水户的节水动力，提升城市用水效率。

很多城市实行阶梯水价政策，该政策对于用水量超过一定限额的用户用水，征收更高的用水单价，以示惩罚。这一政策对增强用水户节水意识、激励用水户节约用水、减少水资源的浪费发挥了一定作用。但是，在不基于社会成本定价的情况下，仍然存在一些现实问题。一是用水价格本身不高，有的城市不同阶梯之间水价差异也有限，对于享用"奢侈性"用水的用水户而言，价格的激励作用有限。二是制定具体阶梯水价方案的科学依据和透明度有待进一步提高。三是该政策虽然从用水户的角度出发，有其发挥价格在水资源配置作用方面的合理性，但是从企业的角度来看，资金安排制度是否合理、是否利于节约用水还有待进一步研究。

6.9.3.3　市场作用有待进一步发挥

从城市用水的全生命周期流程来看，目前是在"两点"（自来水厂和污水处理厂）环节上市场力量发挥得相对充分，但是在"三线"（取水管线、输配水管线、排水管线）环节上，市场化运作的空间依然十分巨大。城市供排水管网是城市规划与城市市政工程管理的重点内容：供水管网承担着为城市用水户供给饮用水的职能，对保障城市用水安全和高质量用水服务具有重要作用；排水管网承担着城市居民生产生活污水的排放与处理职能，对消除城市环境污染、维持城市生态系统的平衡具有非常重要的作用。这部分一直以来大都是由政府通过财政出资，进行直接投资建设和运营维护。部分城市通过延伸特许经营范畴，将供排水管网的日常运营维护也一并交由市场化的水务企业运行，但是对于管网的铺设、泵站的建造等主要的基建投入部分，仍然以财政投入为主。我国城镇管网漏损率较高。

对于我国城市中尚没有实现市场化改制的部分传统国有水务企业，尤其是自来水厂，价格机制并未发挥应有的激励约束作用。个别自来水厂缺乏在管理、技术、工艺上寻求改进优化来降本增效的动力。

6.9.3.4　信息公开、公众参与有待进一步加强

一是有待加强制度保障。在我国涉水法律法规中，关于公众参与的具体条款有待进一步增多，明确公众参与的具体权利、义务及参与方式方法。与很多欧美发达国家中公众参与城市用水公共事务管理一系列过程，长期行使监督管理权[72]相比，我国在这方面差距尚有差距。

二是信息公开有待加强。信息公开是公众参与的前提保障。信息公开是否全面、完整、系统，直接影响公众参与的效果。

三是公众参与效用有限。在当前政策体系之下，公众参与城市用水管理决策形式相对单一。在"供"的环节，主要是通过水价听证会制度表达意见；在"排"的环节，主要是通过对城市建设项目环评提出意见，表达可能涉及排水管理的相关意见，但这种参与方式不是直接关系城市用水，效用有限。另一方面公众参与城市用水管理决策效用相对有限。2002 年，《政府价格决策听证办法》出台，该文件虽强调要通过听证会制度保障公众参与，有待制订更为具体的有针对性的法规或者实施细则。

6.10　流域水环境管理体制

6.10.1　水环境管理体制现状及存在的问题

（1）机构改革整合了原本分散的管理职能，在一定程度上解决了"九龙治水"的弊端

2018 年第十三届全国人民代表大会第一次会议审议通过的机构改革方案，将环保部的职责，国家发改委的应对气候变化和减排职责，国土资源部的监督防止地下水污染职责，水利部的编制水功能区划、排污口设置管理、流域水环境保护职责，农业部的监督指导农业面源污染治理职责，国家海洋局的海洋保护职责，国务院南水北调工程建设委员会办公室的南水北调工程项目区环境保护职责整合，组建生态环境部，从而将原本"碎片化"的职能整合了起来，将山、水、林、田、湖、草都统一起来，把原来分散的污染防治和生态保护职责统一起来，由生态环境部总体负责。机构改革前管理职能的交叉见图 6-17。

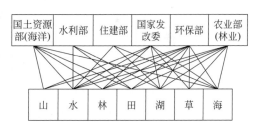

图 6-17　机构改革前管理职能的交叉

（2）流域水环境管理体制存在的问题

① "中央统一管理、地方政府负主要责任"政策有导致中央监管失灵的可能　《水污染防治法》强调，我国的水污染防治政策是地方政府负责制，即水污染问题先由地方政府负责，再逐级向上负责。这一制度遵循就近管理原则，有利于提高地方水污染治理效率，但在执行过程中有可能会忽略中央监管权力的减弱和地方政府的"经济人"属性。

② 流域水质管理模式有待进一步完善　近年来，中央政府采取了多种措施加强对地方的监管，如生态环境部推行的"区域限批"和"流域限批"等行政手段，效果显著。目前，源于地方政府管理实践的河长制是流域水质管理进程中的进步，确立了行政首长负责制，使河流这一公共物品具有明确的责任主体，提高了治污效率。然而还需完善流域水质管理

制度设计。现有的"河长制"中，河道划界主要依据行政区域地界，河长在各管辖地段防治水污染，还需建立健全流域内不同河流河长的协调、联动的长效机制，以便更有效地解决流域内跨行政区域外部性的问题[73]。2017年我国在国家层面上已经明确了实施流域管理模式，从长期来看，需要建立完善的流域水质综合管理模式，建立对话协商平台，通过民主方式决策流域管理，并配套实施排污许可证制度。

6.10.2 流域水环境管理体制改革建议

（1）流域管理体制　在生态环境部内设置区域机构，生态环境部的职责包括制定全国的水环保法规、进行相关科学研究以及向各级水生态环境部门提供资金和技术支持。区域机构代表生态环境部统管全国地表水、地下水的水质保护事务，监督各省的环境行为，执行国家环保法律以及落实生态环境部项目。

设置隶属于省生态环境厅的水质局，负责生态环境部授权委托省政府管理的本地区水质保护事务。对于省内流域，设立支流域水质管理委员会，主任由流域内主要行政区领导任命的代表担任，委员由水质局、相关流域行政区、水利部门等代表组成，常设决策机构，由支流域水质管理分局具体执行。各支流域水质管理委员会分别制定水质达标规划，由省长签字，生态环境部批准。跨省的流域水质管理，主要靠地表水质达标规划执行，生态环境部区域机构负责协调规划的制定和执行。

以湘江流域为例说明直线型流域水质管理的体制设计，见图6-18。在湖南省生态环境厅设立水质局，分别在湘江上游、"长株潭"地区、洞庭湖区域和其他主要支流域设立水质

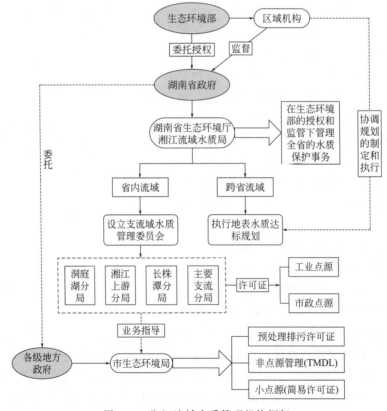

图6-18　湘江流域水质管理机构框架

分局。建立联系区域和水质局的决策机构，即流域和支流域委员会。支流域水质委员会主席由主要行政区党政负责人或行政区代表担任，委员由其他流域行政区负责人担任或任命，省生态环境厅、省水利厅各任命一名委员。委员会为非常设机构，主要职责是重大事项的决策、支流域局长的任命。支流域水质管理局管理排向天然水体的点源许可证，对各级地方的预处理、非点源和小点源发挥业务指导作用。市生态环境局仍隶属于地方政府，但只负责预处理和非点源的管理，取消市生态环境局对点源的管理权限，将点源排放管理的责任上移，有利于加强水质局对地方污染源的监管，减少地方政府协助企业隐瞒违规排放的现象[74]。

（2）地表水质达标规划管理　地表水质达标规划由生态环境部制定，由各省生态环境厅有效执行基于水质的控制，需要生态环境部和省生态环境厅将各利益相关方纳入整个地表水质达标规划的制定过程中。各省对水质管理的主要责任在于其水质标准的执行、排污许可证的管理和非点源污染的管理。当地方政府被授权实施非点源控制措施时，组织间和政府间的协调尤其重要。省生态环境厅应带头促进和鼓励地方政府间的合作。生态环境部负责确保通过颁布和实施条例、发布计划指导和提供技术援助使水质标准的要求得到实现。

① 省生态环境厅的职责

a. 鉴别仍需地表水质达标规划的水质受限水体，提交污染水体清单。在清单的提交中要注意，如果某一水质受限水体未被列入清单，省生态环境厅必须表明，根据当前的证据说明控制是可行的、具有针对性的，足以实现水质达标。如果控制尚未实施，省生态环境厅必须提供一个及时执行的时间表。

鉴别出的水体应包括在污染水体清单报告中，每两年的规定日期前提交至生态环境部。污染清单应更新以反映最新的监测和评估数据。

查明污染的原因及来源——在鉴别污染水体清单时，应查明清单中每个区段的受损原因。列入清单的文档和理由——污染水体清单上交给生态环境部的同时，也要上交足够的支持文件。省生态环境厅在编制清单时会使用许多数据和信息源，清单文档应提供关于制定清单的方法的说明、用于识别水质受限水体的数据和信息的说明，并在附录中记录未使用某些信息的原因。所有清单中的水体都应有这些文档。足够的公众参与也应是清单进程的一部分，确保所有的水质受限水体都被鉴别。

b. 识别及预定目标水体。预定接下来两年要制订地表水质达标规划计划的目标水体清单，随污染水体清单一同上交。根据省生态环境厅在考虑影响程度和水体指定用途的情况下制定的优先顺序，确定具有高优先级的地表水质达标规划。各省上交的目标水体要接受生态环境部的审查和批准。生态环境部希望各省生态环境厅在制定其高优先级目标水体清单的过程中实施公众参与。目标水体的控制措施是各省水质管理和规划的重要部分。

c. 制定地表水质达标规划。各省生态环境厅应为其水质受限水体制定地表水质达标规划。制定地表水质达标规划时，各省应使用生态环境部的技术支持文件和技术指导系列。

在各省提交的地表水质达标规划中，各省应纳入其提议的地表水质达标规划，点源、非点源以及区域评价州水质分析和决定是否批准，提交的地表水质达标规划所需的配套信息。省生态环境厅应在提交之前就具体信息达成协议。对于阶段性地表水质达标规划，省生态环境厅可能还需将建立的控制说明、数据收集的时间表、控制措施的制定、水质标准的可达评价和额外的模拟过程提交给生态环境部。

d. 持续规划进程。各省需要根据生态环境部的规定制定和持续规划进程。省生态环境厅的持续规划进程需描述其鉴别基于水质控制的水体过程、水体优先排序、制定地表水质达标规划的过程及地表水质达标规划接受公众审查的过程。描述应尽量详细,符合生态环境部区域办公室和省描述地表水质达标规划过程的要求。这个过程应被包括在生态环境部和省制定地表水质达标规划的协定中。

e. 水质管理规划。省生态环境厅将生态环境部批准和制定的地表水质达标规划纳入其水质管理规划中。水质管理和规划条例规定,当生态环境部根据污染清单批准或制定地表水质达标规划时,地表水质达标规划则自动纳入省规划中。

f. 公示和公众参与。根据水质管理和规划规章及省生态环境厅的规定,地表水质达标规划应接受公众评论。省和地方社区应参与确定哪些污染源应治理或控制才能达到允许负荷。生态环境部期望将当地社区纳入决策制定之中,提高地表水质达标规划实施成功的可能性。

在地表水质达标规划的制定中,省生态环境厅需发布公告,召开公开审查相关地表水质达标规划的听证会。这项工作可以同许可证管理、建设城市污水处理厂、水质标准修订和水质管理计划更新的公示和听证会联合举行。每份公示都应确定地表水质达标规划为其主体的一部分。

此外,如果发现其基于水质的控制可能是有争议的,省生态环境厅需要让生态环境部区域办公室和公众在地表水质达标规划进程的早期就参与其中,并参与整个过程。

② 生态环境部的职责

a. 水体污染清单审查。水体污染清单及水质规划和管理条例,要求生态环境部审查和批准或者不批准省生态环境厅的水质受限水体清单以及确定污染负荷。该清单每两年提交一次,并将根据省生态环境厅制定清单的文件和理由确定是否批准。

在审查省生态环境厅清单和文件后,生态环境部认为省生态环境厅已确定并适当地列出所有受损水体及要实施控制的水体,则生态环境部会批准清单并发信批准省生态环境厅的提交。在审批过程中,生态环境部可要求省生态环境厅提供更多的证据,包括最近的或准确的数据、更准确的水质模型、原来分析的缺陷等。

如果生态环境部不批准省生态环境厅新制定和修订的地表水质达标规划水体清单,则由区域办公室确定这些新的和修订的水体,如必要则制定地表水质达标规划。

b. 地表水质达标规划审查和批准。水体污染清单及水质规划和管理规章要求生态环境部审查所有的地表水质达标规划以确定其批准或不批准。

c. 计划审计。生态环境部期望能通过计划审计衡量基于环境成果和行政目标的表现。为此,生态环境部将定期进行省水质计划审计,主要审查区域对各省的走访、省毒物控制计划和各省对生态环境部地表水毒物控制计划的行动计划概要。这些项目的审计将有助于确定哪里需要培训或另需援助,并确定计划目标的实施。

d. 技术援助和培训。生态环境部和区域办事处可为省制定地表水质达标规划,提供技术援助和建议。生态环境部与生态环境部下设暴露评估建模中心联合提供模型方面的培训和援助。生态环境部还为水体系统用户提供培训和技术援助。

(3) 点源管理 美国的排污许可证制度主要由环保署负责实施,授权各州具体推行,若各州政府执行不力,环保署可以强制执行或者收回授权。借鉴美国经验,以排污许可证制度管理所有点源,包括工业点源和市政点源。

排污许可证为国家点源排污许可证,是最终由生态环境部批准的行政许可。生态环境部对国家排污许可证的内容作出规定,这是最低要求。各省生态环境部门可以执行更严格的地方标准。国家制定和颁布技术导则和实施指南,并负责培训政府部门公务员、排污许可证持证单位环境管理人员和第三方技术人员。

在排污许可证审核、发放和监管过程中，生态环境部的职责是：制定各种导则、手册和指南；实施许可证设计人员和环境管理工程师的培训工作和资格认证；与财政部共同负责许可证专项资金的管理工作；许可证的审批和公示，生态环境部负责排向天然水体的大点源许可证的最终审批，所有直接排向天然水体的点源的许可证，都必须经过生态环境部的审批方可生效，所有审批通过的许可证，需要进行网上公示；监督地方许可证管理机构的工作，并对其进行问责；直接管理未授权省份或者地区的排污许可证；建立点源排污许可证信息平台等。

省生态环境部门经生态环境部委托负责工商业大点源和市政源的排污许可证管理，其中包括许可证监测管理（根据监测方案导则），以保证地方监测技术和质量，减少现场核查，增加办公室核查。可以直接根据国家的许可证管理条例执行，也可以结合本地需要，制定地方性管理办法。

地方性管理办法中的内容必须涵盖所有国家要求，如有需要，可以比国家要求更加严格，但不能比国家要求低。

省级生态环境部门是排污许可证制度的主要实施主体，负责许可证的申请受理、审核和评估、起草排污许可证文本、上报和发放、监督和问责等工作。具体来说，省级生态环境部门的主要职责有：制定许可证管理的地方法规；受理直接排向天然水体的大点源和市政源的许可证申请，并进行资料的审核，最终获得完整的申请资料；起草排污许可证文本并公示，所有许可证文本都需要在网上进行公示，以供公众监督；申报和发放，省级生态环境部门将所有申请单位的排污许可证文本提交生态环境部，由生态环境部审批，省级生态环境部门负责将许可证发放到申请单位，许可证正式生效；对持证单位进行监督和问责；定期和不定期地向生态环境部汇报。

省政府委托各级地方政府管理预处理排污许可证、非点源和小点源的管理，市政污水处理厂点源采用排污许可证和预处理排污许可证管理。委托市生态环境部门发放预处理排污许可证管理排向二级污水处理厂的点源，以及发放"简易许可证"管理排向天然水体的小点源。生态环境部保留许可证最终管理权和监测核查的权利。一旦出现违证情况，生态环境部门可以依法对违证企业进行处罚，直至制止违法行为。所有的市生态环境局仅发挥守法者的作用，申请和执行排污许可证。

（4）非点源及地下水的管理　非点源管理借鉴美国的 TMDL（total maximum daily load）计划，即日最大排放量限值[75]，以及最佳实践管理的经验。对流域内所有的非点源实施管理计划并采取控制措施。TMDL 模式类似于排污许可证，主要应用于受到污染损害的河流，按不同河流或水系分别管理和控制各类污染物，按照污染物类型计算每条河流污染物的每日最大排放量限值，分析污染物来源和分布，并对各污染源的排放量进行分配和协调，发放 TMDL。2018 年第十三届全国人民代表大会第一次会议审议通过的机构改革方案将"（原）农业部的监督指导农业面源污染治理职责"划归新组建的生态环境部。因此，由生态环境部负责审核各流域水质达标规划内的 TMDL 计划及其实施状况，以及农业非点源污染控制。TMDL 计划属于流域水质达标规划中的一部分，由流域内各涉及的省生态环境部门负责实施。非点源中的农业用水、建筑工地雨水冲刷排放等可由单个主体申请TMDL，但雨水应由当地政府管理，雨水排入河道需要市县区环保局申请 TMDL。

任何有可能造成地下水污染的行为都应受到严格监管。生态环境部作为地下水管理的法定机关，在有关法律授权的范围内，统管全国的地下水环境保护工作，并对各省对行政区内地下水质的管理进行监管。省政府负责行政区内的地下水质监测、污染控制及实施地下水污染修复项目。省可以自行选择控制本行政区内地下水安全的方式，如可向涉及将污染物排入地下水的污染源发放地下水排放许可证，并委托市政府管理地下水排放许可证。地下水污染修复项目往往费用较高、周期较长，可以借鉴美国的"超级基金"制度，建立专门的基金对被纳入"优先名录"的污染场地进行修复。中央和地方财政重点支持对地下水饮用水水源地、城市生活垃圾填埋场及危险废物集中处置等公共项目以及历史遗留难以确定责任主体的污染区域的治理。由地方财政负责应急费用和项目实施费用。鼓励社会资本参与地下水污染防治及修复项目的建设和运行[76]。同时，完善我国已有的绿色信贷、绿色保险和绿色税收等多项环境经济政策，形成以污染责任企业、受益者为主体，以政府财政、定额或定比例的土地出让收益和企事业单位赠予等为辅助的多元化的场地修复资金来源。另外，地下水污染防治往往涉及工业、农业、林业、能源等多个领域和部门，需要各部门按照职责分工，各司其职，信息共享。由生态环境部负责部门间的协调工作。

（5）建立信息共享及公众参与机制　流域水质管理需要利益相关方和全社会的支持，应建立流域水质管理重大事项信息共享及公众参与机制。首先，构建流域水质管理信息共享和交流机制，建立流域水质管理信息系统，实现全国所有流域的数据查询和信息共享，为公众提供信息公开平台。其次，完善流域水质管理监督机制，与水质管理相关的其他部门和利益主体应获得参与权和知情权，充分发挥民间组织、新闻媒体和社会公众对流域水质管理的监督作用。最后，应当加强全社会公共资源知识的普及，通过学校教育和社会宣传，让公众意识到污染治理的紧迫性，提高民众参与水资源保护和管理的能力。

思考题

1. 如何理解地表水质标准和地表水质基准的区别和联系？
2. 为什么说反退化政策是地表水质标准中的重要内容？
3. 我国地表水质量标准的设计怎么改进更好？
4. 在美国的点源排污许可证管理中，何时应该计算基于地表水质的排放限值？
5. 试述美国点源基于技术的排放标准体系和制定的方法及技术。
6. 如何理解制定基于地表水质的排放限值对于实现地表水质目标的必要性？
7. 如何理解预处理制度对于城市生活污水处理厂排放管理的重要性？
8. 简述城市污水处理厂污泥管理制度。
9. 基于美国的实践谈谈如何管理非点源。
10. 试述污染场地修复的主要内容和风险评价的作用。
11. 简述城市水资源管理的主要内容。
12. 谈谈为什么水环境管理要基于流域开展，以及水环境管理体制设计的理论基础及基本思路。

参 考 文 献

[1] 宋国君，金书秦. 淮河流域水环境保护政策评估[J]. 环境污染与防治，2008(4).

[2] 李薇，宋国君，杨靖然. 中国取水许可制度和水资源费政策分析[J]. 水资源保护. 2011(4).

[3] 商晓莹. 排污许可证制度的环境经济学分析——以辽宁省为例[J]. 科协论坛，2007(10).

［4］　李会仙，吴丰昌，陈艳卿，等.我国水质标准与国外水质标准/基准的对比分析［J］.中国给水排水，2012，28(8)：15-18.

［5］　解瑞丽，周启星.国外水质基准方法体系研究与展望［J］.世界科技研究与发展，2012，34(6).

［6］　冯承莲，吴丰昌，赵晓丽，等.水质基准研究与进展［J］.中国科学：地球科学，2012(5)：21-31.

［7］　宋国君，高文程，韩冬梅，等.美国水质反退化政策及其对中国的启示［J］.环境污染与防治，2013，35(3)：95-99.

［8］　宋国君，张震.饮用水"新国标"与污染物排放控制政策改革［C］// 自然之友.中国环境发展报告(2013).

［9］　席北斗，霍守亮，陈奇，等.美国水质标准体系及其对我国水环境保护的启示［J］.环境科学与技术，2011，34(5)：100-103.

［10］　US Environmental Protection Agency. National Recommended Water Quality Criteria［EB/OL］. 2016.12.13［2017.02.15］. https：//www.epa.gov/wqc/national-recommended-water-quality-criteria.

［11］　US EPA Guidelines for deriving numerical national water quality criteria for the protection of aquatic organisms and their uses(PB85-227049)［R］.Washington DC：US EPA，1985.

［12］　US Government Publishing Office. 40 CFR part 131 Water Quality Standards［EB/OL］. 2017.02.16［2017.02.18］. http：//www.ecfr.gov/cgi-bin/text-idx? SID＝454a7b51118b27f20cef29ff071c1440&node＝40：22.0.1.1.18&rgn＝div5 ♯sp40.24.131.b.

［13］　US Government Publishing Office. 40 CFR part 131.10 Designation of Uses［EB/OL］. 2017.02.16［2017.02.18］. http：//www.ecfr.gov/cgi-bin/text-idx? SID＝454a7b51118b27f20cef29ff071c1440&node＝40：22.0.1.1.18&rgn＝div5♯sp40.24.131.b.

［14］　US Environmental Protection Agency. National Recommended Water Quality Criteria - Aquatic Life Criteria［EB/OL］. 2016.12.13［2017.02.15］. https：//www.epa.gov/wqc/national-recommended-water-quality-criteria-aquatic-life-criteria-table.

［15］　孟伟，张远，郑炳辉.水环境质量基准、标准与流域水污染物总量控制策略［J］.环境科学研究，2006，19(3)：126.

［16］　US Environmental Protection Agency Office of Water，Office of Science and Technology Washington，DC. Aquatic Life Ambient Water Quality Criteria For Ammonia - Freshwater［R］. 2013，4.

［17］　US Environmental Protection Agency. Effluent Guidelines-Toxic and Priority Pollutants Under the Clean Water Ace［EB/OL］. 2018.04.08［2018.03.15］. https：//www.epa.gov/eg/toxic-and-priority-pollutants-under-clean-water-act♯priority.

［18］　夏青.水质基准与水质标准［M］.北京：中国标准出版社，2004.

［19］　王光焱.关于我国环境质量标准及其应用的有关问题探讨［J］.江苏环境科技，2008(3)：61-64.

［20］　国家环保总局科技司标准处.建立适应新世纪初期环境标准体系的初步设想［J］.环境保护，1999(1)：7-8.

［21］　胡月红.我国现行环境统计指标体系改进方向［J］.环境保护科学，2008(2)：102-103.

［22］　EPA(2014)，Industry effluent guidelines，Industrial Regulations，［Online］，Available at.［http：//water.epa.gov/scitech/wastetech/guide/industry.cfm］.

［23］　EPA(2002)，Draft Strategy for National Clean Water Industrial Regulations，EPA-821-R-02-025.

［24］　Perciasepe，Bob. Effluent Limitations Guidelines and Standards for the Construction and Development Point Source Category［J］. Federal Register，2013，78(62)：19434-19442.

［25］　US EPA NPDES Permit Writers'Manual.［R］. U S Environmental Protection Agency，Office of Water，2010；EPA-833-K-10-001：1-6.

［26］　CFR §131.10(c) States may adopt sub-categories of a use and set the appropriate criteria to reflect varying needs of such sub-categories of uses，for instance，to differentiate between cold water and warm water fisheries.

［27］　宋国君，高文成，韩冬梅，张震.美国水质反退化政策及其对中国的启示［J］.环境污染与防治，2013(3)：95-99.

［28］　Chalmers R K. Standards for waters and industrial effluents［J］. Water Science & Technology，1984，16(5-7)：219.

［29］　Gordon P，Treweek and Rudy J，TeKippe. Water Quality Criteria and Effluent Requirements in Broward County，Florida［J］. Journal(Water Pollution Control Federation)，1982，54(3)：298-308.

［30］　Wesley A Magat，Viscusi W Kip. Effectiveness of the EPA's Regulatory Enforcement：The Case of Industrial Effluent Standards［J］. The economics of environmental monitoring and enforcement，2003：461-490.

［31］　朱旋.中国工业水污染物排放控制政策评估［D］.北京：中国人民大学博士论文，2013.

［32］ US EPA Office of Wastewater Management. United States Environmental Protection Agency(NPDES) Permit Writer's Manual［M］. Washington DC：EPA-833-K-10-001，2010(9)：24-27.

［33］ US EPA Office of Enforcement and ComplianceAssurance. NPDES Compliance Inspection Manual［M］. Washington DC：EPA 305-X-03-004，2004(7)：7-13.

［34］ Hubert H，Paddock L C. The Federal And State Roles In Environmental Enforcement：A Proposal For A More Effective and More Efficient Relationship［J］. Harvard Environmental Law Review，1990，14(7)：7-44.

［35］ 宋国君.排污许可，怎么做才专业？［J］.环境经济，2015：4-6.

［36］ 夏季春. 城市水环境管理［M］. 北京：中国水利水电出版社，2013.

［37］ Godsey C. National Pollutant Discharge Elimination System(NPDES) Permit Process［C］. North Aleutian Basin Energy Fisheries Workshop Anchorage，AK 2008：113-117.

［38］ US Environmental Protection Agency(US EPA). NPDES Permit Writers' Manual［EB/OL］.(2010-09)［2016-10-18］. https：//www.epa.gov/npdes/npdes- permit-writers-manual.

［39］ EPA Office of Wastewater MGBT.NPDES Permit Writers Manual，2010：9-13.

［40］ EPA Office of Wastewater MGBT.NPDES Permit Writers Manual，2010，Chapter9-13，9-14.

［41］ 贺缠生，傅伯杰. 非点源污染的管理及控制［J］. 环境科学，1998(5)：87-91.

［42］ León L F，Soulis E D，Kouwen N，et al. Nonpoint source pollution：a distributed water quality modeling approach［J］. Water Research，2001，35(4)：997-1007.

［43］ Fitzhugh T W，Mackay D S. Impacts of input parameter spatial aggregation on an agricultural nonpoint source pollution model［J］. Journal of Hydrology，2000，236(1-2)：35-53.

［44］ 美国 303(d)列出的最主要的 10 项污染物质.Handbook for Developing Watershed Plans to Restore and Protect Our Waters.

［45］ Innes R. The economics of livestock waste and its regulation［J］. American Journal of Agricultural Economics，2000，82(1)：97-117.

［46］ 韩洪云，夏胜. 农业非点源污染治理政策变革：美国经验及其启示［J］. 农业经济问题，2016(6)：93-103.

［47］ 环保部，发改委，水利部联合印发. 重点流域水污染防治规划(2016—2020 年). 环水体［2017］142 号，2017 年 10 月 19 日印发.

［48］ 郑春苗，齐永强. 地下水污染防治的国际经验——以美国为例［J］. 环境保护，2012(4)：30-32.

［49］ 刘伟江，丁贞玉，文一，等. 地下水污染防治之美国经验［J］. 环境保护，2013(12)：33-35.

［50］ 尹雅芳，刘德深，李晶，苗迎，吴旺发.中国地下水污染防治的研究进展［J］.环境科学与管理，2011，36(6)：27-30.

［51］ 郭薇，刘晓星.地质环境污染防治管理体系亟待建立［N］.中国环境报第 2 版，2011.

［52］ 井柳新，孙愿平，孙宏亮，等. 中国地表水-地下水污染协同管理控制模式初探［J］. 环境污染与防治，2016，38(3)：95-98.

［53］ 李广贺. 污染场地环境风险评价与修复技术体系［M］. 北京：中国环境科学出版社，2010.

［54］ 污染场地风险评价技术导则［R］. 北京：中国环境科学出版社，2014.

［55］ 化勇鹏. 污染场地健康风险评价及确定修复目标的方法研究［D］. 北京：中国地质大学，2012.

［56］ 陈刚，陈扬，陈曦. 美国污染场地风险评价模式及方法［J］. 农药，2010，49(6)：465-467.

［57］ 余立风. 美欧污染场地环境监管机制研究［J］. 环境与可持续发展，2011，36(1)：7-10.

［58］ 谷庆宝，颜增光，周友亚，等. 美国超级基金制度及其污染场地环境管理［J］. 环境科学研究，2007，20(5)：84-88.

［59］ 臧文超，丁文娟，张俊丽，等. 发达国家和地区污染场地法律制度体系及启示［J］. 环境保护科学，2016，42(4)：1-5.

［60］ 陈刚，陈扬，陈曦. 美国污染场地风险评价模式及方法［J］. 农药，2010，49(6)：465-467.

［61］ Charnley S，Engelbert B. Evaluating public participation in environmental decision-making：EPA's superfund community involvement program［J］. Journal of Environmental Management，2005，77(3)：165.

［62］ 张俊丽，臧文超，温雪峰，等. 关于建设用地分类管理及污染场地分级管理的建议［J］. 环境保护科学，2016，42(2)：8-12.

［63］ 赵沁娜，戴亚素，范利军. 美国棕地再开发的融资模式及其对我国的启示［J］. 价值工程，2014(31)：15-17.

［64］ 李冉，罗泽娇. 土壤中石棉风险评价研究现状与展望［J］. 安全与环境工程，2016，23(2)：23-28.

［65］ 罗泽娇，贾娜，刘仕翔，等. 我国污染场地土壤风险评价的局限性［J］. 安全与环境工程，2015，22(5)：40-46.

［66］章蔷.污染场地调查及健康风险评价的研究［D］.南京：南京师范大学，2013.

［67］谌宏伟.污染场地健康风险评价——以北方某工厂为例［D］.北京：中国地质大学，2006.

［68］宁兴旺.气田甲醇废水环境风险评价［D］.西安：西安建筑科技大学，2012.

［69］US EPA. Proposed Guidelines for Male Reproductive Risk. Washington DC. 1988.

［70］Standard guide for risk-based corrective action［EB/OL］.ASTM（American Society for Testing and Materials）.［2011-02-22］.http：llwww.astm.org/Standards/E2081.htm.

［71］王岭.我国城市居民水价制度改革探析——阶梯水价推行困境及其破解［J］.价格理论与实践，2015(9)：42-44.

［72］王岩.欧洲新水政策及其对完善我国水污染防治法的启示［J］.法学论坛，2007，22(4)：137-140.

［73］韩冬梅.河长制的效用与完善途径［J］.中华环境，2017(8)：44-46.

［74］宋国君，赵文娟.中美流域水质管理模式比较研究［J］.环境保护，2017(1)：70-74.

［75］容跃.美国加利福尼亚州水污染管理经验浅谈［J］.科学对社会的影响，2007，1(增刊)：46-52.

［76］刘伟江，丁贞玉，文一，白辉.地下水污染防治之美国经验［J］.环境保护，2013，41(12)：33-35.

第7章 固体废物和危险废物管理政策分析

本章概要：固体废物由于危害大小不同，管理方式有些区别，故分别分析。一般工业固体废物也需要安全处置，责任者是工业企业；危险废物由于种类繁多、排放者复杂，需要实施更严格的管理，包括对排放者、转运者和处置者都需要严格管理；医疗废物管理基本等同于危险废物的管理；电子电器废物由于厂商规模普遍较大，其重点是安全拆解，因此，通过更高的回收率以及安全拆解基本就可以解决问题。危险化学品管理是污染信息的重要来源。固体废物安全处置可以通过固定源和点源的排污许可证予以管理。

固体废物管理不善会造成空气污染、水污染、土壤污染以及病菌等致病风险，因此，需要与水污染、空气污染结合起来考虑。固体废物造成的污染主要发生在转运环节和最终处置环节，处置环节的污染控制主要通过点源和固定源排污许可证实施管理。转运环节则是固体废物污染的主要管理领域。减量化是固体废物管理的重要政策，回收利用也很重要。

7.1 固体废物和危险废物污染防治政策总论

7.1.1 固体废物和危险废物管理概述

（1）定义 固体废物是人类在生产过程和社会生活活动中产生的不再需要或没有利用价值而被遗弃的固体或半固体物质。废弃物是相对而言的概念，一个过程中产生的固体废物，通常可以成为另一过程的原料或转化为另一种产品，故又称为固体遗弃物[1]。美国的《资源保护和回收法》（RCRA）将固体废物定义为任何垃圾、原料，由废水处理厂、供水处理厂、空气污染控制设施产生的污泥或其他废弃物，包括从工业、商业、矿山和农业以及公共场所产生的固体、液体、半固体或含有气体的物质。本书采用《固体废物污染环境防治法》（2004）（下文简称《固废法》）的定义：固体废物是指在生产、生活和其他活动中产生的丧失原有利用价值，或者虽未丧失利用价值但被抛弃或者放弃的固态、半固态和置于容器中的气态的物品、物质，以及法律、行政法规规定纳入固体废物管理的物品、物质。第八十九条又提到"液态废物的污染防治适用本法，但是，排入水体的废水的污染防治适用有关法律，不适用本法"，即不排入水体的液态废物也属于固废的范畴。在废水和废气的处理过程中，大部分污染物被转移成固相，以固体废物的形式进入环境。因此，固体废物管理是环境管理诸多环节中的最终环节[2]。

危险废物是指列入国家危险废物名录或者根据国家规定的危险废物鉴别标准和鉴别方法认定的具有危险特性的固体废物。此外，根据危险废物的特性，又可将危险废物定义为具有毒性、反应性、易燃性、腐蚀性、感染性等危险特性，对人类健康和环境造成重大危险或有害影响的固体废物。这些有毒有害废物的某些性质通常在生产过程中发挥特定的甚至必不可少的作用，同时也是导致环境和社会危害的原因。所谓危险废物系统，应当包括废物的产生、运输、储存、处理、排放一系列环节[3]。危险废物的排放以及不适当的危险废物管理将对环境和人体健康产生威胁。

（2）分类　按照产生的来源，固废可分为两类：一类是工业生产活动中产生的固废，称为工业固废，统称为废渣；另一类是生活垃圾，指在日常生活中或者为日常生活提供服务的活动中产生的固废，以及法律、行政法规规定视为生活垃圾的固废。

危险废物按照《国家危险废物名录》（2016）分为 50 类，包括从工业、农业生产、商业活动、科研教学以及生活中产生的危险废物，包括医药废物、农药废物、人工合成有机化学物质、溶剂、重金属、废酸、废碱等，但不包括放射性废物。

此外，一些固体废物由于产生的特殊性、存在的广泛性和较高关注度，出于政策分析的需要，在本章中也进行单独的分类，分为电子电器废物、建筑垃圾、市政污泥等。固体废物分类见表 7-1。

表 7-1　固体废物分类

分类	来源	主要组成
一般工业固体废物	矿业、冶炼、化工、煤炭、电力、交通、建筑轻工和石油等工业生产和加工过程	包括矿业废渣、冶炼废渣、化工废渣、燃料废渣、工业垃圾、建筑业废渣和其他工业废渣
城市生活垃圾	居民家庭、城市商业、餐饮业、旅游服务业、行政事业单位、街道保洁、建筑垃圾等	食物垃圾、纸、塑料、玻璃、金属、织物等
电子电器废物	居民家庭、工厂、服务业、医疗企事业单位、科研单位等	大型家用电器；小型家用电器；信息技术与通信设备；家庭娱乐设备；照明设备；电动工具；电动玩具；除植入型和感染型产品之外的医疗设备；监视与控制仪器；自动售货机
建筑垃圾	建筑工地施工、维修过程中产生的废物及旧建筑的拆毁物	包括泥土、石块、砂浆、混凝土块、碎砖、竹木材、废管道及装饰装修产生的废料、各种包装材料和其他废物等
市政污泥	主要来自污水厂、市政设施	生活废水、人体排泄物等
畜禽粪尿	主要来自农村、农场及相关畜禽养殖业	畜禽粪尿
河道淤泥	来自江河、湖泊的淤泥	以淤泥为主要成分
危险废物	某些工业生产过程、医疗单位、科研单位和其他相关单位	易燃、易爆、有毒且具有反应性、腐蚀性、传染性的物质

（3）一般处理和管理方式　危险废物的一般处理方式可以分为四种：利用、储存、处置、排放。

① 利用　将危险废物中的有用物质提取出来，根据使用需要进行净化处理，将其作为材料或者能源使用的活动，并在这一活动中不使危险废物对环境产生二次污染或危害人体健康。

② 储存　危险废物经营单位在危险废物处置前，将其放置在符合环境保护标准的场所或者设施中，以及为了将分散的危险废物进行集中，在自备的临时设施或者场所每批置放质量超过 5000kg 或者置放时间超过 90 个工作日的活动。

③ 处置　将固体废物焚烧或采用其他改变固体废物的物理、化学、生物特性的方法，达到减少已产生的固体废物数量、缩小固体废物体积、减少或者消除其危险成分目的的活动，或者将固体废物最终置于符合环境保护规定要求的填埋场的活动。

④ 排放　对危险废物未采取处置、综合利用和储存这三种方式，而排向水体、岸坡、荒地、路边等的行为，统称为排放。

理想的危险废物处理方式应当是封闭的，即从产生到运输再到排放，再到产业链下游企业回收利用,对不能利用的进行储存、处置,都要实现危险废物对环境的零排放。根据污染者付费原则,由生产单位和各个环节的经营单位承担处置费用,集中处置。

7.1.2 政策体系分析

固体废物和危险废物污染防治的政策框架见表 7-2。

表 7-2 固体废物和危险废物污染防治的政策框架

	政策名称	颁布机关	实施机构
法律	固体废物污染环境防治法(2016)	全国人大常委会	各级环境保护行政主管部门
	节约能源法(2016)	全国人大常委会	各级发展与改革委员会
	清洁生产促进法(2012)	全国人大常委会	各级环境保护行政主管部门
	循环经济促进法(2008)	全国人大常委会	各级循环经济发展综合管理部门
行政法规	危险废物经营许可证管理办法(2016)	国务院	各级环境保护行政主管部门
	医疗废物管理条例(2011)	国务院	县级以上各级人民政府卫生、环境保护行政主管部门
	报废汽车回收管理办法(2001)	国务院	县级以上各级人民政府经贸、公安、工商管理等部门
	城市市容和环境卫生管理条例(2017)	国务院	国务院、省级建设部门及城市市容环境卫生主管部门
	海洋倾废管理条例(2017)	国务院	国家海洋局及其派出机构
	畜禽规模养殖污染防治条例(2013)	国务院	县级以上各级人民政府环境保护、农牧等主管部门
部门规章	电子废物污染环境防治管理办法(2007)	环保部	各级环境保护行政主管部门
	城市生活垃圾管理办法(2015)	建设部	各级建设(环境卫生)行政主管部门
	再生资源回收管理办法(2007)	商务部、国家发改委、公安部、建设部、工商总局、环保部	县级以上商务、发展改革、公安、工商、环保、建设、城乡规划等行政管理部门
	电器电子产品有害物质限制使用管理办法(2016)	国家发改委、科技部、财政部、环保部、商务部、海关总局、质检总局	省级以上发展改革、商务、海关、工商、质检、环保等主管部门
	道路危险货物运输管理规定(2016)	交通部	交通部、县级以上交通部门、道路运输管理机构
	医疗废物管理行政处罚办法(2010)	卫生部、环保部	各级环境保护行政主管部门
	危险废物转移联单管理办法(1999)	环保部	省级以上环境保护行政主管部门
	防治尾矿污染环境管理规定(2010)	环保部	各级环境保护行政主管部门

注:截至 2017 年 12 月 31 日。

从政府出台的政策文件和法规、规章还可以看出，中国固体废物管理相关文件的颁布具有很好的应急性。如 1973 年公布的《关于保护和改善环境的若干规定（试行草案）》，规定钢渣、高炉渣、硫铁矿渣、铬渣、粉煤灰等废渣是综合利用的重点，废渣利用体现了源头上再利用、减量化的思想。随着城市生活垃圾污染日益严重，政府从 20 世纪 80 年代起开始对城市生活垃圾进行管理。1982 年 12 月城乡建设环境部颁发了《城市市容环境卫生管理条例（试行）》，就防治生活垃圾污染城市作了具体规定，明确划分了清扫城市的责任范围，对城市废弃物的填埋场地也作了规定。1992 年国务院发布了《城市市容和环境卫生管理条例》，1993 年建设部又发布了《城市生活垃圾管理办法》加强对城市生活垃圾的管理。1996 年以后，出台了大量的政府文件用于制止洋垃圾进口，并对白色污染进行专项治理。近年来，由于生活垃圾清运量大量增长且受到国内多方关注，政府针对生活垃圾管理出台了《生活垃圾分类制度实施方案》，标志着中国生活垃圾管理正式走向"源头分类、资源回收、填埋或焚烧减量"的生活垃圾管理战略。

除了专门针对固体废物和危险废物管理的政策外，城市环境综合整治定量考核制度（简称"城考制度"）通过促进城市政府加快城市环境基础设施建设、增加环保投入，在固废及危险废物污染防治工作中也起了较大的作用。在城考制度中有关于城市生活垃圾无害化处理率、城市工业固体废物处置利用率、城市医疗废物集中处置率、危险废物集中处理率及危险废物处理设施建设的考核指标。各年度国家环境保护重点城市环境管理和综合整治年度报告显示，一些城市的集中处理率有所提高，处理设施建设工作有所进展。

总之，目前中国固体废物管理的政策范围比较全面，有比较好的应急性和灵活性，但还存在以下不足：

首先，根据固体废物的产生及其环境影响，对固体废物应该有不同的管理政策，虽然《固体废物污染环境防治法》中对于工业固废、生活垃圾、危险废物分别有规定，但仍然不能完全满足分类管理固体废物的需要。例如危险废物种类、分布复杂，对环境和人体健康造成的危害大、危害持续时间长、潜在危害不易被发现，存在代际外部性，其管理特殊性、重要性强，应该有一部专门的法律，明确危险废物控制的立场、原则和目标，明确违法行为所涵盖的范围。

其次，现有的政策文件主要以规范性文件为主，部门规章、行政法规和法律相对较少，从对政策框架的分析来看，政策文件的层次还需要提升，这样才能保证政策的稳定性和协调性。例如，还没有专门针对《固体废物污染环境防治法》的实施细则。

最后，从政策目标来看，《节约能源法》《清洁生产促进法》和《固体废物污染环境防治法》等都是鼓励清洁生产和资源综合利用的法律，但是它们又受各自法律定位所限，不能完全充分地将清洁生产、固体废物利用、环保产业发展和资源循环利用等相关内容统一起来。本书认为，应该将不同但相关的法律配套。尽管在《循环经济促进法》出台之后，针对《清洁生产促进法》的修订已经在尝试将两部法律内容衔接，如在资源节约和利用方面，两部法律都有涉及但各有侧重，互不重复。前者注重产品使用后的回收利用环节，关注对象为企业与消费者；后者强调企业在产品设计和生产环节减少过度包装，关注对象主要是企业自身。针对多部法律之间的协调统一还需要进一步完善。如，对农村固体废物如秸秆、生活垃圾的处理，可以与《节约能源法》中对可再生能源的鼓励结合起来，鼓励利用秸秆的生物质能、发展沼气等。这样既解决了农村固废污染问题，又促进了对化石能源的替代。

7.1.3 政策目标分析

由于固体废物也可以被视为"放错地方的资源"，因此，防止固废污染环境仅是最终目标，在达到保护环境这一最终目的同时，还应当把公平和效率作为政策的中间目标。从效率的角度来看，要达到保护环境的目的，末端治理只是最后的手段，从源头减少固体废物的产生往往更有效。因此，固体废物管理的政策目标是实现固体废物产生的减量化、再利用，从而减少固体废物的排放量。固体废物管理的基本目标是全过程的风险管理，对于最终排放的固体废物，实施无害化处理，并对处置场所实施点源和固定源排污许可证制度，确保其生命周期内的安全处置。

对于公平的政策目标，由于固体废物对环境的污染是一种可转移的负外部性[4]，使得固体废物的污染防治工作与大气、水污染防治相比，更需要考虑公平性，即对一个地方的固体废物污染防治，不能靠污染转移、损害另一个地方的环境质量为代价。从国际的角度看，欠发达国家在近年来成了发达国家污染转移的地方；从地区的角度看，发达地区向落后地区转移污染的现象也日趋严重。公平性是固废污染防治政策目标的另一个特点。

7.1.4 干系人及责任机制分析

固废管理中的干系人包括：国务院，国务院环境保护行政主管部门，所在地县级以上地方人民政府环境保护行政主管部门，城市人民政府，产生固体废物和危险废物的单位及人员，从事固废和危险废物收集、储存、处置、利用经营活动的单位及人员，以及可能受到污染危害的单位和居民。固废管理的干系人责任分配见表7-3。

政府的责任包括：宣传教育，倡导有利于环境保护的生产和生活方式；将固体废物污染防治工作纳入国民经济和社会发展计划；支持采取有利于环境保护的集中处置固体废物的措施，促进固体废物防治产业的发展；统筹安排建设城乡生活垃圾收集、运输、处置设施，提高生活垃圾利用率和无害化处置率，促进生活垃圾收集、处置的产业化发展，建立和完善生活垃圾污染防治的社会化服务体系；大、中城市人民政府环保部门定期发布固体废物的种类、产生量、处置状况等信息，保障公众的环境知情权[5]。

表 7-3　固废管理的干系人责任分配

干系人		责任分配
国家		采取有利于固废综合利用活动的经济、技术政策和措施,对固废实行充分回收和合理利用;促进固废污染防治产业发展;对固废污染防治实行污染者依法负责的原则
政府	环境保护行政主管部门	统一实施全国固废的监督管理工作;制定技术标准;建立固废监测制度,制定统一的监测规范;组织推广先进的防治工业固体废物污染环境的生产工艺和设备;制定国家危险废物名录,规定统一的危险废物鉴别标准、鉴别方法和识别标志;发放危险废物经营许可证
	各级人民政府	将固废污染防治工作纳入国民经济和社会发展计划,并采取于其有利的经济、技术政策和措施;加强宣传教育,倡导有利于环境保护的生产方式和生活方式;组织建设对危险废物进行集中处置的设施;解除或者减轻危险废物危害
	国务院建设行政主管部门和各级环境卫生行政主管部门	生活垃圾的清扫、收集、储存、运输和处置工作的监督管理工作
	国务院标准化行政主管部门	组织制定有关标准,防止过度包装造成环境污染

续表

干系人		责任分配
企业	收集、储存、运输、利用、处置固体废物的单位和个人	采取防扬散、防流失、防渗漏或者其他防止污染环境的措施；不得擅自倾倒、堆放、丢弃、遗撒固体废物
	收集、储存、运输、利用、处置危险废物的单位	制定意外事故发生的应急措施和防范措施并向环保部门报告
	生产者、销售者、进口者、使用者	在规定期限内分别停止生产、销售、进口或者使用列入名录中的设备
	产生固体废物的单位和个人	采取措施，防止或者减少固体废物对环境的污染
	产生危险固废的单位	按照国家规定进行申报登记并处置
	收集、储存、处置危险废物经营活动的单位	申请领取经营许可证；按照危险废物特性对废物进行分类收集和储存；不符合环保部门规定、以填埋为处置方式的单位缴纳危险废物排污费
	产生工业固体废物的单位	建立、健全污染环境防治责任制度，采取防治工业固体废物污染环境的措施
	矿山企业	采取科学的开采方法和选矿工艺，减少尾矿、矸石、废石等矿业固体废物的产生量和储存量；矿业固体废物储存设施停止使用后，矿山企业应当按照国家有关环境保护规定进行封场，防止造成环境污染和生态破坏
	生产工艺的采用者	在规定期限内停止采用规定的名录中的工艺
	企业事业单位	根据经济、技术条件对其产生的工业固体废物加以利用；对暂时不利用或者不能利用的，必须按照规定建设储存设施、场所，安全分类存放，或者采取无害化处置措施
	工程施工单位	应当及时清运工程施工过程中产生的固体废物，并按照环境卫生行政主管部门的规定进行利用或者处置
	产品和包装的设计、制造者	应当遵守国家有关清洁生产的规定
	畜禽规模养殖者	按照国家有关规定收集、储存、利用或者处置养殖过程中产生的畜禽粪便，防止污染环境
	公共交通运输的经营单位	按照有关规定，清扫、收集运输过程中产生的生活垃圾
	从事城市新区开发、旧区改建和住宅小区开发建设的单位以及机场、车站、公园等公共设施、场所的经营管理单位	按照国家有关环境卫生的规定，配套建设生活垃圾收集设施
公众	使用农用薄膜的单位和个人	回收利用，防止或者减少农用薄膜对环境的污染

在微观主体方面，如针对企业和个人，法律中如果有明确的可操作性的废弃物产生回收指标，规定相应的实施细则对企业和个人的责任进行约束，会有更好的效果。如法国规定，资源回收是全社会的责任，每人每年要回收 4kg 的电子垃圾。挪威的《废电子电机产品管理法》将收集及回收电子电器产品的义务延伸至进口商与制造商所设立的机构。在回

收的经济义务及处理费用方面，瑞典的法律规定由制造商和政府共同承担。

7.1.5 实施机制分析

全国固废污染防治工作由生态环境部统一监督管理，县级以上生态环境行政主管部门对本行政区域内固废污染防治工作进行统一监督管理。生活垃圾清扫、收集、储存、运输和处置的监督管理工作由建设部及地方人民政府环卫部门负责。

生态环境部固体废物与化学品技术管理中心是固体废物管理的具体实施机构，主要职责有：①承担固体废物与化学品风险防控和污染防治政策、法规、战略、规划、标准和技术规范等方面的研究工作；②开展固体废物污染防治和化学品环境管理相关调查、分析测试、技术鉴别、科学研究和国际合作；③受生态环境部委托，协助开展固体废物与化学品环境管理的现场检查、日常监督，并承担相关行政审批的技术审核，承担对地方固体废物与化学品管理机构的技术指导和服务工作；④开展污染场地环境管理、重金属污染防治相关技术支持工作；⑤开展固体废物和化学品环境管理方面的信息分析、技术服务、宣传培训和社会咨询；⑥承办生态环境部交办的其他事项[6]。

7.1.6 信息机制分析

《固体废物污染环境防治法》中明确提出，国家实行工业固体废物申报登记制度。该项制度是实施固体废物管理的基础，执行按照排污申报制度实施。

大、中城市生态环境部门定期发布固废的种类、产生量、处置状况等信息。为落实该规定，国家环保总局早在2006年就制定了《大中城市固体废物污染环境防治信息发布导则》，目的是通过信息的公开，提高公众和社会对固体废物污染环境防治工作的认识，扩大公众参与固体废物环境管理的途径，增强公众参与固体废物环境管理的能力，从而促进减少固体废物的产生量和危害性、充分合理利用和无害化处置固体废物，促进发展循环经济。该导则的基本原则是真实、准确、公开、合法。

废物交换平台建设。对于固体废物来说，尤其是工业固废，废物交换平台的提供应该是政府的重要职能。废物交换主要适用于工业固废，是指甲厂产生的废物成为乙厂原料的过程，它是区域资源化的一种好形式。《循环经济促进法》第四章有三条涉及废物交换的规定，明确了国家对于各类产业园区进行废物交换利用、生产经营者建立产业废物交换信息系统等持鼓励态度，并且地方人民政府应当按照城乡规划，合理布局废物回收网点和交易市场。各地专门的废物交换管理机构，应当进行废物交换信息的收集、整理和发布，废物交换单位之间的协调和服务等项工作，建立固体废物管理的档案及相关数据库，协助管理辖区内固体废物和危险废物转移、交换、处置等活动，协助管理危险（医疗）废物处置单位及设施运行等。企业可以在网上发布固废的供需信息，包括废物种类、废物名称、废物数量、有效日期等，从而实现废物交换。

对现有的废物交换平台在促进企业间废物再利用与资源化、实现循环经济方面的作用，还需要进行进一步的调查与评估。政府可以充分利用信息公开，借由信息公开对于列入管理清单的企业具有行政强制力，而废物交换则完全是市场化的这一点，将企业环境信息公开与废物交换平台统一起来。如果能够让两者结合起来，使得企业因为有利可图而更加乐意公开自己的环境信息，可以达到"双赢"，从而发挥更大的作用。

7.1.7　监督机制分析

生态环境部会同国务院相关行政主管部门制定国家固体废物污染环境防治技术标准并建立固废污染监测制度，制定统一的监测规范，会同有关部门组织监测网络。县级以上生态环境部门及其他部门对固废污染防治工作实施监督管理，例如现场检查等。

国务院建设行政主管部门和县级环境卫生行政主管部门负责生活垃圾清扫、收集、储存、运输和处置的监督管理工作。

除政府的监督外，公众参与也非常重要。充分利用公众的监督能力，让公众对固废污染的举报有顺畅的渠道，可以较大地降低政府的管理成本。但是目前固废污染防治的监督机制缺乏公众参与。公众参与一方面表现为对非法排放固废行为的举报，另一方面则是对环境不友好企业产品的抵制。后者建立在企业的环境信息充分公开的基础上。因此，监督是否高效依赖于信息是否足够公开。

7.2　一般工业固废管理政策分析

7.2.1　物质流分析

对于一般工业固体废物的管理必须是全过程的管理，应当关注固废随要素流动的过程。

工业废弃物产生于生产生活的各方面，包括工业原料的生产、原料精制转换和加工组装、生产产品的销售流通、产品的消费共四个环节。四个环节的划分以产品流动及用途为依据。将污染控制目标按四个环节分解：在原料及产品生产过程中，要实行清洁生产，通过改变工艺或改善产品结构、用更环保的原料替代等方式，减少生产过程的固体废物排放；同时，在精制转换和加工组装过程中可以进行固废的厂内回用或一个工业园区内上下游企业之间的固废回收利用及废物交换；在生产产品的流通过程中，几乎不产生固体废物，固废在该环节物质流较小，不需投入过多成本和精力；在消费环节，随生产产品被使用，导致耐久性降低或者设备报废，产生固体废物。在该环节的管理中应当关注固体废物是否被妥善丢弃或按标准排放，是否有具有处理资质的固体废物处理企业接受固废，处置场所是否实施点源和固定源排污许可证制度。

固体废物在四个环节之后，需要进入处置环节，保证固废对环境不造成危害。处置环节可按生产或处置流程分为四个环节：储存、收集运输，处理利用，最终处置，妥善保管。将污染控制目标按环节分解：工业固体废物经营单位在固废处置前，需要将其放置在符合环境保护标准的场所或者设施中。在收集运输过程中，必须保证有完备记录和风险控制手段。一般工业固废的危害虽不如危险废物，但也应进行相应的风险控制，保证在成本较低的情况下将一般固废的运输风险降至最低水平。记录是为风险控制服务，同时能满足数据信息可核查的管理要求。在处理利用过程中，可以进行生产系统之外的废弃物回用和废物交换。最终处置时，要根据法律法规要求，对固废进行无害化处理。在无法再对一般工业固体废物进行数量削减、体积减小、毒性缩减等处理之后，将固体废物最终置于符合环境保护规定要求的填埋场的活动称为固废的妥善保管。同样要对填埋场实施点源和固定源的排污许可证，对其进行记录和定期监控、评估，保证固体废物不会再污染环境。

在一般工业固体废物的产生和处置两个管理体系中，固体废物管理法律法规主要作用于生产过程中的原料生产、精制转换、消费以及处置过程中的储存、最终处置环节。

7.2.2 政策目标分析

确定政策目标之前，应当先清楚界定政策问题。根据一般工业固体废物物质流的分析，将涉及的干系人与该物质流现实情况相结合，找出环境现状与社会需求的固废处理之间的差距，将其清晰界定，而后转化为政策问题。

政策的制定应致力于解决已经明确的政策问题，即以解决政策问题为导向，因后者是政策分析的主要目标之一，也是进行政策分析的基础。《固体废物污染环境防治法》确立了工业固体废物管理的基本原则——"三化"原则，即无害化、减量化和资源化，这是我国工业固体废物管理的指导思想和基本战略。无害化，即保证一般工业固体废物不对环境造成危害，在回收、储存、运输以及最终处置的各个环节，都要保证合法合规的处置；减量化，即对一般工业固体废物的数量、体积、种类等进行全面管理和统计，开展清洁生产，从源头减少工业固废的产生；资源化，即对生产和处置过程中的一般工业固体废物进行回收和再利用，如废玻璃、废钢铁等都可以进行再次利用，废橡胶可以转换为铺路材料，炉渣等可以用于水泥制作。

一般工业固体废物管理的"三化"总目标表达清晰，资源化以无害化为前提，无害化和减量化以资源化为条件。其中无害化（安全处置）是核心，保证不对环境造成危害、对人体健康没有影响是最基本的出发点；减量化、资源化是根本措施，减少工业固废产生，降低处理压力，以保证无害化的更好实现。针对固废处理政策完善问题，结合"三化"总目标，可以制定环节目标，即完善固废管理手段和配套政策。各层次目标之间方向一致，政策制定是对实现"三化"目标的具体反映。

7.2.3 管理和实施机制分析

工业固废污染防治工作的利益相关者包括政府层面各级生态环境部门、经济宏观调控部门，排污单位，拆解、利用、处置工业固废的企业。

政府层面的干系人涵盖了国家生态环境行政主管部门和各级人民政府。前者负责对全国工业固废管理的统一监督管理工作，如制定技术标准、监测规范，推广先进工业固废防治工艺和设备、审核企业的排污申报等。后者采取具体行动，将工业固废防治工作纳入国民经济和社会发展计划，并采取有利的经济、技术措施控制工业固废排放。具体涉及固废相关信息的收集、传递、处理、存储、利用、评估、公开和共享，以降低信息传递和获取成本、提高信息质量、实现信息公开。主要信息源应为固废排污单位和拆解、利用、处置工业固废的单位，将点源和固定源排污许可证作为信息收集渠道。信息处理、存储、更新及传递应当依靠先进科技网络和完备数据系统。建立统一数据库，对收集到的信息进行处理、存储、更新和维护，并且需要有信息公开的渠道，方便公众监督和意见向上传达。我国现有《固体废物污染环境防治法》明确规定"大、中城市人民政府生态环境行政主管部门应当定期发布固体废物的种类、产生量、处置状况等信息"，固体废物污染环境防治信息的简单公布和上报仍不能完全满足信息公开的要求，所公开的信息应进一步从数量和质量上进行改善。

政策执行过程中，地方政府相关部门是否做到了固废处理"三化"目标所要求的水平，需要上级管理部门和公众的监督。因此，需要在考虑成本-效益之后，制定对上级检查部门和下级被检查部门都有效的监督检查程序。该检查程序首先要求有明确的监督核查指标，即可测量、可追踪、可核查。针对一般工业固体废物，具体的指标可以描述为固废无害化处理率、达标储存率、资源化率等。其次要求有配套的监测技术、统计方法，对工业固废从产生到处置的全过程进行监督，保证各个环节数据可核查，依靠信息技术建立数据库，提高监督核查的效率。除政府的监督外，也需要充分利用公众的监督能力，让公众对固废污染的举报有顺畅的渠道，能较大地降低政府的管理成本。

排污单位负责采取防止工业固体废物污染环境的措施；向所在地生态环境部门提供工业固体废物的种类、产生量、流向、储存、处置等有关资料，参考点源和固定源的排污许可证要求进行汇报；根据经济、技术条件对其产生的工业固体废物加以利用；建设储存设施、场所，安全分类存放，或者采取无害化处置措施。拆解、利用、处置废弃电器产品和废弃机动车船也需要采取措施，防止污染环境。

工业固废污染防治的资金需求是企业建设符合环境标准的工业固体废物储存或者处置的设施、场所所需要的费用，此为资金的需求方。工业固废的排放会造成具有外部性的污染，因此一定要按照污染者付费原则，由企业承担该成本，即企业为资金的供给方。固废处理费用收取标准在不同地区有所差异，处置收费具体原则和办法由各省、自治区、直辖市价格主管部门制定，具体收费原则由设区的城市人民政府价格主管部门制定，报城市人民政府批准执行，并报省级价格主管部门备案。征收的资金应为环境保护所用，用于防治地域性污染、重点污染源，或用于污染治理的新工艺、新技术的研发及推广，不得用于与污染防治无关的任何项目建设。固废资金机制中涉及政府投资的领域主要为一些公共服务，如固体废物监测、管理的费用，推进固体废物研究、管理能力建设的费用以及生活垃圾处理厂、粪便无害化处理厂、污泥处置场、清理乱堆乱放的垃圾等费用。

7.2.4　实施效果评估

（1）工业固体废物管理取得一定成效　"十二五"期间，工业固体废物产生量基本保持在平稳水平，工业固废排放量逐年下降。2015 年全国一般工业固体废物排放量为 32.7 亿吨，其中综合利用量（包含对往年储存量的利用）19.9 亿吨，占排放量的 60%，具体数据见图 7-1。综合利用仍然是处理一般工业固体废物的主要途径。根据中国环境保护产业协会固体废物处理利用委员会给出的数据[7]，相较于近几年的工业固体废物产生量和处理情况，随着压缩过剩产能、推进企业创新和转型，固体废物产生量急剧增加的趋势已得到改善，综合利用量和处置量在提高。

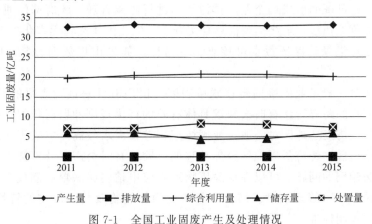

图 7-1　全国工业固废产生及处理情况

从总量上看，工业固体废物的产生量和综合利用量基本上都维持在一个稳定的水平。从污染防治政策的角度来说，尽管总量是反映工业固体废物排放量控制的一个指标，但考虑人口增长和经济发展的关系，应考察这一时期的工业固体废物人均排放量、每万元 GDP 工业固体废物排放量指标。

人均排放量和每万元 GDP 工业固体废物排放量指标显示，尽管我国工业固废产生量无明显变动，但人均排放量和每万元 GDP 工业固体废物产生、排放量总体都呈现明显降低的态势。这说明"十二五"期间中国工业固体废物排放量的增长速度小于人口增长的速度，我国经济的增长速度远远快于工业固体废物的产生量的增长速度。工业固体废物的管理政策起到了一定的效果。

截止到"十二五"末，我国固废处理投资额达到 8000 亿元，固废因与水、大气、土壤等的环境质量密切相关，固体废物管理作为污染防治工作不可或缺的一环，是深化环境保护工作的重要保障，也是保护人体健康的现实需要，未来也将是国家重点关注的方面。

（2）信息公开仍显不足　首先，《大中城市固体废物污染环境防治信息发布导则》（以下简称《导则》）中规定，大、中城市应当于每年 6 月 5 日之前发布本城市上一年度信息，并在信息发布机构法定代表人签署后，以公告的形式，在当地综合性报纸、电视台、政府网站、专业环境媒体或其他媒体上发布。在实际操作中，有时只有政府网站发布固体废物信息，公众获取该信息的渠道较为有限。其次，《导则》中规定信息发布应当包括固体废物污染环境防治工作的综述，包括防治规划或计划、工作现状、存在问题和对策，但有些城市没有严格按照该规定执行信息公开。综述有时简单，较少涉及固体废物管理的工作计划或固废管理中目前存在的问题。最后，《导则》中将直辖市、计划单列市、省会城市、沿海开放和经济特区城市、重点风景旅游城市、国家环境保护模范城市划进开展固体废物污染环境防治信息发布工作的城市范围。从环境保护的角度来看，工业发达城市一般工业固体废物产生量较多，更应给予关注。这些城市也需要实行更严格的信息公开，不应局限于《导则》规定的上述几类城市。

7.2.5　政策完善建议

（1）执行排污许可证制度　针对固体废物的产生和处置单位，实施点源和固定源的排污许可证制度。为确保工业生产活动中产生的固体废物自产生至最终处置环节不会对空气、水、土壤造成污染，需要以规范性文件提前告知产生和处置一般工业固体物的企业相关守法要求，以排污许可证的形式对企业产排污活动进行协调管理。政府部门通过企业提交的守法证据进行规范性执法，最终达到信息真实有效、工业固体废物无害化处置的管理目标。过程中要做好处理记录，保证数据可核查、可验证，如果出现数据异常，应当要求额外说明。

（2）实施针对一般工业固废的转移联单制度　国内有针对危险废物的转移联单制度，一般工业固体废物的跨界转移有时会缺乏具体有效的行为规则和监管依据。我国区域经济发展差别巨大，经济发达地区对一般工业固体废物转移需求较高。一般工业固体废物有时会有从经济发达地区向经济落后地区跨界转移的风险，有时会产生处理标准降低甚至转移途中就进行违法倾倒的问题。可以在危险废物跨界应申请转移联单的制度上，增加一般工业固体废物的转移联单管理制度。结合一般工业固体废物及危险废物的特性，划分层级，设定不同程度的规制标准。

（3）进行分行业的统计与管理　建议对一般工业固废进行分行业的统计与管理，对于工业固废资源化制定更加具体的管理办法，根据不同行业特点制定不同的管理政策。工业固废涉及行业多，成分复杂，处置与利用技术要求高，采用混合处理压力大，成本高，需要分行业进行回收处理和综合利用。因此，可以建立工业固废收集、运转、处置体系，对工业固废实施分类。开展一般工业固体废物底数核查，建立相关数据库。针对不同行业，逐步开展一般工业固废底数核查工作，统一统计口径，建立完善相关数据库，为固体废物环境管理工作奠定基础。认真执行固体废物申报登记制度，后期对申报数据进行严格核查。除政府对数据的定期核查外，扩大信息公开渠道，获取公众意见，接受公众监督。

（4）完善固体废物的信息公开　在一般工业固废的管理中，充分的信息公开有助于促进工业固废交换或交易平台的形成。应当有更加具体的政策对工业固废交换平台的建立作出规范化的要求，并将此作为政府的一项工作。

7.3　危险废物管理政策分析

7.3.1　环境政策问题的界定和描述

危险废物是固体废物管理的重点，是近年来在环境保护中日益受到重视的领域。危险废物是具有毒性、反应性、易燃性、腐蚀性、感染性等危险特性，对人类健康和环境造成重大危害或有害影响的固体废物。由于危险废物本身就是污染物的"源头"，故需对其产生、收集、储存、运输和处置等过程实行全过程管理，在每个环节都将其当作污染源进行严格管理控制。目前我国的经营许可证还停留在运营许可证的层面，没有完全融入整个许可证体系。危险废物的污染涉及多方面，包括对水和空气的污染，应结合空气固定源和水点源排污许可证，统一纳入管理体系。

7.3.2　物质流分析

对危险废物的管理必须是全过程的管理，可分为产生、收集、储存、运输和处置几个环节。基于《固体废物污染环境防治法》，我国针对危险废物的管理建立起了一系列专门管理制度，其中最主要的是转移联单制度、特许经营制度和排污许可证制度，见7.3.7 节。

全过程管理将危险废物的各个环节进行一体化控制，遵循源头削减、清洁生产、生产者责任延伸、污染者付费、使用者收费等各项风险预防原则。从危险废物最初的产生到最终的处理程序，循序渐进地进行管理，不遗漏任何一个环节。在每个环节中形成相应的管理制度。例如，在产生阶段，建立危险废物申报登记、注册制度；在收集阶段，建立包装、标志制度；在运输阶段，实施转移联单制度；在储存阶段，实施储存限期制度；在处置阶段，建立预提留制度，即重点危险废物集中处置设施、场所的退役费用应当预提，列入投资概算或者经营成本中。

7.3.3　环境政策问题的定性分析

危险废物管理中，具有明显外部性效应的区域性问题，应当由中央政府负责解决。

7.3.4 政策目标分析

（1）总体目标 危险废物管理政策的总体目标为任何时间任何地点危险废物无害化，达标储存、处置、零排放，对失控和已经受危险废物污染的场地的控制和清除，并预防危险废物污染，尽可能减少危险废物产生量。如安徽省出台了《安徽省"十三五"危险废物污染防治规划》，规划中指出的总体目标为"综合运用法律、行政、经济和技术等手段，不断提升危险废物污染防治水平。到 2020 年，全省危险废物源头控制进一步严格，无害化利用处置能力不断增强，规范化和精细化的全过程管理水平显著提高，智能化管理水平和环境应急处置能力有效提升，环境风险显著降低，生态环境安全和公众健康基本得以保障"。

（2）阶段目标 《危险废物污染防治技术政策》中规定我国危险废物管理的阶段性目标是：①到 2005 年，重点区域和重点城市产生的危险废物得到妥善储存，有条件的实现安全处置；实现医院临床废物的环境无害化处理处置；将全国危险废物产生量控制在 2000 年末的水平；在全国实施危险废物申报登记制度、转移联单制度和许可证制度。②到 2010 年，重点区域和重点城市的危险废物基本实现环境无害化处理处置。③到 2015 年，所有城市的危险废物基本实现环境无害化处理处置。

7.3.5 干系人及责任机制分析

危险废物污染防治政策干系人包括排放者、运输者、处置者、监管者以及公众等。

（1）排放者 对于危险废物产生者，要求其将所有产生的废物分类，不得混入非危险废物，并用符合法定标准的容器进行废物分类，做好标记、登记记录，向主管部门申报，建立危险废物清单，清单应如实记录危险废物的种类、数量、储存、处置、去向等信息，重点产生单位要建立突发危险废物应急预案，并向当地生态环境部门备案。同时，排放者按照污染者付费原则向处置者付费，确保将危险废物安全送到安全处置厂。

（2）运输者 对于从事危险废物运输的道路危险废物运输企业，应具备公安、交通、安监和生态环境部门核发的运输资质，执行特许经营，严格遵守危险废物运输管理规定。运输企业应对其驾驶员和装卸、押运等相关工作人员进行安全知识培训，使其掌握相关安全知识，并经有关部门考核合格，取得上岗资格证，运输工具必须配备必要的应急处理器材和防护用品等。运输过程中严格执行转移联单制度，不得在运输过程中倾倒、遗撒危险废物以及跨境运输。

（3）处置者 产生的危险废物实行分类收集后置于储存设施内，储存时限一般不得超过 1 年，并设专人管理。储存设施由危险废物产生单位建设，没有能力建设的，委托有经营许可证的处理者。在特许经营模式下，处置者应当遵循特许经营原则，遵守空气固定源、水点源排污许可证制度要求，代政府行使部分公益事业的职责和义务，确保危险废物集中处置的安全，而未取得特许经营的单位不得从事危险废物集中处置业务。在特许经营期限内，特许经营者应按生态环境部门和其他行政主管部门批准的建设规模、技术标准、建设进度、建设处置设施，保证对危险废物的安全、无害化处置，由政府给予特许经营者合理补偿。

（4）监管者 当地市、县生态环境部门应对处置者执行排污许可证制度的守法情况进行月、季、年度环境监测和检查，并结合危险废物产生企业的实际生产任务完成情况，对其危险废物转移单进行年度复核，同时加大对违法行为的处罚力度。危险废物的利用应当被重视和被鼓励，《危险废物污染防治技术政策》要求各级政府设立专项资金或给予政府补贴，但利用过程有时也会产生有害物质造成二次污染。生态环境部门应对"二次污染"问题实施控制和管理，避免个别企业打着"循环经济""废物利用"的旗号，提取和利用危险废物中的有用成分后，将残余物（大多数仍然是危险废物）随意倾倒、堆放或在运输途中遗撒。

（5）公众　公众依照法律规定参与信息公开，行使自己的监督权。《固体废物污染环境防治法》第十二条明确规定"大、中城市人民政府环境保护行政主管部门应当定期发布固体废物的种类、产生量、处置状况等信息"。按照生态环境部《大中城市固体废物污染环境防治信息发布导则》要求，各省（区、市）生态环境厅（局）应规范和严格信息发布制度，在每年 6 月 5 日前发布辖区内的大、中城市固体废物污染环境防治信息，6 月 30 日前向生态环境部汇总上报。2017 年，全国共有 214 个大、中城市向社会发布了 2016 年固体废物污染环境防治信息。经统计，此次发布信息的 214 个大、中城市的工业危险废物产生量为 3344.6 万吨。此外，处理设施的建设单位和环评机构应公布环评信息。危险废物的经营单位的许可证管理情况应向公众公布，突发事故应向公众及时发布公告。

危险废物的排放和危险废物污染防治设施的建设，将对公众的生活环境和身体健康产生巨大影响。因此，公众的知情权和参与权应得到法律的保障，将公众参与纳入决策程序。对于企业，可靠的、有时效性的信息交换平台是危险废物回收利用市场建立的依托。所以无论对于公众还是企业，危险废物信息的数量和质量都不能满足需求，应进一步进行细化。大中城市应该以公告的形式通过当地综合性报纸、电视台、政府网站、专业环境媒体或其他媒体发布本市主要工业危险废物（比如产生量前 5 位的工业危险废物）的种类及其有关信息。

7.3.6　行政决策机制分析

在政策执行过程中，地方政府相关部门作为直接的管理部门是否达到了既定目标的要求，要接受上级管理部门和公众的监督。由于危险废物污染外部性大，对地方政府进行监督检查的主要责任应由中央政府承担。2010 年，环境保护部首次组织各环境保护督察中心对全国各省（自治区、直辖市）危险废物污染防治情况进行了督察考核，初步建立了危险废物规范化管理督察考核机制。总体上，我国危险废物监督管理力量逐步加强，技术支撑能力建设取得长足进步[8]。然而，目前我国危险废物污染防治工作起步较晚、基础较薄弱、历史欠账较多；各级生态环境部门，特别是基层生态环境部门工作任务繁重，监管人员尚需进一步增加，以对危险废物进行全过程环境保护监管；个别企业危险废物污染防治意识薄弱，自行利用处置的危险废物没有纳入环境保护监管体制；还需进一步完善危险废物综合利用产品的环境与健康安全评价体系，对危险废物综合利用过程及其产品进行环境安全监管。此外，由于各地区危险废物监管水平发展不平衡以及危险废物的非法转移具有比较强的隐蔽性、随机性，有发生非法转移和倾倒危险废物的风险。

在目前的政策体系中，还需完善监督检查程序和方法的规定。中央政府获得的信息，主要依靠下级政府对上级政府的汇报。因此，需要在各级政府都能接受的检查成本的基础上，制定出一套对检查部门和被检查部门都有效率、可行的监督检查程序。不同的政策目标应有不同的监督指标体系相对应。但就现有政策目标的描述，不易制定出可测量、可追踪、可核查的检查指标。可以考虑将政策目标描述为无害化达标处置、达标储存、零排放、减少危险废物产量，提高资源化率，同时要求不对土壤、地下水造成污染，则相应的监测、监督与检查机制以是否达标、危险废物排放量、产生量、资源化率以及环境质量指标为衡量指标，更具可操作性。监督检查效率的提高，还应当伴随着监测技术、统计方法、信息技术的成熟。在监测技术低成本化的基础上，建立追踪系统，对危险废物从产生到排放的全过程进行统计，同时采用良好的信息收集、处理、交流和存放机制，提高管理的效率。

7.3.7 管理和实施机制分析

（1）管理机制 针对危险废物的专门管理机构包括生态环境部固体废物与化学品管理技术中心，以及除港澳台以外，全国 31 个省、自治区、直辖市的省级固体废物管理中心。部分环保行政主管部门至今尚未成立废物（危险废物）管理机构。个别成立了相应的管理机构，但由于没有充分认识到危险废物的巨大潜在危害性，一部分危险废物管理机构对所辖地区危险废物的种类、数量及处理等基本情况尚不清楚，有待进一步加强管理[9]。

在危险废物管理中还需要进一步细化管理对象。产生经济效益大的危险废物与产生经济效益小的危险废物，对环境和健康威胁大的危险废物与威胁小的危险废物，在产生、收集、储存、运输、处置的各个环节的成本和效益是不同的。要对它们区别对待，激励那些对环境产生更大效益的单位，积极减排，把有限的资金更合理地运用在产生效益最大的部门。

（2）实施机制 工业危险废物污染源排污申报及统计制度由县级以上政府生态环境主管部门负责实施；污染物的收集及其费用由工业企业担负；危险废物以产生方与接受方签订的协议为保障，在运输、储存、处置、再利用各个环节间流动。

农业危险废物的控制，目前主要是针对农药的管理。县级以上生态环境、农业、卫生行政管理部门依据《农药安全使用标准》进行管理。县级以上政府生态环境部门应对危险废物的鉴别及其危害进行宣传教育，并提供农业危险废物的处理方案。科研和生活危险废弃物的控制，由当地政府负责将其与市政垃圾、污水分离并收集，但目前尚需进一步完善收集网络。对于各个行业，将危险废物的处理和回收利用纳入工艺流程，减少因企业生产而导致的危险废物的产生，是企业理所应当担负的环境责任。行业协会应依据《清洁生产促进法》在设计工艺、设计行业标准时就考虑减少危险物质的使用和危险废物的产生，提高行业技术水平，推行清洁生产工艺和生产方法。危险废物产生量大的化工、冶金、有色金属生产企业，省级政府进行统一规划，进行危险废物处理处置设施改造或新建，提高综合利用水平，进行危险废物资源化循环利用、无害化处理处置；对没有处理处置能力的企业，由省级生态环境部门对其产生的危险废物，用行政力量实行产生、收集、转移的全程监管，集中处理处置。

① 转移联单制度 《危险废物经营许可证管理办法》中规定，在我国境内从事危险废物收集、储存、处置经营活动的单位必须持有危险废物经营许可证。也就是说，危险废物的产生单位只能将其危险废物交由持有危险废物经营许可证的单位收集或处理。我国危险废物经营许可证按照经营方式分类，分为危险废物收集、储存、处置综合经营许可证和危险废物收集经营许可证两类。其中，持有危险废物收集经营许可证的单位只能从事机动车维修活动中产生的废矿物油和居民日常生活中产生的废镉镍电池的危险废物收集活动。

危险废物的转移是指产生单位将危险废物交由有资质的经营单位处理的过程。危险废物转移时，产生单位向生态环境部门申请并领取填写转移联单，转移联单的管理由转出地和接受地县级以上人民政府生态环境行政部门负责。《危险废物转移联单管理办法》自 1999 年 10 月 1 日实施以来，对于监督危险废物的转移，推动危险废物的无害化利用与处置发挥了重要的作用。转移联单作为有效的追溯工具，便于明确各方的责任。通过提供废物的相关必要信息和应急人员的信息，从而防止事故发生后，造成环境污染，危害人体健康，也为生态环境局规定的记录和报告要求提供基础信息。

危险废物产生单位在转移危险废物前，须按照国家有关规定报批危险废物转移计划，经批准后，产生单位应当向移出地生态环境行政主管部门申请领取联单。联单一共分为五联。第一联产生单位填写完后，加盖公章，交由运输单位签字核实，随转移的危险废物交给接受单位，最终接受单位核实验收后，填写相应的栏目，并加盖公章后，返还产生单位存档。第一联副联产生单位填写完后，加盖公章，交由运输单位签字核实后，自留存档。第二联在产生单位填写完加盖公章、运输单位签字核实后，交由当地生态环境行政主管部门存档。第二联副联操作如同第一联，由产生单位交由移出地生态环境部门存档。第三联操作如同第一联，由运输单位存档。第四联操作如同第一联，由接受单位存档。第五联操作如同第一联，由接受地生态环境部门存档。联单保存期限为五年；储存危险废物的，其联单保存期限与危险废物储存期限相同。生态环境部是我国执行《巴塞尔公约》的主管部门，涉及危险废物越境转移的，由生态环境部进行出口审核，并由海关实施对危险废物进出境的监督、管理和检查。

我国的危险废物转移联单制度尚需完善以下问题：进一步简化审批流程；进一步明确跨地区转移危险废物的审批程序、审批许可条件、监督权限，使不同地区在办理危险废物转移时要求一致；进一步加强事中、事后监管和过程控制。加大统计工作力度，通过数据或统计分析发现问题。危险废物的排放由于存在较高的危险性应该被禁止。环境统计年鉴数据显示，中国危险废物排放量有所减少，但仍然存在相当的数量，2005 年工业危险废物排放量仍有 5967t。

② 特许经营制度　特许经营也可称为特许权，特许经营就是政府将危险废物处置的经营权委托给社会资本。危险废物处置是特许经营的行业，门槛高，具有一定的垄断性，一般企业很难进入。危险废物处置厂特许经营的授权方为政府，特许经营的被授权方为社会资本，危险废物处置的管理人本应是政府，但在特许经营下该事务由社会资本负责，因此才需要特许。危险废物处理交给第三方运营后，政府不仅引入了社会资本，还解决了融资难题，减轻了政府监管压力。而危险废物处置厂具有专业化、效率高的特点，同时比排污企业在技术、设备运管、问题应对处理能力方面都具有明显优势。截至 2016 年年底，我国持有危险废物经营许可证的单位共 2149 家，危险废物核准利用处置能力达到 6471 万吨/年，实际利用处置量约为 1629 万吨，分别是 2006 年的 9.1 倍和 5.5 倍。"十二五"期间，危险废物经营单位规范化管理考核合格率增长 15.1 个百分点[10]。

③ 排污许可证制度　排污许可证制度是指生态环境部门根据排污单位的申请，核发的准予其在生产经营过程中排放污染物的凭证，排污许可证制度是国际通行的一项环境管理制度。在欧美发达国家，排污许可证制度是最重要的环境管理制度之一，是执法检查的重要依据。点源排污许可证制度是一个能够将现有点源排放控制政策整合起来的"一证式管理"的综合性制度，用排污许可证的形式，将政府部门对点源的全部排放控制要求明确和

清楚地记载到排污许可证中，具有法律效力[11]。2017年，环境保护部印发《固定污染源排污许可分类管理名录（2017年版）》（以下简称《名录》）。《名录》明确规定，2017年率先对火电、钢铁、有色金属冶炼、焦化、石油炼制、化工、原料药、农药、氮肥、造纸、纺织印染、制革、电镀、平板玻璃、农副食品加工等15个行业核发排污许可证，但对于危险废物处置厂，急需建立排污许可证制度，实现末端排放管理和控制。以排放的废水为例，通过颁发点源排污许可证可以将所有危险废物处置厂排放的废水纳入监管范围；对于焚烧危险废物垃圾处理厂，通过核发固定源排污许可证的形式对排放废气进行管理，直至达到"零排放"的终极目标。

（3）美国的危险废物管理经验

① 管理法规 《资源保护和恢复法》（Resource Conservation and Recovery Act，RCRA）以及《综合环境治理、赔偿和责任法》（Comprehensive Environmental Response Compensation and Liability Act，CERCLA）共同构成了美国危险废物管理的法律框架。RCRA和CERCLA两部危险废物法律建立在废物产生者对其产生的废物长期影响负责的立法概念上，包括对过去的行为负责。虽然二者存在很多共同点，但有一个本质区别：RCRA管理的是当前产生的废物，而CERCLA管理的是过去活动留在土壤和地下水中的污染物。两部法律的管理计划也是单独发展和运行的。RCRA有3个主要目标：保护人类健康和环境；减少废物，节约能源和自然资源；尽可能快速地减少和消除危险废物的产生[12]。RCRA集中于危险废物的治理，为此制定了一系列危险废物管理制度，如：危险废物识别制度；危险废物标志和载货单管理制度；危险废物经营活动报告制度；危险废物经营活动的许可证制度；危险废物产生者管理制度；危险废物运输者的管理制度；危险废物处理、储存及处置者管理制度；监测、检查和联邦执行制度[13]。CERCLA是美国针对危险物质处置不当引起的土壤污染和自然资源损害进行的联邦环境立法。CERCLA中的"危险物质"包括有毒、易燃、易发生反应及易腐蚀的物质，以及所有主要联邦环保法规中的各种污染物，但石油及其衍生的汽油、柴油等产品不属于CERCLA中的"危险物质"。该法案为污染场地和自然资源损害建立了侵权法上的损害赔偿责任机制，建立了非常严格的侵权法上的责任。CERCLA建立了4项基本法律制度：信息收集和分析制度，该制度可以使联邦政府和各州政府及时了解和跟踪全国范围的场地污染状况，并依据污染场地的重要程度确定清理的优先顺序；为应对危险物质泄漏、危险废物污染场地清理和受损自然资源的恢复，对联邦政府实施反应行动进行广泛授权；创设了"危险物质信托基金"，即超级基金，为联邦政府的反应行动和污染场地的清理提供资金支持；建立了严厉的以污染者付费原则为基础的环境责任标准。其中，以超级基金制度最为著名，因此CERCLA又称为"超级基金法"。

② 危险废物转移联单制度 美国的危险废物转移联单制度较为完善。美国环保署建立了一种全程跟踪机制，以确保危险废物安全送往处理、储存和处置设施。转移联单就是这个系统的核心部分。转移联单是从废物产生到最终接收设施的转运过程的控制和运输单证。在危险废物转运之前，运输者必须在联单上签署姓名和日期，以确保运输者正式承认从产生者处接收危险废物，并在离开产生者设施之前返还已签署的复印件。之后运输者必须将危险废物运到下一个运输者处、指定设施处、联单上指定的备选设施处或产生者指定的美国境外某地点。如果废物未能运输到指定接收处，应联系产生者获取进一步的信息，并相应修改转移联单。转移联单因运输方式（比如，高速公路、水运、铁路或空运）不同而不同。包括运输者在内，任何人从国外进口危险废物时，必须遵守产生者相应要求，包括联

单。如果运输者将不同的废物混合放置于同一个容器（如桶、罐、卡车）中，运输者必须建立新的联单并遵守产生者规范。运输者应在产生者一栏填上名字且旧联单应该仍与废物一起转运。此外，其他任何重大装运变化都要求运输者准备一份新的转移联单。

③ 分类处理　美国对于不同产生量的单位实施区别对待——"抓大放小"。危险废物产生者可包括从制造活动、大学、医院到小型商业和实验室等不同类型的设施和商业类别，并相信这些不同类型的设施产生不同数量的废物所引起的环境风险程度也不同。因此，RCRA 以 1 个月产生废物的数量为基础来管理产生者。结果是，产生者被分为三类，即大数量产生者、小数量产生者和免除状态的小数量产生者[14]。

7.3.8　政策效果评估

1995 年以前，我国没有全国危险废物产生量的统计数字。以 1995 年作为基准年的全国固体废物申报登记结果表明，1995 年全国共产生危险废物 2561.63 万吨（未包括我国香港特别行政区、澳门特别行政区及台湾省，也未包括混入居民生活垃圾中和众多科研院所、大专院校产生的危险废物），占当年全国工业固体废物产生总量 6.45 亿吨的 3.97%。根据《全国环境统计年报》统计：2015 年，全国工业危险废物产生量 3976.1 万吨，占当年全国工业固体废物产生量 32.7079 亿吨的 1.22%，工业危险废物综合利用量 2049.7 万吨，工业危险废物储存量 810.3 万吨，工业危险废物处置量 1174 万吨，工业危险废物综合利用处置率为 79.9%。

根据 1996~2006 年的统计资料可以发现，随着我国工业水平的提高，工业危险废物的产生量也逐年增加，见图 7-2。而危险废物的排放量却呈现一定的下降趋势，如图 7-3 所示，这与相关政策颁布后日益增强的危险废物管理意识和处理处置力度是分不开的。1996~2015 年危险废物产生量从 993 万吨增加到 3976 万吨，其中 2011 年之前申报口径是一年产生危险废物 10kg 以上的纳入统计，2011 年开始则是一年产生危险废物 1kg 就要纳入统计，因此环保口径变化使得危险废物产生量从 2010 年的 1587 万吨激增至 2011 年的 3431 万吨。

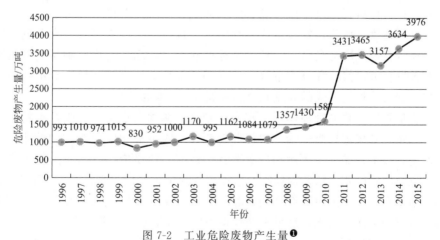

图 7-2　工业危险废物产生量 ❶

---

❶ 数据来源：中国统计年鉴 1997—2016。（下同）

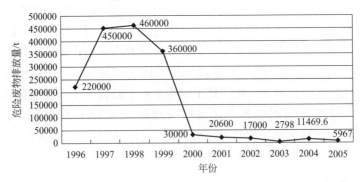

图 7-3   工业危险废物排放量

2005 年，中国排放的未经处置的危险废物为 5967t，而产生的 1162 万吨工业危险废物中由于简易的填埋处置而产生的泄漏量更不可轻视，这些都是潜在危害。另外，由于统计资料所限，上面讨论的只是工业领域的危险废物，与人类工作、生活密切接触的非工业危险废物还需加强关注和管理。

以上数据说明，我国危险废物处理能力还需进一步加强，增强政策激励。我国大部分危险废物处理企业为民营企业，行业呈现出弱、小、散的特点。目前关于危险废物的公开数据主要是环境统计年鉴中与危险废物有关的部分，包括全国和各地区的危险废物的产生量、排放量、综合利用量、储存量和处置量。其他信息来自排污申报信息、危险废物转移联单，以及发生紧急事故时下级政府对上级政府的报告和对公众的通告等，但这些信息一般不作公开，仅在政府相关部门落实调查等工作时能够获得和使用。

在很多情况下，不同的统计口径，统计信息的质量是不一致的。如 2004 年全国 21 个省、自治区、直辖市调查（非环境统计量）危险废物产生量为 2450.7 万吨，远高于同年《中国环境状况公告》发布的 963 万吨统计数据[15]。信息质量的稳定性有待加强。

7.3.9   政策完善建议

（1）实行排污许可证制度   建议结合空气固定源和水点源排污许可证，把危险废物统一纳入排污许可证管理体系，实行危险废物污染和排放的全过程管理。完善危险废物鉴别体系，主要体现在危险废物名录、特性鉴别标准和方法，危险废物鉴别是危险废物管理的技术基础和关键环节。修订和补充危险废物通用污染控制标准，如储存标准，同时开展除焚烧和填埋外的其他处置方式的开发和研究并制定相关标准。

（2）完善危险废物政策管理体系   现有的相关法律规定集中在《固体废物污染环境防治法》的第四章，其规定较为概括。建议针对危险废物单独制定更为详细的法律，控制危险废物的产生、收集、储存、运输和处置等各个环节。建议增加《固体废物污染环境防治法》中关于危险废物的相关章节。同时，法律法规规定了"应当做什么"，但相应指导"怎么做"的指南不多。建议加快研究和制定指导相关法律法规实施的指导性文件或手册，同时及时将出台的相关法律法规、规范标准和指南性文件汇总出版并定期更新。

（3）对排放者实施分类管理   建立排放者分类管理制度。在污染源普查的基础上，按废物的产生量和危害程度，将产生量较大或产生量虽小但危害大的产生者列为重点监管企业，将产生量较少的列为一般监管企业，将产生量很小的作为第三类，实施差别化管理[16]。

（4）实施信息公开 除保密材料外，危险废物处置者的所有信息均必须对外公开。公众对危险废物处置情况的了解和掌握情况是开展信息公开的基础。为有利于开展公众监督，公众必须了解处置者所处置危险废物的类型和数量，地表水、地下水和空气监测数据以及企业向生态环境部门提交的报告等信息。建议生态环境部牵头建立统一的危险废物数据管理平台，对危险废物产生源、危险废物转移、危险废物经营许可、危险废物处置等进行管理并对公众进行公开。

7.4 医疗废物管理政策分析

7.4.1 物质流分析

对医疗废物的管理也应当是全过程的管理，需关注医疗废物各个环节流动的过程。

医疗废物产生于各医疗卫生机构，各机构将收集之后的医疗废物就近送往具有处理资质的处理单位，由处理单位进行集中处置。根据《医疗废物管理条例》，在医疗废物产生环节，医疗卫生机构产生医疗废物后，应当对其进行及时收集和储存，并按照类别分置于防渗漏、防锐器穿透的专用包装物或者密闭容器内，并以明显的警示标志和警示说明标明医疗废物的包装物和容器。运输环节，卫生医疗机构应当使用专用运送工具，依照就近集中处置原则，将医疗废物交由医疗废物集中处置单位处置。最后的处置排放环节，要求有经营许可证的单位从事有关医疗废物集中处置的活动，对医疗废物的集中处置必须达到基本的环境保护和卫生要求。县级以上地方人民政府卫生行政主管部门、生态环境行政主管部门对医疗卫生机构和医疗废物集中处置单位的监督检查贯穿整个过程。

根据医疗废物物质流，加强医疗废物的安全管理，防止疾病传播，保护环境，保障人体健康的任务被分解到产生（储存）—运输—处置三个环节中。卫生医疗机构产生（储存）环节，避免私人参与医疗废物的回收盈利以及医疗机构出于节省成本考虑的随意丢弃；保证医疗废物得到合格储存，防止其混入生活垃圾、作为生活垃圾送往垃圾焚烧厂进行普通焚烧填埋处理。运输环节，保证医疗废物包装物和容器不破损，防止医疗废物流失、泄漏和扩散。处置环节，保证合规处置。

7.4.2 政策目标分析

医疗废物是指医疗卫生机构在医疗、预防、保健以及其他相关活动中产生的具有直接或间接感染性、毒性以及其他危害性的废物，一般具有较大危害。根据《国家危险废物名录》，医疗废物属于危险废物，因此，医疗废物应按照危险废物实施管理。

危险废物管理政策总体目标为任何时间任何地点危险废物无害化达标储存、处置、零排放，对失控和已经受危险废物污染场地的控制和清除；预防危险废物污染，尽可能减少危险废物产生量；在重点城市发展危险废物的资源化管理。医疗废物管理目标为安全管理，防止疾病传播，保护环境，保障人体健康。从医疗废物的特性和外部性考虑，防止疾病传播是其最直接的目标。这一目标需要通过对所有医疗废物按照标准在废物系统中进行封闭的、无害化的处理来实现。

世界卫生组织《医疗废物安全管理蓝皮书》指出，医疗废物管理首先考虑避免产生垃圾，末端处理只是最不建议的处理手段。同时，还应考虑污染者付费原则、预先防范原则、注意义务原则、就近原则和事先知情同意原则。这五个原则也可当作医疗废物管理总目标的具体分解。

污染者付费原则明确了医疗废物处理的资金来源；预先防范原则是指根据能力，在损害发生之前采取预先防范性措施；注意义务原则要求医疗废物处理中各个环节的负责人各尽其职，包括分类、收集、存放、处理、销毁、运输等环节；就近原则鼓励在垃圾产生地附近进行垃圾处理，旨在避免和控制医疗垃圾在运输过程中可能造成的二次污染；事先知情同意原则主要反映在医疗废物的运输和集中处理方面，该原则要求医疗废物处理厂的建设和运行都能得到公众参与，并且进行相应的信息公开。

结合医疗废物物质流分析，医疗废物管理目标、环节目标和总目标方向一致。但环节目标不够细致，如法律法规中体现了医疗废物分类回收的要求，但监督管理及罚则中没有明确的如何核查、核查标准等，通过实现环节目标能接近总目标，完全达到总体目标要求的效果还需要环节目标的完善。

7.4.3 管理机制分析

医疗废物属于危险废物。医疗机构多设在人口密集的城市或城镇，与其他危险废物相比，医疗废物的产生与公众生产生活的联系更为紧密。公众与医疗废物的接触机会也大大高于其他危险废物，一旦管理不善，其危害所波及的区域和人群范围比其他危险废物更大。在我国，医疗废物的管理得到中央政府相当的重视，政策相对比较完善，政策效果也比较显著。

医疗废物的处理采取集中处理方式。县级以上地方人民政府负责组织建设医疗废物集中处置设施。国家对边远贫困地区建设医疗废物集中处置设施给予适当的支持。医疗废物的转移过程以转移联单管理制度、交接登记制度作为管理手段。

通常所说的危险废物的转移是指产生单位将危险废物交由有资质的经营单位处理的过程。转移医疗废物时，卫生医疗机构向生态环境部门申请并领取填写转移联单，转移联单的管理由转出地和接受地县级以上人民政府生态环境行政部门负责。《危险废物经营许可证管理办法》中规定，在我国境内从事危险废物收集、储存、处置经营活动的单位必须持有危险废物经营许可证，即卫生医疗机构只能将其危险废物交由持有危险废物经营许可证的单位收集或处理。在转移危险废物前，产生医疗废物的机构须按照国家有关规定报批危险废物转移计划。经批准后，产生机构应当向移出地生态环境行政主管部门申请领取联单，具体的内容同8.3.7节。

主管部门主要是县级以上各级人民政府卫生行政主管部门和生态环境行政主管部门。卫生部门对医疗废物收集、运送、储存、处置活动中的疾病防治工作实施统一监督管理；生态环境部门对医疗废物收集、运送、储存、处置活动中的环境污染防治工作实施统一监督管理。县级以上各级人民政府其他有关部门在各自的职责范围内负责与医疗废物处置有关的监督管理工作。

主管部门负有监督管理的义务，对医疗卫生机构和医疗废物集中处置单位进行监督检查。例如对有关单位进行实地调查取证；查阅或复制医疗废物管理资料；责令停止违法行为；查封或者暂扣涉嫌违反条例规定的场所、设备、运输工具和物品；对违反条例规定的行为进行查处等。《医疗废物管理行政处罚办法》为检查部门提供政策依据。

对于监督检查信息的公开，《医疗废物管理条例》要求卫生行政主管部门、生态环境行政主管部门应当定期交换监督检查和抽查结果，但对进一步面向公众的信息公开没有作具体的规定。

7.4.4 资金机制分析

《医疗废物安全管理蓝皮书》指出，除源头减量分类之外，完善的医疗废物管理应遵循五个原则，其中包括污染者付费原则。

污染者付费原则常见于环境保护领域，在医疗废物问题上，卫生医疗机构是医疗废物的产生者，应当为其行为支付费用。医疗废物处置成本主要包括其收集、运输、储存和处置（含处理，下同）过程中发生的运输工具费、材料费、动力费、维修费、设施设备折旧费、人工工资及福利费、保险（环境污染责任险、对第三方财产及人身损害险、操作人员工伤事故险）。按照污染者付费原则，对医疗卫生机构收取规定的处置收费，所收的处置费应当可以满足资金需求。

另外，医疗废物的污染具有外部性，因此，医疗废物集中处置设施的建设需借助政府来完成。另外，政府专项基金、政府补贴等经济鼓励政策，应当向危害性大的医疗废物处置项目以及医疗废物污染严重的地区倾斜。

7.4.5 处置效果

2015 年 246 个大、中城市医疗废物产生量达 69.7 万吨，处置量为 69.5 万吨，大部分城市的医疗废物处置率均达到了 100%[7]。目前我国相当部分的医疗废物是随工业危险废物一同处置，现有的专门医疗机构多分布在各省的主要城市，存在设施建设年代久、扩建不及时等问题。随着医学技术进步及人民对生活水平、健康状况要求的提高，临床将大量使用一次性医疗卫生用品，这对医疗废物管理水平提出了很高的要求，未来此行业发展还需进一步规范。

由于中央政府的重视，在管理机制上医疗废物有专门的机构执行专门的政策，并且有专门的资金，管理效果相对较好。但由于医疗废物材料回收利用价值高，有利可图，有可能出现流失问题，生态环境部门应当予以重视。

还需加强医疗废物的信息公开。有些地方生态环境局有公开的医疗废物集中处置数据，而全国环境统计综合年报从 2007 年才开始增加医疗废物污染排放及处理利用情况统计指标。尽管对医疗机构的监督检查信息在两个主管部门间的交换更能保证监督信息的真实有效，但仍然不能满足公众日益增长的信息需求，需要进一步扩大信息公开的程度。

7.4.6 政策完善建议

（1）严格监督医疗废物管理全过程　在转移联单制度基础上，还需完善医疗废物产生、储存、收集、转移、利用及处置动态数据库，推进医疗废物产生单位和经营单位规范化管理。进一步加强医疗废物处置准入制，对各个医疗单位产生的医疗废物种类及数量进行严格审核，并对单位提出医疗废物管理要求，确保医疗废物得到安全处置和合理利用。严厉打击医疗废物非法转移、医疗废物处理企业不达标排放或偷排污染物、非法收集加工利用医疗废物及露天焚烧处置医疗废物等违反固体废物和危险废物管理法律法规的行为。

（2）加强部门之间的协作　医疗废物管理涉及多个管理部门，在疾病控制方面，涉及卫生行政管理部门，污染防治涉及生态环境行政管理部门，还涉及发改、物价等部门。因此，各部门的管理方式和范围以及部门之间如何协调，都关系到医疗废物能否得到妥善处理。应当形成多方参与、责任明确的分工合作体系，强化责任归属，加强各部门的工作绩效考核，以目标为导向，做到同步施策[17]。

（3）对医疗废物焚烧厂进行严格控制　医疗废物的焚烧技术可以在很大程度上破坏危险废物，且能大幅减小危险废物的体积。对于医疗废物的处理，大城市容易达到无害化目标，中小城市和乡镇很难做到。由于医疗废物中很大一部分是塑料，采用焚烧手段处理可能有严重的环境风险，尤其是个别中小城镇的简易焚烧炉不仅污染大气，而且会产生二噁英等有毒物质。应当依照危险废物的管理办法，实施严格的经营许可，让专业机构负责医疗废物的处置，实施规范化管理，降低潜在的环境风险。

7.5　电子电器废物管理政策分析

7.5.1　政策目标分析

根据《电子废物污染环境防治管理办法》（2007），电子废物（文件中称电子废物）指"废弃的电子电器产品、电子电气设备及其废弃零部件、元器件和国家环境保护总局会同有关部门规定纳入电子废物管理的物品、物质"。从定义的范围可以看出，电子电器废物已成为不可忽略的再生资源。它除了具有再生资源的共性特点外，又有自身的特殊性，比如：来源分散，社会产生量大；成分组成复杂；有潜在污染性；回收处理产业成本较高等[18]。

电子废物的管理目标为安全、高效的回收、处理与处置。安全是指电子废物从废弃、运输到处理处置都要符合环境保护标准；高效是指全部管理环节和总体管理成本需要一直努力降低；处理和处置则是需要满足环境保护标准。由于处理处置管理相对简单，回收则因为时空分散成本较高。因此，提高回收率可以作为重要指标。

与发达国家相比，我国电子废物回收处理行业还处于起步阶段，正规渠道回收处理率不到30%[19]。发达国家和地区大多从20世纪90年代开始关注废弃电器电子产品回收处理的责任、资源和环境保护问题，大力倡导生产者责任延伸制，并制定相应的法律法规，以提高资源有效利用率，减少环境污染。

日本产业废弃物处理振兴中心发表的统计数据表明，2013年，日本产业废弃物中有55%得到再生利用，其中废弃家用电器的循环利用率高。早在2008年，日本家电产品回收主要针对的电视、冰箱、洗衣机和空调4种电器，其回收率就高达83%；2010年德国电子垃圾回收率超过了45%，预计在2019年将达到65%。据统计，2015年我国台湾省资源回收率达到55%，其中电子电器废弃物回收率或更高。目前，许多国家对未来电子电器废物的回收率要求很高，其中欧盟各成员国、挪威等地对电子废物的回收率目标在70%～80%之间，日本回收率目标在50%～60%之间[20]。我国要加快建立完善电子电器废物回收体系，从而实现高回收率、高利用率的管理目标。

7.5.2　政策手段和管理的一般模式

电子废物回收行为看似是普通的经济活动，但其与传统经济活动有着明显区别。电子废物回收行为属于逆向物流，是电子产品产业的补链，两者共同形成物质的闭合循环。电子产品产业通过资源投入、加工、生产形成电子产品的同时，将产生部分废弃物，并且电子产品通过消费后最终也将变成电子废物。电子废物产生后，如果未进行合理处理处置，会对环境资源产生损害，由此产生额外成本。

这就要求建立起相应的资金机制完善整个回收体系，其中包括明确回收体系中各利益相关者的成本或收益及其转移等。其中生产者责任延伸制（extended producer responsibility，EPR）是电子电器废物回收体系的内在理念核心。生产者责任延伸的概念最早出现在瑞典联邦环境保护署的一份报告中，是指"生产者不仅要承担产品质量和性能等经济责任，还要承担产品报废后的环境责任和社会责任，旨在通过制造商对产品的整个生命周期，特别是对产品的回收、循环和最终处置负责，降低产品对环境的负面影响"。

通过对理念的深刻理解和大力推行，很多发达国家已建立起日臻完善的回收系统。虽然各国费用水平依技术水平、设备类型、劳资水平而定，各不相同，但按照直接付费主体来区分，回收机制可简单地分为生产商付费与消费者付费两种，两种付费方式的收费方都为政府或者政府成立的基金或相关组织，收费方再将收取的费用补贴给回收处理业者。

（1）生产商付费　欧盟采取生产商付费机制，采取生产者自己收集、处理、再利用自己的废弃产品或者向第三方的组织或政府付费的方式，这部分回收、处理、再利用费用增加的成本会使销售价格上升 1%～3%。从其他方面说，这种付费方式是隐性消费者付费方式，属于预付费类。该机制有利于保证电子废物处理资金以及改进生产技术以提高市场竞争力，但是也容易导致个别生产者逃避回收处理责任，将处理费用转嫁给消费者。

以中国台湾省为例，排出者（消费者）通过部分回收路径回收电子废物能够将成本转移至回收、处理业者。台湾省规定了生产商与进口商的回收处理责任，回收体系的具体实施由地方当局主导，生产商和进口商仅须按照相关规定向回收基金缴纳费用。基金管理机构负责向申请补贴的处理商、回收商等发放补贴。消费者在送交电子废物时，多数情况下不能得到报酬，但向旧货商等个别途径送交时也可能得到一定的报酬或抵用部分消费款，如图 7-4 所示。

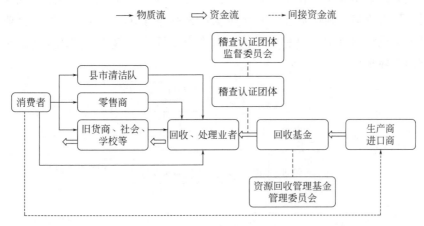

图 7-4　中国台湾省电子废物回收体系

电子废物的环境资源成本产生于回收、运输及处理处置 3 个环节，由于各个地方回收体系存在差异，参与其中的主体也不尽相同，但在环境资源成本转移分担方面，各回收体系中环境资源成本的最终承担者几乎全部是排出者（消费者）。中国台湾省以生产商付费模式的具体的环境资源成本来源和转移分担途径见表 7-4。

表 7-4   中国台湾省电子废物环境资源成本来源及转移分担[21]

阶段	环境资源成本来源	环境资源成本转移分担
回收阶段	包括清洁队、零售商、旧货商等回收网点,各节点在回收过程中采取的避免电子废物产生环境污染的措施产生环境资源成本	回收网点→回收、处理业者→回收基金→生产商/进口商→排出者(消费者)→回收、处理业者(部分回收途径)
运输阶段	主要是清洁队、零售商、旧货商等将回收的电子废物送交回收、处理业者的过程,过程中采取避免电子废物产生环境污染的措施产生环境资源成本	运输主体→回收、处理业者→回收基金→生产商/进口商→排出者(消费者)→回收、处理业者(部分回收途径)
处理处置阶段	包括从事电子废物回收以及处理的企业,电子废物回收处理企业对电子废物进行处理处置过程中采取的避免电子废物产生环境污染的措施产生环境资源成本	回收、处理业者→回收基金→生产商/进口商→排出者(消费者)→回收、处理业者(部分回收途径)

（2）消费者付费　荷兰、挪威、瑞士、日本等国属于消费者付费模式,消费者承担回收、运输、处理费用。荷兰、挪威、瑞士消费者在购买时向零售商/生产商付费,即采取预付费方式。日本消费者将废旧家电返还给零售商时交付收集、运输及处理再利用费,采取的是后付费方式。

以日本为例,《家用电器回收法》规定家电生产企业必须承担回收和利用废弃家电的义务。家电销售商有回收废弃家电并将其送交生产企业再利用的义务。制造商也有承担家电处理、再利用部分的义务。法律同时规定了生产企业必须回收再利用废弃家电的比例。在《家用电器回收法》实施后,对普通民众最大的影响是该法律规定消费者丢弃一台废旧电器要支付 2700～4600 日元的费用,使得民众不再乱丢电子废物,从源头上减少了电子废物的产生量。

日本是典型的消费者付费模式。在家电行业,日本消费者将电子废物送至回收点,填写家电再生利用券的同时,需向回收商支付规定数额的回收处理费。回收处理费与家电再生利用券一起汇集到家电再生利用券管理中心（RKC）,再统一用于回收体系的回收商、处理商等的回收处理费用以及回收体系管理支出。对于小型家电的回收利用,规定由地方政府（市町村）负责收集和确保资金,并交由认定企业进行资源化利用,生产企业的责任仅限定在产品前端设计和再生材料利用方面。日本电子废物回收体系如图 7-5 所示。日本小型家电废物回收体系如图 7-6 所示。

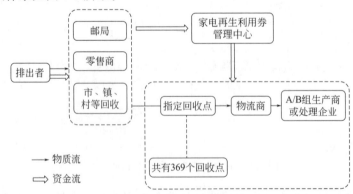

图 7-5   日本电子废物回收体系[22]

第一个虚线框（包括邮局、零售商、市、镇、村等回收点）代表日本电子废物回收体系的第一级,直接获得排出者的电子废物,但不对其进行处理,作为排出者与物流商、处理商之间收集电子废物的衔接环节;第二个虚线框（包括指定回收点、物流商、生产商或处理企业）代表日本电子废物回收体系的第二级,共同完成电子废物的运送和处理

图 7-6　日本小型家电废物回收体系

日本未建立严格意义上的回收基金，用于电子废物回收的资金流从消费者直接到达处理企业手中，其优势在于节约了回收基金的管理成本，但由于少数企业垄断市场，使得处理成本居高不下。而且基金是调整产业结构的重要手段，没有基金，就只能通过行政手段干预，影响电子废物回收产业的健康发展。日本电子废物具体的环境资源成本来源和转移分担途径见表 7-5。

表 7-5　日本电子废物环境资源成本来源及转移分担

阶段	环境资源成本来源	环境资源成本转移分担
回收阶段	包括邮局、零售商、市镇村等回收网点，A/B组回收体系的制定回收点等，各节点在回收过程中采取的避免电子废物产生环境污染的措施产生环境资源成本	零售商回收点→消费者（排出者） 市镇村回收点→政府 指定回收点→A/B组回收体系→RKC→排出者
运输阶段	由回收网点到指定回收点，由指定回收点到处理企业的运输过程中采取的避免电子废物产生环境污染的措施产生环境资源成本	物流商→A/B组回收体系→RKC→排出者
处理处置阶段	电子废物处理企业对电子废物进行处理处置过程中采取的避免电子废物产生环境污染的措施产生环境资源成本	处理企业→A/B组回收体系→RKC→排出者

（3）其他　加拿大安大略省的生产者向安大略废物转运局交回收、再利用费用的 50%，其他费用由政府和消费者承担，采取的是全社会付费的方式。

生产商付费或消费者付费操作方式不同，也各有利弊。消费者付费机制中，电子废物回收成本直接由消费者承担，能够对消费者起到积极的宣传作用，对电子废物的回收有促进作用，而生产商付费机制虽缺少宣传作用，但资金机制的构建和运行更易于操作。尽管生产商付费模式没有直接对电子废物回收处理进行付费，但回收处理费用最终都通过电子产品价格升高转嫁给电子产品消费者，因此，归根结底，电子废物回收处理费用都直接或间接地由消费者承担。这两种系统的有效运行，都离不开其中政府主导的基金或第三方组织作为整个系统的管理者，对生产商或消费者费用收取的核算以及对回收处理业的合理补贴。

无论回收机制是生产商付费还是消费者付费，或是其他类型，对于电子废物具体的处理处置都是以满足环境保护要求为主要准则。目前，我国对电子废物回收处理处置主要是通过收集、储存、重复使用、再生利用或进行简单处理处置，具体的技术流程则主要包括拆解、破碎、能量回收、污染物处理处置及资源循环。在我国，电子电器废物回收处理处置标准体系主要包括国家标准、行业标准及地方标准，涉及的相关标准有《环境保护图形标志 固体废物贮存（处置）场》（GB 15562.2—1995）、《危险废物焚烧污染控制标准》（GB 18484—2001）、《一般工业固体废物贮存、处置场污染控制标准》（GB 18599—2001）、《危险废物贮存污染控制标准》（GB 18597—2001）、《危险废物填埋污染控制标准》（GB 18598—2001）、《废弃产品回收利用术语》（GB/T 20861—2007）等。

7.5.3 我国电子电器废物管理政策及完善建议

（1）现行相关法律制度 关于电子电器废物的法律有《固体废物污染环境防治法》《清洁生产促进法》《循环经济促进法》，行政法规有《废弃电器电子产品回收处理管理条例》，部门规章有《电子废物污染环境防治管理办法》《废弃电器电子产品处理资格许可管理办法》，我国电子电器废物法规体系如图 7-7 所示。

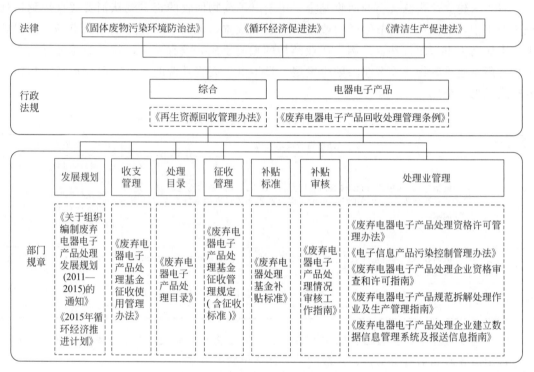

图 7-7　我国电子电器废物法规体系

①《固体废物污染环境防治法》《固体废物污染环境防治法》中规定了生产责任延伸制度、废旧电子电器的处理处置制度。对于生产者责任延伸制度的规定还需进一步配套实施细则和标准，以便该制度在实践中得到很好的贯彻和执行。

②《清洁生产促进法》《清洁生产促进法》规定的一系列制度中，有一个关于电子废物回收的法律制度——成分标注制度。成分标注制度要求产品标明材料的成分，对于电子废物回收工作的开展是非常有帮助的。

③《电子废物污染环境防治管理办法》（2008）《电子废物污染环境防治管理办法》（2008）（以下简称《办法》）重点规范拆解、利用、处置电子废物的行为以及产生、储存电子废物的行为，属于部门规章层面。该《办法》有以下 3 个基本特点：

一是《办法》在制定过程中注重法律衔接，避免内容交叉，兼顾法规的协调性以及做到一事不再罚。

二是合法创新，强化监管。发达国家对拆解、利用、处置电子废物普遍实施许可证管理的制度。在我国法律、法规未对电子废物实行许可管理制度的前提下，《办法》提出了环境影响评价与拆解、利用、处置电子废物的单位和个体工商户名录公示相结合的制度，即通过环境保护验收的拆解、利用和处置电子废物建设项目，由生态环境部门列入临时名录并向社会公布。列入临时名录的单位（包括个体工商户）要求近 3 年内没有两次以上（含两次）违反环境保护法律、法规以及没有相关违法行为。只有列入名录（包括临时名录）的单位（含个体工商户）方可从事拆解、利用、处置活动。通过名录，可以使电子废物产生者放心地找到"合格"的拆解、利用、处置企业，使各级生态环境部门快捷地认定哪些是违法企业，使公众方便地对违法、违规企业进行控告和检举。

三是针对电子废物污染主要发生在对拆解产物的后续利用处置环节（如酸洗或焚烧线路板等）的特点，突出了对电子废物的全过程管理，重点是对加工利用处置企业的环境管理予以规范[23]。

④《废弃电器电子产品回收处理管理条例》（2009）　《废弃电器电子产品回收处理管理条例》（2009）于 2011 年 1 月 1 日起施行，规范的是列入《废弃电器电子产品回收处理目录》的废弃电器电子产品的回收处理及相关活动，属于行政法规层面。

该条例明确规定了三个对电子废物回收影响比较大的制度，分别是：多渠道回收制度；生产者、销售者、回收经营者、处理企业等相关方责任制度；电子废物处理专项基金制度。

多渠道回收制度在《废弃电器电子产品回收处理管理条例》中有规定，但在电子废物回收领域中可操作性还需进一步加强。这是由于我国多年来电子废物回收领域已经有了一定的市场化发展，目前的参与主体相对固定且回收渠道也比较多，该条例只是暂时维持了现行的回收现状，应对该制度进行进一步的细化，以规范现有的回收渠道。

生产者、销售者、回收经营者、处理企业等相关方责任制度是对生产责任延伸制度的进一步细化，简要概述如下。首先，条例规定"生产者、进口电器电子产品的收货人或者其代理人以及电器电子产品销售者、维修机构、售后服务机构"在电子废物回收方面具有提示义务，比如回收处理提示性信息等。其次，废弃电器电子产品回收经营者应当"采取多种方式为电器电子产品使用者提供方便、快捷的回收服务。没有处理资质的经营者不得自行进行电子废物处理"。最后，条例规定处理企业应当按照条例中的要求"对企业自身的资质、规范及行业标准等进行完善"。此外，对于回收、储存、运输、处理废弃电器电子产品的单位和个人，要求其"遵守国家有关环境保护和环境卫生管理的规定"。

电子废物专项处理基金制度是在立足于我国国情以及借鉴国外相关的法律法规和电子废物回收实践的过程中产生的。可以认为，该基金制度的产生是为了完善我国目前基于生产者责任延伸制度下的电子废物回收领域的管理。基金制度的用途为电子废物回收处理的补贴。可以将该制度看作是一项经济激励措施。

目前与电子废物回收有紧密关系的这几个主要的法律制度，按照地位的不同对其做进一步的区分。其中，生产者责任延伸制度可以看作是电子废物污染防治领域中的原则性制度，我国现阶段与电子废物回收相关的其他法律制度以及政策措施，都是被"定位"在生产者责任延伸制度的"辅助者"的位置，是为了采取这些配套政策或者是制度，来使得生产者责任延伸制度变得更加细化，更为明确，更具有可操作性。此外还有成分标注制度，多渠道回收制度，生产者、销售者、回收经营者、处理企业等相关方责任制度以及电子废物处理专项基金制度等作为生产者责任延伸制度的支撑[24]。

⑤《废弃电器电子产品处理资格许可管理办法》（2010）　《废弃电器电子产品处理资格许可管理办法》（2010）自 2011 年 1 月 1 日起施行，属于部门规章层面，适用于废弃电器电子产品处理资格的申请、审批及相关监督管理活动。该办法所称的"废弃电器电子产品"，是指列入国家发展和改革委员会、生态环境部、工业和信息化部发布的《废弃电器电

子产品处理目录》的产品。

该办法明确提出国家对废弃电器电子产品实行集中处理制度，鼓励废弃电器电子产品处理的规模化、产业化、专业化发展。省级人民政府生态环境主管部门应当会同同级人民政府相关部门编制本地区废弃电器电子产品处理发展规划，报生态环境部备案。编制废弃电器电子产品处理发展规划应当依照集中处理的要求，合理布局废弃电器电子产品处理企业。废弃电器电子产品处理发展规划应当根据本地区经济社会发展、产业结构、处理企业变化等有关情况，每五年修订一次。

（2）管理现状　在电子废物污染防治领域，尤其是电子废物的回收与处理方面，我国多年前就尝试推行以生产者责任延伸制度为基础的一系列回收责任制度，但仅限于有些地方政府，而且一般都是由政府针对个别的产品实施回收和再利用。

① 电子废物的来源与流向　我国电子废物的来源主要有三个，即居民日常生活中所产生的电子废物、企事业单位和政府部门产生的电子废物、电子电器产品生产者在生产过程中所产生的废品。

从流向上看，淘汰或废弃电子产品的主要流向有：一是部分淘汰的电子产品流入二手市场或者被非正规家庭作坊收购，经清洗、修理或重新组装后再次进入市场，主要销往农村；二是通过捐赠方式转移到相对欠发达的地区重新利用，一些部门或团体将淘汰或不用的电子产品如计算机等通过这种方式转移到贫困地区；三是暂时储存起来搁置不用；四是通过"以旧换新"等方式被正规企业回收、拆解以获取经济利益。以上四种途径的目的主要是延长电子电器产品的使用寿命，这些电子废物会在难以收集、处理能力较差的地区变成废物，有污染环境的风险。

从电子产品的销售环节看，现在的大型电子电器产品卖场有些设置电子废物回收利用的专门机构或专柜，大部分属于个体租赁或短期，因为对于销售商来说，提供这一服务并不能直接获得经济利润，个别商家提供此类服务，为了以短期促销和宣传再利用的办法来获取企业正常的利润。

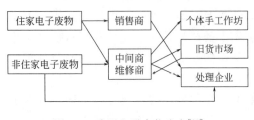

图 7-8　我国电子废物流向[25]

据估算，2016 年我国电子废物产生量超过1000 万吨。在市场作用和政府引导下，电子废物主要流向旧货市场、处理企业和个体手工作坊。其中，通过与产品制造商的合作协议以及以旧换新的政策，处理企业主要从制造商和销售商回收电子废物，而在市场驱动下，中间商或维修商回收的大部分电子废物流向了旧货市场和个体手工作坊，如图 7-8 所示。

② 电子废物回收途径　主要有以下几种：第一种是正规的回收处理企业通过政府或者企业自身的回收网点进行收集；第二种是电器电子产品生产者的特约维修网点以及私营的维修个体商户通过对客户送修的老旧型号产品或者已损坏报废的产品进行折价回收；第三种是在居民社区都会有"走街串巷"的电子废物回收"游击队"进行上门回收服务；第四种是企事业单位或者居民个人直接通过低价处理的方式将产生的电子废物交售给二手商店，使其再次步入流通市场；第五种是电子电器产品的销售商，通过家电回收政策规定的相应回收渠道，对以家电为主的废弃电子产品进行收集[26]。

自《废弃电器电子产品回收处理管理条例》实施后，我国已经从以手工拆解的小作坊为主，发展到拥有 109 家有资质的企业。但是由于收集渠道分散，使得有些正规的电子废物回收企业出现废弃物来源不足的情况。

目前，我国小商贩式的回收模式还相当普遍，其具体运作过程通常是，首先将电子废物进行拆解，然后粗分为两类，即一类是"可再利用部分"，另一类是"不可再利用部分"。对于可再利用的部分，进行拆解、修理、翻新和组装，然后以较高的价格作为二手产品进行出售。也有部分尚能继续使用的电子产品，仅经过简单的清理和改装，便直接在二手市场上交易或流入欠发达地区。对于那些"不可再利用部分"，则直接送到废品收购站或丢弃。事实上，有些"不可再利用部分"，由于技术条件所限，仅仅被当成废弃材料卖掉，没有体现出其真实的资源价值，并且在拆解过程中可能释放一些有毒、有害物质，造成二次环境污染。

③ 我国电器电子产品处理基金　《废弃电器电子产品回收处理管理条例》规定 2011 年 1 月 1 日正式建立废弃电器电子产品处理基金，用于废弃电器电子产品回收处理费用的补贴。

我国电器电子产品处理基金的补贴对象是通过国家相关资格认证的回收处理商，这也是国家为了达到规范化回收市场、环保化社会环境效益、高效化环保处理效率的重要举措。政府投入处理基金补贴，可以在一定程度上缓冲有国家资格认证的正规回收厂商做到环保的高成本。处理商对电器废物处理，得到可再用零部件销售给相应生产商，得到的原材料进入原料市场。这些通过正规处理得到的再利用产品都是符合相应质量检测和环保认证的，而有些非正规渠道的处理商只能做到提炼的原材料质量合格，达不到环保要求，然而在市场环节，消费者对来自不同渠道的电子电器的偏好度是可以忽略不计的[27]。

由于在回收电子废物的环节，非正规回收渠道仍旧十分普遍，大大限制了电器电子产品处理基金设立运行对电子电器废物回收利用率的提高作用。

我国电器电子产品处理基金主体包括专项基金账户和基金管理机构。按照政府基金管理办法规定，专项基金账户由政府财政部门管理。基金征收由国家税务部门承办。基金管理机构是基金运营和使用的职能管理部门，它隶属于国家生态环境部领导。基金的运营体系包括：征收体系、管理体系、评价体系、补贴体系、监督体系和信息系统。基金的监督，应由相关行政部门、资金缴纳者、基金管理者、基金使用者以及参与基金评估的机构参与。对于基金的信息系统，各相关部门负有及时、准确、系统地提供信息的义务，相应也享有利用信息的资格。基金征收、补贴标准的变动，应通过专家评审委员会评定[28]。其执行机制如图 7-9 所示。

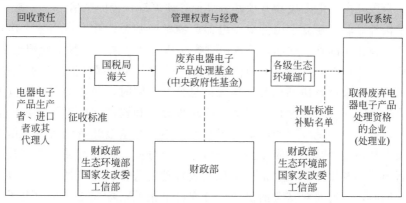

图 7-9　我国电子电器产品处理基金执行机制[29]

（3）管理政策建议

① 建立配套的生活垃圾分类和资源回收系统　现有大部分研究建议构建专门的电子废物回收网络，政府依照相关制度加强对非法拆解等行为的监管力度，生产商负责具体回收网络的建设，政府通过基金制度给予一定的资金补贴。这一建议虽然能够提高回收效率，但为此设立专门的回收系统的成本将会相当巨大，政府将背负高额的补贴，企业成本增加，难以适应激烈的市场竞争。并且这一想法没能摆脱原有回收管理的基本框架，只是在原有基础之上的改善，无法从根本上解决我国小商贩式的回收模式占主体地位的回收问题。

电子电器废物的管理不能局限于这一特定废物的管理，应当将其纳入整个生活垃圾分类和资源回收系统之中。例如某强制生活垃圾源头分类的地区，推行"垃圾不落地"的生活垃圾分类系统，能够有效地将电子电器废物同一般的生活垃圾区分开，从而大大提高回收效率，并且严格的回收渠道管理，从物流上保证了电子电器废物能够即时完整地送到正规回收处理企业，做到达标回收再利用。我国也应加快实施生活垃圾强制源头分类，建立起配套的生活垃圾分类和资源回收系统，将电子电器废物囊括在内，遵循生活垃圾分类回收的管理规则。对于电子电器废物回收而言，这样会大大降低整个回收成本，回收处理企业将不再自己负责整个回收系统，只需从生活垃圾分类和资源回收系统的末端获得电子电器废物进行处理即可。同时，对于消费者来说，必须严格按照分类投放生活垃圾的正规渠道对电子电器废物进行投放，也从根本上避免了小商贩式的非正规回收模式的可能性。

② 规范电子电器废物处理业者　对于电子电器废物的处理处置需要满足环境保护标准，在对电子电器废物进行拆解、破碎、能量回收、污染物处理处置及资源循环等技术环节时，要保证安全、无污染，这是后续回收利用的前提要求和必要保障。所以对于正规的电子电器废物拆解工厂必须具备专业达标的拆解资质，才能拥有特许经营权，工厂本身运营通过执行排污许可证制度对造成的环境污染进行管理。同时，对于小作坊等其他非正规拆解渠道要加强监管、严格查处，一旦发现要立刻取缔，对其造成的严重的环境污染问题，要予以处罚。

③ 建立全国性电子电器废物专项基金　我国的环境保护工作一直是以政府为主导的，由于电子电器废物目前仍然是我国的二手市场中非常重要的一类货物来源的渠道，其本身的回收过程具有高度的市场化属性。而目前我国电子电器产品各行业不同品牌之间市场竞争激烈，生产者的利润普遍不高，如果直接由生产者承担全部的回收责任，现实中不具有可行性，建立全国性电子电器废物专项基金进行管理更符合我国国情。

通过借鉴国外经验，建立全国性电子电器废物专项基金，政府应当处于协调分配的中立地位，对于其他相关的管理问题，可以通过建立基金自己独立的基金管理委员会来解决。委员会成员应当由生产者和处理业者的行业协会构成，实现内部自治，积极适应市场变化，共同对征收及补贴标准进行协商核算，实现信息公开。同时，基金的责任范围要扩展到对整个电子电器废物的回收系统建设，协助生活垃圾分类和资源回收系统管理。其具体的管理模式一般分成两种：一是政府回归监管者本位，不参与基金的资金管理，由自身独立的基金管理委员会负责整个基金的资金流向，包括资金分配、征收和使用等。政府仅对基金资金流向进行监管，利用自身的公信力保证基金管理的公正、公开性需求，以及基金资金的专款专用。同时，政府要对基金的运营、管理设定相关指标要求，其中电子电器废物回收率是最为核心的指标。政府应当定时对基金的运营、管理指标要求是否达标进行监督考核，并对指标要求本身是否需要进一步提高做出判断和修改。二是政府负责基金的资金管理，包括对生产者或消费者的征收处理费用，以及对处理业者发放相关补贴，基金管理委员会则主要负责对征收和补贴标准的计算认证，保证征收、补贴标准合理可行。

7.6　危险化学品管理政策分析

7.6.1　危险化学品的管理目标及一般模式

根据《危险化学品安全管理条例》（2011），危险化学品指"具有毒害、腐蚀、爆炸、燃烧、助燃等性质，对人体、设施、环境具有危害的剧毒化学品和其他化学品"，由危险化学品目录列出。目录由国务院安全生产监督管理部门会同国务院工业和信息化、公安、生态环境、卫生、质量监督检验检疫、交通运输、铁路、民用航空、农业主管部门，根据化学品危险特性的鉴别和分类标准确定、公布，并适时调整。

我国是世界化学品生产和进出口大国，能够生产 40000 余种化学品，其中 3000 多种被列为危险化学品，一方面危险化学品的生产和使用促进了经济发展、改善了物质生活，另一方面其自身固有的危险属性给社会带来了严重的安全隐患、环境污染等风险。

但危险化学品的环境管理与一般污染物的管理存在本质上的不同，作为一种特殊的商品，它的第一属性是商品，其管理目标是保证危险化学品在全生命周期的安全。全生命周期包括危险化学品的生产、储存、使用、经营、运输过程以及发生事故后的应急救援。

目前，欧洲、美国、日本均颁布实施了以禁止或限制具有特定危害性的有毒有害化学品的生产和使用为主要手段的专门性化学品环境管理法规，逐步确立了化学品登记（注册）、危害识别、风险评估、风险防控等管理制度，其核心包括：

一是现有化学品的风险评估和风险管理制度，对市场现有化学物质按照特定的风险防范原则、生命周期原则和优先原则进行危害测试、风险评估和风险管理。

二是新化学物质审查制度，对新生产、进口或入市的所谓新化学物质进行申报、评估与审查。经评估，具有持久性、生物蓄积性和毒性的化学物质不得生产和进口。

三是在化学品生命周期的各主要环节建立有毒有害化学品的环境污染控制体系[30]。

以美国为例，在美国，负责化学品安全管理的机构主要是环保署（EPA）、职业安全健康管理局（OSHA）、交通运输部（DOT）、美国海岸警卫队（USCG）、消费品安全委员会（CPSC）和食品药品管理局（FDA）等。虽然危险化学品的管理涉及部门众多，但分工比较明晰，各个机构根据法律法规赋予的权力，对化学品生命周期中不同的阶段进行监管。

① 作为环境风险主管部门，美国环保署（EPA）有权代表联邦政府，依据《有毒物质管理法》，对化学品生命周期中的各个阶段进行监督与协调管理。其重点职能包括两个方面：第一，事先对潜在的、可能造成污染事故的危险源进行风险评估与普查，筛选出风险源清单，并及时向全社会披露。第二，对高风险行业，如石油化工行业，征收特殊的税款；针对发生的污染事故，依据《超级基金法》，责令事故责任方清理和修复受污染区域，并对其进行罚款。

② 污染及有毒物预防办公室（OPPT）主要对应上述职能一，负责危险化学品的生产/进出口前的申报、登记管理与审批工作。具体依据《有毒物质管理法》，重点对投产前的新化学物质，按照事前制造告知原则（PMN）制定注册和评估程序，对其商业性生产、使

用、销售以及处理等方面进行风险评估与管理。一旦某类化学品对人类健康和环境构成过高风险，该办公室有权禁止或限制该化学品的生产和使用。

③ 固体废物和应急响应办公室（OSWER）主要对应上述职能二，通过风险管理计划和超级基金的实施与管理，提供应对突发事件的政策指导与技术措施，并向各级政府提供事后修复技术和指导性意见，监督责任方履行环境责任。该办公室下设应急事件管理响应、褐地项目和风险评估等 13 个重点项目，在事故处置中对应协调各政府部门开展一系列活动，进行事后清理及环境修复活动，最大程度减少对公众身体健康和环境的危害，监控并强制责任方采取积极行动，特殊情况下为应急活动直接提供资金援助。截至 2014 年，该办公室在全国共完成监管 132 万处涉及危险环境风险源的设施设备情况。

④ 地方政府及环境部门。美国很多州政府采取州以下直管形式开展环境执法，成立专业的环境执法队伍，与消防、公共安全等队伍联动，甚至执行消防任务，具有相当高的应急水平和执法能力。对于高风险行业，州及地方政府的职责在于维护好一套完整的运行管理体系，并开展有效执法。此外，美国各州及地方政府彼此间相互监督与制约，一旦因处置失当导致污染跨界蔓延，则其他州可以对事故发生州政府提起诉讼[31]。

⑤ 其余部门在危险化学品管理中的主要职责分别为：美国职业安全健康管理局（OSHA）依据《职业安全与卫生法》负责鉴别和监控各行业中化学品暴露造成的职业健康危害，掌握化学品生产和加工阶段的风险信息；美国运输部（DOT）主要负责危险品运输管理；消费品安全委员会（CPSC）和食品药品管理局（FDA）分别负责消费品和食品、药品、化妆品中化学品的监管；美国海岸警卫队（USCG）的主要任务是应对溢油和化学品泄漏[32]。

7.6.2 我国危险化学品管理政策评估和建议

（1）现行相关法律制度 我国关于危险化学品的法律有《中华人民共和国安全生产法》（2002），其中第三十二条规定，"生产、经营、运输、储存、使用危险物品或者处置废弃危险化学品，由有关部门依照有关法律、法规的规定和国家标准或者行业标准审批并实施监督管理"。该法作为安全生产领域的基本法律，对危险化学品的安全监督管理进行了原则规定。

在行政法规层面则主要依据是《危险化学品安全管理条例》（下文简称《条例》），该条例于 2002 年由国务院公布，并于 2011 年作了修订，于 2011 年 12 月 1 日起施行。这部行政法规取代了 1987 年制定的《化学危险物品安全管理条例》，确立了危险化学品安全管理的宗旨和原则，明确了县级以上人民政府及其有关部门的安全监督管理职责，强化了危险化学品单位的安全生产主体责任，加重了对违法行为的处罚力度[33]。修订后的《条例》涵盖对危险化学品的生产、储存、使用、经营、运输、废弃和事故应急救援全过程管理的具体规定，增加了废弃危险化学品的管理。《条例》还确定了统一的危险化学品名录的确定和调整机制，危险化学品名录根据化学品危险特性的鉴别和分类标准确定并适时调整，建立了生产许可证制度[34]。

在重新修订《危险化学品安全管理条例》（国务院令第 591 号）后，配套出台了《危险化学品登记管理办法》（国家安全监管总局令第 53 号）。其中一个最主要的内容就是规定危险化学品的国内生产企业和进口企业必须进行登记，由国家安全生产监督管理总局化学品登记中心承办全国危险化学品登记的具体工作和技术管理工作，省级危险化学品登记中心承办本行政区域内危险化学品登记的具体工作和技术管理工作。

除了化学品生产许可证制度和化学品登记注册制度外，我国危险化学品管理已建立了较为系统的制度，涵盖整个危险化学品的全生命周期，还包括：化学品运输、储存制度；化学品进出口管理制度；化学品作业人员培训教育制度；建立了化学事故应急救援体系等。

各类制度均有相关的部门规章作为依据，包括：《危险化学品重大危险源监督管理暂行规定》《危险化学品生产企业安全生产许可证实施办法》（2011）、《危险化学品输送管道安全管理规定》（2012）、《危险化学品建设项目安全监督管理办法》（2012）、《危险化学品经营许可证管理办法》（2012）、《危险化学品安全使用许可证实施办法》（2012）、《化学品物理危险性鉴定与分类管理办法》（2013）、《化工（危险化学品）企业保障生产安全十条规定》等。

（2）我国生态环境部门对危险化学品的管理现状 根据《危险化学品安全管理条例》第六条规定，共有安全生产监督管理部门、公安机关、质量监督检验检疫部门、生态环境主管部门、交通运输主管部门、卫生主管部门、工商行政管理部门和邮政管理部门在内的 8 个部门，对危险化学品的生产、储存、使用、经营、运输实施安全监督管理。

其中，以安全生产监督管理部门为核心，负责危险化学品安全监督管理综合工作，包括：组织确定、公布、调整危险化学品目录，对新建、改建、扩建生产、储存危险化学品的建设项目进行安全条件审查，核发危险化学品安全生产许可证、危险化学品安全使用许可证和危险化学品经营许可证，并负责危险化学品登记工作。

而生态环境主管部门则主要负责废弃危险化学品处置的监督管理，组织危险化学品的环境危害性鉴定和环境风险程度评估，确定实施重点环境管理的危险化学品，负责新化学物质环境管理登记；依照职责分工调查相关危险化学品环境污染事故和生态破坏事件，负责危险化学品事故现场的应急环境监测。

我国目前负责危险化学品监督管理的主要生态环境部门是生态环境部直属事业单位——固体废物与化学品管理技术中心，其中的化学品管理技术部负责化学品与化工园区环境管理技术支持及相关研究工作，包括：承担全国化学品和化工园区环境管理技术支持；开展危险化学品全过程风险管理的政策和措施研究；开展化学品替代、限制、淘汰等社会-经济影响损益分析；开展重点环境管理、限制淘汰危险化学品目录制定研究；指导全国化学品调查，负责数据审核、汇总与统计分析；负责《中国现有化学物质名录》的管理与维护；负责新化学物质登记后管理工作，指导地方生态环境部门开展新化学物质登记后监督管理；协助生态环境部组织开展危险化学品企业现场检查；协助开展对化学品测试机构、风险评估机构、登记代理机构及相关技术人员的考核与监管；开展化学品环境公约及国际活动的谈判、履约的技术支持。

可以看出，我国化学品管理与全球先进化学品管理水平有一定差距。

（3）我国危险化学品环境管理政策建议 针对目前我国危险化学品环境管理出现的问题，首先建议尽快制定出台《化学品环境管理条例》，完善危险化学品风险管理。秉承风险管理理念，建立完善以识别、评估和管控为主线的化学品环境风险管理制度体系。

一是建立现有化学品信息报告制度，申报化学品的生产、使用、进出口、用途等信息，了解前端有哪些化学品进入市场，后端哪些排放进入环境。

二是强化新化学品申报登记制度，严把新化学品入市关口，对那些对环境和人体健康有不可接受风险的新化学品不予登记，做好"守门员"。

三是建立风险评估制度，根据化学品的危害和暴露信息，通过筛查、识别和评估，提出优先评估及优先控制化学品名录。

四是加强化学品管控制度，对识别出的有毒有害化学品，通过信息公开、清洁生产、排污许可、限制、淘汰等风险管控措施，实施分级管控。

最终，达到知晓化学物质的毒性和环境风险并进行源头管理，有效降低末端环境管理的投入，促进化工产业绿色转型升级的目的[30]。

另外，要对现有的危险化学品登记制度进行调整，与化学品信息收集、风险评估开展相结合，提高生态环境部门在其中发挥的作用，以达到改善环境质量、防控化学品环境与健康风险的目标。

思考题

1. 简要分析固体废物管理的干系人责任机制。
2. 简述一般工业废物管理的重点和手段。
3. 危险废物管理的主要手段有哪些？
4. 医疗废物管理的要点有哪些？
5. 电子电器废弃物管理的重点有哪些？
6. 简述危险化学品管理的主要内容。

参 考 文 献

[1] 环境科学大辞典编辑委员会.环境科学大辞典[M].北京：中国环境科学出版社，1991：227.

[2] 环境保护总局污染控制司.中国环境污染控制对策[M].北京：中国环境科学出版社，1998：104.

[3] 卡兰 S J，托马斯 J M.环境经济学与环境管理[M].北京：清华大学出版社，2007：323.

[4] 马中.环境与资源经济学概论[M].北京：高等教育出版社，1999：33.

[5] 孙佑海.固体废弃物污染环境防治法的新发展[J].法制与管理，2005，2：20-23.

[6] 环保部.关于成立环保部固体废物管理中心的通知.2006.

[7] 中国环境保护产业协会固体废物处理利用委员会.固体废物处理利用行业 2016 年发展综述.2017.

[8] 王琪，黄启飞，闫大海，等.我国危险废物管理的现状与建议[J].环境工程技术学报，2013，3(1)：1-5.

[9] 李传红，朱文转.试议中国地方危险废物的管理和处理[J].环境保护，2000，5：11.

[10] 张德江.全国人民代表大会常务委员会执法检查组关于检查《中华人民共和国固体废物污染环境防治法》实施情况的报告——2017 年 11 月 1 日在第十二届全国人民代表大会常务委员会第三十次会议上[J].中华人民共和国全国人民代表大会常务委员会公报，2017(6)：11-18.

[11] 宋国君，黄新皓.水点源排污许可证的主体内容探讨[J].中华环境，2016(10)：25-28.

[12] 环境保护部污染防治司.美国危险废物管理体系及处置设施技术规范[M].北京：中国环境出版社，2015.

[13] Michael D La Grega，Phillip L Buckingham，Jeffrey C Evans，et al.危险废物管理[M].2 版.北京：清华大学出版社，2010.

[14] 关志刚.美国对危险废物产生者的管理及启示[J].广州环境科学，2005(4)：23-26.

[15] 温雪峰，胡华龙.中国危险废物利用处置产业化现状[J].新材料产业，2007，5：26.

[16] 宋国君.环境规划与管理[M].武汉：华中科技大学出版社，2015.

[17] 叶全富，苗逢雨，单淑娟.医疗机构医疗废物管理项目实践及成果介绍[J].中国感染控制杂志，2017，16(4)：346-350.

[18] 林成森，朱坦，高帅，张墨，田丽丽.国内外电子废弃物回收体系比较与借鉴[J].未来与发展，2015，39(4)：14-20.

[19] 中国电子废弃物处理市场前景.立木信息咨询.

[20] 李华友，冯东方.电子废物管理的国际经验[J].世界环境，2007(4)：62-63.

[21] 林成森，陈丽君，俞东芳.我国电子废弃物环境资源成本和回收责任分担研究[J].再生资源与循环经济，2017，10

（4）：11-15.

［22］国家发改委资源节约和环境保护司. 废弃电器电子产品回收处理研究与实践［M］. 北京：社会科学文献出版社，2012.

［23］环保部. 通过法律手段规范电子废弃物管理——专访国家环保总局污染控制司司长樊元生［J］. 中国环境报纸，2007.

［24］张砚. 我国电子废弃物回收模式研究［D］. 上海：华东政法大学，2014.

［25］于淼，张宇平，李金惠，缪友萍，曾现来. 国际电子废物管理分析及对我国的启示［J］. 环境保护，2017，45（20）：31-35.

［26］钟永光. 回收处理废弃电器电子产品的制度设计［M］. 北京：科学出版社，2012：21.

［27］李娜. 我国基于专项处理基金的废弃电器电子产品回收研究［D］. 青岛：青岛大学，2014.

［28］王世文，许江萍. 废弃电器电子产品处理基金设立的背景、目的［J］. 中国科技投资，2010（6）：13-16.

［29］孙月阳，范轶芳，何伟，张珺. 海峡两岸资源回收基金政策比较［J］. 环境卫生工程，2017，25（2）：80-85.

［30］王琳琳. 化学品"一生"均应纳入环境管理［N］. 中国环境报，2018（002）.

［31］郑军，黄一彦，石峰. 借鉴美国经验提高我国危险化学品环境管理和事故处置能力［J］. 环境保护，2016，44（1）：53-55.

［32］洪宇. 危险化学品安全技术与管理（美国）. 国家安全监管总局监管三司，2013.

［33］张绍明. 规范危险化学品管理 推动经济安全发展［N］. 湖北日报，2013（10）.

［34］刘海娜，曹健，王黎. 国内外危险化学品安全管理比对分析［J］. 环境保护与循环经济，2014，34（7）：73-75.

第8章 生活垃圾管理政策分析

本章概要：生活垃圾管理涉及垃圾生命周期的全部环节，涉及每位居民，又是准公共物品，因此，将其单独作为一章进行分析。生活垃圾管理的重点是其他垃圾的减量化，减量化也是涉及了生命周期的全部环节。源头分类是基础，安全处置是根本，资源回收利用是基本途径。政策手段多样和及时更新是生活垃圾管理政策的基本特点。本章从政策评估和设计出发，分别给出了结论和建议。

城市生活垃圾是指在日常生活中产生或为城市日常生活提供服务而产生的固体废物，以及法律、行政法规规定，视为城市生活垃圾的固体废物（包括建筑垃圾和渣土，不包括工业固体废物和危险废物）[1]。根据产生来源，生活垃圾可分为家庭垃圾、商业与机构垃圾；根据处理分流，可分为厨余垃圾、餐厨垃圾、可回收物、有害垃圾、其他垃圾等。只要人类存在，垃圾处理就是一个问题。在现代社会，一些产品在损坏或用完后被丢弃，另一些产品本来就被设计成一次性用品，都是生活垃圾的组成部分。

8.1 生活垃圾管理政策分析详述

8.1.1 政策框架分析

生活垃圾管理的政策框架包括法律、行政法规、部门规章、技术规范、标准等五个层级，见表8-1。

表8-1 城市生活垃圾管理相关法律、行政法规和部门规章

	政策名称	颁布机关	实施机构
法律	《固体废物环境污染防治法》（2016年）	全国人大	国务院及其有关行政主管部门和省、自治区、直辖市人民政府
	《循环经济促进法》（2009年）	全国人大	国务院及其有关行政主管部门和省、自治区、直辖市人民政府
	《清洁生产促进法》（2002年）	全国人大	国务院及其有关行政主管部门和省、自治区、直辖市人民政府
行政法规	《城市市容和环境卫生管理条例》（2017年）	国务院	国务院、省级建设部门及城市市容环境卫生主管部门
	《废弃电器电子产品回收处理管理条例》（2009年）	国务院	国务院环境保护、资源综合利用、工业信息产业、商务、财政、工商、质量监督、税务、海关等主管部门
	《报废汽车回收管理办法》（2001年）	国务院	各级经贸委、公安、工商部门
	《生活垃圾分类制度实施方案》（2017年）	国务院	各省、自治区、直辖市人民政府，国务院各部委、各直属机构

续表

政策名称	颁布机关	实施机构
《城市生活垃圾管理办法》(2015年)	住建部	国务院建设主管部门及各级政府
《废塑料加工利用污染防治管理规定》(2012年)	环保部	省级环保、商务主管部门
《废弃电器电子产品处理基金征收使用管理办法》(2012年)	财政部	各省、自治区、直辖市人民政府,国务院各部委、各直属机构
《循环经济发展专项资金管理暂行办法》(2012年)	财政部	各省、自治区、直辖市、计划单列市财政厅(局)、发改委(经贸委、经信委、工信厅)
《环境污染治理设施运营资质许可管理办法》(2012年)	环保部	国务院、省级、县级以上地方环境保护行政主管部门
《关于加强电子信息产品污染控制管理工作的通知》(2011年)	工信部	各级工信部门
《家电以旧换新实施办法》(2010年)	商务部	各省、自治区、直辖市、计划单列市及新疆生产建设兵团商务、财政、发展改革、工业和信息化、环境保护、工商、质检主管部门
《全国城镇生活垃圾处理信息报告、核查和评估办法》(2009年)	建设部	省、自治区建设厅,直辖市市政管委(市容委),新疆生产建设兵团建设局
《商品零售场所塑料购物袋有偿使用管理办法》(2008年)	商务部、发改委、工商总局	商务主管部门、价格主管部门、工商行政管理部门
《城市生活垃圾管理办法》(2007年)	建设部	各级建设(环境卫生)行政主管部门
《再生资源回收管理办法》(2007年)	商务部、发改委、公安部、建设部、工商总局、环保部	县级以上商务、发展改革、公安、工商、环保、建设、城乡规划等行政管理部门
《电子废物污染环境防治管理办法》(2007年)	环保总局	各级环境保护行政主管部门
《城市建筑垃圾管理规定》(2005年)	建设部	各级建设(环境卫生)行政主管部门
《清洁生产审核暂行办法》(2004年)	发改委、环保总局	各省、自治区、直辖市、计划单列市及新疆生产建设兵团发展改革(经济贸易)行政主管部门会同环境保护行政主管部门
《秸秆焚烧和综合利用管理办法》(2003年)	环保总局	各级环境保护行政主管部门

（左侧纵向合并单元格：部门规章）

以北京市为例,分析生活垃圾管理的政策体系。除了国家的法律法规、部门规章等一系列政策文件外,北京市出台了有关城市生活垃圾管理的地方行政法规、部门规章、规范性文件等,见表 8-2。2011 年,北京市首次颁布了《北京市生活垃圾管理条例》,该条例明确指出编制生活垃圾处理规划,且对垃圾减量、分类与资源回收,垃圾收集、运输与处理等给出详细的要求和规定。在地方性部门规章中,北京市更关注厨余垃圾的管理,包括厨余垃圾的收集、运输、处理等规定与实施办法。规范性文件的覆盖面较广,涉及再生资源回收体系建设,厨余资源化处理,建筑垃圾综合管理,生活垃圾分类、收集、运输与处理,废旧物资回收场所等的相关指导意见、实施方案、标准等。

表 8-2　北京市生活垃圾管理政策框架

	政策名称	颁布机关	实施机构
地方行政法规	《北京市生活垃圾管理条例》（2011 年）	北京市人民代表大会常务委员会	各级人民政府、街道办事处、市政市容行政主管部门
	《北京市市容环境卫生管理条例》（2006 年）	北京市人民代表大会常务委员会	市政管理行政部门
	《北京市城市基础设施特许经营条例》（2005 年）	北京市人民代表大会常务委员会	市发展改革、城市基础设施行业主管部门等
地方部门规章	《北京市建筑垃圾综合管理检查考核评价办法》（2012 年）	北京市市政市容委	市市政市容委、市住房城乡建设委
	《北京市城镇地区生活垃圾分类日常运行管理检查考评办法》（2011 年）	北京市市政管理委员会	区县市政市容委、北京经济技术开发区、燕山地区管委会
	《北京市餐厨垃圾和废弃油脂排放登记管理暂行办法》（2011 年）	北京市市政市容管理委员会	市政市容管理委员会、街道办事处、乡镇人民政府
	《北京市餐厨垃圾收集运输处理管理办法》（2009 年）	北京市市政管理委员会	市各级市政管理委员会
	《北京市厨余垃圾管理办法》（2005 年）	北京市市政市容管理委员会	市各级市政管理委员会
	《北京市征收城市生活垃圾处理费实施办法》（1999 年）	北京市环卫局、物价局、财政局	市环卫局主管，各区、县人民政府
地方规范性文件	《加快推进再生资源回收体系建设促进产业化发展意见》（2011 年）	北京市人民政府	市财政局、市人力社保局、市住房城乡建设委、市农委、市社会办
	《关于加快推进本市餐厨垃圾和废弃油脂资源化处理工作方案》（2011 年）	北京市市政市容委	北京市市政市容、市国资委、市教委、市商务委、市旅游委、区县政府等部门
	《关于全面推进建筑垃圾综合管理循环利用工作的意见》（2011 年）	北京市人民政府办公厅	北京市市政市容委、市住房和城乡建设委、市发改委、北京市质监局、市财政和税务部门等
	《关于切实提高生活垃圾收集运输和处理管理水平的通知》（2010 年）	北京市市政市容管理委员会、环境保护局、商务委员会	各区县政府、市政市容委、环保局、县商务委
	《北京市餐厨垃圾排放登记试点工作实施方案》（2010 年）	北京市市政市容管理委员会	各区县市政市容委
	《关于印发北京市废旧物资回收场所环境卫生责任标准的通知》（2008 年）	北京市市政市容管理委员会	区县商务行政管理部门
	《关于加强垃圾渣土管理的规定》（2007 年）	北京市人民政府	市和区、县市政管理行政部门
	《关于印发北京市垃圾密闭化建设标准的通知》（2007 年）	北京市市政市容管理委员会	区县市政管委
	《关于深化本市生活垃圾处理运行机制改革的意见》（2007 年）	北京市市政管委和市财政局	北京市市政市容、市财政、区县政府等部门
	《关于进一步加强城乡环境卫生工作的若干意见》（2003 年）	中共北京市委、北京市人民政府	市环境卫生行政主管部门、市各级人民政府
	《关于实行生活垃圾分类收集和处理的通知》（2002 年）	北京市人民政府办公厅	市政管委

8.1.2　问题识别和确认

中国每年都产生很多生活垃圾，如图 8-1 所示，从 2004 年到 2015 年，清运量年均增长 2%。生活垃圾清运量与 GDP、人口增长具有较强的相关性，从图 8-2 中可以看出，从 2004 年到 2015 年，国家 GDP、人口持续增长的同时，气泡大小代表的生活垃圾清运量也持续增长。产生的大量生活垃圾带来环境污染问题，在清运、处理时产生渗滤液、臭气，在焚烧时产生空气污染物，填埋后渗漏污染地下水并需占用大量填埋场地。同时，垃圾的运输与处理带来较高的财政负担和健康风险。如何降低生活垃圾的污染并减少管理成本是国家和地区发展必须解决的重要问题。

图 8-1　2004～2015 年中国生活垃圾清运量变化情况 ❶

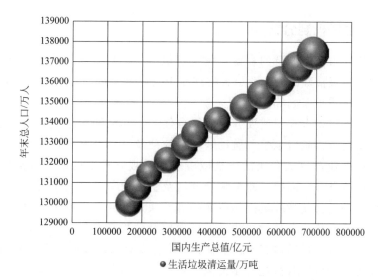

图 8-2　2004～2015 年全国生活垃圾清运量趋势 ❷

❶ 数据来源：国家统计局数据库。

❷ 数据来源：国家统计局数据库。

8.1.3 政策目标分析

最新的全国生活垃圾管理政策目标在《生活垃圾分类制度实施方案》(2017) 中阐述，其目标为："遵循减量化、资源化、无害化的原则，实施生活垃圾分类，可以有效改善城乡环境，促进资源回收利用，加快'两型社会'建设，提高新型城镇化质量和生态文明建设水平。""到 2020 年底，基本建立垃圾分类相关法律法规和标准体系，形成可复制、可推广的生活垃圾分类模式，在实施生活垃圾强制分类的城市，生活垃圾回收利用率达到 35% 以上。"其中，实施生活垃圾强制分类的城市包括：①直辖市、省会城市和计划单列市；②住房和城乡建设部等部门确定的第一批生活垃圾分类示范城市；③鼓励各省（区）结合实际，选择本地区具备条件的城市实施生活垃圾分类。

在这些城市中，实施分类的主体为：①公共机构，包括党政机关，学校、科研、文化、出版、广播电视等事业单位，协会、学会、联合会等社团组织，车站、机场、码头、体育场馆、演出场馆等公共场所管理单位。②相关企业，包括宾馆、饭店、购物中心、超市、专业市场、农贸市场、农产品批发市场、商铺、商用写字楼等。

这一政策目标存在的问题有：

第一，总目标应明确要抑制生活垃圾产生、使之循环，并应与正确处理对人体健康、保护生态环境、促进可持续发展这一最终目标相关联。

第二，环节目标应涉及资源生产率（GDP/资源消耗量）、人均生活垃圾日清运量、填埋量、管理社会成本等，加强对生活垃圾管理全过程控制。

第三，除了对部分城市的机构提出垃圾分类要求，还应涉及其他城市与居民，因为居民生活垃圾是城市生活垃圾的主体。如果只以机构为实施主体，很难达到 35% 的资源回收率目标。

8.1.4 干系人责任机制分析

在生活垃圾管理事务中涉及的利益主体主要包括：中央政府、城市各级政府、垃圾清除处理事业单位、垃圾清除处理企业、各类产品责任业者、可回收物回收企业、再生企业、垃圾排出机构、垃圾排出家庭等。

垃圾排出家庭、机构未承担垃圾分类减量责任，且其缴纳的垃圾处理费远低于实际处理费。实际处理费由城市政府承担，通过处理费补贴及其他补贴支付垃圾清除处理事业单位及企业，而这些事业单位或企业往往是城市生活垃圾管理部门的下属机构，处理越多，这些企事业单位获益越多。因此，此类政府部门及企事业单位并无推行垃圾分类减量的动力，导致填埋库存及由公共财政负担的清除处理费快速增长。而中央政府负责生活垃圾管理的主要是住建部门，传统上其仅有建设处理设施及垃圾清除处理职责，并无分类减量职责，目前也没有分类减量目标，其下属企事业单位也没有从回收利用上盈利的业务，因此，分类减量职责动力和积极性有待进一步提高。各类产品责任业者未完全承担减量责任。目前我国电器电子产品厂商通过缴纳回收处理费承担生产者延伸责任，但由于费率设定较低，电器电子产品回收基金存在赤字，其他产品类目厂商还没有承担减量责任的机制。对再生资源回收行业取消特许经营管理后，私营企业只需通过工商注册即可进行再生资源回收经营，再生资源回收形成庞大而有力的回收网络，但也有导致安全、环境污染、土地非法占用等问题的风险，因此，城市开始加大外迁或取缔再生资源回收集散地、处理厂等的力度，这一举措使再生资源回收量、价格下跌，增加了城市生活垃圾处理压力。

8.1.5 决策机制分析

生活垃圾管理决策涉及多个部门，职责分散。国家层面由住建部、商务部、工信部、发改委、生态环境部、财政部等几个部门负责；在城市层面，生活垃圾主要由城市政府负责管理，但也涉及城市管理局、商务局、工信局、发改委、生态环境局、财政局等。这些部门分别从生活垃圾管理的不同角度、不同方面进行管理，给从全局角度进行规划和政策设计带来一定困难。

住建部门负责城市生活垃圾清扫、收集、运输、处置及其相关监督管理工作，包括制定出台垃圾分类收集与评价标准、垃圾处理及污染防治技术政策、垃圾填埋场与焚烧厂的行业标准，以及清扫、收集、运输服务许可和生活垃圾处理信息收集、核查和评估等。

商务部门主要负责生活垃圾的资源回收利用，制定并推进回收行业发展规划、实施方案、建设标准、指导意见和政策措施；负责废旧商品回收体系建设部际联席会议办公室各项工作；承担流通回收行业统计与评级体系的数据收集、整理、分析工作。其具体职责包括：废旧家用电器与电子产品的回收利用，餐厨垃圾的资源化与无害化利用，塑料购物袋和一次性筷子的限制生产、销售与使用，废塑料加工利用，资源回收体系的建设等。

工信部门主要针对工业的资源综合利用、清洁生产出台相应政策并组织实施，通过控制产品生产过程的包装及其他在产品消费完后产生垃圾的数量，以实现生活垃圾的源头减量。其具体职责包括家电以旧换新、塑料购物袋的限制生产与使用、废旧电子产品处理、基金征收使用等方面。

发改委主要从宏观角度推进循环经济、资源综合利用并协调实施；推进生活垃圾资源化和无害化试点。其工作内容包含生活垃圾处理产业化、垃圾处理收费制度、清洁生产审核、塑料袋限购与淘汰、厨余垃圾资源化与无害化、资源综合利用技术等几个方面。

国家标准化管理委员会主要通过制定相关标准限制商品过度包装，要求避免包装层数过多、空隙过大、成本过高的包装，有效利用资源，减少生活垃圾产生量。

生态环境部门主要承担工业固废的污染防治，在生活垃圾管理中的职责较少。针对生活垃圾管理，生态环境部的工作重点是末端控制，包括制定生活垃圾填埋场、焚烧厂等的污染控制标准。另外，生态环境部还负责环境质量和污染源监测及信息发布，以及组织、指导和协调全国环境保护宣传教育工作。

财政部门主要负责循环经济发展专项资金的管理，制定生活垃圾管理的开支标准和支出政策。其职责范围包括再生资源回收体系建设、厨余垃圾资源化和无害化试点城市建设、废弃电子产品处理基金征收管理等方面。

8.1.6 管理机制分析

根据《城市生活垃圾管理办法》（以下简称《管理办法》），城市生活垃圾的治理，实行减量化、资源化、无害化和谁产生、谁依法负责的原则。

国家采取有利于城市生活垃圾综合利用的经济、技术政策和措施，提高城市生活垃圾治理的科学技术水平，鼓励对城市生活垃圾实行充分回收和合理利用。

国家建设部、省级建设部门及市县级环境卫生行政主管部门在各自的职责范围内负责城市生活垃圾管理工作，包括生活垃圾的分类、收集、运输、处理等。

城市人民政府把城市市容和环境卫生事业纳入国民经济和社会发展计划；制定城市生活垃圾治理规划，统筹安排城市生活垃圾收集和处置设施的布局、用地和规模；改进燃料结构；统筹规划生活垃圾回收网点；逐步提高环境卫生工作人员的工资福利待遇；加强城市市容和环境卫生科学知识的宣传；奖励先进个人或集体等。

产生城市生活垃圾的单位和个人，按照城市人民政府确定的生活垃圾处理费收费标准和有关规定缴纳城市生活垃圾处理费，并按照规定的地点、时间、分类等要求投放生活垃圾。

从事城市生活垃圾经营性清扫、收集、运输的企业，应当取得服务许可证。

城市生活垃圾资金机制主要是由政府补贴，用户缴费只占很少的部分。城市生活垃圾收集、运输和处置的资金来源主要是地方财政，另外是城市生活垃圾处理费。处理费征收使用的具体办法由省级人民政府制定。目前，我国还没有全国统一的关于生活垃圾资金收支管理的政策文件。以开封市为例，生活垃圾处理费的征收对象包括在市区范围内产生生活垃圾的国家机关、企事业单位、社会团体、个体经营者、城市居民、暂住人口等单位和个人；征收标准如城市居民每户每月 5 元；征收主体是市环境卫生管理局；收费性质是行政事业性收费，收费时向缴纳人开具河南省财政厅统一印制的行政事业性收费基金专用票据；收费资金实行收支两条线[2]。生活垃圾处理费的支出一般用于支付垃圾收集、运输和处理费用，管理办法规定垃圾处理费专款专用，严禁挪用。具体的信息机制分析和资金机制分析如下：

（1）信息机制分析　生活垃圾管理的信息分为安全处置信息、减量化信息、资源化信息。信息机制要分析信息获取方式是否科学合理，信息的处理是否有效，信息的共享是否通畅等。生活垃圾的安全处置信息主要是垃圾卫生填埋场与焚烧厂的排污许可证，包括渗滤液、大气污染物、工艺废水等的达标监测信息，具体内容请参考本书第 5 章的大气排污许可证和第 6 章的水排污许可证。另外，安全处置信息还需要包括生活垃圾安全处置全成本核算信息（运输、中转、填埋/焚烧）及密闭运输信息。减量化信息应主要包含垃圾收集、分类、清运量等信息，如垃圾收集覆盖程度、分类程度、人均垃圾清运量等。资源化信息应包括生活垃圾成分、资源回收数量与种类、资源回收率、资源的去向与处置利用等信息。

2009 年，住房和城乡建设部制定了《全国城镇生活垃圾处理信息报告、核查和评估办法》，负责"全国城镇生活垃圾处理管理信息系统"的平台建设，以及全国城镇生活垃圾处理项目建设和运营的信息分析、总体评估和通报工作，对各地相关工作进行指导、监督和专项督察。各省、自治区、直辖市住房和城乡建设（环卫）行政主管部门负责组织实施本行政区城镇生活垃圾处理的信息报告的督促、核查工作，并利用信息系统对本地区城镇生活垃圾处理情况进行分析和评估。

城镇生活垃圾处理信息为月报，于每月 10 日前报送上月的信息；在建项目建设信息为季报，于每季度第一个月 10 日前报送上季度的信息。城镇生活垃圾处理设施运营单位负责已投入运行项目信息的报告工作。项目运行信息为月报，于每月 10 日前报送上个月的信息。省级住房和城乡建设（环卫）行政主管部门应于每月 15 日前，完成对报送信息的核准工作，并在每年的 7 月 20 日和 1 月 20 日前，分别完成本地区内的城镇生活垃圾处理半年度和全年度评估上报工作。住房和城乡建设部信息中心负责对上报信息进行汇总分析。

信息系统的主要内容包括：①城镇生活垃圾处理信息。重点报告城镇生活垃圾厂数量，生活垃圾转运站数量、生活垃圾清运量、处理量、处理方式，生活垃圾处理收费和运营投入等情况。②规划、在建项目信息。重点报告规划项目规模、规划投资、进度，以及已开工建设项目设计规模、处理方式、建设进度等情况。③已投入运营项目信息。基本信息包括生活垃圾处理厂基本情况、处理方式、生活垃圾处理费标准等。运行信息包括垃圾处理量、渗滤液处理量、运行天数、运行成本等。主要评估指标包括：①城镇生活垃圾处理设施建成率，指已建成的城镇生活垃圾处理项目的数量/本辖区内规划确定的应建项目数量；对各地城镇生活垃圾处理设施建设的总体情况进行评估，以省、自治区、直辖市，以及市、县为评估单位。②城镇生活垃圾无害化处理率，即城镇生活垃圾处理厂无害化处理的生活垃圾总量占城镇生活垃圾清运量的百分比，以省、自治区、直辖市以及城市、县为评估单位。③城镇生活垃圾处理设施运行情况，如城镇生活垃圾无害化处理厂的运行总经费（含固定资产折旧），以垃圾处理厂为评估单位。④城镇生活垃圾处理费收费标准、收费金额占运行经费的比率，以城市、县为评估单位。信息为管理而服务，各部门的信息应共享，保证信息公开透明，便于实现生活垃圾的协调管理，让公众知晓生活垃圾的处理处置情况。

目前，生活垃圾管理已建立起统一的数据库，对信息源的数据以及综合处理的数据进行存储、更新、维护，但尚未公开该数据库的详细信息。现有公开的统计指标主要为城市生活垃圾清运量、处理量等，集中于末端处置而缺乏源头分类数据，指标尚需更完善、系统，统计周期为年，数据滞后期 1～3 年，已不能有效支撑中国绿色发展和污染控制的需要。为了降低干系人获取信息和传递信息的成本，实施生活垃圾管理绩效评估，应建立基于源头分类和资源回收的城市生活垃圾管理指标体系。

（2）资金机制分析　城市生活垃圾管理资金来源包括财政拨款和垃圾处理费收入。目前，城市生活垃圾支出主要用于安全处置方面，但即便这样，一些城市生活垃圾安全处置资金的缺口依然较大。在减量化方面，虽然国家已明确提出垃圾减量化，但还没有安排专项资金用于减量化管理。资源化方面，财政部 2012 年出台《循环经济发展专项资金管理暂行办法》，目的是提高资源利用效率，保护和改善环境，实现可持续发展，由中央财政预算安排专项用于支持循环经济重点工程和项目的实施、循环经济技术和产品的示范与推广、循环经济基础能力建设等方面的财政专项资金。对于城市生活垃圾，该项资金的支持范围是餐厨废弃物资源化利用和无害化处理，包括：餐厨废弃物收运体系建设；资源化利用和无害化处理项目建设；能力建设，包括电子信息管理平台、监测系统等。但对于生活垃圾中的其他资源，目前还需建立专项资金。生活垃圾处置服务属于公共物品，政府有必要对此进行补贴，对于贫穷的地区，国家应给予更多的配套资金。

审计、监察部门对垃圾处理费的安排和使用进行检查和监督。城市生活垃圾处理费的使用实行责任追究制度，对弄虚作假骗取专项资金，挤占、挪用专项资金等违法违纪行为，按照有关规定追究责任单位和责任人的责任。

地方财政部门应每年对生活垃圾资金是否按照规定的用途使用、是否在规定时间内使用、是否达到预期效果进行评估，识别出资金管理存在的问题，总结经验，以便完善下一年资金的分配及监管机制。

8.1.7 核查评估与处罚机制分析

城市生活垃圾的核查主要是指对垃圾卫生填埋场和焚烧厂安全处置的核查，核查主要以水和空气的排污许可证为手段，对其达标排放监测情况进行监督核实，具体内容请参照本书水和空气排污许可证部分。

对垃圾卫生填埋场和焚烧厂的处罚主要根据核查结果，依据地方政府执行的排污许可证制度进行行政和资金处罚。

问责是与各干系人的责任机制密切联系的，应根据城市生活垃圾管理的代际外部性，对地方政府设定评价体系和制度，针对干系人不同的权力和责任，根据权责一致的标准实施问责机制。对于地方政府在生活垃圾管理中的问责，主要通过绩效评估进行评价，即根据生活垃圾管理的安全处置、减量化、资源化等目标，设定指标体系，进行全方位评估。

8.2 生活垃圾管理政策评估

8.2.1 政策目标

生活垃圾管理的目标是减量化、资源化、无害化、低成本化。低成本化是在无害化的前提下社会成本最低化。生活垃圾管理目标之间的关系如图 8-3 所示。

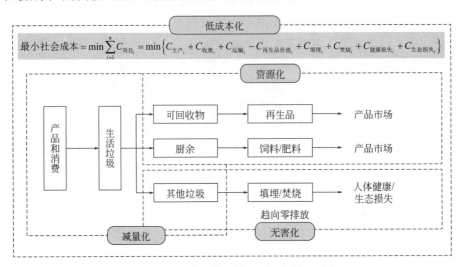

图 8-3 "四位一体"的生活垃圾管理目标

（1）无害化　无害化指所有人口产生的生活垃圾全部收集、密闭清运、安全处置，并达到水和空气的污染物排放标准和卫生标准，包括卫生条件控制、渗滤液达标排放、气味及有害气体控制、填埋气体回收等。焚烧的无害化是指空气污染物（尤其是二噁英）和工艺废水的排放达标、焚烧炉渣（一般固体废物）与飞灰（危险废物）安全处置等。无害化的过程需要资金投入，构成社会成本，但若不进行无害化，将产生更大的环境外部成本，即无害化是通过对生活垃圾的安全处置，将环境外部损失内部化，从而降低社会总成本。

（2）减量化　减量化指接受城市生活垃圾处置服务的人口通过源头（家庭和办公室）分类和资源回收，减少其他垃圾清运量。随着生活垃圾产生量不断增加，人工成本、处置标准的不断提高以及土地资源的稀缺性逐渐凸显，生活垃圾的无害化处理成本呈增加趋势。高昂的无害化处理成本，实际上为减量化提供了倒逼机制，通过一系列减量化措施，减少最终处置的垃圾量，从而实现社会成本的降低。

（3）资源化　分类是减量化的重要手段，但分类后需对可回收物进行回收再利用，否则就是一种浪费，如果最终依然进入无害化处置，社会成本仍然未降低。可以说，生活垃圾的减量化和资源化是相辅相成、协同实现的目标。资源化是指生活垃圾经过源头分类后，可回收物（如纸类、塑料、橡胶、金属、玻璃、织物等）进入回收系统被再生利用，即经修复、翻新、再制造后变成产品进入市场。可回收物被焚烧后回收热能或发电是生活垃圾处置的"副产品"，因为回收的热能不足以支付焚烧的成本。因此，将垃圾焚烧作为安全处置的方式，而不作为资源化方式。资源化目标是各类资源回收率的不断提高，最优资源回收率由回收的边际成本与边际收益相等而确定。

（4）低成本化　无害化、减量化、资源化均以降低整个社会的成本为最终目标，低成本化是贯穿整个生活垃圾管理过程的综合性目标。低成本化的含义是在满足安全处置的前提下，通过垃圾分类与减量、改进管理，实现生活垃圾处置的全社会成本最小化。生活垃圾处置的全社会成本指全生命周期的、社会为其安全处置所支付的并以市场价核算的成本，包括公共支出的成本（即实际发生的费用）以及未以货币形式体现的隐性成本（如土地成本）。低成本化，首先要求生活垃圾管理信息的公开，其次是源头分类、资源回收，最终其他垃圾减量，并降低安全处置的成本。

8.2.2　政策效果

根据环境政策评估的一般模式对现有生活垃圾管理政策进行评估。评估对象为有数据的地级及以上城市 2006～2015 年的生活垃圾管理状况。评估内容包括生活垃圾无害化、减量化、资源化、低成本化四方面。评估框架如图 8-4 所示，环节包括产生、收集、清运、转运、处理、处置、排放，涉及正式物流与非正式物流。

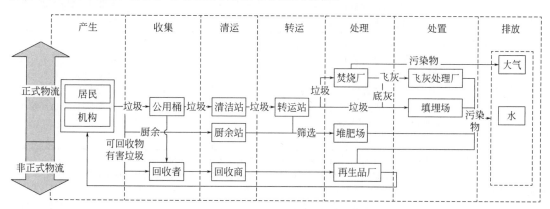

图 8-4　生活垃圾管理绩效评估框架

采用统计学中的描述统计对生活垃圾管理效果的各个指标进行分析。评估以二手数据为主，数据来自《中国城市建设统计年鉴》《中国环境年鉴》等。利用已公开的数据构建的评估指标体系如表 8-3 所列。

表 8-3　生活垃圾管理政策评估指标体系

指标名称	指标计算说明	单位	统计范围	评估年份	原始数据来源
市辖区生活垃圾收集覆盖率	设计指标：城区常住人口/市辖区常住人口×100％，（其中，城区常住人口＝城区人口＋城区暂住人口，市辖区常住人口＝市辖区人口＋市辖区暂住人口）	％	市辖区	2006～2015	城区人口、城区暂住人口、市辖区人口、市辖区暂住人口均来自《中国城市建设统计年鉴》

续表

指标名称	指标计算说明	单位	统计范围	评估年份	原始数据来源
市辖区生活垃圾无害化处理率	设计指标：城区常住人口/市辖区常住人口×城区生活垃圾无害化处理率（其中，城区常住人口＝城区人口＋城区暂住人口，市辖区常住人口＝市辖区人口＋市辖区暂住人口）	%	市辖区	2006～2015	城区人口、城区暂住人口、市辖区人口、市辖区暂住人口、（城区）生活垃圾无害化处理率均来自《中国城市建设统计年鉴》
城区生活垃圾无害化处理率	为年鉴统计指标：生活垃圾无害化处理量①/生活垃圾清运量②×100%	%	城区	2006～2015	（城区）生活垃圾无害化处理率来自《中国城市建设统计年鉴》
密闭车清运量所占比重	设计指标：密闭车清运量/生活垃圾清运量×100%	%	城区	2006～2015	密闭车清运量、生活垃圾清运量来自《中国城市建设统计年鉴》
人均生活垃圾日清运量	设计指标：生活垃圾清运量/(城区常住人口×365)（其中，城区常住人口＝城区人口＋城区暂住人口）	千克/(人·日)	城区	2006～2015	生活垃圾清运量、城区人口、城区暂住人口均来自《中国城市建设统计年鉴》
每万人市容环卫专用车辆设备数	设计指标：市容环卫专用车辆设备③数/城区常住人口（其中，城区常住人口＝城区人口＋城区暂住人口）	台/万人	城区	2006～2015	市容环卫专用车辆设备数、城区人口、城区暂住人口均来自《中国城市建设统计年鉴》
单位垃圾末端处置支出	设计指标：生活垃圾处理厂累计完成投资额④/(生活垃圾年实际处理量×15)＋生活垃圾处理厂本年运行费用⑤/生活垃圾实际处理量⑥（其中，垃圾处理厂平均使用寿命按15年计算）	元/吨	城区	2011～2015	生活垃圾处理厂累计完成投资额、生活垃圾处理厂本年运行费用、生活垃圾实际处理量来自《中国环境年鉴》

① 无害化处理量指报告期内生活垃圾通过卫生填埋、焚烧、堆肥等无害化处理的量。

② 生活垃圾清运量仅计算从生活垃圾源头和生活垃圾转运站直接送到处理厂和最终消纳点的清运量，对于二次中转的清运量不重复计算。

③ 市容环卫专用车辆设备指用于环境卫生作业、监察的专用车辆和设备，包括用于道路清扫、冲洗、洒水、除雪、垃圾粪便清运、市容监察以及与其配套使用的车辆和设备。对于长期租赁的车辆及设备也统计在内。

④ 生活垃圾处理厂（场）累计完成投资额指至当年末调查对象建设实际完成的累计投资额，不包括运行费用。

⑤ 本年运行费用指报告期内维持垃圾处理厂正常运行所发生的费用，包括能源消耗、设备维修、人员工资、管理费及与垃圾处理厂运行有关的其他费用等，不包括设备折旧费。

⑥ 本年实际处理量指报告期内对垃圾采取焚烧、填埋、堆肥或其他方式处理的垃圾总质量。

（1）无害化状况评估

① 市辖区生活垃圾收集覆盖率　生活垃圾收集服务属于城市基本公共服务范畴，各城市城区内很少有生活垃圾大量堆积的现象，因此可认为当前城区人口全部享有生活垃圾的收集服务。而市辖区除了城区的近郊地区，许多城市存在垃圾简易堆放现象。

表8-4为市辖区生活垃圾收集覆盖率描述统计的结果。标准差较小，说明城市之间的差异不大。如表8-4和图8-5所示，2006～2015年市辖区生活垃圾收集覆盖率均值呈波动变化状态，并没有提高的趋势。收集覆盖率普遍不高，2015年的均值为63.72%（图8-6）。从各城市情况可看出，省会和直辖市的收集覆盖多数在70%以上；个别城市生活垃圾收集

覆盖率极低，不足 20%。

表 8-4　市辖区生活垃圾收集覆盖率描述统计结果

年份	样本量（N）	最小值/%	最大值/%	均值/%	标准差
2006	274	9.48	100.00	64.16	24.81
2007	280	8.95	100.00	63.76	24.25
2008	284	12.92	100.00	64.81	23.85
2009	286	13.46	100.00	64.86	23.64
2010	260	11.59	100.00	61.23	21.90
2011	285	13.23	100.00	66.28	23.22
2012	287	15.63	100.00	65.85	22.86
2013	281	16.38	100.00	65.39	23.33
2014	287	16.21	100.00	65.09	22.07
2015	286	16.32	100.00	63.72	22.09

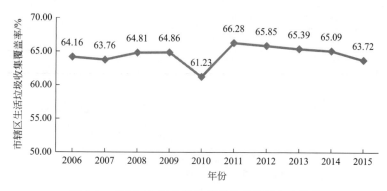

图 8-5　市辖区生活垃圾收集覆盖率均值变化趋势

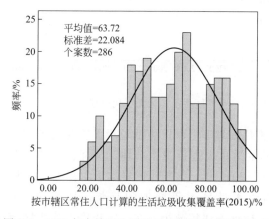

图 8-6　2015 年市辖区生活垃圾收集覆盖率频率分布

　　② 市辖区生活垃圾无害化处理率　一般无害化处理率仅代表城区范围内产生的生活垃圾无害化处理的比例，要考虑市辖区范围，则应将接收生活垃圾无害化处置服务的人口数量占市辖区常住人口的比重考虑在内。

表 8-5 为十年间全国市辖区生活垃圾无害化处理率的描述统计结果。同收集覆盖率，全国城市间差别不明显。如图 8-7 所示，2006～2015 年市辖区生活垃圾无害化处理率一直在波动，且总体水平较低。2015 年均值为 61.36%，与城区生活垃圾无害化处理率相差甚远。40% 左右的垃圾，主要是农村垃圾，没有经过收集或收集之后只采取简单堆放，未进行无害化处理。

表 8-5 市辖区生活垃圾无害化处理率描述统计结果

年份	样本量（N）	最小值/%	最大值/%	均值/%	标准差
2006	173	0.01	100.00	52.39	26.45
2007	215	3.05	100.00	54.99	25.52
2008	231	0.27	100.00	56.73	24.14
2009	241	0.71	100.00	57.84	24.29
2010	230	11.59	100.00	56.60	21.68
2011	257	10.82	100.00	60.58	23.57
2012	262	3.97	100.00	62.02	22.66
2013	237	6.70	100.00	59.73	24.75
2014	277	15.18	100.00	61.63	21.73
2015	281	10.01	100.05	61.36	22.01

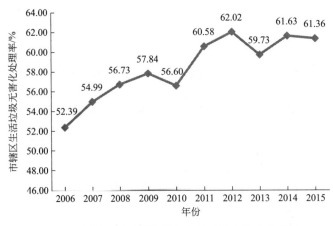

图 8-7 市辖区生活垃圾无害化处理率均值变化趋势

③ 城区生活垃圾无害化处理率　城区生活垃圾无害化处理率高。生活垃圾无害化处理率表示城区范围内产生的生活垃圾进行卫生填埋、焚烧、堆肥等无害化处理的量占生活垃圾清运量的百分比。2006～2015 年，该指标的样本量均在 182 以上，且除 2013 年样本量较前一年有下降外，整体样本量呈逐年增加的趋势，如表 8-6 所列。2015 年均值达到 96.34%，标准差为 9.6。标准差逐年减小，在一定程度上代表城市间差异的缩小。多数城市的城区生活垃圾无害化处理率在 80%～100% 之间，如表 8-6、图 8-8 所示，城区生活垃圾无害化处理率均值也在增加，说明城市近些年垃圾无害化处理设施建设取得了很大进步。但由于缺少生活垃圾处理厂运行过程中的渗滤液、焚烧废气等是否连续达标排放，以及厂区恶臭污染物的控制是否达到标准等信息，真正的无害化很难给出评估结论。

表 8-6　样本量城区生活垃圾无害化处理率描述统计结果

年份	样本量(N)	最小值/%	最大值/%	均值/%	标准差
2006	182	0.01	100.00	80.54	24.85
2007	220	8.40	100.00	84.82	21.36
2008	233	0.39	100.00	87.18	18.29
2009	241	2.00	100.00	88.78	18.45
2010	257	14.50	100.00	82.60	21.94
2011	266	10.92	100.00	85.18	21.13
2012	273	10.42	100.00	87.72	17.53
2013	240	18.76	100.00	91.01	15.01
2014	275	19.80	100.00	95.16	10.38
2015	282	11.61	100.00	96.34	9.60

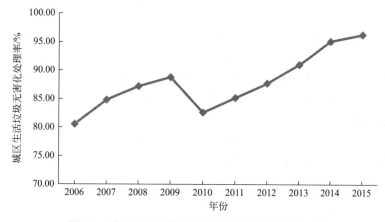

图 8-8　城区生活垃圾无害化处理率均值变化趋势

④ 生活垃圾简单填埋量　2015 年，全国有数据的地级及以上城市 282 个，其生活垃圾简单填埋量为 737.38 万吨❶，占垃圾处理量的 3.93%，见表 8-7 和图 8-9。简单填埋不是无害化处置，这部分生活垃圾产生的大量渗滤液不处理而直接排放，有污染地下水和土壤的风险，接近 4% 的简单填埋占比需要降低。

表 8-7　2015 年地级及以上城市生活垃圾无害化处理方式及比例

项目	无害化处理			简单填埋	生活垃圾处理
	卫生填埋	焚烧	其他		
处理量/万吨	11483.34	6175.53	354.39	737.38	18750.64
所占比例/%	61.24	32.94	1.89	3.93	100

⑤ 密闭车清运量所占比重　2006～2015 年，该指标统计量均在 225 个以上，且呈现增加趋势。如图 8-10 所示，2015 年该指标平均值为 93.84%，运输环保水平较 2012 年的

---

❶ 这里认为：生活垃圾简单填埋量＝生活垃圾处理量－生活垃圾无害化处理量。

90.09％有所提高，且运输环保水平逐年改善。密闭车清运量所占比重为 100％的城市数量逐年增加。从具体城市来看，2015 年省会和直辖市的该项指标均大于 90％。

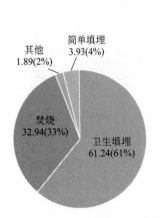

图 8-9　2015 年地级及以上城市
生活垃圾处理方式的比重

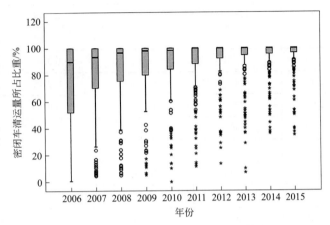

图 8-10　2006～2015 年地级及以上城市
密闭车清运量所占比重箱线图

（2）减量化状况评估　与减量化关系最密切的指标为生活垃圾清运量。生活垃圾清运量是指在产生的生活垃圾中能够被清运至垃圾消纳场所或转运场所的量，不包含在源头已进入回收系统的生活垃圾❶。由于生活垃圾产生量难以统计，统计部门及研究文献中采用的数据多为清运量，理论上虽小于生活垃圾产生量，但在源头进入回收系统的生活垃圾比例非常小，可认为两者相等。

以 2006～2015 年我国城市生活垃圾清运量描述统计指标平均值作图，如图 8-11 所示，除 2008 年为异常值外，整体呈增加趋势。

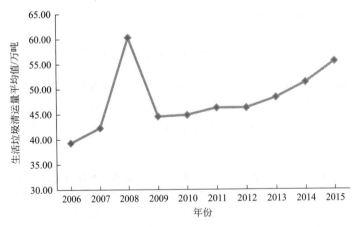

图 8-11　生活垃圾清运平均值变化情况

2006～2015 年我国城市市辖区常住人口描述统计指标如表 8-8 所列。对其中平均值一项作图，如图 8-12 所示，可看出该数据平均值在十年之间的波动变化，除 2015 年略高外，其他时候没有明显的增加或者减少。考虑到标准差在 200 左右，证明组内数据差别极大，平均值无法反映整体数据情况。

---

❶ 中国环境科学学会. 城市生活垃圾处理知识问答. 北京：中国环境出版社，2012：3.

表 8-8　2006～2015 年全国城市市辖区常住人口描述统计指标

年份	样本量（N）	最小值/万人	最大值/万人	均值/万人	标准差
2006	282	15	1693	146.28	182.94
2007	283	16	1712	145.85	184.11
2008	283	16.5	1771.7	135.39	137.47
2009	283	15.93	1995.52	144.38	176.36
2010	275	15.94	2015.43	148.57	184.37
2011	282	16.6	1284.74	143.72	147.78
2012	283	16.92	1286.12	147.40	148.07
2013	273	19.35	2096.46	157.46	192.86
2014	272	19.27	1986.23	147.40	173.87
2015	281	21.63	2124.73	178.51	216.34

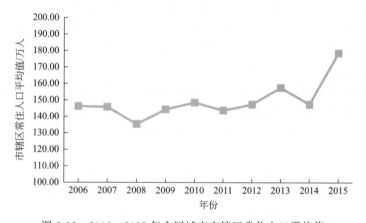

图 8-12　2006～2015 年全国城市市辖区常住人口平均值

　　第六次全国人口普查主要数据显示，与第五次人口普查相比，10 年间（2000～2010年）人口年平均增长 0.57%，呈上升趋势。国家统计局数据显示，2015 年中国城镇化率为56.1%，比 2006 年的 44.34% 高出不少。全国人口及城镇化率的增长合起来可推知市辖区常住人口的增加，生活垃圾清运量也在增加，前者很可能为后者增加的原因之一。

　　挑选出 2006～2015 年生活垃圾清运量变化最大的十个城市（五个为正向增长最多，五个为负向减少最多），对应列出其市辖区常住人口的变化，如表 8-9 所列。从表 8-9 中可看出：清运量增长最快的五个城市，人口年均变化率除咸阳市外均为正值，且比较大；清运量减少最快的城市，相应地，其人口年均变化率除七台河市之外，为负值或较小的正增长率，可认为人口的增加会带来生活垃圾清运量的增长，反之亦然。

表 8-9　2006～2015 年部分城市生活垃圾清运量年均变化率与人口年均变化率

省份	城市	清运量变化率/%	人口年均变化率/%
吉林省	吉林市	32.82	2.56
云南省	保山市	22.22	1.14

省份	城市	清运量变化率/%	人口年均变化率/%
陕西省	咸阳市	21.17	−0.31
浙江省	绍兴市	15.23	17.57
山东省	烟台市	14.37	2.34
黑龙江省	鹤岗市	−14.48	−0.34
黑龙江省	七台河市	−14.04	1.14
山西省	大同市	−13.48	0.62
黑龙江省	双鸭山市	−13.23	−0.53
黑龙江省	伊春市	−13.00	−0.03

本书中的减量化研究重点关注人均生活垃圾日清运量，即每人每天产生的生活垃圾量。研究显示，生活垃圾减量化的关键步骤是生活垃圾源头强制分类[3]，而源头分类实施效果很大程度上体现在人均生活垃圾日清运量这一指标上，因此该指标与生活垃圾减量化目标直接对应。另外，已有研究关注的生活垃圾清运总量虽能从一定程度上反映"垃圾围城"困境，但通过前文分析，总量多少与生活垃圾减量化效果却不能"挂钩"，还需考虑人口因素，故并不能以其评估城市生活垃圾管理绩效。人均生活垃圾日清运量将人口考虑在内，适宜作为管理绩效评估的指标，且加总可反映总量信息。同时，《生活垃圾分类制度实施方案》中垃圾分类责任和权益主体为居民个人，人均生活垃圾日清运量的管理意义比总量更为明显。因此，生活垃圾减量化用该指标表征具备较强科学性，以此评估全国城市生活垃圾减量化状况。

① 人均生活垃圾日清运量较高，减量化进展不明显 2006~2015 年，全国人均生活垃圾日清运量总体水平较高，2015 年为 1.33kg。如表 8-10 所列，十年间人均生活垃圾日清运量均值呈波动变化，证明垃圾减量化成果并不明显。如图 8-13 所示，人均生活垃圾日清运量均值与标准差均在波动且各年份数值总体差异不大。2015 年，绝大多数城市该项指标在 1kg 左右，分布较为集中（图 8-13、图 8-14），少数城市人均生活垃圾日清运量很高。

表 8-10 人均生活垃圾日清运量描述统计结果

年份	样本量(N)	最小值/[kg/(人·d)]	最大值/[kg/(人·d)]	均值/[kg/(人·d)]	标准差
2006	285	0.16	4.52	1.19	0.61
2007	286	0.37	4.79	1.93	0.57
2008	286	0.37	4.92	1.19	0.55
2009	285	0.36	4.92	1.16	0.55
2010	286	0.36	3.42	1.10	0.40
2011	285	0.46	3.31	1.11	0.41
2012	288	0.45	3.25	1.12	0.40
2013	244	0.09	5.52	1.26	0.54
2014	288	0.38	10.83	1.14	0.68
2015	287	0.47	5.49	1.33	0.56

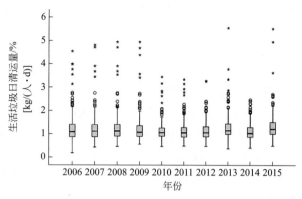

图 8-13　2006～2015 年人均生活垃圾
日清运量箱线图

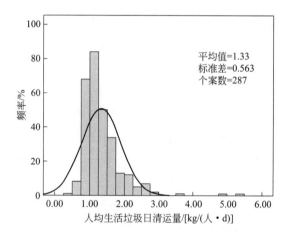

图 8-14　2015 年人均生活垃圾日清运量频率分布

　　有许多关注生活垃圾清运总量的研究[4-7]表明，影响清运总量的因素中，GDP 与年龄结构影响较大。考察人均生活垃圾日清运量受何因素影响，在此类研究基础上将影响清运总量的因素"扣除"总人数即可得出下列两点结论：

　　a. 人均 GDP 与生活垃圾产生及清运量存在正相关关系。人均 GDP 高，消费能力强。从表 8-11 中来看，清运量较高的城市经济普遍比较发达。

　　个体消费能力与年龄阶段也有关，一般而言年轻群体消费能力强于老年人，也相应地对生活垃圾产生量有较大贡献。根据《中国统计摘要 2015》，2014 年全国 15～64 岁阶段人口比重为 73.4%。生活垃圾日清运量最高的东莞市，其公布的 2010 年第六次全国人口普查数据显示该市常住人口中 15～64 岁人口占比为 89.49%，远高于全国平均水平。第二名的三亚市第六次全国人口普查结果显示，该市 15～64 岁人口占比为 77.67%，65 岁及以上老年人口占比仅为 4.68%，全国则为 10.1%，全市人口结构仍以劳动力为主，消费能力较强，故垃圾产生量及清运量相应较高。第三名的丽江市全市 5 个县（区）的人口中，0～14 岁的人口占总人口的 18.28%，15～64 岁的人口为 921118 人，占总人口的 74%，年龄结构与中国平均水平相似。但 2015 年丽江接待海内外游客达 3053 万人次，游客产生的垃圾不容忽视。

　　b. 除人口年龄结构、是否有大量游客外，城市环境卫生管理体系与管理效果也影响生活垃圾日清运量。尤其对于东莞等这样城镇化速度快的城市，建筑垃圾与大件家具的清运与处理不到位，将导致路边堆放大量建筑垃圾，最后还是由环卫部门清运、简单处理，统计指标与方法上的缺陷可能会使这一部分垃圾也被算作生活垃圾清运量，城市的人均生活垃圾日清运量也相应地提高。

分析人均日清运量较低、下降较快的城市。根据 2006～2015 年连续七年生活垃圾日清运量低于 1.0kg、均值低于 0.8kg 且较稳定，筛选出 9 个城市，见表 8-11。其中有 5 个城市的 2015 年市辖区人均 GDP 低于该年全国平均水平 5.2 万元。人均 GDP 与消费水平呈正相关，因此人均 GDP 低，消费水平相应低，产生的生活垃圾量也可能会较少。此类城市的生活垃圾管理也没有采取明显的减量化措施，可认为人均生活垃圾日清运量较低不是由高效的管理而是较低的 GDP 所致。

表 8-11 人均生活垃圾日清运量较低城市

城市		人均生活垃圾日清运量/[kg/(人·d)]											人均 GDP/元
省份	市	2006	2007	2008	2009	2010	2011	2012	2013	2014	2015	平均值	
广西	河池市	0.76	0.68	0.68	0.72	0.69	0.46	0.45	0.55	0.43	0.68	0.61	2875
四川	自贡市	0.6	0.62	0.65	0.83	0.72	0.7	0.59	0.84	0.8	0.92	0.73	26267
河北	唐山市	0.99	0.79	0.44	0.64	0.64	0.8	0.8	0.82	0.8	0.82	0.75	78525
河北	邯郸市	0.73	0.72	0.79	0.66	0.73	0.81	0.8	0.67	0.86	0.91	0.77	33555
广东	云浮市	0.93	0.67	0.7	0.61	0.7	0.73	0.2	0.85	0.76	0.94	0.77	29046
河南	洛阳市	0.81	0.71	0.65	0.85	0.44	0.62	0.82	1.03	0.82	0.96	0.77	52542
辽宁	盘锦市	0.73	0.72	0.68	0.6	0.67	0.81	0.88	0.98	0.85	0.91	0.78	88171
陕西	咸阳市	0.16	0.98	0.79	0.82	0.77	0.86	0.85	0.9	0.84	0.91	0.79	43494
辽宁	辽阳市	0.81	0.82	0.84	0.83	0.58	0.61	0.84	0.89	0.83	0.90	0.79	55316

另外筛选出 2006～2015 年人均生活垃圾日清运量无缺失值、下降幅度较大的 8 个城市，见表 8-12。从表 8-12 中可以看出，此类城市时间较早时人均生活垃圾日清运量高，近些年来该指标数值并没有明显的减小，只有 2006～2007 年变化非常大。该变化与政策的颁布关系密切。中华人民共和国建设部 2007 年 4 月颁布了新的《城市生活垃圾管理办法》，较 1993 年颁布实施的《城市生活垃圾管理办法》更完善、更科学、更具操作性和前瞻性。新的办法第一次以规章形式明确生活垃圾产生者缴纳城市生活垃圾处理费的义务，突出生活垃圾处理费缴纳的必要性，能提高居民对生活垃圾进行分类的意识，对生活垃圾源头减量化有重要意义。《城市生活垃圾管理办法》第十六条明确规定宾馆、饭店、餐馆及机关、院校等单位应当按照规定单独收集、存放本单位产生的餐厨垃圾，1993 年的《城市生活垃圾管理办法》并无明确规定。2007 年及之后的生活垃圾不包括餐厨垃圾，生活垃圾管理也有很大推进，故生活垃圾日清运量因此明显减少。

除普遍性的政策影响外，大同市于 2006 年 9 月起，开始在城市建成区范围内对产生生活垃圾的国家机关、企事业单位（包括交通运输工具）、个体经营者等征收城市生活垃圾处理费，也对人均生活垃圾日清运量的减少有帮助。山西省吕梁市 2011～2015 年该指标波动变化。吕梁市煤炭资源丰富，价格相对较低，居民冬季取暖所用能源多为煤炭。《山西省"十一五"城市生活垃圾无害化处理设施建设规划》第三章显示，炉灰较多、厨余物较少是山西城市生活垃圾的主要特点。生活水平的变化与煤价的变化可能会对吕梁市人均生活垃圾日清运量有影响，需要通过生活垃圾构成成分及统计学分析，讨论这两个因素的影响是否显著，在此基础上细致讨论吕梁市人均生活垃圾日清运量变化的原因。

国家政策的出台会使全国城市人均生活垃圾日清运量在 2006～2007 年两年间都有明显减少。

表 8-12 中八座城市 2006～2015 年人均生活垃圾日清运量指标下降较快。地方性的政策和管理进步才是特定城市人均生活垃圾日清运量与全国水平相比下降较快的驱动力。初期的大幅下降很可能是此类城市 2007 年以前的生活垃圾管理状况不太理想，国家政策出台后积极改进管理模式，当地的人均生活垃圾日清运量即从异常高的水平下降到平均水平。

表 8-12　人均生活垃圾日清运量下降较快城市

| 城市 | | 人均生活垃圾日清运量/[kg/(人·d)] | | | | | | | | | | 下降幅度/% |
省份	市	2006	2007	2008	2009	2010	2011	2012	2013	2014	2015	
山西	大同市	3.11	0.79	0.79	0.78	0.77	0.81	0.88	0.91	0.84	0.85	66.14
山东	滨州市	2.14	0.71	0.81	0.55	0.57	0.63	0.91	1.08	0.85	1.00	56.78
甘肃	张掖市	2.69	0.93	0.82	1.05	0.99	1.05	1.15	1.13	1.14	1.13	55.09
安徽	亳州市	2.74	1.13	1.18	1.13	1.12	1.01	0.89	0.85	1.34	1.59	53.00
黑龙江	七台河市	3.97	2.36	2.21	2.07	1.81	1.77	1.73	0.93	0.91	1.10	52.50
甘肃	平凉市	2.52	1.26	1.27	1.09	1.06	1.14	1.18	1.29	1.2	1.20	47.59
山西	吕梁市	2.31	0.97	0.94	0.97	0.97	1.16	1.04	1.13	1.12	1.58	47.25
黑龙江	绥化市	3.74	3.65	1.65	1.67	1.67	1.58	1.6	1.91	1.83	1.18	45.23

分析垃圾分类试点城市。国务院办公厅转发国家发改委、住房和城乡建设部《生活垃圾分类制度实施方案》中所明确的先行实施生活垃圾强制分类城市的生活垃圾日清运量。其中，绝大部分城市的该项指标在 2006～2015 年 10 年间的平均变化率为正值，只有 7 个城市年均变化率为负值，说明此类城市生活垃圾分类效果不是很明显。

分析旅游城市。中国优秀旅游城市的创建须依据《创建中国优秀旅游城市工作管理暂行办法》和《中国优秀旅游城市检查标准》，由国家旅游局验收组对创优城市检查验收，并达到"中国优秀旅游城市"标准的要求。我国自 1998 年公布第一批中国优秀旅游城市以来，截止到 2010 年末共有 337 座城市分九批通过了验收。其覆盖的城市过多，不具有考察的意义，故选择以 2014 年福布斯中国大陆旅游业最发达城市排行榜为参考。该排行以综合旅游收入最高的 100 个地级以上城市为候选，根据其年度国内旅游人数、入境旅游人数、国内旅游收入、旅游外汇收入、所在地的星级饭店数、4A 及以上旅游景区数等六个指标加权计算以确定最终排名。

从图 8-15 中可以看出，2014 福布斯中国大陆旅游业最发达城市排行榜中的 30 个城市

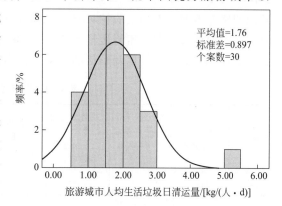

图 8-15　旅游城市人均生活垃圾
日清运量频率分布

2015 年时人均生活垃圾日清运量集中分布在 2kg/(人·d) 水平, 平均值为 1.76kg/(人·d), 而 2015 年有数据的城市, 该项指标的平均值为 1.40kg/(人·d), 前者大于后者。

30 个上榜城市中, 2015 年人均生活垃圾日清运量排名前五的城市为东莞市、杭州市、厦门市、苏州市、绍兴市, 接待旅游人次数据如表 8-13 所列。

表 8-13　前五名城市人均生活垃圾日清运量及接待旅游人次数据

城市	人均生活垃圾日清运量/[kg/(人·d)]	接待旅游人次/万人
东莞市	5.49	3199.09
杭州市	2.90	10932.56
厦门市	2.63	6035.85
苏州市	2.56	10630.6
绍兴市	2.32	7275.94

从表 8-13 中可看出, 旅游城市的 "旅游人口" 多, 而统计时这些人口并不被统计在城区常住人口与暂住人口中, 因此这部分群体产生的生活垃圾就被平均在城区人口上, 导致旅游城市人均生活垃圾日清运量较高。如果有游客的人均逗留天数等数据, 做一个简单的估算即能估计游客为旅游城市贡献了多少生活垃圾。

根据 2015 年东莞市公布的《东莞旅游城市建设发展规划》, 到东莞游客分景点游客及过夜游客两类, 前者停留时间多为一日或半日, 后者停留时间以两日以上为主。取平均停留时间为 1 天; 厦门市 2014 年全市旅游工作情况报告中, "争取游客人均在厦逗留时间超过 3 天", 可按平均逗留时间 2 天计;《2014 年苏州市旅游业年度报告》显示, 国内游客平均在苏州的逗留天数为 1.83 天, 可按 2 天计; 绍兴市旅游局 2007 年公布的《绍兴市旅游发展总体规划》显示, 游客在绍兴市平均逗留时间为 1.7 天, 可按 2 天计; 杭州市游客平均逗留时间没有相关数据, 取与以上城市相同的 2 天为游客平均逗留时间。

按旅游人次、平均逗留时间、全国人均生活垃圾日清运量❶, 计算的游客垃圾产生量如表 8-14 所列。通过旅游人数对上述城市人均生活垃圾日清运量数据进行调整得到的结果与原始数据差别不大。从游客产生的垃圾占比来看, 仅有绍兴市一座城市, 该比例高达约 25%, 调整后绍兴市人均生活垃圾日清运量为 1.73kg/(人·d), 相较未调整的数据更接近全国平均水平, 证明 "旅游人口" 对绍兴市人均生活垃圾日清运量较高有一大部分的贡献。其他四座城市的高人均生活垃圾日清运量则主要受旅游人口之外的因素影响。其中东莞市游客产生的垃圾仅占全年清运量的 2.3%, 游客对东莞市高人均生活垃圾日清运量的贡献可忽略不计, 东莞市该指标调整后的值依然偏高。

表 8-14　游客垃圾量折算结果

城市	接待旅游人次/万人	平均逗留时间/d	全国人均生活垃圾日清运量/[kg/(人·d)]	游客产生的生活垃圾总量/万吨	生活垃圾清运总量/万吨	游客产生垃圾占比/%	调整后人均生活垃圾日清运量/[kg/(人·d)]	原人均生活垃圾日清运量/[kg/(人·d)]
东莞市	3199.09	1	1.40	9.0	390.4	2.3	5.36	5.49

---

❶ 前文计算的 2015 年全国人均生活垃圾日清运量数据。

续表

城市	接待旅游人次/万人	平均逗留时间/d	全国人均生活垃圾日清运量/[kg/(人·d)]	游客产生的生活垃圾总量/万吨	生活垃圾清运总量/万吨	游客产生垃圾占比/%	调整后人均生活垃圾日清运量/[kg/(人·d)]	原人均生活垃圾日清运量/[kg/(人·d)]
杭州市	10932.56	2	1.40	30.6	352.0	8.7	2.73	2.90
厦门市	6035.85	2	1.40	16.9	161.6	10.5	2.36	2.63
苏州市	10630.6	2	1.40	29.8	239.9	12.4	2.24	2.56
绍兴市	7275.94	2	1.40	20.4	82.0	24.9	1.73	2.32

② 垃圾分类潜力大　生活垃圾成分可在一定程度上反映垃圾减量化潜力。以北京市的数据为例，北京市城六区生活垃圾成分如表 8-15 所列。如将北京现在的生活垃圾中可利用的物质再进一步分拣、回收，则将直接减少垃圾质量的一大部分，将厨余垃圾（主要成分为：树叶、杂草、蔬菜叶、水果皮、废弃食品类等）分类收集集中处理，不但可变成很好的肥料，而且生活垃圾质量将减少 50% 左右。

表 8-15　2011～2015 年城六区生活垃圾主要成分（湿基）变化情况　　　　单位：%

年份	厨余	纸类	塑料	木竹	灰土
2011	58.96	15.87	16.78	2.50	2.33
2012	53.96	17.64	18.67	3.08	2.15
2013	54.58	18.40	18.20	2.78	2.29
2014	53.89	17.67	18.70	3.08	2.15
2015	53.22	19.60	18.59	2.83	2.04

（3）资源化状况评估　本评估利用我国商务部流通业发展司中国物资再生协会《中国再生资源回收行业发展报告（2016）》《中国再生资源回收行业发展报告（2015）》及《中国资源综合利用年度报告（2014）》，对全国和案例城市的资源回收率进行评估。

① 全国废塑料和废纸资源综合利用率不高　我国 2009～2015 年，废塑料和废纸综合利用情况如表 8-16、表 8-17 所列。2009～2015 年，塑料消费量从 4170 万吨增至 7005 万吨，回收量从 1000 万吨增加至 1800 万吨，2015 年废塑料回收率为 25.7%。

表 8-16　废塑料综合利用情况

项目	2009	2010	2011	2012	2013	2014	2015
国内相对实际塑料消费量/万吨	4170	4693	5230	5467	5879	6787.37	7005
废塑料再生利用量/万吨	1732	2000	2188	2488	2154	2825.43	2735
国内回收量/万吨	1000	1200	1350	1600	1366	2000	1800
回收率/%	24.0	25.6	25.8	29.3	23.2	29.5	25.7

2009～2015 年，全国废纸综合利用量呈缓慢的上升趋势，综合利用率有所提高，但不明显（表 8-17）。2015 年，纸及纸板消费量为 10710 万吨，废纸综合利用量为 4832 万吨，废纸综合利用率约为 45.12%。

表 8-17 废纸综合利用情况

项目	2009	2010	2011	2012	2013	2014	2015
纸及纸板消费量/万吨	8569	9173	9752	10048	9810	11800	10710
国内废纸综合利用量/万吨	3762	4016	4347	4472	4377	4400	4832
国内废纸综合利用率/%	43.9	43.8	44.57	44.51	44.75	37.29	45.12

② 案例城市生活垃圾资源回收率评估 资源回收的原则是可回收物的边际回收收益等于边际回收成本。资源回收率计算方法，以纸类为例，资源回收率＝回收量/消费量＝（纸和纸板年消费量－丢弃在垃圾中纸的量）/纸和纸板年消费量×100%。其中，纸和纸板年消费量＝城区常住人口×纸和纸板人均年消费量；丢弃在垃圾中纸的量＝生活垃圾年清运量×纸类所占生活垃圾的比例（垃圾成分）。

我国纸和纸板人均年消费量为 75kg，据此估算案例城市纸类资源回收率，见表 8-18。北京、上海、深圳三个城市的纸类资源回收率差异较大。

表 8-18 案例城市生活垃圾中纸类回收率估算

城市	生活垃圾清运量/万吨	纸类所占比重/%	丢弃在垃圾中纸的量/万吨	城区常住人口/万人	纸和纸板年消费量/万吨	资源回收率/%
北京	790.33	19.60	154.90	2170.50	162.79	4.84
上海	613.20	10.58	64.88	2415.30	181.15	64.19
深圳	574.83	10.16	58.40	1137.89	85.34	31.57

北京市纸类资源回收率显著偏低，主要是由于生活垃圾组分中纸类占比较高。这是因为 20 世纪 90 年代以来定点社区再生资源收购网点消亡，新网点尚未建立。2007 年北京市进一步对非法再生资源回收站点进行取缔，2016 年关停不少废品集散地，导致其向外迁移，回收经营成本的提高使纸类等回收量下降，增加了北京市生活垃圾的处理压力。

（4）低成本化评估 以下略估算每万人市容环卫专用车辆设备数。

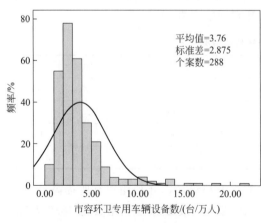

图 8-16 2015 年每万人市容环卫专用车辆设备数频率分布

2006～2015 年，每万人市容环卫专用车辆设备数逐年迅速增加，即运输环节的设备投入不断加大。如图 8-16 所示，2015 年均值在 3.77 台/万人，多数城市在 2.5 台/万人左右，且分布较为集中，投入平均水平逐年提高。

生活垃圾清运量越多，需要的市容环卫车辆设备就越多。统计数据所反映的情况为人均生活垃圾日清运量并无太大改变，而每万人市容环卫车辆设备数逐年增加，如图 8-17 所示。这样的趋势可能导致一部分设备处于闲置状态，有造成资源浪费的可能。

图 8-17　每万人市容环卫专用车辆设备数与人均生活垃圾日清运量平均数变化趋势对比

2015 年东莞市、三亚市、丽江市每万人市容环卫专用车辆设备数在 5 台之上。2014 年福布斯中国大陆旅游业最发达城市排行榜前 30 名中包含了东莞市，而三亚、丽江则是为人熟知的旅游城市，三者人均市容环卫车辆设备数的计算可能与人均生活垃圾日清运量的计算一样，受"旅游人口"的影响而偏大。

8.2.3　评估结论

（1）市辖区无害化处理水平有待进一步提高　城市生活垃圾无害化处理能力逐年提高且处于较高水平，但将市辖区农村部分包括进去，则无害化处理率水平下降，证明农村地区生活垃圾无害化处理管理亟需改进。

同时，其中市辖区生活垃圾收集覆盖率仅以城区常住人口与市辖区常住人口之比简单计算，但实际可能存在生活垃圾收集服务仅覆盖部分城区的情况。基于市辖区生活垃圾收集覆盖率计算的市辖区生活垃圾无害化处理率也因此有可能不真实，认为全部城区人口皆享有生活垃圾收集、处理服务会高估这两项指标数值，实际中收集覆盖率及无害化处理率将比报告中计算的可能还要低。严格来说，市辖区收集覆盖率及无害化处理率应用享有生活垃圾收集服务的街道、区域所包含人口表示，也因此要求政府管理部门提供更为详尽的数据，如某某街道、区域范围内有多少人口享有生活垃圾收集服务等。

另外，还需进一步加强完善无害化处理设施的空气和水污染物排放信息公布机制。

（2）减量化水平急需进一步提高　人均生活垃圾日清运量处于较高水平，九年来没有明显的下降趋势，这说明减量化水平仍需进一步提高。对于有些生活垃圾强制分类的城市，人均生活垃圾日清运量也没有出现明显下降。生活垃圾源头分类的管理是否能够保证分类工作的进行以及分类工作实施的成效，还需要进一步考察。

人均生活垃圾日清运量较高的城市［大于 2kg/（人·d）］有很大一部分是旅游城市，根据常住居民数量计算日清运量必然导致结果偏大。结合旅游人口及人均逗留时间、人均生活垃圾产生量，通过简单的估算发现五个案例城市除绍兴外，扣除旅游人口产生的生活垃圾，调整后的人均生活垃圾日清运量依然处于很高水平。按旅游人口调整后人均生活垃圾清运量高的可能原因：其一为将建筑垃圾、工业固体废物等与生活垃圾合并处理；其二为到该市短期打工的人口较多，常住人口的定义为"全年经常在家或在家居住 6 个月以上，而且经济和生活与本户连成一体的人口",指标计算中并不包含打工时间不足 6 个月的人口数量,这部分人口产生的生活垃圾量相应也就被常住人口"分担"。应对存在这两种情况的城市进行更细致的数据收集和统计,判断其生活垃圾管理状况。

城市人均生活垃圾日清运量较低,多与人均 GDP 低有一定关系。因此,人均生活垃圾清运量较低不能完全代表管理绩效高,在人民生活水平日益提高的情况下,应对生活垃圾进行合理、有效的管理,以求达到生活垃圾"零增长"。

(3)资源化水平有待进一步提高 生活垃圾资源化统计指标体系有待进一步完善,对全国用废纸和废塑料进行估算的资源回收率偏低,案例城市之间回收率差别大,进一步回收仍有很大空间。针对某些回收经营成本高导致回收量下降的城市,应思考建立合适的可再生资源回收体系,提升城市生活垃圾管理的资源化水平。

(4)低成本化要求精细化提供对应信息 环卫设备投入增长无法用市容环卫车辆精确表达。万人市容环卫车辆的概念界定不清晰,无法判断具体情况,城市之间各台车辆运输量及构造可能存在较大差别,不易判断运输管理成本几何。

8.3 生活垃圾管理政策设计

8.3.1 基于"四化"目标的城市生活垃圾管理新模式

现有的城市生活垃圾管理模式中,政府是管理责任的主体,同时也承担着垃圾收集、运输、处理、处置的工作职责,政府既是法规、标准的制定者,又是法规、标准的执行者与评估者。因此,在垃圾管理领域,政府职能的转变势在必行。

政府要从具体的管理事务中抽离出来,用特许经营的方式,让专业的机构做专业的事。政府要做的是宏观层面的制度设计、机制运作、标准制定、排放监管、信息公开,及在难以消除外部性的领域提供服务,要建立基于"四化"目标的城市生活垃圾管理新模式,如图 8-18 所示。

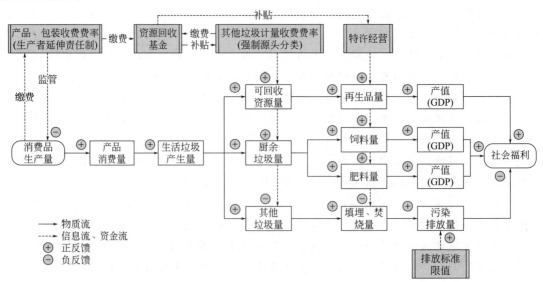

图 8-18 基于"四化"目标的城市生活垃圾管理新模式

在这种模式下：第一，政府在法规上明确产品生产商的减量责任及消费者的分类责任，实施生产者责任延伸制、强制源头分类政策，促进垃圾减量；第二，政府以特许经营的方式让服务企业承担回收、处理工作，实现产业链规模效益；第三，对垃圾填埋场、焚烧厂实施严格的排污许可证制度，消除排放外部性；第四，建立资源回收资金，以资金的收益与支出来运转、调控整个系统；第五，在管理的各个环节做到信息公开和公众参与。

基于"四化"目标的城市生活垃圾管理模式通过施加于垃圾管理系统的政策，能够起到垃圾源头减量、促进垃圾分类、提升资源回收率、降低填埋焚烧量、降低污染物排放量的政策效果，能在整个产业链上降低运输、填埋、焚烧的社会成本，最终增加社会福利。

8.3.2 政策目标建议

组织目标：确定权责集中的生活垃圾管理部门，成立资源回收基金委员会；法律法规建设目标：废弃物清理、资源回收再利用。两类法律法规及强制性标准体系初具雏形，法规资料库实现网络查询。数据平台建设目标：全国垃圾管理统计数据平台建立，垃圾量、管理成本、垃圾特性数据可查，生活垃圾全面信息公开实现。

分类减量效果目标：表 8-19 为关键绩效指标及目标值，力图在 15 年左右，垃圾管理机构运作顺畅，法律法规体系不断完善，统计体系全面建成，全国及各城市人均生活垃圾清运量减量率及资源回收率达到 60% 左右，农村生活垃圾无害化处理率达到 100%，并实现一定的资源回收率。

表 8-19 生活垃圾分类、减量关键绩效指标（建议）及目标值

关键绩效指标	评估体制	评估方式	衡量标准	全国目标值	重点城市目标值	其他城市目标值	农村目标值
人均生活垃圾日清运量减量率	既有组织	数据统计	$1-$[（人均日清运量÷历史最高年的人均日清运量）]$\times100$%	35%	45%	35%	—
资源回收率	既有组织	数据统计	[（资源回收量＋厨余回收量＋巨大垃圾回收再利用量＋其他项目回收再利用量）÷垃圾产生量]$\times100$%	35%	40%	35%	—

8.3.3 主要政策手段建议

（1）强制源头分类

① 鼓励源头分类试点　近年来，南京、广州、佛山等城市开始实施垃圾分类市场化运作，探索第三方服务模式，企业的参与使垃圾分类与下游产业链条得以衔接，以资源回收的价值支撑垃圾分类的宣传，使公众接受了垃圾分类的理念，市场化的运作方式取得了初步成效。现阶段，要通过政府指导、在大型社区引入企业、将补贴列入政府预算等方式，继续鼓励垃圾分类的试验和示范，并探索建立垃圾分类长效机制。

② 加快生活垃圾管理相关法律法规修订　我国生活垃圾管理法规包括《固体废物污染环境防治法》《循环经济法》《城市生活垃圾管理办法》等，虽然已初成体系，但一般性表述多且可操作性有待进一步加强[8]。建议加快对生活垃圾管理相关法律法规修订工作并制定细化管理条例。

a. 垃圾源头分类。要将垃圾强制源头分类纳入法律，并在法规中明确分类责任主体、分类与投放方法、奖励与惩罚措施等内容，用法律的权威性和确定性明确责任主体的权利

和义务。责任主体除了政府外，还要增加公民、社区物业公司、垃圾收运处置企业，用责任链条实现垃圾全流程强制分类。垃圾源头分类要从家庭、办公室开始，而非仅仅在小区摆放分类垃圾桶，要规定居民和办公室人员的责任，居民应将生活垃圾按照资源物、厨余和一般垃圾分类，并分类投放，居民或办公室要对分类的质量负责。城市应分类收集、分类运输，对于不遵守源头分类的单位和个人要有严格有效的惩处措施。

b. 资源回收利用。制定资源回收利用专项法律法规体系，规定回收资源的种类及回收方式。如可回收资源可以分为纸、废铝废铁、玻璃、塑料、干电池、日光灯管、废电子产品等类别。厨余垃圾可以分为生厨余、熟厨余（煮熟、含盐分的食品）。其他垃圾主要是卫生间的垃圾或沾了污垢的各种塑料包装等。对厨房垃圾和资源垃圾都不需要付费处理，而其他垃圾需要计量收费。

c. 生产者责任延伸制。生产者责任延伸制将促进资源回收。要制定分产品的生产者责任延伸制，如分为容器包装、电器电子、厨余垃圾、有害废弃物等，规定产品要标示使用的材质和再生资源的比例，要使用易分解、拆解或回收再利用的材质、规格或设计，产品要避免过度包装，并规定罚则，要求产品生产者自主回收或缴纳清除处理费。

d. 其他垃圾全成本计量收费。计量收费促进源头分类实现。计量收费可以其他垃圾随袋征收方式进行，通过购买防伪垃圾袋缴纳处理费，可促进家庭和机构实施源头分类。垃圾处理费要以垃圾处理的全社会成本为依据，并以一定的费率计算，即"垃圾处理费＝每单位垃圾处理的全社会成本×费率"。社会成本包括收集成本、转运成本和卫生填埋成本等，而不仅仅是末端处理的固定资产投资、运行维护费用。费率设定的目的是调节不同排放主体对成本的负担程度和垃圾分类管理推进的难度，不同时期居民的负担程度不同，从而避免由于前期垃圾处理费过高而引起过多非法处置行为，继而提升系统成本。对于非居民的垃圾处理费应设定较高的费率，体现多排放多负担的原则，刺激非居民机构进行废弃物的资源化回收，通过技术改造，减少污染排放。

e. 资源回收行业特许经营。要将鼓励垃圾管理领域的特许经营写入法律法规，制定资源回收行业发展规划，并根据规划要求控制进入市场的回收商的数量，即拥有特许经营权的回收商才能从事资源回收与再生利用活动。明确规定各回收商的服务区域、生产规模、回收种类、服务期限等内容，以达到降低成本、保证规模效益的目的。

（2）建立城市生活垃圾资源回收管理基金　生活垃圾资源回收管理基金（以下简称"基金"）为城市生活垃圾管理提供动力源泉，是管理的核心。资源回收基金的资金要全部用于生活垃圾管理。地级城市可以建立自己的资源回收基金，用于城市生活垃圾分类和资源回收等领域。基金需要设立日常管理机构，需要明确资金来源、支持对象、使用范围、申请程序和标准、监督检查、信息公开等内容。

①　生活垃圾资源回收基金管理委员会　基金管理委员会负责办理可回收物的回收再利用费用收支、回收与再生处理业的指导与管理、建立稽核认证制度、补助地方政府执行资源回收的倡导工作。生活垃圾资源回收基金内部可设基金收支管理委员会、稽核认证与监督委员会、费率核算委员会。其中，基金收支管理委员会主要负责基金收入和支出管理，包括对生产者征收回收处理费，对回收商与再生利用厂商的补贴。稽核认证与监督委员会主要负责根据产品的市场份额对生产者进行处罚，并负责对回收处理行业的补贴进行监督管理，包括补贴申请数量是否正确、补贴是否到位等。费率核算委员会主要负责核算生产者的回收处理费率、回收商的运费补贴费率、再生利用厂商的再生处理补贴费率。

要分产品类别管理基金，如分为容器包装、废非机动车辆、废轮胎、废润滑油、废铅酸电池、农药废容器、废电子电器物品及报纸杂志，设立分委员会，实施专款专用并分账管理。

② 资源回收管理基金的收入来源

第一，其他垃圾收集处理收费。费率由城市政府自行确定。该收费包括全成本征收的非居民单位其他垃圾处理费和居民的其他垃圾处理费。按照排放量计量收费。

第二，产品、容器的制造者、输入者和销售者缴纳的回收处理费及缴费的利息收入和其他收入（如生产者未及时、足额缴纳回收处理费的罚款收入）。建议由中央政府相关部门建立国家费率核算委员会，建立生产商管理目录，督导生产者根据生产产品的种类、市场份额缴纳回收清除处理费，及时定期公布费率。征收由城市政府制定具体办法执行。

第三，罚款。包括对产品生产商违反生产者责任延伸制的罚款和对机构、居民违反垃圾强制源头分类的罚款。因此，要对于违反法律法规的行为设置细致的处罚措施。

第四，中央政府的专项拨款。该项用于支持生活垃圾分类和资源回收。已有的各种项目水平的补贴、补助资金建议取消，转为专项拨款。例如，对于焚烧厂的建设，应当明确其他垃圾可回收物含量标准、热值标准或目标（推进分类）、人均生活垃圾日清运量标准或目标（推进分类）等指标，以阻止和减少不连续达标等现象的发生。

③ 资源回收管理基金的使用范围　生产者缴纳的回收清除处理费中的一定比例拨入信托基金，用于支付回收商、处理商经过稽核认证的实际回收清除处理补贴费。其余资金拨入非营业基金，可用来支付配合回收清除处理作业的各项补助、奖励、倡导、行政、应急管理等费用。

④ 资源回收基金管理信息公开　资源回收基金的预算编制及执行、决算编制，及其他重大决策均须程序合法并做到公开透明，官网公布，接受监督。

（3）推进生活垃圾管理领域特许经营　我国生活垃圾管理领域的公私合作模式（PPP）已较为成熟。许多城市采用 BOT（建设—运营—转让）方式兴建垃圾焚烧发电厂、填埋场，一些城市的清扫保洁服务也在尝试公私合作模式，如海口、深圳、贵阳，通过公私合作，提高了环卫保洁的专业化和机械化水平。

目前垃圾焚烧 BOT 竞争激烈，在垃圾焚烧的运营企业和部分的后端资源化企业都在谋求垃圾收运体系前端 PPP 发展[9]。因此，垃圾管理摆脱对焚烧模式的依赖尚有机会，政府要加快推进垃圾分类、收运、资源化领域的 PPP 发展。

垃圾分类、资源回收产业能否实现 PPP 并成功运转，取决于能否实现规模化运作，即垃圾分类回收企业只有被特许负责一定规模区域的居民垃圾收集时才能达到盈亏平衡。因此，要实现垃圾减量，就要保障中标企业在一定区域的经营权利，使其构造出"分类宣传—分类收集—分类运输—资源利用"的盈利模式，并在提高效益的驱动下，不断提高分类的专业性和资源化的程度。

目前，一些地区在垃圾分类领域试点第三方服务模式，一些企业试验了会员制、条形码、有偿回收、再生银行等方式，该领域 PPP 模式初见成效，但产业发展缺乏规划，也缺乏法律法规的规范、引导，要通过产业规划及法律法规的制定，建立分类、回收、处置的全方位的特许经营管理。

① 转变政府职能，不能"越位"和"缺位"　政府不能"越位"，处理好与市场主体的关系，减少由其下属单位直接负责垃圾清除处理的现象。政府不能"缺位"，要通过行业发

展规划、经营许可证等保证中标企业稳定经营；要提供必要的担保或对未来最低流量进行承诺；要充当规则的制定者和监管者，制定好公共服务提供的标准、做好监管；要将政府职责定位在外部性监管或服务效果难以量化的公共领域。

② 信息公开　特许经营模式的成功，取决于是否能引入公开透明的市场理念。要有与之配套的公开透明的招标制度和标书，建立暗箱操作者责任举报追究机制；公共服务的成本与利润做到信息公开，建立公开透明的公共服务定价机制。公开形成有效的约束机制，坚持公共利益最大化原则，实现项目利益分配盈利但不暴利。

（4）实施生活垃圾焚烧厂和填埋场排污许可证制度　通过排污许可证制度，保障焚烧厂和填埋场的达标排放，避免"低价中标、排放超标"现象。建议由省级生态环境部门为焚烧厂和填埋场发放排污许可证，解决地方政府的部分失灵问题。

尽快对焚烧厂和填埋场实施排污许可证。在排污许可证中，规定填埋场、焚烧厂所应满足的所有许可条件，包括：排污口设置及产污单元编号；排放浓度限值和排放量限值；受控设备运行维护要求；排放检测要求；检测数据记录要求；排放数据、守法情况、突发事故报告要求；守法责任声明。明确各类报告的报告频率、报告具体内容和报告格式。如24小时报告污染物排放合规情况，每6个月向管理部门提交偏差（超标）说明报告，每年度提交守法报告，出现异常情况需及时报告并采取纠正措施。

在填埋场、焚烧厂提供守法报告和证据的基础上，由排污许可证核发机关按照生态环境部制订的合规检查和评估计划编写指南，每年度制订合规检查计划，经生态环境部批准后，按计划对许可排污单位进行合规检查，用于评估合规情况和支撑执法行动。为了判定许可证规定的履行情况，为执法行动提供证据，地方管理机关可以制订年度监督检查计划，不定期对排污许可证的执行情况进行检查，包括现场视察、采样监测、遥感监测等行动。现场调查和监测可以不提前通知，检查过程中需要填埋场、焚烧厂负责工程师陪同协助，记录检查和监测情况，建立检查档案。排污许可证变更时可以参考检查记录，对填埋场、焚烧厂年度报告核证时也可以参考监督与检查报告。

填埋场、焚烧厂提供的数据、守法报告、合规检查与评估报告书的格式应由生态环境部统一制定，统一上传至全国排污许可证管理信息平台，非涉密内容可以在排污许可证信息管理平台公开，并使信息平台具备向各级管理部门、排污单位、研究机构、公众等不同对象开放特定使用权限的功能。

（5）信息公开与公众参与、管理绩效评估　信息公开与公众参与、管理绩效评估，是新管理模式有效运行的保障。通过立法保障信息公开的内容、主体责任、方式频率等，并建立生活垃圾管理年度评估制度。

① 信息公开与公众参与　生活垃圾管理信息公开的内容重点包括：第一，垃圾处理设施建设、运营的基本情况及污染排放信息，根据排污许可证的要求公开；第二，城市生活垃圾分类与清运环节的物质流、信息流、资金流、人员、设备、建设用地等相关信息；第三，资源回收环节的可回收物种类、数量、去向，回收商与再生利用厂商的回收利用情况；第四，成本核算所用信息资料及核算结果，具体包括垃圾收集、转运、处置各个环节的人员工资、工具设备、土地、基础设施建设、日常运营维护支出等信息，以及垃圾收集成本、转运成本、最终处置成本及成本结构以及总成本。

根据各部门在生活垃圾管理中的职责，生活垃圾无害化的信息公开主体是生态环境部门，减量化与低成本化的信息公开主体是建设部门，资源化的信息公开主体是生态环境部门和商务部门。信息主要通过各大部委网站、统计年鉴、统计公报、垃圾处理企业与回收再利用企业网站等渠道公开。信息公开频率应以满足评估及各方需求为依据，以月报为主，年底汇总，个别信息如填埋场和焚烧厂的连续监测信息要在场外和生态环境部门排污许可证管理平台实时公开。

② 城市生活垃圾管理绩效年度评估制度 建议中央政府建立城市生活垃圾管理绩效年度评估制度，每年公布城市生活垃圾管理绩效评估结果，可以委托第三方评估机构开展评估。评估服务购买按照《政府购买服务管理办法（暂行）》实施，列入中央政府有关部门的工作计划。

评估内容包括无害化、减量化、资源化和低成本化，应用已有的统计数据、城市调查、数据质量评估等评估和公布城市生活垃圾管理现状，促进城市政府提高城市生活垃圾管理绩效。除评估结果目标外，还要对城市政府的绩效进行评估，尤其是城市生活垃圾管理的社会成本。通过评估和信息公开，促进城市生活垃圾源头分类和资源回收，降低城市生活垃圾管理的社会成本。

思考题

1. 简述生活垃圾管理的基本原则和目标。
2. 简述生活垃圾源头分类的作用和主要政策。
3. 简述生活垃圾管理中信息公开和公众参与的作用。
4. 试述城市生活垃圾管理的干系人责任机制和行为动机的一致性。

参 考 文 献

[1] 宋国君，等. 环境规划与管理[M]. 武汉：华中科技大学出版社，2015：271.

[2] 城市生活垃圾处理费征收标准获批[N]. 汴梁晚报，2007.

[3] 杜倩倩，宋国君，马本，等. 台北市生活垃圾管理经验及启示[J]. 环境污染与防治，2014(12)：83-90.

[4] 张后虎，张倩倩，张毅. 江苏省城市生活垃圾清运量的相关因素分析及灰色模型预测[J]. 安全与环境工程，2012(1)：19-22.

[5] 姚建平. 居民生活垃圾及生活污水产生量的影响因素通径分析[J]. 环境科学与管理，2009(6)：40-42.

[6] 张治倩，张后虎，张毅敏. 太湖流域城镇地区人均生活垃圾年清运量变化趋势及相关因素分析[J]. 长江流域资源与环境，2010(S1)：201-206.

[7] 吕洪涛. 辽宁省城市生活垃圾清运量影响因素分析[J]. 环境保护与循环经济，2014(4)：42-43.

[8] 中国环境报. 生活垃圾处理法规亟待完善[EB/OL]. [2015-04-23] http：//www. huanbao. com/news/details34567. htm.

[9] 中国固废网. 薛涛：垃圾领域的 PPP 畅想[EB/OL]. [2014-08-30]http：//report. solidwaste. com. cn/2014/2014ljfslt/view. php？id=56763.

第9章 节能、可再生能源发展、温室气体减排和臭氧层保护政策分析

本章概要：节能政策显然有利于环境保护，并且与温室气体减排关系密切。节约能源是国家最重要的基本政策之一，促进能源利用技术的发展，价格等管理政策也是环境政策必须考虑的内容。污染控制和节能同时进步才是正确的。可再生能源的开发利用既可以说是节能政策，又可以说是温室气体减排政策。温室气体减排已经成为世界的共识，减排主要是在企业层面的任务，固定源排污许可证是主要政策，无论是碳税还是碳排放交易都要依据排污许可证实施。我国在臭氧层保护领域取得了很好的进展。

9.1 节能政策分析

9.1.1 概念界定及现状分析

能源按转换过程可分为来自自然界的一次能源，以及经一次能源加工转化得到的二次能源；按属性可分为太阳能、地热能、水能、风能等可再生能源，以及煤、石油、天然气、核能等不可再生能源（图 9-1）。能源是人类生产生活的动力来源，石油等化石能源还是石油化工所需的重要基础原料，具有明显的不可替代性。不可再生能源经人类开发利用后，在相当长的时期内不可再生。而能源资源供应的短缺会带来能源价格上涨，诱发能源危机，造成经济衰退，因此需要对不可再生能源进行节约利用。通常节能所指的是节约不可再生能源，重点关注常规化石能源的节约问题，而非可再生能源。《节约能源法》也指出：文件中所称能源，是指煤炭、石油、天然气、生物质能和电力、热力以及其他直接或者通过加工、转换而取得有用能的各种资源，即各种不可再生的一次能源以及由其转化得到的电力等二次能源。

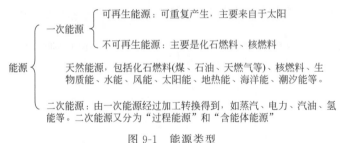

图 9-1 能源类型

我国《节约能源法》中的节能定义参考了世界能源委员会的观点，认为节能是指"加强用能管理，采取技术上可行、经济上合理以及环境和社会可以承受的措施，从能源生产到消费的各个环节，降低消耗、减少损失和污染物排放、制止浪费，有效、合理地利用能源"。这一定义包含了考虑成本效益、提高能效、以最小化环境和社会成本为代价利用能源

等多重含义[1]。

我国的节能政策可以分为两个阶段：第一阶段（1979～1990 年），能源供不应求，主要依靠强制性行政管理手段控制能源消费；第二阶段（1991～至今），随着经济体制由计划经济体制逐步转变为社会主义市场经济体制，煤炭、石油、电力领域市场定价机制逐步改善，节能管理也由行政手段逐渐转向市场经济手段与政府政策手段相结合[2]。能源价格的逐步提高也对降低能源消费起到了积极作用[3]，但总的来说：国家出于国计民生的考虑，能源的商品属性还需进一步强化，以便使能源价格准确反映市场供需信号[4]；更加准确反映稀缺性，遏制能源的过度消费；电力等能源行业还需进一步提高生产效率。因此，要进一步完善能源的市场经济管理机制，需要从如下方面着手：

首先，还原能源的商品属性，刺激用能者从利益最大化的角度自发进行节能活动。

能源具有明显的商品属性，而微观经济理论认为，价格是调节商品需求量的首要因素。

美国在第一次石油危机后将国产原油价格抑制在国际原油价格水平上的做法并没有起到抑制石油消费的作用，过低的价格反而使市场价格无法反映出真正的供需状况，最终导致能源过度消费。日本在节能管理中运用市场机制，调动了用能者的节能主动性。但其市场价格未反映出全部成本，导致日本政府只能通过制定强制能效标准的方式，避免企业通过提高产品价格来补偿成本。

我国未来的节能管理需要重点还原能源的商品属性，逐步放开价格管制，促进能源产业市场化，推进行业竞争改革，优化能源资源配置；运用市场化价格调控手段，将能源商品的稀缺性完全反映在价格中，运用市场信号促进节能；化石能源的稀缺性反映在价格中后，也为用能者使用技术逐渐成熟的可再生能源替代化石能源提供了充足的行为动机。但是，能源的自然垄断属性导致其不可能完全实现市场化。能源的生产及销售过程属于非自然垄断性业务，而电力等能源输送过程具有明显的自然垄断特性。因此，需要将两部分活动进行分割，能源输送业务仍由单个国有企业或被规制的私人企业承担，由法定专业和中立的机构（例如公用事业价格法庭、仲裁机构）在进行公听的前提下（包括费用承担者）确定价格，而能源生产及销售业务可进行竞争性经营，完全市场化定价。

我国"十三五"规划中明确提到了要全面放开电力、石油、天然气三大行业的竞争性环节价格。2015 年新一轮电改以政府定价转变为市场定价为目标，其"监管中间、放开两端"的核心思想就是针对电力行业的发电侧和售电侧这两大竞争性较强的环节还原电力的商品属性，建立市场化交易体系，刺激发售侧的有效竞争，形成主要由市场决定能源价格的机制，充分发挥市场配置资源的决定性作用，起到合理引导电力投资和消费的作用。

其次，对自然垄断的能源输送环节，以准公共物品理论进行全成本定价。

能源输送是典型的自然垄断产品，而自然垄断产品又被称为可排他非竞争性准公共品[5]。电力、石油、天然气等能源在输送网络建设中很难将部分人排除在享受商品之外，具有非排他性。同时，在能源供给充足和供应网络容量范围内，一个使用者的能源消费并不影响他人的消费，具有一定程度上的非竞争性。作为准公共产品，能源的自然垄断部分需要政府、供应企业、消费者多方参与定价，定价应该遵循全成本定价原则，将生产与消费过程中的社会成本全部纳入到总成本中，正确地确定能源产品的价格，社会成本可以通过定价和税收等方式来反映[6]。

目前，我国的能源价格还未实施全成本定价，价格尚未反映资源的全部稀缺性和负外部性。这一现象下，能源价格低于实际所耗费资源稀缺情况，导致能源价格信号对能源需求的调节作用减弱，进而使得能源使用效率低下。未来应该依据全成本定价原则，适当提高能源价格，以全面地反映能源资源的稀缺性及负外部性，通过提高用能成本的方式，抑制能源消费，刺激节能管理。为避免为企业带来过高的经济负担，可以考虑依据税收中性原则，使用环境税等收入减免企业生产过程税收、劳动税收、低收入群体税收等扭曲性税收，发挥"双重红利"，获取增加产出、促进就业、促进社会公平的作用[7]。

具体的定价过程可参考美国等市场经济体制国家的经验，经由听证会、价格裁决机构裁决。目前，虽然我国也有听证会制度，由政府定价，但还需进一步加强其引导公民参与公共决策的作用[8]。美国对于银行、出租车等不具有自然垄断特性的行业均进行充分竞争，其行业价格完全由市场决定，听证会无权操控；对于能源输送等自然垄断行业，通过价格听证会保证垄断企业不损害消费者的合法权益。美国的公听会由独立的行政法官来主持，类似于法院法官。民众及社会组织有权要求企业完全公开其成本信息，并对认为不合理的内容提出质疑。

另外，停止对能源供给侧的节能减排价格补贴，对重点技术创新给予全面研发补贴。

为使能源价格反映市场价值，应将竞争性环节的能源价格定价回归市场化。熊彼特经济增长理论中技术创新是推动经济发展动力的观点适用于我国节能产业发展，在技术研发阶段可给予百分之百的补贴，在技术推广阶段可给予一定比例的补贴，以降低技术的不确定性。

电力体制改革为我国电价定价机制合理化、有效降低输配电价、释放改革红利提供了机会，对企业进行智能电网、分散式能源建设技术革新提供了经济刺激。然而目前我国节能技术成本效益水平有待提高，需要以节能环保类补助资金的方式对技术研发环节给予补贴，帮助技术转向成熟发展。政府研发补贴可以解决企业在节能技术创新方面的收益风险问题，降低了技术发展的不确定性，在企业节能减排技术创新的投入和产出方面具有积极作用[9]。政府在技术创新从开发到市场化的不同阶段，应采用技术补贴、市场开发和竞争政策等多重手段进行干预[10]。

9.1.2 政策目标分析

节能政策目标包括宏观、中观和微观三个层面，即宏观层面的国家整体战略目标，中观层面的地区及部门行业节能目标和微观层面的企业、设备、产品节能目标。国家节能战略目标是《节约能源法》中规定的：推动全社会节约能源，提高能效，改善环境，促进经济社会全面协调可持续发展。中观层面的行业节能目标主要是行业单位产品能耗下降率等用能技术进步目标。从市场效率和成本最小化的角度来看，微观层面的企业节能目标应该是企业在能源产品价格信号和市场机制调节的作用下，出于成本效益最大化的目的自发地进行节能活动。

节能目标制定的思路是：宏观层次节能目标是国家整体的节能总目标、节能战略方案，以此为基准参考现实情况，分解出省级行政区节能总量、强度节能目标和重点行业部门节能目标，最终由各企业结合自身条件，设定年度节能目标，并分解到各车间，对生产工序制定详细的节能方案。节能总体目标主要由国务院通过《国民经济和社会发展总体规划》《节能减排五年规划》《节能减排综合工作方案》等形式规定。中观层次的行业节能目标由全国及地区《节能减排五年规划》、水泥石灰行业《行业节能减排达标工作方案》等形式制定。而微观层次的产品能耗目标、耗能设备能效目标、重点节能工程目标、企业节能目标，则通过《重点用能单位"百千万"行动》等文件对具体用能单位的产品、设备能耗水平进行规定，其中市场经济的作用有待加强。

中国现有主要节能政策目标如表 9-1 所列。

表 9-1　中国主要节能政策目标[①]

目标类别	目标描述	出处
总目标	推动全社会节约能源,提高能源利用效率,保护和改善环境,促进经济社会全面协调可持续发展	《节约能源法》（2016 年修订）
具体目标	全国五年能耗强度及总量控制目标。2020 年全国万元国内生产总值能耗相比 2015 年下降 15%,即达到 0.54 吨标煤/万元,能源消费总量控制在 50 亿吨标准煤以内	《"十三五"节能减排综合工作方案》（2016 年）
地区能耗强度目标	国务院制定全国 31 个省、市 2020 年能耗强度降低目标,具体包括:北京市、天津市、河北省、上海市、浙江省、江苏省、山东省、广东省降低 17%,安徽省、福建省、江西省、河南省、湖北省、河南省、重庆市、四川省降低 16% 等	《"十三五"节能减排综合工作方案》（2016 年）
	各省政府办公厅将省能耗强度目标分解至各市,例如:河北省将能耗目标分解为 2020 年石家庄市能耗强度降低 18%,承德市能耗强度降低 19% 等。各市再分解出各县(市)、区年度节能减排目标。各县(市)、区再将市能耗目标落实到各办事处	《河北省节能"十三五"规划的通知》（2017 年）等
地区能耗总量目标	国务院制定全国 31 个省、市"十三五"能耗增量控制目标,具体包括:北京市 800 万吨标煤,天津市 1040 万吨标煤,河北省 3390 万吨标煤等	《"十三五"节能减排综合工作方案》（2016 年）
	各省政府办公厅对国务院制定的省级节能目标进行细化,并将能耗强度目标分解至各市,例如:2020 河北省能源消费总量控制在 32785 万吨标煤,全省能耗增量控制目标 2890 万吨标煤,分解为石家庄市 363 万吨标煤,承德市 122 万吨标煤等。各市再分解出各县(市)、区年度节能减排目标。各县(市)、区再将市能耗目标落实到各办事处	《河北省节能"十三五"规划的通知》（2017 年）等
全国行业节能目标	2020 年全国单位工业增加值(规模以上)能耗相比 2015 年下降 18%,重点行业单位产品能耗数值及变化率目标,包括:2020 年火电供电煤耗 306 克标煤/(kW・h),相比 2015 年下降 9% 等。不同交通运输方式的单位运量能耗数值及变化率目标,包括:2020 年铁路单位运输工作量综合能耗 4.47 吨标煤/百万换算吨公里,相比 2015 年下降 5%。公共机构单位建筑面积能耗、人均能耗数值及变化率目标。终端用能设备效率及市场占有率目标,包括:2020 年燃煤工业锅炉(运行)效率达到 75%	《"十三五"节能减排综合工作方案》（2016 年）等
地区行业节能目标	2020 年各地区规模以上工业单位增加值目标、单位建筑面积能耗目标、交通运输单位周转量能耗目标、单位农业增加值能耗目标、单位商贸营业收入能耗目标、公共机构单位建筑面积能耗目标、重点产品单位产品能耗目标、主要耗能终端设备(产品)单耗目标等	《河北省节能"十三五"规划的通知》（2017 年）等
行业专项节能目标	2020 年底之前全部在产生产线能耗达到《行业单位产品能源消耗限额》标准要求。2020 年相比 2015 年的万元增加值能效、单位产品综合能耗下降率目标、各年度生产线能耗达标率目标。2020 年底大部分生产线节能减排指标达到国际领先水平	《水泥行业节能减排达标工作方案》（2016 年）等
重点节能工程目标	燃煤减压替代工程的产能淘汰目标、非化石能源发展目标、城市集中供暖和清洁能源供暖率目标、燃煤锅炉能效提高目标、余热余压利用率目标、机电系统运行效率目标、智慧节能工程节能量目标、建筑节能量目标等	《河北省节能"十三五"规划的通知》（2017 年）等
企业节能方案目标	各地区根据国家分解下达的能耗总量和强度"双控"目标,结合本地区重点用能单位实际情况,合理分解本地区"百家""千家""万家"企业五年及年度能耗总量控制和节能目标	《重点用能单位"百千万"行动》（2017 年）等

[①] 截止到 2018 年 5 月。

虽然近年来我国节能政策目标体系中的能耗指标更加合理化、精细化,指标分解流程更加完善,节能方案重点更加突出,可操作性更强,但现有目标体系仍有进一步提升空间。

（1）充分论证技术支撑宏观层次目标制定及分解

（2）提高中观层次目标的针对性

在中观层面，城市是最基本的行政单元，具有一定的政策制定自主权，上承国家节能减碳目标，下接街道、企业、居民等耗能单元，因此，城市节能目标的正确性直接影响到全国整体目标的实现程度。

城市间气候条件、经济发展、资源禀赋等客观条件存在很大差异，高产值、高资源禀赋地区对能源具有更高的刚性需求，经济结构、能源供需结构不同导致城市间节能潜力差异大。城市节能目标应根据城市实际能源供需情况确定，充分考虑城市节能目标与其客观条件及节能潜力的相关性，以符合边际收益等于边际成本的效率原则。

（3）依靠市场机制实现微观层次目标　在我国市场化经济体制改革的大背景下，微观层面上的企业节能目标应该交由市场运作来实现。政府需要正视能源的商品属性，充分发挥市场机制的调节作用，调动用能者节约能源的主动性。发挥节能市场机制的前提是能源产品价格扭曲的修正，当务之急应该是扩大能源供给行业的市场化改革力度，取消节能减排价格补贴，依据全成本定价的原则将资源稀缺性成本以及负外部性成本全部纳入能源价格中，向用能者发放正确的价格信号，为市场机制的运作提供必要条件。应避免在未经经济性论证时，就制定强制性的节能总量及强度目标。可以给出知识性的行业节能技术方法和能耗量，通过促进能源信息公开的方式使企业明确能耗现状，帮助其确定节能管理方向。

9.1.3　政策框架分析

我国节能政策体系结构完善，包含从法律、法规、规章到规范性文件四个层次。具体节能政策清单见表9-2。

表9-2　我国节能政策清单

项目	政策名称	颁布机关	实施机构
法律	节约能源法(2016修订)	全国人大常委会	各级人民政府、国务院各部委
行政法规	公共机构节能条例(2017修订)	国务院	各级人民政府、国务院各部委
	民用建筑节能条例(2008)	国务院	各级人民政府、国务院各部委
部门规章	重点用能单位节能管理办法(2018)	国家发改委	各级人民政府、发改部门
	固定资产投资项目节能审查办法(2016)	国家发改委	各级人民政府、发改部门
	工业节能管理办法(2016)	工信部	各级人民政府、工信部门
	节能监察办法(2016)	国家发改委	各级人民政府、发改部门
	能源效率标识管理办法(2016)	国家发改委	各级人民政府、发改部门
	节能减排补助资金管理暂行办法(2015)	财政部	各级财政部门
	中央企业节能减排监督管理暂行办法(2010)	国务院国有资产监督管理委员会	各级人民政府、国有资产监管部门
	高耗能特种设备节能监督管理办法(2009)	国家质量监督检验检疫总局	各级人民政府、质检部门
	民用建筑节能管理规定(2005)	建设部	各级人民政府、建设部门
	全国在用车船节能产品(技术)推广应用管理办法(1995)	交通部	各级人民政府、交通部门

近年来，我国颁布及修订节能政策的频率明显提高。以修订《节约能源法》、出台《公共机构节能条例》为标志，节能政策得到了较快的发展，上层法律法规逐渐充实。2016 年《节约能源法》修订了固定资产投资项目节能评估和审查制度内容，该部分内容规定：不符合强制性节能标准的项目，建设单位不得开工建设；已经建成的，不得投入生产、使用；强调了政府投资项目不符合强制性节能标准的，依法负责项目审批的机关不得批准建设。《节能减排综合工作方案》等给出了能耗"双控"目标，以及工业、建筑、交通运输、商贸流通、公共机构、重点用能单位、重点用能设备这几大重点领域的节能目标和具体行动方案，提出燃煤锅炉节能环保综合提升等 11 项重点节能工程，指出将通过完善价格收费政策和财政税收激励政策的方式推动全国节能工作进程。但总的来说，我国的节能政策仍有进一步改善空间：

（1）补充完善重点领域节能条例　一般来说，政策体系包括四个层次，即法律、行政法规、部门规章以及标准等规范性文件。法律是最高层次的，也是制定行政法规、部门规章和规范性文件最基本的依据。下一层次的政策要求应当服从并且严格于上一层次的政策要求。目前我国节能政策体系中规范性文件居多，行政法规、部门规章较少。

在行政法规层面上，需完善工业、交通运输等重点领域的节能条例，作为协调部门规章之间关系及节能职能划分的关键，行政法规可保证该领域拥有节能管理的行业纲领性文件。在部门规章层面上，工业部门、公共机构、民用建筑、交通运输、重点耗能单位、重点耗能设备均具有节能管理办法，但交通运输及重点用能单位的节能管理办法急需修订，提高问题背景、节能目标、管理手段时效性。现有节能标准体系尚需实现重点行业、设备节能标准的全覆盖。

（2）进一步降低对行政命令的依赖　我国节能政策在手段选择上仍然是以行政命令型为主、经济刺激型和劝说鼓励型为辅。受我国传统经济增长模式和产业结构特点影响，目前在各种用能单位当中，对国民经济贡献较大且同时对我国节能降耗总体目标实现形成最大障碍作用的，依然是某些高耗能的重点用能产业和单位。命令控制型手段虽然较为直接快速，但在经济效率和公众参与方面欠缺，且有造成权力寻租的可能。

能源资源品价格作为市场的供求关系信号，是决定供给者与购买者行为的关键。若价格机制完全放开，使电力等清洁高效能源与煤炭资源之间的价格差异能够引导购买者出于自身利益最大化考虑，自发使用高效能源消费替代低效能源消费。

（3）配套政策应紧密跟上　《公共机构节能条例》等上层行政法规出台时，还需配套出台相应的部门规章和行业标准，以免公共机构节能项目建设、政府绿色采购等节能手段缺乏明确的方案引导和财政支持，导致政策可操作性降低，政策执行效果打折扣。《节能减排补助资金管理暂行办法》提出：根据节能减排工作性质、目标、投资成本、节能减排效果以及能源资源综合利用水平等因素，主要采用补助、以奖代补、贴息和据实结算等方式，对资金进行分配。目前除太阳能光电建筑领域外，其他领域还需未配套完善的补助资金工作方案，对补助对象认定标准、补助金额标准作出详细规定。

（4）政策需更具前瞻性　我国节能政策多以五年为期，目前的节能政策规定主要针对十三五期间，对于五年之后应该达到的目标和实现的产业政策没有涉及，而且由于设备、工艺、技术改进所产生的节能效果会滞后体现，需要制定更加长远的政策。

9.1.4 政策手段分析

(1) 命令控制型政策

① 节能目标多级下达与强制完成　各级政府以行政命令的方式，向各市县和重点企业分配节能指标。《节能减排综合性工作方案》将全国万元国内生产总值能耗下降率和能源消费总量控制目标分解到各省市。各省依据各自的节能规划将节能目标分解到下属市，并进一步分解至各办事处、乡（镇）及企业。各级政府分别对"百千万"重点用能单位设定能耗总量及强度目标。

② 节能目标考核　各级政府必须把节能纳入发展规划，建立节能统计、监测和考核体系，定期上报节能工作。节能目标完成情况作为对地方人民政府及其负责人考核评价的内容，实行节能减排"一票否决"制和问责制，作为政府领导干部综合考核评价和企业负责人业绩考核的重要内容。对未完成能耗强度降低目标的省级人民政府实行问责，对未完成国家下达能耗总量控制目标任务的予以通报批评和约谈。对重点单位节能减排考核结果进行公告并纳入社会信用记录系统。

③ 项目审批与开工建设强制节能标准　《节约能源法》中明确规定不符合强制性节能标准的项目不得开工建设；已经建成的不得投入生产、使用；政府投资项目不符合强制性节能标准的，依法负责项目审批的机关不得批准建设。《节能减排综合性工作方案》指出对未完成节能目标的地区暂停该地区新建高耗能项目的节能评估和审查，对未完成节能目标的重点节能单位暂停审批核准新建、扩建高耗能项目。

④ 控制能耗增量，优化产业、能源结构　《节能减排综合性工作方案》中明确规定，国家严格控制新建高耗能、高污染项目，适当提高建设项目节能准入标准。加大电力、钢铁、建材等行业落后产能的淘汰力度，制定淘汰的用能产品、设备、生产工艺的目录和实施办法，鼓励发展低能耗、低污染的先进生产能力。生产过程中耗能高的产品的生产单位，执行单位产品能耗限额标准，超过单位产品能耗限额标准的生产单位，要求限期治理；高耗能的特种设备，实行节能审查和监管。部分地区强制推进煤改电、煤改气、散煤清洁能源替代工作。

(2) 经济刺激型政策

① 税收政策

a. 对使用列入《节能节水专用设备企业所得税优惠目录》中的节能设备的企业，实行企业所得税优惠。

b. 对综合利用《资源综合利用产品和劳务增值税优惠目录》中所列资源，满足对应技术标准和相关条件的纳税人，给予产品和劳务增值税优惠。

c. 对从事国家鼓励类项目的企业进口自用节能减排技术装备且符合政策规定的，免征进口关税。

d. 对列入《享受车船税减免优惠的节约能源使用新能源汽车车型目录（第三批）》的节约或使用能源汽车，减半或免除征收车船税。

e. 鼓励先进节能技术、设备的进口，控制在生产过程中耗能高、污染重的产品的出口。

f. 对符合条件的节能服务公司实施合同能源管理项目，取得的营业税应税收入，暂免征收营业税。对节能服务公司实施符合条件的合同能源管理项目，将项目中的增值税应税货物转让给用能企业，暂免征收增值税。

g. 实行有利于节约能源资源的税收政策，健全能源矿产资源有偿使用制度，促进能源资源的节约及其开采利用水平的提高。

② 价格政策

a. 对单位能耗超标的装置或建筑所用电量，向用户征收高于普通电价的差别电价。

b. 对《部分高耗能产业实行差别电价目录》中的行业实施阶梯电价政策，促进节能降耗。

c. 对能耗超限额产品、能耗水平不达标且拒不整改的企业实行惩罚性电价。

d. 实行峰谷分时电价、季节性电价、可中断负荷电价制度，鼓励电力用户合理调整用电负荷。

③ 财政补贴　《节约能源法》中规定中央财政和省级地方财政安排节能专项资金，支持节能技术研究开发、节能技术和产品的示范与推广、重点节能工程的实施、节能宣传培训、信息服务和表彰奖励等。《节能减排补助资金管理暂行办法》中表示可对节能减排体制机制创新，节能减排基础能力及公共平台建设，节能减排财政政策综合示范，重点领域、重点行业、重点地区节能减排，重点关键节能减排技术示范推广和改造升级工作给予财政补贴。《节能技术改造财政奖励资金管理办法》规定，对企业节能技术改造项目按改造后实际形成的节能量给予奖励，标准为东部地区 240 元/吨标煤，中西部地区 300 元/吨标煤。

④ 政府采购　推广节能环保服务政府采购，推行政府绿色采购，政府采购监督管理部门在采购名录中优先列入取得节能产品认证证书的产品、设备。

（3）劝说鼓励型政策

① 能效标志与节能产品认证　国家对家用电器等使用面广、耗能量大的用能产品，实行能源效率标志管理；生产者和进口商应当对列入国家能源效率标志管理产品目录的用能产品标注能源效率标志，并对其标注的能源效率标志及相关信息的准确性负责；用能产品的生产者、销售者，可以根据自愿原则，申请节能产品认证。

② 能源统计制度　国家通过实施节能统计制度，完善能源统计指标体系，改进和规范能源统计方法，提高数据的完整性和真实性。要求能源统计部门定期向社会公布各省、自治区、直辖市以及主要耗能行业的能源消费和节能情况等信息，有助于减少信息的不对称，提高公众的节能意识，加强对政府和企业的监督。

③ 节能宣传　在节能减排的宣传和号召方面，发改委联合其他相关部门制定并发布了《全民节能行动计划》，包括了社区、家庭、青少年、企业、军营、政府机构、科技、科普、媒体的节能减排行动。

（4）政策手段总结　我国节能政策手段总结见表 9-3。

表 9-3　我国节能政策手段总结

类别	手段	领域	问题
命令控制	目标多级下达	各省、市、县、重点企业节能总量及效率目标分配	节能目标逐级分配的数值还需更科学
	目标考核	地方领导干部、千家企业领导、一票否决	完善操作细则，政绩考核与节能挂钩
	项目建设标准	不符合强制性节能标准的项目不得开工建设	需建立强制性制度
	优化产业结构	建设项目节能准入标准；落后产能淘汰；能耗超标生产单位限期治理	明确落后产能定义标准，避免地方保护主义存在。强调命令控制手段，应兼顾成本效益原则

类别	手段	领域	问题
经济刺激	税收政策	资源综合利用企业、节能节水专用设备企业、新能源汽车、节能服务,能源资源税收政策	科学制定相关优惠目录,充分论证其合理性、全面性
	价格政策	差别电价、惩罚性电价、峰谷电价	资源品价格,要能传递正确的价格信息,要有利于经济结构转型
	财政补贴	重点节能项目、高耗能行业、高效节能产品	进一步明确节能减排补助资金发放标准及金额标准
	政府采购	政府绿色采购	优先采购名录有待优化,进一步规范具体采购流程
劝说鼓励	能效标志和节能产品认证	用能产品	补充完善节能产品认证详细管理办法
	能源统计	能效指标体系设计,信息公开	统计指标尽管全面,提高数据质量,确保数据真实,充分公开信息内容
	节能宣传	提高居民节能意识	优化宣传方案,加强宣传效果

未来应在还原能源商品属性的前提下,加强市场化价格调控手段的运用,将能源的稀缺性完全反映在价格中,促使用能者根据价格信号自发选择节能方案及节能量。取消节能目标分解、产业结构调整等行政命令控制手段,取消造成能源价格扭曲的税收、价格、补贴政策,取消市场机制下无效的能源统计制度。

9.1.5　干系人责任机制分析

中央及各级地方政府负责:①实行节能目标责任制和节能考核评价制度,将节能目标完成情况作为对下级政府及其负责人考核评价的内容;②监督管理建筑节能工作,制定建筑节能专项规划,制定并完善建筑节能标准体系;③对固定资产投资项目进行节能审查;④节能监察机构对能源生产、经营、使用单位执行节能法律、法规、规章和强制性节能标准的情况等进行监督检查,对违法违规用能行为予以处理;⑤财政部将节能减排补助资金下达地方或纳入中央部门预算,对资金使用情况进行监督检查和绩效考评;⑥实行有利于节能和环境保护的产业政策,限制发展高耗能、高污染行业,发展节能环保型产业;⑦国家发改、财税部门通过制定相关价格、税收、补贴、信贷政策,鼓励淘汰落后产能、资源综合利用、节能节水设备利用、新能源和可再生能源开发利用,促进节能技术创新与进步;⑧开展节能宣传和教育,将节能知识纳入国民教育和培训体系,普及节能科学知识,增强全民的节能意识,提倡节约型的消费方式;⑨对落后的耗能过高的用能产品、设备和生产工艺实行淘汰制度;⑩对家用电器等使用面广、耗能量大的用能产品,实行能源效率标识管理;⑪鼓励节能服务机构的发展,支持节能服务机构开展节能咨询、设计、评估、检测、审计、认证等服务。

用能单位负责:①建立落实节能目标责任制、节能计划、节能管理和技术措施;②落实固定资产投资项目节能评估和审查制度;③执行用能设备和生产工艺淘汰制度;④执行强制性节能标准;⑤执行能源统计、能源利用状况分析和报告制度;⑥设立能源管理岗位、聘任能源管理负责人;⑦执行用能产品能源效率标志制度。其中,重点用能单位需要每年向管理节能工作的部门报送上年度的能源利用状况报告。能源利用状况包括能源消费情况、能源利用效率、节能目标完成情况和节能效益分析、节能措施等内容；设立能源管理岗位，在具有节能专业知识、实际经验以及中级以上技术职称的人员中聘任能源管理负责人，并报管理节能工作的部门和有关部门备案。

建筑建设单位负责：①在进行政府投资项目时，在报送项目可行性研究报告前，取得节能审查机关出具的节能审查意见；在进行企业投资项目，在开工建设前取得节能审查意见；②在建设过程中，严格执行建筑节能标准要求；③在民用建筑工程扩建和改建时，对原建筑按照建筑节能标准要求进行节能改造；④在售房时，向购房人明示所售房屋的节能措施、保温工程保修期等信息，在房屋买卖合同、质量保证书和使用说明书中载明，并对其真实性、准确性负责。

公共机构负责：①制定年度节能目标和实施方案；②加强能源消费计量和监测管理，向本级人民政府管理机关事务机构报送上年度的能源消费状况报告；③进行能源审计，并根据能源审计结果采取提高能源利用效率的措施；④优先采购列入节能产品、设备政府采购名录中的产品、设备，禁止采购国家明令淘汰的用能产品、设备。

9.1.6　管理机制分析

《节约能源法》（2016 年修订）中规定：

国家能源委员会负责研究拟订国家能源发展战略。国家能源局负责统筹能源行业，拟订并组织实施能源行业规划、产业政策和标准，发展新能源，促进能源行业节能和资源综合利用。国家能源委员会办公室的工作由国家能源局承担。

国务院管理节能工作的部门负责主管全国的节能监督管理工作，对节能法律、法规和节能标准执行情况的监督检查，依法查处违法用能行为；会同国务院有关部门制定固定资产投资项目节能评估和审查制度具体办法；制定并公布淘汰高耗能产品、设备和生产工艺的目录和实施办法；对超过单位产品能耗限额标准用能的生产单位责令限期治理；会同国务院产品质量监督部门制定并公布实行能源效率标识管理的产品目录和实施办法；会同国务院有关部门制定电力、钢铁、有色金属、建材、石油加工、化工、煤炭等主要耗能行业的节能技术政策，推动企业节能技术改造；会同国务院科技主管部门发布节能技术政策大纲，指导节能技术研究、开发和推广应用。

国务院标准化主管部门会同有关部门依法组织制定有关节能的国家标准、行业标准，并适时修订；制定强制性的用能产品、设备能源效率标准和生产过程中耗能高产品的单位产品能耗限额标准。

国务院建设主管部门制定和发布关于建筑节能的国家标准、行业标准，并监督检查在建建筑工程执行建筑节能标准的情况；对使用空调采暖、制冷的公共建筑实行室内温度控制制度；对实行集中供热的建筑分步骤实行供热分户计量、按照用热量收费的制度。新建建筑或者对既有建筑进行节能改造，按照规定安装用热计量装置、室内温度调控装置和供热系统调控装置。

国务院交通运输主管部门负责全国交通运输相关领域的节能监督管理工作，并制定相关领域的节能规划。鼓励开发、生产、使用节能环保型汽车、摩托车、铁路机车车辆、船舶和其他交通运输工具，实行老旧交通运输工具的报废、更新制度；开发和推广应用交通运输工具使用的清洁燃料、石油替代燃料。

国务院统计部门负责会同国务院管理节能工作的部门定期向社会公布各省、自治区、直辖市以及主要耗能行业的能源消费和节能情况等信息。

国务院和县级以上地方各级人民政府机关事务管理部门负责制定和组织实施本级公共机构节能规划；制定本级公共机构的能源消耗定额，财政部门根据该定额制定能源消耗支出标准。

省级人民政府负责每年向国务院报告节能目标责任的履行情况；合理调整产业结构、企业结构、产品结构和能源消费结构，推动企业降低单位产值能耗和单位产品能耗，淘汰落后的生产能力，改进能源的开发、加工、转换、输送、储存和供应，提高能源利用效率。

县级以上人民政府负责组织编制和实施节能中长期专项规划、年度节能计划；建立健全能源统计制度，完善能源统计指标体系，改进和规范能源统计方法，确保能源统计数据真实完整；加强城市节约用电管理，严格控制公用设施和大型建筑物装饰性景观照明的能耗；优先发展公共交通，加大对公共交通的投入，完善公共交通服务体系，鼓励利用公共交通工具出行；鼓励使用非机动交通工具出行；把节能技术研究开发作为政府科技投入的重点领域，支持科研单位和企业开展节能技术应用研究，制定节能标准，开发节能共性和关键技术，促进节能技术创新与成果转化；加强农业和农村节能工作，增加对农业和农村节能技术、节能产品推广应用的资金投入。

（1）资金机制分析　中央财政和省级地方财政设有节能专项资金，用于节能减排体制机制创新，节能减排基础能力及公共平台建设，节能减排财政政策综合示范，重点领域、重点行业、重点地区节能减排，重点关键节能减排技术示范推广和改造升级，以及其他经国务院批准的有关事项。财政部根据项目任务、特点等情况，将资金下达地方或纳入中央部门预算。

全国各省、地级城市政府均在财政预算里列出了节能减排专项资金，会同差别电价电费收入、各级政府确定的其他资金等，共同构成地方节能减排专项资金，用于淘汰落后产能、工业节能减排、合同能源管理、建筑节能减排、交通节能减排、可再生能源开发和清洁能源利用、污染物减排、循环经济发展、节能低碳产品推广等。各省市出台了例如《河北省建筑节能专项资金使用管理暂行办法》等地方性文件，对专项资金的补助范围及标准、项目管理、资金监督管理进行规定。各个城市由于经济实力和节能减排形势不同，资金规模有差异，但基本在亿元以上，而且有逐年大幅增长的趋势。在中央和省级政府的带动下，各地级城市也纷纷设立专项资金。

另外，中央财政还从一般预算资金和车辆购置税交通专项资金中拿出一部分建立交通运输节能减排专项资金；从可再生能源专项资金中拿出一部分建立可再生能源建筑应用专项资金，支持太阳能光电在城乡建筑领域应用的示范推广。

各类金融机构设立专门的节能贷款业务，加大对节能项目的支持力度。

企业运用清洁发展机制，通过市场直接融资，以及争取国际金融组织、外国政府贷款，加大企业节能降耗技术改造。

（2）监督机制分析　目前我国的节能监督机制从监督与被监督对象的角度可以分成如下几类：

① 地方政府节能目标考核　《节约能源法》中规定实行节能目标责任制和节能考核评价制度，将节能目标完成情况作为对地方人民政府及其负责人考核评价的内容。国务院根据能源统计数据，以五年节能规划等方式规定全国节能目标。各省根据自身情况，向国务

院认领了五年节能目标，并将节能指标按年度细化分解到下级市以及重点用能企业。各级政府及"百千万"重点用能企业签订节能目标责任书。各级政府均建立起了领导干部综合考核制度，把节能目标完成情况纳入下级政府的指标考核体系。省、自治区、直辖市政府需要每年向国务院报告节能目标责任的履行情况。

② 能源统计数据审核　各级政府统计部门负责能源统计数据的审核。各级政府统计部门，按照各地区制定的统计数据质量评估方法，使用能耗与产值关联关系审核、指标趋势变动合理性分析、规模以上工业能耗增速与用电量增速匹配性审核、用电大户用电量增速审核等方式审核能源统计数据质量。

③ 投资项目节能审查　各级政府节能审查机关对资产投资项目进行审查，审查内容包括：项目对节能法律法规、标准规范、政策的遵守情况，用能分析的科学准确性，节能措施的可行性，能源消费量和能效水平是否满足本地区能源消耗总量和强度"双控"管理要求。政府资产投资项目，建设单位在报送项目可行性研究报告前，需取得节能审查机关出具的节能审查意见。企业投资项目，建设单位需在开工建设前取得节能审查机关出具的节能审查意见。未进行节能审查或审查未通过的项目不得开工建设，已经建成的不得投入生产、使用。

④ 能源生产使用单位节能监察　为提升节能法律法规实施效果，提高能源利用效率，各级政府对负责区域内能源生产、经营、使用单位进行节能监察。国家发改委负责指导全国节能监察工作，各级地方政府节能工作管理部门负责指导行政区域内节能监察工作。各级节能监察机构对负责区域内被监察单位的节能法律、法规、规章和强制性节能标准执行情况等进行监督检查，对违法违规用能行为予以处理，并提出依法用能、合理用能建议的行为。

由上述节能监督机制分析可以看出，监督机制涵盖了上级政府对下级政府节能目标完成情况的监督，以及各级政府对所辖区域内用能企业守法情况的监督，体系较为完善，但仍需进一步完善能源统计制度、优化统计数据质量评估手段、加强统计力量，保证能源统计数据的质量。另外，还需补充完善公众对政府及企业的耗能行为监督的相关制度，提高公众参与度，拓宽节能信息获取渠道。强化政府节能监督执法队伍建设以保证监督工作的权威性。

9.1.7　实施效果分析

据《"十三五"节能减排综合工作方案》显示：我国在"十二五"时期单位 GDP 能耗降低 18.4%。"十二五"期间我国以能源消费年均 3.6% 的增速支撑了国民经济年均 7.9% 的增速，能源消费弹性系数由 2010 年的 0.57 下降到 2016 年的 0.23，缓解了能源供需矛盾。"十二五"期间，火电机组供电标准煤耗从 333g/(kW·h) 下降到 321g/(kW·h)，降幅为 3.74%；吨钢综合能耗由 615 千克标煤降到 580 千克标煤，降幅为 6.03%，2015 年钢铁能耗总量首次下降。"十二五"期间，总节能量相当于 4.4 亿吨标煤，减少二氧化碳排放 10.2 亿吨，对缓解气候变暖起到了积极作用。

9.1.8　政策建议

（1）完善配套法规、规章和标准体系　从政策体系来看，我国在履行国际合约、应对气候变化时，将节能政策作为重点，一方面体现了中国是一个负责任的发展中国家，以实际行动履行温室气体减排承诺，另一方面，节能也是国家能源发展战略的需要。我国现已对《节约能源法》进行了修订，并出台了公共机构节能条例，但仍需补充工业行业、民用建筑、交通运输等重点节能行业的节能行政法规。各重点节能行业的部门规章文件较为全面，还需积极修订，确保文件内容时效性。在标准体系方面，我国现有节能标准体系还需健全，补充完善用能产品能效、高耗能行业能耗限额、建筑物能效等方面的重要节能标准，及时更新部分标准。需要在不违背《节约能源法》中对节能含义及目标界定的基础上，尽快制定与法律配套的各重点节能行业法规，及时更新部门规章，完善节能标准体系，从而保证《节约能源法》的实施力度。

（2）完善价格机制，缓解价格扭曲，减少对命令控制手段的依赖 应当优先考虑完善资源能源产品的价格形成机制，减少命令控制行政手段的使用。对于能源的非自然垄断环节，通过改革增加有效竞争，形成主要由市场决定的能源价格体系，充分发挥价格信号对节能行为的引导作用。对于输配等自然垄断环节，则依据全成本定价原则，经过由独立行政法官主持、多方参与的价格公听会仲裁后，制定管控价格，使其完整反映资源稀缺性，包含生产与消费过程中的社会成本，以消除能源资源价格扭曲，引导企业从自身利益最大化的角度自发进行节能管理，同时使高耗能企业生存困难。

（3）将城市标杆体系引入节能管理 对于节能目标考核，由于节能目标主要由工业企业来实现，而企业的生产、工艺、设备改造、经济效益等方面的信息涉及企业的自身利益，并且获取的成本也很高，造成目标考核上的困难以及高行政成本。

在我国节能战略思想中，还需补充完善对实现节能战略目标的成本观念的界定。由于在经济发展水平、产业结构、资源能源禀赋、气候条件等方面的差异，在同等社会资源投入的情况下，不同地区、不同城市能挖掘出来的节能潜力是不尽相同的。有效率的节能方案是通过差异的节能目标制定、差异的节能政策将更多的社会资源投入到节能最容易的地区，实现国家层次的边际节能成本最小化。

城市能效标杆体系可以直接服务于国家低成本能源战略的制定，可以将节能战略由行政层级"自上而下"纵向协商分配为主体，拓展为纵横向交叉的新型节能战略体系。将目标细化到城市层次，直接为具体城市节能目标的制定提供指导，与国家节能基准指标一起，形成纵向、横向相结合的城市节能战略实施格局。由于标杆体系具有分类别的特点，城市节能战略目标也相应地体现类别差异。对于在各类内能效"先进""中等""落后"的城市区别对待，制定不同程度、不同阶段的节能目标，大大增加国家节能目标的差异性和针对性。

（4）减少节能工程补贴，加强节能技术研发补贴 目前，中央财政和地方财政均设有节能专项资金，用于重点领域、重点行业、重点地区节能减排技术推广和改造升级等工作。但目前除太阳能光电建筑领域外，还需配套完善其他领域的补助资金工作方案，对节能工程补助认定标准、补助金额标准作出详细规定，对补助金的使用情况进行有效的监督。

按照熊彼特技术进步理论，财政补贴应该用于对存在不确定性的节能技术研发的支持，补贴额度可以达到100%，通过技术成果和发明专利数量等衡量节能专项补贴使用效果，不适合用于支持企业节能工程。工业企业节能工作由于特殊性，监测和考核的难度很大。在工业企业节能降耗工作方面，服务型政府的理念应该很明确地体现出来。由于能源具有明显的商品属性，企业节能目标的实现可以带来经济收益，同时也是企业竞争力提升的主要表现之一。依靠财政预算支持企业节能降耗的力度始终有限，公共财政也不应该过多地用于投入企业节能项目，所以在节能方面，必须充分利用市场机制。

9.2 可再生能源发展政策分析

9.2.1 概念界定及现状分析

能源按照供需流程（图 9-2）可分为一次能源、终端能源和有用能源[11]。一次能源指自然界中以原有形式存在的、未经加工转换的能量资源。终端能源指终端用能设备入口得到的能源。终端能源经过锅炉、电器等终端用能需求工艺或装置转化为需求部门可直接利用的有用能源。

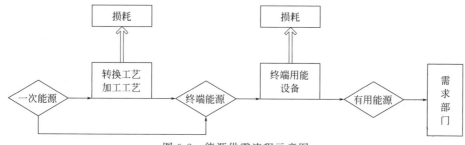

图 9-2 能源供需流程示意图

本书目的之一在于评估环境政策是否达到了应有的控排效果。在本书之前的章节中，已通过全面的环境政策评估与设计对包括能源生产部门在内的排污企业行为进行了有效的管理，实现了对一次能源转换为终端能源的生产环节中的外部性内部化问题。本节则关注于能源供需过程中剩余的环节，即终端能源转化为有用能源过程中的环境外部性问题。需要解释的是，可再生能源既可直接作为终端能源，输入太阳能热水器等终端用能设备，又可以经过光电转化后，以并网电能的形式输入家用电器等终端用能设备[12]。本节所指的可再生能源仅为直接作为终端能源的可再生能源部分，不关注转化为并网电能、热能后再进入终端用能设备的可再生能源部分，不涉及可再生能源并网发电的相关政策。本节将可再生能源视为与直接消耗的煤炭、油品、天然气，以及并网电力、热力并列的终端能源，旨在通过政策设计提高可再生能源的经济性和技术可行性，引导用能者在生成有用能源时，更多地选择外部性小的可再生能源利用工艺，从而起到减少大气污染物及碳排放的目的，为环境管理提供除末端控制以外的全过程控制手段。本节主要涉及的可再生能源终端用能设备有：太阳能热水器、太阳能屋顶、生物质致密成型燃料、户用沼气池。

《可再生能源法》中对可再生能源的定义为：风能、太阳能、水能、生物质能、地热能、海洋能等非化石能源。我国已将可再生能源作为能源技术和经济发展的重要新领域，投入了大量资金支持技术研发和产业发展。可再生能源年利用量及占一次能源消费量的比例逐年提高，由 2000 年的 6.9% 上升至 2015 年的 10.9%。同时，可再生能源的经济性显著提升，2010～2015 年光伏组件价格下降约 60%，经济竞争能力明显增强。虽然我国的可再生能源发展得到了显著成效，但目前仍存在一些突出的问题。

（1）化石能源定价应遵循全成本原则，完善可再生能源市场价格机制，降低对补贴的依赖性。

目前，可再生能源相比于传统化石能源不具有价格竞争力，导致目前无法依赖价格机制实现增加可再生能源消费的目的，无法通过价格信号的释放发挥市场高效配置资源的作用，以竞争性方式组织多种形式的能源，降低可再生能源供给成本。

未来应依据全成本原则，在化石能源价格中包含负外部性成本，提高可再生能源的相对竞争力。同时，加快能源市场化改革，按照市场化的根本原则和方式，引导能源合理流动和优化配置，促进可再生能源大规模开发和高效利用。可以将化石能源的负外部性内部化收益作为补偿可再生能源发展的资金来源，降低可再生能源的生产企业与用户承担的成本，优化可再生能源的发展环境。

（2）可再生能源技术不成熟，应用效果不理想，补贴资金使用效率有待进一步提高。

可再生能源成本相对过高的另一个原因在于，可再生能源生产、使用及储能技术尚未成熟，导致其可用能源输出具有明显的不稳定性，限制了其使用频率，有滋生骗取补贴行为的风险。以农村沼气池推广项目为例，沼气作为一种清洁能源，对改善农村人居环境、降低污染、发展循环经济具有重要意义，国家出台了一系列的农村沼气建设补贴政策，对每池户用沼气项目给予资金补贴，用于支付沼气灶、净化器、管道等的安装费用。但目前，受技术利用水平及地区气候限制，沼气输出量波动较大，一年中早春、晚秋和冬季基本无沼气输出，而夏季输出过多且无储气装置，需要人工放气。户用沼气池的加料、出料、搅拌均需人工完成，导致个别农户在获取补助修建沼气池后，时常偷懒不换料、出料。另外，农户沼气池故障频率及维修花费均很高，设备零配件购买困难，农户不愿意进行维修，进一步限制了沼气池的使用效果。而相比之下，居民煤气、液化气、节柴灶、电磁炉等能源形式及用能工艺所耗费的时间及人力成本均较低，使用方便且能源输出稳定，更容易被农户采用。

未来如何提高可再生能源生产、使用及储能技术水平，因地制宜地发展可再生能源，使其真正成为一种技术可行的、方便快捷的清洁终端能源，杜绝获取一次性补贴后的用能设备限制，提高设备日常使用频率，是可再生能源产业发展所面临的重要问题。

9.2.2　政策目标分析

《可再生能源法》中给出的总体目标为：促进可再生能源的开发利用，增加能源供应，改善能源结构，保障能源安全，保护环境，实现经济社会的可持续发展。为了促进可再生能源开发利用，加快对化石能源的替代进程，改善可再生能源经济性，国家发改委提出了一系列的具体发展目标。2020年全部可再生能源年利用量7.3亿吨标煤，2020年、2030年非化石能源占一次能源消费比重分别达到15％、20％。2020年各类可再生能源供热和民用燃料总计约替代化石能源1.5亿吨标煤。

9.2.3　政策框架分析

我国可再生能源政策体系结构较为完善，具体政策体系清单见表9-4。

表9-4　我国可再生能源政策框架

项目	政策名称	颁布机关	实施机构
法律	节约能源法（2016修订）	全国人大常委会	各级人民政府、国务院各部委
	电力法（2015修订）	全国人大常委会	各级人民政府、国务院各部委
	可再生能源法（2009修订）	全国人大常委会	各级人民政府、国务院各部委
	清洁生产促进法（2012修订）	全国人大常委会	各级人民政府、国务院各部委
	农业法（2002）	全国人大常委会	各级人民政府、国务院各部委

续表

项目	政策名称	颁布机关	实施机构
行政法规	民用建筑节能条例（2008）	国务院	各级人民政府、国务院各部委
部门规章	可再生能源发展基金征收使用管理暂行办法（2011）	财政部、国家发改委、能源局	各级财政、发改、能源、物价部门，电网公司
	清洁发展机制项目运行管理办法（2011）	国家发改委、技术部、外交部、财政部	各级科技、财政、发改、能源部门
规范性文件	关于印发促进生物质能供热发展指导意见的通知（2017）	国家发改委、能源局	各级发改委（能源局）、中国生物质能联盟等
	关于印发北方地区清洁供暖价格政策意见的通知（2017）	国家发改委	各级发改、物价部门，电力电网公司，石油天然气公司
	关于进一步加快推进农作物秸秆综合利用和禁烧工作的通知（2015）	国家发改委	各级发改、财政、农业、环保部门
	关于加快推进太阳能光电建筑应用的实施意见（2009）	财政部、住房和城乡建设部	各级财政、建设部门
	资源综合利用企业所得税优惠目录（2008）	财政部、税务总局、国家发改委	各级财政、发改、税务部门
	关于发展生物能源和生物化工财税扶持政策的实施意见（2008）	财政部、国家发改委	各级财政、发改、农业、税务、林业部门

《节约能源法》《电力法》《可再生能源法》《清洁生产促进法》《农业法》中均有相关条款鼓励、支持开发和利用新能源、可再生能源，包括支持水能、沼气、太阳能、风能等。多部法律的支持凸显出可再生能源在我国整体发展战略中的重要地位。多种方式的太阳能光热光伏利用一直是国家可再生能源发展的重点，是节能减排、实现低碳发展的重要手段。自 2015 年起，国家开始重视生物质能的开发与利用，将其视为重要的绿色低碳清洁经济的可再生能源供热方式，作为替代县域及农村燃煤供热的重要措施，以起到减少大气污染，提高空气质量的目的。

但在行政法规层面，仅有《民用建筑节能条例》中提到"国家支持在建筑节能改造中采用太阳能、地热能等可再生能源"，还需补充在其他可再生能源开发与利用领域的具体专项法规。

9.2.4　政策手段分析

（1）经济刺激型政策

① 财政补贴　财政部设有专项资金，通过中央财政预算安排用于支持可再生能源开发利用，使用方式包括无偿资助和贷款贴息。无偿资助方式主要用于盈利性弱、公益性强的项目。除标准制定等需由国家全额资助外，项目承担单位或者个人须提供与无偿资助资金等额以上的自有配套资金。贷款贴息方式主要用于列入国家可再生能源产业发展指导目录、符合信贷条件的可再生能源开发利用项目。在银行贷款到位、项目承担单位或者个人已支付利息的前提下，才可以安排贴息资金。贴息资金根据实际到位银行贷款、合同约定利息率以及实际支付利息数额确定，贴息年限为 1～3 年，年贴息率最高不超过 3%。国务院相关行政管理部门编制资金申报指南；单位或个人根据指南进行申报；由国务院归口管理部门统一组织专家评审，进行公开招标，并给出资金安排建议；财政部审核、批复。

目前，可再生能源财政补贴政策大部分是针对可再生能源发电所进行的电价补贴和财政贴息，针对直接作为终端能源的可再生能源补贴较少，后者的主要补贴对象包括：

a. 示范工程资金补贴。2009 年财政部、国家发改委曾出台"金太阳工程"补贴措施，目的是扩大屋顶太阳能和光电一体化建筑示范作用，缓解光电产品国内应用不足。由中央财政安排专门资金，对符合条件的光电建筑应用示范工程予以补助，用于部分弥补光电应用的初始投入。补助标准综合考虑光电应用成本、规模效应、企业承受能力等因素确定，并将根据产业技术进步、成本降低的情况逐年调整。然而，还需补充完善政府监督机制以及详细的产业标准。加大对补助资金使用统计及信息公开力度，以避免欺诈寻租行为。

b. 技术研发补贴。"可再生能源专项资金"可用于可再生能源开发利用技术研发补贴，通过 863 计划、973 计划等国家科技计划（基金）的形式，支持风能、太阳能、生物质能、地热和海洋能等可再生能源的开发和利用技术的研究及产业化发展的前期准备。以秸秆综合利用为例，国家使用专项资金对秸秆还田、饲料化、能源化、原料化领域新技术的创新予以补贴，以支持新技术和装备研发，同时对秸秆综合利用企业、科研单位引进和开发先进实用的秸秆粉碎还田、捡拾打捆、固化成型、炭气油联产等新装备予以一定补贴，以推进秸秆综合利用装备的产业化发展与应用。

c. 终端消费补贴。地方政府都对户用沼气、省柴灶的推广应用采取了补贴措施，部分地区对离网的小型风电机和小型光伏发电系统的推广给予了补贴支持。生物质能供热在锅炉置换、终端取暖补贴、供热管网补贴等方面享受与"煤改气""煤改电"相同的支持政策，具体补贴价格依据《国家发展改革委关于印发北方地区清洁供暖价格政策意见的通知》中的有关规定。

② 税收优惠 《资源综合利用企业所得税优惠目录》中规定以农作物秸秆和壳皮，生产符合国家和行业相关标准的代木产品、电力、热力及燃气，所得收入按照减 90％计入收入总额，实行所得税优惠。

《关于促进生物质能供热发展的指导意见》中说明：生物能源、生物化工生产、生物质热电联产、生物质成型燃料生产和供热企业享受国家税收优惠政策，用以提高相关企业竞争力，扩大市场应用范围。具体优惠方案由相关领域的专家对地方申报定点企业的生产技术条件、资产财务状况、原料基地情况、生产环保能耗等进行全面论证与评审。但目前还需完善配套政策对具体的税收优惠对象评审标准和优惠额度进行明确规定。

（2）劝说鼓励型政策 主要是宣传教育。利用广播、电视、互联网等媒体开展秸秆利用和禁烧的相关报道，向农户宣传秸秆综合利用的重要意义、政策措施和典型经验，以及露天焚烧对空气质量及人体健康的危害，并结合深入基层贴近农民的线下宣传形式，普及秸秆综合利用的知识和技术，以提高其对秸秆综合利用的意识和自觉性。

在相关行业协会组织的农业职业教育和新型职业农民培训课程中，对学员进行关于秸秆综合利用实用技术操作的培训，讲解秸秆收储运规范，大力推广秸秆综合利用实用成熟技术，提高农民秸秆综合利用技术能力。

9.2.5 实施效果分析

据《可再生能源发展"十三五"规划》显示：2015 年底，全国非化石能源利用量占一次能源消费总量的 12％，比 2010 年提高 2.6％；水电装机 3.2 亿千瓦，风电并网装机容量 1.29 亿千瓦，光伏并网装机容量 4318 万千瓦，生物质能年利用量约 3500 万吨标煤。对减少空气污染物排放以及碳排放，缓解气候变暖起到了积极作用。但总体来看，对可再生能源市场还需补充完善有效引导和详细的行业标准；可再生能源成本相比国际水平仍较高，还需补充完善推动可再生能源产品市场发展的稳定机制，培养企业竞争力。现有政策还需能进一步扩大可再生能源在终端能源中的比重，使可再生能源切实成为技术可达、经济合理的能源需求满足方式，从能源消费侧减少污染物及碳排放。

具体从以下几点入手：

① 尚需进一步明晰公共用地产权以及补充完善补贴政策以促进家庭太阳能光伏屋顶的普及。

② 尚需补充完善建设标准，降低综合使用成本，进一步提高农村户用沼气池利用率。

③ 尚需补充完善生物质能行业准入标准，提高技术水平，杜绝骗取补助的风险。

9.2.6 政策建议

（1）将环境外部性及代际外部性成本纳入不可再生能源价格，提高可再生能源的价格竞争力，逐步摆脱对可再生能源电价补贴的依赖。

目前，不可再生能源初级产品及电力产品的价格中不包含环境外部性成本及代际外部性成本，未完全体现全社会成本定价原则，使可再生能源不具有价格竞争力。加之太阳能屋顶及户用沼气池等设施的日常运行、维护、维修均需投入大量人力成本和资金成本，使现阶段可再生能源难以成为终端用能者的经济选择。

未来应通过征收环境税的方式反映不可再生能源的环境外部性，通过资源税、可再生能源电费附加等机制反映不可再生能源的代际外部性，缓解能源产品价格扭曲，提高可再生能源产品的市场竞争力，为外部性内部化提供足够激励，促进可再生能源消费成为能够替代化石能源消费末端治理的节能减排选择。

（2）推进能源市场化改革，充分发挥市场高效配置可再生与不可再生能源的能力，对技术研发及应用示范予以补贴。

在缓解能源产品价格扭曲、释放正确价格信号的基础上，推进能源市场化改革，充分发挥市场高效配置可再生与不可再生能源的能力。可再生能源与常规能源相比，仍具有明显技术及成本竞争劣势的阶段，可依据可再生能源发展的优势战略定位，对可再生能源开发利用技术的研发予以全面补贴，对技术应用及示范项目进行资金扶持。未来随着可再生能源生产规模的扩大，以及 R&D 知识经验的积累，可再生能源的生产成本会逐步下降，能源产出将越发稳定，储能技术越发成熟，可再生能源在市场上的技术竞争力将逐渐提高。

（3）规范可再生能源发展基金的征收及使用过程，提高基金信息公开程度，提高资金使用效率。

未来应依据供需平衡的基本原则，制定可再生能源基金征收标准，制定明确的基金征收标准更新流程，降低财政支出负担。同时，公布各种补助申报项目的审批原则，以及具体的资金流向，以保证资金使用的公平性和高效性。

（4）制定配套政策及标准，规范可再生能源补贴发放对象及金额。

出台详细的可再生能源利用项目建设标准，并以此标准对申报相关可再生能源应用补贴的项目进行严格审核，避免不符合质量要求的劣质项目获取补贴。同时，对生物质能供热等项目的工程资金补贴比例、税收优惠额度进行明确规定，避免补助资金发放过程中的寻租行为。另外，需要对公寓楼安装家庭太阳能发电装置的权利归属及安装方式进行规定，扩大家庭太阳能屋顶的普及程度。

9.3 温室气体减排政策分析

我国应对气候变化的两大对策是减缓（mitigation）与适应（adaptation）。气候减缓是指减少人类活动带来的温室气体排放，从而减缓并阻止气候变化的发生。气候适应是基于已经发生和预期发生的气候变化，增强和调整自然系统和人类社会体系去更好适应这一变化，从而降低气候变化对生命、财产以及健康带来的各种损失和影响。其政策框架的核心涉及能源、经济、环境等方方面面[13]，在此不做赘述。本书将实现规划期内"碳强度下降"以及"减少人为温室气体排放"的温室气体减排政策作为重点分析内容。就单位 GDP 二氧化碳排放量（即碳强度）而言，我国实现了对国际社会的履约承诺。

全国人大常委会于 2016 年批准中国加入《巴黎气候变化协定》（简称《巴黎协定》）。《巴黎协定》的主要目标是将 21 世纪全球平均气温上升幅度控制在 2℃以内，从公平性的角度出发，提出中印等发展中国家应该根据自身情况提高减排目标，逐步实现绝对减排或者限排目标。我国当前以"温室气体减排"为主要政策手段的"应对气候变化行动"是解决温室气体减排与环境问题的焦点[14]。西方发达国家在《京都议定书》框架下或者自愿减排的基础上，实施了各种减排措施，达到了减少二氧化碳排放的目的。从《联合国气候变化框架公约》（以下简称《公约》）到《京都议定书》再到《巴黎协定》，我国政府作为非附件一缔约方国家，始终按照谈判的进程与内容，坚持"共同但有区别"责任，积极落实减排责任。今后的工作重点是应用温室气体许可证制度、活跃碳市场（以总量控制与交易为主）以及调动地方政府积极性来实现温室气体的减排。

9.3.1 管理机构分析

2007 年 6 月，我国政府成立国家应对气候变化及节能减排工作领导小组，对外视工作需要可称国家应对气候变化领导小组或国务院节能减排工作领导小组，作为国家应对气候变化和节能减排工作的议事协调机构。2018 年根据国务院机构设置、人员变动情况和工作需要，国务院决定对国家应对气候变化及节能减排工作领导小组组成单位和人员进行调整。领导小组组长由国务院总理李克强担任，成员单位由成立之初的 20 个调整至 29 个，除在机构改革的背景下整合的社会管理和公共服务部门外，新增了文化和旅游部、人民银行等 2 个成员单位。该领导小组的具体工作由生态环境部、国家发改委按职责承担。2015 年，领导小组向联合国气候变化框架公约秘书处研究提交了应对气候变化国家自主贡献文件《强化应对气候变化行动——中国国家自主贡献》。各省（自治区、直辖市）人民政府按照中央政府的要求，相继成立了由政府主要领导任组长、有关部门参加的地方应对气候变化领导小组，负责领导和协调各地应对气候变化工作，并在省级生态环境部门设立了应对气候变化

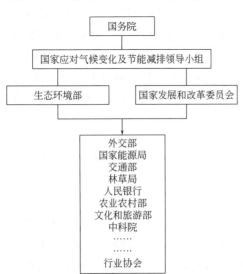

图 9-3 我国应对气候变化和温室气体减排的管理机构设置

的工作机构（图 9-3）。

9.3.2　源和汇分析

温室气体（greenhouse gas，GHG）指的是大气中能吸收地面反射的太阳辐射，并重新发射辐射的一些气体，如水蒸气、二氧化碳、大部分制冷剂等。它们的作用是使地球表面变得更暖，类似于温室截留太阳辐射，并加热温室内空气的作用。这种温室气体使地球变得更温暖的影响称为"温室效应"。根据《公约》的规定，温室气体的源（carbon source）指的是温室气体向大气排放的过程或活动，分为自然源和人为源，其中人为源是引起大气中温室气体浓度逐渐上升的主要因素。温室气体的汇（carbon sink）是指温室气体从大气中清除的过程、机制或活动，主要指森林吸收并储存二氧化碳的能力或容量。《京都议定书》中规定各国需要控制的 6 种温室气体为：二氧化碳（CO_2）、甲烷（CH_4）、氧化亚氮（N_2O）、氢氟碳化合物（HFCs）、全氟碳化合物（PFCs）、六氟化硫（SF_6）。PFCs 和 SF_6 这两类温室气体造成的全球增温潜势（GWP）最强，但由于 CO_2 排放量最多，其全球增温贡献百分比接近于 25%，所以温控的主要对象是 CO_2。

据《公约》第八次缔约方大会第 17 号决议通过的非附件一缔约方国家信息通报编制指南，参照《IPCC 国家温室气体清单编制指南》和《IPCC 国家温室气体清单优良做法指南》提供的方法，在编制温室气体国家清单时，确定按领域划分的人为温室气体来源，主要包含：①能源活动温室气体排放，包含能源生产和加工转换、制造业和建筑业、交通、商业、居民、农业、生物质燃烧领域的燃料燃烧，另外还有油气系统和煤炭开采过程中的逃逸排放；②工业生产过程温室气体排放，包含水泥、石灰、钢铁、电石、石灰石和白云石、乙二酸、硝酸生产过程中产生的温室气体排放；③农业活动温室气体排放，包含动物肠道发酵、动物粪便管理、水稻种植、农业地的温室气体排放；④废弃物处置温室气体排放，包含固体废物处理、污水处理、废弃物焚烧处理过程中温室气体的排放；⑤土地利用变化和林业温室气体排放（吸收）。

根据中国第二次国家信息通报的内容，能源活动所产生的温室气体占总排放量的 77.27%，其中化石能源（煤、油、气）燃烧排放占能源活动整体排放的 95.2%，所以大部分的控排政策主要是针对化石燃料的标准或税费政策。联合国政府间气候变化专门委员会（Intergovernmental Panel on Climate Change，IPCC）总结了各领域温室气体控制的主要政策手段。能源部门通过税费政策如降低化石燃料补贴、开征能源税或碳税、再生能源补贴来实现温控；交通部门通过制定车辆油耗效率与生物质能源配比标准、提高车辆税费、加大公共交通及无排放交通的利用来实现温控；工业部门通过能效标杆、绩效标准、排放交易制度来实现温控；农业部门通过有效利用化肥和合理灌溉的财政激烈措施和规章制度来实现温控；在实现碳汇的林业部门，主要是通过扩大森林面积和保育面积来实现控制温室气体的排放（吸收）。

9.3.3　我国温室气体现状分析

根据《2017 中国生态环境状况公报》，我国 CO_2 的浓度逐年升高，控排形式严峻。由图 9-4 可知，2016 年，全国平均二氧化碳浓度 404.4 ppm（百万分之一），较常年（391.71ppm）偏高 12.69ppm，比全球平均（403.3ppm）高出 1.1ppm。全球二氧化碳浓度相对 2015 年（400ppm）增幅达 3.3ppm，相比过去 10 年（2006～2016）平均增长率高

50%（约 2.2ppm/年），显著高于过去 7 年（2010～2016）的全球年平均绝对增量 2.16ppm。2016 年，我国甲烷和氧化亚氮的平均浓度分别为 1907ppb（十亿分之一）和 329.7ppb，较同期全球平均水平（1853ppb、328.9ppb）高 54ppb 和 0.8ppb，甲烷浓度明显高于全球平均。

图 9-4　2005～2016 年全国年平均二氧化碳浓度

9.3.4　政策目标分析

温室气体作为全球性环境公共物品，其过度排放引起全球变暖已是科学研究的共识。作为全球最大的发展中国家之一和全球最大的温室气体排放国之一[15]，我国温室气体的控制活动，需要在国际谈判、国家战略、区域战略、能源体系、产业体系、建筑交通、森林碳汇、生活方式、适应能力、低碳发展模式、科技支撑、资金政策支持、碳交易市场、统计核算体系、社会参与等方面做出不懈的努力。基于《公约》立场下的国际谈判，需充分考虑发达国家和发展中国家间不同的历史责任、国情、发展阶段和能力，全面平衡体现减缓、适应、资金、技术开发和转让、能力建设、行动和支持的透明度各个要素。谈判进程应遵循公开透明、广泛参与、缔约方驱动、协商一致的原则。

我国温室气体控制的最终目标是，作为非附件一缔约方，认真履行国际谈判中确定的碳减排目标，积极应对全球平均升温限制在 2℃的气候变化战略行动，在 2030 年左右使二氧化碳排放量达到峰值并争取尽早达峰，提高可再生能源的消费占比，增加森林碳汇蓄积量。发达国家根据《公约》的要求，除自身实现全球范围内绝对量减排目标之外，还需为发展中国家制订和实施国家适应计划、开展相关项目提供支持，强化行动提供资金、技术和能力建设等方面的支持；发展中国家在可持续发展框架下，在发达国家资金、技术和能力建设支持下，采取多样化的强化减缓行动和相应的适应行动，有效应对气候变化和温室气体减排工作。

9.3.5　政策框架分析

在控制温室气体排放的管理上，主要以应对气候变化政策、协同政策（即与减少大气污染排放相关的政策）以及综合性政策为管理基础，涉及的相关部门主要有生态环境部、住房和城乡建设部、交通部等。温室气体减排政策体系分析见表 9-5。

表 9-5　温室气体减排政策体系分析

项目	政策名称（年份）	颁布机关	实施机构
法律	节约能源法(2008)	全国人大常委会	国务院能源主管部门
	清洁生产促进法(2003)	全国人大常委会	各级发展和改革委员会
	可再生能源法(2010)	全国人大常委会	国务院能源主管部门
	循环经济促进法(2009)	全国人大常委会	各循环经济发展综合管理部门
行政法规和部门规章	节约用电管理办法(2000)	国家发改委	各级发展和改革委员会
	节约石油管理办法(2006)	国家发改委	各级发展和改革委员会
	建筑节能管理条例(2007)	国务院	国务院各部委、各直属机构
	民用建筑节能条例(2008)	国务院	国务院各部委、各直属机构
	公共机构节能条例(2008)	国务院	国务院各部委、各直属机构
标准	工业企业温室气体排放核算和报告通则(2015)	国家标准委	各级发展和改革委员会
	温室气体排放核算与报告要求 10 个行业(2015)	国家标准委	各级发展和改革委员会
国际条约	联合国气候框架公约(1992)	联合国秘书处	各履约国
	京都议定书(1997)	缔约方大会	各履约国
	巴黎协定(2016)	缔约方大会	各履约国

从已有的温室气体控制政策来看，存在以下改善空间。

① 制定专门法律明确温室气体控排的地位　在应对气候变化、促进低碳发展方面，我国已经出台了大量的部门规章和政策性文件，这些文件在温室气体减排中发挥了重要作用。我国现有的《大气污染防治法》《节约能源法》《可再生能源法》《清洁生产促进法》《循环经济促进法》均没有直接或明确地以控制温室气体排放为目的，尚需制定一部专门法律明确温室气体控排地位。

② 制定专门的温室气体排放控制法规　虽然《气候变化法》《碳排放权交易管理条例》被列入《国务院 2016 年度立法计划》的"预备项目"，但是根据立法计划和任务分工，深入开展立法专项研究，完成法律草案起草，广泛征求各利益相关方意见还需要很长的一段时间。

③ 现有政策需要进一步协调　在新一轮的国家机构改革方案中，明确了将国家发展和改革委员会应对气候变化和减排的职责纳入新组建的生态环境部，统一了大气污染防治和气候变化应对，但节能减排的职责仍然归于国家发改委的范畴。温室气体的控制离不开能源、经济、环境相关部门的协调，相关的政策体系也亟待进一步的协调沟通。

9.3.6　干系人责任机制分析

在环境管理领域，只有明确利益相关人员的职责和作用，才能起到真正的控排作用。在当前温控政策的目标下，国家温室气体控制的利益相关人员可以分为以下五类：气候谈判的缔约方、中央政府、地方各级政府、电力行业、全球居民。

（1）气候谈判的缔约方　按照 UNFCCC 和国际谈判的规定，发达国家是温室气体的排放大户，需采取具体措施控制本国温室气体的排放，并向发展中国家提供技术和资金以支持履约的进程。作为附件一缔约方应个别地或共同地确保二氧化碳排放总量不超过该国的量化限制、减排承诺以及分配数量，以使其达到承诺期温室气体排放量基于 1990 年水平至少减少 5％，完成对国际社会的履约责任。发展中国家作为非附件一缔约方要遵循"共同但有区别的责任"，承担提供温室气体源与汇的国家清单义务，制定并执行关于温室气体源与汇减排方面的措施，不承担有法律约束力的限控义务，并且在谈判桌上积极争取自身发展的权利、维护自身的国际形象。

值得一提的是，2001 年 3 月，美国政府以"减少温室气体排放将会影响美国经济发展"和"发展中国家也应该承担减排和限排温室气体的义务"为由，宣布拒绝批准《京都议定书》。2018 年，特朗普政府宣布退出巴黎协定。

（2）中央政府　中央政府负责制定国家温室气体控制的相关法律、法规、标准。生态环境部负责温室气体控制的统一监督和管理，其他相关部委相互配合和支持。中央政府通过财政、税收、投资政策促进节能减碳工作的进行，减少温室气体源头的排放。

（3）（跨区）地方各级政府　我国温室气体减排工作的责任应归属于（跨区）地方政府、地方生态环境局及其相关部门。根据国家二氧化碳配额总量和减排量的规定，地方政府在辖区内开展相关碳减排的工作，各级生态环境部门负责核定区域内燃煤企业排放总量，定期进行监督性监测。配额富余的地方政府，可与邻域地方政府展开合作，构建跨区的温控协议。

（4）发电行业　2017 年年底，以发电行业为突破口的全国碳排放交易体系完成总体设计并正式启动。发电行业作为碳排放总量占比最大的行业之一，也是温控政策的重点。目前，还需完善补充明确规定发电行业主要是火电厂发电机组二氧化碳排放限值或者标准，碳交易试点城市的碳排放也明确二氧化碳排放标准的设定。

（5）全球居民　温室气体对全球气候系统和人体有一定的危害。全球变暖将引起气候异常、海平面升高、冰川融化、动植物数量减少、植物开花期提前等等。这将导致人类的饥饿、贫困、疾病，间接影响人类社会的健康和福祉。美国、加拿大等国也将温室气体划定为大气污染物，更加明确了温室气体的危害。消耗臭氧层物质（ODS）和氟化气体（F-gas）的过度排放，将会导致臭氧层空洞，增加皮肤疾病的发病概率。这些影响是全球性的，所以温室气体过度排放的受害主体是全球居民。

9.3.7　政策手段分析

（1）"一揽子"政策分析　现有的温控政策因缺乏上位法的明确，大多数以《意见》、《规划》为主，又涉及较多的领域，书中统称为"一揽子"政策。2007～2017 年，国务院相关部门共印发了 15 项相关文件，包括《中国应对气候变化国家方案》（2007）、《"十三五"省级人民政府控制温室气体排放目标责任考核办法》《"十三五"控制温室气体排放工作方案》（2016）等，以推动我国温室气体控排行动的落实。值得一提的是，2015 年 6 月 30 日，中国向联合国气候变化框架公约秘书处提交了应对气候变化国家自主贡献文件《强化应对气候变化行动——中国国家自主贡献》，明确到 2020 年，单位国内生产总值二氧化碳排放（即碳强度）比 2005 年下降 40％～45％。这是附件一缔约方国家针对我国缺乏相关碳减排的量化指标后，作为发展中国家提出的单位 GDP 碳排放概念的一种延伸。

这些政策的目标主要是完成国家规划纲要中确定的低碳发展目标任务、减少人类活动带来的温室气体排放以及增强自身的各种能力去更好适应这一变化，以《十三五碳强度考核目标》为例，它将各个省市、领域、组织机构等干系人联系在一起，基于各省市的基础情况，制定年度碳强度下降的各项指标和任务，为今后的碳减排提供稳定和指导性的行动指南。碳强度下降的目标是每个干系人共同期望的结果。

"一揽子"政策的实施，使碳强度的下降在一定程度上取得了积极效果，"十一五"期间碳排放强度下降约为 21%，"十二五"可达到 19% 左右，之后三个五年计划的下降幅度仍要保持在 18%~19%[16]。

（2）碳排放交易制度分析　我国的碳市场依旧处于"试验田"阶段。2011 年，国家发改委率先在北京、天津、上海、重庆、广东、湖北、深圳 7 个省市开展碳市场试点工作，初步建立了试点碳交易市场。2017 年底，以电力行业为突破口，全国碳市场正式启动。

在我国的碳排放交易市场中，还需要考虑以下几个问题：

① 怎样确定碳减排的总量目标？总量目标的确定必须要有时间上和空间上的概念，需明确某一基准年至某一时空年的阶段内，需要将某种温室气体削减到何种程度。碳减排的总量目标一般以年为单位，综合考虑各种因素，来确定年度的总量指标。在碳交易市场中，要将总量转化为配额数量（allowance budgets），再以一定的规则分配给企业相当数量的配额（allowance）。目前，我国的碳市场尚无总量目标，也无相对于基准年的阶段性碳排放下降量化目标，作为经济刺激型的市场化手段实现碳减排目的的作用有待进一步加强。

② 总量目标如何分解？由谁来分配，是一次性完成所有纳管企业的减排责任，还是按阶段分解减排任务，明确减排的时间和速率，逐步扩大纳管范围，循序渐进地完成。美国加州政府的做法是在履约期建立一个覆盖各个排放实体的温室气体总排放配额，8 年履约期（2013 年 1 月~2020 年 12 月）被分成三个阶段：2013~2014 年、2015~2017 年、2018~2020 年。在第二个分阶段将符合纳管标准的燃料（天然气、蒸馏燃料油、液化石油气等）供应商纳入进来，排放配额总量到 2015 年将显著增加。在整个履约阶段，设定的排放配额总量将会按照从 2% 到 3% 的比率不断减少。

③ 基于怎样的基准确定配额以及怎样分配配额？碳交易是将碳减排的外部性成本内部化的市场化手段，它将减排责任落实到每个排放主体身上。一个配额就是一个有限的可交易排放 1t 二氧化碳当量的许可授权。理想的配额分配方法有两种：一种是基于以能源消耗为单位的碳排放量基准，适用于以固定源燃料燃烧为唯一或主要排放来源的设施，排放标准要精确到不同燃料品质的 CO_2 削减量；另一种是基于以产品产量为单位的碳排放量基准，适用于生产同质产品或工艺的设施，更加注重整个产品生产过程的效率。另外，还要有行业温室气体排放绩效标准 ［加州电力行业的温室气体排放绩效标准（EPS）为 0.5t/（MW·h）］。碳减排主体根据自身的碳排放情况，在配额分配方法的规定下，辅以相关调整系数，遵循配额的分配比例（免费、拍卖等）计算得到配额数。实践中，加州空气质量管理局更倾向于使用能源热量标准，在碳交易的初期，配额主要以免费发放的形式为主，逐渐过渡到拍卖的混合配额分配方式。

9.3.8　实施效果分析

从全国单位国内生产总值二氧化碳排放的角度来讲，我国完成或超额完成了对于国际履约的承诺。根据国家应对气候变化战略研究和国际合作中心关于 2011~2017 年碳强度下降率（图 9-5）的初步核算，2017 年全国单位国内生产总值二氧化碳排放比上年度下降 5.1%，低于 2016 年的 6.6%。"十二五"期间单位国内生产总值二氧化碳排放下降率

22.1%，超额完成预期目标17%。其中，2011年下降幅度（0.9%）最低，2015年下降幅度（6.9%）最高，其他三个年份的下降幅度维持在5%左右。

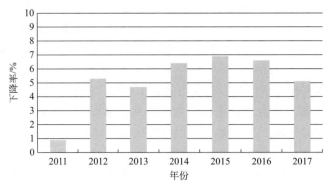

图9-5　2011～2017年万元国内生产总值二氧化碳排放下降率

另外，基于《京都议定书》中关于非附件一缔约方的规定，2008年以来，我国已有7家碳排放交易所：北京环境交易所、上海环境能源交易所、天津交易所、重庆碳排放交易所、广州碳排放交易所、深圳碳排放交易所、湖北碳排放权交易所。根据《中国应对气候变化的政策与行动2017年度报告》，截至2017年9月，7个试点碳市场共纳入20余个行业、近3000家重点排放单位，累计成交排放配额约1.97亿吨二氧化碳当量，累计成交额约45.16亿元。根据7省市试点2015年排放量的履约情况来看，7省市配额发放总量约为12亿吨。在2016年履约期，用于抵消的CCER数量为800万吨，占配额总量的比例约为0.67%，远远低于各地试点抵消管理办法中规定的比例（5%～10%）。除上海这个试点以外（截止到2017年12月20日，试点企业实际碳排放总量相比2013年启动时减少约7%），其他六个试点碳减排量化指标未见报道。

9.3.9　政策建议

（1）根据国际谈判目标确定温室气体减排国家战略。《巴黎协定》将所有缔约方纳入到温室气体减排的行列，并规定发展中国家缔约方应当逐渐实现绝对减排或限排目标。这与《京都议定书》中规定的附件一国家承担减排义务完全不同。全国人大常委会于2016年全票通过批准中国加入《巴黎协定》。中国一直积极推动《巴黎协定》的进行，通过气候谈判，积极落实温室气体减排的责任。因温室气体减排涉及我国各行各业的发展及国家利益，我国政府应该积极在谈判桌上为国家争取碳减排目标，使之既适应我国发展中国家的国情又能完成应对气候变化的责任，再根据国家谈判目标的结果确定温室气体减排的国家战略。

（2）在大气污染防治法中，将温室气体视为大气污染物。随着谈判进程的进行和应对温升的要求，《巴黎协定》中鼓励非附件一缔约方国家根据国情逐步向绝对量减排或限排目标迈进。作为发展中国家的中国，在预计的2030年碳排放达峰之后，将面临绝对量减排的担忧。

在未来，就温室气体的管理上，将二氧化碳和其他5种温室气体列为大气污染物写入《大气污染防治法》。相对于温室气体控制而言，传统的大气污染物治理已经形成了较为完善的政策体系、行动和效果。在2014年，由当时的环境保护部起草的《大气污染防治法（修订草案送审稿）》附则第192条第（一）（二）项对"大气污染"和"大气污染物"进行了明确的定义。"大气污染"是指大气环境因某种物质的介入，而导致其化学、物理、生物或者放射性等方面特性的改变，使其功能减退或者丧失，从而影响大气的有效利用，危害人体健康、生命财产安全或者破坏生态环境，造成大气环境恶化的现象。"大气污染物"是指直接或者间接向大气排放的能导致大气环境污染的物质。这条解释虽然没有列举到底哪些物质属于大气污染物，但是可以看出，它包含的大气污染物的范围是十分广泛的。二氧化碳等温室气体也符合本条关于大气污染物的界定，亦应当属于大气污染物。

（3）根据法律制定排放标准或排放配额标准，纳入固定源排污许可证中实施。目前，我国温室气体控排方面，主要是以命令控制型的手段为主，逐渐向经济刺激型手段过度。未来，我国在温室气体控排上，应该将温室气体控排纳入固定源许可证范围内，制定公用电力行业温室气体排放绩效标准（EPS），并将碳市场作为未来温控的关键经济刺激型工具。其次，我国的碳市场刚刚启动，以总量控制为主的控排手段还在争议之中，目前的碳市场只是处于准入和交易阶段。最后，各省市在温室气体控排的过程中起着至关重要的作用，对于碳交易过程中最主要的两个问题——总量控制和配额分配，各省市是直接的干系人，也是温室气体减排下降的主体。因此，想要"强化"我国温室气体控排管理的能力，就需要从应用温室气体许可证制度、活跃碳市场交易（以总量控制与交易为主）以及调动地方政府积极性三个方面入手。

（4）建议由生态环境部直管，并委托省生态环境厅进行管理。二氧化碳、ODS 和 F-gas 等温室气体的外部性是全球性的、区域性的外部性，根据环境外部性分类矩阵，应当由中央政府进行直接管理，甚至进行垂直管理。中央政府直接监督纳管企业配额分配和总量达标情况，地方政府不介入总量分配，也没有总量减排责任，中央政府要确定统一基准年度下的阶段性减排目标。国家生态环境部的管理职能不仅包括制定全国温控的法律法规、规章制度、标准等，还必须直接管理跨省温室气体控制问题。省级人民政府作为控排单元，在温控的过程中，可以发挥较强的自主减排作用，合理制定本地区的温室气体减排目标和责任，或者参考美国的方式，建立跨省的温室气体交易联盟，实现温室气体减排。

9.4　臭氧层保护政策分析

9.4.1　背景及现状分析

在平流层中距地面 15～50km 地带的臭氧聚集而成的臭氧层对于很多生命支持系统的运转发挥着必不可少的作用。它吸收了 90％来自太阳的紫外线辐射，可以保护地球免遭紫外线的辐射。但是，20 世纪 70 年代中期，美国科学家发现南极洲上空的臭氧层有变薄现象；80 年代观测发现，自每年 9 月份下旬开始，南极洲上空的臭氧总量迅速减少 1/2 左右，极地上空臭氧层中心地带，近 90％的臭氧被破坏，若从地面向上观测，高空臭氧层已极其稀薄，与周围相比像是形成了一个直径上千千米的洞，称为"臭氧洞"。自 20 世纪 80 年代臭氧层耗损被广泛认识以来，臭氧层耗损日益严重，1998 年南极上空臭氧洞平均面积首次超过 2400km^2（相当于北美洲的面积）。在全球广大地区都观测到臭氧总量的下降，其直接后果是导致地球太阳紫外线辐射的增加，对人类和动物的健康、水生生态系统、陆生生态系统、全球气候产生破坏性的影响。近年来，随着化学物质停用等一系列的封闭臭氧空洞行动的实施，臭氧层功能趋于修复。据美国国家航空航天局 NASA 观察发现，2017 年臭氧层空洞同比减少 340 万平方千米，处于 30 年最低水平，具有里程碑式的意义。

经过科学研究和调查，科学家认为，臭氧急剧耗损不是由已知的自然现象引起的，而是人为的活动起决定性的作用，是某些人类活动所散发的物质进入臭氧层，引起臭氧的损耗。这些物质有氯氟烃类、有机溴化合物、氧化亚氮及亚音速飞机排放的氮氧化物、甲烷、水汽和二氧化碳等。其中，氯氟烃类物质由于性质稳定、不易燃烧、易于储存、价格便宜而被广泛用作制冷剂、喷雾剂、发泡剂及清洗剂等。日常生活的许多方面，如吸烟、家用电器、沙发、冰箱、空调使用等都涉及氯氟烃类物质的使用。氯氟烃类物质化学稳定性好、寿命长，不易在对流层分解，扩散入臭氧层，受到短波紫外线的辐射，分解出氯原子自由基，氯原子自由基作为催化剂与臭氧反应，就像一辆辆"运"臭氧的车子，不断地来回搬运臭氧，臭氧在不断减少，而氯原子却不见消耗。一个氯原子自由基能够消耗十万个臭氧分子。氯氟烃类物质在平流层中十分稳定，一般的大气光化学反应难以去除，具有很长的寿命，故只要微量的含氯化合物进入平流层，就会造成臭氧层的巨大损耗。另外，由哈龙等有机溴化合物（主要用作消防灭火剂，大棚种植蔬菜用到甲基溴作熏土剂，干洗衣服也用到含溴化合物）释放的溴原子对臭氧的破坏力是氯原子的 30～60 倍，它们是臭氧损耗的"罪魁祸首"。

9.4.2 政策框架分析

（1）国际保护臭氧层行动　《关于保护臭氧层的维也纳公约》（1985）（以下简称《维也纳公约》），标志着保护臭氧层国际统一行动的开始。《关于消耗臭氧层物质的蒙特利尔议定书》（1987）（以下简称《议定书》）真正实现了对氯氟烃（CFCs）等消耗臭氧层物质（ODS）的生产、使用的控制。截止到 2017 年年底，已有近 200 个国家加入《维也纳公约》及《蒙特利尔议定书》。

截止到 2017 年年底，《议定书》缔约方共召开了 29 次缔约方大会。根据《议定书》的要求，发达国家已经于 1996 年 1 月 1 日基本完成了主要 ODS 的淘汰。《议定书》同时要求发展中国家于 2010 年实现对主要 ODS 的全部淘汰。基于多边基金所提供的财务支持，在国家方案已获执委会批准的 100 个第五条款国家（即发展中国家）中，70 多个国家承诺在 2010 年前提前实现主要 ODS 的淘汰，同时还有很多国家承诺对部分受控制物质提前淘汰，这些将大大减少对臭氧层的损害。

我国于 1991 年加入修订后的《议定书》，成为按《议定书》第五条第一款行事的缔约国，并于 1997 年签署《维也纳公约》。缔约国在《维也纳公约》中承诺针对人类改变臭氧层的活动采取普遍措施以保护人类健康和环境，它是一项框架性协议，不包含具有法律约束力的控制目标。1987 年 9 月各国制定了《议定书》，要求各缔约国采取更强有力的措施减少一些 CFCs（CFC-11、CFC-12、CFC-113、CFC-114 和 CFC-115）和一些哈龙（Halon-1211、Halon-1301、Halon-2402）的生产和消费。《议定书》的制定便于以定期的科学和技术评估为基础对淘汰时间表进行修订。根据这些评估，此后历次缔约国会议相继通过了一系列修正案，加快了淘汰时间表，引进了新的控制措施，增加了新的受控物质种类。

按照《议定书》规定的淘汰时间表和我国与多边基金达成的协议，我国必须在 2007 年 7 月 1 日前全面淘汰 CFCs 和哈龙（《议定书》规定豁免的必要用途除外）；2010 年前淘汰四氯化碳（CTC）和甲基氯仿（TCA）；2015 前年淘汰甲基溴，在 2015 年冻结含氢氯氟烃（HCFC），2040 年实现全面淘汰。

（2）中国保护臭氧层政策法规体系　　我国臭氧层保护政策体系结构完善，包含从法律法规到规范性文件四个层次，具体政策清单见表 9-6。

表 9-6　中国臭氧层保护政策清单

	政策名称	颁布机关	实施机构
法律	大气污染防治法(2015 修订)	全国人大常委会	各级环境保护行政主管部门
	环境保护法(2014 修订)	全国人大常委会	各级环境保护行政主管部门
行政法规	消耗臭氧层物质管理条例(2010)	国务院	各级环境保护行政主管部门
部门规章	消耗臭氧层物质进出口管理办法(2014)	环保部、商务部、海关总署	各级环保、商务主管部门、海关
	全氯氟烃产品生产企业实行驻厂督察的实施办法(2001)	环境保护总局	环保部
	烟草行业 CFC-11 消费配额管理办法、烟草行业拆除 CFC-11 烟丝膨胀装置实施办法(2000)	国家烟草专卖局	各省（区、直辖市）及大连、深圳、重庆市烟草专卖局(公司),各有关单位
	消耗臭氧层物质进出口管理办法(1999)	环境保护总局、对外贸易经济合作部、海关总署	各省级环境保护局、外经贸委、海关总署广东分署、各直属海关
	易燃气雾剂企业安全管理规定(1999)	国家轻工业局	各省、自治区、直辖市轻工业主管部门、有关企业
	保护臭氧层多边基金项目实施指南(1996)	环境保护局	国务院各有关部委,各省、自治区、直辖市环境保护局
	中国环境标志产品认证证书和环境标志使用管理规定(1994)	环境保护局	各级环境保护行政主管部门
	环境标志产品认证管理办法(1994)	环境保护局	各级环境保护行政主管部门

① 法律　　国务院对议定书的批复和全国人大对议定书的批准使得该议定书具备了成为国内法渊源的资格，也使得中国政府在议定书框架内所做的承诺具备了法律效力。同时，在环境保护基本法和环境保护单行法的层次，《环境保护法》和《大气污染防治法》则是中国 ODS 淘汰行动所依据的基本的国内法。

《大气污染防治法》第四十五条和第五十九条是专门针对 ODS 淘汰的。这一款原则性的规定直接体现《维也纳公约》和《议定书》的要求，是我国以国内法形式对《维也纳公约》和《议定书》的确认，也为我国政策法规体系的建立提供了总体上的要求，第四十五条第二款则对生产和进出口 ODS 实施许可证制度作出了特别规定，并在第五十九条作出了相应的罚则规定。

② 行政法规　　我国根据《维也纳公约》《蒙特利尔议定书》《大气污染防治法》中的相关内容制定了《消耗臭氧层物质管理条例》，规定：将逐步削减并最终淘汰用作生产制冷剂、发泡剂、灭火剂、溶剂、清洗剂、加工助剂、杀虫剂、气雾剂、膨胀剂等的消耗臭氧层物质；消耗臭氧层物质的生产、使用单位，需要依规申请领取生产或者使用配额许可证；对进出口消耗臭氧层物质予以控制，并依据《中国进出口受控消耗臭氧层物质名录》实行管理。

③ 部门规章　　我国关于臭氧层保护的部门规章较多，对环境标志产品的认证、认证后

的监督办法，以及认证机构的职责等均作出了明确和详细的规定，并对各个项目主管部门以及行业归口部门的具体职责进行了具体规定。《消耗臭氧层物质进出口管理办法》确定了三部门对受控ODS物质进出口的监督管理职责。

④ 规范性文件　在我国实施《蒙特利尔议定书》的政策法规体系中，规范性文件大量存在，包括通知、公告、解释、函件等形式，其制定程序相对简单，效力因制定机关不同而各有差别，特别是这些规范性文件大多不能作为法院审理行政案件的依据或参照。这些规范性文件主要在以下方面作了规定：

a. 生产管理政策。我国禁止新建、扩建和改建生产或使用ODS的生产设施，通过环境影响评价制度以及各级计划、经贸、财政、金融、工商管理和行业主管部门的参与，实行有效的监督和管理，以控制我国新增ODS生产和消费的能力。为控制国内ODS生产总量，我国对哈龙和CFCs生产实行生产配额管理制度，无生产配额的企业不得组织生产。生产配额总量根据国家已批准实施的《中国消防行业哈龙整体淘汰计划》和《中国化工行业CFCs生产整体淘汰计划》确定，企业年度生产配额由生态环境部会同有关行业部门确定并向申请企业颁发许可证，企业之间可协商有偿转让配额。生态环境部通过招标方式用多边基金购买企业生产配额，使ODS生产企业逐步减产或关闭。国家对ODS替代品的生产实行严格登记、审批管理制度，任何替代品生产必须在得到生态环境部和国家石油和化工局的批准后，方可组织生产。

b. 消费管理政策。根据替代品及其技术的发展情况和经济可行性，适时调整有关ODS制品使用的必要场所和非必要场所，并颁布有关的非必要场所的使用禁令，逐步减少消费量。根据各行业淘汰计划实施的需要，适时在某些行业发布ODS消费禁令或实行ODS消费配额制度。

c. 产品质量管理政策。对ODS替代品及利用替代品生产的制品制定相应的产品质量标准、环境标准和安全标准，以促进ODS替代品及其制品产品质量的改善，保证ODS淘汰进程的顺利进行。不断适时修订有关替代品的环境标志技术要求，对ODS及其制品的替代产品按照规定颁发环境标志，以促进相关品的更新换代。

d. 进出口管理政策。在利用ODS生产配额管理制度控制ODS国内生产量的同时，对ODS进口实行进口许可和进口配额管理制度。凡需要进口ODS的进口商、企业，应按国家规定向有关部门申请进口许可，经审查批准后，方可按有关规定进口，海关凭证验放。有关部门根据ODS逐步淘汰目标和国内生产状况，确定ODS进口配额的种类和数量，通过进口管理政策控制ODS的进口量，以全面而有效地控制ODS的国内消费总量，促进国内替代品的开发与生产。对ODS及其制品的出口实行申报登记制度，以掌握ODS出口量，控制ODS及其制品的非法出口。对ODS的非法进出口采取严厉的处罚措施。

e. 规划、计划。规划、计划均不具备法律效力，但是在我国实施《蒙特利尔议定书》的政策法规体系中却具有特殊重要的作用。这些计划、规划主要包括《国家方案》及其修订稿以及各行业ODS整体淘汰计划（以下简称"行业计划"）。

《国家方案》（修订稿）所规定的内容反映了我国实施《议定书》的基本要求、基本义务和所享有的相应的权利，并且在遵守《议定书》为发展中国家所设定义务的基础上，统计分析了我国消耗臭氧层物质（ODS）的生产现状，科学评估了其发展趋势，评估了我国和国际上ODS替以及替代技术的发展情况，及其在ODS淘汰行动中的作用和地位，结合我国实际拟订了ODS物质淘汰目标、淘汰战略和行动计划，并设计了比较详细的实施办法、政策法规体系和监督管理体系以及淘汰管理活动方式，从而其内容涵盖了《议定书》在我国实施的各个方面，具有综合性、广泛性和指导性。方案虽然没有通过正式的立法程序体现为法律的形式，但是从国际法与国内法关系的理论以及《国家方案（修订稿）》本身的承诺效力来看，它在实质上是我国实施《蒙特利尔议定书》的基本行动纲领，对我国ODS 物质淘汰行动作出了全面的原则性规定，它是我国淘汰 ODS 行动的基本方针，也直接指导着政策法规体系的建立和完善，在 ODS 淘汰行动的整个政策法规体系中占有核心地位，是制订和实施各行业淘汰计划以及各种相关政策措施的首要依据。

在《国家方案》之下，分别形成了ODS 进出口管理政策、ODS 相关生产线建设控制政策、ODS 相关数据管理政策、多边基金赠款项目管理政策、ODS 消费控制政策和 ODS 生产控制政策等政策体系。在 ODS 生产控制政策方面，制订了化工行业的 ODS 生产控制计划，在 ODS 消费控制政策方面按照对各消费行业的划分分别制订了各行业的 ODS 消费控制计划。其中，在比较特殊的消防行业中，哈龙的生产和消费都同时集中在本行业内部，对此则制订了消防行业哈龙生产和消费控制计划。依据各行业计划，分别制定了各行业的具体政策。

与此同时，结合《国家方案》的要求，又在排污申报登记制度中增加了有关对 ODS 排污申报登记的要求，在建设项目环境影响评价制度中增加了对多边基金赠款项目环境影响评价的特别要求，在环境标志制度中增加了"回收的消耗臭氧层物质"标志等内容，在对地方生态环境部门职责的要求中增加了加强地方生态环境部门在保护臭氧层工作中监督管理职能的要求等。

9.4.3 政策效果评估

我国作为全球最大的消耗臭氧层物质生产国和消费国，自 1991 年签署加入《议定书》以来，成立了由生态环境部任组长单位，18 个部委构成的我国国家保护臭氧层领导小组，并通过不断加强国际合作、机构建设、部门协调、项目实施、政策法规制定、宣传培训以及监督执法不断淘汰臭氧层消耗物质的生产及使用。

2007 年 7 月 1 日，我国比《议定书》规定的时间提前二年半淘汰了最主要的两种消耗臭氧层物质——全氯氟烃和哈龙，标志着我国履行《议定书》取得了实质性的重大进展。截止到 2017 年，我国已全部淘汰全氯氟烃、哈龙、四氯化碳、甲基氯仿四种臭氧层消耗物质，淘汰含全氢氯氟烃生产量 7.1 万吨，使用量 4.5 万吨，关闭生产能力 8.8 万吨，累计淘汰消耗臭氧层物质超过 27 万吨，约占整个发展中国家淘汰量的 50%，提前超额完成了第一阶段履约任务[17]。

《议定书》的实施总体上是成功的，为其他国际环境合作提供了范本。它的成功得益于几个方面的因素：首先，ODS 替代品的开发和运用都很迅速，ODS 的淘汰并不会对经济造成太大的影响。其次，多边基金有效地解决了发展中国家的资金问题，多边基金体现的是一种公平的原则，而不是发达国家对于发展中国家的慈善的施舍。因为臭氧层破坏是一个历史累计问题，发达国家理应承担更多历史责任。最后，各国对于臭氧层破坏的风险性达成了很好的共识。臭氧层出现空洞已经是科学界的共识，其破坏机理和成因都已确定无疑，无论发达国家和发展中国家都深信如果不迅速采取行动将导致全球性灾害。因此，各方都具有共同目标，那就是削减、淘汰消耗臭氧层物质的使用。

思考题

1. 试分析能源的商品属性和节能的外部性及其关系。
2. 试评述我国的可再生能源开发利用政策。
3. 简述国际上温室气体减排的政策手段。
4. 简述我国臭氧层保护政策的特点。

参 考 文 献

[1] 倪红日. 运用税收政策促进我国节约能源的研究[J]. 税务研究, 2005(9): 3-6.
[2] 赵晓丽, 洪东悦. 中国节能政策演变与展望[J]. 软科学, 2010, 24(4): 29-33.
[3] 庞军. 国内外节能减排政策研究综述[J]. 生态经济, 2008(9): 136-138.
[4] 郑新业. 全面推进能源价格市场化[J]. 价格理论与实践, 2017(12): 17-22.
[5] 植草益. 微观规则经济学[M]. 北京: 中国发展出版社, 1992.
[6] 张国兴. 关于准公共物品定价的机理分析[J]. 价格理论与实践, 2005(6): 32-33.
[7] 司言武. 环境税"双重红利"假说述评[J]. 经济理论与经济管理, 2008(1): 34-38.
[8] 彭宗超, 薛澜. 政策制定中的公众参与——以中国价格决策听证制度为例[J]. 国家行政学院学报, 2000(5): 30-36.
[9] Lindman Å Söderholm P. Wind energy and green economy in Europe: measuring policy-induced innovation using patent data[J]. Applied Energy, 2015, 179: 1351-1359.
[10] Allen S R, Hammond G P, Mcmanus M C. Prospects for and barriers to domestic micro-generation: a united kingdom perspective [J]. Applied Energy, 2008, 85(6): 528-544.
[11] 侯玮. 基于 MARKAL 模型思想的城市居民生活节能潜力与途径分析[C]. 全国暖通空调制冷 2010 年学术年会论文集, 中国建筑学会暖通空调分会、中国制冷学会空调热泵专业委员会, 2010: 1.
[12] 肖建民. 二次能源存储技术[J]. 大自然探索, 1993(1): 86-93.
[13] 陈健鹏. 温室气体减排: 国际经验与政策选择[M]. 北京: 中国发展出版社, 2011.
[14] 张志强, 曾静静, 曲建升. 应对气候变化与温室气体减排问题分析与对策建议[J]. 科学与社会, 2008(1): 5-10.
[15] 陈刚. 气候变化——中国外交应对的非传统议题[M]. 北京: 社会科学文献出版社, 2013: 132-146.
[16] 徐华清, 柴麒敏, 李俊峰. 应对气候变化的中国贡献[J], 战略研究, 2015.
[17] 《保护臭氧层维也纳公约》第 11 次缔约方大会召开[J]. 化工环保, 2018, 38(1): 87.

附　录

附录一　美国常规污染物新源绩效标准行业清单和危险空气污染物行业清单

附表 1-1　美国常规污染物新源绩效标准（NSPS）行业清单

代号	行业	代号	子行业
D	化石燃料蒸汽发生器（fossil-fuel-fired steam generators）	Da	电气设施蒸汽发生单元 （electric utility steam generating units）
		Db	工商业机构蒸汽发生单元 （industrial-commercial-institutional steam generating units）
		Dc	小型工商业机构蒸汽发生单元 （small industrial-commercial-institutional steam generating units）
E	焚烧炉（incinerators）	Ea	城市废物燃烧器（1989 年 12 月 20 日~1994 年 9 月 20 日建设） （municipal waste combustors for which construction is commenced after December 20，1989 and on or before September 20，1994）
		Eb	大型城市废物燃烧器（1994 年 9 月 20 日后新建或 1996 年 6 月 19 日后改建/重建） （large municipal waste combustors for which construction is commenced after September 20，1994 or for which modification or reconstruction is commenced after June 19，1996）
		Ec	医院/医疗/传染性废物焚化炉（HMIWI） （Cnew stationary sources：hospital/medical/infectious waste incinerators）
F	硅酸盐水泥厂（portland cement plants）		
G	硝酸厂（nitric acid plants）	Ga	硝酸厂（2014 年 10 月 14 日后新建/改建/重建） （nitric acid plants for which construction, reconstruction, or modification commenced after October 14, 2011）
H	硫酸厂（sulfuric acid plants）		
I	热拌沥青设施（hot mix asphalt facilities）		

代号	行业	代号	子行业
J	炼油厂(petroleum refineries)	Ja	炼油厂(2007 年 5 月 14 日后新建/改建/重建)(petroleum refineries for which construction, reconstruction, or modification commenced after May 14, 2007)
K	石油储存器(1973 年 6 月 11 日～1978 年 5 月 19 日新建/改建/重建)(storage vessels for petroleum liquids for which construction, reconstruction, or modification commenced after June 11, 1973, and prior to May 19, 1978)	Ka	石油储存器(1978 年 5 月 18 日～1984 年 7 月 23 日新建/改建/重建)(storage vessels for petroleum liquids for which construction, reconstruction, or modification commenced after May 18, 1978, and prior to July 23, 1984)
		Kb	挥发性有机液体(含石油)储存器(1984 年 7 月 23 日后新建/改建/重建)[volatile organic liquid storage vessels(including petroleum liquid storage vessels) for which construction, reconstruction, or modification commenced after July 23, 1984]
L	再生铅冶炼厂(secondary lead smelters)		
M	再生黄铜和青铜生产厂(secondary brass and bronze production plants)		
N	耗氧工艺炉主要排放(1973 年 6 月 11 日后建设)(primary emissions from basic oxygen process furnaces for which construction is commenced after June 11, 1973)	Na	耗氧炼钢炉次要排放(1983 年 1 月 20 日后建设)(secondary emissions from basic oxygen process steel making facilities for which construction is commenced after January 20, 1983)
O	污水处理厂(sewage treatment plants)		
P	初级铜冶炼厂(primary copper smelters)		
Q	初级锌冶炼厂(primary zinc smelters)		
R	初级铅冶炼厂(primary lead smelters)		
S	原铝还原厂(primary aluminum reduction plants)		
T	磷肥行业:湿法磷酸厂(the phosphate fertilizer industry: wet-process phosphoric acid plants)		
U	磷肥行业:过磷酸厂(the phosphate fertilizer industry: superphosphoric acid plants)		
V	磷肥行业:磷酸二铵厂(the phosphate fertilizer industry: diammonium phosphate plants)		
W	磷肥行业:重钙厂(the phosphate fertilizer industry: triple superphosphate plants)		

续表

代号	行业	代号	子行业
X	磷肥行业：粒状重过磷酸钙（the phosphate fertilizer industry：granular triple superphosphate storage facilities）		
Y	选煤加工厂（coal preparation and processing plants）		
Z	铁合金生产设施（ferroalloy production facilities）		
AA	钢铁厂：电弧炉（1974 年 10 月 21 日～1983 年 8 月 17 日建设）（steel plants：electric arc furnaces constructed after October 21，1974，and on or before August 17，1983）	AAa	钢铁厂：电弧炉及氩氧脱碳储存器（1983 年 8 月 17 日后建设）（steel plants：electric arc furnaces and argon-oxygen decarburization vessels constructed after August 17，1983）
BB	硫酸盐浆厂（kraft pulp mills）	BBa	硫酸盐浆厂（2013 年 5 月 23 日后新建/改建/重建）（kraft pulp mill affected sources for which construction，reconstruction，or modification commenced after May 23，2013）
CC	玻璃制造厂（glass manufacturing plants）		
DD	粮仓（grain elevators）		
EE	金属家具表面涂装（surface coating of metal furniture）		
FF			
GG	固定式燃气轮机（stationary gas turbines）		
HH	石灰制造工厂（lime manufacturing plants）		
KK	铅酸蓄电池的制造工厂（lead-acid battery manufacturing plants）		
LL	非金属矿物加工厂（metallic mineral processing plants）		
MM	汽车和轻型卡车的表面涂装作业（automobile and light duty truck surface coating operations）		
NN	磷矿厂（phosphate rock plants）		
PP	硫酸铵生产（ammonium sulfate manufacture）		
QQ	印艺行业：出版凹印（the graphic arts industry：publication rotogravure printing）		
RR	压敏胶带和标签表面涂覆操作（pressure sensitive tape and label surface coating operations）		

续表

代号	行业	代号	子行业
SS	工业表面涂层：大家电（industrial surface coating：large appliances）		
TT	金属卷材表面涂层（metal coil surface coating）		
UU	沥青加工和沥青屋面制造（asphalt processing and asphalt roofing manufacture）		
VV	挥发性有机物合成品制造业设备泄漏（1981 年 1 月 5 日～2006 年 11 月 7 日新建/改建/重建）（equipment leaks of VOC in the synthetic organic chemicals manufacturing industry for which construction，reconstruction，or modification commenced after January 5，1981，and on or before November 7，2006）	VVa	挥发性有机物合成品制造业设备泄漏（2006 年 11 月 7 日后新建/改建/重建）（equipment leaks of Voc in the synthetic organic chemicals manufacturing industry for which construction，reconstruction，or modification commenced after November 7，2006）
WW	饮料罐表面涂装行业（the beverage can surface coating industry）		

附表 1-2　美国危险空气污染物 NESHAP 行业清单

代号	行业
F	有机化合物有机化学品制造业
G	有机化学制造业中工艺用水、储存容器、转移操作和废水等有机化合物
H	用于设备泄漏的有机危险空气污染物
I	基于议会规定的设备泄漏某些过程
J	用于聚氯乙烯和共聚物生产
K	
L	焦炉电池
M	干洗设备
N	硬质和装饰铬电镀及铬阳极氧化槽
O	型环氧乙烷排放标准的灭菌设施
P	
Q	用于工业过程冷却塔
R	汽车配送设施子系统（散装汽油终端和管道破碎站）
S	纸浆和造纸业
T	用于卤化溶剂清洗
U	第Ⅰ组　聚合物和树脂
V	
W	用于环氧树脂生产和非尼龙聚酰胺生产
X	二次铅冶炼
Y	海上油船装载作业

代号	行业
Z	
AA	磷酸制造工厂
BB	磷酸盐肥料生产厂
CC	石油精炼厂
DD	场外废物处理和回收业务处理
EE	磁带制造业务
FF	
GG	航空制造和回收设施
HH	石油和天然气生产设备
II	国际排放和船舶修理（表面涂层）国家排放标准第二部分
JJ	木材家具制造业务
KK	印刷和出版行业
LL	初级减少铝土
MM	化学回收燃烧源（牛磺酸、亚硫酸盐和独立半化学浆）
NN	羊毛纤维玻璃制造
OO	坦克-1 级
PP	容器
QQ	表面储存
RR	个人排水系统
SS	封闭排气系统、控制装置、回收装置和燃料气体系统的路线或过程
TT	设备泄漏控制-1 级
UU	设备泄漏控制-2 级
VV	油水分离器和有机水分离器
WW	储存容器（坦克）-2 级
XX	乙烯生产工艺单元：热交换系统和废物处理
YY	通用最大可控制技术标准
ZZ	
CCC	氯酸盐工艺设施和盐酸再生植物
DDD	矿物棉生产
EEE	危险废物燃烧器
FFF	
GGG	药品生产
HHH	天然气传输和储存设施
III	柔性聚氨酯泡沫生产
JJJ	第四组 聚合物和树脂
KKK	
LLL	波特兰水泥制造业

代号	行业
MMM	农药有效成分生产
NNN	羊毛纤维制造
OOO	制造氨基/酚醛树脂
PPP	用于聚醚多元醇生产
QQQQ	针对初级铜冶炼
RRR	二级铝生产
SSS	
TTT	针对初级铅冶炼
UUU	石油精炼:催化裂化装置,催化重整装置和硫回收装置
VVV	公有治理工程
WWW	—
XXX	用于铁合金生产:锰铁和硅锰
AAAA	城市固体垃圾填埋场
CCCC	营养酵母的制造
DDDD	胶合板和复合木制品
EEEE	有机液体分配(非汽油)
FFFF	杂项有机化学品制造
GGGG	植物油生产的溶剂提取
HHHH	用于湿式玻璃纤维垫生产
IIII	汽车和轻型卡车的表面涂层
JJJJ	纸和其他网版涂料
KKKK	金属罐表面涂层
MMMM	用于表面涂覆杂项金属零部件和产品
NNNN	大型电器的表面涂层
OOOO	针织物和其他纺织品的印花、涂层和染色
PPPP	用于塑料零件和产品表面涂层
QQQQ	木材建筑产品的表面涂层
RRRR	金属家具的表面涂层
SSSS	金属线圈的表面涂层
TTTT	用于皮革涂装操作的危险空气污染物的
UUUU	用于纤维素产品制造
VVVV	船用制造危险
WWWW	增强塑料复合材料生产
XXXX	橡胶轮胎制造
YYYY	针对固定燃烧涡轮
ZZZZ	用于固定式往复式内燃机
AAAAA	石灰生产厂

续表

代号	行业
BBBBB	针对半导体制造业
CCCCC	焦炉:推动、猝灭和电池堆
DDDDD	工业、商业和制冷锅炉和工艺加热器
EEEEE	铁和钢铁铸造
FFFFF	钢铁综合制造设施
GGGGG	现场修复
HHHHH	杂项涂层制造
IIIII	汞电池氯碱厂汞排放
JJJJJ	砖和结构黏土产品制造
KKKKK	土陶瓷制造
LLLLL	沥青加工和沥青屋面制造
MMMMM	挠性聚氨酯泡沫塑料的制造操作
NNNNN	盐酸生产
OOOOO	—
PPPPP	发动机测试细胞/站
QQQQQ	针对摩擦材料制造设备
RRRRR	铁砂矿铁矿矿石加工
SSSSS	针对难燃产品制造
TTTTT	初级镁精炼
UUUUU	燃煤和燃油电力公用蒸汽发电机组
VVVVV	—
WWWWW	医院环氧乙烷灭菌器
XXXXX	—

附录二　美国联邦法规规定的常规污染物、有毒污染物、优先有毒污染物清单

1. 常规污染物

常规污染物（conventional pollutants）又被称为一般污染物，根据联邦法规 CFR 401.16 及法规第 304 条（a）（4）的表述，常规污染物有 5 种，见附表 2-1。

附表 2-1　常规污染物清单

序号	英文表述	中文表述
1	biochemical oxygen demand(BOD)	生化需氧量
2	total suspended solids(nonfilterable)(TSS)	总悬浮固体
3	pH	pH 值

续表

序号	英文表述	中文表述
4	fecal coliform	粪大肠杆菌
5	oil and grease	油脂

2. 有毒污染物

有毒污染物，根据联邦法规 CFR 401.15 及法规第 307（a）（1）的表述，有毒污染物清单现有 65 种，见附表 2-2。

附表 2-2　有毒污染物清单

序号	英文表述	中文表述
1	acenaphthene	1,8-亚乙基萘
2	acrolein	丙烯醛
3	acrylonitrile	丙烯腈
4	aldrin/dieldrin	艾氏剂；氯甲桥萘
5	antimony and compounds	锑及其化合物
6	arsenic and compounds	砷及其化合物
7	asbestos	石棉
8	benzene	苯
9	benzidine	对二氨基联苯
10	beryllium and compounds	铍及化合物
11	cadmium and compounds	镉和化合物
12	carbon tetrachloride	四氯化碳
13	chlordane(technical mixture and metabolites)	氯丹(工业混合物和代谢产物)
14	chlorinated benzenes(other than dichlorobenzenes)	氯化苯(除二氯苯)
15	chlorinated ethanes(including 1,2-dichloroethane, 1,1,1-trichloroethane, and hexachloroethane)	氯乙烷(包括二氯乙烷、三氯乙烷、六氯乙烷)
16	chloroalkyl ethers(chloroethyl and mixed ethers)	氯代醚(氯、混合醚)
17	chlorinated naphthalene	氯化萘(蜡状物)
18	chlorinated phenols(other than those listed elsewhere; includes trichlorophenols and chlorinated cresols)	氯苯酚(包括苯酚,氯化甲酚)
19	chloroform	氯仿；三氯甲烷
20	2-chlorophenol	2-氯酚
21	chromium and compounds	铬及化合物
22	copper and compounds	铜及化合物
23	cyanides	氰类化合物
24	DDT and metabolites	DDT 及其代谢产物
25	dichlorobenzenes(1,2-dichlorobenzenes, 1,3-dichlorobenzenes, and 1,4-dichlorobenzenes)	二氯苯(1,2-二氯苯、1,3-二氯苯和 1,4-二氯苯)
26	dichlorobenzidine	二氯联苯胺

续表

序号	英文表述	中文表述
27	dichloroethylenes（1，1-dichloroethylene and 1，2-dichloroethylene）	二氯乙烯类（1，1-二氯乙烯和 1，2-二氯乙烯）
28	2，4-dichlorophenol	2，4-二氯苯酚
29	dichloropropane and dichloropropene	环氧丙烷和二氯丙烯
30	2，4-dimethylphenol	2，4-二甲基苯酚
31	dinitrotoluene	二硝基甲苯
32	diphenylhydrazine	二苯肼
33	endosulfan and metabolites	硫丹及其代谢产物
34	endrin and metabolites	异狄氏剂及其代谢物
35	ethylbenzene	乙苯
36	fluoranthene	荧蒽
37	haloethers［other than those listed elsewhere；includes chlorophenylphenyl ethers，bromophenylphenyl bis（dichloroisopropyl）ether，bis-（chloroethoxy）methane and polychlorinated diphenyl ethers］	卤代醚［包括氯苯苯基醚、溴苯苯基醚、双（二氯异丙）醚、双（氯）甲烷和多氯二苯醚］
38	halomethanes（other than those listed elsewhere；includes methylene chloride，methylchloride，methylbromide，bromoform，dichlorobromomethane）	卤代甲烷（包括二氯甲烷、氯甲烷、溴甲烷、三溴甲烷、二氯一溴甲烷）
39	heptachlor and metabolites	有机氯农药其及代谢产物
40	hexachlorobutadiene	六氯丁二烯
41	hexachlorocyclohexane	六氯环己烷；六氯化苯；六六六
42	hexachlorocyclopentadiene	六氯代环戊二烯
43	isophorone	异佛尔酮
44	lead and compounds	铅及其化合物
45	mercury and compounds	汞及其化合物
46	naphthalene	萘
47	nickel and compounds	镍及其化合物
48	nitrobenzene	硝基苯
49	nitrophenols（including 2，4-dinitrophenol，dinitrocresol）	硝基酚类化合物（包括 2，4-二硝基酚、二硝甲酚）
50	nitrosamines	亚硝胺类
51	pentachlorophenol	五氯苯酚
52	phenol	苯酚；石炭酸
53	phthalate esters	邻苯二甲酸酯类
54	polychlorinated biphenyls（PCBs）	多氯化联苯
55	polynuclear aromatic hydrocarbons（including benzanthracenes，benzopyrenes，benzofluoranthene，chrysenes，dibenzanthracenes，and indenopyrenes）	多核芳烃（包括苯并蒽、苯并芘、苯并荧蒽、二苯并蒽和茚核）
56	selenium and compounds	硒及其化合物
57	silver and compounds	银及其化合物

续表

序号	英文表述	中文表述
58	2,3,7,8-tetrachlorodibenzo-p-dioxin(TCDD)	2,3,7,8-四氯代二苯并二噁英(TCDD)
59	tetrachloroethylene	四氯乙烯
60	thallium and compounds	铊及其化合物
61	toluene	甲苯
62	toxaphene	毒杀芬
63	trichloroethylene	三氯乙烯
64	vinyl chloride	乙烯基氯;氯乙烯
65	zinc and compounds	锌及其化合物

3. 优先有毒污染物

根据 CFR 131.36（b）（1）和法规 304（a）的描述，优先有毒污染物共 126 种，见附表 2-3。

附表 2-3　优先有毒污染物清单

污染物		CAS 编号	淡水/(μg/L)		咸水/(μg/L)		人体健康(10⁻⁶致癌风险)消耗/(μg/L)	
			CMC④(B1)	CCC④(B2)	CMC④(C1)	CCC④(C2)	水质和生物(D1)	生物(D2)
序号	英文表述 / 中文表述							
1 antimony 锑		7440360					14①	4300①
2 arsenic 砷		7440382	360⑫	190⑫	69⑫	36⑫	0.018①②③	0.14①②③
3 beryllium 铍		7440417					⑬	⑬
4 cadmium 镉		7440439	3.7⑤	1.0⑤	42⑫	9.3⑫	⑬	⑬
5a chromium(Ⅲ) 三价铬		16065831	550⑤	180⑤			⑬	⑬
5b chromium(Ⅵ) 四价铬		18540299	15⑫	10⑫	1100⑫	50⑫	⑬	⑬
6 copper 铜		7440508	17⑤	11⑤	2.4⑫	2.4⑫		
7 lead 铅		7439921	65⑤	2.5⑤	210⑫	8.1⑫	⑬	⑬
8 mercury 汞		7439976	2.1⑫	0.012⑨⑥	1.8⑫	0.025⑨⑭	0.14	0.15
9 nickel 镍		7440020	1400⑤	160⑤	74⑫	8.2⑫	610①	4600①
10 selenium 硒		7782492	20⑭	5⑭	290⑫	71⑫	⑬	⑬
11 silver 银		7440224	3.4⑤		1.9⑫			
12 thallium 铊		7440280					1.7①	6.3①
13 zinc 锌		7440666	110⑤	100⑤	90⑫	81⑫		
14 cyanide 氰化物		57125	22	5.2	1	1	700①	220000①,⑩
15 asbestos 石棉		1332214					7000000 fibers/L①	

续表

污染物			CAS 编号	淡水/(μg/L)		咸水/(μg/L)		人体健康 (10⁻⁶致癌风险) 消耗/(μg/L)	
				CMC④ (B1)	CCC④ (B2)	CMC④ (C1)	CCC④ (C2)	水质和生物 (D1)	生物 (D2)
序号	英文表述	中文表述							
16	2,3,7,8-TCDD(dioxin)	2,3,7,8-TCDD (二噁英)	1746016					0.000000013③	0.000000014③
17	acrolein	丙烯醛	107028					320	780
18	acrylonitrile	丙烯腈	107131					0.059①③	0.66①③
19	benzene	苯	71432					1.2①③	71①③
20	bromoform	三溴甲烷	75252					4.3①③	360①③
21	carbon tetrachloride	四氯化碳	56235					0.25①③	4.4①③
22	chlorobenzene	氯苯	108907					680①	21000①⑩
23	chlorodibromomethane	氯化氰	124481					0.41①③	34①③
24	chloroethane	氯乙烷	75003						
25	2-chloroethylvinyl ether	乙烯醚	110758						
26	chloroform	三氯甲烷	67663					5.7①③	470①③
27	dichlorobromomethane	一溴二氯甲烷	75274					0.27①③	22①③
28	1,1-dichloroethane	1,1-二氯乙烷	75343						
29	1,2-dichloroethane	1,2-二氯乙烷	107062					0.38①③	99①③
30	1,1-dichloroethylene	1,1-二氯乙烯	75354					0.057①③	3.2①③
31	1,2-dichloropropane	1,2-二氯丙烷	78875						
32	1,3-dichloropropylene	1,3-二氯丙烯	542756					10①	1700①
33	ethylbenzene	乙苯	100414					3100①	29000①
34	methyl bromide	甲基溴化	74839					48①	4000①
35	methyl chloride	氯甲烷	74873					⑬	⑬
36	methylene chloride	二氯甲烷	75092					4.7①③	1600①③
37	1,1,2,2-tetrachloroethane	1,1,2,2-四氯乙烷	79345					0.17①③	11①③
38	tetrachloroethylene	四氯乙烯	127184					0.8③	8.85③
39	toluene	甲苯	108883					6800①	200000①
40	1,2-trans-dichloroethylene	1,2-反式二氯乙烯	156605						
41	1,1,1-trichloroethane	1,1,1-三氯乙烷	71556					⑬	⑬
42	1,1,2-trichloroethane	1,1,2-三氯乙烷	79005					0.60①③	42①③

续表

污染物			CAS 编号	淡水/(μg/L)		咸水/(μg/L)		人体健康 (10⁻⁶致癌风险) 消耗/(μg/L)	
				CMC④ (B1)	CCC④ (B2)	CMC④ (C1)	CCC④ (C2)	水质和生物 (D1)	生物 (D2)
序号	英文表述	中文表述							
43	trichloroethylene	三氯乙烯	79016					2.7③	81③
44	vinyl chloride	氯乙烯	75014					2③	525③
45	2-chlorophenol	2-氯酚	95578						
46	2,4-dichlorophenol	2,4-二氯苯酚	120832					93①	790①⑩
47	2,4-dimethylphenol	2,4-二甲苯酚	105679						
48	2-methyl-4,6-dinitrophenol	2-甲基-4,6-二硝基酚	534521					13.4	765
49	2,4-dinitrophenol	2,4-二硝基酚	51285					70①	14000①
50	2-nitrophenol	2-硝基酚	88755						
51	4-nitrophenol	4-硝基酚	100027						
52	3-methyl-4-chlorophenol	3-甲基-4-氯酚	59507						
53	pentachlorophenol	五氯苯酚	87865	20⑥	13⑥	13	7.9	0.28①③	8.2①③⑩
54	phenol	苯酚	108952					21000①	4600000①⑩
55	2,4,6-trichlorophenol	2,4,6-三氯苯酚	88062					2.1①③	6.5①③
56	acenaphthene	苊	83329						
57	acenaphthylene	苊烯	208968						
58	anthracene	蒽	120127					9600①	110000①
59	benzidine	对二氨基联苯	92875					0.00012①③	0.00054①③
60	benzo(a)anthracene	苯并[a]蒽	56553					0.0028③	0.031③
61	benzo(a)pyrene	苯并[a]芘	50328					0.0028③	0.031③
62	benzo(b)fluoranthene	苯并[b]荧蒽	205992					0.0028③	0.031③
63	benzo(ghi)perylene	苯并[ghi]二萘嵌苯	191242						
64	benzo(k)fluoranthene	苯并[k]荧蒽	207089					0.0028③	0.031③
65	bis(2-chloroethoxy)methane	双(2-氯乙氧基)甲烷	111911						
66	bis(2-chloroethyl)ether	双(2-氯乙基)醚	111444					0.031①③	1.4①③
67	bis(2-chloroisopropyl)ether	双二氯异乙醚	108601					1400①	170000①
68	bis(2-ethylhexyl)phthalate	双(2-乙基己基)邻苯二甲酸酯	117817					1.8①③	5.9①③

续表

污染物			CAS 编号	淡水/(μg/L)		咸水/(μg/L)		人体健康 (10⁻⁶致癌风险) 消耗/(μg/L)	
				CMC④ (B1)	CCC④ (B2)	CMC④ (C1)	CCC④ (C2)	水质和生物 (D1)	生物 (D2)
序号	英文表述	中文表述							
69	4-bromophenyl phenyl ether	4-溴苯基醚	101553						
70	butylbenzyl phthalate	酞酸丁苄酯	85687						
71	2-chloronaphthalene	2-氯萘	91587						
72	4-chlorophenyl phenyl ether	4-氯二苯醚	7005723						
73	chrysene	苽	218019					$0.0028^{③}$	$0.031^{③}$
74	dibenzo(ah)anthracene	二苯并[ah]蒽	53703					$0.0028^{③}$	$0.031^{③}$
75	1,2-dichlorobenzene	1,2-二氯苯	95501					$2700^{①}$	$17000^{①}$
76	1,3-dichlorobenzene	1,3-二氯苯	541731					400	2600
77	1,4-dichlorobenzene	1,4-二氯苯	106467					400	2600
78	3,3′-dichlorobenzidine	3,3′-二氯苯	91941					$0.04^{①③}$	$0.077^{①③}$
79	diethyl phthalate	邻苯二甲酸二乙酯	84662					$23000^{①}$	$120000^{①}$
80	dimethyl phthalate	邻苯二甲酸二甲酯	131113					313000	2900000
81	dibutyl phthalate	邻苯二甲酸二丁酯	84742					$2700^{①}$	$12000^{①}$
82	2,4-dinitrotoluene	2,4-二硝基甲苯	121142					$0.11^{③}$	$9.1^{③}$
83	2,6-dinitrotoluene	2,6-二硝基甲苯	606202						
84	dioctyl phthalate	邻苯二甲酸二辛酯	117840						
85	1,2-diphenylhydrazine	1,2-二苯肼	122667					$0.040^{①③}$	$0.54^{①③}$
86	fluoranthene	荧蒽	206440					$300^{①}$	$370^{①}$
87	fluorene	芴	86737					$1300^{①}$	$14000^{①}$
88	hexachlorobenzene	六氯代苯	118741					$0.00075^{①③}$	$0.00077^{①③}$
89	hexachlorobutadiene	六氯丁二烯	87683					$0.44^{①③}$	$50^{①③}$
90	hexachlorocyclopentadiene	六氯环戊二烯	77474					$240^{①}$	$17000^{①⑩}$
91	hexachloroethane	六氯乙烷	67721					$1.9^{①③}$	$8.9^{①③}$
92	indeno(1,2,3-cd)pyrene	茚并[1,2,3cd]芘	193395					$0.0028^{③}$	$0.031^{③}$

续表

序号	英文表述	中文表述	CAS 编号	淡水/(μg/L) CMC④ (B1)	淡水/(μg/L) CCC④ (B2)	咸水/(μg/L) CMC④ (C1)	咸水/(μg/L) CCC④ (C2)	人体健康 (10⁻⁶致癌风险) 消耗/(μg/L) 水质和生物 (D1)	人体健康 (10⁻⁶致癌风险) 消耗/(μg/L) 生物 (D2)
93	isophorone	异佛尔酮	78591					8.4①③	600①③
94	naphthalene	萘	91203						
95	nitrobenzene	硝基苯	98953					17①	1900①⑩
96	N-nitrosodimethylamine	二甲基亚硝基代胺	62759					0.00069①③	8.1①③
97	N-nitrosodipropylamine	N-亚硝基二正丙胺	621647						
98	N-nitrosodiphenylamine	N-亚硝基二苯胺	86306					5.0①③	16①③
99	phenanthrene	菲	85018						
100	pyrene	芘	129000					960①	11000①
101	1,2,4-trichlorobenzene	1,2,4-三氯苯	120821						
102	aldrin	奥尔德林	309002	3⑦		1.3⑦		0.00013①③	0.00014①③
103	alpha-BHC	α-BHC	319846					0.0039①③	0.013①③
104	beta-BHC	β-BHC	319857					0.014①③	0.046①③
105	gamma-BHC	γ-BHC	58899	2⑦	0.08⑦	0.16⑦		0.019③	0.063③
106	delta-BHC	δ-BHC	319868						
107	chlordane	氯丹	57749	2.4⑦	0.0043⑦	0.09⑦	0.004⑦	0.00057①③	0.00059①③
108	4,4'-DDT	4,4'-DDT	50293	1.1⑦	0.001⑦	0.13⑦	0.001⑦	0.00059①③	0.00059①③
109	4,4'-DDE	4,4'-DDE	72559					0.00059①③	0.00059①③
110	4,4'-DDD	4,4'-DDE	72548					0.00083①③	0.00084①③
111	dieldrin	狄氏剂	60571	2.5⑦	0.0019⑦	0.71⑦	0.0019⑦	0.00014①③	0.00014①③
112	alpha-endosulfan	α-硫丹	959988	0.22⑦	0.056⑦	0.034⑦	0.0087⑦	0.93①	2.0①
113	beta-endosulfan	β-硫丹	33213659	0.22⑦	0.056⑦	0.034⑦	0.0087⑦	0.93①	2.0①
114	endosulfan sulfate	硫酸硫丹	1031078					0.93①	2.0①
115	endrin	异狄氏剂	72208	0.18⑦	0.0023⑦	0.037⑦	0.0023⑦	0.76①	0.81①⑩
116	endrin aldehyde	异狄氏剂醛	7421934					0.76①	0.81①⑩
117	heptachlor	七氯	76448	0.52⑦	0.0038⑦	0.053⑦	0.0036⑦	0.00021①③	0.00021①③
118	heptachlor epoxide	环氧七氯	1024573	0.52⑦	0.0038⑦	0.053⑦	0.0036⑦	0.00010①③	0.00011①③
119	PCB-1242	PCB-1242	53469219		0.014⑦		0.03⑦		
120	PCB-1254	PCB-1254	11097691		0.014⑦		0.03⑦		

续表

污染物		CAS 编号	淡水/(μg/L)		咸水/(μg/L)		人体健康 (10^{-6}致癌风险) 消耗/(μg/L)	
			CMC[④] (B1)	CCC[④] (B2)	CMC[④] (C1)	CCC[④] (C2)	水质和生物 (D1)	生物 (D2)
序号	英文表述	中文表述						
121	PCB-1221	PCB-1221	11104282	0.014[⑦]		0.03[⑦]		
122	PCB-1232	PCB-1232	11141165	0.014[⑦]		0.03[⑦]		
123	PCB-1248	PCB-1248	12672296	0.014[⑦]		0.03[⑦]		
124	PCB-1260	PCB-1260	11096825	0.014[⑦]		0.03[⑦]		
125a	PCB-1016	PCB-1016	12674112	0.014[⑦]		0.03[⑦]		
125b	polychlorinated biphenyls (PCBs)	多氯联苯						0.00017[⑮]	0.00017[⑮]
126	toxaphene	毒杀芬	8001352	0.73	0.0002	0.21	0.0002	0.00073[①③]	0.00075[①③]
total number of criteria[⑧] =		标准总数[⑧] =		24	29	23	27	85	84

① 修订标准以反映综合风险信息系统（IRIS）中包含的 q_1 或 $R_f D$。保留了 1980 年标准文件中的鱼生物富集系数（BCF）。

② 该标准仅指无机形式。

③ 标准基于 10^{-6} 的致癌风险安全边际。

④ 标准最大浓度（CMC）=水生生物在短时间内（平均 1 小时）可以暴露的没有有害影响的污染物最高浓度。标准连续浓度（CCC）=水生生物长时间（4 天）可以暴露的没有有害影响的污染物最高浓度。

⑤ 这些金属的淡水水生生物标准表示为总硬度（$CaCO_3$）的函数。

⑥ 五氯苯酚折淡水水生命标准表示为 pH 的函数：

$$CMC = \exp[1.005(pH) - 4.830]$$
$$CCC = \exp[1.005(pH) - 5.290]$$

⑦ 这些化合物的水生生物标准根据 1980 年的标准制定指南发布。所示的急性值为最终急性值（FAV），为瞬时值。

⑧ 这些总数只是对每列中的基准之和。对于水生生物，有 31 种优先有毒污染物、有淡水或海水、急性或慢性标准。对于人体健康，有 85 种优先有毒污染物。有"水+鱼"或"仅鱼类"标准。

⑨ 如果水环境中 3 年内总汞的 CCC 超过 $0.012μg/L$，则必须分析有关水生物种的可食用部分，以确定甲基汞的浓度是否超出 FDA 的行动水平（1.0mg/kg）。如果超出 FDA 的行动水平，国家必须通知相应的 EPA 区域管理员，在水质标准中修订其汞标准，以保护指定用途，并采取其他适当行动，如发布鱼类消费建议。

⑩ 1980 年标准文件和 1986 年水质标准中没有提出保护人类健康免受水生生物（不包括水）消费的标准，尽管如此，在 1980 年的文件中提供了足够的信息，以便能够计算一个标准，即使这种计算的结果没有在文件中显示出来。

⑪ 石棉的标准是 MCL（56 FR 3526，1991.1.30）。

⑫ 这些金属的标准表示为水效应比 WER 的函数：

$$CMC = B1 \text{ 列或 } C1 \text{ 值} \times WER$$
$$CCC = B2 \text{ 列或 } C2 \text{ 值} \times WER$$

⑬ EPA 没有公布这种污染物的人类健康标准。但是，许可证颁发机构应在 NPDES 许可行动中提到这种污染物，使用国家现有的有毒物质 述性标准。

⑭ 标准表示为总的可恢复值。

⑮ 该标准适用于总的 PCBs。